ΣBEST シグマベスト

完全理解 知[illegible]を育む

小学理科

小学3～6年

西村賢治 編著

文英堂

知識を深め 考える力を育む

完全理解 小学理科

西村賢治 編著

文英堂

この本の構成と使い方

この本は，中学入試に必要な理科の内容を，学習しやすいよう 4 つの編にまとめています。
くわしい解説と豊富な入試問題で，合格への実力をつけることができます。

1 ビジュアルページで探求心を広げる

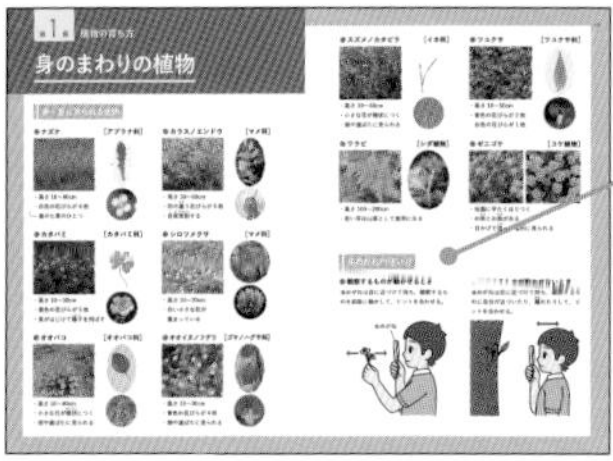

各章のはじめに，その章で学習する内容に関することを写真やイラストで紹介しています。

2 本文解説で理解を深める

小学校の理科の総仕上げと，中学入試に必要な内容をもれなくとり上げ，わかりやすくまとめています。

中学入試で問われやすい実験や観察をとり上げ，考え方が身につくように解説しています。

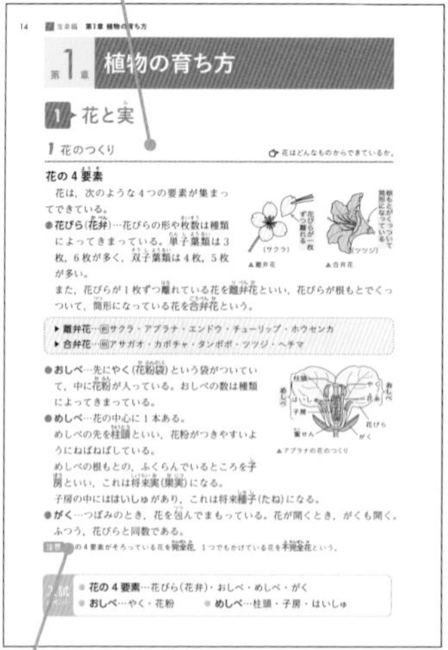

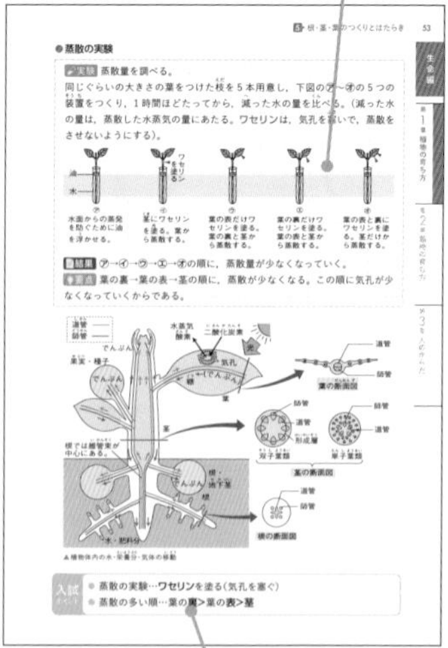

注意 参考 などの補足事項も必要に応じて示しています。

各ページの下に,「入試ポイント」として大切なことがらを書き出しました。

3 問題で知識を確認&実力をつける

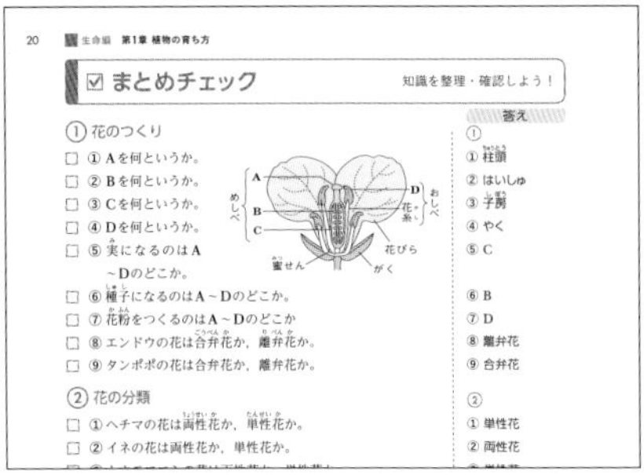
20 生命編 第1章 植物の育ち方

☑ まとめチェック 知識を整理・確認しよう！

① 花のつくり

□ ① Aを何というか。
□ ② Bを何というか。
□ ③ Cを何というか。
□ ④ Dを何というか。
□ ⑤ 実《み》になるのはA～Dのどこか。
□ ⑥ 種子《しゅし》になるのはA～Dのどこか。
□ ⑦ 花粉《かふん》をつくるのはA～Dのどこか
□ ⑧ エンドウの花は合弁花《ごうべんか》か，離弁花《りべんか》か。
□ ⑨ タンポポの花は合弁花か，離弁花か。

② 花の分類

□ ① ヘチマの花は両性花《りょうせいか》か，単性花《たんせいか》か。
□ ② イネの花は両性花か，単性花か。

答え
①
① 柱頭《ちゅうとう》
② はいしゅ
③ 子房《しぼう》
④ やく
⑤ C
⑥ B
⑦ D
⑧ 離弁花
⑨ 合弁花
②
① 単性花
② 両性花

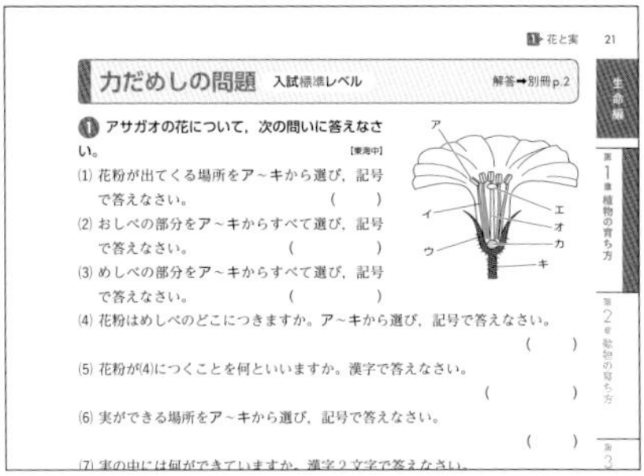
1 花と実 21

力だめしの問題 入試標準レベル 解答➡別冊p.2

❶ アサガオの花について，次の問いに答えなさい。【東海中】

⑴ 花粉が出てくる場所をア～キから選び，記号で答えなさい。（　）
⑵ おしべの部分をア～キからすべて選び，記号で答えなさい。（　）
⑶ めしべの部分をア～キからすべて選び，記号で答えなさい。（　）
⑷ 花粉はめしべのどこにつきますか。ア～キから選び，記号で答えなさい。（　）
⑸ 花粉が⑷につくことを何といいますか。漢字で答えなさい。（　）
⑹ 実ができる場所をア～キから選び，記号で答えなさい。（　）
⑺ 実の中には何ができていますか。漢字2文字で答えなさい。

単元末 まとめチェック

本文の勉強が終わったあとに，どれだけ覚えられたかをチェックしてみましょう。

力だめしの問題

標準レベルの入試問題です。知識を確認したあとは，どのくらい力がついたか，テストしてみましょう。

章末 チャレンジ問題

各章末には，ハイレベルな問題をまとめています。答えられなかった問題は，別冊の「解答集」でくわしく解説していますので，しっかり読みましょう。

編末 総合問題

各編末には，いくつかの単元にわたる総合的な問題を中心に掲載しています。ここが解ければ，中学入試に合格する実力がついたと考えてもよいでしょう。

4 巻末のテストで最終仕上げ

中学入試 総仕上げテスト

本の終わりには，模擬テスト形式の問題を3回分載せてあります。決められた時間を守り，実際に中学の入学試験を受けているつもりで，合格点を目指してとり組んでください。

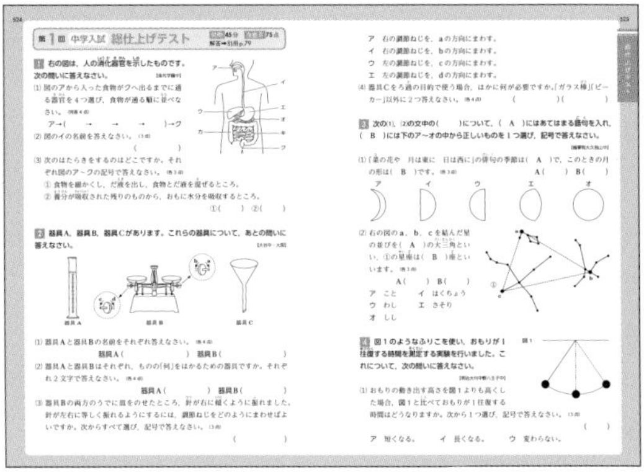
第1回 中学入試 総仕上げテスト 45分 75点 解答➡別冊p.79

1 右の図は，人の消化器官を示したものです。次の問いに答えなさい。

2 器具A，器具B，器具Cがあります。これらの器具について，あとの問いに答えなさい。

3 次の⑴，⑵の文中の（　）について，（ A ）にはあてはまる語句を入れ，（ B ）には下のア～オの中から正しいものを1つ選び，記号で答えなさい。

4 図1のようなふりこを使い，おもりが1往復する時間を測定する実験を行いました。これについて，次の問いに答えなさい。

もくじ

生命編

地球編

物質編

エネルギー編

生命編

身のまわりの植物

春〜夏に見られる植物

ナズナ ［アブラナ科］

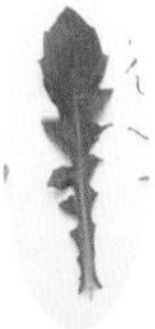

・高さ 10〜40cm
・白色の花びらが 4 枚
・春の七草のひとつ

カラスノエンドウ ［マメ科］

・高さ 30〜60cm
・形の違《ちが》う花びらが 5 枚
・自《じ》家《か》受粉《じゅふん》する

カタバミ ［カタバミ科］

・高さ 10〜30cm
・黄色の花びらが 5 枚
・実がはじけて種子《しゅし》を飛ばす

シロツメクサ ［マメ科］

・高さ 10〜30cm
・白い小さな花が
集まっている

オオバコ ［オオバコ科］

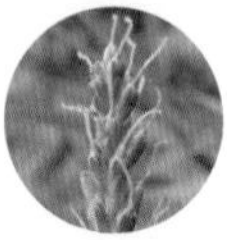

・高さ 10〜40cm
・小さな花が穂状《すいじょう》につく
・畑や道ばたに見られる

オオイヌノフグリ ［ゴマノハグサ科］

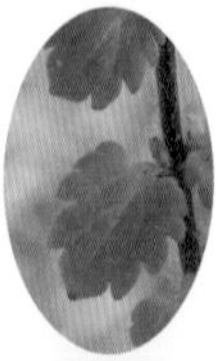

・高さ 10〜30cm
・青色の花びらが 4 枚
・畑や道ばたに見られる

●スズメノカタビラ　［イネ科］

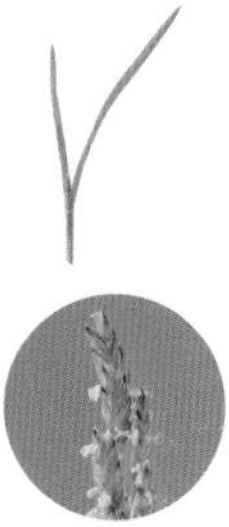

・高さ 10～40cm
・小さな花が穂状につく
・畑や道ばたに見られる

●ツユクサ　［ツユクサ科］

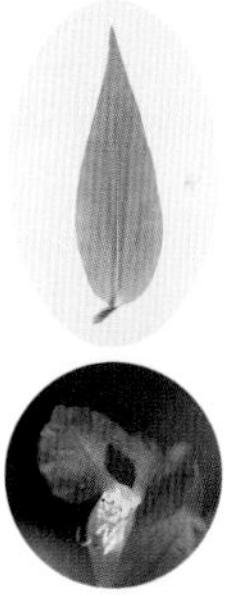

・高さ 10～50cm
・青色の花びらが 2 枚
　白色の花びらが 1 枚

●ワラビ　［シダ植物］

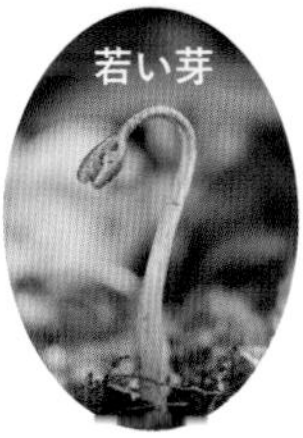

・高さ 100～200cm
・若い芽は山菜として食用になる

●ゼニゴケ　［コケ植物］

・地面に平たくはりつく
・め株《かぶ》とお株《かぶ》がある
・日かげで湿《しめ》った場所に見られる

虫めがねの使い方

●観察するものが動かせるとき

虫めがねは目に近づけて持ち，観察するものを前後に動かして，ピントを合わせる。

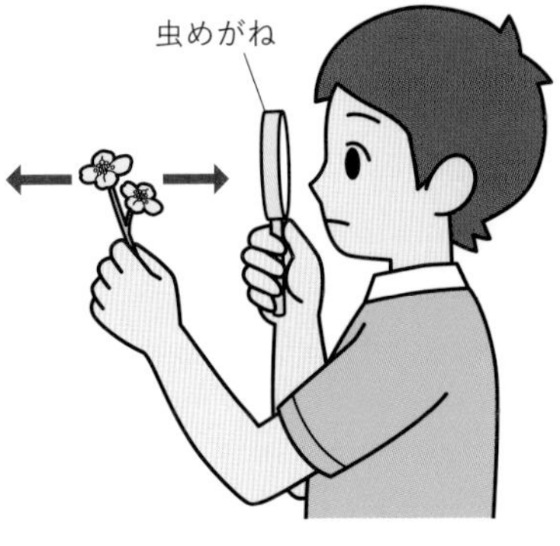

●観察するものが動かせないとき

虫めがねは目に近づけて持ち，観察するものに自分が近づいたり，離《はな》れたりして，ピントを合わせる。

第1章 植物の育ち方

1 花と実《み》

1 花のつくり

☞ 花はどんなものからできているか。

花の4要素《ようそ》

花は，次のような4つの要素が集まってできている。

● **花びら**(**花弁**《かべん》)…花びらの形や枚数《まいすう》は種類によってきまっている。単子葉類《たんしようるい》は3枚，6枚が多く，双子葉類《そうしようるい》は4枚，5枚が多い。

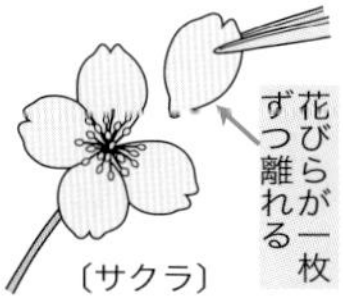

▲離弁花

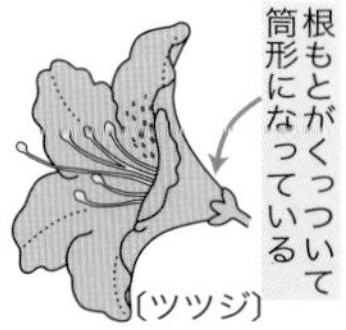

▲合弁花

また，花びらが1枚ずつ離《はな》れている花を**離弁花**《りべんか》といい，花びらが根もとでくっついて，筒《つつ》形になっている花を**合弁花**《ごうべんか》という。

▶ **離弁花**…例サクラ・アブラナ・エンドウ・チューリップ・ホウセンカ
▶ **合弁花**…例アサガオ・カボチャ・タンポポ・ツツジ・ヘチマ

● **おしべ**…先に**やく**(**花粉袋**《かふんぶくろ》)という袋がついていて，中に**花粉**《かふん》が入っている。おしべの数は種類によってきまっている。

● **めしべ**…花の中心に1本ある。
めしべの先を**柱頭**《ちゅうとう》といい，花粉がつきやすいようにねばねばしている。
めしべの根もとの，ふくらんでいるところを**子**《し》**房**《ぼう》といい，これは将来《しょうらい》実《み》(**果実**《かじつ》)になる。
子房の中には**はいしゅ**があり，これは将来**種子**《しゅし》(**たね**)になる。

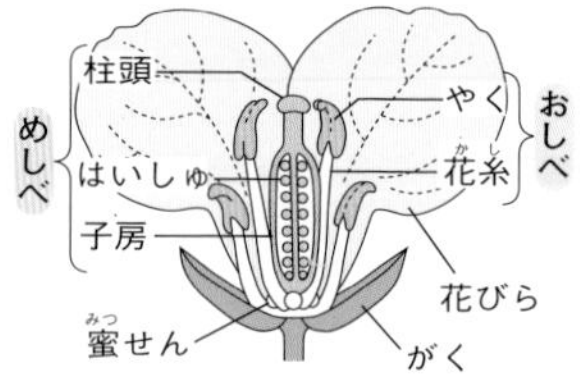

▲アブラナの花のつくり

● **がく**…つぼみのとき，花を包《つつ》んでまもっている。花が開くとき，がくも開く。ふつう，花びらと同数である。

注意　花の4要素がそろっている花を**完全花**《かんぜんか》，1つでもかけている花を**不完全花**《ふかんぜんか》という。

入試ポイント
● **花の4要素**…花びら(花弁)・おしべ・めしべ・がく
● **おしべ**…やく・花粉　● **めしべ**…柱頭・子房・はいしゅ

2 花の分類

花の種類によって，つくりがどう違《ちが》うか。

両性花《りょうせいか》・単性花《たんせいか》

1つの花に，おしべとめしべの両方がそろっている花を**両性花**といい，おしべかめしべのどちらかしかない花を**単性花**という。

おしべだけをもつ花を**お花《ばな》**といい，めしべだけをもつ花を**め花《ばな》**という。

- ▶ **両性花**…例アブラナ・サクラ・タンポポ・アサガオ・イネ・エンドウ
- ▶ **単性花**…例ヘチマ・カボチャ・トウモロコシ・マツ・イチョウ・クリ

▶ **単性花**
- 1つの株《かぶ》にお花とめ花の両方が咲《さ》く植物…例カボチャ・マツ
- め花だけの**め株《かぶ》**とお花だけの**お株《かぶ》**がある植物…例ソテツ・イチョウ

短日《たんじつ》植物・長日《ちょうじつ》植物

昼が短くなる夏～秋にかけて花を咲かせる植物を**短日植物**という。連続した暗い時期(暗期《あんき》)が長くなると花を咲かせる。

- **開花を早くする方法**…おおいをして連続した暗期を長くする。
- **開花を遅《おそ》くする方法**…照明などで連続した暗期を短くする。

昼が長くなる春～初夏にかけて花を咲かせる植物を**長日植物**という。連続した暗い時期(暗期)が短くなると花を咲かせる。

- **開花を早くする方法**…照明などで連続した暗期を短くする。
- **開花を遅くする方法**…おおいをして連続した暗期を長くする。

- ▶ **短日植物**…例キク・コスモス・アサガオ・イネ・ダリア・オナモミ
- ▶ **長日植物**…例ダイコン・アブラナ・アヤメ・ホウレンソウ

被子《ひし》植物・裸子《らし》植物

はいしゅが子房《しぼう》に包まれている花をつける植物を**被子植物**という。

子房がなく，はいしゅがむき出しになっている花をつける植物を**裸子植物**という。

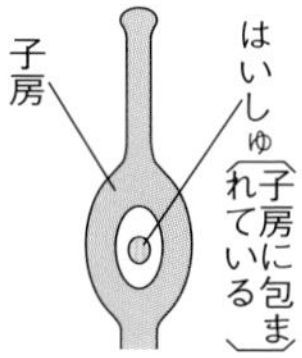

▲被子植物のめしべ

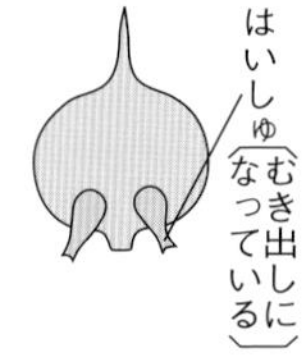

▲裸子植物のめ花

- ▶ **被子植物**…例アブラナ・タンポポ
- ▶ **裸子植物**…例マツ・スギ・イチョウ・ソテツ

入試ポイント
● **花の分類**…両性花・単性花，短日植物・長日植物，被子植物(はいしゅが子房に包まれている)・裸子植物(はいしゅがむき出し)

3 受粉《じゅふん》

☞ 花粉《かふん》はどんな方法でめしべにつくか。

●**受粉**…花粉がめしべの柱頭《ちゅうとう》につくこと。受粉しなければ，実《み》や種子《しゅし》はできない。

●**他家受粉《たかじゅふん》**…おしべの花粉が別の花(別の株《かぶ》)のめしべの柱頭につくこと。

▶**虫媒花《ちゅうばいか》**…花粉がこん虫《ちゅう》のからだについて運ばれることで受粉する。こん虫のからだにつきやすいように，花粉にとげや毛がはえている。

▶**風媒花《ふうばいか》**…花粉が風に飛ばされて受粉する。風で飛びやすいように，花粉は軽くさらさらしている。**空気袋《ぶくろ》**をもつものもある。

参考 花びらは，虫を引き寄せるためについているということから，花びらをつけている花は**虫媒花**，花びらのない花は**風媒花**であると区別するとよい。

> ▶ **虫媒花**…例アブラナ・ヘチマ・サクラ・カボチャ・ヒマワリ・ツツジ
> ▶ **風媒花**…例マツ・スギ・イネ・トウモロコシ・ムギ

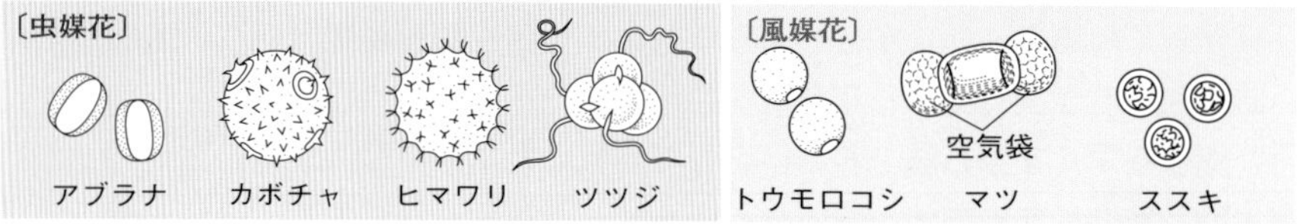

▲いろいろな花粉

●**自家受粉《じかじゅふん》**…おしべの花粉が同じ花(同じ株)のめしべの柱頭につくこと。アサガオ・イネなどは，花が開くときに自家受粉する。

●**人工受粉《じんこうじゅふん》**…くだものの栽培《さいばい》などで，受粉を確実《かくじつ》にするために，人が花粉をめしべの柱頭につけること。

受粉のあとの変化

受粉すると，花粉から**花粉管《かふんかん》**が出て，めしべの中を伸《の》びていき，花粉管が**はいしゅ**にとどくと**受精《じゅせい》**する。受精した**はいしゅ**は**種子**になり，**子房《しぼう》**は成長して**実**になる。**花床《かしょう》(花《か》たく)**(がくや花びらがついているところ)が成長して実になるものもある。

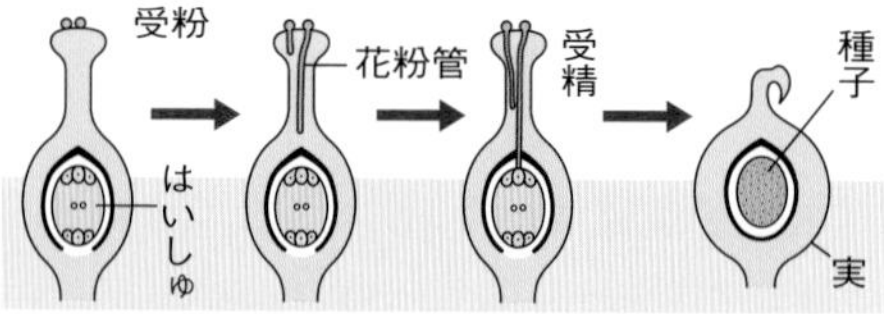

▲受粉のあとの変化

> ▶ **子房が実になるもの**…例アブラナ・カキ・エンドウ・ウメ・モモ
> ▶ **花床(花たく)が実になるもの**…例リンゴ・ナシ・イチゴ

入試ポイント
- **受粉のしかた**…虫媒花・風媒花，自家受粉・人工受粉
- **受粉したあと**…**はいしゅ→種子**　**子房**(および**花床**)**→実**

4 代表的な花

☞ それぞれの花にはどんな特徴《とくちょう》があるか。

アブラナの花（完全花《かんぜんか》，離弁花《りべんか》，両性花《りょうせいか》，虫媒花）

花びら 4 枚《まい》，がく 4 枚，おしべ 6 本，めしべ 1 本からできている。

おしべは 4 本が長く，2 本は短い。おしべのつけねに 4 つの**蜜《みつ》せん**がある。

また，花は茎《くき》の先にたくさんつき，下のほうから咲《さ》いていく。実も下のほうからできていく。種子からは**なたね油**がとれる。

▶ アブラナのなかま（アブラナ科）…アブラナと似《に》たつくりの花が咲く。

例 キャベツ・ナズナ・ダイコン・カブ・コマツナ・ブロッコリー・ワサビ

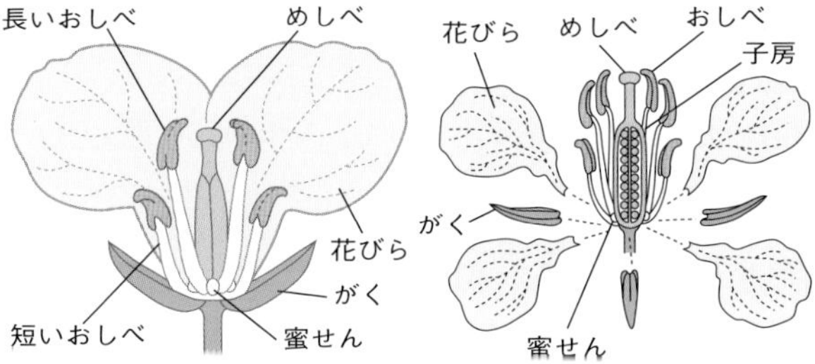

花は下から咲いていく。
下の花ほど早く実になる。

▲アブラナの花

ヘチマの花（不完全花《ふかんぜんか》，合弁花《ごうべんか》，単性花《たんせいか》，虫媒花）

1 つの株にお花《ばな》とめ花《ばな》をもつ**単性花**である。お花もめ花も，花びらは 5 枚で，もとのほうはくっついている。がくは 5 枚ある。

お花には，おしべが 5 本あるが，めしべはない。一方，め花には，先が 3 つに分かれためしべが 1 本あるが，おしべはない。また，め花には，大きな子房ががくの下にある。

▶ ヘチマのなかま（ウリ科）…すべて単性花で，お花とめ花がある。

例 カボチャ・キュウリ・スイカ・ツルレイシ（ゴーヤー）・ヒョウタン

▲ヘチマの花

入試ポイント

- アブラナの花…**おしべの長さ**が違《ちが》う。花は**下から**咲く。**蜜せんがある。**
- ヘチマの花…**お花とめ花**がある。子房は**がくの下**にある。

タンポポの花(完全花《かんぜんか》，合弁花《ごうべんか》，両性花《りょうせいか》，虫媒花《ちゅうばいか》，自家受粉《じかじゅふん》)

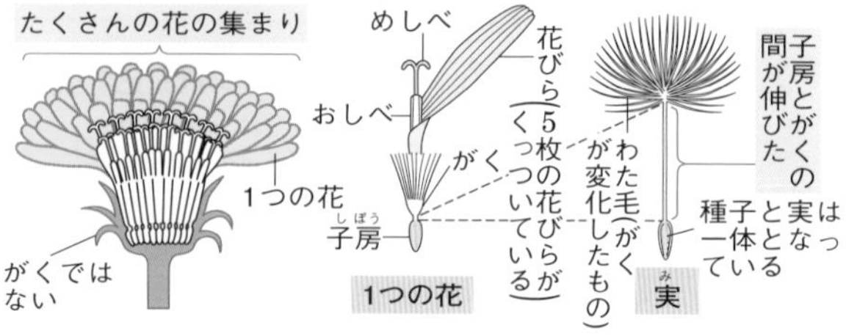

▲タンポポの花

たくさんの花が集まって，1つの花のように見える。花びら5枚《まい》(くっついて1枚のように見える)，がく多数(毛のようになっている)，おしべ5本(めしべを包《つつ》んでいる)，めしべ1本(先が2つに分かれている。はいしゅは1個)からできている。**虫媒花**であるが，花が咲《さ》くとき，めしべがおしべの間を伸《の》びていくので，そのとき**自家受粉**することが多い。

▶ **タンポポのなかま(キク科)**…たくさんの花が集まって，1つの花に見える。

例 キク・ヒマワリ・コスモス・ヒメジョオン・レタス・ゴボウ・シュンギク

イネの花(不完全花《ふかんぜんか》，両性花，風媒花《ふうばいか》，自家受粉)

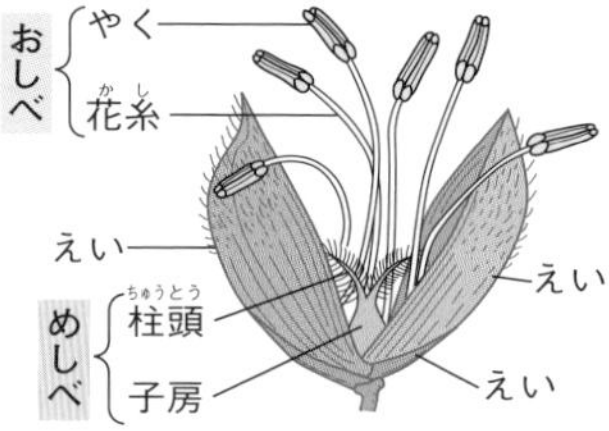

▲イネの花

花びらやがくがなく，4枚の**えい**という殻《から》にまもられている。おしべは6本，めしべの先は2つに分かれ，細い毛がたくさんある。

風媒花であるが，花が開くとき，やくから花《か》粉《ふん》が落ちて**自家受粉**することが多い。

▶ **イネのなかま(イネ科)**…花びらとがくがなく，**えい**をもつ。

例 コムギ・アワ・ススキ・エノコログサ・トウモロコシ(トウモロコシは，両性花ではなくお花《ばな》とめ花《ばな》をつける)

サクラの花(完全花，離弁花《りべんか》，両性花，虫媒花)

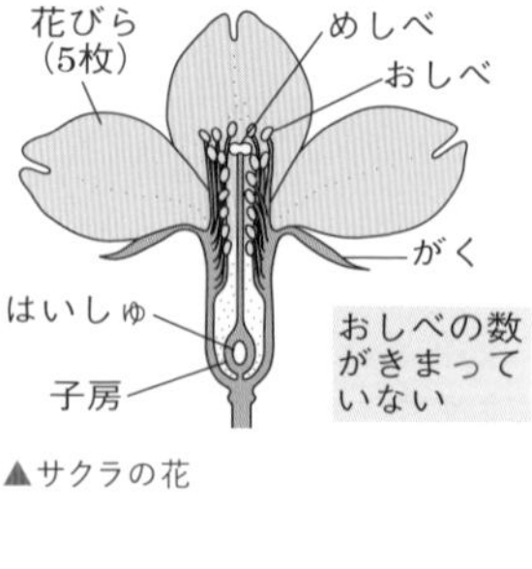

▲サクラの花

花びら5枚，がく5枚，おしべ20～30本(数はきまっていない)，めしべ1本(はいしゅは1個)からできている。

▶ **サクラのなかま(バラ科)**…離弁花で，おしべが多い。

例 ウメ・モモ・リンゴ・ナシ・イチゴ(くだもののなかまが多い)・バラ

入試ポイント
- タンポポの花…**1枚の花びらに見えるのが1つの花。自家受粉。**
- イネの花…**花びら・がくがなく，えいがある。自家受粉。**

アサガオの花(完全花，合弁花，両性花，虫媒花，自家受粉)

花びらは全部がくっついて，じょうご(漏斗《ろうと》)のような形になっている。がくは，先が5つに分かれている。おしべは5本，めしべは1本(はいしゅは6個)からできている。

虫媒花であるが，花が開くとき，おしべが伸びて，めしべの柱頭に触《ふ》れ，**自家受粉**することが多い。

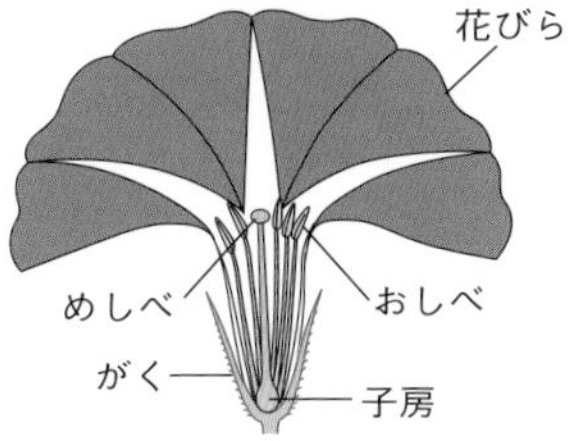

▲アサガオの花

▶アサガオのなかま(ヒルガオ科)…漏斗形の花が咲く。例サツマイモ

エンドウの花(完全花，離弁花，両性花，虫媒花，自家受粉)

花びらは5枚で，全体はチョウのような形になる。

がくは，もとがくっつき，先は5つに分かれている。

おしべは10本あり，そのうち9本は，もとがくっついていて筒《つつ》になり，めしべを包んでいる。残りの1本だけ離《はな》れている。

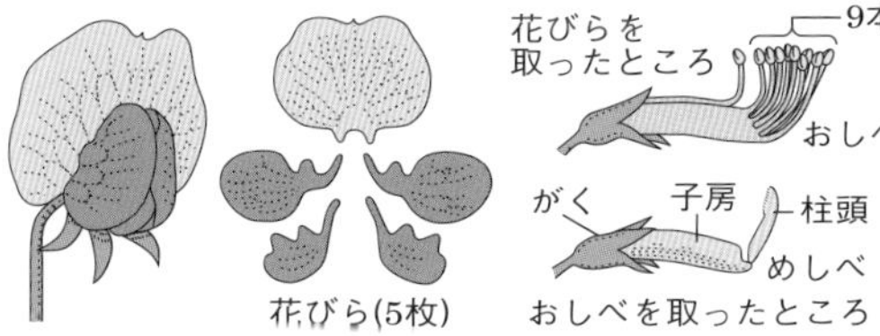

▲エンドウの花

▶エンドウのなかま(マメ科)…チョウ形の花が咲く。例ダイズ・フジ

マツの花(不完全花，単性花《たんせいか》，風媒花，裸子《らし》植物)

同じ株《かぶ》にお花とめ花が咲く。お花もめ花も，花びらやがくはなく，たくさんの**りん片《ぺん》**が集まったものである。

お花では，1つのりん片に**花粉《かふん》のう**(やく)が2つずつついており，め花では，1つのりん片に**はいしゅ**が2つずつついている。また，子房《しぼう》はない(裸子《らし》植物)。

まつかさはマツの実で，はねのはえた種子ができる。

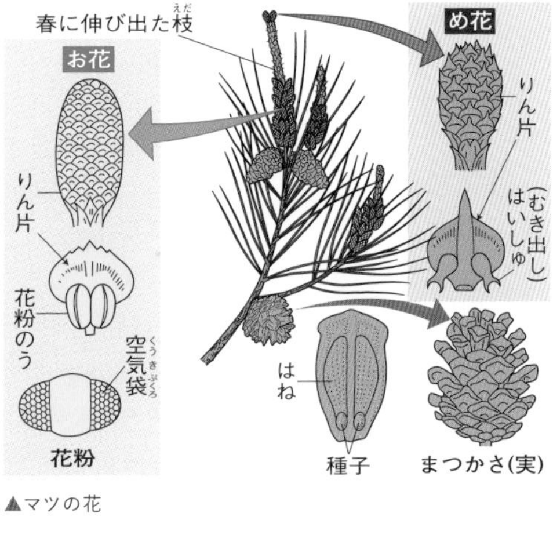

▲マツの花

入試ポイント

- アサガオの花…開花時に**自家受粉**する。
- マツの花…**りん片**に**花粉のう**や**はいしゅ**がついている。

☑ まとめチェック

知識を整理・確認しよう！

① 花のつくり

- ☐ ① Aを何というか。
- ☐ ② Bを何というか。
- ☐ ③ Cを何というか。
- ☐ ④ Dを何というか。
- ☐ ⑤ 実《み》になるのはA～Dのどこか。

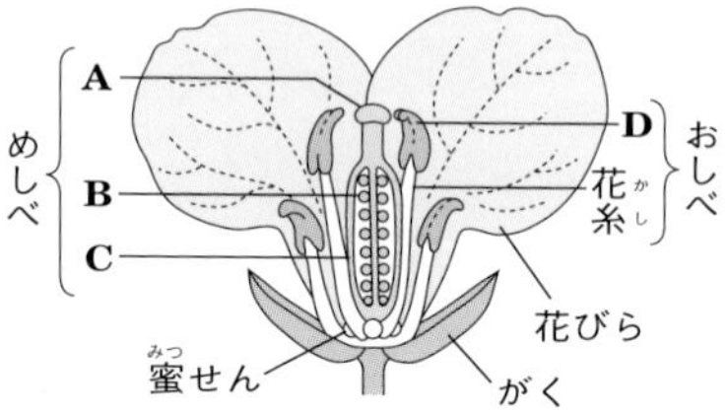

- ☐ ⑥ 種子《しゅし》になるのはA～Dのどこか。
- ☐ ⑦ 花粉《かふん》をつくるのはA～Dのどこか
- ☐ ⑧ エンドウの花は合弁花《ごうべんか》か，離弁花《りべんか》か。
- ☐ ⑨ タンポポの花は合弁花か，離弁花か。

② 花の分類

- ☐ ① ヘチマの花は両性花《りょうせいか》か，単性花《たんせいか》か。
- ☐ ② イネの花は両性花か，単性花か。
- ☐ ③ トウモロコシの花は両性花か，単性花か。
- ☐ ④ アサガオは長日《ちょうじつ》植物か，短日《たんじつ》植物か。
- ☐ ⑤ アブラナは長日植物か，短日植物か。
- ☐ ⑥ キクは長日植物か，短日植物か。
- ☐ ⑦ マツは被子《ひし》植物か，裸子《らし》植物か。

③ 受粉《じゅふん》

- ☐ ① 花粉がめしべの柱頭につくことを何というか。
- ☐ ② アブラナの花は虫媒花《ちゅうばいか》か，風媒花《ふうばいか》か。
- ☐ ③ マツの花は虫媒花か，風媒花か。
- ☐ ④ おしべの花粉が同じ花，または同じ株《かぶ》の花の柱頭につくことを何というか。
- ☐ ⑤ エンドウとヘチマで，自家受粉するのはどちらか。
- ☐ ⑥ 受粉したあと，花粉から伸《の》びる管を何というか。
- ☐ ⑦ モモとイチゴで，花床《かしょう》(花《か》たく)が実になるのはどちらか。

④ 代表的な花

- ☐ ① アブラナの花の花びらの数は何枚《まい》か。
- ☐ ② タンポポの花の花びらの数は何枚か。

答え

①
- ① 柱頭《ちゅうとう》
- ② はいしゅ
- ③ 子房《しぼう》
- ④ やく
- ⑤ C
- ⑥ B
- ⑦ D
- ⑧ 離弁花
- ⑨ 合弁花

②
- ① 単性花
- ② 両性花
- ③ 単性花
- ④ 短日植物
- ⑤ 長日植物
- ⑥ 短日植物
- ⑦ 裸子植物

③
- ① 受粉
- ② 虫媒花
- ③ 風媒花
- ④ 自家受粉《じかじゅふん》
- ⑤ エンドウ
- ⑥ 花粉管《かふんかん》
- ⑦ イチゴ

④
- ① 4枚
- ② 5枚

力だめしの問題　入試標準レベル

解答➡別冊 p.2

1 アサガオの花について，次の問いに答えなさい。　【東海中】

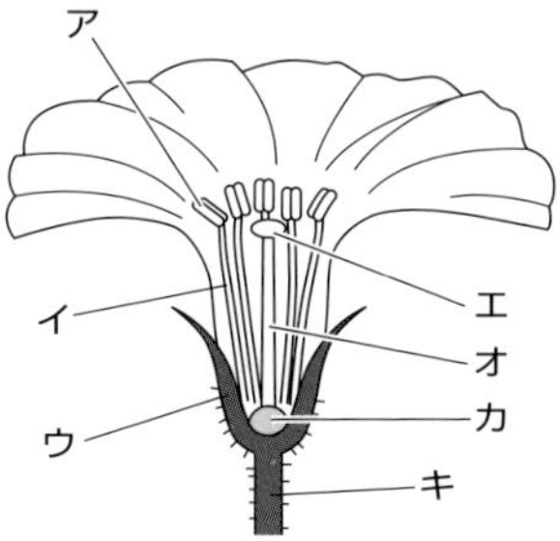

(1) 花粉が出てくる場所を**ア**～**キ**から選び，記号で答えなさい。　(　　)

(2) おしべの部分を**ア**～**キ**からすべて選び，記号で答えなさい。　(　　　　)

(3) めしべの部分を**ア**～**キ**からすべて選び，記号で答えなさい。　(　　　　)

(4) 花粉はめしべのどこにつきますか。**ア**～**キ**から選び，記号で答えなさい。　(　　)

(5) 花粉が(4)につくことを何といいますか。漢字で答えなさい。　(　　　　)

(6) 実ができる場所を**ア**～**キ**から選び，記号で答えなさい。　(　　)

(7) 実の中には何ができていますか。漢字２文字で答えなさい。　(　　　　)

2 セイヨウタンポポの花を虫めがねを使ってよく観察しました。すると，セイヨウタンポポは１本の茎《くき》に小さな花が多数集まって咲《さ》いていることがわかりました。右の図は，セイヨウタンポポの小さな花の１つを表したものです。この花のめしべの位置として最も適切《てきせつ》なものを，図の**ア**～**オ**から１つ選び，記号で答えなさい。　【東邦大付東邦中】

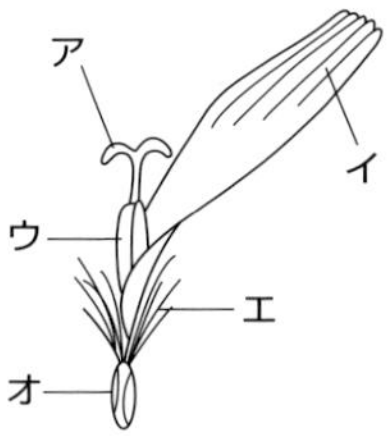

(　　)

3 ヒマワリは虫によって花粉が運ばれる虫媒花です。次のア～オより虫媒花のものを２つ選び，記号で答えなさい。　【東洋英和女学院中学部】

(　　)(　　)

ア　イネ　　**イ**　タンポポ　　**ウ**　トウモロコシ
エ　イチョウ　　**オ**　イチゴ

4 **下の図は，イネの花の変化の様子をスケッチしたものです。図中のAの部分は何ですか。次から選び，記号で答えなさい。** 【栄光学園中】

（　　）

ア　めしべ　　イ　おしべ　　ウ　がく　　エ　花びら

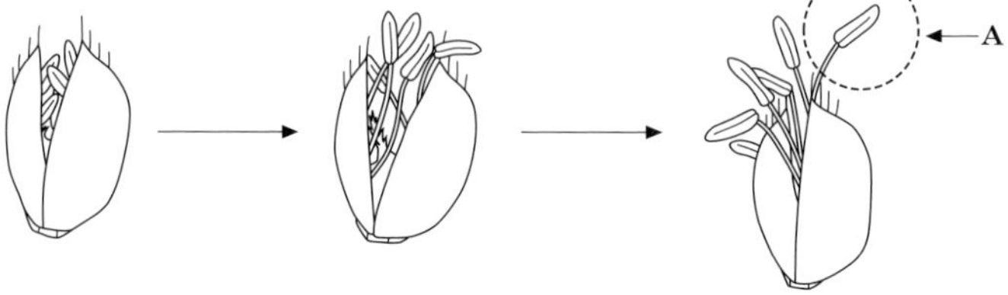

5 **いろいろな植物の花粉《かふん》を調べました。** 【高田中】

⑴ カボチャの花粉を顕微鏡《けんびきょう》で観察したときの形を，次のア～エから1つ選び，記号で答えなさい。 （　　）

ア
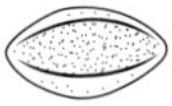
イ
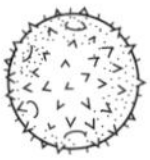
ウ

エ
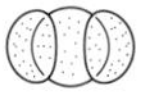

⑵ 花粉がおもに風で運ばれて受粉《じゅふん》するものを，次から2つ選び，記号で答えなさい。 （　　）（　　）

ア　マツ　　イ　ユリ　　ウ　ヘチマ

エ　コスモス　　オ　トウモロコシ　　カ　レンゲソウ

6 **植物の花のつくりについて，次の問いに答えなさい。** 【聖母学院中】

⑴ アサガオの花の若《わか》いつぼみに次のような操作《そうさ》をしました。実《み》ができなくなるような操作をすべて選び，記号で答えなさい。 （　　　　）

ア　すべてのおしべを取り，つぼみにポリエチレン袋《ぶくろ》を被《かぶ》せる。

イ　めしべを取り，そのままにしておく。

ウ　つぼみにポリエチレン袋を被せる。

エ　すべてのおしべを取り，そのままにしておく。

オ　めしべを取り，つぼみにポリエチレン袋を被せる。

⑵ お花《ばな》とめ花《ばな》の2種類の花を咲《さ》かせるものを次からすべて選び，記号で答えなさい。 （　　　　）

ア　ヒマワリ　　イ　チューリップ　　ウ　ゴーヤー

エ　サクラ　　オ　イネ　　カ　ヘチマ

7 花のつくりと花粉について，次の問いに答えなさい。　【岡山中】

⑴ 花のつくりの中で，がく，花びら，おしべ，めしべを「花の４要素《ようそ》」といいます。**図１**は，アブラナの花のつくりを示《しめ》しています。花の４要素にふくまれない部分を，**図１のＡ～Ｈ**から選び，記号で答えなさい。

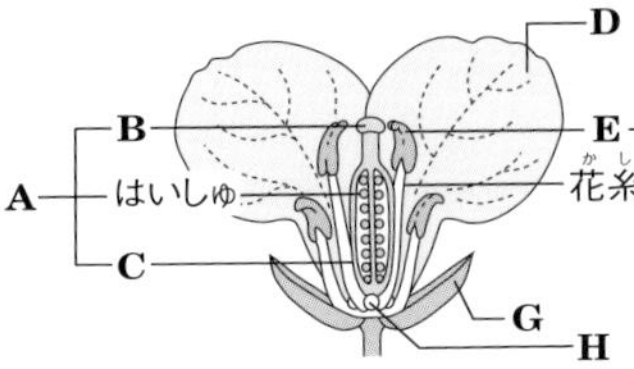

図１

（　　）

⑵ **図１のＣ**は子房《しぼう》とよばれる部分です。花にこの部分ができない植物を，次の中から２つ選び，記号で答えなさい。　（　　）（　　）

ア　アサガオ　　イ　ホウセンカ　　ウ　イチョウ

エ　マツ　　オ　サクラ

⑶ 花には，花粉をめしべにつけるために，こん虫《ちゅう》を利用する虫媒花《ちゅうばいか》や，風を利用する風媒花《ふうばいか》などがある。誤《あやま》っているものを次から選び，記号で答えなさい。

（　　）

ア　虫媒花の花粉は，表面にとげがありこん虫のからだにくっつきやすくなっているものがある。

イ　虫媒花の花粉は，風媒花の花粉に比《くら》べて，数が少ない。

ウ　虫媒花には，ヒマワリ，サクラ，トウモロコシなどがある。

エ　風媒花の花粉には，空気の袋をもつものもある。

⑷ 虫媒花にみられる特徴《とくちょう》について，誤っているものを次から選び，記号で答えなさい。　（　　）

ア　**図１のＤ**が色鮮《あざ》やかなものがある。

イ　花からよいにおいを放つものがある。

ウ　**図１のＢ**の表面に，花粉がつきやすいように粘《ねば》りけがあるものがある。

エ　**図１のＥ**から蜜《みつ》を出すものがある。

⑸ **図２**は，ヘチマのお花とめ花のつくりを示しています。ヘチマの実になる部分を，**図２のＩ～Ｎ**から選び，記号で答えなさい。　（　　）

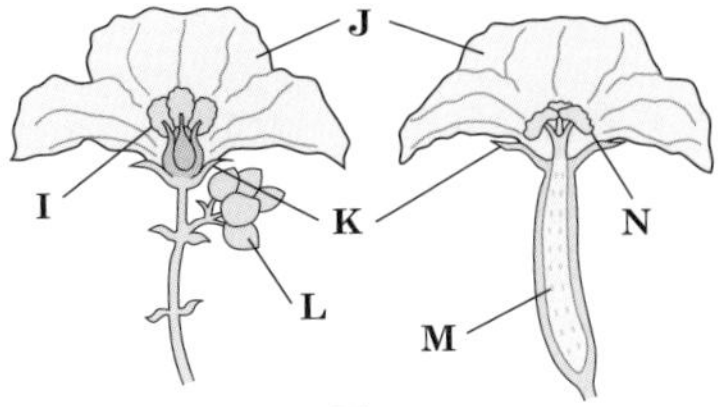

図２

⑹ **図１と図２**で，花の同じ部分を示している組み合わせとして正しいものを，次からすべて選び，記号で答えなさい。　（　　）

ア　**Ｂ－Ｉ**　　イ　**Ｃ－Ｍ**　　ウ　**Ｄ－Ｊ**　　エ　**Ｅ－Ｎ**　　オ　**Ｇ－Ｋ**

2 種子《しゅし》の発芽《はつが》と成長

1 種子のつくり

☞ 種子はどんなものからできているか。

種子の各部のはたらき

種子は，葉・茎《くき》・根になる**はい**と，栄養分《えいようぶん》をたくわえる**子葉**《しよう》や**はい乳**《にゅう》とからできている。

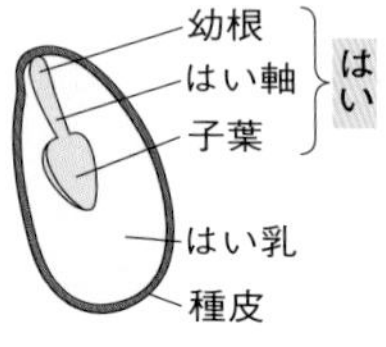

▲カキの種子

- **はい**…種皮《しゅひ》に包《つつ》まれた種子の内部で，**子葉・はい軸**《じく》**・幼**《よう》**根**《こん》からできている。発芽したとき最初に出る葉を**子葉**という。ここに栄養分をたくわえているものもある(**無**《む》**はい乳種子**《にゅうしゅし》)。はい軸は茎になり，幼根は根になる。
- **はい乳**…はいが育つための栄養分をたくわえている部分を**はい乳**という。はい乳がない種子もある(**無はい乳種子**)。
- **種皮**…種子を包んでいる皮《かわ》を**種皮**という。種子の内部をまもり，乾燥《かんそう》を防《ふせ》ぐ。

はい乳がある種子・はい乳がない種子

- **有**《ゆう》**はい乳**《にゅう》**種子**…はい乳がある種子を**有はい乳種子**という。はい乳が種子の中身の大部分をしめ，ここに，はいが育つための栄養分をたくわえている(単子葉類《たんしようるい》とカキ)。

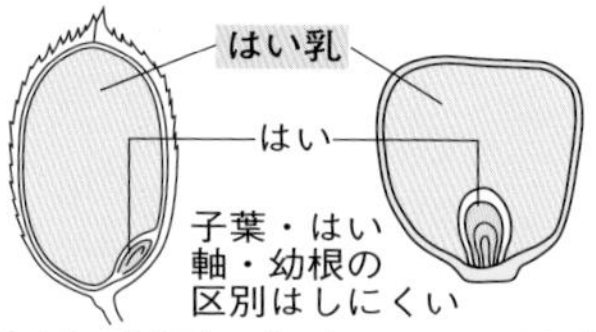

▲有はい乳種子

- **無はい乳種子**…はい乳がない種子を**無はい乳種子**という。はい乳のかわりに**子葉**に栄養分をたくわえるので，子葉が大きくなり，種子の中身の大部分をしめる。本葉《ほんば》になる幼芽《ようが》がはっきりと区別できる(カキ以外の双子葉《そうしよう》類《るい》)。

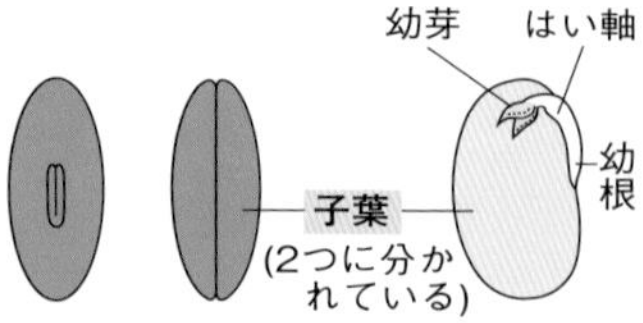

▲無はい乳種子

参考 種子の中身の大部分が子葉だから，種子の中身が2つに分かれているものが多い(マメ・クリ)。しかし，アサガオのように，子葉がおりたたまれているものもある。

> ▶ **有はい乳種子**…例カキ・イネ・ムギ・トウモロコシ・オシロイバナ
> ▶ **無はい乳種子**…例インゲンマメ・ダイズ・エンドウ・ソラマメ・アブラナ・クリ・カシ・ヘチマ・ダイコン・アサガオ・ヒマワリ

入試ポイント
- **有はい乳種子…はい(子葉・はい軸・幼根)とはい乳**からできている。
- **無はい乳種子**…はい乳がなく，**子葉**に**栄養分**をたくわえている。

2 発芽の様子

種子はどんなすがたで発芽するか。

発芽の順序《じゅんじょ》

まず**幼根**が伸《の》びて根になり，次に**はい軸《じく》**が伸び，**子葉**が地上に出て開く。その後，**本葉**が開いて成長していく。一方，子葉が地上に出ないで，地中に残ったままのものもある。

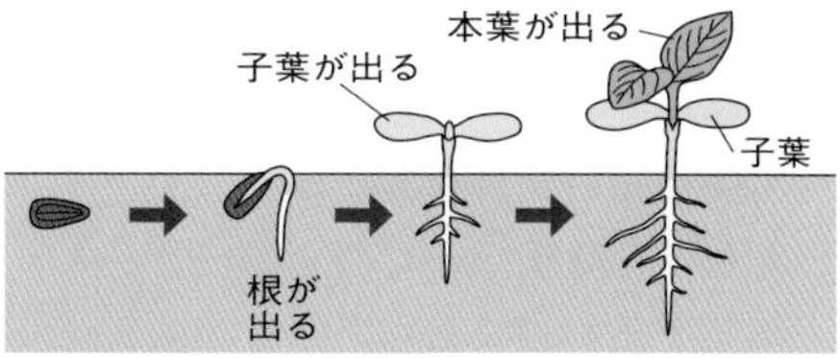

▲発芽の順序

有はい乳種子は，すべて子葉が地上に出て成長するが，無はい乳種子は，子葉が地上に出るものと出ないものがある。

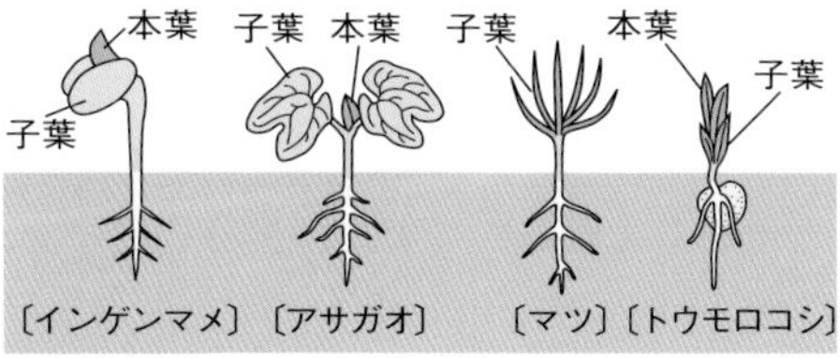

▲子葉が地上に出るもの

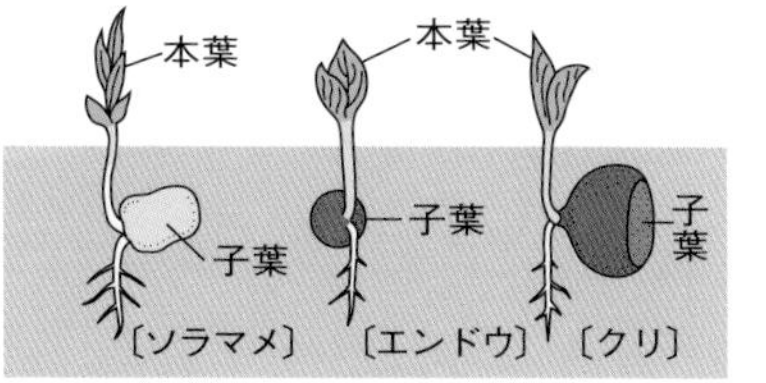

▲子葉が地上に出ないもの

子葉の数

- **双子葉類**…子葉が２枚《まい》ある(ふた葉《ば》)。例 ダイズ・アサガオ・ヒマワリ
- **単子葉類**…子葉が１枚しかない。例 イネ・トウモロコシ・ネギ・ムギ・ユリ
- **裸子《らし》植物**…子葉がたくさんある。例 マツ・スギ・イチョウ・ソテツ

3 発芽の栄養分

発芽にはどこの栄養分が使われるか。

芽《め》ばえの重さ

はい乳や子葉にたくわえられている栄養分は，発芽後本葉が大きくなるまでの成長に使われる。発芽後しばらくの間は，芽ばえの重さ(乾燥《かんそう》させたものの重さ)は減《へ》っていく。本葉が**光合成《こうごうせい》**を始めて少しすると，重さも増《ふ》えていく。

発芽前にはい乳や子葉を切りとったものと切りとらなかったものを比《くら》べると，切りとったものは，成長が悪い。

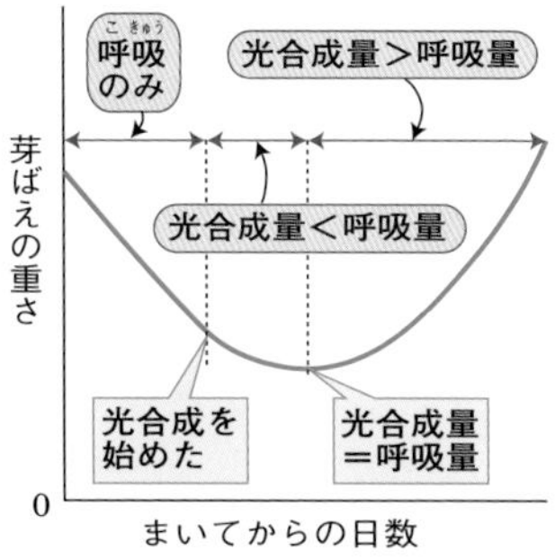

▲芽ばえの重さの変化

> **入試ポイント**
> - **発芽の順序**…**根**が出る→**子葉**が出る→**本葉**が出る
> - **芽ばえの重さ**…発芽後しばらくは，**重さが減る。**

種子《しゅし》の栄養分《えいようぶん》の種類

はい乳《にゅう》や子葉《しよう》にたくわえられている物質《ぶっしつ》は，多くは**でんぷん**であるが，**脂肪《しぼう》**や**たんぱく質《しつ》**の場合もある。

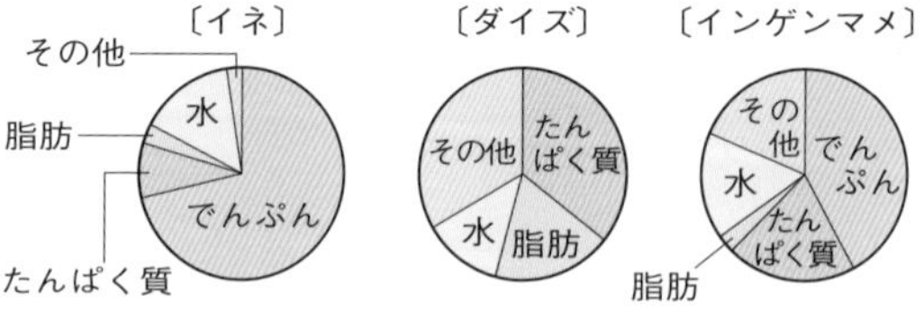

▲種子にふくまれているもの

- でんぷんを多くふくむもの…例イネ・ムギ・トウモロコシ・アズキ
- 脂肪を多くふくむもの…例アブラナ・ゴマ・ラッカセイ・ヒマワリ
- たんぱく質を多くふくむもの…例ダイズ

4 発芽《はつが》の条件《じょうけん》

☞ 種子が発芽するには何が必要か。

発芽に必要なもの

●発芽には水が必要

実験 ㋐水を十分にあたえたものと㋑あたえないものとで，発芽の様子を比《くら》べる。

結果 **㋐は発芽するが，㋑は発芽しない。**

要点 発芽には水が必要である。
(水を吸《す》うと，種子が休眠《きゅうみん》からさめる。)

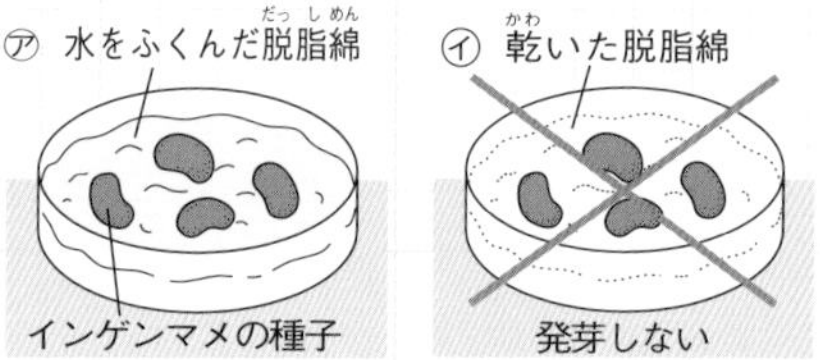

注意 どちらも温度は適当《てきとう》で，空気(酸素《さんそ》)も十分にあたえる。

●発芽には適当な温度が必要

実験 ㋐あたたかい所に置いた暗箱の中と㋑冷蔵庫《れいぞうこ》の中に置いたものとで，発芽の様子を比べる。

結果 **㋐は発芽するが，㋑は発芽しない。**

要点 発芽には適当な温度が必要である。
(㋐は光があたっていないのに発芽した。このことから，発芽には光は必要でないということもわかる。)

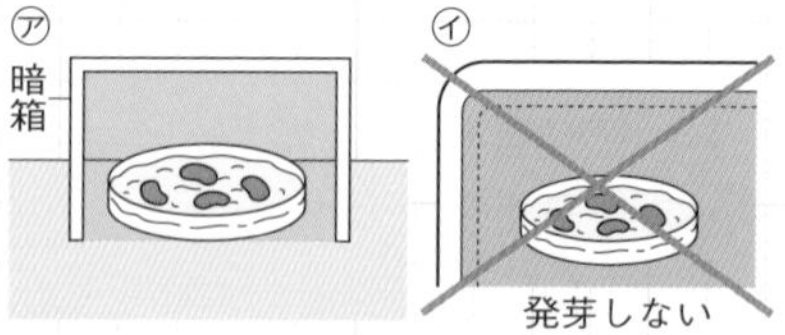

注意 どちらも水と空気(酸素)は十分にあたえる。冷蔵庫の中は暗いので，㋐にも光があたらないようにしておく。

入試ポイント
- **発芽に必要な条件**…**水**・適当な**温度**・**空気**(酸素)
- ある条件を比べるときは，**ほかの条件を同じ**にする。

●発芽には空気（酸素）が必要

実験 ㋐種子が半分ひたるほど水を入れたものと㋑水をたくさん入れて，種子を沈《しず》ませ，空気に触《ふ》れないようにしたものとで，発芽の様子を比べる。

結果 **㋐は発芽するが，㋑は発芽しない。**

要点 発芽には空気が必要である。（空気中の酸素が種子の呼吸《こきゅう》に必要。）

注意 どちらも適当な温度にしておく。

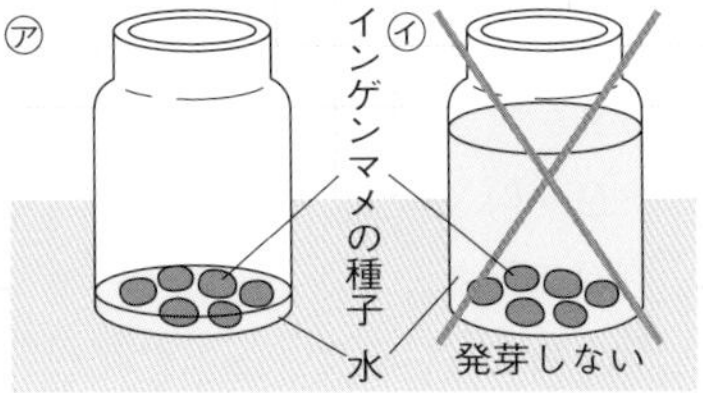

発芽に必要でないもの

●**光**…光は植物が成長するための栄養分をつくるのに必要であるが，発芽のための栄養分は種子の中にたくわえられているので，発芽には光は不必要である。ただし，植物のなかには，光をあてないと発芽しない種子もある。このような種子を**光発芽種子**《ひかりはつがしゅし》という。例 タバコ・マツバボタン・レタス

●**肥料**《ひりょう》**・土**…植物が成長するときには必要となるが，発芽には不必要である。

5 種子の呼吸

☞ 種子が呼吸していることは，どうすればわかるか。

実験 三角フラスコに発芽しかけたエンドウの種子と**石灰水**《せっかいすい》の入った試験管を入れて，栓《せん》をする。栓にはガラス管を通し，その端《はし》を着色した水の中につけて，一昼夜くらいおく。

結果 石灰水は白く濁《にご》り，着色した水がガラス管内を上がってくる。

要点 石灰水が白く濁ったのは，三角フラスコの中に**二酸化炭素**《にさんかたんそ》ができたからである。これは，エンドウの種子が呼吸をした結果できたものである。

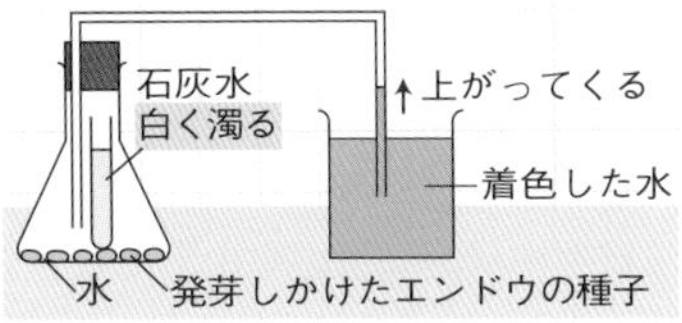

エンドウの種子は，呼吸のために三角フラスコの中の酸素をとり入れ，二酸化炭素を出す。この二酸化炭素は石灰水にとけこむので，エンドウの種子がとり入れた酸素の分だけ三角フラスコの中の空気の量が減《へ》る。その結果，三角フラスコの中の空気の圧力《あつりょく》は，外の空気の圧力より下がるため，着色した水がガラス管内に押《お》し上げられる。

入試ポイント

- 発芽に**光**を必要とするものがある。タバコ・マツバボタン・レタス
- 発芽中の**種子**は，**酸素**をとり入れ，**二酸化炭素**を出す（**呼吸**する）。

☑ まとめチェック

知識を整理・確認しよう！

① 種子《しゅし》のつくり

- □ ① Aを何というか。
- □ ② Bを何というか。
- □ ③ Cを何というか。
- □ ④ Dを何というか。
- □ ⑤ AやCには何が入っているか。

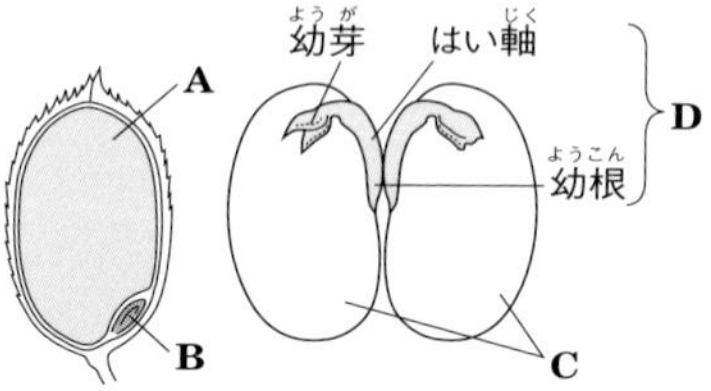

- □ ⑥ インゲンマメの種子は有《ゆう》はい乳種子《にゅうしゅし》か，無《む》はい乳種子《にゅうしゅし》か。
- □ ⑦ カキの種子は有はい乳種子か，無はい乳種子か。
- □ ⑧ トウモロコシの種子は有はい乳種子か，無はい乳種子か。

② 発芽の様子

- □ ① エンドウとインゲンマメで，発芽のときに子葉が地上に出ないものはどちらか。
- □ ② インゲンマメは単子葉類《たんしようるい》か，双子葉類《そうしようるい》か。
- □ ③ アサガオは単子葉類か，双子葉類か。
- □ ④ イネは単子葉類か，双子葉類か。
- □ ⑤ ヘチマは単子葉類か，双子葉類か。

③ 発芽の栄養分

- □ ① 種子をふくんだ芽《め》ばえ全体の重さは，発芽後しばらくの間，増加《ぞうか》するか，減少《げんしょう》するか。
- □ ② イネやトウモロコシの種子の中のおもな栄養分は何か。
- □ ③ アブラナやゴマの種子の中のおもな栄養分は何か。
- □ ④ ダイズの種子の中のおもな栄養分は何か。

④ 発芽の条件《じょうけん》

- □ ① 種子の発芽の条件を3つ答えよ。
- □ ② 発芽に光が必要なのはレタスとキャベツのどちらか。

⑤ 種子の呼吸《こきゅう》

- □ ① 種子は発芽するときに何という気体を放出するか。
- □ ② ①を石灰水《せっかいすい》に入れるとどうなるか。

答え

①
① はい乳《にゅう》
② はい
③ 子葉《しよう》
④ はい
⑤ 発芽《はつが》の栄養分《えいようぶん》
⑥ 無はい乳種子
⑦ 有はい乳種子
⑧ 有はい乳種子

②
① エンドウ
② 双子葉類
③ 双子葉類
④ 単子葉類
⑤ 双子葉類

③
① 減少する
② でんぷん
③ 脂肪《しぼう》
④ たんぱく質

④
① 水・空気[酸素《さんそ》]・適当《てきとう》な温度
② レタス

⑤
① 二酸化炭素《にさんかたんそ》
② 白く濁《にご》る

力だめしの問題　入試標準レベル

解答➡別冊p.3

1 下の図は，インゲンマメの種子のつくりと苗《なえ》を示《しめ》したものです。次の各問いに答えなさい。 【湘南学園中】

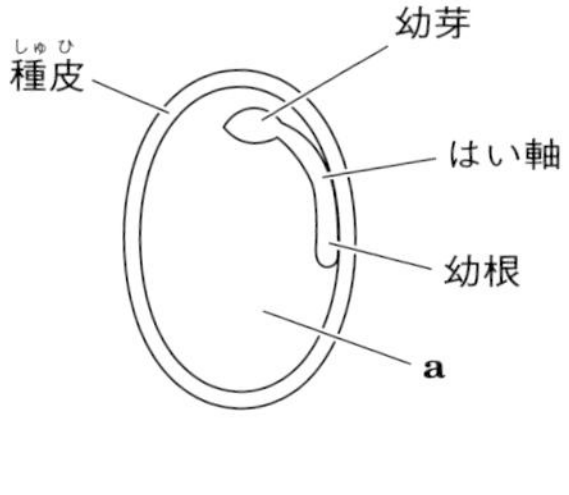

図1

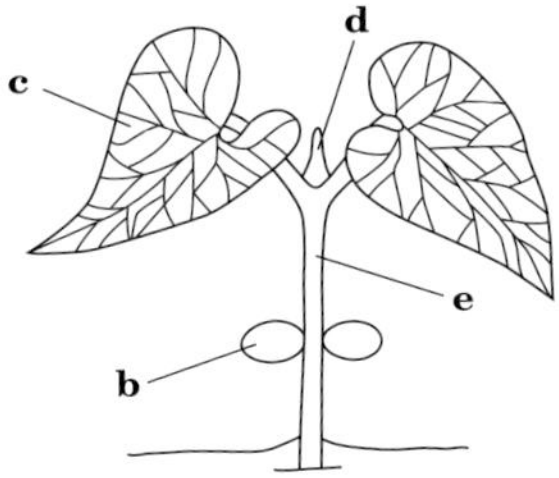

図2

(1) **図1**の**a**の名前を答えなさい。　(　　　　)

(2) **図1**の幼芽と**a**は，発芽後の**図2**のどの部分にあたりますか。それぞれ記号で答えなさい。　**幼芽**(　　)　**a**(　　)

(3) 1日水にひたした種子の種皮をむき，**図1**の**a**の部分を切りました。この断《だん》面《めん》にヨウ素液《そえき》をつけると，切り口が青紫《あおむらさき》色になりました。この実験結果から，インゲンマメの**a**には何がふくまれていることがわかりますか。物質《ぶっしつ》名を答えなさい。　(　　　　)

(4) **図1**の**a**について正しく説明しているものを次から選び，記号で答えなさい。　(　　)

ア　発芽のための栄養分をたくわえている。

イ　発芽のための水をたくわえている。

ウ　光合成《こうごうせい》を行《おこな》う部分。

エ　幼芽，はい軸，幼根を保護する部分。

(5) **図2**のインゲンマメが発芽をした苗の**b**をとり去って半分に切りました。その断面にヨウ素液をつけると，切り口はヨウ素液の色の茶色に染《そ》まりました。この結果からわかることについて，正しい文を次から選び，記号で答えなさい。　(　　)

ア　日光にあたったため，ヨウ素液に反応する物質がなくなった。

イ　光合成に使われたため，ヨウ素液に反応する物質がなくなった。

ウ　発芽に使われたため，ヨウ素液に反応する物質がなくなった。

エ　花を咲《さ》かせるのに使われたため，ヨウ素液に反応する物質がなくなった。

オ　種子をつくるのに使われたため，ヨウ素液に反応する物質がなくなった。

3 植物の育ち方と栄養分《えいようぶん》

1 いもの芽《め》ばえ

いもの芽や根はどこから出るか。

●**ジャガイモ**…芽は，いもの表面にあるくぼみから出る。根は，芽が出たあと，芽のつけねから出る。

●**サツマイモ**…芽は，いもが茎《くき》についていたほうの端《はし》から出る。根は芽と反対の端から出る。

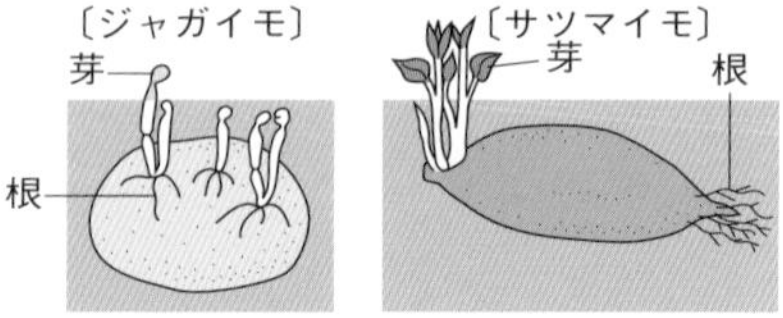

▲芽と根の出かた

2 いもの育て方

大きないもをつくるには，どうすればよいか。

●**ジャガイモ**…いもをそのまま植《う》えるか，いくつかに切り，それを**たねいも**にして植える(注意：どのたねいもにも，芽の出るくぼみがあるように切る)。たねいもを植えるときは，深さ40cmの所に肥料《ひりょう》を入れ，その30cm上にたねいもを植えて，土を10cmくらいかける。芽が出てきたら，太くてじょうぶそうなものを残し，ほかはかき取る(**芽《め》かき**)。葉が茂《しげ》ってくると，やがて地下の茎(地下茎《けい》)から枝《えだ》が出て，その先が膨《ふく》らみ，**いも**になる。

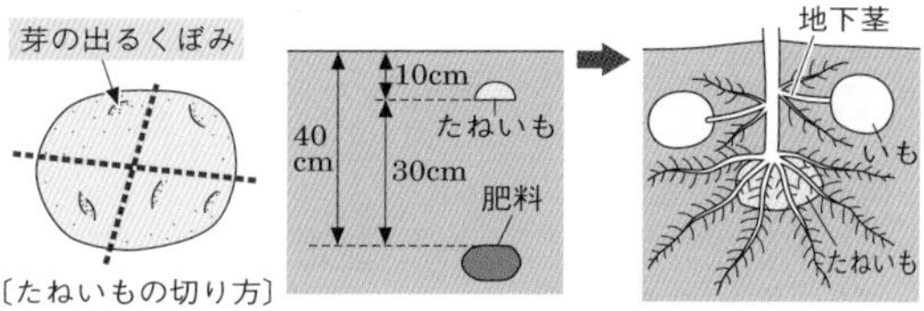

▲ジャガイモの育て方

●**サツマイモ**…まず，苗床《なえどこ》でいもを発芽《はつが》させ，芽が30～40cmの長さになったら，切りとって畑に植える。こうしておくと，やがて芽から根が出て成長していく。葉が茂ると，もとのほうの根がふくらんで，**いも**になる。

注意　ジャガイモのいもは**茎**，サツマイモのいもは**根**が変わったものである。

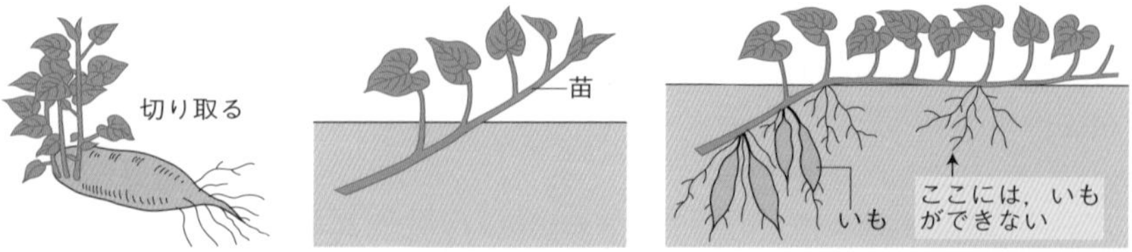

▲サツマイモの育て方

入試ポイント
- **ジャガイモ**…いもの**くぼみ**から芽が出る。**芽かき**をして育てる。
- **サツマイモ**…**茎に近い端**から**芽**が，**遠い端**から**根**が出る。

3 日光といもの育ち方

☞日なたと日かげで，育ち方がどう違《ちが》うか。

実験 ジャガイモを日なたと日かげに植えて，育ち方を比《くら》べる。

結果 茎，葉，いもの様子に違いが見られた。

日なた

●日なたの結果

①茎が太く，じょうぶである。

②葉の数が多く，緑色が濃《こ》い。

③いもは大きくて，多い。

④はじめは，あまり草たけが高くならないが，あとで伸《の》びて，日かげのものを追《お》いこす。

日かげ

●日かげの結果

①茎が細く，弱々《よわよわ》しい。

②葉の数が少なく，緑色が薄《うす》い。

③いもは小さくて，少ない。

④はじめは，ヒョロヒョロとのびて，草たけが高くなるが，そのうちに日なたのものに追いこされる。

4 いもの栄養分

☞いもはどんなはたらきをするか。

たねいものはたらき

種子《しゅし》と同じように，いもにも発芽のための栄養分がたくわえられている。したがって，水と空気(酸素《さんそ》)と適当《てきとう》な温度の3つの条件《じょうけん》がそろえば，いもは発芽する。その後は，芽や根が成長するにつれて，たねいもの栄養分は使われてなくなるので，重さもしだいに軽くなり，手触《てざわ》りもぶよぶよになる。

いもの栄養分

いもの中にたくわえられている栄養分は，おもに**でんぷん**である。ジャガイモやサツマイモのいもを切って，切り口に**ヨウ素液**《そえき》をつけると，青紫色《あおむらさきいろ》になる。ところが，発芽してからしばらくたったたねいもにヨウ素液をつけても，青紫色にならない。これはでんぷんがなくなったからである。

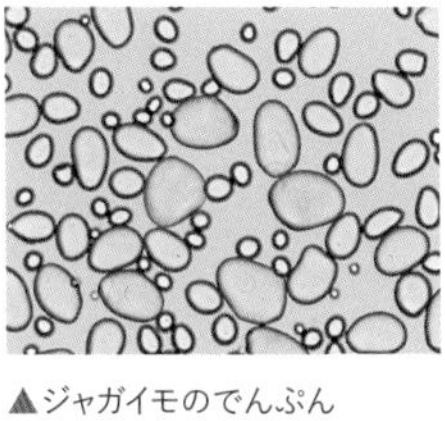

▲ジャガイモのでんぷん

入試ポイント

- **日なた**…茎が**太い**。葉が**多い**。緑色が**濃い**。いもが**大きい**。
- **日かげ**…茎が**細い**。葉が**少ない**。緑色が**薄い**。いもが**小さい**。

5 ヘチマの芽《め》ばえ

☞ヘチマの種子《しゅし》はいつごろまくか。

4月の中ごろに種子をまく。種子をまくときは，肥料《ひりょう》を混《ま》ぜた土に，2~3個《こ》ずつ，1~2cmの深さにうめこむ。

種子をまいてから約1週間後に，**子葉《しよう》**が地上に出る。

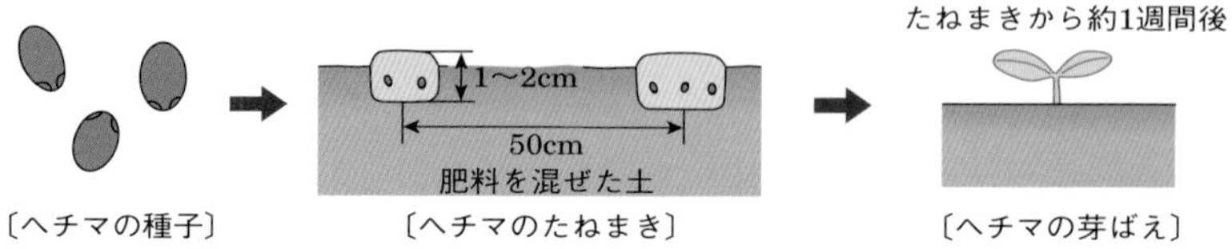

▲ヘチマの芽ばえ

6 ヘチマの育て方

☞からだを支《ささ》えるにはどうすればよいか。

本葉《ほんば》が5~6枚つくころまで育つと，葉のつけねから**まきひげ**が出てくる。まきひげが出てきたら，支えの棒《ぼう》を立てる。

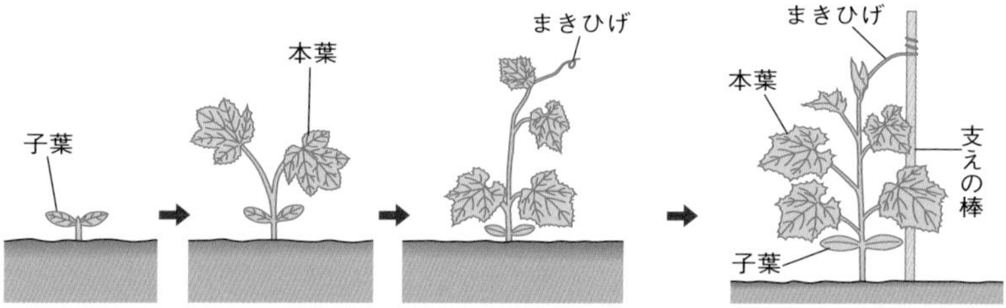

▲ヘチマの育て方

7月の中ごろになると，5~6個かたまってついているお花《ばな》のつぼみと，やや太くなった棒のようなものの先に1つずつついているめ花《ばな》のつぼみが見られる。

め花には子房《しぼう》があり，**お花**には子房がない。また，花びらはどちらも黄色である。(→p.17)

その後，め花の花びらの下の子房が育って実《み》に成長する。したがって，実がなるのはめ花だけである。実の大きさは30~40cmくらいになる。

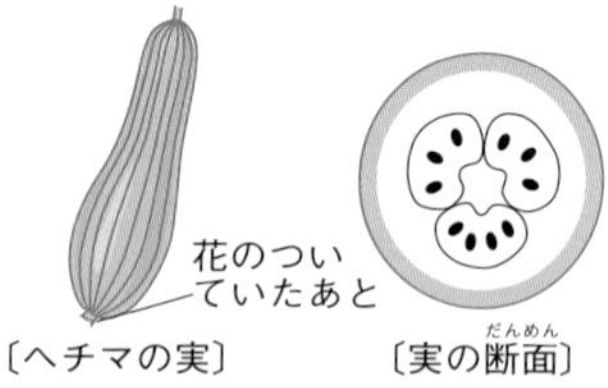

▲ヘチマの実

入試ポイント

- ヘチマは，からだを支えるために**まきひげ**が出る。
- ヘチマの花は，**お花**と**め花**の2種類ある。

7 ヘチマのなかま

☞ヘチマのなかまにはどのようなものがあるか。

ヘチマは**ウリ科**《か》の植物である。そのなかまには，ツルレイシ，ヒョウタン，キュウリ，カボチャ，スイカ，メロンなどがある。

●**ツルレイシ**(ゴーヤー，ニガウリともいわれる)

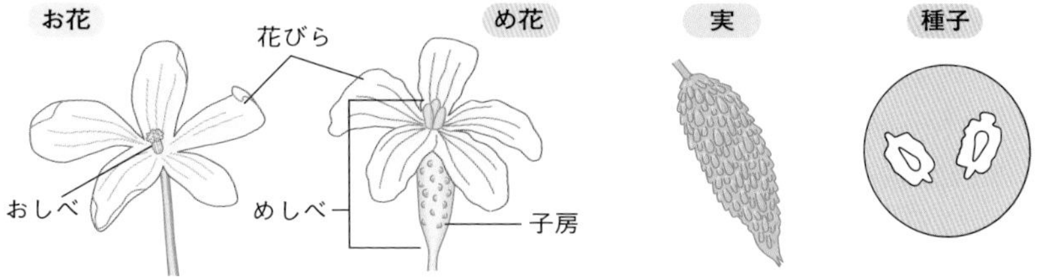

▲ツルレイシの花と実

●**ヒョウタン**

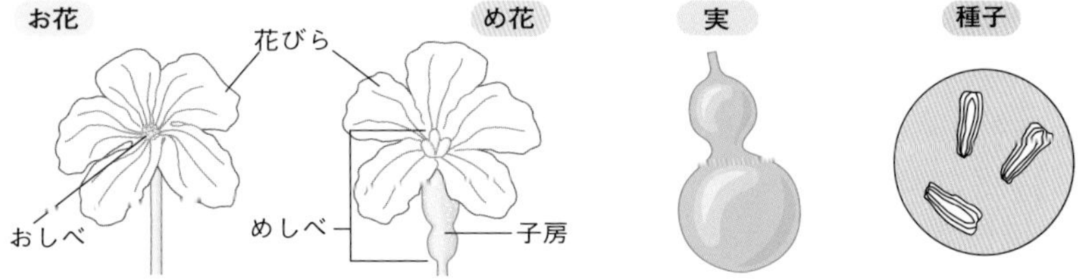

▲ヒョウタンの花と実

8 ウキクサの育ち方

☞ウキクサはどのようなふえ方をするか。

●**ウキクサ**…田や池の水面に浮《う》かんで育つ葉と茎《くき》の区別のない，**葉状体**《ようじょうたい》をもつ植物。ウキクサは新しい小さなウキクサをつくり，それが大きくなって，もとのウキクサから分かれてふえる。

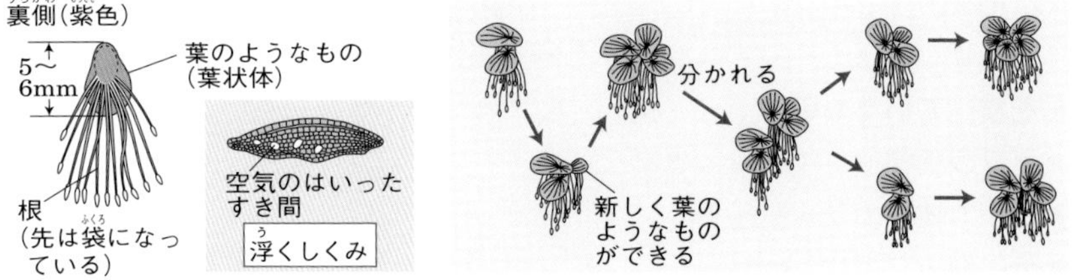

〔からだのつくり〕　〔ふえ方〕

▲ウキクサのからだのつくりとふえ方

> **入試ポイント**　● **ヘチマのなかま**
> **ウリ科**の植物で，ツルレイシやヒョウタンなど。
> め花の**子房**が成長して**実**になる。

9 植物の食用部分

☞それぞれの植物のどの部分を食べているか。

●実《み》(子房《しぼう》が変化したもの)を食べているもの

▶**ウリ科《か》の植物**…キュウリ，カボチャ，ツルレイシ(ゴーヤー)，スイカなど。

▶**ナス科の植物**…ナス，トマト，ピーマンなど。

▶**その他**…ミカン(ミカン科)，ブドウ(ブドウ科)，モモ(バラ科)など。

●花床《かしょう》(子房の下の部分)を食べているもの(花床は花《か》たくともよばれる)

▶**バラ科の植物**…リンゴ，ナシ，イチゴなど。

●花のつぼみを食べているもの

▶**アブラナ科の植物**…アブラナ，ブロッコリー，カリフラワーなど。

▶**ショウガ科の植物**…ミョウガなど。

▶**キク科の植物**…フキ(花のつぼみをフキノトウという)など。

●種子《しゅし》を食べているもの

▶**マメ科の植物**…ダイズ，ソラマメ，エンドウなど。

▶**イネ科の植物**…イネ，トウモロコシなど。

●葉(地下の葉もふくむ)を食べているもの

▶**アブラナ科の植物**…キャベツ，ハクサイ，コマツナ，チンゲンサイなど。

▶**キク科の植物**…シュンギク，レタス，フキ(おもに葉の柄《え》)など。

▶**セリ科の植物**…セリ，ミツバなど。

▶**ユリ科**(ヒガンバナ科)…ネギ，タマネギ，ニラ，ニンニクなど。

▶**その他**…ホウレンソウ(ヒユ科)など。

●茎《くき》(地下の茎もふくむ)を食べているもの

▶**ナス科の植物**…ジャガイモ。

▶**その他**…サトイモ(サトイモ科)，ハス(ハス科)，ショウガ(ショウガ科)，アスパラガス(ユリ科またはキジカクシ科)，タケノコ(イネ科)など。

注意 ネギ，タマネギ，ニラ，ニンニク，アスパラガスはクロンキスト体系《たいけい》ではユリ科とされているが，APG植物分類体系《しょくぶつぶんるいたいけい》ではヒガンバナ科(アスパラガスはキジカクシ科)とされている。

●根を食べているもの

▶**アブラナ科**…ダイコン，カブなど。

▶**ヒルガオ科**…サツマイモ。

▶**その他**…ゴボウ(キク科)，ニンジン(セリ科)，ヤマノイモ(ヤマノイモ科)など。

入試ポイント

● 茎を食べている…**ジャガイモ**，サトイモ，ハス，アスパラガスなど。

● 根を食べている…**サツマイモ**，ヤマノイモ，ダイコン，カブなど。

☑ まとめチェック

知識を整理・確認しよう！

① いもの芽《め》ばえと育て方

- □ ① ジャガイモの芽や根は，いものどこから出るか。
- □ ② サツマイモの芽と根で，茎についていたところから出るのはどちらか。
- □ ③ ジャガイモのいもは，根と茎のどちらか。
- □ ④ サツマイモのいもは，根と茎のどちらか。

② 日光といもの育ち方

- □ ① ジャガイモなどの植物がじょうぶに育つために必要なものを，空気・水・適当《てきとう》な温度のほかに２つ答えよ。
- □ ② ひょろ長く育つのは，日なたと日かげのどちらで育てたジャガイモか。

③ いもの栄養分《えいようぶん》

- □ ① ジャガイモの中のおもな栄養分は何か。
- □ ② ①があるかどうかを調べる試薬《しやく》は何か。

④ ヘチマの芽ばえと育て方

- □ ① ヘチマの種子は何月ごろにまくか。
- □ ② ヘチマの子葉《しよう》は何枚《まい》か。
- □ ③ ヘチマの葉のつけ根から出て，ほかのものに巻《ま》きついて，からだを支《ささ》えるものを何というか。

⑤ ヘチマのなかま

- □ ① ナスとツルレイシで，ヘチマのなかまはどちらか。

⑥ ウキクサの育ち方

- □ ① ウキクサは，どのようなところに見られるか。

⑦ 植物の食用部分

- □ ① 花床（花たく）を食べているのはリンゴとミカンのどちらか。
- □ ② 茎を食べているのは，サトイモとヤマノイモのどちらか。
- □ ③ 花のつぼみを食べているのは，タマネギとブロッコリーのどちらか。

答え

①
① 表面のくぼみ
② 芽
③ 茎
④ 根

②
① 日光［光］・肥料《ひりょう》
② 日かげ

③
① でんぷん
② ヨウ素液《そえき》

④
① 4月ごろ
② 2枚
③ まきひげ

⑤
① ツルレイシ

⑥
① 田や池

⑦
① リンゴ
② サトイモ
③ ブロッコリー

力だめしの問題　入試標準レベル

解答➡別冊 p.3

1 ジャガイモについて，次の問いに答えなさい。　【大妻多摩中】

⑴ ジャガイモの植え方について，最も適当《てきとう》な方法を，次から１つ選び，記号で答えなさい。　(　　)

ア　約10cm間隔《かんかく》に10cmくらいの深さの穴《あな》を掘《ほ》り，たねいもを植える。

イ　約40cm間隔に10cmくらいの深さの穴を掘り，たねいもを植える。

ウ　約10cm間隔に40cmくらいの深さの穴を掘り，たねいもを植える。

エ　約40cm間隔に40cmくらいの深さの穴を掘り，たねいもを植える。

⑵ ジャガイモの芽と根の出かたと新しいジャガイモのできかたとして正しいものを，次からそれぞれ１つずつ選び，記号で答えなさい。

芽と根の出かた(　　)　新しいジャガイモのできかた(　　)

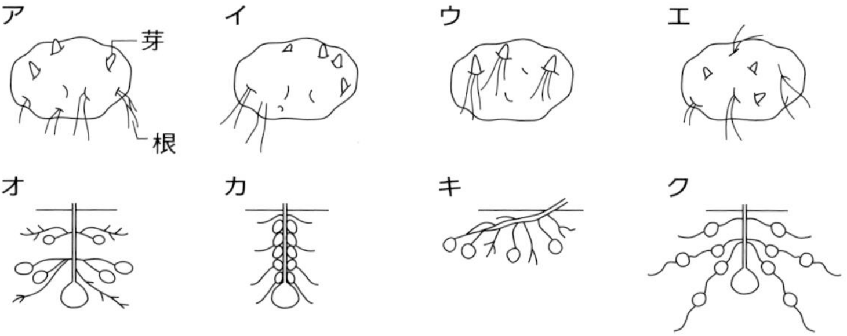

⑶ ジャガイモのいもは，どこが変化してできたものですか。正しいものを，次から１つ選び，記号で答えなさい。　(　　)

ア 根　　イ 茎《くき》　　ウ 花　　エ 葉

⑷ ジャガイモと同じ部分に栄養分《えいようぶん》をたくわえている植物はどれですか。正しいものを，次から２つ選び，記号で答えなさい。　(　　)(　　)

ア　サツマイモ　　イ　サトイモ　　ウ　トウモロコシ

エ　ハス　　オ　タンポポ　　カ　キャベツ

⑸ ジャガイモにふくまれるおもな栄養分を何といいますか。名称《めいしょう》を答えなさい。

(　　　)

2 次の文を読んで，あとの問いに答えなさい。　【三輪田学園中】

1ヘチマは自力ではまっすぐ立てないので，棒《ぼう》などに絡《から》みついて，どんどん成長します。ヘチマは茎と葉のつけ根から花の芽《め》を出します。そして，2花の柄《え》の部分を長く伸《の》ばし，葉よりも上のほうで開花します。3数か月後，ヘチマには大きな実《み》ができていました。

(1) 下線部 **1** の様子を正しく表しているのは，**図1**のア，イのどちらですか。記号で答えなさい。　(　　)

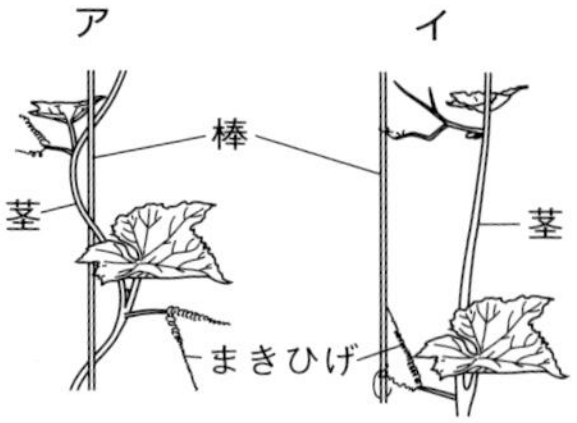

図1

(2) 下線部 **2** について，次の①，②の問いに答えなさい。

① **図2**は，ヘチマの花が咲《さ》いたときの様子を示《しめ》したものです。下線部 **2** のようになっていることで，どのような利点があると考えられますか。次から最も適するものを選び，記号で答えなさい。　(　　)

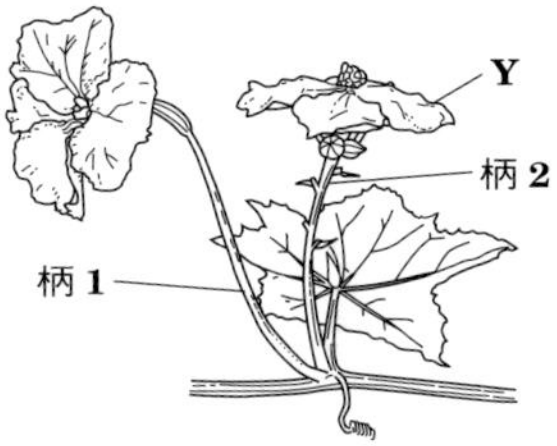

図2

ア　花粉《かふん》が風に飛ばされやすい。
イ　花がこん虫《ちゅう》に見つけられやすい。
ウ　柄《え》の部分に栄養分を貯《た》めこみやすい。
エ　日がよくあたり，栄養分をつくりやすい。

② **図2**の **Y** の花の根元には，たくさんのつぼみがついていました。このことでどのような利点があると考えられますか。次から最も適するものを選び，記号で答えなさい。　(　　)

ア　たくさんの実ができるので，多くの種子《しゅし》を残すことができる。
イ　たくさんの花が次々《つぎつぎ》に咲くので，花粉が風で飛ばされる期間が長くなる。
ウ　順番に開花していくので，いつでも花が咲いている状態が続き，確実に花粉をこん虫に運んでもらいやすくなる。

(3) 下線部 **3** について，**図2**の同じ部分を数か月後に見たら，実ができていました。その様子を表しているものはどれですか。次から最も適するものを選び，記号で答えなさい。　(　　)

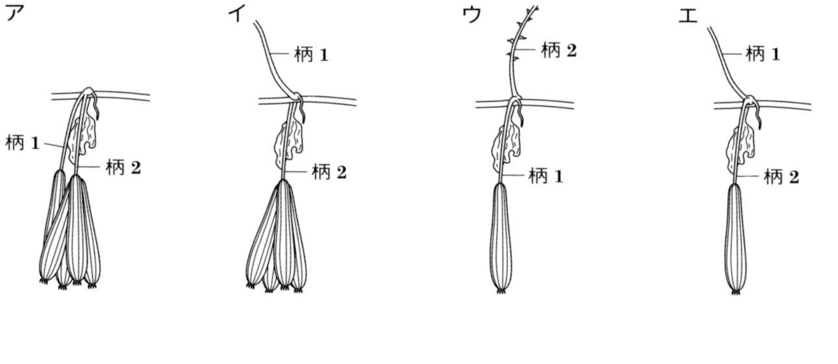

4 日光と植物の育ち方

1 光合成《こうごうせい》

☞ 植物はどのようにして栄養分《えいようぶん》をつくるか。

光合成のしくみ

植物は，根から吸《す》い上げた**水**と気孔《きこう》からとり入れた**二酸化炭素《にさんかたんそ》**を原料にして，葉の細胞《さいぼう》の中にある**葉緑体《ようりょくたい》**の中で，**でんぷん**をつくる。このとき同時に**酸素《さんそ》**もつくられる。このはたらきは**光のエネルギー**を使って行《おこな》われるので，**光合成**という。

光のエネルギー

水 ＋ **二酸化炭素** →（葉緑体）→ **でんぷん** ＋ **酸　素**

光合成に必要なもの

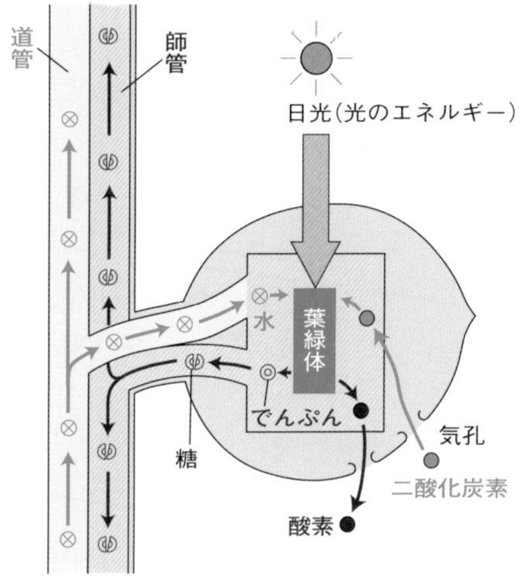

▲光合成のしくみ

- **水**…根から吸い上げられ，茎《くき》の中の**道管《どうかん》**を通って，葉に運ばれ，光合成の原料として使われる。
- **二酸化炭素**…空気中にふくまれている二酸化炭素を，葉の**気孔《きこう》**からとり入れる。気孔というのは，葉の表面にある小さな穴《あな》で，葉の裏《うら》側《がわ》に多い。
- **葉緑体**…葉の細胞の中にある緑色の粒《つぶ》で，**葉緑素《ようりょくそ》**という緑色の色素《しきそ》をふくむ。光合成は**葉緑体**の中で行われる。ふ入り（葉に白いすじや模様《もよう》が入っているもの）の葉の白いところには，葉緑体がないので，ここでは光合成は行われない。葉以外でも，茎などの緑色のところでは，光合成をする。
- **光のエネルギー**…光合成のはたらきを行わせる**エネルギー**で，光があたらなければ，光合成は行われない。したがって，自然界では，昼間だけ光合成が行われ，夜は行われない。電灯の光などをあてれば，夜でも光合成をさせることはできる。

入試ポイント
- 光合成に**必要な**もの…**水・二酸化炭素・光・葉緑体**
- 光合成によって**できる**もの…**でんぷん・酸素**

光合成によってできるもの

- **でんぷん**…葉緑体の中につくられた**でんぷん**は，やがて，水にとけやすい**糖**《とう》に変えられ，**師管**《しかん》を通ってからだの各部分に運ばれ，**種子・実**《み》**・根・茎・いも**などで，ふたたび**でんぷん**となってたくわえられる。また，一部の**糖**は，植物の成長のエネルギーとして使われる。
- **酸素**…光合成でつくられた酸素は，一部がそれをつくった植物自身の**呼吸**《こきゅう》に使われ，残りは空気中に出される。動物は，この酸素をとり入れて呼吸している。

実験　光合成を調べる実験

植物が光合成をするとでんぷんができるかを調べる。

①**ふ入り**の葉をもつアサガオを用意し，ふ入りでない葉の一部をアルミニウムはくで覆《おお》う（光にあたらないようにするため）。これを実験前日の夕方から暗室に入れておく（葉の中にでんぷんがない状《じょう》態《たい》にするため）。翌日《よくじつ》，日光に 3 ～ 4 時間あてたあと，アルミニウムはくで覆った葉㋐とふ入りの葉㋑をつみとる。

②㋐と㋑を約 60° C の熱湯につける（こうすると，葉が軟《やわ》らかくなり，葉緑素がとけ出しやすくなる）。

③㋐と㋑を**アルコール**に入れて，湯の中であたためる。（こうすると，葉の中の葉緑素がとけ出し，葉が白っぽくなる。ヨウ素液《そえき》をつけたときの変化を見やすくする。）

④湯で洗《あら》って，アルコールをおとす。

⑤**ヨウ素液**につける。

結果　㋐アルミニウムはくで覆わなかったところだけが**青紫**《あおむらさき》**色**になる。

㋑緑色であったところだけが**青紫色**になる。

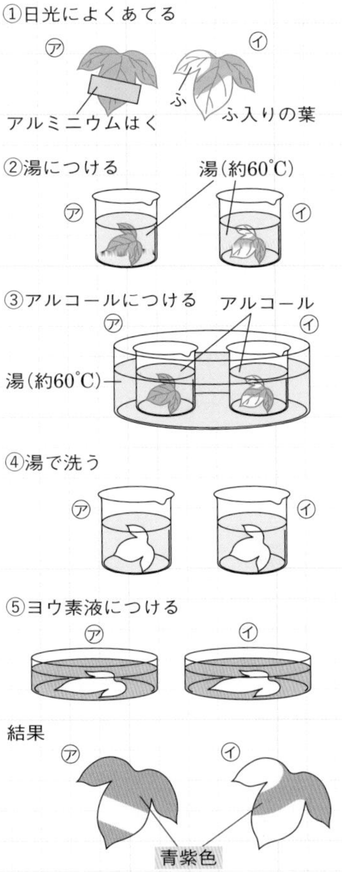

入試ポイント

- **アルミニウムはく**で覆ったところ…**光**があたらない
- **ふ入りの葉の白いところ**…**葉緑体**がない

} **でんぷん**ができない。

要点 **㋐の葉**…アルミニウムはくで覆《おお》ったところには，日光があたらない。この部分はヨウ素液《そえき》につけても青紫《あおむらさき》色にならなかった。つまり，でんぷんができなかったことがわかる。このことから，光があたらなければ，光合成《こうごうせい》は行《おこな》われないということがわかる。

㋑の葉…ふ入りの葉の白いところは葉緑体《ようりょくたい》のないところである。この部分が，ヨウ素液につけても青紫色にならなかったということは，でんぷんができなかったということである。つまり，光合成が行われなかったわけである。したがって，光があたっても，葉緑体がなければ，光合成は行われないということがわかる。

水草の光合成

水草は，からだ全体が水の中につかっているので，光合成に使う水は，からだ全体で吸収《きゅうしゅう》する(根からはほとんど吸収しない)。また，二酸化炭素《にさんかたんそ》も，水中にとけているものを，水といっしょに吸収して，光合成に使う。

観察 クロモの茎《くき》の切り口を上向きにそろえて，図のような装置《そうち》をつくり，日光のあたる所に置いておくと，クロモの茎の切り口から泡《あわ》が出てきて，試験管《しけんかん》にたまる。このたまった気体は，光合成によってできた**酸素**《さんそ》を多くふくむ(この気体が酸素を多くふくむことを確《たし》かめる方法については，p.336 を見よ)。

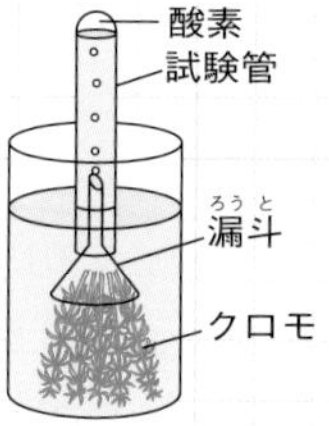

光の強さと光合成

光が強いほど，光合成はさかんに行われる。

実験 光の強さと光合成の関係を調べる。

右の図のように，水草に電灯の光をあて，1分間に出てくる泡の数をかぞえる。水草と電灯の距離《きょり》をいろいろ変えて，結果を比《くら》べる。

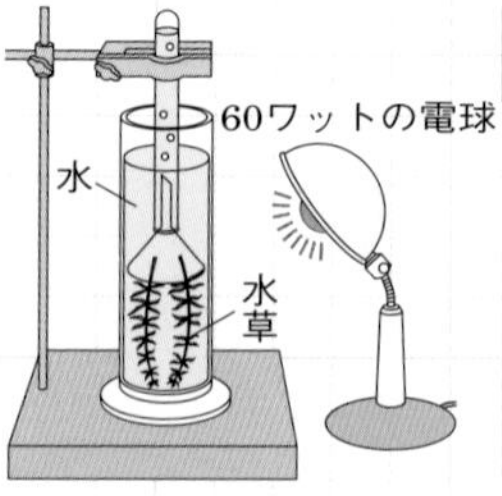

距離(cm)	泡の数(1分間)
5	132
10	109
15	76
20	60
25	51
30	44
35	38

結果 右の表のようになる。

要点 電灯を水草に近づけるほど，泡の数が多くなる。つまり，明るいほど光合成がさかんになる。

入試ポイント
- **水草の光合成**…水にとけている**二酸化炭素**を使う。
- **光の強さと光合成**…光が**強い**ほど，光合成は**さかん**になる。

呼吸《こきゅう》と光合成の関係

● **呼吸**…呼吸とは，体内に酸素をとり入れ，糖《とう》などの栄養分《えいようぶん》を分解《ぶんかい》して，生活に必要なエネルギーをとり出すはたらきで，動物も植物も行う。

▶ **植物の呼吸**…植物は，夜，光合成をしていないときは，気孔《きこう》から酸素をとり入れ，二酸化炭素を出して，呼吸している。昼，光合成をしているときは，光合成によってつくられた酸素の一部を呼吸に使い，呼吸によってできた二酸化炭素を光合成に使うので，気孔からは酸素が出ていき，二酸化炭素が入ってくるように見える。つまり，昼間は植物は呼吸をしていないように見えるが，実際《じっさい》は，呼吸は1日中している。

実験 ツバキの花びらの呼吸を調べる。

右の図のように，つんだばかりのツバキの花びらをポリエチレンの袋《ふくろ》に入れて，口を閉《と》じる。3～4時間後，袋《ふくろ》の中の空気を押《お》し出し，**石灰水**《せっかいすい》に通す。

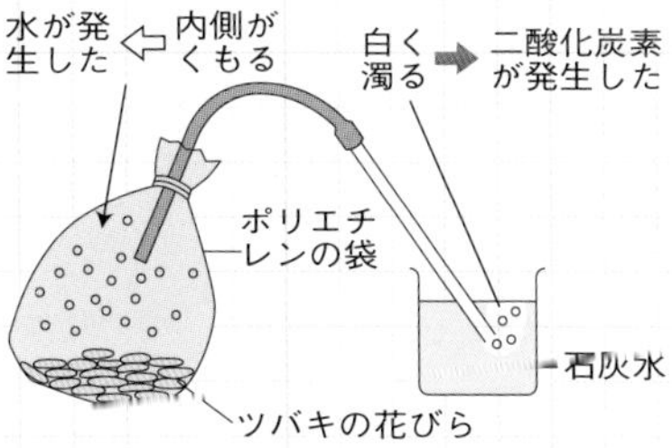

結果 ①袋の内側が白くくもる。②石灰水が白く濁《にご》る。

要点 袋の内側がくもったのは，水ができたからである。また，石灰水が白く濁ったのは，二酸化炭素ができたからである。これらのことから，植物は呼吸によって，水と二酸化炭素を発生していることがわかる。

▶ **呼吸と光合成の関係**…呼吸は，糖などの栄養分を分解して，二酸化炭素と水に変えるので，光合成とまったく反対のはたらきであるといえる。

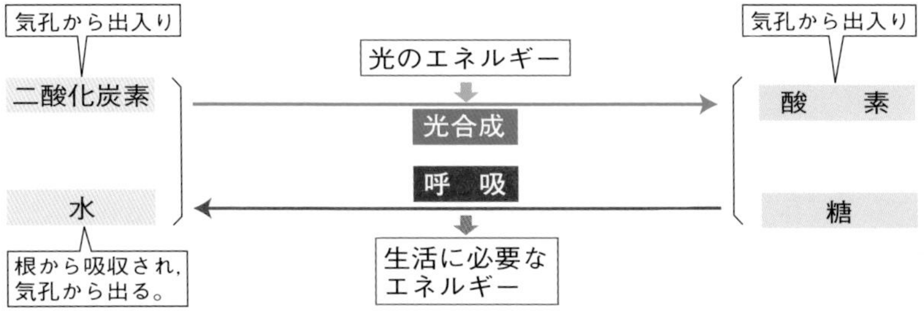

▲呼吸と光合成の関係

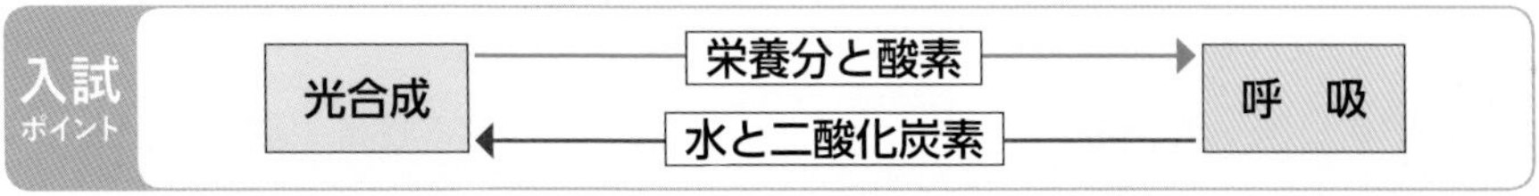

▶**光の強さとでんぷんの増減《ぞうげん》**…右の図の①光が弱いと，光合成《こうごうせい》量《りょう》より呼吸量《こきゅうりょう》のほうが多くなり，でんぷんが減少する。②光合成量と呼吸量が等しくなるような光の強さだと，でんぷんの量は変化しない。③光が強いと，呼吸量より光合成量のほうが多くなり，でんぷんは増加する。

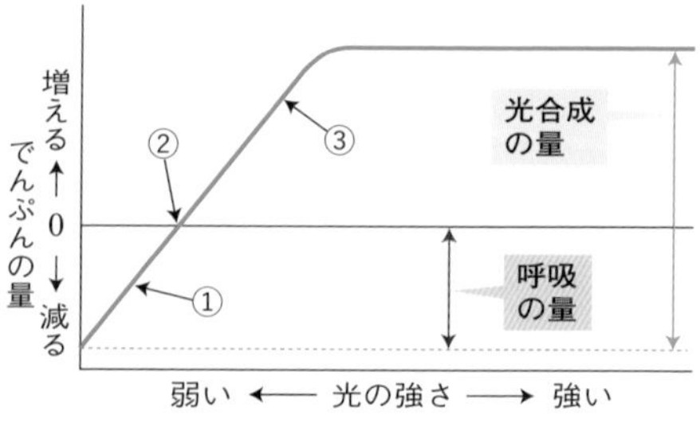

▲光の強さとでんぷんの増減

▶**植物に出入りする気体の量**…植物は，昼間だけ光合成を行《おこな》い，呼吸は1日中する。しかし，光合成によってつくり出す酸素《さんそ》の量は，呼吸に使う酸素の量よりはるかに多いので，昼間は，酸素を出している。朝や夕方の光の弱いときは，光合成がさかんではないので，光合成によってつくられる酸素と呼吸に使う酸素の量が同じになり，植物から気体が出なくなる。(上図の**a**と**b**)

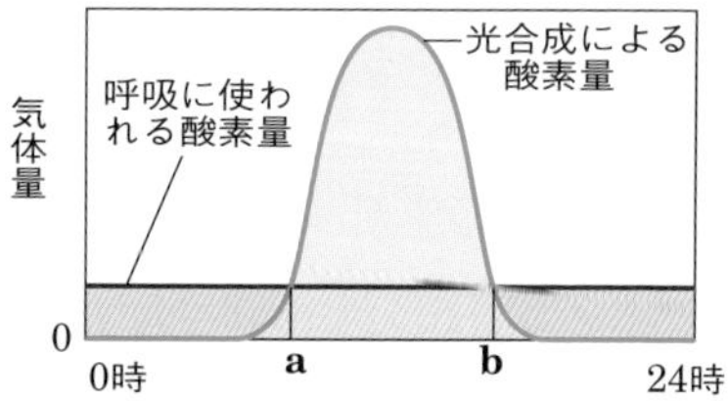

▲光合成と呼吸による酸素の糧

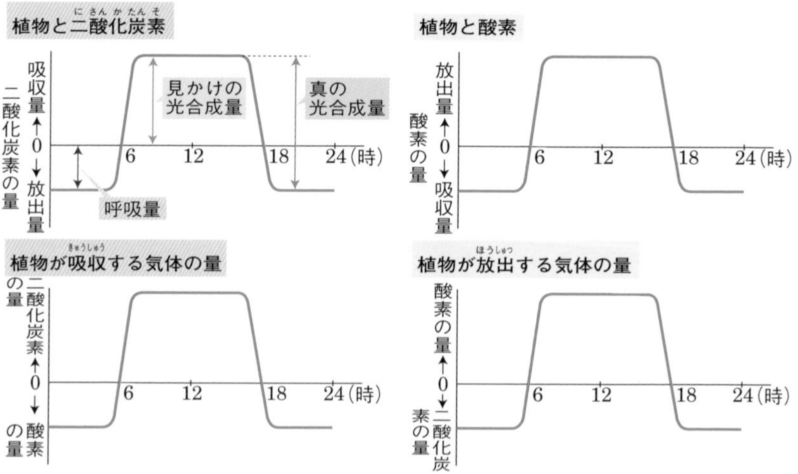

(※真の光合成量，見かけの光合成量，呼吸量は，すべて12時のときの量を表している)

▲植物に出入りする気体の量

入試ポイント

- 光合成…**昼間**だけ　● 呼吸…**1日中**
- 昼間…**光合成**でつくられる酸素**>呼吸**に使われる酸素⇨**酸素が出る**

2 日光と植物の育ち方

☞日光のあたり方によって，育ち方がどう違《ちが》うか。

日なたと日かげの植物の違い

● **日なたの植物**…日光をたくさん受け，さかんに光合成を行い，じょうぶに育つ。また，次のような特徴《とくちょう》をもつ。

・葉が大きくて，多い
・茎《くき》が太くて，頑丈《がんじょう》
・緑色が濃《こ》い
・背《せ》たけが低い

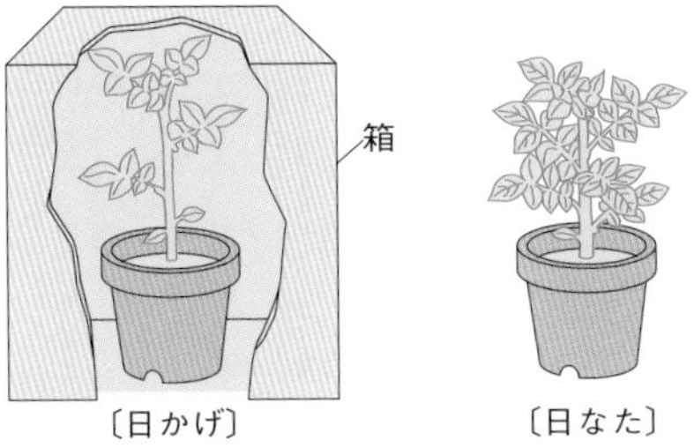

▲日なたと日かげの育ち方

● **日かげの植物**…日光が十分にあたらないので，育ちが悪く，日光を受けようとして上へ伸《の》びるので，ひょろ長くなる。また，次のような特徴をもつ。

・葉が小さくて，少ない　・茎が細くて，弱々《よわよわ》しい　・緑色が薄《うす》い
・背たけが高い

参考　はじめのうちは，日かげの植物のほうが，ひょろ長くて，背たけが高いが，日なたの植物は，着実に成長するので，やがて背たけも日かげの植物より高くなる。

植物のこみ方と育ち方

植物がこみあってはえているときは，内側の植物は日あたりが悪くなり，根もこみあっているので，とり入れる水や肥《ひ》料《りょう》分の量も少なくなる。この結果，内側の植物は，背たけばかりが高くなり，ひょろ長く弱々しい。

植物がまばらにはえているときは，それぞれが日光を十分に受けることができ，水や肥料分も十分に吸収することができるので，じょうぶに育つ。

育ちをよくするためには，**間《ま》びき**をするとよい。

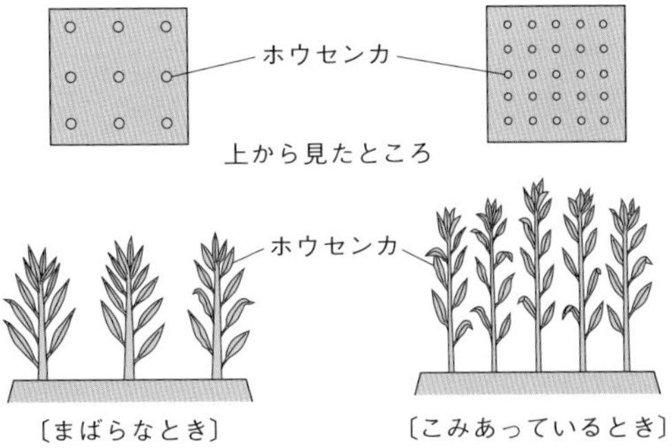

▲植物のこみ方と育ち方

入試ポイント
● 日なた…葉が**大きく多い**，茎が**太い**，色が**濃い**，背が**低い**
● 日かげ…葉が**小さく少ない**，茎が**細い**，色が**薄い**，背が**高い**

☑ まとめチェック

知識を整理・確認しよう！

① 光合成《こうごうせい》

	答え
	①
□ ① 植物が栄養分《えいようぶん》をつくるはたらきを何というか。	① 光合成
□ ② ①で，材料となる気体は何か。	② 二酸化炭素《にさんかたんそ》
□ ③ ①で，②以外の材料となる物質《ぶっしつ》は何か。	③ 水
□ ④ 植物の細胞《さいぼう》の中で，①を行《おこな》うところはどこか。	④ 葉緑体《ようりょくたい》
□ ⑤ ①のはたらきを行うためのエネルギーは何か。	⑤ 日光[光]
□ ⑥ ①のはたらきによってできるおもな栄養分は何か。	⑥ でんぷん
□ ⑦ ①のはたらきによってできる気体は何か。	⑦ 酸素《さんそ》
□ ⑧ ②や⑦は，葉のどこを通して出入りするか。	⑧ 気孔《きこう》
□ ⑨ ③は何という管を通って運ばれるか。	⑨ 道管《どうかん》
□ ⑩ ⑥は水にとけにくいので，何という物質に変えて運ぶか。	⑩ 糖《とう》
□ ⑪ ⑩は何という管を通って運ばれるか。	⑪ 師管《しかん》
□ ⑫ 植物や動物が，栄養分を分解《ぶんかい》して生きるためのエネルギーをつくるはたらきを何というか。	⑫ 呼吸《こきゅう》
□ ⑬ ⑫で，栄養分を分解するときに必要な気体は何か。	⑬ 酸素
□ ⑭ ⑫のはたらきによってできる気体は何か。	⑭ 二酸化炭素
□ ⑮ ⑫のはたらきによってできる⑭以外の物質は何か。	⑮ 水
□ ⑯ 自然界で育っている植物では，光合成はいつ行われるか。	⑯ 昼間
□ ⑰ 自然界で育っている植物では，呼吸はいつ行われるか。	⑰ 1日中
□ ⑱ 自然界で育っている植物では，昼間は何という気体を吸収《きゅうしゅう》しているか。	⑱ 二酸化炭素
□ ⑲ 自然界で育っている植物では，昼間は何という気体を放出しているか。	⑲ 酸素
□ ⑳ 自然界で育っている植物では，夜間は何という気体を吸収しているか。	⑳ 酸素
□ ㉑ 自然界で育っている植物では，夜間は何という気体を放出しているか。	㉑ 二酸化炭素
□ ㉒ １日の合計量で光合成によってつくられる栄養分の量は，呼吸によって使われる栄養分の量より多いか，少ないか。	㉒ 多い

② 日光と植物の育ち方

	②
□ ① 日なたと日かげで，多くの植物はどちらの方がよく育つか。	① 日なた
□ ② 植物がこみあって育つと，育ちはよくなるか，悪くなるか。	② 悪くなる

生命編
第1章 植物の育ち方
第2章 動物の育ち方
第3章 人のからだ

力だめしの問題　入試標準レベル

解答➡別冊 p.3

1 **アサガオの葉を用いて，光合成のはたらきを調べるために次のような実験を行いました。あとの問いに答えなさい。** 【近畿大附中・改】

〈実験〉

① 鉢《はち》植《う》えのアサガオを用意し，**図 1** のような白色の部分(ふの部分)があるアサガオの葉の一部を，アルミニウムはくで覆《おお》って(**図 2** の状態《じょうたい》)丸 1 日暗い部屋においた。

② 日の出ごろ，鉢植えのアサガオに，太陽の光を十分あてたあと，その日の午後 2 時ごろにその葉をつみとった。

③ アルミニウムはくをはずした葉を，熱いお湯に 30 秒つけた。

図 1

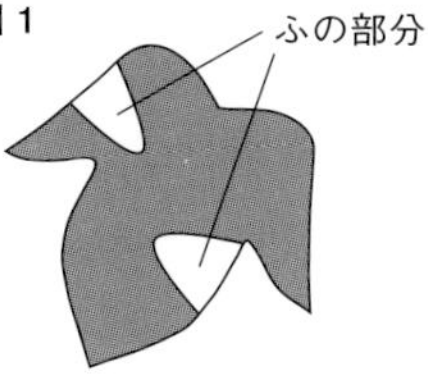

図 2

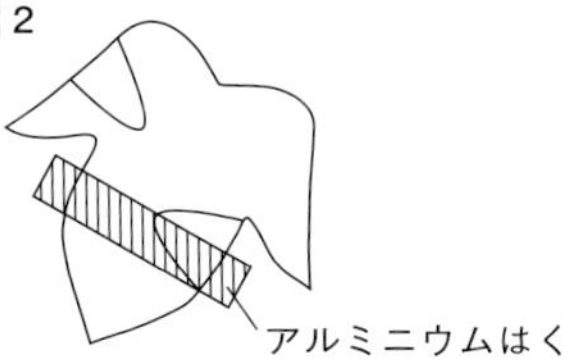

④ あたためたエタノール(アルコールの 1 つ)に葉をひたした。

⑤ 葉を水洗《みずあら》いしてからヨウ素液《そえき》にひたし，色の変化を観察した。

⑴ 実験③と実験④の操作《そうさ》の理由を，次からそれぞれ 1 つずつ選び，記号で答えなさい。　③(　　)　④(　　)

ア　アサガオの葉の中の緑色の色素《しきそ》をとり除《のぞ》くため。

イ　アサガオの葉を軟《やわ》らかくするため。

ウ　アサガオの葉の水分をとり除くため。

⑵ 実験⑤でヨウ素液にひたした結果，色が変化した部分がありました。何色に変化しましたか。　(　　　)

⑶ ⑵で変化した部分はどこですか。次から選び，記号で答えなさい。　(　　)

ア　アルミニウムはくで覆われていた緑色の部分

イ　アルミニウムはくで覆われていた白色の部分

ウ　アルミニウムはくで覆われていなかった白色の部分

エ　アルミニウムはくで覆われていなかった緑色の部分

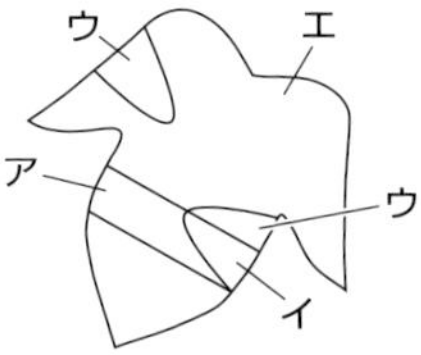

⑷ 光合成によってできた栄養分は何ですか。　(　　　)

⑸ この実験の結果により，光合成には光が必要であることを確《たし》かめることができます。実験後，アサガオの葉のどの部分を比《くら》べれば確かめることができますか。⑶の**ア**～**エ**から 2 つ選び，記号で答えなさい。　(　　)(　　)

(6) この実験の結果により，光合成《こうごうせい》には光のほかにもう1つ何が必要だとわかりますか。次から1つ選び，記号で答えなさい。 (　　)

ア 肥料《ひりょう》　イ 水　ウ 二酸化炭素《にさんかたんそ》　エ 緑色の色素《しきそ》

2 オオカナダモを用いて光合成の実験をしました。あとの問いに答えなさい。

【甲南女子中】

〈実験〉

① BTB液《えき》に息を吹《ふ》きこんで緑色にしたあと，A，Bの2本の試験管《しけんかん》に分けて入れました。

② BTB液を一度沸騰《ふっとう》させて冷《さ》ましたあと，薄《うす》い塩酸《えんさん》を加えて緑色にし，試験管Cに入れました。

③ それぞれの試験管にオオカナダモを入れてゴム栓《せん》で蓋《ふた》をし，それぞれ次のようにして2時間おきました。

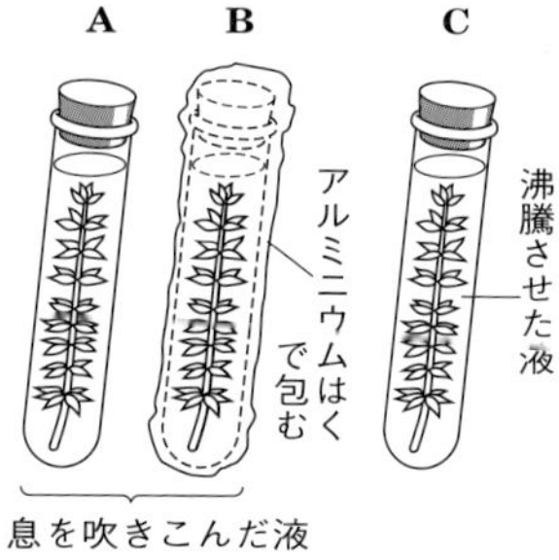

A・C：そのまま，光をあてた。

B　：アルミニウムはくで包み，光があたらないようにした。

※ただし，BTB液も薄い塩酸もオオカナダモの生育に影響《えいきょう》をあたえないものとします。

(1) ③の結果，試験管Cの溶液は緑色のまま変化しませんでした。試験管A，Bの溶液の色はどうなりましたか。次からそれぞれ選び，記号で答えなさい。

A (　　) B (　　)

ア 青色になった。　イ 黄色になった。

ウ 緑色のまま変化しなかった。

(2) 試験管A，Bの溶液の色が(1)のようになった理由として最も適当《てきとう》なものを，次からそれぞれ選び，記号で答えなさい。 A (　　) B (　　)

ア オオカナダモは，光合成と呼吸《こきゅう》を同時にしているから。

イ 光合成によって，溶液中の二酸化炭素が使われて減《へ》ったから。

ウ 光合成によって，溶液中に酸素《さんそ》が出されて増《ふ》えたから。

エ 呼吸によって，溶液中に二酸化炭素が出されて増えたから。

オ 呼吸によって，溶液中の酸素が使われて減ったから。

(3) この実験で，AとBの比較《ひかく》，およびAとCの比較から，光合成に何が必要であると考えられますか。それぞれ答えなさい。

AとB (　　　　) AとC (　　　　)

3 **前日に暗い部屋に置いておいたアサガオ 4 鉢《はち》を用意する。**下の図のように，AとCのアサガオの葉はそのままで，BとDのアサガオの葉はすべて切りとり，AとBは無色透明《とうめい》なポリエチレンの袋《ふくろ》に入れ，CとDは光を通さない黒色のポリエチレンの袋に入れた。それぞれの袋を息で膨《ふく》らませ，袋の中の気体が漏《も》れないように口は固《かた》く閉《と》じた。これらを明るい部屋に数時間置き，気体検知管《きたいけんちかん》を使って袋の中の酸素と二酸化炭素の割合《わりあい》を調べた。

表は，このときの結果を示《しめ》したもので，これにより，AはBよりも(　あ　)がさかんに行われ，CはDよりも(　い　)がさかんに行われたと考えられる。これについて，次の問いに答えなさい。【敬愛中】

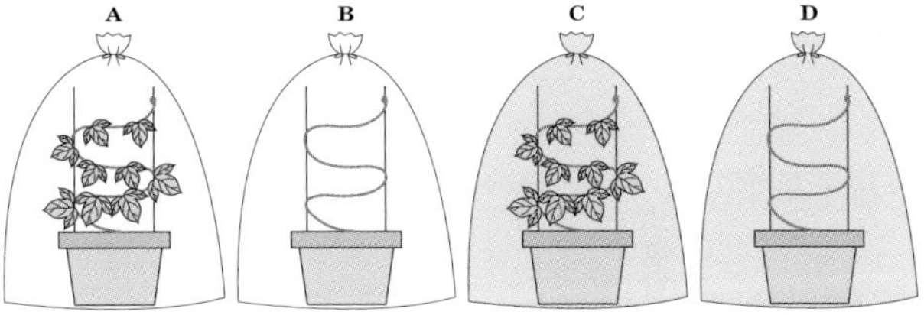

	A	B	C	D
酸素の割合(%)	19	16	14	16
二酸化炭素の割合(%)	2	5	7	5

(1) (　あ　)と(　い　)にあてはまる最も適当な語句《ごく》を書きなさい。

あ(　　　　　)　い(　　　　　)

(2) (　あ　)と(　い　)の例として最も適当なものを，次のア～エからそれぞれ選び，記号で答えなさい。　あ(　　)　い(　　)

ア　屋上に芝《しば》を敷《し》きつめ，夏に建物内の温度が上昇《じょうしょう》するのをおさえる。

イ　人は泳ぐときに息つぎをする。

ウ　晴れた昼間には，オオカナダモの葉に泡《あわ》がつく。

エ　人は暑いときに汗《あせ》をかく。

(3) 次の文の(　　)にあてはまる最も適当な語句を下のア～ソからそれぞれ選び，記号で答えなさい。　①(　　)　②(　　)　③(　　)　④(　　)

この実験を行ったあと，AとCのアサガオの葉を 1 枚ずつ取り，あたためた(　①　)に入れて色をぬいた。そして，ヨウ素液《そえき》にひたすと，(　②　)のアサガオの葉だけ(　③　)色に変わった。これは，葉に光をあてると(　④　)がつくられるからである。

ア　水	イ　空気	ウ　エタノール	エ　石灰石《せっかいせき》
オ　アンモニア水《すい》	カ　A	キ　C	ク　赤
ケ　黄	コ　緑	サ　青紫《あおむらさき》	シ　茶
ス　でんぷん	セ　脂質《ししつ》	ソ　たんぱく質《しつ》	

5 根・茎《くき》・葉のつくりとはたらき

1 根のつくりとはたらき

☞ 根はどんなつくりになっているか。

双子葉類《そうしようるい》と単子葉類《たんしようるい》の違《ちが》い (→ p.62)

- **双子葉類の根**…茎につづいている太い**主根《しゅこん》**と，主根から枝《えだ》分かれして出ている細い**側根《そっこん》**がある。
- **単子葉類の根**…茎のつけねから，同じ太さの細い**ひげ根《ね》**がたくさん出ている。

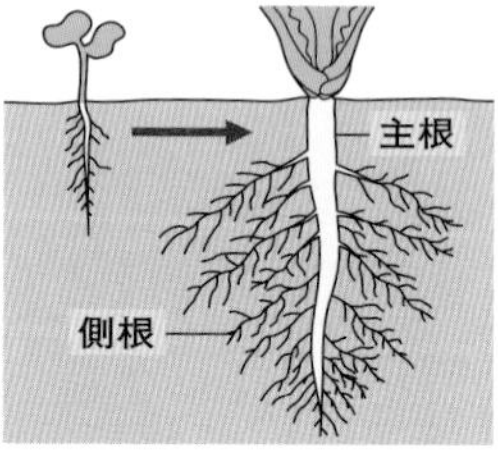

▲双子葉類の根

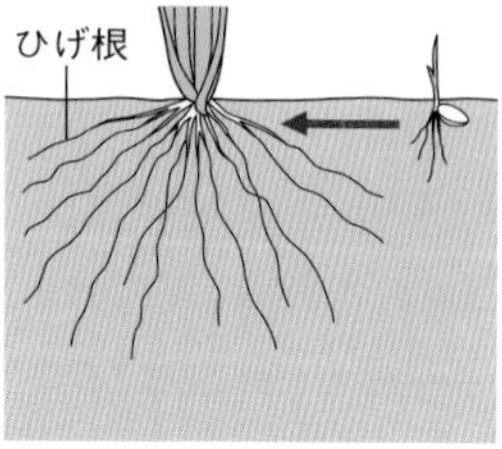

▲単子葉類の根

根のはたらき

植物の根は，茎や葉を支《ささ》える。また，呼吸《こきゅう》をしたり，栄養分《えいようぶん》をたくわえたりするはたらきもある。例 根に栄養分をたくわえる植物…サツマイモ・ニンジン・ダイコン・ヤマノイモ(根を食べている植物にはこのようなものが多い。)

根の先のつくり

- **成長点《せいちょうてん》**…さかんに細胞分裂《さいぼうぶんれつ》をして，新しい細胞がつくられているところを**成長点**という。
- **根冠《こんかん》**…根のいちばん先には，成長点の細胞より少し大きな細胞が集まっている。ここを**根冠**という。
- **根毛《こんもう》**…根の先のほうにある毛のようなものを根毛といい，ここから水や水にとけている肥料《ひりょう》分を吸収《きゅうしゅう》する。根毛は，根の表皮《ひょうひ》の細胞が伸《の》び出たもので，水を吸収する表面積を大きくする効果《こうか》がある。

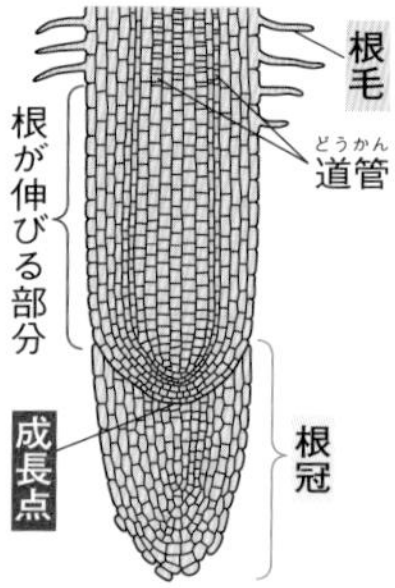

▲根の先のつくり

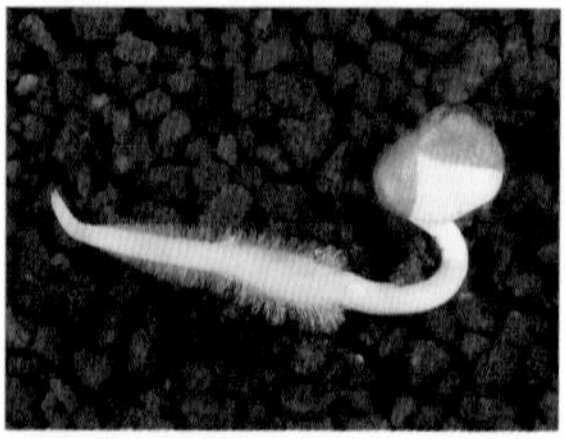
▲根毛(ダイコン)

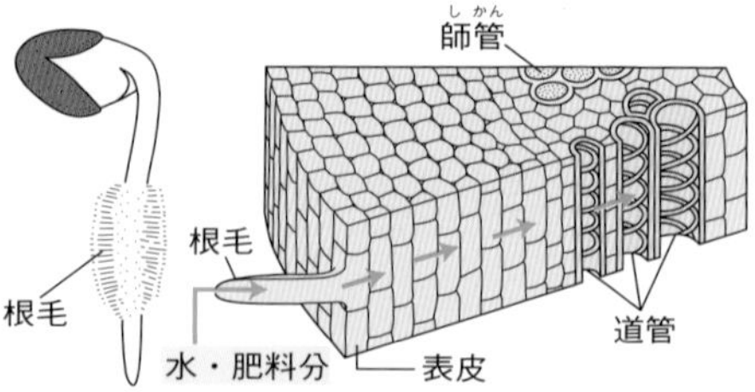

▲根毛とそのつくり

入試ポイント
- **双子葉類…主根と側根**
- **単子葉類…ひげ根**
- 根の先のつくり…**成長点・根冠・根毛**

根の内部のつくり

根を輪《わ》切りにして，顕微鏡《けんびきょう》で見ると，双子葉類も単子葉類も，**道管**と**師管**がいくつかずつ束《たば》になって丸く並《なら》んでいる。

- ▶**道管**…根毛でとり入れた水や水にとけた肥料分が通る管《くだ》。
- ▶**師管**…葉でつくられた栄養分の通る管。

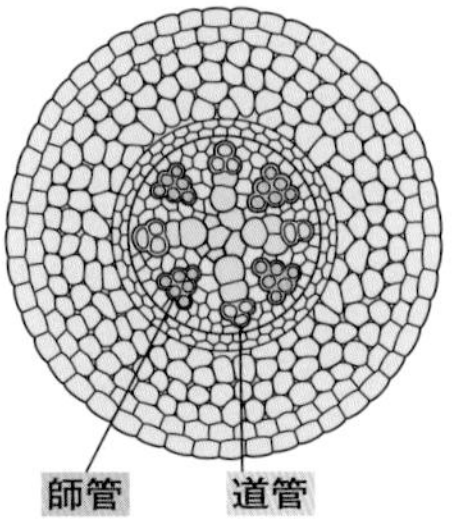

▲根の断面《だんめん》

根の成長のしかた

根の先から 2～3mm のところにある**成長点**では，さかんに**細胞分裂**が行《おこな》われ，新しい**細胞**がつくられるが，この新しい細胞が成長して，根が伸びるのは，成長点より少し上の部分である。

観察 発芽したダイズの根に，等間隔《とうかんかく》に印《しるし》をつけ，2～3日して，伸び方を観察する。

結果 根のいちばん先の部分は伸びず，そのすぐ上の部分がよく伸びる。

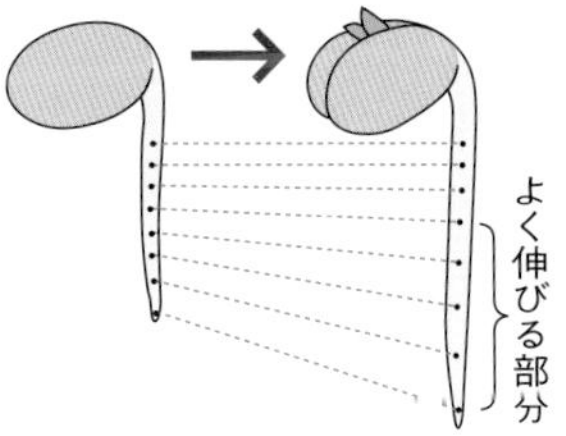

▲根の成長

2 茎のつくりとはたらき

☞ 水や栄養分はどこを通るか。

双子葉類と単子葉類の違い (→ p.62)

● **双子葉類の茎のつくり**…茎を輪切りにして顕微鏡で見ると，**道管**と**師管**が集まって大きな束になったもの(**維管束**《いかんそく》という)が輪になって並《なら》んでいる。**形成層**《けいせいそう》が道管と師管の間をつらぬいて輪になっている。維管束は，茎の中心よりもまわりに並んでいる。

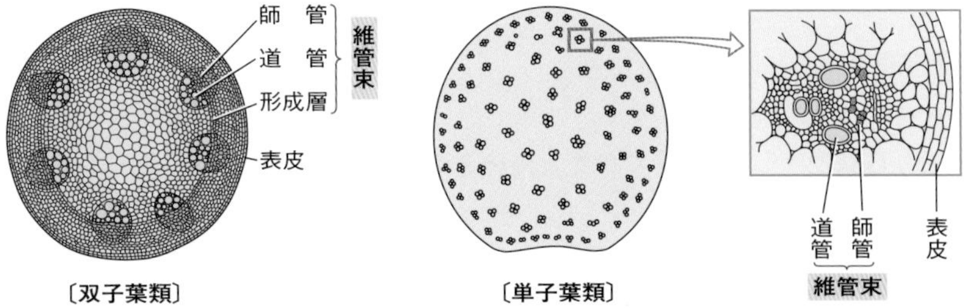

▲茎のつくり

入試ポイント

- 根の内部のつくり…**中央**に**道管**と**師管**の束が**丸く**並んでいる。
- 根の成長…**成長点**より**少し上の部分**がいちばんよく伸びる。

●**単子葉類《たんしようるい》の茎《くき》のつくり**…**道管《どうかん》**と**師管《しかん》**が束《たば》になった**維管束《いかんそく》**が，茎の切り口全体に散《ち》らばっている。形成層《けいせいそう》はない。

根から送られてきた水が通る管《くだ》を**道管**といい，師管の内側にある。また，葉でつくられた栄養分《えいようぶん》の通る管を**師管**といい，道管の外側にある。

道管の集まりと師管の集まりの境《さかい》に細胞分裂《さいぼうぶんれつ》をするところがあり，これを**形成層**という。双子葉類《そうしようるい》は，形成層のはたらきで茎が太るが，単子葉類には形成層がないので，茎が太くならない。

道管の束と師管の束を1つにまとめた束を**維管束**という。双子葉類では，大きな維管束が円形に並《なら》んでいるが，単子葉類では，小さな維管束がたくさん，茎の切り口全体に散《ち》らばっている。

茎のはたらき

茎は，葉や花を支《ささ》えたり，根から送られてきた水を葉へ送る通り道や，葉でつくられた栄養分を根や花などに送る通り道になったりする。また，栄養分をたくわえたり，なかまをふやしたりする。例茎に栄養分をたくわえる植物…ジャガイモ・サトイモ・ハス・ヤマノイモのむかご（茎を食べている植物にはこのようなものが多い。）

観察 水の通り道を調べる。
白い花が咲《さ》いているホウセンカを，食紅《しょくべに》で色をつけた水に数時間さしておく。
結果 茎，葉，花びらに赤いすじが入る。茎を切ってみると，道管が赤く染《そ》まっている。

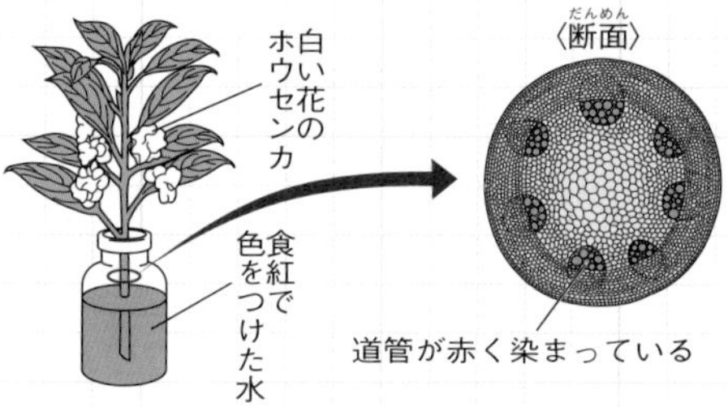

要点 水は道管を通って，花や葉に送られる。

観察 栄養分の通り道を調べる。
マサキの茎の皮を，幅《はば》5mmだけ輪《わ》の形にはぎとり（道管を残して師管だけをとりのぞく），1か月おく。

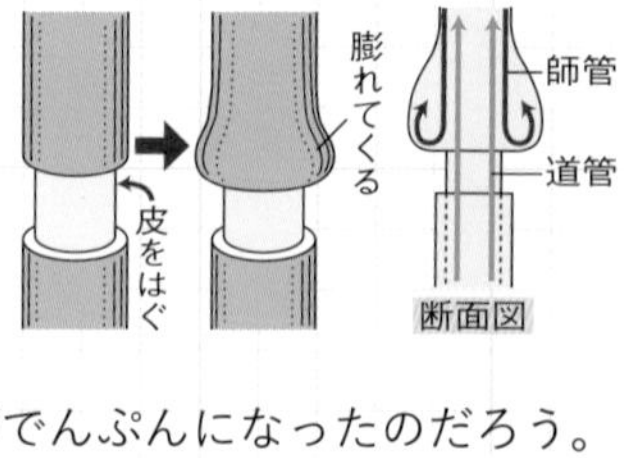

結果 切りとった部分の上が膨《ふく》らんで，でんぷんがたまっている。師管から流れ出た糖《とう》がでんぷんになったのだろう。

入試ポイント
- **双子葉類**の茎のつくり…維管束が**輪になる。形成層がある。**
- **単子葉類**の茎のつくり…維管束が全体に**散らばる。形成層がない。**

3 葉のつくりとはたらき

☞ 葉はどんなつくりになっているか。

双子葉類と単子葉類の違《ちが》い (→ p.62)

双子葉類の葉は，葉脈《ようみゃく》が網《あみ》の目のようになっている(**網状脈《もうじょうみゃく》**)。
単子葉類の葉は，葉脈が平行になっている(**平行脈《へいこうみゃく》**)。

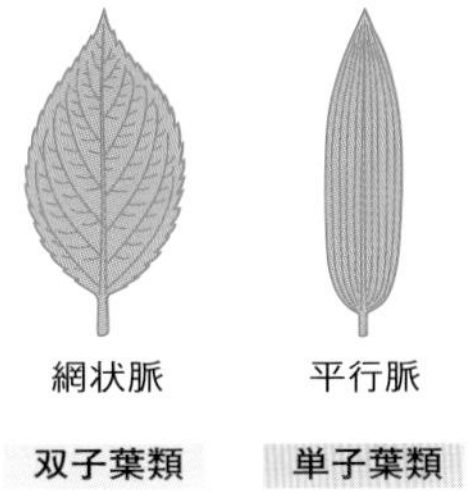

▲葉脈の形

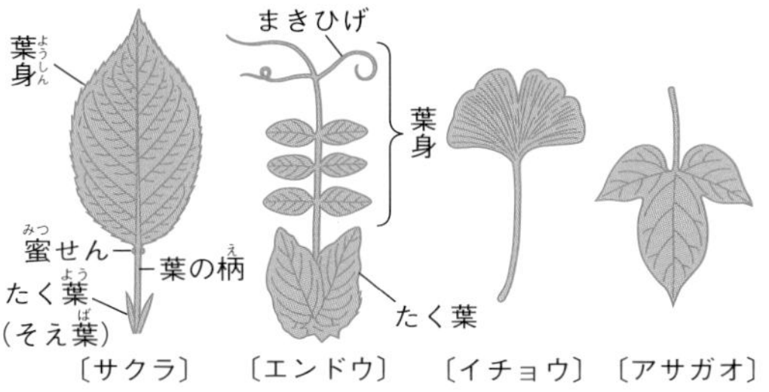

▲いろいろな葉

葉の内部のつくり

表側は，縦長《たてなが》の細胞がぎっしりとつまって並んでいる。細胞には**葉緑体《ようりょくたい》**がたくさんあり，光があたると，さかんに光合成《こうごうせい》をする。

裏側《うらがわ》は，丸い細胞が，ややすき間をあけて乱雑《らんざつ》につまっている。

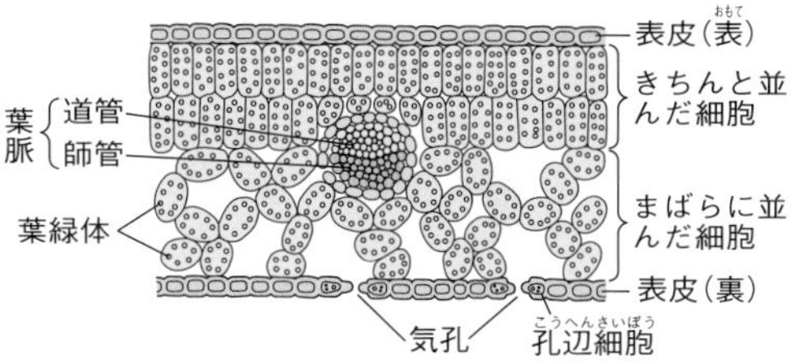

▲葉の内部のつくり

- **葉脈**…葉のすじのこと。ここに，茎から入ってきた**道管**と**師管**(**維管束**：表側が道管，裏側が師管)が通っている。
- **表皮《ひょうひ》**…葉のいちばん外側を覆《おお》って，内部をまもっている。表皮の細胞には葉緑体がない。
- **気孔《きこう》**…表皮のところどころにあいている穴《あな》。気体の出入り口になる。葉の裏側に多い。

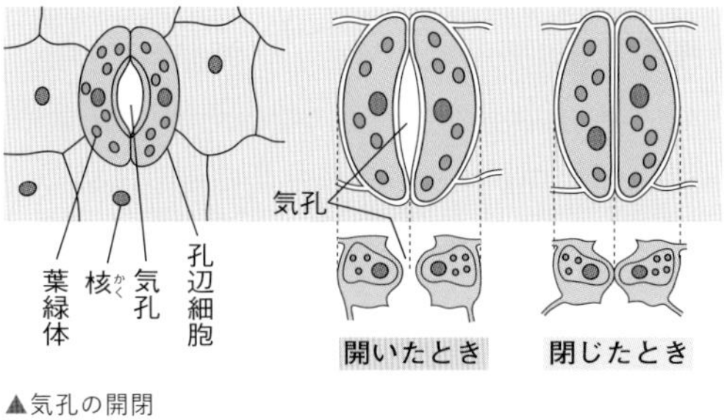

▲気孔の開閉

入試ポイント
- 葉のつくり…**網状脈**(双子葉類)，**平行脈**(単子葉類)
- 葉の内部…**表側**は**ぎっしり**，**裏側**は**まばら**。**葉脈**・**気孔**

● **孔辺細胞**《こうへんさいぼう》…気孔《きこう》をつくっている三日月形の細胞。表皮《ひょうひ》の細胞の一種であるが，葉緑体《ようりょくたい》をもっている。孔辺細胞の中にふくまれる水分が多くなると，細胞が膨《ふく》れて曲がるため，気孔が開く。

4 蒸散《じょうさん》

☞ なぜ気孔から水蒸気《すいじょうき》を出すのか。

● **蒸散**…植物が**気孔**から体内の水分を蒸発《じょうはつ》させる現象《げんしょう》。

蒸散がさかんなのは次のようなときである。

・雨のあと　・日光があたるとき　・風が強いとき

・気温が高いとき　・空気が乾《かわ》いているとき

● **蒸散の役目**

▶ **植物体内の水分量の調節**…水分が多いときは気孔を開いて蒸散させ，水分が少ないときは気孔を閉《と》じて蒸散をとめる。

▶ **植物の体温調節**…日光があたり，体温が上がり始めると，蒸散をして体温を下げる。(水が蒸発すると，まわりから熱を奪《うば》う)。

▶ **根毛**《こんもう》**からの吸水**《きゅうすい》**量の調節**…蒸散をさかんにすると，植物体内の水分が減《へ》るので，根毛から吸収《きゅうしゅう》する水や肥料《ひりょう》分が多くなる。

● **蒸散の観察**

観察 ①ホウセンカなどを水を入れたびんにさし，ポリエチレンの袋《ふくろ》を被《かぶ》せて，袋の口をしっかりしばり，しばらく置く。

②葉の表と裏《うら》に青色の**塩化**《えんか》**コバルト紙**を貼《は》って，変化を見る(塩化コバルト紙は，乾いているときは青色であるが，湿《しめ》ると薄《うす》赤くなる)。

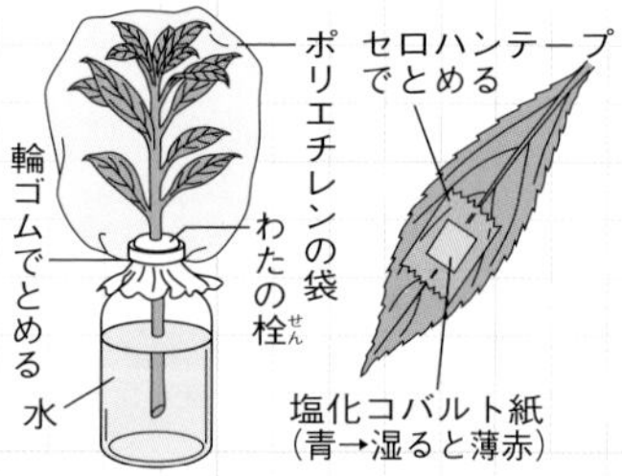

結果 ①しばらくすると，袋の内側がくもり始める。これは袋の中に水蒸《すいじょう》気《き》が出て小さな水滴《すいてき》になったからで，葉や茎《くき》から水が蒸散したことを示《しめ》す。1日たつと，袋の中に水がたまっている。

②しばらくすると，塩化コバルト紙が薄赤くなる。このことから，葉から水蒸気が出ていることがわかる。葉の裏に貼ったほうが早く薄赤くなるので，裏のほうが表より蒸散がさかんであることがわかる。

入試ポイント

● 蒸散の役目…体内の**水分**・**体温**・根毛の**吸水量**の調節

● 蒸散の観察…**塩化コバルト紙**(**青**→湿ると**薄赤**)

●蒸散の実験

実験 蒸散量を調べる。

同じぐらいの大きさの葉をつけた枝《えだ》を５本用意し，下図の㋐～㋔の５つの装置《そうち》をつくり，１時間ほどたってから，減《へ》った水の量を比《くら》べる。（減った水の量は，蒸散した水蒸気の量にあたる。**ワセリン**は，気孔を塞《ふさ》いで，蒸散をさせないようにする）。

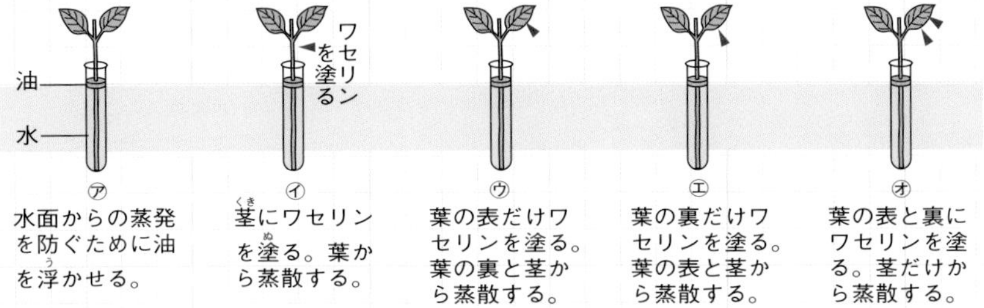

結果 ㋐→㋑→㋒→㋓→㋔の順に，蒸散量が少なくなっていく。

要点 葉の裏→葉の表→茎の順に，蒸散が少なくなる。この順に気孔が少なくなっていくからである。

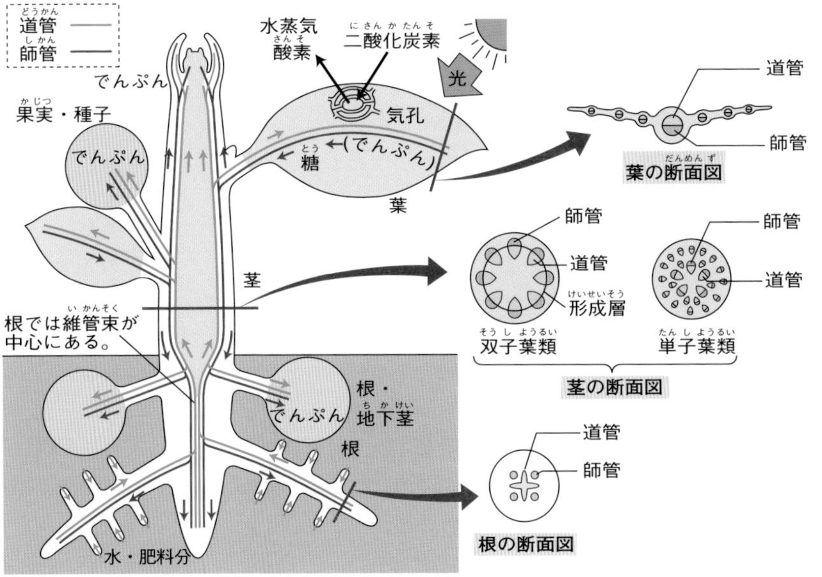

▲植物体内の水・栄養分《えいようぶん》・気体の移動《いどう》

入試ポイント
- 蒸散の実験…**ワセリン**を塗る（気孔を塞ぐ）
- 蒸散の多い順…葉の**裏**>葉の**表**>**茎**

☑ まとめチェック

知識を整理・確認しよう！

① 根のつくりとはたらき

□ ① 図1のAの根を何というか。

□ ② 図1のBの根を何というか。

□ ③ 図1のCの根を何というか。

図1

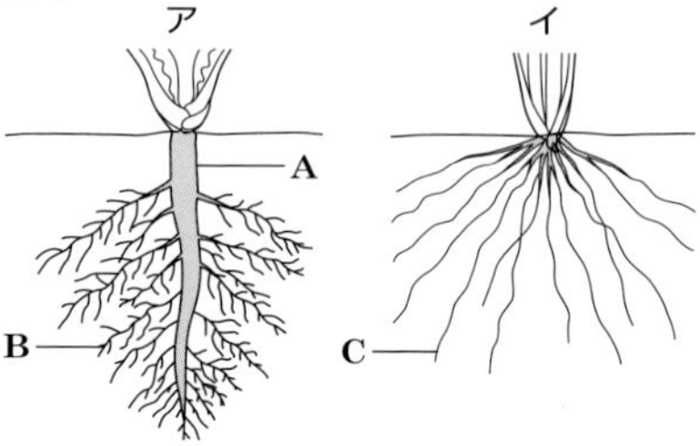

□ ④ 図1のアとイで，単子葉類《たんしようるい》の根はどちらか。

□ ⑤ 根の先端《せんたん》に見られる毛のようなものを何というか。

□ ⑥ 根の先端に⑤があることにより，水を吸収《きゅうしゅう》するうえで，どのような利点があるか。

□ ⑦ 根の先端部で，根を伸ばしているところを何というか。

② 茎《くき》のつくりとはたらき

□ ① 図2のDの管を何というか。

□ ② 図2のEの管を何というか。

□ ③ 図2のFの管を何というか。

図2

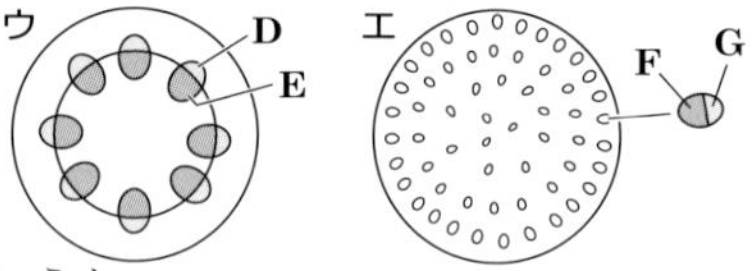

□ ④ 図2のGの管を何というか。

□ ⑤ DとEの部分やFとGの部分など，道管と師管が集まって束になっているつくりを何というか。

□ ⑥ 図2のウとエで，双子葉類《そうしようるい》の茎の断面《だんめん》はどちらか。

③ 葉のつくりとはたらき

□ ① 葉脈《ようみゃく》が枝《えだ》分かれしているのは単子葉類か，双子葉類か。

□ ② 葉脈のうち，葉の表側を通っているのは道管か，師管か。

□ ③ 気体の出し入れをする穴《あな》を何というか。

□ ④ ③は，葉の表側と裏側《うらがわ》のどちらに多いか。

④ 蒸散《じょうさん》

□ ① 植物から水が水蒸気《すいじょうき》として出ていく現象《げんしょう》を何というか。

□ ② 葉の表側と裏側で，①がさかんなのはどちらか。

答え

①
① 主根《しゅこん》
② 側根《そっこん》
③ ひげ根《ね》
④ イ
⑤ 根毛《こんもう》
⑥ 表面積が大きくなる。
⑦ 成長点《せいちょうてん》

②
① 師管《しかん》
② 道管《どうかん》
③ 道管
④ 師管
⑤ 維管束《いかんそく》
⑥ ウ

③
① 双子葉類
② 道管
③ 気孔《きこう》
④ 裏側

④
① 蒸散
② 裏側

力だめしの問題 入試標準レベル

解答➡別冊 p.4

1 インゲンマメの根，茎の断面《だんめん》，葉を表しているものを，次からそれぞれ 1 つずつ選び，記号で答えなさい。

【洛南高附中】

根（　　　）　茎の断面（　　　）　葉（　　　）

〔根〕

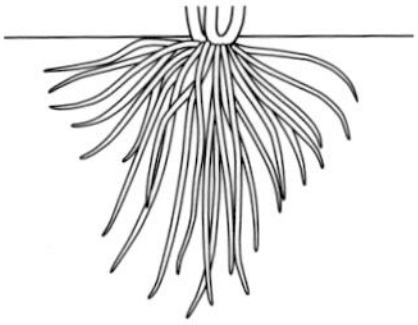

ア

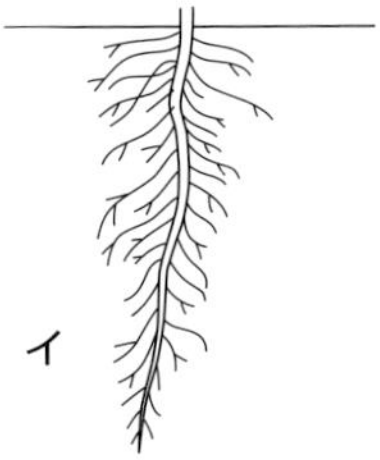

イ

〔茎の断面〕

ウ

エ

〔葉〕

オ

カ

キ

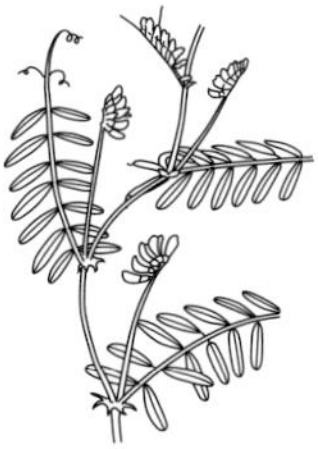

ク

2 葉の葉脈のつくりがトウモロコシと同じ植物を，次から選び，記号で答えなさい。

【穎明館中】

（　　　）

ア　タンポポ　　イ　バラ　　ウ　エノコログサ
エ　ナズナ　　オ　アブラナ

❸ 茎《くき》がつるのようになっている野菜を，次からすべて選び，記号で答えなさい。

【慶應義塾普通部】

（　　　　　）

ア　レタス　　イ　ジャガイモ　　ウ　トウモロコシ
エ　キャベツ　　オ　サツマイモ　　カ　キュウリ

❹ サクラとツバキの枝《えだ》で，葉のついたものと葉をとったものとをそれぞれ用意し，同じ量の水が入った４本の試験管A～Dに別々《べつべつ》にさし，同じ時間置きました。 数日後，次の図のように，それぞれの試験管で水の量が減《へ》っていました。なお，それぞれの試験管の水面には油を浮《う》かべ，温度や日あたり，葉の大きさや数など，同じ条件《じょうけん》で実験をしました。

【高田中】

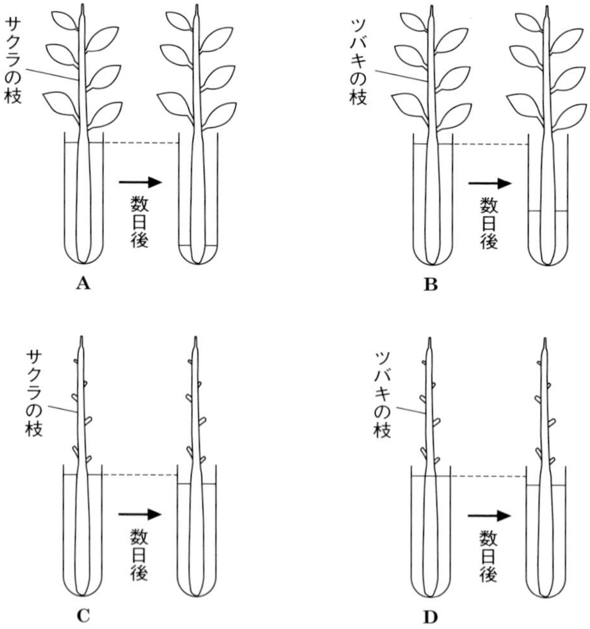

⑴ この実験から，水の蒸発《じょうはつ》は，おもに葉から起こっていることがわかります。これは，A～Dのどれとどれの変化を比《くら》べればわかりますか。次から２つ選び，記号で答えなさい。　（　　　）（　　　）

ア　AとB　　イ　AとC　　ウ　AとD
エ　BとC　　オ　BとD　　カ　CとD

⑵ ⑴以外に，この実験からわかることを１つ答えなさい。

（　　　　　　　　　　　　　　　　　　）

5 サツマイモについて，次の問いに答えなさい。 【啓明学院中】

(1) 私《わたし》たちが食べているサツマイモは，植物のからだのどの部分ですか。次の中から選び，記号で答えなさい。 (　　)

ア 根　イ 茎　ウ 葉　エ 花　オ 実《み》　カ 種子《しゅし》

(2) 私たちが(1)と同じ部分を食べている植物はどれですか。次の中から選び，記号で答えなさい。 (　　)

ア カボチャ　イ タマネギ　ウ ジャガイモ　エ オクラ
オ ブロッコリー　カ ニンジン　キ 落花生

6 右の図のように，ホウセンカを食紅《しょくべに》で色をつけた水に数時間さしておきました。その後，茎を横に切り断面《だんめん》を観察《かんさつ》すると，赤く染《そ》まった部分が観察されました。 【麗澤中・改】

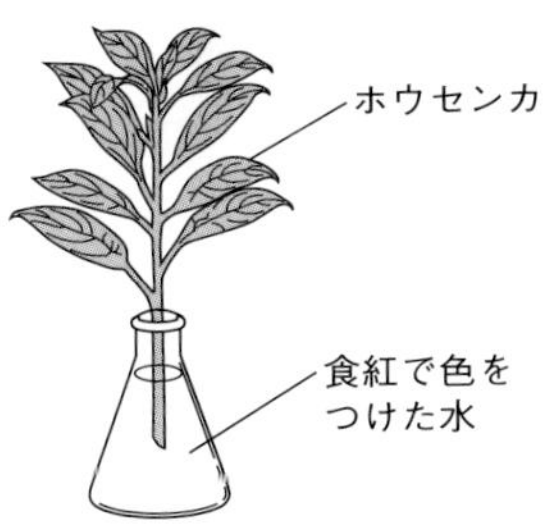

(1) このときの断面の様子として正しいものを，次のア～エから選び，記号で答えなさい。ただし，赤く染まった部分を，黒く塗《ぬ》りつぶしています。 (　　)

ア
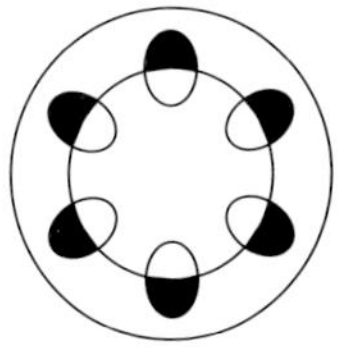

イ
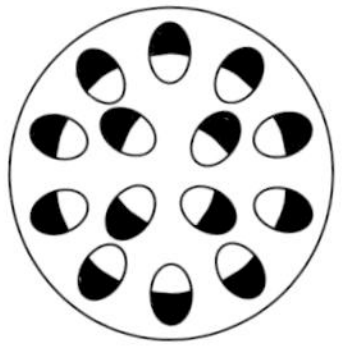

ウ
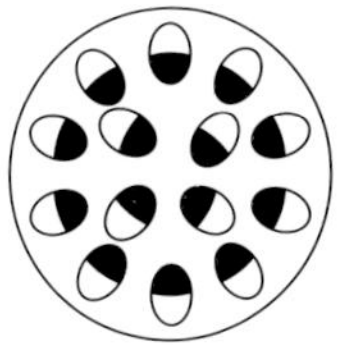

エ
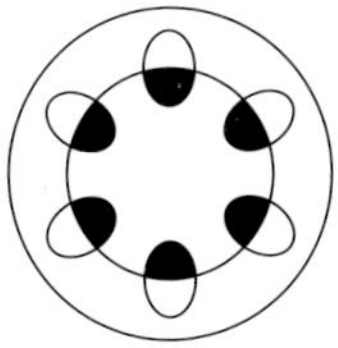

(2) このとき，赤く染まった部分を何といいますか。

(　　　　　)

6 季節と植物のくらし・植物の分類

1 花の咲《さ》く時期

☞ 各季節にどんな花が咲くか。

花の咲く時期は，おもに気温や日光のあたる時間の長さによってきまる。同じ種類の花でも，ところによって咲く時期が違《ちが》うのは，花の咲く気温になる時期が違うことなどが原因《げんいん》である。

各季節の花

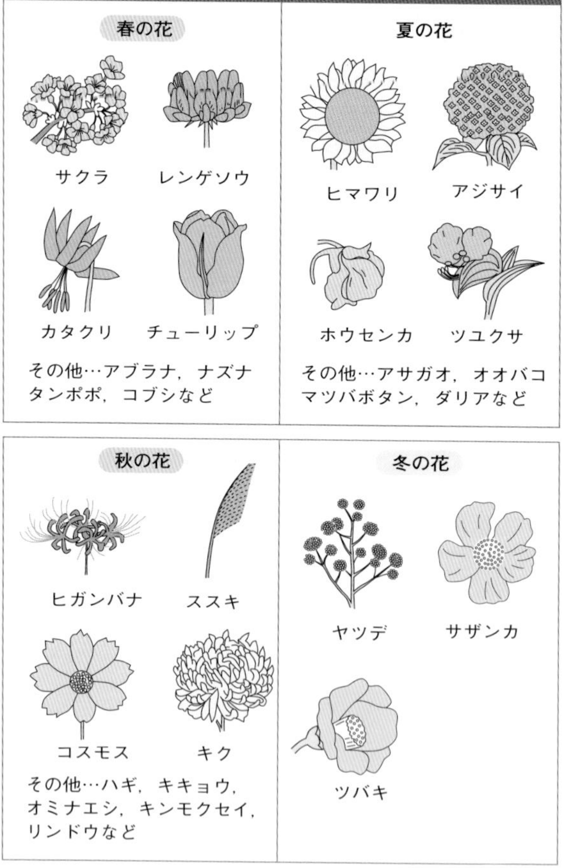

▲各季節の花

サクラ前線

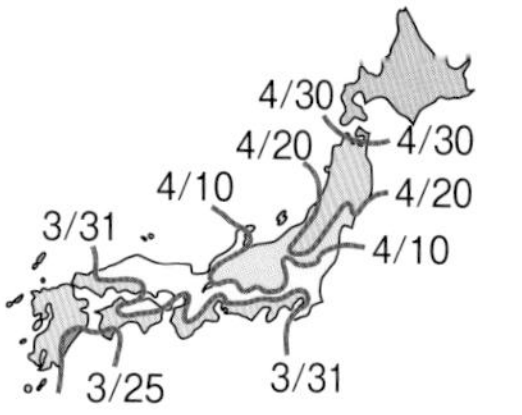

サクラの花は，寒いところ(北の土地や高い土地)ほど遅《おそ》く咲く。

サクラの特徴《とくちょう》

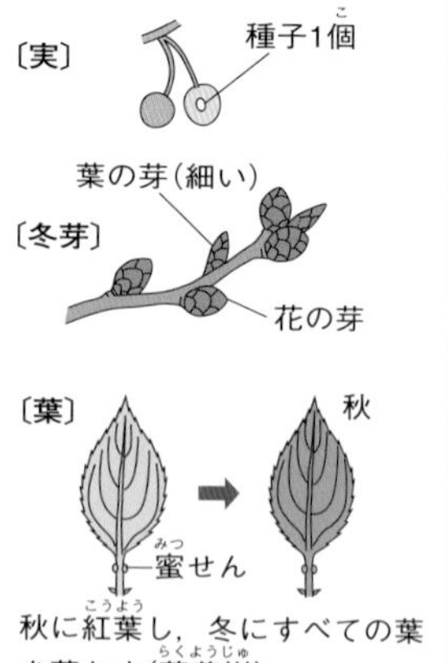

秋に紅葉《こうよう》し，冬にすべての葉を落とす(落葉樹《らくようじゅ》)。

入試ポイント

● サクラ前線 { **北**の土地は**遅《おく》れる。** / **高い**土地は**遅れる。** } ▶**気温**が影響

2 種子《しゅし》の運ばれ方

☞ 種子はどのようにして運ばれるか。

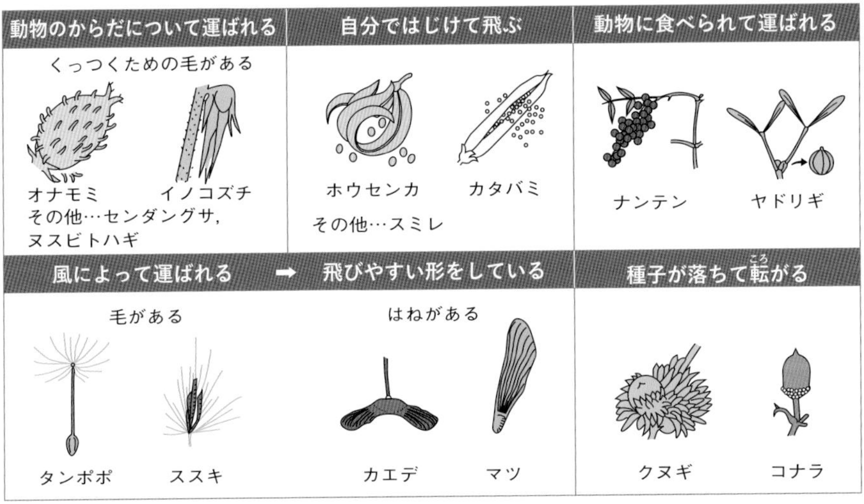

▲種子の運ばれ方

3 草の冬ごし

☞ 草はどんなすがたで冬をこすか。

寒さの厳《きび》しい冬をこすために，植物もいろいろと工夫する。

● **一年草《いちねんそう》**…春に発芽《はつが》し，秋には枯《か》れる。種子で冬をこす。

● **二年草《にねんそう》**…秋に発芽し，若《わか》い植物のすがたで冬をこす。春に花が咲き，夏には枯れる。

▶ **ロゼット**…冬ごしのために，葉を地面に広げて，平べったくなる植物がある。このすがたを**ロゼット**という。

▲ロゼット

● **多年草《たねんそう》**…地下の茎《くき》(地《ち》下《か》茎《けい》)や根が生き残って冬をこす。

	春	夏	秋	冬	例
一年草	発芽	成長 結実	枯れる	**種子**	ホウセンカ・アサガオ ヒマワリ・イネ
二年草	成長 結《けつ》実《じつ》	枯れる	発芽	**若い植物**	エンドウ・アブラナ
				ロゼット	ナズナ・ハルジオン・オオマツヨイグサ
多年草	成長	結実	枯れる	**地下茎・根**	ススキ・ユリ・ダリア
			枯れない	**ロゼット**	タンポポ・イチゴ

入試ポイント
● 一年草…**種子**で冬をこす　● 二年草…**若い植物**で冬をこす。
● 多年草…**地下の茎や根**で冬をこす。

4 木の冬ごし

☞ 木はどんなすがたで冬をこすか。

●**常緑樹**《じょうりょくじゅ》…1 年中緑色の葉をつけている木。全部の葉がいっせいに落ちてしまうことはなく，1 年を通して，枯《か》れた葉が少しずつ落ち，新しい葉ができる。

●**落葉樹**《らくようじゅ》…冬になるまえに，全部の葉が落ちてしまう木。葉が落ちたあとに，**冬**《ふゆ》**芽**《め》(翌年《よくねん》の春に芽を出す葉や花の芽)ができている。

▶ **常緑樹**…例ツバキ・サザンカ・クス・カシ・マツ・スギ・ヒノキ
▶ **落葉樹**…例サクラ・カエデ・ケヤキ・カラマツ・イチョウ・モクレン

▶ **色づく葉**…落葉樹の葉は，落ちる前に赤色や黄色に色づくものが多い。葉が落ちるまえに赤色に色づくことを**紅葉**《こうよう》といい，葉が落ちるまえに黄色に色づくことを**黄葉**《こうよう》という。

▶ **紅葉する葉**…例カエデ・ツタ・ウルシ・ニシキギ・ナナカマド・サクラ
▶ **黄葉する葉**…例イチョウ・カラマツ・ポプラ・イタヤカエデ・ケヤキ

5 森林の様子

☞ 森林はどんな植物でできているのか。

日光と木の育ち方

1 本立ちの木は，日光が全体によくあたるので，枝《えだ》を四方に広げ，下のほうの枝にも葉をつけている。

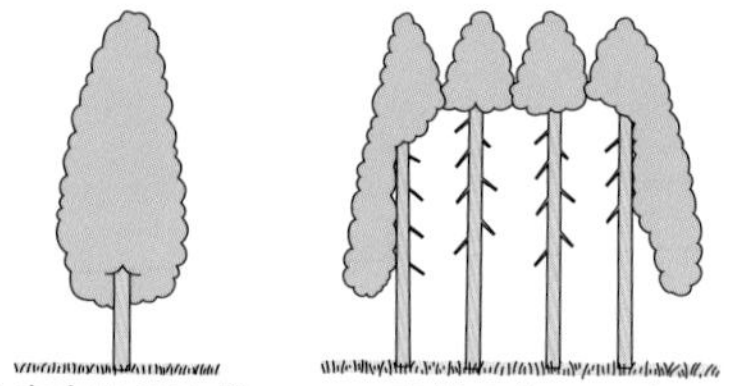

▲木の育ち方

一方，森林の木は，内側はおたがいの葉により日光を遮《さえぎ》りあうので，上部にだけ葉をつけ，下部の枝は枯《か》れている。いちばん外側の木は，日光があたる側だけ，下のほうまで葉をつけている。

日光がよくあたる明るい所でないと育たない植物(樹木《じゅもく》)を**陽生**《ようせい》**植物**(**陽樹**《ようじゅ》)といい，日光があまりあたらない日かげでもよく育つ植物(樹木)を**陰生**《いんせい》**植物**(**陰樹**《いんじゅ》)という。

陽生植物…日なたでないと育たない		陰生植物…日かげでも育つ	
樹木(陽樹)	草　花	樹木(陰樹)	草　花
マツ，クヌギ，ハンノキなど	ススキ，タンポポ，ヨモギ，カタクリなど	シイ，カシ，アオキ，ヤツデなど	シャガ，ヤブラン，リュウノヒゲなど

入試ポイント

● **常緑樹**…1 年中緑色の葉がある
　落葉樹…秋にすべての葉が落ちる

● **陽生植物**…日なたで育つ
　陰生植物…日かげで育つ

森林の様子の移り変わり

火山の噴火《ふんか》などで荒《あ》れ地《ち》となった所を例として，森林のできかたをみると，次のような順番で移り変わっていき，最終的には陰樹林《いんじゅりん》で安定する。

①最初は養分《ようぶん》が少なくても育つ**コケ植物**がはえる。これによって地中に水分がたくわえられ，これらの腐《くさ》ったものから肥料《ひりょう》分ができていく。

②次に，成長のはやい**陽生**の**一年草**《いちねんそう》がはえるようになり，さらに，肥料分や土が増《ふ》えていく。

③やがて，**ススキ**などの**多年草**《たねんそう》がはえ，**草原**《そうげん》となる。多年草は地下深くまで根をはって，土が流れるのを防《ふせ》ぐようになり，木がはえやすい状態《じょうたい》になる。

④日あたりがよいので，まず，アカマツなどの**陽樹**がはえる。

⑤陽樹の高木《こうぼく》が成長し，**陽樹林**《ようじゅりん》ができる。すると，林の内部は日あたりが悪くなるので，陽生のススキなどは枯れてしまい，かわって**陰生**の**下草**《したくさ》(**シダ植物**など)や**低木**《ていぼく》がはえてくる。

⑥陽樹の林の内部は日あたりが悪いので，陽樹の幼《よう》木《ぼく》は育たない。**陰樹**の幼木は日あたりが悪くても育つので，しだいに，シイ・カシなどの陰樹の幼木がふえてくる。

⑦陰樹が成長してくると，やがて，成長した陽樹は枯れていく。

⑧陰樹の幼木は日かげでも成長するので，先に成長した陰樹が枯れても，また陰樹がはえる。このように，**陰樹林**《いんじゅりん》になれば，森林は安定し，これ以上変化はしない。

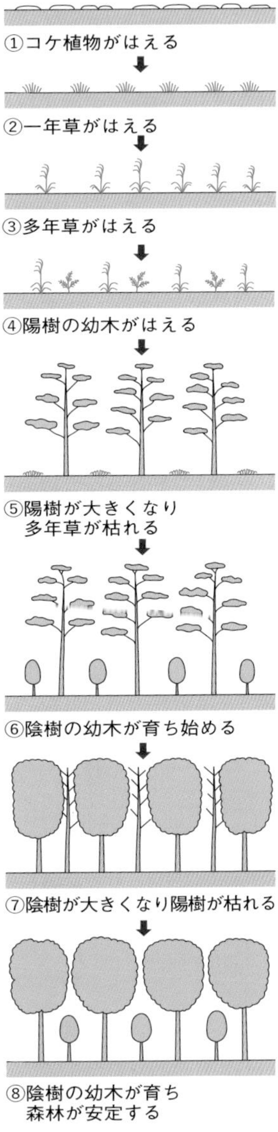

▲森林の移り変わり

- ▶**シダ植物**…胞子《ほうし》でふえ，維管束《いかんそく》をもち，根・茎《くき》・葉の区別がある植物。
  例ベニシダ，イヌワラビ
- ▶**コケ植物**…胞子でふえ，維管束をもたず，根・茎・葉の区別がない植物。
  例スギゴケ，ゼニゴケ

入試ポイント
● 森林の移り変わり…**荒れ地**⇨**コケ植物**⇨**野生の草原**⇨**陽樹林**(アカマツ)⇨**陰樹林**(シイ・カシ)⇨**安定**

6 植物の分類

☞ 植物にはどんな種類があるか。

植物は，そのつくりによって次のように分類される。

- 植物
  - 種子《しゅし》植物
    - 被子《ひし》植物
      - 双子葉類《そうしよう》…例アブラナ・ダイコン・アサガオ
      - 単子葉類《たんしよう》…例トウモロコシ・イネ・ユリ
    - 裸子《らし》植物…例マツ・スギ・ヒノキ・イチョウ・ソテツ
  - 胞子《ほうし》植物
    - シダ植物…例イヌワラビ・ゼンマイ・ウラジロ・スギナ
    - コケ植物…例スギゴケ・ゼニゴケ

・**藻類《そうるい》**…例
（海水中）アオサ・コンブ・ワカメ・テングサ
（淡水《たんすい》中）クロレラ・アオミドロ・ケイソウ

注意 藻類は，植物に分類されないが，葉緑体《ようりょくたい》をもち，光合成《こうごうせい》を行う。また，胞子でふえる。

・**菌類《きんるい》〔カビ・キノコ類〕**…例アオカビ・シイタケ・マツタケ

注意 菌類は，細菌類《さいきんるい》（ニュウサン菌《きん》など）とともに，植物にも動物にも分類されない。

〈ことばの説明〉

種子植物…種子（たね）でなかまをふやす植物。花が咲《さ》く。
胞子植物…胞子でなかまをふやす植物。花が咲かず，種子はできない。

被子植物…はいしゅが**子房《しぼう》**に包《つつ》まれている植物。種子は実《み》の中にできる。
裸子植物…子房がなく，はいしゅがむき出しになっている植物。

双子葉類…子葉《しよう》が2枚《まい》ある植物。根は**主根《しゅこん》**と**側根《そっこん》**からできている。維管束《いかんそく》は輪の形に並《なら》ぶ。葉脈《ようみゃく》は網《あみ》の目のようになる（網状脈《もうじょうみゃく》）。
単子葉類…子葉《しよう》が1枚しかない植物。根は**ひげ根《ね》**になる。維管束は，茎《くき》の切り口全体にひろがっている。葉脈は平行になる（平行脈《へいこうみゃく》）。

	子　葉	根	茎《くき》	葉
双子葉類	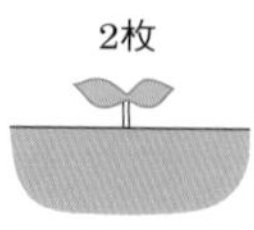	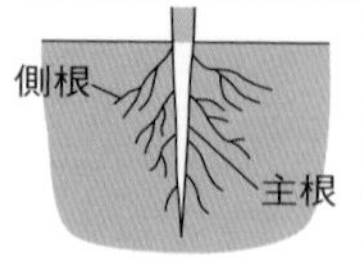	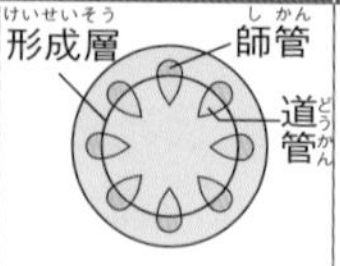	
単子葉類	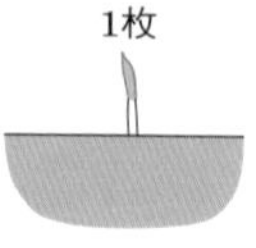	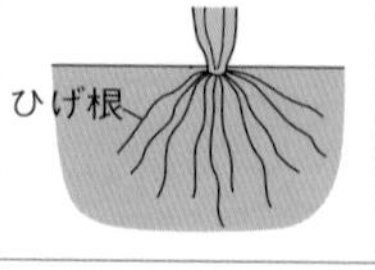	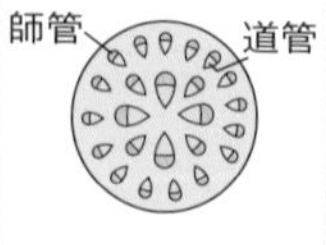	

▲双子葉類と単子葉類の特徴《とくちょう》

入試ポイント
・{**種子植物** / **胞子植物**}　・{**被子植物** / **裸子植物**}　・{**双子葉類** / **単子葉類**}

7 いろいろな分類のしかた

植物はどのように分類するか。

花のつくりやはたらきによる分類

● 完全花《かんぜんか》・不完全花《ふかんぜんか》(→p.14)

完全花…花の 4 要素《ようそ》が全部そろっている花。
例 アブラナ・キク・タンポポ・サクラ・アサガオ・エンドウ・ツツジ

不完全花…花の 4 要素が 1 つでも欠けている花。
例 イネ・ムギ・カボチャ・キュウリ・ヘチマ・マツ・スギ・ソテツ

● 両性花《りょうせいか》・単性花《たんせいか》(→p.15)

両性花…1 つの花に，おしべとめしべがそろっている花。
例 アブラナ・キク・タンポポ・サクラ・アサガオ・イネ・ムギ

単性花…おしべだけをもつ**お花《ばな》**とめしべだけをもつ**め花《ばな》**の区別がある花。
・同じ株《かぶ》にお花とめ花の両方がついているもの
例 ヘチマ・カボチャ・トウモロコシ・キュウリ・スイカ・マツ
・お花だけが咲く**お株《かぶ》**とめ花だけが咲く**め株《かぶ》**の区別があるもの
例 ソテツ・イチョウ・ヤマノイモ・クワ・アサ

● 合弁花《ごうべんか》・離弁花《りべんか》(→p.14)

合弁花…花びらのねもとがくっついて，筒《つつ》のようになっている花。
例 タンポポ・アサガオ・カボチャ・ツツジ・ヒマワリ

離弁花…花びらが 1 枚ずつ離《はな》れている花。
例 アブラナ・ダイコン・サクラ・エンドウ・スミレ

● 花粉《かふん》の運ばれ方による分類(→p.16)

虫媒花《ちゅうばいか》…**こん虫《ちゅう》**が受粉《じゅふん》のなかだちをする花。こん虫をひきつけるために，色が鮮《あざ》やかである，かおりがよい，蜜《みつ》を出す，などの特徴がある。
例 アブラナ・サクラ・ヘチマ・タンポポ

風媒花《ふうばいか》…**風**が受粉のなかだちをする花。花粉は風に飛ばされやすいように，軽くてさらさらしている。また，花粉の量が多いことが特徴である。
例 マツ・イネ・ムギ・トウモロコシ

水媒花《すいばいか》…**水**が受粉のなかだちをする花。例 クロモ・ミズハコベ

鳥媒花《ちょうばいか》…**鳥**が受粉のなかだちをする花。例 ツバキ・サザンカ・ビワ

注意 アサガオ・タンポポ・イネなどは，**自家受粉《じかじゅふん》**することも多い。

入試ポイント
- 完全花／不完全花
- 両性花／単性花
- 合弁花／離弁花
- 虫媒花・風媒花／水媒花・鳥媒花

● 子房《しぼう》の位置による分類

子房上位《しぼうじょうい》…子房が，がくや花びらのつけねより上にある花。
例アブラナ・イネ・アサガオ・エンドウ・サクラ・カキ

子房下位《しぼうかい》…子房が，がくや花びらのつけねより下にある花。
例ヘチマ・カボチャ・キュウリ・スイカ・タンポポ・リンゴ・ナシ

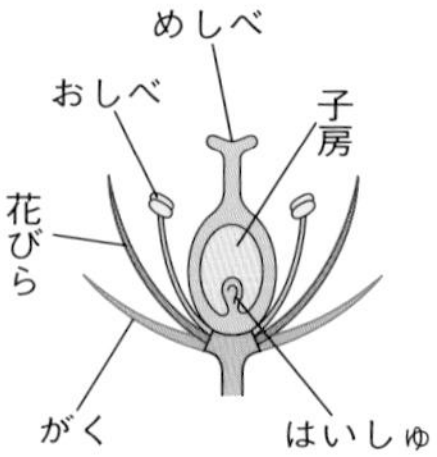

▲子房上位

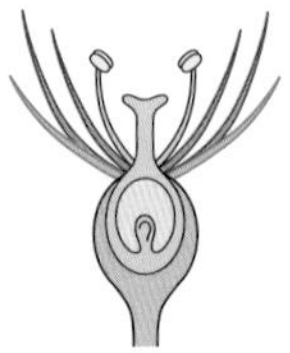
▲子房下位

実《み》のつくりによる分類 (→ p.16)

真果《しんか》…子房が成長して実(果実《かじつ》)になったもの。例カキ・アブラナ・エンドウ
偽果《ぎか》…花床《かしょう》(花《か》たく)が成長して実になったもの。例リンゴ・ナシ・イチゴ

木の分類

● 常緑樹《じょうりょくじゅ》・落葉樹《らくようじゅ》(→p.60)

常緑樹…1年中緑色の葉をつけている木。枯《か》れた葉は，1年を通じて少しずつ落ち，1年を通じて新しい葉がはえるので，葉がなくなる時期がない。
落葉樹…秋の終わりに，すべての葉が落ちてしまう木。

● 広葉樹《こうようじゅ》・針葉樹《しんようじゅ》

広葉樹…平たくて，幅《はば》の広い葉をつける木。
針葉樹…針《はり》のように細長い葉をつける木。

● 常緑樹・落葉樹と広葉樹・針葉樹の組み合わせによる分類

常緑広葉樹《じょうりょくこうようじゅ》…例ツバキ・サザンカ・カシ・シイ・クス
落葉広葉樹《らくようこうようじゅ》…例カエデ・サクラ・クヌギ・ブナ・ケヤキ・プラタナス
常緑針葉樹《じょうりょくしんようじゅ》…例マツ・スギ・ヒノキ・モミ
落葉針葉樹《らくようしんようじゅ》…例カラマツ

日光との関係による分類 (→ p.60)

陽生《ようせい》植物(陽樹《ようじゅ》)…日なたでないと育たない植物(樹木《じゅもく》)。
例アカマツ・カラマツ・クヌギ・ススキ(草)
陰生《いんせい》植物(陰樹《いんじゅ》)…日かげでも育つ植物(樹木)。
例シイ・カシ・ヒバ・ブナ・アオキ・コメツガ

入試ポイント
- 子房上位／子房下位
- 真果／偽果
- 常緑樹／落葉樹
- 広葉樹／針葉樹
- 陽生植物(陽樹)／陰生植物(陰樹)

冬ごしのすがたによる草の分類 (→ p.59)

- **一年草《いちねんそう》**…種子で冬をこす。例ホウセンカ・アサガオ・ヒマワリ
- **二年草《にねんそう》**…少し育った状態《じょうたい》で冬をこす。例エンドウ・アブラナ
- **多年草《たねんそう》**…地下の茎《くき》や根で冬をこす。例ススキ・ダリア・ユリ

▶ロゼット…葉を地面に広げて冬をこす植物のすがた。

例
- **二年草**…ナズナ・ヒメジョオン
- **多年草**…タンポポ・イチゴ

森林を構成《こうせい》する植物の分類

- **高木《こうぼく》**…幹《みき》が太く，背《せ》が高くなる木。幹と枝《えだ》の区別がはっきりしている。
  例マツ・カシ・シイ・スギ・ブナ・クヌギ・ヒノキ・クス
- **低木《ていぼく》**…ねもとからたくさんの細い幹が分かれ出て，背があまり高くならない木。枝分かれも多い。例アオキ・ヤツデ・ツツジ・アジサイ
- **下草《したくさ》**…森林内の地面にはえている草。陰生植物で，湿度《しつど》の高い所でよく育つ。
  例ベニシダ・コシダ・スギゴケ・ヤブラン・シャガ
- **つる性《せい》植物**…木に巻《ま》きつく植物。例ツタ・フジ・ヤマブドウ
- **寄生《きせい》植物**…ほかの木から養分《ようぶん》をとって育つ植物。
  例ヤドリギ・マツグミ・ナンバンギセル

注意 寄生植物は光合成《こうごうせい》をしないものが多いが，ヤドリギは光合成もする。

おもな科《か》の植物 (→ p.17～19)

合弁花《ごうべんか》
- **キク科**…キク・タンポポ・ヒマワリ・コスモス・ヒメジョオン・レタス
- **ウリ科**…カボチャ・ヘチマ・キュウリ・スイカ・ユウガオ
- **ナス科**…ナス・トマト・ジャガイモ・タバコ
- **ヒルガオ科**…ヒルガオ・アサガオ・サツマイモ
- **ツツジ科**…ツツジ・シャクナゲ・アセビ

離弁花《りべんか》
- **マメ科**…エンドウ・ダイズ・クズ・オジギソウ・ネムノキ
- **アブラナ科**…アブラナ・ダイコン・キャベツ・ナズナ・ワサビ
- **バラ科**…バラ・サクラ・リンゴ・ナシ・ウメ・モモ・ビワ・イチゴ
- **ツバキ科**…ツバキ・サザンカ・サカキ・チャ
- **ブナ科**…ブナ・クリ・シイ・クヌギ・カシワ

単子葉《たんしよう》
- **イネ科**…イネ・コムギ・ススキ・トウモロコシ・タケ・エノコログサ
- **ユリ科**…ユリ・チューリップ

入試ポイント
- 冬ごし…**一年草・二年草・多年草・ロゼット**
- 森林…**高木・低木・下草**・つる性植物・寄生植物

☑ まとめチェック

知識を整理・確認しよう！

答え

① 花の咲《さ》く時期

□ ① ヒガンバナの花が咲く季節はいつか。	① 秋
□ ② サザンカの花が咲く季節はいつか。	② 冬
□ ③ レンゲソウの花が咲く季節はいつか。	③ 春
□ ④ ツユクサの花が咲く季節はいつか。	④ 夏

② 種子の運ばれ方

□ ① タンポポの種子は何によって運ばれるか。	① 風
□ ② ホウセンカとススキで，熟《じゅく》した実《み》がはじけて種子を飛ばすのはどちらか。	② ホウセンカ
□ ③ ラベンダーとオナモミで，種子(実)が動物のからだについて運ばれるのはどちらか。	③ オナモミ

③ 草の冬ごし

□ ① ヒマワリは何年草《そう》か。	① 一年草《いちねんそう》
□ ② ススキは何年草か。	② 多《た》年草《ねんそう》
□ ③ アブラナは何年草か。	③ 二《に》年草《ねんそう》
□ ④ 冬,植物が葉を地面に平たく広げているすがたを何というか。	④ ロゼット
□ ⑤ アサガオは，どのようなすがたで冬をこすか。	⑤ 種子
□ ⑥ タンポポは，どのようなすがたで冬をこすか。	⑥ ロゼット
□ ⑦ ススキは，どのようなすがたで冬をこすか。	⑦ 地下の茎《くき》

④ 木の冬ごし

□ ① マツは常緑樹《じょうりょくじゅ》か，落葉樹《らくようじゅ》か。	① 常緑樹
□ ② サクラは常緑樹か，落葉樹か。	② 落葉樹
□ ③ カエデは常緑樹か，落葉樹か。	③ 落葉樹

⑤ 森林の様子

□ ① アカマツは陽樹《ようじゅ》か，陰樹《いんじゅ》か。	① 陽樹
□ ② 安定しているのは陽樹林《ようじゅりん》か，陰樹林《いんじゅりん》か。	② 陰樹林

⑥ 植物の分類

□ ① ジャガイモは何科の植物か。	① ナス科
□ ② レタスは何科の植物か。	② キク科
□ ③ サクラは何科の植物か。	③ バラ科

力だめしの問題　入試標準レベル

解答➡別冊p.5

1 次の文を読み，あとの問いに答えなさい。　【白百合学園中】

植物は種類によって生活のサイクルが違《ちが》います。ふつう，木(木本《もくほん》)は何年も生育し続けますが，草(草本)はいくつかのタイプに分かれます。(　A　)は，春に発芽し，夏から秋に花を咲かせ実をつけ，冬が来る前に枯《か》れます。このような草を(　a　)といい，(　b　)で冬をこします。

一方，秋に発芽し，そのまま若《わか》い葉で冬をこし，春から夏至《げし》のころにかけて花を咲かせ，(　b　)をつくると枯れる植物を二年草といいます。(　B　)などがこれに入ります。もう1つのタイプは地下の茎・根・地上のロゼット葉《よう》などで冬をこし，何年も生き続ける(　c　)です。

(1) 文中の(　A　)，(　B　)にあてはまる植物を次から2つずつ選び，記号で答えなさい。　A(　　)(　　)　B(　　)(　　)

ア　ススキ　　イ　エノコログサ　　ウ　チューリップ　　エ　アブラナ
オ　ヒマワリ　　カ　エンドウ　　キ　タンポポ　　ク　ヒヤシンス

(2) 文中の(　a　)～(　c　)にあてはまる語句《ごく》を答えなさい。
a(　　　)　b(　　　)　c(　　　)

(3) 下線部のロゼット葉について説明しなさい。
(　　　　　　　　　　)

(4) 次のア～オは，東京で観察された生物の活動です。この活動を①～⑤の季節順に並《なら》べなさい。
①(　　)　②(　　)　③(　　)　④(　　)　⑤(　　)

ア　サクラの葉が紅葉《こうよう》する。
イ　アジサイの花が咲く。
ウ　ツバキの花が咲く。
エ　セミの鳴《な》き声が目立つようになる。
オ　ヒガンバナの花が咲く。

4月 → (①) → (②) → (③) → (④) → (⑤)

ソメイヨシノ
(サクラ)の花が咲く

2 毎月３月はじめに気象庁《きしょうちょう》が発表していた「サクラの開花予想」は（2010年から気象庁はサクラの開花予想をやめ，民間の会社などが気象庁の標本木などをもとに「サクラの開花予想」を出すようになった），おもにソメイヨシノを観測対象《かんそくたいしょう》としています。 【金城学院中】

⑴ 下の文章はソメイヨシノの様子を春・夏・秋・冬を通して観察したものです。下線部分AとBに注意して，あとの問いに答えなさい。

【春】 春先には，葉になる芽《め》と$_{A}$花になる芽が出ている。
花が散るころになると，冬から大きくなった葉の芽から，黄緑色をした小さな葉が，何枚《なんまい》も出てくる。

【夏】 夏になって暑い日が続くころになると，葉は枚数が増《ふ》える。

【秋】 秋になって涼《すず》しくなると，枝《えだ》の所に$_{B}$小さな芽ができてくる。

【冬】 冬になって寒くなると，葉は全部枯《か》れて落ちてしまう。

① 図１は，春のはじめのソメイヨシノの様子です。$_{A}$花になる芽をア～オからすべて選び，記号で答えなさい。 （　　　）

図１

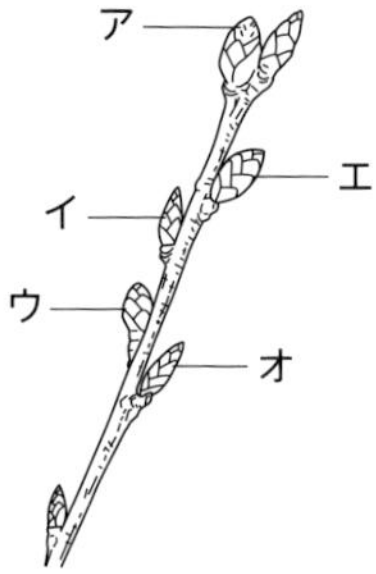

② $_{B}$小さな芽はどのような状態《じょうたい》でついていますか。次から選び，記号で答えなさい。（　　）

ア　１枚の魚のうろこ状のものに包《つつ》まれている。

イ　2～3枚の魚のうろこ状のものに包まれている。

ウ　12～16枚の魚のうろこ状のものに包まれている。

エ　ちぢれたような葉が毛深くなっていて，魚のうろこ状のものはない。

⑵ 右のグラフは，京都のソメイヨシノの開《かい》花《か》日と３月の平均気《へいきんき》温《おん》の変化を示しています。３月の平均気温と開花日との間には，どのような関係がありますか。簡単《かんたん》に答えなさい。

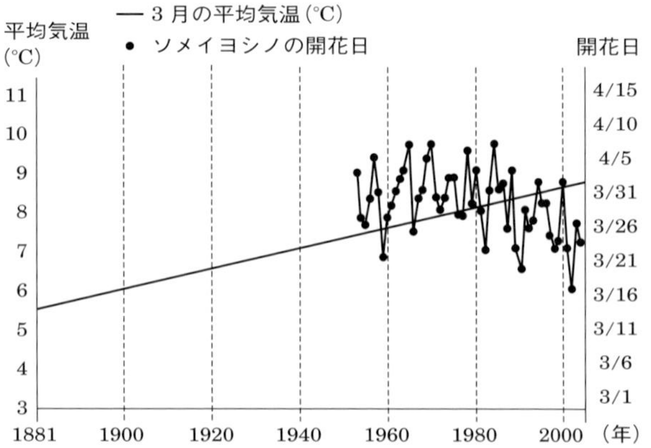

（全国地球温暖化防止活動推進センターウェブサイト（http://www.jccca.org/）を参考にしました）

（　　　　　　　　　　　　　　　　　　　　　　　　　　）

3 下の表は，私《わたし》たちがよく知る植物を分類したものです。あとの問いに答えなさい。

【横浜翠陵中】

植物の分類

			例
（ A ）でふえる植物	被子《ひし》植物	双子葉類《そうしようるい》	ア
		単子葉類《たんしようるい》	イ
	（ B ）植物		ウ
胞子《ほうし》でふえる植物	根・茎《くき》・葉の区別があり，維管束《いかんそく》がある		イヌワラビ
	根・茎・葉の区別がなく，維管束がない		エ

(1) 表のA，Bにあてはまることばを答えなさい。

A（　　　　　）　B（　　　　　）

(2) 次にあげる植物は，表のア～エのどこにあてはまりますか。それぞれ記号で答えなさい。　①（　　）　②（　　）

①　イチョウ　　　②　スギゴケ

(3) 双子葉類，単子葉類は子葉《しよう》の数，葉脈《ようみゃく》，茎の断面《だんめん》，根のつくりにそれぞれ共《きょう》通性《つうせい》が見られます。下の表のa，d，fにあてはまる図をア～カからそれぞれ1つずつ選び，記号で答えなさい。　a（　　）　d（　　）　f（　　）

	子葉の数	葉脈	茎の断面	根のつくり
双子葉類	2枚	a	c	e
単子葉類	1枚	b	d	f

〔葉〕

ア

イ

〔茎〕

ウ

エ

〔根〕

オ

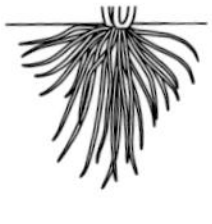

カ

チャレンジ問題 入試発展レベル

解答➡別冊 p.6

★は最高レベル

1 多くの植物では，1日の昼夜の長さを感じ取って季節を知り，花芽《かが》(花のもとになる部分)を形成することが知られています。このような植物には，日が長くなっていくと花芽を形成する長日植物《ちょうじつしょくぶつ》と，日が短くなっていくと花芽を形成する短日植物《たんじつしょくぶつ》があります。長日植物や短日植物が昼夜の長さを感じ取るしくみを調べてみると，実際《じっさい》は，昼(明期)の長さではなく夜(暗期《あんき》)の長さを感じ取っていることと，暗期の途中《とちゅう》で数分間でも光があたると中断《ちゅうだん》(光中断《ひかりちゅうだん》)されてしまい連続した暗期の長さのぶんだけが有効《ゆうこう》であることがわかりました。つまり，長日植物は連続した暗期の長さがある時間より短くなると花芽形成し，短日植物は連続した暗期の長さがある時間より長くなると花芽形成をするのです。 【帝京大中】

⑴ 短日植物は，一般的《いっぱんてき》にどの時期よりあとに花芽形成すると考えられますか。次から1つ選び，記号で答えなさい。 (　　)

ア　5月下旬《げじゅん》　　イ　6月下旬　　ウ　7月下旬

エ　8月下旬　　オ　9月下旬

⑵ 次の植物は，長日植物と短日植物のいずれかです。長日植物はA，短日植物はBと答えなさい。 ①(　　) ②(　　) ③(　　) ④(　　)

①　アブラナ　　②　アサガオ　　③　イネ　　④　コスモス

★⑶ 右の図は，光条《じょう》件《けん》を変えたときの，植物Aと植物Bの花芽形成の有無を示《しめ》したものです。①～③の花芽形成の有無を○(あり)か×(なし)で答えなさい。

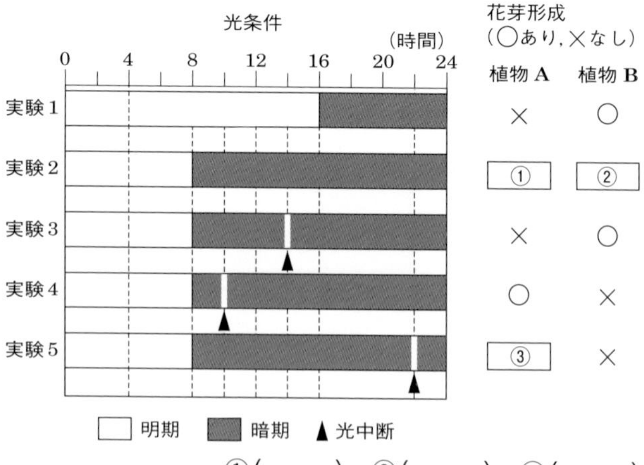

①(　　) ②(　　) ③(　　)

⑷ 秋に花が咲《さ》くキクを正月に咲かせたいと思います。正月の前までは花を咲かせなくする操作《そうさ》を，次から選び，記号で答えなさい。 (　　)

ア　昼の数時間，暗幕《あんまく》で覆《おお》い，連続した暗期を長くする。

イ　夜の数時間，電灯で照らし，連続した暗期を短くする。

★ 2　野外において，ある虫媒花《ちゅうばいか》は咲いた花のうち多くが結実《けつじつ》をしないで枯《か》れ落《お》ちてしまうことがわかりました。枯れ落ちた花は一見むだに思えます。　【桜蔭中・改】

1本の木にどれだけ結実するかは，次のⅠ，Ⅱの条件によってきまります。

Ⅰ　この植物で1本の木の花の数と受《じゅ》粉《ふん》した花の数の関係を調べたところ，右の図のようになった。

Ⅱ　この植物では，1本の木が結実に利用できる栄養分《えいようぶん》の量は花の数によらず，つねに30mgであった。

花の数と受粉した花の数の関係

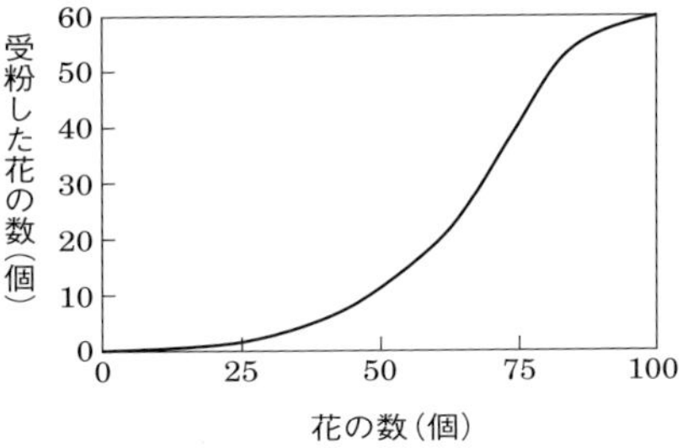

⑴ 花を1つ結実させるのに必要な栄養分を1mgとします。1本の木の花の数と結実数の関係を右上の図の縦軸《たてじく》を結実数として，図にグラフをかきなさい。

この植物が一見むだに思える花をなぜつけるのかを調べるために，花をほぼ100個《こ》つけている木を集め，**〈実験1〉**～**〈実験3〉**を行《おこな》いました。**〈実験1〉**～**〈実験3〉**では0%，25%，50%の花を取り除《のぞ》くという3通りの処理《しょり》をそれぞれ10本の木について行いました。実験は花期《かき》(花が咲いている時期)が終了《しゅうりょう》するまでは野外で行い，花期終了後，温室に植えかえました。結果は下の表のようになりました。

〈実験1〉　花の除去はつぼみの時期に行った。さらに，花が咲いたらすぐに，人工受粉(別に集めておいた花粉《かふん》を用い，人の手で受粉させること)を行った。

〈実験2〉　花の除去はつぼみの時期に行った。人工受粉は行わなかった。

〈実験3〉　花の除去は花期終了後に行った。人工受粉は行わなかった。

除去した花の割合《わりあい》と結実数の平均《へいきん》の関係

		除去した花の割合		
		0%	25%	50%
結実数の平均(個)	**〈実験1〉**	30.4	29.8	29.5
	〈実験2〉	29.9	30.1	9.4
	〈実験3〉	30.3	30.2	29.7

⑵ 次の①，②はどの実験からわかりますか。それぞれ，下の**ア**～**ウ**から1つ選び，記号で答えなさい。　①(　　　)　②(　　　)

① 花期に花が少ないと結実数が少なくなる。

② 受粉した花の数が減《へ》ると結実数が少なくなる。

ア　実験1と実験2　　**イ　実験2と実験3**　　**ウ　実験1と実験3**

⑶ この植物が一見むだに思える花をつける理由を20字以内で述《の》べなさい。

(　　　　　　　　　　　　　　　　)

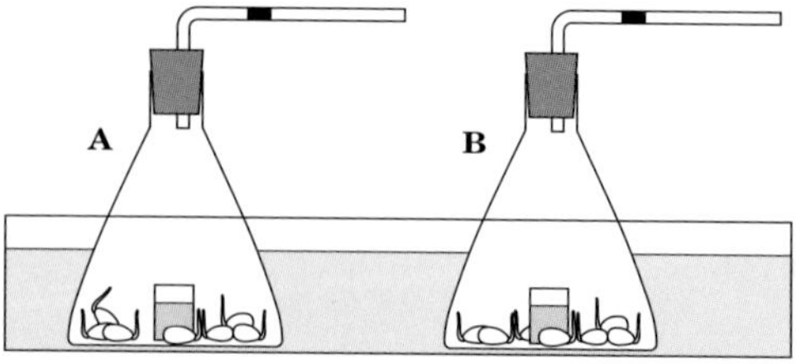

3 生き物が呼吸《こきゅう》するときに吸《きゅう》収《しゅう》する酸素《さんそ》と放出する二酸化炭《にさんかたん》素《そ》の割合《わりあい》を調べることによって，からだの中で使っている栄養分《えいようぶん》を知ることができます。呼吸による【二酸化炭素の放出量÷酸素の吸収量】の計算を行《おこな》ったとき，その数値《すうち》が 0.7 のときには種子《しゅし》に脂肪《しぼう》が多くふくまれ，0.8 のときにはたんぱく質が多くふくまれ，1.0 のときには炭水化物《たんすいかぶつ》が多くふくまれていると考えることができます。炭水化物の 1.0 という数値は，二酸化炭素の放出量と酸素の吸収量が同じであることを意味しています。

そこで，図のように三角フラスコ**A**と**B**に発芽《はつが》した種子を入れて，種子にふくまれる栄養分が何であるかを調べました。**A**では小さいビーカーに水酸化《すいさんか》カリウム水溶液《すいようえき》を，**B**には小さいビーカーに水を入れました。**A**と**B**ともに，種子の数も大きさも同じにしました。**A**と**B**は，ガラス管《かん》をつけたゴム栓《せん》でふたをして，35℃に保《たも》った水槽《すいそう》の中に置きました。初めにガラス管に着色水を入れておくと，しばらくして着色水の位置が動きました。ガラス管の断面積《だんめんせき》を 1mm^2 とすると，着色水が移動《いどう》した長さで気体の体積の変化量がわかります。一定時間後，**A**と**B**ともに着色水は左に動き，それぞれの変化量は，**A**では 10mm^3，**B**では 2mm^3 でした。

【大妻中・改】

⑴ 三角フラスコ**A**の気体の体積の変化量は何を示《しめ》していると考えられますか。正しいものを次から１つ選び，記号で答えなさい。（　　）

ア 酸素の吸収量　**イ** 酸素の放出量　**ウ** 二酸化炭素の吸収量
エ 二酸化炭素の放出量　**オ** 酸素の吸収量－二酸化炭素の放出量
カ 二酸化炭素の放出量－酸素の吸収量

⑵ 三角フラスコ**B**の気体の体積の変化量は何を示していると考えられますか。正しいものを⑴の**ア**～**カ**から１つ選び，記号で答えなさい。（　　）

★ ⑶ この実験結果から【二酸化炭素の放出量÷酸素の吸収量】を計算し，その数値を答えなさい。（　　）

⑷ ⑶の数値から種子に多くふくまれている栄養分が推測《すいそく》できます。実験に用いた種子はどの種子であると考えられますか。次から正しいものを１つ選び，記号で答えなさい。（　　）

ア イネ　**イ** トウモロコシ　**ウ** ヒマワリ　**エ** ダイズ

4 右の図は，ある植物の，光の強さと二酸化炭素を出す量・とり入れる量との関係をグラフに表したもので，グラフの右の端《はし》が，夏の直《ちょく》射日光《しゃにっこう》くらいの光の強さを表しています。これについて，次の問いに答えなさい。

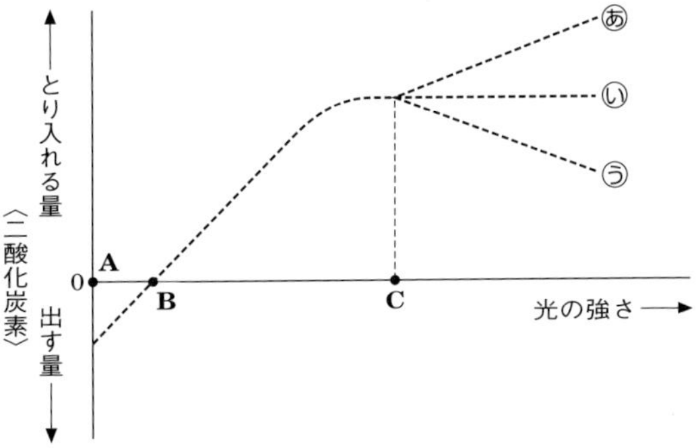

【聖心学園中】

(1) 光の強さがA, Bのとき，植物はそれぞれどのようなはたらきをしていますか。次から1つずつ選び，記号で答えなさい。　A（　　）　B（　　）

ア　呼吸も光合成《こうごうせい》もしていない。

イ　呼吸はしているが，光合成はしていない。

ウ　光合成はしているが，呼吸はしていない。

エ　呼吸と光合成を同じくらいしている。

オ　光合成より呼吸をさかんにしている。

カ　呼吸より光合成をさかんにしている。

(2) 光の強さがCより強くなると，二酸化炭素を出す量・とり入れる量はどうなりますか。Ⓐ～Ⓤから1つ選び，記号で答えなさい。　（　　）

5 次のA～Lで，食用にしている部分やその部分をふくむからだ全体について，あとの問いに答えなさい。

【京都女子中】

A	シイタケ	B	ダイコン	C	ジャガイモ	D	ワラビ
E	ブロッコリー	F	ギンナン	G	エンドウ	H	ブナシメジ
I	トウモロコシ	J	アスパラガス	K	サクランボ	L	ワカメ

(1) 食用としている部分やその部分をふくむからだのどこででも，自分で栄養分をつくるはたらき（光合成）をしないものを，A～Lからすべて選び，記号で答えなさい。　（　　）

(2) A，C，D，I，Lのうち，根・茎《くき》・葉の区別ができるからだになっているものをすべて選び，記号で答えなさい。　（　　）

(3) C～Fのおもに食用にしている部分を，次のア～カからそれぞれ1つずつ選び，記号で答えなさい。　C（　　）　D（　　）　E（　　）　F（　　）

ア　花（つぼみをふくむ）　イ　実《み》　ウ　種子《しゅし》

エ　葉（幼葉《ようよう》をふくむ）　オ　茎（地下茎《ちかけい》をふくむ）　カ　根

6 ホウセンカのたねをまき，発芽《はつが》してから十分育つまでのいろいろな時期に観察と実験を行《おこな》いました。これについて，次の問いに答えなさい。 【六甲中】

(1) ホウセンカの子葉《しよう》と根の特徴《とくちょう》として最も適当《てきとう》なものを次から選び，記号で答えなさい。 (　　)

ア　子葉は１枚《まい》で，根は主根《しゅこん》と側根《そっこん》からできている。

イ　子葉は１枚で，根はひげ根《ね》からできている。

ウ　子葉は２枚で，根は主根と側根からできている。

エ　子葉は２枚で，根はひげ根からできている。

(2) 赤インクを混ぜた水に葉のついたホウセンカの茎《くき》をさしてしばらく置いたあと，茎の断面《だんめん》を顕微鏡《けんびきょう》で観察しました。観察された茎の断面の模式図《もしきず》として最も適当なものを次から選び，記号で答えなさい。ただし，模式図では赤インクで赤く染《そ》まった部分を黒く塗《ぬ》り潰《つぶ》してあります。 (　　)

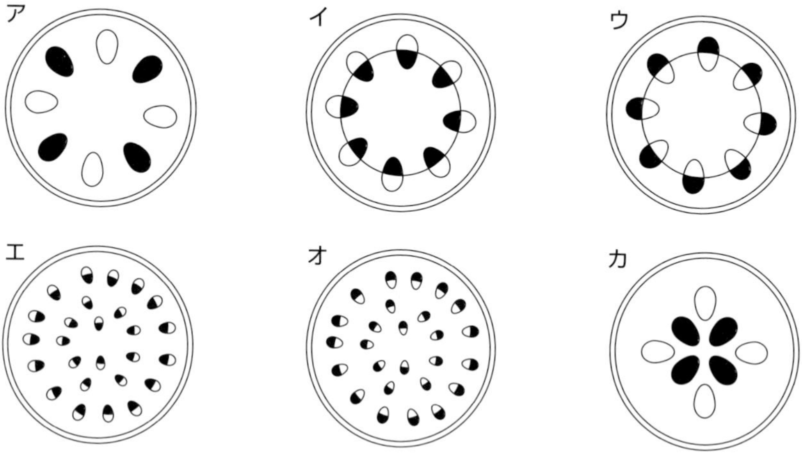

(3) ホウセンカは空気中に水分を排出《はいしゅつ》していますが，これについて正しく説明している文を次からすべて選び，記号で答えなさい。 (　　　　)

ア　葉の表《おもて》から排出される水分のほうが，葉の裏《うら》から排出される水分より多い。

イ　葉の裏から排出される水分のほうが，葉の表から排出される水分より多い。

ウ　水分はおもに茎の表面から排出されている。

エ　根から吸収《きゅうしゅう》された水分と同じ量の水分が排出される。

オ　水分の排出は気象条件《きしょうじょうけん》(温度や湿度《しつど》など)の影響《えいきょう》を受ける。

★(4) 夏の晴れた日，ホウセンカを用いて，根からの吸水《きゅうすい》量を測定《そくてい》しました。下の図は，ホウセンカ1本あたりの吸水量を示《しめ》しています。

十分に水を張《は》った底面積460 cm^2 の容器《ようき》に，吸水量を調べたホウセンカと同様のホウセンカを10本植《う》えた鉢《はち》を入れ，水位の変化を調べると，12時から15時までの3時間で容器の水位が1cm低下しました。このとき，ホウセンカの吸水以外で失われた水は何 cm^3 ですか。　(　　　　　)

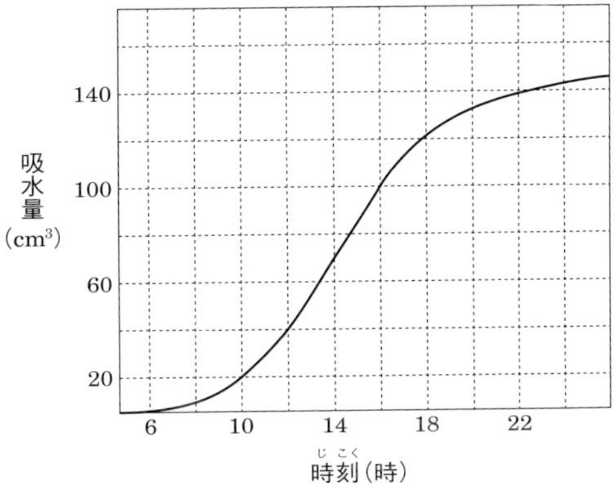

7 次の問いに答えなさい。　【東大寺学園中】

(1) 次の①～④の植物では，ふだん私《わたし》たちが食べている部分は，下のア～エのどれですか。それぞれ1つずつ選び，記号で答えなさい。

①(　　　)　②(　　　)　③(　　　)　④(　　　)

①　ジャガイモ　　②　トウモロコシ　　③　イネ　　④　タマネギ

ア　根　　イ　茎　　ウ　葉　　エ　たねや実《み》

(2) 次の①～④の植物では，ふだん私たちが食べている部分は，下のア～オのどの位置にできますか。それぞれ1つずつ選び，記号で答えなさい。図の○は葉を，●は食べている部分を表しています。

①(　　　)　②(　　　)　③(　　　)　④(　　　)

①　ジャガイモ　　②　トウモロコシ　　③　イチゴ　　④　タマネギ

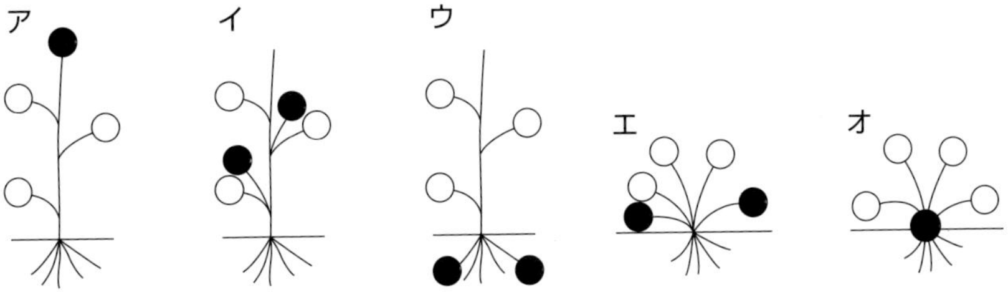

8 **ふだん私《わたし》たちが見ている花の多くは，ある特定の季節に咲《さ》きます。夏至以降《げしいこう》から秋にかけて花が咲くものを次から 2 つ選び，記号で答えなさい。**【函館ラ・サール中】

(　　)(　　)

ア　アブラナ　　イ　コスモス　　ウ　アサガオ
エ　アヤメ　　オ　ダイコン　　カ　ニホンタンポポ

9 **アブラナについて，次の問いに答えなさい。**【灘中】

(1) アブラナと同じように，ふつう，春に花を咲かせる植物を次からすべて選び，記号で答えなさい。(　　　)

ア　イネ　　イ　チューリップ　　ウ　ヒマワリ　　エ　アサガオ
オ　ダイコン　　カ　アジサイ　　キ　スモモ

★(2) アブラナのように，秋にたねをまいて春に花を咲かせる植物には，冬をこさないと花を咲かせられないものが多いです。実際《じっさい》にこれらのたねを春にまいても，春から夏のあたたかさによって大きく成長はしますが，花はつけません。しかし，発芽《はつが》した芽《め》に対して，1 か月間ほどあることをすれば，成長したあとに花を咲かせることができます。何をすればよいか，光に関《かん》すること以外で，10 字以内で答えなさい(句読点《くとうてん》は不要)。(　　　)

10 **セイヨウタンポポやオオバコは，地面に葉を広げたロゼットという状態《じょうたい》で冬をこします。この状態について説明した次の文章中の(　①　)〜(　③　)のそれぞれに入ることばの組み合わせとして最も適切《てきせつ》なものを，あとのア〜クから 1 つ選び，記号で答えなさい。**【東邦大付東邦中】

(　　)

地面に葉を広げた形で冬をこす植物は，種子《しゅし》の状態で冬をこす植物に比《くら》べ，葉で(　①　)を受けて栄養分《えいようぶん》をつくることができるという利点があります。また，地面から高い所に葉をつけた形の植物に比べ，葉の裏《うら》側からの水の(　②　)が少なく，地面からの熱を受けることもできるので，気温が低いときに有利です。さらに，地面から高い所に葉をつけた形の植物に比べ，からだの大きい動物から食べられにくく，踏《ふ》みつけには(　③　)なります。

	①	②	③		①	②	③
ア	日光	吸収《きゅうしゅう》	強く	イ	雨水	吸収	強く
ウ	日光	吸収	弱く	エ	雨水	吸収	弱く
オ	日光	蒸発《じょうはつ》	強く	カ	雨水	蒸発	強く
キ	日光	蒸発	弱く	ク	雨水	蒸発	弱く

11 **下の①～⑦は東京で出まわるくだものの旬《しゅん》の時期を示《しめ》しています。①～⑦にあてはまるくだものを，あとのア～キから選び，記号で答えなさい。**

【慶應義塾中等部】

①(　　　)　②(　　　)　③(　　　)　④(　　　)
⑤(　　　)　⑥(　　　)　⑦(　　　)

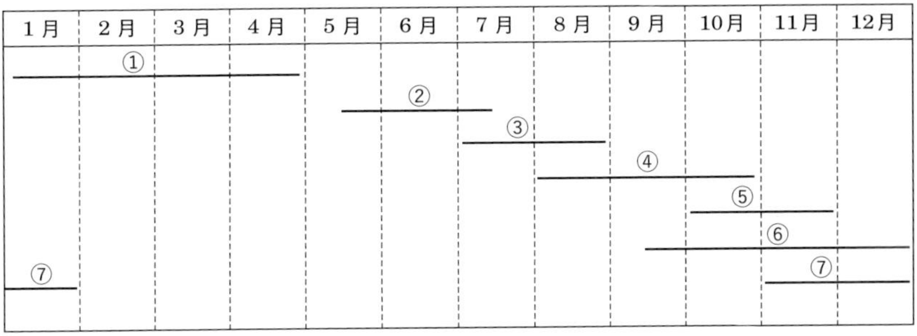

ア　イチゴ　　イ　カキ　　ウ　サクランボ　　エ　ナシ
オ　ミカン　　カ　モモ　　キ　リンゴ

12 **次の問いに答えなさい。**　【久留米大附設中】

(1) 次の①～④の森林(樹林《じゅりん》)を代表する植物を，下から２つずつ選び，記号で答えなさい。

①(　　　)(　　　)　②(　　　)(　　　)
③(　　　)(　　　)　④(　　　)(　　　)

①　日本北部の針葉樹林《しんようじゅりん》　　②　落葉広葉樹林《らくようこうようじゅりん》(夏緑樹林《かりょくじゅりん》)
③　常緑広葉樹林《じょうりょくこうようじゅりん》(照葉樹林《しょうようじゅりん》)　　④　亜熱帯多雨林《あねったいたうりん》

ア　クスノキ　　イ　デイゴ　　ウ　エゾマツ
エ　シイ　　オ　ヤエヤマヒルギ　　カ　ブナ
キ　クロマツ　　ク　ヤマモミジ　　ケ　トドマツ
コ　スギ

(2) ブナの原生林《げんせいりん》で世界遺産《いさん》に指定されている場所はどこですか。あてはまる場所を次から選び，記号で答えなさい。　(　　　)

ア　屋久島《やくしま》　　イ　釧路湿原《くしろしつげん》　　ウ　知床半島《しれとこはんとう》
エ　白神山地《しらかみさんち》　　オ　秋吉台《あきよしだい》

第2章 動物の育ち方

身のまわりの動物

春〜夏に見られる生物

ヒヨドリ
ムクドリ
クヌギ
カラスノエンドウ
カブトムシ
アブラムシ
ミミズ
ダンゴムシ
カナヘビ
ナナホシテントウ
ミカヅキモ
ミジンコ
クロオオアリ
ミドリムシ

第2章 動物の育ち方

1 虫のからだと育ち方

1 こん虫《ちゅう》のからだのつくり

☞こん虫のからだのつくりにはどんな特徴《とくちょう》があるか。

ハチやトンボなどのこん虫のからだは，右の図のように，**頭部《とうぶ》(頭《あたま》)**・**胸部《きょうぶ》(胸《むね》)**・**腹《ふく》部《ぶ》(腹《はら》)**の3つの部分に分かれており，胸部に6本(3対)のあしがついている。虫のなかで，からだがこのようなつくりになっているものだけを**こん虫**という。クモやムカデなどは，からだのつくりが違《ちが》うので，こん虫ではない(→p.85)。

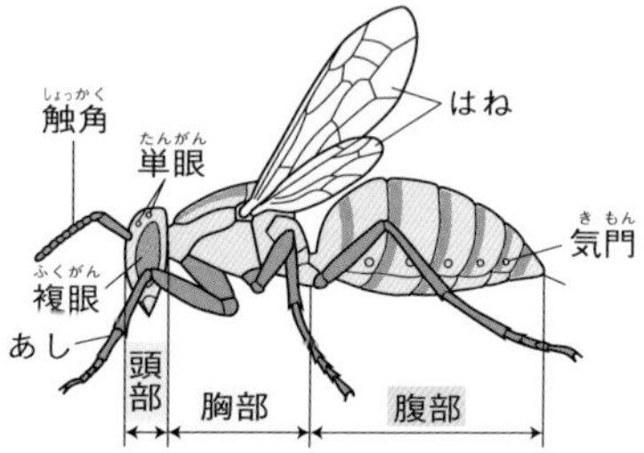

▲ハチのからだのつくり

頭部にあるもの

- **複眼**…小さな六角形の目がたくさん集まって，1つの大きな目になったもので，ものの色や形を見わける。複眼は2個《こ》(1対)ある。
- **単眼**…頭部の前面についている小さな目で，1～3個ある。明るさや光のくる方向を感じとる。(単眼のないこん虫もいる。)
- **触角**…ものに触《ふ》れて，大きさ，におい，味，音，振動《しんどう》などを感じる。

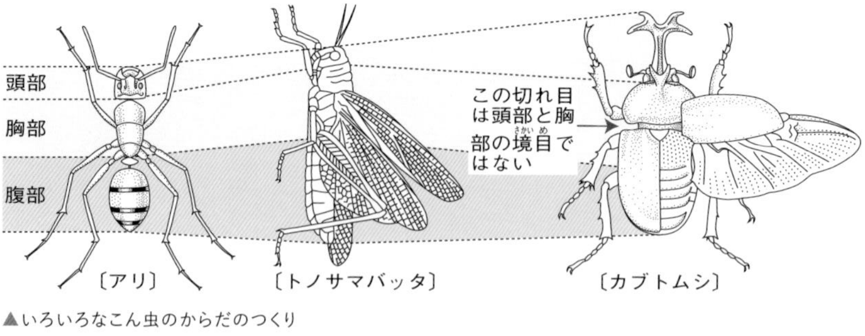

▲いろいろなこん虫のからだのつくり

入試ポイント
- こん虫のからだのつくり…**頭部・胸部**(胸部に**6本のあし**)・**腹部**
- 頭部にあるもの…**複眼・単眼・触角・口**

●**口**…こん虫の口は，それぞれの食べ物に適《てき》した形になっている。

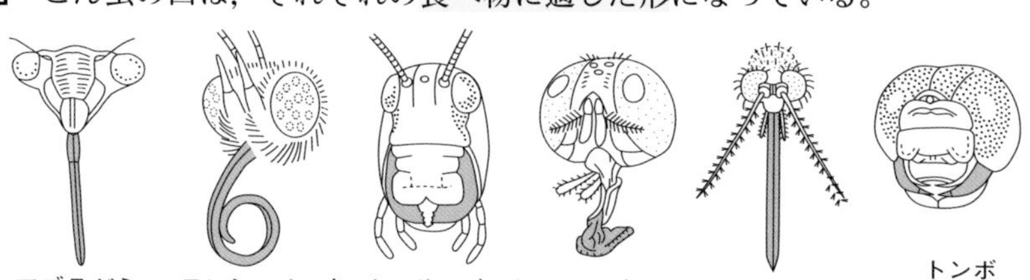

▲いろいろなこん虫の口

胸部にあるもの

●**あし**…どのこん虫にも **6 本(3 対)**のあしがついている。あしの形は，それぞれの生活やすむ場所に適したものになっている。

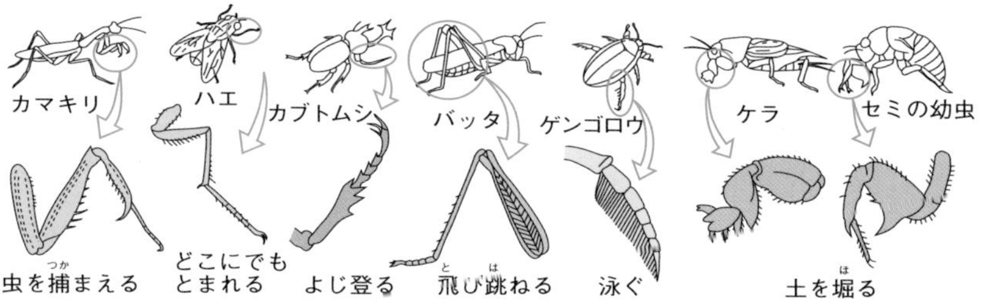

▲いろいろなこん虫のあし

●**はね**…ふつう **4 枚(2 対)**のはねがついているが，なかには退化《たいか》してなくなったものや，2 枚(1 対)になったものもある。

・**はねが 2 枚のこん虫**…例 ハエ・カ・アブ・ガガンボ

・**はねがないこん虫**…例 アリ・シミ・トビムシ・ノミ

腹部にあるもの

●**気門《きもん》**…腹部はいくつかの節《ふし》に分かれていて，その節ごとに 1 対ずつ小さな穴《あな》があいている。この穴を**気門**という。こん虫は気門から空気を出し入れする。

●**気管《きかん》**…気門の内部は，細《こま》かく枝分かれした管につながっている。この管を**気管**という。気管はこん虫の**呼《こ》吸器官《きゅうきかん》**であり，ここで空気中の酸素《さんそ》をとり入れ，二酸《にさん》化炭素《かたんそ》を出す。

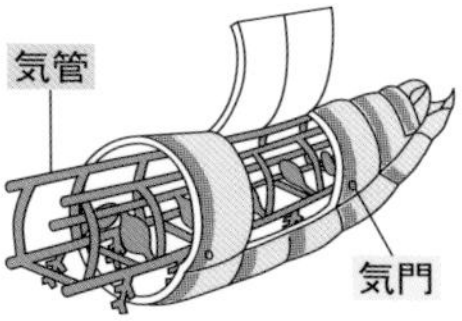

▲気門と気管

入試ポイント	
	● 胸部にあるもの…**あし**(6 本)，**はね**(4 枚・2 枚・0 枚)
	● 腹部にあるもの…**気門**(節ごとに 1 対)，**気管**(呼吸器官)

2 こん虫《ちゅう》の育ち方

こん虫は成長する間にどんな変化をするか。

モンシロチョウの育ち方

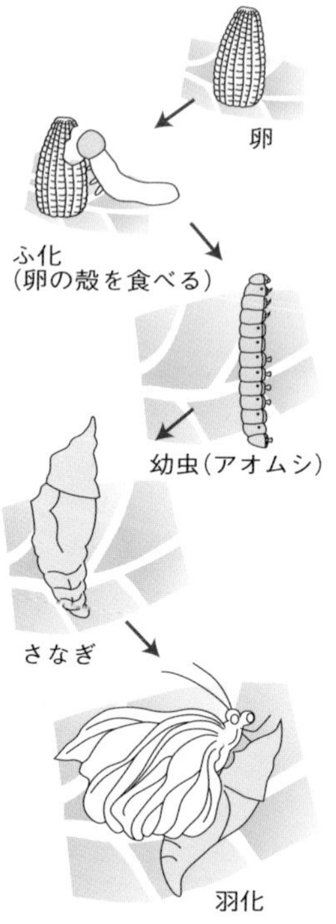

▲モンシロチョウの育ち方

- **卵《たまご》**…大きさは1mmぐらいで，トウモロコシのような形をし，色は薄《うす》い黄色である。アブラナやキャベツの葉の裏《うら》にうみつけられ，1週間くらいで卵から幼虫《ようちゅう》がかえる(**ふ化《か》**という)。
- **幼虫**…卵からかえった幼虫はすぐに自分が出てきた卵の殻《から》を食べる。ふ化したばかりの幼虫は，2mmぐらいで，黄色っぽいが，やがて，アブラナやキャベツの葉を食べ始めると，からだが緑色に変わり，**アオムシ**とよばれるようになる。
- **脱皮《だっぴ》**…アオムシは，3～4週間の間に4回脱皮をして，3～4cmくらいまで成長する。こん虫はからだの外側が固《かた》い殻《から》で覆《おお》われているため，成長するためには，この殻を脱《ぬ》ぎ捨《す》てなければならない。これを脱皮という。卵からうまれたばかりの幼虫を**1令《れい》**の幼虫といい，脱皮するごとに，**2令**，**3令**，**4令**，**5令**の幼虫となる。

注意 アオムシは，脱皮をすると，急にからだが大きくなるので，アオムシの大きさの変化をグラフにすると，右下のような階段状《かいだんじょう》のグラフになる。

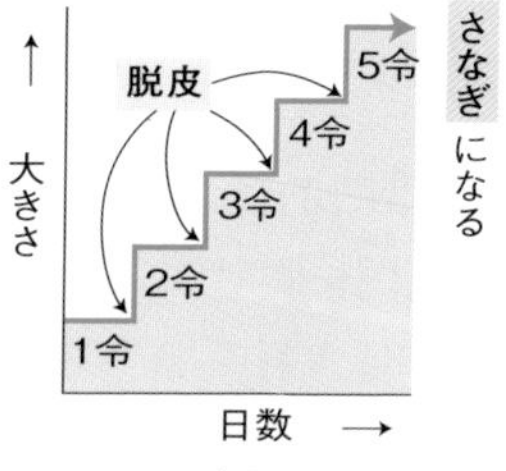

▲アオムシの成長

- **さなぎ**…5令幼虫が**さなぎ**になる。さなぎの時期は，何も食べずにじっとしているが，内部では大きな変化が起こり，成虫《せいちゅう》のからだができる。さなぎから成虫がかえることを**羽化《うか》**といい，さなぎになってから10日ほどで羽化する。秋にさなぎになったものは，そのまま冬をこし，翌年《よくねん》の春に羽化する。
- **成虫**…花の蜜《みつ》を吸《す》い，新しい卵をうむ。1年に4～5回，このような一生がくり返される。

入試ポイント
- モンシロチョウの**卵**…大きさ1mmぐらいで薄い黄色。
- モンシロチョウの**幼虫**…ふ化すると卵の殻を食べる。

● **完全変態**《かんぜんへんたい》…こん虫の一部は，成長の途中《とちゅう》で，**卵→幼虫→さなぎ→成虫**とすがたを変える。これを**完全変態**という。

例 チョウ・ガ・ハチ・ハエ・カ・アリ・アブ・カブトムシ・ノミ

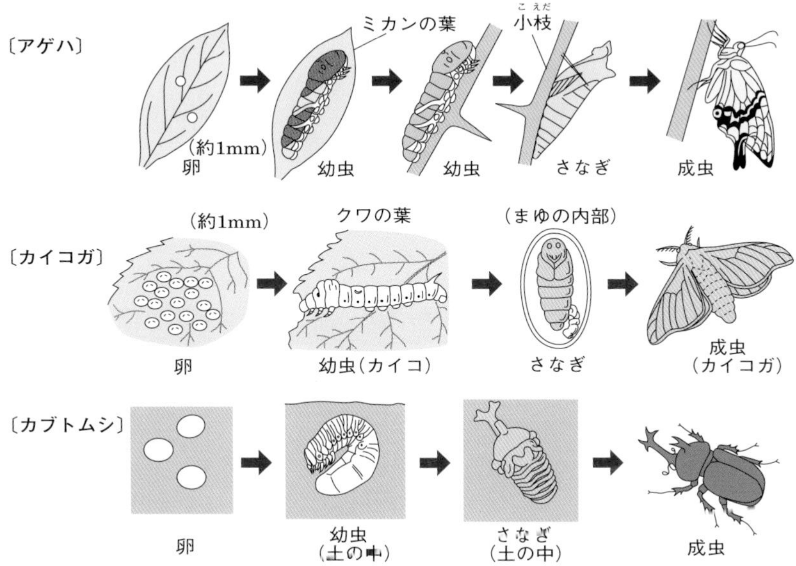

▲完全変態をするこん虫

● **不完全変態**《ふかんぜんへんたい》…こん虫が，**卵→幼虫→成虫**というように，さなぎにならずに成長していく育ち方を**不完全変態**という。

例 セミ・トンボ・バッタ・カマキリ・ゴキブリ

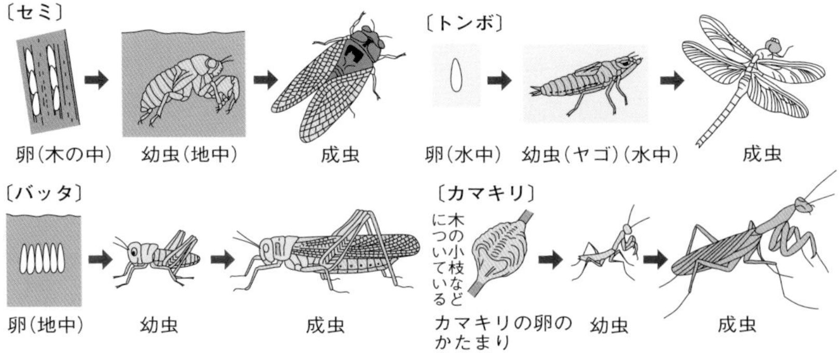

▲不完全変態をするこん虫

注意 シミ・トビムシなどのこん虫は変態をしない。

入試ポイント
- **完全変態**…さなぎの時期がある。**卵→幼虫→さなぎ→成虫**
- **不完全変態**…さなぎの時期がない。**卵→幼虫→成虫**

3 こん虫《ちゅう》のくらし

☞ こん虫はどのようなくふうをして生きているか。

こん虫の冬ごし

卵《たまご》	幼《よう》 虫《ちゅう》	さなぎ	成《せい》 虫《ちゅう》
オビカレハ コオロギ カマキリ バッタ アキアカネ 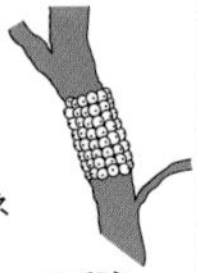 〔オビカレハの卵〕	ミノガ (巣の中) ※幼虫をミノムシという トンボ(アキアカネは卵) セミ(1年目は卵) カブトムシ コガネムシ  〔ミノガの巣〕	モンシロチョウ アゲハ ハエ スズメガ 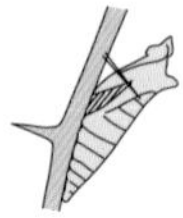 〔アゲハのさなぎ〕	テントウムシ キチョウ ミツバチ 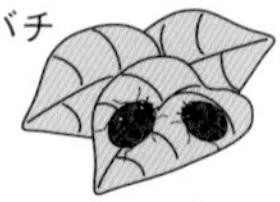 〔テントウムシ〕

こん虫の食べ物

こん虫	幼虫の食べ物	成虫の食べ物
モンシロチョウ	アブラナ科の植物の葉	花の蜜《みつ》
アゲハ	ミカン・カラタチ・サンショウの葉	花の蜜
カブトムシ	腐《くさ》った葉や木	クヌギなどの樹液《じゅえき》
セミ	木の根の汁《しる》	木の幹《みき》の汁
カ	水中のプランクトン	蜜や草の汁・血(めす)

こん虫どうしのつながり

- **天敵《てんてき》**…ある動物から見て，それを「食う動物」のことを天敵という。例**アブラムシ(アリマキ)**から見た**テントウムシ**。**アオムシ**から見た**アシナガバチ**。
- **共生《きょうせい》**…違《ちが》う種類の生物が，たがいに利益《りえき》を受けながら生活することを共生という。例**アリ**と**アブラムシ**。アリはアブラムシのからだから出る蜜をもらい，アブラムシはアリによって，テントウムシから守ってもらう。
- **寄生《きせい》**…ある生物がほかの生物にくっついたり，体内に入りこんだりして，その生物から栄養《えいよう》をとって生きることを寄生という。例アオムシコマユバチは，アオムシの体内に卵《たまご》をうみつけ，ふ化した幼虫は，アオムシを食べてしまう。

ミツバチの8の字ダンス(餌場《えさば》の伝え方)

巣箱から餌場までの距離《きょり》が100m以下の場合，右の**図1**のような**円形《えんけい》ダンス**をして，後ろについてきたなかまに，からだについた花のにおいを教える。また，餌場まで100m以上の場合，**図2**のような**8の字《じ》ダンス**をする。

図1 円形ダンス

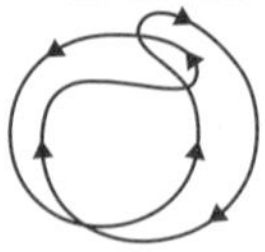

図2 8の字ダンス

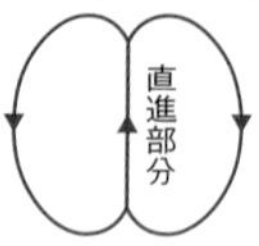

▲ミツバチのダンス

入試ポイント
- こん虫の冬ごし…**幼虫**(ミノガ・カブトムシ)，**成虫**(ミツバチ)
- こん虫の食べ物…モンシロチョウの**幼虫**(**アブラナ科**の葉)

8 の字ダンスが速いほど，餌場までの距離が短い。

例 1 分間で 12 回(直進部分は 24 回)→ 500 m，1 分間で 5 回→ 3000 m

ミツバチは右の図のように，太陽の方向を真上とし，太陽から餌場までの角度を，真上から直進部分の方向までの角度で表してなかまに伝える。

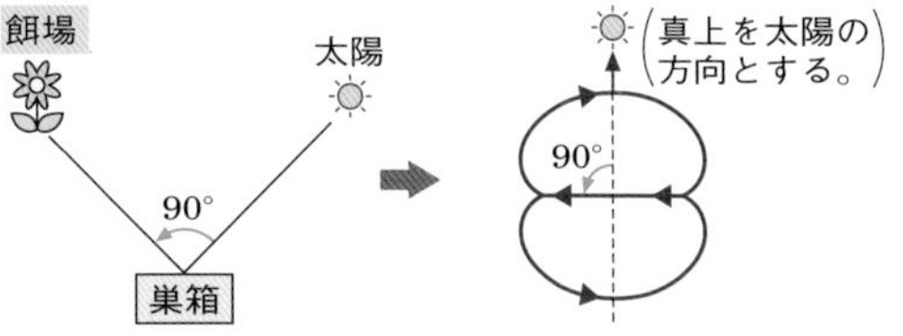

4 こん虫以外の虫

クモ・ムカデ・エビ・カニなどのからだのつくりは，こん虫とどう違《ちが》うか。

クモ類

からだは**頭胸部**《とうきょうぶ》と**腹部**《ふくぶ》の 2 つに分かれている。

注意 頭部《とうぶ》と胸部を合わせた部分を頭胸部とよぶ。

●**頭胸部**
- **触肢**《しょくし》**1 対(2 本)**(触角《しょっかく》はない)
- **あし 4 対(8 本)**(こん虫のように節《ふし》がある)
- **単眼**《たんがん》**8 個**《こ》(複眼《ふくがん》はない)

●**腹部**…こん虫のような節はない。

例ダニ・サソリ

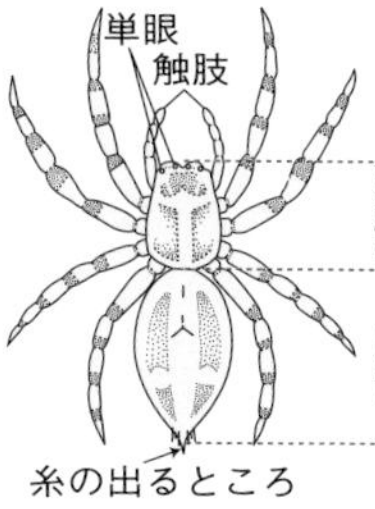

▲クモのからだ

ムカデのなかま(多足類《たそくるい》)

ムカデのからだは，**頭部**と**胴部**《どうぶ》に分かれている。胴にはたくさんの**節**がある。

例ゲジ・ヤスデ

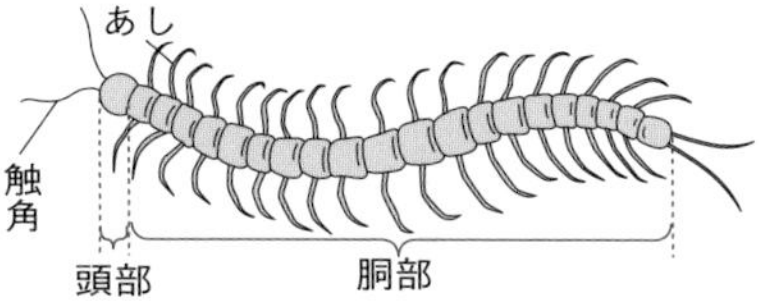

▲ムカデのからだ

エビ・カニのなかま(甲殻類《こうかくるい》)

からだは**頭胸部**と**腹部**に分かれている。

●**頭胸部**
- **触角 2 対(4 本)**
- **あし 5 対(10 本)**(前のあしははさみ)
- **複眼 1 対(2 個)**，**えら**

●**腹部**…**節**がある。エビの腹部には泳ぐためのあしがある。カニの腹部は小さくなって，頭胸部の下側にくっついている。

例ザリガニ・ミジンコ・ダンゴムシ(呼吸器《こきゅうき》は**気**《き》**管**《かん》，あしは 14 本)

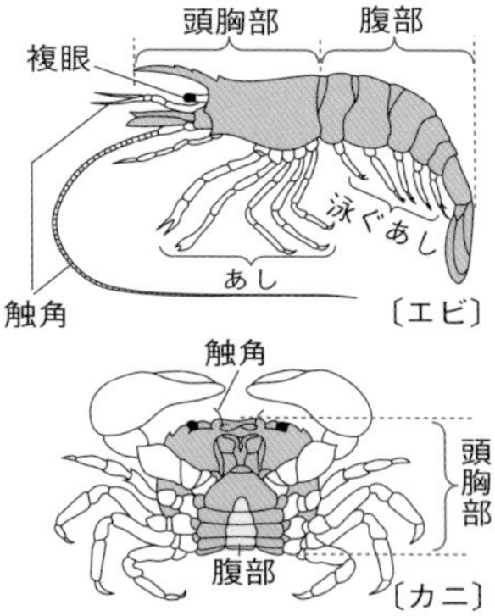

▲エビ・カニのからだ

入試ポイント
- クモのからだ…**頭胸部**(触肢 1 対，あし 4 対，単眼 8 個)・**腹部**
- エビのからだ…**頭胸部**(触角 2 対，あし 5 対，複眼 1 対)・**腹部**

☑ まとめチェック

知識を整理・確認しよう！

① こん虫《ちゅう》のからだのつくり

- □ ① Aを何というか。
- □ ② Bを何というか。
- □ ③ Cを何というか。
- □ ④ Dの部分を何というか。
- □ ⑤ Eの部分を何というか。
- □ ⑥ Fの部分を何というか。
- □ ⑦ こん虫のあしは何本か。

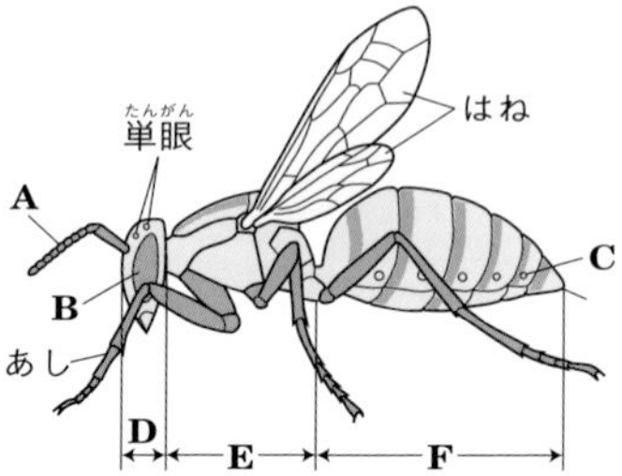

- □ ⑧ こん虫のあしやはねはどこについているか。
- □ ⑨ カブトムシの口は「かむ・吸《す》う・なめる」のどのはたらきか。
- □ ⑩ カのはねは何枚《まい》か。
- □ ⑪ ③(上の図のC)にはどのようなはたらきがあるか。

答え

①

① 触角《しょっかく》
② 複眼《ふくがん》
③ 気門《きもん》
④ 頭部《とうぶ》[頭]
⑤ 胸部《きょうぶ》[胸]
⑥ 腹部《ふくぶ》[腹]
⑦ 6本
⑧ 胸部[胸]
⑨ なめる
⑩ 2枚
⑪ 空気の出し入れ

② こん虫の育ち方

- □ ① モンシロチョウの卵《たまご》の長さ(高さ)は約何mmか。
- □ ② モンシロチョウは卵を何科の植物の葉にうみつけるか。
- □ ③ モンシロチョウは卵を葉の表と裏《うら》のどちらにうみつけるか。
- □ ④ モンシロチョウは，ふ化《か》してすぐに何を食べるか。
- □ ⑤ モンシロチョウの幼虫《ようちゅう》は何回脱皮《だっぴ》するか。ただし，さなぎになるときはのぞく。
- □ ⑥ トンボはさなぎになるか，ならないか。
- □ ⑦ カブトムシはさなぎになるか，ならないか。
- □ ⑧ カはさなぎになるか，ならないか。

②

① 1mm
② アブラナ科
③ 裏
④ 自分の卵の殻《から》
⑤ 4回
⑥ ならない
⑦ なる
⑧ なる

③ こん虫のくらし

- □ ① アゲハは，どのようなすがたで冬をこすか。
- □ ② バッタは，どのようなすがたで冬をこすか。
- □ ③ オビカレハは，どのようなすがたで冬をこすか。
- □ ④ テントウムシは，どのようなすがたで冬をこすか。
- □ ⑤ アブラゼミは，どのようなすがたで冬をこすか。

③

① さなぎ
② 卵
③ 卵
④ 成虫《せいちゅう》
⑤ 幼虫

④ こん虫以外の虫

- □ ① クモのあしは何本か。
- □ ② ダンゴムシは，エビとムカデのどちらのなかまか。

④

① 8本
② エビ

力だめしの問題　入試標準レベル　解答➡別冊 p.10

1 こん虫について，次の問いに答えなさい。　【東京成徳大中】

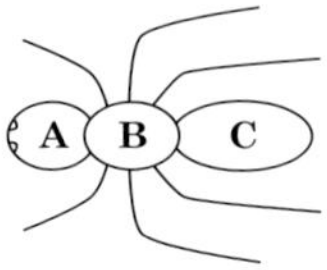

(1) こん虫のからだは図のように，おおまかに３つの部分に分けられます。A～Cの部分の名前をすべて答えなさい。

A（　　　）　B（　　　）　C（　　　）

(2) こん虫が呼吸《こきゅう》をしている器官《きかん》を，次から選び，記号で答えなさい。（　　）

ア　肺《はい》　　イ　えら　　ウ　気管《きかん》　　エ　触角《しょっかく》　　オ　気孔《きこう》

(3) (2)で答えた器官はA～Cのどの部分にありますか。（　　）

(4) こん虫には，さなぎになるこん虫とさなぎにならないこん虫がいますが，さなぎになるこん虫の育ち方を何といいますか。（　　　　）

(5) 次の中に１つだけ，さなぎになるこん虫がいます。そのこん虫を選び，記号で答えなさい。（　　）

ア　セミ　　イ　カマキリ　　ウ　カブトムシ

エ　ゴキブリ　　オ　トンボ

(6) クモはこん虫とからだのつくりが違《ちが》っています。クモのからだのつくりを正しく表している図を，次から選び，記号で答えなさい。（　　）

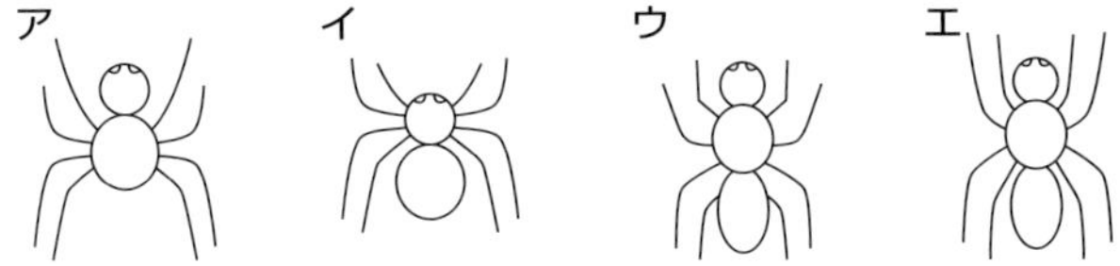

2 葉にうみつけられたモンシロチョウの卵をとってきて，成虫になるまで育てた。これについて，次の問いに答えなさい。　【西南学院中・改】

(1) モンシロチョウが卵をうみつけるのは，どの植物の葉ですか。次から選び，記号で答えなさい。（　　）

ア　シロツメクサ　　イ　ミカン　　ウ　パセリ

エ　キャベツ　　オ　ニンジン

(2) モンシロチョウの卵を次から選び，記号で答えなさい。（　　）

ア　　イ　　ウ　　エ

⑶ 次の文中の①，②の{ }で，それぞれ正しいものを選び，記号で答えなさい。

①(　　) ②(　　)

卵《たまご》からは①{ア：黄色い　イ：緑色の}幼虫《ようちゅう》が出てきて，すぐに②{ア：入っていた卵の殻《から》を食べ始めた　イ：卵がついていた葉を食べ始めた　ウ：卵がついていた葉の上にふんをした}。

⑷ モンシロチョウの幼虫を，次から選び，記号で答えなさい。(　　)

ア　イ　ウ　エ

⑸ こん虫《ちゅう》でないものを次からすべて選び，記号で答えなさい。(　　)

ア　カマキリ　イ　ダンゴムシ　ウ　クモ

エ　アブ　オ　ナナフシ

3 カブトムシを飼《か》い，成長の様子を観察しました。次の問いに答えなさい。

【日本女子大附中】

⑴ カブトムシが卵をうむ時期を次から選び，記号で答えなさい。(　　)

ア　春の終わりごろ　イ　夏の終わりごろ

ウ　秋の終わりごろ　エ　冬の終わりごろ

⑵ カブトムシの冬ごしのすがたを次から選び，記号で答えなさい。(　　)

ア　卵　イ　幼虫　ウ　さなぎ　エ　成虫《せいちゅう》

⑶ カブトムシの胸《むね》の部分はどこですか。右の図の胸の部分を黒くぬりなさい。

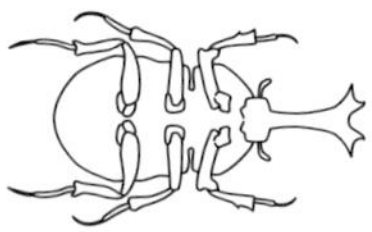

⑷ カブトムシの成虫にあたえる「餌《えさ》」としてふさわしくないものを，次からすべて選び，記号で答えなさい。(　　)

ア　腐葉土《ふようど》　イ　リンゴ　ウ　バナナ　エ　新鮮《しんせん》な草

⑸ 卵から成虫までカブトムシのように成長するものを，次からすべて選び，記号で答えなさい。(　　)

ア　モンシロチョウ　イ　トンボ　ウ　アブラゼミ　エ　カイコガ

4 右の図の生き物について，次の問いに答えなさい。

【大阪教育大附平野中】

⑴ この生き物の名前を答えなさい。(　　)

⑵ この生き物の食べ物は何ですか。(　　)

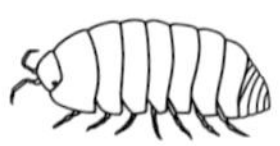

⑶ この生き物はこん虫ですか。そのように考えられる理由をつけて答えなさい。

(　　)

5 こん虫に関する次の問いに答えなさい。 【賢明学院中】

(1) こん虫のからだは，頭《あたま》・胸《むね》・腹《はら》の 3 つの部分からできています。はねとあしはどの部分から生えていますか。 (　　　　　)

(2) ほとんどのこん虫は 4 枚《まい》のはねをもっています。これにあてはまらないこん虫を，次からすべて選び，記号で答えなさい。 (　　　　　)

ア クワガタ　　**イ** ハエ　　**ウ** オニヤンマ
エ モンシロチョウ　　**オ** カブトムシ　　**カ** アゲハチョウ
キ ミツバチ　　**ク** アブ

(3) こん虫が，卵からかえって幼虫になり，さなぎにならずに幼虫から成虫になることを何といいますか。 (　　　　　)

(4) (3)のこん虫を，次からすべて選び，記号で答えなさい。 (　　　　　)

ア セミ　　**イ** カブトムシ　　**ウ** ハチ
エ ハエ　　**オ** カメムシ　　**カ** アブラムシ
キ チョウ　　**ク** バッタ

(5) 次の①，②はこん虫の頭です。こん虫の名前をそれぞれ答えなさい。

①(　　　　　)　②(　　　　　)

①

②

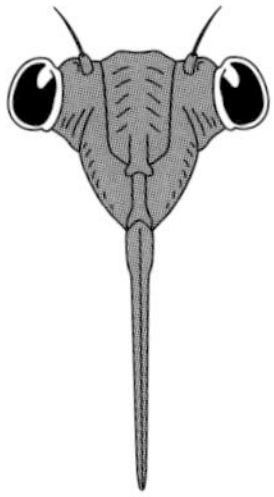

(6) こん虫は，餌の食べ方によって，いろいろな口の形をしています。下の図のこん虫の口の形には共通の特徴《とくちょう》があります。どのような特徴をもった口の形ですか。

(　　　　　　　　　　　　　　　　)

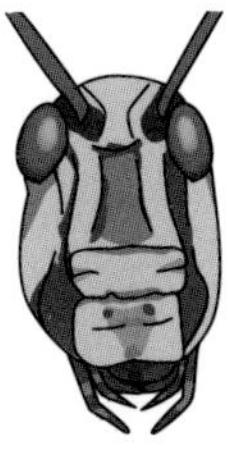

2 水中の生物の育ち方

1 メダカのからだのつくり

メダカのからだのどんなところが水中生活に適《てき》しているか。

● **外形**…メダカのからだは**うろこ**で覆《おお》われており，全体は**流線形**《りゅうせんけい》をしている。この形は水の抵抗《ていこう》を受けにくい。

● **ひれ**…ひれを動かして泳ぐ。メダカには，5種類のひれがついている。

むなびれ・はらびれ…各1対
せびれ・しりびれ・おびれ…各1枚《まい》

このうち，せびれとしりびれの形はおすとめすで違《ちが》うので，その形をもとにして，おす・めすの区別ができる。
おすはせびれに切れこみがある。しりびれの形が平行四辺形になっている。
めすはせびれに切れこみがない。しりびれの形が三角形に近い。

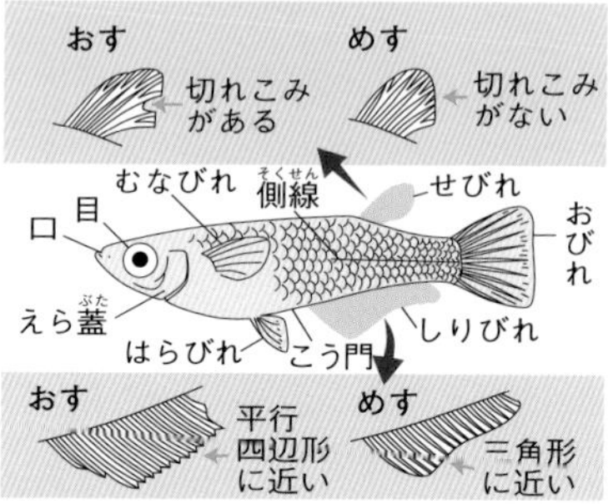

▲メダカのからだのつくり

● **えら**…えら蓋の内側にある。えらで**呼吸**《こきゅう》する。

▶ **呼吸のしかた**…えら蓋を閉《と》じて，口から水を吸《す》いこむ。次に，口を閉じ，えら蓋をあけて，えら蓋から水を出す。水がえらを通るときに，水中にとけている酸素《さんそ》をとり入れ，二酸化炭素《にさんかたんそ》を出す。

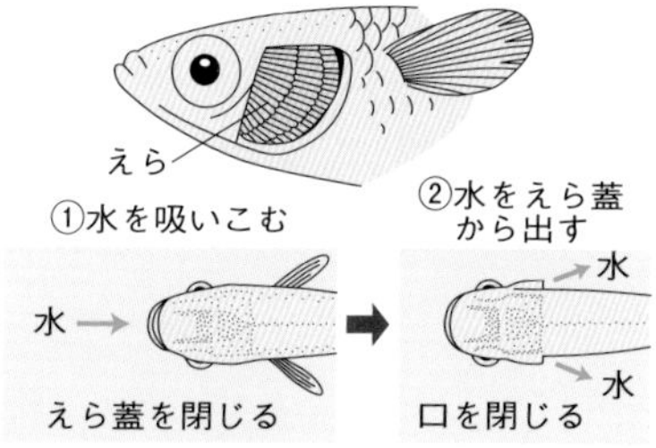

▲メダカの呼吸のしかた

▶ **泳ぐ向き**…メダカは，水の流れと反対の方向へ泳ごうとする性質《せいしつ》がある。これは，水を吸いこんだり，上流から流れてくる餌《えさ》を取るのに適している。

● **うきぶくろ**…真ん中がくびれた袋《ふくろ》で，この中に気体を入れたり出したりして，浮《う》き沈《しず》みを調節《ちょうせつ》する。

▶ **浮くとき**…うきぶくろの前に気体を入れると，頭が上がり，浮き上がっていく。

▶ **沈むとき**…うきぶくろのうしろに気体を入れると，しっぽが上がり，沈んでいく。

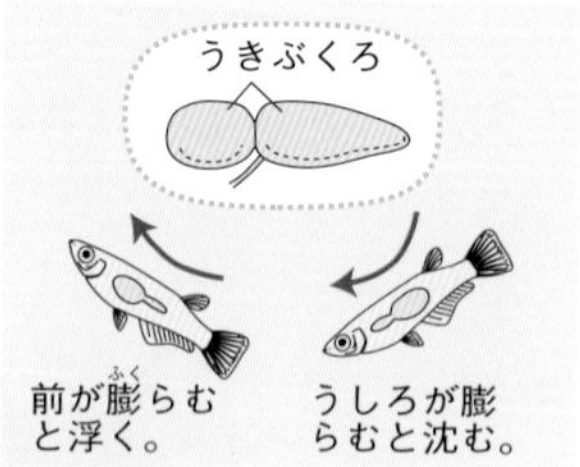

▲浮き沈みの調節

入試ポイント
● **メダカの**
おす…せびれに**切れこみがある**。しりびれが**平行四辺形**
めす…せびれに**切れこみがない**。しりびれが**三角形**

2 メダカの飼《か》い方

☞ メダカを飼うときはどんな注意がいるか。

飼うときの注意点

● **水槽《すいそう》**…口が広くて大きいものがよい（水面が空気と触《ふ》れる面積が大きいうえ，たくさんの水を入れることができるので，空気がたくさんとけこむことができるから）。
水槽に砂《すな》や小石を入れる（自然の様子に近づけるため）。
また，水草も入れる（**光合成《こうごうせい》**により，水中の酸素を増《ふ》やす。また，卵《たまご》をうむときに，卵を絡《から》みつかせる）。
水槽を明るい窓ぎわにおく（直射日光《ちょくしゃにっこう》はあてないようにする）。

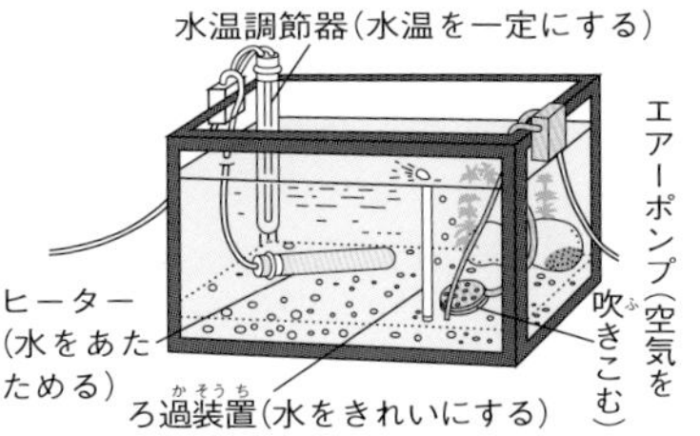

▲メダカの水槽

● **水**…くみおきの水か井戸水を使う（水道の水には塩素《えんそ》がとけているので，塩素を蒸発《じょうはつ》させるために，くんでから1日くらいおいておく）。温度は25℃くらい。
水をかえるときは，$\frac{1}{3}$～$\frac{1}{2}$ずつかえる（メダカがなじまないため）。

● **餌《えさ》**…餌は，パンくず・イトミミズ・ミジンコ・配合飼料《はいごうしりょう》などを，1日に1回～数回，時刻《じこく》をきめて食べ残さない程度《ていど》にあたえる。

● **その他の注意**…おすとめすを混《ま》ぜて入れる。数は，40Lの水槽で10匹《ぴき》くらいがよい。産卵《さんらん》後は，卵を別の水槽へ移《うつ》す（親が食べることがあるから）。

3 メダカの産卵

☞ メダカはどのようにして産卵するか。

産卵の時期

メダカは水温が18℃をこえると卵をうみ始め，25°Cでいちばんよくうむ（5～8月）。ふつう夜中から明け方にうむ（明るさが関係する）。

産卵の様子

はじめ，おすがめすにさかんに体あたりをしたあと，おすが，せびれとしりびれで，めすを抱《だ》くようにすると，めすが卵をうみ始める。

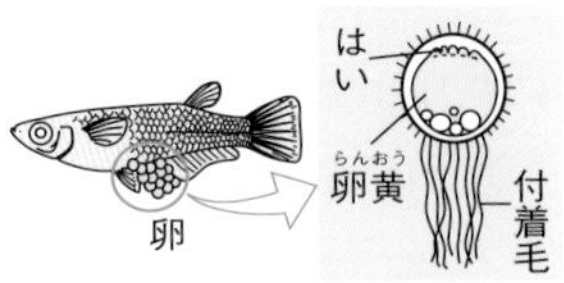

▲メダカの産卵

卵の大きさは約1mmで，しりびれの前から，1回に5～10個うみ出される。また，卵には，**付着毛《ふちゃくもう》**という長い毛がついていて，これで水草に絡みつく。

入試ポイント
- メダカの飼い方…**水草**を入れる（酸素ができる，卵を絡みつかせる）
- メダカの産卵…18°C以上。25°Cが最適《さいてき》。**夜中から明け方**にうむ。

メダカの卵《たまご》の育ち方

水温 25℃で育てると，3 日目ぐらいに目や頭がはっきりし，6 日目ぐらいにはからだ全体ができあがり，11 日目ぐらいに卵からかえる。水温 18℃で育てると，かえるまでの日数は長くなる。

また，うまれたばかりの子魚は，腹《はら》に**卵黄**《らんおう》をもっており，2～3 日は何も食べない。卵黄がなくなると，餌《えさ》を食べるようになる。

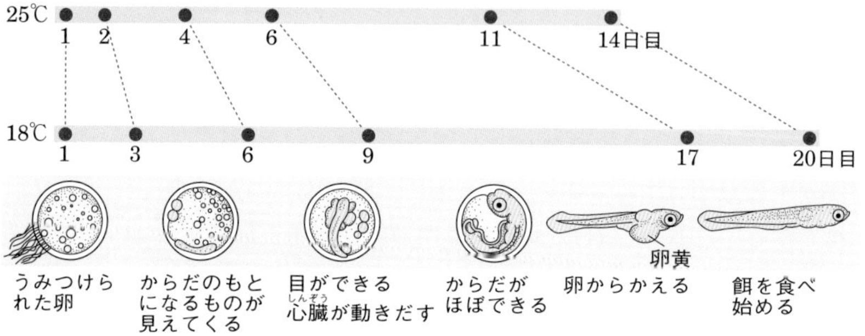

▲メダカの卵の育ち方と水温の関係

4 カエルの育ち方

☞カエルはどんな順序《じゅんじょ》で育つか。

カエルは，冬の間，土の中で冬眠《とうみん》しているが，春になると，沼《ぬま》や池に卵をうむ。卵は**寒天**《かんてん》のようなものに包《つつ》まれている。

卵からかえったものを**オタマジャクシ**という。オタマジャクシは，**えら**で呼吸《こきゅう》し，水中の酸素《さんそ》をとり入れる。

うしろあしや前あしがはえるころになると，えらがなくなり，**肺**《はい》ができて，肺や皮膚《ひふ》で空気中の酸素《さんそ》をとり入れるようになる。

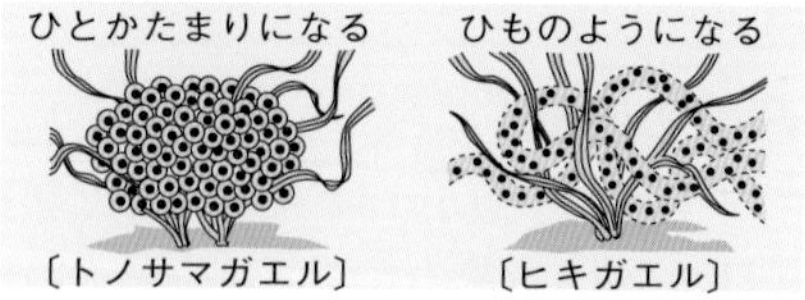

▲カエルの卵

▶ **卵の観察**…カエルの卵やメダカの卵などの成長する様子は，**解剖顕微鏡**《かいぼうけんびきょう》や，**双**《そう》**眼実体顕微鏡**《がんじったいけんびきょう》で観察する。

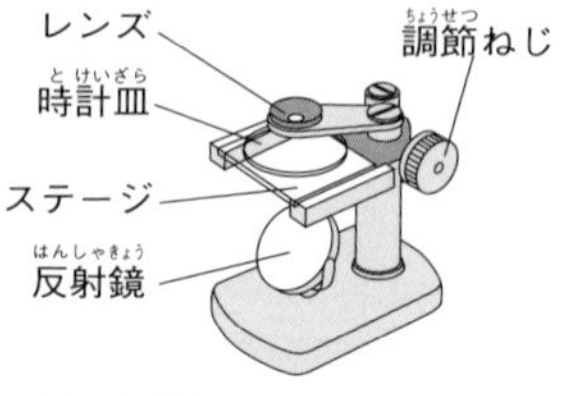

▲解剖顕微鏡

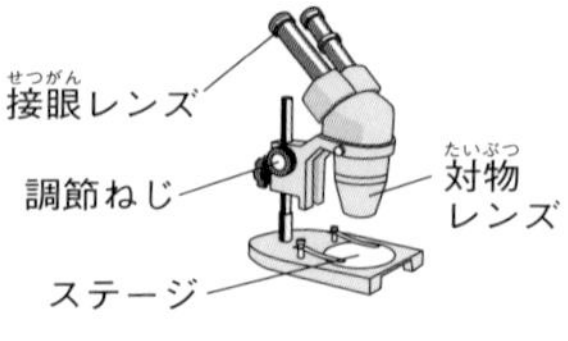

▲双眼実体顕微鏡

入試ポイント

- メダカの卵…水温が高いと早く育つ。**うまれてすぐは何も食べない。**
- カエルの卵…卵→オタマジャクシ(**えら呼吸**)→**うしろあし**→**前あし**

5 水中の小さな生物

魚の餌になる小さな生物にはどんなものがいるか。

プランクトンの種類

メダカなどの小魚は，水中を漂《ただよ》っている小さい生物を食べる。このような小さい生物を**プランクトン**という。

- **植物プランクトン**…葉緑体《ようりょくたい》をもっているので，**光合成**《こうごうせい》をし，自分で栄養分《えいようぶん》をつくることができる。光合成により，水中の酸素を増《ふ》やすはたらきもしている。自分で泳ぐことはできない。例ケイソウ・ミカヅキモ・ツヅミモ・クロレラ
- **動物プランクトン**…葉緑体をもっていない。光合成ができないので，ほかのプランクトンを食べて栄養分をとり入れる。自分で泳ぐことができる。
  - ▶**ゾウリムシ**…大きさは約 0.15mm。からだのまわりに**繊毛**《せんもう》という短い毛がびっしりとはえていて，これを動かして泳ぐ。
  - ▶**ミジンコ**…エビ・カニのなかまで，大きさは 1.5 ~3mm。触角《しょっかく》を動かして泳ぐ。
  - ▶**アメーバ**…大きさは 0.002mm ~数mm。からだの形をいろいろに変えながら動く。

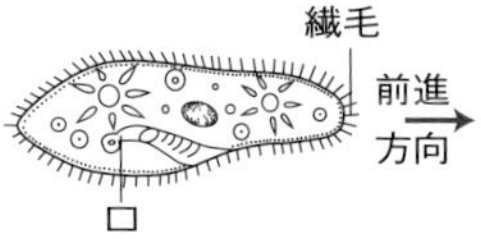

▲ゾウリムシ

例外**ミドリムシ**…大きさは約 0.065mm。**葉緑体**をもち，光合成をする。**べん毛**《もう》という長い毛が 1 本あり，これを動かして泳ぐこともできる。ミドリムシは，植物と動物の両方の性質《せいしつ》をもっている。

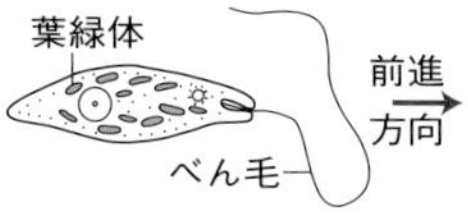

▲ミドリムシ

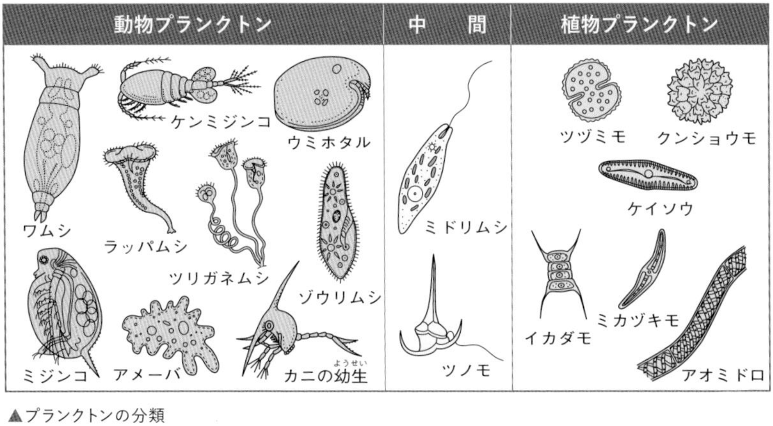

▲プランクトンの分類

入試ポイント
- 植物プランクトン…**葉緑体**をもつ。自分で**動けない。**
- 動物プランクトン…葉緑体をもたない。自分で**動ける。**

顕微鏡《けんびきょう》の使い方

プランクトンを顕微鏡で見るときは，次の順序《じゅんじょ》で行う。

①顕微鏡を，直射日光《ちょくしゃにっこう》のあたらない水平な台の上におく。

②**接眼《せつがん》レンズ**を先にとりつけ，次に**対物《たいぶつ》レンズ**をとりつける。

③顕微鏡をのぞきながら，**反射鏡《はんしゃきょう》**の向きを変え，いちばん明るいところで止める。

④**プレパラート**(見たいものをのせたガラス板)を**ステージ**にのせ，**クリップ**で止める。

⑤横から見ながら調節《ちょうせつ》ねじをまわして，対物レンズをプレパラートにすれすれまで近づける。

⑥顕微鏡をのぞきながら，調節ねじを⑤と反対の向きにゆっくりまわし，ピントを合わせる。

⑦プレパラートを動かし，観察したいものを中央にもってくる。顕微鏡の像《ぞう》は上下左右が逆《ぎゃく》になっているので，像はプレパラートを動かした向きと反対向きに動く。

⑧顕微鏡の倍率《ばいりつ》は，**接眼レンズの倍率×対物レンズの倍率**となる。

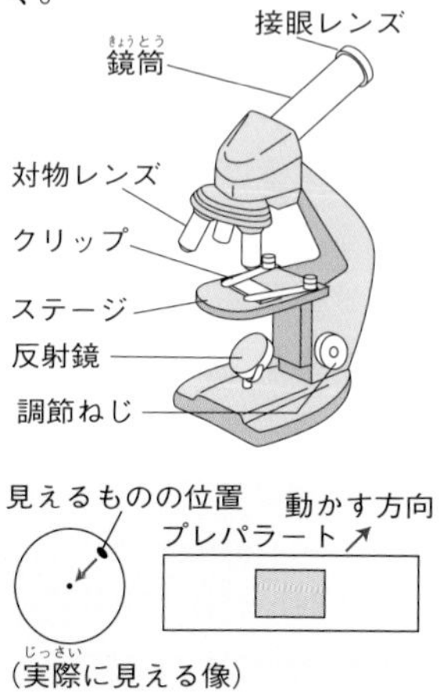

▲顕微鏡

6 生物のつながり

いろいろな生物がどんなつながりをもっているか。

食物連鎖《しょくもつれんさ》

湖の中では，次のような生物のつながりが見られる。**植物プランクトン**が光合《こうごう》成《せい》をして栄養分《えいようぶん》をつくると，**動物プランクトン**がこれを食べる。動物プランクトンは小形の魚に食べられ，小形の魚は大形の魚に食べられる。このようなつながりを**食物連鎖**という。さらに，プランクトンや魚の死骸《しがい》やふんは，バクテリア(細菌《さいきん》)によって分解《ぶんかい》され，ふたたび植物プランクトンにとり入れられる。

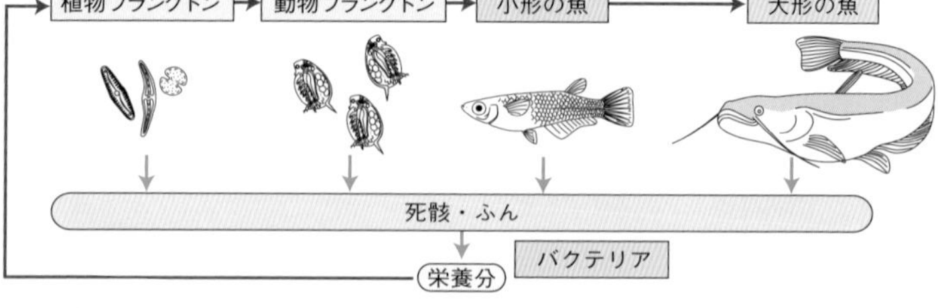

▲湖の食物連鎖

入試ポイント

- 顕微鏡の使い方…対物レンズを**遠ざけながら**ピントを合わせる。
- 食物連鎖…**植物プランクトン→動物プランクトン→小形魚→大形魚**

●**生物数のつりあい**…同じ場所で生活している生物の数は，食物連鎖の先へ進むほど少なくなる。食べられる生物はそれを食べる生物にくらべて圧倒的《あっとうてき》に多い。

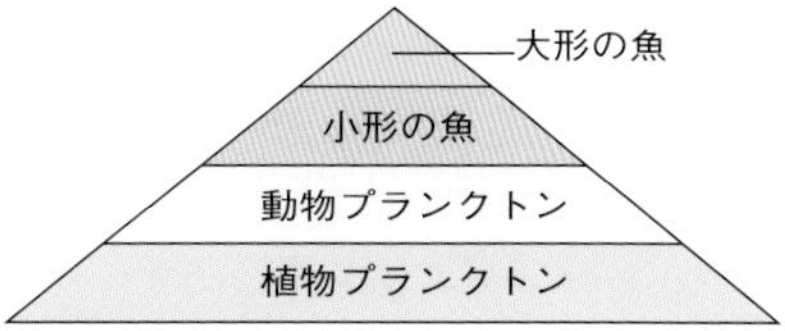

▲生物数のつりあい

たとえば，湖の中で，大量の魚が，何かの原因《げんいん》で突然《とつぜん》死んだりすると，動物プランクトンを食べるものがいなくなるので，動物プランクトンが急に増《ふ》える。すると，植物プランクトンは食べられる数が増えるので，全体の数が減《へ》る。植物プランクトンが減れば，餌《えさ》不足になるので，動物プランクトンは減り始める。こうなると，植物プランクトンがまた増えていく。このようなことをくりかえしながら，やがて，植物プランクトンと動物プランクトンの数はある一定の値《あたい》に落ちつく。この状態《じょうたい》を**つりあい**という。

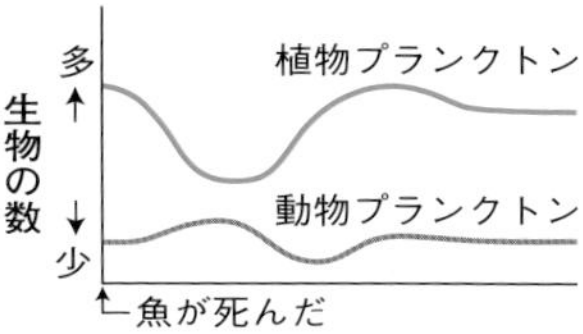

生物の数の変化

●**気体のやりとり**…植物プランクトンは，光合成により酸素《さんそ》を出す。動物はこの酸素をとり入れ，呼吸《こきゅう》をして二酸化炭素《にさんかたんそ》を出す。この二酸化炭素は，光合成のために，ふたたび植物プランクトンにとり入れられる。このように，植物と動物は，酸素と二酸化炭素をやりとりしている。

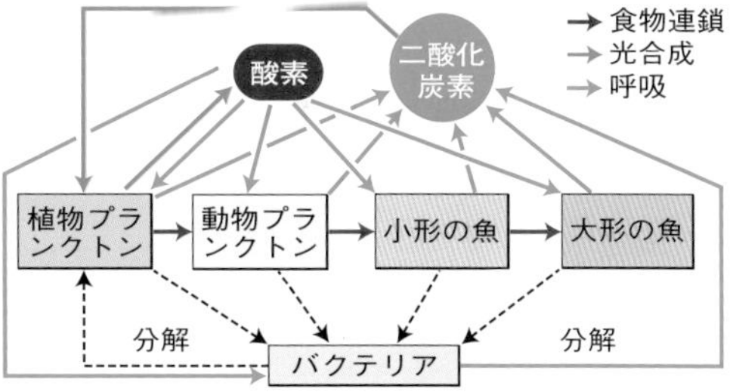

▲生物間の気体のやりとり

陸上の生物の食物連鎖

陸上では，**緑色《りょくしょく》植物**(葉緑体《ようりょくたい》をもつ植物)が光合成をして栄養分をつくり，それを**草食《そうしょく》動物**が食べ，さらにその草食動物を**肉食《にくしょく》動物**が食べる，という食物連鎖が見られる。酸素と二酸化炭素のやりとりも，湖の場合と同じように行われる。

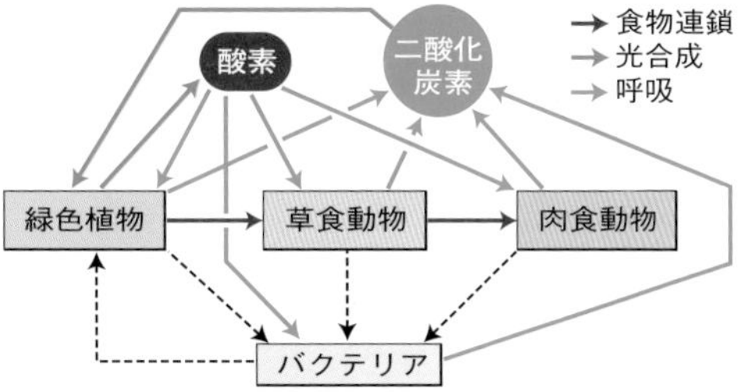

▲陸上の生物の食物連鎖

入試ポイント
- 生物数のつりあい…食べられるほうが食べるほうよりずっと多い。
- 陸上の食物連鎖…**緑色植物→草食動物→肉食動物**

☑ まとめチェック

知識を整理・確認しよう！

答え

① メダカのからだのつくり

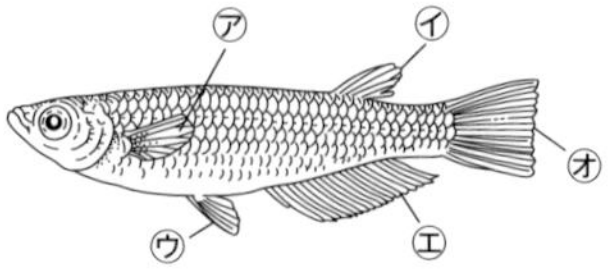

□ ① 右のメダカはおすとめすのどちらか。

□ ② 右の図で，ア～オから2枚《まい》あるひれをすべて選べ。

□ ③ メダカは水の流れと同じ方向に泳ぐか，反対方向へ泳ぐか。

答え ①
① おす
② ア・ウ
③ 反対方向

② メダカの飼《か》い方

□ ① メダカを育てる水に水道水を使う場合はどうするか。

□ ② メダカの卵《たまご》をすぐに別の水槽《すいそう》にうつすのはなぜか。

答え ②
① 1日くみおく
② 親が食べるから

③ メダカの産卵

□ ① メダカは1日のうちのいつごろ産卵するか。

□ ② メダカの卵の直径は約何mmか。

答え ③
① 明け方ごろ
② 約1mm

④ カエルの育ち方

□ ① カエルの卵はどこにうみつけられるか。

□ ② オタマジャクシの呼吸器官《こきゅうきかん》は何か。

□ ③ カエルの呼吸器官は皮膚《ひふ》と何か。

□ ④ 右の図の観察器具を何というか。

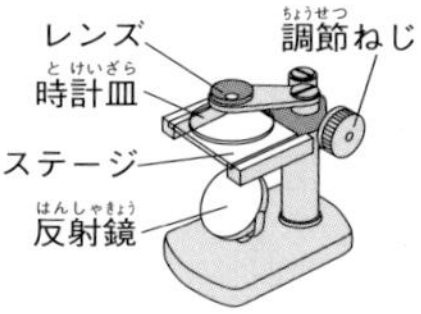

答え ④
① 水中
② えら
③ 肺《はい》
④ 解剖顕微鏡《かいぼうけんびきょう》

⑤ 水中の小さな生き物

□ ① Aを何というか。

□ ② Dを何というか。

□ ③ 栄養分《えいようぶん》をつくることができるものをすべて選べ。

□ ④ 顕微鏡の視野《しや》を右上に移動《いどう》するとき，プレパラートはどちらに動かすか。

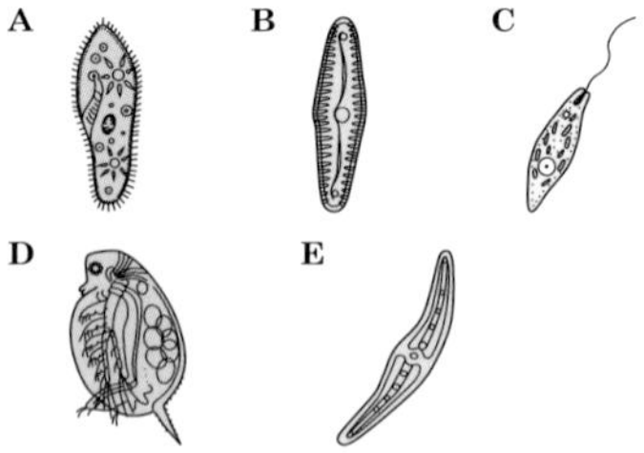

答え ⑤
① ゾウリムシ
② ミジンコ
③ B・C・E
④ 左下

⑥ 生物のつながり

□ ① 生物どうしの「食べる・食べられる」という関係のつながりを何というか。

□ ② ①のあとのほうの生物ほど数は多いか，少ないか。

答え ⑥
① 食物連鎖《しょくもつれんさ》
② 少ない

力だめしの問題 入試標準レベル

解答➡別冊 p.11

1 右の図は，メダカが卵からうまれてくる様子を表しています。これについて，次の各問いに答えなさい。

【香川大附高松中】

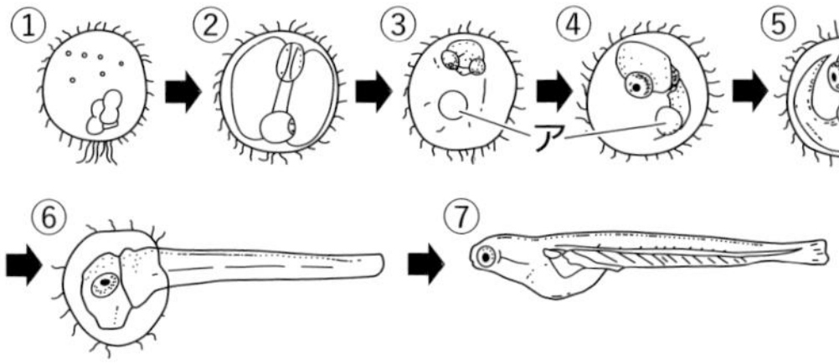

⑴ メダカには，めすとおすの区別があります。メダカがうまれるためのめすの役割《やくわり》は，卵をうむことです。おすの役割は何ですか。簡単《かんたん》に説明しなさい。

(　　　　　　　　　　　　　　　　　　　　　　　　)

⑵ 図中の③，④のアにはメダカが卵の中で成長していくために必要なものが入っています。何が入っていますか。　(　　　　)

⑶ メダカの子どもは，うまれてからしばらくの間は，餌《えさ》を食べなくても生きていくことができます。その理由を説明しなさい。

(　　　　　　　　　　　　　　　　　　　　　　　　)

2 池の水を顕微鏡で観察したところ，次のア～エの4種類の小さな生物が見られました。あとの問いに答えなさい。ただし，図の右下の数は，観察《かんさつ》したときの顕微鏡の倍率《ばいりつ》を示《しめ》しています。

【玉川学園中学部・改】

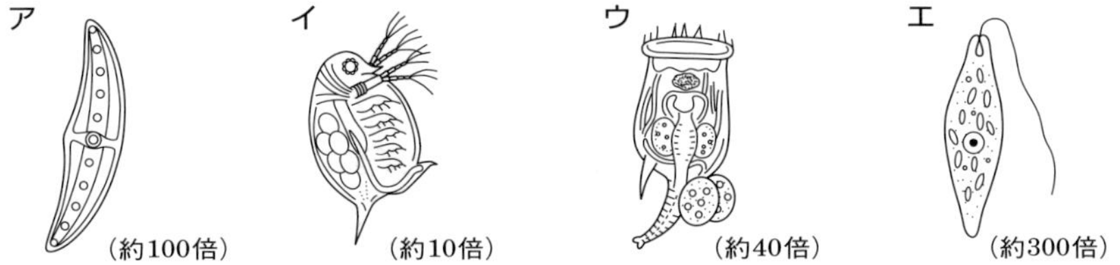

(約100倍)　(約10倍)　(約40倍)　(約300倍)

⑴ 最も小さい生物を，ア～エから選び，記号で答えなさい。　(　　)

⑵ 自分で栄養分をつくることができるものを，ア～エからすべて選び，記号で答えなさい。　(　　　　)

⑶ 右の図は，エの生物を顕微鏡でのぞいたときの様子です。視野《しや》の中央で観察するには，プレパラートをどの方向に動かせばよいですか。図の①～④から選び，番号で答えなさい。　(　　)

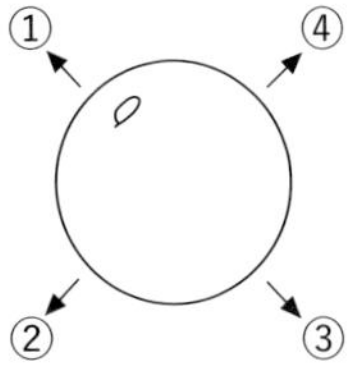

3 生物は，ほかの生物やまわりの環境《かんきょう》とかかわり合いながら生きている。これらの生物とそれをとりまく環境を合わせて「生態系《せいたいけい》」とよんでいる。近ごろ，生態系の破壊《はかい》が問題になっている。

右の図は，生態系の中の生物とその環境とのかかわりの一部を，簡単《かんたん》に示《しめ》したものである。その中で，→は餌《えさ》や栄養分《えいようぶん》として使われた物質《ぶっしつ》の移動《いどう》方向を，⇢は気体の移動方向を表したものである。これをもとに，次の問いに答えなさい。

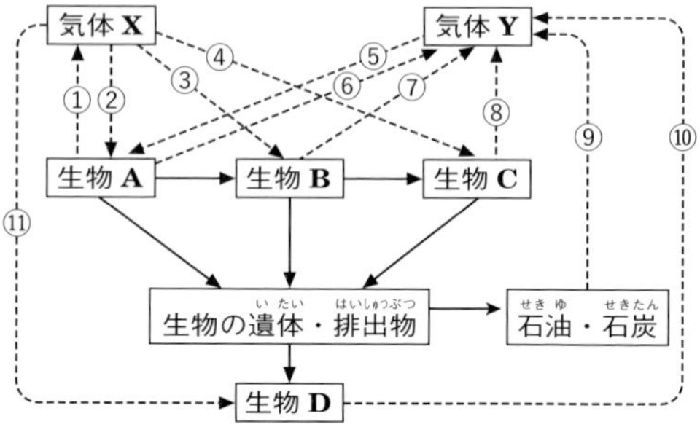

【弘学館中】

⑴ **X, Y** は空気中の気体である。それぞれの名称《めいしょう》を答えなさい。

X（　　　　　　）　**Y**（　　　　　　）

⑵ 次の**ア**～**ク**は，図の生物**A**～**D**のどれにあてはまるか。生物**A**～**D**についてそれぞれ2つずつ選び，記号で答えなさい。

A（　　　）　**B**（　　　）　**C**（　　　）　**D**（　　　）

ア ダンゴムシ　**イ** ウシ　**ウ** ヤゴ　**エ** シロツメクサ
オ クモ　**カ** バッタ　**キ** イネ　**ク** ミミズ

⑶ 生物の呼吸《こきゅう》によって空気中で増加《ぞうか》する気体を表している矢印を①～⑪からすべて選び，番号で答えなさい。（　　　　）

⑷ ある生態系において，長い時間が経《た》っても生物の数があまり変化しないとき，「生態系のつりあいが保《たも》たれている」という。図で生態系のつりあいが保たれているとき，一般《いっぱん》に生物**A, B, C**の数の関係《かんけい》はどうなっているか。次の**ア**～**キ**から最も適当《てきとう》なものを1つ選び，記号で答えなさい。（　　）

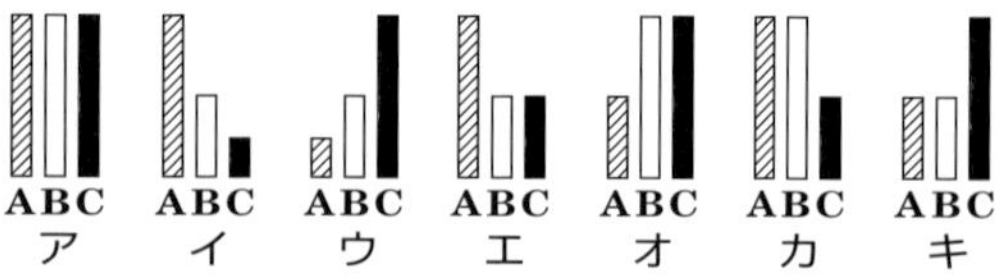

⑸ ⑷のつりあいが保たれていた生態系から，何らかの原因《げんいん》でかなりの数の生物**C**がいなくなってしまった。その後，生物**B**の数はどのように変化するか。次の文の**a, b**にそれぞれ増加または減少《げんしょう》の語句《ごく》を入れなさい。　**a**（　　　）　**b**（　　　）

初めは（　**a**　）するが，その後（　**b**　）する。

⑹ 下線部「生態系の破壊」の中で，最近では特に地球の温暖化《おんだんか》が問題になっている。この一般的な原因は図の矢印の何番が増加し，何番が減少したためか。それぞれ1つずつ答えなさい。　増加（　　）　減少（　　）

4 メダカについて，次の問いに答えなさい。
【甲南中・改】

(1) メダカの受精《じゅせい》について，以下の問いに答えなさい。

① 次の文章の(　ア　)と(　イ　)にあてはまる語句を答えなさい。

ア(　　　　　)　イ(　　　　　)

メダカは，めすがつくる(　ア　)とおすがつくる(　イ　)が受精することで，受精卵《じゅせいらん》ができます。

② メダカの受精卵は約何mmくらいですか。次から選び，記号で答えなさい。

(　　)

ア　0.01mm　　イ　0.14mm　　ウ　1mm　　エ　14mm

(2) 次のア～オはメダカが育つ様子を表しています。以下の問いに答えなさい。

ア　　イ　　ウ　　エ　　オ

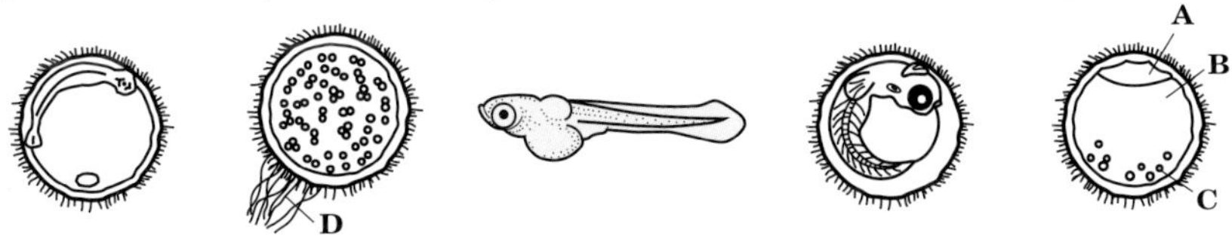

① 図のア～オを，メダカが育つ順に並《なら》べなさい。

(　　→　　→　　→　　→　　)

② 図のA～Cで，メダカのからだになるところを選び，記号で答えなさい。

(　　)

③ メダカは，受精してから約何週間で子メダカが誕生《たんじょう》しますか。次から選び，記号で答えなさい。

(　　)

ア　約2週間　　イ　約4週間　　ウ　約12週間　　エ　約38週間

④ 図イのDは「付着毛《ふちゃくもう》(付着糸《ふちゃくし》)」とよばれるつくりです。メダカのすむ場所から考えて，このつくりの役割《やくわり》を答えなさい。

(　　　　　　　　　　　　　　　　)

(3) メダカのおすとめすは，せびれとしりびれの形で見分けることができます。下の図はメダカを表していますが，それぞれおすとめすのメダカになるようにせびれとしりびれをかきたして，図を完成させなさい。

おす

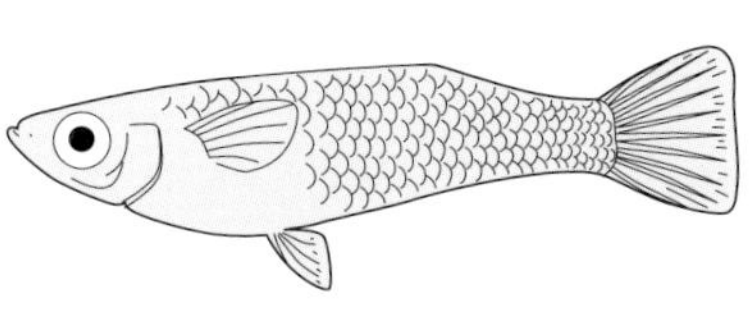

めす

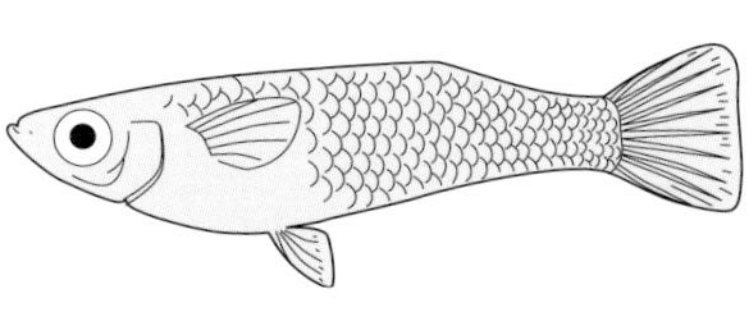

3 季節と動物のくらし・動物の分類

1 セキツイ動物のくらし

☞ 動物は寒い時期をどのようにすごすか。

恒温《こうおん》動物

気温が上がったり下がったりしても，体温を一定に保《たも》つしくみをもっている動物を**恒温動物**という。**哺乳類《ほにゅうるい》**と**鳥類《ちょうるい》**は恒温動物である。

● **哺乳類**…恒温動物なので寒さや暑さに強いが，一部のものは**冬眠《とうみん》**をする。

▶ **冬眠する哺乳類**…例クマ・コウモリ・シマリス・ヤマネ
クマは，冬眠中も体温が大きく下がらず，何かに驚《おどろ》くと，すぐに活動する。めすは冬眠中に子をうみ，何も食べずに育てる。コウモリ・シマリス・ヤマネは，冬眠中は体温が大きく下がり，人が手で触《ふ》れても目をさまさない。

▶ **寒い地域《ちいき》の哺乳類**…寒い地域では，ホッキョクグマのように大きな哺乳類が多い。これは，細胞《さいぼう》の呼吸《こきゅう》(→p.131)による発熱量がおよそからだの体積に比例《ひれい》し，からだが大きくなるにつれて，からだの体積に対する表面積の割合《わりあい》が小さくなっていく(発生する熱量に対して放出する体表の面積の割合が小さくなっていく)ためである。

● **鳥類**…鳥類のなかには，よりよい気候と餌《えさ》を求めて，遠くまで移動《いどう》する(**渡《わた》り**を行う)ものがある。このような鳥を**渡《わた》り鳥《どり》**という。

▶ **夏鳥《なつどり》**…春から夏にかけて，南の土地から日本にやってきて，卵《たまご》をうみ，ひなを育て，秋に南の土地にかえる鳥。
例ツバメ・カッコウ・ホトトギス

▶ **冬鳥《ふゆどり》**…秋から冬にかけて，北の土地から日本にやってきて，日本で冬をすごし，春になると，北の土地にかえる鳥。
例ガン・ハクチョウ・カモ・マナヅル

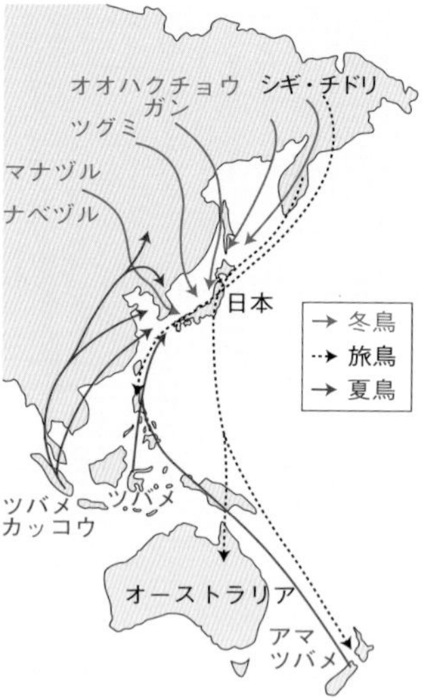

▲渡りの道すじ

▶ **旅鳥《たびどり》**…北から南，また，南から北へ渡る途中《とちゅう》に，日本にたちよって，しばらくすごす鳥。例シギ・チドリ

▶ **留鳥《りゅうちょう》**…渡りをしないで，1年中同じ土地にすんでいる鳥。例スズメ・カラス

入試ポイント
- **恒温動物**…体温が**一定に保たれる。**哺乳類・鳥類
- **変温動物**…体温が**一定に保たれない。**哺乳類・鳥類以外

変温《へんおん》動物

体温を一定に保つはたらきがないため，気温が上がったり下がったりすると，それにつれて体温が上がったり下がったりする動物を**変温動物**という。哺乳類と鳥類以外の動物は，すべて変温動物である。

● **は虫類《ちゅうるい》**…ヘビ・トカゲ・カメなどのなかまを**は虫類**という。は虫類は，冬になると，体温が下がって活動できなくなるので，秋の終わりに土の中に潜《もぐ》りこんで，春まで**冬眠**する。ヤモリは家の中などで冬眠する。

注意 ヘビのなかには，夏の暑さをさけて，土の中で夏眠《かみん》するものがある。

● **両生類《りょうせいるい》**…カエルやイモリのなかまを**両生類**という。両生類も変温動物なので，冬は体温が下がってしまい，活動できない。それで，秋の終わりには，土の中に潜りこみ，春まで**冬眠**する。

● **魚類《ぎょるい》**…サケ・マス・ウナギなどのなかまを**魚類**という。魚類も変温動物なので，水温が下がると，体温も下がるが，水温は気温ほど大きく下がらないので，冬眠はせず，冬は活動がにぶくなる程度《ていど》である。しかし，なかには，産卵などに適した水温を求めて，遠くまで移動するものもある。これを**回遊《かいゆう》**という。
サケ・マスは秋になると，産卵のため，海から自分のうまれた川に帰ってくる(マスのなかには，一生川ですごすものもいる)。ウナギは川や湖で育ち，海に帰って産卵する。

2 虫のくらし

虫はいつ活動するか。冬はどうしているか。

こん虫《ちゅう》の活動する季節

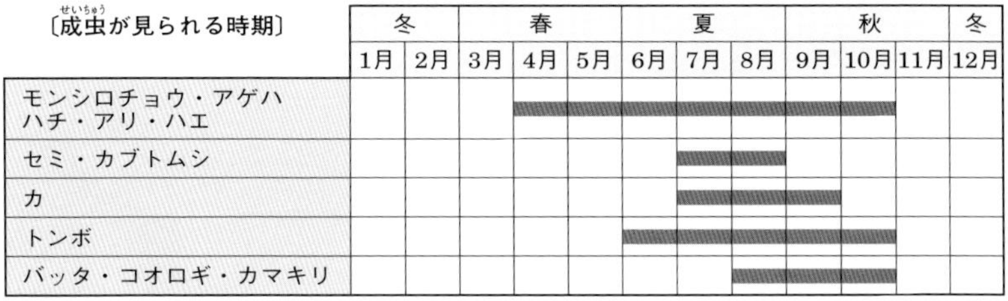

注意 こん虫の冬ごしはp.84参照。

こん虫以外の虫の冬ごし

クモの成虫は，枯《か》れ草や落ち葉の中，家の中などで冬をこす。カタツムリは殻《から》の口に白い膜《まく》をはり，落ち葉の下などで冬をすごす。

入試ポイント
- 哺乳類…ごく**一部が冬眠**する。
- 鳥類…**渡り**をするものがある。
- は虫類・両生類…**冬眠**する。
- 魚類…**回遊**するものがある。

3 動物の分類《ぶんるい》

動物はどのようになかま分けできるか。

- **セキツイ動物**
  - 肺呼吸《はいこきゅう》
    - 恒温動物《こうおんどうぶつ》
      - 胎生《たいせい》…**哺乳類《ほにゅうるい》** 例ヒト・イヌ・ウマ・クジラ・コウモリ
      - 卵生《らんせい》…**鳥類《ちょうるい》** 例ハト・ニワトリ・カモ・ワシ・ペンギン
    - 変温動物《へんおんどうぶつ》……………**は虫類《ちゅうるい》** 例ヘビ・トカゲ・カメ・ヤモリ・ワニ
  - 子はえら呼吸《こきゅう》，親は肺呼吸………**両生類《りょうせいるい》** 例カエル・イモリ・サンショウウオ
  - えら呼吸…………………………**魚類《ぎょるい》** 例フナ・メダカ・サメ・マグロ・サケ
- **無《む》セキツイ動物**
  - **節足動物《せっそくどうぶつ》**
    - **こん虫類《ちゅうるい》** 例ハチ・セミ・チョウ・カブトムシ
    - **クモ類** 例クモ・サソリ・ダニ
    - **多足類《たそくるい》** 例ムカデ・ヤスデ・ゲジ
    - **甲殻類《こうかくるい》** 例エビ・カニ・ザリガニ・ミジンコ
  - **軟体動物《なんたいどうぶつ》**……………… 例イカ・タコ・ナメクジ・貝のなかま
  - **環形動物《かんけいどうぶつ》**……………… 例ミミズ・ゴカイ・ヤマビル
  - **キョク皮《ひ》動物**………… 例ヒトデ・ナマコ・ウニ
  - **刺胞《しほう》動物**……………… 例クラゲ・サンゴ・イソギンチャク
  - **原生動物《げんせいどうぶつ》**……………… 例ゾウリムシ・アメーバ

〈ことばの説明〉

● **セキツイ動物**…背骨《せぼね》がある動物。

注意 背骨のことを脊椎《せきつい》という。

● **無セキツイ動物**…背骨がない動物。

▶節足動物…節《ふし》のある足をもつ動物。

▶軟体動物…軟《やわ》らかいからだの動物。

▶環形動物…環《わ》がつながったような形の動物。

▶キョク皮動物…とげのある皮をもつ動物。

▶刺胞動物…刺胞という毒針《どくばり》をもつ動物。

▶原生動物…1つの細胞《さいぼう》でできた原始的《げんしてき》な動物。

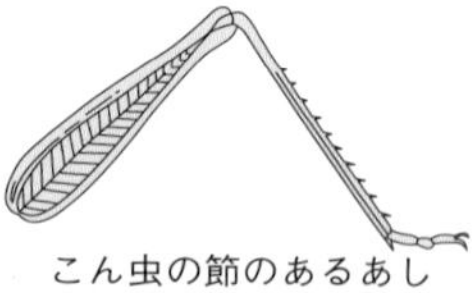

こん虫の節のあるあし

ミミズ(環形動物)のからだ

▲動物の特徴《とくちょう》

入試ポイント

● **セキツイ動物…背骨がある。**哺乳類・鳥類・は虫類・両生類・魚類

● **無セキツイ動物…背骨がない。**節足動物・軟体動物・環形動物など

4 セキツイ動物の分類

セキツイ動物は何をもとにして分類するか。

呼吸のしかた

- **肺呼吸**…空気中の酸素《さんそ》を肺《はい》からとり入れる。
  例 哺乳類・鳥類・は虫類・両生類の親
- **えら呼吸**…水中にとけている酸素をえらからとり入れる。例 魚類・両生類の子

注意 両生類は，幼生《ようせい》(オタマジャクシ)のときはえら呼吸，成体になると肺呼吸をする。

体温《たいおん》

- **恒温動物**…気温が変化しても，体温を一定に保《たも》つことができる。
  例 哺乳類(コウモリ・ヤマネ・シマリスなどは例外→p.100)・鳥類
- **変温動物**…気温が上下すると，それに合わせて体温も上下する。そのため，寒くなると，活動ができなくなる。例 は虫類・両生類・魚類

子のうまれ方

- **胎生**…哺乳類は，めすの子宮《しきゅう》の中で子が育ち，からだができてからうまれる。こうしたうまれ方を**胎生**という。
- **卵生**…哺乳類以外の動物は卵《たまご》をうむ。子を卵でうむことを**卵生**という。

種類／特徴	魚類	両生類	は虫類	鳥類	哺乳類
生活場所	水中			陸上	
呼吸	えら呼吸			肺呼吸	
体温		変温動物		恒温動物	
からだの表面	うろこ	粘膜《ねんまく》	うろこ・こうら	羽毛	毛
うまれ方	卵生(水中)		卵生(陸上)		胎生
卵の表面	膜で包《つつ》まれている	寒天質《かんてんしつ》で包まれている	殻《から》がある		

▲セキツイ動物の特徴

▶まちがえやすい動物

- 水中で生活する哺乳類…クジラ・イルカ・シャチ
- 卵生の哺乳類…カモノハシ
- 翼《つばさ》のある哺乳類…コウモリ
- 飛べない鳥…ペンギン・ダチョウ
- よく似《に》た名前…ヤモリ(は虫類)・イモリ(両生類)

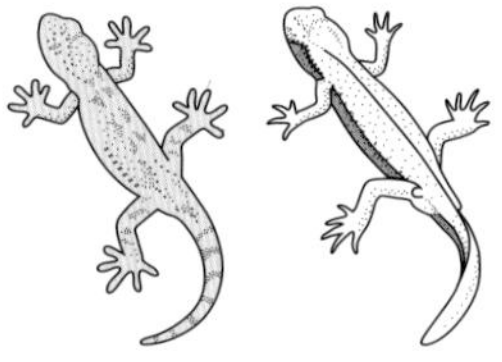

▲ヤモリ　▲イモリ

入試ポイント
- 呼吸方法…**肺呼吸**(哺乳類・鳥類・は虫類・両生類*)，**えら呼吸**(魚類)
- うまれ方…**胎生**(哺乳類)，**卵生**(鳥類・は虫類・両生類・魚類)

*幼生はえら呼吸，成体は肺呼吸

5 無《む》セキツイ動物の分類

☞無セキツイ動物にはどんな種類があるか。

こん虫の分類

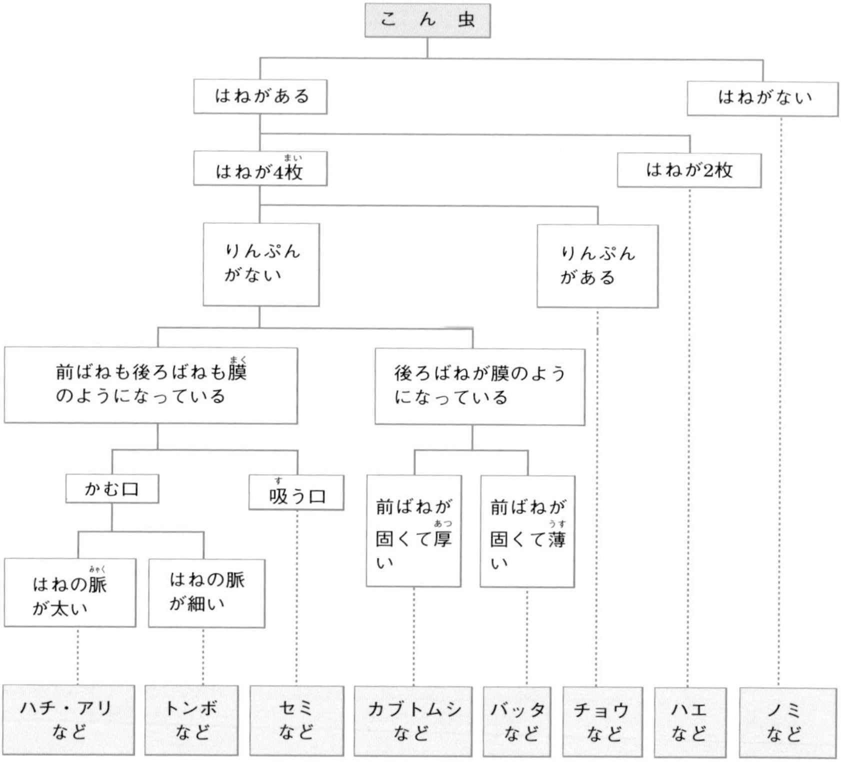

▶ **ハチ・アリのなかま**…例ミツバチ・アシナガバチ・スズメバチ・クロオオアリ

注意 ミツバチは，吸ったりかんだりする口をもっている。アリは女王アリやおすアリが4枚のはねをもつ。

▶ **トンボのなかま**…例シオカラトンボ・オニヤンマ・ギンヤンマ・アキアカネ

▶ **セミのなかま**…例アブラゼミ・クマゼミ・ヒグラシ・ヨコバイ・カメムシ

▶ **カブトムシのなかま**…例クワガタムシ・カナブン・テントウムシ・カブトムシ

▶ **バッタのなかま**…例トノサマバッタ・コオロギ・カマキリ・キリギリス

▶ **チョウのなかま**…例モンシロチョウ・アゲハ・ベニシジミ・カイコガ・イラガ

▶ **ハエのなかま**…例イエバエ・ショウジョウバエ・アカイエカ・ヒラタアブ

▶ **はねがないこん虫のなかま**…例ノミ・シミ・トビムシ

入試ポイント
- **ハチ**と**アリ**は同じなかま
- **セミ**と**カメムシ**は同じなかま
- **バッタ**と**カマキリ**は同じなかま
- **ハエ・カ・アブ**は同じなかま

こん虫以外の節足《せっそく》動物

- **クモ類**…からだが**頭胸部《とうきょうぶ》**と**腹部《ふくぶ》**の２つに分かれ，頭胸部にあしが４対(８本)ある。

　例クモ・サソリ・ダニ　参考 サソリのはさみはクモの触肢《しょくし》にあたる。

- **多足類《たそくるい》**…からだが**頭部《とうぶ》**と**胴部《どうぶ》**の２つに分かれている。胴部にたくさんの節《ふし》があり，節ごとにあしがある。例ムカデ・ヤスデ・ゲジ

- **甲殻類《こうかくるい》**…からだが固い殻《から》で覆《おお》われていて，**頭胸部**と**腹部**の２つに分かれ，頭胸部に５対(10本)のあしがある。

　例エビ・カニ・ザリガニ・フジツボ・ミジンコ・ダンゴムシ・ワラジムシ

　注意 エビやザリガニは腹部にも小さなあしがある。

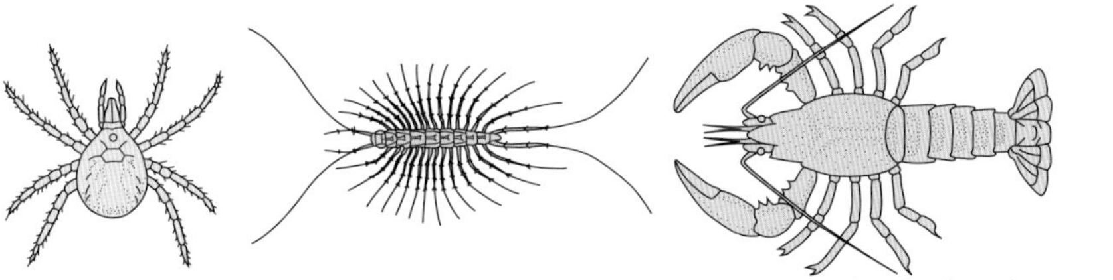

▲こん虫以外の節足動物

節足動物以外の無セキツイ動物

- **軟体動物《なんたいどうぶつ》**…からだが軟《やわ》らかく，節がない。
  - ▶**巻貝類《まきがいるい》**…うずまき形の貝殻《かいがら》をもつ。例サザエ・タニシ・カタツムリ

  注意 ナメクジは，貝殻をもたないが，巻貝類である。

  - ▶**二枚貝類《にまいがいるい》**…２枚の貝殻をもつ。例アサリ・シジミ・ハマグリ・カキ
  - ▶**頭足類《とうそくるい》**…頭にあしがついている。あしに吸盤《きゅうばん》がある。例イカ・タコ
- **環形動物《かんけいどうぶつ》**…からだにたくさんの節があり，からだを伸《の》び縮《ちぢ》みさせて動く。

　例ミミズ・ゴカイ・ヒル

- **キョク皮《ひ》動物**…からだの表面にとげがある。例ヒトデ・ウニ・ナマコ

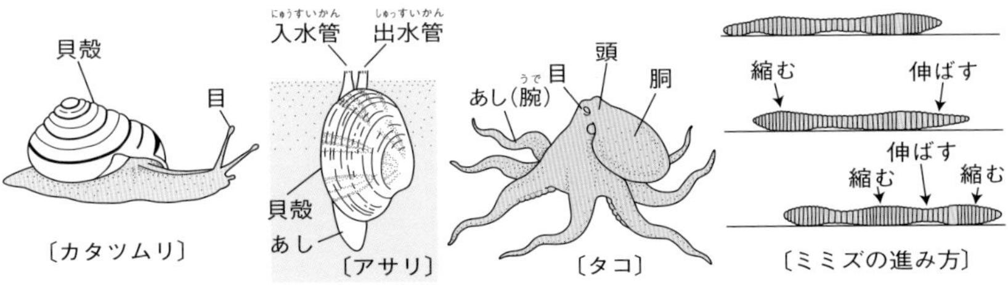

▲軟体動物・環形動物

入試ポイント	
● **クモ**と**ダニ**は同じなかま	● **エビ・カニ・ミジンコ**は同じなかま
● **貝**と**イカ・タコ**は同じなかま	● **ヒトデ・ウニ・ナマコ**は同じなかま

☑ まとめチェック

知識を整理・確認しよう！

① セキツイ動物のくらし

- □ ① コウモリ，ヤマネ，クマ，シマリスで，冬になっても体温がそれほど下がらないまま冬眠《とうみん》するのはどれか。
- □ ② 体温がまわりの温度とともに変化する動物を何というか。
- □ ③ 日本では，冬になるとヘビやカエルはどうするか。
- □ ④ カッコウとカモで，夏を日本ですごす渡《わた》り鳥《どり》はどちらか。
- □ ⑤ サケとウナギで，秋になると海からうまれた川に帰ってくるのはどちらか。

② 虫のくらし

- □ ① 春・夏・秋・冬で，虫が最も活動するのはいつか。

③ 動物の分類

- □ ① 背《せ》骨《ぼね》をもつ動物を何というか。
- □ ② 背骨をもたない動物を何というか。

④ セキツイ動物の分類

- □ ① セキツイ動物で，陸上にからのある卵《たまご》をうむのは何類か。すべて書け。
- □ ② セキツイ動物で，体温をほぼ一定に保《たも》つことができるのは何類か。すべて書け。
- □ ③ セキツイ動物で，卵ではなく子をうむのは何類か。
- □ ④ クジラは何類か。
- □ ⑤ ペンギンは何類か。
- □ ⑥ イモリは何類か。
- □ ⑦ ヤモリは何類か。
- □ ⑧ カモノハシは何類か。
- □ ⑨ コウモリは何類か。
- □ ⑩ タツノオトシゴは何類か。

⑤ 無セキツイ動物の分類

- □ ① こん虫《ちゅう》やクモなどのように，節《ふし》のあるあしをもつ動物を何というか。
- □ ② イカやアサリのなかまを何動物というか。

答え

①
- ① クマ
- ② 変温《へんおん》動物
- ③ 冬眠する
- ④ カッコウ
- ⑤ サケ

②
- ① 夏

③
- ① セキツイ動物
- ② 無《む》セキツイ動物

④
- ① 鳥類《ちょうるい》・は虫類《ちゅうるい》
- ② 哺《ほ》乳類《にゅうるい》・鳥類
- ③ 哺乳類
- ④ 哺乳類
- ⑤ 鳥類
- ⑥ 両生類
- ⑦ は虫類
- ⑧ 哺乳類
- ⑨ 哺乳類
- ⑩ 魚類

⑤
- ① 節足《せっそく》動物
- ② 軟体《なんたい》動物

力だめしの問題　入試標準レベル

解答➡別冊p.13

1 愛知県江南市《こうなん》で，季節によって動物がどのような生活をしているかを観察《かんさつ》しました。次の問いに答えなさい。　【滝中】

(1) ツバメが巣《す》をつくっていました。これはいつごろのことですか。次から最も適当《てきとう》なものを選び，記号で答えなさい。　(　　)

ア　3月ごろ　　イ　6月ごろ　　ウ　9月ごろ　　エ　12月ごろ

(2) カマキリが卵をうんでいました。これはいつごろのことですか。次から最も適当なものを選び，記号で答えなさい。　(　　)

ア　1月ごろ　　イ　4月ごろ　　ウ　7月ごろ　　エ　10月ごろ

2 次の各問いに答えなさい。　【神戸女学院中学部】

(1) ①～③に適した動物を，下のア～コから2つずつ選び，記号で答えなさい。

①　ブナの森で生活している動物

②　干潟《ひがた》で生活している動物

③　水田や用水路で生活している動物

①(　　)(　　)　②(　　)(　　)　③(　　)(　　)

ア　イリオモテヤマネコ　　イ　トノサマガエル　　ウ　ツバメ

エ　ツキノワグマ　　オ　アサリ　　カ　タンチョウ

キ　メダカ　　ク　ウミガメ　　ケ　トビハゼ

コ　クマゲラ

(2) 干潟には「大切な役割《やくわり》」がいくつかあります。その役割を簡単《かんたん》に書きなさい。

(　　　　　　　　　　　　　　　　)

3 次の問いに答えなさい。　【愛知淑徳中・改】

(1) すでに絶滅《ぜつめつ》してしまった動物はどれですか。次から選び，記号で答えなさい。

(　　)

ア　ニホンオオカミ　　イ　ホッキョクグマ

ウ　オオサンショウウオ　　エ　イリオモテヤマネコ

(2) 一生のうち，水中ですごす時期とすごさない時期がある生物はどれですか。次からすべて選び，記号で答えなさい。　(　　　　)

ア　カエル　　イ　テントウムシ　　ウ　フナ

エ　トンボ　　オ　ドジョウ

⑶ 渡《わた》り鳥《どり》はどれですか。右から2つ選び，記号で答えなさい。

( )( )

④ 1984年，ショウジョウバエを使って，体内時計《たいないどけい》をつかさどる「時計遺伝子《いでんし》」や「時計タンパク質《しつ》」が発見されました。後に，これらのはたらくしくみはヒトをふくむ多くの生物と共通していることが明らかにされました。その功績《こうせき》から，2017年アメリカの研究者3人にノーベル生理学医学賞《せいりがくいがくしょう》が贈《おく》られました。これについて，次の問いに答えなさい。 【海城中】

⑴ 下線部について，2018年のノーベル生理学医学賞は日本人が受賞《じゅしょう》しました。その人の名前を次から選び，記号で答えなさい。 ( )

ア 利根川進《とねがわすすむ》　イ 山中伸弥《やまなかしんや》　ウ 大村智《おおむらさとし》　エ 本庶佑《ほんじょたすく》

⑵ 体内時計について調べるため，6時に点灯し，18時に消灯するサイクルでマウスを5日間飼育《しいく》し，以後は1日中完全に暗くしました。右の図は，横軸《よこじく》を12時から始まる時刻，縦軸《たてじく》を観察日数とし，観察日数ごとに活動の見られた時間帯に活動量を太線で表したものです。また，明るくしている時間帯(明期)は白，暗くしている時間帯(暗期《あんき》)は灰色《はいいろ》の背景《はいけい》で示《しめ》しました。明期，暗期が12時間ずつの24時間サイクルでは，マウスは暗期にだけ活動し，夜行性《やこうせい》であることがわかりました。7日目からは活動している時間帯の長さは変わらずに，10日間かけて活動開始時間が18時から14時まで移動《いどう》していました。

右の図の7日目以降の結果から，マウスの概《がい》日《じつ》リズムは何時間何分となりますか。計算しなさい。 ( )

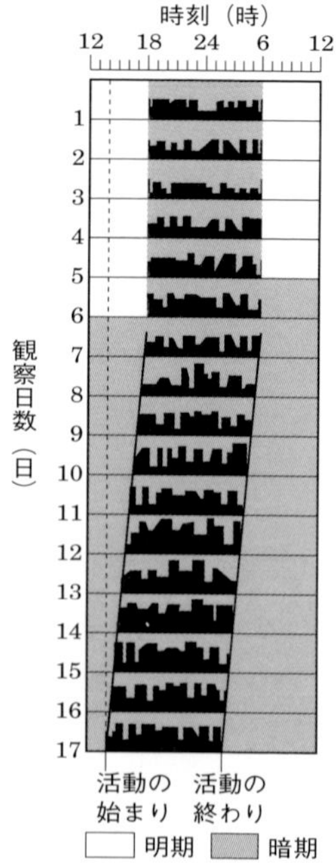

5 以下の動物について，あとの問いに答えなさい。　【皇學館中】

①　カメ　②　イモリ　③　コイ　④　カラス
⑤　ウシガエル　⑥　ヤモリ　⑦　ウサギ　⑧　イルカ

(1) ①～⑧のうち，親が自分の子どもの世話をして育てない動物はどれですか。すべて選び，記号で答えなさい。　(　　　　　)

(2) ①～⑧のうち，水中に卵をうむ動物を，すべて選び，記号で答えなさい。
(　　　　　)

(3) ①～⑧のうち，水中に親と同じすがたの子をうむ動物を，すべて選び，記号で答えなさい。　(　　　　　)

(4) ①～⑧のうち，卵でなく子をうむ動物はどれか。すべて選び，記号で答えなさい。　(　　　　　)

(5) ①～⑧のうち，子どものときはえらで呼吸《こきゅう》するが，親になると肺《はい》で呼吸する動物を，すべて選び，記号で答えなさい。　(　　　　　)

(6) ワニは，上記の①～⑧の生物のどのなかまですか。２つ選び，記号で答えなさい。　(　　　)(　　　)

(7) ③のなかまのブラックバスのように，もともとの生きているところから，偶《ぐう》然《ぜん》に，あるいは人の手によって別の地域《ちいき》に入りこんできた生物を何というか。漢字３字で答えなさい。　(　　　　　)

(8) (7)の１つで，ペットショップなどで売られているカメが，近年日本の池や沼《ぬま》でふえて，日本でもともといたカメの個体数《こたいすう》が大きく減《へ》っている。このふえたカメの名前を答えなさい。　(　　　　　　　)

6 下のA～Eは，イヌ・イモリ・スズメ・フナ・ヤモリの５種類のセキツイ動物を表します。A～Eを＜①体温の変化＞・＜②呼吸のしかた＞・＜③子のうまれ方＞のそれぞれの点でグループ分けすると，次のような左と右の２つのグループに大きく分けることができます。これについて，あとの問いに答えなさい。

なお，Eは大人と子で＜②呼吸のしかた＞が異《こと》なります。　【サレジオ学院中】

＜①体温の変化＞……【B・D】　【A・C・E】
＜②呼吸のしかた＞…【C・E(子)】　【A・B・D・E(大人)】
＜③子のうまれ方＞…【B】　【A・C・D・E】

(1) 生物AとDは何ですか。　A(　　　　　)　D(　　　　　)

(2) カモノハシを，①～③の点についてグループ分けするとき，それぞれ左と右のどちらのグループに分けることができますか。
①(　　　)　②(　　　)　③(　　　)

チャレンジ問題 入試発展レベル

解答➡別冊 p.14

★は最高レベル

1 ある草原のバッタの数を調べる方法について，次の問いに答えなさい。

【開明中】

草原にいるバッタの数を知りたい。このような場合，まずバッタを 200 匹《ぴき》つかまえて，この 200 匹に印をつけて放します。

このとき，草原全体のバッタの数＝X匹　とすれば，

「草原全体のバッタの数：印をつけたバッタの数＝X：200……①」となります。

次に，放したバッタが草原中に散らばったところを見はからって，再び 300 匹つかまえます。この中に前回印をつけたバッタが 30 匹混《ま》ざっていたとすると，

「再びつかまえたバッタの数：前回印をつけたバッタの数＝ 300：30……②」となります。

①と②は等しいはずなので，X＝(　　　)となり，草原にバッタは(　　　)匹いると考えられます。

⑴ (　　)にあてはまる数値《すうち》を答えなさい。　(　　　)

⑵ バッタと同じなかまの動物を，次から選び，記号で答えなさい。　(　　)

ア　ムカデ　　イ　ゴキブリ　　ウ　サソリ　　エ　エビ

2 こん虫《ちゅう》について，次の問いに答えなさい。

【高田中】

あるこん虫について，各成長時期になったときの最初の数と各成長時期のあいだに死亡《しぼう》する数を調査《ちょうさ》した結果，下の表のようになりました。また，成虫まで育ったもののうち 4 割《わり》が生き残り，子孫を残すことができました。

⑴ 右の表の(　①　)・(　②　)に適《てき》する数値を，それぞれ答えなさい。

①(　　　)　②(　　　)

★⑵ このこん虫の数を減らさないようにするためには，生き残った成虫は 1 匹《ぴき》あたり何個《こ》以上の卵《たまご》をうまなければならないか答えなさい。ただし，おすとめすの比率《ひりつ》は 1：1 で，交尾《こうび》したものは，すべて同数の卵をうむものとします。また，代を重ねても各成長時期での死亡する割合《わりあい》は変化しないものとします。

(　　　　)

成長時期	各成長時期の最初の数	各成長時期に死亡する数
卵	11038	6183
1 令《れい》幼虫	4855	728
2 令幼虫	4127	586
3 令幼虫	3541	(　①　)
4 令幼虫	2818	484
5 令幼虫	2334	489
6 令幼虫	1845	1401
7 令幼虫	444	287
さなぎ	(　②　)	97
成　虫	60	

★ **3** **次の文章を読み，あとの問いに答えなさい。**　【江戸川学園取手中】

ミツバチは蜜《みつ》を見つけると巣箱の巣板の上でダンスを行い，なかまに蜜の方向と距離《きょり》を伝えます。蜜が近い場合には，からだを振《ふ》るわせながら左右に交互《こうご》に円形を描《えが》く「円形ダンス」を行います。蜜が遠い場合（50m～100m以上）は「尻《しり》を振りながら直進後，右回りして元の位置へ戻《もど》り，また尻を振りながら直進後，左回りして元の位置へ戻る。」という，いわゆる「8の字ダンス（尻振りダンス）」をくり返します。このとき，尻を振りながら直進する角度が太陽と蜜のなす角度を示《しめ》しており，真上が太陽を示します。つまり，例の図のように巣箱の巣板の上で右手水平方向に向かって8の字を描いた場合，「太陽を左90°に見ながら飛べ」という合図《あいず》になります。また，ダンスのときの尻を振る速さが蜜までの距離を表します。すなわち，尻振りの速さが速いときは蜜までの距離が近く，速さが遅《おそ》いときには距離が遠いのです。

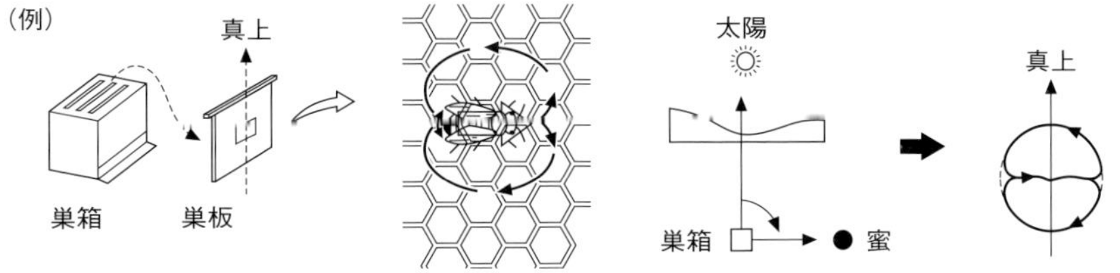

⑴ 太陽，蜜，巣箱の位置が①，②のとき，それぞれどのような8の字ダンスを描きますか。例にならって，解答欄《かいとうらん》にかきなさい。

①

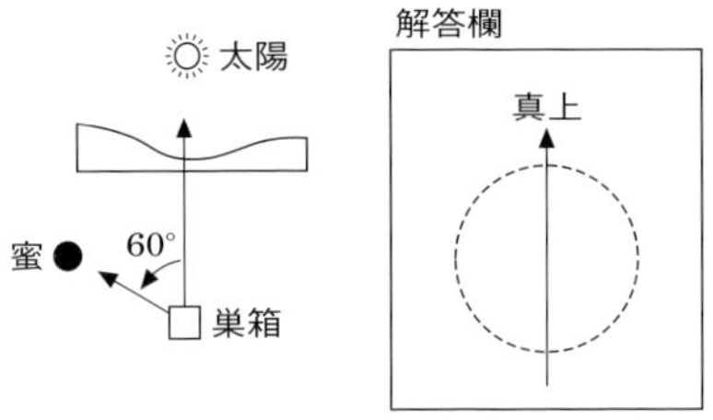

②

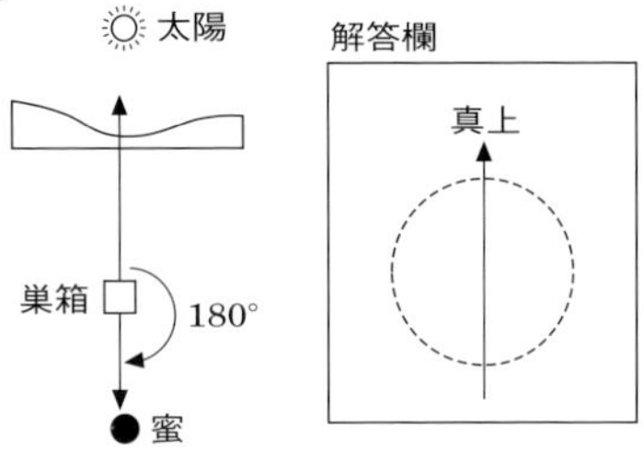

⑵ 右のグラフは8の字ダンスをしているときの尻振りの回数と巣箱から蜜までの距離を表したものです。尻振りの回数が10秒間に2回行われているとき，巣箱から蜜までの距離は約何kmですか。

（　　　　　）

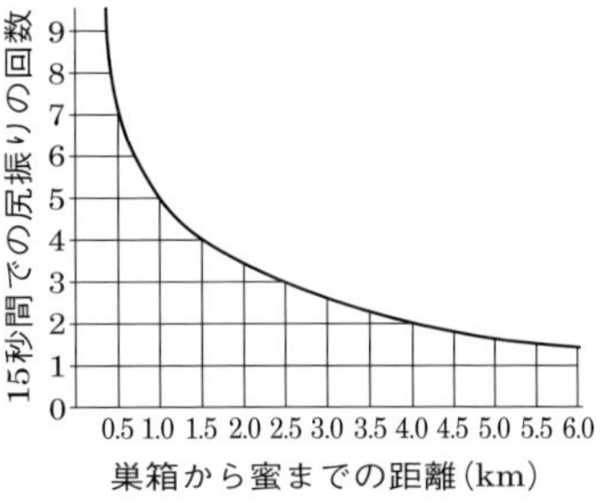

4 **メダカは,「めだかの学校」という童謡《どうよう》で歌われているように，昔から私《わたし》たちの身近な存在《そんざい》として親しまれています。そのメダカについて，次の問いに答えなさい。** 【浅野中】

(1) 私たちにとって身近な存在のメダカですが，現在《げんざい》，野生メダカ(野メダカ)は，各地で減少《げんしょう》し，絶滅《ぜつめつ》の危険《きけん》が増大《ぞうだい》している種(絶滅危惧《きぐ》種)に指定されています。この野生メダカの名前として正しいものを，次から選び，記号で答えなさい。　(　　)

ア　アカメダカ　　**イ**　アオメダカ

ウ　クロメダカ　　**エ**　キメダカ

(2) 野生メダカの絶滅を防《ふせ》ぐ取り組みとして正しいものを，次から2つ選び，記号で答えなさい。　(　　)(　　)

ア　水田や用水路，小川などを残していく。

イ　メダカが生活している場所への，生活排水《はいすい》の流入を少なくしていく。

ウ　石や岩についているコケをとり除《のぞ》く。

エ　用水路などをコンクリート化していく。

オ　ブラックバスやブルーギルなどを放流していく。

カ　メダカをたくさんふやして放流していく。

★(3) おすとめす1匹《ぴき》ずつのメダカを飼育《しいく》して，数をふやすことを考えました。以下の条件《じょうけん》で，メダカの総数《そうすう》が1000匹を超《こ》えるのは何世代目からになりますか。初めのおすとめすを1世代目として答えなさい。　(　　)

・1回の産卵数は30個《こ》とする。

・おすとめすを同じ数だけ産卵する。

・卵《たまご》の20%はふ化《か》しない。

・ふ化したおすとめすの数は同じで，ふ化したメダカはすべて子孫をつくる。

・メダカが死んでしまうのは，ふ化できなかった場合だけとする。

5 **次の文章を読み，あとの各問いに答えなさい。** 【学習院中等科】

私たちが食べる「たらこ」は卵がたくさんつまった卵巣《らんそう》とよばれる部分です。「たらこ」の皮に包《つつ》まれた小さな粒《つぶ》1つ1つが1個の卵です。どれだけ卵をうむのか，いろいろな資料《しりょう》を調べたところ，マンボウは2億個，サケは3000個の卵をうむことがわかりました。スケソウダラはわからなかったので自分で実際《じっさい》に調べてみようと思いました。1つの「たらこ」の中にある小さな粒だけをすべてとり出して，その重さをはかったら30gありました。次に，ていねいに作業して1000個とりわけて重さをはかったら300mgでした。

★⑴ この「たらこ」の中にあった卵の数はいくつですか。　（　　　　　　　　　）

⑵ 1匹のスケソウダラから1対の「たらこ」をとることができます。この場合，1匹のスケソウダラにはいくつの卵があったことになりますか。

（　　　　　　　　　）

⑶ 次のア～オの文のうち，正しいものを選び，記号で答えなさい。　（　　　）

ア　マンボウはたくさん卵をうむので，マンボウの数はだんだんふえてきている。

イ　サケの卵はマンボウやスケソウダラに比《くら》べて少ないので，サケの数はだんだん減ってきている。

ウ　なんでもほどほどが良いので，スケソウダラの数がマンボウやサケより多いといえる。

エ　マンボウは1個の卵からおとなに成長するのが，サケやスケソウダラより難《むずか》しいといえる。

オ　サケは1個の卵からおとなに成長するのが，マンボウやスケソウダラより難しいといえる。

6 **次の文を読み，あとの問いに答えなさい。**　【清風中】

大型《おおがた》の水槽《すいそう》を使い，水面から水深2.5mまでの水温を20℃，それより深い層《そう》を10℃に維持《いじ》して，夜と昼で，ある種類のミジンコが集まっている水深を調べる実験を行いました。水中に魚のにおいが「ある」場合と「ない」場合について調べたところ，右の図のようになりました。

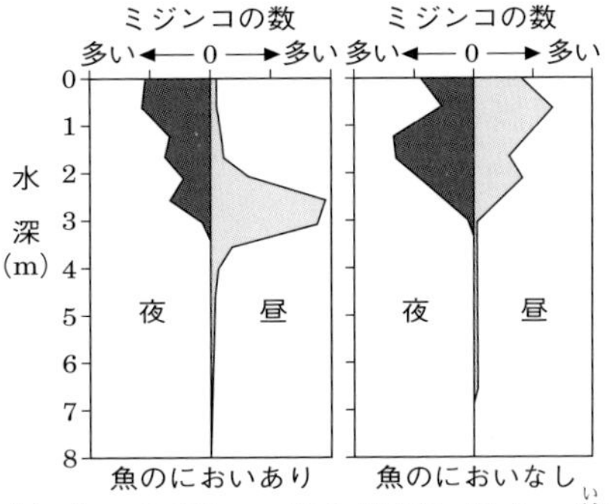

⑴ この実験から，昼に魚のにおいが「ある」とき，ミジンコがより深いほうへ移《い》動《どう》する理由は何と考えられますか。次から選び，記号で答えなさい。

（　　　）

ア　光を避《さ》けるため。　　　**イ**　暑さを避けるため。

ウ　魚を避けるため。

★⑵ この実験から，昼に魚はどこにいると考えられますか。次から選び，記号で答えなさい。　（　　　）

ア　水深2.5mより浅い所にいる。　　**イ**　水深2.5m付近の所にいる。

ウ　水深2.5mより深い所にいる。

7 **ツバメのように，ある時期になると海外から日本にやってきて，またある時期になると日本を飛び立っていく鳥を渡《わた》り鳥《どり》とよびます。渡り鳥について，次の問いに答えなさい。**

【親和中】

⑴ **図1**は，ある日の観察記録です。この観察記録にはある記録が不足しています。それは何ですか。

（　　　　　　）

図1

ツバメの観察
記録者　親和 花子
日付：4月1日(火)
天気：くもり
気温：15℃
観察場所：家の前

2羽のツバメが家の前を低く飛び回っていた。

⑵ カモは渡り鳥の一種です。**図2**はカモが日本で見られ始める時期を表しています。この図から，カモはどの方角からやってくると考えられますか。最も適《てき》していると思われる方角を次から選びなさい。（　　）

ア 東　　イ 西　　ウ 南　　エ 北

⑶ チドリは渡り鳥の一種です。チドリは春に日本にやってきて初夏には日本を飛び立ち，再《ふたた》び秋に日本にやってきて冬になるとまた日本を飛び立っていきます。チドリが夏と冬をすごしている場所は，日本からみてそれぞれどの方角ですか。最も適していると思われる方角を次から選びなさい。

図2

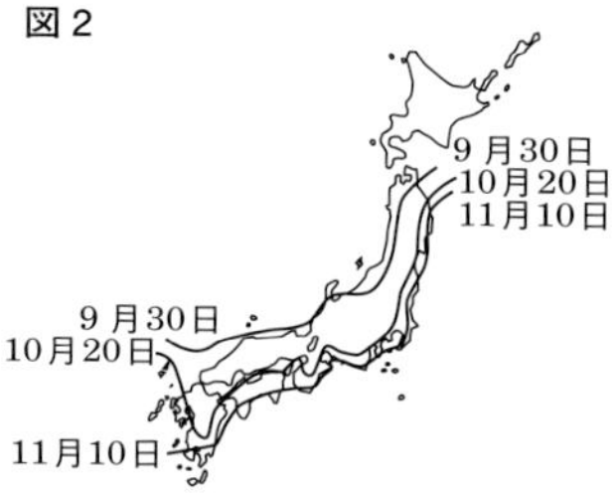

夏（　　　）冬（　　　）

ア 東　　イ 西　　ウ 南　　エ 北

⑷ **図3**は，ある渡り鳥が日本を飛び立ってからの飛行距離《きょり》と日数の関係を示《しめ》したグラフです。このグラフからわかることを次から選びなさい。（　　）

図3

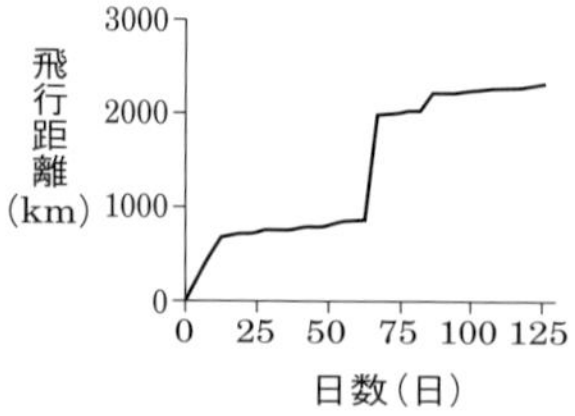

ア　飛行中の速さはつねに一定である。

イ　休息《きゅうそく》をしている時間は飛行している時間とほぼ等しい。

ウ　日本を飛び立ってからの飛行距離と日数は比例《ひれい》する。

エ　飛行している時間は休息している時間に比《くら》べてとても短い。

オ　1日ごとに飛行と休息をくり返している。

⑸ 渡り鳥は季節によってすむ場所を変えています。季節の変化は動物や植物の様子から知ることができますが，動物や植物以外の自然の様子で，鳥たちが季節を知ることができることがらを4つ答えなさい。

（　　　　　　）（　　　　　　）（　　　　　　）（　　　　　　）

8 **次の文を読み，あとの各問いに答えなさい。**　【清風南海中】

次の表は，いろいろな種類の動物のからだのつくりや生活のしかたなどで **1**～**6** のグループに分けたものである。また，下の図のグラフは，2 種類の動物の体温と気温との関係を示したものである。

1	2	3	4	5	6
イルカ	ウニ	ウミガメ	ペンギン	サンショウウオ	ブリ
シャチ	ナマコ	イグアナ	ダチョウ	カエル	タラ
アザラシ	ヒトデ	ヤモリ	フラミンゴ	イモリ	イワシ

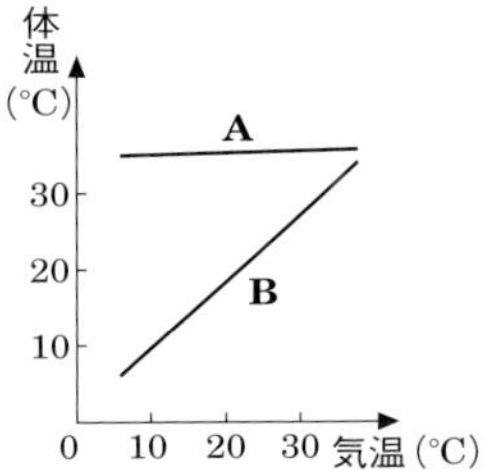

(1) 背骨《せぼね》をもっていないグループを表より選び，番号で答えなさい。　(　　)

(2) 一生，肺《はい》で呼吸《こきゅう》するグループを表よりすべて選び，番号で答えなさい。　(　　　　)

(3) 子が母体内で，へその緒《お》を通して栄養分《えいようぶん》や酸素《さんそ》をもらい，ある程度《ていど》育ってからうまれるグループはどれか，表より選び，番号で答えなさい。また，このような子のうまれ方を何というか答えなさい。　グループ(　　)　子のうまれ方(　　　　)

(4) 図のグラフ **A** と同じような体温となり，卵《たまご》をうみなかまをふやすグループを表より選び，番号で答えなさい。　(　　)

(5) 図のグラフ **B** と同じような体温となり，海水中で卵をうみなかまをふやすグループを表よりすべて選び，番号で答えなさい。　(　　　　)

(6) グループ **6** のなかまは卵から成育初期に多くが死亡《しぼう》し，成体になるまでの死亡率が非常に高くなります。いま，グループ **6** のなかまで，おす親，めす親それぞれ 1000 匹《ひき》ずつの集団《しゅうだん》があります。めす親は 1 匹あたり，一生の間に，100 個の卵をうみ，うまれる子のおす，めすの割合《わりあい》は同じものとします。また，成体になるまでの死亡率は，おす，めす同じものとします。

① グループ **6** の仲間は，卵から生育初期に，多くが死亡するのはなぜですか。15 字以内で答えなさい。

(　　　　　　　　　　　　)

★ ② 成体になるまでの死亡率が 99%の場合，子の世代の成体の数は親の世代の数の何倍になるか求めなさい。　(　　　　)

★ ③ 死亡率が 99%の場合，この集団の最初の数(おす親とめす親それぞれ 1000 匹ずつ)を何代にわたっても維持《いじ》するためには，めすは一生の間に何個の卵をうむ必要があるか答えなさい。　(　　　　)

人の器官のつながり

呼吸器官《こきゅうきかん》

肺《はい》による呼吸

肺から血液中へ酸素《さんそ》がとり入れられ，血液中から肺へ二酸化炭素《にさんかたんそ》が排出《はいしゅつ》される。

循環器官《じゅんかんきかん》

血液《けつえき》の循環

心臓《しんぞう》のはたらきで，血液が体内を循環し，さまざまな物質《ぶっしつ》を運ぶ。

消化器官《しょうかきかん》

消化と吸収《きゅうしゅう》

食物は消化液《しょうかえき》によって消化され，消化された栄養分《えいようぶん》や水分の多くは小腸《しょうちょう》で吸収される。
小腸で吸収できなかった水分は，大腸《だいちょう》で吸収される。

排出器官《はいしゅつきかん》

腎臓《じんぞう》による排出

腎臓によって血液中の不要物(尿素《にょうそ》など)がこしとられ，尿《にょう》として体外へ排出される。

消化管からの排出

小腸・大腸で吸収できなかったものは，便《べん》として体外へ排出される。

細胞《さいぼう》の呼吸《こきゅう》

細胞による呼吸

全身の細胞は，血液中から酸素と栄養分を受けとり，生きるためのエネルギーをつくる。
このとき生じた二酸化炭素とアンモニアなどの不要物は，血液中へ出される。

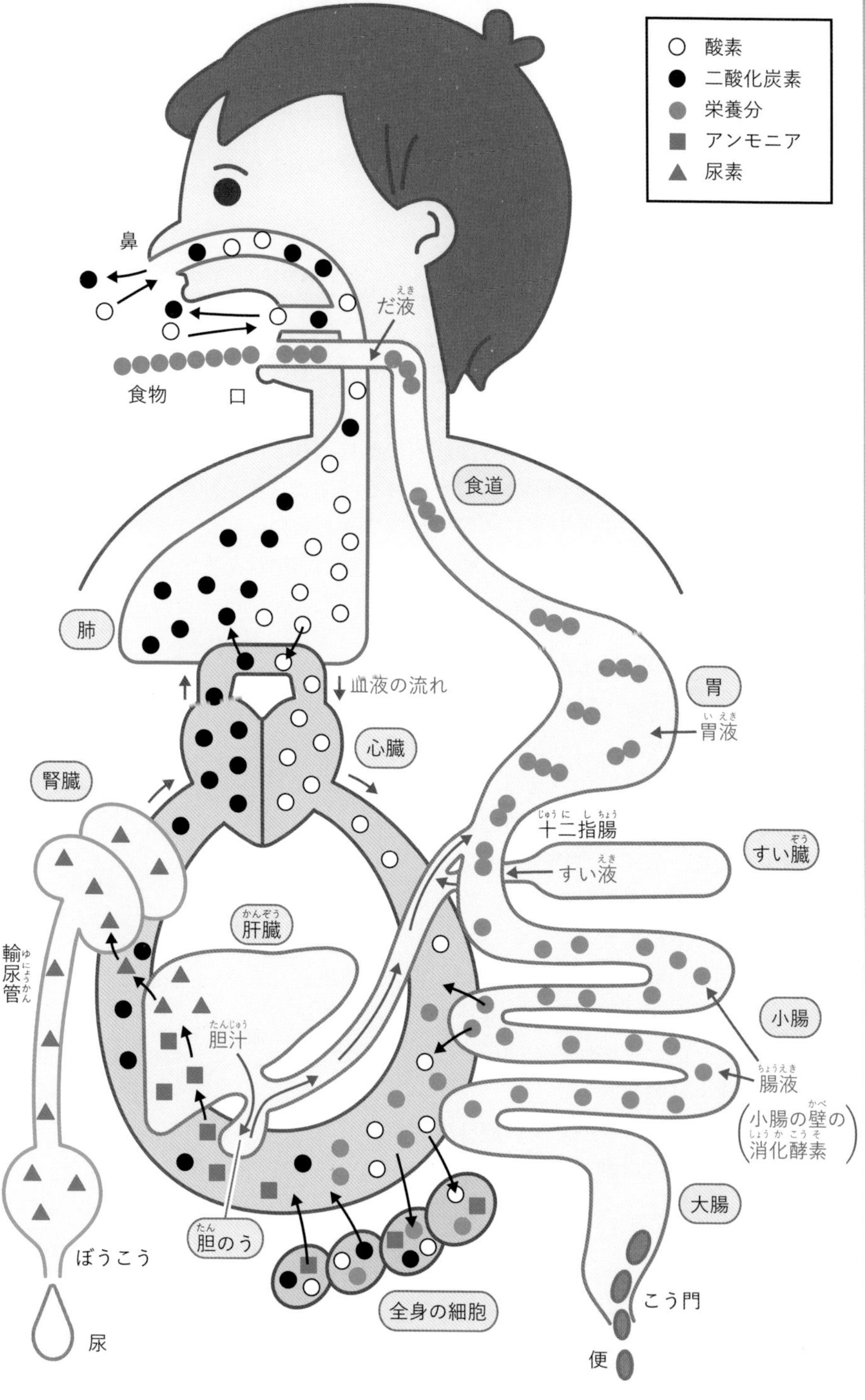
酸素
二酸化炭素
栄養分
アンモニア
尿素
鼻
食物
口
だ液《えき》
食道
肺
血液の流れ
胃
胃液《いえき》
心臓
腎臓
十二指腸《じゅうにしちょう》
すい臓《ぞう》
すい液《えき》
肝臓《かんぞう》
輸尿管《ゆにょうかん》
胆汁《たんじゅう》
小腸
腸液《ちょうえき》
（小腸の壁《かべ》の消化酵素《しょうかこうそ》）
大腸
胆《たん》のう
ぼうこう
全身の細胞
こう門
尿
便

第3章 人のからだ

1 食物の消化《しょうか》と吸収《きゅうしゅう》

1 消化器官《しょうかきかん》のつくりとはたらき

☞ 食物は体内でどんなはたらきを受けるか。

消化と吸収

食物の中の栄養分《えいようぶん》を，小腸《しょうちょう》で吸収できるものに変化させるはたらきを**消化**という。

消化された栄養分を，小腸から血液《けつえき》内にとり入れるはたらきを**吸収**という。

- **消化管《しょうかかん》**…食物が通る管(下図)。口からこう門《もん》までひとつづきになっている。
- **消化液《しょうかえき》**…食物中の栄養分を，小腸で吸収できるものに変化させる液。消化液を出すところを**消化《しょうか》せん**という。また，**消化管**と**消化せん**をまとめて，**消化器官**という。

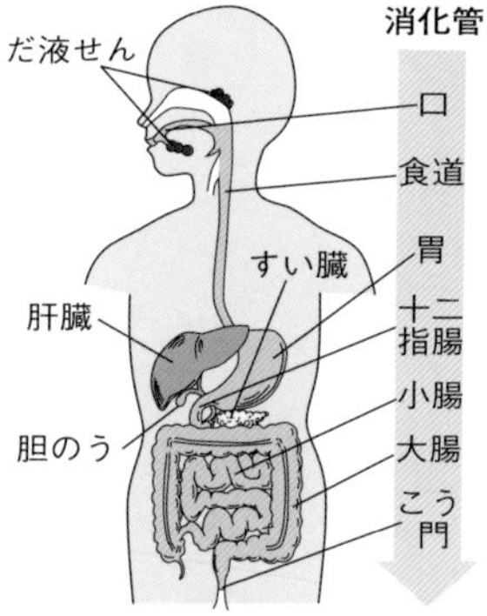

▲人の消化器官

消化器官の各部のはたらき

- **口**…食物を歯でかみ砕《くだ》く。**だ液《えき》せん**から出されただ液《えき》と食物を舌《した》で混《ま》ぜ合わせる。**だ液**は，でんぷんを麦芽糖《ばくがとう》に変化させる。
- **食道《しょくどう》**…口と胃をつなぐ筋肉質《きんにくしつ》の管。
- **胃《い》**…筋肉質の袋《ふくろ》で，食物をもんで軟《やわ》らかくする。内壁《ないへき》の**胃《い》せん**から**胃液《いえき》**が出る。胃液はたんぱく質《しつ》をペプチドに変える。
- **すい臓《ぞう》**…すい臓は胃の下側にあり，**すい液《えき》**を出す。すい液は，でんぷんを麦芽糖に，たんぱく質をアミノ酸《さん》に，脂肪《しぼう》を脂肪酸《しぼうさん》とモノグリセリドに変化させる。
- **肝臓《かんぞう》**…**胆汁《たんじゅう》(胆液《たんえき》)**をつくる。胆汁は，脂肪を消化しやすいように細かい粒《つぶ》にする。

注意 肝臓のはたらきは，ほかにもある(→p.123)。

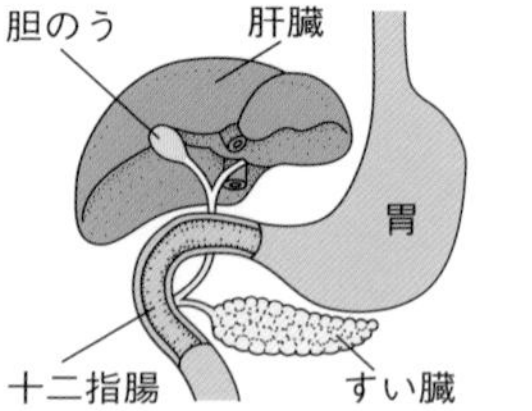

▲肝臓・すい臓と消化管のつながり

入試ポイント
- 消化管…**口→食道→胃→十二指腸→小腸→大腸→こう門**
- 消化せん…**だ液せん・胃せん・すい臓・肝臓**

● **胆《たん》のう**…肝臓でつくられた**胆汁**をたくわえておく。

● **十二指腸《じゅうにしちょう》**…胃のすぐ後ろで，小腸の最初の25cmくらいの部分をとくに十二指腸という。ここに，すい臓からのすい液と肝臓からの胆汁が流れこむ。

● **小腸**…長さ6～7mの筋肉質の管。内部はひだが多く，そのひだの表面に**柔毛《じゅうもう》(柔《じゅう》突起《とっき》)**という細かい突起が密生《みっせい》している。柔毛の中には，毛細血管《もうさいけっかん》とリンパ管《かん》が通っていて，消化された栄養分や水分を吸収する。柔毛の表面には消化液のように，糖やたんぱく質を消化するはたらきもある。

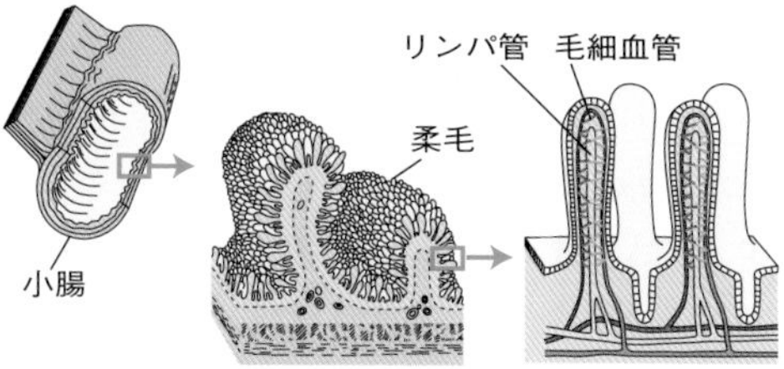

▲小腸のつくり

注意　柔毛は，根の根毛と同じように，小腸の内壁の表面積を大きくし，栄養分を吸収しやすくする効《こう》果《か》がある。

● **大腸《だいちょう》**…約2mの筋肉質の管。どろどろになった食物から水分を吸収し，固形物をこう門からふん(便《べん》)として出す。

哺乳類《ほにゅうるい》の消化器官

肉より草のほうが消化されにくいため，肉食動物より草食動物のほうが腸が長い。また，ウシ・ヒツジ・シカなどには胃が数個《すうこ》あり，いったん飲みこんだ食物をふたたび口に戻《もど》し，さらにかんで飲みこむ。このような動作を**反《はん》すう**という。

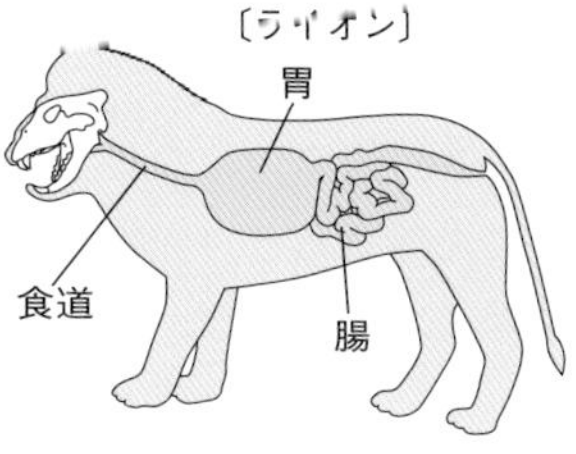

▲肉食動物の消化器官

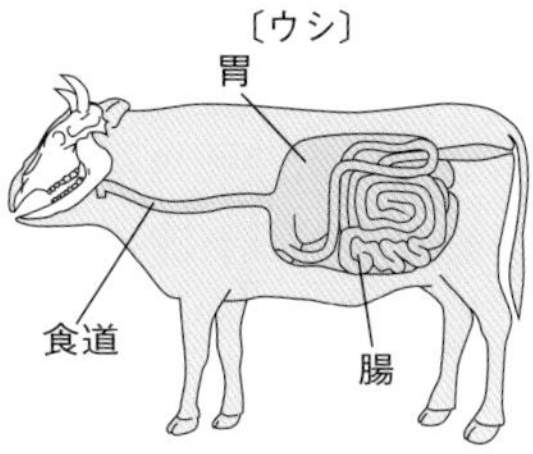

▲草食動物の消化器官

魚類《ぎょるい》の消化器官

食べ物は口から食道を通って腸に入り，そこで消化されて吸収される。胃と腸の区別ははっきりしない。

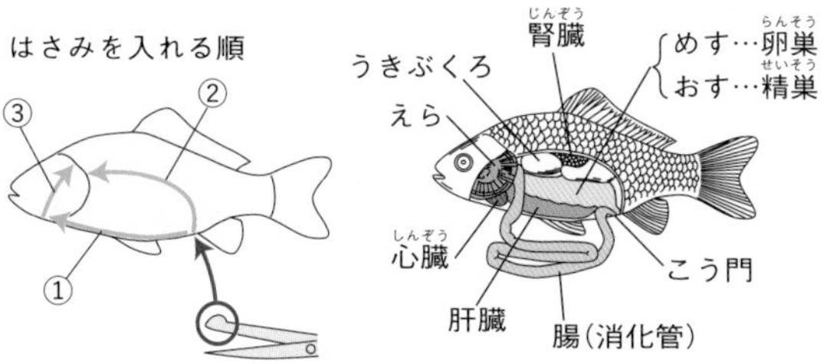

▲フナの解剖《かいぼう》

入試ポイント
- 消化液…**だ液・胃液・胆汁・すい液・腸液**
- **柔毛**…消化された栄養分を吸収する。**表面積を大きくする。**

小腸《しょうちょう》の膜《まく》のはたらき

実験 小腸の膜のはたらきを調べる。

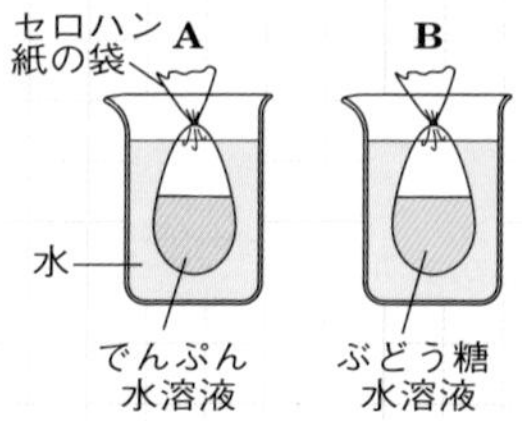

セロハン紙は**小腸の膜**に似《に》た性質《せいしつ》をもっている。右の図のように，セロハン紙の袋《ふくろ》を２つ用意し，それぞれに，でんぷん水溶液《すいようえき》とぶどう糖《とう》水溶液を入れ，水の入ったビーカーにつけて装置《そうち》**A**・**B**とする。**A**・**B**の水温を40℃に保《たも》って30分置いたあと，**A**・**B**の袋の中の液《えき》(以後内液《ないえき》とよぶ)と，ビーカーの水(以後外液《がいえき》とよぶ)をそれぞれとって，

①**ヨウ素液《そえき》**を加えたときの変化を調べる。

②**ベネジクト液《えき》**(または**フェーリング液《えき》**)を加えて加熱したときの変化を調べる。

注意 でんぷんは水にはとけないが，湯にはとけるので，でんぷん水溶液をつくるときは，熱い湯にでんぷんを加えてかき混《ま》ぜる。

結果

試薬＼実験	A		B	
	内 液	**外 液**	**内 液**	**外 液**
ヨウ素液	**青紫色《あおむらさきいろ》**	変化なし	変化なし	変化なし
ベネジクト液	変化なし	変化なし	**赤褐色《せきかっしょく》**	**赤褐色**

●**ヨウ素液**…でんぷんがあると，青紫色になる。

●**ベネジクト液**…糖に加えて加熱すると，赤褐色の沈殿《ちんでん》ができる。

要点 ①**A**の外液がヨウ素液に反応《はんのう》しないことから，**A**の外液には，でんぷんがない。したがって，でんぷんはセロハン紙を通りぬけることはできない。

②**B**の内液も外液もベネジクト液に反応することから，**B**の内液にも外液にも，ぶどう糖がある。したがって，ぶどう糖はセロハン紙を通りぬけることができる。

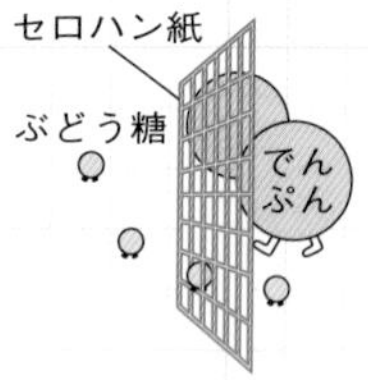

③セロハン紙は，目の細かい網《あみ》のようなもので，ぶどう糖の粒《つぶ》は小さいので，セロハン紙の網の目を通りぬけることができるが，でんぷんの粒は大きいので，セロハン紙の網の目を通りぬけることができない。

入試ポイント
- **でんぷん**…セロハン紙を通れない。● **ぶどう糖**…セロハン紙を通れる。
- **ベネジクト液**…糖に加えて熱すると，**赤褐色の沈殿**ができる。

CT や MRI の画像《がぞう》

- **CT**（コンピュータ断層撮影《だんそうさつえい》）…**X線**という**放射線《ほうしゃせん》**を利用して人のからだの輪切りの画像を，コンピュータを使ってつくりだす装置《そうち》のこと。
- **MRI**…強い**磁石《じしゃく》**と**電波《でんぱ》**を使って人のからだの輪切りの画像や，さまざまな立体画像をつくりだす装置のこと。

ポイント1 上半身では背骨《せぼね》があるので，背骨の位置を目安に**背中《せなか》側**と**腹《はら》側**を確認《かくにん》する。

ポイント2 **右**に寄《よ》っている肝臓《かんぞう》，**左**に寄っているすい臓《ぞう》などのように，左右のどちらかに寄っている器官を目安に**左右**を確認する。

ポイント3 下の図のように，**頭側**から写した輪切りの画像と**足側**から写した輪切りの画像は，左右が反転して写っているので注意が必要である（背骨，肝臓，すい臓などの位置によって，どちら側から写した画像か確認する）。

▶ **CT（MRI）の断層撮影図**

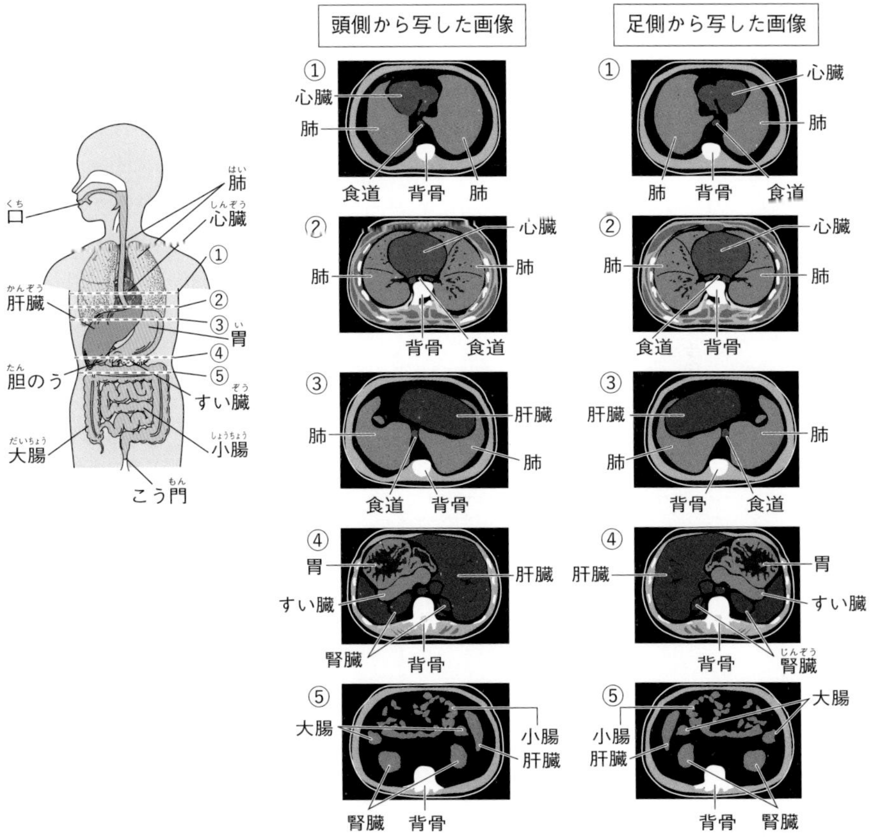

▲人体を輪切りにした画像

入試ポイント
- **背骨**の位置で，**腹側**と**背中側**を確認する。
- **肝臓**や**すい臓**の位置で**左側**と**右側**を確認する。

2 消化液《しょうかえき》のはたらき

☞ 食物中の栄養分《えいようぶん》はどんな物質《ぶっしつ》になって吸収《きゅうしゅう》されるか。

消化酵素《しょうかこうそ》

食物の中には，**でんぷん・たんぱく質《しつ》・脂肪《しぼう》**などの栄養分がふくまれているが，これらの栄養分は，そのままの形では，粒《つぶ》が大きすぎて，小腸《しょうちょう》の柔毛《じゅうもう》から吸収されない。そこで，これらの栄養分を，粒の小さいものに分解して，小腸から吸収されやすくするのが，**消化液《しょうかえき》**の中にふくまれている**消化酵素**の役割である。

栄養分の変化

- **でんぷん**…だ液《えき》やすい液《えき》の中の**アミラーゼ**という消化酵素により，**麦芽糖《ばくがとう》**に変えられ，さらに，小腸の壁《かべ》にある**マルターゼ**により，**ぶどう糖《とう》**に変わって，柔毛内の**毛細血管《もうさいけっかん》に吸収**される。
- **たんぱく質**…胃液《いえき》の中の**ペプシン**という消化酵素により，**ペプチド**というものに変えられ，さらに，すい液や腸内の消化酵素により，**アミノ酸《さん》**に変わって，柔毛内の毛細血管に吸収される。
- **脂肪**…すい液中の**リパーゼ**という消化酵素により，**脂肪酸《しぼうさん》**と**モノグリセリド**に分解され，柔毛に入るとすぐに脂肪にもどってリンパ管《かん》に吸収される。

注意 胆汁《たんじゅう》には消化酵素がないが，脂肪を細かい粒にして，水と混《ま》ざりやすくするはたらきをする。

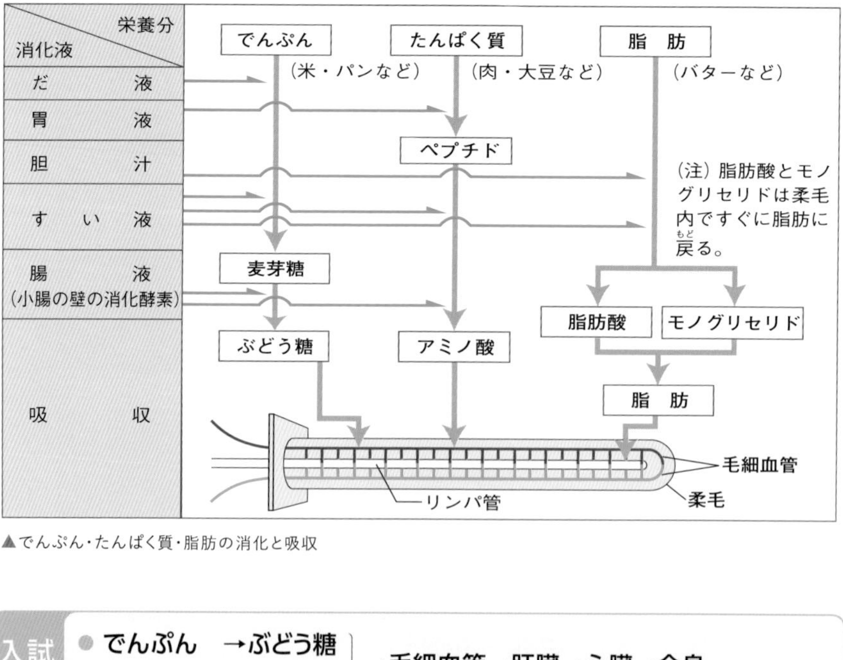

▲でんぷん・たんぱく質・脂肪の消化と吸収

入試ポイント

- **でんぷん →ぶどう糖**
- **たんぱく質→アミノ酸**

} **→毛細血管→肝臓→心臓→全身**

▶**消化酵素の特徴《とくちょう》**…消化酵素にはいろいろな種類があるが，それぞれがはたらく栄養分はきまっていて，ほかの栄養分にははたらかない。また，体温に近い温度(37℃くらい)で，最もよくはたらき，高温にすると，壊《こわ》れてしまう。低温にすると，はたらきはにぶるが，温度を上げると，よくはたらくようになる。

3 吸収された栄養分のゆくえ

☞ 柔毛から吸収された栄養分はどこへ行くか。

●**ぶどう糖**…小腸の**柔毛**から**毛細血管**に入り，**門脈《もんみゃく》**という血管を通って**肝臓《かんぞう》**に送られる。ここで，一部は**グリコーゲン**という物質になって肝臓にたくわえられ，残りは血液《けつえき》により，全身の細胞《さいぼう》に運ばれる。ぶどう糖は細胞の呼吸《こきゅう》(→p.131)に使われ，エネルギーや体温のもとになる。

▶**グリコーゲン**…でんぷんに似《に》た物質で，またぶどう糖に戻りやすい。

●**アミノ酸《さん》**…ぶどう糖と同じように，小腸の**柔毛**から**毛細血管**に入り，**門脈**を通って，**肝臓**へ送られる。ここで，一部はふたたび**たんぱく質**につくり変えられて肝臓にたくわえられ，残りは血液により，全身の細胞に運ばれて，からだをつくる材料になる。

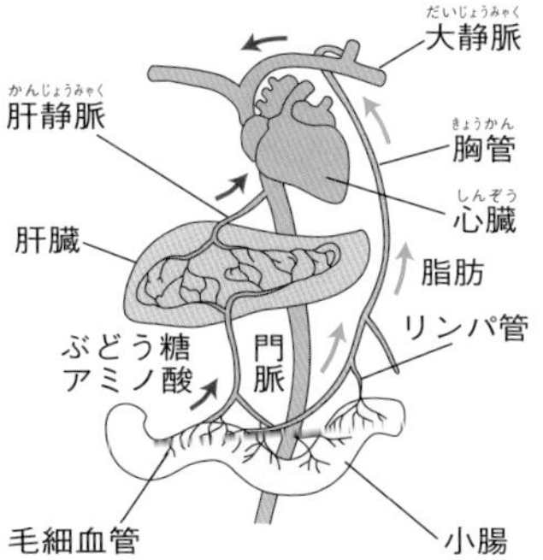

▲栄養分のゆくえ

●**脂肪酸とモノグリセリド**…小腸の**柔毛**に入ると，すぐにまた結びついて脂肪にもどる。そして，**リンパ管**に入り，そのままリンパ管を通って，心臓の近くで大静脈(左《ひだり》鎖《さ》骨《こつ》下《か》静脈《じょうみゃく》)に入る。このあとは，血液によって全身の細胞に運ばれ，呼吸に使われて，エネルギーや体温のもとになる。余《あま》った脂肪は**皮下脂肪《ひかしぼう》**として，皮膚《ひふ》の下にたくわえられる。

4 肝臓のはたらき

☞ 肝臓は消化器官以外にどんなはたらきをするか。

肝臓はぶどう糖を**グリコーゲン**としてたくわえる。血液中のぶどう糖の量が少なくなると，グリコーゲンを糖に変えて血液中に出し，血液中のぶどう糖の量を一定に保《たも》つ。

また，**胆汁**をつくり，栄養分の消化を助ける。

さらに，血液中の有毒物質《ゆうどくぶっしつ》を分解したり(**解毒作用《げどくさよう》**という)，たんぱく質の分解によってできる有害なアンモニアを毒性のない**尿素《にょうそ》**に変えたりする。

入試ポイント

● **脂肪→脂肪酸・モノグリセリド→脂肪→リンパ管**→心臓→全身
● **肝臓**のはたらき…**ぶどう糖**の貯蔵《ちょぞう》・**胆汁**を出す・**解毒作用**・**尿素**生成

5 だ液のはたらき

実験 だ液のはたらきを調べる。

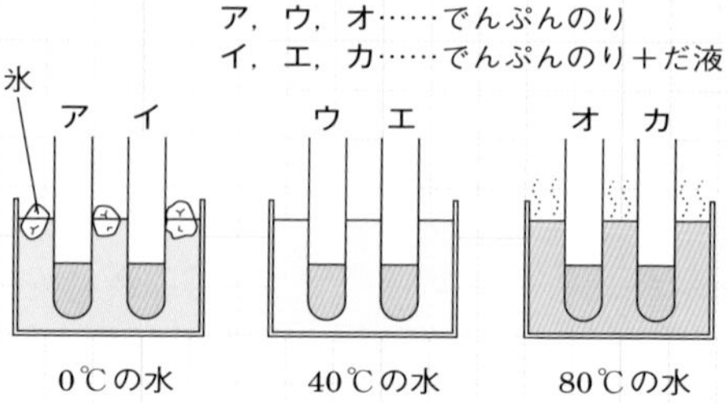

1. 右図のように，でんぷんのりだけを入れた試験管《しけんかん》を3本（ア・ウ・オ），でんぷんのりにだ液を加えた試験管を3本（イ・エ・カ）つくり，それぞれを0°C，40°C，80°Cの水につけて30分おく。その後，少量ずつとり出し，

①**ヨウ素液《そえき》**を加えたときの変化を調べる。

②**ベネジクト液**を加えて加熱したときの変化を調べる。

2. 実験1のア・イ・オ・カの残った液を，40°Cの水に30分つけておき，実験1の①と②の変化を調べる。

結果 1

	ア	イ	ウ	エ	オ	カ
ヨウ素液	○	○	○	×	○	○
ベネジクト液	×	×	×	◎	×	×

2

	ア	イ	オ	カ
ヨウ素液	○	×	○	○
ベネジクト液	×	◎	×	×

○…青紫《あおむらさき》色になった。
◎…赤褐色《せきかっしょく》の沈殿《ちんでん》ができた。
×…変化なし

要点 ①ベネジクト液は，糖《とう》があると反応する。実験1で糖ができた（ベネジクト液に反応《はんのう》した）のは**エ**だけであるから，だ液がよくはたらくのは40°C（体温に近い温度）のときであり，低温（0°C）や高温（80°C）では，だ液ははたらかない。

②実験**2**では，**イ**だけに糖ができた。つまり，**イ**のだ液は低温でははたらかなかったが，40°Cにするとはたらいたことがわかる。ところが，**カ**のだ液は40°Cにしてもはたらかないから，実験1で80°Cにしたときに消化《しょうか》酵素《こうそ》がこわれてしまったと考えられる。

③**ア・ウ・オ**は，何をしても糖ができない。このことから，でんぷんが糖になるためには，だ液がなければならないことがわかる。

入試ポイント

● **だ液**のはたらき
- **体温**に近い温度で最も**よくはたらく。**
- **高温**にすると，はたらきが**失われる。**

☑ まとめチェック　知識を整理・確認しよう！

① 消化器官《しょうかきかん》のつくりとはたらき

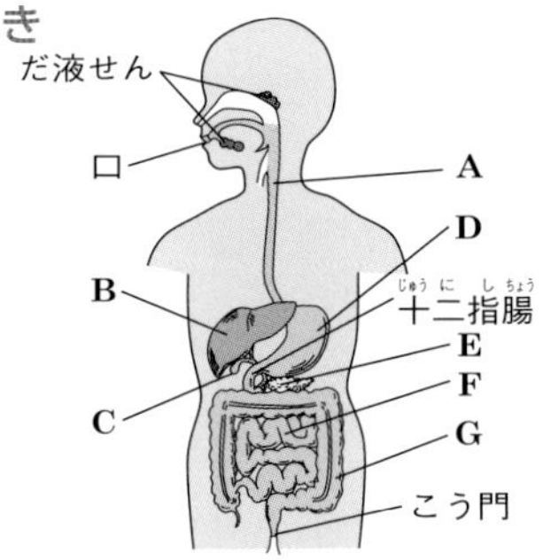

□ ① Aを何というか。
□ ② Bを何というか。
□ ③ Cを何というか。
□ ④ Dを何というか。
□ ⑤ Eを何というか。
□ ⑥ Fを何というか。
□ ⑦ Gを何というか。
□ ⑧ 口からこう門《もん》までの食物が通る管を何というか。
□ ⑨ ⑧にあたる器官《きかん》を，食物が通る順にA～Gからすべて選べ。
□ ⑩ 消化《しょうか》された栄養分《えいようぶん》は，おもに何という器官で吸収《きゅうしゅう》されるか。
□ ⑪ 小腸の内表面にたくさん見られる細かい突起《とっき》を何というか。

② 消化液《しょうかえき》のはたらき

□ ① だ液《えき》は何という栄養分を消化するか。
□ ② 胃液《いえき》は何という栄養分を消化するか。
□ ③ 胆汁《たんじゅう》はどこでつくられるか。
□ ④ 消化液の中の，栄養分を分解《ぶんかい》する物質《ぶっしつ》を何というか。
□ ⑤ だ液の中にふくまれる④の物質を何というか。
□ ⑥ でんぷんは何という物質になってから吸収されるか。
□ ⑦ たんぱく質は何という物質になってから吸収されるか。

③ 吸収された栄養分のゆくえ

□ ① 小腸で吸収されたぶどう糖やアミノ酸はどこでたくわえられるか。
□ ② ぶどう糖やアミノ酸を小腸から①へ送る血管《けっかん》を何というか。

④ 肝臓のはたらき

□ ① 血液中のアンモニアを無害な物質に変えるのはどこか。
□ ② ①の無害な物質とは何か。

⑤ だ液のはたらき

□ ① でんぷんに加えると青紫《あおむらさき》色になる指示薬《しじやく》は何か。
□ ② 糖に加えて加熱すると赤褐色《せきかっしょく》の沈殿《ちんでん》を生じる指示薬は何か。

答え

①
① 食道《しょくどう》
② 肝臓《かんぞう》
③ 胆《たん》のう
④ 胃《い》
⑤ すい臓《ぞう》
⑥ 小腸《しょうちょう》
⑦ 大腸《だいちょう》
⑧ 消化管《しょうかかん》
⑨ A・D・F・G
⑩ 小腸
⑪ 柔毛《じゅうもう》

②
① でんぷん
② たんぱく質《しつ》
③ 肝臓
④ 消化酵素《しょうかこうそ》
⑤ アミラーゼ
⑥ ぶどう糖《とう》
⑦ アミノ酸《さん》

③
① 肝臓
② 門脈《もんみゃく》

④
① 肝臓
② 尿素《にょうそ》

⑤
① ヨウ素液《そえき》
② ベネジクト液《えき》
[フェーリング液《えき》]

力だめしの問題 入試標準レベル

解答➡別冊p.16

❶ 右の図は，人の消化器官《しょうかきかん》などを表したものです。これについて，次の各問いに答えなさい。

【熊本マリスト学園中】

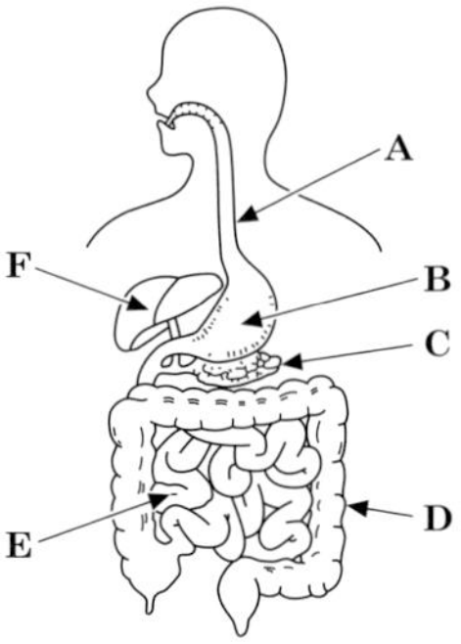

⑴ 図の**A**～**F**のうち，食物が通る器官《きかん》を選び，口から入った食物が通る順番を例のように記号で記しなさい。　（例　**A→B→C→D**）

（　　　　　　　　　　　　）

⑵ 口の中ではたらく消化液《しょうかえき》を何といいますか。

（　　　　　）

⑶ ⑵の消化液は，食物中にふくまれる何を水にとけやすい形に消化しますか。

（　　　　　）

⑷ 脂肪《しぼう》の消化を助けるはたらきをもつ胆液《たんえき》(胆汁《たんじゅう》)がつくられる器官の名前と記号を答えなさい。　名前（　　　　　）　記号（　　）

⑸ 卵白《らんぱく》などに多くふくまれるたんぱく質《しつ》を，最初に消化する器官の名前と記号を答えなさい。　名前（　　　　　）　記号（　　）

⑹ たんぱく質・脂肪・炭水化物《たんすいかぶつ》を消化する消化液を出し，十二指腸《じゅうにしちょう》とつながっている器官の名前と記号を答えなさい。

名前（　　　　　）　記号（　　）

⑺ 食物の消化と栄養分《えいようぶん》の吸収をともに行う器官の名前と記号を答えなさい。

名前（　　　　　）　記号（　　）

⑻ おもに水の吸収《きゅうしゅう》を行う器官の名前と記号を答えなさい。

名前（　　　　　）　記号（　　）

❷ 右の図は，フナを解剖《かいぼう》したときのスケッチです。フナにはあって，人にはない器官をア～オから記号で1つ選び，その器官の名前を答えなさい。　【駒場東邦中】

記号（　　　）　名前（　　　　　　　　）

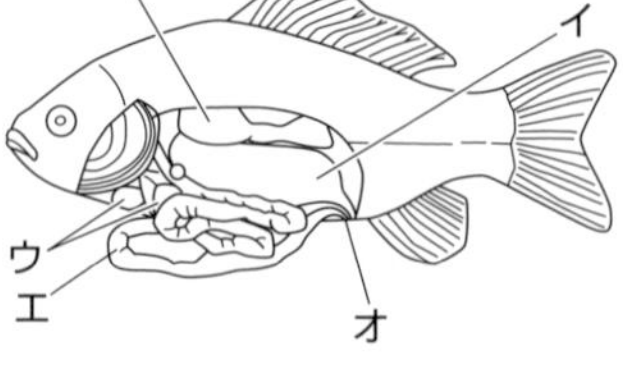

❸ まさひこさんは，ごはんを長い間かんでいると甘《あま》くなることに気づきました。ごはんにふくまれているでんぷんが，だ液《えき》のはたらきで違《ちが》うものに変化し，でんぷんではなくなるのだと考えたので，次のような実験を行いました。

これについて，あとの問いに答えなさい。 【大阪教育大附天王寺中】

〈実験〉

① でんぷんをビーカーに入っている熱い湯の中でとかし，十分に冷めるまでしばらく放置した。

② ①の少量を試験管**A**にとり，ある薬品を使って調べたところ，でんぷんがふくまれていることがわかった。

③ ①の少量を試験管**B**にとり，だ液を加えてよく混《ま》ぜた。その後試験管**B**を，体温とほぼ同じ温度の湯の中に数分間つけておいた。

④ 試験管**B**を湯の中からとり出し，ある薬品を使って調べたところ，結果から，でんぷんがふくまれていないことがわかった。

(1) **〈実験〉**の④で使ったある薬品とは何ですか。また，このときの結果はどうなりますか。

薬品（　　　　　　）　結果（　　　　　　　　　　　　　　）

(2) まさひこさんは，この実験から「だ液のはたらきによってでんぷんが別のものに変化し，でんぷんではなくなりました。」と発表しました。この発表に対して友だちの一人は，「この実験の結果だけでは，だ液のはたらきによってでんぷんがなくなった，とは言い切れないと思います。なぜなら，□ということも考えられるからです。」という意見を言いました。□に入る友だちの意見を書きなさい。（　　　　　　　　　　　　　　）

(3) だ液のはたらきによってでんぷんが別のものになったと証明《しょうめい》するためには，**〈実験〉**に述《の》べられた方法に加えてどのような実験を行い，どのような結果を得《え》なければなりませんか。説明しなさい。

（　　　　　　　　　　　　　　　　　　　　　　　　　　）

4 右の図は，人の内臓《ないぞう》の一部を模式的《もしきてき》に表したものです。図を見て，問いに答えなさい。 【明治大付明治中】

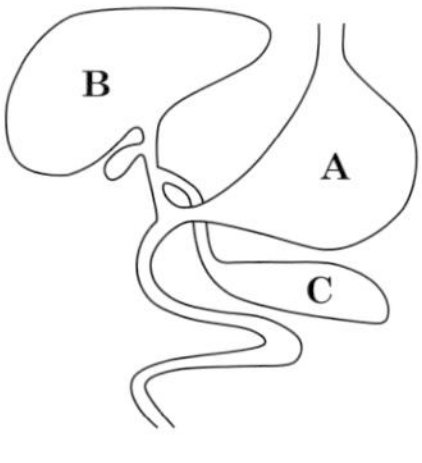

(1) 図の**A**，**B**の名称《めいしょう》を答えなさい。

A（　　　　　　）　**B**（　　　　　　）

(2) 図の**A**から分泌《ぶんぴつ》される消化液が消化することのできる栄養分の名称を答えなさい。（　　　　　　）

(3) 図の**C**から分泌される消化液が消化することのできない栄養分を選び，記号で答えなさい。ただし，解答《かいとう》がない場合は，×を記入しなさい。（　　　）

ア　でんぷん　　**イ**　たんぱく質　　**ウ**　脂肪

2 肺《はい》と呼吸《こきゅう》

1 呼吸器官《こきゅうきかん》のつくりとはたらき

☞ 鼻から吸《す》った空気はどこへ行くか。

呼吸器官のつくり

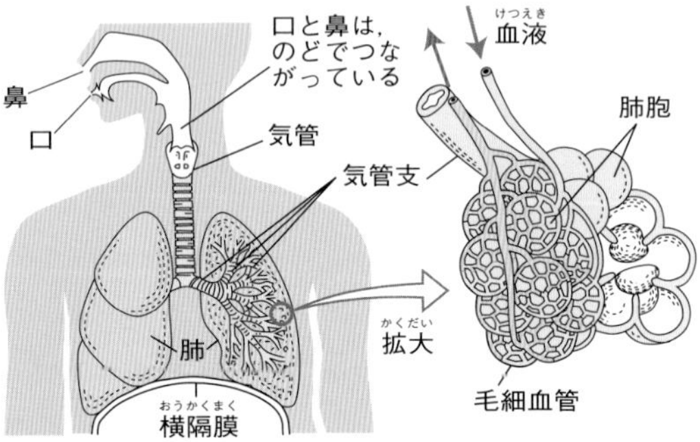

▲呼吸器官のつくり

- **気管《きかん》**…口や鼻から空気を吸ったりはいたりするときに，空気が通る管を**気管**という。
- **気管支《きかんし》**…気管は2つに分かれ，左右の**肺《はい》**に入っていく。この分かれめより先を**気管支**という。気管支は，肺の内部で，さらに細かく枝《えだ》分かれをする。

注意 気管や気管支の太いところには，**軟骨《なんこつ》**の輪が入っていて，押《お》し潰《つぶ》されないようになっている。気管の入口は食物を飲みこむとき以外はいつでも開いている。

- **肺胞《はいほう》**…気管支の最先端《さいせんたん》は，行きどまりの小さな袋《ふくろ》になっている。この袋を**肺胞**という。肺胞はいくつか固まって，ブドウの房《ふさ》のような形になり，そのまわりを，網《あみ》のようになった**毛細血管《もうさいけっかん》**が包《つつ》んでいる。
- **肺**…気管支と肺胞の集まりが肺である。肺は左右1対ある。

呼吸のしくみ

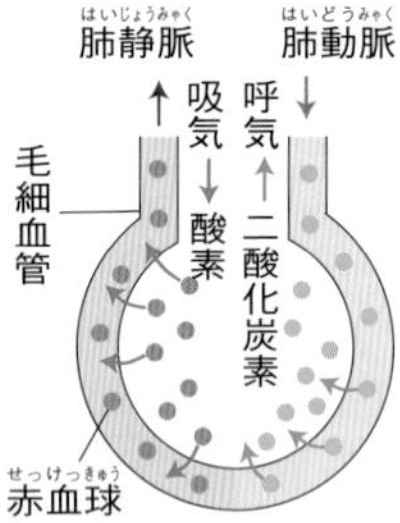

▲呼吸のしくみ

口や鼻から空気を吸いこむと，空気は肺胞の中まで入り，そこで，空気中の**酸素《さんそ》**が肺胞と**毛細血管**の薄《うす》い膜《まく》を通りぬけて血液中にとり入れられる。それと同時に，血液中にとけていた**二酸化炭素《にさんかたんそ》**が肺胞内に出される。こうして，肺胞の膜を通して，酸素と二酸化炭素が交換《こうかん》される。

▶**肺胞の大きさと数**…肺胞は，直径約0.3mmで，左右の肺を合わせると，約7～8億個《こ》あるといわれている。そのため，肺胞の表面積は約100m^{2}に達する。このように広い面積の膜を通して，空気と血液が触《ふ》れ合うので，効率《こうりつ》よく酸素と二酸化炭素を交換することができる。

入試ポイント
- 呼吸器…**口・鼻→気管→気管支→肺胞**
- 呼吸…**肺胞**で，**酸素**が血液中に入り，**二酸化炭素**が血液から出る。

セキツイ動物の呼吸器官

哺乳類《ほにゅうるい》・鳥類《ちょうるい》・は虫類《ちゅうるい》・両生類《りょうせいるい》の成体は，すべて**肺**で呼吸するが，肺のつくりは，哺乳類・鳥類と比《くら》べては虫類→両生類の順にしだいに簡単《かんたん》になっている。

両生類の肺は簡単で，風船のような形をしている。能率《のうりつ》がわるく，**皮膚《ひふ》呼吸**をして補《おぎな》っている。

魚類や**両生類の幼生**は，**えら**で水中にとけている酸素を吸収する。酸素は水にとけにくいので，えら呼吸は能率の悪い呼吸法である。

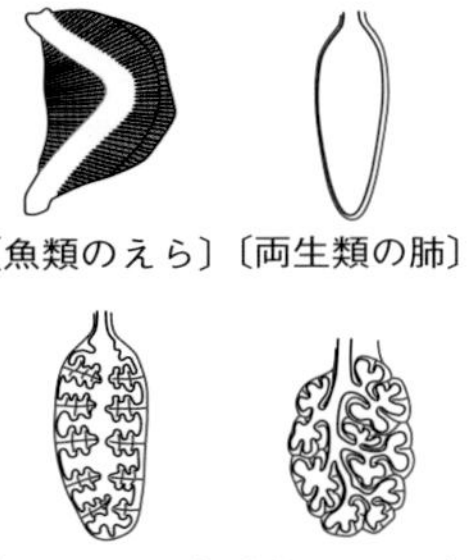

▲セキツイ動物の呼吸器官

2 呼吸運動

☞肺はどのようなしくみで動くか。

肺の運動

肺には筋肉《きんにく》がないので，自分で膨《ふく》らんだり縮《ちぢ》んだりすることはできない。そのため，肺に空気を入れたり出したりするためには，肺が入っている部屋(**胸《きょう》こう**)の容積《ようせき》を大きくしたり，小さくしたりする。

注意　人のからだの中の内臓《ないぞう》が入っている部屋は，**横隔膜《おうかくまく》**によって，上下2つの部屋にしきられており，上の部屋を**胸こう**，下の部屋を**腹《ふく》こう**という。

▶**肺のモデル**…肺は，下の図のモデルと同じしくみで動く。このモデルは，底を切りとって，かわりにゴム膜をはった**びん**と**ゴム風船**からできている。

・ゴム膜を下に引くと，びんの中の容積が大きくなるので，外からゴム風船に空気が入って，風船が膨らむ。これは，息を吸った状態《じょうたい》にあたる。

・ゴム膜をもとに戻《もど》すと，びんの中の容積が小さくなるので，ゴム風船から空気が出ていき，風船がしぼむ。これは，息をはいた状態にあたる。

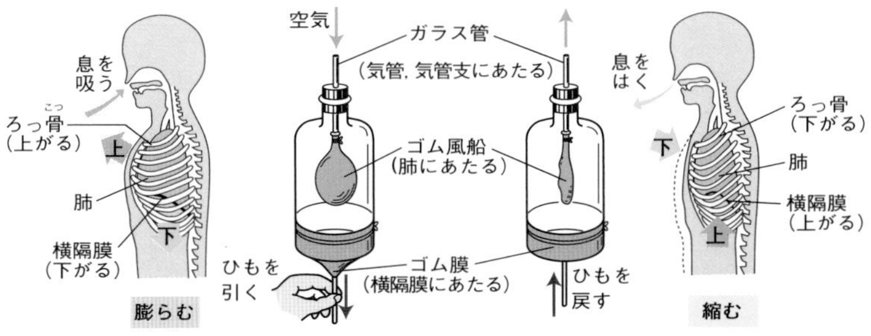

▲人の呼吸運動のしくみ

入試ポイント
● 呼吸運動　息を**吸う**…横隔膜を**下げる**。ろっ骨を**上げる**。
　　　　　　息を**はく**…横隔膜を**上げる**，ろっ骨を**下げる**。

呼吸運動《こきゅううんどう》

肺《はい》を動かすのは，**横隔膜《おうかくまく》**と**ろっ骨《こつ》**のはたらきによる。

- **横隔膜**…胸《きょう》こうの底にあたる筋肉質《きんにくしつ》の丈夫《じょうぶ》な膜。横隔膜がゆるんでいるときは上に上《あ》がっているが，横隔膜が縮《ちぢ》むと，下に下《さ》がって，**胸《きょう》こう**の容積が大きくなり，空気が肺に入る(息を吸《す》う)。
- **ろっ骨**…かごのような形になっている骨《ほね》で，ろっ骨についた筋肉とともに胸こうの壁《かべ》をつくっている。ろっ骨のつけねは少し動くようになっていて，ろっ骨についている筋肉のはたらきで，ろっ骨全体を上に上げるようにすると，胸こうの容積が大きくなって空気が肺に入る(息を吸う)。

▶ **呼吸のときの動き**…息を吸うときは，横隔膜を下げると同時にろっ骨を上げて胸こうの容積を大きくする。息をはくときは，この反対になる(→p.129)。

3 吸う息とはく息

☞ 吸う息とはく息の成分にはどんな違《ちが》いがあるか。

実験 はく息と吸う息の違《ちが》いを調べる。

右の図のような装置《そうち》をつくり，それぞれに石灰水《せっかいすい》を入れる。**A** の管を塞《ふさ》いで息をはき，**B** の管を塞いで息を吸う。これをくり返したあと，石灰水の変化を見る。

結果 はく息を通した石灰水（ア）は白く濁《にご》り，吸う息を通した石灰水（イ）は濁らない。

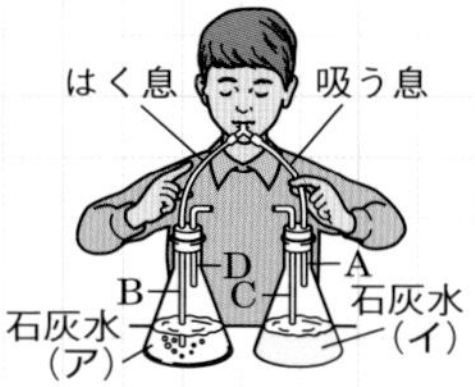

▲はく息と吸う息の違い

注意 ①**A**の管は石灰水につけない。つけると，石灰水を吸いこんでしまう。
②**B**の管は石灰水につける。つけないと，はく息が石灰水の中を通らない。
③**C**の管は石灰水につける。つけないと，吸う息が石灰水の中を通らない。
④**D**の管は石灰水につけない。つけると，石灰水が**D**の管からふき出る。

要点 はく息には，吸う息より二酸化炭素《にさんかたんそ》がたくさんふくまれていることがわかる。これは，肺で二酸化炭素が出されたことを示《しめ》す。

- **吸う息とはく息の成分**…次ページの表は，はく息と吸う息の成分をくわしく調べた結果である。これから，次のようなことがわかる。
  - ・肺に吸いこんだ酸素《さんそ》が全部吸収《きゅうしゅう》されるわけではない。
  - ・肺で吸収した酸素のぶんだけ，はく息の中の二酸化炭素が増《ふ》える。
  - ・はく息の酸素は減《へ》るが，それでもまだ二酸化炭素より多い。
  - ・窒素《ちっそ》は呼吸に関係ないので，量が変化しない。

入試ポイント
- はく息…二酸化炭素が**増える**，酸素が**減る**，窒素は**変化しない**，水分が**増える**，温度が**上がる**。

・空気が気管《きかん》や気管支《きかんし》を通る間に，水が蒸発《じょうはつ》し，水蒸気《すいじょうき》が増える。また，体温によってあたためられる。

	酸　素	二酸化炭素	窒素	水　分	温　度
吸う息	約 21%	0.04%	約 78%	空気と同じ	気温と同じ
はく息	約 17%	約 4%	約 78%	多くなる	体温に近い

▲吸う息とはく息の違い

▶**気体検知管《けんちかん》の使い方**…気体採取器《さいしゅき》にとりつけて，ハンドルを引くと，気体を吸いこみ，気体の割合《わりあい》を示す目《め》盛《も》りのところまで色が変わる。

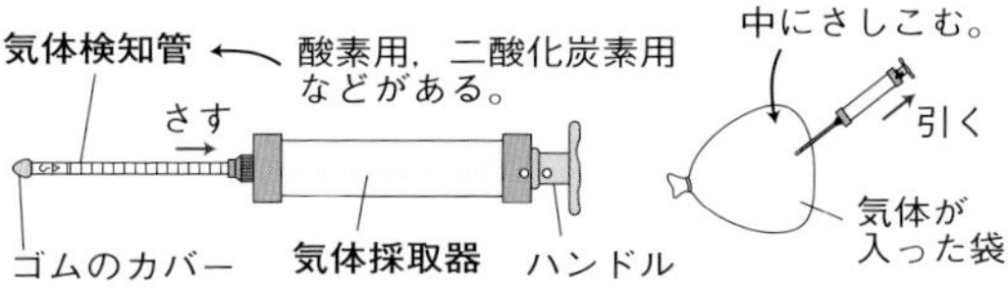

▲気体検知管の使い方

4 細胞《さいぼう》の呼吸（内呼吸《ないこきゅう》）

☞ 肺でとり入れた酸素は何に使われるか。

呼吸の目的

生物が生きていくためには，いろいろな器官が活動しなければならない。そのために必要なエネルギー（生活活動のエネルギー）をつくり出すのが，呼吸である。

生活活動のエネルギーは，**ぶどう糖《とう》**などの栄養分《えいようぶん》が酸素と結びついて，二酸化炭素と水とに分解《ぶんかい》されるときに得《え》られる。このはたらきは，それぞれの細胞の中で行われるので，**内呼吸**とよばれる。

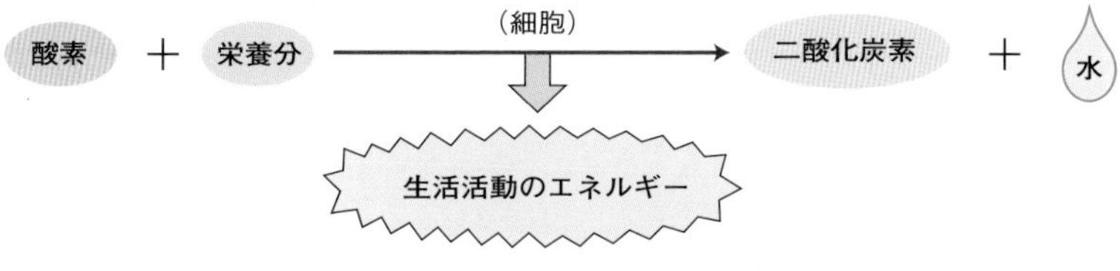

参考 肺で行われる酸素と二酸化炭素の交換を，内呼吸に対して，**外呼吸《がいこきゅう》**という。呼吸の真の目的は内呼吸であって，外呼吸は酸素をとり入れるための手段《しゅだん》である。

激《はげ》しい運動をすると，ふだんの数倍のエネルギーを必要とするので，呼吸に使うぶどう糖や酸素の量も，ふだんの数倍を必要とする。そのため，息が荒《あら》くなり，体重も減る。

入試ポイント
● 細胞の呼吸…生活活動の**エネルギー**をとり出す（呼吸の真の目的）
酸素＋**栄養分**⟶**二酸化炭素**＋**水**

☑ まとめチェック

知識を整理・確認しよう！

① 呼吸器官《こきゅうきかん》のつくりとはたらき

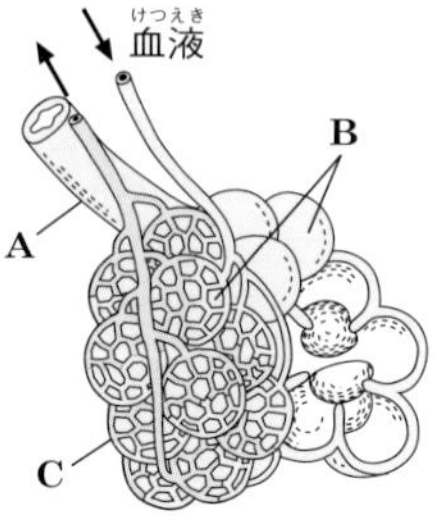

- □ ① 右の図は肺《はい》の一部の拡大図《かくだいず》である。Aの管を何というか。
- □ ② Bの小さな袋《ふくろ》を何というか。
- □ ③ Cの血管《けっかん》を何というか。
- □ ④ 肺では，空気中から血管へ何をとり入れているか。
- □ ⑤ 肺では，血管から肺胞へ水蒸気《すいじょうき》と何を放出しているか。
- □ ⑥ 魚類《ぎょるい》や，両生類《りょうせいるい》の幼生《ようせい》の呼吸器官は何か。

② 呼吸運動

- □ ① 息を吸《す》うとき，横隔膜《おうかくまく》は上げるか，下げるか。
- □ ② 息を吸うとき，ろっ骨《こつ》は上げるか，下げるか。

③ 吸う息とはく息

- □ ① 空気中の酸素《さんそ》の体積の割合《わりあい》は約何％か。
- □ ② 空気中の窒素《ちっそ》の体積の割合は約何％か。
- □ ③ 空気中の二酸化炭素の割合は約何％か。
- □ ④ はく息の成分は，吸う息と比《くら》べて水蒸気と何が増《ふ》えているか。
- □ ⑤ はく息の成分は，吸う息と比べて何が減《へ》っているか。
- □ ⑥ はく息の中で，酸素と二酸化炭素はどちらのほうが多いか。
- □ ⑦ はく息を石灰水《せっかいすい》に通すと，石灰水はどうなるか。
- □ ⑧ ふつう，はく息は，吸う息と比べて温度が高くなっているか，低くなっているか。
- □ ⑨ 酸素や二酸化炭素などの体積の割合は何を使って調べるか。

④ 細胞《さいぼう》の呼吸（内呼吸《ないこきゅう》）

- □ ① 全身の細胞で，いろいろな栄養分《えいようぶん》を分解《ぶんかい》して生活活動のエネルギーをつくるはたらきを何というか。
- □ ② 細胞の呼吸では，栄養分が酸素と結びつき，水と何に分解されるか。
- □ ③ 運動をすると息が荒《あら》くなり，脈拍《みゃくはく》が速くなるのは，細胞の呼吸に必要な何を全身へ送るためか。

答え

①
- ① 気管支《きかんし》
- ② 肺胞《はいほう》
- ③ 毛細血管《もうさいけっかん》
- ④ 酸素《さんそ》
- ⑤ 二酸化炭素《にさんかたんそ》
- ⑥ えら

②
- ① 下げる
- ② 上げる

③
- ① 21％
- ② 78％
- ③ 0.04％
- ④ 二酸化炭素
- ⑤ 酸素
- ⑥ 酸素
- ⑦ 白く濁《にご》る
- ⑧ 高くなっている
- ⑨ 気体検知管《きたいけんちかん》

④
- ① 細胞の呼吸［内呼吸］
- ② 二酸化炭素
- ③ 酸素

力だめしの問題 入試標準レベル

解答➡別冊 p.17

1 図1は，人の呼吸に関係するつくりを示《しめ》し，図2はイの先端《せんたん》部分にある膨《ふく》らみ(これを肺胞といいます)を示しています。これについて，次の問いに答えなさい。 【桐朋中】

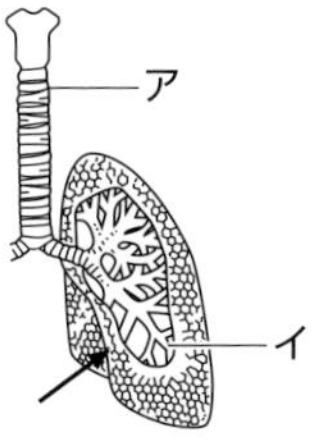

図1

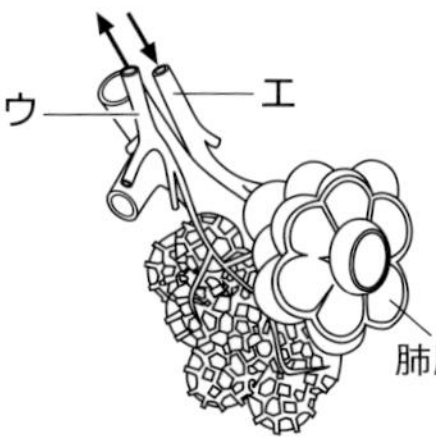

図2

(1) 図1はアと左側の肺を示しています。アの名称《めいしょう》を答えなさい。

（　　　　　）

(2) 図1の矢印で示したように左側の肺の一部がへこんでいます。その理由を答えなさい。（　　　　　　　　　　　　　）

(3) 図2のウとエは血管を，矢印は血液の流れる方向を示しています。次の①～③に答えなさい。

① 動脈《どうみゃく》はどちらですか。記号で答えなさい。（　　）

② 網目状《あみめじょう》の細い血管が肺胞をとりまいています。その血管の名称を答えなさい。（　　　　　）

③ 肺胞はぶどうの房《ふさ》のようなつくりをしています。このつくりは，どのような点で都合がよいですか。（　　　　　　　　　　　　）

2 動物の呼吸に関して，次の問いに答えなさい。 【愛光中】

(1) メダカは人とは違《ちが》う器官を使って呼吸をしています。メダカの呼吸器官の名称を答えなさい。（　　　　　）

(2) メダカと同じ呼吸器官を使って呼吸している動物を，次の**ア**～**オ**からすべて選び，記号で答えなさい。（　　　　　）

ア　イルカ　　**イ**　ウミガメ　　**ウ**　シジミ

エ　ナマズ　　**オ**　ペンギン

3 右の図は，酸素の検知管です。 【滝中】

(1) 気体採取器《きたいさいしゅき》に検知管をさす場合，図の**A**と**B**のどちら側をさしますか。記号で答えなさい。（　　）

(2) 私《わたし》たちが吸う前の空気には酸素は約何％ふくまれていますか。

（　　　　　）

3 血液《けつえき》の循環《じゅんかん》と腎臓《じんぞう》

1 心臓《しんぞう》のつくりとはたらき

☞ 心臓はどのようにして全身に血液を流すか。

心臓のつくりとはたらき

● **循環器官《じゅんかんきかん》**…血液は，肺《はい》でとり入れた酸素《さんそ》や，小腸《しょうちょう》でとり入れた養分《ようぶん》をからだ中の細胞《さいぼう》に配り，各細胞から出された二酸化炭素《にさんかたんそ》や不要物を肺や腎臓《じんぞう》へ運んで捨《す》てるはたらきをしている。血液をからだ中に循環させるはたらきをしている器官を**循環器官**という。循環器官のおもなものは，**心臓**と**血管《けっかん》**である。

● **心臓のつくり**…心臓は筋《きん》肉《にく》でできたじょうぶな袋《ふくろ》で，胸《むね》の少し左よりにあり，こぶしぐらいの大きさである。内部は，**左心《さしん》房《ぼう》**・**左心室《さしんしつ》**・**右心房《うしんぼう》**・**右《う》心室《しんしつ》**の4つの部屋に分かれている。

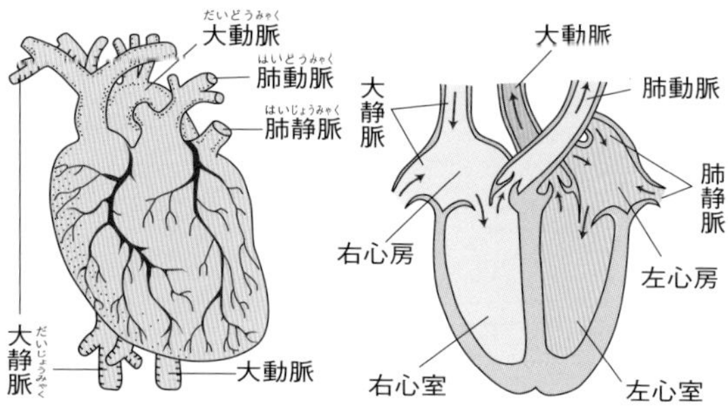

▲心臓のつくり

注意 心房・心室の左右のきめ方は，からだの左右と同じで，左手のある側を左ときめる。したがって，心臓を前から見た図をかくと，上の図のように，右側が左心房(室)となる。

● **心臓のはたらき**…心臓は，たえず，縮《ちぢ》んだり，ゆるんだりして，血液を送り出す**ポンプ**の役割《やくわり》をしている。

▶ **心房と心室の動き**…次のようにたがいにずれている。

心房が縮むときは心室はゆるみ，心房から心室に血液が流れ出る。次に，心室が縮み，血液を動脈《どうみゃく》に押《お》し出す。このとき，心房はゆるみ静脈《じょうみゃく》から心房に血液が流れこむ。

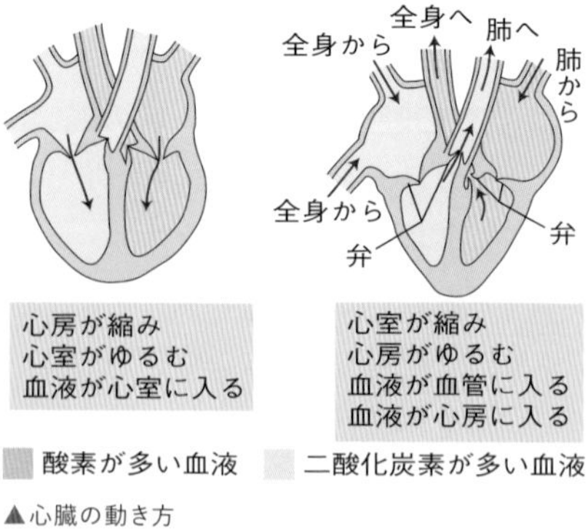

▲心臓の動き方

注意 心房と心室の間や，心室と動脈の間には弁《べん》があって，血液が逆流《ぎゃくりゅう》するのを防《ふせ》いでいる。また，左心室は全身へ血液を送るため，壁《かべ》が厚《あつ》くなっている。

酸素を多くふくむ血液を**動脈血《どうみゃくけつ》**，二酸化炭素を多くふくむ血液を**静脈血《じょうみゃくけつ》**という。

入試ポイント
- 動脈血の流れ…**肺→肺静脈→左心房→左心室→大動脈→全身**
- 静脈血の流れ…**全身→大静脈→右心房→右心室→肺動脈→肺**

セキツイ動物の心臓のつくり

哺乳類《ほにゅうるい》・鳥類《ちょうるい》の心臓は**2心房2心室**があり，動脈血と静脈血は混《ま》じり合わない。

は虫類《ちゅうるい》の心臓は**2心房1心室**(不完全な2心室)があり，左心室と右心室の間の壁《かべ》に穴《あな》があいているため，動脈血と静脈血が一部混じり合う。

両生類《りょうせいるい》の心臓は**2心房1心室**があり，動脈血と静脈血が混じり合う。

魚類《ぎょるい》の心臓は**1心房1心室**があり，心臓の中を流れる血液は，すべて静脈血である。

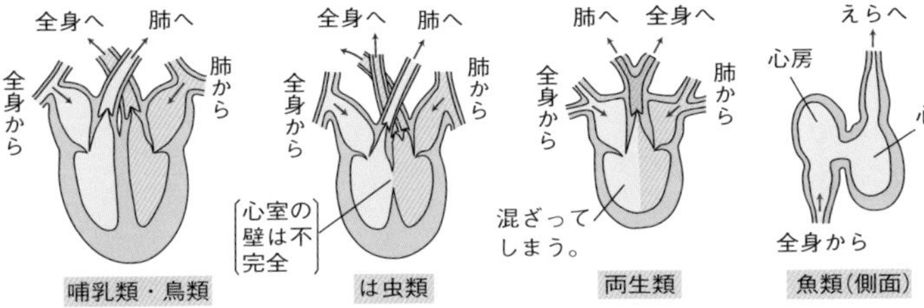

▲セキツイ動物の心臓

2 血管のつくり

血管にはどんな種類があるか。

● **動脈**…心臓から押し出された血液が流れる血管を**動脈**という。心室につながっている。動脈の壁は厚《あつ》くてじょうぶである。

▶ **大動脈**…**左心室**から**全身**へ送り出される血液が流れる血管を**大動脈**という。酸素を多くふくむ**動脈血**が流れる。

▶ **肺動脈**…**右心室**から**肺**へ送り出される血液が流れる血管を**肺動脈**という。二酸化炭素を多くふくむ**静脈血**が流れる。

● **静脈**…心臓へ戻る血液が流れる血管を静脈という。心房につながっている。静脈の壁は薄《うす》く，血液が逆流しないように，血管内に**弁**がついている。

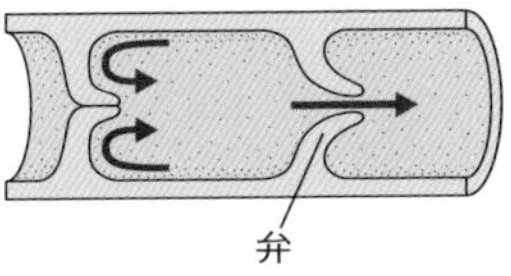

▲静脈のつくり

▶ **大静脈**…**全身**から**右心房**へ戻る血液が流れる血管を**大静脈**という。**静脈血**が流れる。

▶ **肺静脈**…**肺**から**左心房**へ戻る血液が流れる血管を**肺静脈**という。**動脈血**が流れる。

● **毛細血管**《もうさいけっかん》…動脈は枝《えだ》分かれをするにつれて細くなり，ついには0.005～0.02mmぐらいの太さになる。これを**毛細血管**という。毛細血管の壁は非常《ひじょう》に薄いので，酸素・二酸化炭素・栄養分《えいようぶん》・不要物などが通りぬけられる。

入試ポイント
- 動脈血の流れる血管…**大動脈・肺静脈**
- 静脈血の流れる血管…**大静脈・肺動脈**

(肺動脈・肺静脈は，動脈・静脈の名前が血液と逆)

3 血液《けつえき》の流れる道すじ

血液はどんな道すじを通って全身をめぐるか。

心臓《しんぞう》から出た血液は，からだの各部をまわったあと，ふたたび心臓に戻《もど》ってくるが，そのまわり方には**肺循環《はいじゅんかん》**と**体循環《たいじゅんかん》**の２つがある。

● **肺循環…右心室《うしんしつ》→肺動脈《はいどうみゃく》→肺《はい》→肺静脈《はいじょうみゃく》→左心房《さしんぼう》**と流れる。全身の細胞《さいぼう》から出た二《に》酸化炭素《さんかたんそ》を肺で出し，新しく酸素《さんそ》をとり入れるための道すじである。

▶ **酸素を多くふくむ血液（動脈血《どうみゃくけつ》）**…肺から出てきたばかりの肺静脈内の血液。酸素を多くふくむ。

▶ **二酸化炭素を多くふくむ血液（静脈血《じょうみゃくけつ》）**…肺に入る前の肺動脈内の血液。二酸化炭素を多くふくむ。

● **体循環…左心室《さしんしつ》→大動脈《だいどうみゃく》→全身→大静脈《だいじょうみゃく》→右心房《うしんぼう》**の順にまわる。肺でとり入れた酸素や，小腸《しょうちょう》や肝臓《かんぞう》でとり入れた栄養分《えいようぶん》を全身の細胞《さいぼう》に配るための道すじである。

▶ **栄養分を多くふくむ血液**…小腸で消化された栄養分を吸収《きゅうしゅう》するので，小腸から肝臓に行く血液（**門脈《もんみゃく》**を流れる）が，いちばんたくさん栄養分をふくんでいる。しかし，小腸に食物が入っていないときは，肝臓から栄養分が出されるので，肝臓から出てきた血液にいちばんたくさん栄養分がふくまれている。

▶ **不要物の少ない血液**…また，全身の細胞で出される不要物のうち，二酸化炭素以外のものは，腎臓《じんぞう》に出される。したがって，腎臓から出てきた血液は，いちばん不要物の少ない血液である。

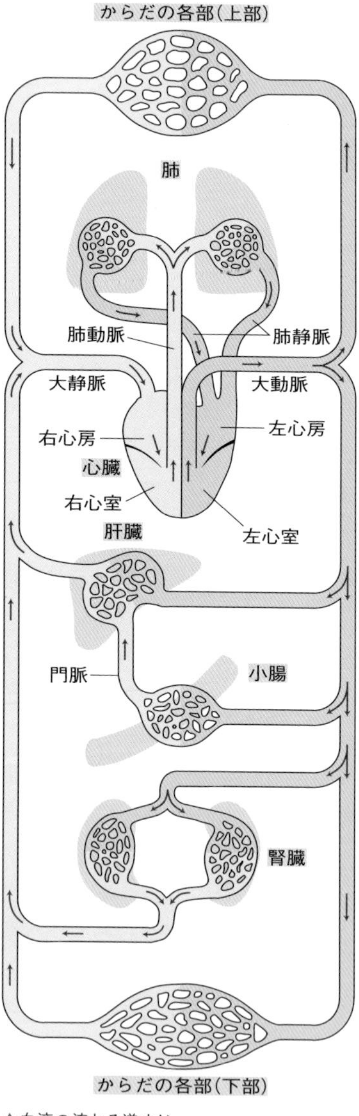

▲血液の流れる道すじ

入試ポイント

- 肺循環…**右心室→肺動脈→肺→肺静脈→左心房**
- 体循環…**左心室→大動脈→全身→大静脈→右心房**

4 血液の成分とはたらき

☞ 血液はどんなものからできているか。

血液を顕微鏡《けんびきょう》で見ると，右の図のようないろいろな粒《つぶ》(細胞)がある。

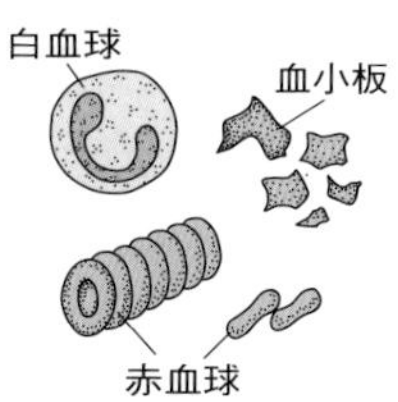

▲人の血液

- **赤血球**《せっけっきゅう》…直径 0.008 mm ぐらいの円板状《えんばんじょう》の細胞で，真ん中がくぼんでいる。**ヘモグロビン**という赤い色素《しきそ》(酸素と結びつきやすい)をもっていて，酸素を運ぶはたらきをする。
- **白血球**《はっけっきゅう》…直径 0.02 mm ぐらいの細胞。アメーバのような運動をし，体内に入った細菌《さいきん》を包《つつ》みこんで食べてしまう。病気を治したり，予防《よぼう》したりするはたらきをする。
- **血小板**《けっしょうばん》…不規則《ふきそく》な形の小さな細胞。空気に触《ふ》れると，血液を固《かた》めるはたらきがあるので，止血《しけつ》に役立つ。
- **血**《けつ》**しょう**…血液の**液体成分**。栄養分・不要物・二酸化炭素をとかして運ぶ。毛《もう》細血管《さいけっかん》からしみ出て，細胞の間を流れ，細胞に酸素と栄養分をあたえ，二酸化炭素と不要物をもらって，毛細血管に戻る。血しょうが毛細血管からしみ出したものを**組織液**《そしきえき》という。

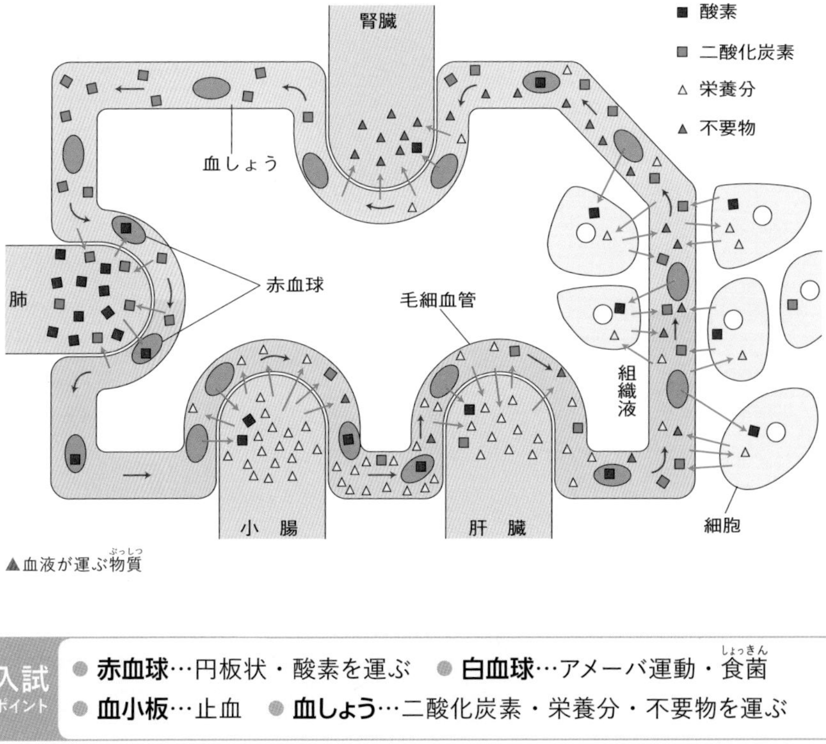

▲血液が運ぶ物質《ぶっしつ》

入試ポイント
- **赤血球**…円板状・酸素を運ぶ
- **白血球**…アメーバ運動・食菌《しょっきん》
- **血小板**…止血
- **血しょう**…二酸化炭素・栄養分・不要物を運ぶ

5 血液《けつえき》の流れの観察

☞ メダカのおびれの血液はどのように流れているか。

観察 血液の流れの観察

人の体内の血液の流れを観察するのは難《むずか》しいが，**メダカ**や**グッピー**などの**おびれ**は薄《うす》くて，そのまま顕微鏡《けんびきょう》で見ることができるので，血液の流れる様子を観察することができる。

①チャックつきの袋《ふくろ》に，魚と少しの水を入れる。

②おびれを，顕微鏡で 100 ～ 150 倍にして観察する。

注意 観察したら，魚はすぐに水槽《すいそう》に戻《もど》す。

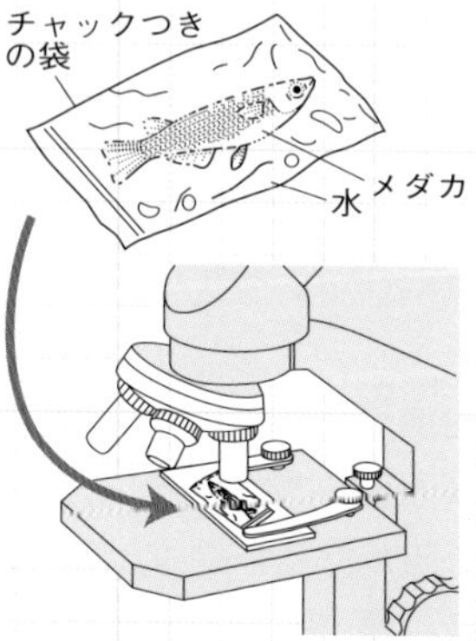

▲血液の流れの観察

結果 右の図のように，**毛細血管《もうさいけっかん》**の中を**赤《せっ》血球《けっきゅう》**が流れていく様子を見ることができる。

要点 ●血液の流れる速さは一定ではなく，きまったリズムで速くなったり，遅《おそ》くなったりする。これは心臓《しんぞう》の鼓動《こどう》に関係があり，心臓が血液を押《お》し出した瞬間《しゅんかん》が速い。

●毛細血管は，赤血球が 1 個《こ》か 2 個並《なら》んで通れるくらいの太さしかない。

●枝《えだ》分かれした毛細血管に血液が分かれて入って行くのは動脈《どうみゃく》側の毛細血管，血液が合流するのは静脈《じょうみゃく》側の毛細血管である。

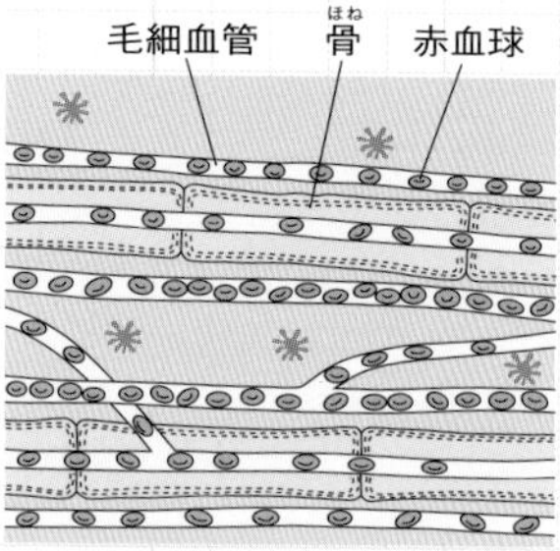

▲メダカの毛細血管

6 腎臓《じんぞう》・汗《かん》せんのつくりとはたらき

☞ 不要物はどこから捨《す》てるか。

● **排出器官《はいしゅつきかん》**…生活活動のエネルギーを得《え》るために，細胞《さいぼう》の中で栄養分《えいようぶん》が分解《ぶんかい》されると，いろいろな不要物ができる。この不要物を体外に出す器官《きかん》を**排出器官**という。おもな排出器官としては，**腎臓**と**汗せん**がある。

注意 二酸化炭素も不要物の一種であるが，二酸化炭素を体外に出す肺は排出器官とはいわない。二酸化炭素以外の不要物を体外に出すのが排出器官である。

入試ポイント
● 血液の流れの観察…**メダカのおびれ**を顕微鏡で観察（100～150 倍）。**毛細血管**の中を**赤血球**が流れる。

腎臓のつくりとはたらき

腎臓は腰《こし》の背《せ》中《なか》側の背《せ》骨《ぼね》に近いところに左右1個ずつある。握《にぎ》りこぶしぐらいの大きさで，ソラマメのような形をしている。

腎臓では，血液中から**尿素《にょうそ》**などの**不要物**がこし出され，不要物の水溶液《すいようえき》ができる。これが**尿《にょう》**である。尿はただちに**ぼうこう**へ送られる。

また，腎臓は，尿素のほか，血液中の余分《よぶん》な水分や塩分《えんぶん》をとり除くので，血液の塩分濃度《えんぶんのうど》を調節するはたらきもある。

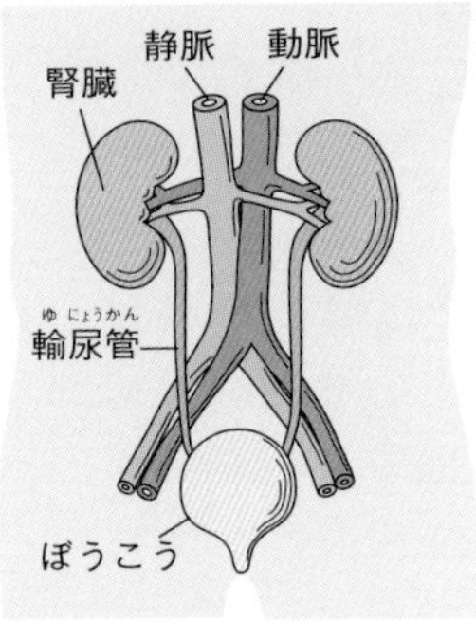

▲腎臓とぼうこう

▶ 尿素…細胞の中で，たんぱく質《しつ》が分解されると，アンモニアができる。アンモニアは，からだにとって有害なので，血液にとけて運ばれる途中《とちゅう》，肝臓《かんぞう》を通ったときに，**肝臓**のはたらきで，無害な**尿素**という物質《ぶっしつ》につくり変えられてから排出《はいしゅつ》される。

輸尿管《ゆにょうかん》とぼうこう

● **輸尿管**…**腎臓**でつくられた尿をぼうこうへ送る管。

● **ぼうこう**…骨盤《こつばん》のところにある筋肉《きんにく》質《しつ》の袋。尿を一時ためておく。尿がいっぱいになったら，縮《ちぢ》んで尿を体外に排出する。

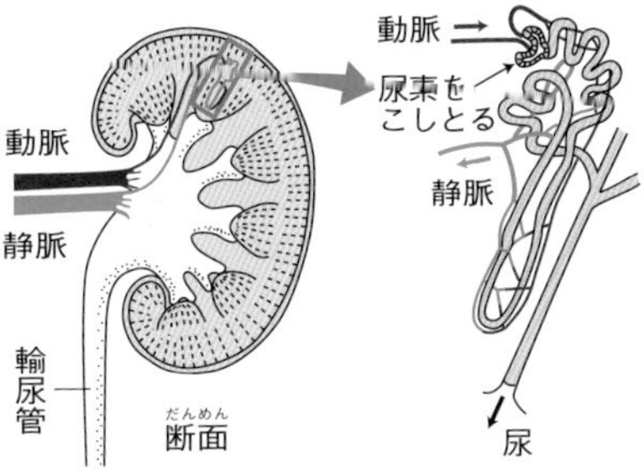

▲腎臓のつくり

汗せん

● **汗せん**…皮膚《ひふ》の下にある，汗《あせ》を出す器官。毛細血管がとりまいていて，ここで，血液中から余分な水分・塩分・尿素などがこし出され，細い管から皮膚表面に排出される。これが汗である。

皮膚の表面で汗が蒸発《じょうはつ》すると，からだから熱をうばうので，体温が下がる。運動などをして体温が上がると，汗が出て体温を調節する。

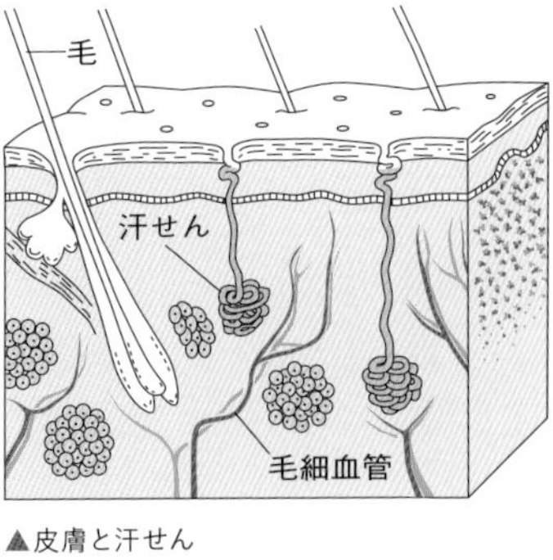

▲皮膚と汗せん

入試ポイント
- **腎臓**…**尿素**などの不要物をこしとり，**尿**として，**ぼうこう**から出す。
- **汗せん**…不要物の排出・**体温調節**

☑ まとめチェック

知識を整理・確認しよう！

答え

① 心臓《しんぞう》のつくりとはたらき

人の心臓のつくり
（正面から見た図）

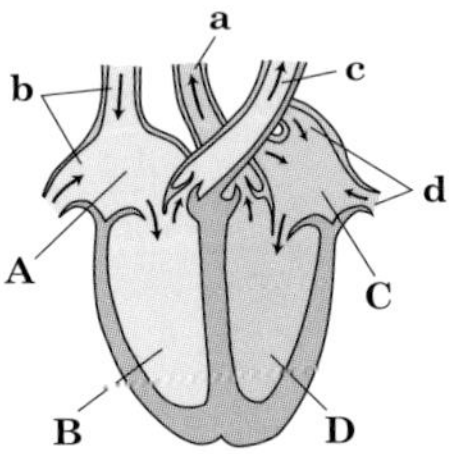

□ ① Aの部屋を何というか。
□ ② Bの部屋を何というか。
□ ③ Cの部屋を何というか。
□ ④ Dの部屋を何というか。
□ ⑤ aの血管《けっかん》を何というか。
□ ⑥ bの血管を何というか。
□ ⑦ cの血管を何というか。
□ ⑧ dの血管を何というか。

答え ①
① 右《う》心房《しんぼう》
② 右《う》心室《しんしつ》
③ 左《さ》心房《しんぼう》
④ 左《さ》心室《しんしつ》
⑤ 大動脈《だいどうみゃく》
⑥ 大静脈《だいじょうみゃく》
⑦ 肺動脈《はいどうみゃく》
⑧ 肺静脈《はいじょうみゃく》

② 血管《けっかん》のつくりと血液《けつえき》の流れる道すじ

□ ① 動脈が枝《えだ》分かれして細くなった血管を何というか。
□ ② ア～セで，酸素《さんそ》を最も多くふくむ血液が流れている血管はどこか。
□ ③ ア～セで，二酸化炭素《にさんかたんそ》を最も多くふくむ血液が流れている血管はどこか。
□ ④ ア～セで，食後に栄養分《えいようぶん》を最も多くふくむ血液が流れている血管はどこか。
□ ⑤ ア～セで，不要物が最も少ない血液が流れている血管はどこか。

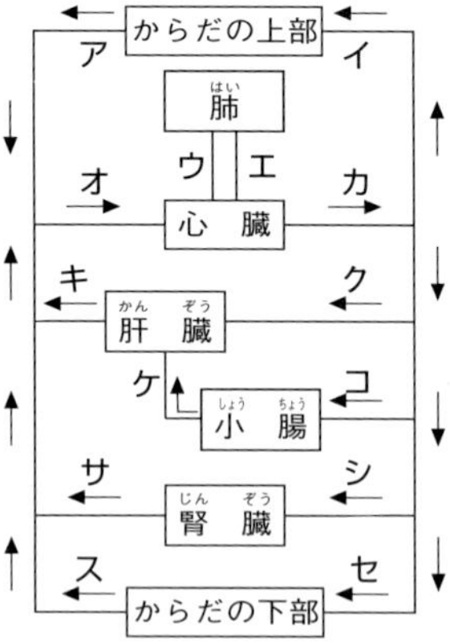

答え ②
① 毛細血管《もうさいけっかん》
② エ
③ ウ
④ ケ
⑤ サ

③ 血液の成分とはたらき

□ ① 血液中の成分で，酸素を運ぶのは何か。
□ ② 血液中の成分で，細菌《さいきん》を殺《ころ》すのは何か。

答え ③
① 赤血球《せっけっきゅう》
② 白血球《はっけっきゅう》

④ 血液の流れの観察

□ ① メダカのおびれの血管を顕微鏡《けんびきょう》で観察したとき，血管の中を流れているのが見える丸い粒《つぶ》は何か。

答え ④
① 赤血球

⑤ 腎臓・汗《かん》せんのつくりとはたらき

□ ① 血液中の不用物をこしとって尿《にょう》をつくるのはどこか。

答え ⑤
① 腎臓

力だめしの問題 入試標準レベル

解答➡別冊p.17

❶ 人は生きるために，酸素や栄養分や水をふくんだ血液を，心臓のはたらきにより全身に送っています。右の図は人の心臓を正面から見たときの断面図《だんめんず》です。次の問いに答えなさい。 【修道中】

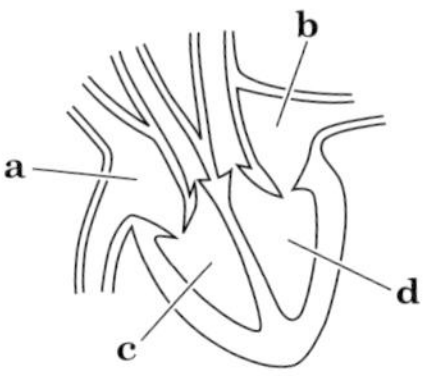

⑴ 全身から戻《もど》ってきた血液が流れこむ部分を，**a**～**d**から1つ選び，記号で答えなさい。（　　）

⑵ 酸素を多くふくんだ血液が流れている部分を，**a**～**d**から2つ選び，記号で答えなさい。（　　）（　　）

❷ 右の図は，人の血液の循環《じゅんかん》の様子を模式的《もしきてき》に表したものです。次の問いに答えなさい。 【城北埼玉中】

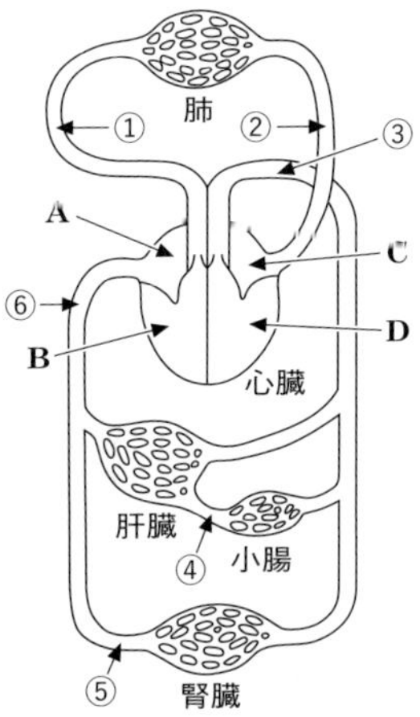

⑴ 酸素または二酸化炭素の濃度《のうど》がいちばん大きい血液が流れている血管を，図中の①～⑥の中からそれぞれ1つずつ選び，番号と血管の名前を答えなさい。

酸素：番号（　　）　名前（　　　　）

二酸化炭素：番号（　　）　名前（　　　　）

⑵ 血液中の尿素《にょうそ》の濃度が急に増加《ぞうか》するのは，血液が図中のどの器官《きかん》を流れたあとですか。次のア～オから1つ選び，記号で答えなさい。（　　）

ア　肺　　イ　心臓　　ウ　肝臓　　エ　小腸　　オ　腎臓

⑶ 静脈血《じょうみゃくけつ》が流れている血管を①，②，③，⑥の中からすべて選び，番号で答えなさい。（　　　　）

⑷ 次のア，イのときに，最も栄養分を多くふくんでいる血液が流れている血管はどれですか。図中の①～⑥の中からそれぞれ1つずつ選び，番号で答えなさい。ア（　　）　イ（　　）

ア　食事から2時間がすぎ，栄養分が体内に吸収されているとき。

イ　1日中食事をせず，栄養分が体内にほとんど吸収されていないとき。

⑸ 図中にある心臓の各部分**A**～**D**のうち，最も筋肉《きんにく》が厚《あつ》いのはどこですか。**A**～**D**の中から1つ選び，記号と名前を答えなさい。また，その部分の筋肉が厚い理由を書きなさい。　記号（　　）　名前（　　　　）

筋肉が厚い理由（　　　　　　　　　　）

③ 人のからだには，体重の５～７％といわれる血液《けつえき》が存在《そんざい》し，心臓《しんぞう》によってからだの各部に運ばれ，さまざまなはたらきをしています。 【本郷中】

右の図は，人の血液を顕微鏡《けんびきょう》で観察したときのスケッチです。

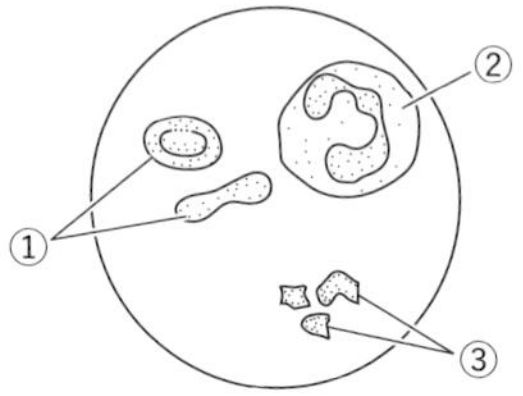

①は円板状《えんばんじょう》の細胞《さいぼう》で，真ん中がくぼんでいました。②は大きな核《かく》をふくむ細胞で，アメーバのような運動をしていました。③は不規則《ふきそく》な形の細胞で，血液中の細胞の中で最も小さい細胞でした。

⑴ 図の①の内部にふくまれていて，①のはたらきに重要な役割《やくわり》を果たす物質《ぶっしつ》(色《しき》素《そ》)の名前を答えなさい。 (　　　　　　　　)

⑵ 図の②と③の名前を答えなさい。また，そのはたらきとして最も適《てき》するものを，次のア～エから１つずつ選び，記号で答えなさい。

②：名前(　　　　　　) はたらき(　　　)

③：名前(　　　　　　) はたらき(　　　)

ア 栄養分《えいようぶん》や不要物を運ぶ。

イ けがをしたときに壊《こわ》れ，血を固める。

ウ 酸素《さんそ》と結びつき，酸素をからだの各部分に運ぶ。

エ からだの中に入った細菌《さいきん》などを殺《ころ》し，病気を防《ふせ》ぐ。

④ 血液の流れを調べるために，図１のようにチャックつきビニル袋《ぶくろ》の中に生きているメダカを入れ，顕微鏡で観察しました。図２はそのスケッチです。 【雙葉中】

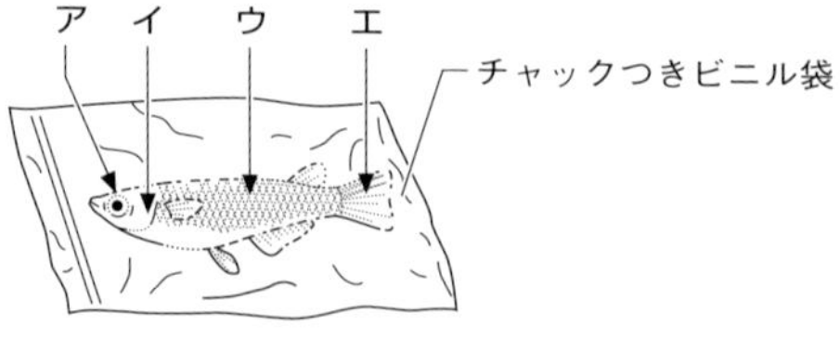

図１

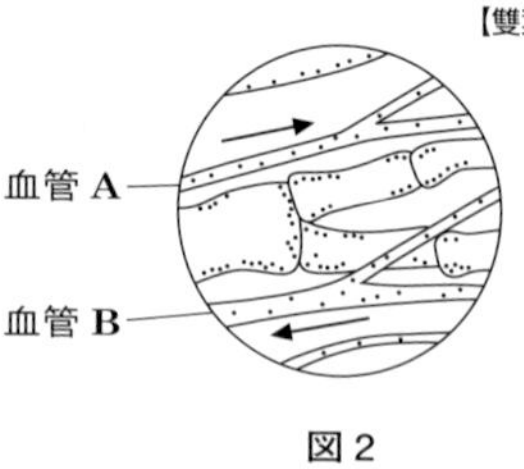

図２

⑴ 血液の流れを観察するには，メダカのどの部分を観察するのがよいですか。図１のア～エから選び，記号で答えなさい。 (　　)

⑵ 図２のように，血液は血管A，Bの中を矢印の向きに流れていました。血管Aには心臓からからだの各部に送られる血液が，血管Bにはからだの各部から心臓へ戻《もど》る血液が流れているとした場合，同じ体積の血液中にふくまれる酸素の量は，血管AとBではどちらが多いですか。記号で答えなさい。

(　　)

5 動物のからだのしくみについて，次の問いに答えなさい。 【攻玉社中】

(1) 空気中にふくまれる酸素は，血液にふくまれ，身体中に運ばれます。人の血液にふくまれ，酸素を運ぶためにはたらく物質を何といいますか。次から選び，記号で答えなさい。 (　　)

ア　ヘモシアニン　　イ　ヘモグロビン　　ウ　白血球《はっけっきゅう》
エ　血小板《けっしょうばん》　　オ　血《けっ》しょう

(2) 人の心臓は血液を送り出すポンプの役割《やくわり》をしています。心臓から肺に血液を送り出すとき，血液が通る血管の名称《めいしょう》として最も適当なものを，次から選び，記号で答えなさい。 (　　)

ア　大動脈《だいどうみゃく》　　イ　大静脈《だいじょうみゃく》　　ウ　門脈《もんみゃく》
エ　肺動脈《はいどうみゃく》　　オ　肺静脈《はいじょうみゃく》

6 図1は人のからだの中を簡単《かんたん》に表しています。人のからだのはたらきについて，次の問いに答えなさい。 【高知学芸中】

(1) **図1**の**A**は呼《こ》吸《きゅう》を行っているところです。何といいますか。 (　　　　)

(2) 右の図の**ア**～**ク**はそれぞれ血管を，矢印は血液の流れる向きを表しています。血管**ア**は血管**エ**とつながっています。**図1**の中で，酸素が多くふくまれている血液が流れているのは，どの記号とどの記号の間ですか。2つ答えなさい。ただし，(**ウ**と**カ**)のように心臓につながっている血管どうしを答えてはいけません。

(　　と　　)
(　　と　　)

図1

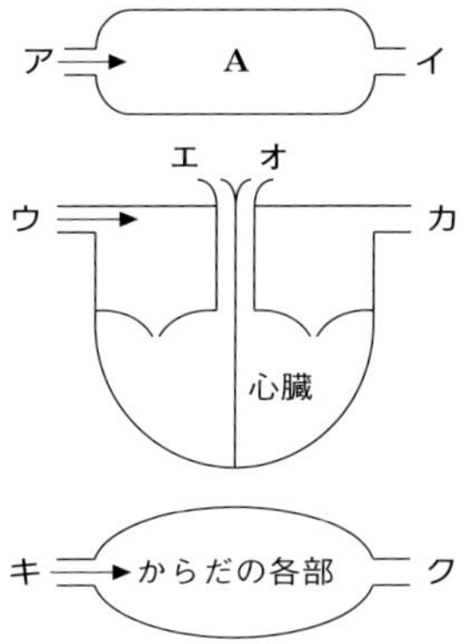

(3) **図2**は魚のからだを簡単に表しています。**図2**の**B**は呼吸を行っているところです。何といいますか。

(　　　　)

(4) **図2**の**B**，心臓，からだの各部はどのように血液が循《じゅん》環《かん》していますか。**図2**の中に，循環の様子を表す血管をかきなさい。図の矢印は，血液の流れる向きを表しています。

図2

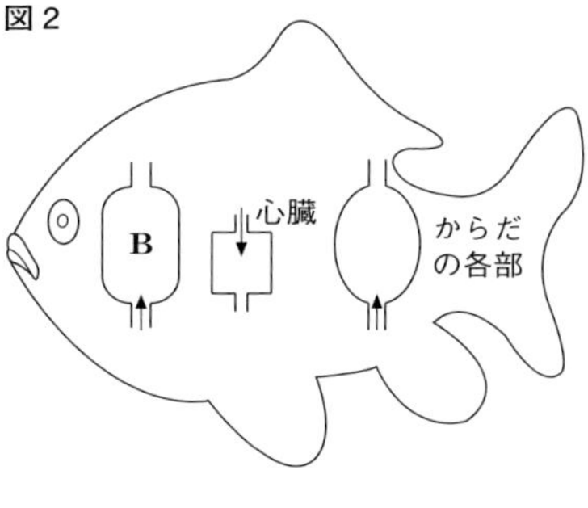

4 骨《ほね》・筋肉《きんにく》・目・耳

1 骨のつくりとはたらき

☞ 骨はどんなはたらきをしているか。

骨のつくり

人のからだには約200個《こ》の骨がある。骨は**カルシウム**を多くふくみ固《かた》くてじょうぶである。

- **頭骨《とうこつ》**…板のような骨が20個ほど組み合わさって，箱のようになり，中の脳《のう》を守る。
- **背骨《せぼね》**…短い円筒形《えんとうけい》の骨が33～34個，首から腰《こし》まで連《つら》なっている。横から見るとS字形で，これは，振動《しんどう》をやわらげるのによい。
- **ろっ骨《こつ》**…左右12本ずつあり，後ろは背骨に，前は胸骨《きょうこつ》につながっている。全体はかごの形になり，心臓《しんぞう》と肺《はい》を守っている。
- **骨盤《こつばん》**…腰《こし》のところにあるすり鉢形《ばちがた》の骨。3つの骨が組み合わさって，腸《ちょう》・腎臓《じんぞう》などの内臓《ないぞう》を守り，女の人では，おなかの中で育つ赤ちゃん(胎児《たいじ》)を支《ささ》えるはたらきをする。

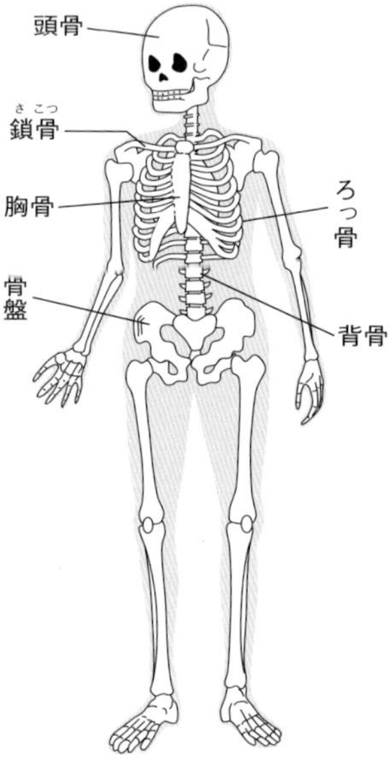

▲人のおもな骨

骨のはたらき

骨はからだを支え，からだの形を保《たも》ったり，からだのたいせつな部分を守ったりする。また，手の骨や足の骨は，筋肉《きんにく》といっしょになって，からだを動かす。

- **骨髄《こつずい》**…骨の内部にある，赤血球《せっけっきゅう》・白血球《はっけっきゅう》・血小板《けっしょうばん》をつくるところ。
- **骨と骨のつながり方**…骨のつながり方は大きくわけると，次の3つになる。
  - ▶**動かないつながり方**…例頭骨・骨盤
  - ▶**少し動くつながり方**…つぎ目に**軟骨《なんこつ》**という軟《やわ》らかい骨がついている。例背骨・ろっ骨
  - ▶**よく動くつながり方**…肩《かた》・腕《うで》・足・指のように動く部分の骨のつながり方を**関節《かんせつ》**という。関節は，2つの骨が**じん帯《たい》**というじょうぶな膜《まく》で結びつけられたもので，骨の端《はし》には軟骨がついている。

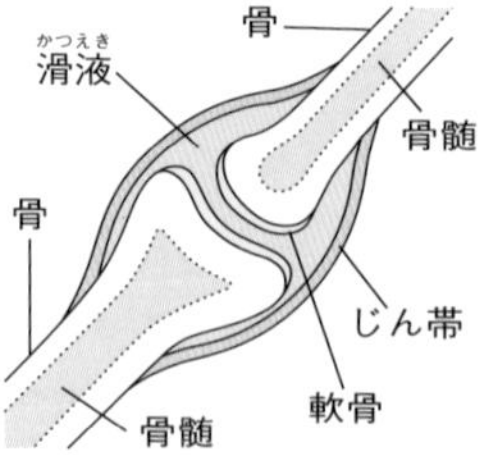

▲関節のつくり

入試ポイント
- **頭骨**…脳を守る
- **背骨**…S字形
- **ろっ骨**…心臓・肺を守る
- **骨盤**…内臓や胎児を支える
- **骨のはたらき**…血液の成分をつくる

2 筋肉のはたらき

☞ 筋肉はどこで，どんなはたらきをしているか。

筋肉のはたらき

筋肉は，縮《ちぢ》んだり，ゆるんだりして，骨や内臓を動かすはたらきをする。

筋肉の種類

- **骨格筋《こっかくきん》**…手・足・顔などの骨についている筋肉。真ん中が膨《ふく》らんでいて，両端の骨についているところは細くなっている。この部分を**けん**という。自分の意志《いし》で動かすことができる。
  - ▶**アキレスけん**…ふくらはぎの筋肉とかかとの骨とを結びつけているけん。体内で最も太いけんである。

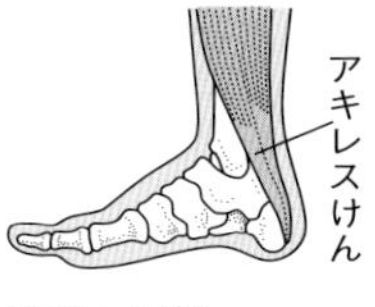

▲アキレスけん

- **内臓筋《ないぞうきん》**…食道《しょくどう》・胃《い》・腸《ちょう》などの内臓をつくっている筋肉。自分の意志とは無関係にはたらく。
- **心筋《しんきん》**…心臓をつくっている筋肉。ほかの内臓をつくっている筋肉とは違《ちが》う。

注意 肝臓《かんぞう》・すい臓《ぞう》・腎臓《じんぞう》・肺《はい》などの内臓は，筋肉でできていない。ぼうこう・血管《けっかん》・横隔膜《おうかくまく》などは筋肉でできている。

3 腕《うで》や足の曲げ方・伸《の》ばし方

☞ 骨と筋肉はどのようにはたらくか。

曲げるとき

内側の筋肉が縮《ちぢ》むことにより，骨が引っぱられて腕や足が曲がる。外側の筋肉はゆるむ。

伸ばすとき

外側の筋肉が縮むことにより，骨が外側に引っぱられ，腕や足が伸びる。このとき内側の筋肉はゆるむ。

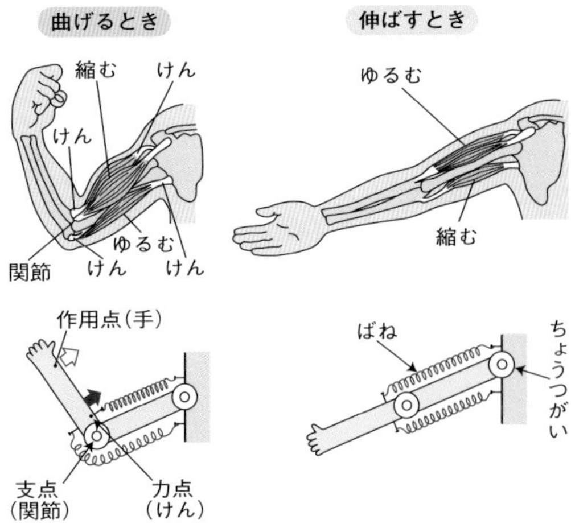

▲うでの曲げ方とのばし方

注意 筋肉の両端は別々《べつべつ》の骨についている。筋肉には，縮んで骨を引っぱるはたらきはあるが，伸びて骨を押《お》すはたらきはない。

入試ポイント	
● 腕・足を	**曲げるとき**…**内側**の筋肉が**縮み**，**外側**の筋肉は**ゆるむ**。 **伸ばすとき**…**外側**の筋肉が**縮み**，**内側**の筋肉は**ゆるむ**。

4 哺乳類《ほにゅうるい》の骨のつくり

☞哺乳類の骨格《こっかく》はどのようなつくりか。

頭骨《とうこつ》と歯のつくり

肉食動物の目は，遠近感をとりやすいように前方についている。歯は，肉を切りさけるように**犬歯《けんし》**が発達していて，臼歯《きゅうし》はギザギザになっている。

草食動物の目は，広範囲《こうはんい》が見えるように，横についている。歯は，**門《もん》歯《し》**が発達している。また，臼歯は平らになっていて，これは草をすり潰《つぶ》すのにつごうがよい。

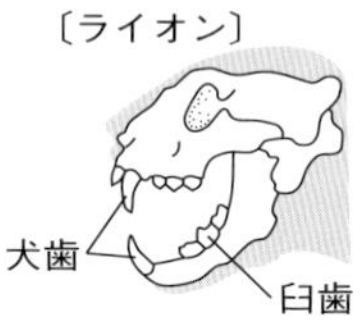

▲肉食動物の骨格

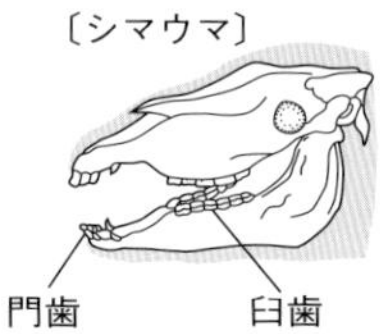

▲草食動物の骨格

全身の骨《ほね》のつくり

人以外は4本足で歩く。

人以外の動物は，人と比《くら》べて骨盤《こつばん》が小さい。また，かかとの骨も小さく，地面にかかとをつけないで歩く。

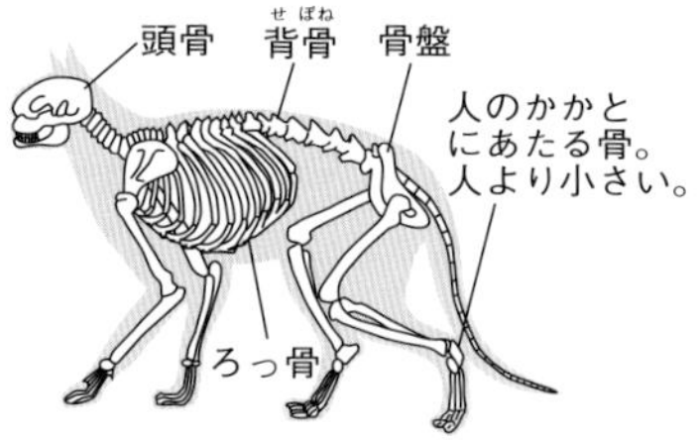

▲ネコの骨のつくり

5 目のつくりとはたらき

☞ものはどのようなしくみで見えるか。

目の各部のはたらき

- **瞳《ひとみ》**…黒目の中心にあって，光を通すところ。虹《こう》彩《さい》のはたらきで，大きさが変わる。

瞳 { **明るい**とき…**小さく**なる。 / **暗い**とき…**大きく**なる。

- **虹彩**…瞳のまわりの膜《まく》。明るさに応《おう》じて大きさを加減《かげん》し，目に入る光の量を調節するはたらきがある。
- **レンズ(水晶体《すいしょうたい》)**…凸《とつ》レンズのはたらきをして，網膜《もうまく》の上に，はっきりした像《ぞう》をつくる。レンズといってもガラスのように固《かた》いものではなく，弾力性《だんりょくせい》があり，厚《あつ》みを変えてピントをあわせる。

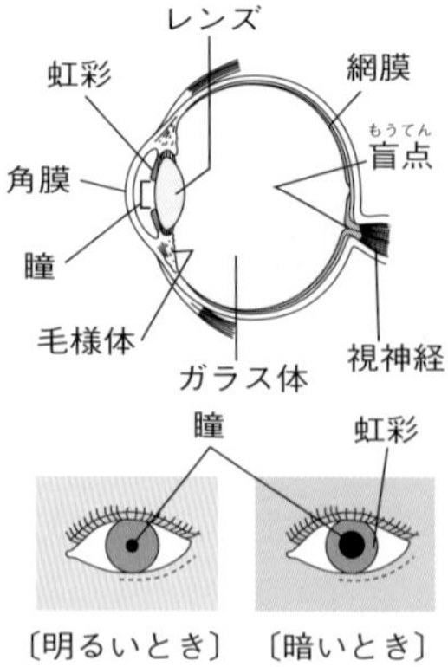

▲目のつくり

入試ポイント
- 歯のつくり { **肉食動物**…**犬歯**が発達，**臼歯**は**ギザギザ**。 / **草食動物**…**門歯**が発達，**臼歯**は**平ら**。

●**毛様体**《もうようたい》…レンズの膨《ふく》らみを変える筋肉《きんにく》。毛様体が縮《ちぢ》めば，レンズが膨らみ，毛様体がゆるめば，レンズが薄《うす》くなる。

●**網膜**…光を感じるところ。ここにできた像を，**視神経**《ししんけい》を通して**脳**《のう》へ送る。**視神経**が**網膜**をつらぬくところを**盲点**といい，ここに像ができても見えない。

ピントの合わせ方

近くのものを見るときは光が広がる割《わり》合《あい》が大きいので，レンズをふくらませ，焦点《しょうてん》距離《きょり》(→p.502)を短くする。一方，**遠くのものを見るとき**はレンズを薄くして，焦点距離を長くする。

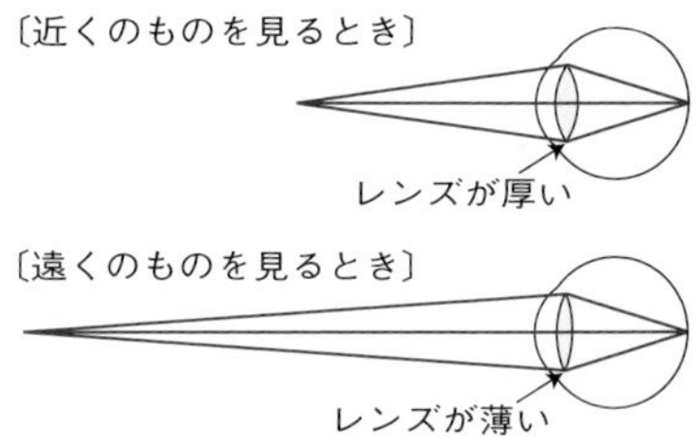

▲レンズの調節

▶**目とカメラ**…目とカメラははたらきが似《に》ている。

	目	デジタルカメラ
光を感じる	**網膜**	**画像**《がぞう》**センサー**
光の量の調節	**虹彩**	**絞**《しぼ》**り**
像をつくる	**レンズ**	**レンズ**

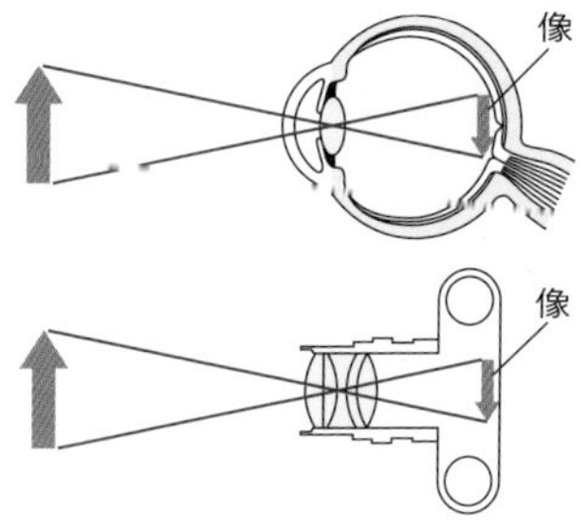

▲目とカメラ

▶ピントの合わせ方
目…レンズの**膨らみ**を変える。
カメラ…レンズの**位置**を変える。

6 耳のつくりとはたらき

☞耳はどんなしくみで音を聞くか。

●**鼓膜**《こまく》…**外耳道**《がいじどう》の奥にある膜。音を受けると震《ふる》える。

●**耳小骨**《じしょうこつ》…**鼓膜**の裏《うら》の3個の小さな骨。鼓膜の震えを**うずまき管**《かん》に伝える。

●**うずまき管**…音を感じるところ。**聴神経**《ちょうしんけい》を通じて，脳に音を伝える。

●**半規管**《はんきかん》**(三半規管**《さんはんきかん》**)**…3つの半円形の管。からだの回転を感じる。

●**耳管**《じかん》…**内耳**《ないじ》と鼻をつなぐ管。

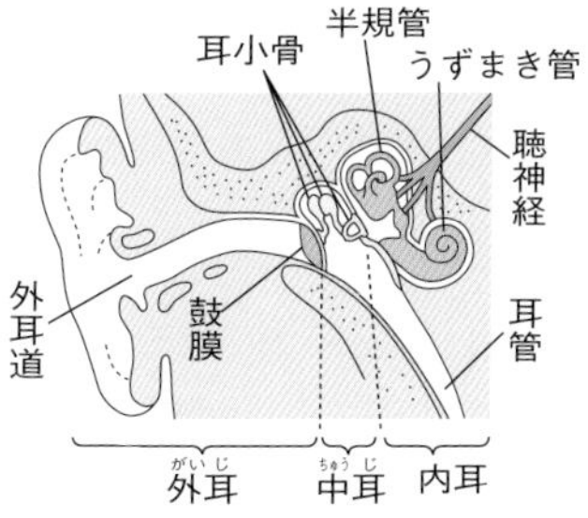

▲耳のつくり

入試ポイント
● **虹彩**…**瞳**の大きさを調節→**光の量**を調節
● **レンズ**…**近く**を見るときは**膨らみ**，**遠く**を見るときは**薄くなる**。

☑ まとめチェック

知識を整理・確認しよう！

① 骨《ほね》のつくりとはたらき

□ ① 脳《のう》を守っている骨を何というか。

□ ② 心臓《しんぞう》や肺《はい》を守っている骨を何というか。

□ ③ 多数の短い円筒形《えんとうけい》の骨が首から腰《こし》までつながってできた骨を何というか。

□ ④ 腰のところにあり，すり鉢形《ばちがた》で内臓を支《ささ》えている骨を何というか。

□ ⑤ 骨の内部で，血液《けつえき》中の成分をつくっているところを何というか。

□ ⑥ よく動く骨のつながり方を何というか。

② 筋肉《きんにく》のはたらき

□ ① 筋肉の端《はし》にある，骨についている部分を何というか。

□ ② 筋肉は，縮《ちぢ》むときと伸《の》ばすときのどちらではたらくか。

③ 腕《うで》や足の曲げ方・伸ばし方

□ ① 腕を曲げるときに縮むのはA，Bのどちらの筋肉か。

□ ② アを何というか。

□ ③ イを何というか。

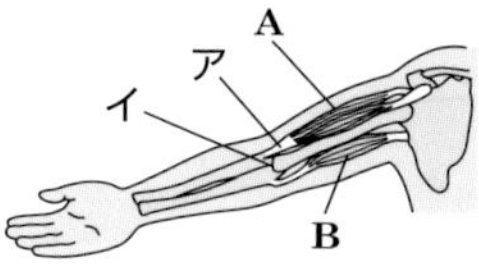

④ 哺乳類《ほにゅうるい》の骨のつくり

□ ① 草食《そうしょく》動物は，何という歯が発達しているか。2つ書け。

□ ② 肉食《にくしょく》動物は，何という歯が発達しているか。2つ書け。

□ ③ 草食動物と肉食動物で，視野《しや》が広いのはどちらか。

⑤ 目のつくりとはたらき

□ ① 目に入る光の量を調節しているのはどこか。

□ ② 目の中で，像《ぞう》がうつっているのはどこか。

□ ③ 近くのものを見るときレンズは厚《あつ》くなるか，薄《うす》くなるか。

□ ④ 暗い所では，瞳《ひとみ》は大きくなるか，小さくなるか。

⑥ 耳のつくりとはたらき

□ ① 耳のつくりで，空気の振動《しんどう》を受けとるところを何というか。

□ ② 耳は，音以外に何を感じるか。

答え

①
① 頭骨《とうこつ》
② ろっ骨《こつ》
③ 背骨《せぼね》
④ 骨盤《こつばん》
⑤ 骨髄《こつずい》
⑥ 関節《かんせつ》

②
① けん
② 縮むとき

③
① A
② けん
③ 関節

④
① 門歯《もんし》・臼歯《きゅうし》
② 犬歯《けんし》・臼歯
③ 草食動物

⑤
① 虹彩《こうさい》
② 網膜《もうまく》
③ 厚くなる
④ 大きくなる

⑥
① 鼓膜《こまく》
② からだの回転

力だめしの問題　入試標準レベル

解答➡別冊 p.19

1 右の図は，人の腕《うで》の一部を表したもので，図中の①，②は 2 つの筋肉を示《しめ》しています。次の各問いに答えなさい。

【香蘭女学校中】

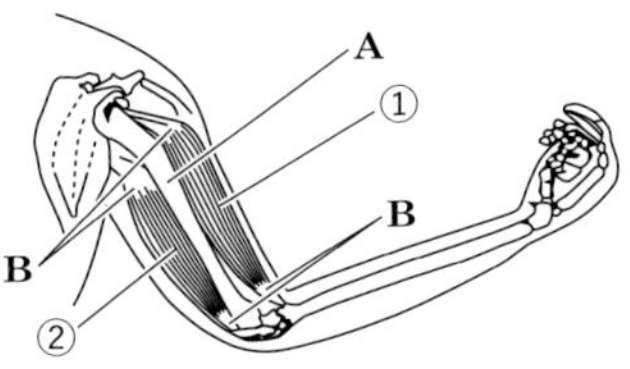

(1) 腕を力いっぱい曲げたときにできる「力こぶ」は①，②のどちらの筋肉ですか。①，②の番号で答えなさい。　(　　　)

(2) 下の文章は，曲げた腕を伸ばすときのしくみについて説明したものです。正しいものを，次から 1 つ選び，記号で答えなさい。　(　　　)

ア　①の筋肉は縮み，②の筋肉はゆるむ。
イ　①の筋肉はゆるみ，②の筋肉は縮む。
ウ　①の筋肉は縮み，②の筋肉は動かなくなる。
エ　①の筋肉も②の筋肉も動かなくなる。
オ　①の筋肉も②の筋肉も縮む。

(3) 下の文章は，図中の**A**と**B**について説明したものです。正しいものを，次から 1 つずつ選び，記号で答えなさい。　**A**(　　　)　**B**(　　　)

ア　**A**には，筋肉の動きを停止《ていし》させようとするはたらきがある。
イ　**A**には，筋肉の動きを腕全体の動きにかえるはたらきがある。
ウ　**A**には，筋肉の動きを反対向きの動きにかえるはたらきがある。
エ　**B**は，筋肉といっしょに伸び縮みする。
オ　**B**は，骨につながっているが，それ自身は伸び縮みしない。
カ　**B**は，筋肉につながっているが，骨にはつながっていない。

(4) 筋肉の動きは，筋肉についている「神経《しんけい》」によって調節されています。この神経に命令を出しているおおもとの体内器官は何ですか。　(　　　　　)

2 右の図は，人の目のつくりを表しています。

【鎌倉学園中・改】

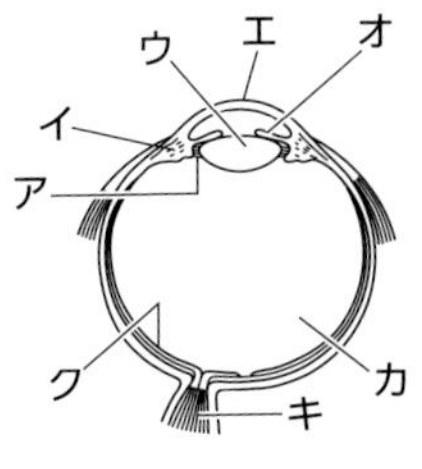

(1) 目に入る光の量を調節しているのはどこですか。図の**ア**～**ク**から選び，記号で答えなさい。また，その部分の名称《めいしょう》も答えなさい。

記号(　　　)　名称(　　　　　)

(2) 像をつくるところはどこですか。図の**ア**～**ク**から選び，記号で答えなさい。また，その部分の名称も答えなさい。　記号(　　　)　名称(　　　　　)

5 人の誕生《たんじょう》

1 男女の生殖器官《せいしょくきかん》のつくりとはたらき

☞ 男女の生殖器官はどのように違《ちが》うか。

男性の生殖器官のはたらき

● **精巣《せいそう》**…**精子《せいし》**をつくるところで，1 対ある。つくられた精子は**精《せい》のう**に一時たくわえられ，**尿道《にょうどう》**から体外に出される。精子の長さは約 **0.06 mm** で，泳いで移《い》動《どう》することができる。

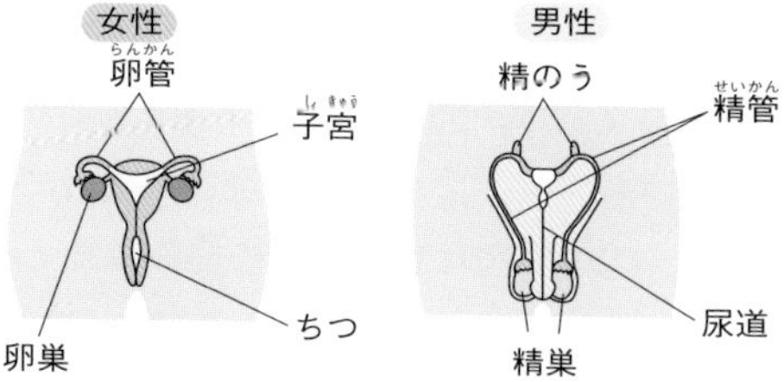

▲男女の生殖器官のつくり

女性の生殖器官のはたらき

● **卵巣《らんそう》**…**卵《らん》**(**卵子《らんし》**)をつくるところで，1 対ある。卵の大きさは直径が約 **0.14 mm** である。

● **排卵《はいらん》**…卵が卵巣から出されることを**排卵**といい，成人では，約 1 か月に 1 回起こる。

2 受精《じゅせい》

☞ 精子と卵はどこで合体するか。

● **受精**…男性の**精子**が女性の体内に入ると，精子は卵巣の近くまで泳いで行き，**卵**と合体する。これを**受精**といい，受精した卵を**受精卵《じゅせいらん》**という。

● **妊娠《にんしん》**…受精卵は約 1 週間かかって**子宮**まで送られ，子宮内に着床《ちゃくしょう》する。この後，受精卵は子宮内で成長して，やがて**胎児《たいじ》**になる。このように，母親の体内で新しい生命が育つようになることを**妊娠**という。

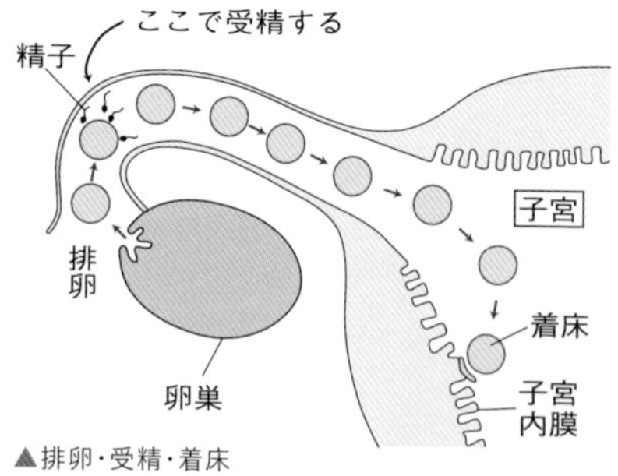

▲排卵・受精・着床

● **月経《げっけい》**…**排卵**が行《おこな》われると，卵が受精するかしないかに関係なく，**子宮**の壁《かべ》は，受精卵が着床できる状態《じょうたい》になる。卵が受精しなかった場合は，**子宮内膜《しきゅうないまく》**は剥《は》がれて，体外へ出される。これを**月経**という。

▶ **遺伝《いでん》**…親の形や性質《せいしつ》などが子に伝わることを**遺伝**という。精子は父親の遺伝《いでん》子《し》を，卵は母親の遺伝子をもっているので，受精卵，つまり子は，両親の形《けい》質《しつ》(形態《けいたい》や性質)を受けつぐのである。

入試ポイント

- 男…**精巣**で**精子**をつくる ─┐
- 女…**卵巣**で**卵**をつくる ─┘ ─ 合体(**受精**)→**受精卵**…**子宮**内で育つ

3 胎児の成長・出産

☞胎児はどこから酸素《さんそ》や栄養分《えいようぶん》をもらうか。

胎児の成長

母親の体内で育っている，うまれる前の赤ちゃんのことを**胎児**という。胎児は受精から約 266 日間，母親の子宮の中で育つ。胎児は**羊膜**《ようまく》という膜に包《つつ》まれ，**羊水**《ようすい》という液体《えきたい》の中に浮《う》いている。

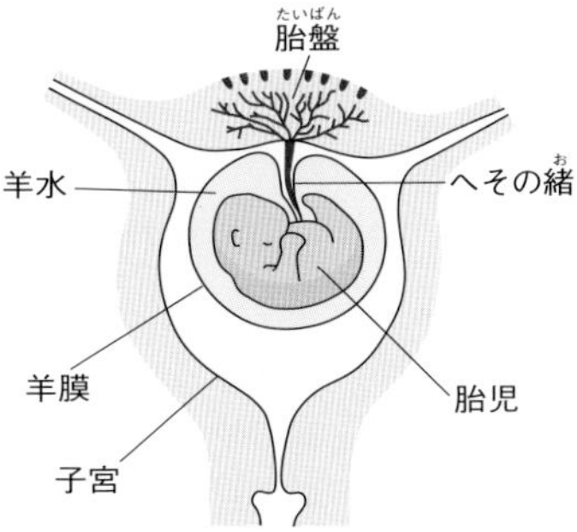

▲子宮内で育つ胎児

胎児の栄養分

胎児はまだ呼吸《こきゅう》をしたり，食べ物をとったりすることはできない。胎児は，必要な栄養分や酸素をすべて母親の血液からとり入れる。

- **胎盤**…**子宮**の壁の受精卵が着床したところは，母親の毛細血管《もうさいけっかん》と胎児の毛細血管が集まって厚《あつ》くなる。これを**胎盤**という。ここで，**栄養分**(糖《とう》・アミノ酸《さん》・脂肪《しぼう》)や**酸素**が，母親の血液から胎児の血液にとり入れられ，胎児のからだでできた**二酸化炭素**《にさんかたんそ》や**不要物**が，母親の血液にうつされる。
- **へその緒**…胎児のからだと胎盤とを結ぶ血管などを**へその緒**という。
- **体温**…胎児の体温は，母親の体内の温度と同じで，約 37℃である。

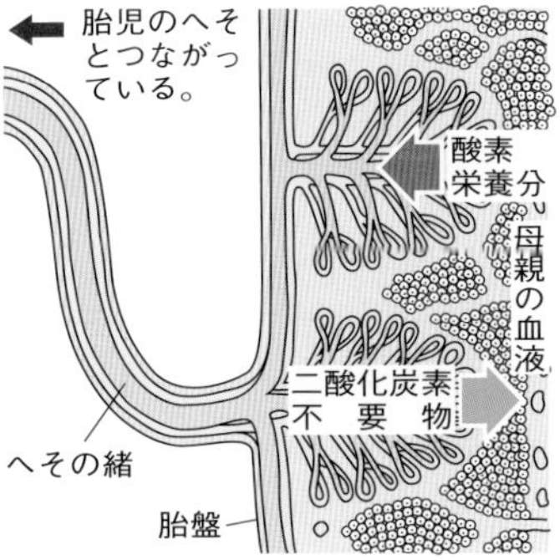

▲胎盤とへその緒

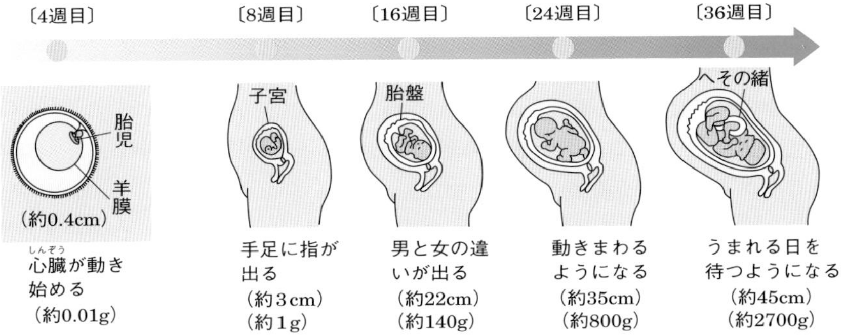

▲胎児の成長

入試ポイント

● **胎児**－(へその緒)－ { ←**酸素・栄養分**← / →**二酸化炭素・不要物**→ } **母体**

出産《しゅっさん》

受精《じゅせい》から266日(約38週)くらいたつと，胎児《たいじ》の体重は3000gほどになり，母親の体内から外へ出る。

- **出産**…羊膜《ようまく》が破《やぶ》れ，胎児は**羊水《ようすい》**とともに，子宮《しきゅう》の筋肉《きんにく》のはたらきによって，**へその緒《お》**をつけたまま，頭から先にうみ出される。
- **産声《うぶごえ》**…胎児は，母親のからだから出た瞬間《しゅんかん》に，肺《はい》に空気を吸《す》いこみ，呼吸《こきゅう》を始める。このときはじめて声を出す。この声を産声という。
- **へその緒**…胎児が呼吸を始めると，へその緒に血液が流れなくなり，へその緒が不要になるので，へその緒を切る(このあとが**へそ**となる)。
- **胎盤《たいばん》**…出産後，母親の子宮《しきゅう》は縮《ちぢ》み，不要になった胎盤などが出される。

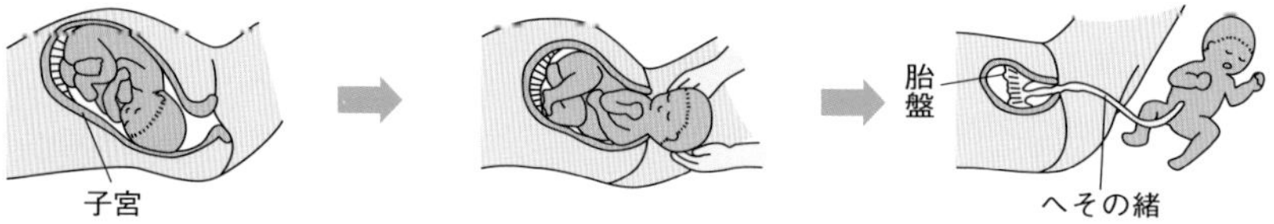

▲出産

4 人以外の生物の誕生《たんじょう》

☞ 生物はどのようにしてうまれるか。

第2次性徴《せいちょう》がはっきりしているものは外見でおすとめすの区別がつく。
例 ライオン・シカ・キジ・ニワトリ

一方，第2次性徴がはっきりしないものは生殖器官《せいしょくきかん》を調べないと，おすとめすの区別がつかない。例 ウサギ・イヌ・ネコ・ウマ

動物の受精方法と子のうまれ方

- **体外受精《たいがいじゅせい》**…めすが卵《たまご》を体外にうみ出し，体外で精子《せいし》と受精する。
  例 魚類《ぎょるい》・両生類《りょうせいるい》 **注意** サメやグッピーは体内受精をする。
- **体内受精《たいないじゅせい》**…交尾《こうび》により，おすの精子《せいし》がめすの体内に送りこまれ，受精する。
  例 は虫類《ちゅうるい》・鳥類《ちょうるい》・哺乳類《ほにゅうるい》・こん虫《ちゅう》類
- **卵生《らんせい》**…卵《たまご》でうまれる。例 魚類・両生類・は虫類・鳥類・無《む》セキツイ動物《どうぶつ》(節足《せっそく》動物・軟体《なんたい》動物など)
- **胎生《たいせい》**…子がうまれる。例 哺乳類

植物の受精

めしべについた**花粉《かふん》**から**花粉管《かふんかん》**が伸《の》び，中を**精細胞《せいさいぼう》**が通って，はいしゅの**卵細胞《らんさいぼう》**と合体する。

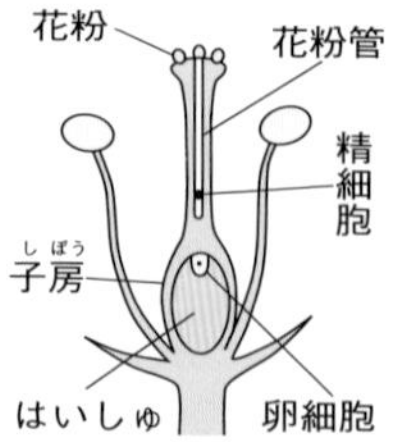

▲植物の受精

入試ポイント
- **体外受精**(魚類・両生類) **体内受精**(は虫類・鳥類・哺乳類・こん虫)
- 植物の受精…**花粉管**を通ってきた**精細胞**と**卵細胞**が受精する。

5 ニワトリの卵のつくりとはたらき

☞ニワトリの卵の中には何があるか。

- **はい**…からだに育つ部分。
- **卵黄《らんおう》**…おもな栄養分《えいようぶん》となる。
- **卵白《らんぱく》**…はいがからだに育つための栄養分となり，内部を乾燥《かんそう》から守る。
- **殻《から》**…内部の乾燥を防《ふせ》ぐ。陸上でうむ卵には，殻がある。

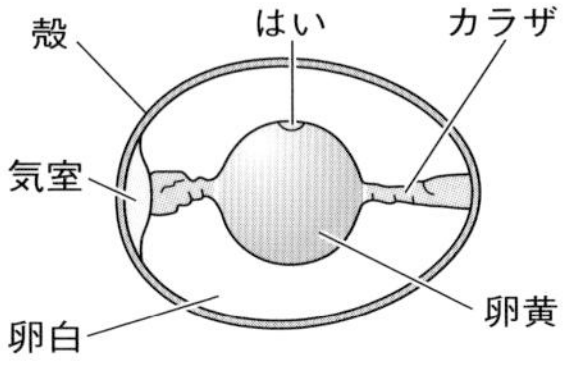

▲ニワトリの卵のつくり

- **カラザ**…衝撃《しょうげき》を和《やわ》らげ，はいがいつも上になるようにする。
- **気室《きしつ》**…中に**空気**がたまっていて，衝撃を和らげる。
- ニワトリの卵は，**38℃**であたためると，**約21日**でふ化《か》する。

6 人の進化《しんか》

☞人はどのように進化してきたのか。

- **進化**…地球上の生物が，長い時間をかけて変化してきた過程《かてい》を**進化**という。人がほかの動物に比《くら》べて大きく進化した理由は，直立歩行する(2本足で歩く)ようになったことと，脳《のう》のしめる割合《わりあい》が大きいからである。

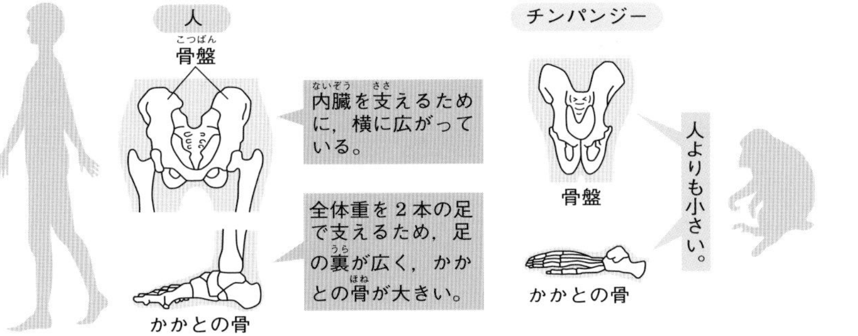

▲人とチンパンジーの骨盤・かかとの骨

▶直立歩行によって変わったこと

内臓を支えるため骨盤が横に広がっている。

また，全体重を2本の足で支えるため足の裏が広く，かかとの骨が大きい。

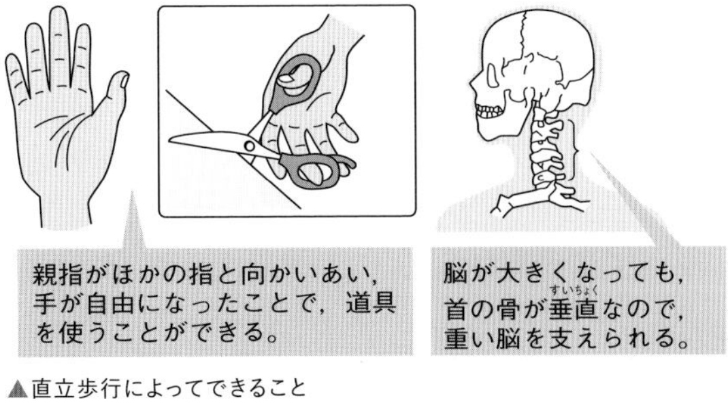

▲直立歩行によってできること

7 セキツイ動物《どうぶつ》の進化《しんか》

☞ なぜ生物が進化してきたことがわかるのか。

セキツイ動物の進化の歴史《れきし》

約5億年前に魚類《ぎょるい》が出現《しゅつげん》したのが始まりで，それまでは無《む》セキツイ動物しかいなかった。その後，陸上で生活できる動物へと進化していった。

- **魚類の出現**…約5億年前
- **魚類→両生類《りょうせいるい》**…約3億6000万年前
- **両生類→は虫類《ちゅうるい》**…約3億年前
- **両生類→哺乳類《ほにゅうるい》**…約2億年前
- **は虫類→鳥類《ちょうるい》**…約1億5000万年前

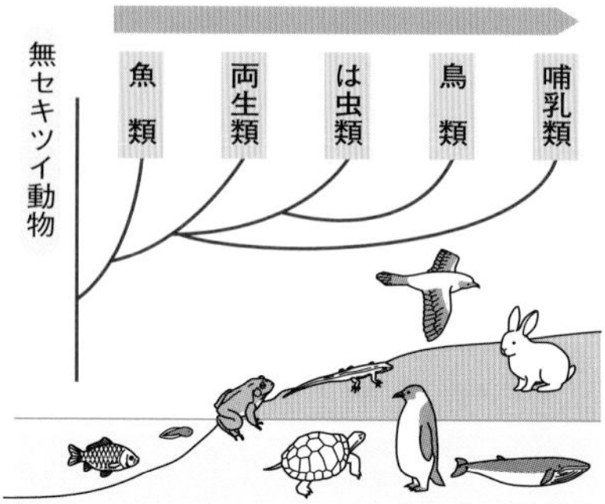

▲セキツイ動物の進化

進化の証拠《しょうこ》

シソチョウ(始祖鳥)は進化を示《しめ》す動物であり，**カモノハシ・シーラカンス・ハイギョ**はその特徴《とくちょう》から，「**生きている化石**」とよばれる。

● **シソチョウ(始祖鳥)**…約1億5000万年前の地《ち》層《そう》から化石で発見された動物である。は虫類と鳥類の両方の特徴をもっていて，鳥類がは虫類から進化したことを示す。

▶ **は虫類としての特徴**…くちばしに**歯**，**翼**《つばさ》の先に**爪**《つめ》，また，**尾の骨**があり，長い尾をもつ。

▶ **鳥類としての特徴**…**翼**があり，全身が**羽毛**《うもう》で覆《おお》われている。

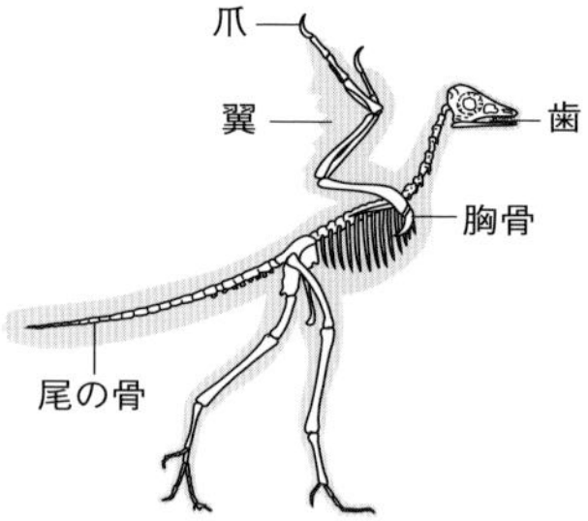

▲シソチョウの骨格

注意 飛ぶための筋肉を支える胸骨《きょうこつ》があるが鳥類ほど発達しておらず，飛べなかったと考えられる。

● **カモノハシ**…は虫類と哺乳類の両方の特徴をもっている(子に乳《ちち》をあたえるので，哺乳類に分類されている)。

▶ **は虫類としての特徴**…**卵生**《らんせい》である(卵《たまご》をうむ)。

▶ **哺乳類としての特徴**…全身は**毛**《け》で覆《おお》われ，子に乳をあたえて育てる。

注意 鳥類のような特徴(カモのようなくちばし，水かきのある足)ももつ。

● **シーラカンス**…初めて水中から陸上に上がった魚類のなかまの子孫と考えられている(シーラカンスは陸上に上がらない)。約4億年前からほとんどからだのつくりが変わっていないと考えられ，「生きている化石」とよばれている。

入試ポイント
- **魚類→両生類→(は虫類→鳥類)・哺乳類**
- **シソチョウ**は**は虫類**と**鳥類**の両方の特徴をもつ。

● **ハイギョ**…肺《はい》の機能《きのう》があるうきぶくろをもっていて，敵《てき》から陸上に逃げたときや水が干上《ひあ》がったときなど，このうきぶくろ(肺)で呼吸《こきゅう》する。

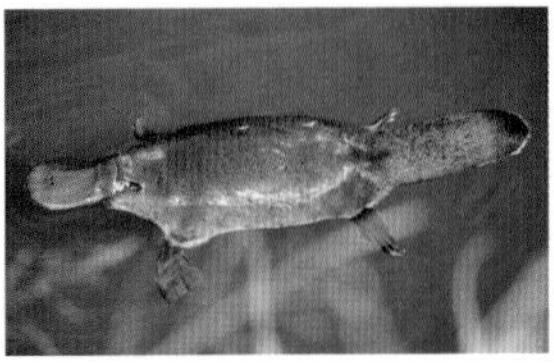

▲カモノハシ

▲シーラカンス

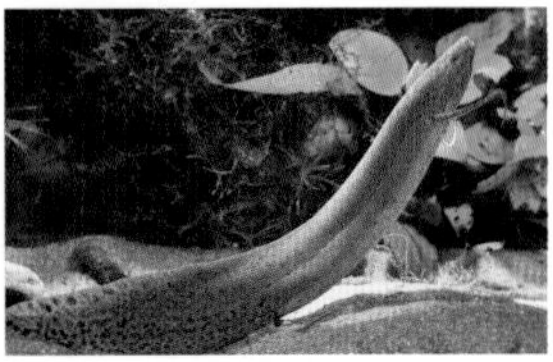

▲ハイギョ

● **相同器官《そうどうきかん》**…形やはたらきが違《ちが》っていても，同じつくりから進化したと考えられる器官を**相同器官**という。セキツイ動物の前足や翼は，大昔の魚類の胸びれから進化したものと考えられている。

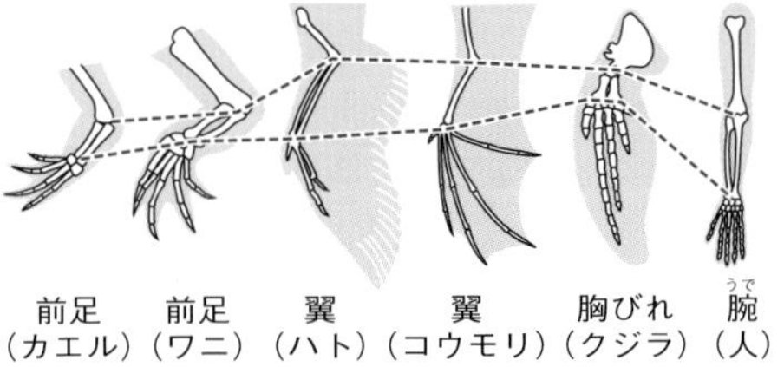

▲相同器官の例

● **相似器官《そうじきかん》**…異《こと》なるものから進化したものであるが，つくりやはたらきが似《に》ている器官を**相似器官**という。

例 こん虫《ちゅう》のはね(表皮《ひょうひ》から進化)と鳥類の翼(前足から進化)

受精《じゅせい》して間もないころのすがたはどのなかまも似ていて，哺乳類・鳥類にも尾が見られる。これは，共通の祖先《そせん》から進化したことを示している。

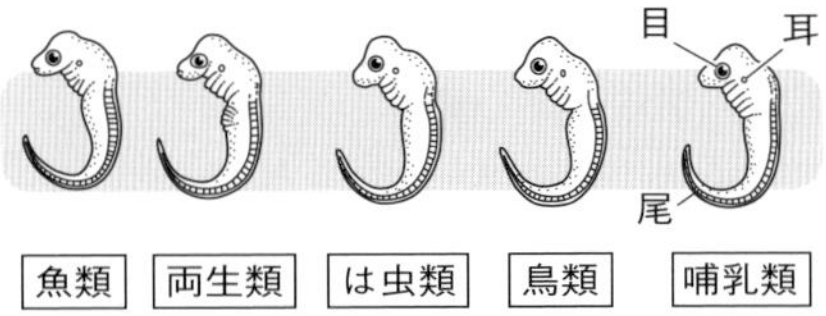

▲受精して間もないころのセキツイ動物のすがた

8 植物の進化

☞ 植物はどのように進化してきたか。

地球上に最初に出現した植物の祖先は藻類《そうるい》(藍藻類《らんそうるい》)である。

藻類→コケ植物→シダ植物→裸子《らし》植物→被子《ひし》植物の順で進化してきた。

また，陸上で生活できる植物が出現したのは，動物より先であった。

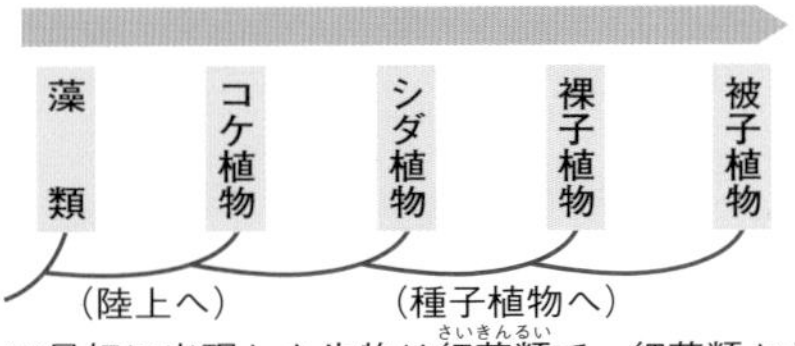

※最初に出現した生物は細菌類《さいきんるい》で，細菌類から菌類《きんるい》に進化し，菌類から藻類へ進化した。

▲植物の進化

入試ポイント

- セキツイ動物の**前足**は，魚類の**胸びれ**が進化したもの。
- **藻類 → コケ植物 → シダ植物 → 裸子植物 → 被子植物**

☑ まとめチェック

知識を整理・確認しよう！

① 男女の生殖器官《せいしょくきかん》のつくりとはたらき

- □ ① 卵《らん》(卵子《らんし》)をつくるところを何というか。
- □ ② 精子《せいし》をつくるところを何というか。
- □ ③ 人の卵の直径は約何mmか。
- □ ④ 人の精子の長さは約何mmか。

② 受精《じゅせい》

- □ ① 精子と卵が合体することを何というか。
- □ ② ①でできた新しい細胞《さいぼう》を何というか。
- □ ③ ①は，女性の体内のどこで行われるか。
- □ ④ ②が③を通って子宮の壁《かべ》に着くことを何というか。

③ 胎児《たいじ》の成長・出産

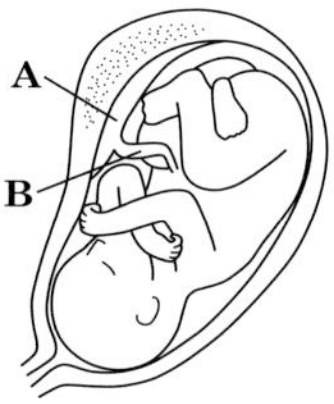

- □ ① 胎児が育っている部屋を何というか。
- □ ② ①の部屋を満たしている液体《えきたい》を何というか。
- □ ③ **A**を何というか。
- □ ④ **B**を何というか。
- □ ⑤ **A**，**B**を通して，母親から胎児へ栄養分《えいようぶん》と何が送られるか。
- □ ⑥ **A**，**B**を通して，胎児から母親へ送り返される気体は何か。
- □ ⑦ 胎児の肺《はい》や小腸《しょうちょう》ははたらいているか。
- □ ⑧ 胎児の心臓《しんぞう》ははたらいているか。
- □ ⑨ 受精後，約何日でうまれてくるか。
- □ ⑩ うみ出されたときの子どもの平均《へいきん》身長は約何cmか。
- □ ⑪ うみ出されたときの子どもの平均体重は約何gか。

④ 生物の誕生《たんじょう》

- □ ① セキツイ動物で，体外受精《たいがいじゅせい》をするのは魚類と何類か。
- □ ② こん虫《ちゅう》は，体内受精《たいないじゅせい》を行うか，体外受精を行うか。
- □ ③ 受粉《じゅふん》後，花粉《かふん》から伸《の》びてくる管を何というか。
- □ ④ ニワトリの卵《たまご》で，からだに育つ部分を何というか。

⑤ 進化《しんか》

- □ ① 人の歩き方は，ほかの動物とどう違《ちが》うか。
- □ ② シソチョウは鳥類と何類の特徴《とくちょう》をもつか。

答え

①

① 卵巣《らんそう》
② 精巣《せいそう》
③ 0.14mm
④ 0.06mm

②

① 受精
② 受精卵《じゅせいらん》
③ 卵管《らんかん》
④ 着床《ちゃくしょう》

③

① 子宮《しきゅう》
② 羊水《ようすい》
③ 胎盤《たいばん》
④ へその緒《お》
⑤ 酸素《さんそ》
⑥ 二酸化炭素《にさんかたんそ》
⑦ はたらいていない
⑧ はたらいている
⑨ 266日
⑩ 50cm
⑪ 3000g

④

① 両生類《りょうせいるい》
② 体内受精
③ 花粉管《かふんかん》
④ はい

⑤

① 二足歩行をする
② は虫類《ちゅうるい》

力だめしの問題 入試標準レベル

解答➡別冊p.19

1 次の文章は，人の誕生について説明したものです。あとの問いに答えなさい。 【近畿大附中】

図1

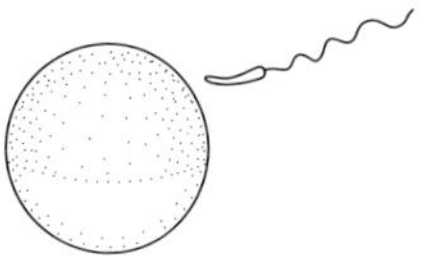

図2

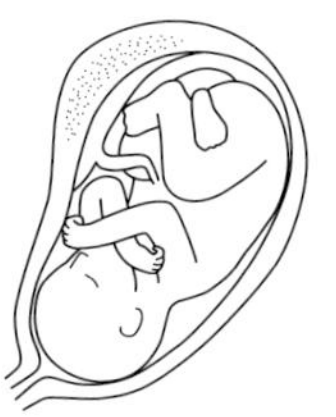

男性のからだでは，$_{A}$精巣で（　あ　）がつくられる。また，女性のからだでは，$_{B}$卵巣で（　い　）がつくられる。図1のように，この（　あ　）と（　い　）は，合体し（　う　）になり，$_{C}$卵管の中を（　え　）に向かって移《い》動《どう》する。（　う　）が（　え　）の壁にひっつくことによって，妊娠《にんしん》が成立する。この後のうまれてくるまでの期間，子どもは（　お　）とよばれる。図2のように（　え　）の中では，（　お　）は（　か　）という液体に守られている。また，（　お　）のへそと母親は（　き　）でつながっており，ここから栄養分などが（　お　）に送られる。また，（　き　）は（　く　）という部分とつながっていて，この（　く　）で母親の血液《けつえき》から栄養分などが（　お　）の血液にわたされる。こうして約（　け　）週間かけて成長した子どもは身長約（　こ　）cm，体重約（　さ　）kgの大きさまで大きくなり，誕生してくる。

(1) 文章中の（　あ　）～（　さ　）にあてはまることばや数字を答えなさい。

あ（　　　）　い（　　　）　う（　　　）　え（　　　）
お（　　　）　か（　　　）　き（　　　）　く（　　　）
け（　　　）　こ（　　　）　さ（　　　）

(2) 図3は，男性と女性のからだの一部を表したものです。文章中の下線部A～Cにあてはまる部分を，ア～カからそれぞれ1つずつ選び，記号で答えなさい。

A（　　）　B（　　）　C（　　）

図3

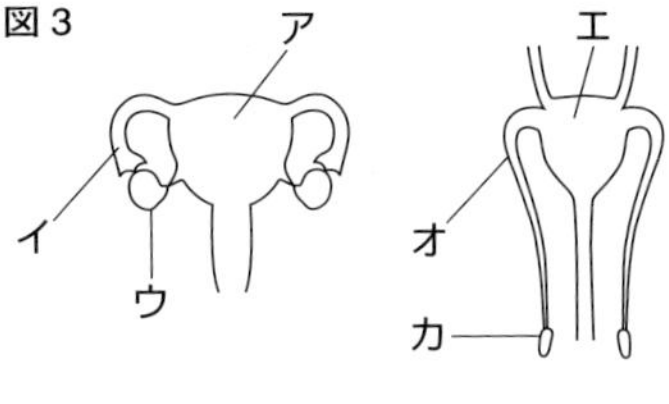

(3) 母親の体内にいる赤ちゃんが呼吸《こきゅう》することによって出した二酸化炭素は，どのようになりますか。文章中のことばを使って簡単《かんたん》に答えなさい。

（　　　　　　　　　　　　　　　　）

(4) 人と同じように，母親の体内で子どもを大きくする生物は次のうちどれですか。ア～コからすべて選び，記号で答えなさい。（　　　　）

ア　ペンギン　　イ　カメ　　ウ　イルカ　　エ　カマキリ
オ　ダチョウ　　カ　モグラ　　キ　サメ　　ク　ゾウ
ケ　マグロ　　コ　カエル

(5) (4)のような生物をまとめて何類とよんでいますか。名前を答えなさい。

（　　　　　）

2 次の文章で，間違《まちが》いをふくんでいる文章を1つ選び，記号で答えなさい。

【共栄学園中】

（　　）

ア　男性《だんせい》の精子《せいし》と女性の卵《らん》が結合することを受精《じゅせい》といい，1つの卵にいくつもの精子が結合する。

イ　人の場合，受精した卵は女性の子宮《しきゅう》で育つ。

ウ　人の場合，受精から約38週で赤ちゃんが誕生《たんじょう》する。

エ　胎児《たいじ》にはへその緒《お》という管がついていて，母親の子宮にある胎盤《たいばん》とつながっている。

オ　へその緒を通って，栄養分《えいようぶん》や酸素《さんそ》などが母親から胎児に送られる。

3 人の子どもは，子宮の中で成長して，受精後，約38週でうまれ出てきます。子どもの成長における次の①～③は，どのような順で起こりますか。起こる順に並《なら》べなさい。

【ノートルダム清心中・改】

（　　→　　→　　）

①　目や耳ができる。　　②　男性か女性かが区別できるようになる。

③　心臓《しんぞう》が動き始める。

4 動物のからだのつくりについて，次の問いに答えなさい。　【星野学園中】

(1) 人間の前あし（腕《うで》と手）と骨《ほね》のつくりが似《に》ているものはどれですか。次からすべて選び，記号で答えなさい。　（　　）

ア　イヌの前あし　　イ　チョウの前ばね　　ウ　コウモリのはね

エ　カニのはさみ　　オ　アシカの前ひれ

(2) 次のア～オの文は，哺乳類《ほにゅうるい》の特徴《とくちょう》について述《の》べたものです。人間やサルのなかまだけに共通にみられる特徴を2つ選び，記号で答えなさい。

（　　）（　　）

ア　親指をほかの指と向き合わせることができる。

イ　外の温度が変化しても，体温を一定に保《たも》つことができる。

ウ　両眼《りょうめ》が顔の正面についている。

エ　子を子宮の中で成長させてからうむ。

オ　肩《かた》を自由にまわすことができる。

5 人の誕生について，次の文を読み，あとの問いに答えなさい。

【麹町学園女子中】

人のからだは,「細胞《さいぼう》」というとても小さな粒《つぶ》のようなものが,ぎっしりと集まってできています。

人の誕生のしくみは，次のようになっています。

まず，母親のからだの中でつくられる(　①　)と父親のからだの中でつくられる(　②　)が合体して，受精卵《じゅせいらん》ができます。この①，②，そして合わさってできた受精卵もやはり細胞です。

次に，この受精卵が母親の(　③　)の中で成長していきます。

受精卵は１個《こ》の細胞ですが，(　③　)の中で分裂《ぶんれつ》をくり返すことで，たくさんの細胞が生まれ，からだがつくられていきます。

母親のからだの中にいるときの，子どもを(　④　)といいます。

下の図は，母親のからだの中で，(　④　)が成長し，産まれてくるまでの様子《ようす》を表しています。

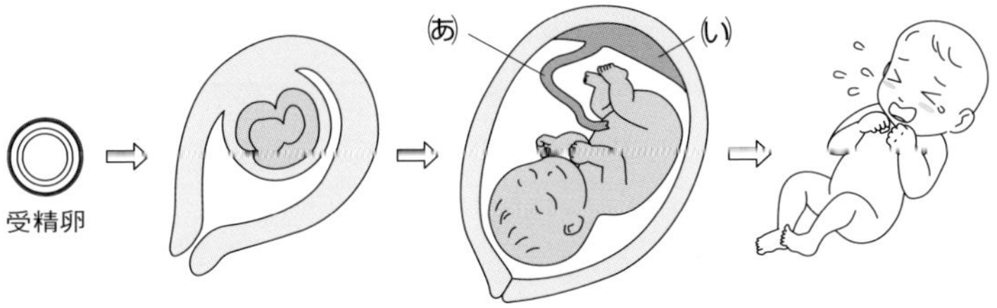

⑴ 文章中の空欄《くうらん》①～④に入る適当《てきとう》なことばを，それぞれ答えなさい。

①(　　　　　)　②(　　　　　)　③(　　　　　)　④(　　　　　)

⑵ 人の受精卵の直径は，どのくらいの大きさですか。次から選び，記号で答えなさい。　(　　　　　)

ア　0.14mm　　イ　3.0mm　　ウ　1.4cm　　エ　3.0cm

⑶ 図中の㋐，㋑は，それぞれ何ですか。

㋐(　　　　　)　㋑(　　　　　)

⑷ 人の子どもは，母親のからだの中で，何という液体《えきたい》の中で育ちますか。

(　　　　　)

⑸ 図中の㋐には，母親と子どもとの間でやりとりされるものが流れています。次の**A**，**B**それぞれについて，正しいものを下のア～エから選び，記号で答えなさい。　**A**(　　　)　**B**(　　　)

A：母親から子どもへ移動《いどう》するもの　　**B**：子どもから母親へ移動するもの

ア　栄養分《えいようぶん》　　イ　からだにとっていらないもの　　ウ　乳《ちち》　　エ　血液《けつえき》

チャレンジ問題 入試発展レベル

解答➡別冊 p.20

★は最高レベル

1 次の文章を読んで，あとの問いに答えなさい。

人のからだは 1さまざまな物質《ぶっしつ》からつくられています。人が日々生活する中で，からだをつくる物質は，古くなったり，傷《きず》ついたり，あるいは，人が成長したりすることにより，つねに古いものから新しいものへつくり変えられています。そして，その材料は食べ物からとり入れられています。2口から入った食べ物は，からだの中を通って必要なものが吸収《きゅうしゅう》され，やがてはこう門《もん》からふんとして捨《す》てられます。 【帝塚山中】

⑴ 下線部 1 について，人のからだをつくる物質のなかで最も大きい割合《わりあい》をしめているものは何ですか。次から最も適当《てきとう》なものを選び，記号で答えなさい。
（　　）

ア 水　　イ たんぱく質《しつ》　　ウ 脂肪《しぼう》　　エ 炭水化物《たんすいかぶつ》

⑵ 下線部 2 について，

① 口からこう門までの食べ物の通り道を何といいますか。（　　　　）

② 食べ物の通り道を口から順に並《なら》びかえて，記号で答えなさい。

口→（　　　　　　　　　　）→こう門

口→（ア 胃《い》　イ 十二指腸《じゅうにしちょう》　ウ 大腸《だいちょう》　エ 心臓《しんぞう》
オ 食道《しょくどう》　カ 小腸《しょうちょう》　キ 肝臓《かんぞう》）→こう門

③ 食べ物の通り道のなかで，栄養分《えいようぶん》を吸収するのはおもにどこですか。②のア～キから最も適当なものを選び，記号で答えなさい。（　　）

⑶ だ液《えき》のはたらきを調べるために，次の実験を行《おこな》いました。

〈実験 1〉 6 本の試験管《しけんかん》を用意し，表のようにでんぷんのりを 5mL（ミリリットル）と，だ液または水を 2mL 入れて，水を入れたビーカーでそれぞれ 0℃，40℃，90℃に保《たも》ちました。一定時間後，それぞれの試験管から液《えき》をとり出し，ヨウ素反応《そはんのう》を調べました。その結果，試験管Cだけが，ヨウ素反応が見られませんでした。

試験管	A	B	C	D	E	F
加えた液体	でんぷんのり	でんぷんのり	でんぷんのり	でんぷんのり	でんぷんのり	でんぷんのり
	だ液	水	だ液	水	だ液	水
温度	0℃		40℃		90℃	

〈実験 2〉 次に，試験管A，B，E，Fの温度を 40℃にし，一定時間後，再《ふたた》びヨウ素反応を調べたところ，試験管Aだけが，ヨウ素反応が見られませんでした。

① 〈実験 1〉で，水を入れた試験管を用意するのはなぜですか。次から最も適当なものを選び，記号で答えなさい。　(　　　)

ア　だ液を入れた試験管と比較《ひかく》するため。

イ　ビーカーの温度変化を防ぐため。

ウ　ヨウ素反応をわかりやすくするため。

★ ② 〈実験 1〉〈実験 2〉の結果について説明した文として，正しいものを次からすべて選び，記号で答えなさい。　(　　　)

ア　だ液は 90℃でははたらかない。

イ　だ液はでんぷんを糖《とう》に変える。

ウ　だ液は一度 90℃にすると，そのはたらきを失う。

エ　だ液は一度 0℃にすると，そのはたらきを失う。

2 次の文章を読んで，(　①　)～(　⑨　)に最も適する語を，それぞれあとのア～ネから選び，記号で答えなさい。　【ラ・サール中】

①(　　　)　②(　　　)　③(　　　)　④(　　　)　⑤(　　　)

⑥(　　　)　⑦(　　　)　⑧(　　　)　⑨(　　　)

人は，食物を食べ，食物の栄養分や(　①　)を吸収し，生命活動に利用する。食物は口から入り，口の中の上下の(　②　)により細かく砕《くだ》かれ，(　③　)と混《ま》ぜられる。(　③　)と混ぜられた食物は，食道を通って胃に運ばれる。胃は(　④　)と食物を混ぜる。(　④　)と混ぜられた食物は，(　⑤　)に少しずつ運ばれ，すい液《えき》，胆汁《たんじゅう》，腸液《ちょうえき》と混ぜられる。

口から食道，胃，(　⑤　)，大腸，こう門までの，食物の通り道を(　⑥　)管といい，(　⑥　)管に出される(　③　)，(　④　)，すい液，胆汁，腸液などを(　⑥　)液という。(　⑥　)液のはたらきにより，食物にふくまれる(　⑦　)は最終的にぶどう糖《とう》に，(　⑧　)は最終的にアミノ酸《さん》に，(　⑨　)は最終的に(　⑨　)酸とモノグリセリドに分解される。(　⑥　)された栄養分は(　⑤　)のひだの表面から吸収される。吸収されなかったものは，大腸《だいちょう》に送られる。大腸ではおもに(　①　)が吸収され，残ったものは便となってこう門から排出《はいしゅつ》される。

ア　筋肉《きんにく》	イ　軟骨《なんこつ》	ウ　歯	エ　だ液
オ　胃液	カ　リパーゼ	キ　アミラーゼ	ク　マルターゼ
ケ　ペプシン	コ　トリプシン	サ　気管	シ　腎臓《じんぞう》
ス　心臓	セ　小腸	ソ　肝臓	タ　盲腸《もうちょう》
チ　胆《たん》のう	ツ　殺菌《さっきん》	テ　消化《しょうか》	ト　たんぱく質《しつ》
ナ　脂肪	ニ　でんぷん	ヌ　カロテン	ネ　水分

3 **動物は生きるために呼吸《こきゅう》をしています。陸上にすむ人やイヌは肺《はい》で呼吸しますが，水の中にすむイワシやフナはえらで呼吸します。次の問いに答えなさい。**

【奈良学園中】

⑴ 次の①～⑤の文の内容《ないよう》が肺だけにあてはまるならば**A**を，えらだけにあてはまるならば**B**を，肺とえらの両方にあてはまるならば**C**を書きなさい。肺にもえらにもあてはまらないならば×を書きなさい。

①(　　　)　②(　　　)　③(　　　)　④(　　　)　⑤(　　　)

① からだに酸素《さんそ》をとり入れ，二酸化炭素《にさんかたんそ》をからだから排出《はいしゅつ》するところである。

② 表面にはとても細かい血管がはりめぐらされている。

③ 腹部《ふくぶ》に開いた穴《あな》から空気をからだの中にとり入れ，その穴につながる管は体中に広がっている。

④ 枝《えだ》分かれした管の先にたくさんの小さな袋《ふくろ》がある。

⑤ くしの歯を広げたような構造《こうぞう》のものが何枚《なんまい》も重なっている。

⑵ 人やイヌがはく息の中で，吸《す》う息(まわりの空気)と比《くら》べて，増《ふ》えているものは二酸化炭素と何ですか。1つ答えなさい。　(　　　　)

⑶ 肺やえらにはどこから血液が流れてきて，どこへ送られていきますか。次の**ア**～**カ**から正しいものを2つ選び，記号で答えなさい。　(　　)(　　)

ア　肺への血液は心臓《しんぞう》から送られてきて，肺からの血液は心臓へ送られる。

イ　肺への血液はからだの各部分から送られてきて，肺からの血液は心臓へ送られる。

ウ　肺への血液は心臓から送られてきて，肺からの血液はからだの各部分へ送られる。

エ　えらへの血液は心臓から送られてきて，えらからの血液は心臓へ送られる。

オ　えらへの血液はからだの各部分から送られてきて，えらからの血液は心臓へ送られる。

カ　えらへの血液は心臓から送られてきて，えらからの血液はからだの各部分へ送られる。

⑷ クジラの呼吸について書いてある次の**ア**～**エ**から正しいものを1つ選び，記号で答えなさい。　(　　)

ア　クジラはえらで呼吸する。

イ　クジラは肺で呼吸する。

ウ　クジラは肺でもえらでも呼吸する。

エ　クジラには肺もえらもなく，皮膚《ひふ》で呼吸する。

★ **4** **次の文を読んで，問いに答えなさい。ただし，記号Lはリットルです。**【灘中】

人がはく空気(呼気《こき》)にふくまれる二酸化炭素の体積の割合《わりあい》を決めるために，以下の**〈実験 1〉**～**〈実験 4〉**を行《おこな》った。実験から得《え》られた結果と，人が吸《きゅう》う空気(吸気《き》)にふくまれる二酸化炭素の体積の割合を比較《ひかく》した。なお，呼気中から水蒸気《すいじょうき》をとり除いたあとの混合気体には窒素《ちっそ》と酸素と二酸化炭素だけがふくまれており，この混合気体を**X**とする。一方，吸気にふくまれている気体の体積の割合を調べた結果は次のとおりである。ただし，気体の体積の測定《そくてい》はつねに一定の条件《じょうけん》で行った。

吸気中の気体の割合…窒素　74.2%　酸素　19.6%
二酸化炭素　0.03%　水蒸気　6.17%

〈実験 1〉 5Lの**X**をある濃《こ》さの石灰水《せっかいすい》(**A**液《えき》)1Lに通したところ白濁《はくだく》したので，沈殿《ちんでん》するまでしばらく放置し，透明《とうめい》な上澄《うわず》み液《えき》(**B**液)から $50\,cm^3$ をとり出した。これにある濃《こ》さの塩酸《えんさん》(**C**液)$40\,cm^3$ を加えたとき，その水溶液《すいようえき》は石灰水と塩酸のどちらの性質《せいしつ》も示《しめ》さない中性《ちゅうせい》の水溶液になった。**A**液の中を通過《つうか》して出てきた気体から水蒸気をとり除《のぞ》いたあとの気体(**Y**とする)を集め，その体積を測定した。

〈実験 2〉 〈実験 1〉とは別の5Lの**X**中でろうそくを燃《も》やすと酸素はすべて二酸化炭素と水蒸気になり，**X**とは異《こと》なる混合気体が得《え》られた。その気体を**A**液1Lに通した。このとき，混合気体中の二酸化炭素はすべて**A**液に吸収されて白濁した。**A**液の中を通過して出てきた気体から水蒸気をとり除いたあとの気体(**Z**とする)を集め，その体積を測定した。

気体**Y**と気体**Z**の体積の差は0.85Lであった。

〈実験 3〉 $10\,cm^3$ の**A**液に $10\,cm^3$ の**C**液を加えると，できた水溶液は中性になった。

〈実験 4〉 $100\,cm^3$ の**A**液に $110\,cm^3$ の二酸化炭素を通すと，**A**液のすべてがちょうど反応し，水溶液は中性になった。

(1) **B**液の石灰水の濃さは**A**液の石灰水の濃さの何倍ですか。（　　　）

(2) 5Lの**X**中に二酸化炭素は何Lふくまれていますか。（　　　）

(3) 5Lの**X**中に窒素は何Lふくまれていますか。（　　　）

(4) 吸気中の水蒸気をとり除いたあとの混合気体にふくまれている二酸化炭素の体積の割合は何%ですか。小数第4位を四捨五入《ししゃごにゅう》して答えなさい。
（　　　）

(5) **X**中の二酸化炭素の体積の割合は，(4)で求めた値《あたい》の何倍になりますか。四捨五入して整数で答えなさい。（　　　）

⑹ 呼気《こき》中の二酸化炭素の体積の割合《わりあい》が吸気《きゅうき》中のそれに比《くら》べてかなり大きくなるのはなぜですか。おもな理由を25字以内で答えなさい。

( )

5 **不適切《ふてきせつ》な食事や運動習慣《しゅうかん》の問題から，大人だけでなく子どもにもメタボリックシンドローム(メタボ)が増《ふ》えています。子どもの頃《ころ》に生活習慣を改善《かいぜん》しないと，大人になったときに動脈硬化《どうみゃくこうか》などの病気に早く進行する危険性《きけんせい》があります。メタボと食べ物の消化《しょうか》について，次の問いに答えなさい。** 【関西大一中】

⑴ メタボリックシンドローム(メタボ)の診断《しんだん》の基準《きじゅん》として，腹囲《ふくい》(腹《はら》のまわりの長さ)(cm)の大きさがあります。成人(大人)の男性《だんせい》では，85cm以上です。小学生では何cm以上ですか。最も適当《てきとう》なものを次から選び，記号で答えなさい。 ( )

ア 65　イ 70　ウ 75　エ 80

⑵ 図は，人のからだの器官《きかん》や血《けっ》管《かん》のつながりをかいたものです。ただし，→は，血管と血《けつ》液《えき》の流れる方向を示《しめ》しています。

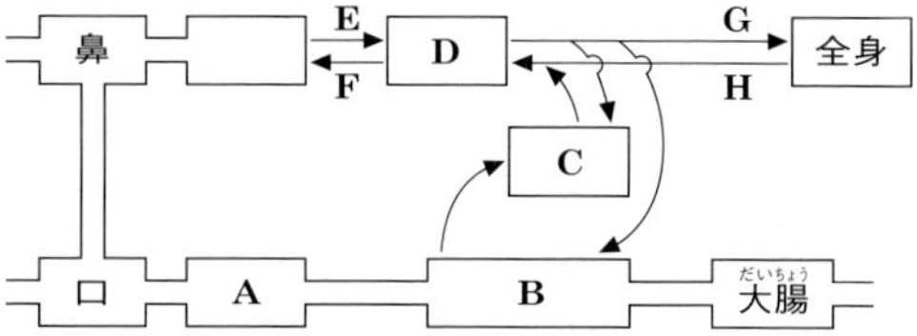

① 図のBとDにあてはまる最も適当な語句を次から選び，それぞれ記号で答えなさい。 B( ) D( )

ア 脳《のう》　イ 肝臓《かんぞう》　ウ 小腸《しょうちょう》　エ 肺《はい》

オ 胃《い》　カ 心臓《しんぞう》　キ 腎臓《じんぞう》

② 図のE，F，G，Hで，動脈《どうみゃく》をすべて記号で答えなさい。 ( )

③ 食べ物が図のAに運ばれる前に，一部がすでに消化液《しょうかえき》で消化されています。Aに運ばれる前に一部が消化されている物質《ぶっしつ》として最も適当なものを次から選び，記号で答えなさい。 ( )

ア 脂肪《しぼう》　イ ビタミン　ウ たんぱく質《しつ》　エ でんぷん

④ 吸収《きゅうしゅう》された栄養分《えいようぶん》の一部は，図のCでたくわえられます。しかし，吸収された栄養分が多すぎたときは，おもにどのような物質で，からだの中にたくわえますか。最も適当なものを次から選び，記号で答えなさい。

( )

ア 脂肪　イ アルコール　ウ たんぱく質　エ でんぷん

6 **下の図は，腎臓のつくりを表したものです。あとの問いに答えなさい。**

【実践女子学園中】

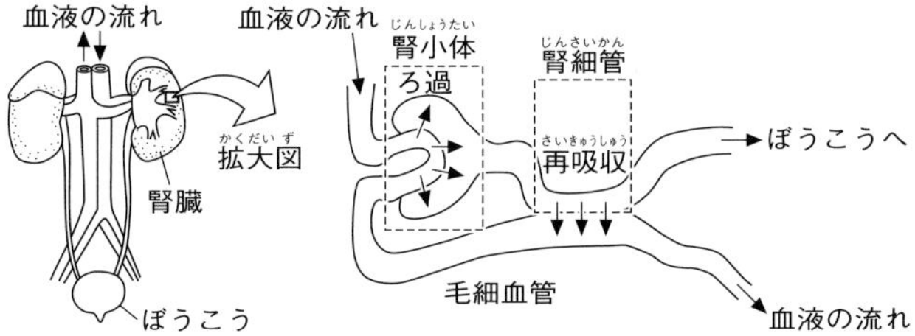

腎臓は，血液中から尿素《にょうそ》などの不要物をこし出し，尿《にょう》をつくる器官です。

腎臓のつくりのうち，腎小体とよばれる部分で血液の成分である水やぶどう糖《とう》，尿素，塩分などの物質が血管からこし出され，尿のもとである原尿《げんにょう》がつくられます。原尿が腎細管を通っていくとき，こし出された物質のうちからだに必要なものは血管の中に再吸収されます。このとき，水のほとんどは再吸収されますが，再吸収されなかった分の水とその他の不要物が尿となって，腎臓からぼうこうに送り出されます。

腎臓でこし出される液量や再吸収される液量を知るために，こし出されるが再吸収されない物質，たとえばイヌリンという物質を静脈《じょうみゃく》中に注射《ちゅうしゃ》し，数分たって血液中のイヌリンの濃度《のうど》が一定になってから，血液と原尿，尿をとり出し，表のような成分を比較《ひかく》しました。

血液にふくまれている不要物が，血液中に比べて，尿中では何倍濃《こ》くなったのかを濃縮率《のうしゅくりつ》といい，濃縮率は，(濃縮率)＝(尿中の濃度)÷(血液中の濃度)の式から求められます。また，こし出された血液の量は，イヌリンの濃縮率と尿量から，(こし出された血液の量)＝(濃縮率)×(尿量)　と求めることができます。

尿量と，血液・原尿・尿中の成分

成　分	血液	原尿	尿
5分間に採取した尿量(mL)	−	−	5.0
ぶどう糖濃度(mg/mL)	1.0	1.0	(あ)
尿素濃度(mg/mL)	0.3	0.3	20.0
イヌリン濃度(mg/mL)	0.1	0.1	12.0

(1) イヌリンの濃縮率はいくらですか。　(　　　　　　　)

(2) この5分間に，こし出された血液の量は何mLですか。　(　　　　　　　)

★(3) 表中の(あ)について，尿中のぶどう糖濃度として適切なものを，次から1つ選び，理由もあわせて答えなさい。

記号(　　　)　理由(　　　　　　　　　　　　　　　　　　　　)

ア　0　　イ　1.0　　ウ　5.0　　エ　12.0　　オ　20.0

7 **次の心臓《しんぞう》の模式図《もしきず》のうち，カエルの心臓のつくりを最もよく表《あらわ》しているものをア～エから選び，記号で答えなさい。**

【品川女子学院中等部】

（　　）

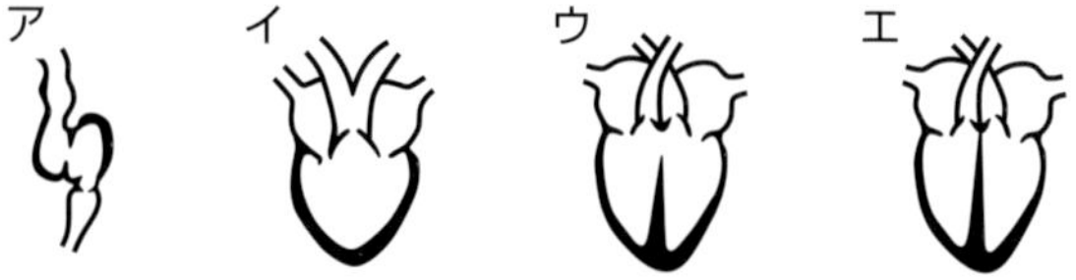

8 **次の〈実験 1〉〈実験 2〉について，あとの問いに答えなさい。** 【桜美林中】

〈実験 1〉 数匹《ひき》のメダカを**図 1** のような円形の水槽《すいそう》に入れました。次に，水が静止してからガラス棒《ぼう》を反時計まわりに動かして，水の流れをつくりました。

〈実験 2〉 数匹のメダカを**〈実験 1〉**と同じ円形の水槽に入れ，**図 2** のようにしま模様《もよう》のボール紙をまわりに置きました。水が静止してからしま模様のボール紙をひもで少し持ち上げ，反時計まわりにまわしました。

図 1

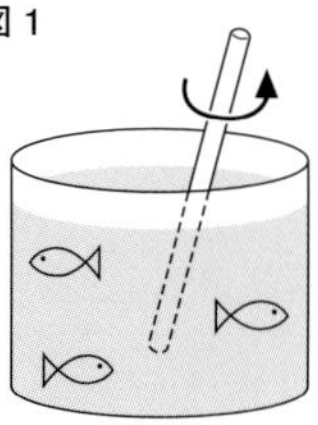

図 2

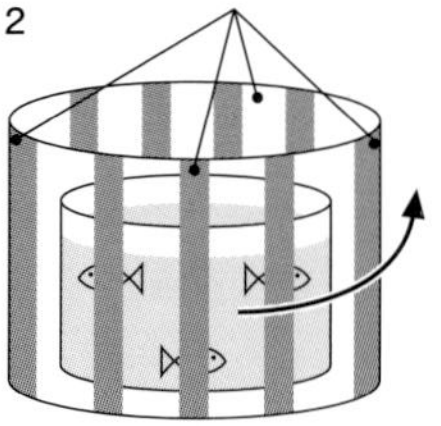

〈実験 1〉〈実験 2〉では，メダカはどのように反応《はんのう》しましたか。次からそれぞれ選び，記号で答えなさい。 **実験 1**（　　） **実験 2**（　　）

ア 時計まわりに泳ぐ。 **イ** 反時計まわりに泳ぐ。

ウ いろいろな方向に自由に泳ぐ。 **エ** 静止したまま泳がない。

9 **次の文章を読み，あとの問いに答えなさい。** 【海城中】

カエルやメダカと同じように，私《わたし》たち人も，卵《らん》と［ A ］の受精《じゅせい》によってできる受精卵《じゅせいらん》から始まります。受精卵は 1 個《こ》の細胞《さいぼう》で，細胞は分裂《ぶんれつ》をしながらその数を増《ふ》やします。受精後 6 日目くらいで，細胞のかたまりは［ B ］の壁《かべ》にくっつき(着床《ちゃくしょう》といいます)，その場所で成長していきます。

うまれる前の赤ちゃんのことを胎児《たいじ》とよびます。胎児は臍帯《さいたい》(へその緒《お》)で母体の［ B ］の壁とつながっています。しかし，母体と臍帯は直接つながっているわけではありません。臍帯の末端《まったん》は胎盤《たいばん》とつながっていて，これが［ B ］の壁とくっついているのです。1<u>臍帯の中は，臍動脈《さいどうみゃく》と臍静脈《さいじょうみゃく》が通っていて，臍動脈内では胎児から胎盤方向へ，臍静脈内では胎盤から胎児方向へ血液《けつえき》が流れています。</u>

胎児のときとうまれたあとの血液の流れ方の違いはほかの部分にもみられます。

右の図は，胎児の心臓，肺《はい》およびおもな血管の様子を表したものです。2胎児の心臓には，右心房《うしんぼう》と左心房《さしんぼう》の間に卵円孔《らんえんこう》とよばれる穴《あな》があいています。さらに胎児では，動脈管《どうみゃくかん》とよばれる血管が大動脈《だいどうみゃく》と肺動脈《はいどうみゃく》をつないでいます。これらの特別なつくりがあることによって，胎児では，大静脈から右心房へ入った血液の大部分は左心房へ入り，また，右心房から右心室《うしんしつ》へ入った血液の大部分は，肺動脈から大動脈へ入ります。

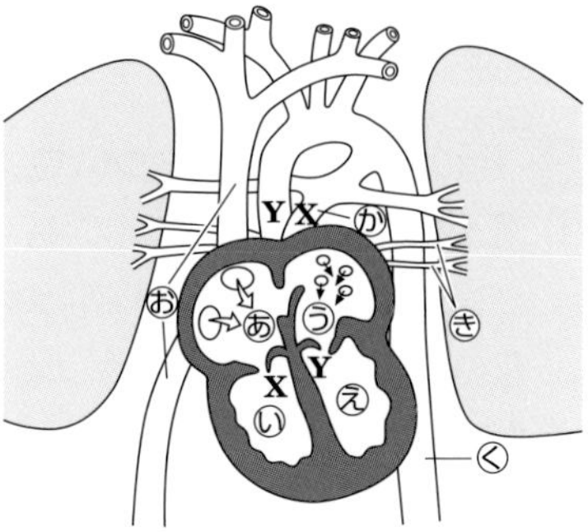

〔胎児における心臓，肺およびおもな血管の様子〕
矢印は血液の流れる方向の一部を表しています。
X どうし，**Y** どうしはそれぞれつながっています。

受精卵ができてからおよそ［ C ］でお母さんは赤ちゃんを出産します。生後，卵円孔や動脈管は，その役割《やくわり》を終えて塞《ふさ》がります。

(1) 文章中の［ A ］，［ B ］に入る適切《てきせつ》な語をそれぞれ漢字で答えなさい。

A（　　　　　）　**B**（　　　　　）

(2) 文章中の［ C ］に入る最も適切な期間を次から選び，記号で答えなさい。

（　　　）

ア　3か月　　イ　6か月　　ウ　9か月　　エ　1年　　オ　1年3か月

(3) 下線部 **1** について，臍動脈，臍静脈を流れる血液に関係する記述《きじゅつ》として適切なものを，次からすべて選び，記号で答えなさい。（　　　）

ア　臍動脈を流れる血液は，臍静脈を流れる血液よりも酸素《さんそ》が多い。

イ　臍動脈を流れる血液は，臍静脈を流れる血液よりも酸素が少ない。

ウ　臍動脈を流れる血液は，臍静脈を流れる血液よりも二酸化炭素《にさんかたんそ》が多い。

エ　臍動脈を流れる血液は，臍静脈を流れる血液よりも二酸化炭素が少ない。

★(4) 図と下線部 **2** について，次の①～③に答えなさい。

① 右心房，大動脈，肺動脈を，図中のあ～くからそれぞれ選び，記号で答えなさい。

右心房（　　　）　**大動脈**（　　　）　**肺動脈**（　　　）

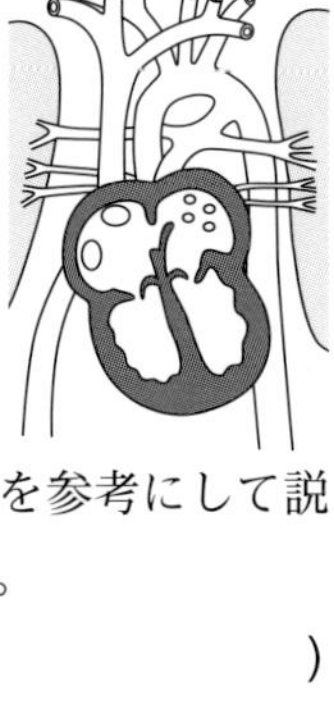

② 右の図に，卵円孔を通る血液の流れの向きを──→で，動脈管を通る血液の流れの向きを═══⇒でそれぞれ示しなさい。

③ 胎児において卵円孔と動脈管が存在する意味を，図や文章を参考にして説明しなさい。その際《さい》，必ず「胎盤」「肺」の2語を用いなさい。

（　　　　　　　　　　　　　　　　　　　　）

生命編 総合問題

解答➡別冊p.23

★は最高レベル

1 身のまわりの植物について，次の問いに答えなさい。 【開成中】

⑴ 図1はタンポポ，アサガオ，アブラナ，ヘチマ，イネの花を示《しめ》しています。タンポポのがく，花びら，おしべ，めしべに相当する部分は，ほかの4つの花のどこにあたりますか。あてはまるものをア～シよりすべて選び，記号で答えなさい。 がく(　　　　　) 花びら(　　　　　)
おしべ(　　　　　) めしべ(　　　　　)

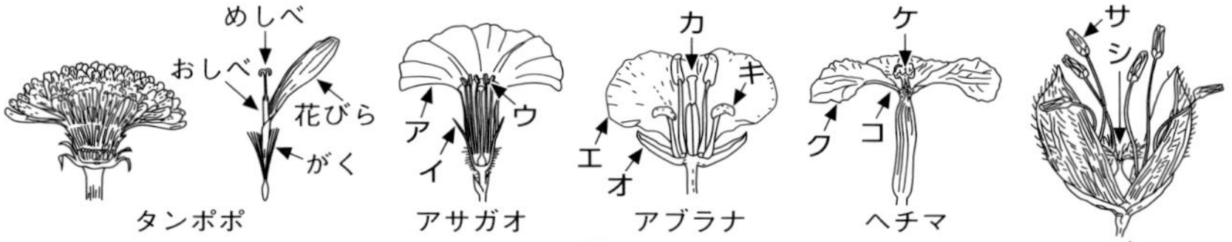

図1

⑵ 図2は食卓《しょくたく》にあがるくだものや野菜の実《み》の断面図《だんめんず》です。カキだけはすでに種《しゅ》子《し》がかきこまれています。カキの例にならって，図に種子をかき入れなさい。

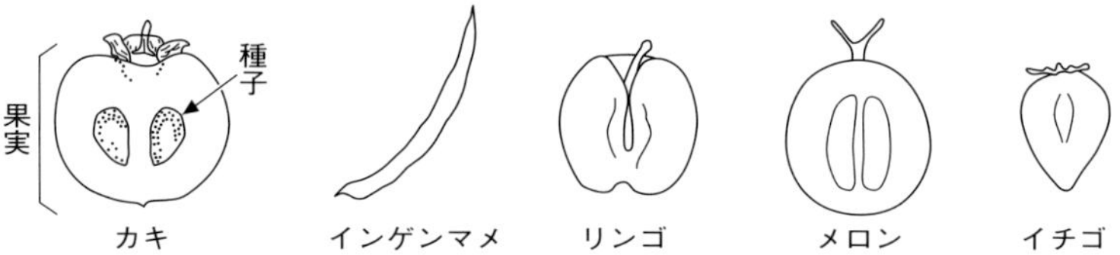

図2

⑶ タンポポの果実はどの部分を指しますか。図3のア～オより1つ選び，記号で答えなさい(図1のタンポポの花，図2のカキの果実を参考にするとよい)。 (　　　)

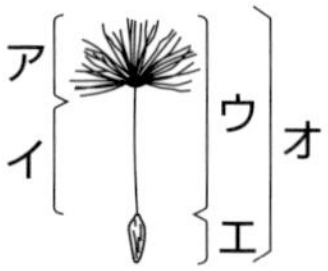

図3

⑷ 花には，花粉《かふん》がこん虫《ちゅう》によって運ばれる虫媒花《ちゅうばいか》と，風によって運ばれる風媒花《ふうばいか》があります。図4は，いろいろな花の花粉を示しています(縮尺《しゅくしゃく》はばらばらです)。図4を参考にして，あとのア～エから正しいものを2つ選び，記号で答えなさい。 (　　　)(　　　)

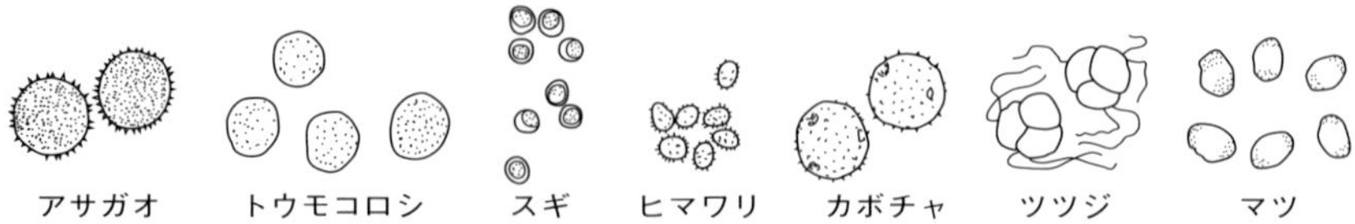

図4

ア　虫媒花の花粉よりも風媒花の花粉のほうが大きくて重い。

イ　虫媒花の花粉よりも風媒花の花粉のほうがつくられる数が多い。

ウ　虫媒花の花粉には毛のようなものやかぎのようなものがついていて，何かに引っかかりやすくなっている。

エ　虫媒花の花粉よりも風媒花の花粉のほうが，より多くの栄養分《えいようぶん》をたくわえている。

(5) **図 4** の花粉のうち，風媒花のものをすべて答えなさい。

(　　　　　　　　　　　　　　　　　　　　　　　)

2 ハツカダイコンとセイタカアワダチソウを使って以下の実験をしました。

【暁星中・改】

〈実験〉　セイタカアワダチソウの茎《くき》を細かくきざみ，水とともに容器《ようき》の中に入れ，蓋《ふた》をして２日間ほど冷蔵庫《れいぞうこ》に入れ，セイタカアワダチソウの茎にふくまれる成分を水にとかしました。これをセイタカアワダチソウの抽出液《ちゅうしゅつえき》とします。

シャーレ(浅い入れもの)を２つ用意し，それぞれにガーゼをしき，その上にハツカダイコンの種子を並《なら》べました。そして，一方のシャーレのガーゼには水をしみこませ，もう一方のシャーレのガーゼには抽出液をしみこませました。２つのシャーレに蓋を被《かぶ》せ，同じところに置いてどちらのハツカダイコンの種子のほうが発芽《はつが》しやすいかを観察しました。すると，水をしみこませたガーゼの上においたハツカダイコンの種子のほうが，抽出液をしみこませたほうの種子より多く発芽しました。

(1) この実験から考えられることを次から選び，記号で答えなさい。　(　　　)

ア　ハツカダイコンの発芽には水分が必要である。

イ　セイタカアワダチソウの茎には，ハツカダイコンの発芽を促《うなが》すものがふくまれている。

ウ　セイタカアワダチソウの茎には，ハツカダイコンの発芽を抑《おさ》えるものがふくまれている。

エ　セイタカアワダチソウの抽出液は，ハツカダイコンの茎と根の成長を促している。

オ　セイタカアワダチソウの抽出液は，ハツカダイコンの茎と根の成長を抑えている。

★ (2) セイタカアワダチソウはもともと北アメリカ原産で，明治時代に日本に入ってきたと考えられています。セイタカアワダチソウが日本に入ってきたときに日本の自然環境《しぜんかんきょう》(草地)にあたえた影響《えいきょう》を，実験の結果をもとに考えて答えなさい。

(　　　　　　　　　　　　　　　　　　　　　　　)

3 **下の図は，植物の地上に出た部分と地下の部分の量（乾燥《かんそう》重量）の季節変化を示《しめ》したものです。ただし，それぞれのグラフの縦軸《たてじく》（乾燥重量）の大きさは同じではありません。これを見て，下の問いに答えなさい。** 【東大寺学園中】

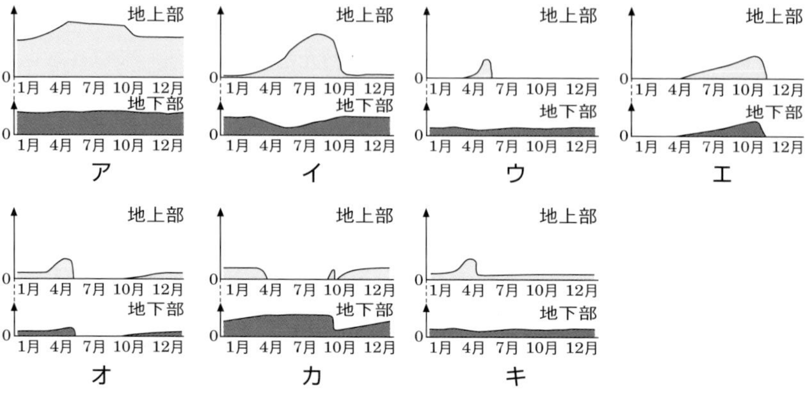

⑴ **ア**～**キ**のグラフの植物のうち，４月から５月に花が咲《さ》く草はどれですか。すべて選んで，記号で答えなさい。（　　　　）

★⑵ ①ヒガンバナ，②ススキ，③ヒノキは，それぞれ**ア**～**キ**のうちのどのグラフですか。１つずつ選んで，記号で答えなさい。

①（　　）②（　　）③（　　）

⑶ **ア**のグラフは，ほかのグラフと違《ちが》って，地上部の季節変化は何倍にもなりません。その理由を答えなさい。（　　　　）

⑷ **イ**のグラフで，４月頃《ごろ》に地下部の量が減少《げんしょう》するのはなぜですか。その理由を答えなさい。（　　　　）

4 **サツマイモについて次の文章を読み，あとの問いに答えなさい。** 【聖光学院中・改】

サツマイモは，食品として私《わたし》たち日本人にはとてもなじみ深いものです。食用にするのはおもにその「いも」の部分ですが，これは植物体の（　①　）に栄養分《えいようぶん》をたくわえたものです。サツマイモは，沖縄などではふつうに②花を咲かせる植物ですが，本州では一部の品種を除《のぞ》いて③花をほとんど咲かせません。

⑴（　①　）に適《てき》したことばを，次から１つ選び，記号で答えなさい。（　　）

ア 葉　　**イ** 茎《くき》　　**ウ** 根　　**エ** 果実《かじつ》

★⑵ 下線部②について，ある品種のサツマイモを，次の図のように，十分光をあてる時間（明期《めいき》）とまったく光をあてない時間（暗期《あんき》）とを変えて数週間栽培《さいばい》し，サツマイモが花芽《かが》をつくるための光の条件《じょうけん》を調べました。実験Ⅲ，Ⅳでは，暗期の途中《とちゅう》で明期と同じ明るさの光を短時間あてました。また，光以外の条件は，サツマイモが最もよく生育するようにそろえました。この結果，実験Ⅰ，Ⅲでは花芽はつくられず，実験Ⅱ，Ⅳでは，花芽がつくられました。この結果から考えて，この品種のサツマイモが花芽をつくるための光の条件はどれですか。次から最も適したものを１つ選びなさい。

（　　）

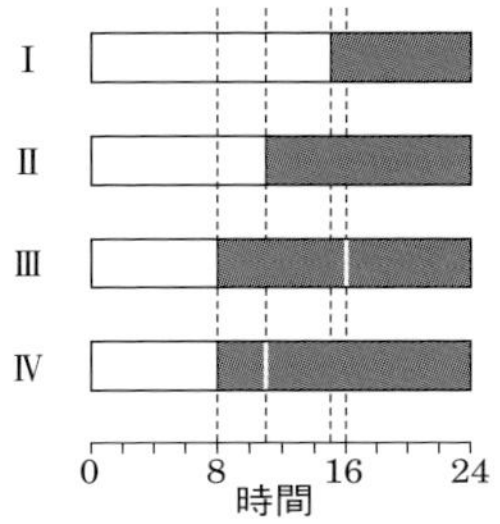

□は明期，■は暗期を示す。

ア　明期が８時間以下であること。
イ　明期が11時間以下であること。
ウ　明期が15時間以下であること。
エ　暗期が連続して３時間以上であること。
オ　暗期が連続して８時間以上であること。
カ　暗期が連続して13時間以上であること。
キ　暗期が合計して16時間以上であること。

★⑶ 下線部③について詳《くわ》しく観察したところ，ほとんどの株《かぶ》で花芽はつくられていましたが，それらが成長できず，花が咲かない結果になっていることがわかりました。本州で花芽が成長できないのはなぜですか。その理由を簡単《かんたん》に答えなさい。（　　　　　　　　　　　　　　　）

⑷ 下線部③のように花が咲かないということは，サツマイモの品種改良を進めていく上ではとても重大な問題ですが，それはなぜですか。その理由を簡単に答えなさい。（　　　　　　　　　　　　　　　）

5 **駒場《こまば》にあるスーパーマーケットには，さまざまな種類の野菜が売られていた。**

植物は根，茎，葉からできていることや，花を咲かせ，実をつけることを学校で学んだ。そこで，売られている野菜について，食用部分が植物のからだのどの部分なのか調べた。おもな食用部分が同じものどうしを正しく組み合わせたのはどれですか。【筑波大附駒場中】

（　　）

ア　ニンジン・レンコン・ハクサイ　　**イ**　ゴボウ・サツマイモ・タケノコ
ウ　ホウレンソウ・アスパラガス・セロリ　　**エ**　レタス・キャベツ・キュウリ
オ　パセリ・カリフラワー・ブロッコリー
カ　トウモロコシ・ダイズ・カボチャ
キ　ネギ・タマネギ・サトイモ
ク　ナス・トマト・ピーマン

6 次の文書を読んで，問いに答えなさい。　【立教女学院中】

木の上で「リィーリィー」と鳴《な》く，アオマツムシというこん虫《ちゅう》がいます。コオロギのなかまで，体長は約2cm，緑色をしています。

この虫がいる木の種類を調べました。となり合う，種類の異《こと》なる2本の木で，どちらにいるかを鳴き声で調べました。1本の木を**A**としたとき，となりにある木を**B**とし，調べた結果を表にしました。表は，**A**にいる場合を「○」，**B**にいる場合を「×」としました。

A＼B	カエデ	カシノキ	キンモクセイ	クスノキ	ケヤキ	サクラ	ハナミズキ
カエデ		○	○	○	○	×	○
カシノキ	×		○	○	○	×	○
キンモクセイ	×	×		○	×	×	×
クスノキ	×	×	×		×	×	×
ケヤキ	×	○	○	○		×	○
サクラ	○	○	○	○	○		○
ハナミズキ	×	×	○	○	○	×	

ただし，**A**と**B**の両方にいる場合と，両方にいない場合は，除《のぞ》きました。

(1) 表からアオマツムシが最もいると考えられる木を，次から1つ選び，記号で答えなさい。　(　　)

ア　カエデ　**イ**　カシノキ　**ウ**　キンモクセイ　**エ**　クスノキ

オ　ケヤキ　**カ**　サクラ　**キ**　ハナミズキ

(2) アオマツムシは，おもに，木の葉を食べる草食性《そうしょくせい》の動物です。草食性でない動物を，次から1つ選び，記号で答えなさい。　(　　)

ア　アゲハチョウ　**イ**　アブラムシ　**ウ**　カブトムシ

エ　ナナホシテントウ　**オ**　ミツバチ　**カ**　ミンミンゼミ

(3) アオマツムシは，成長する前に肉食性《にくしょくせい》の動物に食べられることが多く，成虫になるのは一部です。肉食性でない動物を，次から1つ選び，記号で答えなさい。　(　　)

ア　オオカマキリ　**イ**　オニヤンマ　**ウ**　クワガタムシ

エ　ジョロウグモ　**オ**　タガメ　**カ**　ムカデ

7 次の文を読んで，あとの問いに答えなさい。　【東大寺学園中・改】

T君は8月に瀬戸内海《せとないかい》のある島を訪《おとず》れました。そこで見たアカテガニの習性《しゅうせい》は，とてもふしぎなものでした。アカテガニはカニのなかまで，幼生《ようせい》は海で生活していますが，成体《せいたい》(おとな)になると山に上り，森で生活します。めすははらにかかえた卵《たまご》がふ化《か》する時期になると山を下りて河口《かこう》付近に来ます。そして，夜の満潮《まんちょう》の時刻《じこく》近くに，からだを水につけて震《ふる》わせ，A幼生を海に放すのです。1匹《ぴき》のめすから数千匹の幼生が水に散らばる様子は，とても神秘的《しんぴてき》でした。幼生を海に放しに来るアカテガニの数は，大潮の夜が最も多く，サンゴやフグのなかまもB月の出ていない大潮《おおしお》の夜の満潮時《まんちょうじ》にいっせいに産卵《さんらん》します。

(1) 下線部Aについて，これに対してサワガニは，めすが卵を腹《はら》にかかえて成体（カニのすがた）になってから川に放します。スケトウダラは卵を海にうみます。アカテガニとサワガニ，スケトウダラを，めす1匹が1回に産卵する数の多い順に並《なら》べなさい。　(　　　・　　　・　　　)

(2) 下線部Bについて，このように，海の生物が月の出ていない大潮の夜の満潮時に多く集まって産卵する理由として，適当《てきとう》でないものを次から1つ選び，記号で答えなさい。　(　　)

ア　卵の豊富《ほうふ》な栄養分《えいようぶん》をねらって，魚などが集まりやすい。
イ　暗いと外敵《がいてき》に見つかりにくい。
ウ　潮の流れが速く大きく，卵が遠くに運ばれやすい。
エ　外敵が卵を食べきれず，卵が生き残りやすい。

8　**右の図の生物について，次の問いに答えなさい。**　【茗溪学園中】

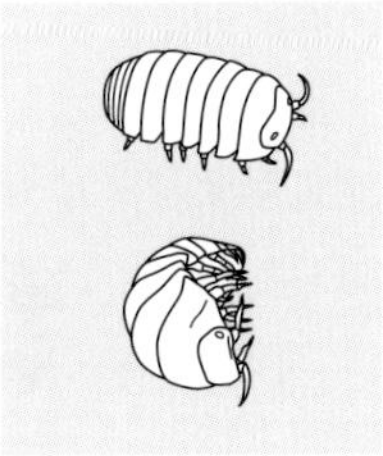

(1) この生物の名前をカタカナ5文字で答えなさい。
(　　　　　)

(2) この生物が自然の中でおもに食べているものは何か，答えなさい。　(　　　　　)

(3) この生物は，こん虫《ちゅう》よりもエビやカニなどのなかまに近いことがわかっています。この生物がこん虫と違《ちが》っている特徴《とくちょう》を，からだのつくりについて2つ書きなさい。
(　　　　　　　　　　　　　　)
(　　　　　　　　　　　　　　)

例）

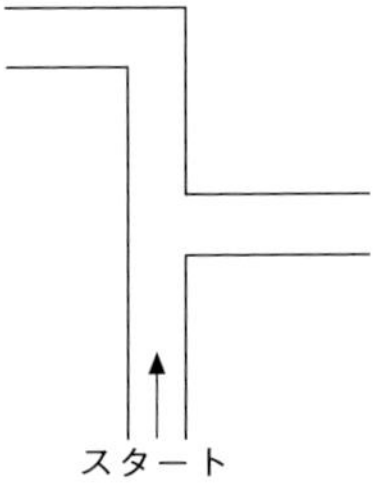

★(4) この生物は，迷路《めいろ》を歩かせると，右に曲がると次は左に，左に曲がると次は右に曲がるという性質《せいしつ》をもっています。この性質を確《たし》かめるためにはどのような迷路をつくったらよいですか。右の例を参考にして，迷路の図をかき，予想される結果を簡単《かんたん》にことばで書きなさい。

迷路の図

結果

9 **鳥には，あしを除《のぞ》くほぼ全身に羽毛《うもう》がはえています。**羽毛は，鳥が空を飛ぶために(　A　)つくられています。ダチョウなど，空を飛ばない鳥たちにも羽毛があるのは，(　B　)という役割《やくわり》があるからです。

飛ぶ鳥は胸《むね》の筋肉《きんにく》がとても発達しています。また，飛ぶために必要な骨《ほね》も，陸上にいるほかの背骨《せぼね》をもつ動物たちより発達しています。ただし，全身の骨がしっかりつくられてしまうと飛ぶことが難《むずか》しくなってしまうので，一部の骨以外はあまり大きく発達していません。飛ばないダチョウでは胸の筋肉のかわりに，ほかの鳥よりあしの筋肉が発達しています。ペンギンも飛ばない鳥ですが，あしの筋肉はダチョウのように発達していません。

コウモリのように，人と同じように母乳《ぼにゅう》で子どもを育てる動物の中にも空を飛ぶものがいます。コウモリは人や多くの動物に聞こえない超音波《ちょうおんぱ》を出します。これがものにあたって反射《はんしゃ》してきた超音波を耳から聞いて，その時間差からまわりのものの位置を知ることができます。これを反響定位《はんきょうていい》といいます。これを利用してコウモリは暗い洞窟《どうくつ》などでも，ものにぶつからないで飛ぶことができます。人には反響定位の能力《のうりょく》はほとんどありません。そのかわり，人は目を使ってまわりのものの位置や形を知ることができます。

海や川にいるイルカなどは目も使いますが，コウモリと同じように反響定位も使えます。イルカも自分の出した音が，魚や岩などにあたって反射してきた音を感じて泳いでいます。

【麻布中】

⑴ 空欄《くうらん》(　A　)，(　B　)にあてはまる適切《てきせつ》な語句《ごく》を書きなさい。

A (　　　　　　　) B (　　　　　　　)

⑵ (　B　)の役割を利用した身の回りの羽毛製品を2種類あげなさい。

(　　　　　)(　　　　　)

⑶ 飛ぶ鳥の発達している骨とはどこですか。最も適当なものを次から選び，記号で答えなさい。(　　)

ア　大切な脳《のう》が入っている頭の骨

イ　飛ぶためのバランスをとる首の骨

ウ　飛ぶための筋肉を支《ささ》える胸の骨

エ　飛ぶときの姿勢《しせい》を保《たも》つ腰《こし》の骨

オ　着地するときに体重のかかる足の骨

⑷ ペンギンのあしの筋肉が発達していないのはどうしてですか。

(　　　　　　　　　　　　　　)

★ ⑸ 自分から離《はな》れているものの位置や形を知る方法として，暗い洞窟でのコウモリの反響定位と，明るい所での人の目視《もくし》(人が目でものを見ること)とは大きく違《ちが》う部分があります。それは何ですか。〔耳で聞くのが音であること，目で見るものが光であること〕という違い以外を答えなさい。

(　　　　　　　　　　　　　　　　　　　　　　　　　　　)

(6) コウモリの多くは夜行性《やこうせい》(おもに夜間に活動する)です。日中に反響定位が使えないわけではないのに，夜行性であるのはどうしてですか。次から２つ選び，記号で答えなさい。　(　　　)(　　　)

ア　コウモリを食べてしまうものが日中さかんに活動しているから。

イ　コウモリには体毛が多くあるため，日中の暑さに弱いから。

ウ　子どもをかかえて飛ぶため，日光に弱い子どもを光にあてないため。

エ　日中は反響定位がほかの動物に対して有利でないから。

オ　日中だと反響定位したことを，ほかの動物に気付かれてしまうから。

カ　日中に気温の高い所にいると，鼻と耳が乾《かわ》いてしまうから。

★(7) イルカの反響定位が大いに役に立つのはどんな所ですか。次から２つ選び，記号で答えなさい。　(　　　)(　　　)

ア　流れがほとんど無く，水が澄《す》んでいる所。

イ　川の水が泥《どろ》を巻《ま》き上《あ》げて，濁《にご》ってしまっている所。

ウ　強い海流や急な川など，流れの強い所。

エ　河口《かこう》付近など，川の水と海水が混ざっている所。

オ　深い海で光がほとんど届《とど》かなくなっている所。

カ　複雑《ふくざつ》に入り組んだ，浅いサンゴ礁《しょう》になっている所。

★ 10 次の図は，私《わたし》たちが食べたごはんが，体内で吸収《きゅうしゅう》されるまでを示《しめ》したものです(ごはんのもつおもな栄養分《えいようぶん》はでんぷんです)。 【湘南白百合学園中】

図中の **a**，**b** は消化酵素《しょうかこうそ》を，**c** は器官《きかん》を，**d** は血管《けっかん》を，**e** はでんぷんが器官 **c** で吸収されるときの物質名《ぶっしつめい》を示しています。**a** ～ **e** の名前をそれぞれ答えなさい。

a (　　　　　　) **b** (　　　　　　) **c** (　　　　　　)

d (　　　　　　) **e** (　　　　　　)

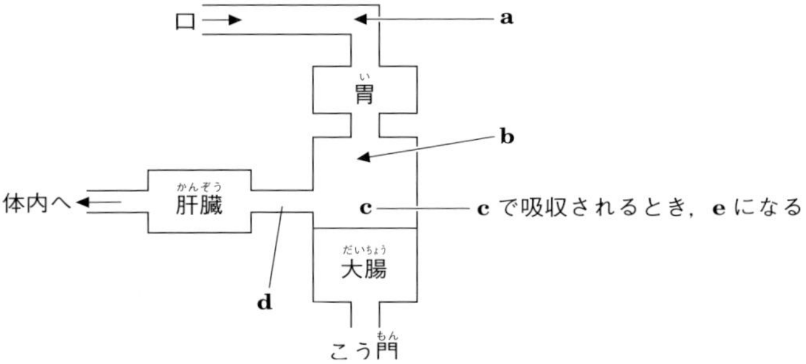

★ **11** **人の血液《けつえき》には，A型《がた》，B型，AB型，O型という4種類で表されるABO式血液《けつえき》型《がた》というものが知られています。**このABO式血液型は，親の性質《せいしつ》が子へと受け継《つ》がれる「遺伝《いでん》」という現象《げんしょう》によってきめられています。また，ABO式血液型の遺伝は，次の**規則《きそく》1～4**にしたがうことがわかっています。

【規則1】ABO式血液型は，親から子へと伝えられる情報《じょうほう》である「遺伝子《いでんし》」によってきめられる。さらに，ABO式血液型に関係する遺伝子は，遺伝子Ⓐと遺伝子Ⓑと遺伝子Ⓞの3種類がある。

【規則2】人は，遺伝子Ⓐと遺伝子Ⓑと遺伝子Ⓞの3種類の遺伝子の中から，2つの遺伝子を組み合わせてもつ。よって，考えられる遺伝子の組み合わせは，以下の6通りのみである。

ⒶⒶ，　ⒶⓄ，　ⒷⒷ，　ⒷⓄ，　ⒶⒷ，　ⓄⓄ

【規則3】遺伝子Ⓞは，遺伝子Ⓐや遺伝子Ⓑと組み合わさると，そのはたらきが隠《かく》されたように見える。しかし，遺伝子Ⓐや遺伝子Ⓑは，たがいに組み合わされても，それぞれのはたらきは隠されない。よって，遺伝子の組み合わせとABO式血液型には，右上のような関係がある。

（遺伝子の組み合わせ）		（ABO式血液型）
ⒶⒶ	→	A型
ⒶⓄ	→	A型
ⒷⒷ	→	B型
ⒷⓄ	→	B型
ⒶⒷ	→	AB型
ⓄⓄ	→	O型

【規則4】父親は2つもつ遺伝子のうち，どちらか1つを子にあたえ，母親も2つもつ遺伝子のうち，どちらか1つを子にあたえる。よって，父親と母親から1つずつ遺伝子をもらった子は，2つの遺伝子をもつ。ただし，それぞれの親がもつ2つの遺伝子は，どちらの遺伝子も同じ確率《かくりつ》で子にあたえられる。

（例）　父親の遺伝子の組み合わせがⒶⓄの場合，子には遺伝子Ⓐまたは遺伝子Ⓞがあたえられる。母親の遺伝子の組み合わせがⒶⒷの場合，子には遺伝子Ⓐまたは遺伝子Ⓑがあたえられる。よって，この両親の子の遺伝子の組み合わせとして考えられるのは以下の表の通りである。

父親の遺伝子＼母親の遺伝子	遺伝子Ⓐ	遺伝子Ⓞ
遺伝子Ⓐ	ⒶⒶ	ⒶⓄ
遺伝子Ⓑ	ⒶⒷ	ⒷⓄ

子の遺伝子の組み合わせ

また，この例の場合，必ずしも 4 人の子ができるとは限《かぎ》らないので，遺伝子の組み合わせがⒶⒶ，ⒶⓄ，ⒶⒷ，ⒷⓄである子が，それぞれ 25%$\left(\frac{1}{4}\right)$の確率《かくりつ》でうまれる可《か》能性《のうせい》があると考える。さらに，**規則 3** から，A 型である子が 50%$\left(\frac{1}{2}\right)$，AB 型である子が 25%$\left(\frac{1}{4}\right)$，B 型である子が 25%$\left(\frac{1}{4}\right)$の確率でうまれる可能性があると考える。 **【本郷中】**

⑴ 父親の血液型がO型，母親の血液型がAB型であるとします。**規則 1～4** にしたがうとき，この両親の子の血液型として考えられるものを，次からすべて選び，記号で答えなさい。　(　　　)

ア　A型　　**イ**　B型　　**ウ**　AB型　　**エ**　O型

⑵ 両親の血液型が，ともにAB型であるとします。**規則 1～4** にしたがうとき，この両親の子の血液型もAB型である確率を，次から 1 つ選び，記号で答えなさい。　(　　　)

ア　100%（すべてAB型）　　**イ**　50%$\left(\frac{1}{2}\right)$

ウ　25%$\left(\frac{1}{4}\right)$　　**エ**　12.5%$\left(\frac{1}{8}\right)$

⑶ 父親の遺伝子の組み合わせがⒷⓄであることはわかっていますが，母親の遺伝子の組み合わせはわかっていません。この両親の間には，A型とO型の子がうまれました。**規則 1～4** にしたがうとき，この母親の遺伝子の組み合わせとして考えられるものを，次から 1 つ選び，記号で答えなさい。　(　　　)

ア　ⒶⒶ　　**イ**　ⒶⓄ　　**ウ**　ⒷⒷ　　**エ**　ⒷⓄ　　**オ**　ⒶⒷ　　**カ**　ⓄⓄ

12 **右の図はカエルを解剖《かいぼう》したときのスケッチです。次の各問いに答えなさい。** **【大谷中・大阪】**

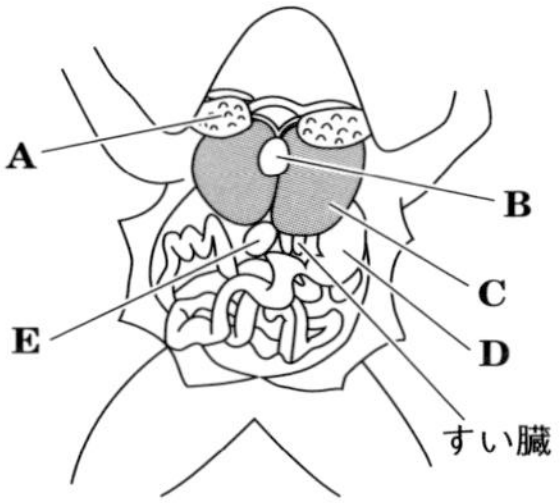

⑴ 右の図の **A～E** の器官《きかん》の名前を答えなさい。

A（　　　　）　**B**（　　　　）

C（　　　　）　**D**（　　　　）

E（　　　　）

⑵ 人の **C** の器官のはたらきを，次の**ア～カ**からすべて選び，記号で答えなさい。　(　　　)

ア　酸素《さんそ》と二酸化炭素《にさんかたんそ》を交換《こうかん》する。　　**イ**　全身に栄養分《えいようぶん》を送る。

ウ　消化《しょうか》したものを吸収《きゅうしゅう》する。　　**エ**　胆汁《たんじゅう》（胆液《たんえき》）をつくる。

オ　ぶどう糖《とう》をグリコーゲンにかえる。　　**カ**　アンモニアを尿素《にょうそ》にかえる。

⑶ 右上の図の **E** から出る物質《ぶっしつ》のはたらきを答えなさい。

(　　　　　　　　　　)

★ **13** **右の図１と図２はCTスキャン（X線《せん》とコンピューターを使い，生きた組織《そしき》の“輪切り”の画像《がぞう》を得《え》る技法《ぎほう》）から得られた人体の模式《もしき》図《ず》で，胸《むね》から腹《はら》までのどこかの面を輪切りにした断面図《だんめんず》です。**図中の①～⑨の名前を**語群Ⅰ**から，そのはたらきや特徴《とくちょう》を**語群Ⅱ**からそれぞれ選び，記号で答えなさい。　【西大和学園中】

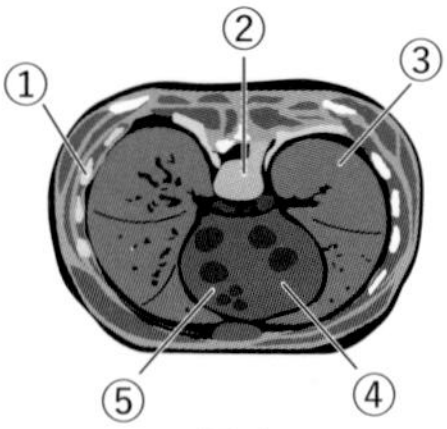

図１

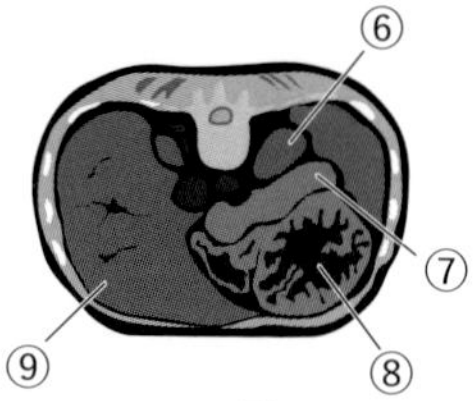

図２

①（　　）（　　）　②（　　）（　　）　③（　　）（　　）
④（　　）（　　）　⑤（　　）（　　）　⑥（　　）（　　）
⑦（　　）（　　）　⑧（　　）（　　）　⑨（　　）（　　）

語群Ⅰ

ア　肝臓《かんぞう》　イ　右心室《うしんしつ》　ウ　左心室《さしんしつ》　エ　食道《しょくどう》
オ　すい臓《ぞう》　カ　腎臓《じんぞう》　キ　大腸《だいちょう》　ク　小腸《しょうちょう》
ケ　背骨《せぼね》　コ　ろっ骨《こつ》　サ　胃《い》　シ　肺《はい》

語群Ⅱ

A　口から胃までの管で，ここを食物が通る。
B　血液《けつえき》から二酸化炭素《にさんかたんそ》をとり除き，血液に酸素《さんそ》をあたえる場所。
C　厚《あつ》い粘膜《ねんまく》の保護層《ほごそう》で覆《おお》われているので，酸性《さんせい》の消化液《しょうかえき》が内側の層《そう》を消化してしまうことはない。
D　血液をろ過《か》して，不要物と余分《よぶん》な水分から尿《にょう》をつくる。
E　どろどろの排《はい》せつ物《ぶつ》から水分を吸収《きゅうしゅう》し，固くする。
F　消化された食物から，多くの栄養分《えいようぶん》を吸収する。
G　脂肪《しぼう》を分解《ぶんかい》する液や，でんぷんを麦芽糖《ばくがとう》にする液をつくる。
H　たんぱく質《しつ》の分解によってできるアンモニアを尿素《にょうそ》に変えたり，血液中の有毒物質《ゆうどくぶっしつ》を分解する解毒《げどく》作用がある。
I　尿《にょう》を一時貯《た》めておき，いっぱいになったら，縮《ちぢ》んで尿を体外に排出《はいしゅつ》する。
J　首から腰《こし》までつながっていて横から見るとS字形で，振動《しんどう》を和《やわ》らげるのに都合《つごう》がよい。
K　白血球《はっけっきゅう》をつくり，古い赤血球《せっけっきゅう》を壊《こわ》している。
L　全体はかごの形になり，心臓《しんぞう》と肺を守っている。
M　ここから全身へ送り出される血液は，酸素を多くふくむ。
N　ここから肺に送り出される血液は，二酸化炭素を多くふくむ。

地球編

太陽系《たいようけい》の惑星《わくせい》の大きさ

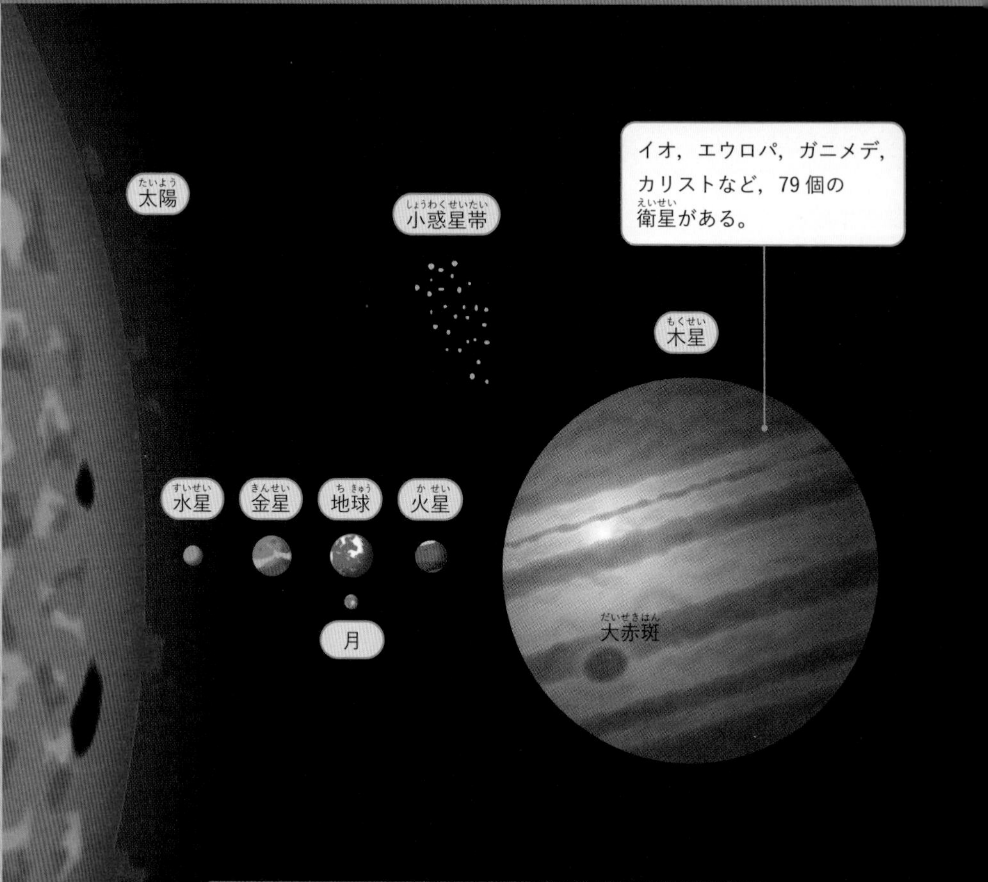

2003 年，日本は小惑星探査機《しょうわくせいたんさき》「**はやぶさ**」を打ち上げ，2010 年に小惑星「**イトカワ**」から小さなかけらを持ち帰ることに成功した。
また，2014 年には小惑星「**リュウグウ**」を調べるため,「**はやぶさ 2**」が打ち上げられ，2019 年には探査機がリュウグウへの着陸に成功し，岩石などを採取《さいしゅ》した。はやぶさ 2 は 2020 年末に地球へ帰還《きかん》する予定である。

地球型惑星《ちきゅうがたわくせい》

水星《すいせい》，金星《きんせい》，地球《ちきゅう》，火星《かせい》。

おもに岩石でできていて，体積は小さいが密度《みつど》は大きい。

木星型惑星《もくせいがたわくせい》

木星《もくせい》，土星《どせい》，天王星《てんのうせい》，海王星《かいおうせい》。

おもに気体でできていて，体積は大きいが密度は小さい。

太陽系外縁天体《たいようけいがいえんてんたい》

めい王星《おうせい》，エリスなど。

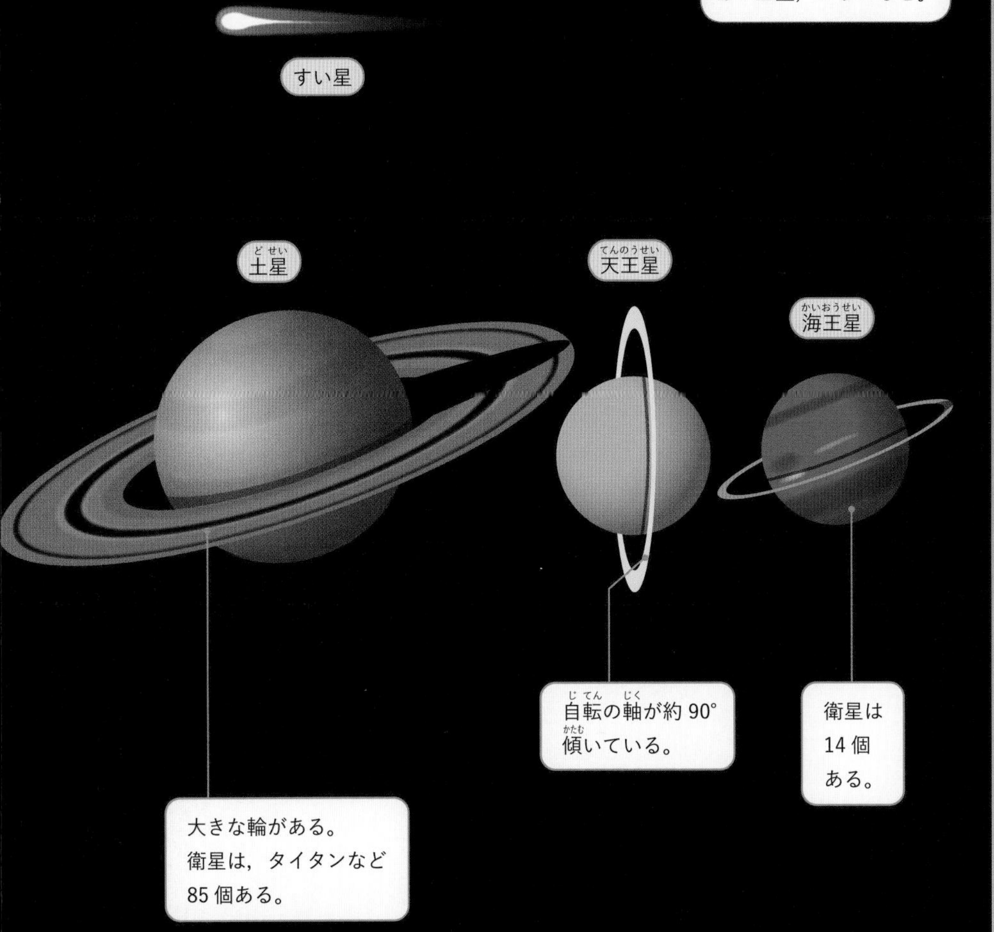

第1章 天体の動き

1 太陽の動き

1 太陽の特徴《とくちょう》

☞ 太陽の表面温度・大きさ・距離《きょり》はどのようになっているか。

- **表面温度**…太陽は高温の気体《きたい》でできており，自分自身で光を出している**恒星**《こうせい》の1つである。太陽の表面の温度は約**6000℃**である。
- **黒点**《こくてん》…太陽の表面を観測《かんそく》すると黒いしみのようなものがいくつか見え，これを**黒点**という。黒点はまわりより温度が低くなっているため黒く見える(**約4000℃**)。黒点は，太陽の活動が活発になると増《ふ》える。

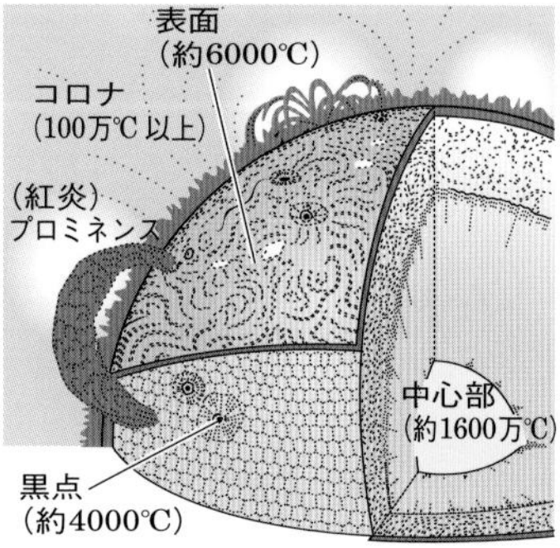

▲太陽の様子

- **プロミネンス(紅炎**《こうえん》**)**…太陽の表面で炎《ほのお》のように見える部分を**プロミネンス**(**紅炎**)という。
- **コロナ**…太陽の外側の光の層《そう》をコロナといい，温度は**100万℃以上**ある。ふだんは見られないが，日食のときなどに見られる。
- **太陽の自転**《じてん》…約25日間に1回の割合《わりあい》で，東から西へ自転している。
- **太陽の直径**…約140万kmで，地球の直径の**約109倍**，月の**約400倍**である。
- **地球から太陽までの距離**…**約1億5000万km**で，地球から月までの距離の約**400倍**である。

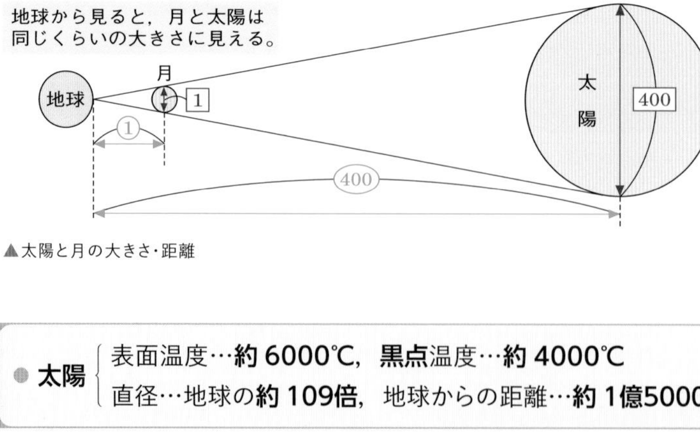

▲太陽と月の大きさ・距離

入試ポイント

● **太陽** { 表面温度…**約6000℃**，**黒点**温度…**約4000℃**
直径…地球の**約109倍**，地球からの距離…**約1億5000万km** }

2 太陽の黒点の観察

☞太陽の黒点の観察によって何がわかるか。

観察　望遠鏡《ぼうえんきょう》を使った太陽の黒点の観察

①右の図のように，投影板《とうえいばん》を望遠鏡にとりつけ，記録用紙を固定する。

②望遠鏡を太陽に向け，記録用紙の円の大きさに太陽の像《ぞう》を合わせるようにピントを合わせる。

③黒点の位置・形をスケッチし，日時を記入する。

④このような観察を１週間ほど続ける。

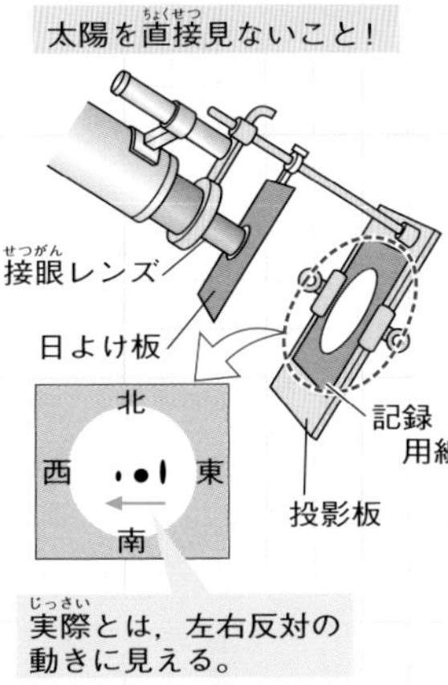

▲黒点の観察

結果　①日がたつにつれて，黒点は東から西へ移動《いどう》する。

②黒点がはしに近づくほど形が細長くなる。

要点　①より…太陽は東から西へ**自転**していることがわかる。

②より…太陽が**球形**であることがわかる。

3 太陽の1日の動き

☞地球から見て，太陽はどのように動くか。

- **太陽の日周《にっしゅう》運動**…太陽は毎日，東の地平線《ちへいせん》から出て，南の空を通り，西の地平線に沈《しず》む。このような太陽の１日の動きを太陽の日周運動という。
- **南中《なんちゅう》**…太陽が真南にきたときのことを南中といい，南中したときの太陽高度を**南中高度《なんちゅうこうど》**，南中した時《じ》刻《こく》を**南中時刻《なんちゅうじこく》**という。南中したときの太陽高度はその日のうちでいちばん高い。

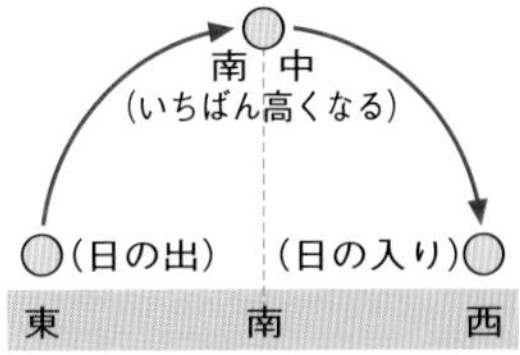

▲太陽の日周運動

- **日周運動の原因《げんいん》**…太陽の日周運動は実際《じっさい》の太陽の動きではない。地球は**地軸《ちじく》**を中心にして，１日に１回，西から東へ**自転**している。このため，地球上から見ると，太陽が１日に１回，東から西へ（地球の自転と反対）まわるように見える。

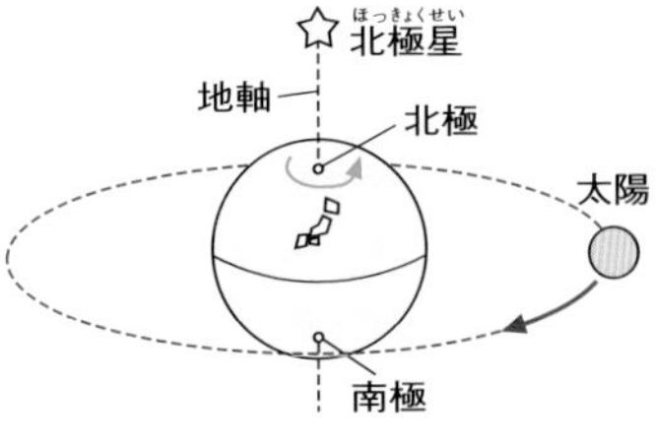

▲地球の自転と太陽の動き

入試ポイント
- **太陽**の黒点を観察するとき，**望遠鏡をのぞかない。**
- 太陽の**日周運動**…**南中**したときがいちばん**高い**。地球の自転が原因。

4 太陽の1年の動き

太陽の通り道は1年の間にどのように変わるか。

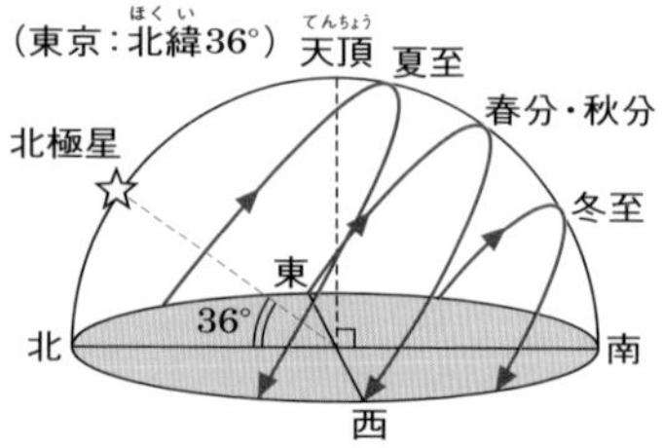

▲太陽の通り道の変化

- **春分《しゅんぶん》**(3月20日ごろ)…太陽は真東から昇《のぼ》り，真西に沈《しず》む。南中高度《なんちゅうこうど》は夏至《げし》と冬至《とうじ》の中間(東京で約54°)で，昼の時間は約12時間である。
- **夏至**(6月21日ごろ)…春分を過《す》ぎると，日の出の方角はしだいに北に寄《よ》り，夏至で最も北に寄る。夏至は，太陽が1年中で最も北に寄った所から昇り，最も北に寄った所に沈む。南中高度も1年中で最も高く(東京で77.4°)，昼の時間も1年中で最も長い。
- **秋分《しゅうぶん》**(9月23日ごろ)…夏至を過ぎると，日の出の方角は南へ戻《もど》り始め，秋分は春分と同じ動きをする。
- **冬至**(12月22日ごろ)…秋分を過ぎると，日の出の方角はさらに南に寄り，冬至で最も南に寄る。冬至は，太陽が1年中で最も南に寄った所から昇り，最も南に寄った所に沈む。南中高度は1年中で最も低く(東京で約30.6°)，昼の時間も1年中で最も短い。
  - ▶**太陽の動きの原因《げんいん》**…太陽が1年を通じて上のような動きをするのは，地球が地軸《ちじく》を傾《かたむ》けたまま，太陽のまわりを1年に1回の割合《わりあい》でまわることが原因である。地球のこの動きを**地球の公転《こうてん》**という。地軸は地球の公転面に対して垂直《すいちょく》ではなく，それより**23.4°**傾いているので，夏至と春分・秋分あるいは冬至と春分・秋分の太陽の南中高度が23.4°変わる。

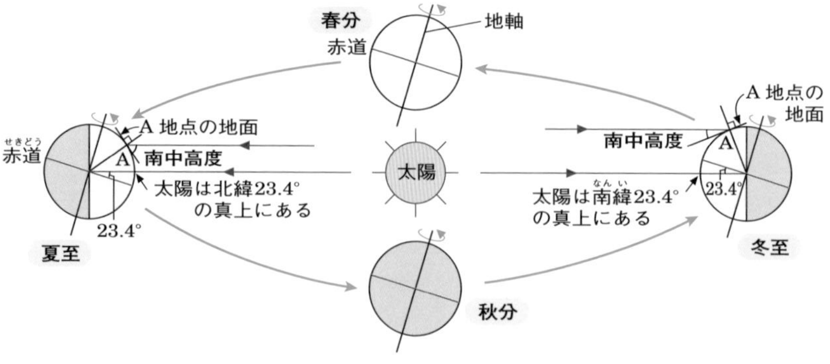

▲地球の公転と太陽の南中高度の変化

入試ポイント
- **春分・秋分**…太陽が**真東**から昇り，**真西**に沈む。昼の長さは**12時間。**
- **夏至**…太陽が最も**北に寄る。冬至**…太陽が最も**南に寄る。**

5 日の出・日の入り

日の出・日の入りの時刻はいつはかるか。

- **日の出**…太陽の上のふちが地平線《ちへいせん》や水平線《すいへいせん》から現《あらわ》れたときを日の出の時刻とする。日の出のあと，太陽は右上がりに(東京では約 54°の傾き)昇っていく。
- **日の入り**…太陽の上のふちまで全部が地平線や水平線の下に沈んだときを日の入りの時刻とする。日が沈むときは，太陽は右下がりに(東京では約 54°の傾き)沈んでいく。

注意 南半球では，太陽は左上がりに昇っていき左下がりに沈む。赤道では，太陽は地平線に垂直に昇り，垂直に沈む。

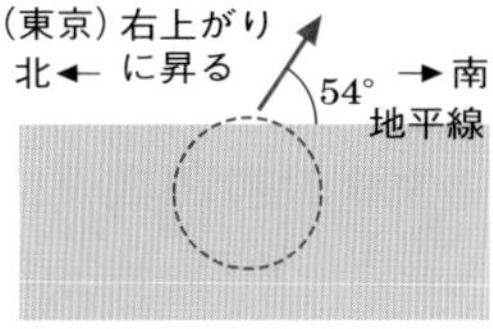

▲日の出

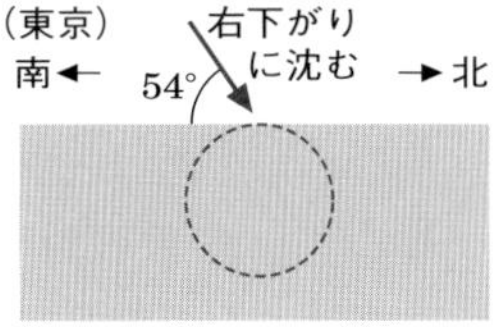

▲日の入り

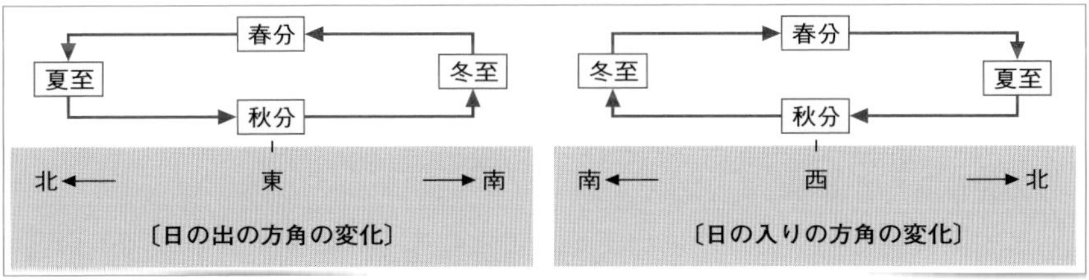

- **昼の長さ**…日の出から日の入りまでを**昼**，日の入りから日の出までを**夜**とする。したがって，昼の長さは次の式で求められる。

昼の長さ=日の入りの時刻−日の出の時刻(24 時制《じせい》で表す)

例題 昼の長さ

次の①，②の日の昼の長さを計算しなさい。

① 日の出の時刻…午前 5 時 44 分，日の入りの時刻…午後 5 時 53 分

② 日の出の時刻…午前 6 時 47 分，日の入りの時刻…午後 4 時 32 分

考え方 24 時制で計算する。午後の時間に 12 時間たせばよい。

① 午後 5 時 53 分は 17 時 53 分だから，17:53 − 5:44 = 12:09

② 午後 4 時 32 分は 16 時 32 分だから，16:32 − 6:47 = 9:45

答 ① 12 時間 9 分　② 9 時間 45 分

入試ポイント
- **日の出**…太陽の上のふちが現れたとき。太陽は**右上がり**に昇る。
- **日の入り**…太陽の上のふちが沈んだとき。**右下がり**に沈む。

6 太陽の高度

☞ 太陽の高度はどのようにしてはかればよいか。

● **太陽の高度**…太陽と観測《かんそく》地点を結ぶ直線と水平な地面とがなす角度を**太陽の高度**とする。太陽の高度が高くなるほど，ものの影《かげ》は短くなる。

● **太陽高度の測定《そくてい》**…水平な地面に棒《ぼう》を垂直《すいちょく》に立て，影の長さをはかる。次に棒と影を適当《てきとう》に縮小《しゅくしょう》してノートにかき，太陽高度を分度器ではかる。

● **太陽高度測定器**…長い筒《つつ》の両端《りょうはし》に，中心に穴《あな》をあけた蓋《ふた》をする。筒の中ほどに，中央の目《め》盛《も》りを 0 にした分度器とおもりをつけた糸をとりつけ，筒の一方の端にはスクリーンをとりつける。

▶**測定法**…筒を太陽のほうに向け，スクリーンに筒を通りぬけた太陽の光があたるように支《ささ》えると，筒は太陽光線と同じ方向を向いていることになる。このときの太陽の高度は，上の図の∠**a** であるが，これは∠**b** と同じだから，おもりを下げた糸が分度器の何度を示《しめ》すかを読みとる。

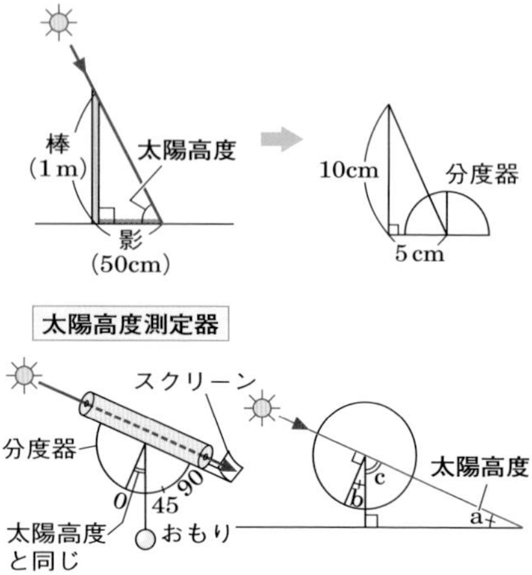

▲太陽高度の測定

例題 太陽の高度

右図の①，②のときの太陽の高度を求めなさい。

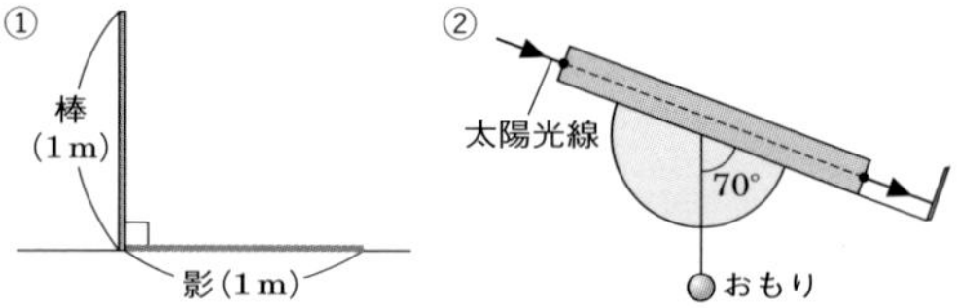

考え方 ① 棒の先と影の先を結んだ線が太陽光線。

② 筒に垂直な線とおもりの糸のなす角が太陽高度。

答 ① 45 度　　② 20 度

入試ポイント

● **太陽高度**の測定 { 地面に垂直に立てた棒の**影の長さ**から求める。
太陽高度測定器で**太陽光線の傾《かたむ》き**を求める。

7 南中《なんちゅう》高度の1年の変化

太陽の南中高度は季節とともにどのように変わるか。

● **太陽の南中**…太陽の南中高度は季節とともに変わる。夏至《げし》には，太陽が最も北から昇《のぼ》るので，南中高度(右図の∠**c**)も1年中で最も大きくなる。反対に冬至《とうじ》は，太陽が最も南から昇るので，南中高度(右図の∠**a**)も1年中で最も小さくなる。春分《しゅんぶん》・秋分《しゅうぶん》の南中高度(右図の∠**b**)は，夏至と冬至の中間である。

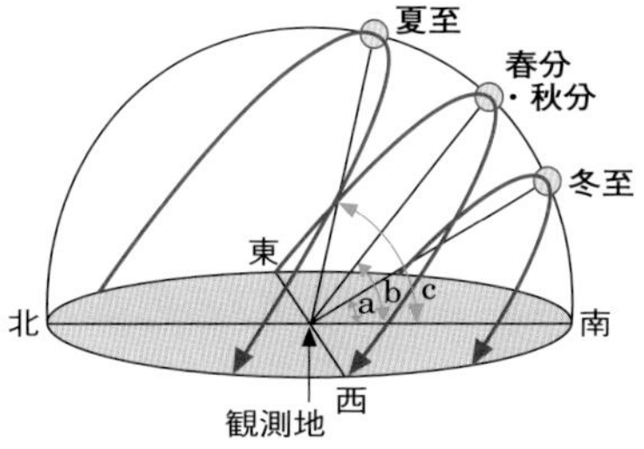

▲太陽の南中高度の変化

● **南中高度の求め方**…春分・秋分には，**赤道**《せきどう》の真上を太陽が通るので，太陽の光と**地軸**《ちじく》が垂直になる。右の図は春分・秋分の地球と太陽光線の関係を示している。この図からわかるように，北緯《ほくい》**a**度の地点**A**の春分・秋分のときの南中高度は，90°−∠**a**，つまり**90°−緯度**《いど》に等しくなる。

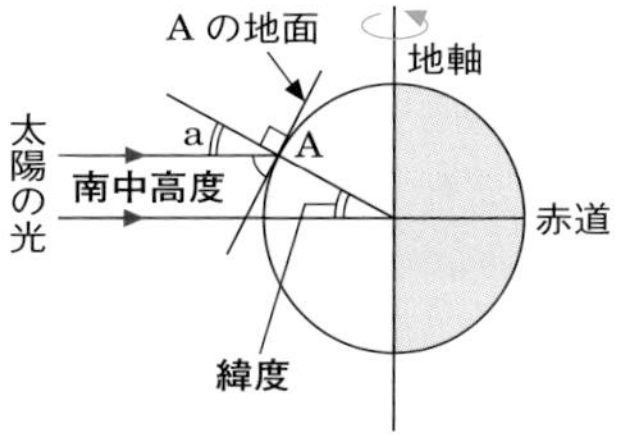

▲春分・秋分の地球と太陽光線

夏至になると，北半球では，地軸が太陽のほうに23.4°傾くので，南中高度は春分・秋分より23.4°高くなる。
冬至になると，北半球では，地軸が太陽と反対側に23.4°傾くので，南中高度は春分・秋分より23.4°低くなる。

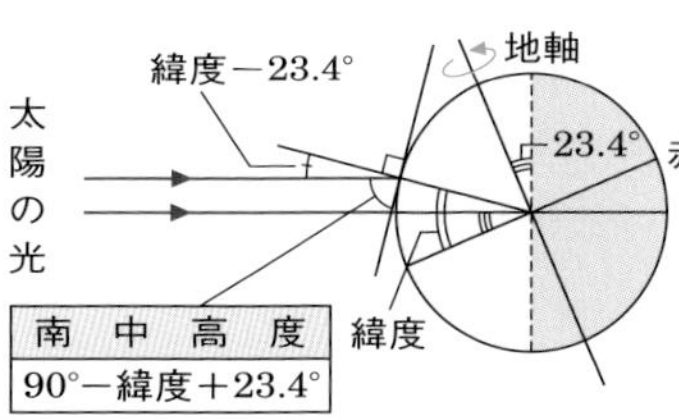

▲夏至の地球と太陽光線

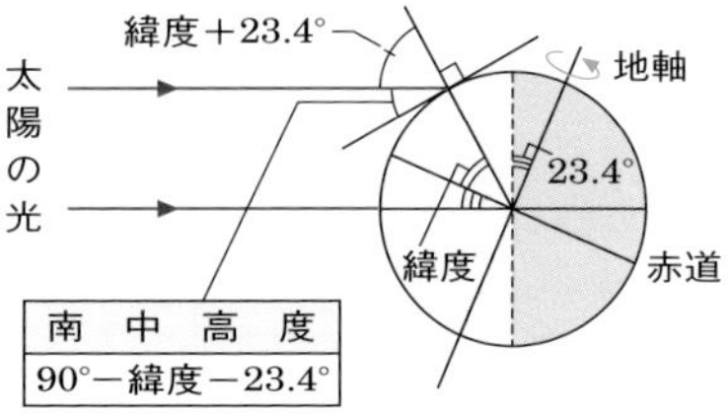

▲冬至の地球と太陽光線

春分・秋分の南中高度＝90°− その土地の緯度
夏至の南中高度＝90°− その土地の緯度 ＋ 23.4°
冬至の南中高度＝90°− その土地の緯度 − 23.4°

入試ポイント
● 太陽の**南中高度**
- **春分・秋分…90°− その土地の緯度**
- **夏至…春分 ＋ 23.4°　冬至…春分 − 23.4°**

8 南中時刻《なんちゅうじこく》の違《ちが》い

☞ 太陽の南中時刻はどのように求めるか。

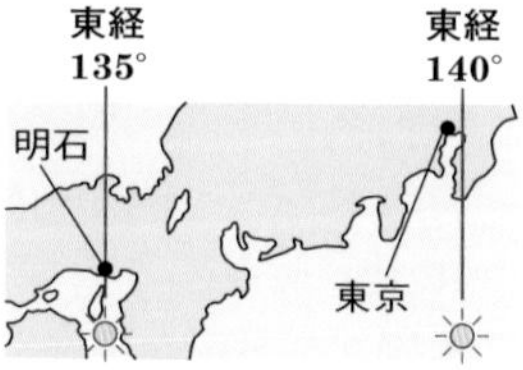

▲南中時刻のずれ

● **日本標準時**《ひょうじゅんじ》…日本では，兵庫県**明石**《あかし》市(**東経**《とうけい》 **135°**)で太陽が南中したときを**正午**と定めている。これを**日本標準時**といい，日本全国で用いる。

● **南中時刻のずれ**…地球は西から東へ自転《じてん》しているため，太陽が南中する地点は，東から西へ順にうつっていく。したがって，東にある地点ほど早く太陽が南中する。このずれは経度《けいど》によってきまり，経度が 1°違うと，**4 分**ずれる。たとえば，東京付近の経度は東経 140°なので，明石より 5°東側にある。経度 1°につき南中時刻は 4 分ずれるのだから，5°では，4 × 5 = 20(分)明石より南中時刻が早くなる。したがって，東京での南中時刻は，午前 11 時 40 分ごろである。

● **南中時刻の求め方**

① 日の出の時刻と日の入りの時刻から求める。

(日の出の時刻＋日の入りの時刻) ÷ 2

② 日の出の時刻と昼の長さから求める。

日の出の時刻＋昼の長さ ÷ 2

9 緯度《いど》と昼の長さ

☞ 昼の長さはどのように変化するか。

春分《しゅんぶん》**から秋分**《しゅうぶん》**までの半年間**(夏至《げし》をふくむ)は北半球が太陽に向かって傾《かたむ》いているので，北へ行くほど昼が長くなる。

春分・秋分はどの地点でも昼の長さと夜の長さが等しい。

秋分から春分までの半年間(冬至《とうじ》をふくむ)は北半球が太陽と反対側に傾いているので，南へ行くほど昼が長くなる。

赤道《せきどう》**付近**は 1 年中昼の長さと夜の長さが等しい。

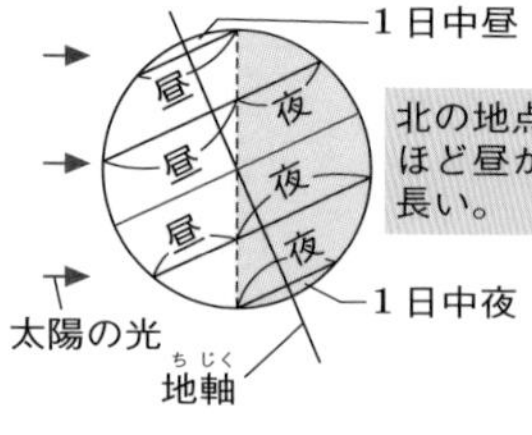

▲春分から秋分まで

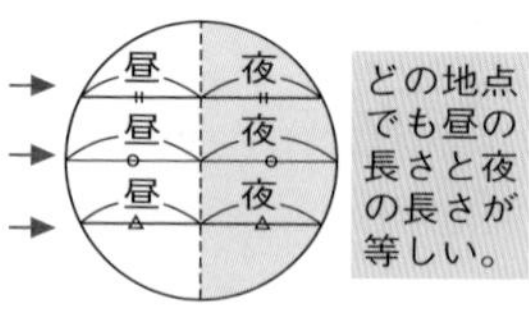

▲春分・秋分

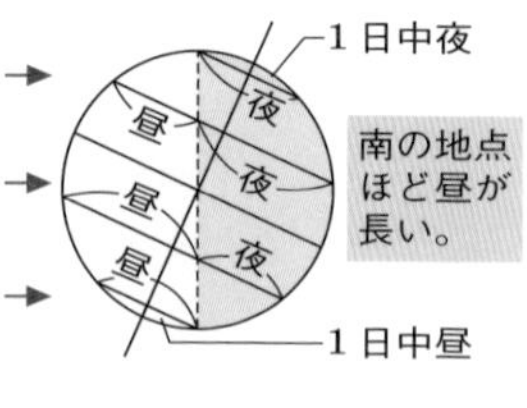

▲秋分から春分まで

入試ポイント

● 太陽の**南中時刻** { **明石**より**東側**…正午より**早い** / **明石**より**西側**…正午より**遅**《おそ》**い** } (経度 **1 度につき** **4 分**ずれる)

10 世界の太陽の動き

どこを回転の軸とするか。

観測地と北極星《ほっきょくせい》を結ぶ直線を回転の軸として，この軸を回転させて考える。

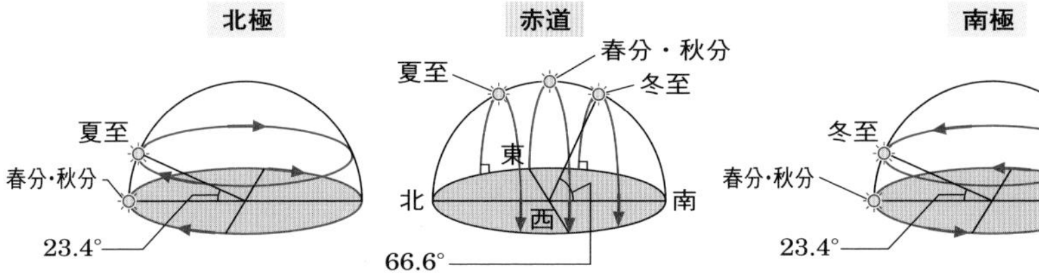

▲世界の太陽の動き

11 影《かげ》の動き

棒《ぼう》の影の動きは，季節によってどう違うか。

棒の影の動き

影は太陽と反対の方向にできるので，影の伸《の》びる方位は，時間がたつにつれて，西→北→東　とうつっていく。

太陽の高度が高くなるにつれて，影は短くなる。太陽が南中したとき高度が最も高いので，真北にできる影がいちばん短い。

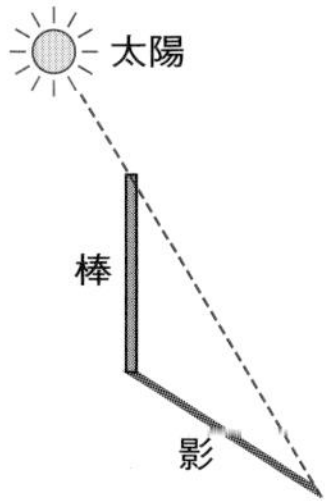

▲棒の影

棒の影の季節による違い

夏至の日には，真北にできる影の長さが 1 年中でいちばん短くなる。全体としても影が短いので，影の先の動きは棒に最も近いところを通る。

春分・秋分の日には影の先は，東西方向にのびる直線にそって動いていく。

冬至の日には，真北にできる影の長さが 1 年中でいちばん長くなる。全体としても影が長いので，影の先の動きは棒から最も離《はな》れたところを通る。

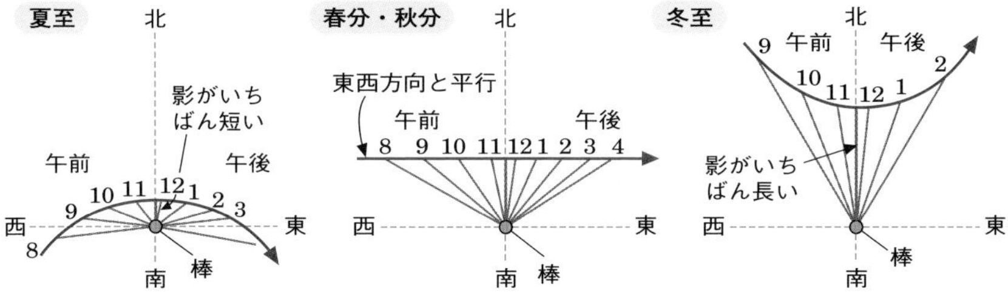

▲季節による影の動きの違い

入試ポイント

- **影の動き…西→北→東**
- **影の長さ**…太陽の高度が**高くなる**につれて，影は**短くなる。**

☑ まとめチェック

知識を整理・確認しよう！

① 太陽の特徴《とくちょう》

☐ ① 太陽の表面に見られる黒いしみのようなものを何というか。

☐ ② 地球から太陽までの距離《きょり》は約何kmか。

② 太陽の1日の動きと1年の動き

太陽の通り道の変化
（東京：北緯《ほくい》36°）

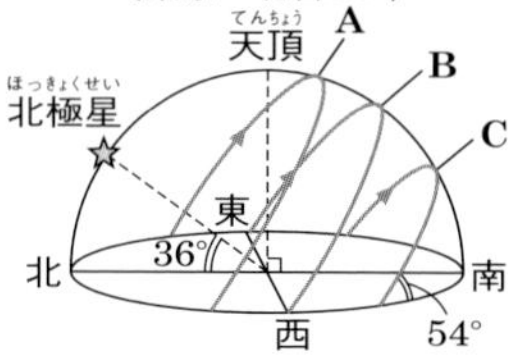

☐ ① 太陽の1日の動きの原因《げんいん》は何か。

☐ ② Aのように太陽が最も北寄《よ》りを通る日はいつか。

☐ ③ Bのように太陽が真東から出て真西に沈《しず》む日はいつか（2つ）。

☐ ④ Cのように太陽が最も南寄《よ》りを通る日はいつか。

☐ ⑤ 太陽の通り道が1年間で変化するのは，地球が地軸《ちじく》を傾《かたむ》けたまま何をしているからか。

右の図のA～Dは，春分・夏至・秋分・冬至いずれかの日の地球の位置である。

地球の公転

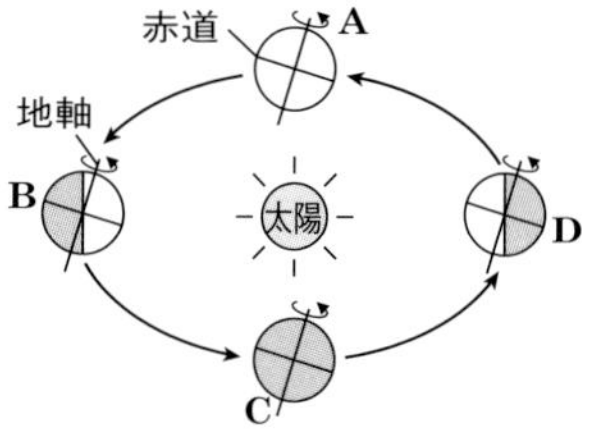

☐ ⑥ Aはいつか。

☐ ⑦ Bはいつか。

☐ ⑧ Cはいつか。

☐ ⑨ Dはいつか。

☐ ⑩ 地軸は，公転面《こうてんめん》に垂直《すいちょく》な方向から何度傾いているか。

③ 日の出・日の入りと太陽の南中《なんちゅう》

☐ ① 日の出の時刻《じこく》が午前5時54分，日の入りの時刻が午後5時43分のとき，昼の長さは何時間何分か。

☐ ② 棒《ぼう》と棒の影《かげ》の長さが等しいとき，太陽の高度は何度か。

☐ ③ 北緯35°の地点での夏至の日の太陽の南中高度は何度か。

☐ ④ 東経《とうけい》140°の地点での太陽の南中時刻は何時何分か。

☐ ⑤ 夏至の日，東京と北海道で昼が長いのはどちらか。

☐ ⑥ 冬至の日，太陽が沈まないのは北極と南極《なんきょく》のどちらか。

④ 影の動き

☐ ① 棒の影の動く向きは，東→南→西と西→北→東のどちらか。

☐ ② 真北にできる影が最も短くなる日はいつか。

答え

①
① 黒点《こくてん》
② 1億5000万km

②
① 地球の自転《じてん》
② 夏至《げし》
③ 春分《しゅんぶん》・秋分《しゅうぶん》
④ 冬至《とうじ》
⑤ 公転《こうてん》
⑥ 春分
⑦ 夏至
⑧ 秋分
⑨ 冬至
⑩ 23.4度

③
① 11時間49分
② 45度
③ 78.4度
④ 午前11時40分
⑤ 北海道
⑥ 南極

④
① 西→北→東
② 夏至

力だめしの問題　入試標準レベル　解答➡別冊p.27

1 日の出の太陽が地平線《ちへいせん》から昇《のぼ》る位置は1年間を通じて変わります。次の図は，日本のある場所で，花子さんが日の出の位置を観察した自宅《じたく》のマンションの屋上から見える東の地平線の様子です。図のA，B，Cは花子さんが観察した，1年のある時期の日の出の太陽が昇る位置を示《しめ》しています。【玉川聖学院中等部】

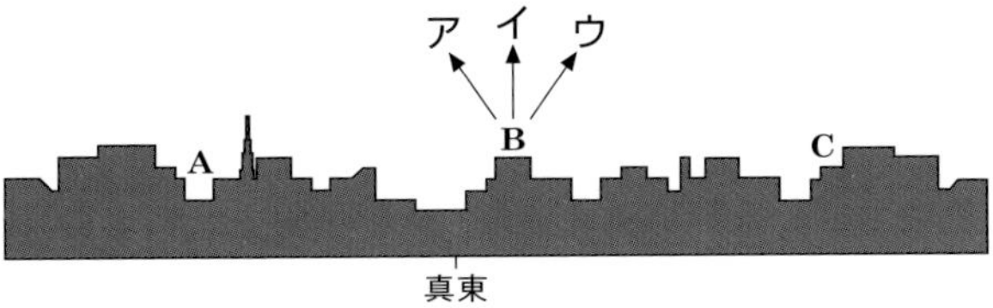

(1) 北の方角は図の右と左のどちら側になりますか。　(　　)

(2) 太陽が地平線から昇る方向をBの位置で示すと，図のア，イ，ウの矢印のどれが正しいですか。記号で答えなさい。　(　　)

(3) A，B，Cのうちで日の出の時刻が最も早くなるのはどの位置のときですか。記号で答えなさい。　(　　)

(4) A，B，Cのうちで昼間の長さが最も短くなるのはどの位置のときですか。記号で答えなさい。　(　　)

(5) 図のA，B，Cの日の出の位置と，それぞれの時期としてふさわしいものを，次から選び，記号で答えなさい。　(　　)

ア　Aは夏至でBは冬至，Cは春分と秋分
イ　Aは冬至でBは夏至，Cは春分と秋分
ウ　Aは夏至でBは春分と秋分，Cは冬至
エ　Aは冬至でBは春分と秋分，Cは夏至

2 太陽について，次の問いに答えなさい。【戸板中】

(1) 季節によって太陽の通る高さは変化し，とくに日本では四季があります。この理由として正しいものを次から選び，記号で答えなさい。　(　　)

ア　地球が自転しているから。
イ　太陽が自転しているから。
ウ　地球が，公転面に対して地軸を傾《かたむ》けたまま公転しているから。
エ　地球の公転する軌道《きどう》が変化するから。

(2) 1年のうちで，太陽が最も高い位置にくる日を何といいますか。
(　　　　)

(3) 右の図は，太陽の日周運動《にっしゅううんどう》を表したものです。北の方向を示《しめ》す点を図の**A**～**D**より選び，記号で答えなさい。　（　　）

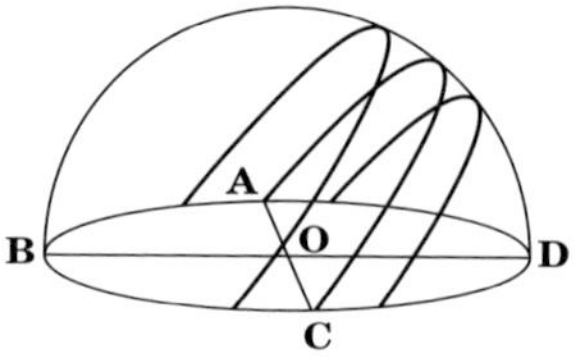

3 太陽に関する次の各問いに答えなさい。 【大阪産業大附中】

(1) 日本では，兵庫県明石《あかし》市(東経《とうけい》135 度)で太陽が南中《なんちゅう》する時刻《じこく》を正午と定めています。太陽は東京(東経 140 度)を通過《つうか》してから明石市を通過します。これについて，次の各問いに答えなさい。

① 太陽が経度《けいど》で 1 度移動《いどう》するのに何分かかりますか。

（　　）

② 東京での南中時刻は，日本標準時《ひょうじゅんじ》で午前または午後何時何分ですか。

（　　）

(2) 日本では，棒《ぼう》の影《かげ》の動きによって，季節の違《ちが》いがわかります。

　地面を上から見たとき，日の出から日の入りまでの棒の先端《せんたん》の影の動きを下の図の**ア**～**ウ**の矢印であらわしました。

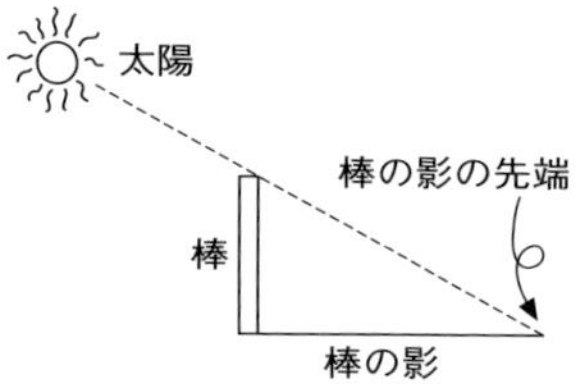

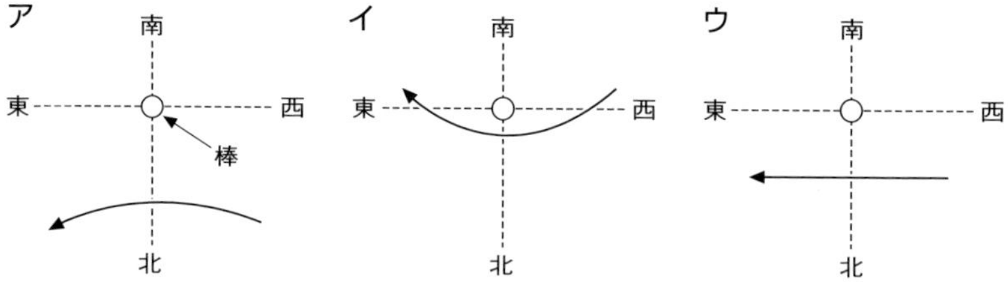

① 夏至《げし》の日の影の動きは**ア**～**ウ**のどれですか。記号で答えなさい。（　　）

② 冬至《とうじ》の日の影の動きは**ア**～**ウ**のどれですか。記号で答えなさい。（　　）

③ 春分《しゅんぶん》・秋分《しゅうぶん》の日の影の動きは**ア**～**ウ**のどれですか。記号で答えなさい。

（　　）

4 次の文章を読み，以下の各問いに答えなさい。 【目白研心中】

研心くんは6月の終わりに，修学《しゅうがく》旅行《りょこう》でカナダのバンクーバーへ行きました。夏至の日を過《す》ぎたばかりで昼間の時間がとても長く，午後9時半でも外が明るくて，暗くなったのは午後10時くらいでした。研心くんはなぜ昼間がこんなに長いのかを，夏至の日の図(右図)を見ながら考えてみました。

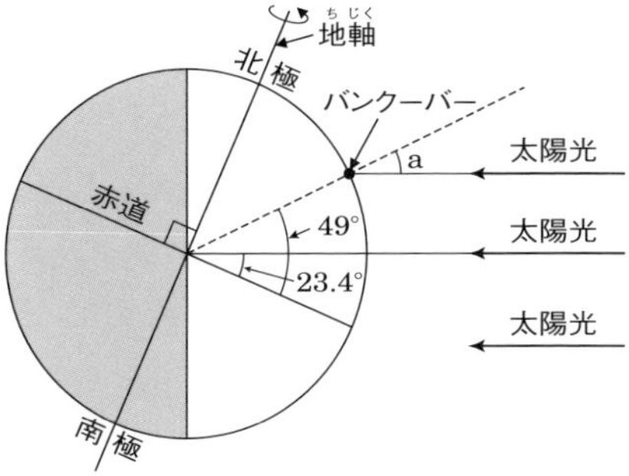

ただし，灰《はい》色の部分は太陽光があたっていないところです。

(1) 夏至の日に太陽が最も高く上がったとき，頭の真上に太陽がくるところはどこですか。次から選び，記号で答えなさい。 (　　)

ア　北極《ほっきょく》付近　　イ　南極《なんきょく》付近　　ウ　赤道《せきどう》　　エ　北緯《ほくい》23.4°の場所

(2) 夏至の日に太陽が最も高く上がったとき，バンクーバーでは上の図のように太陽は頭の真上から角度**a**下がったところにあります。角度**a**は何度ですか。小数第1位まで答えなさい。 (　　　)

(3) 夏至の日に，1日中太陽が沈《しず》まないのはどこですか。次から選び，記号で答えなさい。 (　　)

ア　北極付近　　イ　南極付近　　ウ　赤道　　エ　北緯23.4°の場所

(4) 夏至の日の地球に，バンクーバーの1日の昼の長さと夜の長さの比《ひ》をかきこんだ図として，正しいものを次から選び，記号で答えなさい。 (　　)

ア

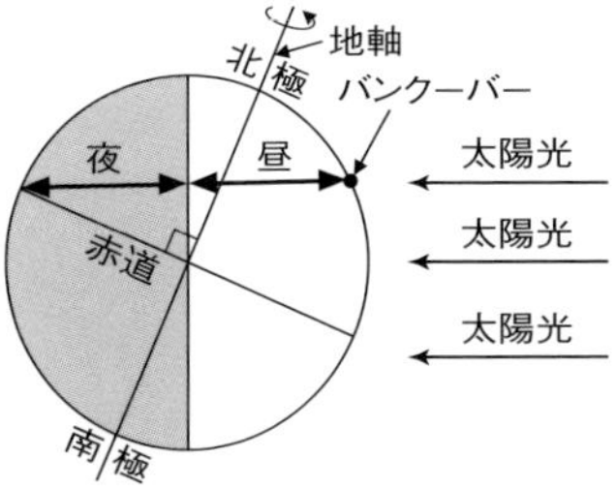

イ

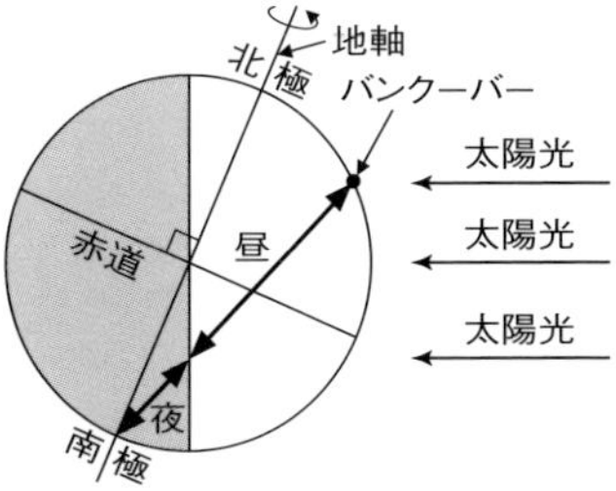

ウ

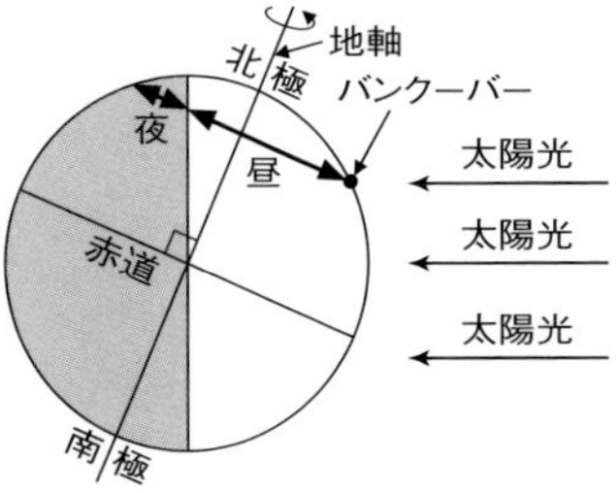

エ

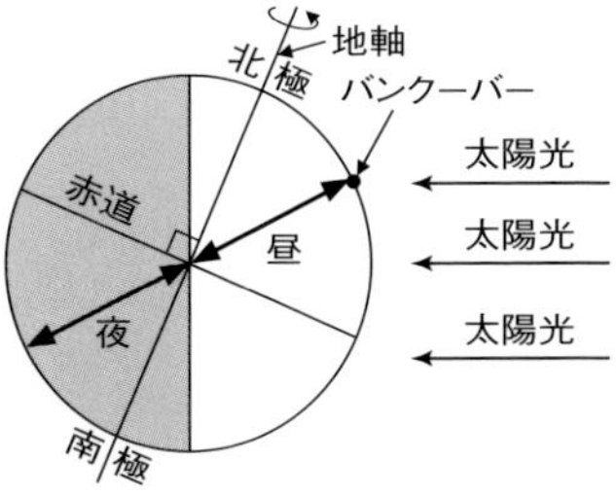

2 月の動きと満《み》ち欠《か》け

1 月の様子

☞ 月と地球にはどんな違《ちが》いがあるか。

月の直径《ちょっけい》は，地球の直径の約$\frac{1}{4}$倍である。地球から月までの距離《きょり》は，**約38万km**であり，地球から見た月の大きさと太陽の大きさはほぼ同じである。

また，月には，空気も水もない。したがって，風が吹《ふ》いたり雨が降《ふ》ったりすることはなく，昼と夜の温度差が大きい。月の空は太陽が出ているときでも黒い。

月の表面には，**クレーター**というくぼみがたくさんある。

月の重力は地球の重力の約$\frac{1}{6}$倍である。

▶**月面上でのものの重さ**…**自動上皿《うわざら》はかり**ではかると，地球上ではかったときは60gであったものが月面上へもってきてはかると10gになる。これは，重力が$\frac{1}{6}$倍になるので，ものが自動上皿はかりを押《お》す力が$\frac{1}{6}$倍になるからである。

また，**上皿天《うわざらてん》びん**ではかると，地球上ではかったとき60gあったものは，月面上へもってきてはかっても，やはり60gである。これは，ものの重さも$\frac{1}{6}$倍になるが，分銅《ふんどう》の重さも$\frac{1}{6}$倍になるためである。

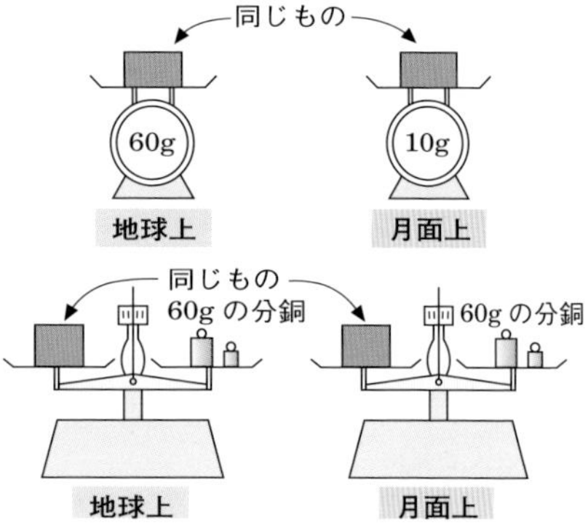

▲月面上でのものの重さ

2 月の満ち欠け

☞ 月の形が規則《きそく》正しく変わるのはなぜか。

月は**三日月《みかづき》**から**半月《はんげつ》**，**満月《まんげつ》**へと規則正しく形が変わる。これを**月の満ち欠け**という。月の満ち欠けは**約29.5日**ごとにくり返される。

月の満ち欠けの原因《げんいん》

月は太陽の光を反射《はんしゃ》して光っているので，いつでも太陽のほうを向いている半面だけが光っている。月は地球のまわりを公転《こうてん》しているので，地球から月の光っている半面を見る角度は毎日変わる。そのため，光っているところの見え方が変わって，満ち欠けが起こるのである。

入試ポイント

● **月** 直径…地球の**約$\frac{1}{4}$倍**，重力…地球の**約$\frac{1}{6}$倍**
満ち欠けの周期…**約29.5日**

月の形

- **新月《しんげつ》**…太陽と同じ方向にあるため，見えない。
- **三日月**…月令《げつれい》2の月。右《みぎ》端《はし》が少し光っている。
- **上弦《じょうげん》の月**…月令7.5くらいの月。右半分が光っている。
- **満月**…月令15くらいの月。まんまるに見える。
- **下弦《かげん》の月**…月令22.5くらいの月。左半分が光っている。

参考 新月からの日数を**月令**という。

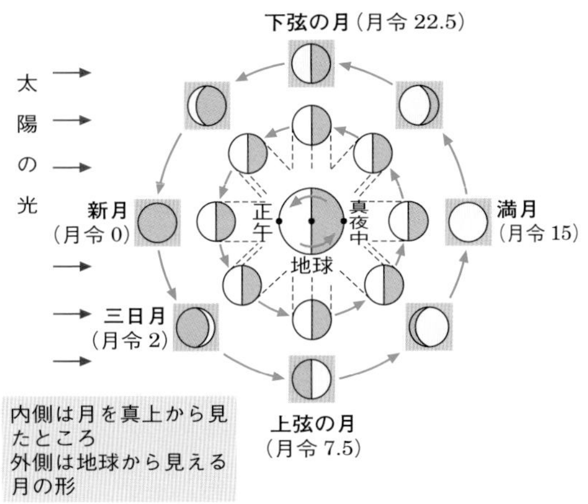

▲月の満ち欠け

3 月の動き

☞ 月の出や月の入りの時刻《じこく》は月令によってどう変わるか。

月の出・月の入り・月の南中《なんちゅう》などの時刻は，月令によってだいたいきまっている。地球の自転《じてん》のため，月も東から西へ動き，約12時間地平線《ちへいせん》上に出ている。

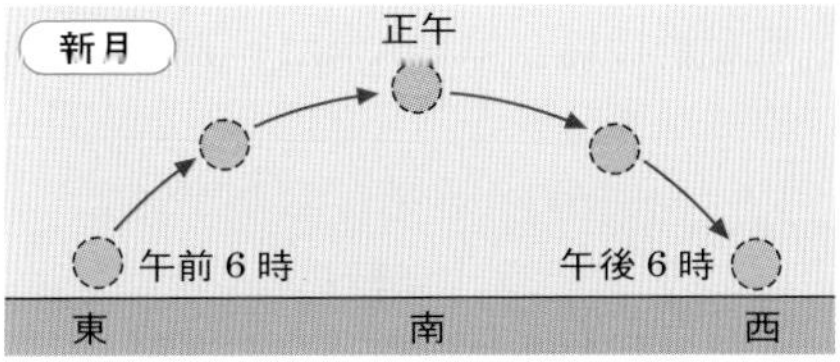

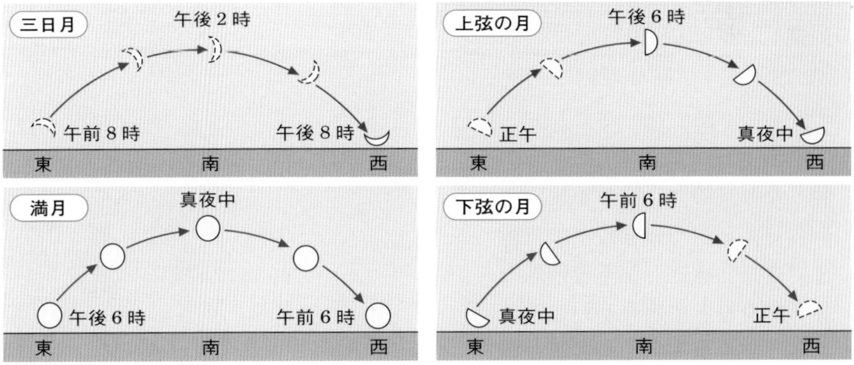

注意 月の形から太陽がどの方向にあるかを考えると，月の出や南中の時刻がわかる。

入試ポイント
- **月令**…新月0　三日月2　上弦7.5　満月15　下弦22.5
- **満月**…月の出（夕方）　南中（真夜中）　月の入り（朝）

4 月の自転《じてん》と公転《こうてん》

☞ 月は地球から見てどのようにまわっているか。

月の自転と公転

月は**自転**しながら，地球のまわりを**公転**している。月の自転周期《しゅうき》と公転周期は，どちらも**約 27.3 日**である(満《み》ち欠《か》けの周期と同じでない)。つまり，月は 1 回地球のまわりを公転する間に 1 回自転する(自転と公転の向きも同じ)。そのため，月はいつでも同じ面を地球に向けていて，地球から見える月のもようはいつも同じで，地球から月の裏《うら》側を見ることはできない。

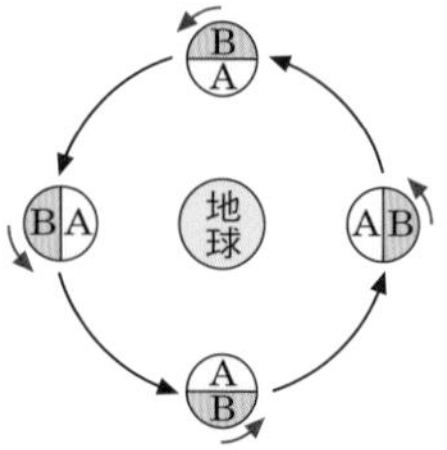

▲月の自転・公転

● **月の位置の毎日のずれ**…月は 1 日に約 13° 地球のまわりを公転することになる(360° ÷ 27.3 日 = 約 13°)。一方，地球も同じ方向に，1 日に約 1° 太陽のまわりを公転している(360° ÷ 365 日 = 約 1°)。したがって，同じ時刻《じこく》に地球から見ると，月は 1 日に約 12° ずつ東へずれた位置に見える。

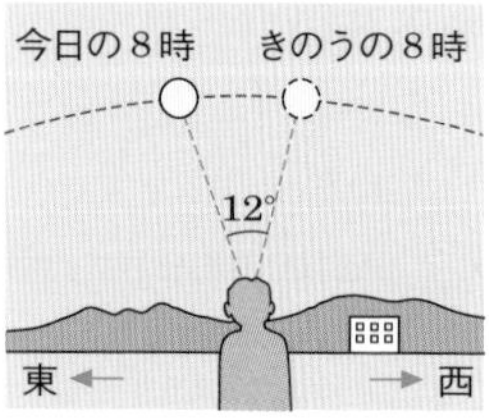

▲月の位置のずれ

● **月の出の時刻のずれ**…月が前の日と同じ位置に見えるためには，地球が約 12° だけ自転しなければならない。地球が 1° 自転するのに，4 分かかる(60 分 × 24 時間 ÷ 360° = 4)から 12° 自転するには，4 × 12 = 48(分)かかる。したがって，月が同じ位置に見える時刻(月の出や南中《なんちゅう》などの時刻)は，毎日約 48 分ずつ遅《おそ》くなる。

● **月の満ち欠けの周期**…月の公転周期(27.3 日)と満ち欠けの周期(29.5 日)が違《ちが》う理由を考えてみよう。

右の図で，月がアの位置から出発したとすると，同じ恒星《こうせい》の方向に見えるようになる**イ**の位置まできたとき，ちょうど地球のまわりをひとまわりしたことになる。**ア**から**イ**までの時間が公転周期の 27.3 日である。

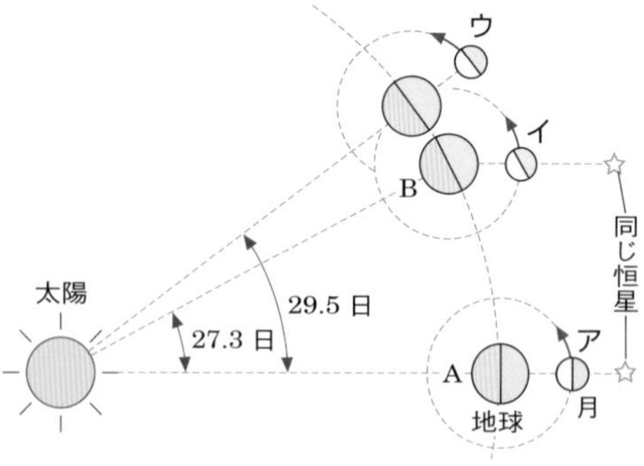

▲月の公転周期と満ち欠けの周期

ところが，**ア**と**イ**の月の形は同じではない。**ア**は満月《まんげつ》であったが，**イ**は満月よ

入試ポイント
- 月の**自転周期**と**公転周期**は**同じ**で，**27.3 日**→**同じ面**しか見えない。
- 月の**満ち欠けの周期**は，**公転周期より長い**。

り少し前である。こうなったのは，月が**ア**から**イ**まで行く間に，地球も**A**から**B**まで(角度にして約 27°)公転したために，太陽と月がなす角度が変わってしまったからである。月が満月になるためには，**ウ**(太陽と地球を結ぶ方向)まで進まなければならない。つまり，満ち欠けの周期は，月が**ア**から**ウ**まで行くのにかかる時間である。

例題　月の見える位置と時刻

ある日の午前０時に満月が南中しました。月は右の図の**A**点を中心として回転していると考えて，次の問いに答えなさい。

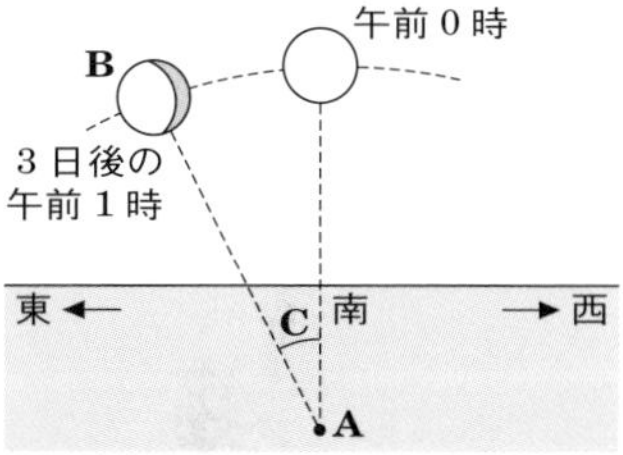

⑴ 満月の２日後の月が南中するのは，およそ何時ごろですか。次の**ア**～**エ**から選び，記号で答えなさい。

ア　午後 10 時 20 分ごろ　　**イ**　午後 11 時 10 分ごろ
ウ　午前 0 時 50 分ごろ　　**エ**　午前 1 時 40 分ごろ

⑵ 満月から３日後の月が，午前１時に**B**の位置に見られました。このとき，図の**C**の角度は，およそ何度ですか。次の**ア**～**エ**から選び，記号で答えなさい。

ア　約 10 度　　**イ**　約 20 度　　**ウ**　約 30 度　　**エ**　約 40 度

考え方 同じ時刻に見ると，月は毎日角度にして 12° ずつ東へずれていく。また，月が同じ位置にくる時刻は，毎日約 48 分ずつ遅れる。

⑴ ２日後に月が南中するのは，午前０時より，48 × 2 = 96(分)遅れるから，午前１時 36 分になる。

⑵ ３日後の午前０時の月は，はじめの位置より，角度で 12° × 3 = 36° 東へずれている。この日の午前１時には，月がこの位置からもう少し西へ進んだところにある。月の進む速さを角度で表すと，１日に 360° − 12° = 348° まわるから，１時間あたり，348° ÷ 24 時間 = 14.5° となる。したがって，∠**C**の大きさは，

C = 36° − 14.5° = 21.5°

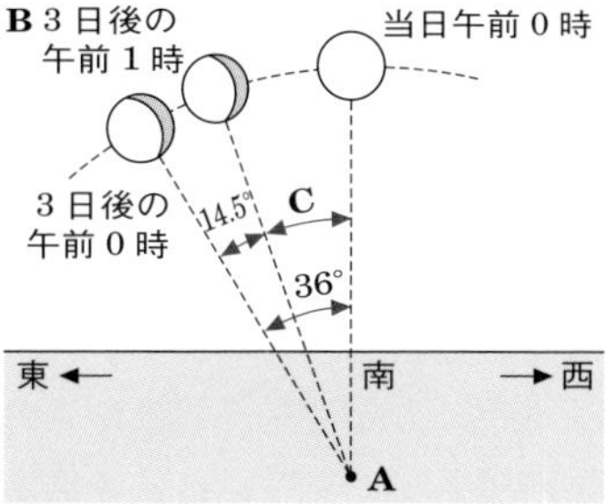

答 ⑴ **エ**　⑵ **イ**

入試ポイント
- 月は**毎日 12° ずつ東へ**ずれる。(同じ時刻に見たとき)
- 月は**毎日 48 分ずつ遅れて**，同じ位置を通る。

実際《じっさい》の月の動き

地球は太陽のまわりを公転《こうてん》している。月はその地球のまわりを公転しながら，地球といっしょに太陽のまわりをまわっているので，実際の月は，下の図のような道すじを通って運動している。

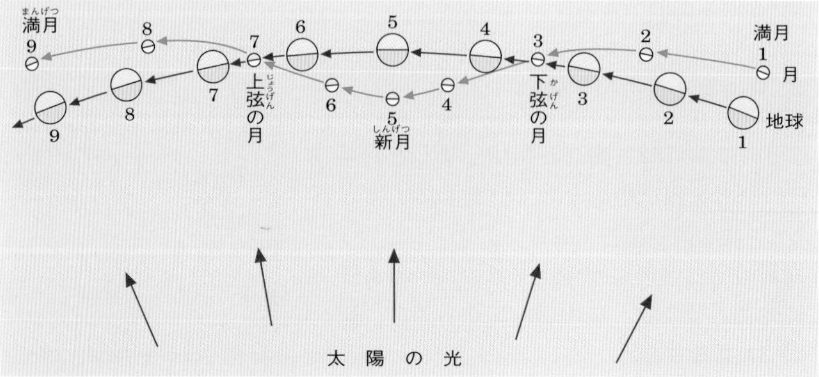

▲実際の月の道すじ

上の図は，地球が **1** の位置のとき，月も **1** の位置にあるというように，同じ数字の地球と月が同じ日のものであることを示《しめ》している。

実際の月は，この図のように，地球の公転軌道《こうてんきどう》をぬうように動いている。地球はほぼ同じ速さで動くので，等間隔《とうかんかく》であるが，月は等間隔ではない。この図から，月は地球の公転軌道の外側では速く動き，内側ではゆっくり動くことがわかる。

5 日食《にっしょく》・月食《げっしょく》

☞ 日食や月食はどんなときに起こるか。

日食

太陽と地球の間に月が入り，この 3 つが一直線に並《なら》ぶと，月の影《かげ》が地球にうつる。このとき，この影の中から太陽を見ると，太陽の一部が欠《か》けて見えたり，太陽がまったく見えなくなったりする。この現象《げんしょう》を**日食**という。

▲皆既日食

注意 日食は新月のときに起こるが，新月のたびに日食が起こるわけではない。

● **皆既《かいき》日食**…月の本影《ほんえい》(→p.496)の中から太陽を見ると，太陽は全部月に隠《かく》され，光っているところが見えなくなる。これを**皆既日食**という。

入試ポイント	● **月の動き**	地球のまわりを公転しながら太陽のまわりをまわる。 地球の**公転軌道をぬうように**動く。

地球から見た太陽と月はほぼ同じ大きさなので，皆既日食のときは，太陽の表面にふき上がっている炎《ほのお》のような**プロミネンス**などが見られる。

● **金環日食《きんかんにっしょく》**…月の本影の先を延長《えんちょう》した所から太陽を見ると，月が太陽の中にすっぽり入り，太陽の光っているところが輪になって見える。これを**金環日食**という。

参考 皆既日食になるか，金環日食になるかは，そのときの地球と月との距離《きょり》によってきまる。

● **部分日食**…月の**半影《はんえい》**(→p.496)の中から太陽を見ると，太陽の一部が欠けて見える。これを**部分日食**という。

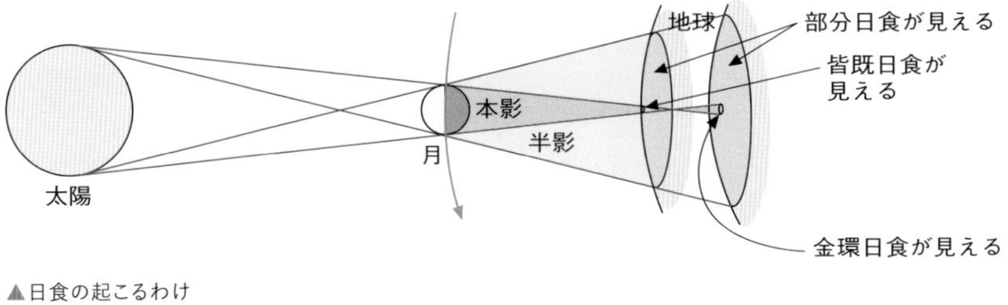

▲日食の起こるわけ

月食

太陽と月の間に地球が入り，この3つが一直線に並ぶと，地球の影《かげ》の中に月が入り，月の光っているところの全部または一部が欠けて見える。この現象を**月食**という。

注意 月食は満月のときに起こるが，満月のたびごとに起こるわけではない。

● **皆既月食**…月が地球の**本影**の中に全部入ってしまうときを**皆既月食**という。

● **部分月食**…月の一部が地球の**本影**をかすめて通り過《す》ぎるときは，月の一部が欠けて見える。これを**部分月食**という。

注意 月が地球の半影の中に入っているときは，月は欠けていない。

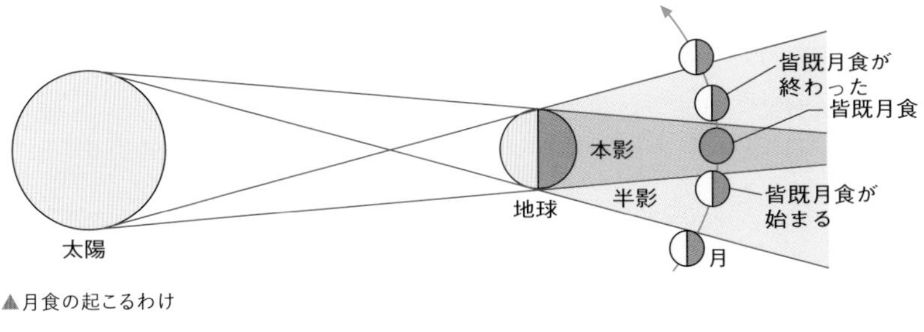

▲月食の起こるわけ

入試ポイント
- **日食**…月の影が地球にうつる。**新月**のときに起こる。
- **月食**…地球の影の中に月が入る。**満月**のときに起こる。

☑ まとめチェック

知識を整理・確認しよう！

① 月の様子

- □ ① 地球から月までの距離《きょり》は約何kmか。
- □ ② 月の表面に見られるくぼみを何というか。

② 月の満《み》ち欠《か》け

- □ ① 月の満ち欠けの周期は約何日か。
- □ ② 月の満ち欠けのおもな原因《げんいん》は何のどのような動きか。
- □ ③ **A**の位置の月を何というか。
- □ ④ **B**の位置の月を何というか。
- □ ⑤ **C**の位置の月を何というか。
- □ ⑥ **D**の位置の月を何というか。

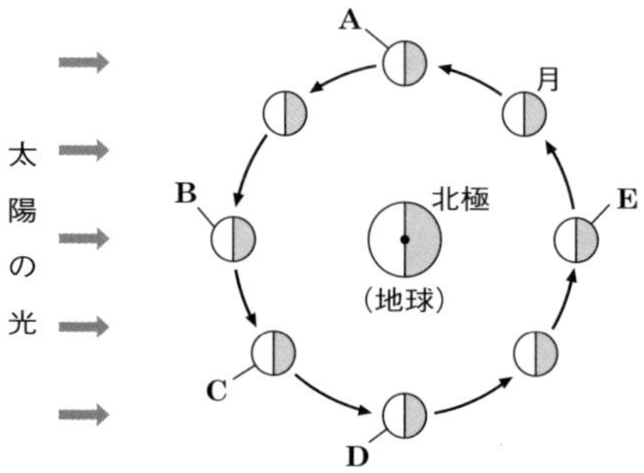

- □ ⑦ **E**の位置の月を何というか。

③ 月の自転《じてん》と公転《こうてん》

- □ ① 月の自転周期《じてんしゅうき》は約何日か。
- □ ② 月の公転周期は約何日か。
- □ ③ 地球から月の裏《うら》側を見ることはできるか。
- □ ④ 月の満ち欠けの周期が月の公転周期と少しずれているのは何のどのような動きによるものか。
- □ ⑤ 同時刻《どうじこく》の月の位置は，1日で約12°ずつ東と西のどちらに移動《いどう》しているか。
- □ ⑥ 月が同じ位置に見える時刻は，1日で約48分ずつ早《はや》くなるか，遅《おそ》くなるか。

④ 日食《にっしょく》・月食《げっしょく》

- □ ① 月が太陽を隠《かく》し太陽が欠けて見える現象《げんしょう》を何というか。
- □ ② ①の現象は，月がどのような形のときしか起こらないか。
- □ ③ 月が地球の影《かげ》に入り月が欠けて見える現象を何というか。
- □ ④ ③の現象は，月がどのような形のときしか起こらないか。

答え

①
- ① 38万km
- ② クレーター

②
- ① 29.5日
- ② 月の公転《こうてん》
- ③ 下弦《かげん》の月
- ④ 新月《しんげつ》
- ⑤ 三日月《みかづき》
- ⑥ 上弦《じょうげん》の月
- ⑦ 満月《まんげつ》

③
- ① 27.3日
- ② 27.3日
- ③ できない
- ④ 地球の公転
- ⑤ 東
- ⑥ 遅くなる

④
- ① 日食
- ② 新月
- ③ 月食
- ④ 満月

力だめしの問題　入試標準レベル

解答➡別冊 p.28

1 次の文章は月の表面の様子について述《の》べています。これについて，次の問いに答えなさい。 【駒場東邦中】

図1

図2

夜空に輝《かがや》く満月を観察すると，**図1**のように黒っぽい模様《もよう》が見えます。この黒っぽい模様は，日本では餅《もち》つきをするウサギと見立てられてきました。望遠鏡《ぼうえんきょう》で観察すると，この部分はほかの部分より［ 1 ］ことがわかります。この部分は［ 2 ］とよばれています。**図2**の右下には，白く見える部分に円形のくぼみがあります。このくぼみは［ 3 ］とよばれています。宇宙《うちゅう》から落下してきた「いん石《せき》」とよばれる石や岩が月の表面にぶつかってできたと考えられています。なお，**図1**と**図2**は望遠鏡を用いて撮影《さつえい》したものです。

(1) ［ 1 ］にあてはまる文を次から選び，記号で答えなさい。（　　）

ア　平らである　　イ　でこぼこしている

(2) ［ 2 ］にあてはまる名前を答えなさい。（　　）

(3) ［ 3 ］にあてはまる名前を答えなさい。（　　）

2 大阪出身の俳人《はいじん》であり，画家でもある与謝蕪村《よさぶそん》の俳句《はいく》に，「菜の花や　月は東に　日は西に」という俳句があります。この俳句について問いに答えなさい。

【大阪教育大附平野中】

(1) この俳句の月の形は何ですか。また，そう考えた理由を答えなさい。

月の形（　　）　理由（　　）

(2) 月の形が変わるのはどうしてですか。説明しなさい。

（　　）

(3) この俳句の月は，真夜中になると，空のどの方向に見えますか。

（　　）

(4) この俳句の月は，7日後の真夜中になると，どのように見えますか。形，高さがわかるように図にかきなさい。また，図中の（　　）の中には方位を答えなさい。

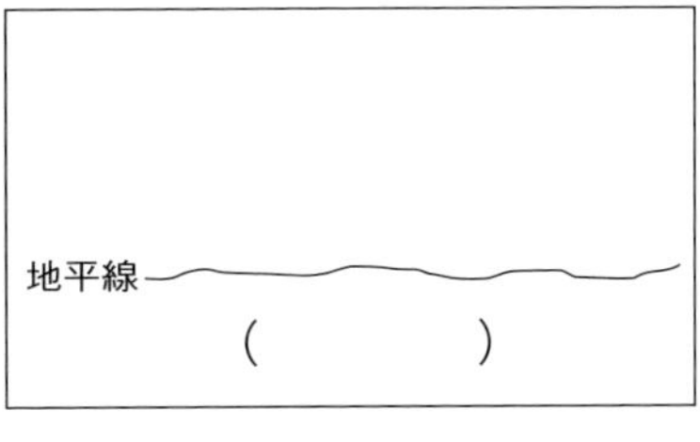

3 右の図は，右から太陽の光があたっているときの地球と，そのまわりを回転している月の位置(A～H)を示《しめ》しています。次の問いに答えなさい。

【追手門学院大手前中】

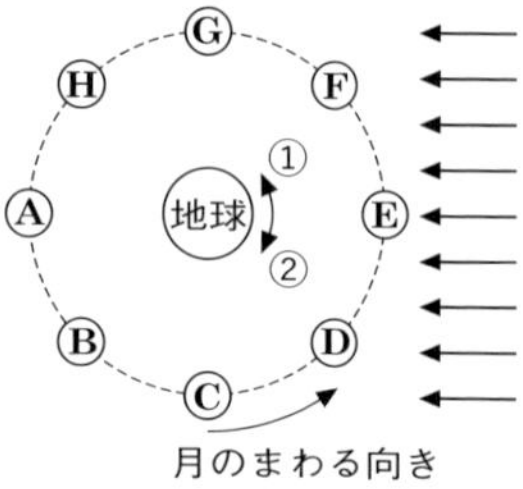

(1) 月がA，B，C，F，Gの位置にあるとき，地球の北半球から見た月の見え方を，それぞれ次から選び，記号で答えなさい。

A(　　) B(　　) C(　　) F(　　) G(　　)

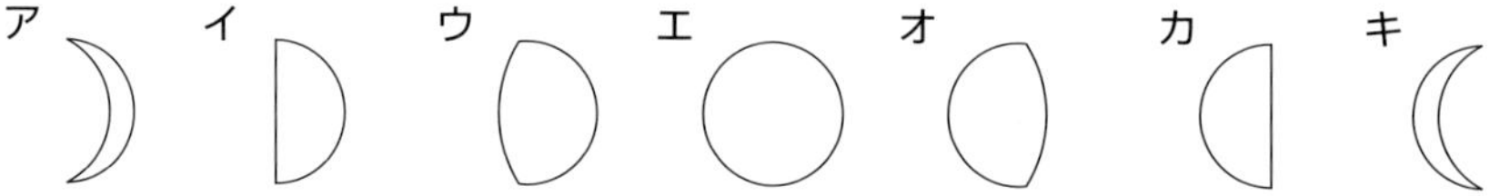

(2) 月が地球のまわりをまわることを月の何といいますか。(　　　)

(3) 図の中にある(2)の向きを考えて，地球の自転《じてん》の向きは，図の①，②のどちらですか。番号で答えなさい。(　　)

(4) 月がAの位置にきたときを何月といいますか。(　　　)

(5) 月がAの位置にきたとき，月と地球によって起こることは何ですか。

(　　　)

(6) 月がAの位置からEの位置まで動くのに約何日かかりますか。次から選び，記号で答えなさい。(　　)

ア 3日　　イ 10日　　ウ 15日　　エ 30日

(7) 地球から見える月は，いつも同じ面です。裏《うら》側の面は決して見ることができません。その理由を簡単《かんたん》に説明しなさい。

(　　　)

4 日食に関する次の文を読み，あとの問いに答えなさい。【清風南海中】

月の本影《ほんえい》の中から太陽を見ると，太陽は全部月に隠《かく》され，光っているところが見えなくなります。これを(　ア　)日食といいます。月の半影《はんえい》の中から太陽を見ると，太陽の一部が欠《か》けて見えます。これを(　イ　)日食といいます。

(1) 文中の(　ア　)，(　イ　)に適《てき》する語句《ごく》を答えなさい。

ア(　　　) イ(　　　)

(2) 右の図は，日食のときの地球への太陽の光のあたり方を作図したものです。「半影」にあたる部分を図の①～③から1つ選びなさい。(　　)

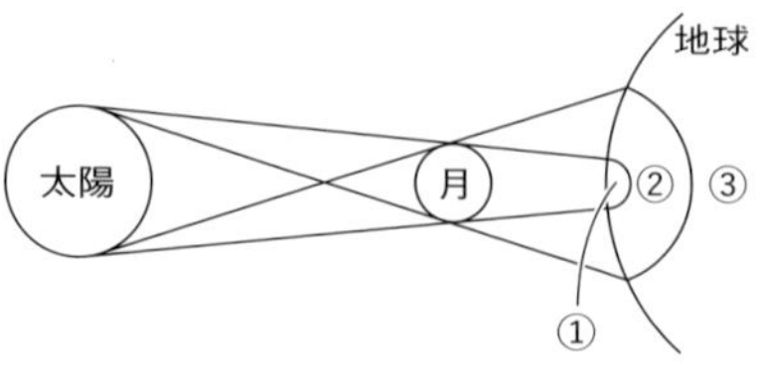

5 **次の図1は，岡山市のある場所から見た，満《み》ち欠《か》けをしたいろいろな月を表しています。下の問いに答えなさい。** 【山陽学園中】

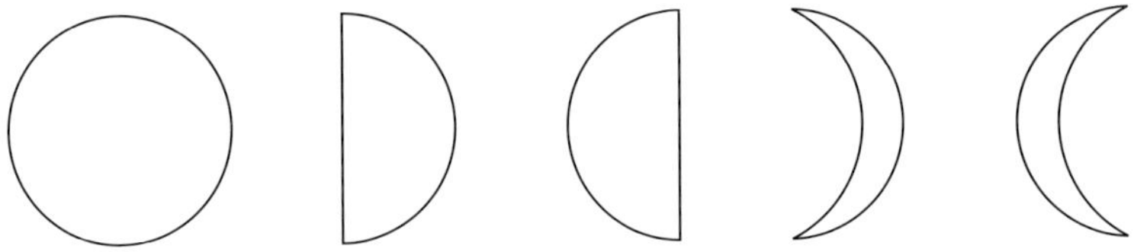

a　b　c　d　e

図1

(1) 図1のa～eの月を，満ち欠けする正しい順に並《なら》びかえ，記号で答えなさい。ただし，aから始めます。

（　a　→　　→　　→　　→　　）

(2) 真南にbの月が来る時刻《じこく》として適当《てきとう》なものを，次から選び，記号で答えなさい。

（　　）

ア　午前0時　　イ　午前3時　　ウ　午前6時
エ　正午　　オ　午後6時　　カ　午後9時

(3) aの月で，見えている部分の模様《もよう》はいつでも同じです。その理由を簡単に答えなさい。

（　　　　　　　　　　　　　　　　）

(4) 図2のア～オはそれぞれ，岡山市のある場所で，南の空を中心に，1日の月の動きを線で表したものです。図1のa～eの月の動きはどれにあてはまりますか。それぞれ，ア～オから1つずつ選び，記号で答えなさい。

a（　　）　b（　　）　c（　　）　d（　　）　e（　　）

ア　イ　ウ　エ　オ

図2

(5) 地球上で60gあるものを，月面上にて上皿天《うわざらてん》びんではかったとき，何gの分《ふん》銅《どう》とつりあいますか。ただし，月の重力は，地球の6分の1とします。

（　　　　）

3 星の動き

1 星の明るさと色

☞ 星の色と温度にはどのような関係があるか。

地球上から見て，いちばん明るく見える星を**1等星**《とうせい》，肉眼《にくがん》で見えるいちばん暗い星を**6等星**とし，すべての星を6等級に分ける。等級が1等級上がると，明るさは**約2.5倍**明るくなる。1等星は6等星の100倍の明るさがある。

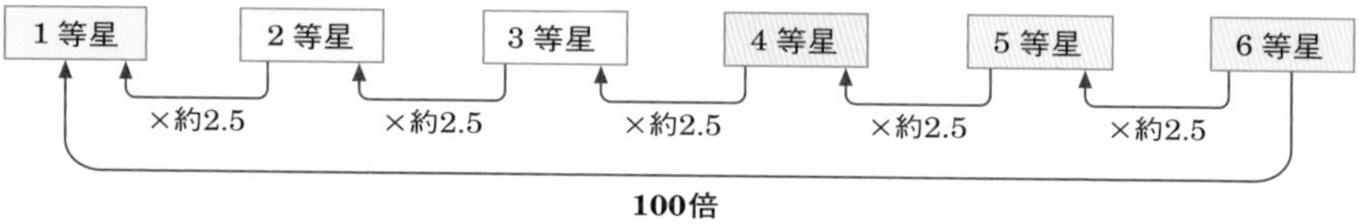

夜空には，赤・黄・白など，いろいろな色の星がある。星はすべて太陽と同じように，自分で光を出していて，その表面の温度の違《ちが》いによって出す光の色が違う。温度の低い星は赤い光を出し，温度が高くなるにつれて，黄色から白色へと変わっていく。

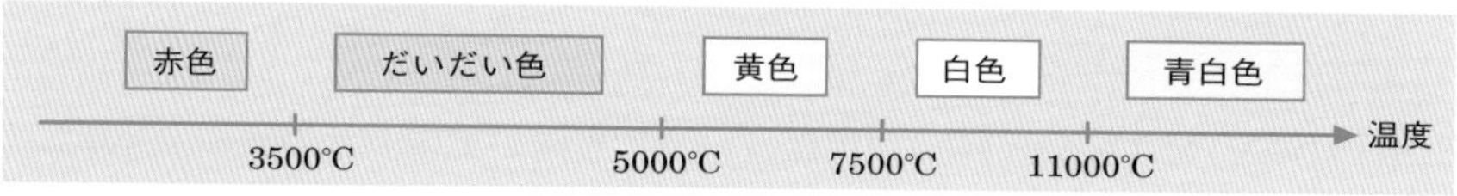

2 季節の星座《せいざ》

☞ それぞれの季節にどんな星座が見られるか。

夏の星座

- **はくちょう座**《ざ》…天《あま》の川《がわ》の上を飛ぶハクチョウのような形をしている。尾《お》にあたる所に**デネブ**という白い1等星がある。
- **わし座**…天の川をわたるワシのような形をしている。**アルタイル**という白い1等星がある。日本ではこれを**ひこ星**《ぼし》(**けん牛星**《ぎゅうせい》)という。
- **こと座**…**ベガ**という白い1等星がある。日本ではこれを**織姫星**《おりひめぼし》(**織女星**《しょくじょせい》)という。

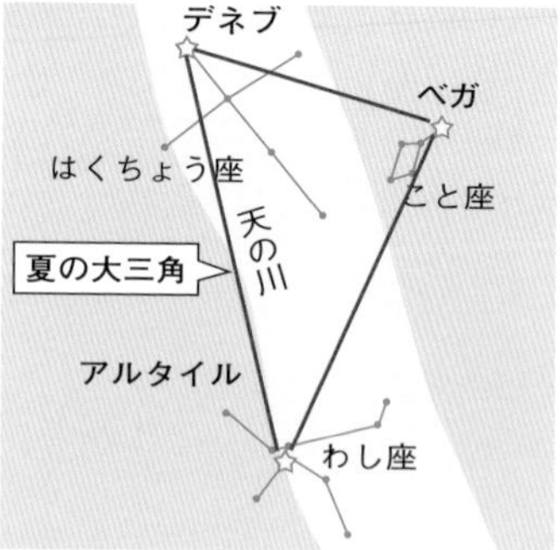

▲夏の星座

- **夏**《なつ》**の大三角**《だいさんかく》…夏の夜空で最も目立つ3つの星(はくちょう座の**デネブ**，わし座の**アルタイル**，こと座の**ベガ**)を結んでできる三角形を**夏の大三角**という。

入試ポイント
- **星の明るさ**…1等級違うと**2.5倍**。1等星は6等星の**100倍**。
- **星の色**…**表面温度**の**高い**順に，**青白色→白色→黄色→赤色**

● **さそり座**…夏の夜，南の空の低い所に見られるＳ字形をした星座が**さそり座**である。**アンタレス**という赤い１等星があり，これはさそりの心臓《しんぞう》ともいわれる。

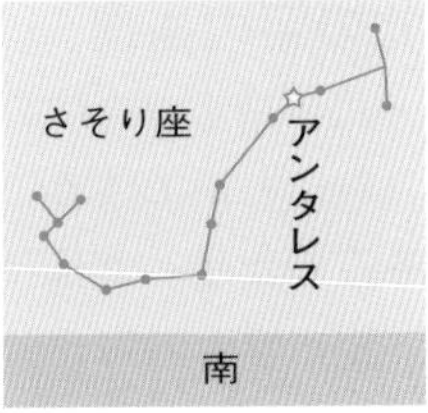

▲さそり座

冬の星座

● **オリオン座**…左上に赤い１等星**ベテルギウス**，右下に青白い１等星**リゲル**，オリオン(猟師《りょうし》)のベルトの所に３つの星が等間隔《とうかんかく》でならんでいる。

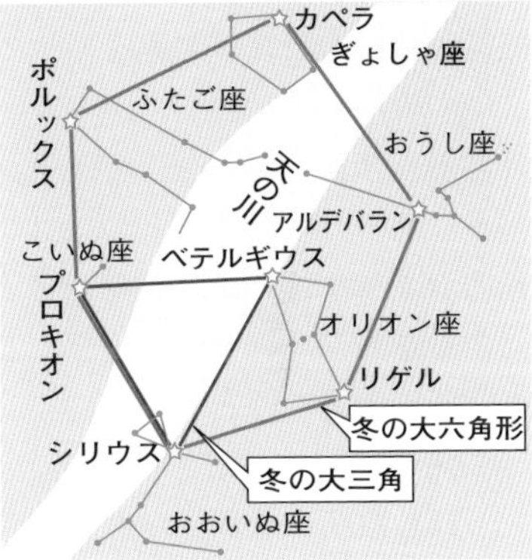

▲冬の星座

● **おおいぬ座**…全天で最も明るく見える**シリウス**という白い１等星がある。

● **こいぬ座**…**プロキオン**という薄黄《うすき》色の１等星がある。

● **冬《ふゆ》の大三角《だいさんかく》**…冬の夜空でいちばん目立つ３つの星(オリオン座の**ベテルギウス**，おおいぬ座の**シリウス**，こいぬ座の**プロキオン**)を結んでできる三角形を**冬の大三角**という。

● **おうし座**…だいだい色の１等星**アルデバラン**をふくむ。

● **ふたご座**…だいだい色の１等星**ポルックス**をふくむ。

春の星座

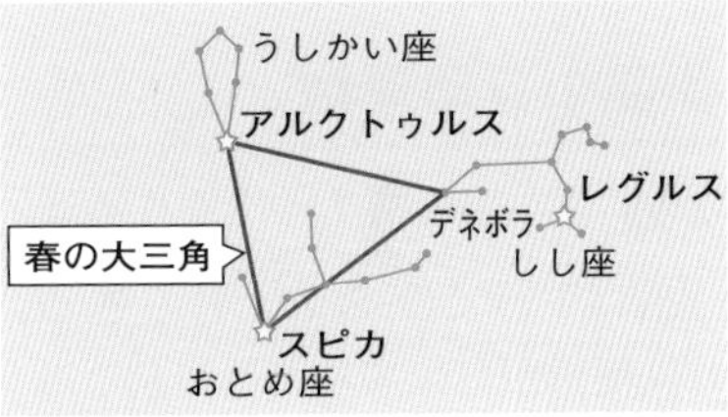

▲春の星座

● **しし座**…南の空にある。青白い１等星**レグルス**をふくむ。

● **おとめ座**…これも南の空にある。青白い１等星**スピカ**をふくむ。

秋の星座

● **ペガスス座**…４つの星(うち１つはアンドロメダ座の星)が四辺形をつくっている。

● **アンドロメダ座**…大星雲《だいせいうん》がある。

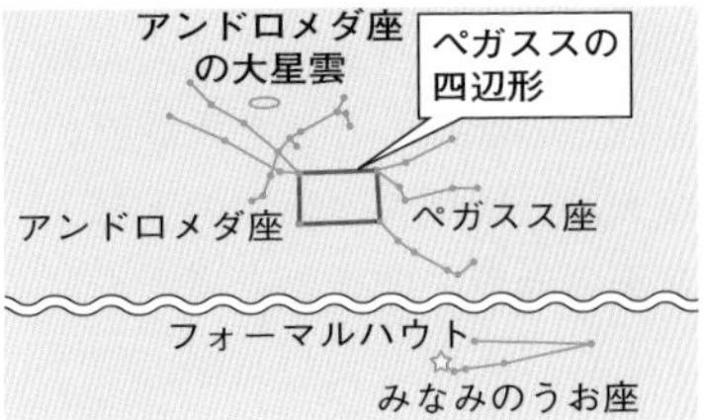

▲秋の星座

入試ポイント
- **夏の大三角**…**デネブ・アルタイル・ベガ**を結んだ三角形。
- **冬の大三角**…**ベテルギウス・シリウス・プロキオン**を結んだ三角形。

北の空の星座《せいざ》

北の空の星座は季節に関係なく1年中見ることができる。

- **こぐま座《ざ》**…**北極星《ほっきょくせい》**(2等星)がある。北極星は真北の方角にあり，ほとんど動かないので，方位を知るうえで大切な星である。こぐま座のほかの星は暗いので，**北《ほく》斗七星《としちせい》**や**カシオペヤ座**を使って，北極星を見つける。北極星の高度《こうど》は，その土地の緯度《いど》に等しい。
- **おおぐま座**…尾《お》の部分のひしゃく形をした7つの星の集まりを**北斗七星**という。北斗七星のうち6つは2等星なのでかなり目立つ。
- **カシオペヤ座**…北極星をはさんで，北斗七星の反対側にあるW字形の星の集まりをカシオペヤ座という。2等星が3つあるので，かなり目立つ。

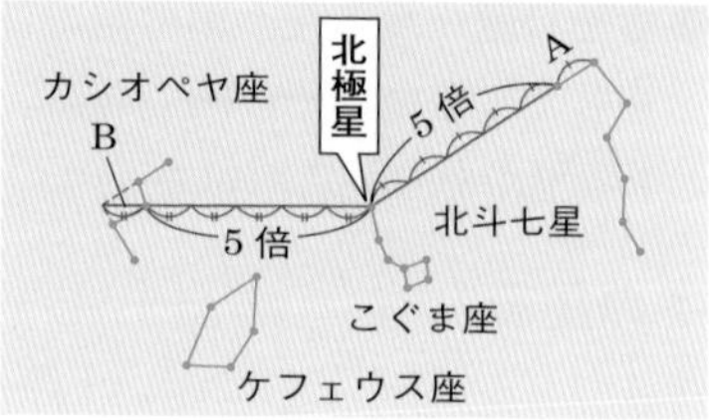

▲北の空の星座

▶ **北極星の見つけ方**

①**北斗七星**のひしゃくの先の2つの星を結んだ線(上の図の**A**)を約5倍にのばした所に北極星がある。

②**カシオペヤ座**の両端《りょうはし》の2つずつの星を結んだ線が交わる点と中心の星を結んだ線(上の図の**B**)を約5倍にのばしたところに北極星がある。

3 星の日周運動

☞ 星は1日の間どんな動きをするのか。

天球《てんきゅう》

星は1日で空を1まわりする。これは地球が自転《じてん》するために起こる見かけの動きである。ちょうど地球を包《つつ》む大きな球面に星がはりついていて，この球面がまわるように見えるので，この仮想《かそう》の球面のことを**天球**という。

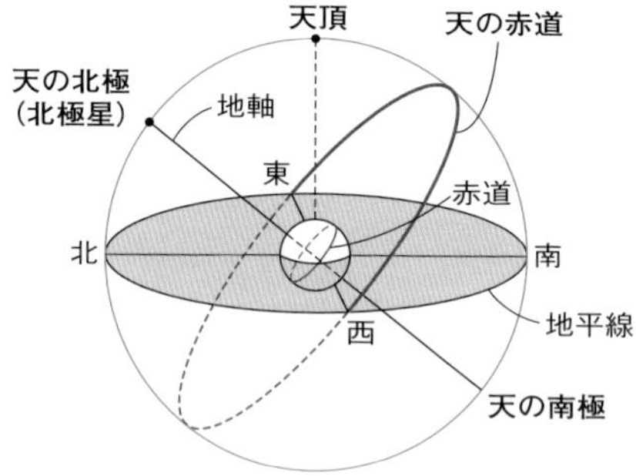

▲天球

- **天頂《てんちょう》**…観測者の真上の天球上の点。
- **天《てん》の赤道《せきどう》**…地球の赤道面《せきどうめん》をひろげたとき，天球と交わる線。
- **天《てん》の北極《ほっきょく》**…地軸《ちじく》を北極の上にのばした線が天球と交わる点。**北極星**がある。
- **天《てん》の南極《なんきょく》**…地軸を南極の上にのばした線が天球と交わる点。目立つ星がない。

入試ポイント
- **北極星…真北にあり，動かない。**北斗七星・カシオペヤ座で見つける。
- **天球**…1日に1回**東から西**にまわり，星がいっしょに動くと考える。

星の動き

天球は1日に1回，天の北極と天の南極を結ぶ線(地軸をのばした線)を回転軸として，東から西にまわっている。すべての星は，天球の上にはりついていて，天球といっしょにまわるので，星の動く道すじは，すべて平行になる。観測者は，星の動きのうち，地《ち》平線《へいせん》の上に現《あらわ》れる半分を見ることができる。

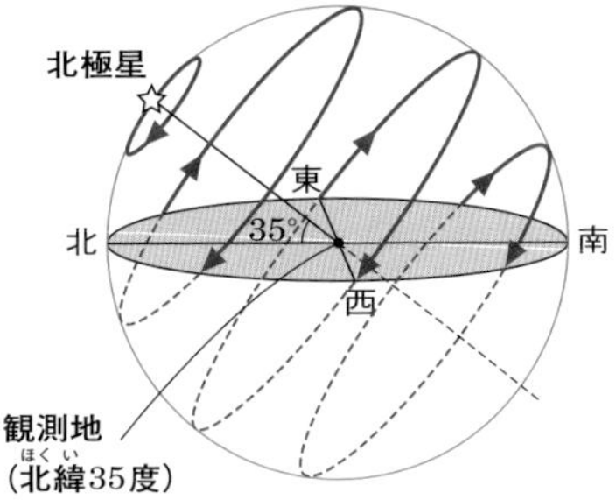

▲星の動き

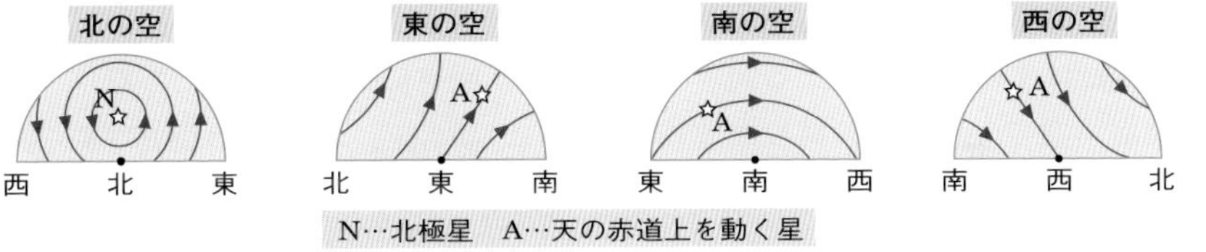

▲東西南北の星の動き

北の空の星は北極星を中心にして反時計まわりにまわる。24時間で360°まわるので，1時間に15°(360°÷24＝15°)まわることになる。

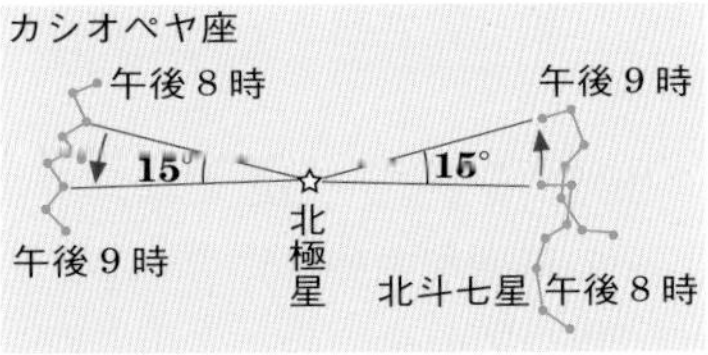

▲星のまわる角度

南の空の星は東から西に大きな弧《こ》をえがいて，時計まわりにまわる。回転の中心は天の南極で，北半球では地平線の下にあって見えない。

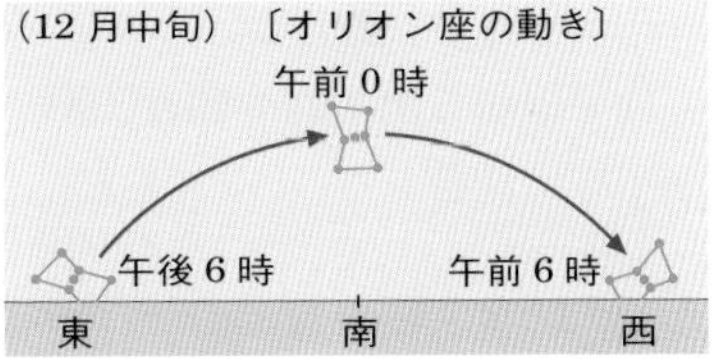

▲真東から出る星

東の空の星は地平線から現れると，右上がりに昇《のぼ》っていく。地平線の真東の点は天の赤道と交わっているので，天の赤道上にある星は，真東から昇り，真西に沈《しず》み，ちょうど12時間見えている。

西の空の星は右下がりに動いて，地平線下に沈む。

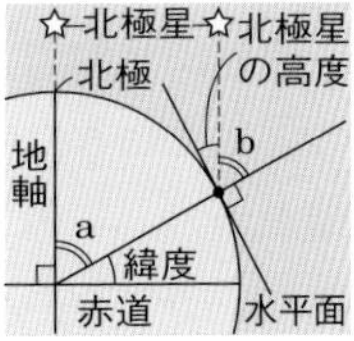

注意 北極星の高度はその地点の緯度と同じである。これは，右の図の∠**a**と∠**b**が等しいことから説明できる。

入試ポイント
- **北の空**…**北極星**を中心に**反時計まわり**にまわる(**1時間に15°**)
- **南の空**…**時計まわり**(東から西へ)にまわる(中心は地平線より下)

世界各地の星の動き

赤道《せきどう》付近では北極星《ほっきょくせい》は真北の地平線《ちへいせん》上にある。天球《てんきゅう》が地上の南北線を軸《じく》として回転するので，星は東の地平線から垂直《すいちょく》に昇《のぼ》り，西の地平線に垂直に沈《しず》む。

北極付近では北極星は天頂《てんちょう》にある。天球が地面と垂直な線を軸として回転するので，星は地平線と平行に反時計まわりにまわり，沈むことがない。

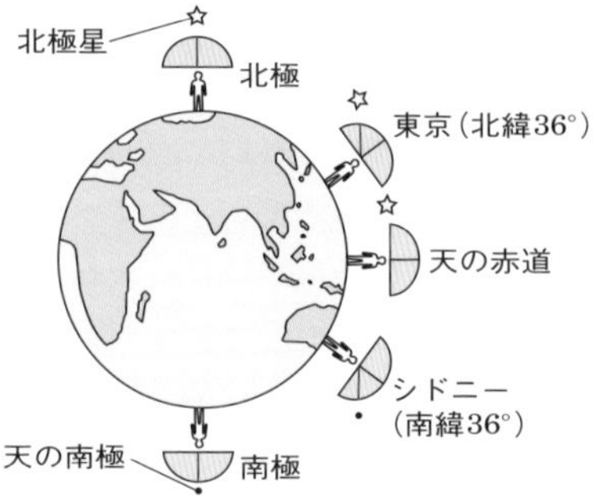

▲北極星と天の南極の位置

また，**南極《なんきょく》付近**では**天《てん》の南極《なんきょく》**が天頂にある。北極付近と同じように，星は地平線と平行にまわるが，まわる向きは北極付近と反対に時計まわりである。

東京付近では，東京の緯度《いど》が北緯《ほくい》36°ぐらいなので，北極星の高度が約36°で，天球の回転軸が地面と約36°の角をなす。そのため，星は東の地平線から約54°（90°－36°＝54°）の傾《かたむ》きで右上がりに昇り，西の地平線に沈むときも，約54°の傾きで右下がりに沈む。

また，**シドニー付近**では，シドニーの緯度が南緯《なんい》36°ぐらいなので，東京での星の動きと南北が反対で，天の南極（南の地平線から36°のところ）を中心として，東の地平線から出て北へ傾き，西の地平線に沈む。

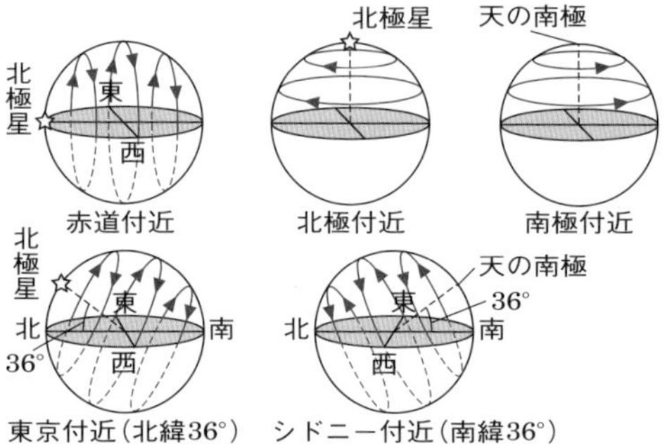

▲世界各地での星の動き

4 星の年周運動《ねんしゅううんどう》

☞ 星の見える位置や時刻《じこく》はどのように変わるのか。

星の年周運動

毎日同じ場所で，同じ時刻に星を見ると，星の位置は日周運動の向きに少しずつずれていき，1年たつと，もとの位置に見えるようになる。これを**星の年周運動**という。これは，地球が1年に1回太陽のまわりを**公転《こうてん》**するために起こる見かけの動きである。

入試ポイント
- **北極星の高度**…**赤道**では **0°**（地平線上），**北極**では **90°**（天頂）
- **星の動き**…**赤道**では地平線に**垂直**。**北極**・**南極**では地平線に**平行**。

● **位置のずれ**…毎日同じ時刻に星が見える位置は1年で角度にして360°(1まわり)ずれるから，1日あたり約1°(360°÷365日＝約1°)，1か月あたり30°(360°÷12か月＝30°)ずれる。

注意 星は1日に1回まわる(→p.206)と書いたが「1日に361°まわる」が正しい。

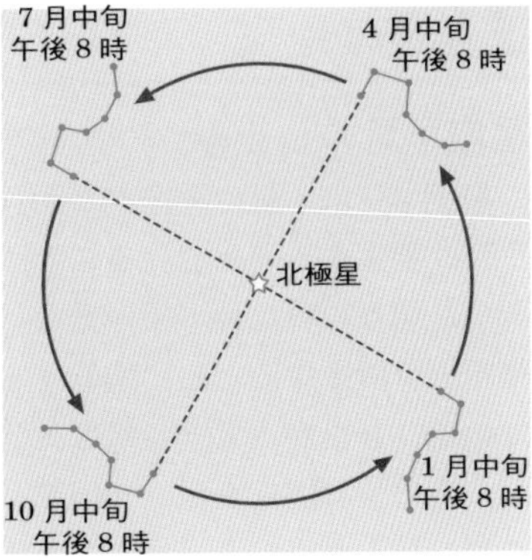

▲星の年周運動

● **時刻のずれ**…星が同じ位置に見える時刻を毎日調べると，毎日**約4分**ずつ早くなる。

▸ **時刻がずれるわけ**…星を前日と同じ時刻に見ると，約1°日周運動の向きにずれている。星が1°動くのに**4分**かかる(60分×24時間÷360°＝4分)ので，前日と同じ位置に見える時刻は前日より4分早くなる。

地球の公転と四季の星座《せいざ》

地球から見て，太陽と反対側にある星座は真夜中に**南中**《なんちゅう》する。下の図のように，地球が太陽のまわりを公転すると，太陽と反対側の星座は，西から東へつぎつぎに変わっていく。たとえば，12月の真夜中に南中していたおうし座《ざ》は，3月の真夜中には西に傾き，かわってしし座が南中するようになる。

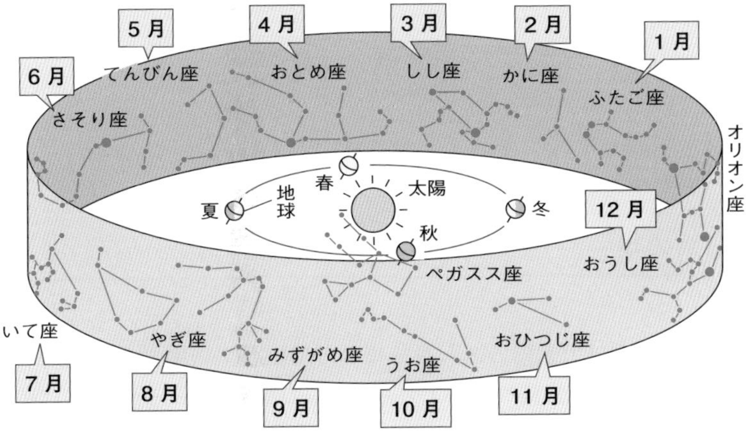

▲各月に南中する星座

入試ポイント
- 同じ時刻に見える星の**位置**… **1日に1°**(1か月に30°)**西へ**ずれる。
- 同じ位置に星が見える**時刻**… **1日に4分**(1か月に2時間)**早く**なる。

5 星座早見《せいざはやみ》

☞ 星座早見はどのようにして使うのか。

星座早見のしくみ

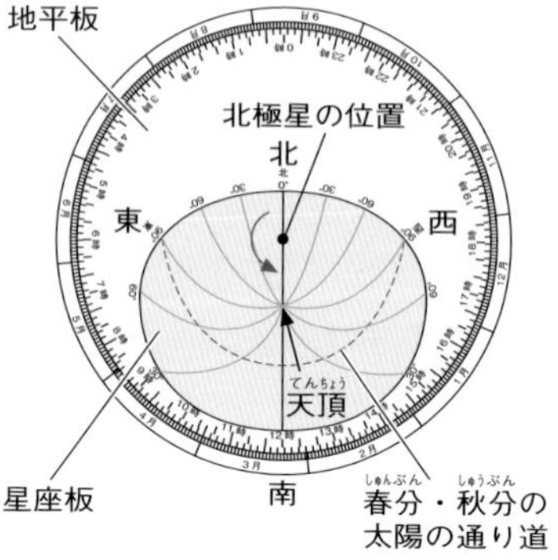

▲星座早見

星座早見は，星や星座がかかれた星座板《せいざばん》の上に，観察する場所で見ることができる空の部分を切りぬいた地平板《ちへいばん》が重なっていて，北《ほっ》極星《きょくせい》の位置を中心として回転するようになっている。したがって，各星は，北極星とつねに一定の位置関係を保《たも》っていて，北極星とその星を結んだ直線を半径とした円周上を動く。

星座板のまわりには１年間の月日が書かれていて，地平板のまわりには１日の時刻《じこく》が書かれている。観察するときの月日と時刻を合わせると，地平板の切りぬかれたところに，そのときの星の様子があらわれる。

星座早見の使い方

①まず，観測《かんそく》する日付《ひづけ》と時刻の目《め》盛《も》りを合わせる。
②観測する方角を手もと側(下側)にして星座早見を持ち，観測する方角を向く。
③星座早見を頭上にかざして見る。およそ下の図の緑色の範囲《はんい》が観測できる。

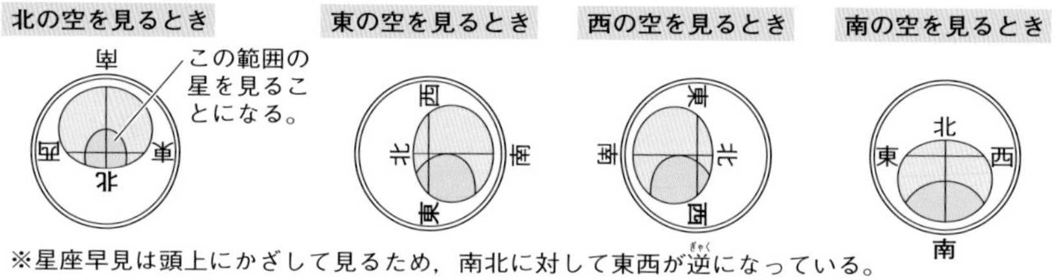

※星座早見は頭上にかざして見るため，南北に対して東西が逆《ぎゃく》になっている。

▲星座早見の使い方

6 太陽系《たいようけい》の星

☞ 太陽のまわりをまわる星にはどんなものがあるか。

太陽系

太陽の**引力**《いんりょく》を受けて太陽のまわりをまわっている星の集まりを**太陽系**という。太陽系は，**恒星**《こうせい》である**太陽**を中心として，８つの**惑星**《わくせい》，その**衛星**《えいせい》，**すい星**《せい》などからできている。

●**恒星**…太陽のようにみずから光を出す星を**恒星**という。星座をつくっている星

入試ポイント
- **太陽系**…太陽(恒星)・惑星(8 個)・衛星(180 個以上)・すい星
- **惑星**…**水星・金星・地球・火星・木星・土星・天王星・海王星**

も，地球《ちきゅう》から見てその位置をほとんど変えない恒星である。太陽に最も近い恒星はケンタウルス座《ざ》の α《アルファ》 星で，約 4.4 光年離《こうねんはな》れている。

注意 光が 1 年間に進む距離《きょり》を 1 光年という。1 光年＝約 9 兆 5000 億 km

- **惑星**…恒星のまわりを公転《こうてん》する星を**惑星**という。太陽系には，**水星《すいせい》**・**金星《きんせい》**・**地球**・**火星《かせい》**・**木星《もくせい》**・**土星《どせい》**・**天王星《てんのうせい》**・**海王星《かいおうせい》**の 8 個の惑星がある。
- **衛星《えいせい》**…惑星のまわりを公転する星を**衛星**という。地球の衛星は**月**である。
- **すい星**…氷やちりが集まってできた小さな星。尾《お》が見られることがある。

太陽系の惑星

- **水星**…いちばん内側の軌道《きどう》を公転している。日の入り直後の西の空か，日の出直前の東の空で短時間だけ見ることができる。望遠鏡《ぼうえんきょう》で見ると，満《み》ち欠《か》けするのがわかる。
- **金星**…内側から 2 番目の軌道(地球のすぐ内側)を公転している。地球から見て，右の図の**ア**～**エ**の位置にあるときは，夕方西の空に見えるので，**宵《よい》の明星《みょうじょう》**といい，**オ**～**ク**の位置にあるときは，朝方東の空に見えるので，**明《あ》けの明星《みょうじょう》**とよばれている。望遠鏡で見ると，満ち欠けをするのがよくわかる。また，地球からの距離が大きく変わるので，見かけの大きさが変化する。金星はとても明るく見えるが，図の**A**や**B**の位置にくると，太陽の光が強すぎて見えない。

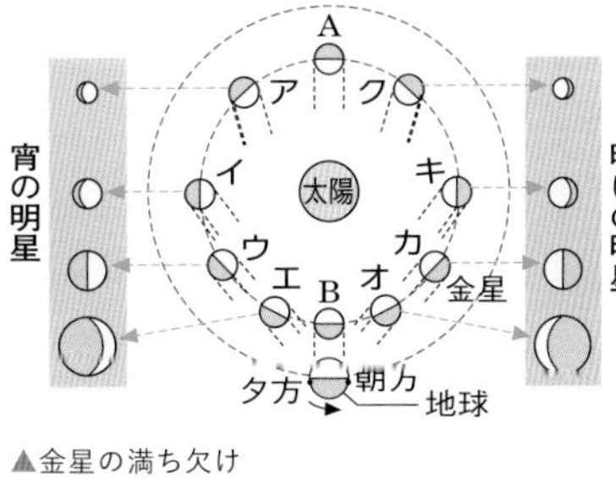

▲金星の満ち欠け

- **地球**…液体《えきたい》の水が多く，生物が存在《そんざい》する。
- **火星**…赤く光って見える。
- **木星**…太陽系の惑星で最大である。何本かの横しまが見られ，その中に大きな赤い斑点《はんてん》(**大赤《だいせき》斑《はん》**)が見られる。
- **土星**…美しい環《わ》が見られる。また，土星の外側には，**天王星**，**海王星**がある。

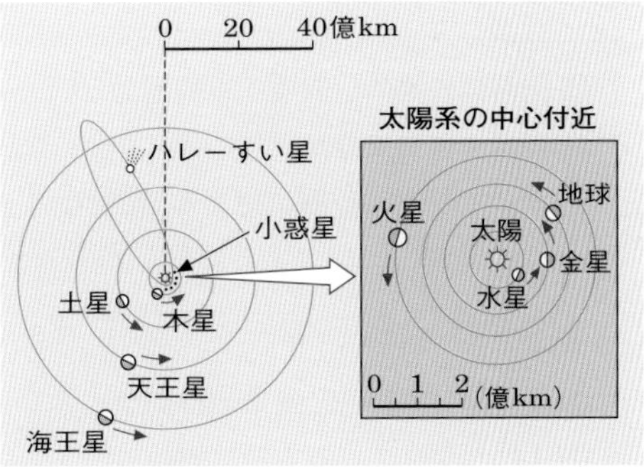

▲惑星・すい星の軌道

入試ポイント
- **金星**…宵の明星・明けの明星，満ち欠けする。
- **木星**…最大の惑星，横しま，大赤斑がある。
- **土星**…環がある。

☑ まとめチェック

知識を整理・確認しよう！

① 星の明るさと色

☐ ① 1 等星《とうせい》は 6 等星の何倍明るいか。

☐ ② 赤色と青白色の星で，表面温度が高いのはどちらか。

② 季節の星座《せいざ》

☐ ① 夏《なつ》の大三角《だいさんかく》をつくる 1 等星をすべて答えよ。

☐ ② 冬《ふゆ》の大三角《だいさんかく》をつくる 1 等星をすべて答えよ。

☐ ③ オリオン座《ざ》の青白色の 1 等星を何というか。

☐ ④ さそり座の赤色の 1 等星を何というか。

☐ ⑤ 真北の空に見え，ほとんど動かない 2 等星を何というか。

☐ ⑥ 北の空に見られるひしゃく形の 7 つの星を何というか。

☐ ⑦ 北の空に見られる W 字形の星座を何というか。

③ 星の日周運動と年周運動

☐ ① 北の空の星は，北極星を中心にして反時計まわりに 1 時間で約何度ずつ動くか。

☐ ② 南の空の星の動く向きは時計まわりと反時計まわりのどちらか。

☐ ③ 同時刻《じこく》の星の位置は，日周運動と同じ向きに 1 か月で約何度ずつ移動《いどう》するか。

☐ ④ 同じ星が同じ位置に見える時刻は，1 か月で約何時間はやくなるか。

④ 星座早見《せいざはやみ》

☐ ① 星座早見の中心にある星は何か。

☐ ② **A** にかかれている方位は何か。

☐ ③ **B** は何を表しているか。

☐ ④ 右の図はどの方位を観察するときの向きか。

星座早見

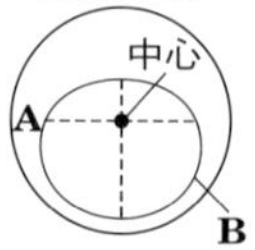

⑤ 太陽系《たいようけい》の星

☐ ① 日没《にちぼつ》後に金星《きんせい》が見えるとき，その方位は何か。

答え

①
① 100倍
② 青白色の星

②
① デネブ・ベガ・アルタイル
② ベテルギウス・シリウス・プロキオン
③ リゲル
④ アンタレス
⑤ 北極星《ほっきょくせい》
⑥ 北斗七星《ほくとしちせい》
⑦ カシオペヤ座

③
① 15度
② 時計まわり
③ 30度
④ 2時間

④
① 北極星
② 東
③ 地平線《ちへいせん》
④ 南

⑤
① 西

力だめしの問題 入試標準レベル

解答➡別冊 p.29

1 右の図は，東に向かって夜空を見上げたときの星座をスケッチしたものです。次の各問いに答えなさい。 【晃華学園中】

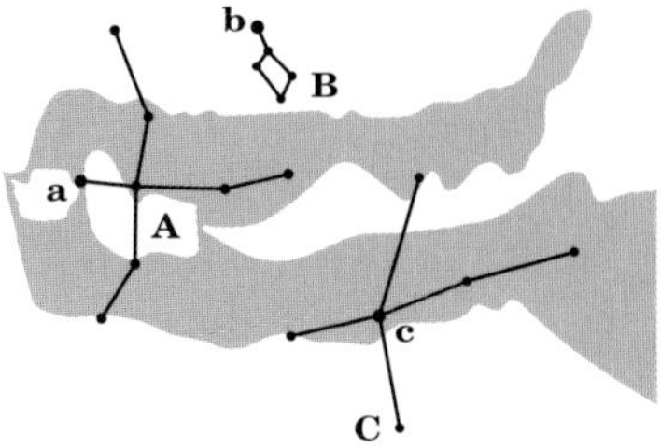

(1) A，B それぞれの星座の名前を答えなさい。
A (　　　　　) B (　　　　　)

(2) 星 **a**，**b**，**c** を結んでできる形を何といいますか。 (　　　　　)

(3) 七夕《たなばた》の伝説に出てくる，ひこ星《ぼし》(けん牛星《ぎゅうせい》)はどれですか。星 **a** ~ **c** から選び，記号で答えなさい。また，その星の別名を答えなさい。
記号 (　　) 名前 (　　　　　)

(4) 灰《はい》色の部分は，多くの星の集まりを表しています。これを何といいますか。
(　　　　　)

2 星について，次の問いに答えなさい。 【明星中】

(1) 夜空の星をよく見ると，さまざまな明るさの星があります。ふつう私《わたし》たちの目で見ることができる星は何等星ぐらいまでといわれていますか。次から適《てき》当《とう》なものを1つ選び，記号で答えなさい。 (　　)
ア 4等星　イ 6等星　ウ 8等星　エ 10等星

(2) 右の図は，冬の夜空に見える星を示《しめ》し，★は1等星を，・は2等星以下の星を表しています。A ~ D の4つの1等星のうち，最も明るい星はどれですか。A ~ D の記号で答えなさい。 (　　)

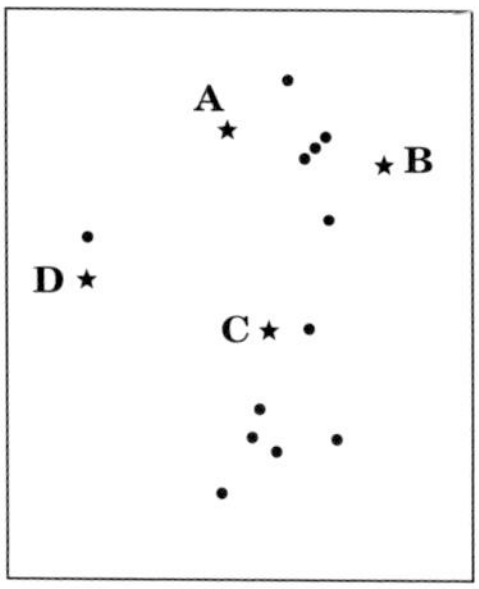

(3) A の星の色を次から1つ選び，記号で答えなさい。 (　　)
ア 白色　イ 青色　ウ 青白色
エ 赤色　オ 黄色

(4) 2つの1等星 A，B をふくむ星座の名前を答えなさい。 (　　　　　)

(5) 1等星 C をふくむ星座の名前を答えなさい。 (　　　　　)

(6) 図の中にある星のうち3つをつなぐと，冬の大三角となります。どの3つの星をつなげばよいですか。図中に星をつなぐ線をかき，冬の大三角を表しなさい。

3 **下の図のA～Dは，夜空の星へカメラを向けてシャッターを一定時間開けてとった写真をスケッチしたものです。図中の矢印は星の動く向きを表しています。次の各問いに答えなさい。**

【福山暁の星女子中】

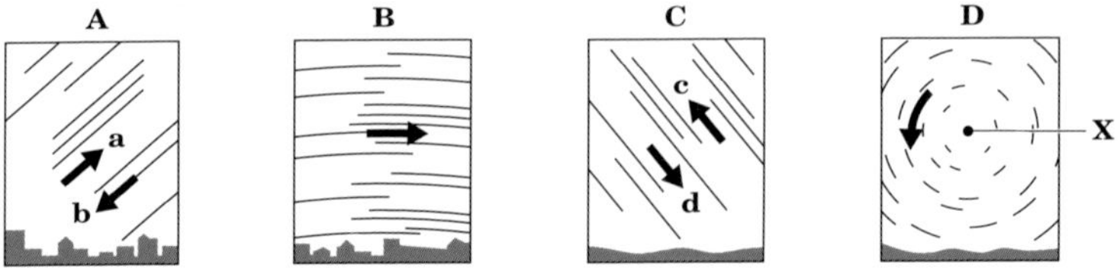

(1) Dの図中の星Xは何という星座《せいざ》にありますか。次から正しいものを1つ選び，記号で答えなさい。　(　　)

ア　はくちょう座《ざ》　　イ　カシオペヤ座

ウ　こぐま座　　エ　さそり座

(2) A，B，C，Dはどの方角ですか。それぞれ東西南北で答えなさい。

A(　　)　B(　　)　C(　　)　D(　　)

(3) 図のAとCでの星の動き方として正しい組み合わせはどれですか。次から1つ選び，記号で答えなさい。　(　　)

ア　aとc　　イ　aとd　　ウ　bとc　　エ　bとd

4 **次の図1は，太陽と金星《きんせい》と地球の位置関係を模式的《もしきてき》に表したものです。**

図2は金星を望遠鏡で観察したときの様子をスケッチしたものです。**図2**のように金星は望遠鏡で観測《かんそく》した結果，$_1$金星は見かけの大きさが変わり，$_2$満《み》ち欠《か》けすることがわかりました。あとの問いに答えなさい。ただし，スケッチの向きは肉眼《にくがん》で見たときと同じ方向になるようにかいてあるものとします。

【玉川学園中学部】

図1

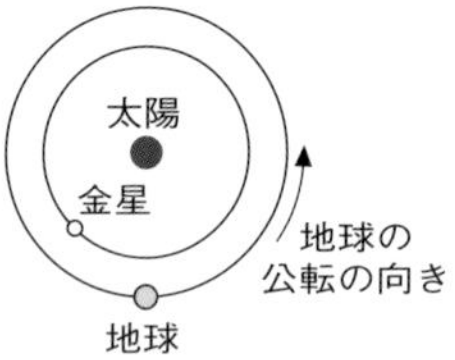

図2

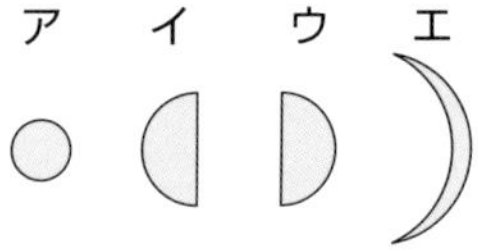

(1) 金星が**図1**の位置にあるとき，どのような形に見えますか。**図2**のア～エから選び，記号で答えなさい。　(　　)

(2) 下線部1のように金星の大きさが変わって見えるのはなぜですか。簡単《かんたん》に説明しなさい。　(　　　　)

(3) 下線部2のように金星が満ち欠けして見えるのはなぜですか。簡単に説明しなさい。　(　　　　)

5 下の図１は，日本の南の空で観察できる代表的な星座を示《しめ》しています。次の問いに答えなさい。

【淑徳巣鴨中】

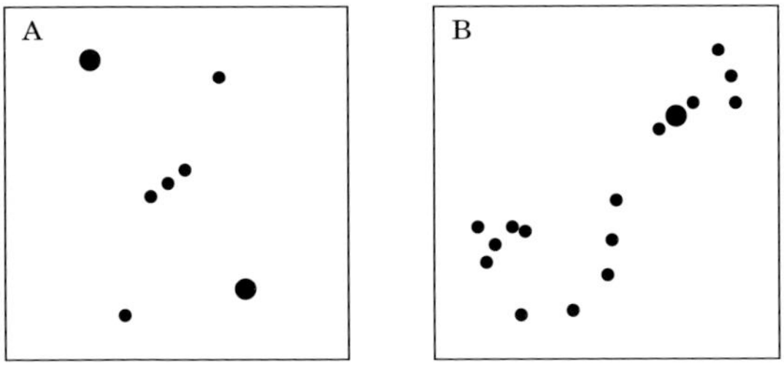

図１　南の空の代表的な星座
大きな丸は，とくに明るい星を表す。

⑴ 図１の２つの星座について説明した以下の文章について，空欄《くうらん》に入ることばを，あとのア～クから１つずつ選び，記号で答えなさい。

①(　　　)　②(　　　)　③(　　　)　④(　　　)

図１のAは(　①　)座で，(　②　)月初めの夜８時ごろに南中《なんちゅう》する。Bは(　③　)座で，(　④　)月初めの夜８時ごろに南中する。

ア　カシオペヤ　　イ　さそり　　ウ　オリオン　　エ　しし
オ　5　　カ　8　　キ　11　　ク　2

⑵ 図１の２つの星座は，季節によって見えたり見えなかったりします。その理由は，図２のように，季節による太陽との位置の関係が原因《げんいん》です。図１のAの星座が見られないときの地球の位置を，図２のア～エから選び，記号で答えなさい。

(　　　)

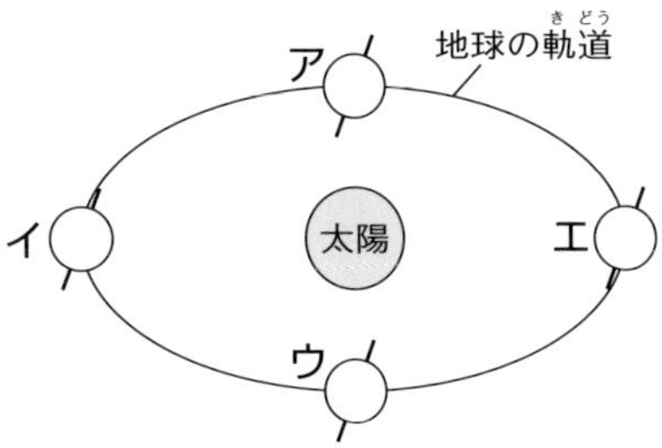

図２　太陽のまわりを公転する地球の様子
地球は図の上側を北半球とし，ななめの線は自転の軸を表す。

⑶ 図１の２つの星座のように，冬に見られる星座は，夏に見ることができません。しかし，夏に見られる星座の場合は，冬の早朝などに見られることがあります。その理由を，季節による地球上での太陽の見え方の変化とともに説明しなさい。

(　　　　　　　　　　　　　　　　　　　　　　　　　　　　　　　)

チャレンジ問題 入試発展レベル

解答➡別冊p.30

★は最高レベル

1 東京で，透明半球《とうめいはんきゅう》を使って夏至《げし》の日の太陽の動きを観測《かんそく》したところ，図1のようになりました。図1を見て，問いに答えなさい。【明治大付明治中】

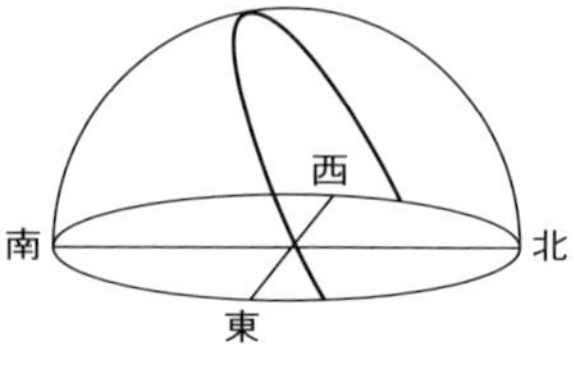

図1

⑴ この日の，太陽の南中高度《なんちゅうこうど》を，**図1**に作図によって示《しめ》しなさい。(南中高度は，2本の直線にはさまれた角で示しなさい。)

⑵ この日の，赤道上の太陽の動きを観測したときの図として正しいものを**図2**から選び，記号で答えなさい。　(　　)

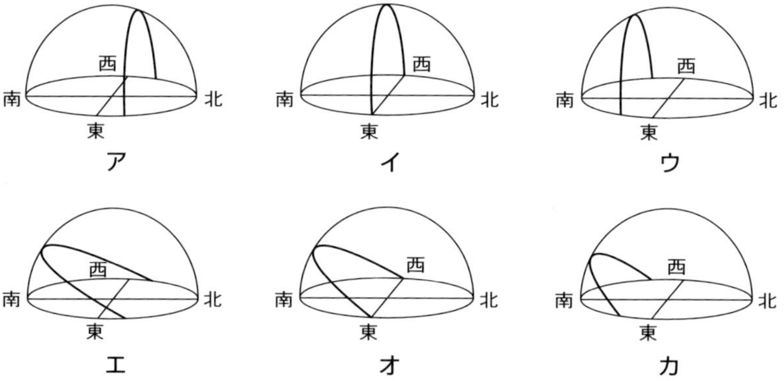

図2

⑶ 赤道《せきどう》上で，冬至《とうじ》の日の太陽の動きを観測したときの図として正しいものを，**図2**から選び，記号で答えなさい。　(　　)

2 ある日の太陽の動きを調べるために，東京のビルの屋上で図1のような装《そう》置《ち》を組み，実際《じっさい》の方位に合わせて水平な場所におき，9時から15時まで，30分ごとに棒《ぼう》の影《かげ》の先端《せんたん》の位置にしるしをつけます。図2は，厚紙《あつがみ》につけたしるしを時刻《じこく》順になめらかに結んだ線を表したものです。**表**は，インターネットを利用して，この日の東京の8時から16時までの1時間ごとの太陽高度《たいようこうど》(地平線《ちへいせん》から太陽までの角度)をまとめたものです。あとの問いに答えなさい。【芝浦工業大中】

⑴ **図2**の**A**～**D**は東西南北のいずれかを表しています。**A**，**B**にあてはまる方角の組み合わせはどれですか。次から選び，記号で答えなさい。　(　　)

ア　**A**－南，**B**－東　　イ　**A**－南，**B**－西
ウ　**A**－北，**B**－東　　エ　**A**－北，**B**－西

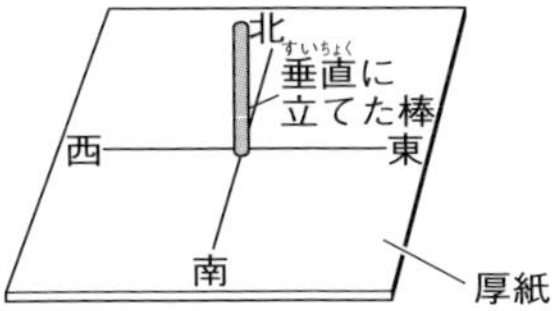

図1

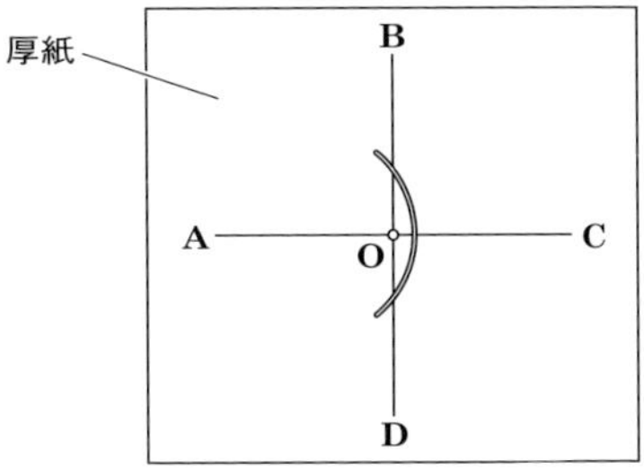

図2

時　刻	8:00	9:00	10:00	11:00	12:00	13:00	14:00	15:00	16:00
太陽高度(度)	36	48	58	67	69	63	54	42	30

表

(2) この観察を行《おこな》った月はどれですか。次から選び，記号で答えなさい。
(　　)

ア　2月　　**イ**　6月　　**ウ**　10月　　**エ**　12月

次に，太陽の動きから時刻を考えるため，**図3**のようなコマ型《がた》日時計をつくりました。コマ型日時計は，円形の投影《とうえい》板《ばん》の中心に，投影板に垂直に棒を通したもので，棒を南北方向，投影板を東西方向に合わせておき，投影板に棒の影がうつるようになっています。

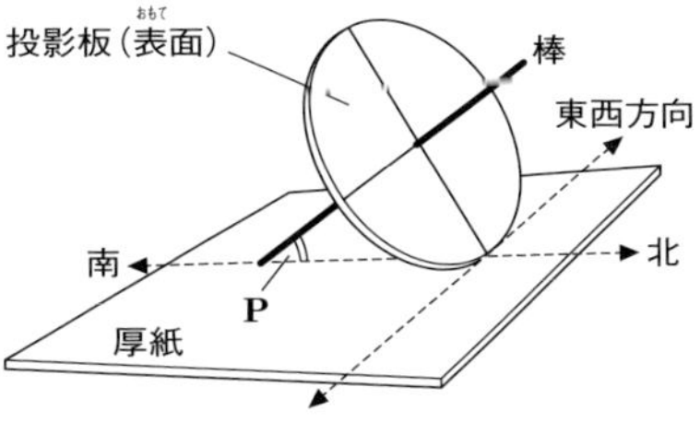

図3

(3) **図3**で，水平においた厚紙に対して棒のなす角度**P**は，観測地点のどれと同じにすればよいですか。次から選び，記号で答えなさい。　(　　)
ア　緯度《いど》　　**イ**　経度《けいど》　　**ウ**　90度－緯度　　**エ**　90度－経度

(4) 投影板の表面に書き入れる時刻はどれですか。次から選び，記号で答えなさい。ただし，日時計の数字は時刻を表し，南中する時刻はいつも昼12時であるとします。　(　　)

ア

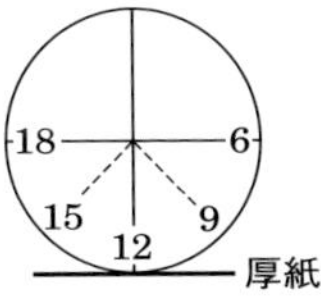

イ

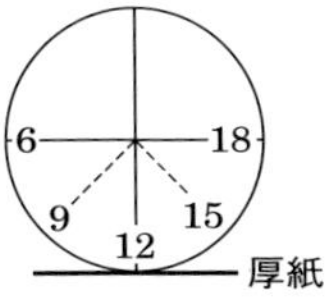

ウ

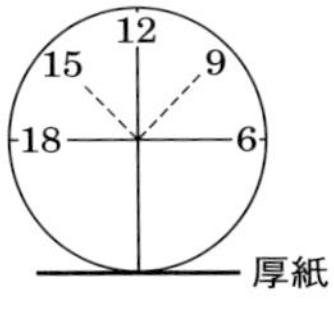

エ

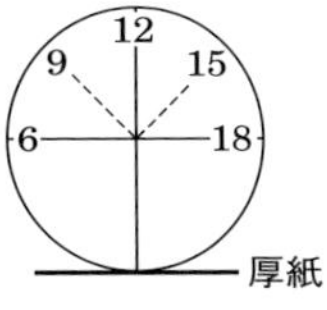

3 **右の表は，ある月の日本のある場所での日の出・日の入り・月の出の時《じ》刻《こく》を表しています。これについて，次の問いに答えなさい。**【国府台女子学院中学部】

	日の出	日の入り	月の出
5日	6時35分	16時28分	10時41分
7日	6時37分	16時28分	12時02分
10日	6時39分	16時28分	13時51分
12日	6時41分	16時28分	15時08分
14日	6時42分	16時29分	16時35分
19日	6時45分	16時30分	20時50分
23日	6時47分	16時32分	-- 時 -- 分

⑴ 表の中には満月《まんげつ》の日がふくまれています。その日は何日ですか。
（　　　　）

⑵ 23日の月の出の欄《らん》は-- 時-- 分となっていますが，これは23日に月の出がなかったことを表しています。この日に月の出がない理由を正しく説明している文章はどれですか。次から選び，記号で答えなさい。（　　）

ア　この日は月の動きがとくに遅《おそ》くなっているから。

イ　この日は月の動きがとくに速くなっているから。

ウ　月の出から次の月の出までの時間が24時間より長いから。

エ　月の出から次の月の出までの時間が24時間より短いから。

⑶ 10日に，日本で月が真南にくるときの形はどれですか。最もあてはまるものを次から選び，記号で答えなさい。（　　）

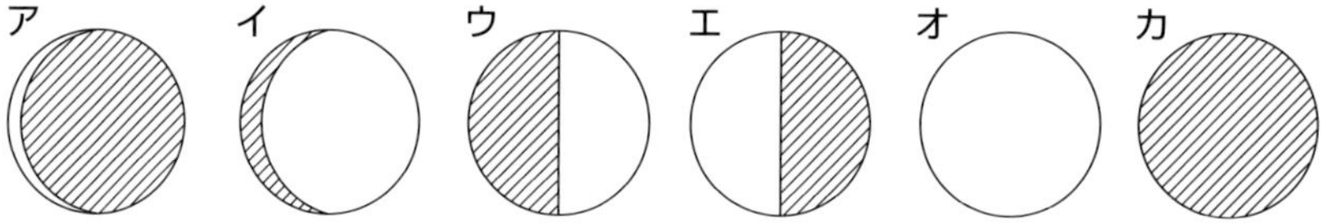

斜線《しゃせん》部分は暗いところを表します。

4 **次の文を読み，あとの問いに答えなさい。**【函館ラ・サール中】

図1のように，太陽・月・地球が順に一直線に並《なら》ぶと，太陽の一部または全部が月によって覆《おお》い隠《かく》され，日食《にっしょく》となります。このとき，月の本影《ほんえい》が通る地域《ちいき》では太陽の全部が覆い隠される皆既《かいき》日食となり，半影《はんえい》が通る地域では一部が覆い隠される部分日食となります。一方，太陽・地球・月の順に一直線に並び，地球の本影の中を月が通過《つうか》していくとき，月食《げっしょく》となります。地球が太陽のまわりをまわるときに通る道(軌道《きどう》)をふくむ面に対して，月が地球のまわりをまわると

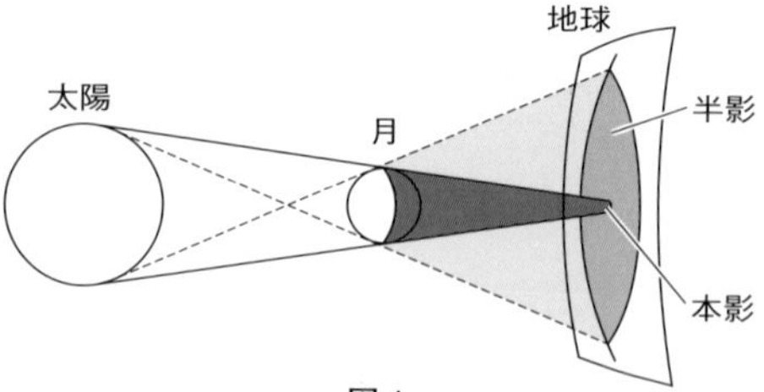

図1

きに通る道(軌道)をふくむ面は，少し傾《かたむ》いているため，太陽と地球と月が完全に一直線に並ぶことはめったにありませんが，日食が起こるとすれば(　①　)の日，月食が起こるとすれば(　②　)の日ということになります。

(1) 文中の(　①　)，(　②　)にあてはまることばの組み合わせで，正しいものを次から１つ選び，記号で答えなさい。　(　　)

ア　① 新月《しんげつ》　② 新月　　イ　① 新月　② 満月《まんげつ》

ウ　① 満月　② 新月　　エ　① 満月　② 満月

(2) ある年の５月６日は満月です。同じ年で，日食が起こる可能性《かのうせい》のある日を次から１つ選び，記号で答えなさい。　(　　)

ア　5月13日　　イ　5月21日　　ウ　6月4日　　エ　6月12日

(3) ある年の11月11日は満月です。同じ年で，月食が起こる可能性のある日を次から１つ選び，記号で答えなさい。　(　　)

ア　11月18日　　イ　11月25日　　ウ　12月2日　　エ　12月10日

★(4) **図２**は，ある年の７月22日の日食のときの，月の本影の通り道を表したものです。この日，函館《はこだて》ラ・サール中学校では，部分日食が観測《かんそく》され，太陽が最も大きく欠《か》けたとき，**図３**のようになりました。この日，鹿児島のラ・サール中学校で観測したら，太陽が最も大きく欠けたとき，どのように見えたでしょうか。最も近い形を次から１つ選び，記号で答えなさい。　(　　)

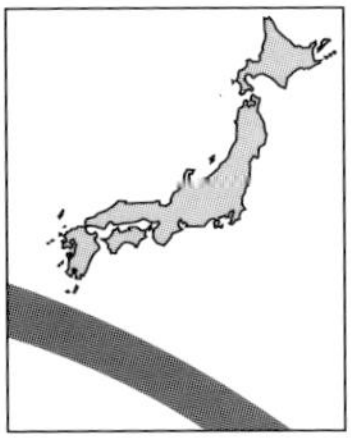

図２

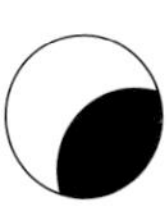

図３

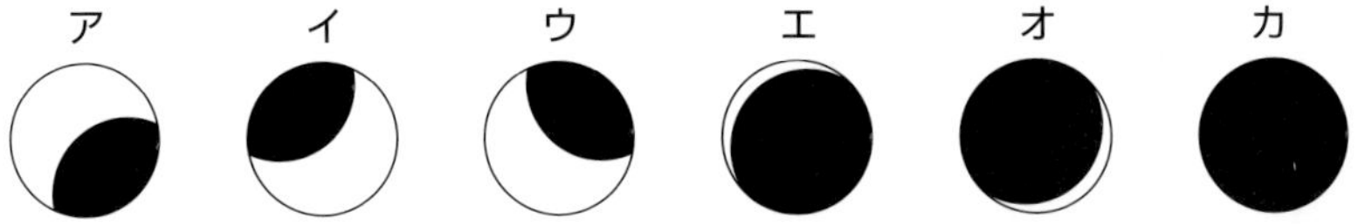

(5) ある日の夜，月食となり，函館ラ・サール中学校で観測したら，月が最も大きく欠けたとき，**図４**のような皆既月食が見られました。同じ時刻に，鹿児島のラ・サール中学校で観測したら，月はどのように見えるでしょうか。最も近い形を次から１つ選び，記号で答えなさい。　(　　)

図４

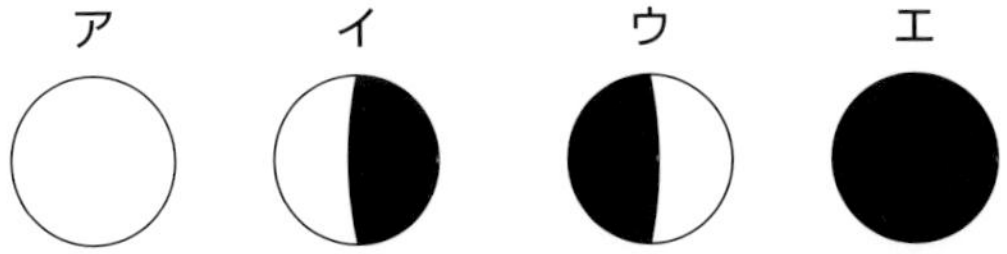

5 右の図は，日本のある場所から見た北の空で，中心の星は北極星《ほっきょくせい》を表しています。8月1日の午後9時に，星Aが図の①の位置にありました。次の各問いに答えなさい。ただし，図の①～⑫の間隔《かんかく》はすべて等しいものとします。【高輪中】

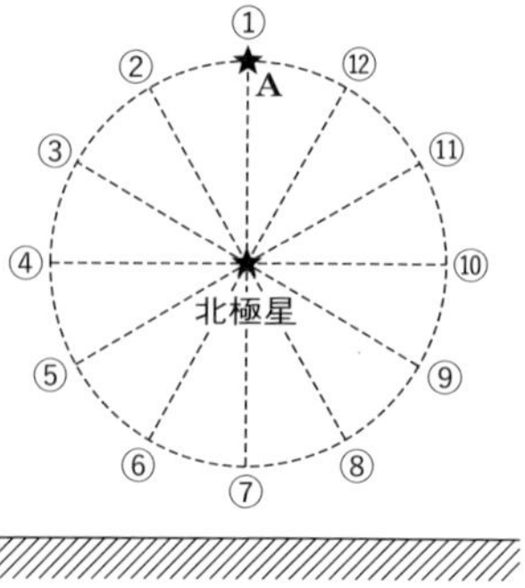

(1) 4月1日の午前3時には，星Aは，どの位置にありますか。①～⑫の中から1つ選び，番号で答えなさい。 (　　)

(2) 10月1日に，星Aが⑦の位置にあるのは，何時ですか。午前または午後をつけて答えなさい。 (　　　　)

(3) 午後7時に，星Aが③の位置にあるのは，何月の1日ですか。 (　　　　)

6 図1は，星座早見《せいざはやみ》です。2枚《まい》の円盤《えんばん》が中心Oで重なって固定されています。下側の盤(星座板)には，天《てん》の北極《ほっきょく》を中心とした簡単《かんたん》な星座がかいてあり，ふちには2日おきの月日の目盛《めも》りが書いてあります。上側の盤(回転盤)にはABCDで囲《かこ》まれた円形に窓《まど》があいていて，北緯《ほくい》36度付近で見える星空を表すことができます。【恵泉女学園中】

図1

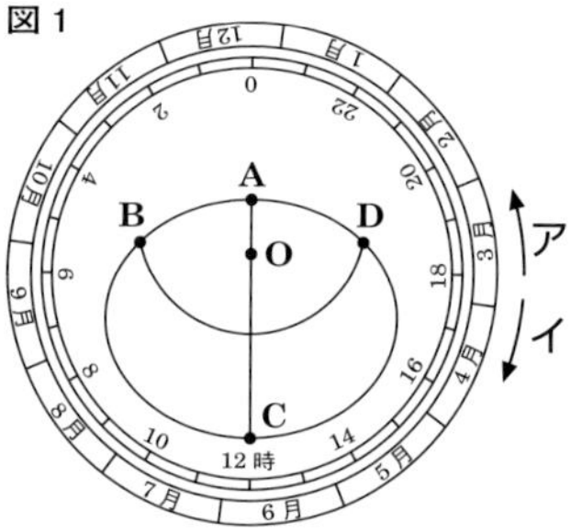

(1) 中心Oの位置にある星の名前は，何ですか。漢字で答えなさい。 (　　　　)

(2) Aは北の方角を指していますが，東の方角はB～Dのうちどれですか。 (　　)

(3) **図2**は，5月のある日の午後8時に星座早見の月日の目盛りを合わせたものです。何日を示していますか。 (　　　　)

図2

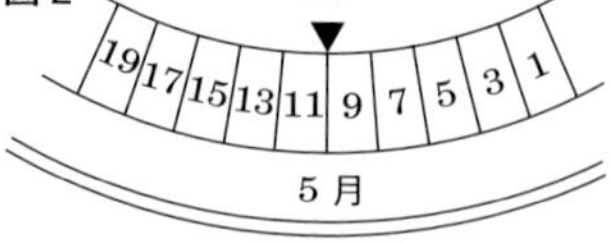

(4) この日の午後8時に南中《なんちゅう》した星座はどれですか。次から1つ選び，記号で答えなさい。 (　　)

ア　しし座《ざ》　　**イ**　オリオン座　　**ウ**　さそり座　　**エ**　おおぐま座

(5) 星座を見ていたら時間が3時間もたってしまいました。現在《げんざい》の星座を見るために，回転盤を**ア**，**イ**の方向のどちらに何度回転させればよいですか。向きと角度を答えなさい。 向き(　　) 角度(　　　　)

7 右の図は太陽とそのまわりをまわっている星と，それらの星がまわっている道すじを表したものです。この図は地球を北極星のほうから見ています。次の問いに答えなさい。 【甲南女子中】

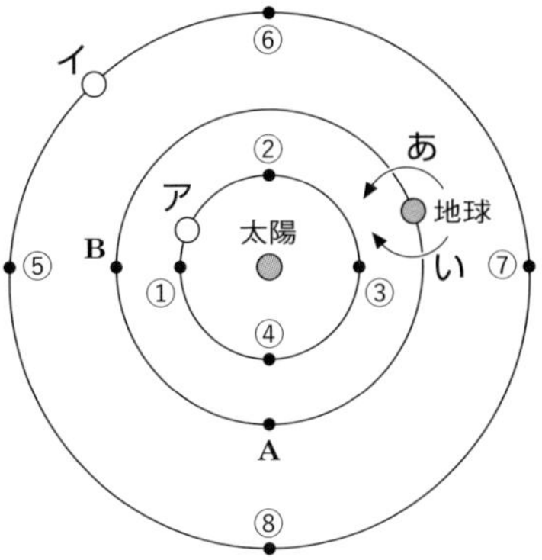

⑴ 太陽のように，自分で光や熱を出してかがやく星を何といいますか。
(　　　　)

⑵ ⑴のような星のまわりをまわっていて，自分ではかがやいていない星を何といいますか。 (　　　　)

⑶ 星座をつくっている星は上の問い⑴，⑵のうちどちらの星ですか。 (　　)

⑷ 図のアとイの星は，それぞれ次の【　】の中のいずれかの星です。正しいものを選んで答えなさい。 ア(　　　　)　イ(　　　　)

【 月　火星《かせい》　シリウス　金星《きんせい》　アンタレス 】

⑸ この図では，地球の自転《じてん》の方向を示《しめ》す矢印は，図中のあ，いのどちらですか。
(　　)

★ ⑹ 地球がAの位置にあり，アの星が次の(a)～(c)のように観察されるとき，アの星の位置はそれぞれ図中の①～④のうちのどこにありますか，番号で答えなさい。答えは1つとは限《かぎ》りません。

(a)(　　)　(b)(　　)　(c)(　　)

(a) アの星は1日中見えない。

(b) アの星は明け方東の空に見えるが，その他の時刻《じこく》には見えない。

(c) アの星は夕方西の空に見えるが，その他の時刻には見えない。

★ ⑺ 地球がAの位置にあり，イの星が次の(a)～(d)のように観察されるとき，イの星の位置はそれぞれ図中の⑤～⑧のうちのどこにありますか，番号で答えなさい。 (a)(　)　(b)(　)　(c)(　)　(d)(　)

(a) イの星は1日中見えない。

(b) イの星はひと晩中《ばんじゅう》見えている。

(c) イの星は明け方東の空に見えるが，その他の時刻には見えない。

(d) イの星は夕方西の空に見えるが，その他の時刻には見えない。

⑻ 地球は自転をしながら，太陽のまわりを1周します。この運動を何といいますか。 (　　　　)

⑼ ⑻の運動によって，地球がAの位置からBの位置に移動《いどう》するのに約何か月かかりますか。 (　　　　)

前線《ぜんせん》の断面《だんめん》と雲の様子

※入道雲《にゅうどうぐも》またはかみなり雲ともいう。

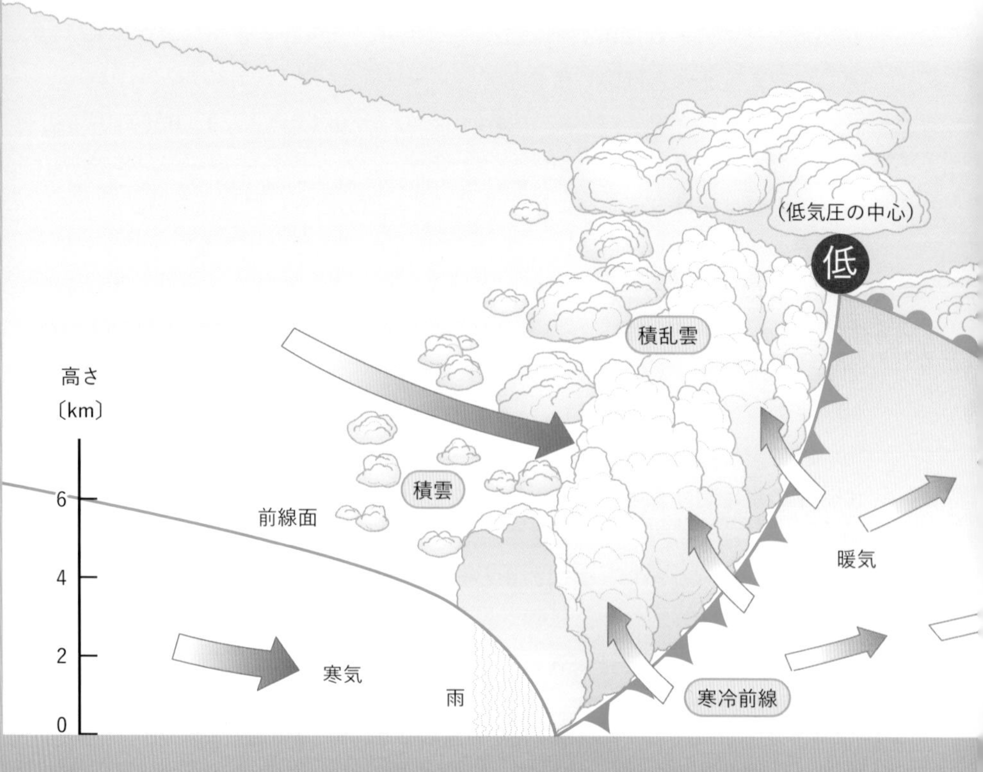

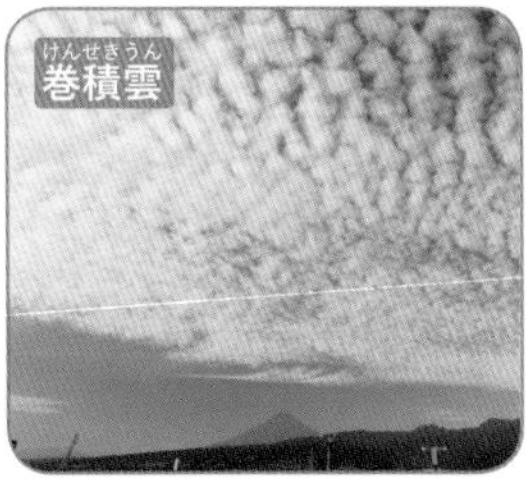
巻積雲《けんせきうん》

巻層雲《けんそううん》

巻雲《けんうん》

高層雲《こうそううん》

高積雲《こうせきうん》

乱層雲《らんそううん》

層雲《そううん》

層積雲《そうせきうん》

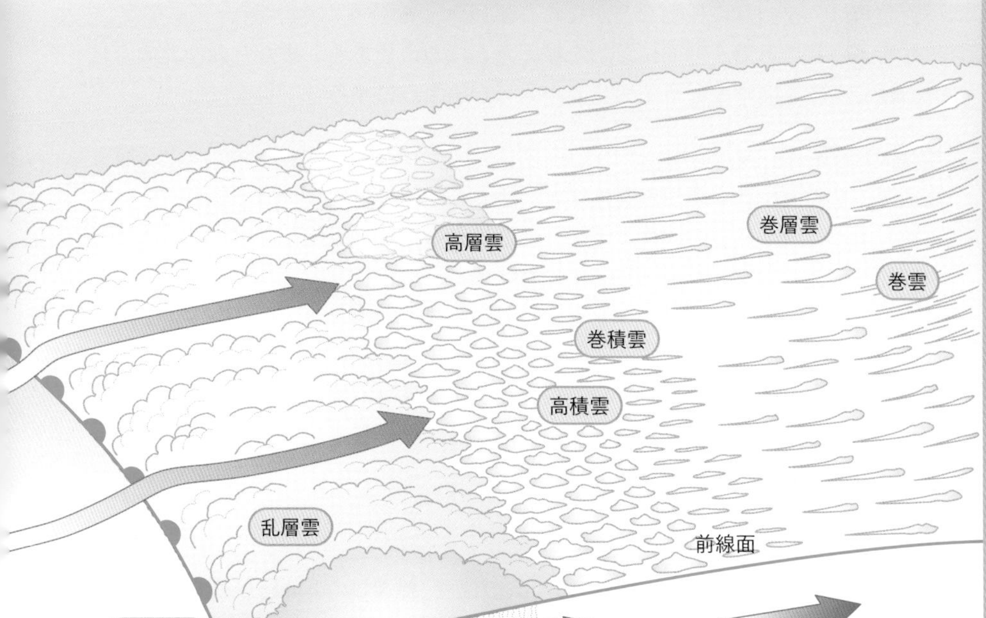
巻層雲
高層雲
巻雲
巻積雲
高積雲
乱層雲
前線面
温暖前線
雨
寒気

第2章 天気の変化

1 気温と湿度《しつど》の変化

1 気温と地温《ちおん》の測定《そくてい》

☞ 気温や地温はどのようにしてはかればよいか。

気温の測定

● **気温**…地面からの高さが1.2〜1.5mで，風通しのよい日かげの空気の温度を**気温**といい，**百葉箱《ひゃくようばこ》**の中などではかる。

百葉箱には，以下のような特徴《とくちょう》がある。

日光を反射《はんしゃ》し，中の温度が外より高くならないようにするため全体を白く塗《ぬ》ってある。また，直射《ちょくしゃ》日光や雨が入るのを防《ふせ》ぎ，風通しをよくするためまわりがよろい戸になっている。

温度計は，地上1.2〜1.5mの高さのところに取りつけてある。

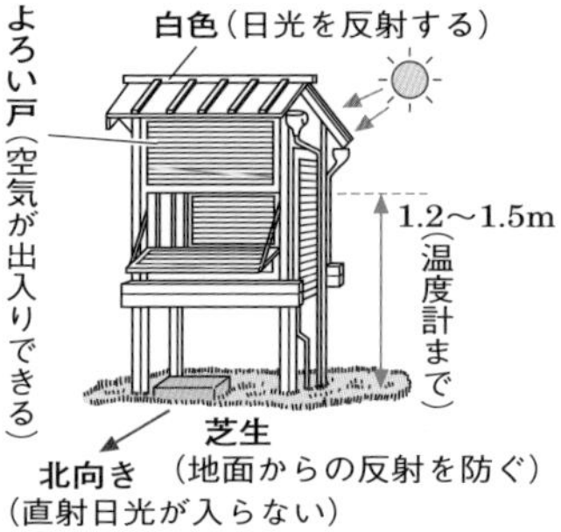

▲百葉箱

百葉箱は，まわりに建物などがなく，風通しのよいところで，地面に芝生《しばふ》を植えたところに建てる。また，扉《とびら》を北向きにつけて，扉を開けたときでも日光が入らないようにする。

地温の測定

● **地温**…地表面や地中の温度を**地温**という。

地表面の温度は，右の図のように，地面を少し掘《ほ》り，温度計の球部を入れて上から土を被《かぶ》せた状態《じょうたい》ではかる。

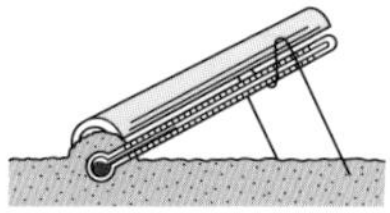
▲地温の測定

注意 温度計の地上に出ている部分に直射日光があたらないように，覆《おお》いをする。

● **放射温度計《ほうしゃおんどけい》**…右の図のように，**放射温度計**を使ってはかってもよい。このとき，放射温度計は地面から少し離《はな》して真下に向ける。

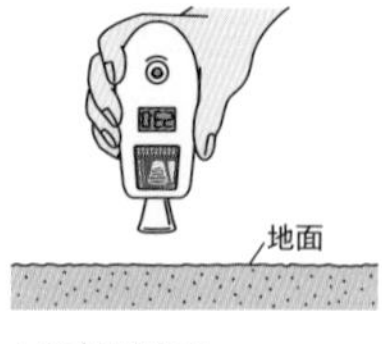

▲放射温度計

入試ポイント
- **気温**…**地上1.2〜1.5m**の空気の温度。**風通し**のよい**日かげ**ではかる。
- **百葉箱**…**白く**塗る。**よろい戸**にする。下は**芝生**。扉は**北向き**。

2 気温・地温の1日の変化と太陽高度

☞ 気温や地温は1日でどのように変わるか。

気温・地温の1日の変化

晴れた日の気温や地温は，右のグラフのように，日の出とともに上がり始め，地温は午後1時ごろ，気温は午後2時ごろ最高になる。その後は温度が下がり，日の出前に最低になる。

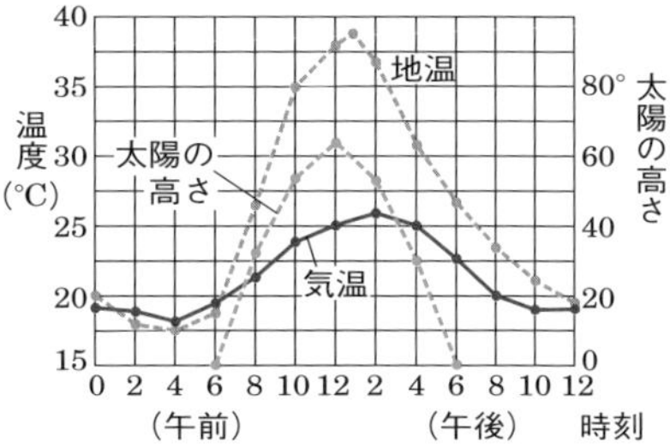

▲気温・地温の1日の変化

地面や空気のあたたまり方

● **地面のあたたまり方**…地面は太陽の熱であたためられる。右の図のように，太陽の高度が低いほど同じ量の光が照らす面積が広くなるので，同じ面積の地面が受ける熱は，太陽高度が高いほど多い。したがって，地面が受ける熱は，太陽が南中《なんちゅう》する正午ごろ最も多い。

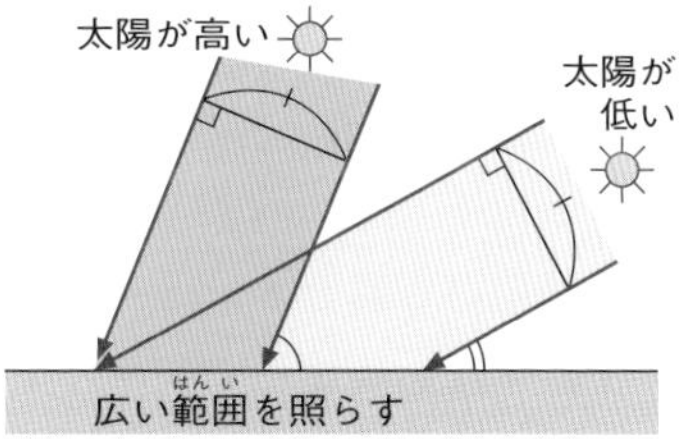

▲太陽高度と地面のあたたまり方

▶ **最高地温と南中の時刻《じこく》がずれるわけ**…地面は太陽から熱を受けとると同時に，地面自身も，温度が高くなると熱を放出する。正午までは，太陽から受けとる熱が増《ふ》えるので，地温が上がる。正午を過《す》ぎると，太陽から受けとる熱が減《へ》り始めるが，まだ地面が放射熱(→p.371)として放出する熱より多いので，地温は上がる。**午後1時ごろ**，太陽から受けとる熱と地面が放出する熱が同じになり，地温は上がらなくなる。その後は，太陽から受けとる熱より地面が放出する熱のほうが多くなり，地温は下がる。

● **空気のあたたまり方**…空気は太陽の熱によって直接《ちょくせつ》あたためられるのではなく，太陽の熱であたためられた地面によってあたためられる。

▶ **最高気温と最高地温の時刻がずれるわけ**…日の出から午後1時ごろまで，地温は上がり続けるので，空気はあたためられる。空気の温度が上がると，空気自身も熱を放出し始める。午後1時を過ぎると，空気が地面から受けとる熱は減り始めるが，まだ空気が放出する熱より多いので，気温は上がり続ける。**午後2時ごろ**になると，空気が放出する熱と地面から受けとる熱とが同じになり，気温は上がらなくなる。その後は，地温が下がるにつれて空気が地面から受けとる熱がどんどん減っていくので，気温は下がり続ける。

入試ポイント

● **気温**の変化…日の出前に最低，**午後2時ごろ最高**
● **地温**の変化…日の出前に最低，**午後1時ごろ最高**
} 約1時間のずれ

3 天気と気温の変化

☞ 気温の変化のしかたは，天気によってどう違《ちが》うか。

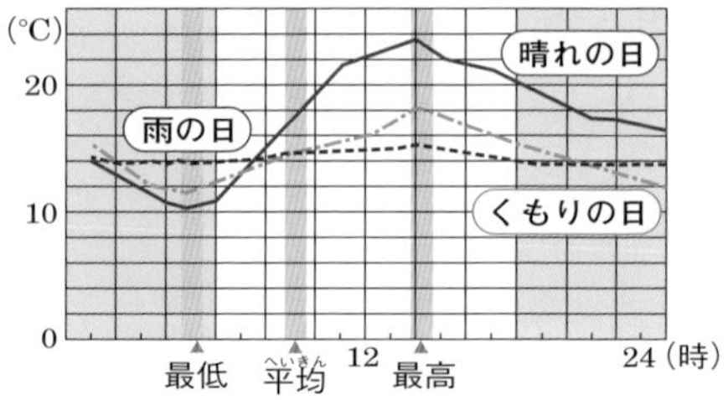

▲天気の違いと気温の1日の変化（5月）

- **晴れの日**…気温は明け方に最低になり，午後２時ごろ最高になる。昼はよくあたたまり，夜はよく冷えるので，最高気温と最低気温の差が大きい。
- **くもりの日**…昼は雲によって日光が遮《さえぎ》られるので，気温が上がりにくい。夜は熱が空へ出ていくのを雲が遮るので，気温が下がりにくい。明け方に気温が最低になり，午後２時ごろ最高になるのは，晴れの日と同じであるが，最高気温と最低気温の差は晴れの日より小さい。
- **雨の日**…くもりの日より雲が厚《あつ》く，太陽の熱が届《とど》きにくいため，気温はあまり上がらない。また，空気が出す熱も雲に遮られるので，気温はあまり下がらない。最高気温と最低気温の差はいちばん小さい。

4 気温の1年の変化と太陽高度

☞ 気温は1年の間にどう変わるか。

気温の１年の変化

１日の平均気温は，８月上旬《じょうじゅん》に最も高くなり，２月上旬が最も低い。右のグラフは月平均気温の変化を表す。

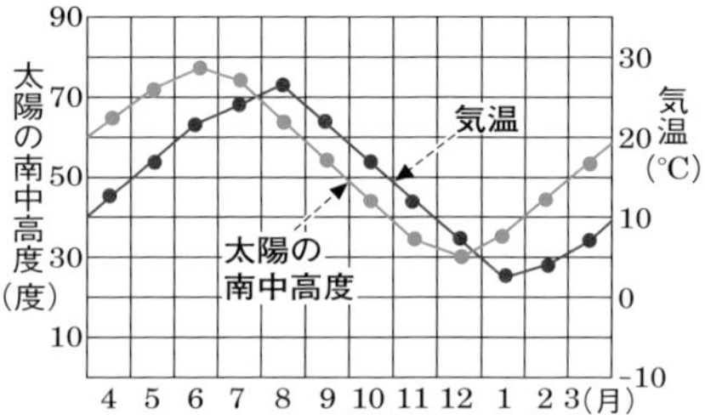

▲気温と太陽の南中高度の1年の変化の例

太陽の南中高度の変化

太陽の南中《なんちゅう》高度は**夏至《げし》**（６月 21 日ごろ）に最高になり，**冬至《とうじ》**（12 月 22 日ごろ）に最低になる。

注意 太陽の南中高度が高いほど，昼の時間も長いので，地面や空気がよくあたためられる。

▶ **最高気温が夏至とずれるわけ**…夏至は，地面が太陽から受けとる熱がいちばん多い。夏至を過《す》ぎると，太陽からの熱は減《へ》っていくが，まだ地面が出す熱より多いので，地温は上がり続け，気温も上がる。**８月上旬**になると，空気が放出する熱と地面から受けとる熱とが同じになり，気温は上がらなくなる。その後，空気が放出する熱のほうが多くなって，気温は下がっていく。

入試ポイント
- １日の**最高気温と最低気温の差**…**晴れ**の日＞**くもり**の日＞**雨**の日
- 気温の **１年の変化**…**８月上旬**に**最高**，**２月上旬**に**最低**

▶**最低気温が冬至とずれるわけ**…冬至は地面が太陽から受けとる熱がいちばん少ない。冬至を過ぎると，地面が太陽から受けとる熱が増《ふ》え始めるが，まだ地面が放出する熱のほうが多いので，地温は下がり続け，それにつれて気温も下がる。**2月上旬**になると，空気が放出する熱と地面から受けとる熱が同じになって，気温は下がらなくなり，その後は，しだいに上がっていく。

5 地《ち》温《おん》の変化

☞地面や地中の温度はどのように変化するか。

地温の1日の変化

地中のいろいろな深さの温度をはかり，1日の変化をグラフに表してみると，右の図のようになる。

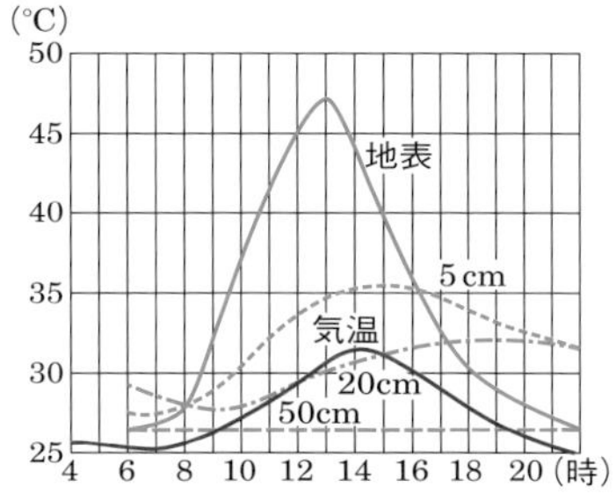

▲地温の1日の変化(8月・晴れ)

地表の温度は，晴れた日は午後1時ごろ最高温度になり，気温より高くなる。最高と最低の差も気温より大きい。深くなるにつれて，最高温度が低くなり，最高と最低の差も小さくなる。また，最高になる時《じ》刻《こく》も遅《おそ》くなる。これは地表が受けた熱が地下に伝わるのに時間がかかるからである。

地下50cmより深くなると，温度は1日中変化しない。

地温の1年の変化

地面やいろいろな深さの各月の平均の温度をとって，1年の変化をグラフにすると，右の図のようになる。

地面の温度は，夏至より1か月遅《おく》れて最高になる。また，最低も冬至より1か月遅れる。

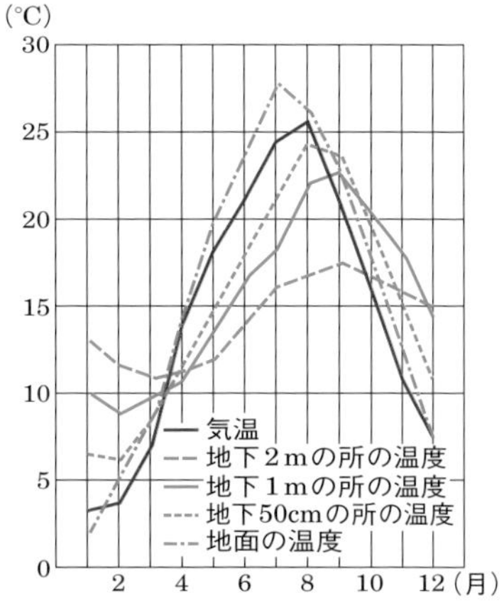

▲地温の1年の変化(平均)

注意 気温の最高，最低は，地面の温度よりさらに1か月遅れる。また，地下深くなるにつれて，最高温度は低くなり，最低温度が高くなって，最高と最低の差が小さくなる。また，最高や最低になる月が遅れる。

参考 冬は地表よりも地下深い所のほうが温度が高いので，寒さに弱い動物は，地下にもぐって冬眠《とうみん》する。

入試ポイント
- **地表の温度**…1日の**最高は午後1時**，1年の**最高は7月**。
- **地下の温度**…深い所ほど，**最高温度**は**低く**，**最低温度**は**高い**。

6 湿度《しつど》

空気がふくんでいる水蒸気《すいじょうき》の量はどう表せばよいか。

- **飽和水蒸気量《ほうわすいじょうきりょう》**…空気がふくむことのできる水蒸気の量には限度《げんど》がある。空気 $1m^3$ がふくむことのできる水蒸気の量(g)を**飽和水蒸気量**という。飽和水蒸気量は，右のグラフのように，気温が高いほど大きい。

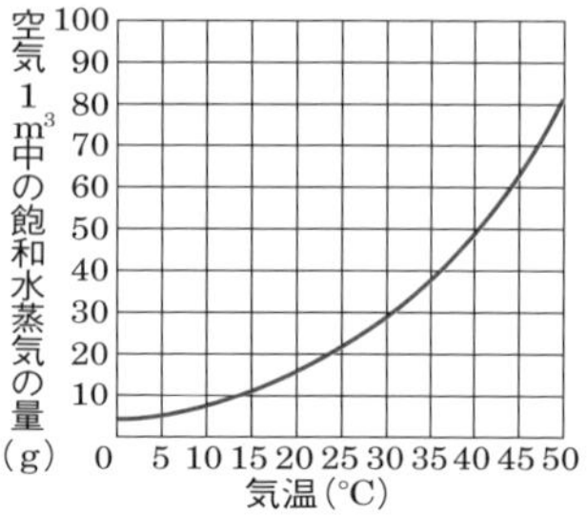

▲$1m^3$の空気がふくむことのできる水蒸気の量と気温の関係

- **空気中の水蒸気量**…水蒸気をふくんでいる空気の温度が下がると，飽和水蒸気量が小さくなるので，空気中にふくみきれなくなった水蒸気が細《こま》かい水滴《すいてき》になる。
- **雲のでき方**…空気が上昇気流《じょうしょうきりゅう》となって上空へ昇《のぼ》っていくときは，100m昇るごとに1℃ずつ気温が下がる(→p.242)。そのため，水蒸気をふくんだ空気が上空へ昇っていくと，空気が水蒸気をふくみきれなくなる高さから水滴ができ始める。これが雲である。
- **霧《きり》のでき方**…水蒸気をふくんだ空気の温度が，明け方などに下がると，空気中にふくみきれなくなった地表付近の水蒸気が水滴になる。これが霧である。

例題 水滴の量

30℃で，$1m^3$ 中に25gの水蒸気をふくんでいる空気の温度が20℃に下がると，何gの水滴ができるか。上のグラフを見て答えよ。

考え方 20℃では，空気 $1m^3$ 中に17gの水蒸気をふくむことができる。$1m^3$ 中に25gの水蒸気をふくむ空気が20℃になると，17gしかふくむことができないから，残りの 25 − 17 = 8(g)は水滴になる。

答 8g

- **湿度**…空気中にふくまれている水蒸気の量が，そのときの温度における飽和水蒸気量の何%にあたるかを表したものを**湿度**という。

$$\text{湿度(\%)} = \frac{\text{空気 }1\text{m}^3\text{ 中にふくまれている水蒸気の量(g)}}{\text{その温度での飽和水蒸気量(g)}} \times 100$$

注意 空気がふくみきれるだけ水蒸気をふくんだときが，湿度100%の状態である。湿度100%の空気の温度が下がると，水滴ができ始める。

入試ポイント
- **飽和水蒸気量**…空気 $1m^3$ が**ふくむことのできる水蒸気**の量。
- **湿度**…**飽和水蒸気量の何%**がふくまれているかで表す。

地球編
第1章 天体の動き
第2章 天気の変化
第3章 大地のつくりと変化

湿度の1日の変化

空気中の水蒸気の量は，1日中あまり変化しないが，気温が変わると，飽和水蒸気量が変わるので，湿度が変わる。

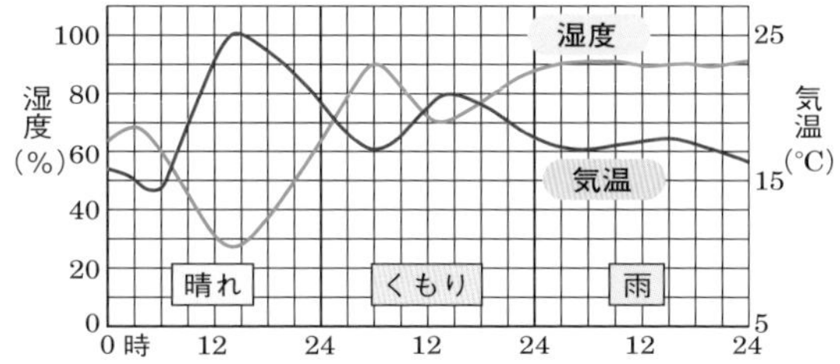

▲湿度の変化と天気の様子の例

晴れた日には明け方は気温が下がり，飽和水蒸気量が小さくなるので，湿度は高い。午後になると，気温が上がるので，飽和水蒸気量が多くなり，湿度は低くなる。つまり，気温と湿度はちょうど反対の変化をする。また，雨の日には湿度は1日中100%に近い。

● **湿度計**…湿度をはかる器具を**湿度計**という。

▶ **毛髪《もうはつ》湿度計**…髪《かみ》の毛が湿度の変化によって伸《の》び縮《ちぢ》みすることを利用している。

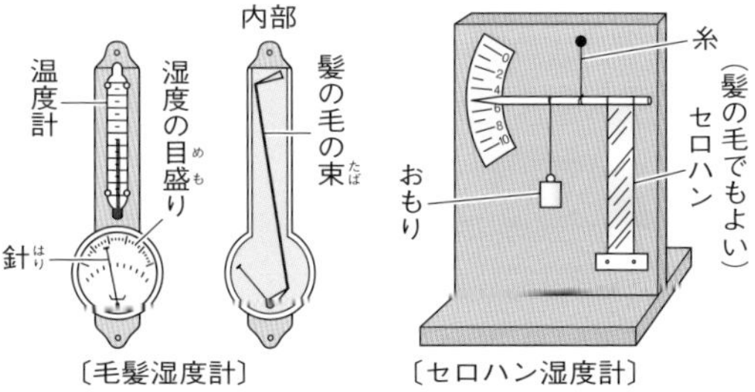

▲湿度計

▶ **セロハン湿度計**…セロハンも湿度が変化すると，伸び縮みするので，これを利用して，湿度計をつくることができる。

▶ **乾湿計《かんしつけい》**…温度計を2本並《なら》べ，一方の球部をガーゼで包《つつ》んで水につけてある。何もしていないほうを**乾球《かんきゅう》温度計**，水でぬらしたほうを**湿球《しっきゅう》温度計**という。水が蒸発すると熱を奪《うば》うので，湿球温度計はいつも乾球温度計より低い温度を示す。これらの温度をもとにして，**湿度表**から湿度を求める。

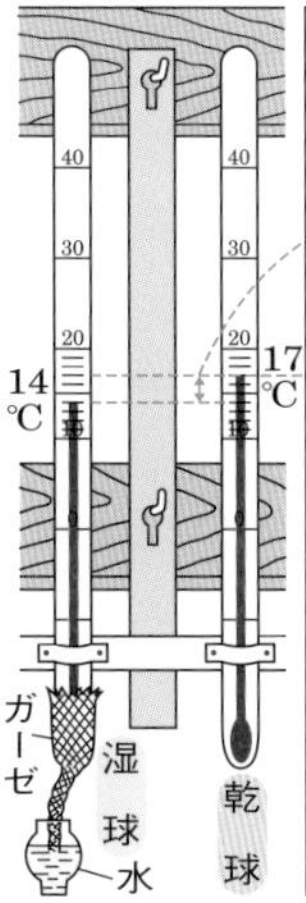

乾球の示度	乾球と湿球の示度《しど》の差 0.0	0.5	1.0	1.5	2.0	2.5	3.0	3.5	4.0	4.5
20	100									
19	100									
18	100	95	90	85	80	75	71	66	62	57
17	100	95	90	85	80	75	70	65	61	56
16	100	95	89	84	79	74	69	64	59	55
15	100									
14	100									
13	100									
12	100									
11	100									
10	100									

乾球温度	17°C
湿球温度	14°C
差	3.0°C
湿度	70%

▲乾湿計と湿度の求め方

入試ポイント

● **湿度の1日の変化**…**晴れ**た日は，**気温と反対**の変化をする。

● **乾湿計**…**湿球の温度**は乾球の温度より**低い**。

☑ まとめチェック

知識を整理・確認しよう！

① 気温と地温《ちおん》の測定《そくてい》

□ ① 右の図のような装置《そうち》を何というか。

□ ② 右の図の装置は何色か。

□ ③ 右の図の装置の扉《とびら》はどの方位に向けて取りつけられているか。

□ ④ 気温を測定する高さは，地面から何m～何mの範囲《はんい》か。

□ ⑤ 温度計の球部に土を被《かぶ》せて地温を測定するとき，温度計の地上に出ている部分にはどのような処理《しょり》が必要か。

② 気温・地温の１日の変化《へんか》と太陽高度

□ ① 晴れの日の気温が最高になる時刻《じこく》は，太陽が南中《なんちゅう》する時刻より約何時間遅《おそ》いか。

□ ② 晴れの日の地温が最高になる時刻は，太陽が南中する時刻より約何時間遅いか。

□ ③ 晴れの日の１日の地温の変化は，気温の変化より大きいか，小さいか。

□ ④ 雨の日やくもりの日の気温の変化は，晴れの日の気温の変化に比《くら》べて大きいか，小さいか。

③ 気温・地温の１年の変化と太陽高度

□ ① 1年のうちで，月の平均《へいきん》気温が最も高くなるのは何月ごろか。

□ ② 1年のうちで，月の平均気温が最も低くなるのは何月ごろか。

□ ③ 1年のうちで，月の平均地温が最も高くなるのは何月ごろか。

④ 湿度《しつど》

□ ① 晴れの日，気温が上がると湿度はどうなるか。

□ ② 空気中の水蒸気《すいじょうき》が上空で冷やされて，水や氷の粒《つぶ》となって集まったものを何というか。

□ ③ 地表付近の水蒸気が冷やされて，水の粒となって空気中に浮《う》いて煙《けむり》のように見えるようになったものを何というか。

□ ④ 空気 $1m^3$ がふくむことのできる水蒸気の量を何というか。

答え

①
① 百葉箱《ひゃくようばこ》
② 白色
③ 北
④ 1.2m～1.5m
⑤ 覆《おお》いをする

②
① 2時間
② 1時間
③ 大きい
④ 小さい

③
① 8月
② 2月
③ 7月

④
① 下がる
② 雲
③ 霧《きり》
④ 飽《ほう》和《わ》水《すい》蒸《じょう》気《き》量《りょう》

力だめしの問題 入試標準レベル

解答➡別冊 p.32

1 気温を調べる条件《じょうけん》として，適切《てきせつ》なものを次の 1 群，2 群からそれぞれ 1 つずつ選び，記号で答えなさい。 【広島大附中】

1 群(　　　)　2 群(　　　)

1 群　ア　風通しのよい日なた　　イ　風通しのよい日かげ
　　　ウ　風があたらない日なた　エ　風があたらない日かげ
2 群　オ　地面から 1.2cm の高さ　カ　地面から 12cm の高さ
　　　キ　地面から 1.2m の高さ　ク　地面から 12m の高さ

2 図は，ある日の太陽高度，気温，地面の温度のグラフです。これらのグラフを参考にして，次の問いに答えなさい。 【東京家政学院中】

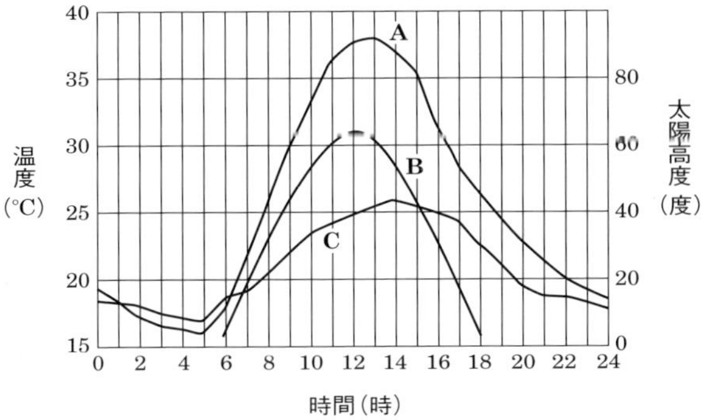

(1) 気温のグラフを表しているものは **A** ～ **C** のどれですか。 (　　　)

(2) 気温がいちばん高い時刻と地面の温度がいちばん高い時刻がずれるのはなぜですか。簡単《かんたん》に説明しなさい。
(　　　　　　　　　　　　　　)

(3) 午前 7 時の太陽高度と同じ太陽高度になるのは，何時ごろですか。
(　　　　)

(4) 太陽高度がいちばん高くなるのは何時ごろですか。
(　　　　)

(5) 地面の温度が気温より低くなっているのは何時間ですか。グラフより読みとりなさい。 (　　　　)

③ 図１は自記温度計《じきおんどけい》が入っている観測装置《かんそくそうち》であり，図２はその自記温度計で調べた福岡市での４日間の気温の変化のグラフです。これについて，あとの問いに答えなさい。 【西南学院中】

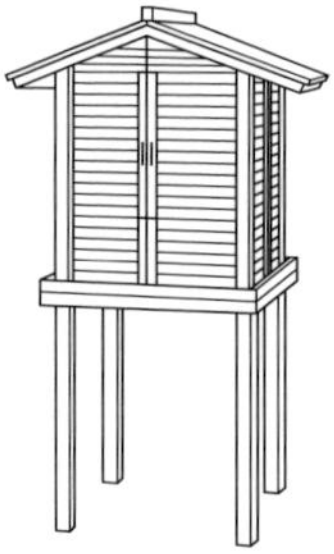

図１

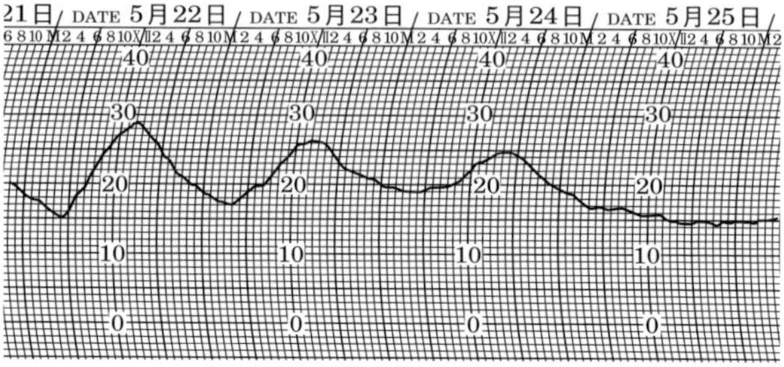

図２

⑴ **図１**のような観測装置を何といいますか。漢字で答えなさい。

（　　　　　）

⑵ **図１**の扉《とびら》はどの方位についていますか。次から１つ選び，記号で答えなさい。

（　　）

ア 東　　イ 西　　ウ 南　　エ 北

⑶ **図２**で，最高温度と最低温度の差が最も大きいのは何日ですか。また，その温度差は何℃ですか。

日付（　　　　　）　温度差（　　　　　）

⑷ 次の文の①～③にあてはまることばを，下の**ア**～**エ**から選び，それぞれ記号で答えなさい。

①（　　）　②（　　）　③（　　）

気温が変化する大きな原因《げんいん》は太陽のはたらきにある。太陽の高度が高くなると（　①　）の温度も高くなる。しかし，（　①　）の温度が最高になる時刻《じこく》は，太陽の高度が最も高くなる時刻よりも（　②　）。これは太陽により（　③　）があたためられてから，（　①　）があたためられるからである。

ア 地面　　**イ** 空気　　**ウ** 早くなる　　**エ** 遅《おそ》くなる

④ 次の文章を読んで，あとの問いに答えなさい。 【狭山ヶ丘高付中】

水は水蒸気《すいじょうき》となって少しずつ空気の中に蒸発《じょうはつ》している。水蒸気は，自然界のまわりの状況《じょうきょう》によっていろいろな形に変化する。たとえば，水蒸気が草木の葉に水《すい》滴《てき》となって出てくるものを（　①　）という。また，水蒸気が，小さな氷となって地面などについたものは（　②　）という。水蒸気が小さな水の粒《つぶ》になり，地表付近で雲のような状態になるものを(　③　)という。空気中に水蒸気がふくまれている割合《わりあい》を湿度《しつど》という。a湿度は乾湿計《かんしつけい》ではかることができる。右の写真は乾湿計である。乾湿計は乾球《かんきゅう》と湿球《しっきゅう》の2本の温度計からできていて，乾球は気温(℃)を示《しめ》す。また，湿球は球部に水でぬれた布《ぬの》を巻《ま》きつけてある。乾湿計で湿度がはかれる理由は，湿球の球部からb水が(　④　)するとき，(　⑤　)を奪《うば》うので，湿球の示す温度は乾球の示す温度より(　⑥　)なる。この温度差は，空気が乾《かわ》いているときほど大きくなる。この温度差を測定し，算出表から湿度(%)を求めることができる。

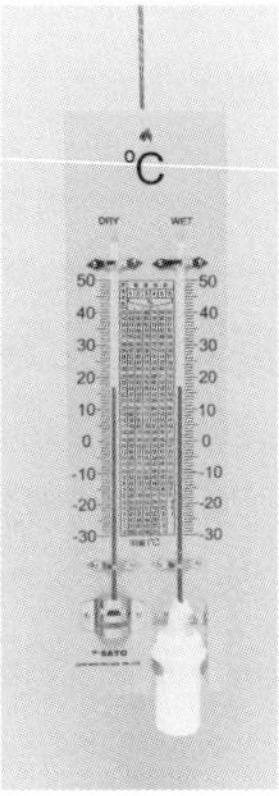

(1) 文中の空欄《くうらん》(　①　)～(　⑥　)にあてはまることばを答えなさい。

①(　　　　　)　②(　　　　　)　③(　　　　　)
④(　　　　　)　⑤(　　　　　)　⑥(　　　　　)

(2) 下線部**a**について，次の①～③に答えなさい。ただし，**表1**はある日の乾湿計の示す目盛《めも》りを，**表2**は湿度の算出表の一部を示したものです。

表1

	8時	13時	18時
乾球(℃)	25	28	(あ)
湿球(℃)	19	21	21

表2

%	乾球と湿球の目盛りの差(℃)									
	0	1	2	3	4	5	6	7	8	9
乾球の温度(℃) 30	100	92	85	78	72	65	59	53	47	41
29	100	92	85	78	71	64	58	52	46	40
28	100	92	85	77	70	64	57	51	45	39
27	100	92	84	77	70	63	56	50	43	37
26	100	92	84	76	69	62	55	48	42	36
25	100	92	84	76	68	61	54	47	41	34
24	100	91	83	75	68	60	53	46	39	33
23	100	91	83	75	67	59	52	45	38	31
22	100	91	82	74	66	58	50	43	36	29
21	100	91	82	73	65	57	49	42	34	27
20	100	91	81	73	64	56	48	40	32	25

① 8時の気温と湿度を答えなさい。

気温(　　　　　)
湿度(　　　　　)

② 13時の湿度は8時に比《くら》べて高いか低いか答えなさい。(　　　　　)

③ 18時の湿度は56%でした。このときの**表1**の気温(**あ**)は何℃ですか。

(　　　　　)

(3) 下線部**b**について，この現象《げんしょう》の具体例はどれですか。次からすべて選び，記号で答えなさい。(　　　　　)

ア　汗《あせ》をかくと体温が下がる。
イ　地面に水をまくと，地面の温度が下がる。
ウ　湿《しめ》っていた洗濯物《せんたくもの》が乾く。
エ　水槽《すいそう》の水が減《へ》る。
オ　電子レンジで食べ物をあたためる。

2 天気の変化

1 気圧《きあつ》と風

☞高気圧《こうきあつ》や低気圧《ていきあつ》は天気にどのような影響《えいきょう》をあたえるか。

風の吹き方

● **気圧**…空気がものを押《お》す圧力《あつりょく》を**気圧**という。

▶ **気圧の単位**…0℃のとき高さ**760mmの水銀柱**が底面にあたえる圧力の大きさを**1 気圧**といい，$1cm^2$ あたり約 1kgの力がかかる。気象観測《きしょうかんそく》では**ヘクトパスカル**(hPa)という単位を用いる。1 気圧は 1013hPaである。

1 気圧＝ 1013hPa ＝ 760mmHg ≒ $1kg/cm^2$

▶ **上空の気圧**…気圧は上空ほど低くなる。地表近くでは，100m高くなるごとに 12hPaずつ低くなっていく。

● **風の原因《げんいん》**…風は空気の流れである。空気は気圧の高いほうから低いほうへ向かって押されて動く。したがって，風は気圧の高いほうから低いほうに向かって吹く。

実験 風の発生を調べる。右の図のように，箱の底に黒い紙と白い紙をしき，上から電灯で照らしながら，線香《せんこう》をさしこんで，煙《けむり》の動きを見る。

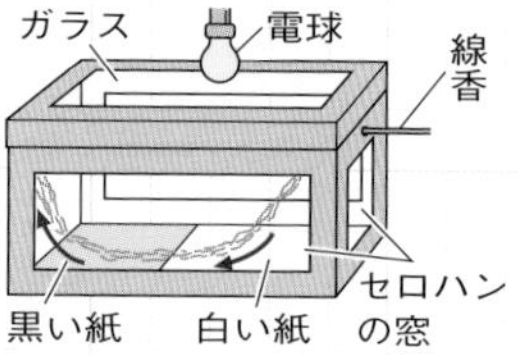

結果 煙は，黒い紙の上では上へ昇《のぼ》り，白い紙の上では下へ下《さ》がる。箱の底では，白い紙から黒い紙のほうへ向かって，煙が流れる。

要点 黒い紙は熱を吸収《きゅうしゅう》しやすいので，早くあたたまって，上の空気をあたため，上昇《じょうしょう》させる。すると，その部分の気圧が下がるので，まわりから空気が流れこんでくる。これは風のモデルである。

● **風向《ふうこう》**…風が吹いてくる方向を**風向**という。風向は**16方位**で表し，右の図のような**風向計《ふうこうけい》**ではかる。風向計はたえず動いているので，10 分前からの平均《へいきん》で示《しめ》す。

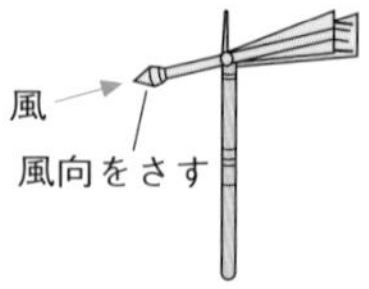

風向計

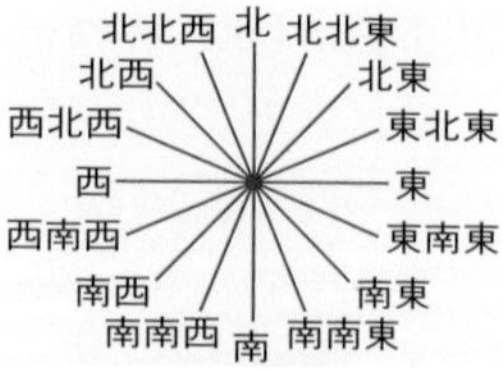

16 方位

▲風向計と16方位

入試ポイント
- **気圧**…空気の圧力。**100m** 高くなるごとに **12hPa ずつ低く**なる。
- **風向**…風が**吹いてくる**方向。**16 方位**で表す。

● **風速**《ふうそく》…空気が 1 秒間に何 m 動いたかで表す。単位は **m/秒**。右の写真のような**風速計**《ふうそくけい》ではかる。風速もたえず変わるので，観測時刻《かんそくじこく》の 10 分前からの平均風速で表す。

● **風力**《ふうりょく》…風がものを動かす力の大きさを**風力**という。煙や木の枝《えだ》などの動きによって，**13 階級**に分けられている。

▲風速計

風力	風速(m/秒)	陸上や海上の様子	
0	0.3 未満	煙がまっすぐにのぼる。海面は鏡のようになめらか。	吹き流しはたれ下がる。
1	0.3～1.6	煙がなびく。風向計に感じない。海面に細かい波(さざ波)がたつ。	
2	1.6～3.4	顔に風を感じ，木の葉が動く。吹き流しが 45°くらいになびく。	
3	3.4～5.5	木の葉や，細い小枝がたえず動く。吹き流しがほとんど水平になびく。	
4	5.5～8.0	砂ぼこりがたち，小枝が動く。海面には白波が多くなる。	吹き流しが水平になり，激《はげ》しく上下にゆれる。(風力 4 以上)
5	8.0～10.8	葉のしげった小さい木がゆれ，池や沼の水面に波がたつ。	
6	10.8～13.9	大枝が動く。電線が鳴る。かさはさしにくい。大きな波。	
7	13.9～17.2	木全体がゆれ，風に向かって歩きにくくなる。一面に白波。	
8	17.2～20.8	小枝がおれる。風に向かって歩けない。大波となる。	
9	20.8～24.5	えんとつがたおれ，かわらがとぶ。波がしらがさかまき始める。	
10	24.5～28.5	建物に大きな被害を起こし，木が根こそぎになる。海面は全体として白く見える。	
11	28.5～32.7	陸上ではめったに起こらない。海では，山のように高い波がたつ。	
12	32.7 以上	さらに大きな被害が生じる。海では，見通しがきかないほどになる。	

▲ビューフォート風力階級表

● **雲量**《うんりょう》…雲量は，空一面が雲で覆《おお》われているときを**雲量 10**，まったくないときを**雲量 0** として空全体を 10 等分し，目分量ではかる。

▶ **降水**《こうすい》**がないときの天気**…雲量 0～1 ⇨**快晴**《かいせい》，2～8 ⇨**晴れ**，9～10 ⇨**くもり**

● **天気図**《てんきず》…地図上に各地の天気，風向，風力，気圧，気温，前線《ぜんせん》などをかきこんだものを**天気図**という。下の表に示したような**天気記号**で天気を表す。また，天気記号から出した棒《ぼう》の向きで**風向**を，棒につけた矢羽根《やばね》の数で**風力**を表す。

● **等圧線**《とうあつせん》…気圧の等しい地点を結んだ線を**等圧線**という。1000hPa を基準《きじゅん》とし，4hPa(または 2hPa)ごとに引き，20hPa(または 10hPa)ごとに太くかく。

天気記号		
○ 快晴	⦶ 晴れ	◎ くもり
● 雨	⊗ 雪	△ あられ

前線記号
温暖前線《おんだんぜんせん》
寒冷前線《かんれいぜんせん》
停滞前線《ていたいぜんせん》
閉塞前線《へいそくぜんせん》

風力記号
0
1
3
5
7
9
11

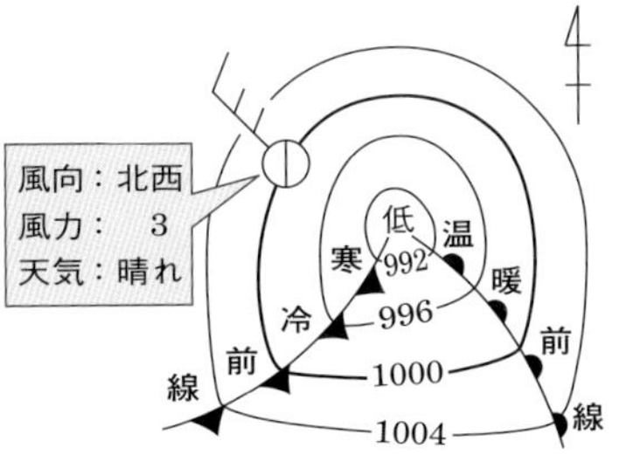

入試ポイント
● **天気図**…天気・風向(棒の向き)・風力(矢羽根の数)などを記号でかく。
● **等圧線**…4hPa(2hPa)ごとに引く。20hPa(10hPa)ごとに**太く**かく。

高気圧《こうきあつ》と低気圧《ていきあつ》

● **高気圧**…まわりより気圧の高いところを**高気圧**という。高気圧からは，まわりに風が吹《ふ》き出すが，地球の自転《じてん》の影響《えいきょう》で，北半球《きたはんきゅう》では時計まわりに吹き出す。高気圧の中心には**下降気流《かこうきりゅう》**があるので，雲ができず，晴れることが多い。

● **低気圧**…まわりより気圧の低いところを**低気圧**という。低気圧へは，まわりから風が吹きこむが，地球の自転の影響で，北半球では反時計まわりに吹きこむ。低気圧の中心には**上昇気流《じょうしょうきりゅう》**があるので，雲ができ，くもりや雨になることが多い。

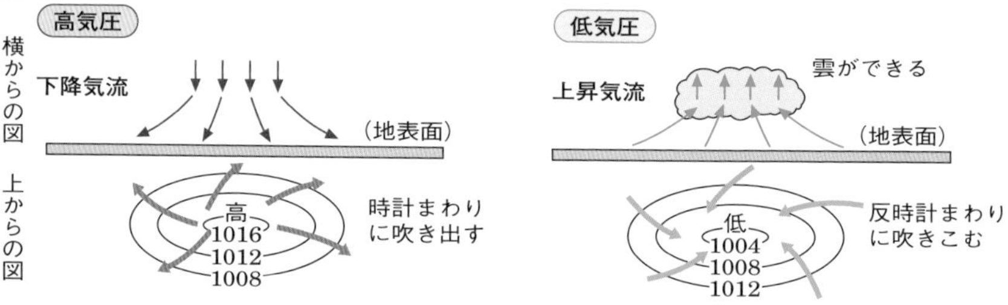

▲高気圧・低気圧の風の吹き方

2 前線《ぜんせん》と天気

☞ 前線の種類によって天気はどう変わるか。

前線

冷たい空気と暖《あたた》かい空気のかたまりが触《ふ》れ合っても，すぐには混《ま》じり合わず境《さかい》目《め》ができる。この境目が地表面と交わってつくる線を**前線**という。

● **寒冷前線《かんれいぜんせん》**…冷たい空気のかたまりが押《お》しよせてきて暖かい空気のかたまりにぶつかったときにできる。冷たい空気が暖かい空気の下にもぐりこみ，暖かい空気を押し上げるので，激《はげ》しい上昇気流となり，**積乱雲《せきらんうん》**や**積雲《せきうん》**ができて，天気は急に悪くなる。寒冷前線が通ると，激しい**にわか雨**が降《ふ》り，**雷《かみなり》**や**突風《とっぷう》**が起こる。前線が通過したあとは，北寄《よ》りの風が吹き，気温が下がる。

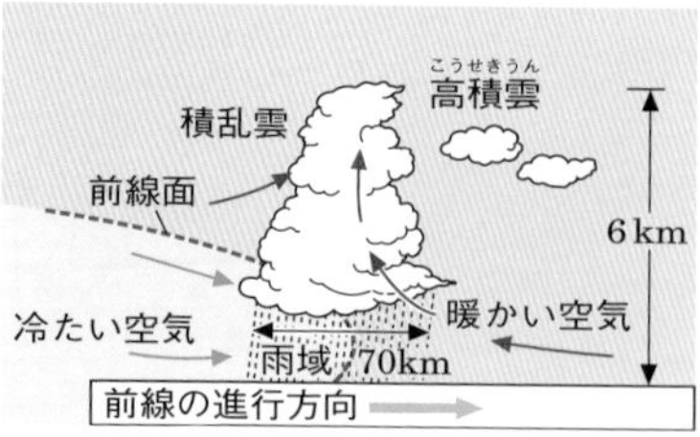

▲寒冷前線

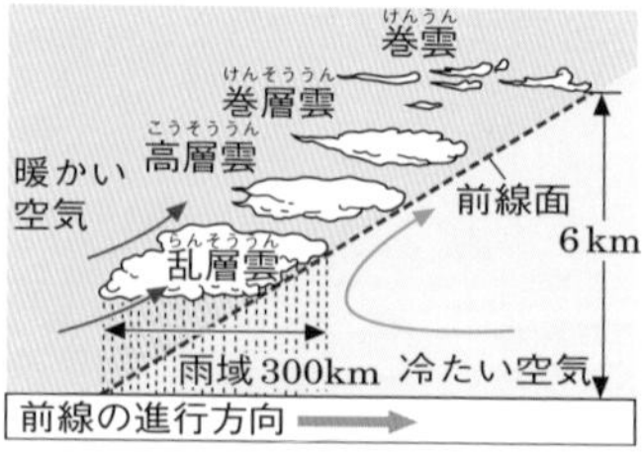

▲温暖前線

入試ポイント
- **高気圧**…風が**時計まわり**に**吹き出す**。中心は**晴れる**。
- **低気圧**…風が**反時計まわり**に**吹きこむ**。中心は**くもりや雨になる**。

● **温暖前線《おんだんぜんせん》**…暖かい空気のかたまりが押しよせてきて冷たい空気のかたまりにぶつかったときにできる前線。暖かい空気は冷たい空気の上へはい上がっていくので，ゆるやかな上昇気流となり，乱層雲や高層雲ができて，広い範囲《はんい》におだやかな雨を長い時間降らせる。前線が通過したあとは，南寄りの風が吹き気温が上がる。

注意 寒冷前線や温暖前線は，右の図のように低気圧にともなってできることが多い。

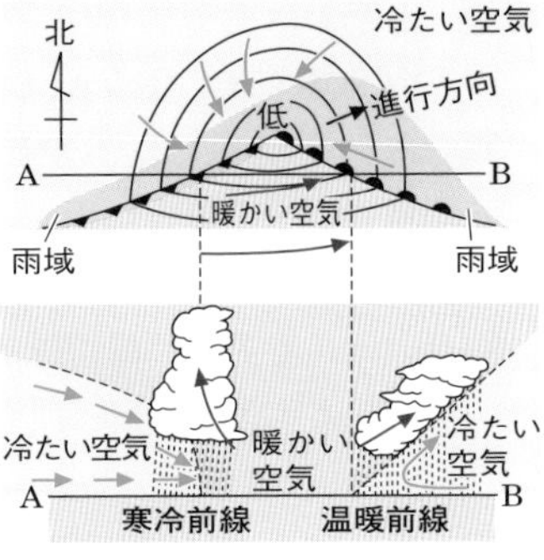

▲低気圧と前線

● **停滞前線《ていたいぜんせん》**…冷たい空気のかたまりと暖かい空気のかたまりが押し合ってほとんど動かないときにできる前線。

注意 梅雨《ばいう》(つゆ)のころ日本列島沿《ぞ》いにできる停滞前線を，とくに梅雨前線《ばいうぜんせん》という。

前線の移動《いどう》

日本付近にできる高気圧・低気圧・前線などは，上空(12～13km)に吹いている**偏西風《へんせいふう》**(強い西寄《よ》りの風)の影響により，西から東へ，1日に500～1000kmの速さで移動する。このため，日本の天気は，西から東へ移り変わっていく。

3 大気中の水

どうして雨が降るのか。

● **霧《きり》・露《つゆ》・霜《しも》**…夜の間に気温が下がり，空気中にふくまれていた水蒸気《すいじょうき》の一部が水滴《すいてき》になって(→p.228)，地上付近の空気中に浮《う》かんでいるのが**霧**，地上のものにくっついているのが**露**である。気温が0℃以下になると，水蒸気は昇華《しょうか》(→p.361)して氷の結晶《けっしょう》になる。これが何かについたものが**霜**である。

● **雲**…空気が上昇気流となって上空へ昇《のぼ》ると，温度が下がるので，空気中にふくまれていた水蒸気の一部が水滴や氷の結晶になる。これが**雲**である。

上昇気流は次のような所でできる。

・低気圧の中心
・寒冷前線・温暖前線・停滞前線
・空気が強く熱せられる所
・高い山に風が吹きつける所

また，このような所に雲ができやすい。

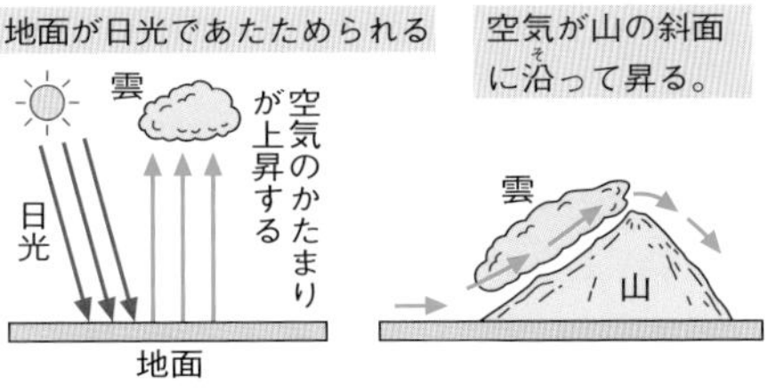

▲上昇気流のでき方

入試ポイント
- **寒冷前線**…天気が**急に悪くなる。にわか雨・雷・突風**
- **温暖前線**…**おだやかな雨**を**広い範囲**に降らせる。

●**雨**…上空では，空気中の水蒸気《すいじょうき》が氷の粒《つぶ》になり，くっつき合って大きくなると，地上に落下する。これが雨である(氷の粒は落下する途中《とちゅう》でとけて水になる)。

▶**雨量《うりょう》**…地上に降《ふ》った雨が，地中にしみこんだり流れたりせずに，平らなところにたまったとしたときの深さで表す。**単位はmm**。右の図のように直径20cmの円筒《えんとう》に降った雨の量を**雨量《うりょう》ます**ではかる。

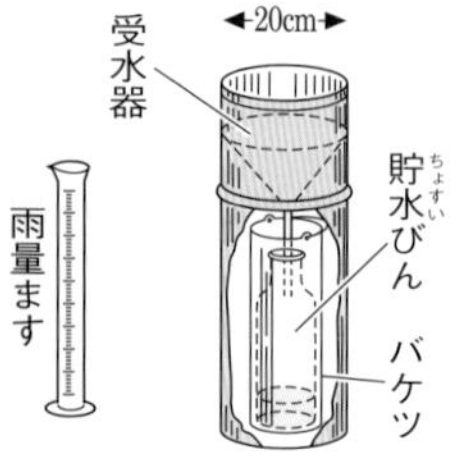

▲雨量計

●**雪**…地上付近の気温が0℃以下のときは，上空でできた氷の結晶《けっしょう》がとけずに落ちてくる。これが雪である。

4 海陸風《かいりくふう》と季節風《きせつふう》

☞ 時間や季節によって風の吹《ふ》く向きが変わるのはなぜか。

海風《かいふう》と陸風《りくふう》

●**海風**…海岸では，天気のよい日の昼間は，陸のほうが海よりあたたまりやすい(水はあたたまりにくい)ため，陸上の空気が上昇《じょうしょう》し，その後に海上から空気が流れこむ。こうして，昼間は海から陸へ向かって風が吹く。これを**海風**という。

●**陸風**…天気のよい日の夜は，陸のほうが海より早く温度が下がる(水は冷めにくい)。すると，海上の空気のほうが陸上の空気より暖《あたた》かくなるため，海上の空気が上昇し，その後に陸上の空気が流れこむ。こうして，夜間は陸から海へ向かって風が吹く。これを**陸風**という。

●**なぎ**…朝方と夕方に，陸上の空気と海上の空気の温度が同じになるときがある。このときはどちらの空気も上昇せず，一時的に風がやむ。この現象《げんしょう》を**なぎ**という。とくに朝のなぎを**朝《あさ》なぎ**，夕方のなぎを**夕《ゆう》なぎ**という。

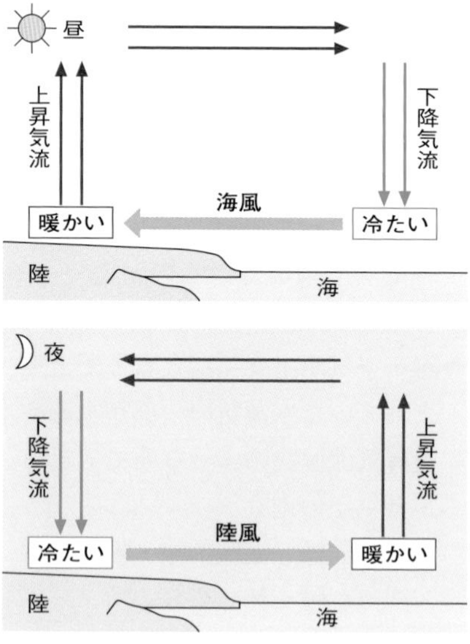

▲海風と陸風

入試ポイント
- **雨量**…降った雨が全部たまったとしたときの深さ(mm)で表す。
- **海風**…**昼**，海から陸へ
- **陸風**…**夜**，陸から海へ

季節風

- **夏の季節風**…日本付近では，夏は大陸のほうが太平洋より暖かいので，大陸の空気は上昇し，ここに低気圧《ていきあつ》ができ，太平洋上に高気圧《こうきあつ》ができる。そのため，太平洋から大陸に向かって**南東の風**が吹く。これが夏の季節風である。
夏の季節風は，太平洋からたくさんの水蒸気を運んでくるので，日本の夏は蒸《む》し暑い。
- **冬の季節風**…冬は大陸が冷えこみ，太平洋のほうが暖かいので，太平洋の空気が上昇して，低気圧ができ，大陸上に高気圧ができる。そのため，大陸から太平洋に向かって**北西の風**が吹く。これが冬の季節風である。
冬の季節風は，日本海でたくさんの水蒸気を吸収《きゅうしゅう》して，日本列島の山脈《さんみゃく》にぶつかり，上昇気流となるので，日本海側に大雪を降らせる。山脈をこえた空気は水蒸気をあまりふくんでいないので，太平洋側は乾《かわ》いた風(**からっ風《かぜ》**)が吹く。

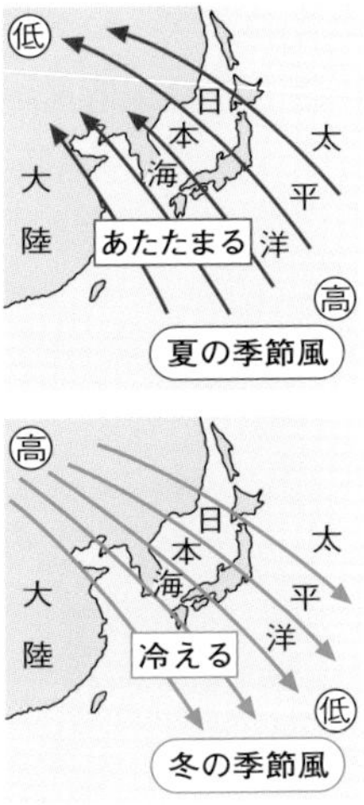

▲季節風

5 日本の天気

各季節の天気にはどんな特徴《とくちょう》があるか。

日本の天気は，それぞれの季節に日本のまわりの大陸や海洋に現《あらわ》れる高気圧によって，その特徴がきまる。

- **シベリア高気圧**…冬，シベリア地方に現れ，冬の季節風をもたらす。
- **太平洋高気圧《たいへいようこうきあつ》(小笠原《おがさわら》気団から発達)**…夏，太平洋に現れ，夏の季節風をもたらす。
- **オホーツク海高気圧《かいこうきあつ》**…初夏，オホーツク海に現れ，太平洋高気圧との間に梅雨前線《ばいうぜんせん》をつくる。
- **揚子江《ようすこう》高気圧(長江《ちょうこう》高気圧)**…春と秋に中国大陸に現れる。

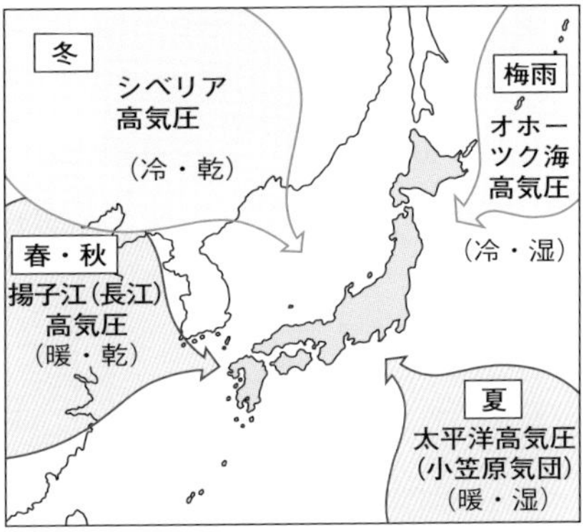

▲日本のまわりの高気圧

参考 同じ性質の空気の集まりを**気団《きだん》**という。シベリア気団から発生したのがシベリア高気圧《こうきあつ》，小笠原気団から発生したのが太平洋高気圧，オホーツク海気団《かいきだん》から発生したのがオホーツク海高気圧，揚子江気団《ようすこうきだん》から発生したのが揚子江高気圧である。

入試ポイント
- **夏の季節風**…**太平洋**に高気圧。**南東の風**。**蒸し暑い**天気。
- **冬の季節風**…**大陸**に高気圧。**北西の風**，日本海側に**大雪**。

●**ひまわり**…広範囲《はんい》の気象観測《きしょうかんそく》を行う気象衛星《えいせい》。

●**冬の天気**…**シベリア高気圧《こうきあつ》**が発達し，太平洋上に**低気圧《ていきあつ》**ができる(この気圧配置を**西高東低《せいこうとうてい》**という)。冷たい北西の季節風《きせつふう》が吹《ふ》き，日本海側には大雪が降《ふ》り，太平洋側にはからっ風《かぜ》の吹く晴天が続く。

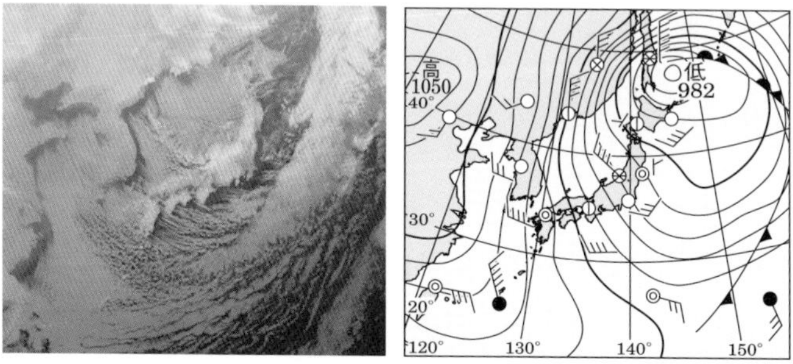

◀1月5日の雲の様子と天気図

●**夏の天気**…**太平洋高気圧《たいへいようこうきあつ》**が**小笠原気団《おがさわらきだん》**から発達し，アジア大陸上に低気圧ができる(この気圧配置を**南高北低《なんこうほくてい》**という)。暖《あたた》かくて湿《しめ》り気《け》の多い南東の季節風が吹き，蒸《む》し暑《あつ》い晴天が続く。

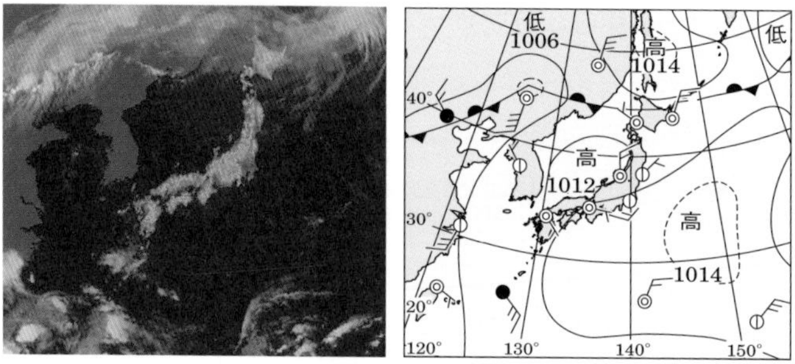

◀8月1日の雲の様子と天気図

●**春・秋の天気**…シベリア高気圧と太平洋高気圧(小笠原高気圧)が交代する時期で，ともに弱くなる。**揚子江高気圧《ようすこうこうきあつ》(長江高気圧《ちょうこうこうきあつ》)**が発達し，その一部がちぎれ，

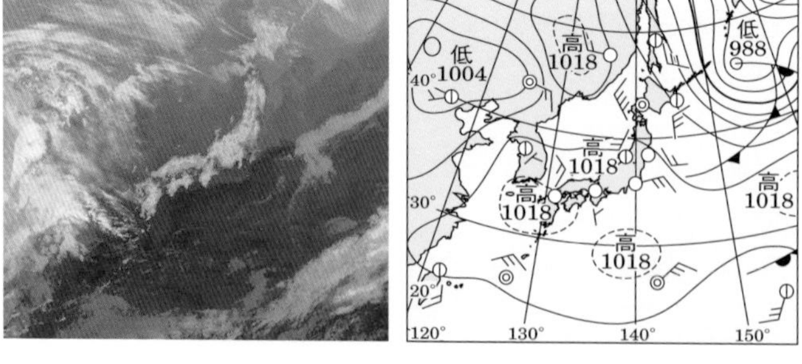

◀4月10日の雲の様子と天気図

入試ポイント
- **冬**の天気…**シベリア高気圧，西高東低，日本海側**は**雪，太平洋側**は**晴れ。**
- **夏**の天気…**太平洋高気圧(小笠原気団)，南高北低，蒸し暑い。**

移動性高気圧《いどうせいこうきあつ》となって日本付近を東へ移動する。この移動性高気圧と前線をともなった低気圧がかわるがわるやってくるので，天気が変わりやすい。

- **梅雨《ばいう》(つゆ)**…夏の初めに，オホーツク海高気圧と太平洋高気圧がぶつかり合って，日本列島沿《ぞ》いに**梅雨前線《ばいうぜんせん》**とよばれる停滞前線ができ，ぐずついた天気が続く。北海道は梅雨前線の雨域《ういき》よりも北にあるので，梅雨はない。
また，9月中ごろから1か月ぐらい，**秋雨前線《あきさめぜんせん》**という停滞前線《ていたいぜんせん》ができ，梅雨のような雨の日が続く。

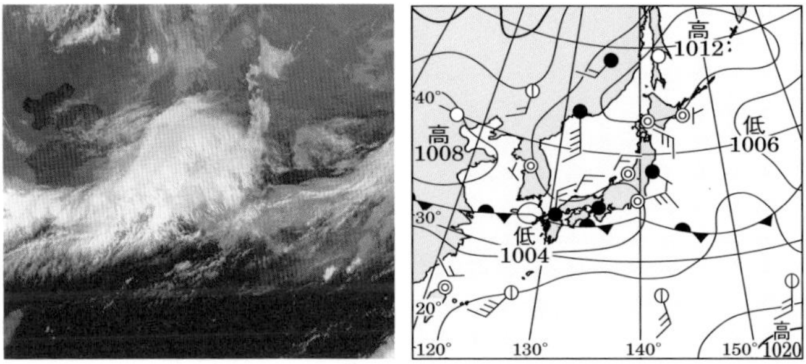

◀7月1日の雲の様子と天気図

- **台風《たいふう》**…秋の初めから，**台風**が日本をおそうようになる。台風は熱帯で発達した**低気圧**で，最大風速が**17.2m/秒**(風力《ふうりょく》8)以上になったものをいう。天気図上ではきれいな同心円となる。台風の中心付近には雲のない部分が見られることがあり，その部分を**台風の目《め》**という。台風の目の中にはいると，一時的に雨と風がほとんどなくなる。

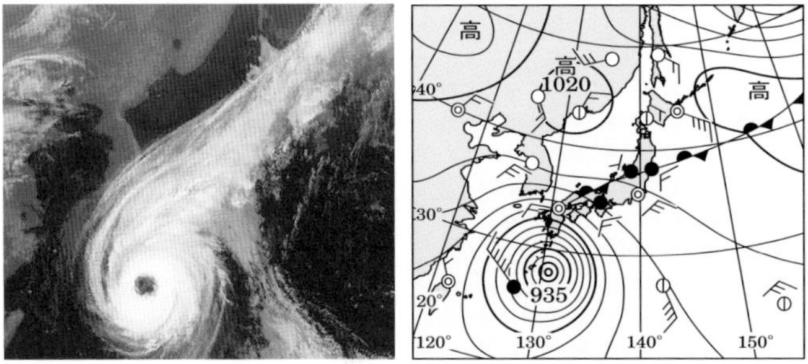

◀9月5日の雲の様子と天気図

▶ **天気予報《てんきよほう》**…**偏西風《へんせいふう》**の影響《えいきょう》で，天気は西から東へと変わっていくので，これにもとづいて天気を予報《よほう》する。最近は，人工衛星から撮影《さつえい》した雲の写真や，日本全国の約1300か所に設置《せっち》された地域気象観測《ちいききしょうかんそく》システム(**アメダス**)の気象データなどをもとにした予報が行われている。

▶ **昔の天気予報**…夕焼け⇨晴れる，西の山に雲がかかる⇨天気がくずれる。

入試ポイント
- **春・秋**の天気…移動性高気圧，**天気が変わりやすい。**
- **梅雨**…梅雨前線(停滞前線)
- **台風**…発達した熱帯低気圧

6 特別な気象現象《きしょうげんしょう》

それぞれの気象現象の原因は何か。

● **夏の特別な日**…1日の最高気温が25℃以上になった日を**夏日**《なつび》といい，1日の最高気温が30℃以上になった日を**真夏日**《まなつび》という。また，1日の最高気温が35℃以上になった日を**猛暑日**《もうしょび》という。

最低気温が25℃未満にならなかった夜を**熱帯夜**《ねったいや》という。

● **フェーン現象**《げんしょう》…ふつう，空気が100m上昇《じょうしょう》するにつれて1℃ずつ温度が下がっていくが，雲ができ始めると100m上昇するにつれて約0.5～0.6℃ずつしか下がらなくなり，山に雨を降《ふ》らせながら上昇する。山をこえたあとの空気は雨を降らせたあとで乾燥《かんそう》しているため，100m下降《かこう》するにつれて1℃ずつ温度が上がっていく。そのため，下の図のように，風上の山のふもとの気温に比《くら》べて，風下の山のふもとあたり（盆地《ぼんち》や平地）の気温が10℃くらい高くなり，気温が非常《ひじょう》に高くなることがある。このような現象を**フェーン現象**という。

フェーン現象は，「春一番」や台風の通過後《つうかご》に吹《ふ》く強い南風によって盆地や日本海側で起こることが多いが，台風の進路によっては夏に強い北風が吹くこともあり，太平洋側で起こることもある（春一番や台風通過後の風に限《かぎ》らず，夏に湿《しめ》った強い風が山脈《さんみゃく》をいきおいよくこえると起こりやすい）。

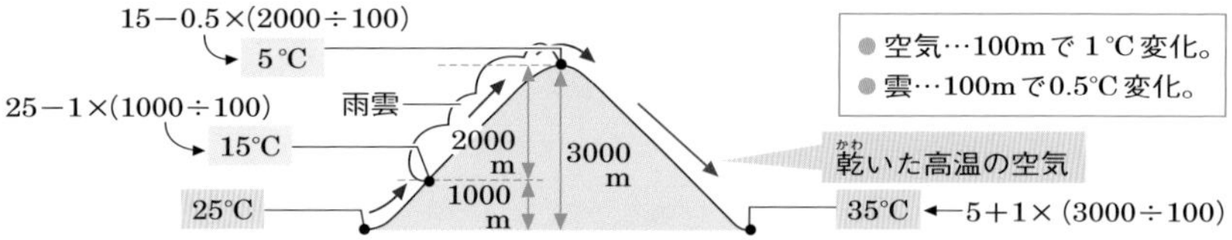

▲フェーン現象

例題 フェーン現象

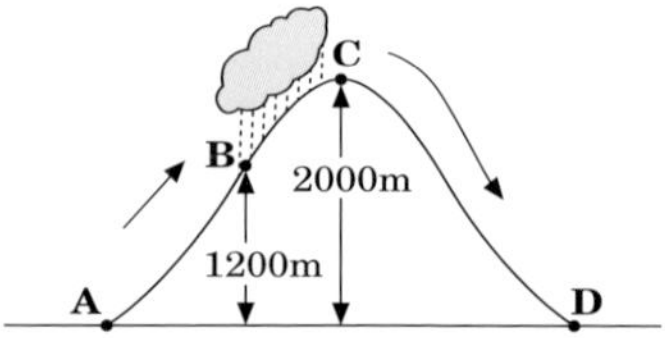

右の図のA地点で温度30℃の空気のかたまりが山の斜面《しゃめん》に沿《そ》って上昇し，1200m上ったB地点で雲ができ始め，雨を降らせながらA地点より2000m高い山頂《さんちょう》のC地点に達した。山頂で雲が消え，その後，斜面に沿《そ》ってA地点と同じ高さのD地点に達した。このとき，D地点の空気の温度は何℃になっているか。ただし，空気が雲をつくらないときは100m上昇するごとに温度が1℃ずつ下がり，100m下降するごとに温度が1℃ずつ上がる。また，雲をつ

入試ポイント

● **フェーン現象**…高温多湿の強い風が山をいきおいよくこえると，風下のふもとの盆地や平地の気温がさらに高くなる現象。

くりながら上昇するときは，100m 上昇するごとに温度が 0.5℃ずつ下がるものとする。

考え方 **B** 地点の空気の温度＝ 30 － 1 ×(1200 ÷ 100)＝ 18(℃)
C 地点の空気の温度＝ 18 － 0.5 ×{(2000 － 1200)÷ 100}＝ 14(℃)
D 地点の空気の温度＝ 14 ＋ 1 ×(2000 ÷ 100)＝ 34(℃)
答 34℃

● **エルニーニョ現象《げんしょう》**…数年に一度，ペルー沖の海面水温が平年に比べて 1～2℃前後高くなる(最大で 5℃高くなったこともある)現象を**エルニーニョ現象**という。エルニーニョ現象は世界各地の天候に大きな影響《えいきょう》をおよぼし，異常気象発生の原因《げんいん》となる。日本では，冷夏・暖冬《だんとう》になることが多い。

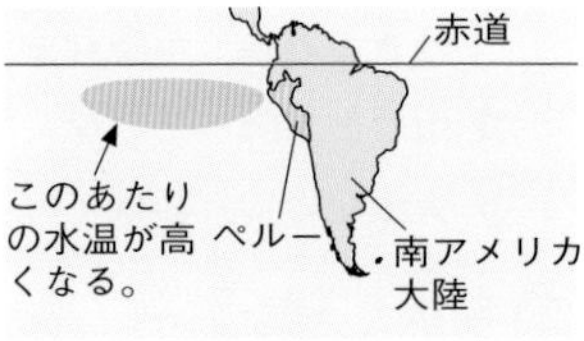

▲エルニーニョ現象

● **ラニーニャ現象《げんしょう》**…数年に一度，エルニーニョ現象が起こる海域《かいいき》と同じ海域の海面水温が平年に比べて 1～2℃前後低くなる現象を**ラニーニャ現象**という。エルニーニョ現象と同様に，世界各地の天候に大きな影響をおよぼし，異常気象発生の原因となる。日本では，猛暑・厳寒《げんかん》になることが多い。

● **ヒートアイランド(熱《ねつ》の島《しま》)現象《げんしょう》**…都市の気温がそのまわりの郊外《こうがい》の気温と比較して高い温度を示《しめ》す現象を**ヒートアイランド現象**という。都市の規模《きぼ》が大きいほど気温の差も大きくなり，その差が 5℃以上になることもある。

▶ **おもな原因**…アスファルトやコンクリートが太陽の熱を吸収《きゅうしゅう》しやすいこと，緑地や水辺の減少《げんしょう》，舗装《ほそう》による地面の保水力《ほすいりょく》の低下により，水分の蒸発量《じょうはつりょう》(植物の蒸散《じょうさん》もふくむ)が減少したこと，エアコンなど，各種のエネルギーの使用による人工排熱《はいねつ》が多いこと，高層《こうそう》ビルが海風を遮《さえぎ》ることなどがある。

▶ **その対策**…熱を吸収しにくい素材《そざい》や塗料《とりょう》を使用すること，都市の緑や水辺を保全《ほぜん》し，さらにビルの屋上や壁面《へきめん》の緑化をすすめること，家庭や工場などから出る人工排熱を給湯などに利用すること，海や郊外からの風が通りやすい街づくりをすること，打ち水をすることなどがある。

入試ポイント
● **エルニーニョ現象・ラニーニャ現象**…世界の気象に影響する。
● **ヒートアイランド現象**…大都市の気温がまわりより高くなる現象。

☑ まとめチェック

知識を整理・確認しよう！

① 気圧《きあつ》と風

- □ ① 気圧は，どのような単位で表すか。
- □ ② 風は，高気圧《こうきあつ》から吹《ふ》き出すか，低気圧《ていきあつ》から吹き出すか。
- □ ③ 中心で上昇気流《じょうしょうきりゅう》が起こっているのは高気圧か，低気圧か。
- □ ④ 北半球では，風は，低気圧の中心に向かって時計まわりに吹きこむか，反時計まわりに吹きこむか。
- □ ⑤ 雨などが降《ふ》っていなくて，雲量《うんりょう》が 8 のとき，天気は何か。
- □ ⑥ 天気記号で，◎はどのような天気を表すか。

② 前線《ぜんせん》と天気

- □ ① 寒冷《かんれい》前線が通過《つうか》すると，気温はどうなるか。
- □ ② 激《はげ》しいにわか雨を降らせるのは温暖前線《おんだんぜんせん》か，寒冷前線か。
- □ ③ 前線をともなった低気圧が西から東へ移動《いどう》するのは，日本上空で 1 年中何という風が吹いているからか。

③ 大気中の水

- □ ① 空気中の水蒸気《すいじょうき》が地上付近で急激《きゅうげき》に冷やされ，氷となって何かについたものを何というか。
- □ ② 雲ができやすくなるのは上昇気流と下降気流《かこうきりゅう》のどちらが起こっているところか。

④ 海陸風《かいりくふう》と季節風《きせつふう》

- □ ① 晴れた日の海岸付近の昼間は，海風《かいふう》と陸風《りくふう》のどちらが吹きやすいか。
- □ ② 冬の季節風のおよその風向は何か。

⑤ 日本の天気と特別な気象現象《げんしょう》

- □ ① 6 月ごろ，長く雨が降り続く時期を何というか。
- □ ② 冬の典型的《てんけいてき》な気圧配置《きあつはいち》は何か。
- □ ③ 日本の気象衛星《きしょうえいせい》を何というか。
- □ ④ 日本全国の気象観測《きしょうかんそく》を自動的に行《おこな》う地域気象観測システムのことを何というか。
- □ ⑤ 熱帯低気圧《ねったいていきあつ》が発達して最大風速が 17.2m/秒以上になったものを何というか。
- □ ⑥ 1 日の最高気温が 35℃以上になった日を何というか。

答え

①
① ヘクトパスカル
② 高気圧
③ 低気圧
④ 反時計まわり
⑤ 晴れ
⑥ くもり

②
① 下がる
② 寒冷前線
③ 偏西風《へんせいふう》

③
① 霜《しも》
② 上昇気流

④
① 海風
② 北西

⑤
① 梅雨《ばいう》[つゆ]
② 西高東低《せいこうとうてい》
③ ひまわり
④ アメダス
⑤ 台風《たいふう》
⑥ 猛暑日《もうしょび》

力だめしの問題 入試標準レベル

解答➡別冊p.33

1 次の〔1〕,〔2〕の文を読んで，あとの問いに答えなさい。 【世田谷学園中】

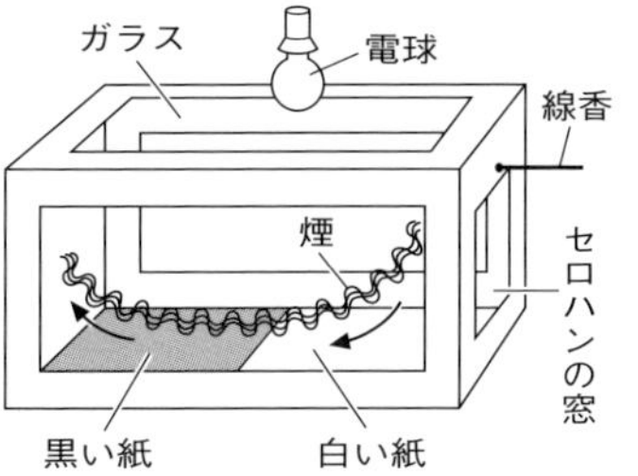

〔1〕図のように，セロハンの窓《まど》から中が観察できるような箱を用意した。箱の中に黒と白の紙をしき，箱の上からガラスごしに電球であたため，白い紙のほうから線香《せんこう》の煙《けむり》を入れたところ，煙は図のような動き方をした。黒い紙は白い紙に比《くら》べ熱を（ ① ）しやすく，黒い紙の上の空気は（ ② ）上昇する。そのため，白い紙の上より黒い紙の上のほうが気圧が（ ③ ）と考えられる。

〔2〕ある年の夏は，関東地方では入道雲《にゅうどうぐも》や雷雲《かみなりぐも》が多く発生し，夕方に雷や大雨となることが多かった。これらの雲の発生原因《げんいん》はさまざまであるが，多くの場合は地上付近と上空の（ ④ ）差がもたらす（ ⑤ ）気流《きりゅう》によるものである。

(1) 〔1〕〔2〕の文中の（ ① ）～（ ⑤ ）にあてはまる語句《ごく》を，次から選び，それぞれ記号で答えなさい。

①（　　） ②（　　） ③（　　） ④（　　） ⑤（　　）

ア 上昇　イ 下降　ウ 低い　エ 高い　オ あたたまり
カ 冷めて　キ 湿度《しつど》　ク 温度　ケ 乾燥《かんそう》　コ 吸収《きゅうしゅう》　サ 反射《はんしゃ》

(2) 〔2〕の入道雲の別名を，漢字3字で答えなさい。（　　　）

2 次のA～Cの画像《がぞう》は，気象観測《きしょうかんそく》をする衛星《えいせい》により写された3日間の雲の様子です。あとの問いに答えなさい。 【金城学院中】

A

B
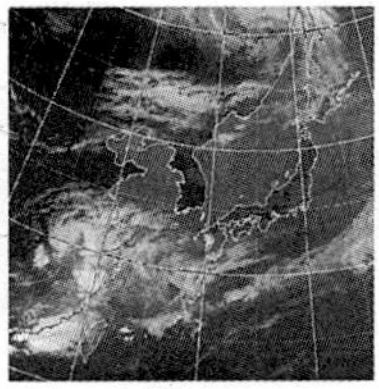
C

(1) A～Cを，日時の早いものから順に並《なら》べなさい。（　　→　　→　　）

(2) 東海地方の天気は，3日間でどのように変化しましたか。次から1つ選び，記号で答えなさい。（　　）

ア くもり→晴れ→雨　イ 雨→晴れ→くもりときどき雨
ウ 晴れ→雨→雨のちくもり　エ 雪→晴れ→くもりのち雨

⑶ 4日目の東海地方の天気は，どのようになると予想できますか。次から1つ選び，記号で答えなさい。 (　　)

ア　雨と雪が降《ふ》り続く。　イ　だんだんと晴れてくる。
ウ　強い風が吹《ふ》き，雨が降る。　エ　除々《じょじょ》にくもりになり悪くなる。

⑷ 天気の様子は，気象観測《きしょうかんそく》をする衛星《えいせい》からだけでなく，日本全国にある地上の気象データからも知ることができます。この地上の気象データを自動で観測するシステムのことを何といいますか。 (　　　)

⑸ 東海地方では，6～7月ごろにかけて雨やくもりの日が続くようになります。この時期を何といいますか。漢字で答えなさい。 (　　　)

3 次の文章は，天気の変化と季節について述《の》べたものです。 【甲南中】

近畿《きんき》地方では，夏になると晴れて暑い日が続きます。昼は晴れていても，夕方に(　①　)雨が降ることがあります。秋になると，天気は(　②　)へ周期的に変わるようになります。また，(　③　)がくることもあります。冬になると，(　④　)では雲が多くなって，雪の降る日が多くなり，(　⑤　)では晴れの日が多くなります。

⑴ 上の文中の①～⑤にあてはまる語句《ごく》を，次から選び，記号で答えなさい。

①(　　) ②(　　) ③(　　) ④(　　) ⑤(　　)

ア　台風《たいふう》　イ　強い　ウ　弱い　エ　太平洋側
オ　日本海側　カ　西から東　キ　東から西　ク　ハリケーン

⑵ 右の図は，ある台風の雲写真です。台風のうずまきの中心付近のことを何といいますか。 (　　　)

⑶ ⑵には，どのような特徴《とくちょう》がありますか。次から適《てき》したものをすべて選び，記号で答えなさい。 (　　　)

ア　雲が多い。　イ　雲が少ない。　ウ　風が強い。
エ　風が弱い。　オ　雨が強く降る。　カ　雨があまり降らない。

⑷ 台風の雲はうずをまいていて，地表近くではうずまきの中心に向かって時計の針《はり》の動きと反対向きに，強い風が吹いています。そのため，台風の進行方向の右側と左側で風の強弱に違《ちが》いがあります。右側，左側のどちらの風が強いですか。また，その理由を答えなさい。 強い側(　　　)

理由(　　　　　　)

4 次の図は，日本付近の代表的な気団《きだん》を表した模式図《もしきず》です。これについて，あとの問いに答えなさい。 【淑徳中】

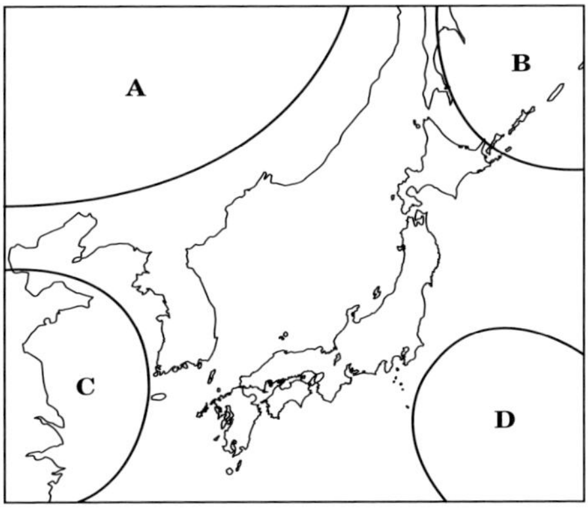

(1) Bの気団の名前を答えなさい。 (　　　　　)

(2) これらA～Dの気団の特徴について，最も適切《てきせつ》なものを，次から選び，記号で答えなさい。 (　　)

ア ［A 冷たくて乾燥《かんそう》している　B 暖《あたた》かくて湿《しめ》っている
　　C 冷たくて湿っている　D 暖かくて乾燥している］

イ ［A 冷たくて湿っている　B 冷たくて乾燥している
　　C 暖かくて乾燥している　D 暖かくて湿っている］

ウ ［A 冷たくて乾燥している　B 冷たくて湿っている
　　C 暖かくて湿っている　D 暖かくて乾燥している］

エ ［A 冷たくて乾燥している　B 冷たくて湿っている
　　C 暖かくて乾燥している　D 暖かくて湿っている］

(3) 台風の進路には，A～Dのどれかの影響《えいきょう》が関係します。関係が深いと思われるものを，A～Dから選び，記号で答えなさい。 (　　)

(4) 台風の特徴について述べた次の文の空欄《くうらん》にあてはまる語の組み合わせとして最も適切なものを，下のア～クから選び，記号で答えなさい。 (　　)

北半球では台風は,(　①　)まわりに風が吹き(　②　)。
とくに進行方向の(　③　)側で強い風が吹く。

	(①)	(②)	(③)		(①)	(②)	(③)
ア	時計	出す	右	イ	時計	こむ	右
ウ	時計	出す	左	エ	時計	こむ	左
オ	反時計	出す	右	カ	反時計	こむ	右
キ	反時計	出す	左	ク	反時計	こむ	左

チャレンジ問題 入試発展レベル

解答➡別冊p.34

★は最高レベル

1 天気について，次の問いに答えなさい。

【横浜共立学園中】

⑴ 地温《ちおん》をはかるために**図1**のように温度計を設置《せっち》しましたが，正しく測定できませんでした。間違《まちが》っている点を2つ答えなさい。（　　　　　　　　　　　　　）

（　　　　　　　　　　　　　）

図1

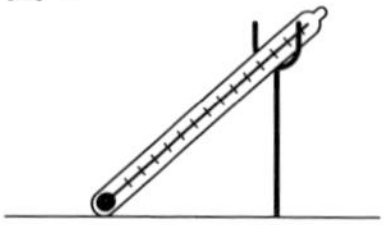

⑵ **図2**は1日中晴れ，くもり，雨の日の気温の変化のグラフです。雨の日のグラフを**ア**～**ウ**から選びなさい。また，雨の日のグラフがそのようになる原因《げんいん》を説明しなさい。

グラフの記号（　　　）

原因（　　　　　　　　　　　　　　　）

図2

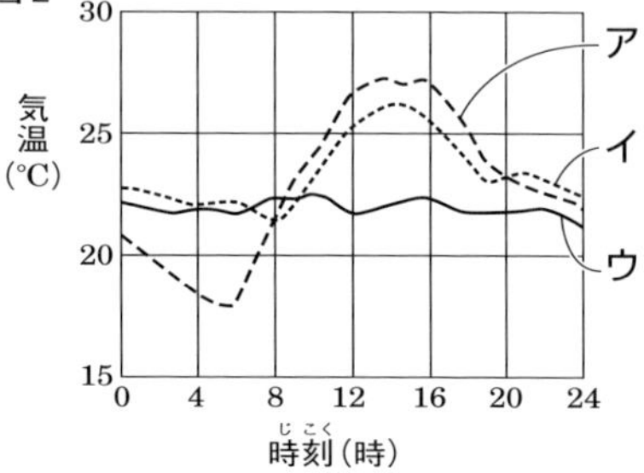

⑶ 右下の表は，温度とその温度における空気 1m^3 中にふくむことのできる水蒸《すいじょう》気量《きりょう》を示《しめ》したものです。また，湿度《しつど》は次の式で求めることができます。答えは四捨五入《ししゃごにゅう》して整数で答えなさい。

$$\text{湿度}(\%)=\frac{\text{実際《じっさい》に空気 }1\text{m}^3\text{ 中にふくまれている水蒸気量(g)}}{\text{その温度における空気 }1\text{m}^3\text{ 中にふくむことのできる水蒸気量(g)}}\times 100$$

① 気温18℃で空気 1m^3 中に7.7gの水蒸気がふくまれているとき，湿度は何％ですか。

（　　　　）

② 空気 1m^3 中にふくんでいる水蒸気量が①と同じで気温だけ20℃になった場合，湿度は何％ですか。（　　　　）

温度(℃)	水蒸気量(g)
0	4.8
6	7.3
12	10.7
18	15.4
20	17.3
24	21.8

③ 室温24℃，湿度33％の部屋で，ぬるかったジュースに氷を入れたところ，コップの外側に水滴《すいてき》が現れ始めました。このときのジュースの温度に最も近いものを，次から選び，記号で答えなさい。ただし，ジュースとコップは同じ温度とします。（　　）

ア 約0℃　**イ** 約6℃　**ウ** 約12℃　**エ** 約18℃　**オ** 約24℃

④ **図3**のグラフの点線はある日の気温の変化を表しています。空気中の水蒸

気量が一日中ほとんど変動しないとすると，湿度を表すグラフはどのようになりますか。ア～ウから選び，記号で答えなさい。　（　　）

図3
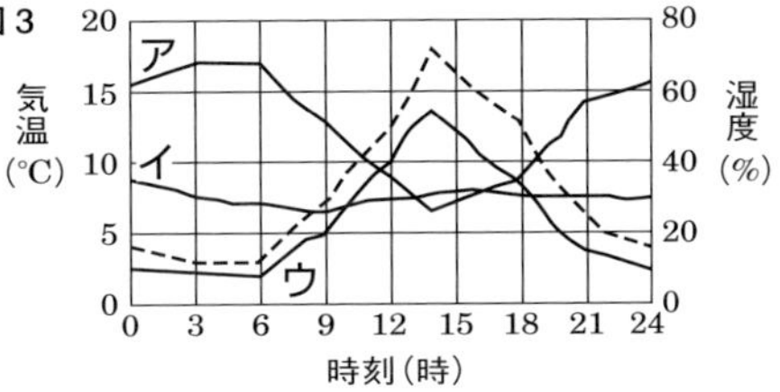

2 **湿度は，空気中にふくまれている水蒸気の重さと，その温度において空気中にふくむことのできる水蒸気の重さの最大値《さいだいち》(これを飽和水蒸気量《ほうわすいじょうきりょう》といいます)の比《ひ》を百分率《ひゃくぶんりつ》で表したものです。**たとえば，40℃において空気1Lに対し，水蒸気は51mgまでふくむことができるので，40℃で湿度50%の空気1Lには，水蒸気が25.5mgふくまれることになります。また，湿度が100%をこえたぶんの水蒸気は水滴となります。湿度に関する以下の問いに答えなさい。ただし，各温度における飽和水蒸気量は，右のグラフの値《あたい》を読みとって用いなさい。　【高槻中】

空気1Lに対する飽和水蒸気量
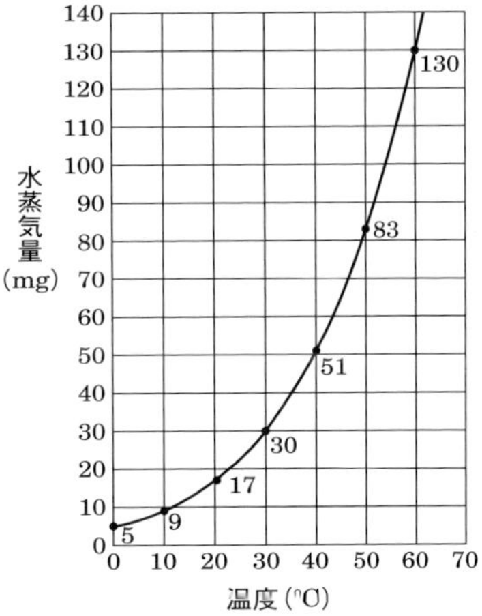

(1) 40℃で湿度30%の空気1L中には，水蒸気は何mgふくまれていますか。
（　　）

(2) 容積《ようせき》が変化しない30℃の容器《ようき》に，湿度60%の空気が入っています。

① この容器の温度を60℃まで上昇《じょうしょう》させたとき，容器の中の湿度は何%になりますか。小数第1位を四捨五入し，整数で答えなさい。　（　　）

② この容器の温度を徐々《じょじょ》に下げていったとき，容器の壁面《へきめん》に水滴が出始める温度は何℃ですか。グラフから読みとり整数で答えなさい。（　　）

★ (3) 室温が30℃の，閉《し》め切った部屋の中で水を沸騰《ふっとう》させました。十分に時間がたち，空気中の水蒸気が飽和した状態《じょうたい》で加熱をやめました。水および加熱器具をとり除《のぞ》き，再びその部屋を閉め切った状態に保《たも》ったところ，窓《まど》に水滴が発生し，室温が外気温と同じ10℃になるまでこの現象《げんしょう》は続きました。加熱をやめた瞬間《しゅんかん》から，室温が10℃になるまでの間に発生した水滴は何gですか。ただし，この部屋の大きさを30m^3とし，水滴は窓以外には発生しなかったものとして，整数で答えなさい。　（　　）

3 **図1は日本付近に見られるある季節の天気図《てんきず》を表したもので，図2はB地点の天気の様子を記号で表したものです。次の各問いに答えなさい。**

【大谷中・大阪】

図1

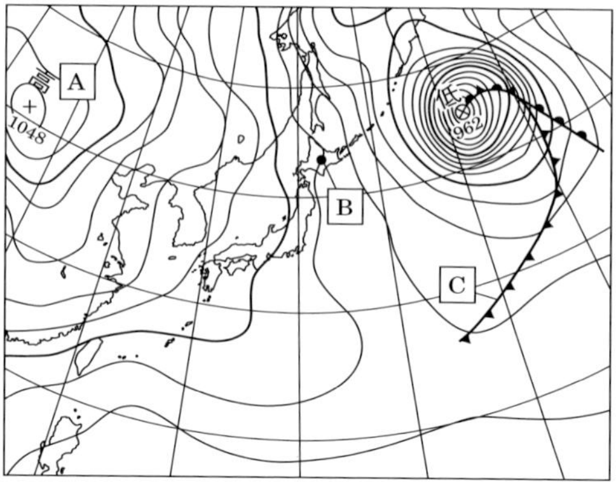

⑴ この天気図には特徴《とくちょう》のある気圧配置《きあつはいち》が見られます。その気圧配置を漢字4文字で答えなさい。

（　　　　）

⑵ この天気図のような気圧配置がよくできる季節を答えなさい。

（　　　　）

図2

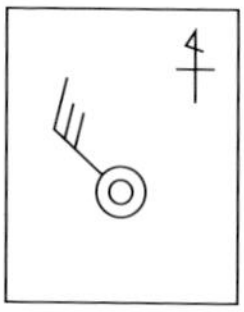

⑶ この天気図のような気圧配置をつくる高気圧《こうきあつ》(**図1のA**)を何とよびますか。　（　　　　）

⑷ ⑶の高気圧**A**をつくる空気について最も適当《てきとう》なものを，次から選び，記号で答えなさい。　（　　）

ア　冷たく湿《しめ》っている。　　イ　暖かく湿っている。

ウ　暖かく乾《かわ》いている。　　エ　冷たく乾いている。

⑸ 天気図中の**B**地点の風向《ふうこう》・風力《ふうりょく》・天気・気圧を答えなさい。

風向（　　　　）　風力（　　　　）

天気（　　　　）　気圧（　　　　）

⑹ 天気図中の**C**の記号の名前を答えなさい。　（　　　　）

4 **ある年の8月16日，埼玉県熊谷《くまがや》市と岐阜県多治見《たじみ》市で40.9℃という当時の日本の最高気温が記録されました。2019年現在では，2018年7月23日の熊谷市の41.1℃が最高気温となっています。**

【麻布中・改】

⑴ 東京のような大都市は，周辺地域《ちいき》よりも気温が高くなります。その理由として<u>正しくないもの</u>を次から1つ選び，記号で答えなさい。　（　　）

ア　太陽の熱を吸収《きゅうしゅう》しやすいコンクリートで覆《おお》われている面積が広いから。

イ　人の活動にともなってたくさんのエネルギーが使われているから。

ウ　植物で覆われている面積がせまいから。

エ　雨が降《ふ》ってもすぐにほかに流れていってしまうから。

オ　道路が広く樹木《じゅもく》が少ないので町全体の風通しがよくなったから。

この年の８月16日の熊谷市の気象《きしょう》を調べると，１日中北寄《よ》りの風が吹《ふ》いていました。つまりこの日の風は，北の新潟県側からの風が山を乗りこえて吹き降《お》りてきたものだということになります。山を乗りこえてきた風が気温の高い乾燥《かんそう》した空気となることを「フェーン現象《げんしょう》」といいます。

空気は，山の斜面《しゃめん》に沿《そ》って上昇《じょうしょう》するときに気温が下がり，山の斜面に沿って下《か》降《こう》するときに気温が上がります。ところが，上昇するときにある高さで雲が発生すると，それ以降の気温の下がり方が小さくなり，尾根《おね》をこえて下降するときには，今度は逆《ぎゃく》に雲ができる前と同じ割合《わりあい》で気温が上昇するために，風下側の気温が風上側よりも高くなるのです。また，できた雲が雨となるために風下側では空気が乾燥します。こうした現象がフェーン現象です。

⑵ 気象庁《きしょうちょう》のデータを調べると，この年の８月16日の風上側の新潟県湯沢《ゆざわ》町（標高350m）の気温は30℃でした。この空気が山の斜面に沿って上昇するとき，標高850mで雲ができはじめ，その雲からは雨が降りました。また，雲ができる前は空気が100m上昇するごとに気温は1℃ずつ下がり，雲ができたあとは空気が100m上昇するごとに0.5℃ずつ気温が下がることがわかっています。

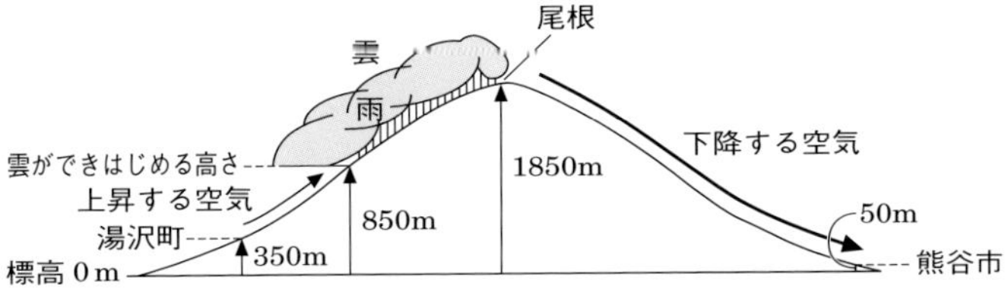

① 標高1850mの尾根では気温は何℃になりますか。　（　　　　　）

② この空気が標高50mの熊谷市まで吹き降りてくると，気温は何℃になりますか。　（　　　　　）

⑶ ⑵の結果から，この年の８月16日の熊谷市の気象についてどのようなことがいえますか。最も適当なものを次から選び，記号で答えなさい。　（　　　）

ア　計算結果と熊谷市の気温が一致《いっち》するので，この日の高温はフェーン現象だけで説明できる。

イ　計算結果よりも熊谷市の気温が高いので，単純《たんじゅん》にフェーン現象だけでは説明できないほどの高温になったことがわかる。

ウ　計算結果よりも熊谷市の気温が低いので，不完全なフェーン現象だったことがわかる。

エ　熊谷市は海寄りの風が吹きやすい場所だということがわかる。

オ　この日は熊谷市も湯沢町も一日中晴天だったことがわかる。

震央《しんおう》・火山と世界のプレート

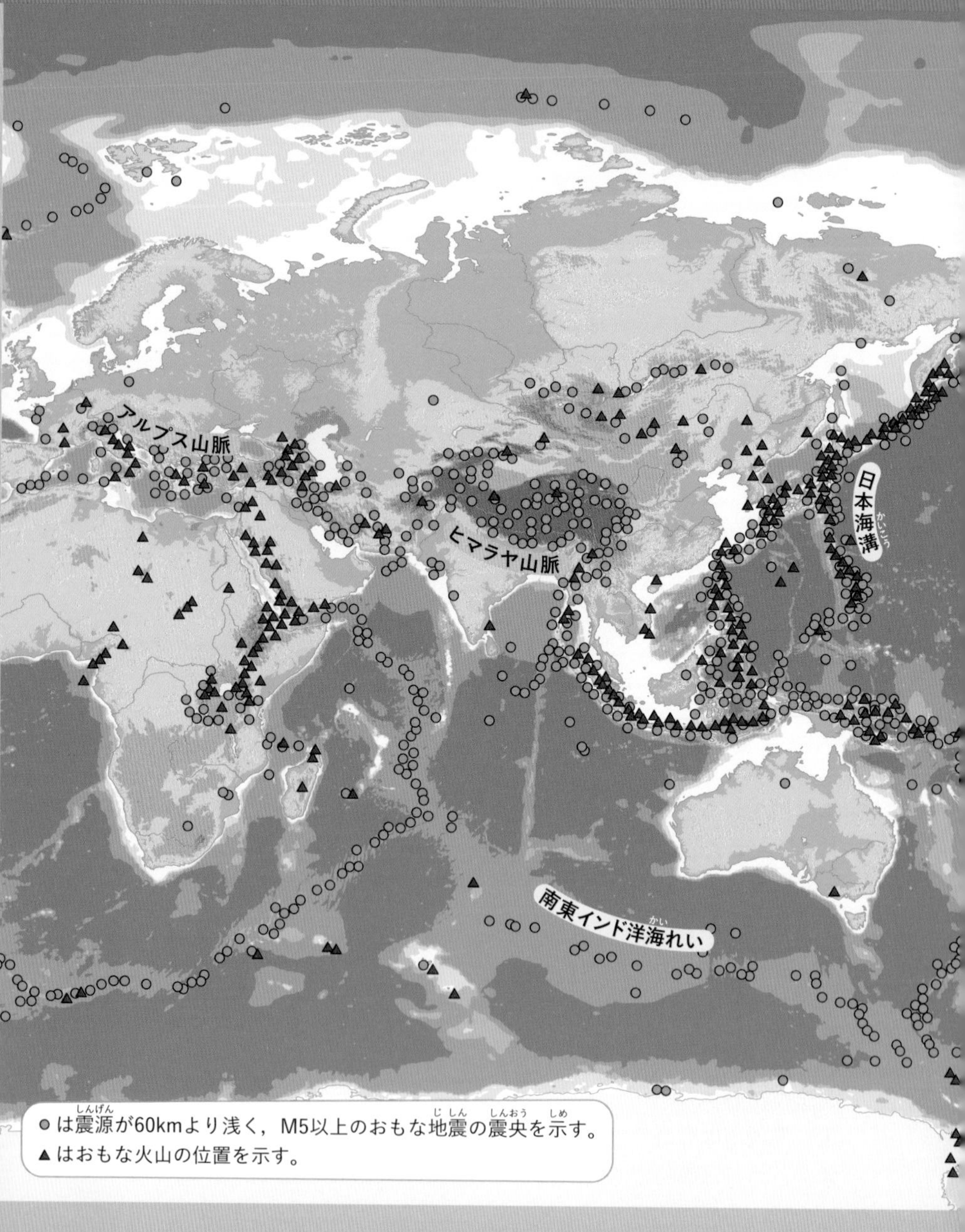

○は震源《しんげん》が60kmより浅く，M5以上のおもな地震《じしん》の震央《しんおう》を示《しめ》す。
▲はおもな火山の位置を示す。

地球の表面を覆《おお》うプレート

地球の表面は，十数枚のプレートに覆われている。
プレートの境界《きょうかい》では，地震や火山が多い。

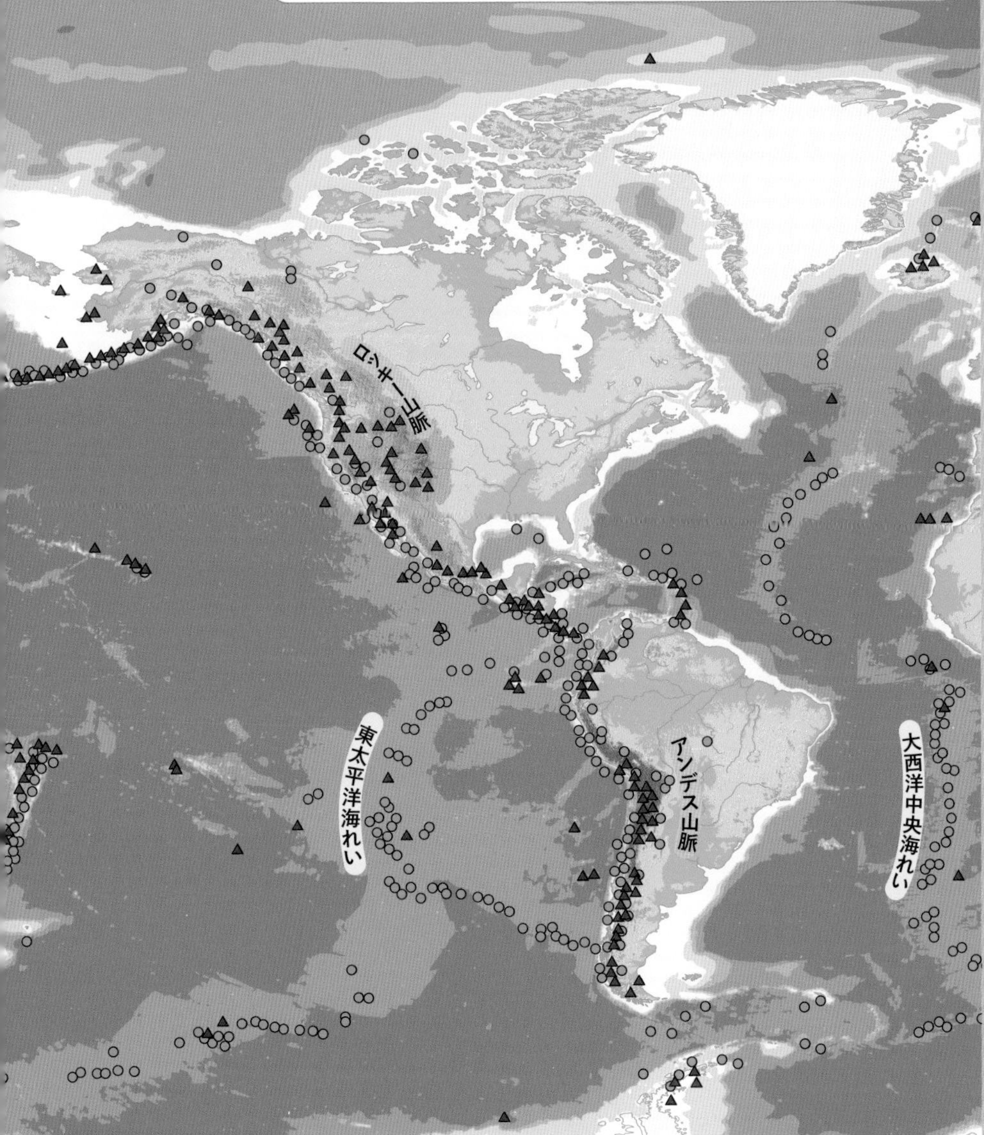

第3章 大地のつくりと変化

1 川の水のはたらき

1 流水の3作用

流れる水はどんなはたらきをするか。

● **侵食《しんしょく》作用《さよう》**…水の流れる力によって地面がけずられる。このはたらきを**侵食**作用という。侵食作用は流速が速い**川の上流《じょうりゅう》**で大きくなる。

● **運搬《うんぱん》作用《さよう》**…侵食によってけずられた土や砂は，流れる水によって運ばれる。このはたらきを**運搬**作用という。運搬作用は，流速が速く，水量が多い**川の中流《ちゅうりゅう》**で大きくなる。

● **堆積《たいせき》作用《さよう》**…流速がおとろえると，土や砂を運ぶことができなくなるので，運搬してきた土砂を積もらせる。このはたらきを**堆積**作用という。堆積作用は流速が非常《ひじょう》に遅《おそ》い**川の下流《かりゅう》**で大きくなる。

2 川の上流・中流・下流

川の様子やはたらきはどう変わっていくか。

川の上流・中流・下流の様子を比《くら》べると，流速の違《ちが》いにより次のようになる。

	上　流	中　流	下　流
傾《かたむ》き	急	←→	ゆるやか
流　速	速　い	←→	遅い
水　量	少ない	←→	多　い
川《かわ》　幅《はば》	狭《せま》い	←→	広　い
土砂の粒《つぶ》の大きさ	大きい	←→	小さい
石の形	角ばっている	←→	丸　い
おもなはたらき	侵食作用	運搬作用	堆積作用

入試ポイント

● 流水の 3 作用…**侵食**作用・**運搬**作用・**堆積**作用

● 川のおもなはたらき…**上流**(**侵食**)・**中流**(**運搬**)・**下流**(**堆積**)

3 川の流速と地形

まっすぐな所と曲がっている所では，水のはたらきがどう違うか。

流速

川に木ぎれなどを流して速さを比べると，下の図のようになる。

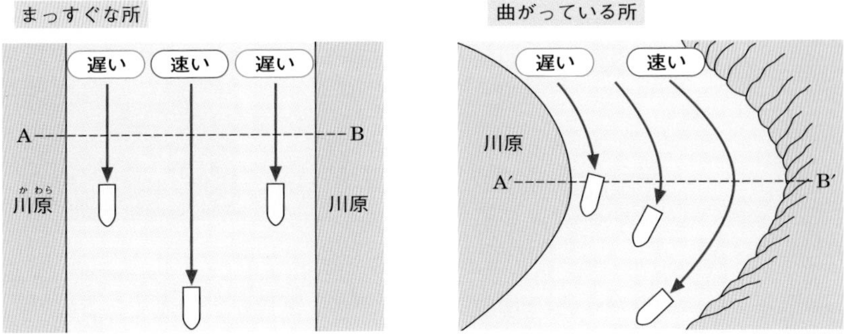

▲川の流速

まっすぐな所では，川の中央がいちばん流速が速い。川岸に近づくにつれて遅くなる。曲がっている所では，カーブの外側ほど流速が速い。内側ほど遅い。

川底と川岸の様子

上の図の**A**—**B**および**A′**—**B′**の断面《だんめん》は，下の図のようになっている。

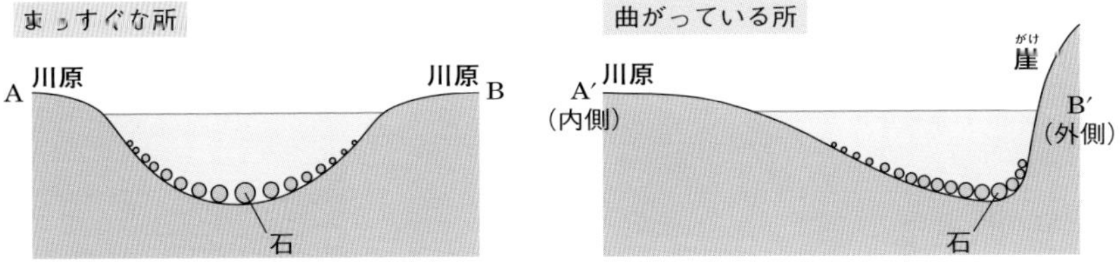

▲川の断面

まっすぐな所では川の中央がいちばん深く，大きな石がころがっている。川岸近くは流速が遅いので，堆積作用がさかんで，**川原**ができる。曲がっている所ではカーブの外側ほど深く，大きな石が転がっている。外側は流れが速いため，川岸が侵食され，**崖**になっている所が多い。反対に，内側は流れが遅いため，堆積作用がさかんで，**広い川原**ができる。

注意 川が曲がっている所で，カーブの外側の深くなっている所をふち，内側の浅くなっている所を瀬《せ》という。

入試ポイント
- 川の**まっすぐな所**…**中央**がいちばん流速が**速く**，**深い**。
- 川の**曲がっている所**…**外側**がいちばん流速が**速く**，**深い**。

4 川がつくる地形

流水の 3 作用によってつくられた地形にはどのようなものがあるか。

● **V字谷《ブイじこく》**…山地を流れる川は，流速が速いので，川底を**侵食《しんしょく》**するはたらきが強く，深い谷をつくる。この谷は，断面《だんめん》が**V字形**なので，**V字谷**とよばれる。

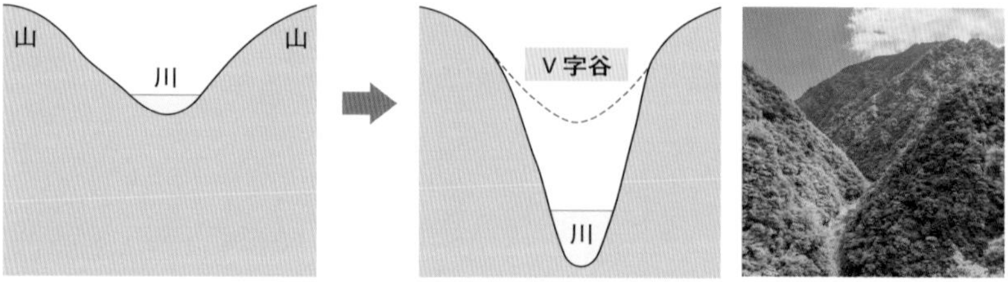

▲V字谷のでき方

● **扇状地《せんじょうち》**…川が山あいから急に平地に出る所では，流速が急に遅《おそ》くなるので，**堆《たい》積《せき》**作用がさかんになり，そこまで運んできた土砂《どしゃ》を堆積させて，**扇形《おうぎがた》**の地形をつくる。この地形を**扇状地**という。扇状地の傾《かたむ》きは，山地よりは小さいが，平地より大きい。

参考 扇状地は水がしみこみやすいので，水は地表よりも地下水となって流れるほうが多く，扇状地の端《はし》で，泉《いずみ》となって湧《わ》き出ていることが多い。

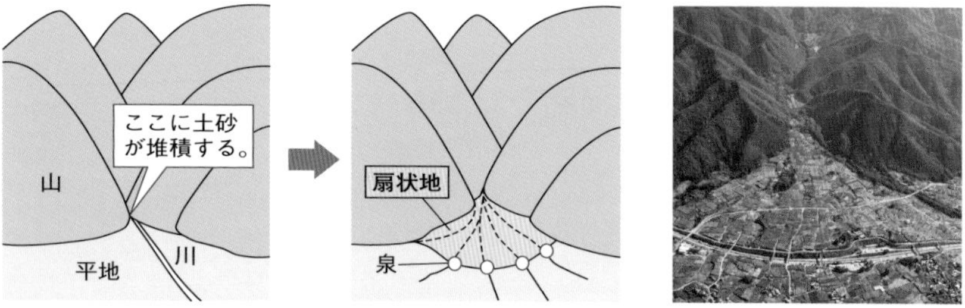

▲扇状地のでき方

● **三角州《さんかくす》**…大きな川の河口《かこう》付近では，流速が非常《ひじょう》に遅くなるので，堆積作用がさかんで，積もった土砂によって，新しい土地(島)ができる。この土地は**三角形**をしていることが多いので，三角州という。

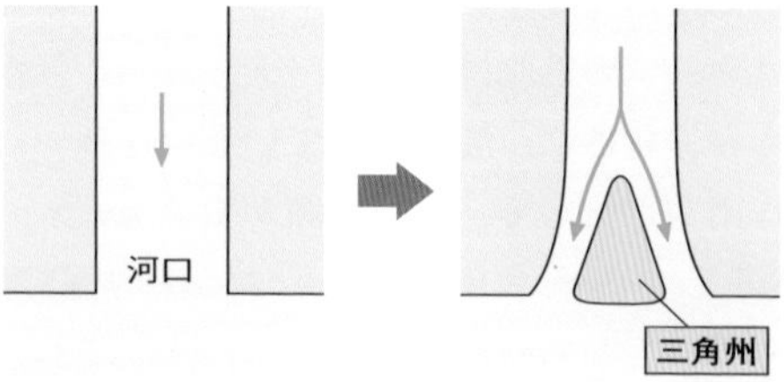

▲三角州のでき方

入試ポイント
- **V字谷**…**侵食**作用によってできる。**山地**にできる。
- **扇状地**…**堆積**作用によってできる。山地から**平地に出た所**にできる。

▲三日月湖（石狩川《いしかりがわ》）

● **蛇行《だこう》と三日月湖《みかづきこ》**…川の中流や下流で，川が曲がっている所では，外側では川岸が**侵食**されてけずられ，内側には土砂が**堆積**していくため，川の曲がり方がだんだんと大きくなる。その結果，川はヘビのように曲がりくねって流れるようになる。これを**蛇行**という。

川が蛇行している所で大洪水《だいこうずい》などが起こると，勢いのついた水が，曲がりくねった道筋《みちすじ》を通らず，近道を通ってまっすぐ流れることがある。いったんこのような近道ができると，その後は近道ばかりを流れるため，曲がった部分はとり残されて，三日月形の湖ができる。これを**三日月湖**という。

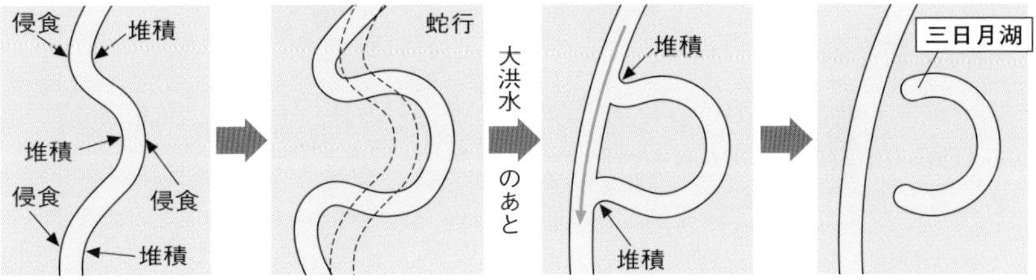

▲三日月湖のでき方

5 自然界での水の循環《じゅんかん》

☞ 水はどのように地球上を循環しているか。

①川や海の水は，太陽の熱により蒸発《じょうはつ》して**水蒸気《すいじょうき》**となる。水蒸気が上空に上がると，冷やされて小さな水や氷の粒《つぶ》となって**雲**をつくる。

②雲の中で，水や氷の粒がくっつき合って，大きな粒になると，**雨**や**雪**となって，地上に降《ふ》る。

③地上に降った雨や雪は，川を流れ，一部は**地下水**となるが，最後は**海**に流れこむ。

▶ 水はこのようにして，①～③をくり返しながら循環し，地上の様子を変えていく。

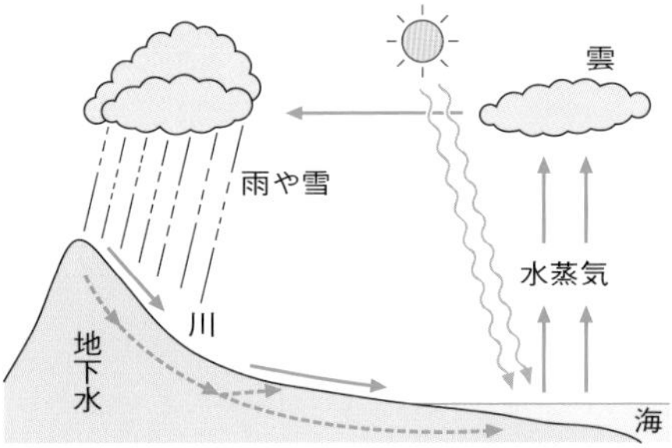

▲水の循環

入試ポイント

● **三角州**…**堆積**作用によってできる。**河口**にできる。

● **三日月湖**…**蛇行**した川の流れが変わり**曲がった部分がとり残された**もの。

☑ まとめチェック

知識を整理・確認しよう！

① 流水の３作用

□ ① 川が地面をけずるはたらきを何というか。

□ ② 川が土砂《どしゃ》を運ぶはたらきを何というか。

□ ③ 川が運んできた土砂《どしゃ》を積もらせるはたらきを何というか。

② 川の上流《じょうりゅう》・中流《ちゅうりゅう》・下流《かりゅう》

□ ① 川の上流にある石の形はどのようになっているか。

□ ② 川の上流と下流で，侵食作用がさかんなのはどちらか。

□ ③ 川の上流と下流で，堆積作用がさかんなのはどちらか。

③ 川の流速と地形

□ ① 川がまっすぐ流れている所で，川の流れが速いのは，中央付近と川岸付近のどちらか。

□ ② 川がまっすぐ流れている所で，川底に大きい石が多いのは，中央付近と川岸付近のどちらか。

□ ③ 川が曲がって流れている所で，川の流れが速いのは，内側と外側のどちらか。

□ ④ 川が曲がって流れている所で，川底が深いのは，内側と外側のどちらか。

④ 川がつくる地形

□ ① 川の上流で，川の侵食作用によってできた深い谷を何というか。

□ ② 川が山あいから急に平地へ流れ出る所で，川の堆積作用によってできた扇《おうぎ》形の傾斜《けいしゃ》のある地形を何というか。

□ ③ 河口《かこう》付近で，川の堆積作用によってできた三角形に近い形をした新しい土地を何というか。

□ ④ 平地を流れている川が大きく曲がりくねって流れることを何というか。

□ ⑤ 川の流れが変化し，もともと曲がって流れていた部分がとり残されて湖のようになったものを何というか。

⑤ 自然界での水の循環《じゅんかん》

□ ① 水が蒸発《じょうはつ》すると何になるか。

□ ② 上空で，水は何をつくっているか。

答え

①
① 侵食《しんしょく》(作用《さよう》)
② 運搬《うんぱん》(作用《さよう》)
③ 堆積《たいせき》(作用《さよう》)

②
① 角ばっている
② 上流
③ 下流

③
① 中央付近
② 中央付近
③ 外側
④ 外側

④
① V字谷《じこく》
② 扇状地《せんじょうち》
③ 三角州《さんかくす》
④ 蛇行《だこう》
⑤ 三日月湖《みかづきこ》

⑤
① 水蒸気《すいじょうき》
② 雲

力だめしの問題 入試標準レベル

解答➡別冊p.36

1 川の流れや様子について，次の問いに答えなさい。 【京都女子中】

(1) 右の図は，長い年月の間流れている川の，大きく曲がって流れている部分を示《しめ》したものである。①，②，③の中で，一番川の流速が速い所はどれですか。図の①～③から1つ選び，番号で答えなさい。

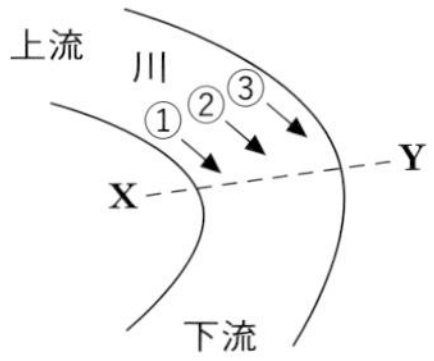

( )

(2) 川を点線X，Yで切った断面《だんめん》を下流から見たとき，その川底の様子を正しく示しているものを，次から1つ選び，記号で答えなさい。 ( )

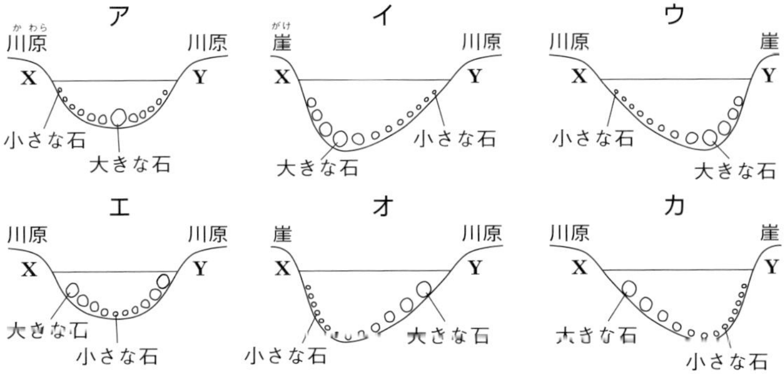

(3) 次のⅰ～ⅲの川の水のはたらきと，そのはたらきによってできる地形について示す文を読み，①，②の空欄《くうらん》にあてはまることばを，あとの[語群]ア～ウからそれぞれ1つずつ選び，記号で答えなさい。また，A～Cの空欄へはあてはまる地形を答えなさい。 ①( ) ②( )

A( ) B( ) C( )

ⅰ 山地を流れる川は，流速が速いので川底を(①)するはたらきが強く，(A)という深い谷をつくる。

ⅱ 川が山あいから急に平地に出る所では流速が急に遅《おそ》くなるので(②)作用がさかんになり，(B)という地形をつくる。

ⅲ 大きな川の河口付近では，流速が非常《ひじょう》に遅くなるので(②)作用がさかんで，積もった土砂《どしゃ》によって新しい地形ができる。この地形を(C)という。

[語群] ア 侵食 イ 堆積 ウ 運搬

2 **次のA～Cの図は，流れる水のはたらきによってできた地形を表しています。これについて，あとの問いに答えなさい。** 【香川大附高松中】

A

B

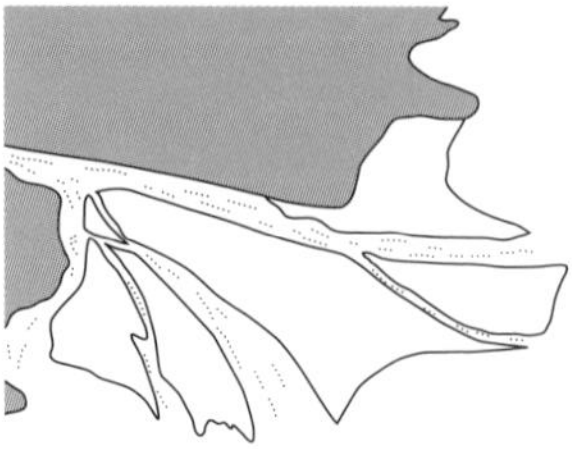

C

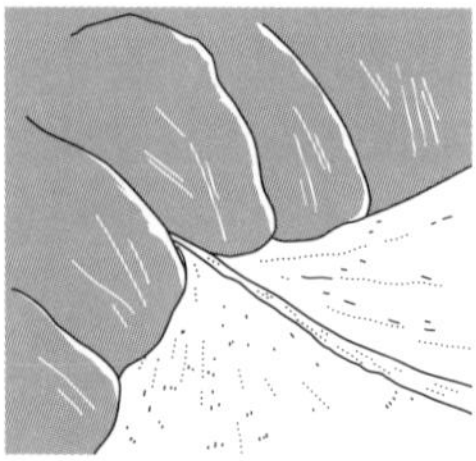

⑴ 流れる水のはたらきは3つあります。「けずるはたらき」，「運ぶはたらき」とあと1つは何ですか。（　　　　　　）

⑵ A～Cの図のうち，水の「けずるはたらき」でできた地形はどれだと考えられますか。A～Cから1つ選び，記号で答えなさい。（　　）

⑶ 水のはたらきの1つである「けずるはたらき」が大きくなるのは，流れる水の速さと量がどのようになったときですか。それぞれ書きなさい。

速さ（　　　　　　）　量（　　　　　　）

3 **図1，図2は，ある川の下流の変化を古い順にかいたものです。次の問いに答えなさい。** 【神奈川大附中】

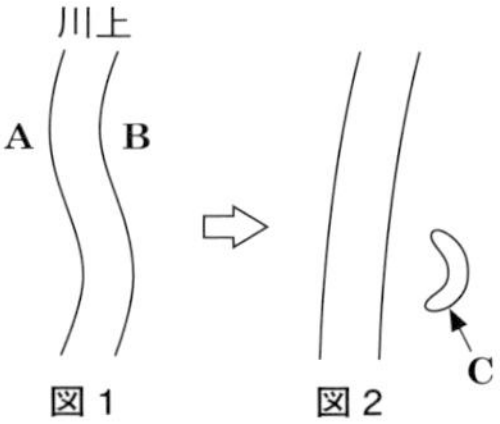

図1　図2

⑴ A地点側，B地点側では，どのような特徴《とくちょう》がありますか。次からあてはまるものをすべて選び，記号で答えなさい。

A（　　　　　　）　B（　　　　　　）

ア　侵食《しんしょく》されている。　イ　角ばった小石が堆積《たいせき》している。

ウ　角のとれた小石が堆積している。　エ　砂《すな》が堆積している。

オ　川底が浅い。　カ　川底が深い。

キ　流れが速い。　ク　流れが遅《おそ》い。

⑵ **図1**から**図2**になるまでに，川の形は変化します。この過程《かてい》の中で考えられる川の形はどれですか。右から選び，記号で答えなさい。なお，破線《はせん》(------)は，**図1**の形を表します。（　　）

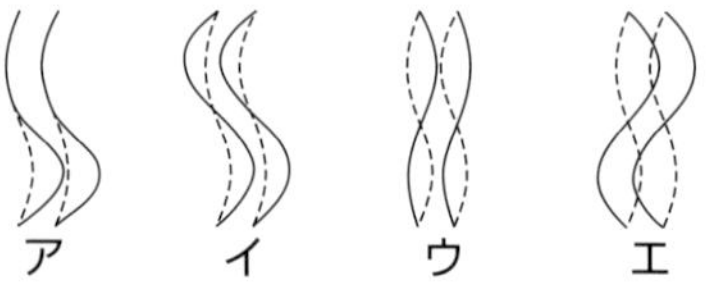

⑶ **図2**でできたCのような湖を何といいますか。その名称《めいしょう》を漢字で答えなさい。

（　　　　　　）

4 川の中でのボートの運動について，あとの問いに答えなさい。 【サレジオ学院中】

図1のように，流れの速さを人工的に調節できる直線的な川の中で，ボートを走らせます。川の流れの速さはどこでも一定になっていて，また，ボートの大きさは考えないものとします。流れがない状態《じょうたい》では，ボートは1秒間に2m進み，秒速2mで進む能力《のうりょく》をもっています。この能力(水に対して進む速さ)は，川に流れがあってもつねに一定に保《たも》つものとします。必要があれば，**図2**のような直角三角形の辺の比が，3：4：5になることを用いて考えなさい。ただし，答えがわり切れないときは，小数第2位を四捨五入《ししゃごにゅう》して小数第1位まで答えなさい。また，すべての図において長さは正確《せいかく》にえがいているわけではありません。

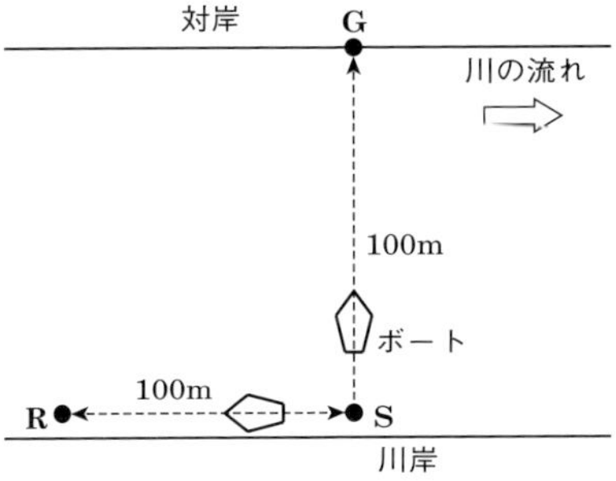

図1

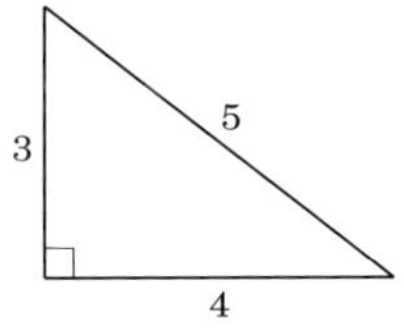

図2

はじめ，川の流れを止めてボートを走らせます。ボートは，**図1**の点Sから川岸に対し直角の方向に100m離《はな》れた対岸の点**G**に向かって進みました。

(1) ボートは点Sから点**G**まで進むのに何秒かかりましたか。　(　　　　)

次に，川の流れを秒速1.5mにします。流れの向きは，**図1**で右向きです。

(2) ボートは，**図1**の点Sから川岸に平行に100m離れた点**R**に向かって進みました。点Sから点**R**まで進むのに何秒かかりましたか。　(　　　　)

(3) そのあと，ボートは点**R**で向きを変え，川岸に平行に進み点Sに戻《もど》ってきました。点**R**から点Sまで進むのに何秒かかりましたか。　(　　　　)

次に，**図3**のようにボートは川岸に対しつねに直角に進もうとしましたが，実際《じっさい》には川の流れによって川下(点**G**より右側)の方向に進んでいき，対岸の点**P**に到着《とうちゃく》しました。川の流れは秒速1.5mのままです。

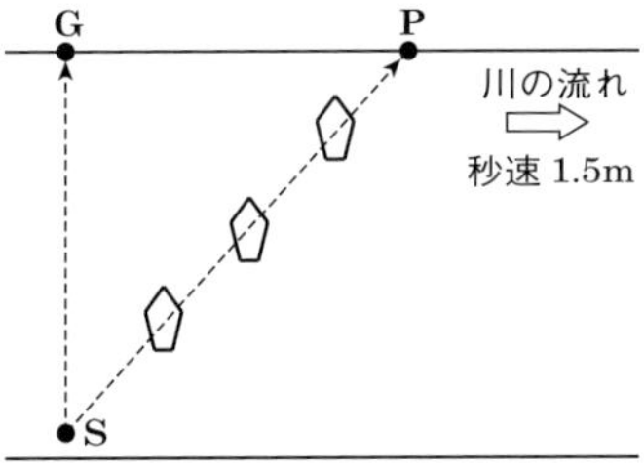

図3

(4) ボートが実際に進む速さは秒速何mですか。
(　　　　)

(5) 点**P**と点**G**との距離《きょり》は何mですか。　(　　　　)

2 地層《ちそう》と岩石《がんせき》

1 大地の変動と地形

☞ 土地の隆起《りゅうき》や沈降《ちんこう》によってどんな地形ができるか。

● **隆起**…海面に対して土地がもち上がることを**隆起**という。隆起によって，**海岸段丘**《かいがんだんきゅう》や**河岸段丘**《かがんだんきゅう》などの地形ができる。

▶ **海岸段丘**…海岸が隆起すると，波にけずられてできた平らな海底が海面上に出て段丘となる。隆起の回数と同じ数の段丘ができる。

▶ **河岸段丘**…川の流域《りゅういき》が隆起すると，川の侵食作用《しんしょくさよう》が強まり，もとの川原《かわら》を掘《ほ》り下げて新しい川原をつくるので，もとの川原が段丘となって残る。

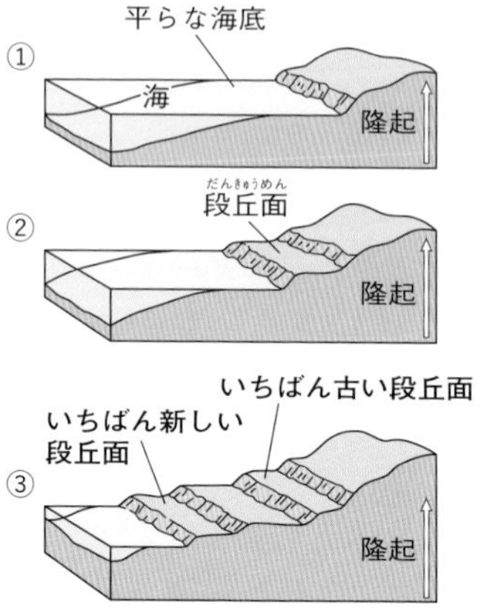

▲海岸段丘のでき方

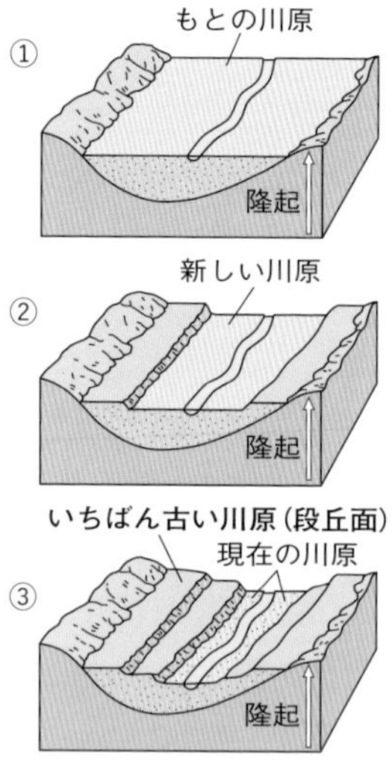

▲河岸段丘のでき方

● **沈降**…海面に対して土地が下がることを**沈降**という。沈降によって，リアス海岸《かいがん》，多《た》島海《とうかい》，おぼれ谷《だに》などの地形ができる。

▶ **リアス海岸・多島海**…海岸近くの山地が沈降し，谷が海面下に沈《しず》むと，出入りの多い複雑《ふくざつ》な海岸になる。これを**リアス海岸**という。沈降がさらに進むと，山の頂上《ちょうじょう》だけが海面上に残って島となり，**多島海**《たとうかい》となる。

▶ **おぼれ谷**…河口《かこう》の一帯が沈降したため，もとの川すじが海底に溝《みぞ》となって残ったものを**おぼれ谷**という。

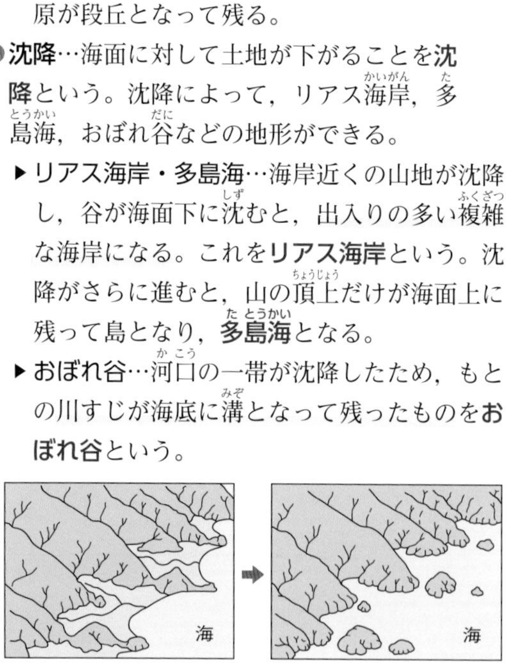

▲リアス海岸のでき方

入試ポイント
- **隆起**…土地がもち上がる。**海岸段丘**や**河岸段丘**ができる。
- **沈降**…土地が下がる。**リアス海岸・多島海・おぼれ谷**ができる。

2 大地の変動と地層

土地が隆起・沈降すると地層はどうなるか。

河口付近の土砂《どしゃ》の積もり方

右の図のような装置《そうち》をつくり，れき・砂《すな》・泥《どろ》を混《ま》ぜたものを流してみると，Aにれき，Bに砂，Cに泥が積もる。これと同じように，実際《じっさい》の川の場合も，軽いものほど河口から遠くまで流されて積もる。

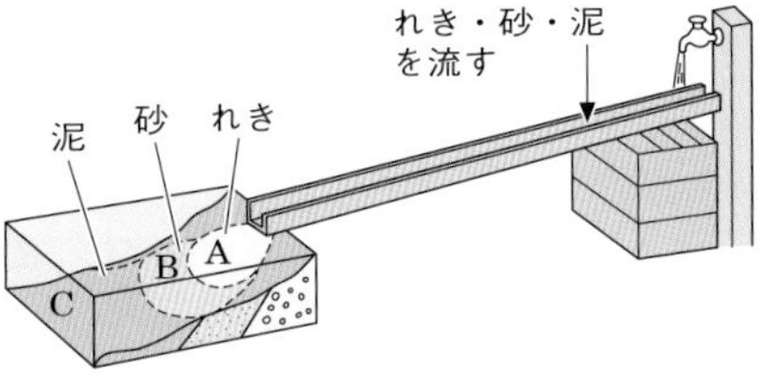

▲河口のモデル

● **地層**…川の流れによって海まで運ばれてきた土砂は，海底にほぼ水平に堆積《たいせき》する。堆積物が厚《あつ》くなると，下のほうの土砂は水分が押《お》し出されて固《かた》まり，岩石(堆積岩)になる。これらが積み重なったものが**地層**である。

注意 火山から噴出《ふんしゅつ》した火山灰《かざんばい》が海底に堆積すると，凝灰岩《ぎょうかいがん》の地層ができる。また，サンゴや貝などの死骸《しがい》にふくまれる石灰質《せっかいしつ》が堆積すると，石灰岩《せっかいがん》の地層ができる。

土地の隆起・沈降と地層

土地が隆起すると，海岸線が後退《こうたい》するので，土砂の堆積する場所も後退する。したがって，これまでよりも粒《つぶ》の大きいものが堆積するようになる。

土地が沈降すると，海岸線が前進するので，土砂の堆積する場所も前進する。したがって，これまでよりも粒の小さいものが堆積するようになる。

▶ **隆起・沈降の見分け方**…地層を下から上(古いほうから新しいほう)へ順に見たとき，粒がしだいに大きくなるのは土地が**隆起**した場合である。反対に，粒がしだいに小さくなるのが，土地が**沈降**した場合である。

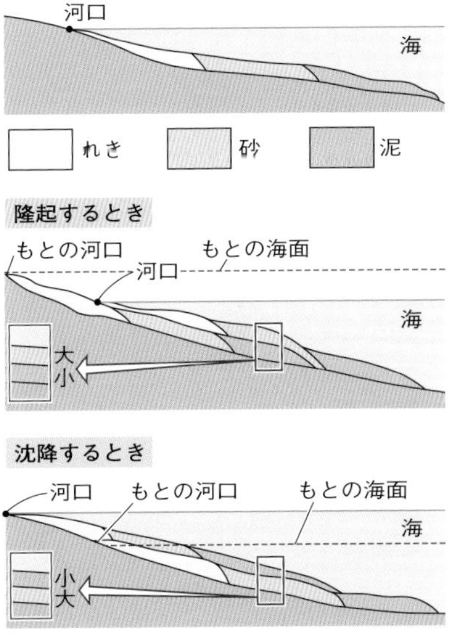

▲地層のでき方

入試ポイント
● **土砂の積もり方**…海岸から，**れき→砂→泥**の順
● **隆起**した所の地層…粒が**小→大**　● **沈降**した所の地層…粒が**大→小**

3 地層《ちそう》の変化

☞地層が堆積《たいせき》したあとで曲がったり切れたりするのはなぜか。

●**しゅう曲《きょく》**…地層は最初水平《すいへい》に堆積するが，横から押《お》される力を長い間受けると，曲がって波のような形になる。これを**しゅう曲**という。しゅう曲した地層の一部を見ると，地層が傾《かたむ》いているように見える。
ヒマラヤ山脈《さんみゃく》・アルプス山脈・ロッキー山脈などの大きな山脈は，しゅう曲によってできた。

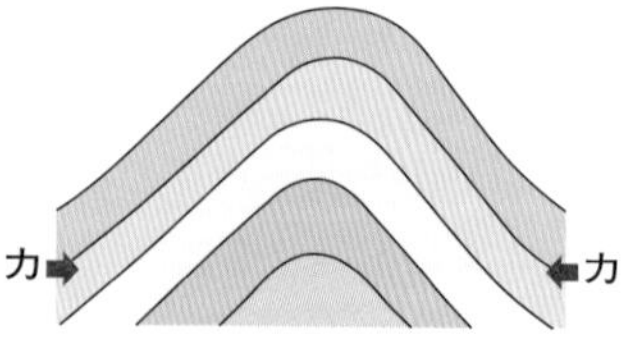

▲しゅう曲

●**断層《だんそう》**…地層が横から押されたり，引っぱられたりする力を受けると，切れてずれることがある。このような地層のずれを**断層**という。
▶**正断層《せいだんそう》**…地層が両側から引っぱられ，断層面の上側の地層がずり落ちたものを**正断層**という。
▶**逆断層《ぎゃくだんそう》**…地層が両側から押されて，断層面の上側の地層がずり上がったものを**逆断層**という。
▶**正断層・逆断層の見分け方**…断層の両側の地層を同じ高さで比《くら》べたとき，断層面の上側の地層のほうが新しければ正断層であり，古ければ逆断層である。

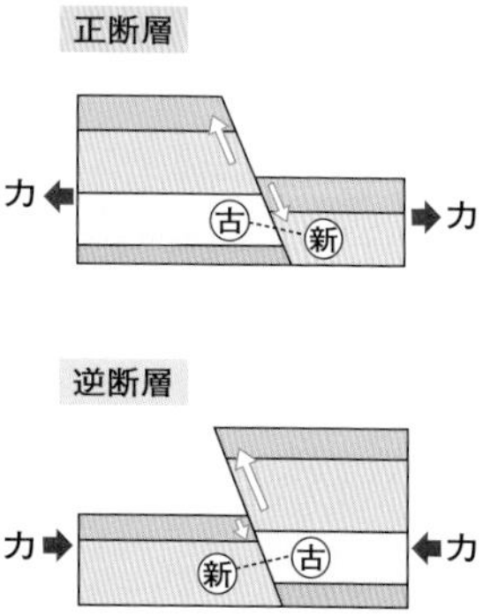

▲断層

注意 地層は下から順に堆積するので，下にあるものほど古い地層である。

●**整合《せいごう》**…地層が連続して堆積すると，平行に重なり合ったものになる。このような地層の重なり方を**整合**という。
●**不整合《ふせいごう》**…地層が堆積する途中《とちゅう》で隆起《りゅうき》し，しばらく陸地となったあと，沈降《ちんこう》して，ふたたび海底となり，その上に堆積が行《おこな》われる場合のように，地層の堆積が，途中で中断されたことがわかるような重なり方を**不整合**という。
不整合面は，陸地になっているときに侵食《しんしょく》され，凹凸《おうとつ》のある面になる。また，すぐ上の地層には，小石がふくまれていることが多い。

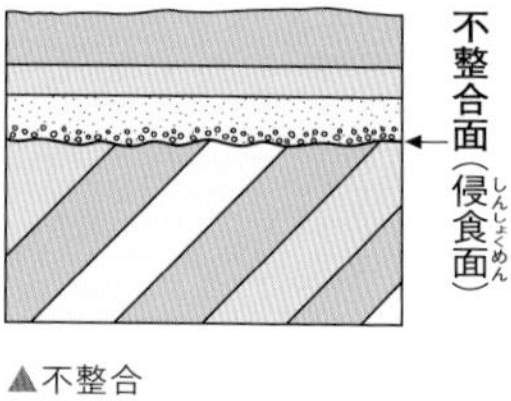

▲不整合

入試ポイント
● **しゅう曲**…地層が横から押されて**曲がる**。大山脈をつくる。
● **断層**…地層が押されたり，引かれたりして**切れる**。

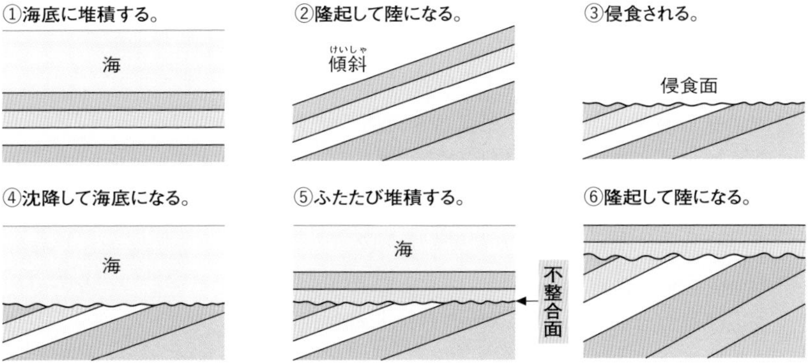

▲不整合面のでき方

地層の逆転《ぎゃくてん》…地層は下から順に堆積していくから，ふつうは下のものほど時代が古い。ところが，右下の図のように，しゅう曲がひどくなると，一部で古い地層のほうが上になる**逆転**が起こる。

▶ **地層の逆転の見分け方**

① 1 枚の地層をつくる粒《つぶ》にも大小があり，地層が堆積するときは大きい粒のほうが先に沈《しず》むから，下になる。したがって，1 枚の地層の中で，大きい粒のほうが上にあれば，地層が逆転していることがわかる。

②海底に貝などがあけた穴《あな》(すみか)に土砂《どしゃ》がつまって，そのまま地層になることがある。地層の中で，このすみかのあとが上につき出ていれば，この地層は逆転していると考えてよい。

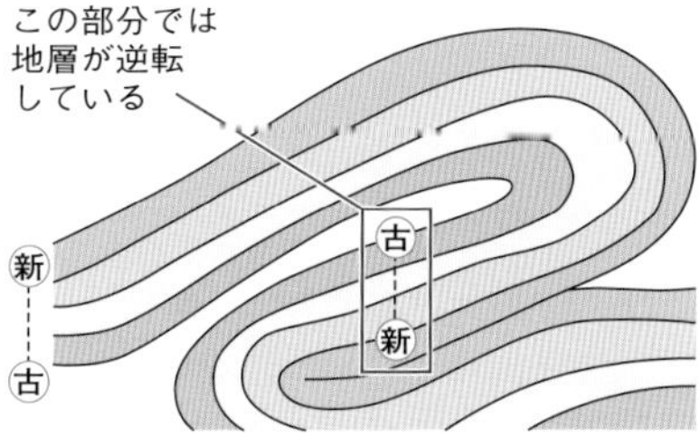

▲地層の逆転

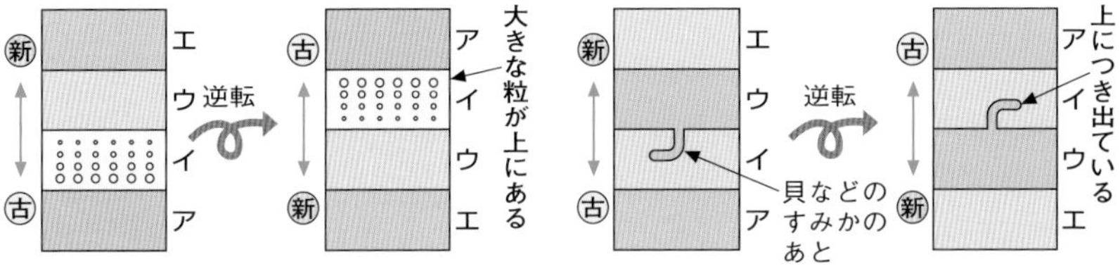

▲地層の逆転の見分け方

入試ポイント

- **整合**…地層が**連続して堆積した**ときの重なり方。
- **不整合**…地層の**堆積が中断された**ときの重なり方。

4 堆積岩《たいせきがん》

☞ 海底に堆積したものが固《かた》まった岩石にはどんな種類があるか。

堆積岩のでき方と種類

海底に積もったれき，砂《すな》，泥《どろ》などが，その上に積もったものの重みによって，押《お》し固められてできた岩石を**堆積岩**という。

堆積岩をつくっている砂や泥の粒《つぶ》は，流水によって長い道のりを運ばれる間に角がけずられるので，大きさがそろっていて，丸みがある。また，堆積するときに，生物の遺骸《いがい》をいっしょにうめこみ，それが**化石《かせき》**となってふくまれることがある。

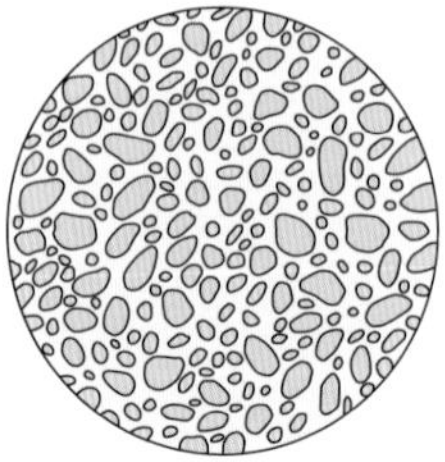
▲堆積岩の粒

注意 火山灰《かざんばい》が堆積してできた凝灰岩《ぎょうかいがん》の粒は角ばっている。これは流水に運ばれたものでないからである。

● **れき岩《がん》**…**れき**(小石)の間に泥や砂がつまって，固《かた》まってできた岩石を**れき岩**という。粒があらくて，もろい。

▲れき岩

参考 直径2mm以上の粒を**れき**という。

● **砂岩《さがん》**…**砂**が固まってできた岩石を**砂岩**という。粒の大きさがそろっていて，やわらかく，けずりやすい。

参考 直径2～0.06mmの粒を**砂**という。

● **泥岩《でいがん》**…**泥**が固まってできた岩石を**泥岩**という。粒が小さくそろっていて，もろい。

▲粘板岩

参考 直径0.06mm以下の粒を**泥**という。泥の中でも，粒が小さなものを**粘土《ねんど》**という。

● **粘板岩《ねんばんがん》**…**泥**でできた岩石で，泥岩よりさらに強く押し固められてできた岩石を**粘板岩**という。板のように，薄《うす》くはがれやすい。

● **凝灰岩**…**火山灰《かざんばい》**や**火山《かざん》れき**が堆積してできた岩石を**凝灰岩**という。凝灰岩は，その地層《ちそう》が堆積した当時，火山の噴火《ふんか》があったことの証拠《しょうこ》になる。

▶ **関東《かんとう》ローム層《そう》**…関東地方に広く分布《ぶんぷ》する**赤土《あかつち》**の層は，火山灰が陸上に降《ふ》り積もってできたもので，関東ローム層とよばれている。これは岩石になっていないので，凝灰岩ではない。

入試ポイント
- **堆積岩**…粒の大きさがそろい，**丸み**がある。**化石**をふくむことがある。
- **れき岩**…れき ● **砂岩**…砂 ● **泥岩**…泥

● **石灰岩**《せっかいがん》…海水中の石灰質《せっかいしつ》や，サンゴ・フズリナ・貝などの生物の遺骸《いがい》(石灰質をふくむ)などが海底に堆積し，固まってできた岩石を**石灰岩**という。灰《はい》色や白色をしていて，きめが細かく，つるつるしている。石灰岩に希塩酸《きえんさん》を作用させると，**二酸化炭素**《にさんかたんそ》が発生する。

注意 石灰岩の主成分は炭酸《たんさん》カルシウムである。

▶ **大理石**《だいりせき》…石灰岩が，地下でマグマによって熱せられ，変質《へんしつ》してできた岩石を**大理石**という。大理石は建築物《けんちくぶつ》の装飾《そうしょく》用などに利用されている。

参考 ある岩石が，熱や圧力によって変質してできた岩石を**変成岩**《へんせいがん》という。

化石

地層が堆積するとき，生物の遺骸(死体や葉・貝殻《かいがら》など)，足跡《あしあと》や巣穴《すあな》などの生活のあとが土砂《どしゃ》といっしょに積もると，長い間に石灰質などがくっついて石のようになる。これを**化石**という。

● **示相化石**《しそうかせき》…化石となった生物の性質《せいしつ》から，地層ができた当時の自然環境《かんきょう》や気候などを知ることができる。このような化石を**示相化石**という。

おもな示相化石には，次のようなものがある。

▶ **サンゴ**…熱帯，亜熱帯《あねったい》地方のような，暖《あたた》かくてきれいな浅い海にすむ。

▶ **アサリ・ハマグリ**…浅い海にすむ。

▶ **シジミ**…河口《かこう》近くの海水と淡水《たんすい》の混《ま》じった所にすむ。

● **示準化石**《しじゅんかせき》…地層の中に，広範囲《こうはんい》にわたって特定の時期だけに生きていた生物の化石があれば，その地層が堆積した時代がわかる。このような化石を**示準化石**という。

おもな示準化石には，次のようなものがある。

▶ **古生代**《こせいだい》(5億4100万年前～2億5200万年前)…サンヨウチュウ，フズリナなど。

▶ **中生代**(2億5200万年前～6600万年前)…アンモナイト，恐竜《きょうりゅう》など。

▶ **新生代**(6600万年前～現代)…マンモス，ビカリアなど。

▲サンヨウチュウの化石

▲アンモナイトの化石

入試ポイント

● **凝灰岩**…火山灰　● **石灰岩**…石灰質・生物の遺骸
● **示相化石**…サンゴ・アサリなど　● **示準化石**…サンヨウチュウなど

5 火山《かざん》

☞火山が噴火《ふんか》するとどんなものが出てくるか。

地下100～200kmのあたりには，ところどころに高温，高圧《こうあつ》のため，とけて液状《えきじょう》になったものがある。これを**マグマ**という。マグマが増《ふ》えると，地表近くまで昇《のぼ》ってきて，そこにたまる。これを**マグマだまり**という。マグマだまりの中に水蒸気《すいじょうき》がたまり，圧力《あつりょく》が大きくなると，まわりの岩石を吹《ふ》き飛ばし，水蒸気やマグマを噴《ふ》き出させる。これが火山の**噴火**である。

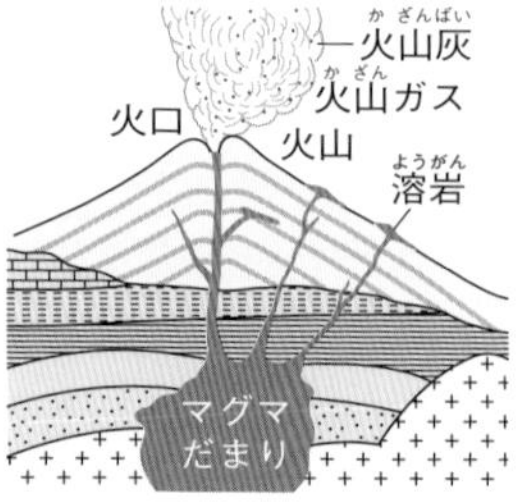

▲火山の噴火

●**火山噴出物《かざんふんしゅつぶつ》**…火山の火口から噴き出るものを**火山噴出物**という。

▶**溶岩**…火口から流れ出るマグマや，それが冷え固《かた》まってできた岩石。

▶**火山ガス**…おもに水蒸気で，そのほかに硫化水素《りゅうかすいそ》，二酸化炭素《にさんかたんそ》などがある。

▶**火山灰・火山《かざん》れき・火山弾《かざんだん》**…溶岩などが壊《こわ》れて，吹《ふ》き飛ばされたもの。

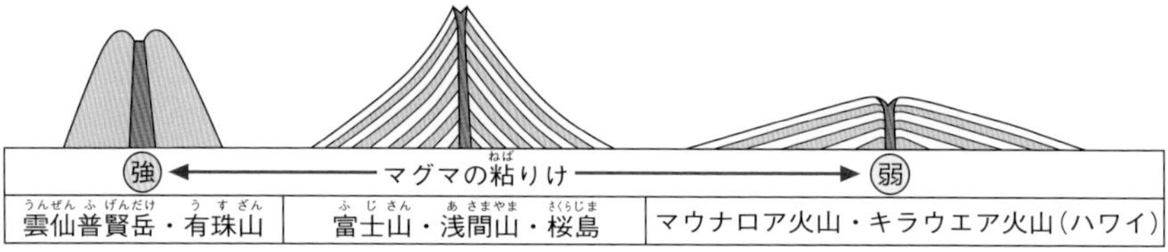

▲火山の形

6 火成岩《かせいがん》

☞マグマが冷え固まると，どんな岩石ができるか。

●**火成岩**…マグマが冷え固まってできた岩石を**火成岩**という。火成岩は，マグマがどこで冷えるかによって，深成岩《しんせいがん》と火山岩《かざんがん》に分類される。堆積岩《たいせきがん》と違《ちが》って，化石《かせき》をふくむことはない。

●**深成岩《しんせいがん》**…マグマが地下の深い所でゆっくり冷えて，固まってできた岩石を**深成岩**という。固まるまでに長い時間がかかるので，この間に鉱物《こうぶつ》の結晶《けっしょう》が大きく成長し，右の図のように，大きさのほぼそろった結晶がぎっしりとつまったようなつくりの岩石ができる。このようなつくりを**等粒状組織《とうりゅうじょうそしき》**という。

▲深成岩のつくり

注意 マグマだまりのマグマが冷えるのに何万年もかかる。

入試ポイント
- **深成岩**…マグマが**ゆっくり冷え**，結晶が成長。**等粒状組織**。
- **火山岩**…マグマが**急速に冷え**，結晶が成長できない。**斑状組織《はんじょうそしき》**。

おもな深成岩には，次のようなものがある。

▶**花《か》こう岩《がん》**…白い鉱物が多いので，白っぽく見える。石垣《いしがき》などに使われる。

▶**せん緑岩《りょくがん》**…花こう岩より黒い鉱物が多いので，灰《はい》色に見える。

▶**はんれい岩《がん》**…黒い鉱物が多いので，黒っぽく見える。

● **火山岩《かざんがん》**…マグマが地表に流れ出したり，地表近くまで出てきて，急速に冷やされ，固まってできた岩石を**火山岩**という。固まるまでの時間が短いので，鉱物の結晶があまり成長できず，右の図のように，結晶にならずに固まった部分(**石基《せっき》**)の中に，結晶となった鉱物(**斑晶《はんしょう》**)が埋《う》まったようなつくりの岩石ができる。このようなつくりを**斑状組織《はんじょうそしき》**という。

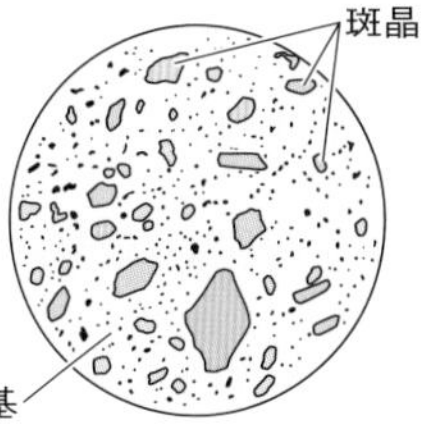

▲火山岩のつくり

おもな火山岩には，次のようなものがある。

▶**流紋岩《りゅうもんがん》**…白っぽく見える。

▶**安山岩《あんざんがん》**…灰色に見える。

▶**玄武岩《げんぶがん》**…黒っぽく見える。

● **造岩鉱物《ぞうがんこうぶつ》**…火成岩をつくる鉱物を**造岩鉱物**という。無色のものと黒っぽい色のものとがあり，その割合《わりあい》によって，岩石の色に違いが出る。

石英《せきえい》・チョウ石《せき》は**無色の鉱物**である。

ウンモ・カクセン石《せき》・キ石《せき》・カンラン石《せき》は**黒っぽい鉱物**である。

無色の鉱物が多いものほど，冷えて固まる前のマグマの粘りけが強い。

深成岩	花こう岩	せん緑岩	はんれい岩
火山岩	流紋岩	安山岩	玄武岩
おもな鉱物の割合 □ 無色の鉱物 ■ 黒っぽい鉱物 □ その他の鉱物	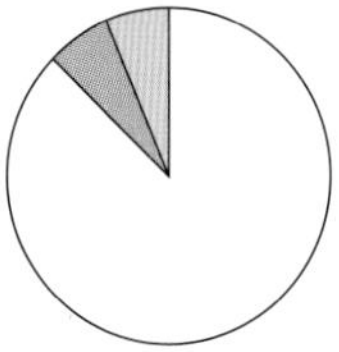	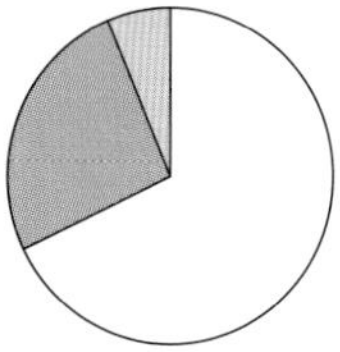	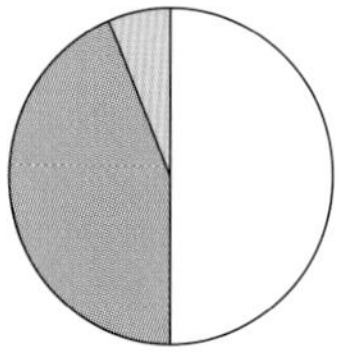
色	白っぽい ⟷ 黒っぽい		
冷えて固まる前のマグマの粘りけ	強い ⟷ 弱い		

入試ポイント
- **白っぽい**岩石…花こう岩・流紋岩(石英・チョウ石が多い)
- **黒っぽい**岩石…はんれい岩・玄武岩

7 地震《じしん》

震度《しんど》とマグニチュードの違《ちが》いは何か。

地震とそのゆれ

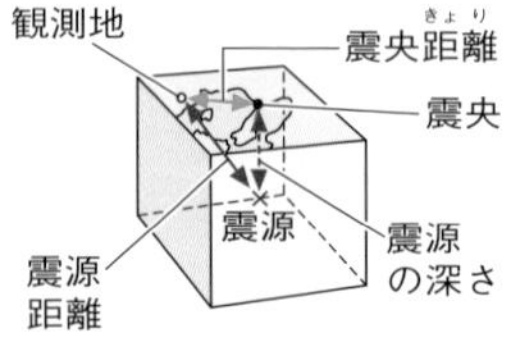

▲震源と震央

- **震源《しんげん》**…地震が発生した地下の場所を**震源**という。
- **震央《しんおう》**…震源の真上の地表の地点を**震央**という。
- **震度**…その観測《かんそく》地点でのゆれの大きさの程度《ていど》のことを**震度**という。震度は 0～7(5 と 6 は弱と強がある)の 10 段階《だんかい》で表される。
- **マグニチュード**…地震の規模《きぼ》(エネルギーの大きさ)を表す値《あたい》。1 大きくなると，エネルギーの大きさは約 32 倍になる。

注意 震度は観測地によって変化するが，マグニチュードは観測地に関係なく，1つの地震に対して1つだけの値である。

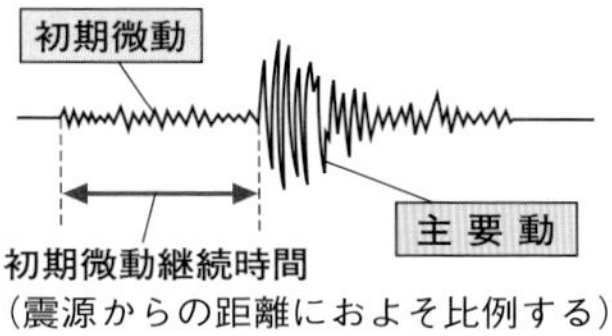

▲地震計の記録

- **初期微動《しょきびどう》**…はじめに起こる小さなゆれを**初期微動**という。また，初期微動を伝える速い波をP波《は》(5～8km/秒)という。
- **主要動《しゅようどう》**…あとから起こる大きなゆれを**主要動**という。また，主要動を伝える遅《おそ》い波をS波《は》(3～5km/秒)という。
- **初期微動継続時間《しょきびどうけいぞくじかん》**…P波が伝わってからS波が伝わるまでの初期微動が続いた時間(P波とS波の到着時刻《とうちゃくじこく》の差)であり，震源からの距離に比例《ひれい》する。

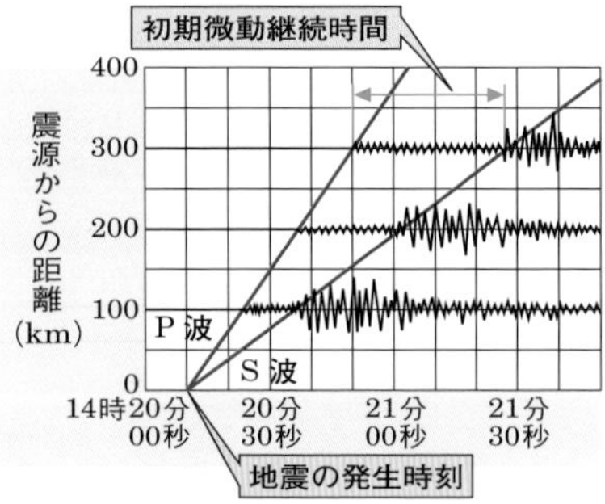

▲地震の波が伝わる速さ

●P 波の速さをグラフから求める。

震源から150kmの地点に伝わるまでに20秒かかっているので，

P 波の速さ＝150(km)÷20(秒)
＝7.5(km/秒)

●S 波の速さをグラフから求める。

震源から350kmの地点に伝わるまでに90秒かかっているので，

S 波の速さ＝350(km)÷90(秒)
＝3.88…
＝3.9(km/秒)

地震のしくみと被害《ひがい》

- **プレート**…地球の表面は，厚《あつ》さ 100km 程度の十数枚《まい》の岩盤《がんばん》で覆《おお》われている。この岩盤を**プレート**という。プレートは 1 年間に数cm 程度動いており，この

入試ポイント
- **震源**…地震が**発生した地下の場所**。
- **震央**…**震源の真上**に位置する**地表の地点**。

プレートの動きが地震の発生や火山《かざん》の噴火《ふんか》に関係している。

日本付近には4つのプレートの境界《きょうかい》があり，**海洋《かいよう》プレート**(太平洋プレート，フィリピン海プレート)が**大陸《たいりく》プレート**(ユーラシアプレート，北アメリカプレート)の下に沈《しず》みこんでいる。また，そこには**日本海溝《かいこう》**のような**海溝**(海底の深い溝《みぞ》)ができている。

▲日本付近のプレート

海洋プレートが大陸プレートを引きずりこみながら沈みこんでいき，ゆがんだ大陸プレートの岩盤が壊《こわ》れて反発すると，地震が起こる。このとき断層《だんそう》ができ，後にその断層が再びずれて地震を起こすこともある(活断層性《かつだんそうせい》の地震)。また，地球の地下深くは高温なので，沈みこんでいった海洋プレートの一部がとけてマグマとなり，上昇《じょうしょう》して地表に噴《ふ》き出して火山をつくる。そのため，地震や火山はプレートとプレートの境目《さかいめ》に多い。

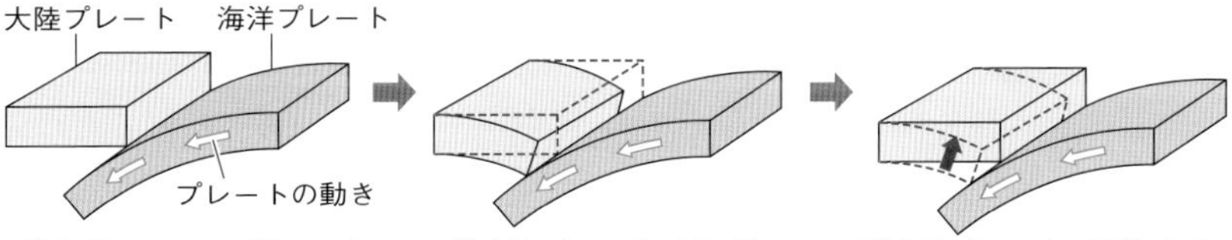

①海洋プレートが沈みこむ。　②大陸プレートがゆがむ。　③大陸プレートが反発する。

▲地震とプレートの動き

地震の種類

- ▶**大陸プレートの反発による地震**…大地震が起こりやすい。
- ▶**深発地震《しんぱつじしん》**…深く沈みこんだ海洋プレートの中で起こる。
- ▶**直下型地震《ちょっかがたじしん》**…活断層性の地震や火山性の地震である。

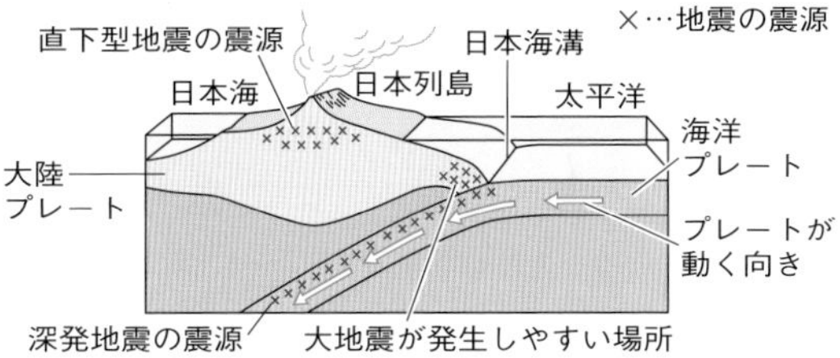

▲日本付近の地震とプレート

- **津波《つなみ》**…海底で大地震が起こったときに生じる大きな波を**津波**という。大きな津波が陸地に押《お》し寄《よ》せてくることによって，大災害《だいさいがい》となることがある。
- **緊急地震速報《きんきゅうじしんそくほう》**…震源に近いところでとらえた初期微動(P波)から大きなゆれが生じると予測《よそく》された場合，各地域《ちいき》での主要動(S波)の到達時刻《とうたつじこく》や震度を予測し，テレビや携帯電話《けいたいでんわ》などですばやく知らせる予報《よほう》・警報《けいほう》である。

入試ポイント

- **プレート**…地球の表面を覆う厚さ100km程度の岩盤。
- プレートが動くことによって，**地震**や**火山の噴火**が起こる。

8 ホットスポットとプレートの移動《いどう》

☞陸地はどのようにして動いているか。

● **海溝《かいこう》**…海洋《かいよう》プレートが大陸プレートの下に沈《しず》みこんでいるところにできた深さ6000 m以上の深い溝。溝の深さが6000 mより浅いものは**トラフ**という。

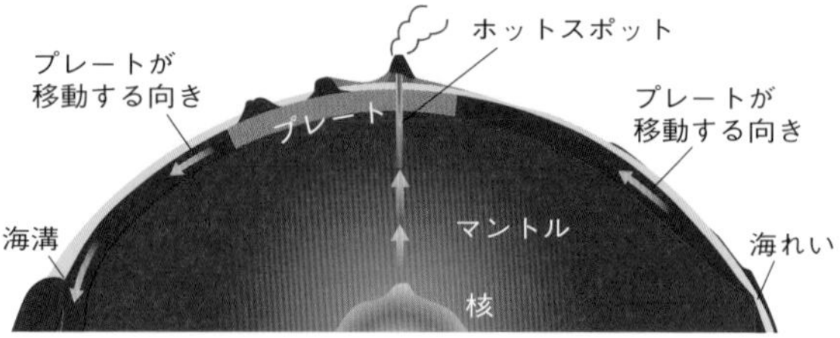

▲海溝・海れい・ホットスポット

● **海《かい》れい**…海洋の地下深くからマントルが上昇《じょうしょう》することによってできた海底山脈《かいていさんみゃく》のことである。

ポイント プレートは海れいでつくられ，海溝やトラフのほうへ向かって移動し，海溝やトラフで沈みこむことによって消滅《しょうめつ》する。

● **ホットスポット**…地下内部の核《かく》とマントルの境界《きょうかい》付近から**マグマ**が噴《ふ》き上がってくる場所を**ホットスポット**といい，ホットスポットの位置は変わらない。ホットスポットの上にあたる地表面には独特《どくとく》の火山活動が見られる。ホットスポットの上をプレートが移動することによって，火山の軌跡《きせき》が残るのである。

▶ **ハワイ諸島**…現在《げんざい》，ハワイ島の位置にホットスポットがあり，**キラウエア火《か》山《ざん》**や**マウナロア火山**が活動中で，ハワイ島がつくられている。ハワイ諸島はハワイ島から北西の方向へ島が点在《てんざい》しているが，これは太平洋プレートが北西に移動していることを示《しめ》している。移動するプレートの下に移動しないホットスポットがあり，ここで定期的にマグマが噴出《ふんしゅつ》することでハワイ諸島がつくられたのである。

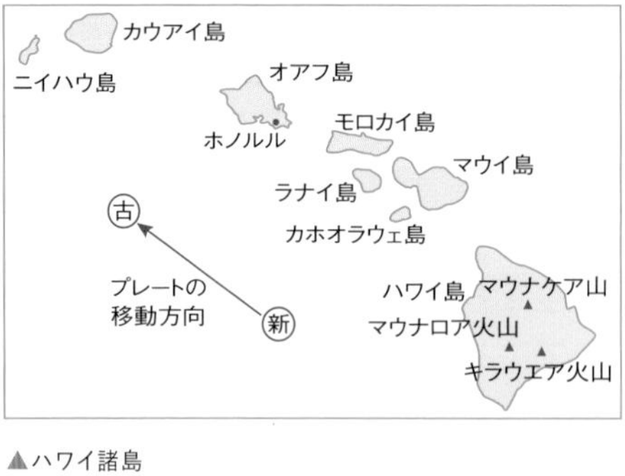

▲ハワイ諸島

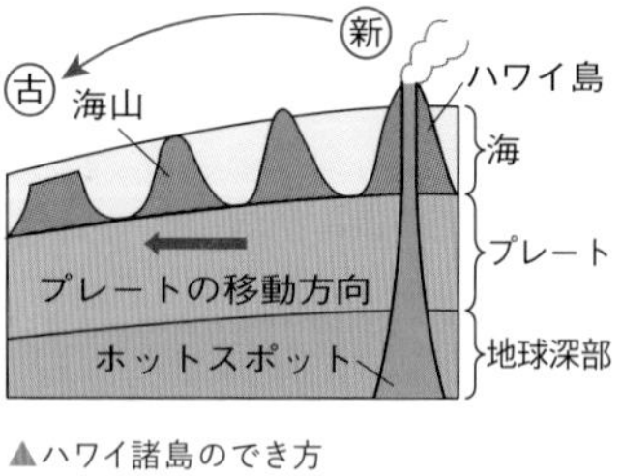

▲ハワイ諸島のでき方

入試ポイント
- プレートは**海れい**ででき，**海溝**や**トラフ**で消滅する。
- 現在，ハワイ島の位置に**ホットスポット**がある。

☑ まとめチェック

知識を整理・確認しよう！

① 大地の変動

- ☐ ① 川の付近が隆起《りゅうき》することによってできた階段状《かいだんじょう》の地形を何というか。
- ☐ ② 河口《かこう》から遠く離《はな》れた深い海底に行くほど，堆積《たいせき》する土砂《どしゃ》の大きさはどうなるか。
- ☐ ③ 地層《ちそう》が大きく曲がっている所を何というか。
- ☐ ④ 地層がずれている所を何というか。
- ☐ ⑤ 連続性《れんぞくせい》のない面が見られる地層の重なり方を何というか。

② 堆積岩《たいせきがん》

- ☐ ① 堆積したものが押《お》し固められてできた岩石を何というか。
- ☐ ② れき岩《がん》，砂岩《さがん》，泥岩《でいがん》で，最も大きい粒《つぶ》をふくんでいるのはどれか。
- ☐ ③ その地層ができた当時，火山《かざん》活動が活発であったことを示《しめ》すのは何という岩石の層か。
- ☐ ④ 貝殻《かいがら》やサンゴの死骸《しがい》などが堆積してできた岩石を何というか。
- ☐ ⑤ アンモナイトは，古生代《こせいだい》・中生代《ちゅうせいだい》・新生代《しんせいだい》のうちのいつの時代《じだい》を示《しめ》す示準化石《しじゅんかせき》か。
- ☐ ⑥ アサリの化石《かせき》は，どのような環境《かんきょう》を示す示相化石《しそうかせき》か。

③ 火成岩《かせいがん》

- ☐ ① マグマが冷やされて固まってできた岩石を何というか。
- ☐ ② マグマが地下深くでゆっくり冷やされてできた火成岩を何というか。
- ☐ ③ マグマが地上または地上付近で急速に冷やされてできた火成岩を何というか。
- ☐ ④ ②で，石英《せきえい》を多くふくむ白っぽい岩石を何というか。
- ☐ ⑤ 有珠山《うすざん》をつくったマグマの粘《ねば》りけは強いか，弱いか。

④ 地震《じしん》

- ☐ ① 地震のゆれの大きさの程度《ていど》を表す単位を何というか。
- ☐ ② 地震の規模《きぼ》(エネルギー)を表す値《あたい》を何というか。
- ☐ ③ 地球の表面を覆《おお》う十数枚の岩盤《がんばん》を何というか。

答え

①
- ① 河岸段丘《かがんだんきゅう》
- ② 小さくなる
- ③ しゅう曲《きょく》
- ④ 断層《だんそう》
- ⑤ 不整合《ふせいごう》

②
- ① 堆積岩
- ② れき岩
- ③ 凝灰岩《ぎょうかいがん》
- ④ 石灰岩《せっかいがん》
- ⑤ 中生代《ちゅうせいだい》
- ⑥ 浅い海

③
- ① 火成岩
- ② 深成岩《しんせいがん》
- ③ 火山岩《かざんがん》
- ④ 花《か》こう岩《がん》
- ⑤ 強い

④
- ① 震度《しんど》
- ② マグニチュード
- ③ プレート

力だめしの問題 入試標準レベル

解答➡別冊p.37

❶ 右の図のような装置《そうち》をつくり，れき・砂《すな》・泥《どろ》を流し，堆積《たいせき》の様子を調べる実験をしました。 【春日部共栄中】

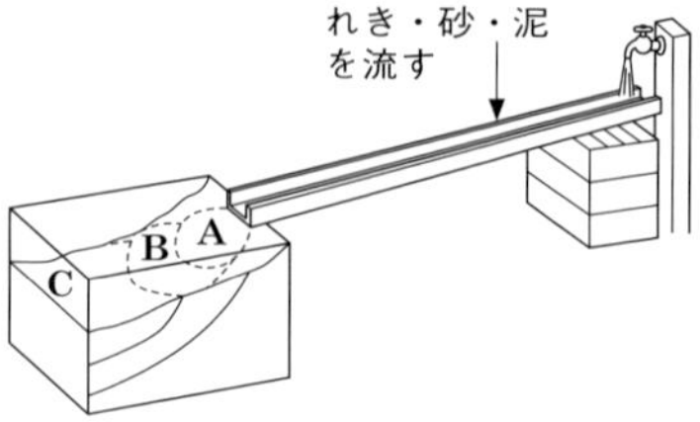

⑴ A，B，Cにはそれぞれ何が多く積もりましたか。それぞれ答えなさい。

A（　　　　） B（　　　　） C（　　　　）

⑵ 実験のようにれき・砂・泥が流され，河口《かこう》や湖に堆積してできる層状《そうじょう》に積み重なったものを何といいますか。（　　　　）

❷ 大地の様子について，次の問いに答えなさい。 【昭和学院中】

⑴ 大きな建物を建てるとき，その土地のいくつかの場所で，地下にパイプを打ちこんで，地下の土や岩石を掘《ほ》り取る作業を行います。この作業を何といいますか。（　　　　）

⑵ 地層《ちそう》の中で，次の①，②のような岩石《がんせき》が見つかりました。この岩石をそれぞれ何といいますか。あとのア～オから選び，記号で答えなさい。

①（　　） ②（　　）

① 粘土などの細かい粒《つぶ》が固まってできている。

② 小石が砂などと混《ま》じり，固まってできている。

ア 泥岩《でいがん》　イ 砂岩《さがん》　ウ 化石《かせき》　エ れき岩《がん》　オ 火山灰《かざんばい》

⑶ 火山の噴火《ふんか》で地表に流れ出てくる溶岩《ようがん》が地下にあるときは，何といいますか。

（　　　　）

❸ 岩石や火山について，次の各問いに答えなさい。 【浦和明の星女子中・改】

⑴ 右の図は何の化石ですか。次から選び，記号で答えなさい。

（　　）

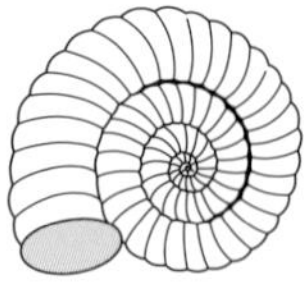

ア サンヨウチュウ　イ サザエ　ウ フズリナ

エ サンゴ　オ ビカリア　カ オウムガイ

キ アンモナイト

⑵ マグマが地下深くでゆっくり冷えて固まってできた岩石を顕微鏡《けんびきょう》で見たスケッチとして適当《てきとう》なものを次から選び，記号で答えなさい。（　　）

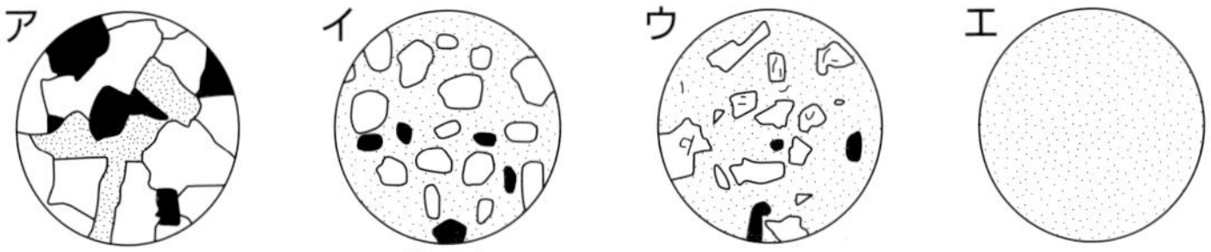

⑶ 次の図は，代表的な火山の形状《けいじょう》を表したものです。

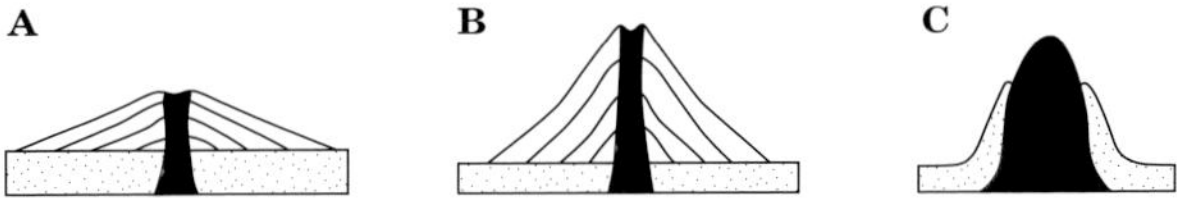

① Bの形の火山を次から選び，記号で答えなさい。　（　　）

ア　有珠山《うすざん》　　イ　浅間山《あさまやま》　　ウ　キラウエア山

② 次の文章のⅠ～Ⅲについて適当なものをそれぞれ選び，記号で答えなさい。

Ⅰ（　　）　Ⅱ（　　）　Ⅲ（　　）

Aの火山のマグマはCの火山のマグマに比《くら》べて，粘《ねば》りけがⅠ（ア　弱い　イ　強い）。Aの火山の噴火の様子は，Cの火山に比べてⅡ（ア　穏《おだ》やかで　イ　激《はげ》しく），火山噴出物《かざんふんしゅつぶつ》はⅢ（ア　白っぽい　イ　黒っぽい）。

4 地震《じしん》に関して，次の問いに答えなさい。　【早稲田実業中等部】

⑴ 地層に力がはたらくと地層が断《た》ち切れて断層《だんそう》が生じます。右のア～エで，断層が生じるときにはたらいていた力の方向の組み合わせが正しいものをすべて選び，記号で答えなさい。

（　　　　）

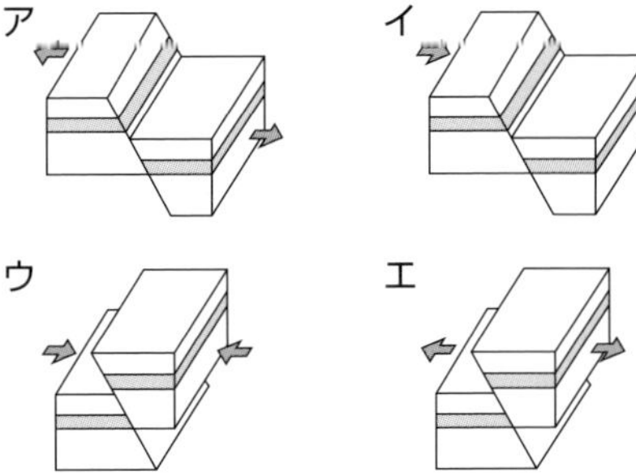

⑵ 地震が起こると，観測地《かんそくち》ではじめに到着《とうちゃく》するP波《は》と，遅《おく》れて到着するS波《は》といわれる2つの地震波が観測されます。これに関して，次から正しいものを1つ選び，記号で答えなさい。　（　　）

ア　P波は縦《たて》波（進行方向に平行にゆれる波）で，S波より大きくゆれる。

イ　S波は横波（進行方向に直角にゆれる波）で，P波より大きくゆれる。

ウ　P波は横波（進行方向に直角にゆれる波）で，S波より小さくゆれる。

エ　S波は縦波（進行方向に平行にゆれる波）で，P波より小さくゆれる。

3 環境《かんきょう》破壊《はかい》

1 地球の温暖化《おんだんか》

地球がしだいに暖《あたた》かくなったのはなぜか。

● **温室効果《おんしつこうか》**…大気中にしめる二酸化炭素《にさんかたんそ》の割合《わりあい》は約 0.04%と少ないが，二酸化炭素は地球環境にとって重要な役割《やくわり》を果たしている。太陽の光が地表面に届《とど》くと，地面をあたためる。あたたまった地面は**熱線《ねっせん》**（**赤外線《せきがいせん》**）を出すが，大気《たいき》中の二酸化炭素は，この熱線を吸収《きゅうしゅう》して，地球の熱が宇宙空間《うちゅうくうかん》へ逃《に》げていくのを防《ふせ》いでいる。二酸化炭素のこのはたらきを**温室効果**という。
大気中の二酸化炭素の量が増加《ぞうか》してきたのにともなって，温室効果が強まったため，地球全体が**温暖化**するおそれが出てきたと考えられている。

▶ **二酸化炭素が増加した原因《げんいん》**

・**化石燃料《かせきねんりょう》（石油《せきゆ》・石炭《せきたん》・天然《てんねん》ガス）の大量消費《しょうひ》**…二酸化炭素の大量放出。
　例 火力発電・自動車・工業機械

・**森林の大規模《だいきぼ》な伐採《ばっさい》**…光合成《こうごうせい》による二酸化炭素の吸収量が減少《げんしょう》。

このまま温暖化が進むと，2100 年には地球の平均気温《へいきんきおん》が 0.3～4.8℃ くらい上《じょう》昇《しょう》すると考えられている。また，南極や北極，氷河《ひょうが》の氷がとけて海面が上昇し，低地が水没《すいぼつ》するおそれがある。
さらに，世界各地で異常気象《いじょうきしょう》をもたらすおそれがある。（例 砂漠化《さばくか》の進行・大洋近くでの大雨）

▶ **私達《わたしたち》ができること**

・**電気を節約する**…火力発電による二酸化炭素の放出量を抑《おさ》える。

・**紙を節約する**…木材の消費量《しょうひりょう》を減《へ》らす。ゴミの燃焼量《ねんしょうりょう》を減らす。

・**ものをリサイクルする**…ゴミの燃焼量を減らす。

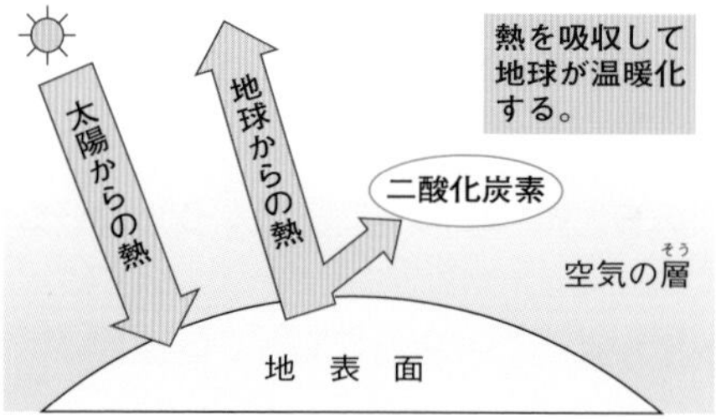

▲温室効果

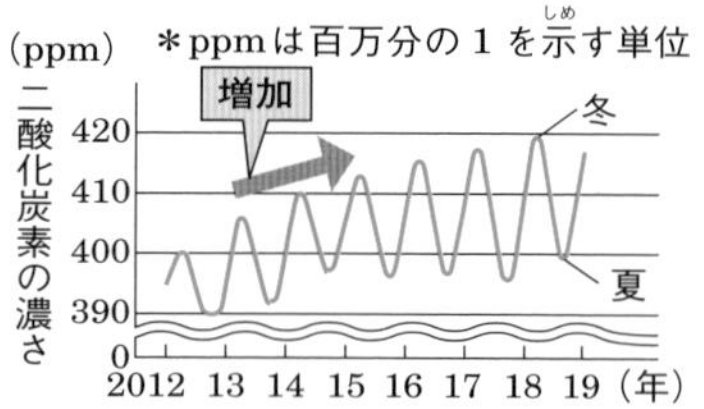

夏には植物の光合成により，一時的に二酸化炭素の濃《こ》さが小さくなる。

▲二酸化炭素濃度の変化

入試ポイント

● **温室効果**…**二酸化炭素**などの気体が，**熱を保《たも》つ**性質《せいしつ》。

● **二酸化炭素の増加の原因**…①化石燃料の大量消費②森林の大規模な伐採

2 海洋汚染《かいようおせん》

👉 海洋の汚染が進むと，生態系《せいたいけい》にどんな影響《えいきょう》があるか。

● **海洋汚染**…工場や住宅《じゅうたく》からの排水《はいすい》，産業廃棄物《はいきぶつ》の海上投棄《とうき》，船の航行《こうこう》や事故《じこ》による油の流出，海底資源《しげん》探査《たんさ》や沿岸地域《えんがんちいき》の開発などによる生態系の破壊などにより，海洋の汚染が進んでいる。

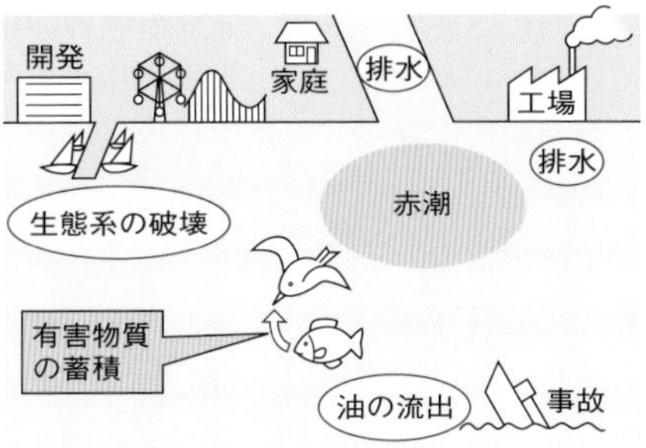

▲海洋汚染

▶ **被害《ひがい》**…工場の廃液《はいえき》にふくまれていた有害物質が，魚やそれを食べる鳥などに蓄積《ちくせき》され，人間がそれらを直接《ちょくせつ》，または間接的《かんせつてき》に食べることにより，人の体内に有害物質《ぶっしつ》が高濃度《のうど》となって蓄積される。生物がとりこんだ物質が体内に蓄積され，周囲の環境よりも濃度《のうど》が高くなることを**生物濃縮《せいぶつのうしゅく》**という。

また，家庭排水などにより海水中の栄養分が増加《ぞうか》し，プランクトンが異常《いじょう》に発生して水が変色することを**赤潮《あかしお》**という。これにより，その部分の海水中の酸素《さんそ》が急激《きゅうげき》に減少して，魚が大量に死ぬことがある。

海洋の汚染は，漁業などに大きな被害をあたえるにとどまらず，生物の生存《せいぞん》をおびやかし，生態系を変化させてしまう。

▶ **対策《たいさく》**…家庭や工場からの下水(排水)を，下水処理場《げすいしょりじょう》である程度《ていど》きれいにしてから川や海に戻《もど》す。

下水処理場のしくみは，まず，下水の中の砂《すな》などの固体をとり除く。次に細かい汚《よご》れを沈《しず》める。また，細菌類《さいきんるい》(微生物《びせいぶつ》)をふくんだ泥《どろ》を加え，空気を吹《ふ》きこみながらかき混ぜ，下水の中の有機物を分解《ぶんかい》して，その後，細菌などを沈めて分ける。さらに活性炭でにおいをとり消毒したうえで，きれいになった水を川や海に戻す。

● **プラスチックごみによる汚染**…海に流れこんだプラスチックごみは，波や紫外《しがい》線《せん》などの影響で細かく砕《くだ》かれ，5 ミリ以下の**マイクロプラスチック**となって海洋中を漂《ただよ》う。自然に分解《ぶんかい》されないプラスチックは，魚などの海の生物が餌《えさ》と間《ま》違《ちが》えて食べてしまうことがあり，近年問題となっている。

▶ **対策**…スーパーでのレジ袋《ぶくろ》の有料化や飲食店でのプラスチックストローの廃《はい》止《し》などにより，プラスチックごみの排出《はいしゅつ》を抑制《よくせい》する。

入試ポイント
- **赤潮**…プランクトンの**異常発生**により，海面が赤茶色に見える。
- **マイクロプラスチック**…海洋中を漂い，生物に悪影響《あくえいきょう》を及《およ》ぼす。

3 酸性雨《さんせいう》

☞ 酸性雨はどうして発生したのか。

工場の排煙《はいえん》などにふくまれる**硫黄酸化《いおうさんか》物《ぶつ》**(**亜硫酸《ありゅうさん》ガス**など)や自動車の排出ガス中の**窒素《ちっそ》酸化物**が，大気中に大量に出されると，これらが雨粒《あまつぶ》にとけこんで，硫《りゅう》酸《さん》や硝酸《しょうさん》となった酸性度《さんせいど》の高い雨(**酸性雨**)が地表に降《ふ》りそそぐ。

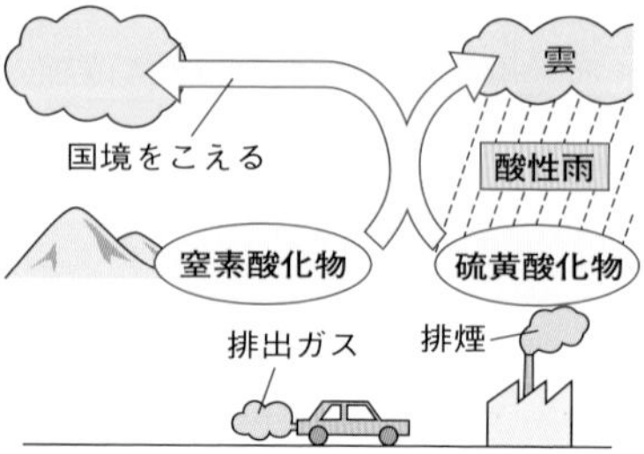

▲酸性雨

酸性雨によって湖沼《こしょう》の酸性化が進み，魚などの生物の数が大幅《おおはば》に減少《げんしょう》したり，森林が枯《か》れたりする。さらに，野外の彫刻《ちょうこく》や建物は炭酸《たんさん》カルシウムをふくんだ物《ぶっ》質《しつ》でできているものが多く，酸性雨で少しずつとけていく。

4 オゾン層《そう》の破壊

☞ 紫外線《しがいせん》を防《ふせ》いでいるオゾン層に穴《あな》があいたのはなぜか。

- **オゾン層**…地球の上空には，**オゾン**という気体が集まっている層(**オゾン層**)があり，太陽光線の中にふくまれる紫外線を吸収《きゅうしゅう》するはたらきがある。紫外線は皮膚《ひふ》がんの原因《げんいん》となったり，植物の成長を阻害《そがい》したりする。地球上の生物は，オゾン層のおかげで有害な紫外線から守られている。

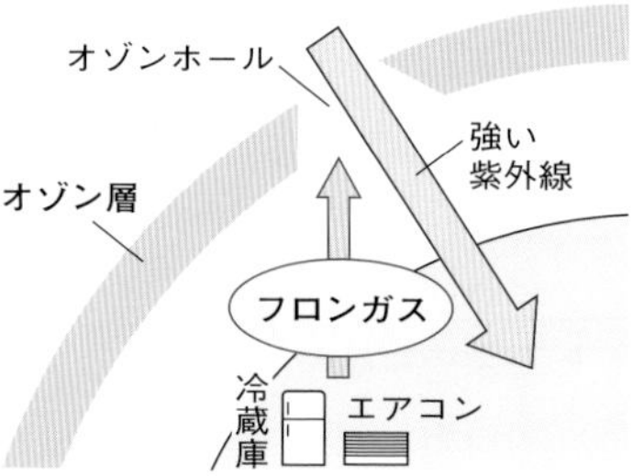

▲オゾン層の破壊

- **フロンガス(フロン)**…エアコンや冷蔵庫《れいぞうこ》などに利用されていた**フロンガス**は，上空でオゾン層を破壊し，穴(**オゾンホール**)をあけ，そこから強い紫外線が入ってしまう。南極や北極上空にできたオゾンホールの拡大《かくだい》を防ぐために，国際的《こくさいてき》にフロンの使用が禁止《きんし》されている。

5 環境《かんきょう》ホルモン

☞ 環境ホルモンにはどのような物質があるか。

- **環境ホルモン**…体内でつくられるホルモン(内分泌物質《ないぶんぴつ》)とは異《こと》なり，環境中にあってからだの各器官《きかん》のはたらきを調整するホルモンを乱《みだ》す化学物質のことを，**環境ホルモン**という(正式には，**内分泌《ないぶんぴつ》かく乱物質《らんぶっしつ》**という)。環境ホルモンには，ダイオキシン，農薬のDDT，PCB(ポリ塩化ビフェニル)などがある。

入試ポイント
- **酸性雨**…**硫黄酸化物**(硫酸になる)・**窒素酸化物**(硝酸になる)
- **オゾン層破壊**…**フロン**が原因。**紫外線**が強くなる。

- **ダイオキシン**…塩化《えんか》ビニルをはじめとしたプラスチックなどの塩素《えんそ》をふくむ物質を低温で燃やすと**ダイオキシン**が発生する。そのため，学校の焼却炉《しょうきゃくろ》は全国的に廃止《はいし》となった。

6 熱帯雨林《ねったいうりん》の破壊

☞ 熱帯雨林の破壊が進んでいる理由は何か。

赤道《せきどう》の両側，北回帰線《きたかいきせん》と南回帰線《みなみかいきせん》の間は，地球のグリーンベルトとよばれ，広大な熱帯雨林が分布している。熱帯雨林は，光合成《こうごうせい》によって，大気中の酸素のかなりの部分をつくり出しているが，最近，伐採《ばっさい》や焼《や》き畑《はた》農業による破壊が進んでいる。熱帯雨林の破壊は，そこにすんでいる貴重《きちょう》な生物種《しゅ》の絶滅《ぜつめつ》にもつながり，人類にも重大な影響《えいきょう》がある。

7 砂漠化《さばくか》

☞ 草原や耕地《こうち》の砂漠化が進むと何が起こるか。

アフリカでは，草原に多くの家畜《かちく》を放牧しすぎたために，家畜が草を食べつくし，その後に草がはえないこと，作物をたて続けに栽培《さいばい》したために地力《ちりょく》が低下して，作物が育たないこと，森林を伐採したために土地が乾《かわ》いてしまい，風や雨に侵食《しんしょく》されて土壌《どじょう》が流出することなどが原因で，土地の砂漠化が進み，多数の餓死者《がししゃ》や難民《なんみん》が発生している。

▲砂漠化

8 環境保護《ほご》に関するマーク

☞ 環境に関係するマークは何を表しているのか。

環境保護をすすめるために，いろいろなマークがつけられている。

- **エコマーク**…自然環境の保全を考えに入れた製《せい》品《ひん》につけられるマーク。
- **グリーンマーク**…古紙《こし》を再生利用した製品につけられるマーク。
- **リサイクルマーク**…リサイクルできる製品につけられるマーク。プラスチックなどは，リサイクルせずに低温で燃《も》やすと，ダイオキシンが発生することがある。

▲環境保護に関するマーク

入試ポイント
- **ダイオキシン**…ゴミの低温燃焼によって発生する。
- **熱帯雨林の破壊**…酸素の供給源がなくなるおそれがある。

9 新しいエネルギー

☞ 環境《かんきょう》にもやさしいエネルギーにはどのようなものがあるか。

日本のおもな発電方法

火力発電《かりょくはつでん》，**水力発電《すいりょくはつでん》**，**原子力発電《げんしりょくはつでん》**の3つの発電量の合計が約9割をしめる。

- **火力発電**…**化石燃料《かせきねんりょう》**(**石油《せきゆ》**・**石炭《せきたん》**・**天然《てんねん》ガス**)の燃焼《ねんしょう》による熱で水を熱して，生じた水蒸気《すいじょうき》によってタービンをまわして発電する。
  しかし，化石燃料は数十年後にはなくなるといわれている。また，化石燃料を燃焼させると二酸化炭素《にさんかたんそ》，硫黄酸化物《いおうさんかぶつ》，窒素《ちっそ》酸化物などが発生する。
- **水力発電**…水を高い位置から落として，その力で水車をまわして発電する。
  しかし，ダム建設《けんせつ》によって，大規模《だいきぼ》な自然破壊《はかい》が生じる。
- **原子力発電**…**ウラン**などの**核燃料《かくねんりょう》**から莫大《ばくだい》な熱エネルギーをとり出し，その熱で水を熱して，生じた水蒸気《すいじょうき》によってタービンをまわして発電する。
  しかし，ウランも数十年後にはなくなるといわれている。また，万一事故が起きた場合の放射能汚染《ほうしゃのうおせん》や使用済み核燃料の安全な処理などの問題がある。

新しいエネルギー

新しい発電方法には，**太陽光発電《たいようこうはつでん》**(**光電池《こうでんち》**)，**燃料電池《ねんりょうでんち》**，**地熱発電《ちねつはつでん》**，**風力発電《ふうりょくはつでん》**，**バイオマス発電《はつでん》**などがある。発電以外にも使用できる新しい燃料としては**バイオエタノール**などがある。また，新しいエネルギーではないが，エネルギーの有効《ゆうこう》的な利用法として**コージェネレーションシステム**などが増《ふ》えつつある。

- **太陽光発電**…光電池による発電方法である。ビルの屋上や家庭の屋根などに光電池をとりつけた建物も増えつつある。しかし，一定量の電力を得《え》るためにはかなりの面積が必要であり，発電量が天候などに左右される。
- **燃料電池**…**水素《すいそ》**と**酸素《さんそ》**が結びついて**水**をつくるときに生じるエネルギーを電気としてとり出す。自動車などに利用されているものもあり，水しか発生しない(有害物質《ぶっしつ》が発生しない)ので，今後の広がりが期待されている。
- **地熱発電**…地下の熱を利用して発電する。
  しかし，立地条件《じょうけん》が限《かぎ》られる(火山の近くなど)。
- **風力発電**…風により風車を回して発電する。
  しかし，一定量の電力を得るためには多くの装置《そうち》が必要であり，発電量が風力などに左右される。立地条件が限られる(強い風がよく吹《ふ》く所など)。
- **バイオマス(生物資源《せいぶつしげん》)発電**…木を燃《も》やしたり，作物の残りかすや家畜《かちく》のふんや尿《にょう》などからアルコールやメタンをつくって燃やし，発電に利用する。

入試ポイント

- おもな発電方法…**火力発電・水力発電・原子力発電**
- 新しい発電方法…**太陽光発電・燃料電池・地熱発電・風力発電**など

- **バイオエタノール**…**トウモロコシ**や**サトウキビ**などからつくった**エタノール**(**エチルアルコール**)である。自動車のガソリンなどと混《ま》ぜて使用している。バイオエタノールの燃焼によって生じる二酸化炭素は，原料となるトウモロコシなどが光合成《こうごうせい》によって大気中から吸収したぶんの二酸化炭素なので，バイオエタノールの使用は大気中の二酸化炭素の増加につながらない。
しかし，トウモロコシなどは家畜《かちく》の餌《えさ》として利用されている作物なので，家畜の餌が不足したり，価格《かかく》が高騰《こうとう》するおそれがある。
- **コージェネレーションシステム**…発電所でつくられた電力は送電のときに熱となってかなり失われる。そのため，工場やビルでは自家発電によって電力を得て，そのとき発生する熱を給湯や暖房《だんぼう》に利用するコージェネレーションシステムによってエネルギー効率《こうりつ》を上げているところが増えてきている。

10 環境保護《かんきょうほご》

☞ 環境を守るため身近にできることはあるか。

環境調査《かんきょうちょうさ》

大気の汚《よご》れの調査は，マツの気《き》孔《こう》の汚れを顕微鏡《けんびきょう》で観察する。

川の水の汚れの調査は，川の中の水生生物を採集《さいしゅう》し，右の図と照合する。

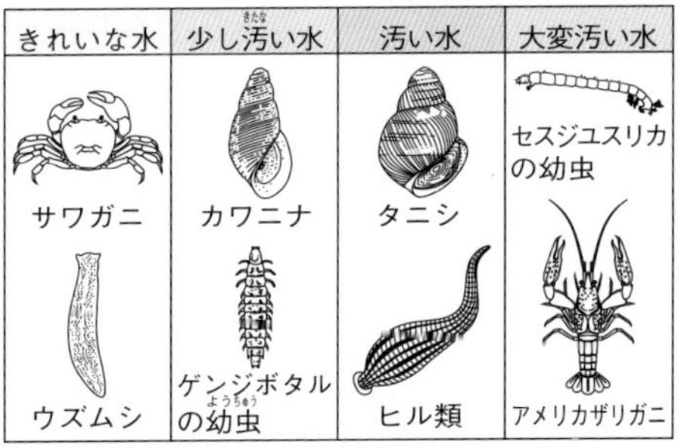

▲川の水の汚れと水生生物

環境保護に関する試み

- **ビオトープの作成**…学校や公園などにつくった生き物のすむ自然環境を**ビオトープ**という。作成後はできるだけ人の手を加えずに自然の状態《じょうたい》にまかせてあり，身のまわりの自然を理解《りかい》するのに役立っている。
- **外来種《がいらいしゅ》の駆除《くじょ》**…もともとその地域《ちいき》に生息していなかったが，人間の手によって日本に持ちこまれて野生化した生物を**外来種**という。外来種によって生物のつり合いがくずれ，絶滅《ぜつめつ》した**在来種《ざいらいしゅ》**(もともとその地域にいた生物)もいる。
例 外来種…オオクチバス(ブラックバス)・ブルーギル・アライグマ・セイタカアワダチソウ・ブタクサ・ボタンウキクサ

また，**里山《さとやま》**(人里の近くで，人の手によって維持《いじ》・管理された山林)を守ること，**ブナ**の原生林で有名な白神山地《しらかみさんち》のように世界遺産《せかいいさん》の指定を受けること，植林や川岸の緑化などのほかに，ゴミ拾《ひろ》いなども重要である。

入試ポイント
- **バイオエタノール**…**トウモロコシ**などからつくったエタノール。
- **外来種**…人間の手によって日本に持ちこまれて野生化した生物。

☑ まとめチェック

知識を整理・確認しよう！

① 環境破壊《かんきょうはかい》

□ ① 地球の温暖化《おんだんか》のおもな原因《げんいん》と考えられている気体は何か。

□ ② ①の気体などがもっている，熱を保《たも》つ性質《せいしつ》を何というか。

□ ③ ①の気体が急増《きゅうぞう》したおもな原因を２つ答えよ。

□ ④ 家庭排水《はいすい》などが海に流れこむことで海水中の栄養分が増加《ぞうか》し，プランクトンが異常《いじょう》発生したために，海や湖沼《こしょう》の水が変色することを何というか。

□ ⑤ 酸性雨《さんせいう》のおもな原因となっているのは，工場の排煙《はいえん》にふくまれている硫黄酸化物《いおうさんかぶつ》(亜硫酸《ありゅうさん》ガス)のほかに，自動車の排《はい》出《しゅつ》ガスにふくまれている何があるか。

□ ⑥ オゾン層《そう》を破壊していた気体は何か。

□ ⑦ 日光の中にふくまれていて，オゾン層がほぼ吸収《きゅうしゅう》してくれる有害な光を何というか。

□ ⑧ 熱帯雨林《ねったいうりん》の破壊に関係の深い農法を何というか。

② 環境保護とエネルギー

□ ① 右の図を何マークというか。

□ ② 日本で，最も多くの電力をつくりだしている発電方法は何か。

□ ③ 水素《すいそ》と酸素《さんそ》が結びついて水をつくるときに生じるエネルギーを電気エネルギーとしてとり出す装置《そうち》を何というか。

□ ④ 木を燃《も》やしたり，作物の残りかすや家畜《かちく》のふんや尿《にょう》などからアルコールやメタンをつくって燃《も》やし，発電に利用している発電方法を何というか。

□ ⑤ トウモロコシやサトウキビなどからつくったエタノール(エチルアルコール)を何というか。

□ ⑥ ススキとブタクサのうち，日本での外来種《がいらいしゅ》はどちらか。

□ ⑦ 人里の近くで，人の手によって維持《いじ》・管理された山林を何というか。

答え

①

① 二酸化炭素《にさんかたんそ》

② 温室効果《おんしつこうか》

③ 化石燃料《かせきねんりょう》の消費《しょうひ》・森林の伐採《ばっさい》

④ 赤潮《あかしお》

⑤ 窒素酸化物《ちっそさんかぶつ》

⑥ フロン(ガス)

⑦ 紫外線《しがいせん》

⑧ 焼《や》き畑《はた》農業

②

① エコマーク

② 火力発電《かりょくはつでん》

③ 燃料電池《ねんりょうでんち》

④ バイオマス発電 [生物資源発電《せいぶつしげんはつでん》]

⑤ バイオエタノール

⑥ ブタクサ

⑦ 里山《さとやま》

力だめしの問題　入試標準レベル

解答➡別冊 p.38

1 **水中にはいろいろな種類のプランクトンが生きています。あるプランクトンが水の中でふえたために起こる現象《げんしょう》はどれですか。次から1つ選び，記号で答えなさい。**

【恵泉女学院中】(　　　　)

ア　赤潮　　イ　酸性雨　　ウ　オゾン層破壊　　エ　地球温暖化

2 **私《わたし》たちはさまざまな物質《ぶっしつ》をエネルギー源《げん》にして日々《ひび》の生活を営《いとな》んでいます。**しかし，これらの中には環境への影響《えいきょう》が大きく，問題になっているものもあります。そこで水素を利用しているものが注目されています。水素を利用するものを次から1つ選び，記号で答えなさい。

【吉祥女子中】(　　　　)

ア　バイオエタノール　　イ　風力発電　　ウ　燃料電池　　エ　太陽電池

3 **下の文章を読んで，あとの各問いに答えなさい。**　【プール学院中】

石油《せきゆ》や石炭《せきたん》，天然ガスは大昔の生物が地中深くにうまり，長い間かかってできたもので，［　A　］といわれています。人類が用いている熱や電気などのエネルギーのおよそ90％は，これらの［　A　］を燃やしてつくり出されています。［　A　］を大量に燃やした結果，空気中の［　B　］が増えて，気候や生物の環境によくない影響が出始めたと考えられ，世界中の国々《くにぐに》で大きな問題になっています。

(1) ［　A　］や［　B　］にあてはまることばを，それぞれ漢字で答えなさい。

A (　　　　　　)　B (　　　　　　)

(2) 空気中の［　B　］の増加《ぞうか》は，気候にどのような影響を与《あた》えていますか。簡単《かんたん》に説明しなさい。　(　　　　　　　　　　　　　　　　)

4 **次のⅠ～Ⅲの環境問題の説明文を読んで，あとの問いに答えなさい。**

【京都女子中】

Ⅰ　大気中に占《し》める(　A　)の割合《わりあい》は約0.04％と少ないが，この気体の量が増加してきたのにともない，温室効果が強まったため，世界各地で問題となっている。現在《げんざい》では北極の氷がとけてホッキョクグマの生息にも深刻《しんこく》な影響をおよぼしていることなどがテレビなどでもとり上げられている。

Ⅱ　工場の排煙などにふくまれる(　B　)や自動車の排出ガスにふくまれる(　C　)が，大気中に大量に出され，雨粒《あまつぶ》にとけこみ硝酸《しょうさん》や硫酸《りゅうさん》となった酸《さん》性度《せいど》の高い雨が地表に降《ふ》りそそぎ，ヨーロッパなどでは森林が枯《か》れるなどの被害《ひがい》が起きている。

Ⅲ 地球の上空には，（　D　）という気体が集まっている層《そう》がある。この層のおかげで地球上の生物は有害な紫外線《しがいせん》から守られているが，以前エアコンの冷《れい》却剤《きゃくざい》やスプレーなどに利用されていた（　E　）という気体が上空まで分解《ぶんかい》されずに上昇《しょう》し（　D　）の層に穴《あな》をあけてしまった。そこから強い紫外線が入ってきて皮膚《ひふ》がんの増加《ぞうか》など健康への影響《えいきょう》が心配された。

(1)（　A　）～（　E　）にあてはまる語句《ごく》を，次の中からそれぞれ選び，記号で答えなさい。

A（　　）　B（　　）　C（　　）　D（　　）　E（　　）

ア　酸素《さんそ》	イ　窒素《ちっそ》	ウ　塩素《えんそ》	エ　二酸化炭素《にさんかたんそ》
オ　窒素酸化物《ちっそさんかぶつ》	カ　硫黄酸化物《いおうさんかぶつ》	キ　鉄の酸化物	ク　フロン
ケ　チタン	コ　ネオン	サ　ラドン	シ　オゾン
ス　石灰《せっかい》	セ　石炭《せきたん》	ソ　木炭《もくたん》	

(2) Ⅱの文章で書かれた森林が枯《か》れる被害《ひがい》を防《ふせ》ぐためにまかれるものがある。(1)のア～ソの中から適《てき》したものを1つ選び，記号で答えなさい。（　　）

5 資源《しげん》を有効《ゆうこう》に利用するため，ペットボトルなどを分別回収《かいしゅう》し，リサイクルしています。次の問いに答えなさい。 【明星中】

(1) 飲料水の入ったペットボトルには**図1**のうち，1の番号のついたマークがついていました。この1～7の番号のついたマークはある素材《そざい》を細かく分類するためにつけられています。この素材とは何ですか。（　　　　）

図1

(2) 新聞や雑誌《ざっし》などの古い紙(古紙《こし》という)を用いて再生紙をつくっていますが，古紙を40%以上ふくむ紙に**図2**のマークをつけています。このマークの名前を答えなさい。

（　　　　）

図2

(3) 現在《げんざい》，リサイクルの最もよい見本として知られている金属《きんぞく》は何ですか。その金属名を答えなさい。（　　　　）

(4) いろいろな商品の中で環境《かんきょう》にやさしいということで**図3**のマークがつけられている商品があります。このマークの名前を答えなさい。（　　　　）

図3

6 次の問いに答えなさい。

【芝浦工大附中】

(1) 太陽電池《たいようでんち》は太陽の光から電流をつくり出す電池です。下のグラフは，日本のある場所における月ごとの太陽電池の発電量を表しています。4月から5月にかけて発電量が増《ふ》える理由と6月になると発電量が減《へ》る理由を60字程度《ていど》で書きなさい。ただし，(kWh)は発電量を表す単位です。

(　　　　　　　　　　)

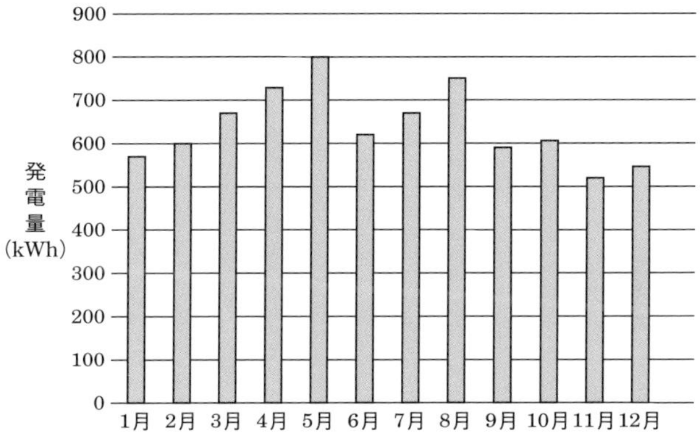

(2) 2018年7月～8月にかけて，日本列島の各地で猛暑日《もうしょび》が続きました。この暑さ対策《たいさく》として，路面に水をかける「打《う》ち水《みず》」が効果的《こうかてき》だといわれています。この理由を，「熱くなった路面に水をかけると」に続けて30字以内で答えなさい。

(　　　　　　　　　　)

(3) 右の図は，ウミガメが食料としているクラゲの写真です。近年，ウミガメが海洋に漂《ただよ》っているビニール袋《ぶくろ》をクラゲと間違《まちが》えて食べてしまい，それが原因《げんいん》で死んでしまうことが問題となっています。ウミガメをそのような被害《ひがい》から救《すく》うためにどのようなビニール袋をつくればよいと思いますか。あなたの考えを50字以内で答えなさい。ただし，ビニール袋として通常使用できる便利さは失わないものとします。

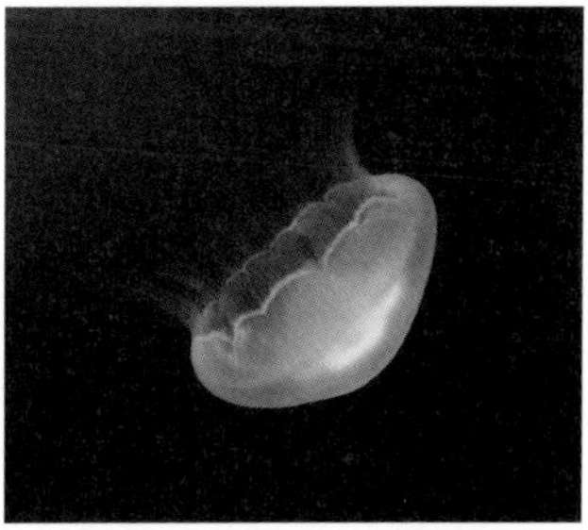

(　　　　　　　　　　)

チャレンジ問題 入試発展レベル

解答➡別冊p.39

★は最高レベル

1 次の図は，日本と外国のおもな川の「川底の高度と河口《かこう》からの距離《きょり》」を表しています。あとの問いに答えなさい。 【聖心女子学院中等科】

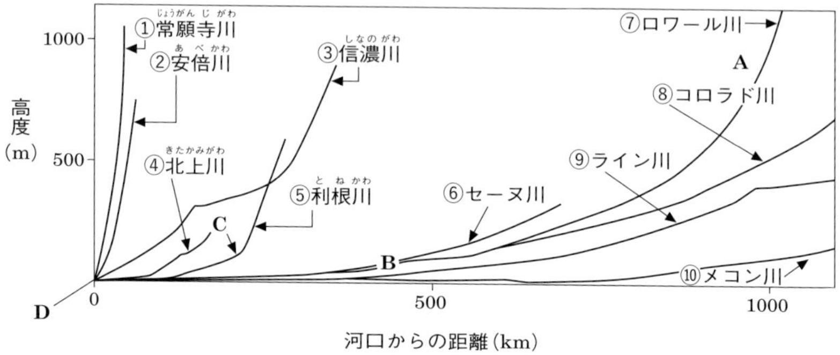

⑴ 図の①～⑩の川の中で，川底の傾斜《けいしゃ》が最も急なものを選び，番号で答えなさい。

( )

⑵ 図のA～Dのような所にできると考えられる地形を次から選び，記号で答えなさい。 A( ) B( ) C( ) D( )

ア 扇状地《せんじょうち》　イ V字谷《じこく》　ウ 蛇行《だこう》　エ 三角州《さんかくす》

⑶ 川の流れが川底を下のほうへ侵食《しんしょく》してできる地形は，⑵のア～エのどれか，記号で答えなさい。 ( )

⑷ 図を見ていえる日本の川の特徴《とくちょう》を簡単《かんたん》に書きなさい。

( )

2 粒《つぶ》の大きさが10mmまでの土砂《どしゃ》を混《ま》ぜて山をつくり，水を流して，流れ方や流れたあとの様子を調べてみました。図1は，水が流れたあとの様子を真上から見たものを示《しめ》しています。次の問いに答えなさい。 【愛光中】

図1

⑴ 水の流れる速さが速く，地面がとくにけずられている部分を太い線で示しました。次のア～エから最も適当《てきとう》なものを1つ選び，記号で答えなさい。

( )

山をつくった土砂をひとつかみとり，ななめに設置《せっち》した板の上に置きました。その上流から水を流したところ，土砂の粒の大きさによって土砂の流れ方が違《ちが》うことがわかりました。そこで，0.1mm以下の泥，0.5mm，1mm，2mm，3mm，4mm，5mm，6mm，7mm，8mm，10mm，の大きさごとに分け，流れる水の速さを変化させながらそれぞれの粒が流れ出すときの水の速さと，流れていた粒が止まるときの水の速さを調べました。**図2**は，その結果を示しています。

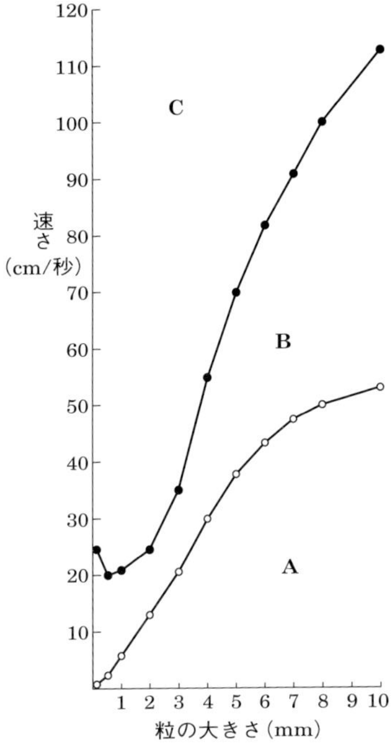

図2

⑵ 最も流れ出しやすい粒の大きさはいくらですか。（　　　　　）

★⑶ Aの部分は何を示していますか。適当なものを**ア**～**ウ**からすべて選び，記号で答えなさい。（　　　　　）

ア　土砂が水の流れにより運ばれる。

イ　流れていた土砂が堆積する。

ウ　地面がけずられる。

★⑷ Bの部分は何を示していますか。適当なものを⑶の**ア**～**ウ**からすべて選び，記号で答えなさい。（　　　　　）

★⑸ Cの部分は何を示していますか。適当なものを⑶の**ア**～**ウ**からすべて選び，記号で答えなさい。（　　　　　）

3 **地球にある水は，海水，河川《かせん》の水，氷河《ひょうが》，地下水，空気中の水蒸気《すいじょうき》と状態《じょうたい》を変えて循環《じゅんかん》していて，それぞれの量はほぼ一定です。**1年間で蒸発《じょうはつ》する水の量は陸地で62000km^3，海洋で450000km^{3}と見積もられています。また，1年間で降《ふ》る雨の量は陸地で108000km^{3}と見積もられていて，蒸発する以外の水は河川の水や地下水，氷河となって海に流れこんでいます。海洋に1年間で降る雨の量は何km^{3}ですか。

【早稲田中】（　　　　　）

4 **図1は，ある地域《ちいき》の地質《ちしつ》を表しています。Aは溶《よう》岩《がん》でできた台地で，BとCは堆積岩《たいせきがん》の地層《ちそう》です。Dは図2のような岩石でできています。** 【清風中・改】

また，P－Qは左右の地層のくい違《ちが》い(断層《だんそう》)を，R－Sはその上下の地層面《ちそうめん》が不規則《ふきそく》な重なり方をしていることを示《しめ》しています。

この地層を調べた結果は，次のようになりました。

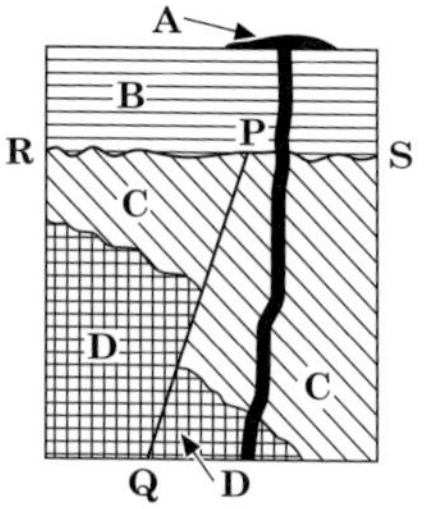

図1

〈調査結果〉

1. Aの台地は火山《かざん》の噴出物《ふんしゅつぶつ》がふくまれていました。
2. Bの地層からハマグリの化石《かせき》が，また，Cの地層からは約2億年前のアンモナイトの化石が見つかりました。
3. DはCの地層の下にありますが，Dのできた時代は約1億年前ということがわかっています。

図2

⑴ Aの台地ができた当時《とうじ》，火山活動がさかんでした。火山ガスの中に最も多くふくまれている気体は何ですか。（　　　）

⑵ Bの地層からハマグリの化石が見つかったことから，この地層はどんな所で堆積したと考えられますか。（　　　）

⑶ Dの岩石の表面を拡大《かくだい》して観察すると，図2のように黒や白の角ばった大きい粒《つぶ》が見られました。この岩石の名前は何ですか。次から適《てき》するものを1つ選び，記号で答えなさい。（　　）

ア 砂岩《さがん》　イ 花《か》こう岩《がん》　ウ れき岩《がん》　エ 泥岩《でいがん》

⑷ 図2の岩石はどのようにしてできましたか。簡単《かんたん》に説明しなさい。

（　　　　　　　　　　　　）

⑸ R－Sの不規則な凹凸《おうとつ》の面は，何による作用によってできたものですか。次から適するものを1つ選び，記号で答えなさい。（　　）

ア 人間の活動　イ 火山の噴火《ふんか》　ウ 水の流れ

エ 海水の重み　オ 地震《じしん》のゆれ

★⑹ この地域は少なくとも過去《かこ》に何回，海底の時期があったと考えられますか。

（　　　）

★⑺ A，B，C，D，P－Q，R－Sについて，できた年代の古いものから順に並《なら》べたとき，2番目と4番目にくるものを，それぞれ答えなさい。

2番目（　　　）　4番目（　　　）

5 **図1は，地震のゆれを地震計で記録したものであり，初めに小さなゆれが何秒間か続き，その後大きくゆれたことを表しています。**　【女子学院中】

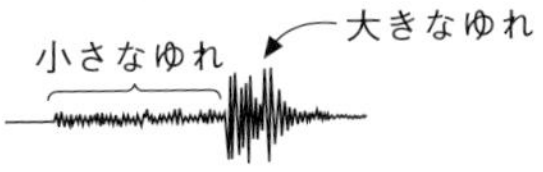

図1

右下の図2は，ある時刻《じこく》に地点Pで発生した地震に対して，A～Dの各観測所《かんそくじょ》における地震計の記録を集め，時刻をそろえて並べたものです。図中の(　)はPからの距離《きょり》を示《しめ》しています。

(1) 次の①～④の文が正しい場合には○，間違《まちが》っている場合には×を記しなさい。
①(　　) ②(　　) ③(　　) ④(　　)

① ゆれが一番大きかったのはAである。
② Bでは，小さなゆれが5秒間続いた。
③ 小さなゆれの伝わる速さのほうが，大きなゆれの伝わる速さより大きい。
④ 小さなゆれは，大きなゆれより先に発生した。

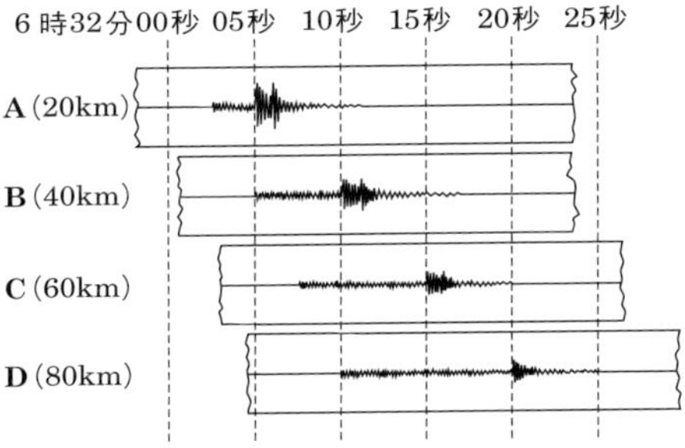

図2

(2) 小さなゆれと大きなゆれの伝わる速さについて，正しいものを次からそれぞれ選び，記号で答えなさい。
小さなゆれ(　　) 大きなゆれ(　　)

ア　しだいに速くなる。　イ　しだいに遅《おそ》くなる。　ウ　一定である。

(3) Pからの距離(横)と，小さなゆれが到着《とうちゃく》してから大きなゆれが到着するまでの時間(縦《たて》)の関係を示したグラフを次から選び，記号で答えなさい。(　　)

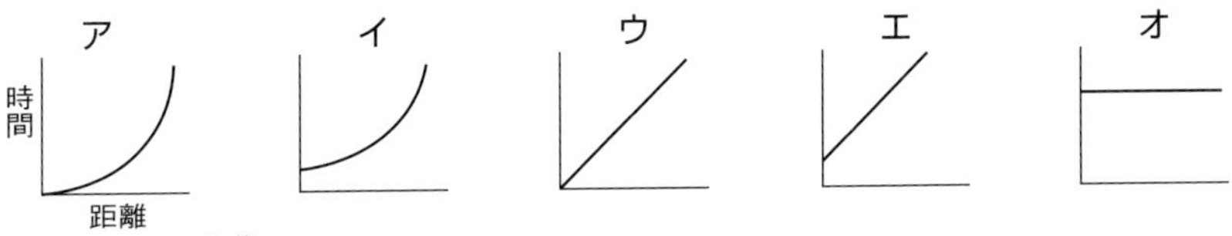

★(4) 地震による被害《ひがい》はおもに大きなゆれによって引き起こされる。小さなゆれのほうが大きなゆれより先に到着するという性質を利用し，地震が発生した地点に近い観測所での小さなゆれの記録から，大きなゆれの到着時刻を予測《よそく》して，知らせることができるようになった。

観測所Aに小さなゆれが到着してから5秒後に，この情報《じょうほう》が観測所Dに届《とど》いた。Dに情報が届いてから大きなゆれが到着するまでに，何秒余裕《よゆう》がありますか。　(　　)

6 次の文章を読んで，あとの問いに答えなさい。 【広島女学院】

①少し前まではどこにでも見られたのに，最近，数がどんどん少なくなっている生物がいます。これは私《わたし》たちが便利のよい生活を求めることで，②人間以外の生物のすみやすい環境《かんきょう》を奪《うば》ってしまった結果であると考えられます。私たちはどうすれば生物のすみやすい環境をとり戻《もど》せるかを考える必要があります。

⑴ 下線部①にあてはまる生物の例としてどのようなものがありますか。次から１つ選び，記号で答えなさい。（　　）

ア　ナズナ　　イ　ダンゴムシ　　ウ　スズメ
エ　メダカ　　オ　シロツメクサ

⑵ 下線部②にあてはまる環境の例としてどのようなものがありますか。次から１つ選び，記号で答えなさい。（　　）

ア　材木をとるために，スギの木を植林した山
イ　上流にたくさんのダムをつくった川
ウ　人間のかかわりによって維持《いじ》されている雑木林《ぞうきばやし》
エ　塩害防止《えんがいぼうし》用のせき(水の流れをせき止めるためのしきり)をつくった川や湾《わん》
オ　水草や水辺の植物をなくし，川底をきれいに整備《せいび》した小川

★⑶ 新しく外国から来た生物が急に増《ふ》えて日本に昔からいる生物が減《へ》ってしまうことがあります。それはどうしてですか。30字以内で答えなさい。
（　　　　　　　　　　　　　　　　）

⑷ 人間の努力によって，最近，数が増えつつある生物はどれですか。次から２つ選び，記号で答えなさい。（　　）（　　）

ア　ツクシ　　イ　アメリカザリガニ　　ウ　ホタル　　エ　オオバコ
オ　サケ　　カ　モンシロチョウ　　キ　アブラゼミ

7 次の問いに答えなさい。 【関西大一中】

⑴ 石油《せきゆ》の価格《かかく》の上昇《じょうしょう》や二酸化炭素《にさんかたんそ》の出る量の問題などから，植物を利用してガソリンに代わる，バイオ燃料《ねんりょう》をつくりました。バイオ燃料の原料はトウモロコシですが，トウモロコシからできる燃料となる物質《ぶっしつ》は何ですか。最も適当《てきとう》なものを次から選び，記号で答えなさい。（　　）

ア　アルコール　　イ　メタン　　ウ　天然《てんねん》ガス　　エ　ガソリン

⑵ 地球の平均気温《へいきんきおん》を上げていく，二酸化炭素の性質《せいしつ》を何といいますか。最も適当なものを次から選び，記号で答えなさい。（　　）

ア　温暖化効果《おんだんかこうか》　　イ　温室《おんしつ》効果　　ウ　温熱《おんねつ》効果　　エ　高温《こうおん》効果

(3) (2)の性質が二酸化炭素より大きく，牛のゲップの中にある気体は何ですか。最も適当なものを次から選び，記号で答えなさい。　(　　)

ア　水蒸気《すいじょうき》　　イ　窒素《ちっそ》　　ウ　水素《すいそ》　　エ　メタン

(4) 電池は，いろいろな金属《きんぞく》を使ってつくられています。とくに，充電《じゅうでん》ができる電池で使われている，リサイクルマークはどれですか。最も適当なものを次から選び，記号で答えなさい。　(　　)

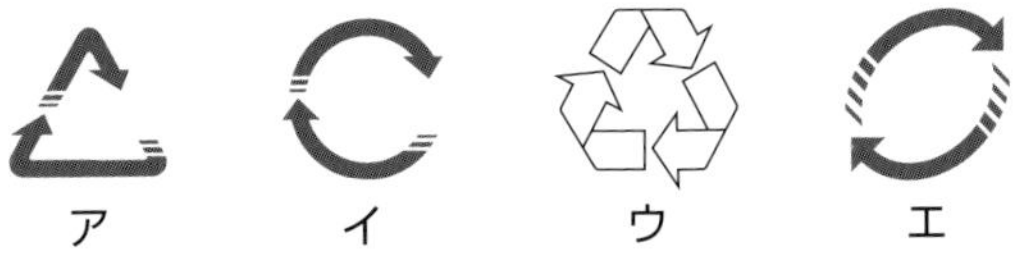

8 次の問いに答えなさい。　【豊島岡女子学園中】

(1) 近年，大都市圏《だいとしけん》で都市構造の変化に伴《ともな》って，都市の中心部の気温が郊外《こうがい》部に比《くら》べて島状《しまじょう》に高くなる「ヒートアイランド現象《げんしょう》」が生じています。ヒートアイランド現象に見られるような大都市圏での高温化は，各現象《かくげんしょう》との関連性《かんれんせい》が指《し》摘《てき》されていますが，ヒートアイランド現象と関連性がない現象として最も適当なものを次から１つ選び，記号で答えなさい。　(　　)

ア　酸性雨《さんせいう》　　イ　熱中症《ねっちゅうしょう》の増加《ぞうか》

ウ　光化学《こうかがく》スモッグ　　エ　局地的集中豪雨《ごうう》

(2) 下の図は，1987～2004年の日本(岩手県大船渡《おおふなと》市綾里《りょうり》)と南極における大気中の二酸化炭素濃度《のうど》の変動を表しています。日本の二酸化炭素濃度の変動を表すグラフは，イ，ロのどちらか答えなさい。また，図に見られる周期的な変動に最も大きい影響《えいきょう》をあたえているのは何ですか。最も適当なものをあとのア～エから１つ選び，記号で答えなさい。

グラフ(　　)　影響(　　)

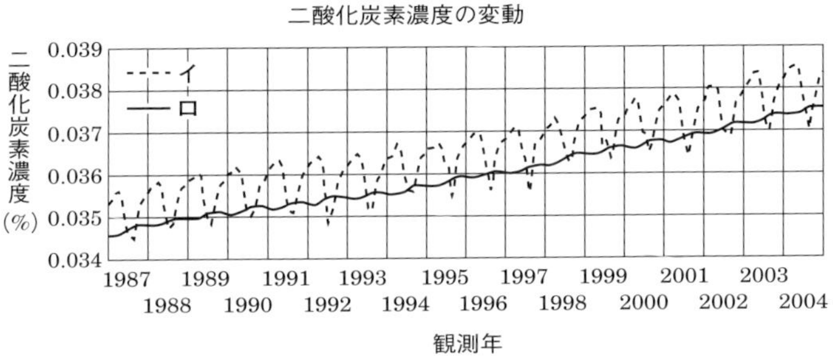

ア　潮《しお》の満《み》ち引き　　イ　植物の活動

ウ　太陽の黒点《こくてん》運動　　エ　動物(人をふくむ)の活動

地球編　総合問題

解答➡別冊 p.42

★は最高レベル

1 ある年の８月，中国の北京《ペキン》でオリンピックが開催《かいさい》されました。競技《きょうぎ》の模様《もよう》がテレビ中継《ちゅうけい》されたときに，「現地《げんち》時間」ということばが使われていました。これは，地球の運動と太陽の位置の関係から，時《じ》刻《こく》が決められているからです。このことについて，右の地図を参考にして，あとの問いに答えなさい。【京都女子中】

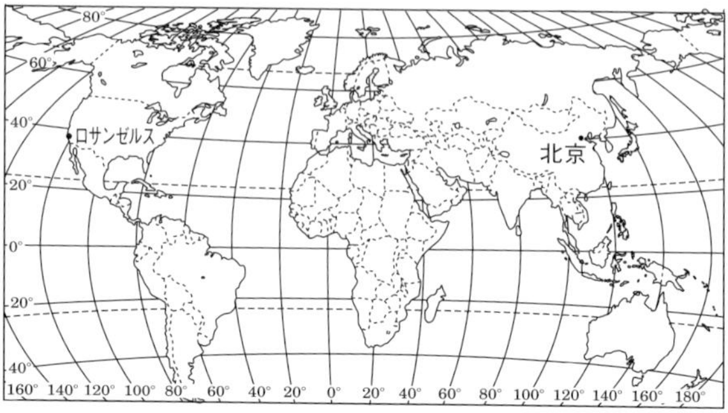

⑴ 次の文中の(　　)に入る最も適当《てきとう》なことばを下のア～シの中からそれぞれ選び，記号で答えなさい。

①(　　　)　②(　　　)　③(　　　)　④(　　　)
⑤(　　　)　⑥(　　　)　⑦(　　　)

地球は(　①　)から(　②　)へ(　③　)しているため，太陽が南中《なんちゅう》する地点は，(　④　)から(　⑤　)へ順にうつっていきます。したがって，東にある地点ほど太陽が(　⑥　)南中します。このずれは経度《けいど》によって決まり，経度が 15 度違《ちが》うと，約(　⑦　)時間ずれることになります。

ア　10　　イ　4　　ウ　1　　エ　0　　オ　早く　　カ　遅《おそ》く
キ　公転《こうてん》　　ク　自転《じてん》　　ケ　北　　コ　南　　サ　東　　シ　西

⑵ 日本では東経《とうけい》 135 度，中国の北京では東経 120 度の所に，太陽が南中したときを正午と定めています。北京では，この年の８月 13 日午前 10 時に開始される競技を，日本でテレビ中継していました。そのときの日本は，８月何日の何時ですか。時刻は，午前・午後をつけて答えなさい。　(　　　　　)

★ ⑶ アメリカ合衆国《がっしゅうこく》のロサンゼルスでは，西経《せいけい》 120 度の所に，太陽が南中したときを正午と定めています。今，日本(東経 135 度)で太陽が南中しているとすると，ロサンゼルスではいつ太陽が南中したでしょうか。日本で南中した何時間前か答えなさい。
(　　　　　)

★ ⑷ 北京(東経 120 度)で，この年の８月 13 日午前 10 時に開始される競技を，ロサンゼルス(西経 120 度)でテレビ中継していました。そのときのロサンゼルスは，８月何日の何時ですか。時刻は，午前・午後をつけて答えなさい。
(　　　　　)

2 **次の文章を読んで，あとの問いに答えなさい。** 【聖園女学院中】

海面は，約 12 時間周期で規則的《きそくてき》に高くなったり低くなったりしています。この現象《げんしょう》を「潮汐《ちょうせき》」とよんでいます。また，海面が高くなることを「満潮《まんちょう》」，低くなることを「干潮《かんちょう》」とよんでいます。干潮には，時期によっても程度《ていど》があり，非常《ひじょう》に水位が高くなるときとそれほど高くならないときがあります。最も水位が高い満潮を「大潮《おおしお》」とよび，最も水位が低い満潮を「小潮《こしお》」とよびます。この潮汐は，月の引力と太陽の引力によって引き起こされています。満潮は，月に面している地球上の海面が，月の引力によって引っぱられるために起こる現象です。月と反対側にある海面も，月から遠いぶんだけ引力の影響《えいきょう》が小さくなるので満潮になります。大潮は，太陽と月と地球が一直線に並《なら》んだときに起こります。このとき，太陽と月の引力による影響が最大になるからです。また，小潮は，地球に対して月と太陽が直角の位置関係にあるときに起こります。このとき，太陽と月の引力による影響が最も小さくなるからです。大潮も小潮も，月と反対側にある海面でも生じている現象です。

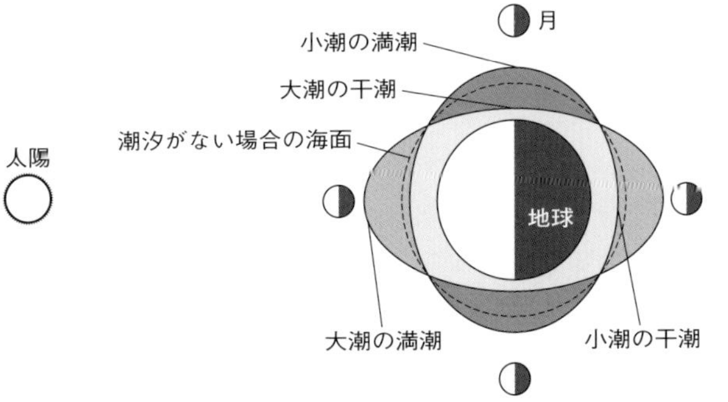

⑴ 海面は 1 日に何回上下していますか。1 往復《おうふく》を 1 回として答えなさい。

（　　　　　）

⑵ 大潮が起こるときの月の形をすべて答えなさい。

（　　　　　　　　）

⑶ ある日の満潮は午前 10 時でした。続いてくる干潮は何時ごろだと考えられますか。

（　　　　　）

⑷ 地球から見た月の満ち欠けは，何が原因《げんいん》で起こっているか答えなさい。

（　　　　　　　　　　　　　　　　　　　　）

⑸ 大潮はどのくらいの周期で起こるか，次から最も適《てき》するものを選び，記号で答えなさい。

（　　）

ア　約 7 日　　イ　約 10 日　　ウ　約 15 日　　エ　約 30 日

★ **3** **火星などの惑星《わくせい》はすべて，太陽のまわりを同じ方向にまわっています。** この運動を公転《こうてん》といいます。地球も惑星のひとつです。いま，**図 1** のように 1 つの平面上で，地球も火星《かせい》も太陽を中心とする円をえがいて，それぞれが一定の速さで矢印の方向に公転しているものとします。地球は 1 年で太陽のまわりを 1 公転します。火星は地球より外側を 1 年以上かかって 1 公転します。その円の大きさを求めてみましょう。次の問いに答えなさい。ただし，**図 1**～**図 3** は地球の北極側から見た図です。 【灘中】

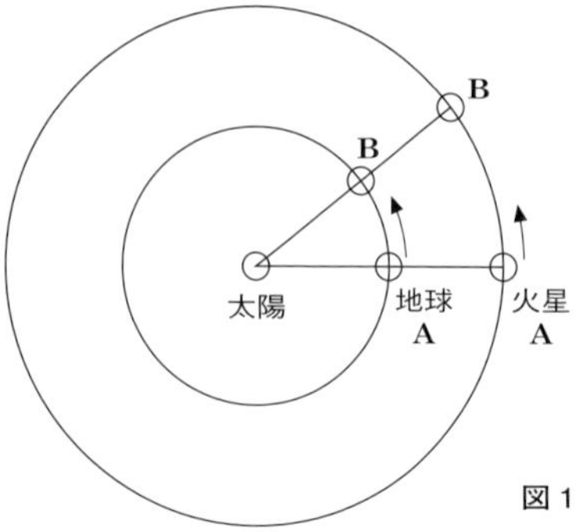

図 1

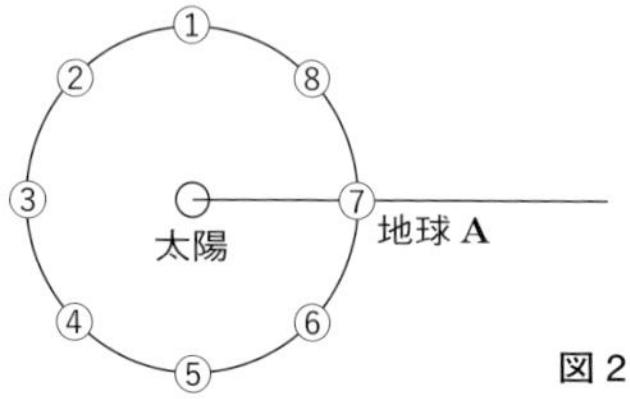

図 2

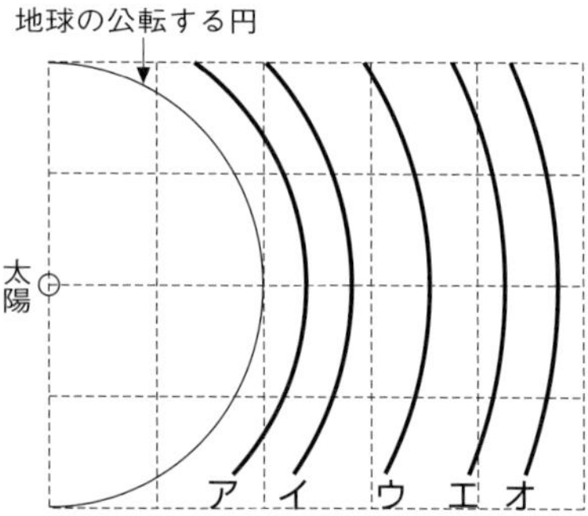

図 3

⑴ 地球と火星が**図 1** のように,「太陽－地球－火星」の順に一直線上に並《なら》んだ時刻《じこく》**A** から，次に同じ順で一直線上に並ぶ時刻 **B** までに，2.143 年かかりました。火星は何年で太陽のまわりを 1 公転しますか。四捨五入《ししゃごにゅう》により小数第 3 位まで答えなさい。 (　　　　　)

⑵ 時刻 **A** から⑴の答えの時間だけたった時刻 **C** の地球の位置はどこですか。**図 2** の①～⑧のうち最も近いものを選び，番号で答えなさい。 (　　)

⑶ 時刻 **C** に，地球から見て火星は太陽から 90 度の方向に見えました。この日の火星は，日本では何時ごろ南中《なんちゅう》(真南の方向に来ること)しますか。次から選び，記号で答えなさい。 (　　)

ア 0 時　**イ** 3 時　**ウ** 6 時　**エ** 9 時
オ 12 時　**カ** 15 時　**キ** 18 時　**ク** 21 時

⑷ ⑵と⑶から，火星が公転する円を，地球の公転する円をもとに作図で求めることができます。火星が公転する円の大きさを表す図として，最も近いものを**図 3** の**ア**～**オ**から選び，記号で答えなさい。 (　　)

4 **次の文を読んで，あとの各問いに答えなさい。**　【金蘭千里中・改】

夏，家の前の道路に水まきをすると涼《すず》しくなるといわれている。これを確《たし》かめるために，風の弱いよく晴れた日に水まきの効果《こうか》を調べる実験をした。1時間ごとにアスファルトの道路にあらかじめバケツにくんでおいた水をまいて，少し時間をおいてぬれたアスファルト面と水をまいていない乾燥《かんそう》したアスファルト面の温度をはかった。右の図はその結果をグラフにしたものである。

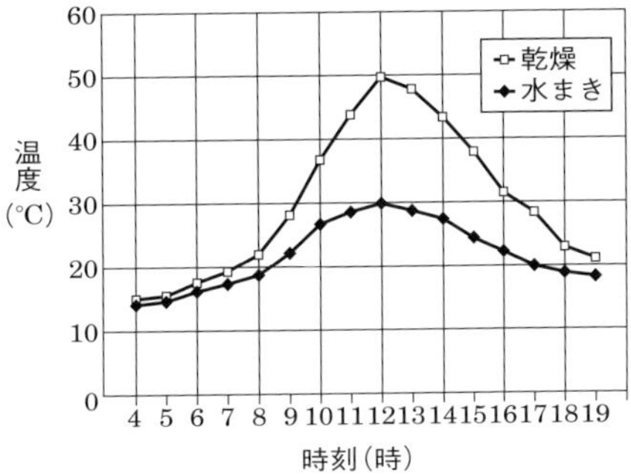

(1) 水まきしたアスファルト面の温度が，乾燥したアスファルト面の温度よりいつも低い理由として最も大きな要因《よういん》といえるものを次から選び，記号で答えなさい。　(　　)

ア　水が冷たいので，水によってアスファルト面が冷やされた。

イ　水がアスファルト面によって冷やされたため温度が下がった。

ウ　水が太陽光を遮《さえぎ》ってアスファルト面の温度が下がった。

エ　水が蒸発《じょうはつ》するときにアスファルト面から熱を奪《うば》うため温度が下がった。

(2) 同じ時期のくもりの日に同じ実験をするとどうなりますか。最も適当なものを次から選び，記号で答えなさい。　(　　)

ア　乾燥した面と水まきした面の温度差は天気がよい日より小さくなる。

イ　乾燥した面と水まきした面の温度差は天気がよい日より大きくなる。

ウ　乾燥した面と水まきした面の温度差は天気のよい日と変わらない。

エ　乾燥した面と水まきした面の温度差は天気のよい日より午前は大きく，午後は小さくなる。

(3) 1日の間の乾燥したアスファルト面の温度と気温の関係を簡単《かんたん》に書きなさい。

(　　　　　　　　　　　　　　　　　　　　)

(4) 実験の結果についてどのようなことが考えられますか。最も適当なものを次から選び，記号で答えなさい。　(　　)

ア　早朝や夜に水をまくと1日中涼しくなる。

イ　昼間広い範囲《はんい》に水をまくと涼しくなる。

ウ　水まきはアスファルト面には効果があるが，そのほかの地面では涼しくならない。

エ　水まきは地面の温度を下げるが，気温は下がらないので涼しくならない。

5 次の図 1～図 4 は，日本の季節の代表的な天気図です。図中には等圧線《とうあつせん》が引かれています。

【星野学園中】

図 1

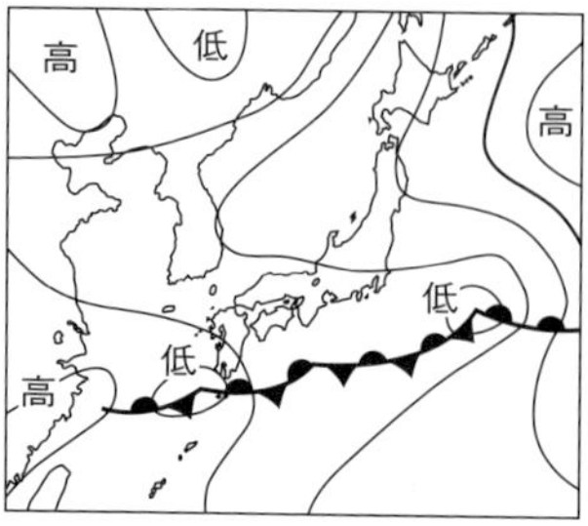

図 2

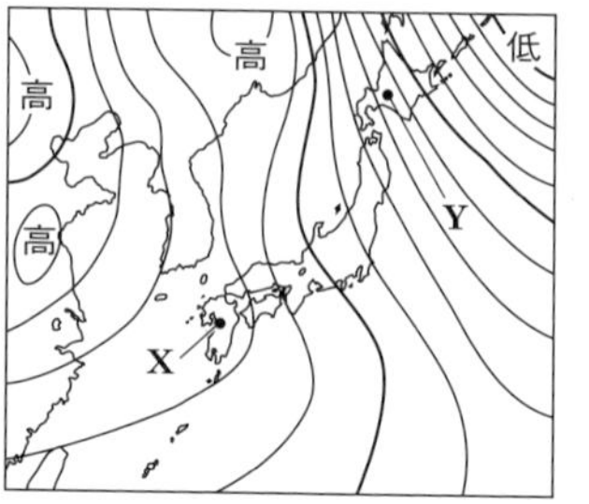

図 3

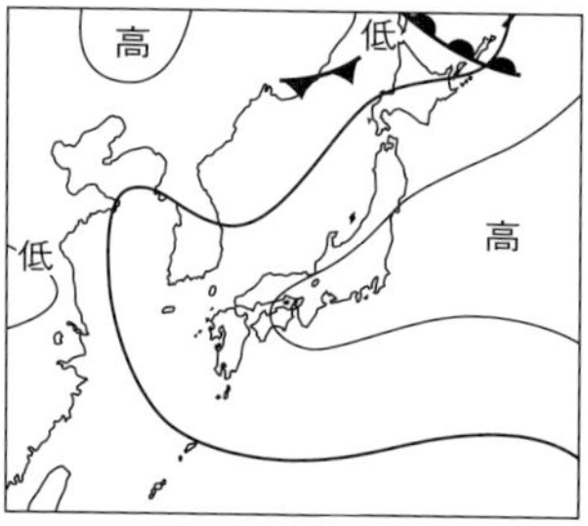

図 4

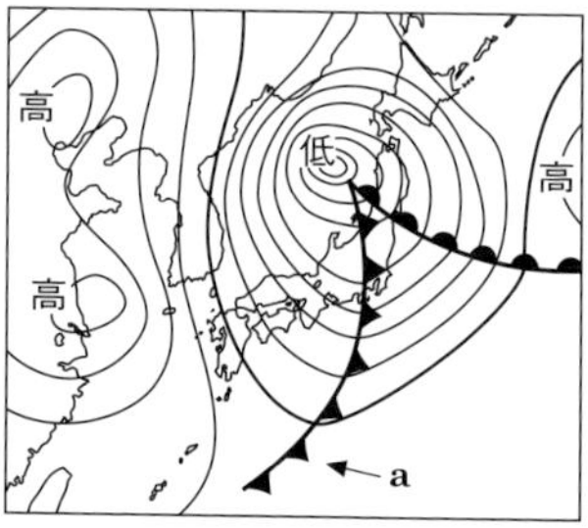

⑴ 図 1 は何月ごろの天気図ですか。次から選び，記号で答えなさい。（　　）

ア　1月　　イ　6月　　ウ　8月　　エ　11月

⑵ 図 2 の天気図が表す季節はいつですか。春夏秋冬のいずれか 1 つで答えなさい。また，この天気図に見られるような気圧配置《きあつはいち》を何といいますか。漢字 4 文字で答えなさい。　季節（　　）　気圧配置（　　）

⑶ 図 2 の熊本市（X地点）と札幌《さっぽろ》市（Y地点）では，どちらのほうが風が強く吹《ふ》いていると考えられますか。XとYの記号で答えなさい。また，選んだ理由を答えなさい。

記号（　　）

理由（　　）

⑷ 図 3 で日本上空を覆《おお》っている高気圧《こうきあつ》を何といいますか。

（　　）

⑸ 図 3 で日本上空を覆っている高気圧は，温度と湿度《しつど》についてどんな性質《せいしつ》をもっていますか。右のア～エから選び，記号で答えなさい。（　　）

	温度	湿度
ア	低い	低い
イ	低い	高い
ウ	高い	低い
エ	高い	高い

⑹ 図 4 の a の前線《ぜんせん》名と，その前線の地上付近での様子（①，②）を表したものの組み合わせとして正しいものを，次ページのア～エから選び，記号で答えなさい。（　　）

〔前線の地上付近での様子〕

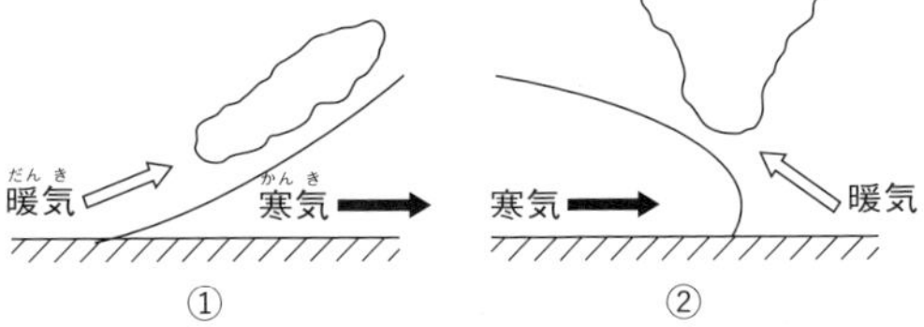

	前線名	地上付近での様子
ア	寒冷前線《かんれいぜんせん》	①
イ	寒冷前線	②
ウ	温暖前線《おんだんぜんせん》	①
エ	温暖前線	②

★ **6**　**図1は，れき，砂《すな》，泥《どろ》などの粒《つぶ》をふくんだ濁《にご》った水から，その粒が底に沈《しず》んでたまり始める速さと粒の大きさの関係と，水底がけずられ始める水の流れる速さと水底をつくる粒の大きさとの関係を調べたグラフです。**

【洛星中】

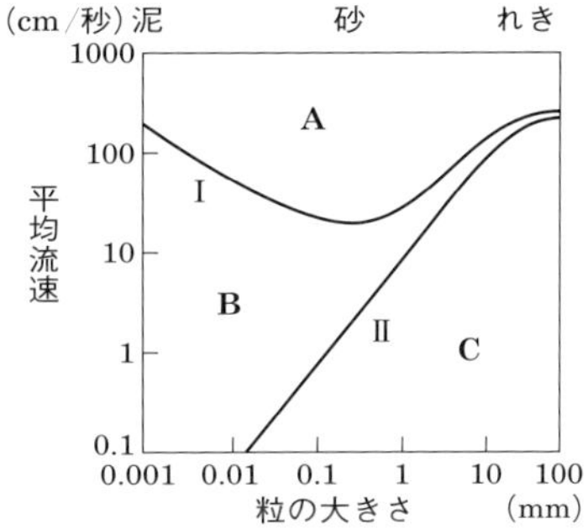

図1

図1の線I，線IIで分けられたA，B，Cの範囲《はんい》は，それぞれ「粒がけずられる」，「粒が運ばれる」，「粒がたまる」状態《じょうたい》を示《しめ》しています。次の問いに答えなさい。

(1) 直径0.1mmの粒は流速が秒速10cmの水流中ではどのような状態になっていますか。次からすべて選び，記号で答えなさい。　（　　　）

ア　底をつくっている粒はけずられない。

イ　底をつくっている粒はけずられる。

ウ　流れに運ばれている粒はたまる。

エ　流れに運ばれている粒はたまることなく運ばれ続ける。

(2) 直径0.1mmの粒は流速が秒速100cmの水流中ではどのような状態になっていますか。(1)のア～エからすべて選び，記号で答えなさい。　（　　　）

(3) れき，砂，泥をそれぞれ別の流水実験器（図2）に入れ同じように水を流し，流速を速くしていきました。はじめに流され始めるのは何を入れた流水実験器ですか。図1の結果をもとに次から選び，記号で答えなさい。　（　　）

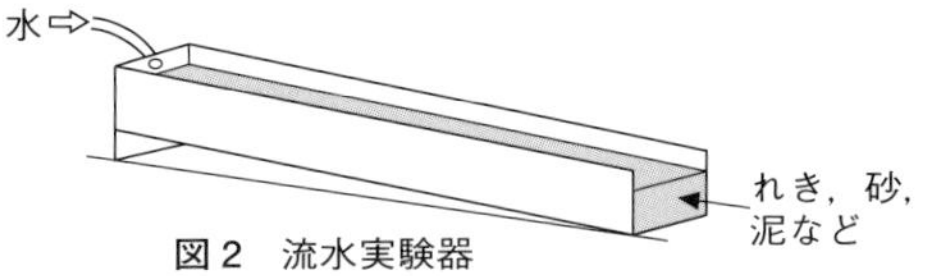

図2　流水実験器

ア　泥　　　イ　砂

ウ　れき　　エ　泥と砂が同時

オ　泥とれきが同時　　カ　砂とれきが同時

7 次の文を読み，以下の問いに答えなさい。 【久留米大附設中】

土砂《どしゃ》が堆積《たいせき》するときは，小石や砂《すな》などの粒《つぶ》の大きさによっておおまかに分かれて堆積する。これは，粒の大きさによって粒が沈《しず》むまでの時間が異《こと》なるためである。

右のグラフは，粒の大きさと沈むのに必要な時間との関係を表している。ただし，粒はつねに同じ速さで沈むものとする。

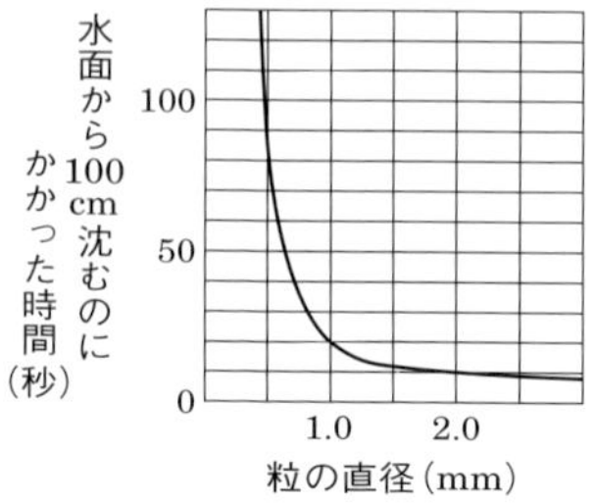

⑴ 次の岩石は，土砂が堆積することで生じたものである。それぞれの岩石の説明として，適当《てきとう》な文を次から1つ選び，記号で答えなさい。

①泥岩《でいがん》（　　） ②砂岩《さがん》（　　） ③れき岩《がん》（　　）

ア　丸みをおびた小石が砂などといっしょに固まっている。
イ　虫めがねでも見ることができないぐらいの小さな粒が固まっている。
ウ　角ばった大きな粒がすき間なく集まってできている。
エ　とても小さな粒が集まってできているが，その中に角ばった大きな粒が混《ま》ざっている。
オ　砂が固まっている。

⑵ 大きさの異なる粒を同時に水面から沈めたとき，底に沈んでいる粒の様子として最も適当な図を，グラフをもとに選び，記号で答えなさい。ただし，各図は，上が水面側とします。（　　）

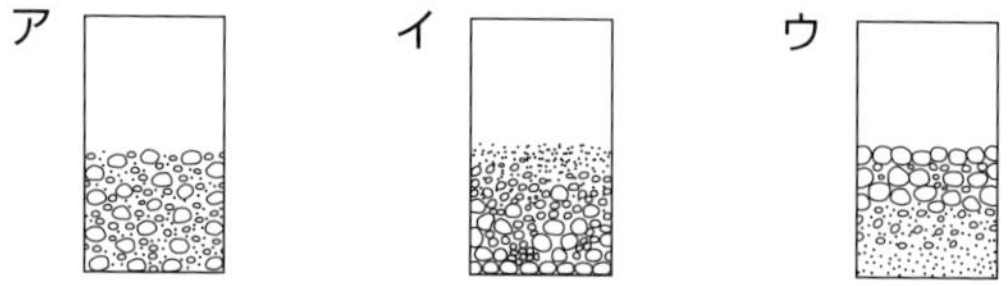

直径1.0mmの粒**A**と直径2.0mmの粒**B**を同時に深さ150cmのプールに落とした。ただし，プールの水は動いていないものとする。

⑶ 直径1.0mmの粒が沈む速さは毎秒何cmですか。（　　）

⑷ それぞれの粒が底まで沈むのに必要な時間は，それぞれ何秒ですか。

A（　　） **B**（　　）

直径1.0mmの粒**A**と直径2.0mmの粒**B**を，毎秒100cmで流れている，深さが150cmの川の水面に落とした。ただし，それぞれの粒が運ばれる速さは川の流れの速さと等しく，一度沈んだ粒はその場所から移動《いどう》しないものとする。

⑸ それぞれの粒が川底まで沈んだとき，粒**A**と粒**B**の間は何m離《はな》れていますか。
（　　　　　）

8 次の文を読み，以下の問いに答えなさい。 【智辯学園中】

ある山のふもとの地点**P**～**S**で穴《あな》を掘《ほ》って地下の様子を調べていました。**図1**は掘り取った地下の様子の一部を，**図2**は地点**P**～**S**の位置と高さをそれぞれ表しています。

なお，この山には地層《ちそう》がずれた場所はなく，地層は東西方向には水平に，南北方向には傾《かたむ》いて，同じ厚《あつ》さで堆積していることがわかっています。これについて，あとの問いに答えなさい。

図1
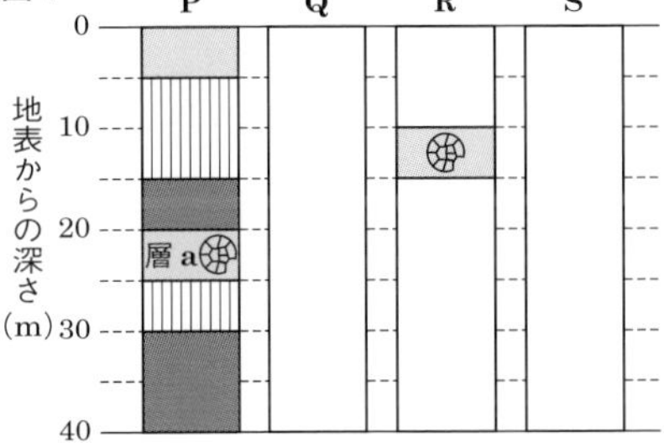

図2
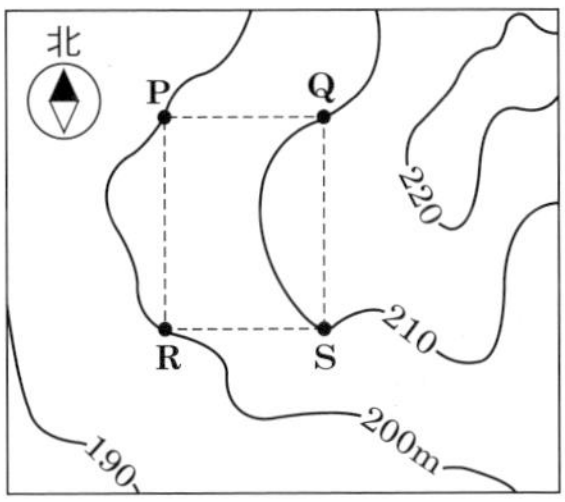

⑴ 地下の様子を調べるために，機械で穴を掘って地下深くの土や岩石をとり出すことをといいますか。 （　　　　　）

⑵ 地点**P**では，アンモナイトの化石《かせき》を多くふくむ砂の層**a**が地表から20m掘ったところから見つかりました。このことから，地点**Q**～**S**の地下について，次の問いに答えなさい。

① 地点**Q**では，地表から何m掘れば層**a**が現れますか。 （　　　　　）

② 地点**R**では，層**a**が地表から10m掘ったところから見つかりました。このことから，この山の地層は南北のどちらに低くなって傾いていますか。 （　　　　　）

③ 地点**S**の地下の様子として正しいものを，右の図の**ア**～**エ**から1つ選び，記号で答えなさい。

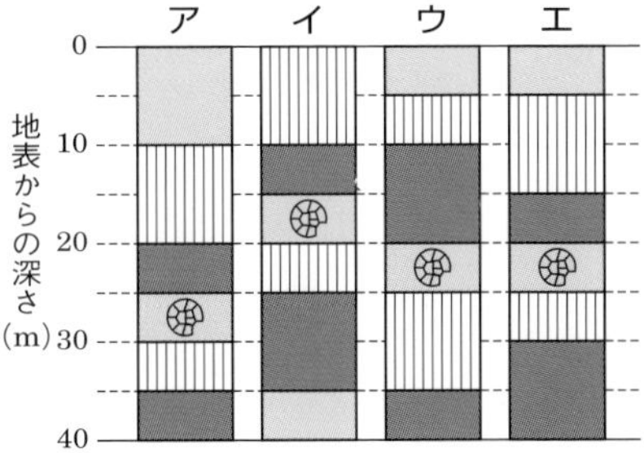

（　　　）

9 地下水などの水分を多くふくむ，軟《やわ》らかい地盤《じばん》の場所で地震《じしん》が起こると，建物が倒《たお》れたり，地中の水道管が地上へ浮《う》き上がってしまったり，地盤にふくまれる水分が地割《じわ》れから地表にしみ出してしまったりする被害《ひがい》が起こります。その様子を再現《さいげん》しようと，次の①～④の順に実験をしました。 【学習院中等科・改】

① 水槽《すいそう》に砂《すな》を入れて，砂が隠《かく》れるくらいに水を注ぎこんだ。

② 砂と水が混《ま》ざり合うようによくかき混ぜた。

③ 少し時間をおいて，砂より上にたまった水分を静かに捨《す》てた。

④ 振動《しんどう》発生器を水槽にあてると水が表面に浮き出てきた。

⑴ ④の現象《げんしょう》が起こる理由として最も正しいものを次から選び，記号で答えなさい。 (　　)

ア　振動で砂粒《すなつぶ》どうしの空間がつまり，余分《よぶん》な水分が砂の上にたまった。

イ　振動で砂粒どうしの空間が広がり，余分な水分が砂の上にたまった。

ウ　振動で水の体積が増《ま》し，余分な水分が砂の上にたまった。

エ　振動で水の体積が減《へ》り，余分な水分が砂の上にたまった。

⑵ ④の現象が最も起こりやすい場所はどこですか。

(　　　　　　　　　　　　)

⑶ 地震による④のような現象を何といいますか。 (　　　　　　　　)

★⑷ 金属《きんぞく》の玉と発泡《はっぽう》スチロールの玉を砂の上部と，底部に置いた。④のような振動をあたえるとどうなりますか。最も正しいものを次のア～オから選び，記号で答えなさい。なお，金属の玉は●で，発泡スチロールの玉は○で表している。上の●と○は砂の上にのっている。底の●と○は砂に埋《う》まっている。

(　　)

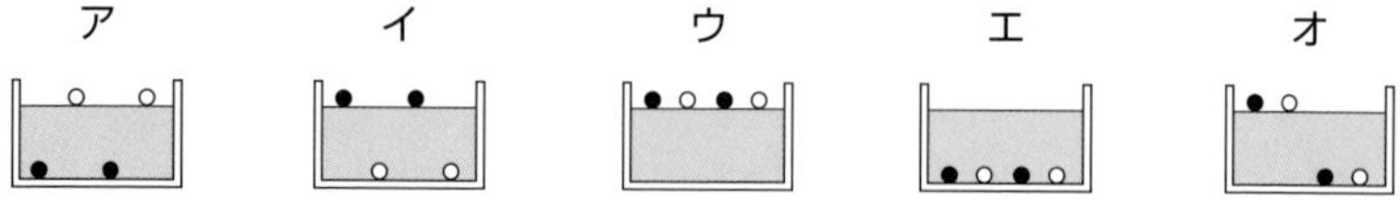

ア　金属の玉は沈《しず》む。発ぽうスチロールの玉は浮く。

イ　金属の玉は浮く。発泡スチロールの玉は沈む。

ウ　金属の玉も発泡スチロールの玉も浮く。

エ　金属の玉も発泡スチロールの玉も沈む。

オ　金属の玉にも発泡スチロールの玉にも変化はない。

物質編

いろいろな実験器具

加熱するときに使う実験器具

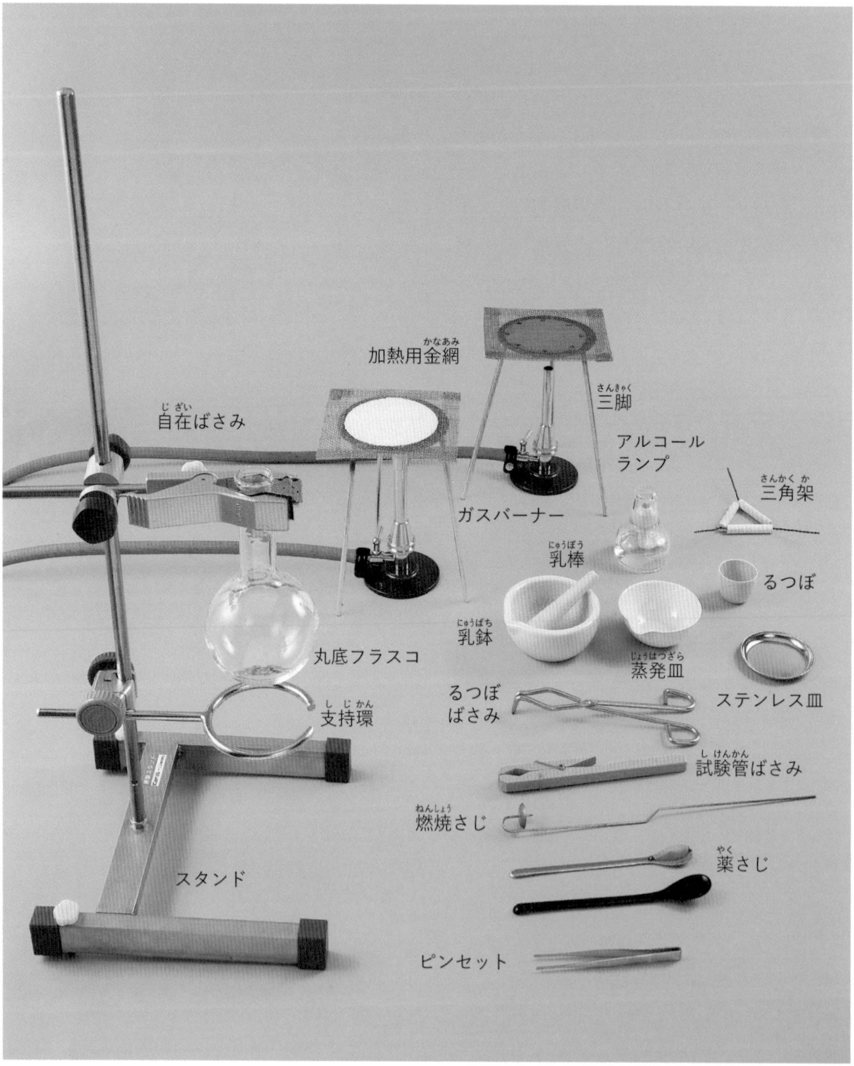

化学変化を調べるときに使う実験器具

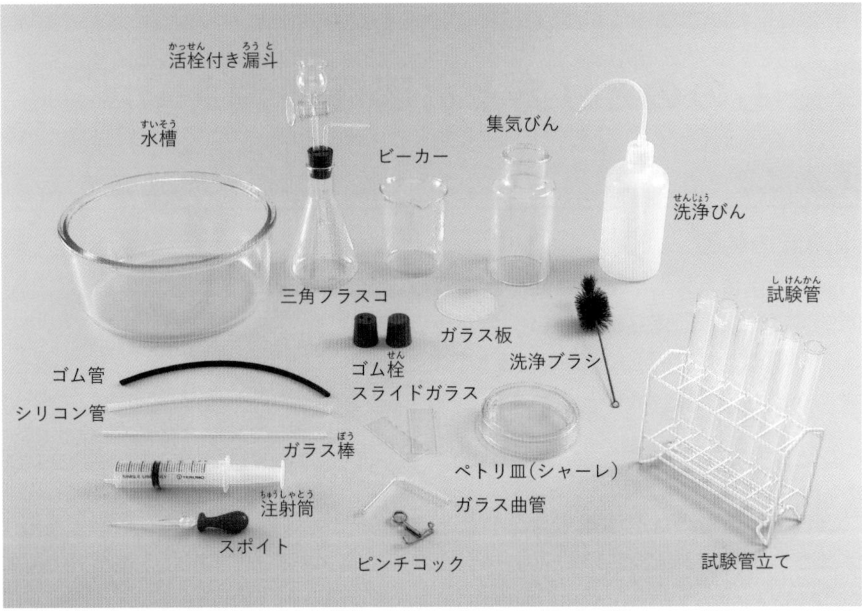

体積や重さを測定《そくてい》するときに使う実験器具

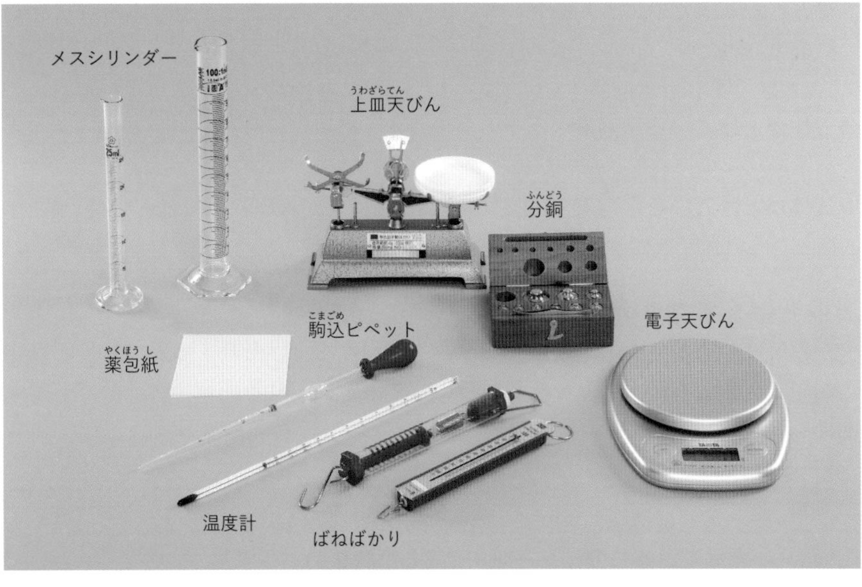

第1章 物質の変化

1 もののとけ方と水溶液《すいようえき》の濃《こ》さ

1 水溶液

どんな特徴《とくちょう》があるか。

水溶液の特徴

ものを水にとかしてできた液を**水溶液**という。水溶液は透明《とうめい》で，濁《にご》っていない。色がついているものもある(例硫酸銅《りゅうさんどう》水溶液は青色)が，透《す》き通っていれば，水溶液である。

注意 牛乳《ぎゅうにゅう》，墨汁《ぼくじゅう》などは，透き通っていないから，水溶液ではない。

▲水溶液は透明(右は水溶液ではない)

とけているものは，**ろ紙《し》**ではこしとることができない。

参考 とけずに下に沈《しず》んでいるものは，ろ紙でこしとることができる。

水溶液の種類

● **固体《こたい》がとけている水溶液**…例食塩水《しょくえんすい》・砂糖《さとう》水・ホウ酸水《さんすい》・石灰水《せっかいすい》(水酸化《すいさんか》カルシウム水溶液)・水酸化ナトリウム水溶液・重曹水《じゅうそうすい》(炭酸水素《たんさんすいそ》ナトリウム水溶液)・硫酸銅水溶液

注意 食塩のことを塩化《えんか》ナトリウムともいう。また，水酸化カルシウムのことを消石灰《しょうせっかい》ともいう。

● **液体《えきたい》がとけている水溶液**…例アルコール水・酢酸水《さくさんすい》(酢《す》)・希硫酸《きりゅうさん》(硫酸を水で薄《うす》めた液)

● **気体《きたい》がとけている水溶液**…例炭酸水《たんさんすい》(二酸化炭素《にさんかたんそ》が水にとけた液)・塩酸《えんさん》(塩化水《えんかすい》素《そ》という気体が水にとけた液)・アンモニア水《すい》

ものを早くとかす方法

ものをとかすときに，かき混《ま》ぜたり，水の温度を上げたりすると，早くとかすことができる。また，ものを細《こま》かい粒《つぶ》にして，水にふれる面積を広くしても早くとける。

入試ポイント

- 水溶液は**透明**。濁《にご》っている液は水溶液ではない。
- **とけているもの**は，**ろ紙**では**こしとれない**。

2 溶解度《ようかいど》

☞ものは水にいくらでもとけるのだろうか。

● **溶解度**…ものが水にとける量には限度《げんど》がある。100gの水にとけることのできるものの量を**溶解度**という。溶解度は重さ(**質量**《しつりょう》)で表す。

参考 上皿天《うわざらてん》びんではかる量を質量という。単位はg。

▶ **溶解度の特徴**…溶解度は，物質《ぶっしつ》の種類によって違《ちが》う。また，同じものでも，**温度**によって違う。

固体は，ふつう温度が高くなるほど，溶解度が大きくなる。

注意 食塩は温度が上がっても，溶解度はあまり大きくならない。水酸化カルシウムは，温度が上がると，溶解度は小さくなる。

気体は，ふつう温度が高くなるほど，溶解度が小さくなる。

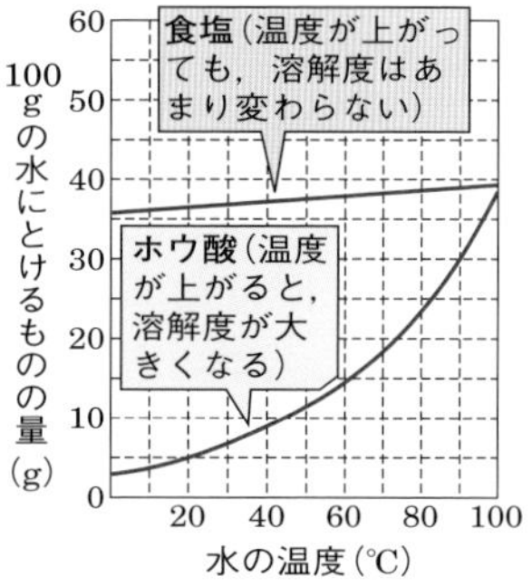

▲温度による溶解度の変化

温　度　(℃)	0	20	40	60	80	100
砂　　糖	179	204	238	287	362	485
食　　塩	35.6	35.8	36.3	37.1	38.0	39.3
ホ　ウ　酸	2.8	4.9	8.9	14.9	23.5	38.0
水酸化カルシウム	0.14	0.13	0.11	0.09	0.07	0.05

▲水100gにとける固体の量(溶解度；g)

● **飽和**《ほうわ》**水溶液**…ものがとけられるだけとけている水溶液のことを**飽和水溶液**という。

水にとけることのできるものの量は，水温が一定であれば，水の量に比例《ひれい》する。たとえば，ホウ酸は，上の表から，80℃では，100gの水に23.5gまでとける。したがって，80℃の水200gにとけることのできるホウ酸の量は，

$23.5 \times \frac{200}{100} = 47.0(g)$　となる。

● **再結晶**《さいけっしょう》…濃い水溶液の温度を下げたり，水を蒸発《じょうはつ》させたりすると，とけることのできる量が減《へ》るので，とけきれなくなったものが**結晶**《けっしょう》となり，下に沈む。この現象を**再結晶**という。結晶は右の図のような美しい形をしていて，ろ紙でこしとれる。

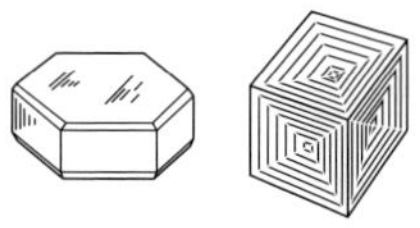

ホウ酸　食塩

▲結晶

入試ポイント
● **溶解度**…**100gの水**にとけることのできるものの量(**重さ**)。
● **温度が上がる**と，ふつう，**固体**の溶解度は**増**《ふ》**え**，**気体**の溶解度は**減る**。

例題　食塩《しょくえん》とホウ酸《さん》のとけ方

右の図は，食塩とホウ酸を100gの水にとけるだけとかしたとき，そのとける量が水温によってどう変わるかを表したものです。

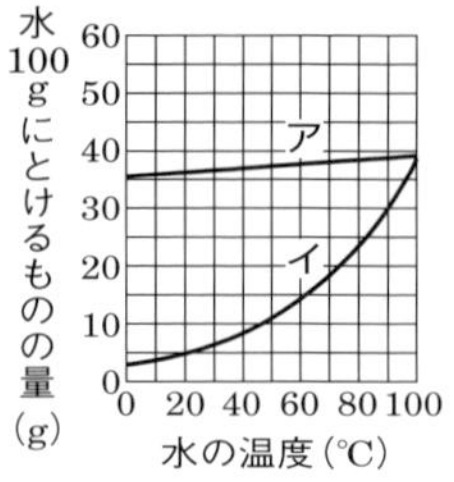

⑴ ホウ酸の変化を表したグラフは，ア，イのどちらですか。

⑵ 90℃の水100gにホウ酸を10gとかしました。あと何gのホウ酸をとかすことができますか。

⑶ 90℃の水200gにホウ酸をできるだけとかしたあと，水温を20℃に下げたところ，ホウ酸の結晶《けっしょう》が出てきました。何gの結晶が出てきましたか。

⑷ 90℃の水200gに食塩をとけるだけとかしたあと，水温を20℃以下に下げたときに出てくる食塩の結晶は，⑶で出てきたホウ酸の結晶より多いですか，少ないですか。

考え方 ⑴ 食塩の溶解《ようかい》度《ど》は，温度が上がってもあまり変わらないが，ホウ酸の溶解度は，温度が上がると大きく変わることは，覚えておくとよい。

⑵ グラフから，90℃では，ホウ酸は水100gに30gまでとかすことができる。先に10gとかしたから，あと30 − 10 = 20(g)とかすことができる。

⑶ グラフから，90℃の水100gにとけることのできるホウ酸は30g，20℃の水100gにとけることのできるホウ酸は5gなので，水が100gのときはその差のぶん(右の図の点線で表した量)が結晶となって出てくる。この場合は，水の量が200gなので，出てくる結晶の量は，水の量に比《ひ》例《れい》して，

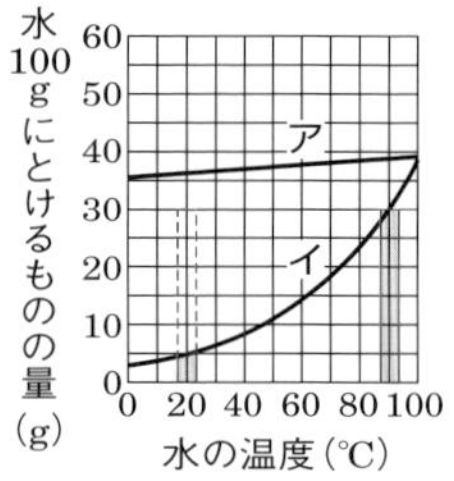

$(30-5)\times\frac{200}{100}=50(\mathrm{g})$　となる。

〔別解〕グラフから，ホウ酸が水100gにとけることのできる量は，90℃では30g，20℃では5gとわかるから，水200gにとけることのできる量は，90℃では，30 × 2(g)，20℃では5 × 2(g)となる。飽《ほう》和《わ》水溶液《すいようえき》を冷やすと，この差が結晶となって出てくるから，(30 × 2) − (5 × 2) = 50(g)

⑷ グラフで見ても，食塩の溶解度の差は，90℃と20℃とで，39 − 36 = 3(g)しかないから，食塩のほうが少ない。

答 ⑴ イ　⑵ 20g　⑶ 50g　⑷ 少ない

入試ポイント
- **食塩**は，水温が上がっても，溶解度は**あまり増《ふ》えない**。
- **溶解度の変化の大きいもの**は，冷やしたとき，たくさん**結晶**が出る。

3 水溶液の濃《こ》さ

☞とけているものの濃さはどのように求めるか。

水溶液の重さと体積

水溶液の重さは，水の重さととかしたものの重さの和になる。ものを水にとかすと，体積は少し増えるが，その増えた体積は，とかしたものの体積より小さい。また，とかしたものと同じ重さの水の体積より小さい。

ものを水にとかしたときの体積が増える割合《わりあい》は，重さが増える割合より小さいので，同じ体積の水溶液の重さは，濃い水溶液ほど重くなる。

●**水溶液の濃さ**…水溶液の濃さは，とけているものの重さが水溶液全体の重さの何パーセントにあたるかという割合(百分率《ひゃくぶんりつ》)で表す。

$$\text{水溶液の濃さ(\%)} = \frac{\text{とけているものの重さ(g)}}{\text{水溶液の重さ(g)}} \times 100$$

注意 水の中に入っていても，とけずに下に沈《しず》んでいるものの重さは，とけているものの重さにも，水溶液の重さにもふくまない。

例題 食塩水の濃さ

100gの水に25gの食塩をとかしてつくった食塩水の濃さは何%ですか。

考え方 できた食塩水の重さは，$100 + 25 = 125$(g)であるから，濃さは，上の式を使って，$\frac{25}{125} \times 100 = 20$　(分母を100としないように)

答 20%

●**水溶液の加熱**…固体をとかした水溶液を，右の図のような装置《そうち》で加熱すると，とけているものは蒸発《じょうはつ》せず，水だけが蒸発する。したがって，ガラス管《かん》から出てきた水蒸気を冷やすと，純粋《じゅんすい》な水が得られる。このようにして純粋な物質をとり出す方法を**蒸留《じょうりゅう》**という。

一方，フラスコ内の水溶液はしだいに濃くなり，飽和水溶液になると，結晶ができ始める。この方法で，水ととけているものを分けることができる。

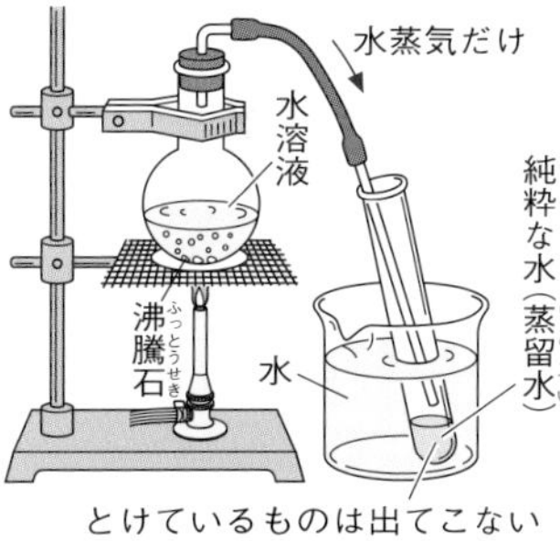

▲蒸留の方法

入試ポイント ● $\text{水溶液の濃さ(\%)} = \frac{\text{とけているものの重さ(g)}}{\text{水溶液の重さ(g)}} \times 100$

例題 溶解《ようかい》度《ど》と濃《こ》さ

右の表は，100gの水にとけることのできる食塩《しょくえん》とホウ酸《さん》の量を表したものです。次の問いに答えなさい。答えは小数第２位を四捨五入《ししゃごにゅう》しなさい。

（水 100gにとける量）

水の温度(°C)	0	20	40	60	80	100
ホ ウ 酸(g)	2.8	4.9	8.9	14.9	23.5	38.0
食 塩(g)	35.6	35.8	36.3	37.1	38.0	39.3

(1) 20℃の水 100gに食塩をとけるだけとかすと，何％の食塩水ができますか。
(2) (1)の食塩水に水を 100g加えると，濃さは何％になりますか。
(3) 80℃の水 100gに食塩をとけるだけとかすと，何％の食塩水ができますか。
(4) (3)を 80℃に保《たも》ったまま，水を 50g蒸発《じょうはつ》させると，濃さは何％になりますか。
(5) 60℃の水 100gにホウ酸をとけるだけとかしたあと，温度を 20℃まで下げました。濃さは何％になりますか。

考え方 (1) $\frac{35.8}{100+35.8} \times 100 = 26.36\cdots = 26.4$　26.4％

(2) $\frac{35.8}{200+35.8} \times 100 = 15.18\cdots = 15.2$　15.2％

(3) $\frac{38.0}{100+38.0} \times 100 = 27.53\cdots = 27.5$　27.5％

(4) 食塩水は飽和水溶液《ほうわすいようえき》のままであるから，濃さは(3)と同じである。

(5) $\frac{4.9}{100+4.9} \times 100 = 4.67\cdots = 4.7$　4.7％

答 (1) 26.4％　(2) 15.2％　(3) 27.5％　(4) 27.5％　(5) 4.7％

4 ガスバーナーの使い方

どのような手順で火をつけるか。

▶火をつけるとき

①上下２つのねじが閉《と》じているか，確かめる。
②**元栓《もとせん》**を開く。
③マッチに火をつけ，**ガス調節《ちょうせつ》ねじ**を少しずつ開いて，点火する。
④ガス調節ねじを調節して，炎《ほのお》の大きさを調整する。
⑤**空気調節《くうきちょうせつ》ねじ**を開き，青色の安定した炎にする。

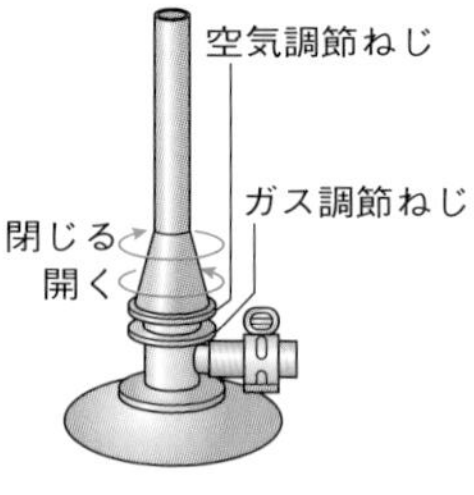

▲ガスバーナー

▶火を消すとき

空気調節ねじ，ガス調節ねじ，元栓の順に閉じる。

入試ポイント
- 水溶液の濃さは，水の重さではなく，**水溶液の重さ**をもとにする。
- **水溶液の重さ＝水の重さ＋とけているものの重さ**

5 アルコールランプの使い方

☞安全のためにどんなことに注意するか。

アルコールランプを使うときは，次のようにすると，安全である。

①アルコールの容器《ようき》を押《お》さえて，蓋《ふた》をとり，とった蓋はそばに立てておく。

②火をつけるときは，マッチの火を横から静かに近づける。

③アルコールは，容器の 8 分目ぐらいまで入れ，芯《しん》は 5mm 程度《ていど》出しておく。

④三脚《さんきゃく》の下で使う場合は，火をつけてから，三脚の下へもっていく。

⑤炎の$\frac{1}{3}$が金網《かなあみ》にあたるように，アルコールランプの高さを調節する。

⑥火を消すときは，蓋を横から被《かぶ》せる。

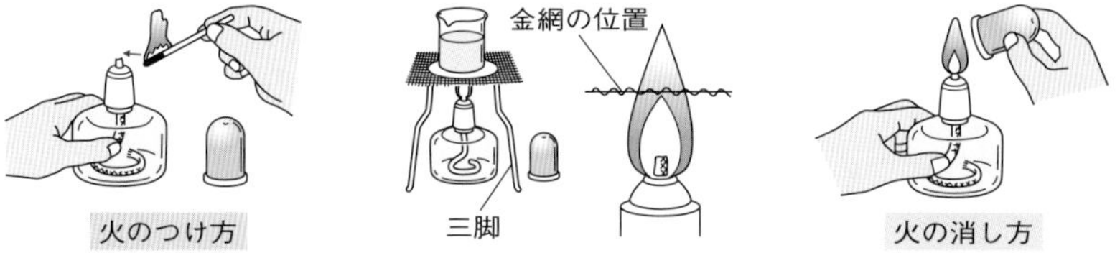

▲アルコールランプの使い方

6 ろ過《か》のしかた

☞液が跳《は》ねないようにどんなことに気をつけるか。

● **ろ過**…液体の中に，とけずに混《ま》じっているものを**ろ紙《し》**でこしとることを**ろ過**という。

▶ **ろ過のしかた**…下の図のようにろ紙を折って**漏斗《ろうと》**にはめ，液を注《そそ》ぐ。液を注ぐときは，液が跳ねないようにガラス棒《ばり》を伝わせ，ろ紙の重なったところに流れこむようにする。また，漏斗から流れ出る液が跳ねないように，漏斗の足のとがったほうをビーカーの壁《かべ》につける。

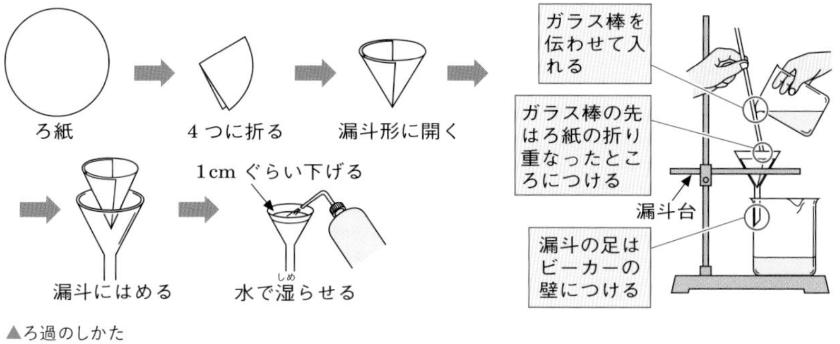

▲ろ過のしかた

入試ポイント

- アルコールランプの火は，**蓋を被せ**て消す。
- **漏斗**に液を注ぐときは，**ガラス棒を伝わせる。**

☑ まとめチェック

知識を整理・確認しよう！

答え

① 水溶液《すいようえき》

□ ① 水溶液は，すべて透明《とうめい》であるといえるか。

□ ② 水溶液に，色のついているものはあるか。

□ ③ とけているものを，ろ紙《し》でこしとることはできるか。

①
① いえる
② ある
③ できない

② 溶解度《ようかいど》

次の表は，食塩《しょくえん》とホウ酸《さん》が 100g の水にとけることのできる限《げん》度量《どりょう》(g)を，各温度別に表したものである。これについて，次の問いに答えなさい。

温　度(℃)	0	20	40	60	80
食　塩(g)	35.6	35.8	36.3	37.1	38.0
ホウ酸(g)	2.8	4.9	8.9	14.9	23.5

□ ① 80℃の水 100g にホウ酸をとけるだけとかしたあと，温度を 20℃に下げたとき，何 g のホウ酸が出てくるか。

□ ② 80℃の水 100g にホウ酸を 20g だけとかしたあと，温度を 20℃に下げたとき，何 g のホウ酸が出てくるか。

□ ③ 80℃の水 200g にホウ酸をとけるだけとかしたあと，温度を 20℃に下げたとき，何 g のホウ酸が出てくるか。

□ ④ 60℃の水 300g に食塩をとけるだけとかしたあと，温度を 60℃に保《たも》ったまま，水を 100g だけ蒸発《じょうはつ》させた。このとき，何 g の食塩が出てくるか。

②
① 18.6g
② 15.1g
③ 37.2g
④ 37.1g

③ 水溶液の濃《こ》さ

□ ① 100g の水に 25g の食塩をとかしてつくった食塩水の濃さは何%か。

③
① 20%

④ ガスバーナーとアルコールランプの使い方

□ ① ガスバーナーの炎《ほのお》は，何色になるように調節するか。

□ ② アルコールランプのアルコールは何分目まで入れるか。

④
① 青色
② 8分目

⑤ ろ過《か》のしかた

□ ① 液体の中の固体をろ紙でこしとる操作《そうさ》を何というか。

□ ② 液を漏斗《ろうと》に注ぐときは何に伝わせて注ぐか。

⑤
① ろ過
② ガラス棒《ぼう》

力だめしの問題　入試標準レベル　解答➡別冊p.45

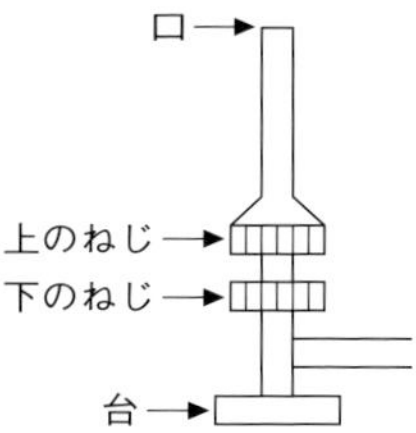

1 **ガスバーナーの使い方について，次の文中の⑴～⑿の空欄《くうらん》にあてはまる最も適当《てきとう》な語句《ごく》を下の語群のア～ソから選び，記号で答えなさい(同じ記号をくり返し選んでもよい)。ただし，文中または語群中のガスバーナーの各部の名前は右の図に示《しめ》すとおりです。**　【洛星中】

まず，ガスバーナーの(1)が締《し》まっていることを確《かく》認《にん》し，ガスの(2)を開きます。次に，(3)をしっかり押《お》さえながら(4)をゆっくり緩《ゆる》め，ガスバーナーの口に(5)を送って火をつけます。このとき，ガスバーナーから出る炎の色は，(6)色です。さらに，(7)をしっかり押さえながら(8)をゆっくり緩め，ガスバーナーの炎に(9)を送って炎の色を(10)色にして使用します。もし，炎の大きさが大きすぎたり，小さすぎたりした場合は，(11)をまわして炎の大きさを調節し，(12)をまわして炎の色を調節します。

〈語群〉

ア	上のねじ	イ	下のねじ	ウ	上のねじと下のねじ		
エ	口	オ	台	カ	スイッチ	キ	元栓《もとせん》
ク	ガス	ケ	空気	コ	二酸化炭素《にさんかたんそ》	サ	水蒸気《すいじょうき》
シ	だいだい	ス	青	セ	黄	ソ	緑

⑴(　　　)　⑵(　　　)　⑶(　　　)　⑷(　　　)　⑸(　　　)　⑹(　　　)
⑺(　　　)　⑻(　　　)　⑼(　　　)　⑽(　　　)　⑾(　　　)　⑿(　　　)

2 **〈実験 1〉～〈実験 3〉を行いました。あとの問いに答えなさい。**　【帝塚山中】

〈実験 1〉　砂糖《さとう》，鉄，銅《どう》，アルミニウムのそれぞれの粉《こな》を混合《こんごう》し，水の入ったビーカーに入れてよくかき混《ま》ぜた。これを**A**とする。

〈実験 2〉　**A**をろ過して，固体《こたい》**B**と液体《えきたい》**C**に分けた。

〈実験 3〉　液体**C**を蒸発皿《じょうはつざら》にとり，穏《おだ》やかに加熱した。

⑴ ろ過の方法として，最も適当なものを選び，記号で答えなさい。

(　　　)

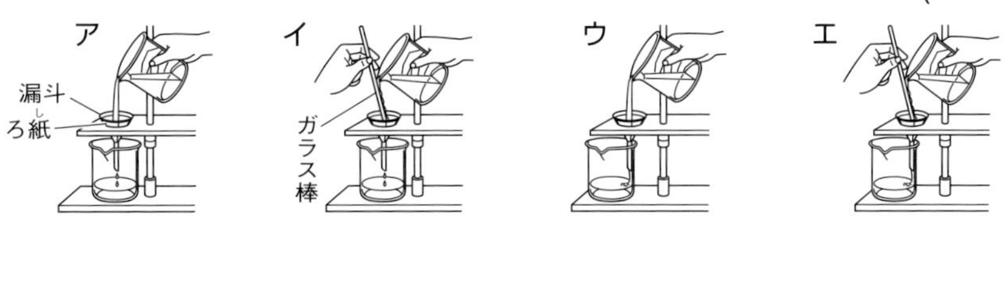

(2) 〈実験3〉で，水が蒸発《じょうはつ》したあと，さらに熱し続けると，どのような変化が見られますか。次から選び，記号で答えなさい。 (　　)

ア　何も残らない。　　イ　白い粉《こな》が残る。

ウ　赤色の金属《きんぞく》が出てくる。　　エ　銀色の金属が出てくる。

オ　黒く焦《こ》げる。

3 **ある水溶液《すいようえき》から結晶《けっしょう》をつくると，右の図のような結晶ができました。この水溶液にとけていた物質《ぶっしつ》はどれですか。次から選び，記号で答えなさい。** 【青雲中】

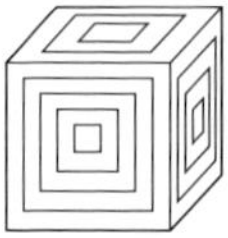

(　　)

ア　硝酸《しょうさん》カリウム　　イ　ホウ酸《さん》　　ウ　硫酸銅《りゅうさんどう》

エ　食塩《しょくえん》　　オ　ミョウバン

4 **いろいろな温度の水 100g にホウ酸を限界《げんかい》までとかして，それぞれの温度でホウ酸が何 g ずつとけるかを調べました。ホウ酸のとける量は下の表のようになりました。あとの問いに答えなさい。** 【比治山女子中】

水の温度(℃)	0	20	40	60	100
とけるホウ酸の量(g)	2.8	5	9	15	38

(1) 40℃の水 100g に限界までホウ酸をとかした水溶液を 20℃まで冷やしたら，何 g のホウ酸の結晶があらわれますか。 (　　　)

(2) 30g のホウ酸を全部とかすには，20℃の水が何 g 必要ですか。

(　　　)

(3) 60℃の水 100g にホウ酸を限度までとかした水溶液の濃《こ》さは何パーセントですか。小数第 1 位を四捨五入《ししゃごにゅう》して答えなさい。 (　　　)

5 **アルコールランプに関する次の(1)〜(4)について，正しいものには○，誤《あやま》っているものには×をそれぞれ書きなさい。** 【早稲田実業中等部】

(1) 芯《しん》は 5mm 程度《ていど》出すのがよい。 (　　)

(2) 火を消すときは，強く息を吹《ふ》きかけてすばやく消す。 (　　)

(3) すでに火がついているアルコールランプを用いて，まだ火のついていない別のアルコールランプに火をつける。 (　　)

(4) アルコールが減《へ》ってきたら，火を消してすぐにアルコールを 8 分目ぐらいまでたす。 (　　)

6 白い粉A～Dは食塩，ミョウバン，硝酸カリウム，でんぷんのいずれかです。白い粉の正体を明らかにするために，次の実験1，実験2を行いました。図は，100gの水にとかすことのできるものの量と温度の関係を表したグラフです。また，表は**実験1，2**の結果を表しています。下の問いに答えなさい。【親和中】

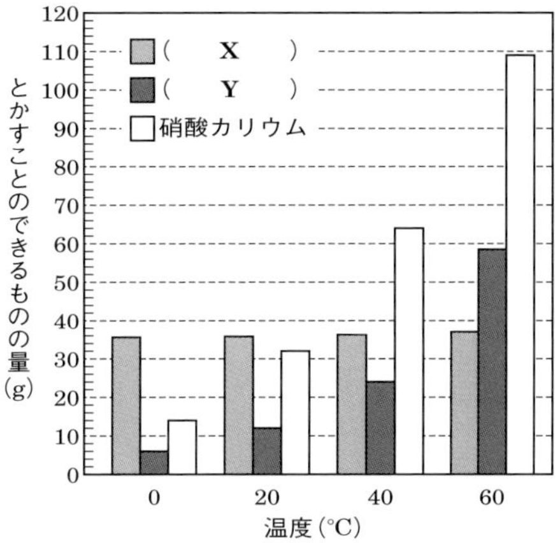

〈実験1〉 ビーカーに50gの水を入れ，水温を20℃に保《たも》ちながら，白い粉**A**をとけ残りが出るまで1gずつ加えた。白い粉**B**～**D**についても同様の実験を行った。

それぞれの温度で**A, B, C, D**のとけた量

	A	B	C	D
20℃	少量(白く濁《にご》った)	18g	16g	6g
40℃	少量(白く濁った)	18g	32g	12g

〈実験2〉 ビーカーに50gの水を入れ，水温を40℃に保ちながら，**A**をとけ残りが出るまで1gずつ加えた。**B**～**D**についても同様の実験を行った。

(1) 粉が水にとけるとはどのようなことですか。次から正しいものをすべて選び，記号で答えなさい。　(　　　　)

ア 必ず無色透明《むしょくとうめい》になり，しばらくしても水と粉は分かれない。

イ 必ず透明になり，しばらくしても水と粉は分かれない。

ウ 無色透明になるが，しばらくすると粉が沈《しず》んでくる。

エ 透明になるが，しばらくすると粉が沈んでくる。

オ 粉は混《ま》ぜなくても，時間がたてば全体に均一《きんいつ》に広がる。

(2) 図中の**X**，**Y**は食塩，ミョウバン，でんぷんのいずれかです。それぞれ何か答えなさい。　**X**(　　　　)　**Y**(　　　　)

(3) 白い粉**A**～**D**は何と考えられますか。それぞれ答えなさい。

A(　　　　)　**B**(　　　　)　**C**(　　　　)　**D**(　　　　)

(4) **〈実験2〉**のあと，**B**をとかした液に水を25g加え，水温を40℃に保ちながらとけ残りが出るまで**B**を追加しました。この液には何gの**B**がとけていますか。

(　　　　)

(5) **〈実験2〉**のあと，**C**をとかした液を60℃まであたためて，温度を保ちながら**C**をとけ残りが出るまで追加しました。あとから追加した**C**は何gですか。

(　　　　)

2 水溶液《すいようえき》の性質《せいしつ》

1 水溶液の分類

☞ 酸性《さんせい》・中性《ちゅうせい》・アルカリ性《せい》の水溶液にはどんな性質があるか。

● **酸性の水溶液**…**リトマス紙《し》**の青色を赤色に変えるような水溶液の性質を**酸性**という。酸性の水溶液は，どれも酸《す》っぱい味がする。

注意 塩酸《えんさん》・硫酸《りゅうさん》・硝酸《しょうさん》・酢酸《さくさん》などの濃《こ》い水溶液をなめてはいけない。

▶ **塩酸**…**塩化水素《えんかすいそ》**という気体《きたい》が水にとけてできた水溶液。鼻を刺《さ》すようなにおいがする(このにおいは塩化水素のにおい)。

▶ **炭酸水《たんさんすい》**…**二酸化炭素《にさんかたんそ》**(気体)が水にとけてできた水溶液。**石灰水《せっかいすい》**と混《ま》ぜ合わせると，白く濁《にご》る(この濁りは**炭酸《たんさん》カルシウム**)。

▶ **酢酸水《さくさんすい》**…**酢酸《さくさん》**という液体《えきたい》が水にとけてできた水溶液。鼻を刺すようなにおいがある。料理に使う「酢《す》」は，酢酸水に近い。

▶ **ホウ酸水《さんすい》**…**ホウ酸《さん》**(固体《こたい》)が水にとけてできた水溶液。

● **中性の水溶液**…赤色のリトマス紙も青色のリトマス紙も色を変えないような水溶液の性質を**中性**という。

▶ **食塩水《しょくえんすい》**…**食塩**(**塩化ナトリウム**ともいう)が水にとけてできた水溶液。

▶ **砂糖《さとう》水**…砂糖が水にとけてできた水溶液。砂糖水を蒸発皿《じょうはつざら》などで加熱し，水を蒸発《じょうはつ》させると，あとに残る砂糖は黒く焦《こ》げる。この黒いものは**炭素《たんそ》**である。ぶどう糖《とう》水溶液やでんぷんのりも中性で，やはり熱すると黒く焦げる。

▶ **アルコール水《すい》**…**アルコール**(液体)が水にとけてできた水溶液。甘いかおりがする。

参考 蒸留水《じょうりゅうすい》は水溶液ではないが，中性である。

● **アルカリ性の水溶液**…**リトマス紙**の赤色を青色に変えるような水溶液の性質を**アルカリ性**という。アルカリ性の液は，どれも苦味がある。

注意 水酸化《すいさんか》ナトリウム水溶液などをなめてはいけない。

▶ **石灰水《せっかいすい》**…**消石灰《しょうせっかい》**(**水酸化カルシウム**ともいう)が水にとけてできた水溶液。二酸化炭素を吹《ふ》きこむと白く濁る(この濁りは**炭酸カルシウム**)。

▶ **水酸化ナトリウム水溶液**…**水酸化ナトリウム**(固体)が水にとけてできた水溶液。**二酸化炭素**をよく吸収《きゅうしゅう》する。

▶ **炭酸水素《たんさんすいそ》ナトリウム水溶液**…**重曹水《じゅうそうすい》**ともいう。**炭酸水素ナトリウム**(**重曹《じゅうそう》**ともいう)が水にとけてできた水溶液。

入試ポイント

- **酸性**の水溶液…リトマス紙の**青色→赤色**。**酸っぱい味**がする。
- **アルカリ性**の水溶液…リトマス紙の**赤色→青色**。**苦味**がある。

▸**アンモニア水《すい》**…**アンモニア**という気体が水にとけてできた水溶液(アンモニアは水に非常《ひじょう》にとけやすい)。鼻を刺すようなにおいがする。

また，**石《せっ》けん水《すい》**や**灰《はい》じる**は，弱いアルカリ性を示《しめ》す。

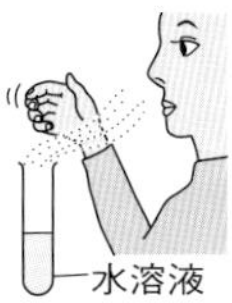

▲水溶液のにおいの嗅ぎかた

注意 水溶液のにおいを嗅《か》ぐときは，直接鼻をつけないで，右の図のように手であおぐようにして嗅ぐ。これは，多く吸《す》いこみすぎないようにするためである。

例題 水溶液の性質

右の表を見て，次の問いに答えなさい。

(1) 右の表の①～⑦にあてはまるものを次の**ア**～**キ**から選び，それぞれ記号で答えなさい。

ア アンモニア水
イ アルコール水
ウ 水酸化ナトリウム水溶液
エ ホウ酸水　**オ** 炭酸水
カ 食塩水　**キ** 酢酸水

	酸 性	中 性	アルカリ性
固体がとけた	①	砂糖水 ②	石灰水 ③
液体がとけた	④	⑤	
気体がとけた	塩酸 ⑥		⑦

(2) 石灰水に表の⑥を加えると，どのような変化が見られますか。簡単《かんたん》に説明しなさい。

考え方 (1) **ア**～**キ**のそれぞれにとけているものと水溶液の性質を書いてみよう。

〈水溶液〉 〈とけているもの〉 〈性質〉
ア アンモニア水 アンモニア…………(気体)…アルカリ性
イ アルコール水 …………………アルコール…………(液体)…中性
ウ 水酸化ナトリウム水溶液 ……水酸化ナトリウム…(固体)…アルカリ性
エ ホウ酸水 ………………………ホウ酸…………………(固体)…酸性
オ 炭酸水 …………………………二酸化炭素…………(気体)…酸性
カ 食塩水 …………………………食塩……………………(固体)…中性
キ 酢酸水 …………………………酢酸……………………(液体)…酸性

(2) ⑥は炭酸水だから，炭酸水の中の二酸化炭素が石灰水と反応して，白く濁る。

答 (1) ①エ　②カ　③ウ　④キ　⑤イ　⑥オ　⑦ア　(2) 白く濁る

入試ポイント
- **鼻を刺す**ようなにおいがある…**塩酸・アンモニア水・酢酸水**
- **石灰水**に**炭酸水**を加えると**白く濁る。**

2 酸性《さんせい》・中性《ちゅうせい》・アルカリ性《せい》

リトマス紙・BTB液《えき》にはどのような色の変化があるか。

● **リトマス紙**…赤色と青色の２種類がある。
赤色リトマス紙はアルカリ性の水溶液《すいようえき》につけると，**青色**になる。**青色リトマス紙**は酸性の水溶液につけると，**赤色**になる。

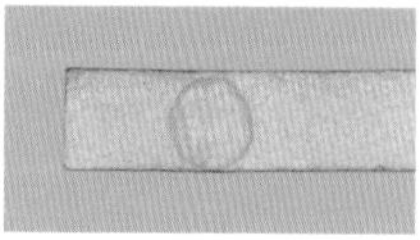
▲アルカリ性

▲酸性

注意 リトマス紙を箱からとり出すときは，必ずピンセットを使う。水溶液でないと調べることができないので，気体の性質《せいしつ》を調べるときは，リトマス紙を水にしみこませてから，調べようとする気体に近づける。

● **BTB液**…調べようとする液を少し試験管《しけんかん》にとり，BTB液を２～３滴《てき》加えると，次のような色になる（リトマス紙より敏感《びんかん》に反応する）。
酸性…**黄色**　　中性…**緑色**　　アルカリ性…**青色**

● **フェノールフタレイン液《えき》**…酸性や中性の水溶液に加えても無色だが，アルカリ性の水溶液に加えると，**赤色**になる。

	赤色リトマス紙	青色リトマス紙	BTB液	フェノールフタレイン液
酸　　性	変化なし	**赤　色**	**黄　色**	無　色
中　　性	変化なし	変化なし	**緑　色**	無　色
アルカリ性	**青　色**	変化なし	**青　色**	**赤　色**

▲酸性・中性・アルカリ性の見分け方

● **ムラサキキャベツ液《えき》(赤《あか》キャベツ液《えき》)**
ムラサキキャベツ(赤キャベツ)の葉を細かく切ってゆっくりと煮《に》ると，ムラサキキャベツの色素《しきそ》が湯にとけ出して，液が濃《こ》い紫《むらさき》色になる。その液を冷ましたものがムラサキキャベツ液である。
中性の液に加えると**紫色**のままだが，アルカリ性と酸性では，その強さによって次のように色が変わる。

強酸性《きょうさんせい》～弱酸性《じゃくさんせい》		中　性	弱《じゃく》アルカリ性《せい》～強《きょう》アルカリ性《せい》		
赤　色	ピンク色(赤紫《あかむらさき》色)	紫　色	青　色	緑　色	黄　色

▲ムラサキキャベツによる酸性・中性・アルカリ性の見分け方

入試ポイント
● **リトマス紙**…(酸性)**青→赤**　(アルカリ性)**赤→青**
● **BTB液**…(酸性)**黄色**　(中性)**緑色**　(アルカリ性)**青色**

3 水溶液と電流《でんりゅう》

☞ 電流を通す水溶液には，どんなものがあるか。

電流の流れ方

右の図のようにすると，電流をよく通す水溶液ほど，豆電球が明るくつき，電流計の針《はり》が大きく振《ふ》れる。

食塩水《しょくえんすい》・水酸化《すいさんか》ナトリウム水溶液・硫酸《りゅうさん》・塩酸《えんさん》などは**電流をよく通す水溶液**である。

また，アンモニア水《すい》・石灰水《せっかいすい》・ホウ酸水《さんすい》・炭酸水《たんさんすい》・酢酸水《さくさんすい》などは**電流を少し通す水溶液**である。

砂糖《さとう》水・ぶどう糖《とう》水溶液・でんぷんのり・アルコール水溶液などは**電流を通さない水溶液**である。

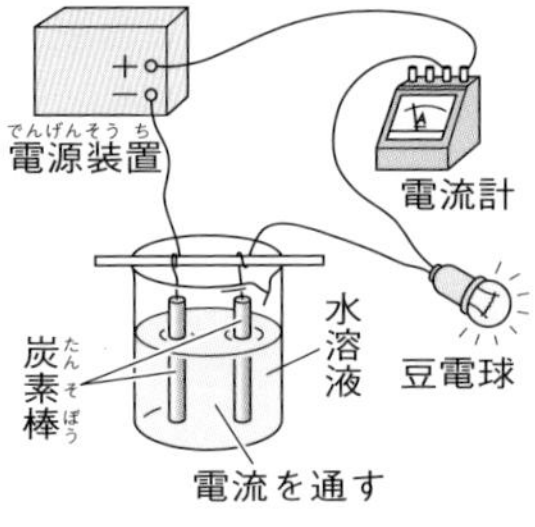

▲水溶液と電流

電気分解《でんきぶんかい》

水溶液に電極《でんきょく》(＋極《プラスきょく》と－極《マイナスきょく》)をつけて電流を流すと，水にとけているものや水自体が分解されて，電極の近くにいろいろなものが出てくる。これを**電気分解**という。

▶ **塩酸の電気分解**…塩酸は**塩化水素《えんかすいそ》**が水にとけたものである。塩化水素は**塩素《えんそ》**と**水素《すいそ》**からできていて，塩酸の中では，塩素と水素がばらばらになっている。電流を通すと，＋極に塩素，－極に水素が引きつけられ，＋極から塩素の泡《あわ》が，－極から水素の泡が出る。

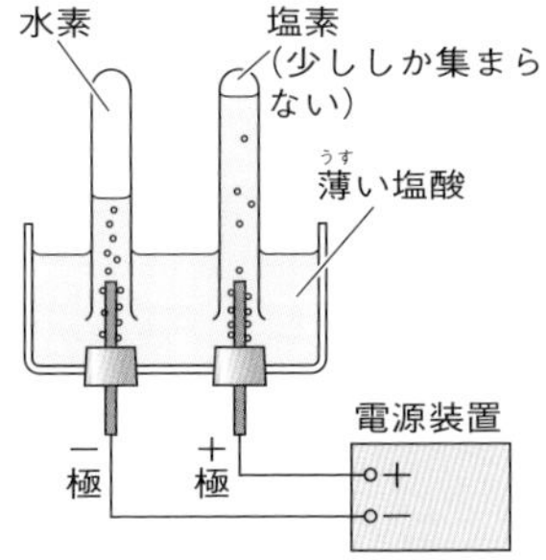

▲塩酸の電気分解

注意 塩素は水にとけやすい気体なので，塩素の泡を集めても，少ししか集まらない。

▶ **水の電気分解**…純粋《じゅんすい》な水(蒸留水《じょうりゅうすい》)は電気を通さないので，水に**硫酸**や**水酸化ナトリウム**を少し加えてから電流を流す。すると，＋極から酸素《さんそ》の泡が，－極から水素の泡が出てくる。これらの気体は，水が分解して生じたもので，これらを集めると，その体積の比《ひ》は水素：酸素＝2：1である。

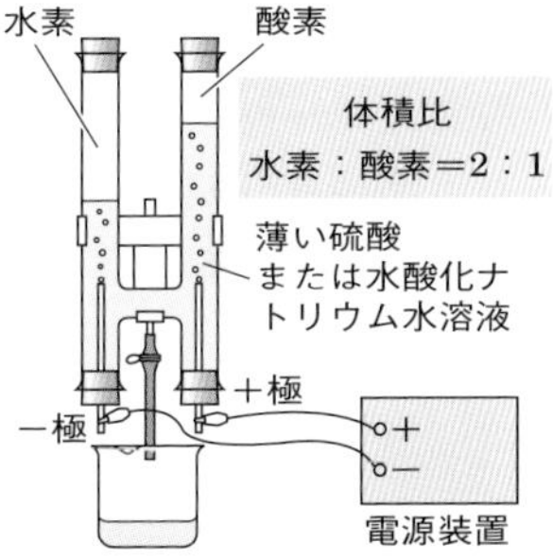

▲水の電気分解

参考 水素と酸素を混《ま》ぜて火をつけると，爆発《ばくはつ》して，水ができる。このときも水素と酸素を体積で2:1の比に混ぜると，ちょうどよい。

入試ポイント
- **塩酸**の電気分解…(＋極)**塩素**，(－極)**水素**
- **水**の電気分解…(＋極)**酸素**，(－極)**水素**　**水素：酸素＝2：1**

4 中和《ちゅうわ》

☞ 酸性《さんせい》の液《えき》とアルカリ性《せい》の液を混《ま》ぜると，その性質《せいしつ》はどうなるか。

●**中和**…酸性の水溶液《すいようえき》とアルカリ性の水溶液を混ぜると，たがいに相手の性質を打ち消して，中性の水溶液に近づいていく。この反応《はんのう》を**中和**という。
酸性のものとアルカリ性のものが反応すると，もとのものとは違《ちが》うものと**水**ができる。

▶塩酸《えんさん》と水酸化《すいさんか》ナトリウム水溶液の中和

塩　酸	＋	水酸化ナトリウム水溶液	→	食《しょく》　塩《えん》	＋	水
酸　性		アルカリ性		中　性		中　性

▶炭酸水と石灰水の中和

炭酸水《たんさんすい》	＋	石灰水《せっかいすい》	→	炭酸《たんさん》カルシウム	＋	水
酸　性		アルカリ性		白色で水にわずかにとける固体		中　性

酸性とアルカリ性の水溶液が，ちょうど過不足《かふそく》なく反応し，中性の水溶液になる，または，中性の水溶液に最も近づくとき，完全に中和した状態《じょうたい》となる。

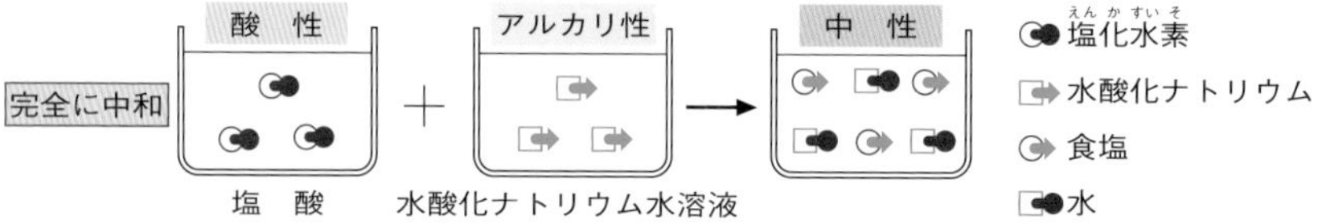

酸性かアルカリ性のどちらかの水溶液が多いため，混ぜても一部しか中和されず，多いほうの性質が残るとき，部分的に中和した状態となる。しかし，一部は中和しているので，残ったほうの性質もはじめよりは弱まっている。

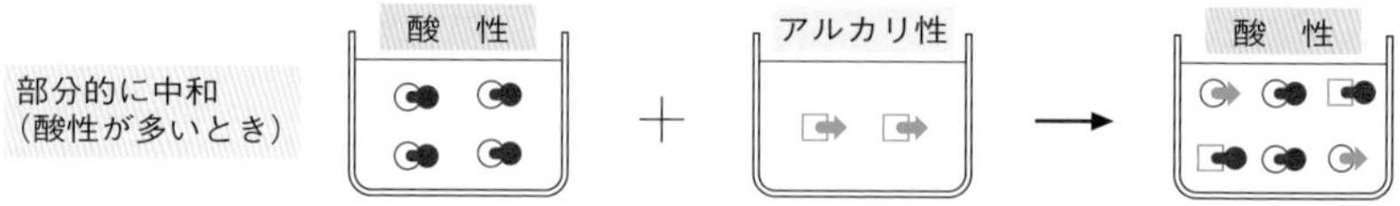

入試ポイント
- **中和**…酸性＋アルカリ性→もとのものとは違うもの＋**水**
- **完全に中和**…中性になる，または中性に最も近づく。

● **中和熱《ちゅうわねつ》**…中和反応が起こると，熱が出る。この熱を**中和熱**という。

塩酸に水酸化ナトリウム水溶液を少しずつ加えていくと，はじめはしだいに温度が上がる。完全に中和すると，それ以上水酸化ナトリウム水溶液を加えても，中和は起こらないので熱が出ないため，温度は下がっていく。

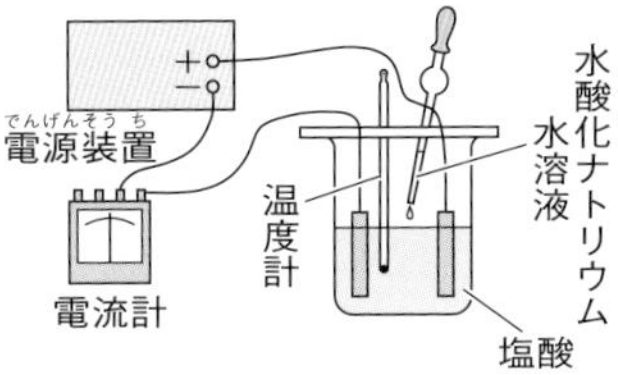

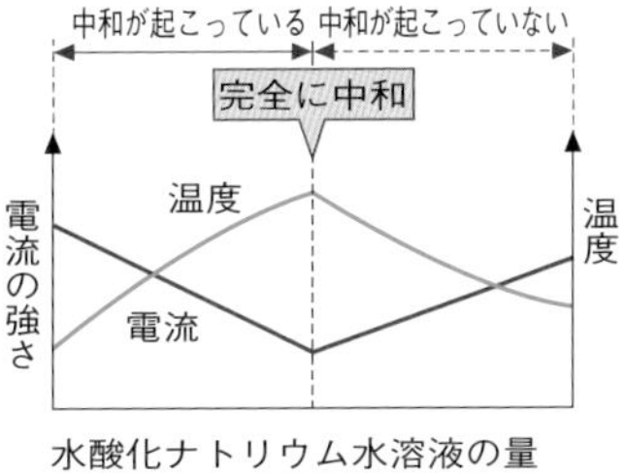

● **中和と電流**…酸性やアルカリ性の水溶液は，どれもよく電流を通すが，中和すると電流を通しにくくなる。塩酸に水酸化ナトリウム水溶液を少しずつ加えて中和させると，電流はしだいに弱くなっていき，完全に中和したときにいちばん弱くなる。しかし，完全に中和した水溶液は食塩水と同じなので，電流が 0 になることはない。

注意 硫酸に水酸化バリウム水溶液を加えて完全に中和させた場合は，できた硫酸バリウムが水にとけない(液体は水だけになる)ので，電流は流れない。

例題 中和

塩酸**A**100cm^3 と水酸化ナトリウム水溶液**B**200cm^3 を混ぜたら，中性になりました。これについて，次の問いに答えなさい。

(1) **A**を 50cm^3, **B**を 150cm^3 とって混ぜると，何性の液になりますか。

(2) (1)でできた液を蒸発《じょうはつ》させると，あとに何が残りますか。

考え方 酸性の水溶液とアルカリ性の水溶液が完全に中和するときの体積の比《ひ》は，それぞれの水溶液の濃《こ》さによってきまる。この問題の場合には，**A**：**B**＝100：200＝1：2 のときに，完全に中和する。

(1) **A**が 50cm^3 だから, **B**が，$50 \times \frac{2}{1} = 100$(cm^3)ならば，完全に中和する。ところが**B**は 150cm^3 あるので**B**の性質が残って，アルカリ性を示《しめ》す。

(2) 塩酸と水酸化ナトリウム水溶液の中和反応によって，食塩ができている。また，水酸化ナトリウムが余《あま》っているので，水を蒸発させると，これらのものが残る。塩酸は中和されて無くなっている。

答 (1) アルカリ性 (2) 食塩・水酸化ナトリウム

入試ポイント
- **中和熱**…**完全に中和**したとき，**最高温度**になる。
- **電　流**…**完全に中和**したとき，**電流は最小**になる。

5 水溶液《すいようえき》と金属《きんぞく》の反応《はんのう》

酸性《さんせい》やアルカリ性《せい》の水溶液と金属が反応するとどうなるか。

水素《すいそ》の発生

金属のなかには，酸性やアルカリ性の水溶液と反応して，**水素**を出しながらとけるものが多い(同時に熱も出る)。

●塩酸《えんさん》と金属の反応

塩 酸 ＋ 亜《あ》 鉛《えん》 → 水 素 ＋ 塩化亜鉛《えんかあえん》

塩 酸 ＋ 鉄 → 水 素 ＋ 塩化鉄《えんかてつ》

塩 酸 ＋ アルミニウム → 水 素 ＋ 塩化《えんか》アルミニウム

参考 このほか，**マグネシウム**も塩酸と反応する。しかし**銅**《どう》は塩酸と反応しない。

●水酸化《すいさんか》ナトリウム水溶液と金属の反応

水酸化ナトリウム ＋ アルミニウム → 水 素 ＋ アルミン酸《さん》ナトリウム

参考 濃《こ》くて温度の高い水酸化ナトリウム水溶液とは亜鉛も反応するが，アルカリ性の水溶液と反応する金属は少ない。

●硫酸《りゅうさん》と金属の反応…薄《うす》い硫酸とは，亜鉛・鉄・アルミニウム・マグネシウムなどが反応して水素を出す。濃くて温度の高い硫酸とは銅も反応する(このときに出る気体は水素ではない)。

●硝酸《しょうさん》と金属の反応…亜鉛・鉄・銅などが反応するが，アルミニウムは反応しない。出る気体は水素ではない。

反応の速さとの関係

●水溶液の濃さ…濃い水溶液を使うほど，反応が激《はげ》しくなり，水素の泡《あわ》が活発に出る。しかし，あまり濃すぎると，反応しにくい場合もある。

●水溶液の温度…温度が高いほど反応は激しくなる。反応が起こると熱が出て，水溶液の温度が上がるので，反応はふつう時間がたつにつれてさかんになる。

●金属の粒《つぶ》の大きさ…粒が細かいほど反応が速くなる。これは金属と水溶液との触《ふ》れ合う面積が広くなるためである。

注意 水溶液の温度と金属の粒の大きさにより，反応の速さは変化するが，出てくる水素の量が変化することはない。

入試ポイント
- **塩酸**と反応する金属…**亜鉛・鉄・アルミニウム**(銅は反応しない)
- **水酸化ナトリウム水溶液**と反応する金属…**アルミニウム**

例題 水溶液と金属の反応

きまった量の塩酸にアルミニウムを少しずつ加えていったとき，出てきた水素の量は，右の**図１**のグラフのようになりました。これについて，次の問いに答えなさい。

図１

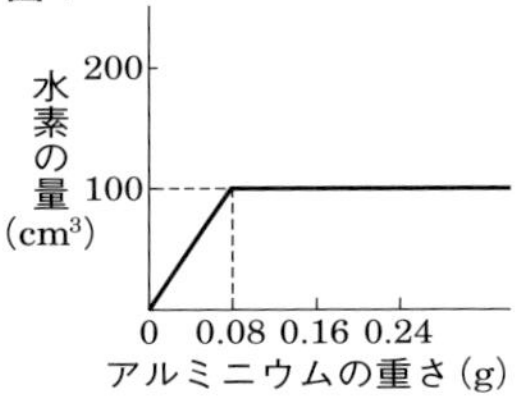

⑴ 塩酸の量を２倍にすると，最大何 cm^3 の水素が出ますか。

⑵ 塩酸の濃さを 0.5 倍にすると，最大何 cm^3 の水素が出ますか。

次に，きまった量のアルミニウムに塩酸を加えていったとき，出てきた水素の量は，右の**図２**のグラフのようになりました。

図２

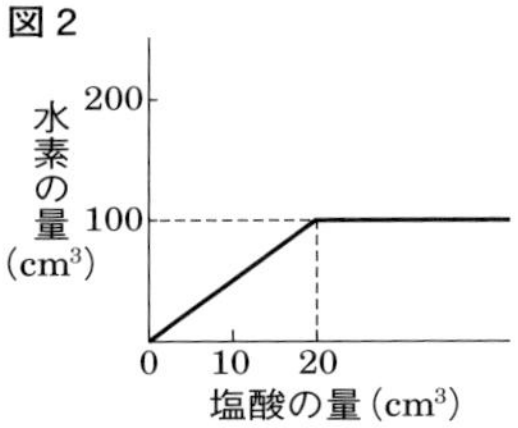

⑶ アルミニウムの量を２倍にすると，どのようなグラフになりますか。下の**ア**～**エ**から選びなさい。

ア

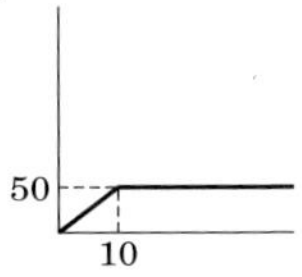

イ

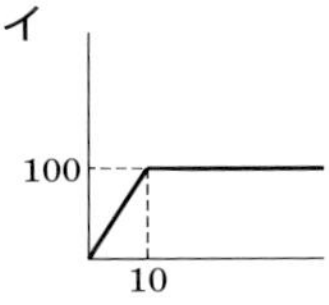

ウ

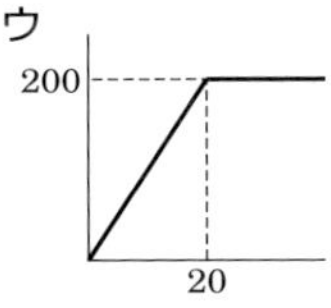

エ

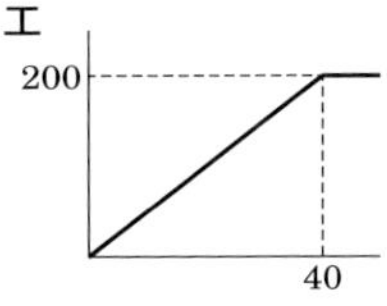

⑷ 塩酸の濃さを２倍にすると，どのようなグラフになりますか。上の**ア**～**エ**から選びなさい。

考え方 ⑴ アルミニウムの量はいくらでも増《ふ》やせるから，塩酸の量を２倍にすると，出てくる水素の量も２倍になる。$100(cm^3) \times 2 = 200(cm^3)$

⑵ 塩酸の量がきまっているから，濃さを 0.5 倍にすると，塩酸の中にとけている塩化水素の量が 0.5 倍になるため，出てくる水素の量も 0.5 倍になる。
$100(cm^3) \times 0.5 = 50(cm^3)$

⑶ 塩酸の量はいくらでも増やせるから，アルミニウムの量を２倍にすると，出てくる水素の量も２倍になる。**図２**のグラフを $200cm^3$ の高さまで伸《の》ばす。

⑷ アルミニウムの量がきまっているので，出てくる水素の量はきまっている。しかし，塩酸の濃さが２倍になったので，塩酸の量は $\frac{1}{2}$ ですむ。

答 ⑴ $200cm^3$　⑵ $50cm^3$　⑶ **エ**　⑷ **イ**

入試ポイント
- 水溶液の**濃さが一定**ならば，**水素**は金属や液の**量に比例《ひれい》**して出る。
- **金属の量が一定**ならば，反応する水溶液の**濃さと量は反比例《はんぴれい》**する。

☑ まとめチェック

知識を整理・確認しよう！

答え

① 水溶液《すいようえき》の分類

ホウ酸水《さんすい》・食塩水《しょくえんすい》・石灰水《せっかいすい》・塩酸《えんさん》・砂糖《さとう》水・アンモニア水《すい》・炭《たん》酸水《さんすい》・アルコール水《すい》・酢《す》・水酸化《すいさんか》ナトリウム水溶液について，次の問いに答えなさい。

	①
□ ① 気体《きたい》がとけていて，アルカリ性《せい》を示《しめ》すものはどれか。	① アンモニア水
□ ② 固体《こたい》がとけていて，酸性《さんせい》を示すものはどれか。	② ホウ酸水
□ ③ 塩酸にとけている物質《ぶっしつ》は何か。	③ 塩化水素《えんかすいそ》
□ ④ 炭酸水にとけている物質は何か。	④ 二酸化炭素《にさんかたんそ》
□ ⑤ 酢にとけているおもな物質は何か。	⑤ 酢酸《さくさん》

② 酸性・中性・アルカリ性

	②
□ ① 青色リトマス紙《し》を赤色に変えるのは何性の水溶液か。	① 酸性
□ ② BTB液《えき》を酸性の水溶液に加えると何色になるか。	② 黄色
□ ③ フェノールフタレイン液《えき》をアルカリ性の水溶液に加えると何色になるか。	③ 赤色
□ ④ 水酸化ナトリウム水溶液にムラサキキャベツ液《えき》を加えると，何色になるか。	④ 黄色

③ 水溶液と電流

	③
□ ① 酸性やアルカリ性の水溶液は電流を通すか。	① 通す
□ ② 中性の水溶液で電流を通すものには何があるか。	② 食塩水

④ 中和《ちゅうわ》

	④
□ ① 塩酸と水酸化ナトリウム水溶液が過不足《かふそく》なく中和すると，何性になるか。	① 中性《ちゅうせい》
□ ② 塩酸と水酸化ナトリウム水溶液が中和すると，水と何ができるか。	② 食塩［塩化《えんか》ナトリウム］
□ ③ 炭酸水と石灰水が中和すると，水と何ができるか。	③ 炭酸《たんさん》カルシウム
□ ④ ③の中和のとき，どのような変化が見られるか。	④ 白く濁《にご》る

⑤ 水溶液と金属《きんぞく》の反応

	⑤
□ ① 塩酸と金属が反応すると，何という気体が発生するか。	① 水素《すいそ》
□ ② 塩酸と鉄が反応すると，①の気体と何ができるか。	② 塩化鉄《えんかてつ》
□ ③ 鉄・銅《どう》・アルミニウムで，塩酸と水酸化ナトリウム水溶液のどちらとも反応するのはどれか。	③ アルミニウム

力だめしの問題　入試標準レベル　解答➡別冊 p.46

1 **7種類の液体《えきたい》(A. 炭酸水　B. 砂糖水　C. 食塩水　D. 塩酸　E. 蒸留水《じょうりゅうすい》　F. 水酸化ナトリウム水溶液　G. アンモニア水)を準備《じゅんび》しました。次の問いに答えなさい。ただし，(1)～(4)はA～Gからすべて選び，記号で答えなさい。**【同志社中】

(1) それぞれの液体を蒸発皿《じょうはつざら》に入れました。完全に蒸発させたあと，固体が残った液体はどれですか。　(　　　　)

(2) 気体がとけている液体はどれですか。　(　　　　)

(3) リトマス紙の変化を観察しました。赤色リトマス紙を青色に変える液体はどれですか。　(　　　　)

(4) さかんに気体を出しながら，アルミニウム片《へん》をとかす液体はどれですか。

(　　　　)

(5) (4)で反応したあとの液体を蒸発皿に入れました。液体がなくなるまで熱したあと，どのようになりますか。次から選び，記号で答えなさい。　(　　)

ア　何も残らない。　　イ　白っぽい固体が残った。

ウ　黒っぽい固体が残った。

(6) A～Eの中で，石灰水を白く濁らせる液体はどれですか。　(　　)

2 **濃度《のうど》の異《こと》なる薄《うす》い塩酸A，Bと薄い水酸化ナトリウム水溶液Cがあります。Cを完全に中和するために必要なA液《えき》，B液の量の関係は右のグラフのようになりました。これについて，次の問いに答えなさい。**【大宮開成中】

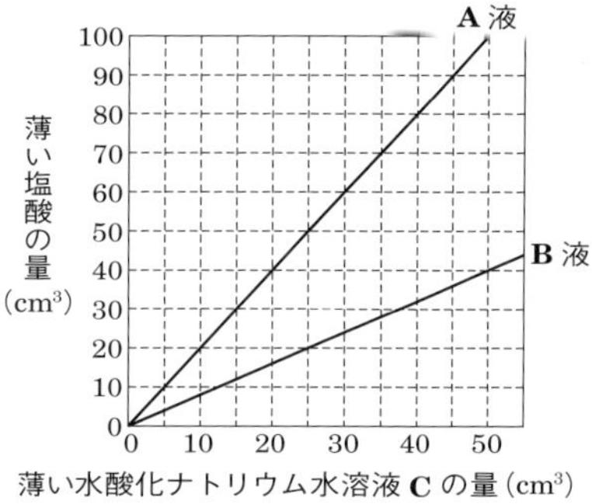

(1) A液とB液のうち，濃度の濃い塩酸はどちらですか，記号で答えなさい。

(　　)

(2) A液 $90cm^3$ を完全に中和するには，C液が何 cm^3 必要ですか。

(　　　　)

(3) B液 $30cm^3$ とC液 $20cm^3$ を混《ま》ぜた液体にBTB液を入れました。このとき，液は何色になりますか。　(　　　　)

(4) A液 $60cm^3$ と量のわからないB液を混ぜた液体を完全に中和するためには，C液は $55cm^3$ 必要でした。混ぜる前のB液の体積は何 cm^3 でしたか。

(　　　　)

③ 塩酸《えんさん》とアルミニウムから気体を発生させる実験を行いました。次の各問いに答えなさい。

【湘南学園中】

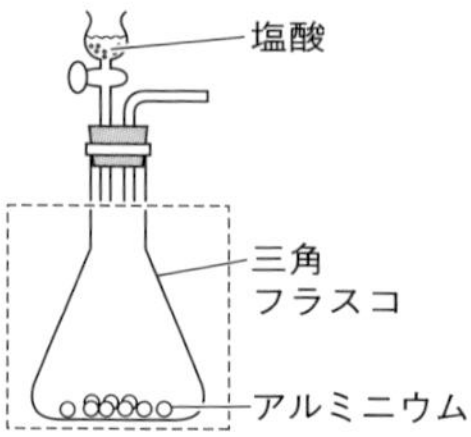

⑴ 塩酸とアルミニウムから発生する気体は何ですか。

（　　　　　　）

⑵ この実験で気体を発生させる器具として，右の図のような器具を用いました。点線で囲《かこ》まれた部分を正しく表しているものはどれですか。次から選び，記号で答えなさい。（　　　）

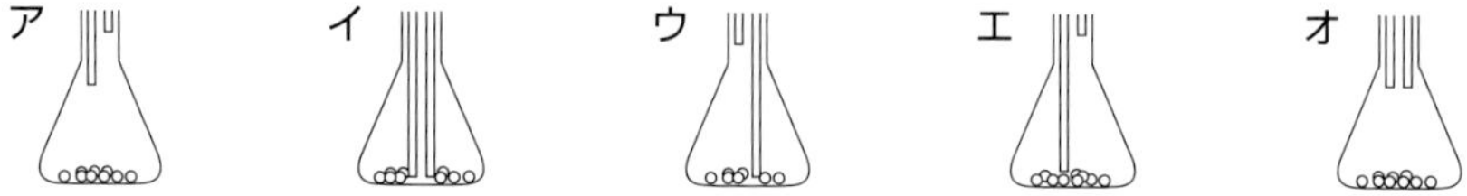

⑶ この気体の集め方として最もよい置換法《ちかんほう》を答えなさい。

（　　　　　　）

⑷ この気体を発生させるには，塩酸とアルミニウム以外に，どんな組み合わせがありますか。次からすべて選び，記号で答えなさい。（　　　　　　）

ア　塩酸と銅《どう》　　イ　塩酸と石灰石《せっかいせき》
ウ　塩酸と鉄　　エ　塩酸と二酸化《にさんか》マンガン
オ　硫酸《りゅうさん》とスチールウール　　カ　過酸化水素水《かさんかすいそすい》と二酸化マンガン

グラフは，きまった量の塩酸にアルミニウムを少しずつ加えて，気体を発生させる実験を行い，その結果をまとめたものです。

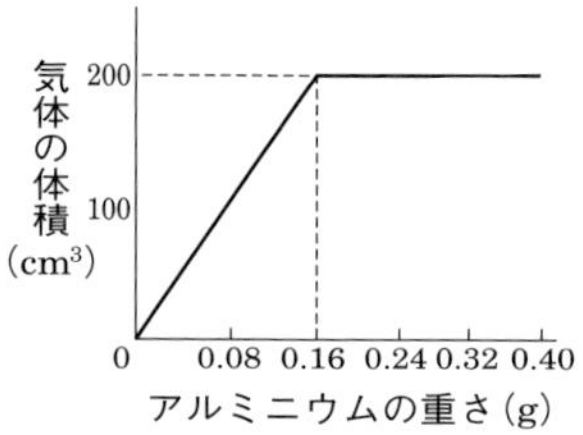

⑸ アルミニウム 0.10g を加えたとき，発生する気体は最大何 cm^3 ですか。（　　　　　）

⑹ 塩酸の濃《こ》さを 2 倍にしたとき，発生する気体は最大何 cm^3 ですか。（　　　　　）

⑺ 塩酸の濃さを 0.5 倍にしたとき，ちょうどとけきるアルミニウムは最大何 g ですか。（　　　　　）

⑻ 塩酸の濃さを 2 倍にし，アルミニウム 0.24g を加えたとき，発生する気体は最大何 cm^3 ですか。（　　　　　）

⑼ 塩酸の濃さを 0.5 倍にし，量を 3 倍にして，アルミニウムを少しずつ加えたとき，ちょうどとけきるアルミニウムは最大何 g ですか。また，そのとき発生する気体は最大何 cm^3 ですか。

アルミニウム（　　　　　）　気体（　　　　　）

4 **塩酸と水酸化《すいさんか》ナトリウム水溶液《すいようえき》を用いて以下の実験を行いました。これについて，あとの問いに答えなさい。** 【武南中】

〈実験 1〉

ある濃度《のうど》の塩酸とある濃度の水酸化ナトリウム水溶液を**表 1** の分量で混《ま》ぜ合わせて，液《えき》A～液Fをつくりました。できた溶液にリトマス紙《し》をつけると，色の変化が**表 1** のようになりました。

表 1

	塩酸（mL）	水酸化ナトリウム水溶液（mL）	赤色リトマス紙の色の変化	青色リトマス紙の色の変化
液A	20	30	変化なし	変化なし
液B	20	40	①	変化なし
液C	30	30	②	③
液D	10	30	青色に変化	変化なし
液E	30	20	変化なし	赤色に変化
液F	60	40	変化なし	④

〈実験 2〉

刻《きざ》んだムラサキキャベツを蒸留水《じょうりゅうすい》に入れて熱し，液体《えきたい》の色が紫《むらさき》色になったところで加熱をやめ，液だけを取り出しました。これをムラサキキャベツ液《えき》といいます。酸性やアルカリ性の溶液をムラサキキャベツ液に入れると，その溶液の性質《せいしつ》に応じて，液全体の色が変化します。**〈実験 1〉**で作った液A～液Fをムラサキキャベツ液に加え，液全体の色を確認すると，**表 2** のようになりました。

表 2

液A	液B	液C	液D	液E	液F
紫色	青色	赤紫色	緑色	赤色	赤色

(1) **〈実験 1〉**の**表 1** の①～④に適《てき》する語句《ごく》を，次から 1 つずつ選び，記号で答えなさい。　①（　　）②（　　）③（　　）④（　　）

ア　赤色に変化　　**イ**　青色に変化

ウ　変化なし　　**エ**　表の情報《じょうほう》では判断《はんだん》できない。

(2) **〈実験 1〉**の液A，D，Eは何性の溶液ですか。それぞれ答えなさい。

液A（　　　）　液D（　　　）　液E（　　　）

(3) 液Cと液Dの混合液《こんごうえき》を紫色のムラサキキャベツ液に加えると，液全体の色は何色になると予想されますか。次から選び，記号で答えなさい。　（　　）

ア　紫色　　**イ**　青色　　**ウ**　赤紫色　　**エ**　緑色　　**オ**　赤色

3 ものの燃《も》え方

1 ものの燃え方

どうすればものは燃えるか。

● **燃焼《ねんしょう》**…ものが，**光**や**熱**を出しながら**酸素《さんそ》**と激《はげ》しく結びつき，別の**物質《ぶっしつ》**になることを**燃焼**という。**気体《きたい》**が燃えると**炎《ほのお》**が出る。

▶ **ものが燃えるための条件《じょうけん》**…次の 3 つのうち，1 つでも欠けると燃えない。

・燃えるもの(木やろうなど)があること。

・新しい空気(酸素)があること。

・発火点《はっかてん》以上の温度になること。

注意 発火点というのは，ものの温度を上げていったとき，そのものが燃え始める温度のことである。発火点はものによって違《ちが》い，発火点の低いものは燃えやすい。

▶ **火の消し方**…ものが燃えるための 3 つの条件のうちどれかをとり除《のぞ》く。

・燃えるものをとり除く。例ガスのコックを閉じて，ガスが出ないようにする。

・新しい空気(酸素)を与えない。例アルコールランプの火を消すとき，芯《しん》に蓋《ふた》をする。

・発火点以下の温度に下げる。例水をかけて火を消す(水をかけると，水が熱せられて蒸発《じょうはつ》し，そのときたくさんの熱を奪《うば》うので，ものの温度が下がる)。

2 ものの燃え方と空気の流れ

炎のまわりではなぜ上昇気流《じょうしょうきりゅう》ができるのか。

火のついたろうそくのまわりの空気の流れ

ろうそくの炎にあたためられた空気は**膨張《ぼうちょう》**して軽くなるので**上昇《じょうしょう》**する。そのため，火のついた炎のまわりでは**上昇気流**ができる。

実験 ろうそくの燃え方と空気の流れの調べ方①

右の図のようにろうそくの火に筒《つつ》をかぶせ，ガラス板で上の口を少しずつ塞《ふさ》いでいく。

結果 火はしだいに小さくなり，完全に塞ぐ前に消える。

要点 ろうそくが燃えるためには，新しい空気が必要。

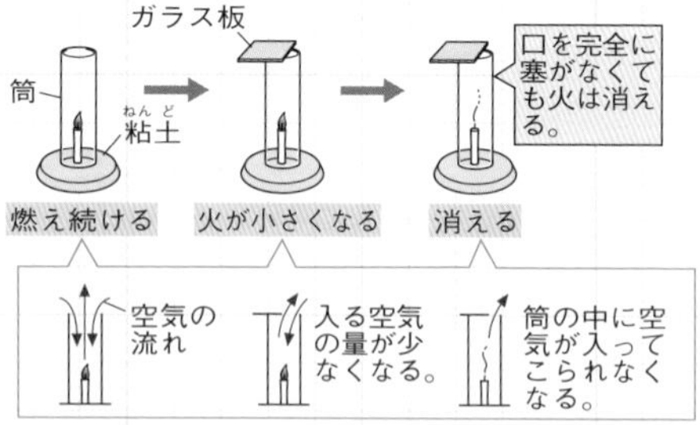

入試ポイント
- **燃える条件**…①**燃えるもの**がある②**酸素**がある③**発火点以上**の温度
- **火の消し方**…**燃える条件**のうちのいずれか 1 つ以上を**とり除く**。

実験 ろうそくの燃え方と空気の流れの調べ方②

図1～3のようにして，ろうそくの火がどうなるか調べる。

結果 **図1**と**図3**はすぐに消え，**図2**は燃え続ける。

要点 ろうそくが燃え続けるためには，新しい空気が入ってくるところと，あたためられた空気が出ていくところが必要である。また，新しい空気が入ってくるところは火より下に，あたためられた空気が出ていくところは火より上にあるほうが，空気の流れができやすい。

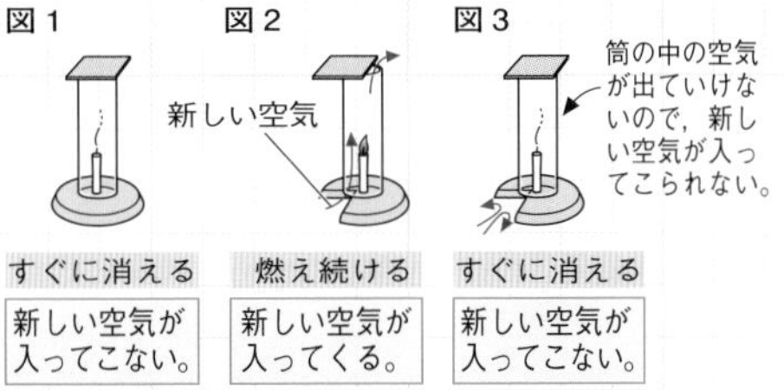

注意 上の実験の図1・図3では，筒の中の空気(酸素)がすべて無くならなくても，ある程度《ていど》の割合《わりあい》まで減少《げんしょう》すれば，火は消える。

ものの燃やし方と空気の流れ

炎のまわりには上昇気流ができるため，ものを燃やすときには，新しい空気が下から入ってきて，あたためられた空気が上から出ていくようにするとよい。右の図のように，缶《かん》の中で木片《もくへん》を燃やすときは，缶の下のほうに穴《あな》をあけると，木片がよく燃える。

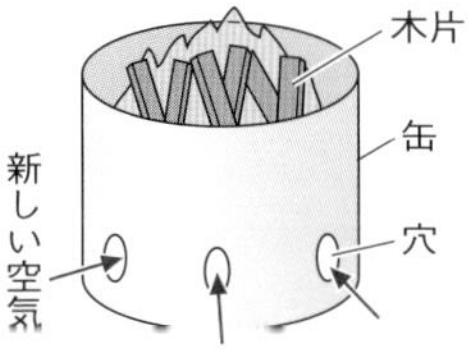

▲ものの燃やし方

3 ろうそくの燃え方

ろうそくの炎は，なぜ明るいか。

燃えてできるもの

ろうには炭素《たんそ》と水素《すいそ》がふくまれている。ろうそくを燃やすと，炭素は空気中の酸素と結びついて**二酸化炭素**《にさんかたんそ》になり，水素は**水**(**水蒸気**《すいじょうき》)になる。このことは，右の図のような実験によって確《たし》かめることができる。

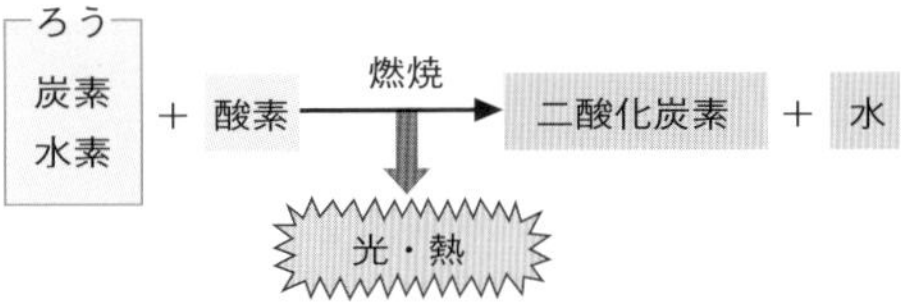

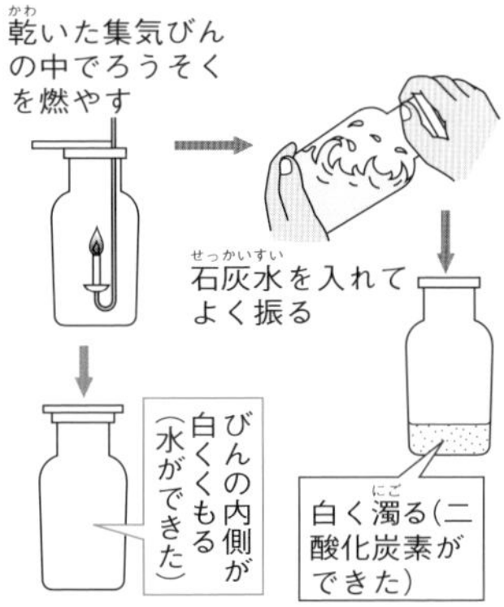

▲ろうそくが燃えてできるもの

入試ポイント
- **新しい空気**が火の**下から**送られてくると，ものはよく燃える。
- **ろうそく**が燃えると，**炭素→二酸化炭素**，**水素→水**

▶**重さの変化**…ろうそくを燃《も》やすと，だんだん短くなり，重さも軽くなる。これは，燃えてできた二酸化炭素《にさんかたんそ》や水(水蒸気《すいじょうき》)が空気中へ逃《に》げていくためである。ろうそくを密閉《みっぺい》した入れものの中で燃やせば，ろうそく自体は短くなるが，燃えてできた二酸化炭素や水蒸気も，入れものの中に残っているので，入れものの中の物質《ぶっしつ》全体の重さは変化しない。

ろうそくの燃え方

まず，**固体《こたい》のろう**が熱せられてとけ，**液体《えきたい》のろう**になる。液体のろうは芯《しん》を伝って上《のぼ》り，蒸発《じょうはつ》して**気体《きたい》のろう**になってから燃える。

注意 右の図のように，ろうそくの芯をピンセットで挟《はさ》むと，液体のろうが上れなくなるので，火が消える。

ろうそくの炎《ほのお》

次の 3 つの部分からできている。

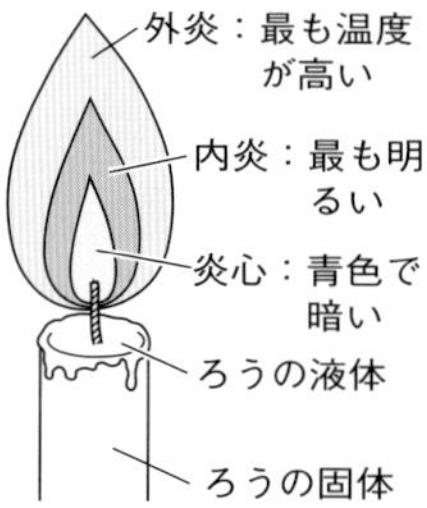

▲ろうそくの炎

● **外炎《がいえん》**…炎のいちばん外側の部分。薄《うす》くて見えにくい。空気中の酸素《さんそ》をとり入れやすく，完全燃焼《かんぜんねんしょう》しているため，最も温度が高い(約 1400℃)。下の**図 1** のように，水で湿《しめ》らせた木を炎の中にさしこむと，外炎にあたったところが黒く焦《こ》げる。

● **内炎《ないえん》**…外炎の内側の部分で，明るく輝《かがや》いている部分。空気中の酸素を十分に取り入れることができず，不完全燃焼をするので，外炎よりも温度が低い。**すす**(炭素《たんそ》の粒《つぶ》)が残っているので，これが熱せられて明るく輝いている。下の**図 2** のように，ガラス棒《ぼう》を炎の中にさしこむと，内炎にあたったところにすすがつく。

● **炎心《えんしん》**…炎のいちばん内側の部分。青色で暗い。酸素が少なく，ろうの気体がまだほとんど燃えていないため，内炎より温度が低い。**図 3** のように，ガラス管《かん》の先を炎心に入れると，白い煙《けむり》が出て，火をつけると燃える。

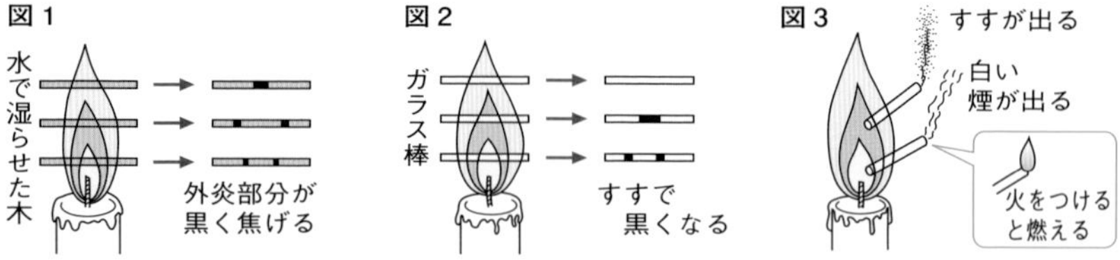

▲ろうそくの炎の調べ方

入試ポイント
● **炎** { **外炎**…最も温度が高い。 **内炎**…最も明るい。 **炎心**…ろうの気体がある。 }

4 アルコールの燃え方

☞ アルコールの炎は，なぜ暗いか。

アルコールは，炭素と水素《すいそ》をふくんでいるので，燃えると**二酸化炭素**と**水**(水蒸気)ができる。

アルコールの炎は，全体に青みがかっていて暗い。アルコールは，ろうより炭素をふくむ割合《わりあい》が少ないため，内炎に**すす**があまりできない。そのため，内炎がろうそくの炎のように明るくならない。温度は約 1700℃で，ろうそく(約 1400℃)より高い。

5 木の燃え方

☞ 木が燃えると，何ができるか。炎の様子はどうか。

木は炭素や水素をふくんでいるので，燃えると**二酸化炭素**や**水**(水蒸気)ができる。また，燃えたあとに，カリウムなどの燃えない成分が白い灰《はい》となって残る。

木が燃えるときも，**炎**が出る。木の炎も，**外炎・内炎・炎心**に分かれており，内炎は明るく輝く。

6 蒸《む》し焼《や》き(乾留《かんりゅう》)

☞ 木や石炭《せきたん》を蒸し焼きにすると，何ができるか。

酸素をあたえずに強く熱することを**蒸し焼き(乾留)**という。

● **木の蒸し焼き**…試験管《しけんかん》の中に 2cm ぐらいに切った木を入れ，ガラス管を通したゴム栓《せん》をする。試験管を横向きに支《ささ》えて，木のあるところをガスバーナーで熱する。こうすると，木から気体が出てくるので，外からの空気は入れず，木は蒸し焼きになる。

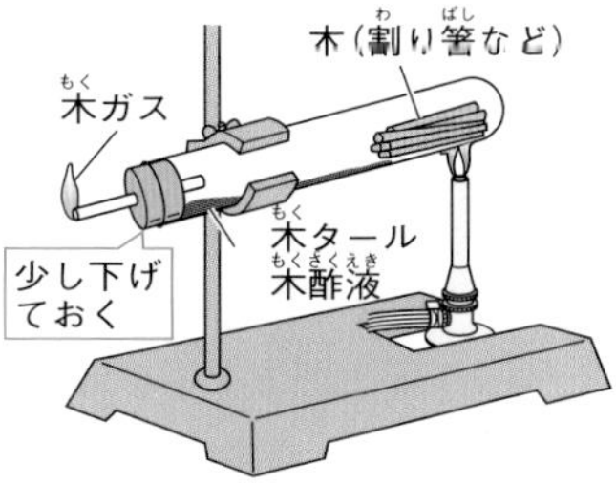

▲木の蒸し焼き

注意 木からは液体も出てくるため，試験管の熱する所と反対のほうを少し低くしておかないと，熱している所に冷たい液体が流れて，試験管を割《わ》るおそれがある。

以下は木の蒸し焼きでできるものである。

▶ **木炭《もくたん》(炭《すみ》)**…最後に残ったもので，ほとんど**炭素**からできている。木炭を空気中で燃やしても，炎は出さず，赤く光りながら燃える。これは，木炭が気体の成分をふくんでいないからである。

入試ポイント
- **アルコール**…燃えると，**二酸化炭素**と**水**になる。炎は**暗い**。
- **木**…燃えると，**二酸化炭素**と**水**になる。炎は**明るい**。

- ▶**木《もく》ガス**…ガラス管《かん》から出てくる気体で，冷やされて液体《えきたい》となり，白い煙《けむり》のように見える。火をつけると**燃《も》える**。
- ▶**木酢液《もくさくえき》**…試験管《しけんかん》の口の所にたまる薄《うす》い黄褐色《おうかっしょく》の液体で，**酸性《さんせい》**を示《しめ》す。
- ▶**木《もく》タール**…黒っぽい粘《ねば》りのある液体である。

●**石炭《せきたん》の蒸《む》し焼《や》き**…方法は，木の蒸し焼きのときと同じ装置《そうち》を使うが，試験管から出てきた気体をもう一度別の試験管に通す。

以下は石炭の蒸し焼きでできるものである。

- ▶**コークス**…最後に残ったものである。ほとんど**炭素《たんそ》**からできている。
- ▶**石炭《せきたん》ガス**…火をつけると燃える。
- ▶**ガス液《えき》**…**アンモニア**をふくむ水溶液《すいようえき》である。
- ▶**コールタール**…いろいろな薬品をふくむ。

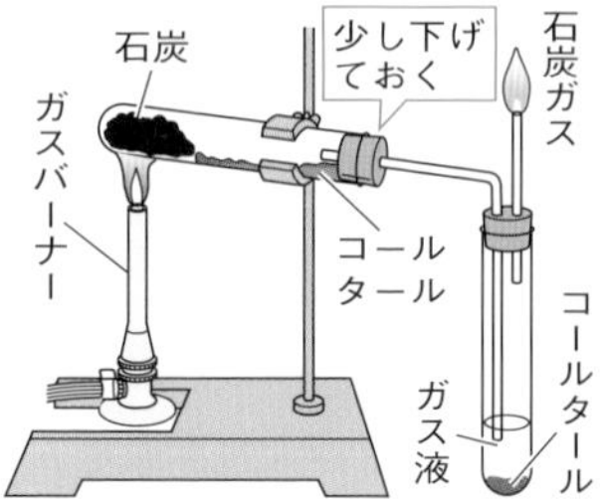

▲石炭の蒸し焼き

7 鉄の燃え方

☞ 鉄を燃やしても，炎《ほのお》が出ないのはなぜか。

ふつうの**鉄**は，空気中では燃えないが，**スチールウール**(鉄を毛のように細くしたもの)は燃える。スチールウールを丸めて，ガスバーナーで火をつけると，赤く光りながら，しだいに全体が燃える。燃えたあとは黒いものになる。これは**酸化鉄《さんかてつ》**である。

鉄 ＋ **酸《さん》　素《そ》** ⟶ **酸化鉄**

▲スチールウールの燃焼《ねんしょう》

●**重さの変化**…鉄を空気中で燃やすと，はじめより重くなる。これは，燃えるときに結びついた**酸素**のぶんだけ重さが増《ふ》えるからである。

注意 鉄が燃えるときは，炎が出ない。つまり，気体となって逃げていくものが何もないのである。

●**酸化鉄**…鉄の**さび**は，鉄が空気中の酸素とゆっくり結びついてできたもので，やはり酸化鉄である。酸化鉄に**水素《すいそ》**を送りながら加熱すると，**鉄**に戻《もど》る。このとき，水素は酸化鉄から酸素を奪《うば》って水になる。

酸化鉄 ＋ **水　素** ⟶ **鉄** ＋ **水**

入試ポイント
- ●**木炭・コークス**…炎をあげず，赤く光って燃える。
- ●**木ガス・石炭ガス**…炎をあげて燃える。

8 銅《どう》やマグネシウムの加熱

☞ 銅やマグネシウムを加熱するとどうなるか。

● **銅**…**銅**の粉末《ふんまつ》をステンレス皿に薄く広げガスバーナーで加熱すると，光などは出さずに黒いものに変化していく。これは**酸化銅《さんかどう》**である。

| 銅 | ＋ | 酸　素 | ⟶ | 酸化銅(黒色) |

● **マグネシウム**…**マグネシウム**の粉末をステンレスの皿に薄く広げガスバーナーで加熱すると，白くてとても明るい光を出しながら燃え，白いものに変化していく。これは**酸化《さんか》マグネシウム**である。

| マグネシウム | ＋ | 酸　素 | ⟶ | 酸化マグネシウム(白色) |

● **重さの変化**…銅やマグネシウムを加熱すると，鉄を燃やしたときと同じように空気中の酸素と結びつき，結びついた酸素のぶんだけ重くなる。このとき，結びついた酸素の重さは，もとの金属《きんぞく》の重さに比例《ひれい》している。

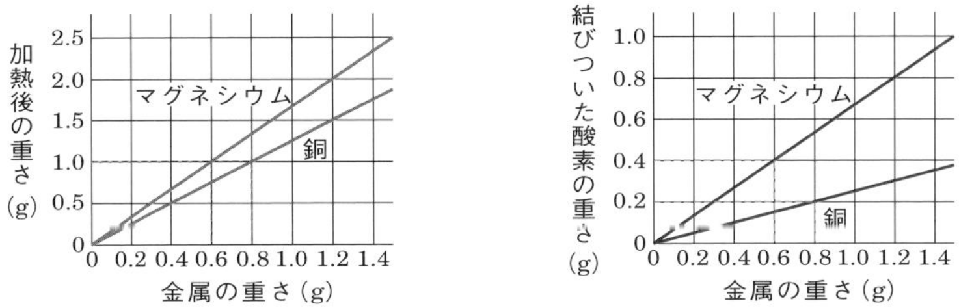

銅：酸化銅＝4：5
マグネシウム：酸化マグネシウム＝3：5

銅：酸素＝4：1
マグネシウム：酸素＝3：2

▲金属の加熱と重さの変化

酸化銅から酸素をとり除《のぞ》く方法

酸化銅の粉末を**炭素**の粉末と混《ま》ぜて加熱すると，**銅**に戻る。このとき，炭素は酸化銅から酸素を奪って**二酸化炭素《にさんかたんそ》**になる。

| 酸化銅 | ＋ | 炭　素 | ⟶ | 銅 | ＋ | 二酸化炭素 |

また，酸化銅の粉末に**水素**を送りながら加熱すると，**銅**に戻る。このとき，水素は酸化銅から酸素を奪って**水**になる。

| 酸化銅 | ＋ | 水　素 | ⟶ | 銅 | ＋ | 水 |

入試ポイント
- 銅＋酸素 ⟶ 酸化銅(黒色)
- マグネシウム＋酸素 ⟶ 酸化マグネシウム(白色)

☑ まとめチェック

知識を整理・確認しよう！

① ものの燃《も》え方

□ ① 燃焼《ねんしょう》とは，ものが光や熱を出しながら何と結びつく反応か。

□ ② ガスバーナーのガス調節ねじを閉《と》じて火を消すのは，燃えるための3条件《じょうけん》のうちの何をとり除《のぞ》いたのか。

□ ③ アルコールランプの火に蓋《ふた》を被《かぶ》せて火を消すのは，燃えるための3条件のうちの何をとり除いたのか。

② ろうそく・アルコール・木の燃え方

□ ① ろうそくの炎《ほのお》のまわりではどのような気流ができているか。

□ ② ろうそくが燃えるとすす以外に何が発生するか。2つ答えよ。

□ ③ ろうそくの炎の外炎《がいえん》，内炎《ないえん》，炎心《えんしん》で，最も温度が高いのはどこか。

□ ④ ろうそくの炎の外炎，内炎，炎心で，最も明るいのはどこか。

□ ⑤ アルコールランプの炎の温度は，ろうそくの炎の温度より高いか，低いか。

□ ⑥ アルコールランプの炎の明るさは，ろうそくの炎の明るさより明るいか，暗いか。

□ ⑦ アルコールや木が燃えたときも二酸化炭素と水蒸気が発生するが，これは何をふくんでいるからか。2つ答えよ。

□ ⑧ 木を蒸《む》し焼《や》きにしたときに残った固体を何というか。

□ ⑨ ⑧の主成分は何か。

□ ⑩ 木を蒸し焼きにしたときに発生した気体を何というか。

③ 金属《きんぞく》の加熱

□ ① スチールウールを燃やすと，何ができるか。

□ ② スチールウールを燃やすと，全体の重さは重くなるか，軽くなるか。

□ ③ 酸化銅《さんかどう》は何色か。

□ ④ 酸化《さんか》マグネシウムは何色か。

答え

①

① 酸素《さんそ》

② 燃えるもの

③ 新しい空気［酸素］

②

① 上昇気流《じょうしょうきりゅう》

② 二酸化炭素《にさんかたんそ》・水蒸気《すいじょうき》［水］

③ 外炎

④ 内炎

⑤ 高い

⑥ 暗い

⑦ 炭素《たんそ》・水素《すいそ》

⑧ 木炭《もくたん》

⑨ 炭素

⑩ 木《もく》ガス

③

① 酸化鉄《さんかてつ》

② 重くなる

③ 黒色

④ 白色

力だめしの問題　入試標準レベル　解答➡別冊 p.48

1 次の問いに答えなさい。　【大阪女学院中】

(1) 透明《とうめい》な丸い筒《つつ》の中に火をつけたろうそくを入れたとき，最もよく燃えるのはどれですか。次から選び，記号で答えなさい。　(　　)

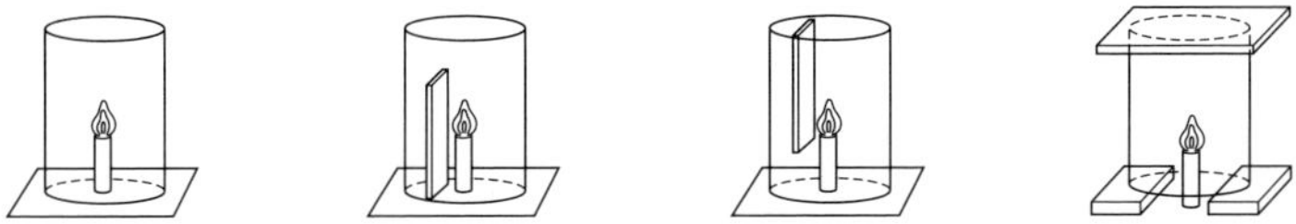

ア　イ　ウ　エ

(2) 透明な丸い筒の中に火をつけたろうそくを入れたとき，最も長く燃え続けるのはどれですか。次から選び，記号で答えなさい。ただし，**イ**は，**ア**と同じ高さで，底面の半径が２倍です。**ウ**は，**ア**の２倍の高さで，同じ太さです。**エ**は，**ア**と同じ高さ，上面と底面の面積が同じで，ななめの形をしています。　(　　)

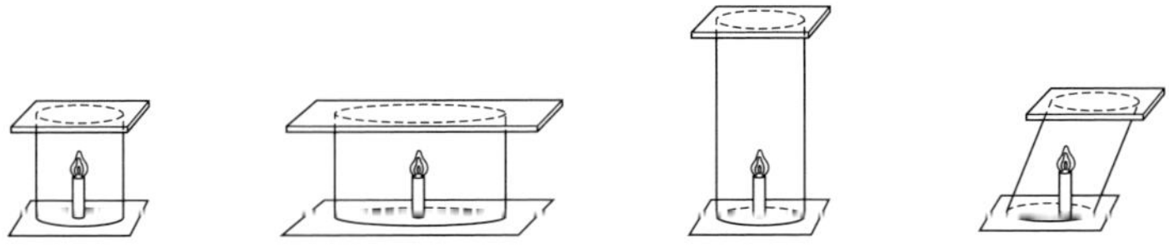

ア　イ　ウ　エ

2 次の(1)～(3)で，ろうそくの炎が消えたのはなぜですか。それぞれ説明しなさい。　【東海中】

(1) 燃えているろうそくの炎に強く息を吹《ふ》きかけたところ，炎が消えました。
(　　　　　　　　　　　　　　　　　　　)

(2) 燃えているろうそくの芯《しん》をピンセットで強くつまんだところ，炎が間もなく消えました。　(　　　　　　　　　　　　　　　　　　　)

(3) 切れこみを入れた銅板《どうばん》を図のように，燃えているろうそくの芯に触《ふ》れないようにろうそくにのせました。すると，ろうそくの芯をつまんでいないのに，炎は間もなく消えました。
(　　　　　　　　　　　　　　　　　　　)

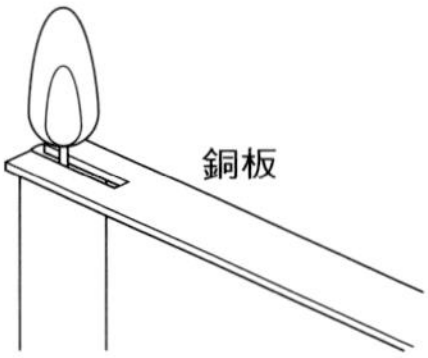

3 **右の図のように，試験管《しけんかん》の中に割《わ》り箸《ばし》を入れて，ガラス管《かん》付きのゴム栓《せん》をして，ガスバーナーで熱しました。**
しばらくすると，ガラス管の口から煙《けむり》が出てきました。割り箸を十分に熱したところ，試験管には固体《こたい》が残りました。 【愛知淑徳中】

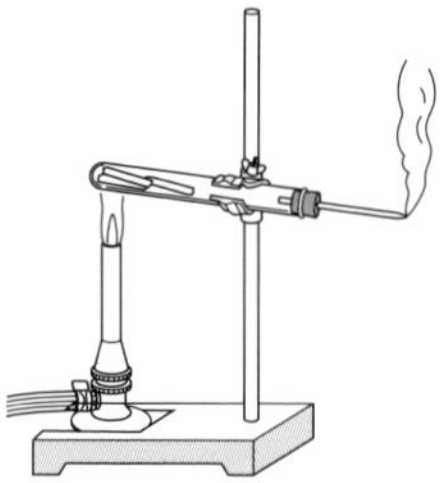

⑴ ガラス管から出てきた煙について正しく述《の》べているものを，次から２つ選び，記号で答えなさい。 (　　)(　　)

ア　白い煙である。　　**イ**　黒い煙である。

ウ　火を近づけると，すぐに火が消えてしまう。

エ　火を近づけると，煙が炎《ほのお》を出して燃《も》える。

オ　火を近づけると，その火が激《はげ》しく燃える。

⑵ 試験管に残った固体は何ですか。 (　　　)

⑶ 試験管に残った固体をとり出して空気中で火をつけると，どのようになりますか。次から正しいものを１つ選び，記号で答えなさい。 (　　)

ア　火がつかず，何の変化も起こらない。

イ　黒い煙を出しながら赤く燃える。

ウ　白い煙を出しながら赤く燃える。

エ　炎を出して赤く燃える。　　**オ**　炎を出さずに赤く燃える。

4 **金属《きんぞく》の燃焼《ねんしょう》について，次の問いに答えなさい。** 【淳心学院中】

⑴ 0.5g，1.0g，1.5g，2.0gのスチールウールを，それぞれ右の図のようにガスバーナーで加熱して火をつけ，火のついたスチールウールに息を吹《ふ》きつけて完全に燃やしました。冷えてからその重さをはかると，下の表のようになりました。同じように，3.0gのスチールウールを完全に燃やすと，燃やしたあとの重さは何gになりますか。

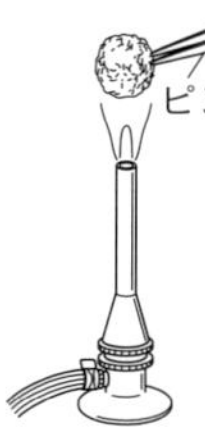

スチールウールの重さ(g)	0.5	1.0	1.5	2.0
燃やしたあとの重さ(g)	0.7	1.4	2.1	2.8

(　　　)

⑵ 2.0gのスチールウールにガスバーナーで火をつけ，火のついたスチールウールに息を吹きつけたところ，少し燃えました。その後，息を吹きつけるのをやめたところ火が消え，一部のスチールウールは燃えずに残りました。冷えてからその重さをはかると，2.6gでした。このとき，燃え残ったスチールウールの重さは何gですか。 (　　　)

5 **図1〜3のように底のないびんとろうそくと粘土《ねんど》などを使って，ものが燃える様子を調べました。次の問いに答えなさい。** 【親和中】

図1

図2

図3

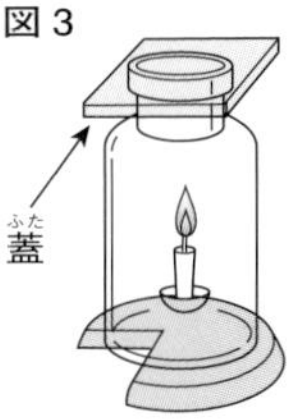

(1) **図1〜3**のうち，ろうそくが最もよく燃えるのはどれですか。番号で答えなさい。 (　　)

(2) **図1〜3**のうち，しばらくすると火が消えてしまうのはどれですか。番号で答えなさい。 (　　)

(3) **図2**のびんの口と底に，火のついた線香《せんこう》を近づけました(**図4**)。それぞれの線香の煙はどのように動きますか。**図4**に煙の流れを矢印でかきこみなさい。

図4

(4) (3)のように煙が動く理由を簡単《かんたん》に答えなさい。

(　　　　　　　　)

(5) 次の**ア〜エ**から，ものがよく燃えるようにする工夫としてあてはまらないものを1つ選び，記号で答えなさい。 (　　)

ア　燃えているものを，酸素《さんそ》を集めた容器《ようき》の中に入れる。

イ　バーベキューコンロに適当《てきとう》なすき間をあけて炭《すみ》を並《なら》べる。

ウ　バーベキューコンロで炭を燃やすときに側面についている窓《まど》を開ける。

エ　炭焼き窯《がま》に，木をぎっしり詰《つ》めて燃やす。

(6) ものが燃えることについてまとめました。次の(　　)にあてはまる語句《ごく》を答えなさい。

ア(　　　　　　) **イ**(　　　　　　) **ウ**(　　　　　　)

エ(　　　　　　) **オ**(　　　　　　)

ろうそくなどが燃えると空気中の(**ア**)が減《へ》って(**イ**)が増《ふ》える。そのため，ものが燃え続けるにはびんの中の空気が(**ウ**)ことが必要である。(**イ**)ができていることは石灰水《せっかいすい》が(**エ**)ことで確認《かくにん》できる。スチールウールなどの金属も条件《じょうけん》によっては火花を出して燃える。少量の石灰水の入ったびんに(**ア**)を入れてスチールウールを燃やしたとき，石灰水は(**オ**)。

4 気体《きたい》の性質《せいしつ》

1 酸素《さんそ》

酸素はどのようにしてつくるか。どんな性質があるか。

酸素のつくり方

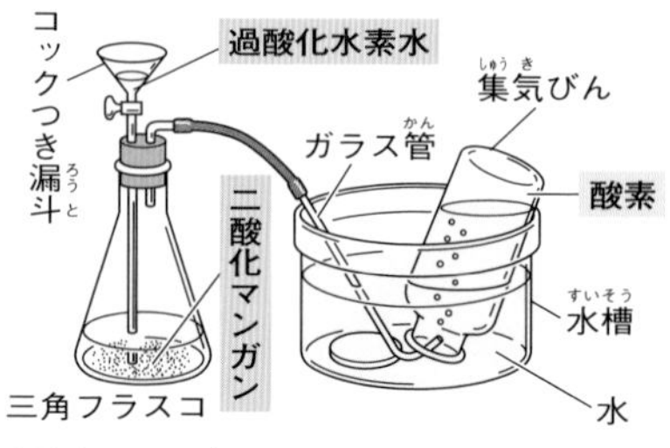

▲酸素のつくり方

●**酸素の発生**…**二酸化《にさんか》マンガン**(黒い粉《こな》)と**過酸化水素水《かさんかすいそすい》**(**オキシドール**でもよい)を反応《はんのう》させると，酸素が出る。

注意 酸素は，過酸化水素が変化してできるが，二酸化マンガンは変化しない。二酸化マンガンは過酸化水素が変化するのを助けるはたらきをする。このように，自分自身は変化せず，ほかのものが変化するのを助ける物質《ぶっしつ》のことを**触媒《しょくばい》**という。二酸化マンガンのかわりに，新鮮《しんせん》なレバー片《へん》やジャガイモを使ってもよい。

●**酸素の集め方**…酸素は水にとけにくいので，水を満たした集気びんの中に導《みちび》いて集める。この方法を**水上置換法《すいじょうちかんほう》**という。

注意 最初に出てくる気体は，フラスコ内の空気が混《ま》じっているので，捨《す》てる。

酸素の性質

酸素は無色で，においもない。重さは空気の約 1.1 倍である。体積の割合《わりあい》で，空気の約 20%をしめる。

ものを燃《も》やすはたらき(**助燃性《じょねんせい》**)があり，酸素の中でものを燃やすと，空気中よりも激《はげ》しく燃える。

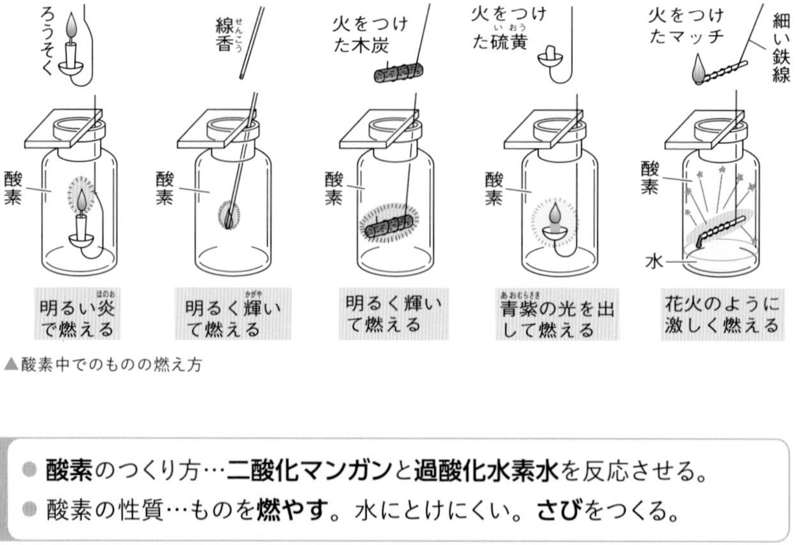

▲酸素中でのものの燃え方

入試ポイント
- **酸素**のつくり方…**二酸化マンガン**と**過酸化水素水**を反応させる。
- 酸素の性質…ものを**燃やす**。水にとけにくい。**さび**をつくる。

水にとけにくく，水中の生物は，水にわずかにとけている酸素を利用して，呼《こ》吸《きゅう》をしている。また，金属《きんぞく》と結びついて，さびをつくる。

2 二酸化炭素《にさんかたんそ》

☞ 二酸化炭素はどのようにしてつくるか。どんな性質があるか。

二酸化炭素のつくり方

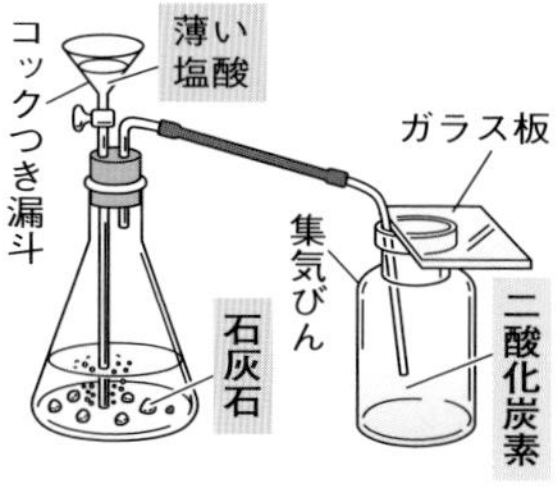

▲二酸化炭素のつくり方

●**二酸化炭素の発生**…**石灰石《せっかいせき》**と**薄《うす》い塩酸《えんさん》**を反応させる。

参考 石灰石の主成分は炭酸《たんさん》カルシウムで，これが塩酸と反応して，二酸化炭素ができる。石灰石のかわりに炭酸カルシウムをたくさんふくむ大理石《だいりせき》，貝殻《かいがら》，卵《たまご》の殻《から》などを使ってもよい。

●**二酸化炭素の集め方**…二酸化炭素は水にとけやすいので，集気びんの下のほうに導き，中の空気とおきかえて集める。この方法を**下方置換法《かほうちかんほう》**という。

参考 二酸化炭素は，水にとけやすいといっても，それほど多くはとけないので，水上置換法で集めてもよい。空気の混《ま》じらない二酸化炭素を集めるときは，水上置換法がよい。

▶ **二酸化炭素の発生量のはかり方**…右の図のような装置《そうち》を組み立て，いちばん左の三角フラスコで二酸化炭素を発生させると，二酸化炭素が2つの三角フラスコの中に入っていた空気を追い出し，その空気が水を満たしたメスシリンダーにたまっていく。よって，$600\mathrm{cm}^3$ まではメスシリンダーにたまった空気の量と発生した二酸化炭素の量がほぼ等しい。メスシリンダーに空気が $600\mathrm{cm}^3$ たまったとき，三角フラスコは2つとも二酸化炭素で満たされている。

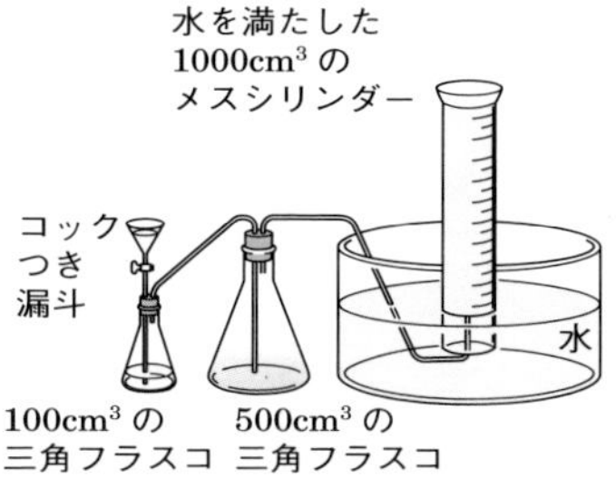

▲二酸化炭素の発生量のはかり方

二酸化炭素の性質

二酸化炭素は無色で，においもない。重さは空気の約1.5倍である。水にとけやすく，水にとけたものは**炭酸水《たんさんすい》**で，**酸性《さんせい》**を示《しめ》す。

また，二酸化炭素を**石灰水《せっかいすい》**に通すと，白く濁《にご》る(水にとけない炭酸カルシウムができる)。

二酸化炭素を冷やして固体《こたい》にしたものを**ドライアイス**(－78.5℃以下)という。

入試ポイント

- **二酸化炭素**のつくり方…**石灰石**と**薄い塩酸**。**下方置換法**で集める。
- 二酸化炭素の性質…**重い**。**水にとける**。**石灰水**に通すと**白く濁る**。

3 水素《すいそ》

水素はどのようにしてつくるか，どんな性質《せいしつ》があるか。

水素のつくり方

- **水素の発生**…**亜鉛《あえん》**に**薄《うす》い塩酸《えんさん》**を反応させると，水素が出てくる。

参考 亜鉛のかわりに鉄やアルミニウムを使うこともできる。また，薄い塩酸のかわりに薄い硫酸《りゅうさん》を使ってもよい。

- **水素の集め方**…水素は水にとけにくいので，**水上置換法《すいじょうちかんほう》**で集める。

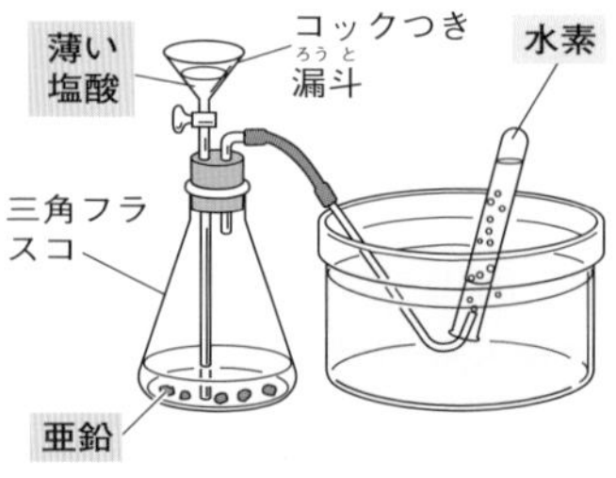

▲水素のつくり方

水素の性質

水素は無色で，においもない。最も軽い気体で，空気の約 0.07 倍の重さしかない。

また，水にとけにくい。

水素に火をつけると，青色の炎《ほのお》をあげて燃《も》える。水素が燃えると，**水**(水蒸気《すいじょうき》)になる。

注意 水素と酸素《さんそ》が混《ま》じった気体に火をつけると，爆発《ばくはつ》する。

4 アンモニア

アンモニアはどのようにしてつくるか。どんな性質があるか。

アンモニアのつくり方

- **アンモニアの発生**…**塩化《えんか》アンモニウム**と**水酸化《すいさんか》カルシウム**(どちらも白い粉《こな》)を混ぜて試験管《しけんかん》に入れ，熱すると，アンモニアが出てくる。

注意 このとき水ができるので，試験管の熱している所と反対のほうを低くして，熱している所に水が流れていかないようにする。

- **アンモニアの集め方**…アンモニアは非常《ひじょう》に水にとけやすいので，水上置換法では集められない。また，空気より軽いので，空気中でさかさまにして支《ささ》えたフラスコの中に導《みちび》いて，空気と入れかえて集める。この方法を**上方置換法《じょうほうちかんほう》**という。

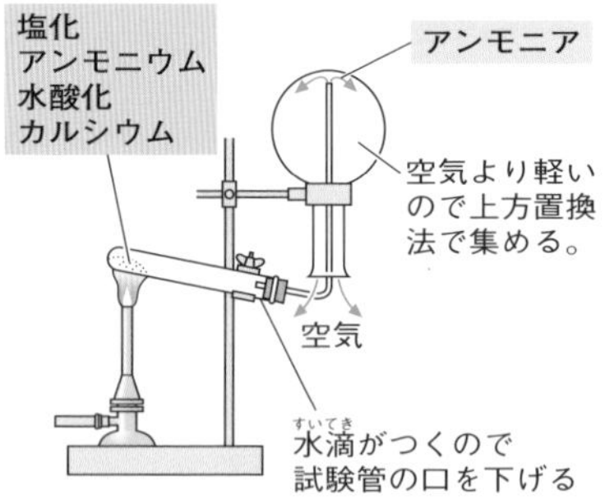

▲アンモニアのつくり方

入試ポイント
- **水素**…**亜鉛**と**薄い塩酸**の反応で発生。**軽い**。**水にとけない**。**燃える**。
- **アンモニア**…**水に**非常に**よくとける**。**鼻を刺《さ》す**におい。**上方置換法**。

アンモニアの性質

アンモニアは無色で，鼻を刺すにおいがある。空気より軽い気体である。
また，水に非常にとけやすい。水溶液《すいようえき》は**アンモニア水**で，**アルカリ性**《せい》を示《しめ》す。

▶**アンモニアの噴水**《ふんすい》…乾《かわ》いたフラスコにアンモニアを集め，長いガラス管《かん》と水の入ったスポイトを通したゴム栓《せん》をする。ガラス管を水につけ，スポイトからフラスコ内に水を押《お》し出すと，アンモニアがこの水にとけて，フラスコ内の圧力《あつりょく》が下がるので，水がガラス管からフラスコ内に噴《ふ》き出し，噴水になる。

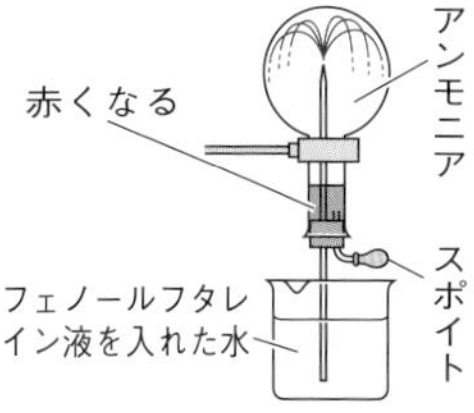

▲アンモニアの噴水

参考 水にフェノールフタレイン液《えき》を加えておくと，赤い噴水になる。

5 そのほかの気体

☞そのほかに，どんな性質をもつ気体があるか。

● **窒素**《ちっそ》…窒素は無色で，においもない。空気より少し軽い。体積の割合《わりあい》で空気の約80%をしめる。

▶**空気の成り立ち**…空気は，体積の割合で約78%が窒素，約21%が酸素で，残りの約1%の中にアルゴン(0.93%)・二酸化炭素《にさんかたんそ》(0.04%)などがふくまれる。

● **塩素**《えんそ》…塩素は黄緑色で，鼻を刺すにおいがある。空気より重い。
また，水にとけやすく，水溶液は酸性《さんせい》を示す。殺菌作用《さっきんさよう》があるので，水道水にも少しとかされているが，濃《こ》すぎると有毒《ゆうどく》である。
漂白作用《ひょうはくさよう》があるので，衣類の漂白《ひょうはく》などに利用される。

● **塩化水素**《えんかすいそ》…塩化水素は無色で，鼻を刺すにおいがある。空気より重い。
また，水に非常によくとける。水溶液は**塩酸**で，**酸性**を示す。

● **一酸化炭素**《いっさんかたんそ》…一酸化炭素は無色で，においもない。空気より軽く，水にとけにくい。また，一酸化炭素は木や石油《せきゆ》などが不完全燃焼をしたときに出てくる有毒な気体である。

▶**一酸化炭素中毒**《ちゅうどく》**の原因**《げんいん》…木炭《もくたん》や練炭《れんたん》などを狭《せま》い空間で燃やすと，一酸化炭素が多量に発生する場合があり，誤《あやま》ってこれを吸《す》いこむと，一酸化炭素中毒を起こす。これを防《ふせ》ぐためには，木炭や練炭を室内で使用する場合は十分に換《かん》気《き》をすることが必要である。

入試ポイント
- 気体の集め方…**水にとけにくい**気体→**水上置換法**(酸素・水素)
- **水にとけやすい**気体→**下方置換法**(二酸化炭素*)・**上方置換法**(アンモニア)

*二酸化炭素は水に少しとける

☑ まとめチェック

知識を整理・確認しよう！

① 酸素《さんそ》

	答え
□ ① 酸素を発生させるためには，何という固体《こたい》に何という液体《えきたい》を加えるか。	① 二酸化《にさんか》マンガン・過酸化水素水《かさんかすいそすい》[オキシドール]
□ ② 発生した酸素の集め方を答えよ。	② 水上置換法《すいじょうちかんほう》
□ ③ 酸素は，体積の割合《わりあい》で，空気中の約何％か。	③ 21％
□ ④ 酸素にものを燃《も》やすはたらきはあるか，ないか。	④ ある

② 二酸化炭素《にさんかたんそ》

	答え
□ ① 二酸化炭素を発生させるためには，何という固体に何という液体を加えるか。	① 石灰石《せっかいせき》・薄《うす》い塩酸《えんさん》
□ ② 発生した二酸化炭素は，水上置換法と何法によって集めることができるか。	② 下方置換法《かほうちかんほう》
□ ③ 二酸化炭素は，体積の割合で，空気中の約何％か。	③ 0.04％
□ ④ 二酸化炭素が水にとけた水溶液《すいようえき》を何というか。	④ 炭酸水《たんさんすい》
□ ⑤ 二酸化炭素の固体を何というか。	⑤ ドライアイス
□ ⑥ 二酸化炭素を石灰水《せっかいすい》に通すと，石灰水はどうなるか。	⑥ 白く濁《にご》る

③ 水素《すいそ》

	答え
□ ① 亜鉛《あえん》などの金属《きんぞく》と塩酸などの水溶液が反応すると，何という気体が発生するか。	① 水素
□ ② 発生した水素の集め方を答えよ。	② 水上置換法
□ ③ 水素は最も重い気体か，最も軽い気体か。	③ 最も軽い気体
□ ④ 水素が燃えると何ができるか。	④ 水[水蒸気《すいじょうき》]

④ アンモニア

	答え
□ ① 水酸化《すいさんか》カルシウムに何を混《ま》ぜて加熱するとアンモニアが発生するか。	① 塩化《えんか》アンモニウム
□ ② 発生したアンモニアの集め方を答えよ。	② 上方置換法《じょうほうちかんほう》
□ ③ アンモニアは水にとけやすいか，とけにくいか。	③ とけやすい
□ ④ アンモニアには刺激臭《しげきしゅう》があるか，ないか。	④ ある
□ ⑤ アンモニアの水溶液は何性《なにせい》か。	⑤ アルカリ性《せい》

⑤ そのほかの気体

	答え
□ ① 空気中に最も多くふくまれている気体は何か。	① 窒素《ちっそ》

力だめしの問題　入試標準レベル　　解答➡別冊p.49

1 過酸化水素水と二酸化マンガンを使って酸素を発生させる実験を右の図のように行いました。過酸化水素水とは過酸化水素と水の混合物《こんごうぶつ》で過酸化水素34gから酸素16gと水18gができます。このとき，二酸化マンガンは過酸化水素から酸素と水を発生させるのを助けるはたらきがありますが，自分自身は変化しません。なお，酸素16gの体積は12Lです。　【土佐中】

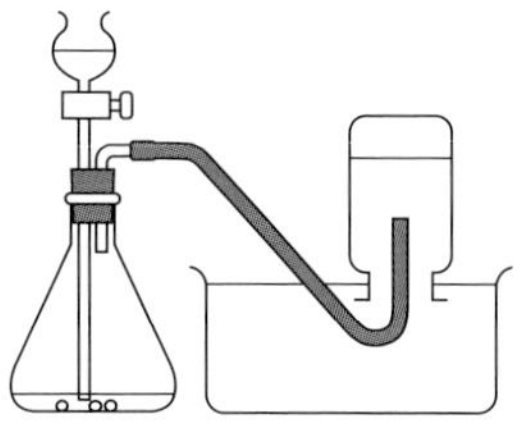

〈実験〉 三角《さんかく》フラスコに二酸化マンガンと50gの過酸化水素水を入れて酸素を発生させた。その後，三角フラスコの中の液体の重さを測定《そくてい》すると，46.8gになっていた。

(1) 図のような気体の集め方を何といいますか。　(　　　　)

(2) 発生した酸素の重さは何gですか。　(　　　　)

(3) 発生した酸素の体積は何Lですか。　(　　　　)

(4) 使用した過酸化水素水50g中にふくまれる過酸化水素は何gですか。

(　　　　)

(5) 使用した過酸化水素水の濃《こ》さは何%ですか。　(　　　　)

2 次の気体A～Eは，酸素・二酸化炭素・水素・塩化水素《えんかすいそ》・窒素のいずれかです。下の条件《じょうけん》①～⑤を利用して，あとの(1)～(5)にあてはまる気体を答えなさい。ただし，答えは，すべてA～Eの記号で答えなさい。　【土佐女子中・改】

条件① 気体**A**はアルミニウムを水酸化《すいさんか》ナトリウム水溶液に入れたときに発生する気体と同じであった。

② 気体**B**は塩酸を加熱したときに発生する気体と同じであった。

③ 気体**C**は石灰水を白く濁らせた。

④ 気体**D**の中に，火のついたろうそくを入れると空気中よりも激《はげ》しく燃え上がった。

⑤ 気体**E**は安定な気体である。

(1) 空気中に2番目に多い気体　(　　)

(2) 鉄を塩酸に入れたときに発生する気体と同じ気体　(　　)

(3) 空気中に1番多い気体　(　　)

(4) 強いにおいのため，直接《ちょくせつ》においをかいではいけない気体　(　　)

(5) オキシドールに二酸化マンガンを入れたときに発生する気体　(　　)

チャレンジ問題 入試発展レベル

解答➡別冊p.50

★は最高レベル

1 下の表は100gの水に，食塩《しょくえん》，ミョウバン，ホウ酸《さん》がとける限度《げんど》の重さと水の温度との関係を表したものです。あとの各問いに答えなさい。 【大阪・大谷中】

100gの水に，食塩，ミョウバン，ホウ酸がとける限度の重さ

温度(℃) 固体《こたい》(g)	0	20	40	60	80
食　塩	35.6	35.8	36.3	37.1	39.3
ミョウバン	3.0	5.9	12	25	71
ホウ酸	2.7	4.7	8.2	13	19

⑴ 表に示《しめ》している固体に関する次の文の(　　)内に，それぞれ正しい語句《ごく》または数字を答えなさい。

① 水の量を3倍にすると，とけるものの量は(　　　　　)倍になる。

② 水溶液《すいようえき》の水が蒸発《じょうはつ》し続けると，とけたものが(　　　　　)となって出てくる。

③ 温度を上げても，とける量が大きく変わらないのは(　　　　　)である。

⑵ 60℃の水に，ホウ酸を限度までとかしました。このときできるホウ酸水溶液の濃《こ》さは何％になりますか。小数第2位を四捨五入《ししゃごにゅう》して小数第1位まで答えなさい。　(　　　　　)

⑶ 0℃と60℃の水それぞれにホウ酸を限度までとかした水溶液をつくりました。「0℃のホウ酸水溶液」と「60℃のホウ酸水溶液」が同じ体積あるとすると，どちらの水溶液が何倍重いですか。ただし，水にホウ酸をとかしても体積変化はないものとします。小数第2位を四捨五入して小数第1位まで答えなさい。

(　　　　　　　　　　　　　　　　)

⑷ 60℃の水にミョウバンを限度までとかし，300gの水溶液をつくりました。この水溶液中には何gのミョウバンがとけていますか。小数第1位を四捨五入して整数で答えなさい。　(　　　　　)

⑸ ⑷の水溶液を冷やして20℃にしました。このとき，とけきれなくなって出てくるミョウバンは何gですか。小数第2位を四捨五入して小数第1位まで答えなさい。　(　　　　　)

2 **ビーカーに水と物質《ぶっしつ》Xとを入れてよくかき混《ま》ぜてとかす実験をしました。**表の①～⑤の条件《じょうけん》だと，①，②，③はすべてとけ，④，⑤は一部が底にとけきれずに残りました。このときの実験はすべて同じ温度で行ったものとします。【浅野中】

	①	②	③	④	⑤
	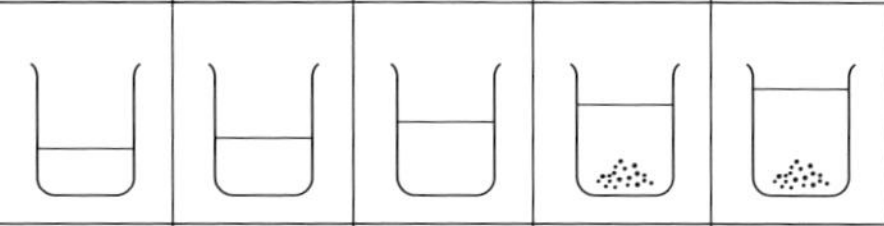				
水の量(g)	100	125	150	175	200
物質X(g)	5	10	20	30	40
とけ残り	ない	ない	ない	ある	ある

(1) ①の水溶液の濃度《のうど》は何％ですか。小数第2位を四捨五入して，小数第1位まで答えなさい。
（　　　　　）

(2) ②の水溶液50gから水をすべて蒸発させると，物質Xは何g得られますか。小数第2位を四捨五入して，小数第1位まで答えなさい。　（　　　　　）

(3) ④の水溶液をすべてろ過《か》し，ろ紙《し》に残った物質Xの重さをはかると2gでした。⑤のビーカーの底にとけ残っている物質Xは何gですか。　（　　　　　）

(4) ③の水溶液に物質Xをあと何gとかすことができますか。　（　　　　　）

物質が一定量の水にとけることができる量には限度があり，100gの水にとけることができる最大量をその物質の溶解度《ようかいど》といいます。溶解度は物質によってそれぞれ異《こと》なり，水の温度によっても違《ちが》います。

(5) この実験から，物質Xの水への溶解度は何gであることがわかりますか。
（　　　　　）

物質が水にとけることのできる限度までとけている状態《じょうたい》を飽和《ほうわ》といい，その水溶液を飽《ほう》和水溶液《わすいようえき》といいます。右のグラフは，温度の違いによる物質Yの溶解度を示したものです。

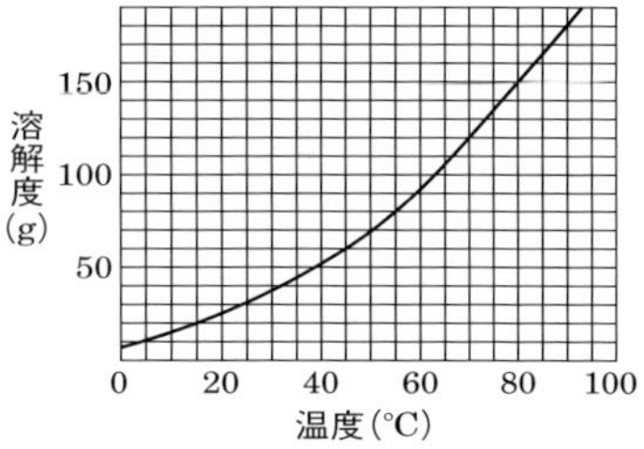

(6) 物質Yの80℃における飽和水溶液の濃度は何％ですか。　（　　　　　）

(7) 80℃，125gの飽和水溶液にふくまれている物質Yは何gですか。　（　　　　　）

★(8) 80℃，125gの飽和水溶液をある温度まで下げると，物質Yの一部が水溶液に固体となって40g出てきました。このとき，飽和水溶液の温度を何℃まで下げましたか。次のア～クの中から正しいものを1つ選び，その記号で答えなさい。　（　　　）

ア　25　　イ　30　　ウ　35　　エ　40
オ　45　　カ　50　　キ　55　　ク　60

3　**A～Iの9種類の薄《うす》い水溶液《すいようえき》があります。これらが次のア～ケのどの水溶液であるかをきめるために，下の①～⑥の実験を行いました。**　【高田中】

ア　アルコール水溶液　　**イ**　アンモニア水《すい》　　**ウ**　塩酸《えんさん》
エ　砂糖《さとう》水　　**オ**　食塩水《しょくえんすい》　　**カ**　水酸化《すいさんか》ナトリウム水溶液
キ　石灰水《せっかいすい》　　**ク**　炭酸水《たんさんすい》　　**ケ**　ホウ酸水《さんすい》

〈実験〉

① それぞれの水溶液を試験管《しけんかん》にとって緑色のBTB液《えき》を加えると，**A・B・C**は黄色に，**D・E・F**は青色に変化したが，**G・H・I**は緑色のままであった。

② それぞれの水溶液を試験管にとって観察すると，**B**の試験管内に泡《あわ》がついており，軽く振《ふ》るととけている気体が発生した。

③ それぞれの水溶液を1滴《てき》スライドガラスにとり，ドライヤーでおだやかにあたためると**A・B・E・H**は何も残らなかった。ほかの水溶液はあとが残ったが，薄くて区別できなかった。

④ それぞれの水溶液を試験管にとり，息を吹《ふ》きこんでいくと**F**は白く濁《にご》った。

⑤ それぞれの水溶液を試験管にとり，アルミニウムはくを入れてその変化を調べると□でさかんに気体が発生した。

⑥ それぞれの水溶液を試験管にとり，少しあたためると□で特有のにおいがした。

(1) ①の実験で，BTB液の代わりに使えるものを，次から1つ選び，記号で答えなさい。　(　　)

ア　ヨウ素液《そえき》　　**イ**　リトマス紙《し》
ウ　フェノールフタレイン液《えき》　　**エ**　オキシドール

(2) **F**に，ある水溶液を加えると④の実験と同じ結果になりました。加えた水溶液を**A**～**I**から選び，記号で答えなさい。　(　　)

(3) ⑤の実験で，□にあてはまる水溶液を，**A**～**I**から2つ選び，記号で答えなさい。　(　　)(　　)

(4) ⑥の実験で，□にあてはまる水溶液を，**A**～**I**から3つ選び，記号で答えなさい。　(　　)(　　)(　　)

★(5) ①～⑥の実験結果だけでは，きめることができない水溶液がありました。これはどの水溶液ですか。**ア**～**ケ**から2つ選び，記号で答えなさい。　(　　)(　　)

4 **水溶液の反応について，次の問いに答えなさい。**　【江戸川学園取手中・改】

(1) ある濃《こ》さの水酸化ナトリウム水溶液 30cm³ に塩酸 20cm³ を加えて完全に中《ちゅう》和《わ》したとします。この水酸化ナトリウム水溶液 75cm³ を完全に中和するのに必要な塩酸の量は何 cm³ ですか。　(　　　　　)

(2) (1)の水酸化ナトリウム水溶液を 2 倍に薄めた水酸化ナトリウム水溶液 75cm³ を完全に中和するのに必要な塩酸は何 cm³ ですか。　(　　　　　)

★(3) きまった量の水酸化ナトリウム水溶液に，塩酸を加え，水を蒸発《じょうはつ》させるとあとには白い固《こ》体《たい》が残ります。右の図は，きまった量の水酸化ナトリウム水溶液に加えた塩酸の量と，水を蒸発させたあとに残った固体の量との関係を表しています。また，残った固体を **A**(白色部)と **B**(斜線《しゃせん》部《ぶ》)の物質《ぶっしつ》に分けています。

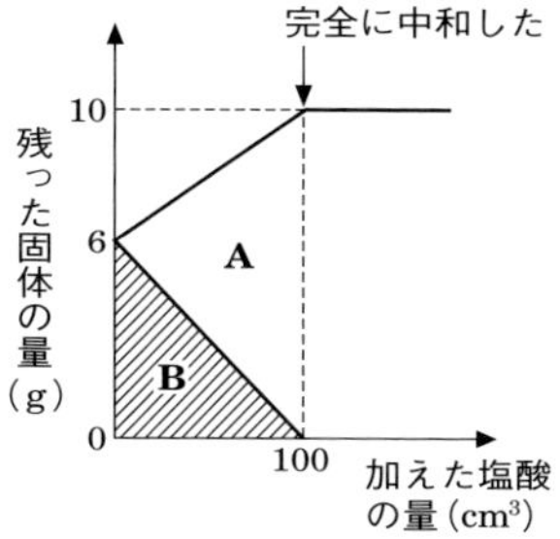

A，**B** は何の量を表しますか。また，加えた塩酸の量が 60cm³ のとき，残った水酸化ナトリウムの量と食塩の量はそれぞれ何グラムですか。　**A**(　　　　　)　**B**(　　　　　)

水酸化ナトリウム(　　　　　)　食塩(　　　　　)

5 **金属《きんぞく》に薄い塩酸を加えて，発生した気体の体積から，1 種類だけの金属か混合物《こんごうぶつ》(2 種類以上の金属が混《ま》ざっている)かを調べてみました。** ただし，右の図はアルミニウムと鉄の量(g)をいろいろ変えて，十分な量の薄い塩酸にとかしたときに発生する気体の体積をグラフにしたものです。　【関西大一中】

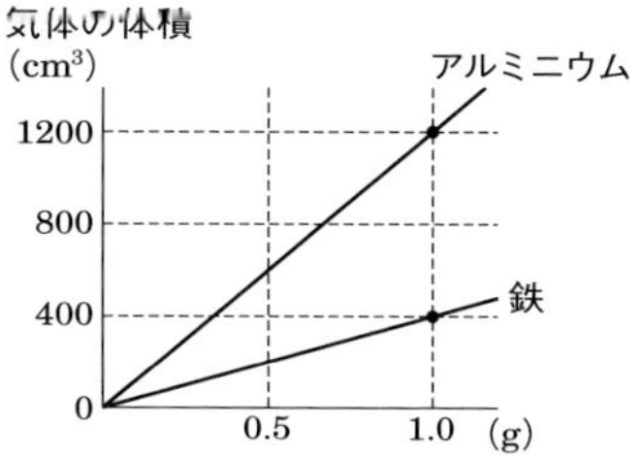

(1) 同体積の鉄とアルミニウムに薄い塩酸を十分に加えるとアルミニウムから 264cm³ の気体が発生しました。鉄から発生した気体は何 cm³ ですか。ただし，同体積の鉄の重さはアルミニウムの 3 倍です。　(　　　　　)

★(2) 鉄と銅《どう》の粒《つぶ》が混ざったものが，2g あります。それに，十分な量の薄い塩酸を加えたとき，640cm³ の気体が発生しました。2g の混ざったものの中に，銅の粒は何 g ありますか。　(　　　　　)

★(3) 鉄とアルミニウムの粒が混ざったものが，1.5g あります。それに，十分な量の薄い塩酸を加えたとき，1080cm³ の気体が発生しました。1.5g の混ざったものの中に，アルミニウムの粒は何 g ありますか。　(　　　　　)

6 **空気の入った集気びんに火のついた木ぎれを入れてしばらく燃《も》やしてから，蓋《ふた》をすると，木ぎれの火は消えました。図 1 は，木ぎれを入れる前の，図 2 は，火が消えたあとの集気びんの中の気体を○，●，□の記号で表したものです。** 【香川大附高松中】

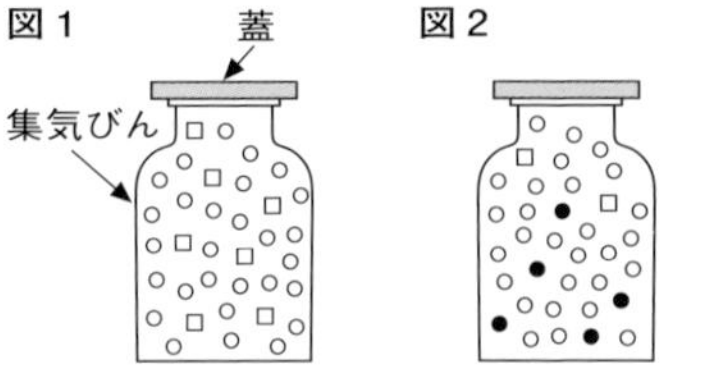

木ぎれを入れる前　火が消えたあと

(1) **図 1，図 2** 中の□の記号で表した気体は何ですか。　(　　　　　)

(2) 火が消えたあとの集気びんに石灰水《せっかいすい》を入れ，すぐに蓋をして，よく振《ふ》ると白く濁《にご》りました。このとき，石灰水を白く濁らせたのはどの気体ですか。その記号を書きなさい。　(　　　)

(3) (2)で答えた気体が石灰水を白く濁らせたことを確《たし》かめるには，どのような方法で，どのようなことを確かめればよいですか。**図 1，図 2** をもとに，簡単《かんたん》に説明しなさい。

(　　　　　　　　　　　　　　　　　　　　　　　)

7 **次の問いに答えなさい。** 【白陵中】

(1) 次の文中の空欄《くうらん》(①)～(③)に適切《てきせつ》なことばを，それぞれ答えなさい。

①(　　　　　)　②(　　　　　)　③(　　　　　)

燃《も》えている油に水をかけると，水は油より(　①　)から，油の下に行こうとする。しかし，温度が 100℃よりも高いので，その瞬間《しゅんかん》に水が(　②　)に変わってしまう。このとき，(　③　)が大きくなるため，爆発《ばくはつ》のような現象《げんしょう》が起きるのである。したがって，燃えている油の火を消すときは水をかけたりせずに，きちんと合う蓋を被《かぶ》せたり，ぬらした布を鍋《なべ》に被せたりするとよい。

(2) 割《わ》り箸《ばし》を図のようにアルミニウムはくの上に置き，ガスバーナーの火を直接《ちょくせつ》あてて燃やしました。割り箸はどのようになりますか。次から選び，記号で答えなさい。　(　　　)

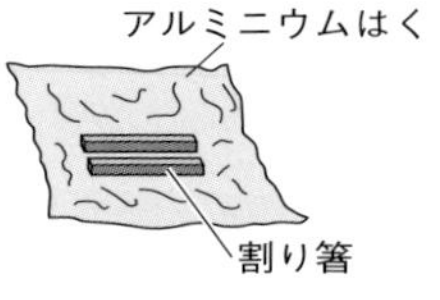

ア　何も残らない。
イ　灰《はい》になる。
ウ　炭《すみ》になる。

(3) 次に，割り箸を少しすき間をあけてアルミニウムはくで包《つつ》み，アルコールランプで加熱しました。割り箸はどのようになりますか。(2)の**ア**～**ウ**から選び，記号で答えなさい。　(　　　)

8 **スチールウールを完全に燃やすと，酸素《さんそ》と結びつき黒い燃えかすになり，重くなりました。スチールウールに塩酸《えんさん》を加えると水素《すいそ》が出てきましたが，スチールウールの燃えかすに塩酸を加えても水素は出てきませんでした。マグネシウムという金属《きんぞく》でも同じようになることを知り，次の実験をしました。** 【甲陽学院中】

〈**実験 1**〉 4個《こ》の蒸発皿《じょうはつざら》**A**～**D**それぞれに1.2gのマグネシウムを入れました。4個の蒸発皿のマグネシウムを異《こと》なる時間で燃やしたあと，固体《こたい》の重さをはかりました。さらに，その固体に十分な量の塩酸を加えて，発生する水素の体積をはかりました。右の表がその結果です。

蒸発皿	A	B	C	D
燃やしたあとの固体の重さ(g)	2.0	1.8	1.6	1.4
発生する水素の体積(L)	0	0.3	0.6	0.9

〈**実験 2**〉 水素3.0Lと酸素1.6gを混《ま》ぜて点火して反応《はんのう》させたところ，水が1.8gでき，水素だけが0.6L残りました。

⑴ 横軸《よこじく》にマグネシウムに結びついた酸素の重さ(g)，縦軸《たてじく》に水素の体積(L)をとって，〈**実験 1**〉の結果をグラフに表しなさい。

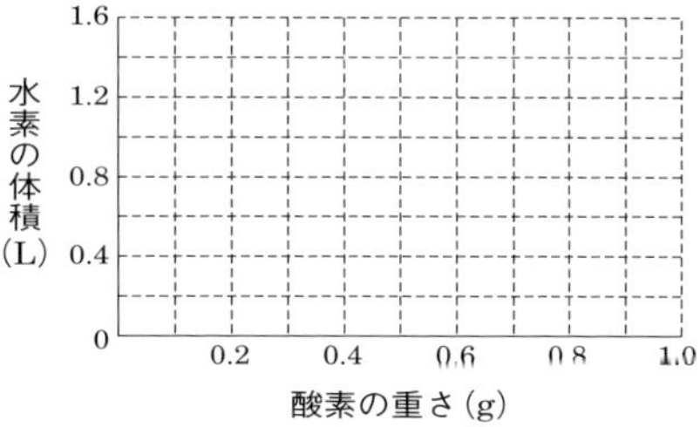

⑵ 1.2gのマグネシウムと十分な量の塩酸の反応で発生する水素は何Lですか。 (　　　　)

⑶ 1.2gのマグネシウムとちょうど結びつく酸素は何gですか。 (　　　　)

⑷ マグネシウムと十分な量の塩酸の反応で発生する水素と，同じ量のマグネシウムにちょうど結びつくことができる酸素とを反応させました。この水素と酸素の反応の結果はどうなりますか。⑵，⑶，〈**実験 2**〉の結果から考えて，次から選び，記号で答えなさい。 (　　)

ア　過不足《かふそく》なく反応する。

イ　水素だけが余《あま》る。

ウ　酸素だけが余る。

★⑸ 水素1.0gの体積は何Lですか。 (　　　　)

★⑹ 亜鉛《あえん》という金属でもマグネシウムと同じことが成り立ちます。亜鉛10gを完全に燃やすと12.5gの燃えかすができました。亜鉛10gに十分な量の塩酸を加えると，何Lの水素ができると予想されますか。 (　　　　)

9 **試験管《しけんかん》Aにベーキングパウダー(重曹《じゅうそう》)を入れて，図のような装置《そうち》により加熱すると，試験管Aの口あたりには液体《えきたい》X，試験管Bには気体《きたい》Yがたまりました。次の各問いに答えなさい。**

【帝京大中】

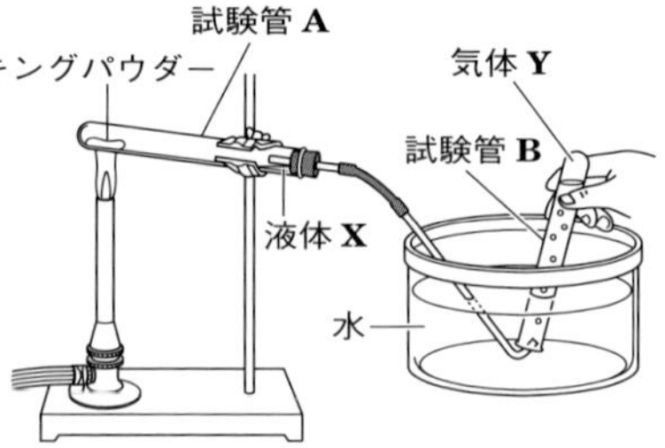

⑴ 図のように試験管Aの口を下げて加熱するのはなぜですか。その理由を簡単《かんたん》に答えなさい。

(　　　　　　　　　　　　　　　　　　　　　　　　　　　)

⑵ 液体Xは何という物質《ぶっしつ》ですか。物質名を答えなさい。　(　　　　)

⑶ 気体Yの性質《せいしつ》として正しいものを，次からすべて選びなさい。　(　　　)

ア　空気より軽い。　　　イ　よく燃《も》える。

ウ　空気中に約20%ふくまれる。　　　エ　石灰水《せっかいすい》を白く濁《にご》らせる。

オ　特有のにおいがある。

⑷ 気体Yを発生させるのに必要な物質を次からすべて選びなさい。　(　　　)

ア　オキシドール　　イ　塩酸《えんさん》　　ウ　二酸化《にさんか》マンガン

エ　石灰石《せっかいせき》　　オ　マグネシウムリボン　　カ　石灰水《せっかいすい》

キ　塩化《えんか》アンモニウム

⑸ 次の文中の泡《あわ》が，気体Yと同じ物質であるものはどれですか。正しいものを次からすべて選び，記号で答えなさい。　(　　　)

ア　貝殻《かいがら》を塩酸の中に入れると，激《はげ》しく泡が出てきた。

イ　オオカナダモの入った水槽《すいそう》を，日のあたる場所に置いておくと，オオカナダモに泡がたくさんついていた。

ウ　アルミニウムはくを水酸化《すいさんか》ナトリウム水溶液に入れると，アルミニウムはくの表面からたくさんの泡が出てきた。

エ　ドライアイスを水の中に入れたら，激しく泡が出てきた。

オ　ビーカーに入れた水を沸騰《ふっとう》させると，底からさかんに，泡が出てきた。

⑹ ベーキングパウダー(重曹)が身のまわりで利用されている例を，1つ答えなさい。　(　　　　　　　　　　　)

10 **次の文を読んで，あとの各問いに答えなさい。**　【久留米大附設中・改】

二酸化炭素《にさんかたんそ》は，産業や人々《ひとびと》の生活の中で排出《はいしゅつ》され，地球温暖化《ちきゅうおんだんか》の原因《げんいん》の1つと考えられており，二酸化炭素の排出量を減《へ》らす努力がなされている。わが国でも年間に1ギガトン(＝10億トン)を超《こ》える二酸化炭素が排出されている。

空気や二酸化炭素のような気体の重さや体積について考えてみよう。

空気は，窒素《ちっそ》と酸素《さんそ》などが混合《こんごう》した気体である。気体の重さを表すときに，密《みつ》度《ど》，つまり1L（リットル）あたりの重さ(g)が利用される。窒素は，1.16g/L，酸素は1.33g/Lである。

右の図は，窒素と，酸素の混合割合《こんごうわりあい》(0～100%)と混合気体の密度の変化を示《しめ》したものである。

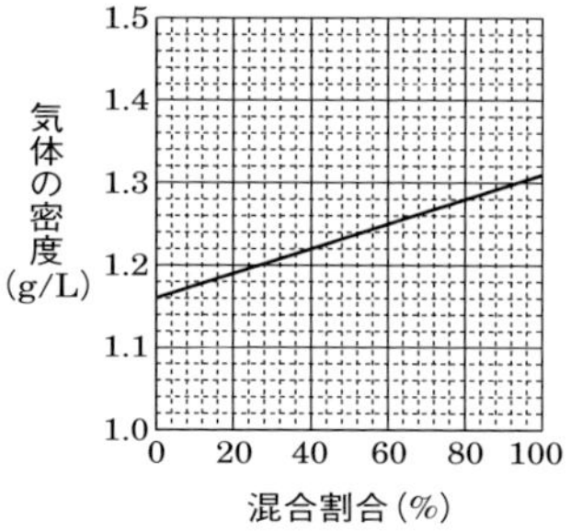

⑴ 空気は，窒素80%，酸素20%の混合気体とします。空気の密度はいくらですか。グラフから小数第2位まで読みとって答えなさい。
（　　　　　）

⑵ 二酸化炭素の密度を1.83g/Lとすると，二酸化炭素の密度は空気の何倍になりますか。⑴の結果を使って求め，小数第2位を四捨五入《ししゃごにゅう》して小数第1位まで答えなさい。　（　　　　　）

薄《うす》い塩酸に石灰石を加えると二酸化炭素を発生させることができる。いま，薄い塩酸を入れたビーカーに5.0gの石灰石を加えたところ，石灰石は二酸化炭素の泡を出しながら完全にとけた。泡が出なくなってから溶液《ようえき》の入ったビーカーの重さを調べると，実験前の塩酸の入ったビーカーと石灰石の重さの合計より2.2gだけ軽くなっていた。

⑶ 実験の前後で変化した2.2gを，発生した二酸化炭素の重さと考えると，発生した二酸化炭素の体積は何Lになりますか。小数第2位を四捨五入して小数第1位まで答えなさい。　（　　　　　）

★⑷ 石灰水に二酸化炭素を通し続けたときの変化として適《てき》するものを，次から選び，記号で答えなさい。　（　　）

ア　黒く濁り，しだいに濁りが濃《こ》くなる。

イ　黒く濁るが，しだいに濁りが消える。

ウ　白く濁り，しだいに濁りが濃くなる。

エ　白く濁るが，しだいに濁りが消える。

★⑸ わが国で1年間に排出される二酸化炭素の国民1人あたりの体積が25mプール（幅20m深さ2m）の何個《こ》分になるか求めなさい。小数第2位を四捨五入して小数第1位まで答えなさい。ただし，わが国で年間排出される二酸化炭素を1ギガトン，国民を1億人とします。また，1トン＝1000kg，1kg＝1000g，$1m^3$＝1000Lであるので，二酸化炭素の密度1.83g/L＝$1.83kg/m^3$です。　（　　　　　）

理科室の中で注意すること

窓《まど》を開けて
換気《かんき》する。
加熱に使った器具を，
冷える前にさわらない。
やけどしたときは，すぐに
冷たい水で 20 分ほど冷やす。
加熱時や危険《きけん》な薬品を
使うときは，保護《ほご》めがね
をかける。
薬品が手や目についたときは，
多量の流水で洗い流す。
（10～15 分）

第2章 物質の状態

1 力・温度とものの体積

1 力と空気・水の体積変化

☞ 空気や水に力を加えると，体積はどうなるか。

●力と空気の体積の関係

空気は，力を加えて押《お》し縮《ちぢ》めることができる。右の図のように，注射《ちゅうしゃ》器《き》に空気を入れ，ゴム栓《せん》で塞《ふさ》いで，空気が漏《も》れないようにしてピストンを押すと，注射器の中の空気が押し縮められる。また，空気を押し縮めるにつれて，押し縮められた空気がピストンを押し返そうとする力が大きくなる。

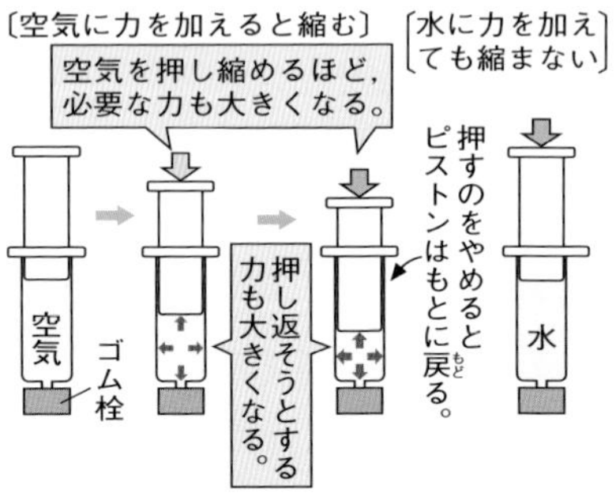

▲力と空気・水の体積変化

●力と水の体積の関係

水に力を加えても，押し縮めることはできない。

●空気でっぽう

押し棒《ぼう》を押していくにつれて，空気でっぽうの中で押し縮められた空気が押し返そうとする力が強くなり，やがて，前玉を押し出す。後玉《あとだま》が前玉にあたるのではなく，空気が前玉を押し出すのである。

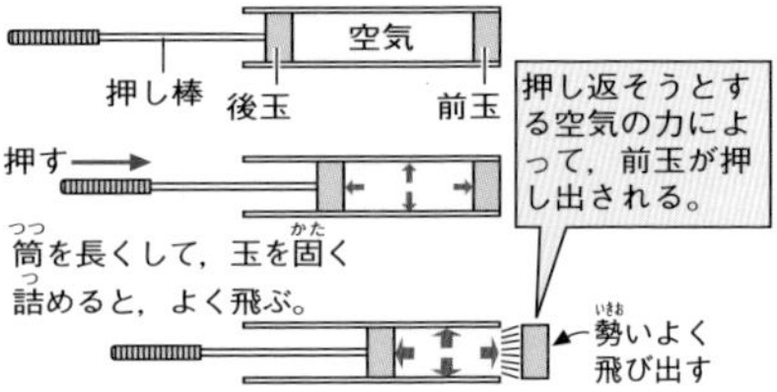

▲空気でっぽう

▶前玉がよく飛ぶようにする方法

・筒を長くする。

・前玉を固く詰めて，空気が漏れないようにする。

注意 空気のかわりに水を入れると，押し棒を少し押しただけで前玉が落ちてしまい，前玉は飛ばない。

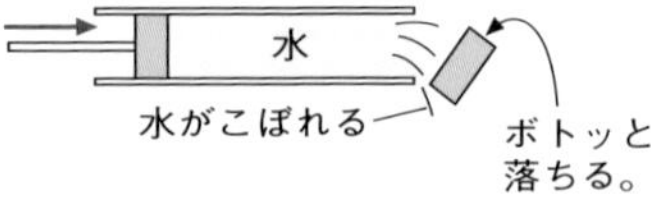

入試ポイント
- **空気**を押し縮めていくほど，**押し返そうとする力が大きくなる。**
- **水**は押し縮めることが**できない。**

2 温度と気体《きたい》の体積変化

☞ 気体の温度が変わると，体積はどうなるか。

●気体の体積と温度の関係

すべての気体は，温度が上がると**膨張《ぼうちょう》**し，温度が下がると**収縮《しゅうしゅく》**する。図のように，注射器に空気を入れ，ゴム栓で塞いで，空気が漏れないようにしてからビーカーの水に入れ，水をあたためると，注射器内の空気が膨張して，ピストンが押し上げられる。

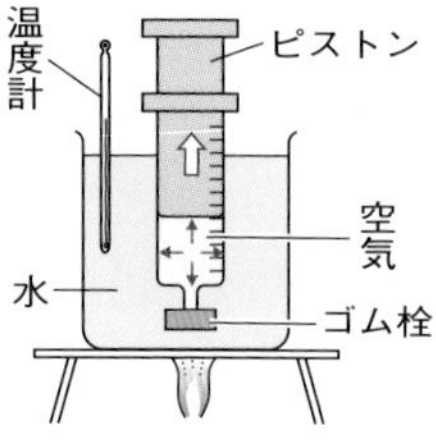

▲気体の体積の変化

●気体の体積変化の割合

気体が膨張したり，収縮したりする割合《わりあい》は，どの気体でも，どの温度でも同じで，温度が1℃変わるごとに，0°Cのときの体積の$\frac{1}{273}$ずつ増《ふ》えたり減《へ》ったりする。

●気体の重さの変化

気体が膨張したり収縮したりしても，気体全体の重さは変化しない。したがって，気体があたためられて，膨張すると，同じ体積で比《くら》べた重さは小さくなる。反対に気体が冷やされて収縮したときは，同じ体積で比べた重さが大きくなる。これが，空気の**対流《たいりゅう》**(→p.370)の原因《げんいん》になる。

3 温度と液体《えきたい》の体積変化

☞ 液体の温度が変わると，体積はどうなるか。

●水の体積と温度の関係

右のグラフは，水の体積が温度によってどのように変わるかを表したものである。これを見るとわかるように，水の体積は4°Cのときに最小になり，4℃より低くなっても高くなっても，膨張する。また，その膨張する割合は，温度によって違《ちが》う。

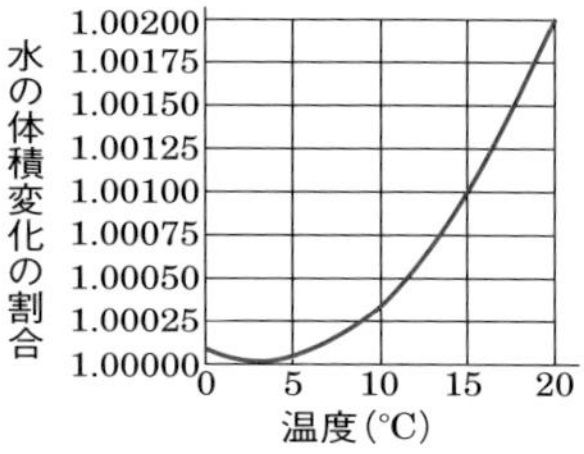

▲温度と水の体積変化

参考 アルコールや水銀《すいぎん》は，膨張する割合がほとんど変わらないので，これらを使った**温度計**は目《め》盛《も》りを等間隔《とうかんかく》につけることができる。

●水の重さの変化

水の体積は4℃のとき最小になるので，同じ体積で比べた水の重さは，4℃のとき最大になり，それより温度が上がっても，下がっても，重さは軽くなる。

注意 冬，池の水が水面から凍《こお》るのは，4°Cの水より軽い0°Cの水が，水面近くまで上昇《じょうしょう》するからである。

入試ポイント

● 気体の体積の変化…温度が1°C上がるごとに，0°Cのときの体積の$\frac{1}{273}$**ずつ増える**。この割合は，どの気体でも同じ。

●そのほかの液体《えきたい》の体積変化

液体が膨張《ぼうちょう》する割合《わりあい》(**膨張率**《ぼうちょうりつ》)は，気体《きたい》のように一定ではなく，液体の種類や温度によって違《ちが》う。

●気体と液体の体積変化

気体と液体の膨張率(温度が1℃上がったときに体積が増《ふ》える割合)を比《くら》べると，気体のほうが大きい。

液　体	膨張率
エタノール	0.00112
水《すい》　銀《ぎん》	0.00018
水(5～10°C)	0.00005
水(60～80°C)	0.00059

▲液体の体積変化

実験 水と空気の体積変化を比べる。

同じ大きさのフラスコを2つ用意し，右の図のように，**A**のフラスコには水を少なく，**B**のフラスコには水を多く入れて，長いガラス管《かん》を通したゴム栓《せん》をする。**A**，**B**を同じ温度の湯につけて，ガラス管をのぼる水の高さを比べる。

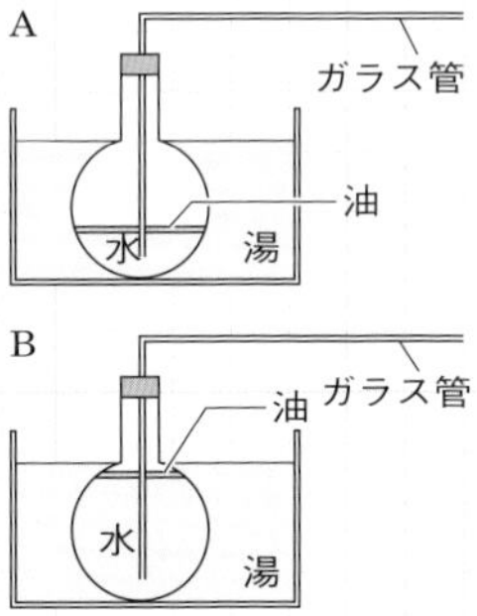

結果 **A**のほうが，**B**より高くまで水が上がる。

要点 **A**のほうが**B**よりフラスコ内の空気が多いので，空気の膨張率のほうが水の膨張率より大きいことがわかる。

注意 この実験で水面に油を浮《う》かべるのは，水が蒸発《じょうはつ》するのを防《ふせ》ぐためである。

●圧力《あつりょく》と空気や水の体積変化

温度が変化しないとき，空気を押《お》し縮《ちぢ》めることはできるが，水を押し縮めることはできない。また，空気を押し縮めるにつれて，押し返そうとする力は強くなっていく。空気でっぽう(→p.352)などは，この力を利用している。

4 温度と固体《こたい》の体積変化

固体の温度が変わると体積はどうなるか。

●固体の体積変化

固体も，液体や気体と同じように，温度が上がれば**膨張**し，温度が下がれば**収縮**《しゅうしゅく》する。固体のなかでは，金属《きんぞく》が最も膨張率が大きいが，気体や液体に比べると，非常《ひじょう》に小さい。

●固体の長さの変化

固体は形がきまっているので，あるきまった部分の長さを調べることができる。温度によって長さが変化する割合を**線膨張率**《せんぼうちょうりつ》という。

入試ポイント

- 気体と液体の比較《ひかく》…**気体**のほうが液体より**膨張率が大きい。**
- 固体の体積変化…温度が上がると**膨張**する。液体・気体より小さい。

●金属の長さの変化の実例

鉄道のレールは，夏に温度が高くなると伸《の》びる。そのため，レールの継《つ》ぎ目《め》は少しすき間をあけて，レールどうしがぶつからないようにしてある。こうしておかないと，レールが伸びたときに押されて曲がってしまう。

参考 標準《ひょうじゅん》のレールの長さは 25m であるが，最近では 200m 以上のロングレールが使われている所もある。ロングレールの継ぎ目は標準のレール(右の写真)とは形が異《こと》なる。

▲レールの継ぎ目

また，**電線**は，ある程度《ていど》たるみをもたせて張《は》ってある。これは，冬に電線が縮んだとき，張りすぎて切れるのを防ぐためである。

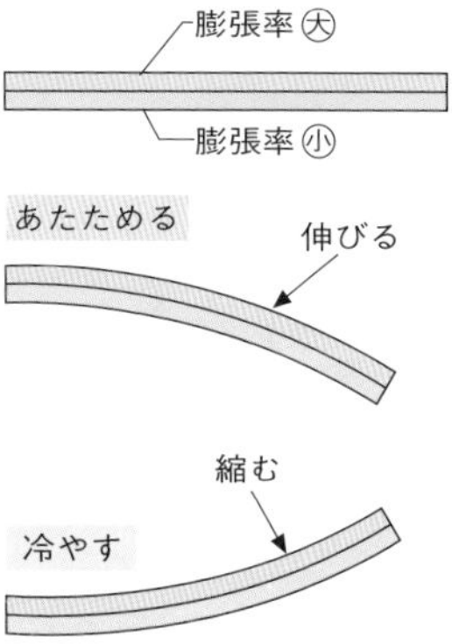

▲バイメタル

●バイメタル…膨張率の大きい金属板と膨張率の小さい金属板を貼《は》り合わせたものを**バイメタル**という。

バイメタルをあたためると，膨張率の小さいほうへ曲がり，冷やすと膨張率の大きいほうへ曲がる。これを利用して，温度計やサーモスタットがつくられている。

▶ **サーモスタット**…温度を一定に保《たも》つ装置《そうち》。

バイメタルをヒーター回路のスイッチとして使い，温度の変化によって，スイッチが入ったり切れたりするようになっている。電気ごたつなどに利用され，次の図のように，温度が高くなると，バイメタルが曲がってスイッチが切れ，温度が低くなると，バイメタルが伸びてスイッチが入るようになっている。

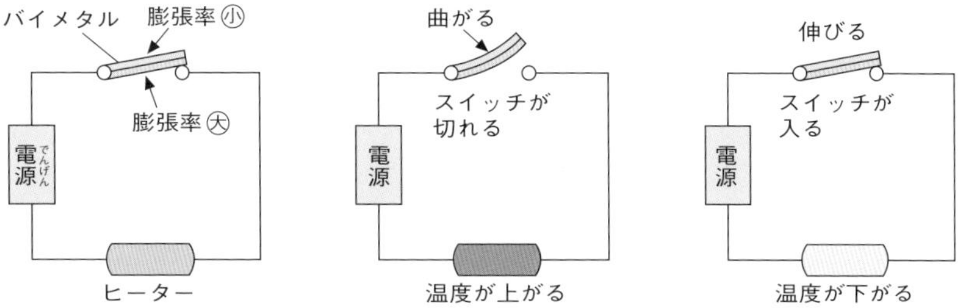

▲サーモットスタットのしくみ

入試ポイント
- **バイメタル**…あたためると，**膨張率の小さいほうへ曲がる。**
- **サーモスタット**…バイメタルを利用して，**温度を一定に保つ。**

☑ まとめチェック

知識を整理・確認しよう！

答え

① 力と空気・水の体積変化

□ ① 空気を押《お》し縮《ちぢ》めることはできるか。

□ ② 水を押し縮めることはできるか。

①
① できる
② できない

② 温度と気体《きたい》の体積変化

□ ① 温度が上がると，気体の体積は大きくなるか，小さくなるか。

□ ② 温度が上がると，気体の同じ体積あたりの重さは大きくなるか，小さくなるか。

□ ③ 温度変化にともなう気体の体積変化の割合《わりあい》は規則《きそく》正しいか，規則正しくないか。

②
① 大きくなる
② 小さくなる
③ 規則正しい

③ 温度と液体《えきたい》の体積変化

□ ① 10℃以上の水で，温度が上がると，水の体積は大きくなるか，小さくなるか。

□ ② 10℃以上の水で，温度が上がると，水の同じ体積あたりの重さは大きくなるか，小さくなるか。

□ ③ 温度変化にともなう水の体積変化の割合は規則正しいか，規則正しくないか。

□ ④ 温度変化にともなう水の体積変化は，空気の体積変化より大きいか，小さいか。

③
① 大きくなる
② 小さくなる
③ 規則正しくない
④ 小さい

④ 温度と固体《こたい》の体積変化

□ ① 温度が上がると，金属《きんぞく》の体積は大きくなるか，小さくなるか。

□ ② 温度が上がると，金属の同じ体積あたりの重さは大きくなるか，小さくなるか。

□ ③ 温度変化にともなう金属の体積変化は，水の体積変化より大きいか，小さいか。

□ ④ 鉄道のレールの継《つ》ぎ目《め》のすき間は，夏になると大きくなるか，小さくなるか。

□ ⑤ 電線のたるみは，夏になると大きくなるか，小さくなるか。

□ ⑥ 膨張率《ぼうちょうりつ》の異《こと》なる金属を貼《は》り合せたもので，サーモスタットのスイッチに使われているものを何というか。

④
① 大きくなる
② 小さくなる
③ 小さい
④ 小さくなる
⑤ 大きくなる
⑥ バイメタル

力だめしの問題　入試標準レベル　解答➡別冊p.54

1 **右の図のように，注射器《ちゅうしゃき》に水を入れて先端《せんたん》に蓋《ふた》をし，ピストンを手で強く押しました。ピストンはどうなりますか。次から選び，記号で答えなさい。**【カリタス女子中】

(　　)

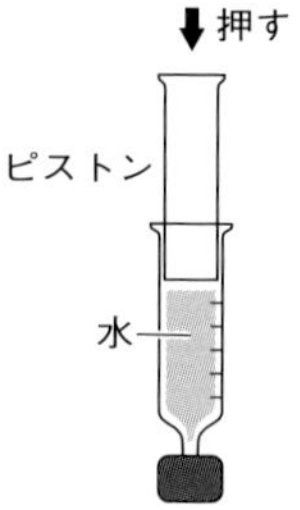

ア　ピストンはまったく下がらない。
イ　ピストンは 1 目盛《めも》りぐらい下がる。
ウ　ピストンは 3 目盛りぐらい下がる。
エ　ピストンは 5 目盛りぐらい下がる。

2 **右の図のように，筒《つつ》の中いっぱいに空気や水を閉《と》じこめて押し棒《ぼう》を押しました。**【金光学園中】

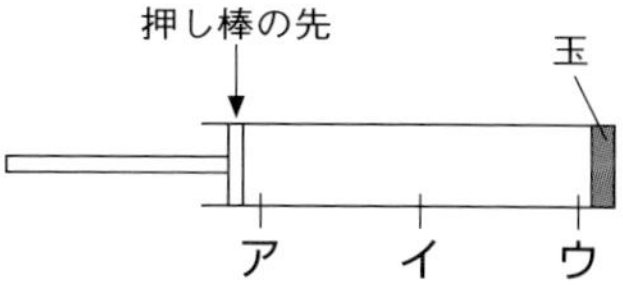

(1) 筒の中に空気を閉じこめた場合は，押し棒の先がどの位置で玉がとび出しましたか。ア～ウの記号で答えなさい。(　　)

(2) 筒の中に水を閉《と》じこめた場合は，押し棒の先がどの位置で玉がとび出しますか。ア～ウの記号で答えなさい。(　　)

3 **水の温度と体積の関係を調べると，右のようなグラフとなっていました。**【香蘭女学校中等科・改】

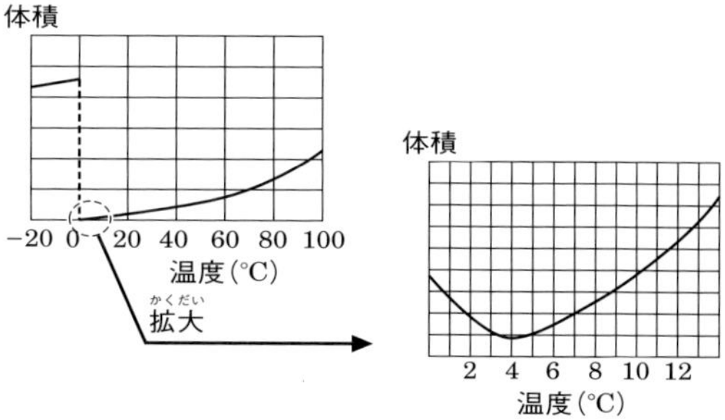

(1) 次の文章中の(　　)にあてはまる語句《ごく》を，あとのア～ウから 1 つ選び，記号で答えなさい。

(　　)

「このグラフから，水の(　　)は 4℃のときに最も大きくなることがわかりました。」

ア　密度《みつど》　　イ　体積　　ウ　質量《しつりょう》

(2) 湖の表面が凍《こお》り始めたとき，どのあたりの水の温度が最も高いですか。次から 1 つ選び，記号で答えなさい。(　　)

ア　表面付近　　イ　表面と湖底の中間付近　　ウ　湖底付近

4 次の問いに答えなさい。

【親和中】

⑴ **図 1** は，ガリレイのつくった温度計の様子を表したものです。

図 1

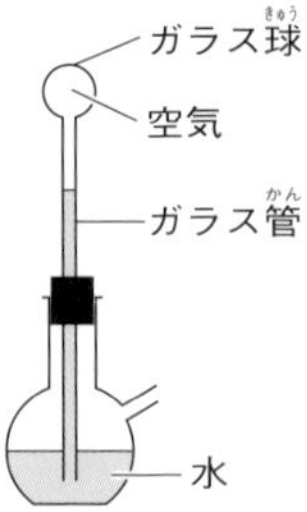

① 下の文章はガリレイの温度計の原理について書いています。文章中の(　)に，適当《てきとう》な語句《ごく》を入れなさい。

a (　　　　　)　**b** (　　　　　)

(　**a**　)は温度によって(　**b**　)が変わる。このことを利用してつくられた。

② **図 1** は温度が 15℃のときの様子を表しています。20℃のときガラス管の中の水面の高さはどうなりますか。次から選び，記号で答えなさい。

(　　　)

ア　高くなる。　　**イ**　低くなる。　　**ウ**　変わらない。

⑵ **図 2** の装置《そうち》で，次の①～③のようにしたとき，ビーカーの中の水面はどうなりますか。下の**ア**～**エ**から最も適当なものを選び，記号で答えなさい。

図 2

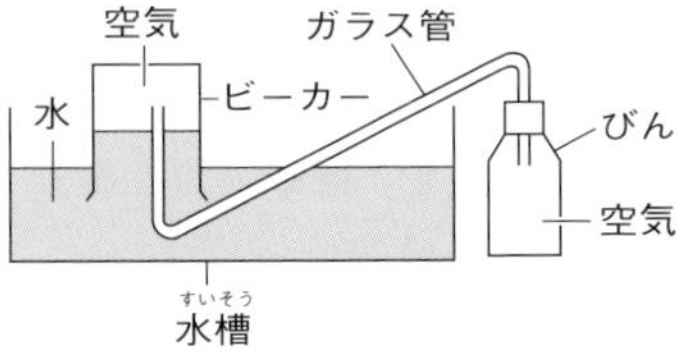

① ビーカーを冷やす。

② ビーカーとびんをあたためる。

③ ビーカーをあたため，びんを冷やす。

①(　　　)　②(　　　)　③(　　　)

ア　上がる。　　**イ**　下がる。

ウ　変わらない。　　**エ**　これだけではわからない。

⑶ ビニール袋《ぶくろ》の中に空気を入れ閉《と》じました。いろいろな温度で，ビニール袋の中の空気の体積をはかったら，下の表のようになりました。温度が 60℃のとき，ビニール袋の中の体積は何 cm^3 になりますか。

温　度(℃)	5	16	27	49
ビニール袋の体積(cm^3)	228	237	246	264

(　　　　　)

5 右の図の金属球《きんぞくきゅう》は輪《わ》の中を通りぬけますが，輪を少しでも小さくすると，金属球は通りぬけることができませんでした。

この金属球をガスバーナーで加熱したのち輪の中に入れました。このとき，通りぬけることができますか。　【目黒星美学園中】

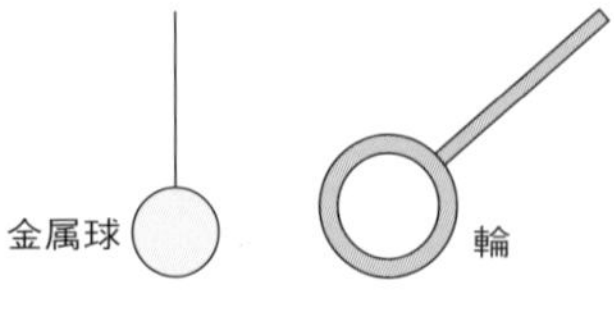

(　　　　　)

6 **空気や水を用いて力を加えたりあたためたりする実験を行いました。あとの問いに答えなさい。**
【広島大附中・改】

〈実験 1〉 ① **図 1** のように，注射器《ちゅうしゃき》に空気と水を閉じこめ，ゴム栓《せん》で蓋《ふた》をして，机《つくえ》の上に垂直《すいちょく》に立てました。

② ピストンを押《お》し下げたとき，注射器の中の空気と水の体積がどのようになるかを調べました。

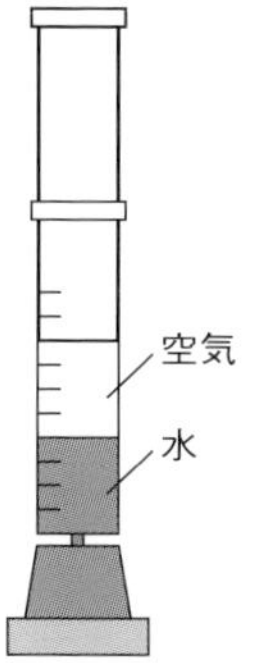

図 1

⑴ ピストンを押し下げたとき，注射器の中の空気と水の体積はどのようになりますか。次の**ア**～**オ**から最も適切《てきせつ》なものを 1 つ選び，記号で答えなさい。（　　）

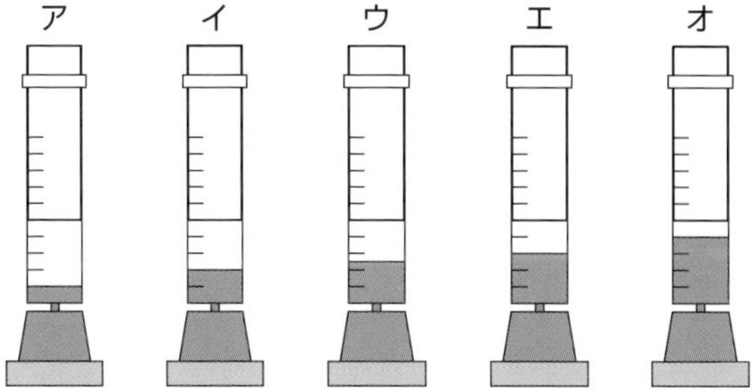

〈実験 2〉 ① **〈実験 1〉**で用いた注射器とゴム栓をそれぞれ 4 つ用意し，空気や水の体積を変えて注射器に閉じこめたものを準備《じゅんび》しました。

② 4 つの注射器**ア**～**エ**をお湯の入った容器《ようき》に同時に入れて，ピストンが動く様子を調べました。**図 2** は，4 つの注射器**ア**～**エ**をお湯に入れた直後の様子で，ピストンが動く前のはじめの状態《じょうたい》を表しています。

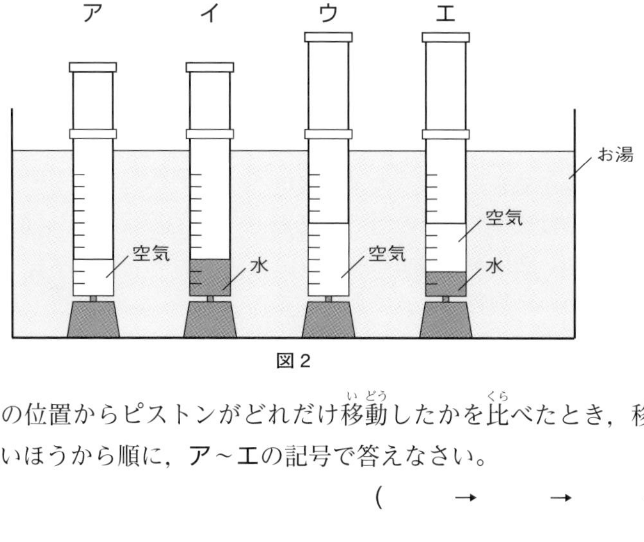

図 2

⑵ はじめの位置からピストンがどれだけ移動《いどう》したかを比《くら》べたとき，移動した長さが長いほうから順に，**ア**～**エ**の記号で答えなさい。

（　　→　　→　　→　　）

2 物質《ぶっしつ》の状態変化《じょうたいへんか》

1 物質の状態変化

☞ 物質の状態は温度によってどのように変化するか。

●**物質の三態《さんたい》**…物質の状態は，**固体《こたい》・液体《えきたい》・気体《きたい》**の 3 つに分けられる。この 3 つを**物質の三態**という。

▶**固体**…形や体積が変わらない。例氷・木・石・ガラス・鉄

▶**液体**…形は入れものによって自由に変えられるが，体積は変わらない。
例水・アルコール・油

▶**気体**…形も体積も入れものによって自由に変えられる。無色の気体は目に見えない。例水蒸気《すいじょうき》・酸素《さんそ》・二酸化炭素《にさんかたんそ》・水素《すいそ》

物質の状態変化

物質の温度を上げると，固体→液体→気体の順に状態が変わる。物質の状態が変わると，体積は変わるが，重さは変わらない。

●**融解《ゆうかい》**…固体が熱せられ，とけて液体になること。固体が融解するときの温度を**融点《ゆうてん》**といい，物質によってきまっている。水の融点は 0℃で**氷点《ひょうてん》**ともいう。

●**凝固《ぎょうこ》**…液体が冷やされて固まり，固体になること。液体が凝固するときの温度を**凝固《ぎょうこ》点《てん》**という。凝固点も物質によってきまっていて，同じ物質の凝固点と融点は等しい。

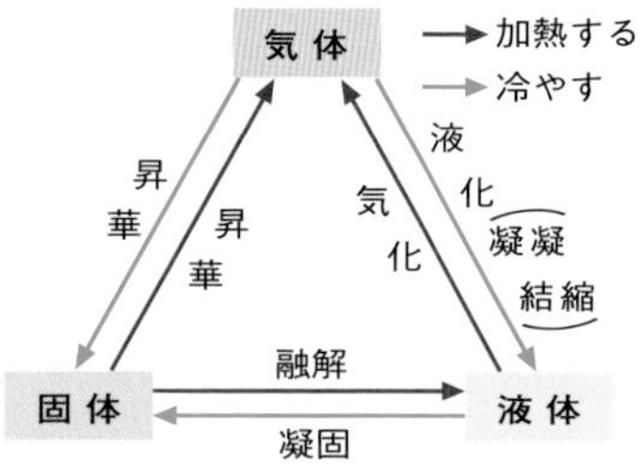

▲物質の状態変化

●**気化《きか》**…液体が熱せられて気体になること。気化には，次の 2 つがある。

▶**蒸発《じょうはつ》**…液体の表面で気化が起こること。蒸発は低い温度でも起こる。

参考 雨上がりにできた水たまりや洗濯《せんたく》ものが乾《かわ》くのは，水が蒸発するからである。

▶**沸騰《ふっとう》**…液体の内部で気化が起こること。液体中に気体ができるため，大きな泡《あわ》が出る。この泡は液体の蒸気の泡で，空気の泡ではない。液体が沸騰するときの温度を**沸点《ふってん》**といい，物質によってきまっている。水の沸点は 100℃である。

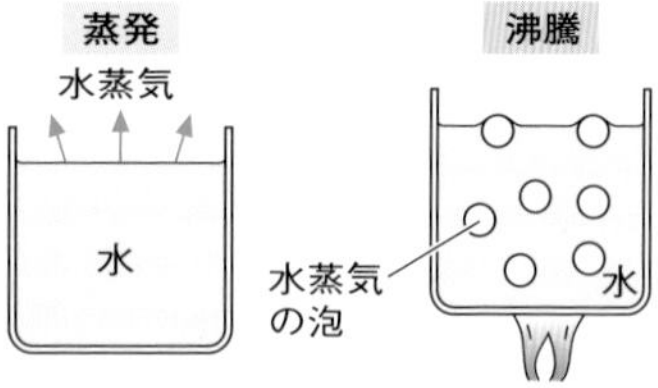

▲蒸発と沸騰

入試ポイント

- 物質の三態…**固体・液体・気体**
- 物質の状態変化…温度を上げると，**固体→液体→気体**

●**液化《えきか》(凝縮《ぎょうしゅく》・凝結《ぎょうけつ》)**…気体が冷やされて，液体になること。空気が冷たいコップに触《ふ》れると，コップの表面に水滴《すいてき》がつくのは，水蒸気が液化したからである。

●**昇華《しょうか》**…固体が熱せられ，液体にならず，直接《ちょくせつ》気体になること。また，気体が冷やされて直接固体になること。ドライアイス(二酸化炭素の固体)・ナフタレン・ヨウ素《そ》は，昇華しやすい物質である。

2 水の状態変化

☞ 水の状態が氷↔水↔水蒸気と変わるときのきまりは何か。

氷を熱したときの温度変化

0℃より低い温度の氷をあたためると，温度が右のグラフのように変化する。

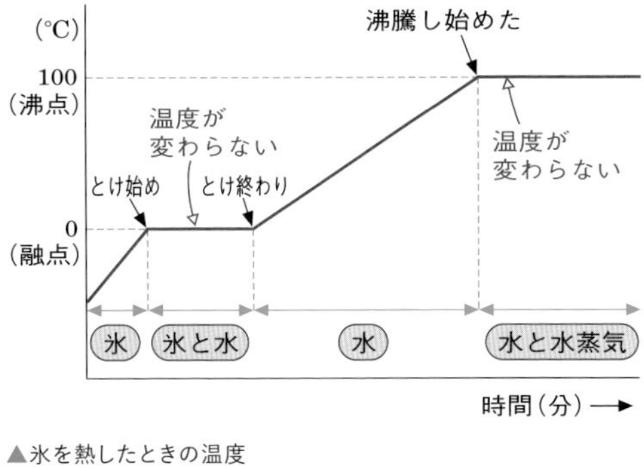

▲氷を熱したときの温度

氷が 0℃になるまで温度が上がる。0℃になると，氷がとけ始め，温度は 0°C から上がらなくなる。これは加えられた熱が，すべて氷をとかすのに使われ，温度を上げることには使われないからである。

また，氷がすべてとけてしまうと，ふたたび温度が上がり始める。100℃になると，水が沸騰し始め，温度は 100°C から上がらなくなる。このときも，加えられた熱は，すべて水を水蒸気に変えることに使われる。

水を冷やしたときの温度変化

氷と食塩《しょくえん》を混《ま》ぜると，温度が－21℃ぐらいまで下がる。その中に水を入れた試験管《しけんかん》を入れて，温度の変化を調べると，右のようになる。

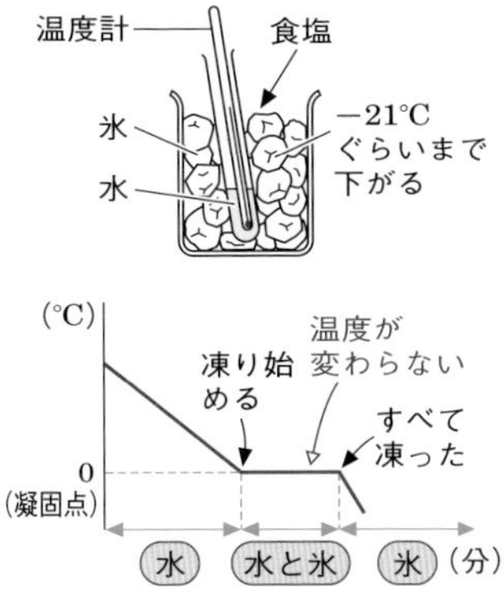

▲水を冷やしたときの変化

水が 0℃になるまで，温度が下がる。0℃になると，水が凍《こお》り始め，温度は 0°C から下がらなくなる。これは，水が氷になるとき熱が出るためである。

注意 水蒸気が水になるときも熱が出る。

また，水がすべて凍ってしまうと，ふたたび温度が下がり始める。

入試ポイント
- **昇華**…固体↔気体　**ドライアイス・ナフタレン・ヨウ素**
- 水の状態変化…**0°C**(融解，凝固)と **100°C**(沸騰)では**温度一定。**

水を熱したときの様子

観察 フラスコに水を半分くらい入れ，ガスバーナーで加熱しながら水の様子を観察する。

結果 ①しばらく熱すると，フラスコの内側に小さい泡《あわ》がつき始める。これは，水の温度が上がったために，水にとけていた空気がとけきれなくなって出てきた空気の泡である。

注意 気体《きたい》は温度が低いほうが，水によくとける。(→p.305)

②さらに加熱を続けると，やがて，フラスコの底から大きな泡が出るようになる。これが**沸騰**《ふっとう》で，この泡は水中で気化《きか》してできた水蒸気《すいじょうき》の泡である。

また，フラスコにつけたガラス管《かん》の先からは，さかんに**湯気**《ゆげ》がふき出る。よく見ると，ガラス管のすぐそばには何も見えず，ガラス管から少し離《はな》れた所から湯気が見え始める。これは，ガラス管から出たばかりのときは**水蒸気**で目に見えないが，少し進む間に水蒸気が冷やされて，細かい水の粒《つぶ》(湯気)になり，目に見えるようになるからである。この湯気もふたたび蒸発《じょうはつ》して水蒸気になるので，見えなくなる。

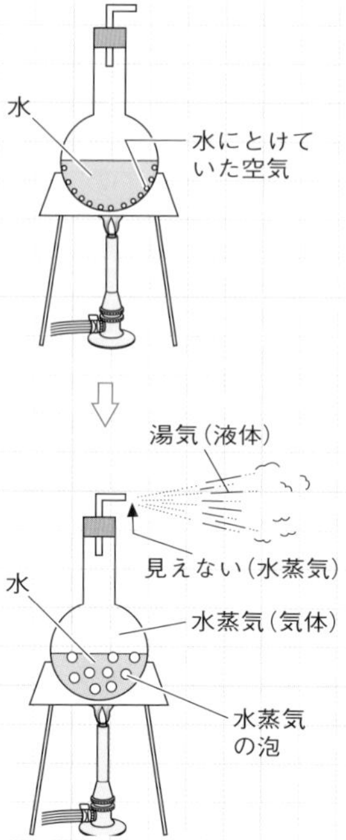

水の状態変化《じょうたいへんか》と体積の変化

●**水が凍《こお》るときの体積変化**…ふつう物質が液体《えきたい》から固体《こたい》になると，体積は減《へ》るが，水は例外で，水が凍って液体から固体になると，体積が増《ふ》える。このため，同じ体積で比《くら》べた重さは，氷のほうが水より軽いので，氷は水に浮《う》く。

注意 水が凍ると，体積は$\frac{1}{10}$ほど増える。したがって，氷を水に浮かべると，全体の$\frac{1}{11}$ほどが水面上に出る。「氷山の一角」ということばはこのような様子が語源《ごげん》となっている。

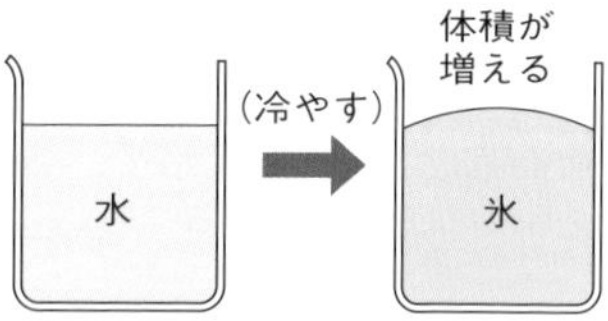

▲水が凍るときの体積変化

●**水が気化するときの体積変化**…液体が気体になると，体積が非常《ひじょう》に大きくなる。水の場合は，体積が1500～1700倍に増える。

参考 火力発電所《かりょくはつでんしょ》や原子力《げんしりょく》発電所では，このときに生じる圧力《あつりょく》を利用してタービンをまわす(→p.280)。

入試ポイント
- 水を熱したとき…**先に空気**の泡が出る。**あとから水蒸気**の泡が出る。
- **湯気**…液体(水の粒)で目に見える。 ● **水蒸気**…気体で目に見えない。

ろうの状態変化と体積

ろうを熱してとかし，液体にしたものをビーカーに入れ，放置しておくと，やがて冷え固まって固体のろうになり，真ん中がへこむ。これは体積が減ったからである。このとき，重さは変化しないので，同じ体積での重さは，固体のほうが液体より重い。したがって，ろうの固体はろうの液体の中に沈《しず》む。

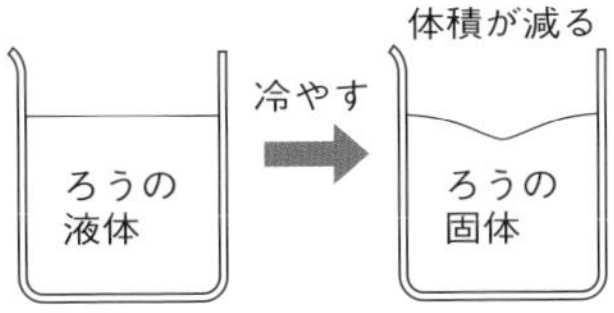

▲ろうの体積変化

例題　水の状態変化

右のグラフは，氷を加熱していったときの温度変化を表したものである。

(1) A，Bの温度は何℃か，それぞれ答えなさい。

(2) 加熱し始めてから，2分後から4分後までの間，水はどのような状態になっていますか。次のア～オから選びなさい。

　ア　氷　　イ　氷と水
　ウ　水　　エ　水と水蒸気　　オ　水蒸気

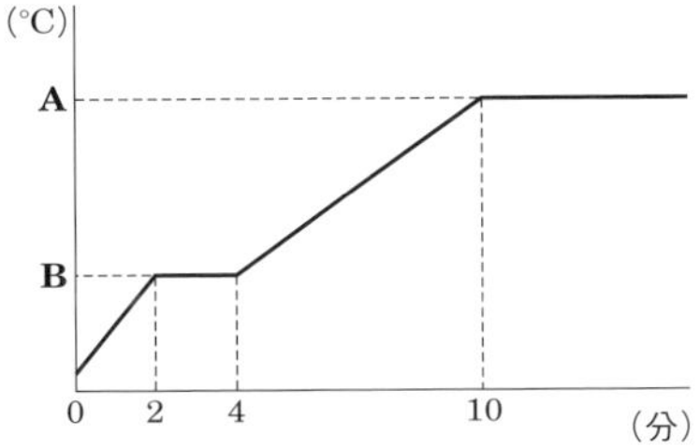

(3) 加熱し始めてから6分後に，入れものの壁《かべ》に小さな泡が見られました。これは何ですか。

(4) 氷の量を半分にして同じ実験をしたとき，氷がとけ始める時間，氷がすべてとける時間，水が沸騰し始める時間は何分後かそれぞれ答えなさい。

考え方 (1)～(2) 氷を熱すると，まず0℃まで氷の温度が上がり，氷がとけ始める。すると，温度が上がらなくなるから，グラフの2～4分が氷がとけているときであり，Bの温度は0℃。次に，氷が全部とけると，ふたたび温度が上がり始め，100℃になると，沸騰が始まりまた温度が上がらなくなる。よって，10分後に沸騰が始まり，Aの温度は100℃である。

(4) 氷の量を半分にすると，0℃や100℃になるまでの時間も半分になる。

答 (1) A…100°C，B…0°C　(2) イ　(3) 空気の泡
(4) 氷がとけ始める…1分後，氷がすべてとける…2分後，沸騰し始める…5分後

入試ポイント
- **水の体積変化**…水→氷　約 **1.1 倍**　水→水蒸気　約 **1700 倍**
- **ろうの体積変化**…液体→固体　体積は**減る。**

3 物質《ぶっしつ》の状態変化《じょうたいへんか》のモデル図

物質をつくる粒子《りゅうし》はどのように運動しているか。

物質の粒子の運動

物質の粒子の運動の状態によって，状態や体積が変化する。

● **固体《こたい》**…粒子と粒子がしっかり結びついていて，規則《きそく》正しく並《なら》んでいるため，すき間が小さく，粒子がほとんど動けない。

● **液体《えきたい》**…固体のときより粒子と粒子の結びつきが少し弱くなり，粒子の運動が少し大きくなるため，固体のときよりもすき間が大きくなり，体積も大きくなる。また，粒子が少し移動《いどう》できるようになるので，容器《ようき》によって形が変わる。

● **気体《きたい》**…粒子と粒子の結びつきがほとんどなくなり，粒子が活発に運動していて自由に動きまわれるので，粒子間のすき間がたいへん大きくなり，体積もたいへん大きくなる。

物質の状態が変わると全体の体積は変化するが，粒子全体の数は変わらないので，全体の重さは変化しない。よって，全体の体積が大きくなると，密度《みつど》は小さくなる。

参考 物質 1cm^3 あたりの質量《しつりょう》を**密度**という。単位はg/cm^3。

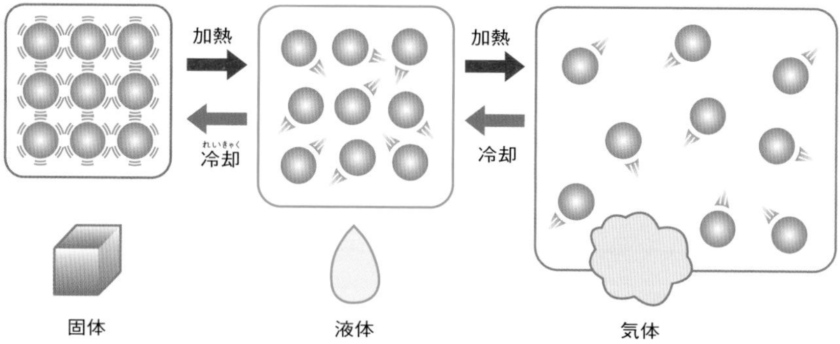

▲状態変化のモデル図

水の状態変化と粒子の様子

水は，ほかの物質と異《こと》なり，固体(氷)から液体(水)になると体積が小さくなる。そのため，水の密度は氷の密度より大きくなり，氷は水に浮《う》く。

▶**理由**…氷は水の粒子が規則正しく並んでいるが，並ぶときの粒子と粒子の間のすき間が大きいので，液体の水よりも全体の体積が大きくなる。

入試ポイント

● 固体→液体→気体と**粒子の運動が大きくなり**，体積も大きくなる。

● **水は例外**で，固体→液体の状態変化では，体積が小さくなる。

☑ まとめチェック

知識を整理・確認しよう！

① 物質《ぶっしつ》の状態変化《じょうたいへんか》

☐ ① 固体《こたい》が液体《えきたい》になるときの温度を何というか。

☐ ② 液体の表面から気体《きたい》に変化していくことを何というか。

☐ ③ 液体の内部で，気体に変化するため，大きな泡《あわ》が次々《つぎつぎ》と生じている状態を何というか。

☐ ④ ドライアイスは昇華《しょうか》しやすいか，しにくいか。

答え

①

① 融点《ゆうてん》

② 蒸発《じょうはつ》

③ 沸騰《ふっとう》

④ しやすい

② 水の状態変化

下のグラフは，水を加熱したときの加熱時間と温度変化の関係を表したものである。

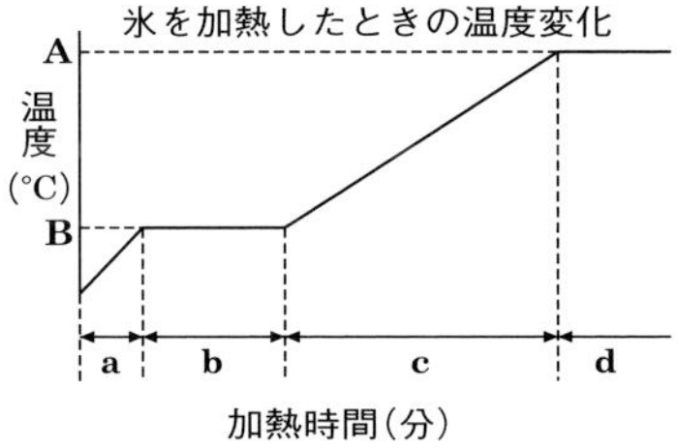

☐ ① 図の**A**は何℃か。

☐ ② 図の**B**は何℃か。

☐ ③ 氷と水の両方があるのは，図の**a**～**d**のどこか。

☐ ④ 図の**c**のとき，容器《ようき》の内側に小さな泡がついた。この泡は何か。

☐ ⑤ 水温が100℃くらいになったときに出てくる大きい泡は何か。

☐ ⑥ ⑤のとき，次々と湯気《ゆげ》が出ていた。湯気は水と水蒸気のどちらか。

☐ ⑦ 水が氷になると体積は増《ふ》えるか，減《へ》るか。

☐ ⑧ 液体のろうが固体のろうになると体積は増えるか，減るか。

②

① 100℃

② 0℃

③ b

④ 水にとけていた空気

⑤ 水蒸気《すいじょうき》

⑥ 水

⑦ 増える

⑧ 減る

③ 物質の状態変化のモデル図

☐ ① 固体・液体・気体で，物質をつくる粒子《りゅうし》が最も活発に運動しているのはどれか。

☐ ② 固体・液体・気体で，物質をつくる粒子がほとんど運動していないのはどれか。

③

① 気体

② 固体

力だめしの問題 入試標準レベル

解答➡別冊 p.54

1 次の文中の（ ① ）～（ ⑥ ）に入る語句《ごく》・数値《すうち》を答え，あとの問いに答えなさい。 【帝京中・改】

①（　　　） ②（　　　） ③（　　　）

④（　　　） ⑤（　　　） ⑥（　　　）

物質《ぶっしつ》の状態《じょうたい》は（ ① ），（ ② ），（ ③ ）の３つがある。（ ① ）をあたためていくと（ ② ）となり，（ ② ）をあたためると（ ③ ）となる。（ ① ）から（ ② ）に変化するときの温度を融点《ゆうてん》といい，沸騰《ふっとう》して（ ② ）から（ ③ ）へ変化するときの温度を（ ④ ）という。たとえば，水の場合，融点は（ ⑤ ）℃で，（ ④ ）は（ ⑥ ）℃である。

⑴ 水に食塩をとかした水溶液《すいようえき》を冷やしていったとき，その水溶液の凍《こお》る温度は，水が凍る温度に比《くら》べてどのようになりますか。次から選び，記号で答えなさい。（　　）

ア 高くなる。　イ 変わらない。　ウ 低くなる。

2 右の図は，水の固体《こたい》（氷）に「熱」を加えていったときの，「熱」を加えた時間とその温度変化を表したグラフです。これについて，次の問いに答えなさい。なお，Bの温度では，大きな泡《あわ》がたくさん出ていました。 【ノートルダム清心中・改】

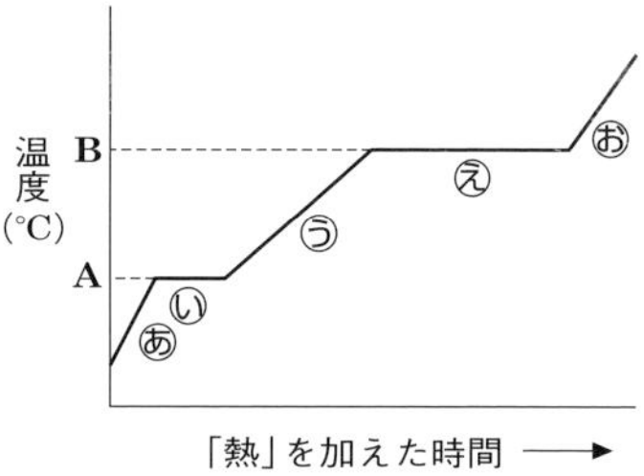

⑴ グラフの(あ)～(お)のうち，固体と液体《えきたい》が混《ま》ざって存在しているのはどれですか。最も適当《てきとう》なものを選び，記号で答えなさい。（　　）

⑵ Aの温度は約何℃ですか。最も適当なものを次から選び，記号で答えなさい。（　　）

ア 0℃　イ 20℃　ウ 40℃　エ 60℃

オ 80℃　カ 100℃　キ 120℃

⑶ Bの温度のときに起こっている現象《げんしょう》を何といいますか。（　　）

⑷ グラフの(い)や(え)で温度が上昇《じょうしょう》しないのはなぜですか。理由を答えなさい。

（　　　　　　）

3 **氷と食塩水の入ったビーカーを用意し，その中に水を入れた試験管《しけんかん》を立てました。試験管の中の水の温度を 1 分ごとに記録したところ，右のようなグラフになりました。次の問いに答えなさい。** 【金光学園中】

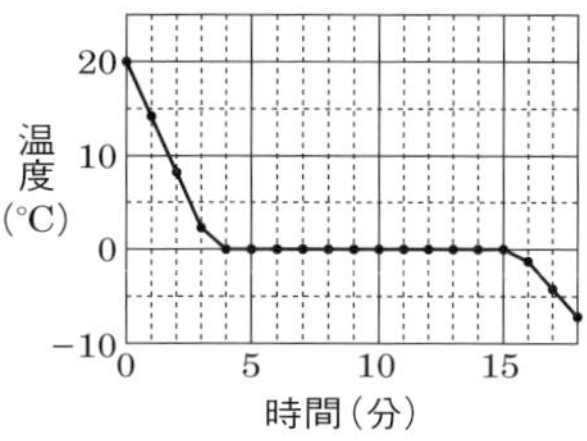

⑴ 実験を始めて 8 分後，試験管の中はどういう状態ですか。次から選び，記号で答えなさい。 (　　)

ア　すべて水　　イ　すべて氷

ウ　水と氷が混ざっている　　エ　水と水蒸気《すいじょうき》が混ざっている

オ　すべて水蒸気

⑵ 水は温度によってすがたを変え，水蒸気のようなすがたを気体といいます。では，氷のようなすがたを何といいますか。 (　　)

4 **右の図のように，丸底《まるぞこ》フラスコに沸騰石《ふっとうせき》と水を入れ，ガラス管《かん》をつけたゴム栓《せん》をしてからガスバーナーで熱し，そのときの様子を観察しました。次の問いに答えなさい。** 【清風南海中・改】

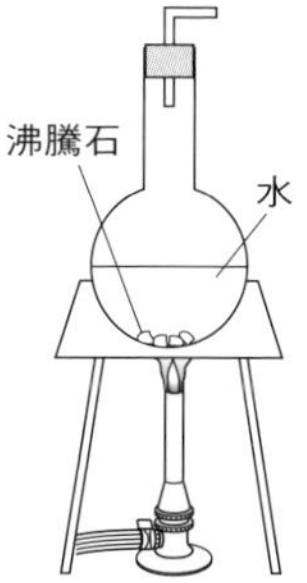

⑴ フラスコ内に沸騰石を入れるのはなぜですか，理由を答えなさい。

(　　)

⑵ しばらく熱すると，フラスコの内側に小さな泡がつき始めました。この小さな泡は何か答えなさい。 (　　)

⑶ さらに加熱を続けると，やがてフラスコの底から大きな泡が出るようになりました。この大きな泡は何か答えなさい。 (　　)

⑷ ⑶のとき，ガラス管の先からは，さかんに湯気《ゆげ》がふき出ました。この湯気をよく見るとガラス管のすぐそばには何も見えず，ガラス管から少し離《はな》れた所から湯気が見え始めました。もともと透明《とうめい》であった気体が見えるようになる理由を 15 字以上 25 字以内で述《の》べなさい。

(　　)

⑸ ⑷で見られた湯気も，ガラス管から遠く離れるとやがて見えなくなりました。この理由を 15 字以上 25 字以内で述べなさい。

(　　)

3 もののあたたまり方

1 温度と熱

熱をもらうときと熱を出すとき，温度はどうなるか。

● **温度**…冷たい・熱い・寒い・暑い・暖《あたた》かいというようなことの度合いを表すものを温度という。温度の表し方には，**セ氏温度《しおんど》**(℃)，**カ氏温度《しおんど》**(°F)，**絶対温度《ぜったいおんど》**(K)などがあり，日本ではセ氏温度が使われている。

▶ **セ氏温度**…1気圧《きあつ》のときの水の融点《ゆうてん》(氷がとけるときの温度)を**0℃**，水の沸点《ふってん》(水が沸騰《ふっとう》するときの温度)を**100℃**ときめ，その間を100等分して1℃の幅《はば》をきめている。

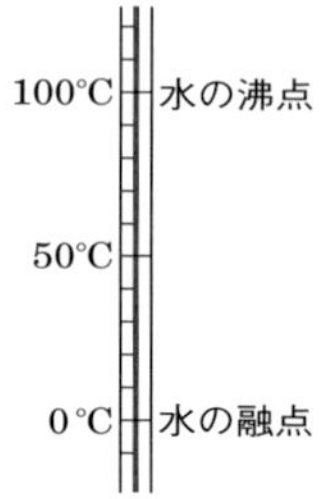

▲セ氏温度

● **熱**…ものの温度を変化させるエネルギーを熱という。ものが熱を吸収《きゅうしゅう》すると，温度が上がる。反対に，ものが熱を放出すると，温度は下がる。

▶ **熱の移動《いどう》**…温度の高いものと低いものが触《ふ》れ合うと，熱は必《かなら》ず，温度の高いものから低いものへ向かって移動する。この結果，温度の高いものの温度が下がり，温度の低いものの温度が上がって，最後には両方の温度が同じになる。

● **熱量《ねつりょう》**…熱を数量的に表したものを熱量という。熱量の単位は**カロリー**である。

▶ **1カロリー**…1gの水の温度を1℃だけ上げるのに必要な熱量を1カロリーときめている。

例 20℃で100gの水を60℃にするために必要な熱量を考えてみると，全体の温度を1℃上げるためには，水が100gあるから，1カロリーの100倍の熱量が必要になる。また，1gの水を20℃から60℃まで上げるためには，40℃上げなければならないから，1カロリーの40倍の熱量が必要である。したがって，全体を20℃から60℃まで上げるのに必要な熱量は，次のようになる。

1(カロリー)×100(g)×(60－20)(℃)＝4000(カロリー)

このことから，水の温度変化と熱量の関係は，次の式で表すことができる。

水の重さ(g)×上下する温度(℃)＝熱量(カロリー)

注意 ものの温度を1°C上げるのに必要な熱量は，それぞれ違《ちが》う。たとえば，氷は約0.5カロリーの熱で1°C上がる。したがって，氷のほうが水よりあたたまりやすい。

入試ポイント
- **熱**…温度の高いものから温度の低いものへ移動する。
- **熱量(カロリー)＝水の重さ(g)×上下する温度(℃)**

例題　温度の違う水を触れ合わせたとき

右の図のように，20℃の水が200g入っているビーカーの中に80℃の水が100g入ったビーカーを入れ，それぞれの温度の変化を調べました。下のグラフがそのときの結果です。これについて，次の問いに答えなさい。ただし，それぞれの熱は空気中やビーカーに逃《に》げないものとします。

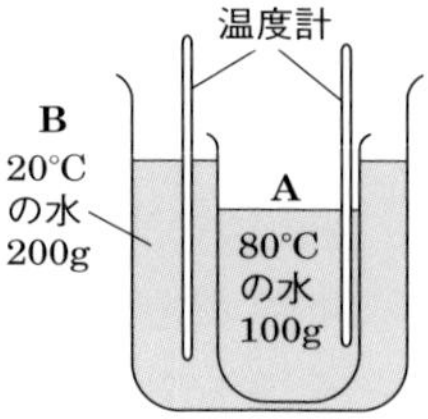

(1) Aの水は，熱を受けとったのですか。それとも，奪《うば》われたのですか。

(2) A, Bの温度は，右のグラフのように，ある温度アで同じになり，それからは変化しませんでした。このときの温度アは何℃ですか。

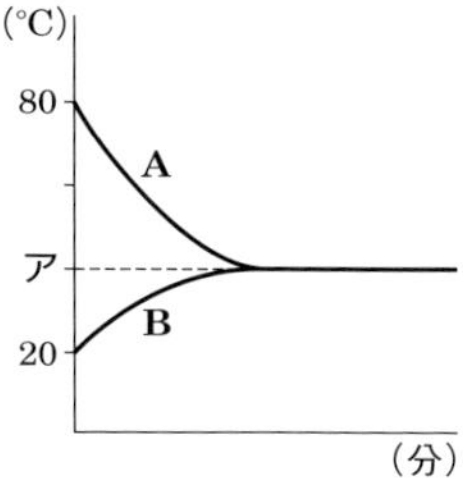

(3) Bの水の量をこの場合より多くして，同じ実験をすると，変化しなくなる温度はアより高いですか。それとも低いですか。

考え方 (1) 熱は温度の高いほうから温度の低いほうへ移動するから，AはBに熱を奪われた。

(2) A，Bそれぞれがもっている熱量を，0℃のときを基準《きじゅん》にして考えると，

A は，100(g) × 80(℃) = 8000(カロリー)

B は，200(g) × 20(℃) = 4000(カロリー)

AとBの合計は，8000 + 4000 = 12000(カロリー)である。これだけの熱量を0℃の水300g(AとBの合計)にあたえたと考えると，上がる温度は，

12000(カロリー) ÷ 300(g) = 40(℃)

〔別解〕同じだけの熱量をもらったり，とられたりしても，水の量が多ければそれだけ温度は変化しにくい。つまり，温度の変化は水の量に反比例《はんぴれい》する。この場合，AとBの水の量の比《ひ》は1：2であるから，Bの温度が1℃変化するとき，Aの温度は2℃変化する。したがって，アの温度は，20℃と80℃の間を1：2の比に分けた点の温度になる。

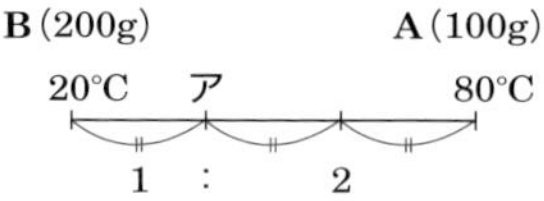

(3) Bの水の量を増《ふ》やすと，アよりBの温度に近い温度に落ち着く。

答 (1)奪われた　(2) 40°C　(3)低い

入試ポイント
- 温度の違う水を触れ合わせると，**両方の間の温度**に落ち着く。
- **温度変化**は，**水の量**に**反比例**する。

2 熱の伝わり方

☞ 熱は，どのように伝わるか。

●**伝導《でんどう》**…右の図のように，金属板《きんぞくばん》の端《はし》をガスバーナーで熱すると，そこから離《はな》れた所の温度もしだいに高くなり，ついには金属板全体が熱くなる。これは，熱が金属板を伝わっていくからである。このように，熱が物質《ぶっしつ》を伝わっていくことを**伝導**という。

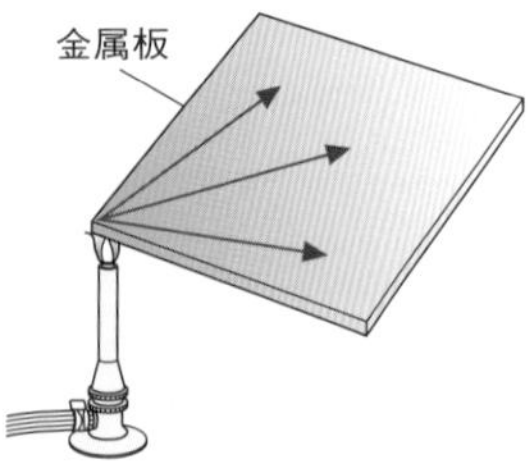

▲熱の伝導の例

▶**熱の良導体《りょうどうたい》**…熱をよく伝えるもの。金属はすべて熱の良導体である。

参考 金属のうちでいちばんよく熱を伝えるのは銀である。おもな金属の熱の伝えやすさは，銀＞銅《どう》＞アルミニウム＞鉄　の順になる。

▶**熱の不良導体《ふりょうどうたい》**…熱を伝えにくいもの。例 木・プラスチック・水・空気

注意 水や空気は，次に述《の》べる対流によって熱を伝えることができるが，対流《たいりゅう》が起こらないようにすると，熱を伝えにくい。

●**対流**…右の図のように，水の動きを見るために，おがくずを混《ま》ぜた水をガスバーナーで熱すると，水がぐるぐるまわっていることがわかる。これは次のような理由による。まず，底であたためられた水が，膨張《ぼうちょう》して軽くなり，上へ浮《う》き上がる。すると，そのあとへ，まわりからまだあたたまっていない水が流れこむ。こうして，水が次々《つぎつぎ》と入《い》れ替《か》わりながら，全体があたたまっていく。このような熱の伝わり方を**対流**という。空気も，水と同じように対流によってあたたまる。

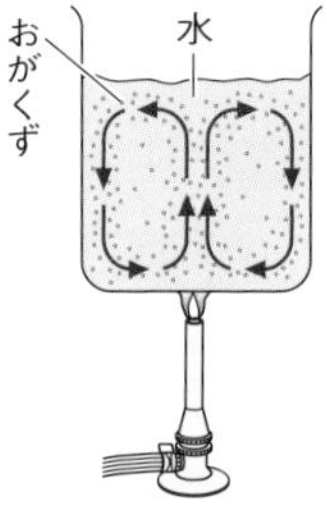

▲対流の例

▶**水の対流の例**

・**風呂《ふろ》**…風呂の釜《かま》は，2本の管で浴槽《よくそう》とつながっている。釜の中であたためられた水は上へ浮き上がり，上の管から浴槽へ出ていく。すると，そのあとへ，下の管を通って浴槽内の冷たい水が入ってきて，対流が起こる。

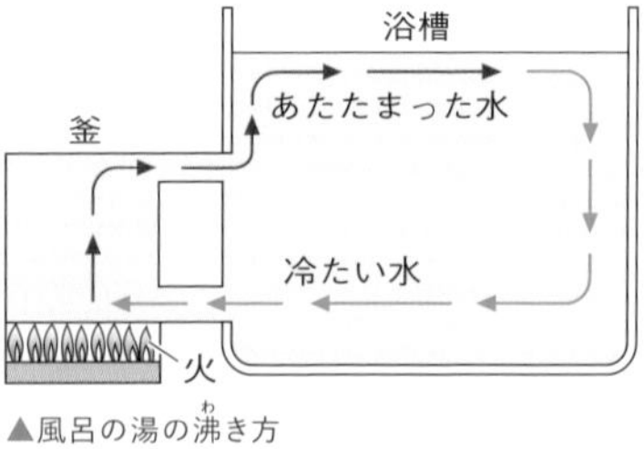

▲風呂の湯の沸《わ》き方

入試ポイント
- **伝導**…熱が物質の中を伝わって，遠くまで移動《いどう》する。
- **良導体**…金属(**銀>銅>アルミニウム>鉄**)

▶ 空気の対流の例

・**冷房《れいぼう》**…冷房装置《そうち》は天井につけるのがよい。冷房装置によって冷やされた空気は重いので，下へ下《お》りていき，かわりに上のほうにある暖《あたた》かい空気が冷房装置の中に入って冷やされる。こうして対流が起こると，部屋全体の空気が冷やされる。冷房装置を床《ゆか》に置くと，対流が起こらないので，下のほうの空気だけが冷やされる。

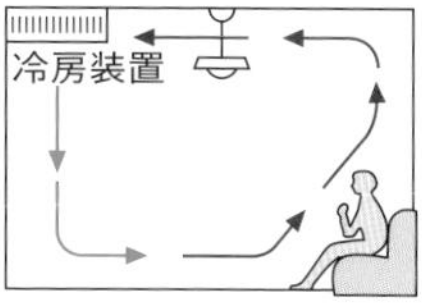

▲冷房

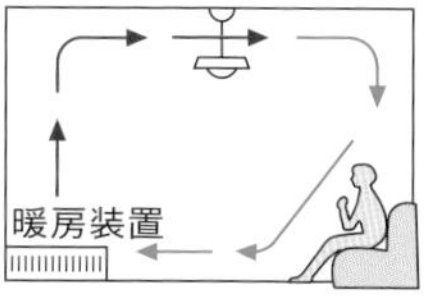

▲暖房

・**暖房《だんぼう》**…暖房装置は床に置いて使うのがよい。暖房装置によってあたためられた空気は，膨張して軽くなり，上へ上《あ》がっていく。すると，下のほうのまだあたたまっていない空気が暖房装置の中に入ってあたためられる。これがくり返されて対流が起こる。暖房装置を上につけると，あたためられた空気が下へ下《お》りてこないので，対流が起こらず，上のほうの空気だけがあたたまる。

●**放射《ほうしゃ》**…太陽，ストーブ，たき火《び》などから出る熱は，目に見えない光のようなもの(**赤外線《せきがいせん》**または**熱線《ねっせん》**という)となり，空気を素通《すどお》りして，それにあたったものを熱する。このような熱の移《うつ》り方を**放射**という。放射熱《ほうしゃねつ》は，直接《ちょくせつ》あたらないと熱が伝わらないので，ストーブやたき火の前についたてなどを置いて，放射熱を遮《さえぎ》ると，ものはあたたまらない。

▲放射の例

▶ **放射と温度**…太陽やストーブのように温度の高いものはたくさんの放射熱を出すが，温度の低いものでも，まわりの温度がそれより低ければ，放射熱を出す。たとえば，冷蔵庫《れいぞうこ》の中にものを入れると，まわりの空気の温度が低いので，放射熱を出して冷える。

▶ **放射熱の吸収《きゅうしゅう》と反射《はんしゃ》**…放射熱は光と同じように，吸収または反射される。
放射熱は黒っぽい色のものに吸収されやすい。したがって，冬は黒っぽい服を着るほうが暖かい。
また，放射熱は白っぽい色のものにあたると，反射されやすい。したがって，夏は白っぽい服を着るほうが涼《すず》しい。

入試ポイント
● **対流**…液体・気体の熱の伝わり方。**あたたまったものが上へ**上がる。
● **放射**…熱が光のように空気を素通りして伝わる。白いもので反射。

☑ まとめチェック

知識を整理・確認しよう！

① 温度と熱

- □ ① 温度を変化させるエネルギーを何というか。
- □ ② 熱は，温度が高いものから低いものへ移動《いどう》するか，温度が低いものから高いものへ移動するか。
- □ ③ 水１ｇの温度を１℃上げるために必要な熱量《ねつりょう》は何カロリーか。
- □ ④ 20℃の水100 ｇを50℃にするために必要な熱量は何カロリーか。
- □ ⑤ 60℃の水300 ｇから6000カロリーの熱を奪《うば》うと何℃になるか。
- □ ⑥ 20℃の水200 ｇと80℃の水100 ｇを混《ま》ぜると何℃になるか。

② 熱の伝わり方

- □ ① 熱が物質《ぶっしつ》を伝わっていくことを何というか。
- □ ② 空気や水の動きによって熱が伝わっていくことを何というか。
- □ ③ 赤外線《せきがいせん》を受けとったり，赤外線が出ていったりすることによって熱が移動することを何というか。
- □ ④ 銅《どう》・アルミニウム・鉄で，最も熱が伝導しやすいのはどれか。

次のそれぞれの文は，伝導，対流，放射のどれに関係するか答えよ。

- □ ⑤ フライパンの取っ手は，木やプラスチックでできていることが多い。
- □ ⑥ 冷房装置《れいぼうそうち》は，床《ゆか》付近より天井付近に設置《せっち》したほうが，部屋全体が冷えやすい。
- □ ⑦ 夏は，白っぽい服を着たほうが過《す》ごしやすい。
- □ ⑧ 風呂《ふろ》で，上のほうだけがあたたかくて下のほうが冷たいことがある。
- □ ⑨ 冬に，運動場の木をつかむより鉄棒《てつぼう》をつかんだほうが冷たく感じる。
- □ ⑩ たき火《び》にあたるとあたたかくなる。

答え

①
- ① 熱
- ② 高いものから低いものへ
- ③ 1カロリー
- ④ 3000カロリー
- ⑤ 40℃
- ⑥ 40℃

②
- ① 伝導《でんどう》
- ② 対流《たいりゅう》
- ③ 放射《ほうしゃ》
- ④ 銅
- ⑤ 伝導
- ⑥ 対流
- ⑦ 放射
- ⑧ 対流
- ⑨ 伝導
- ⑩ 放射

力だめしの問題　入試標準レベル

解答➡別冊p.55

1 熱の伝わり方には，伝導・対流・放射の３種類があります。伝導とは，物質の移動なしに，熱が温度の高いほうから低いほうへ移動する伝わり方です。対流とは，あたためられた物質自体が移動することで熱が伝わっていく伝わり方です。また，放射とは，温度の高い物質から出る赤外線などによって熱が伝わっていく伝わり方です。これについて，あとの問いに答えなさい。【京都女子中】

⑴ 次の文章の下線部の構造《こうぞう》は，３つの熱の伝わり方のどれをおもに防止《ぼうし》した例ですか。それぞれ答えなさい。ただし，③は２つ答えること。

①(　　　　)　②(　　　　)　③(　　　　)(　　　　)

① 駐車場《ちゅうしゃじょう》の車のフロントガラスにつける日よけの表面には，銀色のアルミニウムが使われている。

② 鍋《なべ》の取っ手や鍋蓋《なべぶた》のつまみの部分には，金属《きんぞく》でなく木やプラスチックが使われる。

③ 魔法《まほう》びんの本体部分には，内側を真空《しんくう》にした２重ガラスが使われている。

⑵ 冬に部屋をあたためるときは，部屋の床のほうからあたためるとよいといわれています。これは部屋の上のほうからあたためると不都合が起こるからです。どんな不都合が起こるのか，15字以内で答えなさい。(句読点《くとうてん》は除《のぞ》く。)

(　　　　　　　　　　　　　　　　)

2 10℃の水200gを入れた容器《ようき》の底に，80℃に熱した鉄球を沈《しず》め，しばらく置いておいたところ，鉄球の温度も水の温度も20℃になりました。また，水は全体が同じ温度になっていました。これについて，次の問いに答えなさい。【開明中】

⑴ このときの容器の中の水の動きを正しく表している図を，次から１つ選び，記号で答えなさい。(　　)

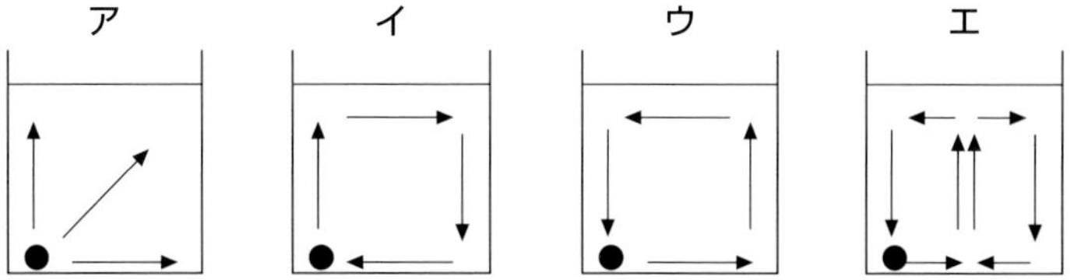

⑵ ⑴のように，水が移動することによって，水全体に熱が伝わることを何といいますか。次から１つ選び，記号で答えなさい。(　　)

ア　伝導　　イ　流動《りゅうどう》　　ウ　発熱《はつねつ》　　エ　対流　　オ　放射

⑶ 同じ実験を水500gを用いて行った場合，実験後の水と鉄球の温度はどうなると考えられますか。次から1つ選び，記号で答えなさい。 (　　)

ア 20℃になる。 **イ** 20℃よりも高くなる。 **ウ** 20℃よりも低くなる。

次に，40℃の水に－20℃に冷やした鉄球を沈《しず》め，静かに置いておきました。しかし，なかなか水全体が同じ温度になりませんでした。

⑷ この実験で熱は何から何に伝わりましたか。(　　　　　　　　)

⑸ 水全体が同じ温度にならなかった理由を説明した次の文の空欄《くうらん》を20字以内で埋《う》めなさい。(　　　　　　　　)

「－20℃の鉄球によって冷やされた水は，□から」

❸ 棒《ぼう》の端《はし》をアルコールランプで熱すると，熱した部分からだんだん遠い所へ熱が伝わっていきます。また，熱を伝える速さは，棒の種類によっても違《ちが》いがあります。下の図の①～③の棒は銅《どう》，鉄，ガラスのいずれかでできたものです。次の問いに答えなさい。 【富士見丘中】

⑴ 図のように，棒にろうでマッチをつけ，棒の端をアルコールランプで熱すると，ろうがとけ，マッチが落ちていきました。下の表は，熱の伝えやすさを示《しめ》していて，熱を伝えやすいものほど数値《すうち》が大きくなっています。①，②の棒の種類を答えなさい。 ①(　　　　) ②(　　　　)

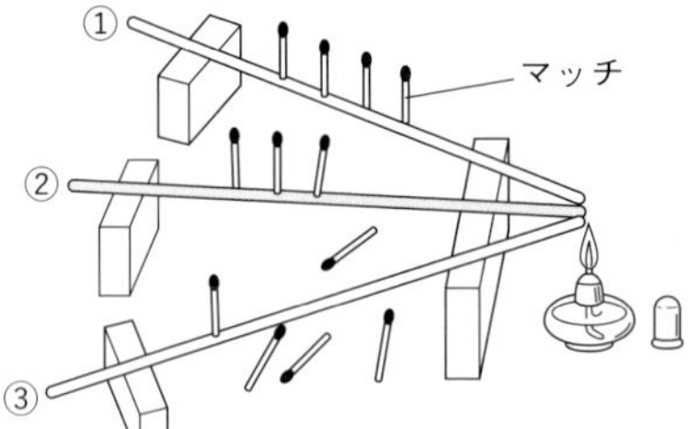

棒の種類	熱の伝えやすさ
銅	0.94
鉄	0.20
ガラス	0.0017

(銀を基準《きじゅん》(1.00)にしたときの割合《わりあい》)

⑵ 1gの水の温度を1℃上昇《じょうしょう》させるのに必要な熱量《ねつりょう》は1カロリーです。たとえば，10℃の水10gを40℃まであたためると，これは30℃上昇させたことになるので，10(g)×30(℃)で300カロリーの熱量があたえられたことになります。また，20℃の水20gがもっている熱量は，0℃を基準にして考えると，20(g)×20(℃)で400カロリーとなります。

① 20℃の水10gに600カロリーの熱量をあたえると，その水は何℃まで上昇しますか。 (　　　　)

② 0℃を基準にして考えると，40℃の水15gと80℃の水5gがもっている熱量を合計すると何カロリーになりますか。 (　　　　)

③ ②の水を混《ま》ぜ合わせると何℃になりますか。 (　　　　)

4 **食料品などのパッケージにカロリーという単位で示された値《あたい》があります。**カロリーは熱量といわれる値の単位で，1 gの水を1℃上げるのに必要な熱量を1カロリーといいます。たとえば，100 gの水を10℃上げるには，100 × 10 = 1000カロリーの熱量が必要ということです。以下の問いに答えなさい。また，答えがわり切れない場合には小数第2位を四捨五入《ししゃごにゅう》して，小数第1位まで答えなさい。 【富士見中】

(1) 300gの水の温度を10℃から15℃に上げるのに必要な熱量は何カロリーですか。 (　　　)

熱に関する**〈実験1〉**～**〈実験3〉**を行いました。

〈実験1〉～**〈実験3〉**において熱の移動《いどう》はアルコールランプ，水，湯，金属《きんぞく》の間でのみ起こるとし，容器《ようき》や外部との熱のやりとりはないものとします。また，かき混ぜることによる温度の変化はないものとします。

〈実験1〉　15℃の水100 gを入れた容器をアルコールランプで加熱したところ，3分間で87℃まで水の温度が上がりました。

(2) アルコールランプが1分間に水にあたえた熱量は何カロリーですか。

(　　　)

〈実験2〉　15℃の水100 gを入れた容器に，温度のわからない湯100 gを入れ，静かにかき混ぜました。しばらく時間がたつと全体の温度は50℃で一定になりました。

(3) このときに水が湯から得た熱量は何カロリーですか。 (　　　)

(4) このとき入れた湯は何℃変化しましたか。 (　　　)

(5) 入れる前の湯は何℃ですか。 (　　　)

〈実験3〉　15℃の水100 gを入れた容器に，80℃にあたためたアルミニウムの立方体を入れ，静かにかき混ぜました。しばらく時間がたつと全体の温度が28℃で一定になりました。

(6) このアルミニウムの立方体の代わりに80℃の湯何gを入れれば，全体が同じ28℃になりますか。 (　　　)

(7) **〈実験3〉**で用いたアルミニウムの立方体の重さは125 gでした。アルミニウム1 gを1℃上げるのに必要な熱量は何カロリーといえますか。

(　　　)

チャレンジ問題 入試発展レベル

解答➡別冊p.56

★は最高レベル

1 右の図と手順を参考にしながら，図のロケットに関する問題に答えなさい。ただし，実験は晴れた夏の日に行ったとします。 【関西学院中学部・改】

〈手順 1〉 ゴム栓《せん》に穴《あな》を開け，ボールの空気入れ用針《はり》を差しこむ。

〈手順 2〉 炭酸飲料《たんさんいんりょう》が入っていたペットボトルに水を入れ，空気入れ用針を差しこんだゴム栓をする。

〈手順 3〉 発射《はっしゃ》スタンドに設置《せっち》し(図)，自転車の空気入れでペットボトルの中に空気を入れていくと，ペットボトルがロケットのように飛ぶ。

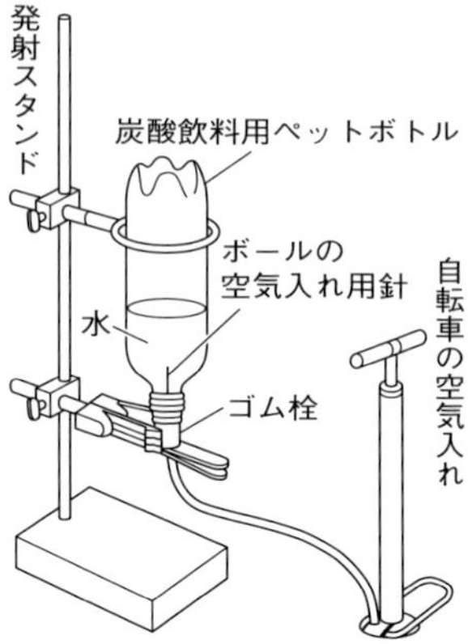

ペットボトルロケット

(1) ペットボトルロケットが飛ぶのはなぜですか。次から選び，記号で答えなさい。 (　　)

ア ペットボトルの中の空気があたたまり，軽くなるため。

イ ペットボトルの中に空気がたくさん入るほど，風船にはたらくような，浮《う》く力がはたらくため。

ウ ペットボトルの中の空気が水を押《お》し出し，反発する力がはたらくため。

★(2) ペットボトルロケットが飛んだあと，ペットボトルの中が白くくもっていました。白いものは何ですか。次から選び，記号で答えなさい。 (　　)

ア 雪　　イ 霧《きり》　　ウ 水蒸気《すいじょうき》

2 次の実験について，あとの問いに答えなさい。ただし，ろうは気体には変化していないものとします。 【暁星中】

〈実験〉 ろうそくのかけらを何個か入れた100mLビーカーをゆっくりあたためながら，その様子を観察しました。ビーカーをゆっくりとあたためていくと，ろうはまわりからだんだんとけて，[a]色の液体《えきたい》になりました。そこで火を止めてゆっくり冷やしたところ，また固体《こたい》になりました。あたためる前と同じ温度になったあと，はかりに乗《の》せたところ，最初にはかったときの重さと比《くら》べて[b]。

(1) [a]にあてはまることばを答えなさい。 (　　　　)

(2) [b]にあてはまる語句《ごく》を次から選び，記号で答えなさい。 (　　)

ア 軽くなりました　　イ 重くなりました　　ウ 変わりませんでした

(3) ろうがふたたび固体になったとき，どのような形になったでしょうか。次の図(断面図《だんめんず》)から選び，記号で答えなさい。なお，図の点線はろうが液体のときの液面を表します。　(　　)

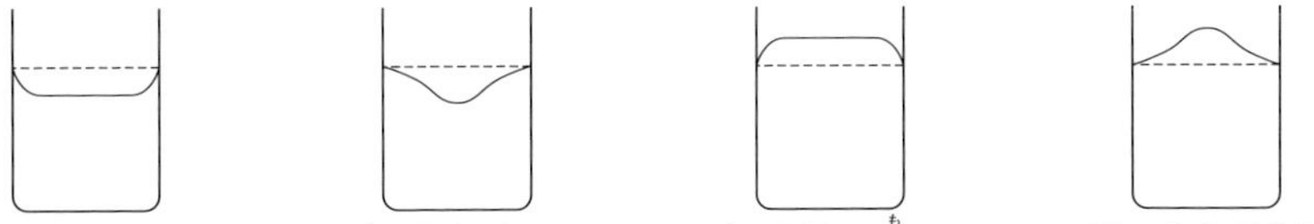

ア　平らにへこんだ　　イ　中央がくぼんだ　　ウ　平らに盛《も》り上がった　　エ　中央が盛り上がった

3 **図1のような装置《そうち》で，時間をはかりながら水を加熱する実験を行いました。加熱を始めてから1分ごとの温度をグラフで表すと，図2のようになりました。**　【栄東中】

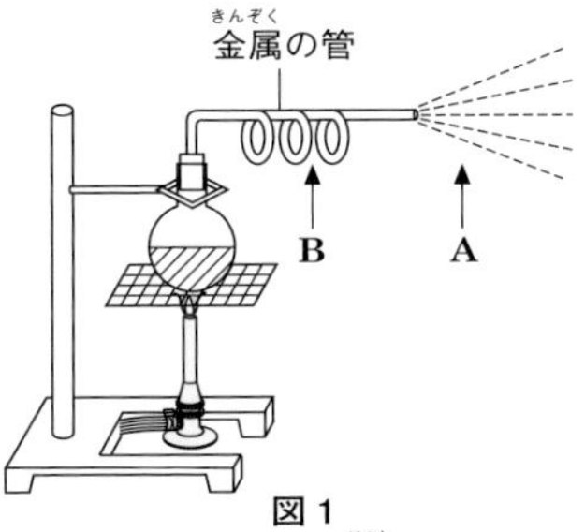

図1

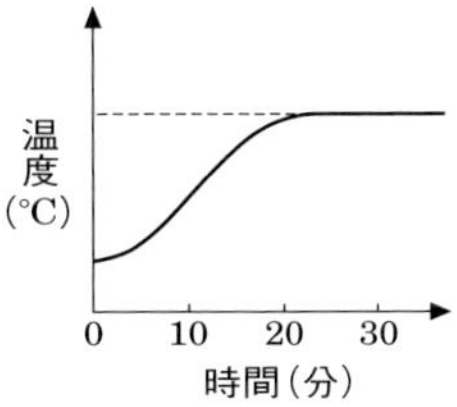

図2

(1) 図1のAの位置に，別のガスバーナーの炎《ほのお》を近づけたときの変化を，次から選び，記号で答えなさい。　(　　)

ア　フラスコの中の沸騰《ふっとう》が激《はげ》しくなる。
イ　フラスコの中の沸騰が緩《ゆる》やかになる。
ウ　湯気《ゆげ》が激しく噴《ふ》き出《だ》す。
エ　湯気が消えて見えなくなる。
オ　近づけたガスバーナーの炎が大きくなる。

★(2) 図1のBの位置にガスバーナーの炎を近づけると，金属の管の先にかざした紙が焦《こ》げてしまいました。Bの位置にガスバーナーを近づけないと紙は焦げませんでした。このようになった理由を，次から選び，記号で答えなさい。　(　　)

ア　水蒸気《すいじょうき》を加熱すると，100℃以上になるから。
イ　水蒸気を加熱すると，水蒸気が燃《も》えるから。
ウ　水蒸気を加熱すると，酸素《さんそ》に変化するから。
エ　水蒸気を加熱すると，水素《すいそ》に変化するから。
オ　水蒸気を加熱すると，二酸化炭素《にさんかたんそ》に変化するから。

(3) フラスコの水の量を半分にして同様の操作《そうさ》を行ったとき，温度はどのように変化しますか。**図2**に，予想されるグラフをかき入れなさい。

4 **まったく同じ栓《せん》つきのフラスコが2個あり，「容《よう》器《き》1」，「容器2」とします。**「容器1」は乾《かわ》いていますが，「容器2」は少し水が入っています。はじめに，20℃で栓を閉《と》じて重さをはかると，「容器2」は「容器1」に比《くら》べて0.2g重いことがわかりました。次に，「容器1」の栓を開き，しばらくの間100℃にあたためてから栓を閉じて，重さをはかったところ，0.3g軽くなっていました。同じようにして，「容器2」の栓を開き，しばらくの間100℃にあたため，フラスコ内の水がすべて水蒸気《すいじょうき》に変わってから，栓を閉じて重さをはかったところ，0.63g軽くなっていました。この間，「容器2」の栓の口から水蒸気は出てきませんでした。 【甲陽学院中】

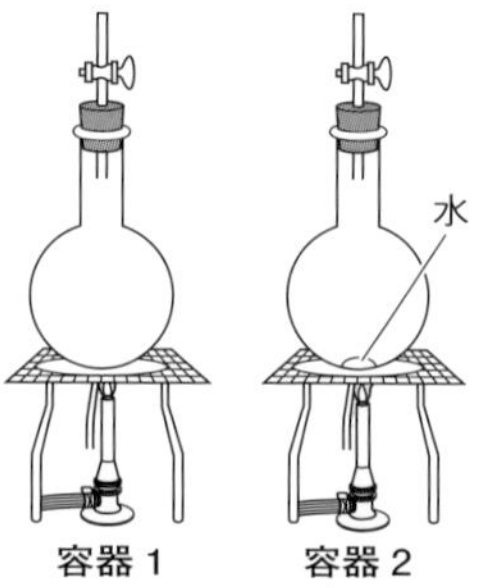

⑴「容器1」において，100℃にあたためてから重さをはかったとき，0.3g軽くなったのはどうしてですか。その理由を答えなさい。

(　　　　　　　　　　　　　　　　　　　　　　　　)

★⑵ 次の文の□に適当《てきとう》な数を答えなさい。ただし，わり切れないときは，小数第3位を四捨五入《ししゃごにゅう》して小数第2位まで答えなさい。

①(　　　　　)　②(　　　　　)　③(　　　　　)

「容器2」を100℃にあたためると，「容器1」と同様の変化で0.3g軽くなること以外に[①]g軽くなる。これは，「容器2」内の空気の一部が水蒸気によって追い出されるからである。このことから，100℃において，0.2gの水蒸気は[①]gの空気と同じ体積であることがわかる。20℃の空気を100℃にあたためると体積が1.3倍になるとすると，100℃において「容器1」には[②]gの空気が入っているので，この容器内を100℃の水蒸気だけで満たすには，少なくとも[③]gの水が必要であると計算される。

5 **熱について次の文章を読み，あとの各問いに答えなさい。** 【鷗友学園女子中】

湯飲みにお茶を注いでしばらく置いておくと，湯飲みは熱くなり，お茶は冷めます。このように，温度の高い物体と温度の低い物体を接触《せっしょく》させておくと，高温物体の温度は下がり，低温物体の温度は上がり，しばらくすると両者の温度は等しくなります(**図1**)。

このことは，高温物体から低温物体へ熱が移動《いどう》したと考えることによって説明できます。このとき，高温物体が失った熱の量と低温物体が得《え》た熱の量は等しくなります。熱の量(熱量《ねつりょう》)の単位を「カロリー」といいます。1カロリーは，水1gの温度を1℃上げるのに必要な熱量です。たとえば，水1gが1カロリーの熱量を得ると，その水の温度は1℃上がります。反対に，水1gが1カロリーの熱量を失うと，その水の温度は1℃下がります。

水に限らず，物質《ぶっしつ》1gの温度を1℃上げるのに必要な熱量を「比熱《ひねつ》」といいます。比熱は，**図2**のように，物質によって異《こと》なります。そのため，ある物質の比熱がわかれば，その物質が何であるかがわかります。

図1

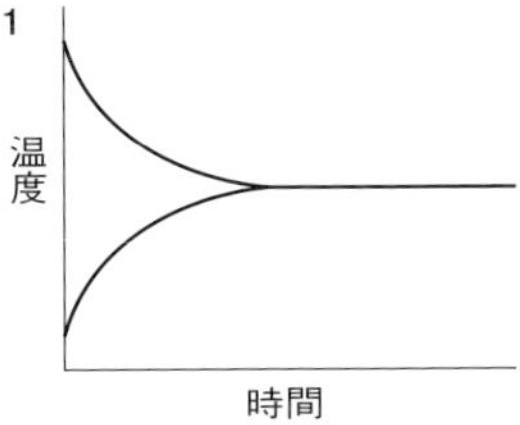

図2

物　質	比　熱
水	1
食用油	0.5
アルミニウム	0.21
鉄	0.10
銅《どう》	0.09

⑴ 水200gの温度を40℃上げました。この水が得た熱量は何カロリーですか。ただし，水は沸騰《ふっとう》しなかったものとします。

（　　　　　　　）

⑵ 鉄100gの温度を60℃下げました。この鉄が失った熱量は何カロリーですか。

（　　　　　　　）

⑶ 次の場合，高温物体**A**と低温物体**B**を接触させておくと，それぞれの温度はどのように変化しますか。最も適当なグラフを下の**ア**～**ウ**から選び，記号で答えなさい。ただし，同じ記号をくり返し用いてよいものとします。また，熱は**A**，**B**の間だけで移動するものとします。　①（　　　）　②（　　　）

① **A**と**B**の比熱は等しいが，**A**のほうが**B**より重い場合。

② **A**と**B**の重さは等しいが，**A**のほうが**B**の比熱より大きい場合。

ア

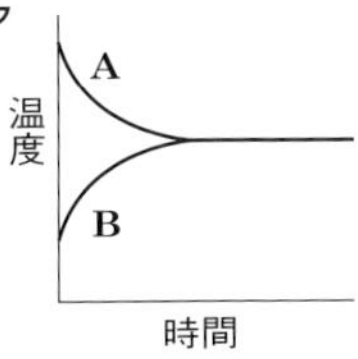

イ

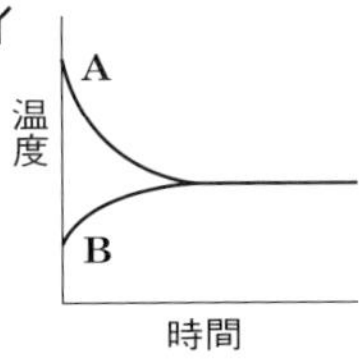

ウ

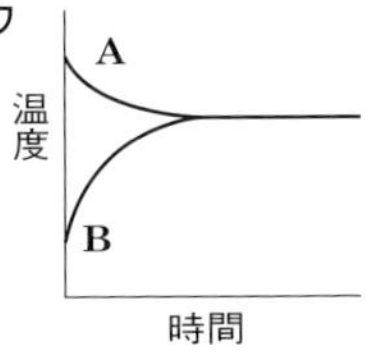

★⑷ 重さ200g，温度100℃のある金属《きんぞく》を，重さ300g，温度18℃の水に入れて，しばらくしてから温度をはかると，水の温度が28℃になりました。ただし，熱は，金属と水の間だけで移動するものとします。

① この金属の比熱はいくらですか。答えは小数第3位を四捨五入して求めなさい。

（　　　　　　　）

② この金属は，**図2**から考えて何であると考えられますか。

（　　　　　　　）

物質編　総合問題

解答➡別冊 p.57

★は最高レベル

★ **1** **ある気体にふくまれている成分の量を調べるために，次のような実験をしました。以下の問いに答えなさい。**　【大阪星光学院中】

〈実験 1〉　水素《すいそ》に十分な量の酸素《さんそ》を加えて燃焼《ねんしょう》させたところ，用意した水素はすべて反応《はんのう》し，水蒸気《すいじょうき》のみ発生した。(→結果①)

〈実験 2〉　気体**A**および気体**B**に，**〈実験 1〉**と同様に十分な量の酸素を加えて燃焼させたところ，用意した気体はすべて反応し，水蒸気と気体**C**が発生した。(→結果②**A**，②**B**)

なお，気体**A**，**B**はともに『炭素《たんそ》』と『水素』の成分からできていることがわかっている。

次の表は，**〈実験 1〉**，**〈実験 2〉**における結果をまとめたものです。

ただし，**〈実験 1〉**，**〈実験 2〉**ともに，燃焼後，水蒸気，気体**C**以外に発生した気体はありませんでした。また，燃焼前の気体の重さの和と，燃焼後の気体の重さの和は等しいものとします。

結果	燃焼前		燃焼後	
			水蒸気	気体**C**
①	水素	0.1g	0.9g	—
②**A**	気体**A**	0.4g	0.9g	1.1g
②**B**	気体**B**	0.55g	0.9g	(　　)g

⑴ **〈実験 1〉**において，水素 0.1 g と反応した酸素は何 g ですか。結果①を参考にして答えなさい。　(　　　　　)

⑵ 水蒸気(水)は『水素』と『酸素』の成分からできています。⑴の答えを参考にして，水にふくまれる『水素』と『酸素』の重さの比《ひ》を，簡単《かんたん》な整数比で答えなさい。

『水素』：『酸素』＝(　　　：　　　)

⑶ 気体**C**は『炭素』と『酸素』の成分からできています。⑵の答えと結果②**A**を参考にして，気体**C**にふくまれる『炭素』と『酸素』の重さの比を，簡単な整数比で答えなさい。

『炭素』：『酸素』＝(　　　：　　　)

⑷ 気体**A**，**B**(ともに『炭素』と『水素』の成分からできている)には，等しい重さの『水素』がふくまれています。このとき，気体**A**にふくまれる『炭素』と気体**B**にふくまれる『炭素』の重さの比を，簡単な整数比で答えなさい。

気体A：気体B＝(　　　：　　　)

⑸ 気体Bに十分な量の酸素を加えて燃焼させたときに発生する気体Cの重さ(前の表の(　　)内にあてはまる値《あたい》)は何gですか。　(　　　　)

⑹ 気体Cについて書かれた文章として正しいものを次のア～オから1つ選び，記号で答えなさい。　(　　)

ア　亜鉛《あえん》に薄《うす》い塩酸《えんさん》を加えると，気体Cが発生する。

イ　オキシドールを長時間放置しておくと，気体Cが発生する。

ウ　気体Cを水にとかすと，その水溶液《すいようえき》はアルカリ性《せい》を示《しめ》す。

エ　水酸化《すいさんか》ナトリウム水溶液にフェノールフタレイン液《えき》を加えると赤くなるが，気体Cを通すと，その色がだんだん薄くなる。

オ　水の温度が高いほど，気体Cが水にとける量は多くなる。

今から200年ほど前，イギリスの科学者ドルトンは，「物質《ぶっしつ》は，これ以上細かく分けることができない最小の大きさの粒子《りゅうし》からできている」と提案《ていあん》しました。その最小の粒子を『原子(げんし)』といいます。原子はいろんな種類のものがあり，それらをいくつか組み合わせると，さまざまな物質ができます。この問題で取り上げられている水素や酸素，水蒸気(水)などの気体も，いろんな原子を組み合わせてできています。

原子はとても小さく，目で見ただけでは確認《かくにん》できませんが，超高倍率《ちょうこうばいりつ》の顕微鏡《けんびきょう》を用いて拡大《かくだい》すると，原子の様子を確認することができます。次に示す図は，水素，酸素，水，気体Cを拡大したときに確認できる原子の様子です。

水素　水素原子 2個《こ》からなる

酸素　酸素原子 2個からなる

水　水素原子 2個と 酸素原子 1個からなる

気体C　炭素原子 1個と 酸素原子 2個からなる

⑵で，水にふくまれる『水素』と『酸素』の重さの比を求めましたが，この比を原子を用いて表すと，『水素』:『酸素』＝ 水素原子 2個の重さ：酸素原子 1個の重さ　と表すことができます。

同様に，⑶で求めた，気体Cにふくまれる『炭素』と『酸素』の重さの比は　『炭素』:『酸素』＝ 炭素原子 1個の重さ：酸素原子 2個の重さ

と表すことができます。

⑺ 水素原子，炭素原子，酸素原子 それぞれ1個あたりの重さの比を，簡単な整数比で答えなさい。

水素原子：炭素原子：酸素原子＝(　　　：　　　：　　　)

⑻ 気体Aは，炭素原子 1個と 水素原子 何個からなっていますか。整数値《せいすうち》で答えなさい。　(　　　　)

★ **2** **最先端《さいせんたん》の装置《そうち》で鉄を約 2 億倍に拡大《かくだい》して調べると，大きさの同じ粒子《りゅうし》が規《き》則《そく》正しく配列していることがわかり，この粒子は鉄原子《げんし》とよばれます。**鉄原子の形を球とみなしてその配列の一部を表すと**図 1** のようになります。この配列では，どの鉄原子にも 8 個《こ》の鉄原子が接《せっ》しています。

図 1 で鉄原子の中心を線で結んだ立方体を切りとると**図 2** のようになります。また，鉄原子は**図 2** の立方体の中心を通る対角線の上で，たがいに接しています。したがって，鉄は**図 2** で表される立方体がすき間なく多数積み重なったものと考えることができます。

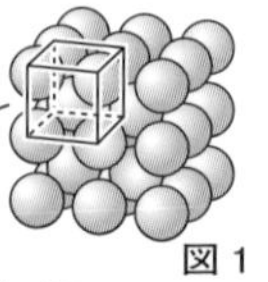
図 1

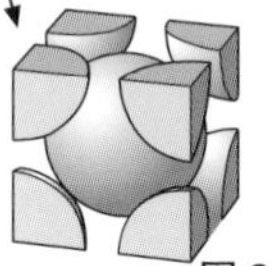
図 2

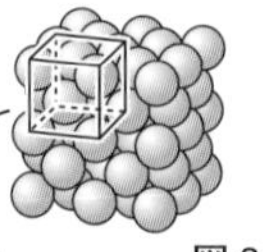
図 3

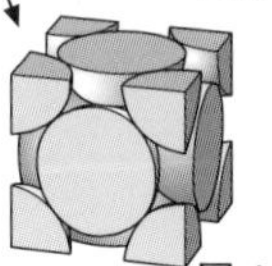
図 4

同様にアルミニウムを調べると，アルミニウム原子の大きさ，重さ，配列はそれぞれ鉄原子と違《ちが》っていることがわかりました。**図 3** はアルミニウム原子の配列の一部を表し，原子の中心を線で結んだ立方体を切りとると**図 4** のようになります。また，アルミニウム原子は**図 4** の立方体の各頂点《ちょうてん》と各面の中心に位置し，面の対角線の上でたがいに接しています。したがって，アルミニウムは**図 4** の立方体がすき間なく多数積み重なったものと考えることができます。⑴～⑶に整数で答えなさい。 **【灘中】**

⑴ **図 2** の立方体にふくまれる鉄原子とその断片《だんぺん》をすべて合わせると鉄原子何個分になりますか。 (　　　)

⑵ **図 4** の立方体にふくまれるアルミニウム原子の断片をすべて合わせるとアルミニウム原子何個分になりますか。 (　　　)

⑶ **図 4** から，**図 4** の立方体が多数積み重なった構造《こうぞう》の中では，どのアルミニウム原子にも同じ個数のアルミニウム原子が接していることがわかります。1 個のアルミニウム原子は何個のアルミニウム原子と接していますか。

(　　　)

図 2，**図 4** の立方体がそれぞれ積み重なって 1 辺が 1cm の立方体になっているものを「$1cm^3$ の鉄」，「$1cm^3$ のアルミニウム」と考えることにします。

$1cm^3$ の鉄の重さは $1cm^3$ のアルミニウムの重さの 2.9 倍です。また，**図 4** の立方体の 1 辺の長さは**図 2** の立方体の 1 辺の長さの 1.4 倍です。次の⑷，⑸に答えなさい。どちらも小数第 3 位を四捨五入《ししゃごにゅう》し，小数第 2 位まで求めなさい。

⑷ $1cm^3$ の鉄にふくまれる鉄原子の数は，$1cm^3$ のアルミニウムにふくまれるアルミニウム原子の数の何倍ですか。 (　　　)

⑸ 鉄原子 1 個の重さはアルミニウム原子 1 個の重さの何倍ですか。

(　　　)

3 **炭酸水素《たんさんすいそ》ナトリウムに塩酸《えんさん》を加えると，食塩《しょくえん》と水と気体《きたい》Xになります。また，気体Xは，物質《ぶっしつ》Yに塩酸を加えることによっても生じます。これらの反応《はんのう》についての実験1～実験3を，すべて同じ条件《じょうけん》のもとで行いました。この実験の結果をもとに，あとの問いに答えなさい。** 【東邦大付東邦中】

〈実験1〉 炭酸水素ナトリウム 3.36g を 5 つ用意し，塩酸**A**を体積をかえてそれぞれに加えました。このとき発生した気体**X**の体積は，**表1**のようになりました。

表1

加えた塩酸**A**の体積(cm³)	10	20	30	40	50
発生した気体**X**の体積(cm³)	240	480	720	960	960

〈実験2〉 炭酸水素ナトリウム 3.36g を 4 つ用意し，塩酸**A**と濃《こ》さの異《こと》なる塩酸**B**を体積をかえてそれぞれに加えました。このとき発生した気体**X**の体積は，**表2**のようになりました。

表2

加えた塩酸**B**の体積(cm³)	10	20	30	40
発生した気体**X**の体積(cm³)	360	720	960	960

〈実験3〉 物質**Y** 1.5g に対して，十分な体積の塩酸**A**を加えると，気体**X**が 360cm³ 発生しました。

(1) この反応で生じた気体**X**を石灰水《せっかいすい》に通すと，石灰水が白く濁《にご》りました。この気体**X**として最も適切《てきせつ》なものを，次から 1 つ選び，記号で答えなさい。

ア 酸素《さんそ》　**イ** アンモニア　**ウ** 塩素《えんそ》　(　　)

エ 二酸化炭素《にさんかたんそ》　**オ** 水素《すいそ》

★(2) ある量の炭酸水素ナトリウムに対して，気体**X**が発生しなくなるまで塩酸**A**を加えたところ，22.5cm³ 必要でした。同じ量の炭酸水素ナトリウムに対して気体**X**が発生しなくなるまで塩酸**B**を加えるとすると，塩酸**B**は何cm³ 必要ですか。　(　　)

★(3) **実験1**において塩酸**A** 40cm³ を加えた反応で，実験後に試験管《しけんかん》内の物質を乾《かん》燥《そう》させたところ，食塩だけが 2.34g 残りました。また，**実験1**において塩酸**A**を 20cm³ 加えた反応で，実験後に試験管内の物質を乾燥させたところ，食塩と炭酸水素ナトリウムの混《ま》ざった固体が 2.85g 残りました。炭酸水素ナトリウムの重さはこの固体のうち何％ですか。小数第 2 位を四捨五入して答えなさい。　(　　)

★(4) ある体積の気体**X**を得《え》るために必要な物質**Y**の重さは，同じ体積の気体**X**を得るために必要な炭酸水素ナトリウムの重さの何倍になりますか。小数第 2 位を四捨五入して答えなさい。　(　　)

4 次の問いに答えなさい。 【白陵中】

(1) 二酸化炭素《にさんかたんそ》を包《つつ》みこんだ泡《あわ》が出る消火器の中にふくまれる主成分として物質《ぶっしつ》Aがあります。物質Aの性質《せいしつ》を調べるために，以下の**実験1，2**を行いました。

〈実験1〉 物質Aを8.4g試験管《しけんかん》にとり，右の図のような装置《そうち》で十分に加熱したところ，気《き》体《たい》が発生しなくなり，反応《はんのう》が完全に終わりました。このとき，発生した気体の重さは2.2g，生じた水は0.9g，残った固体《こたい》は5.3gでした。

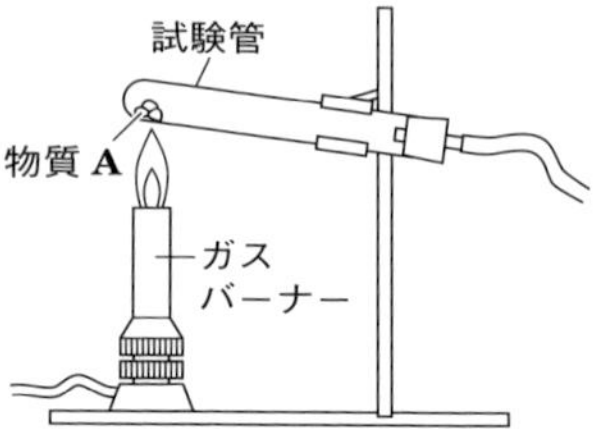

〈実験2〉 次に，物質Aを16.8g試験管にとり同様な実験を行ったところ，反応が完全に終わりました。発生した気体の重さは4.4g，生じた水は1.8g，残った固体は10.6gでした。

① 発生した気体を水溶液《すいようえき》Bに通したところ，水溶液Bが白く濁《にご》り，発生した気体が二酸化炭素であることがわかりました。水溶液Bの名前を答えなさい。 (　　　　)

② 物質Aを28g試験管にとり，十分に加熱して反応が完全に終わったとき，生じる水は何gですか。 (　　　　)

(2) 物質Aを30g試験管にとりガスバーナーで加熱し，反応の途中《とちゅう》で加熱をやめました。そのとき，発生した気体の重さは6.6gでした。

① 反応した物質Aの重さは何gですか。 (　　　　)

★ ② 試験管内に残った固体物質すべての重さは何gですか。 (　　　　)

5 次の実験について答えなさい。 【日本大二中】

〈実験1〉

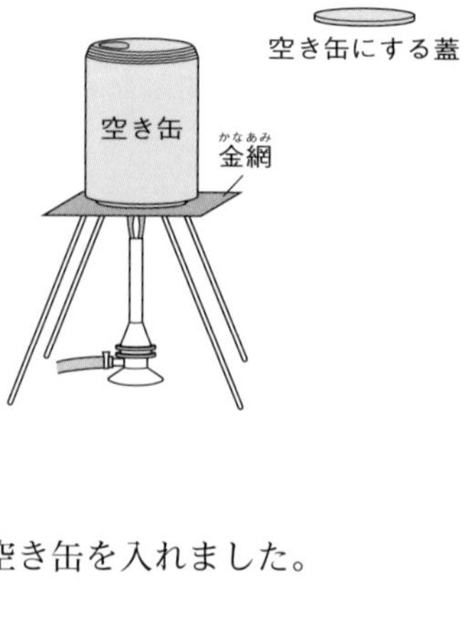

アルミニウム製《せい》のジュースの空《あ》き缶《かん》(350mLの容器《ようき》)に，水を50mL入れました。次に，図のようにバーナーを用いて，中に入れた水を十分に沸騰《ふっとう》させました。

水が完全に無くなる前にガスバーナーで加熱するのをやめて，すぐに蓋《ふた》をして密封《みっぷう》しました。蓋は鉄製で，空き缶との間は，瞬間接着剤《しゅんかんせっちゃくざい》で完全に塞《ふさ》ぐことができました。

次に，あらかじめ用意しておいた冷水にその空き缶を入れました。

〈**実験 2**〉

同じ種類の別の空き缶を用意して，飲み口のところまでいっぱいに水を入れました。この空き缶を**実験 1** と同じようにガスバーナーであたため始めました。

(1) **実験 1** で冷水に入れた空き缶は，どうなりますか。その様子として正しいものを次から１つ選び，記号で答えなさい。　(　　)

ア　空き缶は，何も変化はしない。

イ　空き缶は，膨《ふく》らみ穴《あな》が開く。

ウ　空き缶は，潰《つぶ》れてしまう。

エ　空き缶は，音を出しながら２つに割《わ》れる。

(2) (1)のように答えた理由として正しいものを次から１つ選び，記号で答えなさい。　(　　)

ア　空き缶の中には，空気がふくまれているが，特に変化はないから。

イ　空き缶の中には，水がふくまれていて，膨張《ぼうちょう》するから。

ウ　空き缶の中には，空気がふくまれていて，膨張するから。

エ　空き缶の中には，水蒸気《すいじょうき》がふくまれていて，水に変わるから。

(3) **実験 2** で空き缶の様子として正しいものを次から１つ選び，記号で答えなさい。　(　　)

ア　空き缶の飲み口の所から，水が少しずつあふれてくる。

イ　特に変化は見られない。

ウ　勢《いきお》いよく水が噴《ふ》き出してくる。

エ　飲み口の所の液面が，みるみる下がっていく。

(4) (3)のように答えた理由として正しいものを次から１つ選び，記号で答えなさい。　(　　)

ア　あたためると水の体積は膨らむから。

イ　あたためても水は変わらないから。

ウ　あたためると水が激《はげ》しくはじけるから。

エ　あたためると水の体積は縮《ちぢ》むから。

6 次の文を読んで，あとの問いに答えなさい。 【須磨学園中】

水は温度や圧力《あつりょく》の条件《じょうけん》によって，固体《こたい》・液体《えきたい》・気体《きたい》の3つの状態《じょうたい》をとります。六甲山《ろっこうさん》のふもと(標高0mとする)で，20gの氷を入れたビーカーを一定の火力で加熱して温度の変化を調べたところ，**図1**のようになりました。次に，同じ実験を六甲山の山頂《さんちょう》(標高930mとする)でしたところ，**図2**のようになりました。ただし，六甲山のふもとでも頂上でも火力は同じで，時間がたっても一定の火力で加熱するものとし，ビーカーに伝わった熱はすべて水の加熱に使われたものとします。

この2つの実験結果から，水が沸騰《ふっとう》する条件は温度だけできまらず，標高も関係していることがわかります。この実験でわかるように，標高が高い場所では標高が低い場所に比《くら》べて，低い温度で水が沸騰することがわかります。**図3**は水の状態図《じょうたいず》といいます。この図は，水が温度と圧力を変えたときに固体・液体・気体のどの状態になっているかを表したものです。**図3**中の矢印**A**は六甲山のふもとで氷を加熱したときの様子を表したもので，加熱するにつれて，状態がⓐ，ⓘ，ⓤのように変化したことを表しています。

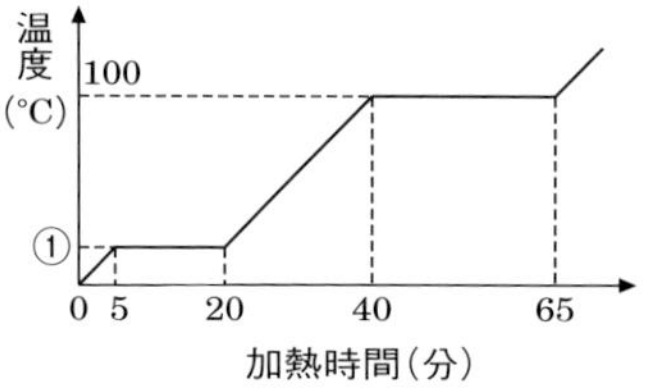

図1

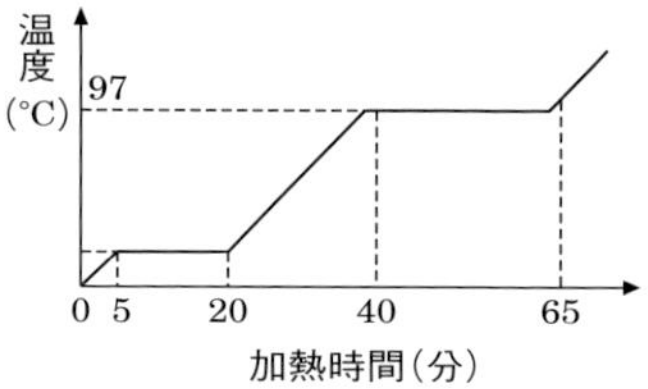

図2

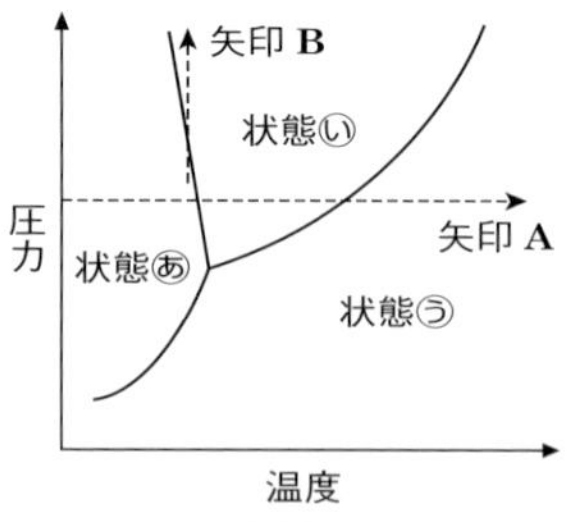

図3

⑴ **図1**の①の温度は何℃ですか。整数で答えなさい。 (　　　　)

⑵ **図1**の①の温度を何といいますか。 (　　　　)

⑶ 六甲山のふもとで，10℃の水10gを60℃にするためには，何分間加熱すればよいですか。整数で答えなさい。 (　　　　)

⑷ 六甲山のふもとで，40 gの氷を40分間加熱しました。このとき，ビーカー内の水の温度は何℃になりますか。整数で答えなさい。なお,用意した氷は0℃で，液体の水をまったくふくんでいない状態とします。　(　　　　)

⑸ **図3**の状態あ⃝～う⃝の状態を，「固体」，「液体」，「気体」からそれぞれ選び，答えなさい。　あ⃝(　　　　)　い⃝(　　　　)　う⃝(　　　　)

⑹ 六甲山の山頂で，20 gの氷をビーカーに入れて一定の火力で加熱し，温度を測定《そくてい》する実験を行った場合，加熱時の様子はどのようになりますか。**図4**中の①～⑤より1つ選び，番号で答えなさい。なお，**図4**中の②は，**図3**中の矢印**A**と重なるものとします。

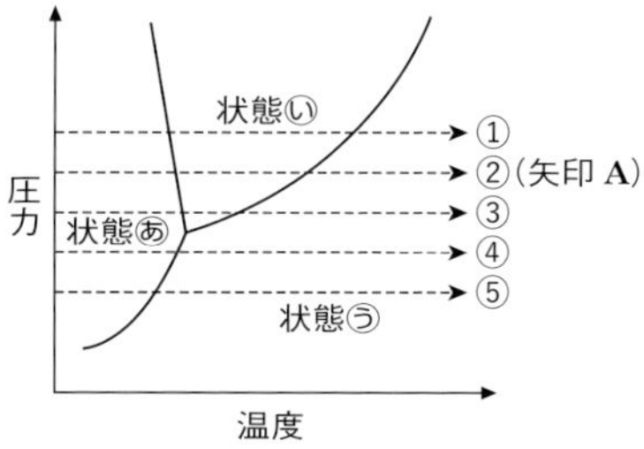

図4

(　　)

⑺ **図3**中の矢印**B**の変化を表す例として正しいものを，次の**ア**～**エ**より1つ選び，記号で答えなさい。　(　　)

ア　砕《くだ》いた氷に濃《こ》い食塩水を混《ま》ぜると，温度が下がる。

イ　冬のある日に，屋外から暖《あたた》かい部屋の中に入るとめがねがくもる。

ウ　お味噌汁《みそしる》は100℃でも，沸騰しない。

エ　氷のリンクの上を，スケート靴《ぐつ》を履《は》いて滑《すべ》ることができる。

⑻ ドライアイスは大気圧《たいきあつ》の下では，温度が上がると固体から気体に状態を変化させます。また，液体の二酸化炭素《にさんかたんそ》に圧力を加えると固体のドライアイスになることが知られています。二酸化炭素の状態図として正しいものを次の**ア**～**カ**より1つ選び，記号で答えなさい。なお，図中の点線は，六甲山のふもとでの圧力を表しているものとします。　(　　)

ア

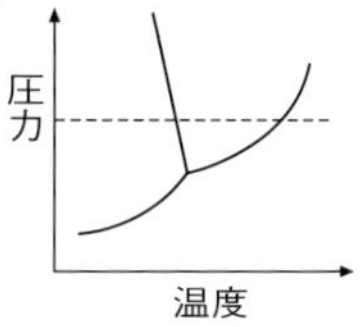

イ

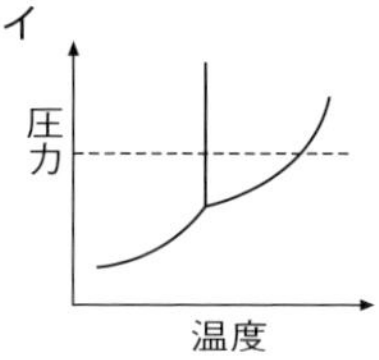

ウ

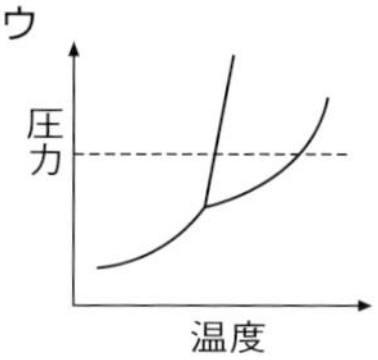

エ

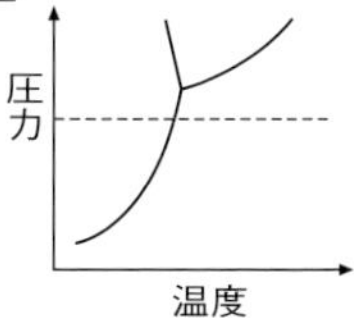

オ

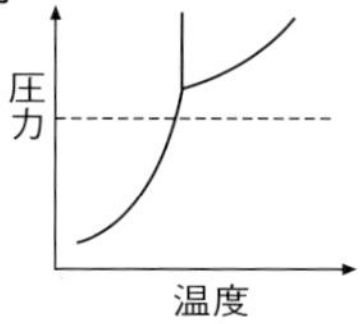

カ

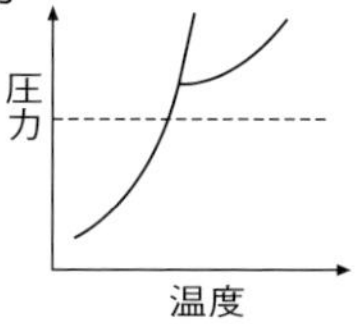

7 熱の伝わり方について調べてみました。次の問いに答えなさい。【逗子開成中・改】

(1) 同じ温度，同じ重さの鉄，水，銅《どう》にそれぞれ等しい熱を加えたとき，温度が高くなる順に並《なら》べるとどうなりますか。次から１つ選び，記号で答えなさい。（　　）

ア　鉄・水・銅　　イ　鉄・銅・水　　ウ　水・鉄・銅

エ　水・銅・鉄　　オ　銅・鉄・水　　カ　銅・水・鉄

薄《うす》い銅板を図１，図２のような形に切り，上面をろうで一様《いちよう》に塗《ぬ》り，実験台に水平になるようにスタンドで固定しました。そして×印の部分をガスバーナーで下から熱しました。

図１

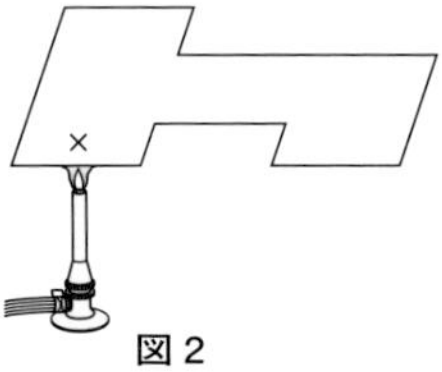
図２

(2) 図１の金属面《きんぞくめん》で，ろうがとけていった所を一定時間ごとにえがきました。最も正しくえがいたものを，次から１つ選び，記号で答えなさい。（　　）

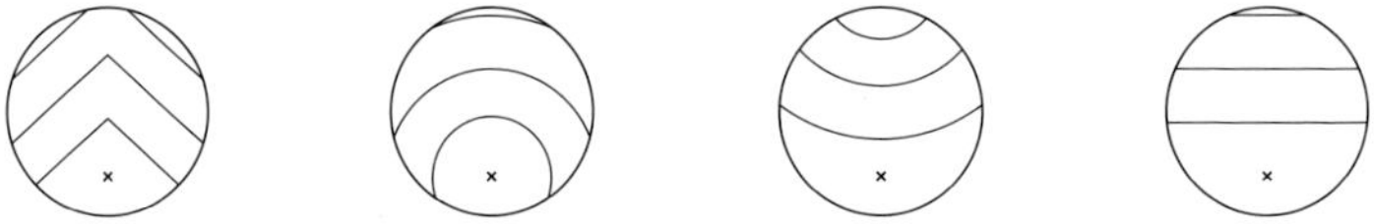
ア　イ　ウ　エ

(3) 図２の金属面で，ろうがとけていった所を一定時間ごとにえがきました。最も正しくえがいたものを，次から１つ選び，記号で答えなさい。（　　）

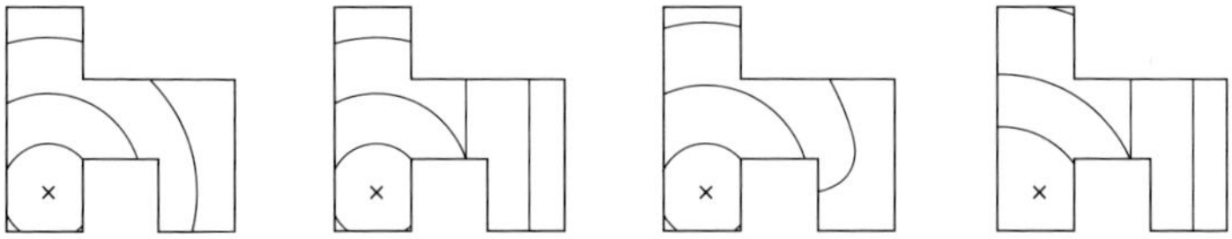
ア　イ　ウ　エ

エネルギー編

力のきまり

ばねのきまり

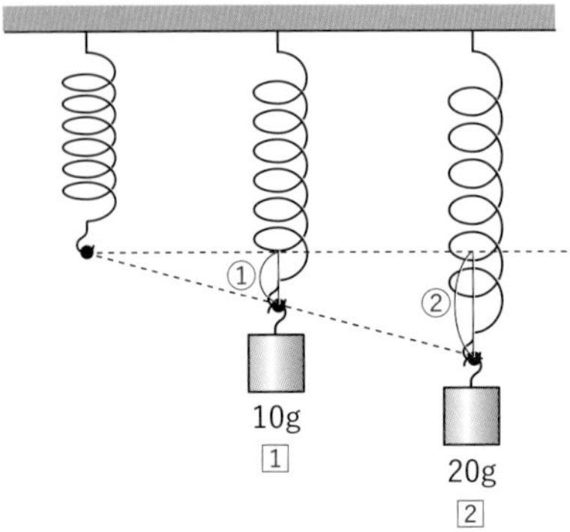

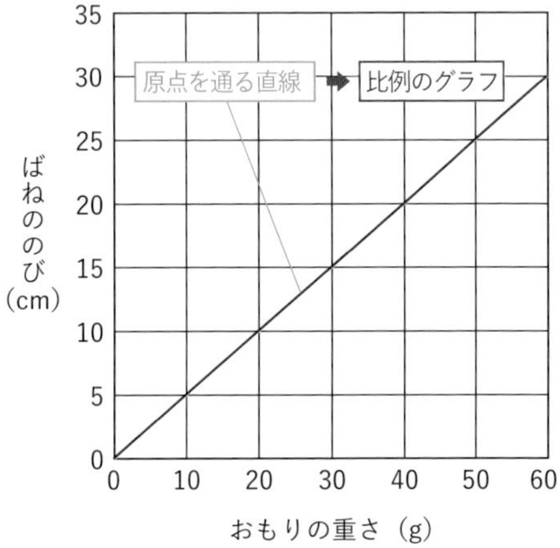

ばねののびは，ばねに加えた力の大きさに比例《ひれい》する。

浮力《ふりょく》のきまり

水…1cm³ あたり 1g

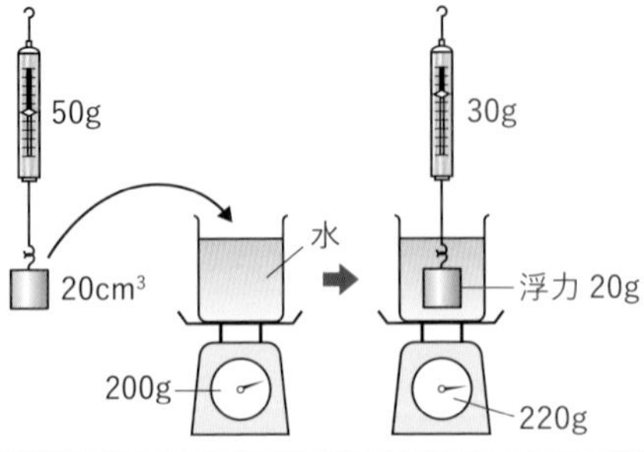

物体が押《お》しのけた液体《えきたい》の重さと同じ大きさの浮力がはたらく。

はたらいている浮力と同じ大きさの力が，液体の底にはたらく。

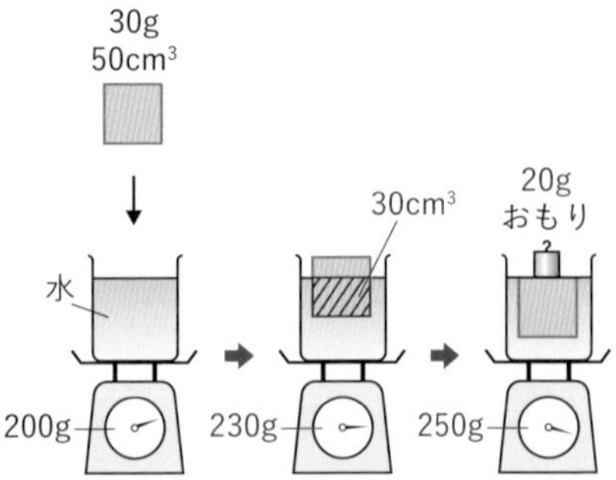

物体が液体に浮《う》いているとき，物体の重さと同じ大きさの浮力が物体にはたらいている。

てこのきまり

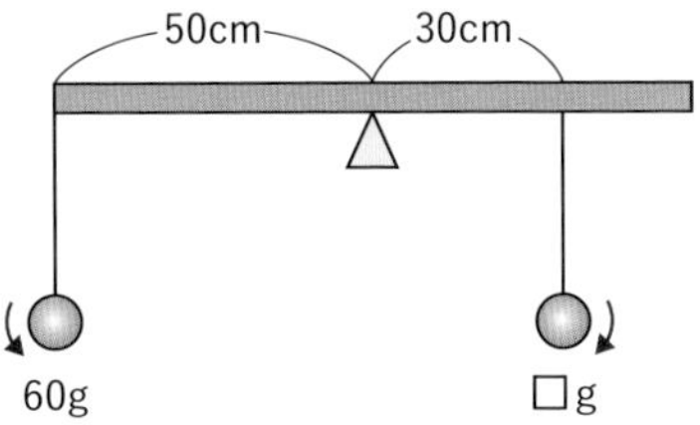

60 × 50 = □ × 30g

□ = 100g

（50 : 30 = □ : 60

□ = 100g）

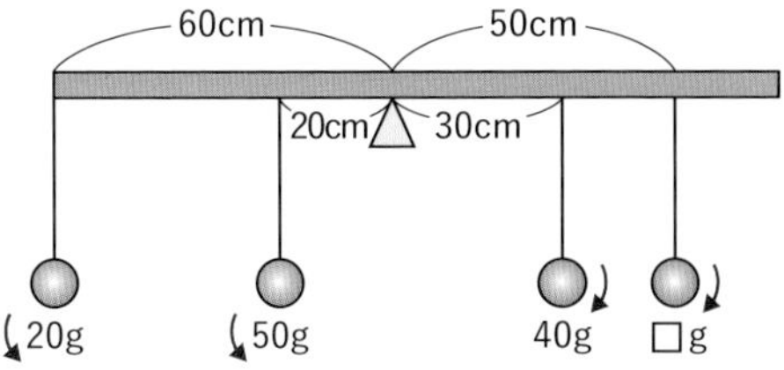

20 × 60 + 50 × 20 = 40 × 30 + □ × 50

反時計まわり　　時計まわり

□ = 20g

力のモーメント ＝ 加える力 × 支点からの距離《きょり》

時計まわりのモーメント＝反時計まわりのモーメント

同じ向きのモーメントの和が等しいときにつりあう

滑車《かっしゃ》と輪軸《りんじく》のきまり

定滑車《ていかっしゃ》

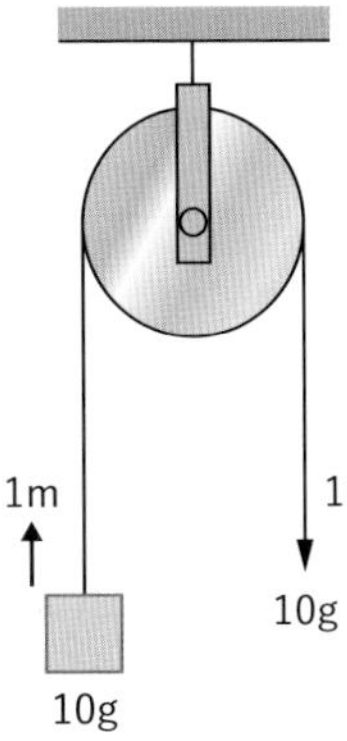

力の向きが変わるだけ

動滑車《どうかっしゃ》

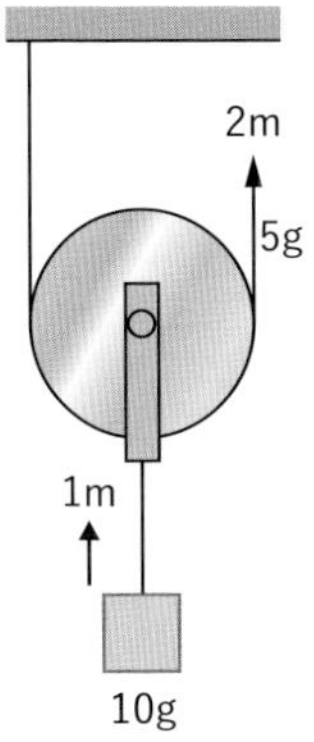

力の大きさ… $\frac{1}{2}$ 倍

ひもを引く長さ
… 2 倍

輪《りん》軸《じく》

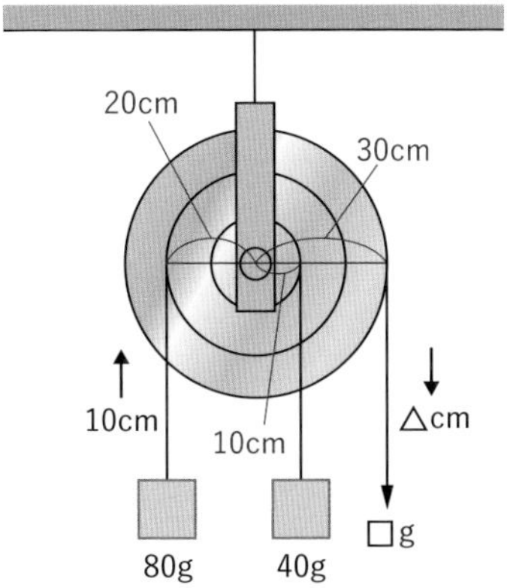

80 × 20 = 40 × 10 + □ × 30　　□ = 40g

ひもの動きは半径に比例する。

10 : △ = 20 : 30　　△ = 15cm

第1章 力のはたらき

1 力《ちから》とばね

1 力とそのはたらき

力とはどんなものか。

- **力**…サッカーボールを蹴《け》ると，ボールが飛ぶ。ばねを引っぱると伸《の》びる。これらはどれも，ものに力がはたらいたために起こることである。このように，ものを動かしたり，変形させたりする原因《げんいん》となるものを**力**という。
- **重力《じゅうりょく》と引力《いんりょく》**…手で持っていたものをはなすと，ものは真下《ました》に落ちる。これは，ものが地球に引きつけられるからである。ものがほかのものを引きつける力を**引力**という。地球が地球上のものを引きつける力を地球の**重力**という。ものの重さは，重力の大きさにほかならない。
- **力の大きさの表し方**…ばねに10gのおもりをつるすと，ある長さまで伸びる。次に，おもりを外し，手で同じ長さまで引き伸ばす。この場合，手がばねを引っぱった力は，10gのおもりの重さと同じはたらきをしているから，このときの手の力の大きさは10gと表すことができる。このように，力の大きさは，g，kgのような重さの単位を用いて表す。

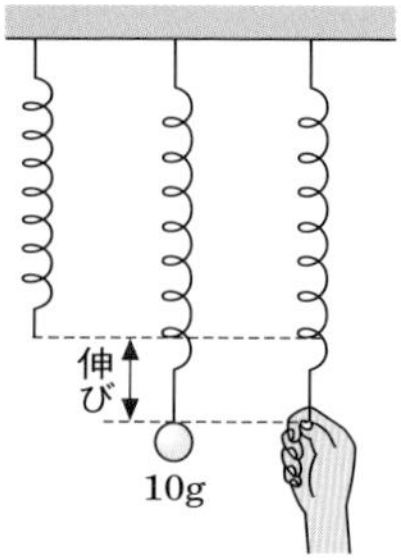

▲力の大きさ

2 ばねの性質

ばねの伸び方にはどんなきまりがあるか。

ばねの伸びと力の関係

ばねにおもりをつるすと，ばねが伸びる。このとき，ばねの伸びはおもりの重さに比例《ひれい》する。

- **比例**…ばねにつるすおもりの重さを2倍，3倍，……と増《ふ》やしていくとき，ばねの伸びも2倍，3倍，……と増える場合，おもりの重さとばねの伸びとは比例しているという。

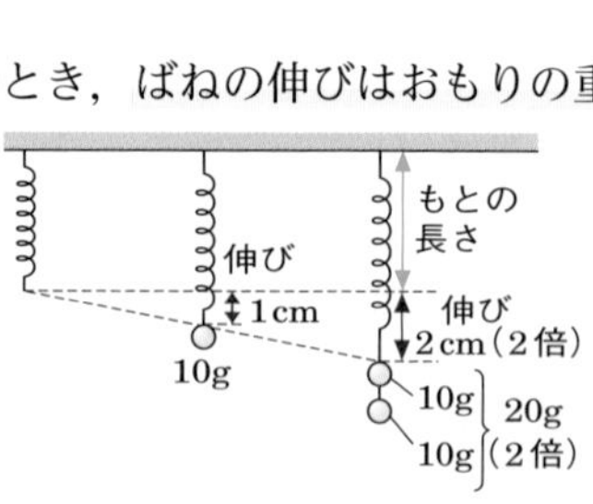

▲ばねの伸びと力の関係

入試ポイント
- **力のはたらき**…ものを動かす，変形させる。
- **重さ**…**力**の一種。
- ばねの**伸び**…おもりの**重さ**（加えた**力**）に**比例**する。

● **弾性限界《だんせいげんかい》**…ばねにつるすおもりを重くしていくと，ばねの伸びも，それに比例して長くなる。このときは，おもりをとり外すと，ばねははじめの長さに戻《もど》る。ところが，おもりがある重さより大きくなると，急に伸びが増《ま》し，おもりをとりはずしても，はじめの長さに戻らなくなる。このようになる限界の力を**弾性限界**という。ばねの伸びが加えた力に比例するのは，力の大きさが弾性限界以下の場合である。

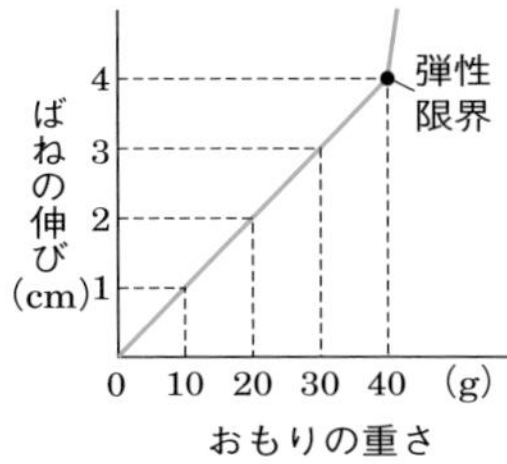

▲ばねの伸びと弾性限界

● **ばねの長さと力の関係**…伸びたばねの全体の長さは，ばねのはじめの長さにばねの伸びをたしたものである。ばねの長さは，つるしたおもりの重さ(加えた力の大きさ)に比例しない。
おもりをしだいに重くしていったときの，ばねの長さの増え方は，伸びの増え方と同じなので，ばねの長さのグラフとばねの伸びのグラフとは右の図のように平行になる。

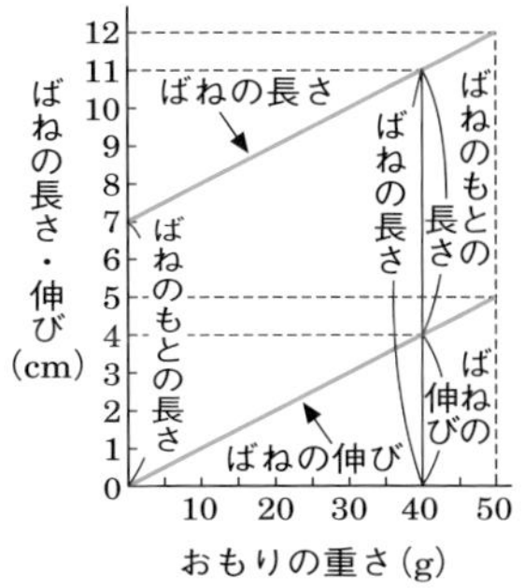

▲はねの長さと力の関係

2本つないだばね

● **縦《たて》につないだ場合**…10gのおもりをつるすと1cm伸びるばねを，右の図のように縦に2本つなぎ，それに10gのおもりをつるすと，伸びはどうなるだろうか。この場合，上のばねも下のばねも10gの力で引き伸ばされる。したがって，どちらも1cmずつ伸び，全体で2cm伸びる。

● **横につないだ場合**…縦につないだ場合と同じばねを2本横に並《なら》べ，軽い棒《ぼう》をつるす。その棒の中心に10gのおもりをつるすと，伸びはどうなるだろうか。この場合，おもりの重さは2本のばねによって支《ささ》えられるので，1本のばねに5gの力しか加わらない。したがって，それぞれ0.5cm伸びる。

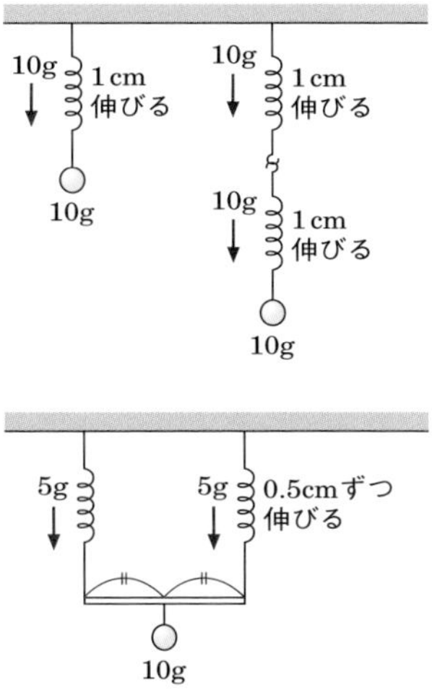

▲2本つないだばね

入試ポイント
- ばねの**長さ**…力に**比例しない。**長さと伸びのグラフは平行。
- **2本のばね**…**縦**につなぐと**伸びは2倍**。**横**につなぐと**伸びは$\frac{1}{2}$倍**。

例題 ばねの伸《の》び

いろいろな重さのおもりをつるしたとき，右の表のような長さになるばねがある。

おもりの重さ(g)	30	40	ア	100
ばねの長さ(cm)	14	16	18	イ

⑴ ア・イにあてはまる数を書き入れなさい。

⑵ このばねのもとの長さは何cmですか。

⑶ このばねを2本使って，右の図のような装《そう》置《ち》をつくりました。□にあてはまる数を答えなさい(ばねや棒《ぼう》の重さは考えない)。

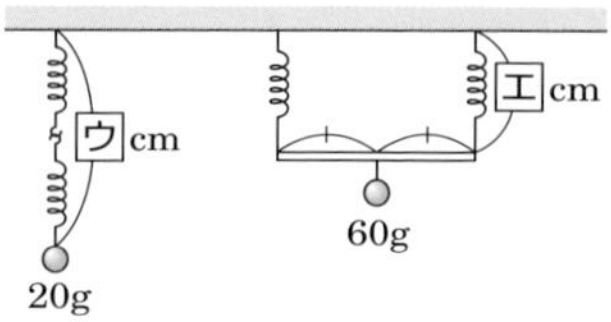

考え方 表の数値《すうち》は，ばねの長さであって，伸びではないことに注意せよ。

⑴ おもりの重さが30gと40gのときを比《くら》べると，このばねは，引く力《ちから》が10g増《ふ》えると，2cm伸びることがわかる。**ア**は，40gよりも2cm伸びたときの重さだから，40 ＋ 10 ＝ 50(g)。**イ**は，40gより60g増えたときの長さだから，伸びは，$2(\text{cm}) \times \frac{60(\text{g})}{10(\text{g})} = 12(\text{cm})$増える。したがって，16 ＋ 12 ＝ 28(cm)。

⑵ 30gのおもりをつるしたとき，ばねは，もとの長さより，$2(\text{cm}) \times \frac{30(\text{g})}{10(\text{g})} = 6$(cm)伸びている。したがって，もとの長さは，14 − 6 ＝ 8(cm)。

⑶ **ウ**は縦《たて》に2本つないでいるから，どちらのばねも20gの力で引っぱられる。このとき，1本のばねは，もとの長さより，$2(\text{cm}) \times \frac{20(\text{g})}{10(\text{g})} = 4(\text{cm})$伸びているから，全体の長さは，8 ＋ 4 ＝ 12(cm)になり，**ウ**は，12 × 2 ＝ 24(cm)。**エ**は横に2本つないでいるから，1本のばねには，60gの半分の30gの力が加わる。したがって，表より，**エ**は14cmである。

答 ⑴ **ア**…50 **イ**…28 ⑵ 8cm ⑶ **ウ**…24 **エ**…14

3 力のつりあい

☞ものが動かないとき，どんな力がはたらいているか。

● **作用《さよう》と反作用《はんさよう》**…人が壁《かべ》を押《お》すと，必ず壁も人を押し返す。力は，このように，いつでも2つのものの間で，たがいにはたらき合うものである。あるものがほかのものに加える力を**作用**といい，このとき相手のものから加えられる力を**反作用**という。作用と反作用とは，大きさが同じで，はたらく向きが反対になっている。

▲作用と反作用

入試ポイント
- **ばねの長さ**＝ばねの**もとの長さ**＋ばねの**伸び**
- **作用と反作用**…力は必ず作用と反作用が一組になってはたらく。

●**力のつりあい**…1つのものに同じ大きさの力が反対向きにはたらくと，ものは動かない。この状態《じょうたい》を**力のつりあい**という。

▶**ばねでおもりをつるした場合**…おもりをつけたばねを天井につるすと，右の図のA，B，C，Dの力がはたらく。
おもりにはたらく力はBとDで，この2つの力は大きさが同じで，反対向きなので，つりあう。
一方，ばねにはたらく力はAとCで，この2つの力は大きさが同じで，反対向きなので，つりあう。
Aの力は，ばねが天井を引く力の反作用である。

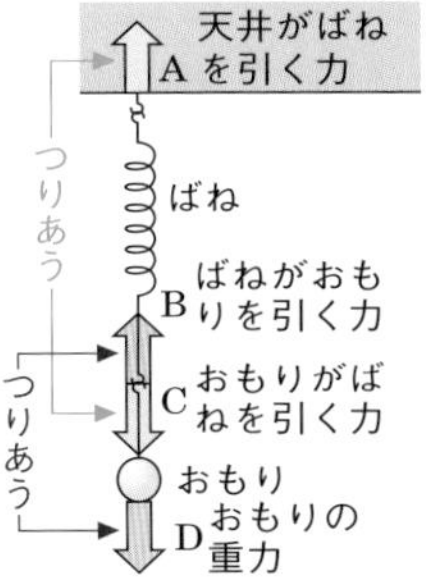

▲力のつりあい

▶**ばねを水平にして，おもりで引く場合**…下の図(a)のように，ばねを横向きにして100gのおもりで引っぱった場合，棒(固定点)も100gの力でばねを引っぱっている。この2つの力がつりあうので，ばねは動かない。
ばねを棒につなぐかわりに，右の図(b)のように，左側に100gのおもりをつるしても，ばねはつりあって動かない。(b)のときの伸びと(a)のときの伸びは同じである。

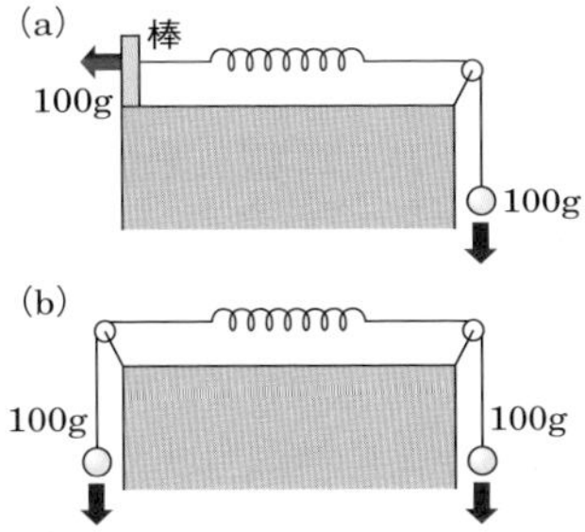

▲水平なばねのつりあい

▶**台ばかりにのせたもののつりあい**…下の図のように，台ばかりにものをのせ，それをばねばかりで引っぱっている場合，このものには，図のA，B，Cの3つの力がはたらいて，つりあっている。Aの力の大きさは，ばねばかりの針《はり》が示《しめ》す大きさである。Bの力は，ものが台ばかりを押す力(この力の大きさを台ばかりの針が示す)の**反作用**である。したがって，Bの力の大きさは台ばかりの針が示す大きさである。
この場合の力の大きさの関係は，上向きの力(A＋B)と下向きの力(C)の大きさが同じという関係になるから，このものの重さ(C)＝A＋B＝200＋300＝500(g)となる。

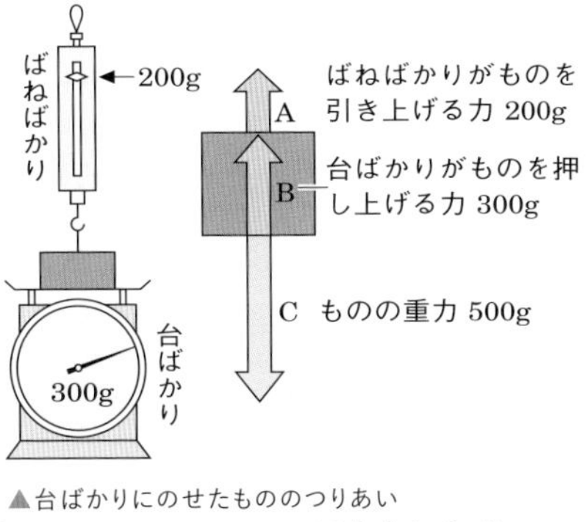

▲台ばかりにのせたもののつりあい

入試ポイント
- ばねの固定点もばねを引っぱる。
- 右図①，②のばねの伸びは**同じ**。

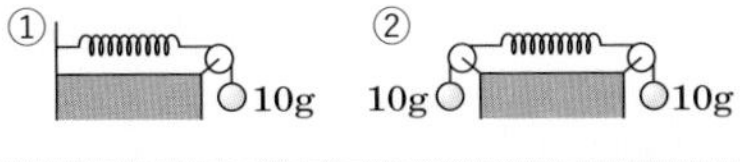

例題 力《ちから》のつりあい

右の図を見て，次の問いに答えなさい。

⑴ **図1**で使っているばねは，10gのおもりをつるすと2cm伸《の》びるばねです。㋐，㋑のときは，それぞれ何cm伸びますか。

⑵ 物体**A**をばねばかりではかると，500gでした。これを**図2**のように台ばかりにのせ，ばねばかりで引くと，台ばかりは180gを示《しめ》しました。このとき，ばねばかりは何gを示していますか。

⑶ ⑵のとき物体**A**には，いくつの力がはたらいていますか。

図1

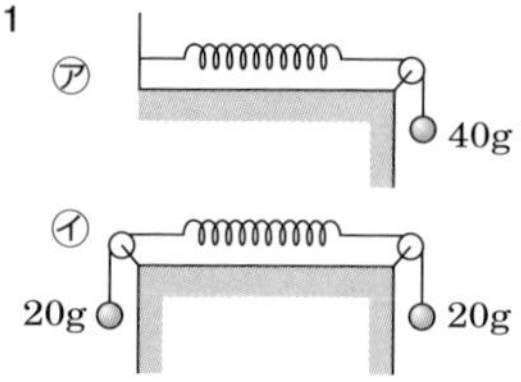

図2

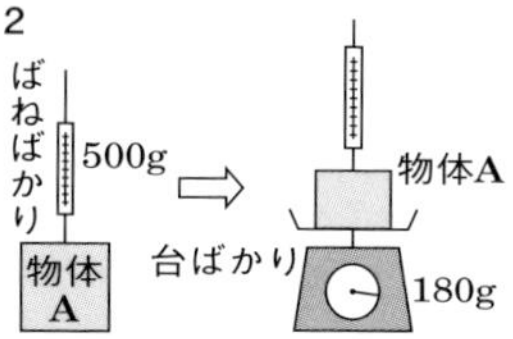

考え方 ⑴ ㋐では，40gの力がばねにかかるので，$2(\text{cm})\times\dfrac{40(\text{g})}{10(\text{g})}=8(\text{cm})$伸びる。㋑では，20gのおもりをばねにつるしているのと同じなので，$2(\text{cm})\times\dfrac{20(\text{g})}{10(\text{g})}=4(\text{cm})$伸びる(20gのおもりが2つあるので，40gの力がかかるというような，間違《まちが》いをしないように注意する)。

⑵ 物体**A**にはたらく重力(500g)のうち，180gだけ台ばかりにかかるので，残りはばねばかりにかかる。したがって，$500(\text{g})-180(\text{g})=320(\text{g})$となる。

⑶ 物体**A**にはたらく重力，台ばかりが物体**A**を押《お》し上げる力，ばねばかりが物体**A**を引き上げる力，という3つの力がはたらいている。

答 ⑴ ㋐ 8cm　㋑ 4cm　⑵ 320g　⑶ 3つ

4 伸び方の違《ちが》うばね

☞ 2種類のばねを使うとき，伸び方はどのように求めるか。

● **ばねの強さ**…もとの長さが同じでも，弱いばねは伸びやすく，強いばねは伸びにくい。右のグラフは2種類のばね**A**，**B**の伸びを示している。同じ100gのおもりをつるしても，**A**は8cm伸び，**B**は半分の4cmしか伸びない。この場合，ばね**B**はばね**A**より2倍強いばねであるといえる。弱いばねのほうが，グラフの傾《かたむ》きが急になる。

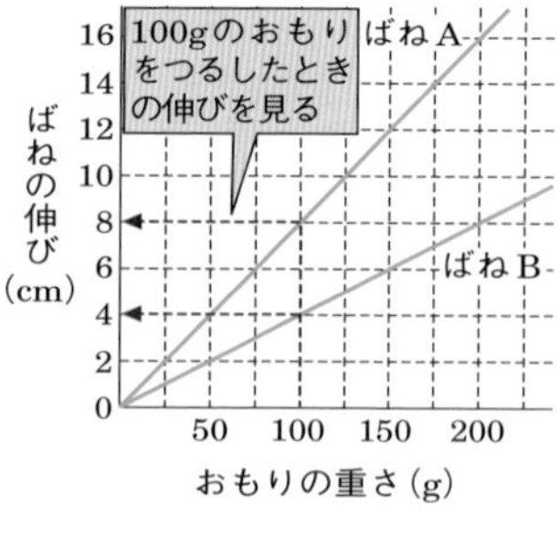

入試ポイント
- 台ばかりが示す値《あたい》は，ものが台ばかりを押す力の反作用《はんさよう》。
- **弱いばね**…伸びやすい。グラフの傾きが**急**。

● **同じだけ伸ばす力の比《ひ》**…ばねAとBを同じ長さだけ伸ばすのに必要なおもりの重さをグラフから求めると，たとえば，4cm伸ばすためには，Aは50g，Bは100gのおもりをつるさなければならない。つまり，同じ長さだけ伸ばすのに，BはAの2倍の力を必要とする。

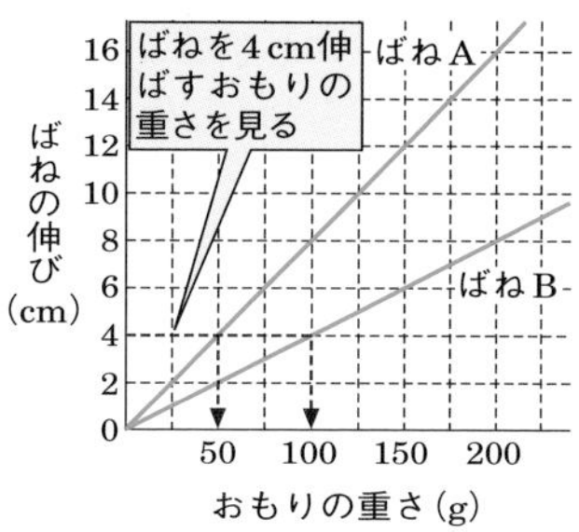

▶同じ重さのおもりをつるしたときの伸びの比が2：1になるばねA，Bの場合，同じ長さだけ伸ばすおもりの重さの比は，1：2になる。このように，同じ重さでのばねの伸びの比と，同じ長さだけ伸ばす力の比は逆比《ぎゃくひ》になる。

例題 伸び方の違うばね

もとの長さが10cmであるばねAとばねBの重さと伸びの関係をグラフに表すと，右のグラフのようになった。ばねの重さは考えないものとし，問いに答えなさい。

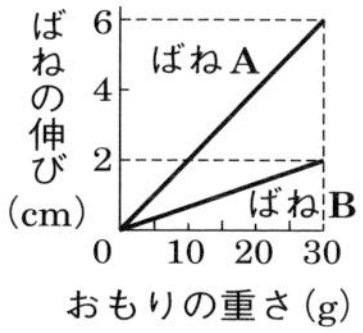

(1) ㋐のように，ばねAとばねBを縦《たて》につなぎ，その下に45gのおもりをつるした。このときのばね全体の長さはいくらか。

(2) ㋑のように，ばねAとばねBを縦につなぎ，その下にある重さのおもりをつるしたところ，ばね全体の長さが40cmになった。このとき，つるしたおもりの重さはいくらか。

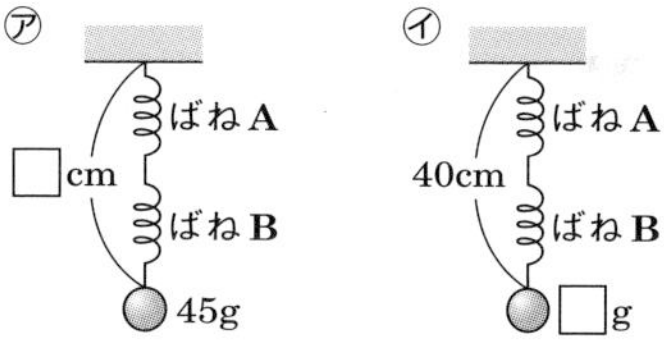

考え方 (1)ばねAにもばねBにも45gの力がかかる。

ばねAは，30gで6cm伸びているので，伸びは，$6(\text{cm}) \times \dfrac{45(\text{g})}{30(\text{g})} = 9(\text{cm})$。

ばねBは，30gで2cm伸びているので，伸びは，$2(\text{cm}) \times \dfrac{45(\text{g})}{30(\text{g})} = 3(\text{cm})$。

したがって全体の長さは，$(10 + 9) + (10 + 3) = 32(\text{cm})$。

(2) 全体の伸びは，$40 - (10 + 10) = 20(\text{cm})$である。

同じ重さでの伸びの比は，A：B＝6：2＝3：1なので，20cmの伸びのうち，Aの伸びは，$20(\text{cm}) \times \dfrac{3}{3+1} = 15(\text{cm})$。Aは30gで6cm伸びるから，15cm伸びるのは，$30(\text{g}) \times \dfrac{15(\text{cm})}{6(\text{cm})} = 75(\text{g})$のとき。

答 (1) 32cm (2) 75g

入試ポイント
- **同じ重さ**でのばねの**伸びの比**と**同じ長さ**だけ伸ばす**重さの比**は，**逆比。**
- 同じ重さでのばねの**伸びがa:b**ならば，同じ長さだけ伸ばす**重さはb:a。**

●**長さや伸《の》び方が違《ちが》うばね**…右のグラフは，もとの長さも伸び方も違う２種類のばねA，Bにおもりをつるしたときの，おもりの重さとばねの長さの関係を表したものである。

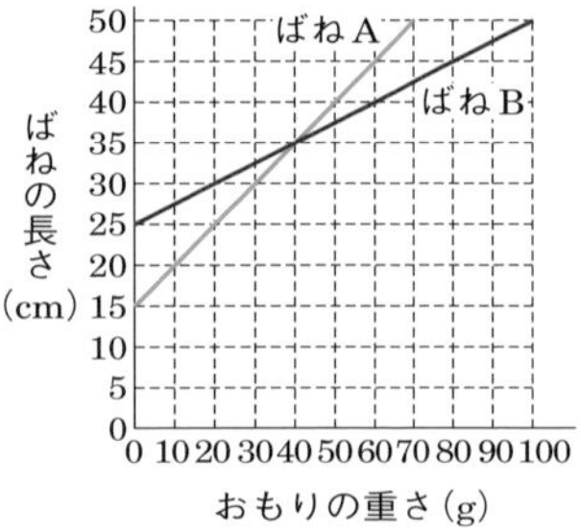

▶**交わる点**…２つのグラフが交わる点は，同じ重さのおもりをつるしたときに，両方のばねが同じ長さになるところを示《しめ》している。

▶**長さの差**…両方のばねの長さの差は，グラフが交わるまでは，20gにつき5cmずつ縮《ちぢ》まり，グラフが交わったあとは，やはり，20gにつき5cmずつ開いていく。このように，両方のばねの長さの差は，つねに一定の変化を示す。

例題 長さや伸び方の違うばね

もとの長さや伸び方が違うばねAとばねBにそれぞれおもりをつるし，おもりの重さとばねの長さとの関係を表したものが，右のグラフである。ばねの重さは考えず，おもりの重さが30g以上になっても，両方のばねの伸びはおもりの重さに比例《ひれい》するとして，次の問いに答えなさい。

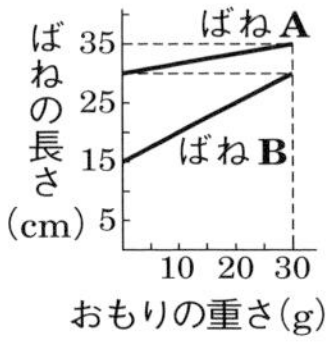

⑴ 右の図の㋐のように，ばねAとBをつるしたとき，全体の長さは何cmになりますか。

⑵ 右の図の㋑のように，ばねAとBを軽い棒《ぼう》でつなぎ，中心におもりをつるしたところ，棒は水平になった。このおもりの重さは何gですか。

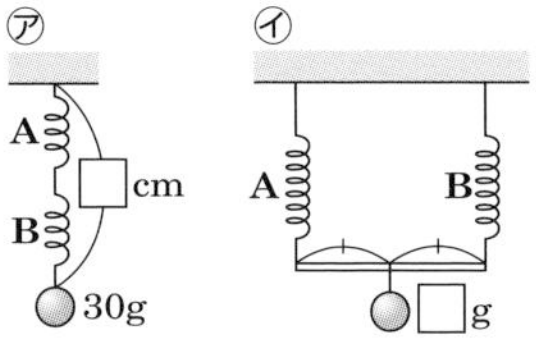

考え方 ⑴ばねA, Bともに，30gの重さがかかる。グラフから，ばねAは30gで35cm, ばねBは30gで30cmになるので, 全体の長さは, $35+30=65$(cm)。

⑵ 棒の中心におもりをつるしているので，ばねA, Bには，同じ重さがかかる。また, 棒が水平になったから，ばねA, Bは同じ長さになった。そこで，ばねA, Bが同じ重さで同じ長さになるところ(グラフが交わる点)を求める。ばねA, Bの長さの差は，はじめ15cm，30gのとき5cmだから，30gにつき10cm縮まる。したがって，15cm縮まるときの力は，$30(\mathrm{g})\times\frac{15(\mathrm{cm})}{10(\mathrm{cm})}=45(\mathrm{g})$。AとBに45gずつかかるので，おもりの重さは，$45(\mathrm{g})\times 2=90(\mathrm{g})$。

答 ⑴ 65cm　⑵ 90g

入試ポイント
- 長さや伸び方の違うばね…長さの差の変化する**割合《わりあい》が一定**。
- グラフの**交わる点**…**同じ重さ**のおもりで**同じ長さ**になる。

5 液体中《えきたいちゅう》でのものの重さ

☞ 液体中ではものにどのような力がはたらくか。

●**浮力《ふりょく》**…ものを液体の中に沈《しず》めて重さをはかると，空気中ではかったときより軽くなる。これは，液体がものを上向きに押《お》し上げようとする力を加えるからである。この力を**浮力**という。

▶**浮力の大きさ**…浮力の大きさは，ものが押しのけた液体の重さ(つまり，ものの液体中につかっている部分と同じ体積の液体の重さ)と同じである。

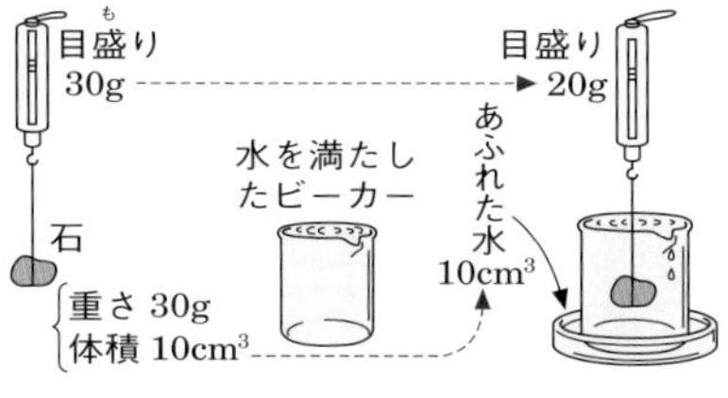

▲浮力の大きさ

水 1cm³ の重さは 1g であるから，体積 10cm³ のものを水中に沈めると，10g の浮力を受けて，重さは 10g だけ軽くなる。(体積と浮力の値《あたい》が同じ)

▶**浮力の反作用《はんさよう》**…ものが液体から浮力を受けると，その反作用として，液体はそのものから下向きに押される力を受ける。そのため，右の図のように，液体の重さをはかると，ものを沈めたときは，そのものにはたらいた浮力のぶんだけ重くなる。

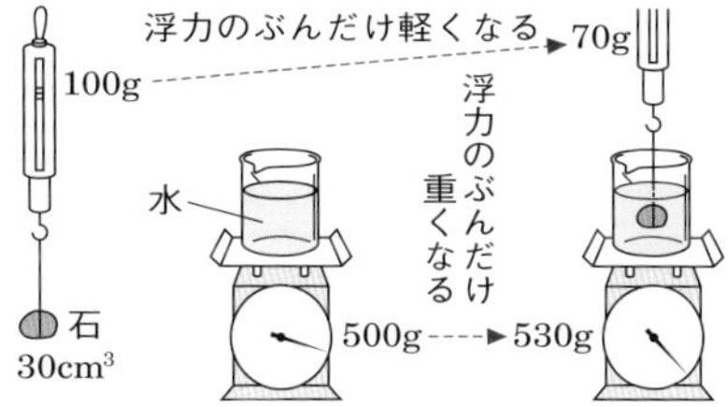

▲浮力の反作用

例題 水中でのものの重さ

台ばかりの上に，水を入れたビーカー(重さ 300g)をのせ，体積 20cm³，重さ 50g のおもりを，ばねばかりにつるしたまま右の図のように沈める。このとき，ばねばかり㋐と台ばかり㋑は，それぞれ何 g を示しますか。

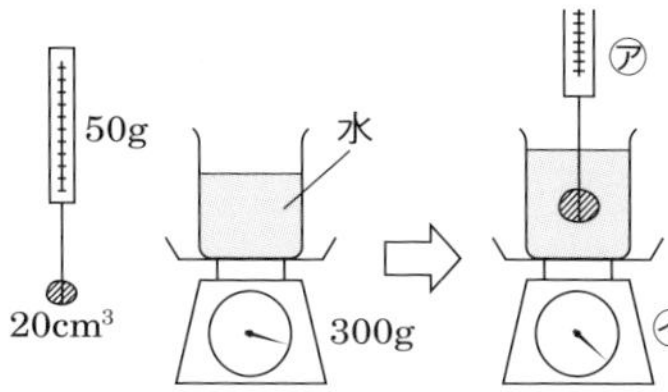

考え方 体積 20cm³ のおもりを沈めると，20cm³ の水が押しのけられる。おもりが受ける浮力は，この押しのけられた水の重さと同じだから，20g である。したがって，ばねばかり㋐には，50 － 20 ＝ 30(g)の重さがかかる。反対に，台ばかりにかかる重さは，浮力のぶんだけ重くなって，300 ＋ 20 ＝ 320(g)。

答 ㋐ 30g　㋑ 320g

入試ポイント

- **浮力**…ものが**押しのけた液体の重さ**と同じ。水 **1cm³** の重さ= **1g**
- 浮力の反作用…液体の重さが**浮力のぶんだけ重くなる。**

●**液面《えきめん》に浮《う》いているもののつりあい**…ものが液面に浮かんでいるときは，ものの重さと浮力《ふりょく》が同じ大きさになり，つりあっている。
このとき，ものは全部液体《えきたい》の中に沈《しず》んでいるのではなくて，ものの重さを支《ささ》えるのに必要な浮力をうみ出すだけの体積(ものの重さと同じ重さの液体の体積)の部分だけが沈んでいる。

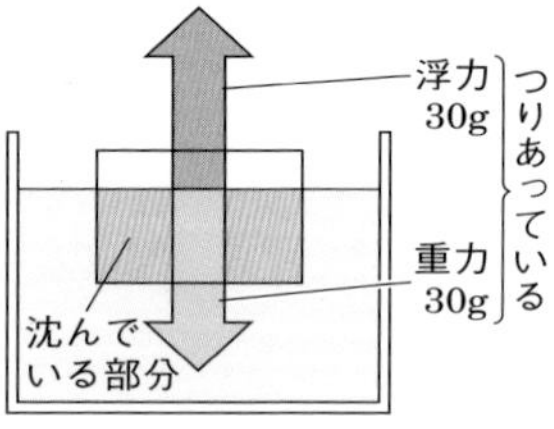

▲浮いているもののつりあい

▶**ものの浮き沈み**…ものを液体中に全部沈めたとき，ものにはたらく浮力がその重さより大きくなるものは，すべてその液体に浮かぶ。たとえば，0℃の水が凍《こお》って0℃の氷になると，体積が少し増《ふ》える。したがって，氷は同じ体積の水より軽いので，水に浮く。ところが，この氷がとけても，もとの体積の水に戻《もど》るだけなので，水面の高さは変化しない。

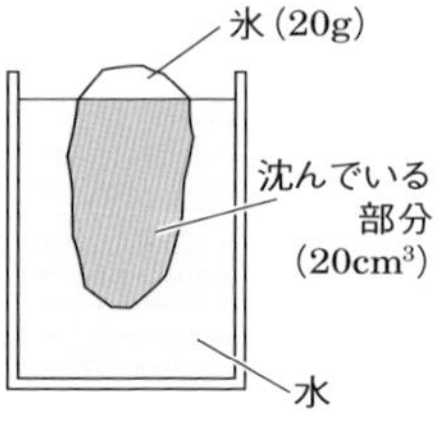

▲水に浮く氷

例題 水面に浮いている物体

体積 $75cm^3$，重さ 50g の木片《もくへん》を，**図 1** のように水に浮かべた。

(1) このとき，木片の水面より上に出ている部分の体積を求めなさい。

(2) この木片の上に分銅《ふんどう》をのせ，**図 2** のように，木片全体がちょうど沈むようにした。このときのせた分銅の重さを求めなさい。

図 1

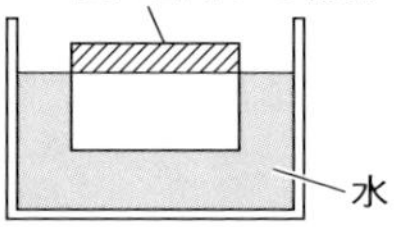

図 2

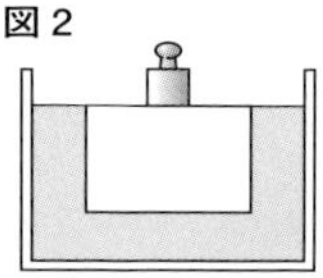

考え方 (1)木片が浮いているから，木片にはたらいている浮力は，木片の重さと同じで 50g である。50g の浮力をうみ出すためには，木片は 50g の水を押《お》しのけなければならない。したがって，木片の水中に沈んでいる部分の体積は $50cm^3$ となり，水面より上にある部分の体積は，$75 - 50 = 25(cm^3)$。

(2) 体積 $75cm^3$ の木片を全部沈めると，75g の浮力がはたらく。この状態《じょうたい》で水に浮いているためには，重さと浮力が同じでなければならないので，分銅と木片の重さの和が 75g でなければならない。したがって，分銅の重さは，$75 - 50 = 25(g)$ でなければならない。

答 (1) $25cm^3$　(2) 25g

入試ポイント
- ものが液面に**浮いている**とき…ものの**重さ**と**浮力**が**同じ**大きさ。
- 浮力の大きさは**液面下の体積**から求める。

●**浮沈子**《ふちんし》…**図1**のような，ガラス製《せい》で，底に穴《あな》が開いていて，中が空洞《くうどう》になっている容器《ようき》を水中に入れ，**図2**のように容器の中の空気の量を調節すると，水中で静止させることができる。このとき，このような容器を**浮沈子**という。

図1

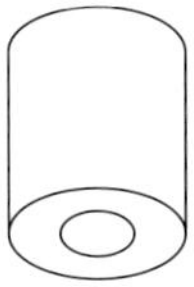

図2

実験 **図3**のように，浮沈子を水で満たした円柱型《えんちゅうがた》のペットボトルの中に入れ，水中で静止させる。そして，**A**点と**B**点を押して**図4**のようにペットボトルを変形させる。

結果 ペットボトル内の容積《ようせき》が小さくなり，水圧《すいあつ》が大きくなる。そのため，水によって浮沈子内の空気が押されて収縮《しゅうしゅく》し，浮力が小さくなるので，浮沈子は沈んでいく。

実験 **図5**のように，浮沈子を水で満たしただ円形《えんけい》で平たい形のペットボトルの中に入れ，水中で静止させる。そして，**C**点と**D**点を押して**図6**のように変形させる。

結果 ペットボトル内の容積が大きくなり，水圧が小さくなる。そのため，浮沈子内の空気が膨張《ぼうちょう》し，浮力が大きくなるので，浮沈子は浮いてくる。

図3

図4

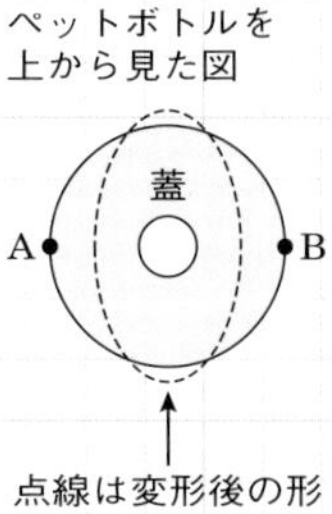

図5

図6

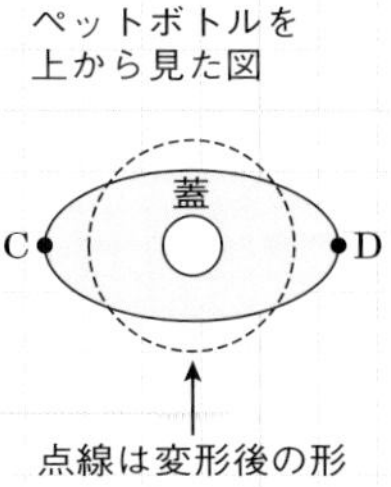

実験 **図3**のような状態《じょうたい》の装置《そうち》を湯に入れてあたためたり，氷水に入れて冷やしたりする。

結果 あたためると，ペットボトル内の水が膨張し，浮沈子内の空気が水に押されて収縮して，浮沈子は沈んでいく。一方，冷やすと，ペットボトル内の水が収縮し，浮沈子内の空気が膨張して，浮沈子は浮いてくる。

注意 水は，押し縮《ちぢ》められたり，伸《の》ばされたりしない。

入試ポイント
- 浮沈子内の**空気の体積が大きくなると，浮力が大きくなる。**
- 浮沈子内の**空気の体積が小さくなると，浮力は小さくなる。**

水以外の液体《えきたい》や気体《きたい》による浮力《ふりょく》

●**浮力の大きさ**…浮力の大きさは，ものが押《お》しのけた液体の重さと同じなので，(1cm^{3}あたりの液体の重さ)×(ものが押しのけた液体の体積)という式で求めることができる。

●**水溶液《すいようえき》の浮力**…水に食塩《しょくえん》などの固体《こたい》をとかしても，体積はあまり変化しないので，1cm^{3}あたりの重さは水よりも重くなる。水溶液の濃《こ》さが濃くなるほど，1cm^{3}あたりの重さも重くなる。したがって，同じものを沈《しず》めても，水より濃い水溶液のほうがものにはたらく浮力の大きさは大きくなる。また，ものが液面に浮《う》いている場合は，液面上に出ている部分の体積は，水よりも濃い水溶液のほうが大きくなる。つまり，水よりも濃い水溶液のほうが，ものを浮かせやすいといえる。

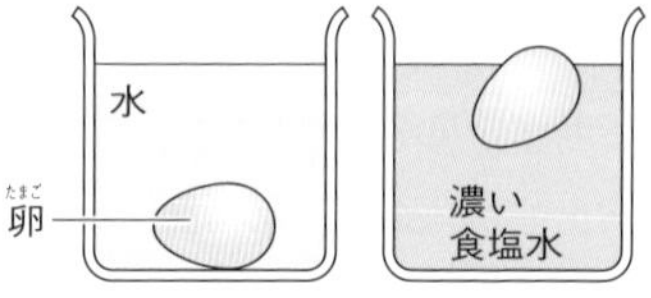

▲食塩水に浮く卵

●**気体の浮力**…液体だけでなく，気体の中でも浮力ははたらく。水素《すいそ》をつめた風船などが空高く上がっていくのは，空気の浮力による。気体の浮力の大きさも，やはりものが押しのけた気体の重さと同じであるが，気体の重さは，液体や固体に比《くら》べて，非常《ひじょう》に小さいので，特別な場合以外は無視してよい。

例題 水溶液中のものにはたらく浮力

ビーカーの中に200gの水を入れ，その中に体積40cm^3，重さ45gの物体を沈めた。このビーカー内の水に食塩をとかして，この物体を浮かせたい。食塩をとかしても，水の体積が変化しないとするならば，食塩を何g以上とかすと，この物体が浮き始めますか。

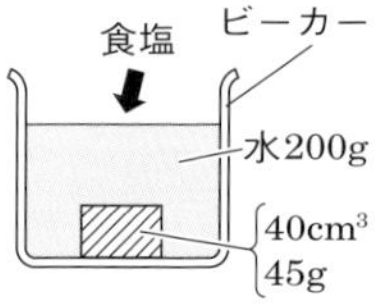

考え方 この物体と同じ体積の食塩水の重さが，この物体の重さより重くなれば，物体は浮き始める。食塩をとかしても体積は変化しないので，食塩水の体積は，200cm^3(水200gの体積)のままである。物体は，体積40cm^3，重さ45gなので，食塩水の重さが40cm^{3}あたり45gになればよい。したがって，食塩水200cm^{3}の重さが，$200(\text{cm}^3)\times\dfrac{45(\text{g})}{40(\text{cm}^3)}=225(\text{g})$以上になれば，物体は浮き始める。つまり，とかす食塩の量は，$225-200=25(\text{g})$以上である。

答 25g以上

入試ポイント
- **水溶液の浮力**…**濃い**水溶液ほど，**大きな浮力**をはたらかせる。
- 浮力…**1cm^{3}あたりの水溶液の重さ×ものが押しのけた水溶液の体積**

6 ゴムのはたらき

☞ ゴムは，伸《の》ばすとどうなるか。

ゴムの性質《せいしつ》

ゴムには，伸ばしたりねじったりすると，もとの形に戻《もど》ろうとする性質がある。

● **伸びと力**…伸ばしていくほど，もとに戻ろうとする力が大きくなる。

▶ 輪ゴムを束ねて数を増《ふ》やすと，もとに戻ろうとする力が大きくなる。

● **ねじれと回転**…ねじった向きと逆向《ぎゃくむ》きに回転してもとに戻ろうとする。

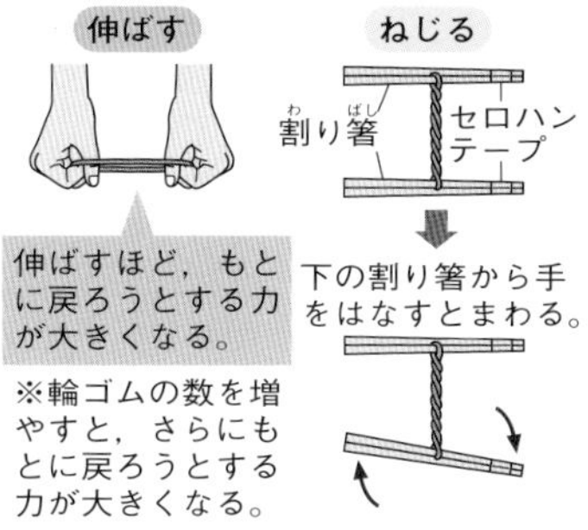

▲輪ゴムの性質

● **輪ゴムで動く車の実験**…下の図のような輪ゴムで動く車をつくり，輪ゴムを引っぱる長さや輪ゴムの数を変えて，車の動いた距離《きょり》を比《くら》べる。

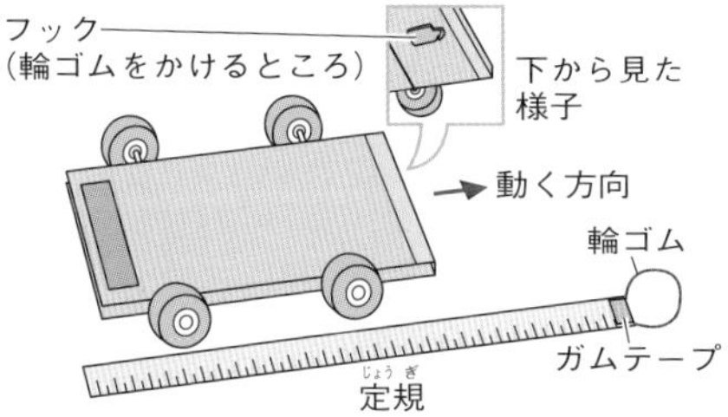

▲輪ゴムで動く車

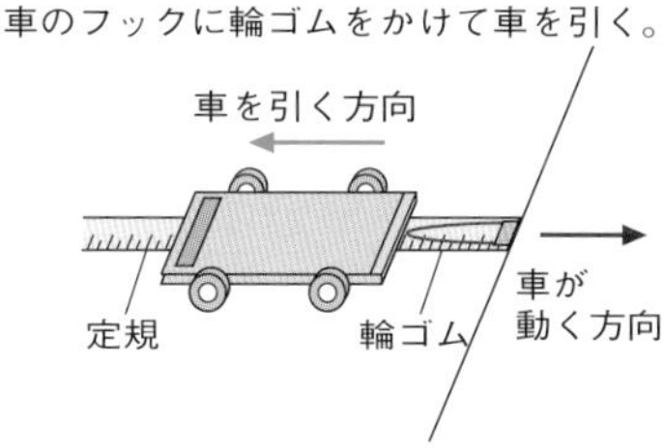

実験 輪ゴムを引っぱる長さを変えて，車の動いた距離を調べる。

結果 輪ゴムを引っぱる長さを長くすると，車の動く距離は長くなる。

要点 輪ゴムを引っぱる長さを長くするほど，ゴムの力が強くなる。

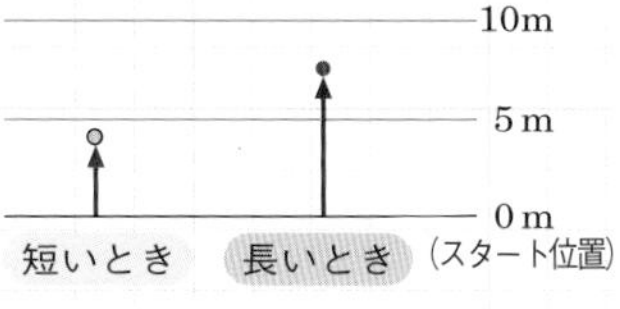

実験 輪ゴムの数を変えて，同じ長さだけ引っぱったときの車の動いた距離を調べる。

結果 輪ゴムの数が多いほど，車の動く距離は長くなる。

要点 輪ゴムの数が多くなるほど，ゴムの力が強くなる。

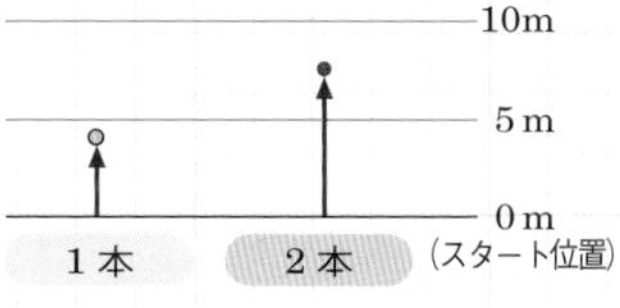

入試ポイント
- ゴムを**長く伸ばす**ほど，ゴムの力が**強くなる。**
- ゴムの**数が多くなる**ほど，ゴムの力が**強くなる。**

●**ゴムを利用したもの**…ゴムが伸《の》び縮《ちぢ》みして形が変わることや，滑《すべ》りにくい性質《せいしつ》を利用したものなどがある。

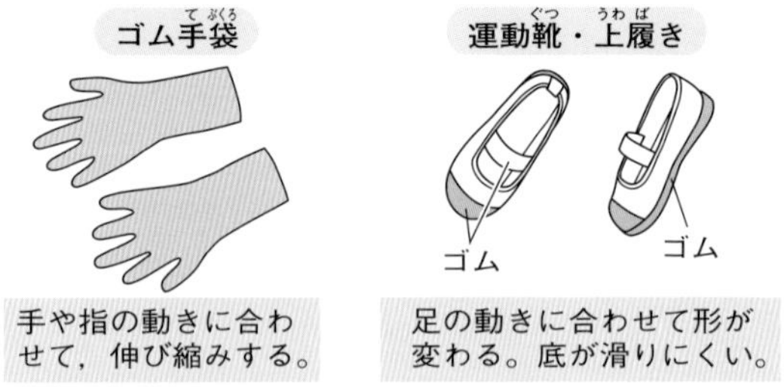

▲ゴムを利用したもの

7 風のはたらき

☞風により，ものはどのように動くか。

●**風で動く車の実験**…下の図のような風で動く車をつくり，送風機で送る風の強さを変えて，車の動いた距離《きょり》を比《くら》べる。

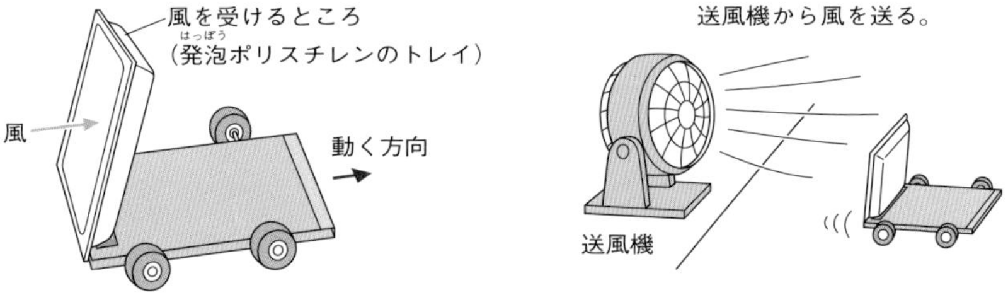

▲風で動く車

実験 送風機で送る風の強さを変えて，車の動いた距離を調べる。

結果 送風機で送る風を強くすると，車の動く距離は長くなる。

要点 風が強くなるほど，風がものを動かす力《ちから》が強くなる。

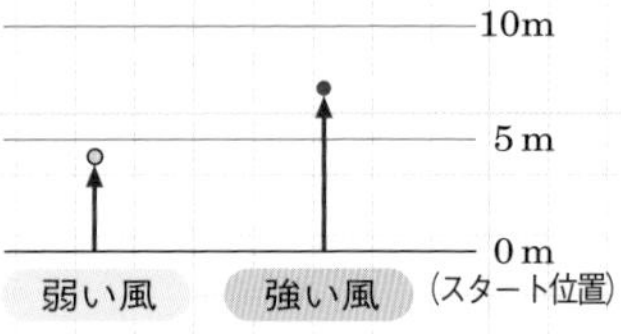

●**風の力を利用したもの**…風の強さや向きによって，動く速さや動く向きが変化する。

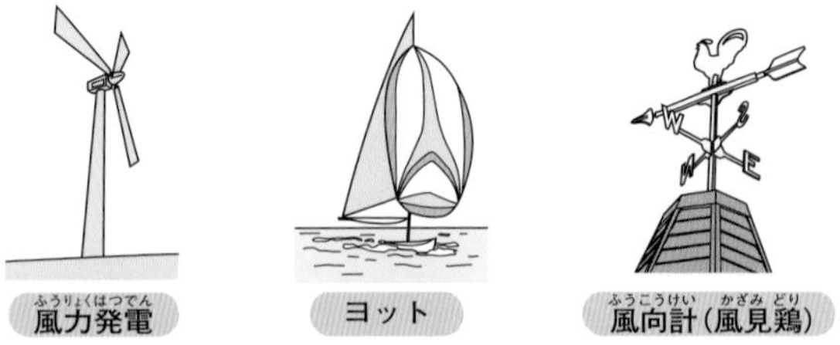

▲風を利用したもの

入試ポイント
- **ゴム**を利用したもの…**ゴム手袋・運動靴**
- **風の力**を利用したもの…**風力発電・ヨット・風向計**

☑ まとめチェック

知識を整理・確認しよう！

下の図のばねは，もとの長さが20cmで，10gのおもりをつるすと1cm伸《の》びるばねであるものとする。

① ばねの性質《せいしつ》

□ ① 下の図のA～Fにあてはまる数値《すうち》を答えよ。ただし，棒やばねの重さは考えないものとする。

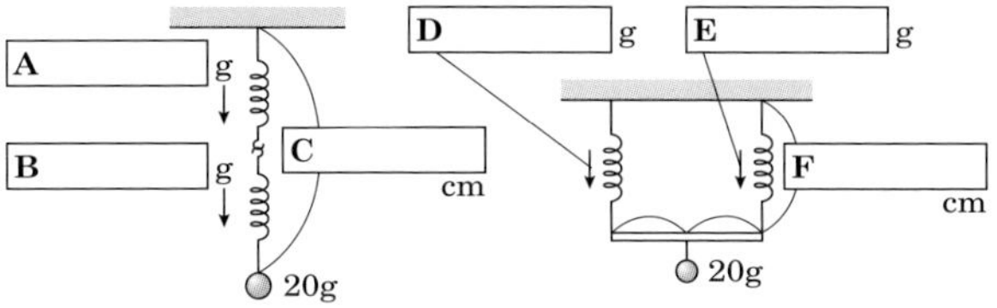

答え

①

① A…20
B…20
C…44
D…10
E…10
F…21

② 力のつりあいとばね

□ ① 下の図のA～Cにあてはまる数値を答えよ。

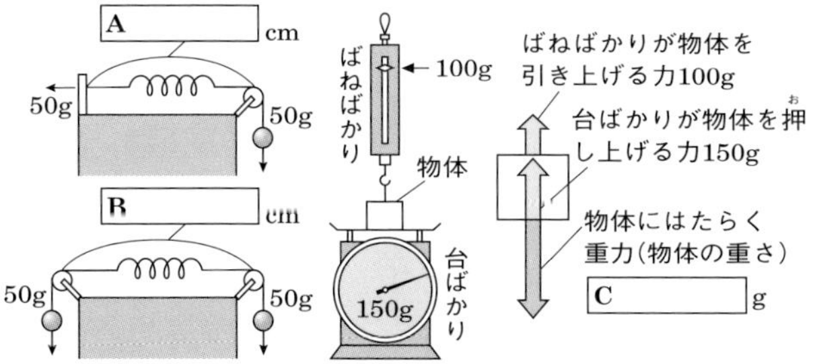

②

① A…25
B…25
C…250

③ 液体中《えきたいちゅう》でのものの重さ

□ ① 下の図のA～Eにあてはまる数値を答えよ。

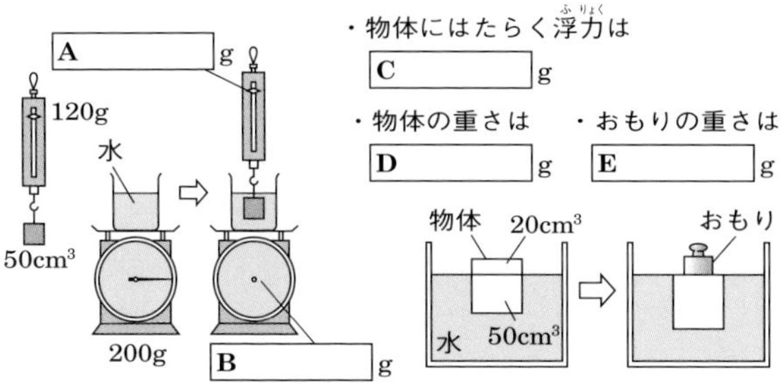

③

① A…70
B…250
C…50
D…50
E…20

④ ゴムのはたらき・風のはたらき

□ ① ゴムを伸ばすほど，もとに戻《もど》ろうとする力はどうなるか。

□ ② 風が強いほど，風がものを動かす力はどうなるか。

④

① 大きくなる

② 大きくなる

力だめしの問題 入試標準レベル

解答➡別冊p.60

1 図1のようにばねにおもりをつけました。これと同じばね，同じ重さのおもり，重さのないひもや棒《ぼう》，摩擦《まさつ》のはたらかない滑車《かっしゃ》を組み合わせて**ア**～**カ**のような装置《そうち》をつくりました。ばね1本あたりの伸《の》びが**図1**に比《くら》べて半分になるものと，2倍になるものをそれぞれ**ア**～**カ**からすべて選び，記号で答えなさい。

【香蘭女学校中】

半分（　　　　　　）　2倍（　　　　　　）

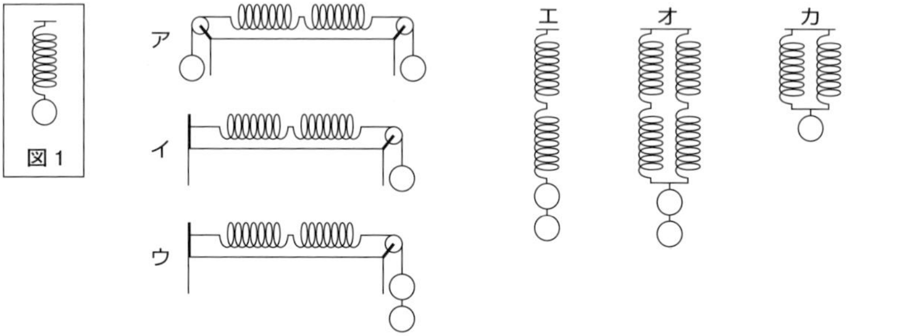

2 太さも材質《ざいしつ》も同じで，長さ5cmのゴムAと長さ10cmのゴムBに，それぞれおもりをつるし，おもりの重さとゴムの長さの関係を調べると，図1のような結果が得《え》られました。おもりの大きさとゴムの重さは無視《むし》できるものとして，次の問いに答えなさい。

【白陵中】

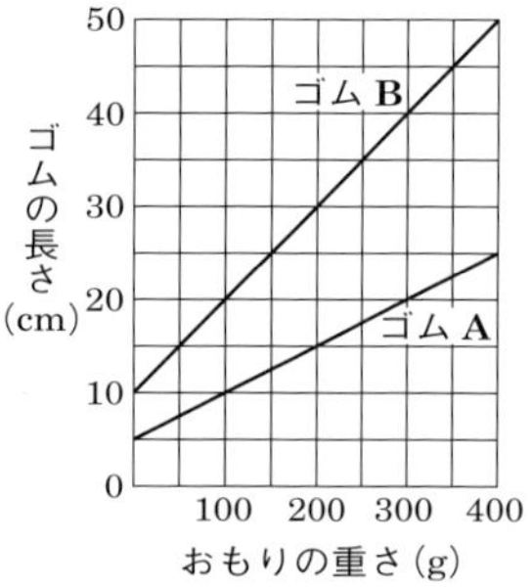

図1

〈実験1〉 図2のように，2本のゴムを直列《ちょくれつ》に接続《せつぞく》しておもりをつるしました。

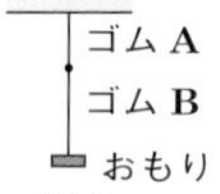

図2

(1) おもりのおもさが100gのとき，ゴム全体の長さは何cmですか。

（　　　　　）

(2) おもりの重さとゴム全体の長さの関係を，グラフにかきなさい。

(3) ゴム全体の長さが18cmから27cmに変化したとき，追加されたおもりの重さは何gですか。　（　　　　　）

〈実験2〉 図3のように，2本のゴムを並列《へいれつ》に接続しておもりをつるしました。おもりが軽いときには，ゴムBは伸びていません。

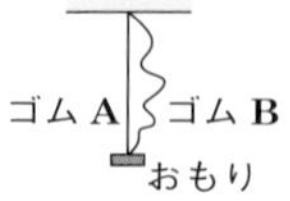

図3

(4) 2本のゴムがいっしょに伸び始めたとき，おもりの重さは何gですか。

( )

(5) ゴムの長さが8cmから11cmに変化したとき，追加されたおもりの重さは何gですか。 ( )

3 ばねを用いて，おもりの重さとばね全体の長さとの関係を調べたところ，図1のようになりました。次の問いに答えなさい。 ただし，ばねとひもの重さは考えないものとし，水1cm^{3}の重さは1gとします。また，ばねA～Hはすべて同じ種類のばねです。 【帝塚山学院中】

図1

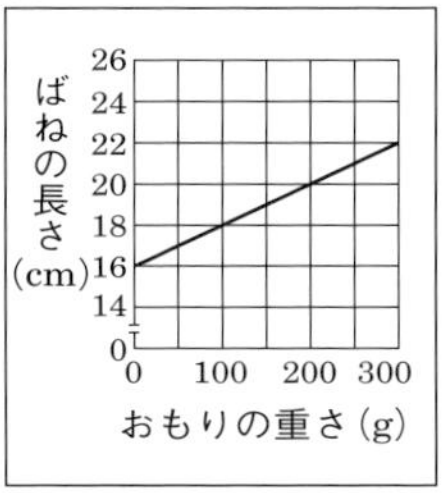

図2

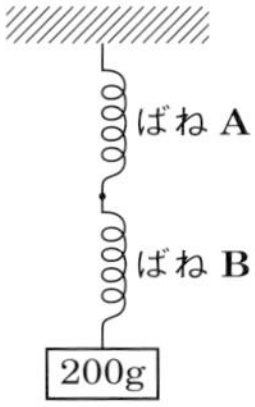

図3

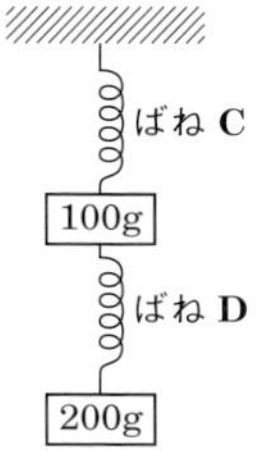

図4

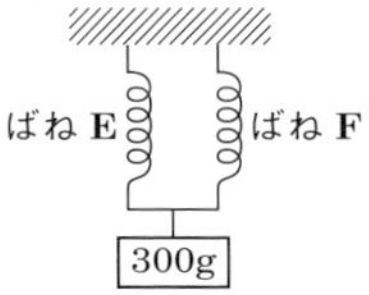

図5

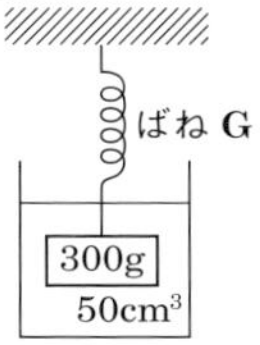

図6

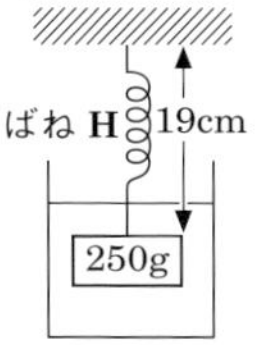

(1) ばねにおもりをつり下げないとき，ばねの長さは何cmですか。

( )

(2) ばねにおもりをつり下げたとき，何もつり下げないときの長さより4cm伸びました。ばねには何gのおもりがつるされていますか。 ( )

(3) 図2のようにすると，ばねAの長さは何cmになりますか。 ( )

(4) 図3のようにすると，ばねCの長さは何cmになりますか。 ( )

(5) 図4のようにすると，ばねEの長さは何cmになりますか。 ( )

(6) 図5のように，体積が50cm^3，重さが300gのおもりをつり下げて水中に沈《しず》めました。このとき，ばねの長さは何cmになりますか。 ( )

(7) 図6のように，重さが250gのおもりをつり下げて水中に沈めたところ，ばねの長さは19cmになりました。おもりの体積は何cm^{3}ですか。

( )

2 天《てん》びんとてこ・滑車《かっしゃ》と輪軸《りんじく》

1 てこの3点

☞ 支点《してん》・力点《りきてん》・作用点《さようてん》のはたらきは何か。

●**てこ**…重いものを動かすとき，長い棒《ぼう》を使うと，楽《らく》に動かすことができる。このように，力《ちから》の大きさを変えるために使う棒を**てこ**という。

●**てこの3点**

▶**支点**…てこを支《ささ》える点である。てこの回転運動の中心で，てこが回転するときでも動かない。

▶**力点**…人が押《お》したりして，てこに力を加える点を力点という。

▶**作用点**…てこが石を動かしたりするように，てこに加えた力がものにはたらく点を作用点という。

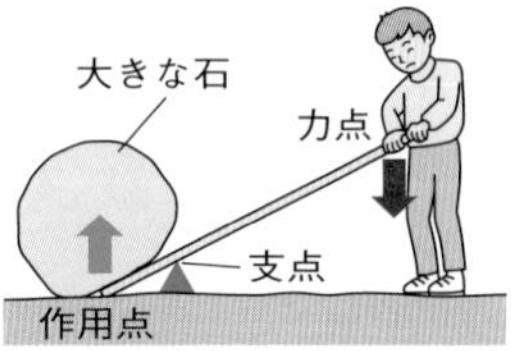

▲てこの3点

支点から力点までの長さが，支点から作用点までの長さに比《くら》べて長ければ長いほど，大きな力をものにはたらかせることができる。

2 てこの利用

☞ てこを利用したものにはどんなものがあるか。

支点が中にあるてこ

支点を作用点のほうに寄《よ》せて，支点から力点までの長さを，支点から作用点までの長さより長くすれば，力点に加える力より大きな力を作用点にはたらかせることができる。

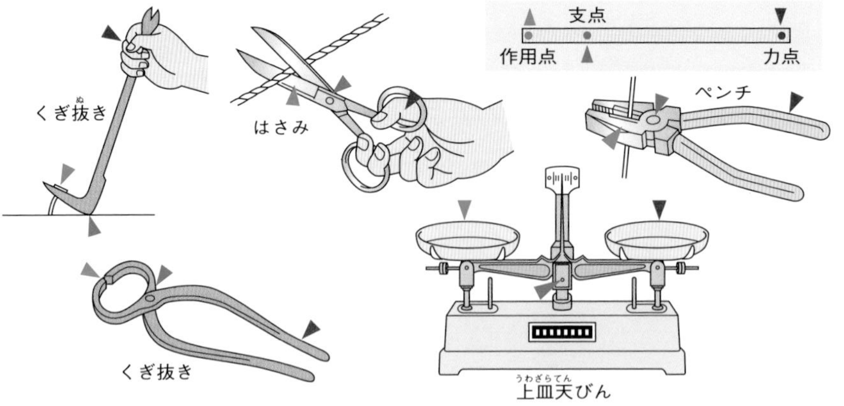

▲支点が中にあるてこの利用

入試ポイント
- **てこの3点**…**支点**(支える)・**力点**(力を加える)・**作用点**(力がはたらく)
- 支点〜力点間が支点〜作用点間より長いとき，大きな力が出る。

作用点が中にあるてこ

必ず支点から力点までの長さのほうが，支点から作用点までの長さより長くなるので，加えた力より大きな力を出すことができる。

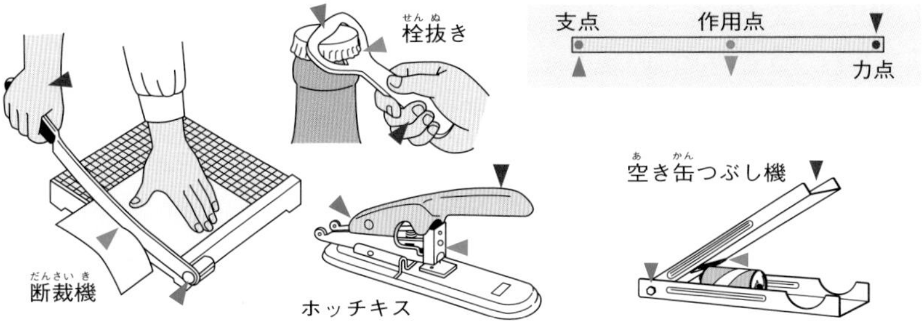

▲作用点が中にあるてこの利用

力点が中にあるてこ

必ず支点から力点までの長さのほうが，支点から作用点までの長さより短くなるので，大きな力は出せないが，力点の動きより作用点の動きのほうが大きくなるので，手先の微妙《びみょう》な動きなどをよく伝える。

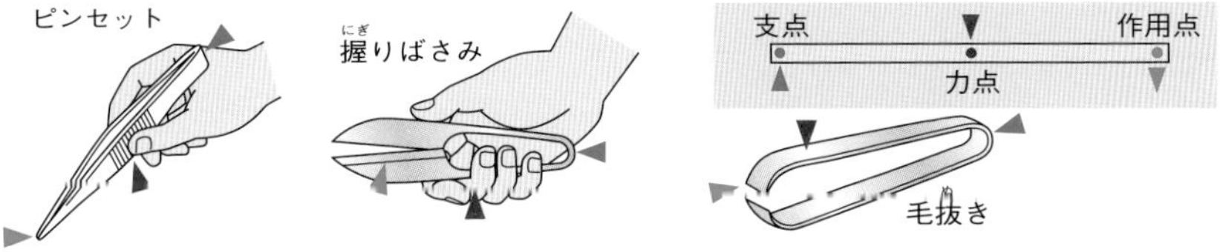

▲力点が中にあるてこの利用

3 天びん

☞ 天びんはどのようにてこを利用しているか。

● **天びんのしくみ**…棒の中心を支え(支点)，ここから左右同じ長さの所に皿をつるし，皿にのせたものの重さを比べる道具を**天びん**という。支点から皿をつるした所までを**うで**という。左右の皿に同じ重さのものをのせると，棒が水平になってつりあう。

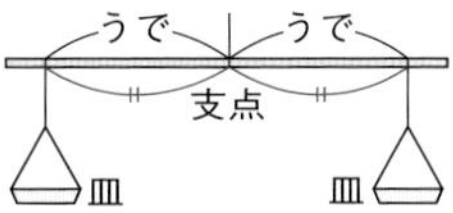

▲天びんのしくみ

天びんがつりあわないとき，次のような原因がある。

・左右の皿にのせたものの重さが同じでない(重いほうが下がる)。
・左右のうでの長さが同じでない(うでの長いほうが下がる)。
・支点の位置が正しくない(皿に何ものせないとき水平になるようにする)。

入試ポイント

● **てこを利用したもの**…はさみ・くぎ抜き・栓抜き・ピンセット
● **天びん**…左右の皿にのせたものの**重さが同じ**とき，**水平**になる。

4 上皿天《うわざらてん》びんの使い方

上皿天びんでは，どのような手順で重さをはかるか。

●上皿天びんの使い方

①上皿天びんを水平な台の上に置く。

②**皿**を左右の**うで**の上にのせる。

注意 皿とうでには番号がついているので，同じ番号のうでにのせる。

③皿に何ものせずに振《ふ》らせて，**指針《ししん》**が**目《め》盛《も》り板**の中心の両側に同じ幅《はば》で振れるかどうかを見る。左右同じ幅に振れていれば，天びんはつりあっている。

④つりあっていなければ，**調節《ちょうせつ》ねじ**を動かしてつりあわせる。調節ねじはおもりの役割《やくわり》をしているので，天びんが傾《かたむ》いたのと反対の方向へ調節ねじを動かすと，つりあうようになる。

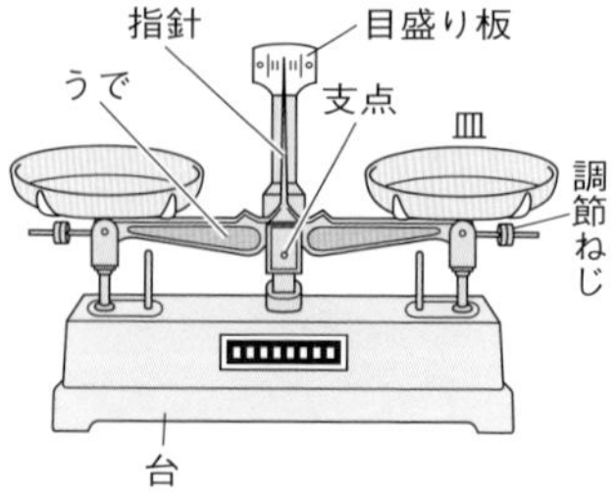

▲上皿天びん

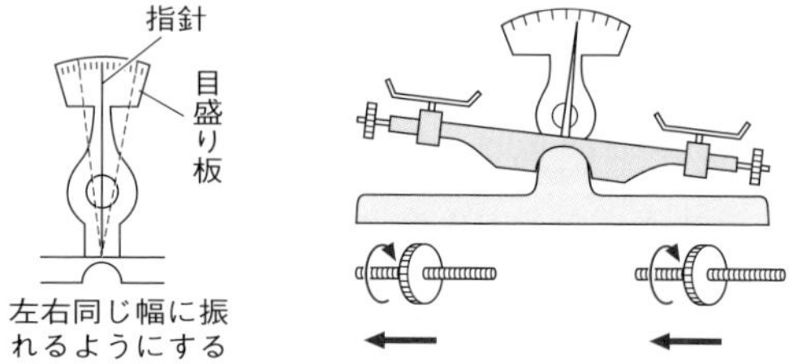

▲上皿天びんの調節

注意 調節ねじをまわして，中心の方向に移動《いどう》する。

●重さのはかり方

▶**ものの重さをはかるとき**…左右の皿に同じ大きさの**薬包紙《やくほうし》**をのせる。右利《みぎき》きの人は，はかろうとするものを左の皿にのせ，分銅《ふんどう》を右の皿にのせてつりあわせ，分銅の合計の重さを求める。(左利きの人は左右反対にする)

〈理由〉右手で分銅をのせたり下ろしたりするので，右の皿のほうがやりやすいから。

▶**きまった重さの薬品《やくひん》をはかりとるとき**…左右の皿に同じ大きさの**薬包紙《やくほうし》**をのせ，右利きの人は，左の皿に分銅をのせ，右の皿に薬品をのせるようにする。(左利きの人は左右反対)

〈理由〉右手で薬品をのせたりとったりするので，右の皿のほうがやりやすいから。

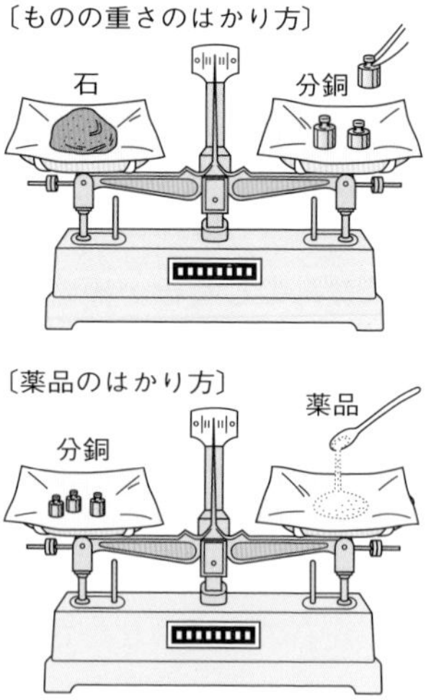

▲重さのはかり方

入試ポイント ● **上皿天びん**の使い方(右きき)
- ものの**重さをはかる**とき…分銅を**右に**のせる。
- **薬品をはかりとる**とき…分銅を**左に**のせる。

▶**分銅の扱《あつか》い方**…分銅は必ず専用の**ピンセット**で持つ。手で持つと，分銅がさびて，重さが増《ふ》えてしまう。また，1g以上と0.5g以下の分銅では，ピンセットの使い方が違《ちが》う。分銅は重い順にのせていき，軽い順に下ろす。天びんを使い終わったら，2つの皿を一方に重ね，うでが振れないようにしてから，しまう。

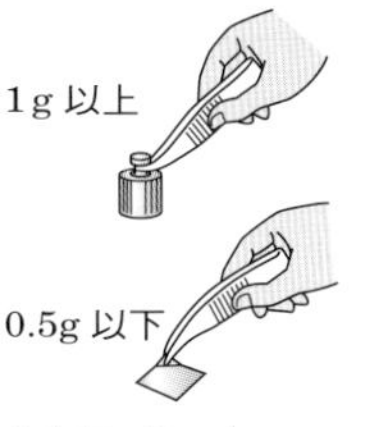

▲分銅の扱い方

例題 分銅をのせる順

上皿天びんを使って，小石の重さをはかったところ，63.8gでした。使用できる分銅の種類と数は右の図に示《しめ》したとおりです。正しい順序《じゅんじょ》で分銅を使うと，5番目と10番目にのせる分銅は何gの分銅ですか。例にしたがって答えなさい。なお，例は解答方法《かいとうほうほう》を説明するためで，正しい使い方とは限《かぎ》りません。

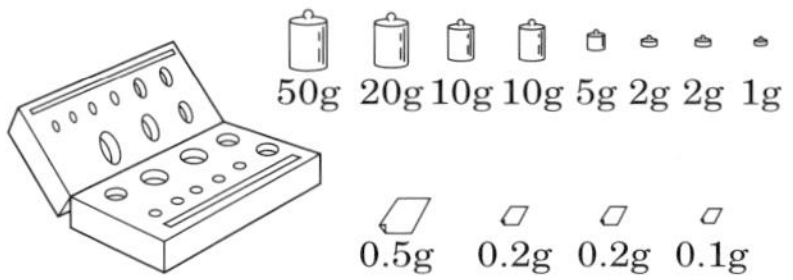

〈例〉 最初に0.1gの分銅をのせ，次に0.5gの分銅をのせる。さらに，50gの分銅をのせたが，下ろして，20gの分銅をのせ，最後に0.2gの分銅をのせたら，つりあった。このとき4番目にのせる分銅は何gの分銅か。
このときの順序：0.1g→0.5g→50g→20g→0.2g　(答)20g

考え方 この問題のポイントは，分銅は重い順にのせていく，ということである。まずいちばん重い，$_1$50gの分銅をのせる。まだ足《た》りないので，次に$_2$20gの分銅をのせる(計70g)。すると，重すぎるので，20gの分銅を下ろし，$_3$10gの分銅をのせる(計60g)。まだ足りないが，ここでもう1つの10gの分銅をのせると，前に20gの分銅をのせたときと同じ重さ(70g)になるので$_4$5gの分銅をのせる(計65g)。すると，重すぎるので，5gの分銅を下ろし，$_5$2gの分銅をのせる(計62g)。まだ足りないので，もう1つの$_6$2gの分銅をのせる(計64g)。すると，重すぎるので，2gの分銅を1つ下ろし，$_7$1gの分銅をのせる(計63g)。まだ足りないので，$_8$0.5gの分銅をのせる(計63.5g)。まだ足りないので，$_9$0.2gの分銅をのせる(計63.7g)。まだ足りないので，もう1つの$_{10}$0.2gの分銅をのせる(計63.9g)。すると，重すぎるので，0.2gの分銅を1つ下ろし，$_{11}$0.1gの分銅をのせる(計63.8g)。これでつりあう。

答 5番目…2g　　10番目…0.2g

入試ポイント
- 分銅は**ピンセット**で持つ(手で持ってはいけない)。
- 分銅は**重い順にのせ**ていき，**軽い順に下ろす**。

5 てこのつりあい

☞ 力《ちから》のモーメントからどのようにつりあいを求めるか。

●**モーメント**…ものが力を受けて，支点《してん》のまわりに回転するとき，ものを回転させるはたらきの大きさを**力のモーメント**という。モーメントは，次の式で求められる。

モーメント=加えた力の大きさ×支点から力点《りきてん》までの長さ

●**てこのつりあい**…てこを反時計まわり(↶)にまわそうとするモーメントと，時計まわり(↷)にまわそうとするモーメントが同じであれば，てこはどちらにもまわらない。この状態《じょうたい》を**てこのつりあい**という。

てこがつりあう条件《じょうけん》：**反時計まわりのモーメント=時計まわりのモーメント**

右の図のてこでは，反時計まわりのモーメントは$W_1 \times a$，時計まわりのモーメントは$W_2 \times b$であるから，このてこがつりあうのは，

$$W_1 \times a = W_2 \times b$$

という関係が成り立つときである。

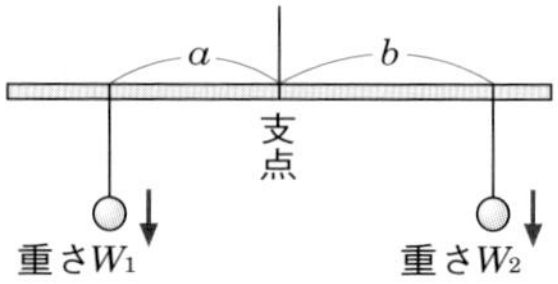

上の式から，さらに，$a = \frac{W_2}{W_1} \times b$　よって，$\frac{a}{b} = \frac{W_2}{W_1}$となるから，

$a : b = W_2 : W_1$　（うでの長さの比《ひ》と力の大きさの比が逆比《ぎゃくひ》になる）

という関係が成り立つ。

▶ **3つ以上の力がはたらく場合のつりあい**…同じ回転方向のモーメントをたし合わせて，

反時計まわりのモーメントの和=時計まわりのモーメントの和

という関係が成り立てば，てこはつりあう。

右の図のてこでは，時計まわりのモーメントが2つある($W_2 \times b$と$W_3 \times c$)から，

$$W_1 \times a = W_2 \times b + W_3 \times c$$

という関係が成り立っていれば，このてこはつりあう。

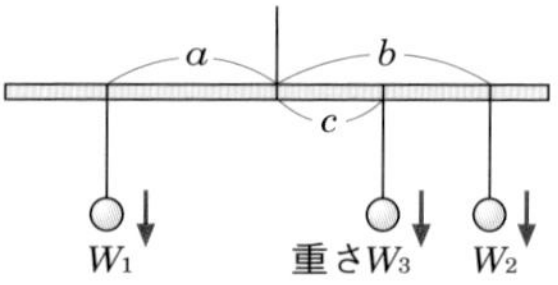

参考　W_1の重さのうち，W_2とつりあうぶんをW_b，W_3とつりあうぶんをW_cとすると，$a : b = W_2 : W_b$，$a : c = W_3 : W_c$が成り立つ。この式からW_bとW_cを求めて加えればW_1が求められる($W_1 = W_b + W_c$)。しかし，3つ以上の力がはたらくてこのつりあいは，モーメントの式を使って解《と》くほうが易《やさ》しい。

入試ポイント
● **てこのつりあい**
- **反時計まわり**のモーメント=**時計まわり**のモーメント
- うでの長さの比と力の大きさの比は**逆比**になる。

支点にかかる力

右の図のように，てこの支点をばねばかりで支《ささ》え，力点と作用点におもりを下げて，つりあわせる。このとき，てこの力点と作用点には下向きの力が加えられ，支点には上向きの力が加えられている。力がつりあうのは，反対向きの力の大きさが同じでなければならない(→p.395)から，この場合，下向きの力の和＝上向きの力の和という関係が成り立つ。したがって，**A(g)＋B(g)＝C(g)**

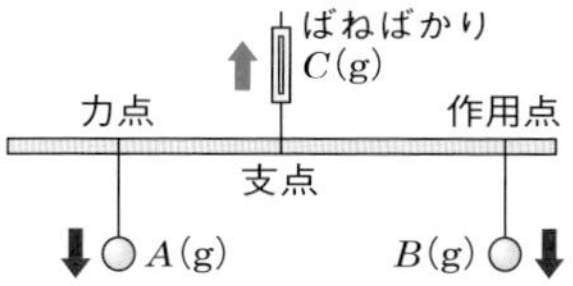

てこの両端《りょうはし》にかかる力

右の図のように，てこの両端を糸でつるした場合，それぞれの糸(ア・イ)にかかる力を求めるときは，次のように考えればよい。

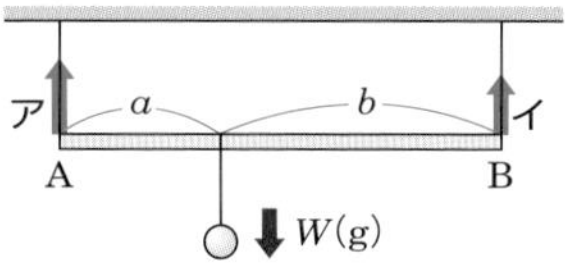

アの力を求めるとき…Bを支点と考えて，(アの力)×($a+b$)＝$W\times b$
イの力を求めるとき…Aを支点と考えて，(イの力)×($a+b$)＝$W\times a$
上の２つの式から，(アの力)＝$\dfrac{b}{a+b}\times W$　　(イの力)＝$\dfrac{a}{a+b}\times W$
したがって，(アの力)：(イの力)＝$b:a$　という関係が成り立つ。

例題　てこのつりあい

下の図の□の中にあてはまる数字を答えなさい。

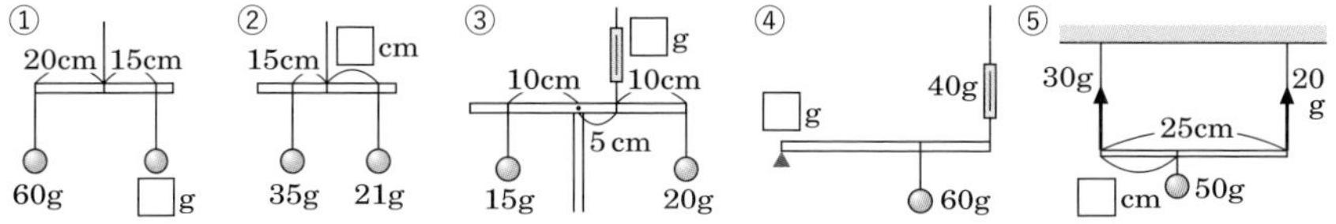

考え方 ①てこのつりあいから，60 × 20 ＝ □× 15　　ゆえに，□＝ 80
② てこのつりあいから，35 × 15 ＝ 21 ×□　　ゆえに，□＝ 25
③ ばねばかりが引く力は上向きで，てこを反時計まわりにまわすはたらきをする。
15 × 10 ＋ □× 5 ＝ 20 ×(10 ＋ 5)　　ゆえに，□＝ 30
④ 支点は，てこを上向きに押《お》しているから，□＋ 40 ＝ 60　　ゆえに，□＝ 20
⑤ おもりを下げた点から両端までの長さの比が 20：30 ＝ 2：3 になる。したがって，□＝ 25 × $\dfrac{2}{2+3}$ ＝ 10

答 ① 80　② 25　③ 30　④ 20　⑤ 10

入試ポイント
- **支点にかかる**力…(**下向き**の力の和)＝(**上向き**の力の和)から求める。
- てこの**両端にかかる力**…力点から両端までの長さの比の**逆比**。

6 棒《ぼう》の重さをふくめたてこのつりあい

☞ 重心《じゅうしん》はどのように求めるか。

●**重心**…太さや重さが一様《いちよう》な棒は，右の図のように，真ん中を支《ささ》えると，水平につりあわせることができる。ものには必ずこのような点がある。この点を**重心**という。重心には，そのもの全体の重さが集まっていると考えてよい。

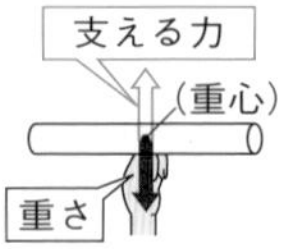

▲重心

重心の求め方

●**不規則《ふきそく》な形の板の重心**…板を糸でつるすと，重心は必ず糸の延長線上《えんちょうせんじょう》にくる。したがって，不規則な形の板の2か所に糸をつけ，それぞれの糸でつるしたときの糸の延長線の方向を板の上にかくと，それぞれの延長線上の交わった点が，その板の重心である。

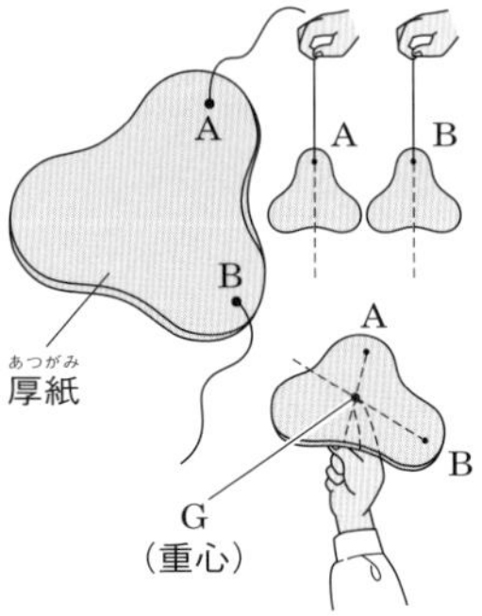

▲不規則な板の重心

●**規則的《きそくてき》な形の板の重心**…対称《たいしょう》の中心にある。

▶**三角形**…頂点《ちょうてん》と向かいあう辺の中心を結ぶ3本の線の交わる点が重心である(この線を2：1に分ける点といってもよい)。

▶**長方形・平行四辺形**…対角線が交わる点が重心となる。

▶**円**…円の中心が重心となる。

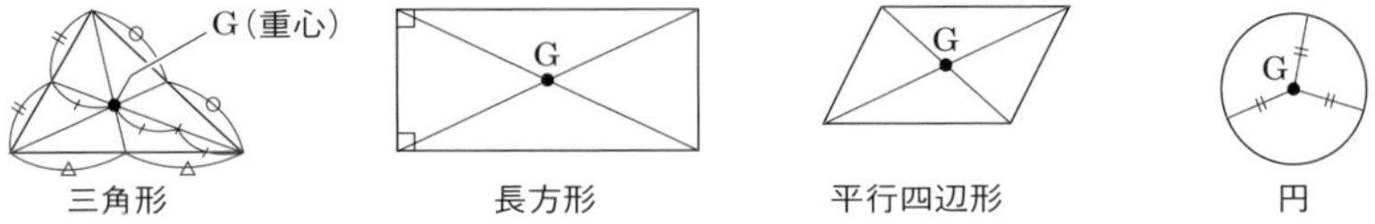

▲規則的な形の板の重心

●**太さが一様でない棒**…太さが一様でない棒の重心は，棒の中心よりも太いほうに寄《よ》った所にある。右の図のように，棒を台の上に置き，一方だけをばねばかりで持ち上げて重さをはかる。それぞれの重さが$\boldsymbol{a}$(g)，$\boldsymbol{b}$(g)ならば，両端《りょうはし》から棒の重心までの長さの比《ひ》は$\boldsymbol{b}$：$\boldsymbol{a}$となる。

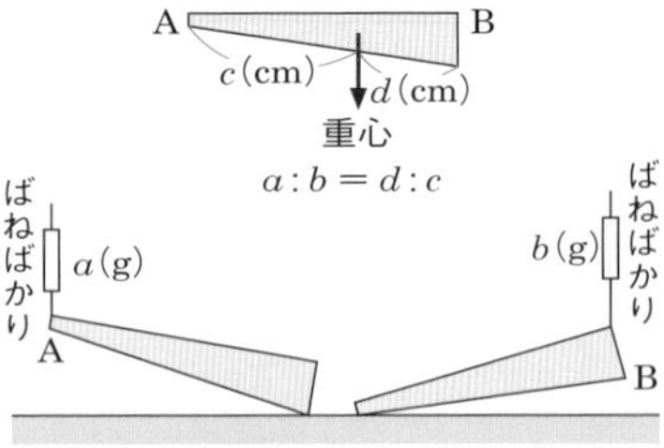

▲一様でない棒の重心

入試ポイント

● **重心**…ものの重さが**1点で支えられる**点。つるすと**糸の真下**にくる。**ものの重さ**は，すべて**重心にかかる**として考える。

●**太さが部分的に違《ちが》う棒の重心**…右下の図のように，細い棒ABと太い棒BCがつながった棒ACの重心は，次のようにして求める。
まず，棒ABの重心G_1と棒BCの重心G_2をきめる。G_1，G_2は，それぞれAB，BCの中心である。全体の重心Gは，G_1とG_2の間を，ABの重さ$\boldsymbol{a}$(g)とBCの重さ$\boldsymbol{b}$(g)の逆比《ぎゃくひ》に分ける点である。したがって，

$$(G_1G\text{間の長さ}\,c):(G_2G\text{間の長さ}\,d)=b:a$$

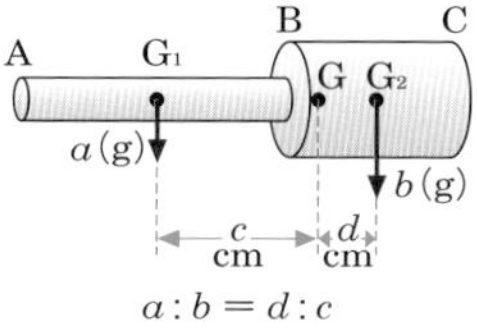

▲太さが違う棒の重心

棒の重さをふくめたてこのつりあい

てことして，非常《ひじょう》に軽い棒を使った場合以外は，てこに使った棒自身の重さもふくめて，てこのつりあいを考えなければならない。その場合，棒の重さはすべて重心にかかると考えて，つりあいの式をつくる。
右の図の場合は，重心Gに棒の重さWがかかっていると考えると，つりあいの式は，

$$W_1\times a+W\times c=W_2\times b \quad \text{となる。}$$

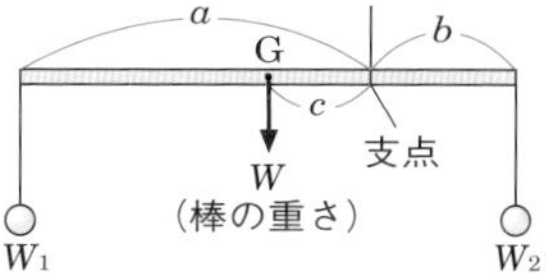

例題　棒の重さをふくめたてこのつりあい

下の図の□にあてはまる数を答えなさい。

①
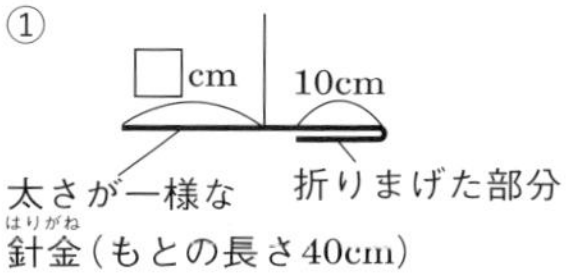

②
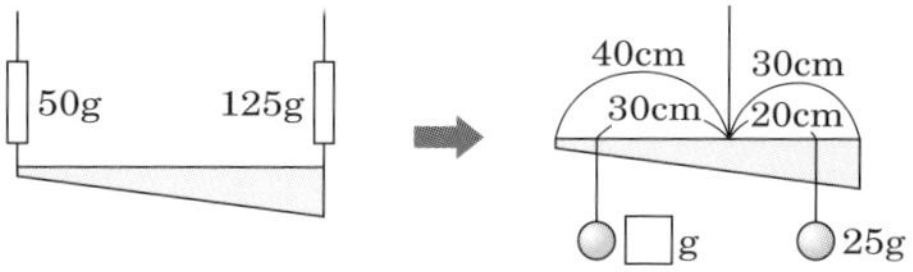

考え方　①重心をつるせばよい。一重，二重それぞれの部分の長さは20cm，10cmだから，それぞれの重心G_1，G_2は，端から10cm，5cmの点である。それぞれの重さは同じなので，全体の重心Gは，G_1とG_2の真ん中になる。

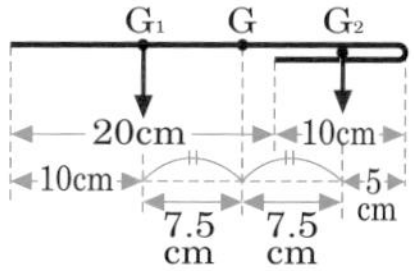

② この棒の重心Gは，棒の長さを125：50 = 5：2に分けた点(太いほうの端から20cm)である。棒の重さは，50 + 125 = 175(g)だから，つりあいは，右の図より，□ × 30 = 175 × 10 + 25 × 20　□= 75

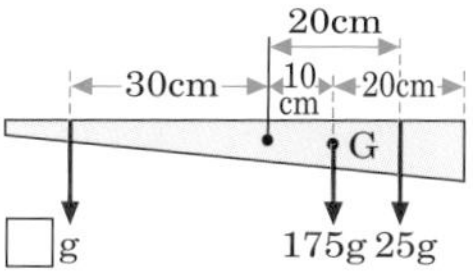

答　① 17.5　　② 75

> **入試ポイント**
> ● **太さが違う**棒の重心…それぞれの重心の間を**重さの逆比に分ける**点。
> ● **重さをふくめた**てこのつりあい…**重心に棒の重さ**がかかると考える。

7 曲がった棒《ぼう》を使ったてこのつりあい

曲がった棒では，力《ちから》はどのようにつりあうか。

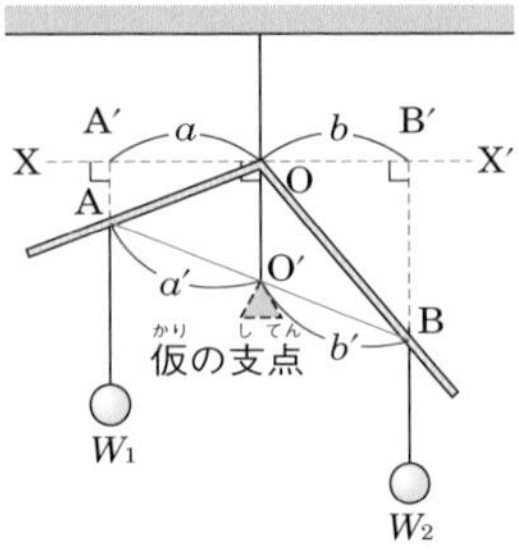

●**曲がった棒におもりを下げた場合**…右の図のような曲がった棒(AOB)のA点とB点に重さW_1とW_2のおもりを下げ，O点でつるした場合を考えよう。この場合，反時計まわりのモーメントを$W_1 \times AO$，時計まわりのモーメントを$W_2 \times BO$としてはいけない。なぜならば，てこのうでは力の方向と垂直《すいちょく》になっていなければならないからである。そこで，この場合はO点を通る水平方向の線XX′を引き，それぞれのおもりをつるしている糸の線をのばして，XX′と交わる点A′，B′を求めて，A′O，B′Oをうでとするてこと考えればよい。うでの長さを，$A'O = a$，$B'O = b$とすれば，このてこがつりあったとき，$W_1 \times a = W_2 \times b$　という関係が成り立つ。

右上の図のA点とB点を結び，O点から真下に下ろした線とABとが交わる点をO′とする。AO′，BO′の長さをそれぞれa'，b'とすると，$a' : b' = a : b$となるので，$W_1 \times a' = W_2 \times b'$　という関係も成り立つ。

●**くぎ抜《ぬ》きのつりあい**…くぎ抜きも曲がった棒を使ったてこであるが，くぎ抜きの場合は，力点《りきてん》にはたらく力も作用点《さようてん》にはたらく力も，棒と垂直になっているので，曲がった棒におもりを下げた場合と違《ちが》って，支点から力点まで，あるいは支点から作用点までの長さを，そのままてこのうでの長さと考えてよい。したがって，右の図の場合のつりあいの式は，$F_1 \times a = F_2 \times b$　となる。

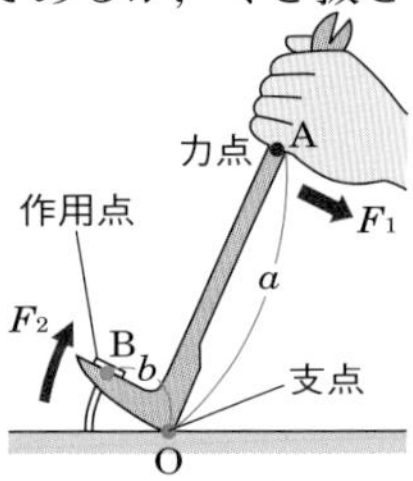

例題　曲がった棒を使ったてこのつりあい

下の図の①～③の□にあてはまる数を答えなさい。

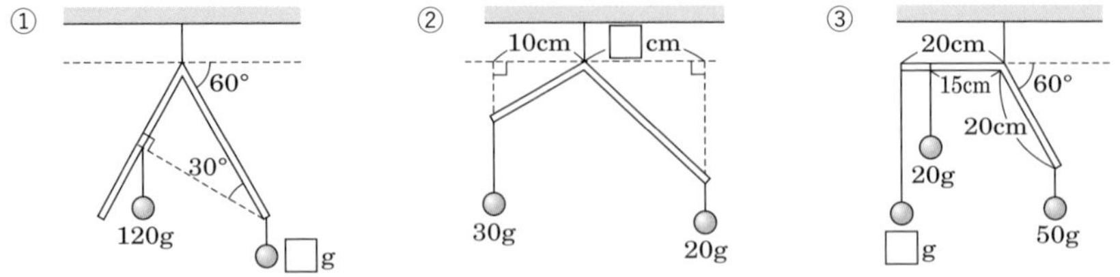

入試ポイント
- てこの**うで**と**力**の方向は**垂直**でなければならない。
- **曲がった棒**のてこ…力とうでが垂直になるように図をかきかえる。

考え方 ①右の図のようにA～Eの点をきめると，三角形ABCと三角形AECは合同，三角形AECと三角形ADBは相似《そうじ》(形は同じだが大きさが違う)である。3つの角が90°，60°，30°の直角三角形のいちばん長い辺といちばん短い辺の長さの比《ひ》は2：1であるから，

AD：AE = AB：AC = 1：2　となる。したがって，

$120 \times AD = □ \times AE$　は，$120 \times 1 = □ \times 2$　と書きかえることができて，□ = 60　となる。

① 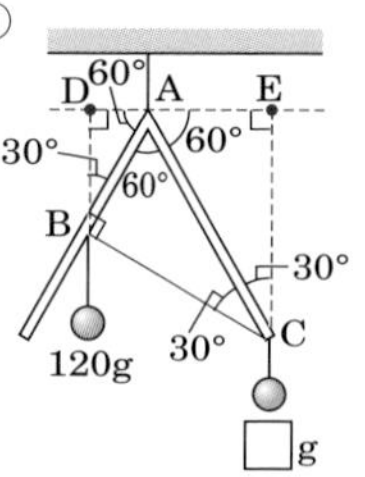

② $30 \times 10 = 20 \times □$　ゆえに，□ = 15

③ 右の図のようにA～Cの点をきめると，三角形ABCは，90°，60°，30°の直角三角形だから，AC：AB = 2：1 ゆえに，AB = 10cmである。したがって，

$□ \times 20 + 20 \times 15 = 50 \times 10$　ゆえに，□ = 10

③ 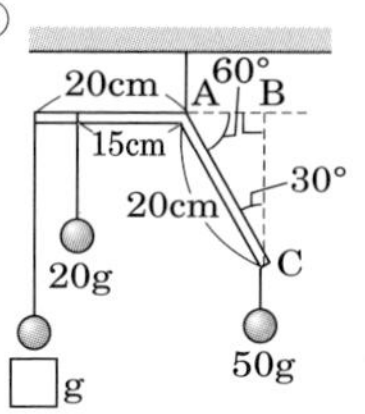

答 ① 60　② 15　③ 10

8 支点の位置とてこのつりあい

☞ ものが水平になってつりあうのはどんなときか。

● **重心《じゅうしん》を支点にした場合**…右の**図1**のように，重心を支点にすると，てこは，水平でも傾《かたむ》いたままでも，回転を止めた位置でつりあう。

● **支点を重心の上にした場合**…**図2**のように，重心の真上の少し離《はな》れた点を支点にすると，重心が支点の真下にこなければつりあわない(→p.414)から，てこは水平になってつりあう。天びんなどは，このようなしくみになっているのである。てこを**図3**のように傾けると，重心にはたらく力(棒の重さ)によって，支点のまわりに棒を回転させるモーメントが生じて，棒を水平に戻《もど》す。

● **支点を重心の下にした場合**…**図4**のように，重心の真下の少し離れた点を支点にすると，重心が支点の真上にあるときはつりあうが，棒が少し傾くと，重心にはたらく棒の重さは，棒がますます傾くようにはたらくので，不安定である。

図1
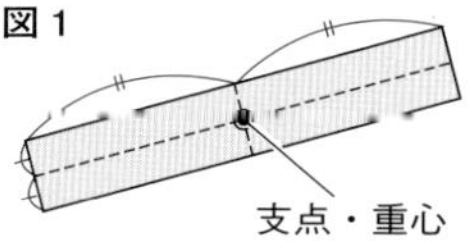

図2
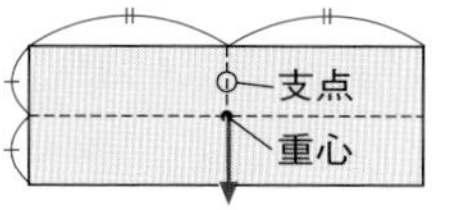

図3
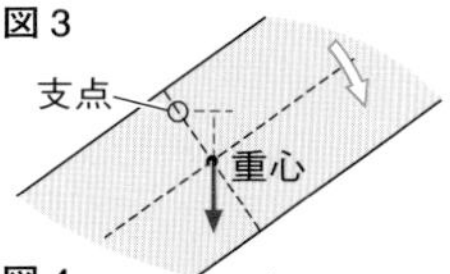

図4
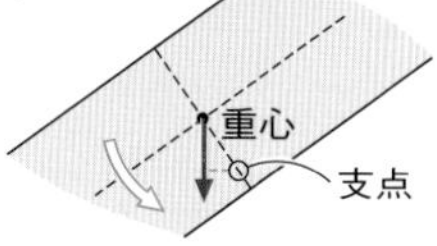

▲支点の位置とつりあい

入試ポイント
- **重心を支点**にする→**傾いたままでも**，つりあう。
- **重心の上または下に支点**をおく→**水平**になったときだけつりあう。

9 平面のつりあい

☞ 平面のてこでは，力《ちから》はどのようにつりあうのか。

例題 縦《たて》と横に分けて求める問題

図1のように，支点《してん》の位置をひもでつるした金網《かなあみ》に，いろいろなおもりをいろいろな位置につるしている。この金網を水平につりあわせるためには，20gのおもりをどこにつるせばよいか。その位置を，(**A**，**1**)のように示《しめ》しなさい。

図1
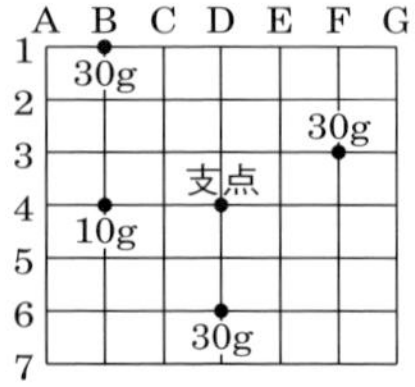

考え方 **図2**のように，金網を横にしたままのてこを考え，**A**～**G**のどの位置か求める。

(30 + 10) × 2 = 30 × 2 + 20 × □　□= 1

よって，**E**を通る直線上である。

図3のように，金網を縦にして，てこのつりあいを考え，**1**～**7**のどの位置か求める。

30 × 2 + 20 × □= 30 × 1 + 30 × 3　□ = 3

よって，**7**を通る直線上である。

したがって，20gのおもりをつるす位置は(**E**，**7**)。

図2
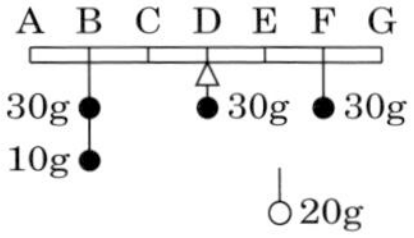

図3
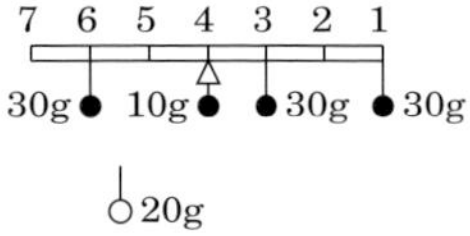

答 (**E**，**7**)

例題 力を1つずつまとめていって(合成《ごうせい》して)求める問題

図4のように，厚《あつ》さが一様《いちよう》な三角形の板を**A**点，**B**点，**C**点の3か所でばねばかりにつるしたところ，**A**点のばねばかりは30g，**B**点は60g，**C**点は45gを示して水平になった。**図5**は，**C**点と**D**点の2か所，**図6**は**G**点の1か所でつるし，板を水平につりあわせた。**AD**間の長さと**DG**間の長さを求めなさい。

図4
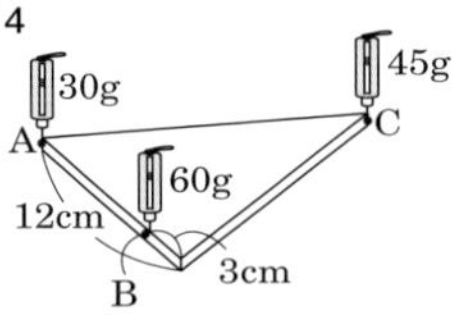

図5
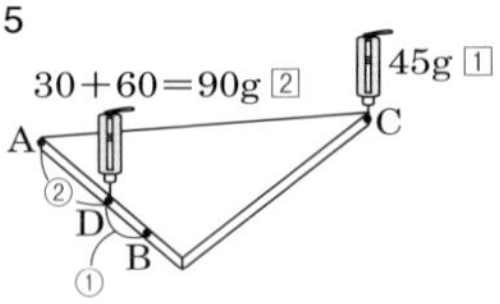

図6
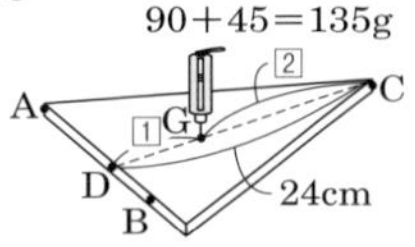

考え方 **AD**間：**BD**間＝ 60：30 ＝ 2：1　**AB**間が9cmなので**AD**間は6cm。

入試ポイント
- 縦と横の目盛《も》りがある問題は，**縦と横を別々《べつべつ》に求める。**
- 板の数か所をつるしている問題は，**力を1つずつまとめていく。**

DG間：CG間＝45：90＝1：2　CD間が24cmなので**DG間**は8cm。

答 **AD間**…6cm　　**DG間**…8cm

10 滑車《かっしゃ》の種類とはたらき

☞ 定滑車《ていかっしゃ》と動滑車《どうかっしゃ》を使うと力の大きさはどうなるか。

● **定滑車**…回転軸《かいてんじく》が固定されていて，ひもを引いても上下に動かない滑車を**定滑車**という。
定滑車は力の向きを変えることができるが，力の大きさを変えることはできない。ものを1m引き上げるには，ひもを1m引けばよい。

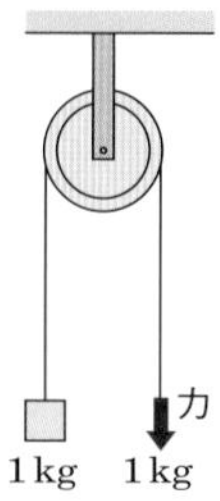

▲定滑車

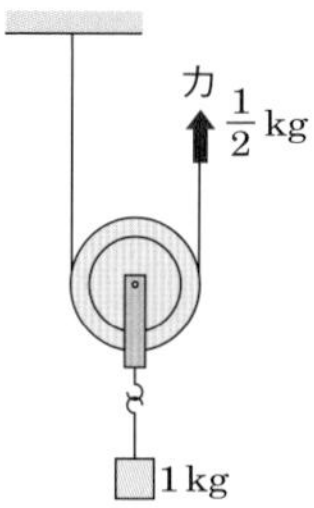

▲動滑車

● **動滑車《どうかっしゃ》**…回転軸が固定されてなく，ひもを引くと，上下に動く滑車を**動滑車**という。
真上にひもを引くと，滑車につるしたものの重さの$\frac{1}{2}$倍の力で引き上げることができる(ただし，滑車の重さを考えないとき)。
〈理由〉動滑車のはたらきは，図のように，支点と力点《りきてん》が端《はし》にあり，作用点《さようてん》が中にあるてこと同じと考えてよい。支点から力点までの長さ(滑車の直径)は，支点から作用点までの長さ(滑車の半径)の2倍なので，力点に加える力は，作用点にかかる力の$\frac{1}{2}$倍ですむ。また，動滑車にものをつり下げると，ものは2本のひもで支《ささ》えられることになるので，1本のひもにかかる力はものの重さの$\frac{1}{2}$倍になると考えることもできる。

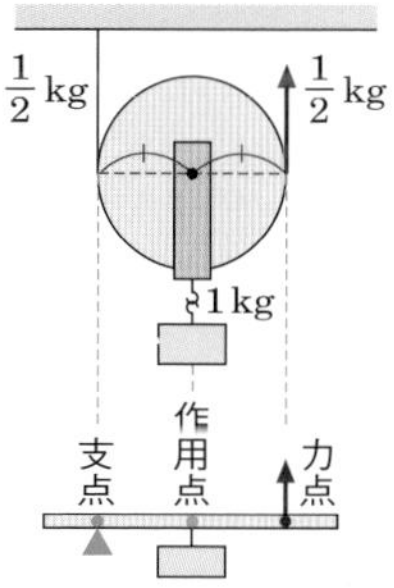

▲動滑車の説明

注意 滑車の重さを考えるときは，(ものの重さ＋滑車の重さ)の$\frac{1}{2}$倍になる。

動滑車でものを1m引き上げるには，ひもを2m(**2倍**)引かなければならない。

ひもを引く方向と力の大きさ

定滑車の場合は，ひもを引く方向を変えても，引く力の大きさは変わらない。

動滑車の場合は，ひもを真上以外の方向に引くと，引く力はものの重さの$\frac{1}{2}$倍より大きくなる。

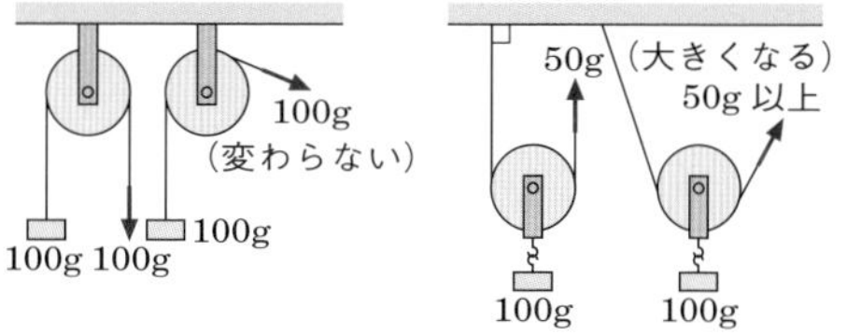

▲ひもを引く方向と力の大きさ

入試ポイント
- **定滑車**…動かない，力の向きを変えるだけ，**ものの重さと同じ力。**
- **動滑車**…動く，**ものの重さの$\frac{1}{2}$の力**でものを引き上げることができる。

11 滑車《かっしゃ》による仕事《しごと》

動滑車《どうかっしゃ》を使うと，力《ちから》は減《へ》るが，仕事はどうか。

● **仕事**…ものを動かしたとき，はたらいた力の大きさと動いた距離《きょり》との積。

仕事＝力の大きさ×ものが動いた距離

● **滑車を使ったときの仕事**…定滑車《ていかっしゃ》を使って，1kgのものを 1m引き上げるときは，1kgの力でひもを 1m引かなければならないので，

仕事＝ 1(kg)× 1(m)＝ 1　となる。

動滑車を使って，1kgのものを 1m引き上げるときは，$\frac{1}{2}$kgの力でひもを 2m引かなければないので，仕事＝$\frac{1}{2}$(kg)× 2(m)＝ 1　となる。

▶ **仕事《しごと》の原理《げんり》**……動滑車を使うと，力が半分ですむが，ひもを引っぱる長さはものを引き上げる距離の 2 倍になるので，仕事は定滑車の場合と同じになる。つまり，滑車などの道具を使っても，仕事を減らすことはできない。

注意 滑車の重さを考えると，動滑車を使ったときのほうが仕事は多くなる。

12 組み合わせ滑車

いくつかの滑車を組み合わせて使う場合，力はどうなるか。

右の**図 1** のように，いちばん下の動滑車**ア**にかけたひも**a**を，次の動滑車**イ**に結び，**イ**にかけたひも**b**を，さらに次の動滑車**ウ**に結ぶ，というように動滑車を組み合わせる場合を考えよう。滑車の重さを考えなければ，ひも**a**には，1(kg)×$\frac{1}{2}$＝$\frac{1}{2}$(kg)の力がかかる。この力が動滑車**イ**を引くので，ひも**b**には，$\frac{1}{2}$(kg)×$\frac{1}{2}$＝$\frac{1}{4}$(kg)の力がかかる。さらに，この力が動滑車**ウ**を引くので，ひも**c**には，$\frac{1}{4}$(kg)×$\frac{1}{2}$＝$\frac{1}{8}$(kg)の力がかかる。つまり，動滑車が増《ふ》えていくと，$\frac{1}{2}$×$\frac{1}{2}$×$\frac{1}{2}$×……(倍)になる。

図 1

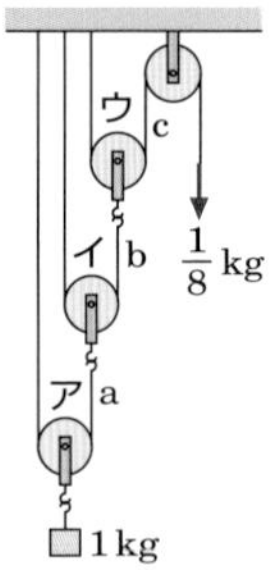

右の**図 2** のように，いくつかの動滑車の回転軸《かいてんじく》をつないだものにひとつながりのひもをかけた場合は，つながれた動滑車を支《ささ》えているひもの数から，ひも 1 本あたりにかかる力の大きさを求めるようにするとよい。

図 2

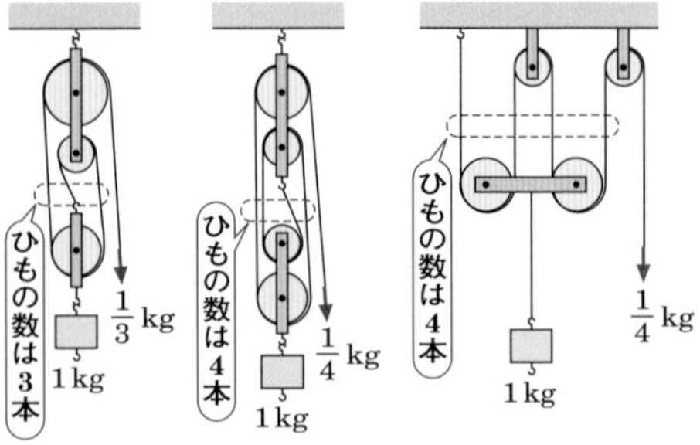

入試ポイント

● **組み合わせ滑車**
- 動滑車を次々《つぎつぎ》結びつけると，$\frac{1}{2}$×$\frac{1}{2}$×……(倍)
- 動滑車をまとめた場合は，$\frac{1}{\text{ひもの数}}$ 倍

例題　組み合わせ滑車

右の図の①～③につるしてあるおもりを10cm引き上げるためには，それぞれ何g以上の力で，何cmひもを引かなければなりませんか。滑車の重さは考えないものとします。

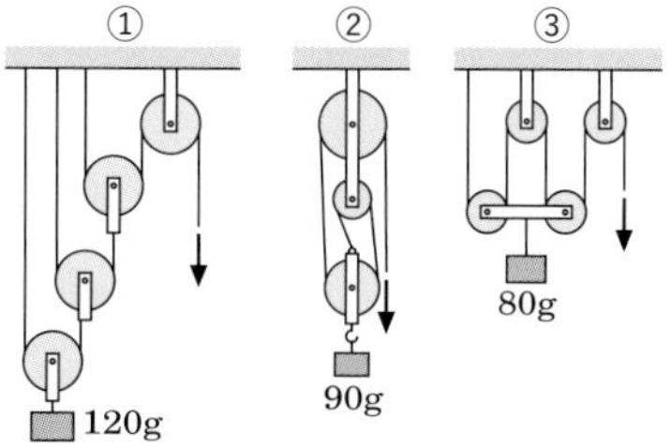

考え方　①動滑車3個《こ》を順に結びつけているので，ひもを引く力は，$120 \times \frac{1}{2} \times \frac{1}{2} \times \frac{1}{2} = 15$(g)となる。力がものの重さの$\frac{1}{8}$倍ですむので，ひもを引く長さは，引き上げる高さの8倍になる(滑車を使っても仕事は同じ)。

② いちばん下の動滑車を3本のひもで支えているから，ひも1本あたりの力は$90 \times \frac{1}{3} = 30$(g)。力が$\frac{1}{3}$倍ですむので，ひもは3倍引かなければならない。

③ 下の2個の滑車(横につながっている)が動滑車で，これを4本のひもで支えているから，ひも1本あたりの力は，$80 \times \frac{1}{4} = 20$(g)となる。力が$\frac{1}{4}$倍ですむので，ひもは4倍引かなければならない。

答　① 15g・80cm　② 30g・30cm　③ 20g・40cm

13 輪軸《りんじく》

輪軸を使うと，力の大きさはどうなるか。

● **輪軸**…半径の大きい輪《わ》と半径の小さい軸《じく》を，回転軸が重なるようにはり合わせたものを**輪軸**という。

▶ **輪軸のつりあい**…輪をまわそうとする力のモーメントと軸をまわそうとする力のモーメントが反対向きで同じ大きさになれば，輪軸はつりあう。つまり，輪軸のはたらきは，右の図のようなてこと同じであると考えてよい。したがって，輪軸がつりあっているとき，

$A \times a = B \times b$　という関係が成り立つ。

a，bは，それぞれ，軸の半径，輪の半径だから，輪軸がつりあっているときは，次の関係が成り立つ。

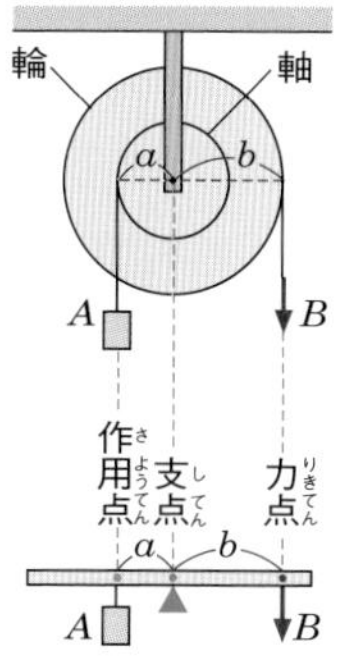

▲輪軸

軸にかかる力×軸の半径＝輪にかかる力×輪の半径

入試ポイント
- 滑車のひもを引く長さ…力が小さくなる割合《わりあい》の逆比《ぎゃくひ》になる。
- **輪軸**のつりあい…軸の**力**×軸の**半径**＝輪の**力**×輪の**半径**

また，$\boldsymbol{A} \times \boldsymbol{a} = \boldsymbol{B} \times \boldsymbol{b}$ から，$\boldsymbol{A} : \boldsymbol{B} = \boldsymbol{b} : \boldsymbol{a}$ という関係があることがわかる。軸《じく》と輪《わ》にかかる力の比《ひ》は，それぞれの半径の比の逆比《ぎゃくひ》になり，軸には，いつでも輪より大きな力《ちから》がかかる。

▶**動く距離《きょり》**…輪軸《りんじく》の輪と軸は，いつでも同じ角度だけ回転するので，輪や軸に巻《ま》きつけられたひもが動く距離は，輪と軸の半径に比例《ひれい》する。

軸の動く距離：輪の動く距離＝軸の半径：輪の半径

例題　輪軸

右の図を見て，次の問いに答えなさい。

(1) **図1**の輪軸がつりあっているとき，□の中にあてはまる数を書きなさい。

(2) **図2**のようなバットがあります。**A**君と**B**君が，それぞれバットの**A**，**B**の部分を持ち，反対向きにまわし合って力を比《くら》べようとしました。この勝負はどちらが勝ちますか。ただし，本当の力の強さは，**A**君と**B**君とはまったく同じだとします。

図1

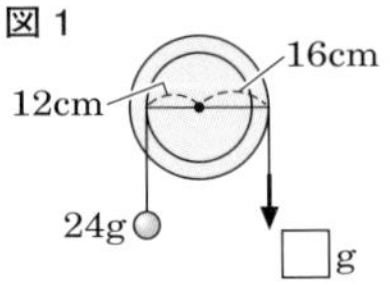

図2

考え方 (1) 輪軸のつりあいから，$24 \times 12 = \square \times 16$　という関係が成り立つ。ゆえに，$\square = 18$

(2) バットの細いほうが軸，太いほうが輪にあたる。輪と軸を同じ力でまわすと，輪に加えた力のモーメントのほうが大きいので，バットの太いほうを持ったほうが勝つ。

答 (1) 18　(2) **B**君

●**回転円板のつりあい**…中心のまわりに自由に回転できるようにした円板は，輪軸と同じようなはたらきをする。

右の図のように，円板上の2つの点**P**と**Q**に，それぞれ$\boldsymbol{A}$(g)，$\boldsymbol{B}$(g)のおもりをつるして，つりあわせると，曲がった棒《ぼう》**POQ**をてことして使った場合と同じで，図の下に示《しめ》したてこと同じはたらきをする。したがって，この円板がつりあっているとき，

$$\boldsymbol{A} \times \boldsymbol{a} = \boldsymbol{B} \times \boldsymbol{b}$$　という関係が成り立つ。

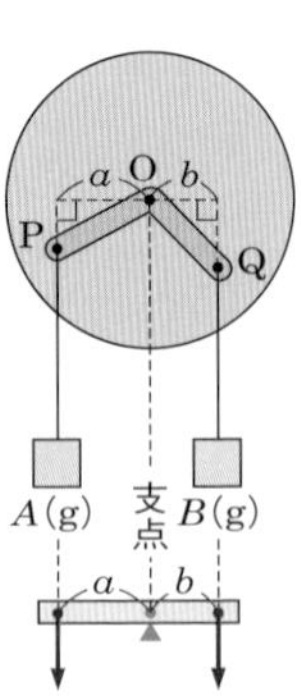

入試ポイント
- 輪軸の輪と軸にかかる**力**…輪と軸の**半径の逆比**になる。
- 輪軸の輪と軸の**動く距離**…輪と軸の**半径に比例**する。

☑ まとめチェック

知識を整理・確認しよう！

① てこの3点とてこの利用

□ ① ピンセットは，てこの3点のうち，何が間にあるてこか。

□ ② くぎ抜《ぬ》きは，てこの3点のうち，何が間にあるてこか。

□ ③ 栓抜《せんぬ》きは，てこの3点のうち，何が間にあるてこか。

答え

①

① 力点《りきてん》

② 支点《してん》

③ 作用点《さようてん》

② 上皿天《うわざらてん》びんの使い方

□ ① 上皿天びんでものの重さをはかるとき，分銅《ふんどう》は重いものと軽いもののどちらからのせていくか。

②

① 重いもの

③ てこのつりあい

□ ① 下の図のA～Eにあてはまる数値《すうち》を答えよ。

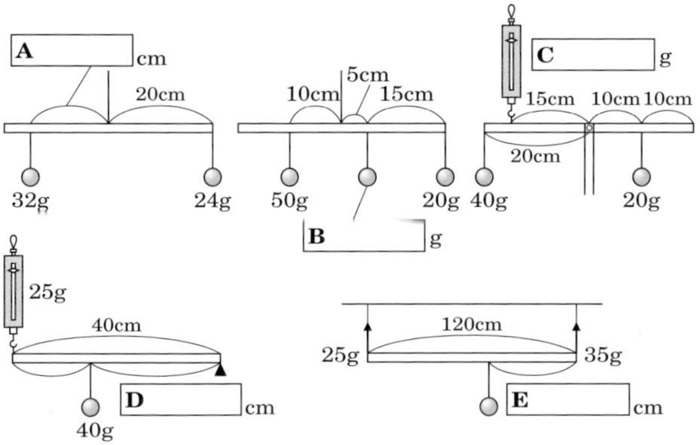

③

① A…15

B…20

C…40

D…25

E…50

④ 滑車《かっしゃ》と輪軸

□ ① 下の滑車や輪軸で，おもりを30cmだけ引き上げるためには，それぞれ何g以上の力で，何cmひもを引かなければならないか。A～Hにあてはまる数値を答えよ。

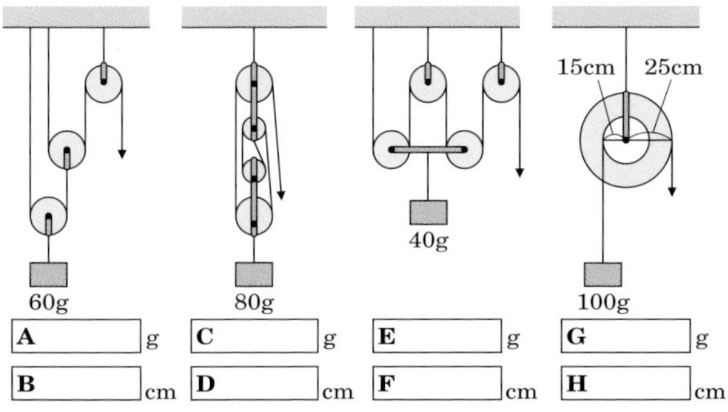

④

① A…15

B…120

C…20

D…120

E…10

F…120

G…60

H…50

力だめしの問題 入試標準レベル

解答➡別冊p.61

1 てこを使うと，力《ちから》の大きさを変えることができます。そのはたらきについて，次の問いに答えなさい。ただし，棒《ぼう》や糸の重さは考えないものとします。

【西南学院中】

⑴ 次の道具で，加えた手の力より作用点《さようてん》ではたらく力のほうが大きくなるのはどれですか。すべて選び，記号で答えなさい。 (　　　　)

ア　イ　ウ　エ　オ

糸切りばさみ　栓抜《せんぬ》き　ピンセット　くぎ抜《ぬ》き　カッター

⑵ てこに加えた力が作用点で大きくなるのは，力点《りきてん》と支点《してん》と作用点がどのような位置関係になっているときですか。下の文の①～③にあてはまる語句《ごく》を次から選び，記号で答えなさい。 ①(　　) ②(　　) ③(　　)

ア 作用点　イ 支点　ウ 力点　エ 長　オ 短

力点から(　①　)までの長さが，支点から(　②　)までの長さより(　③　)くなっているとき。

⑶ 右の**図1**，**図2**のように，天井から糸でつるした棒におもりをつけると，棒は水平になった。おもり**X**，**Y**の重さをそれぞれ答えなさい。

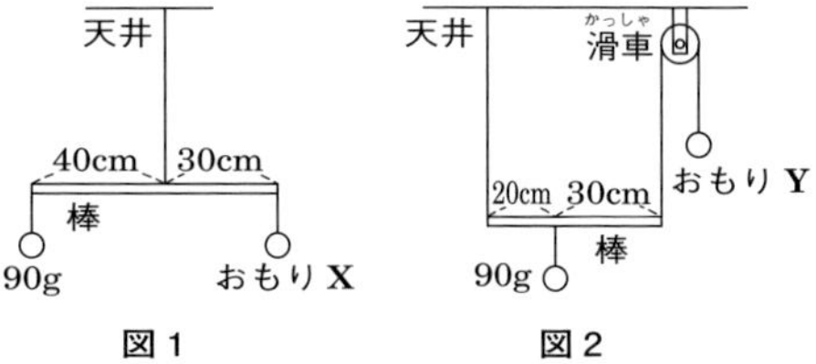

図1　図2

X (　　　　) **Y** (　　　　)

⑷ 右の図のように，三角形の台の上に棒を置いた。棒の上に950gの荷物を置いて持ち上げたい。次の問いに答えなさい。ただし，荷物の棒の上の位置は変わらないものとします。

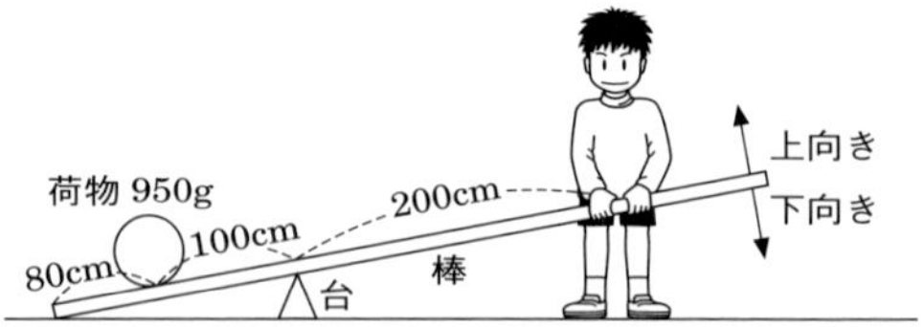

① 棒を上向きに上げたときと，下向きに下げたときではどちらのほうが力が小さくてすみますか。次から1つ選び，記号で答えなさい。 (　　)

ア 上向き　イ 下向き　ウ どちらも同じ

② ①のとき，人の手は，何gぶんの力を加えていますか。 (　　　　)

2 **右の図のような上皿天《うわざらてん》びんを使って食塩《しょくえん》を 20g はかりとるときの操作《そうさ》として，間違《まちが》っているものを次から 1 つ選び，記号で答えなさい。** 【玉川学園中学部】

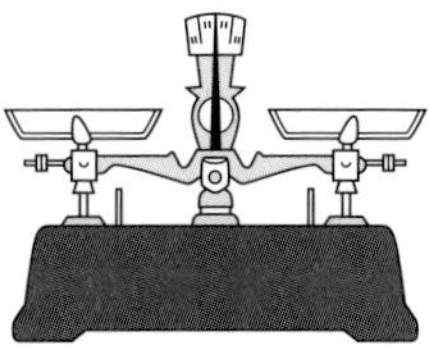

(　　)

ア　上皿天びんの針《はり》が真ん中に止まっていなくても，左右に等しく振《ふ》れていれば，つりあっている。

イ　食塩をのせる皿に薬包紙《やくほうし》をしき，分銅《ふんどう》をのせるほうの皿はそのまま分銅をのせる。

ウ　分銅は，手でさわらずに，ピンセットを使って持ち上げる。

エ　右利きの人は，食塩を右の皿に，分銅を左の皿にのせる。

オ　上皿天びんを使い終わったあとは，皿を片方《かたほう》に重ねておく。

3 **右の図のように，おもりと棒とひもでできた装置《そうち》があり，つりあっています。棒とひもの重さは考えなくてよいものとして，次の問いに答えなさい。** 【親和中】

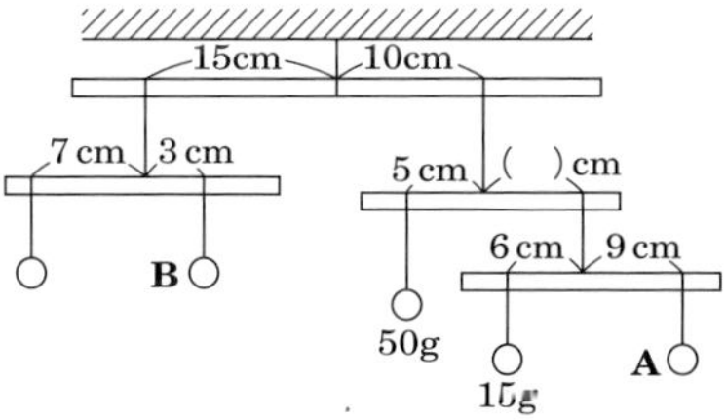

(1) おもり A は何 g ですか。

(　　　　)

(2) 図中の(　　)に適《てき》する数値《すうち》を答えなさい。　(　　　　)

(3) おもり B は何 g ですか。　(　　　　)

4 **次の図の①～④のように，重さ 4kg の滑車を利用しておもりを持ち上げました。このとき，取り付けているばねばかりはそれぞれ何 kg をさしますか。**

【大宮開成中】

①

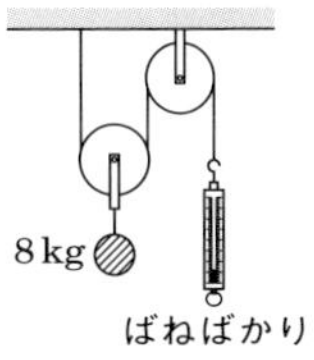

②

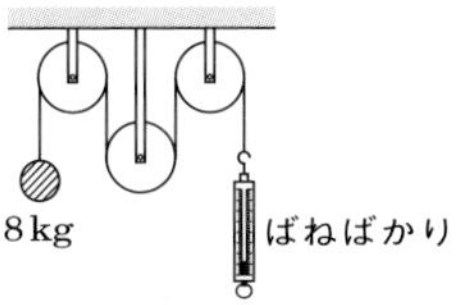

③

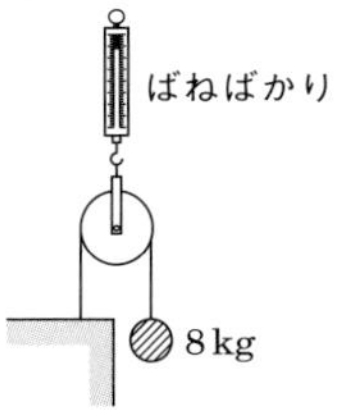

④

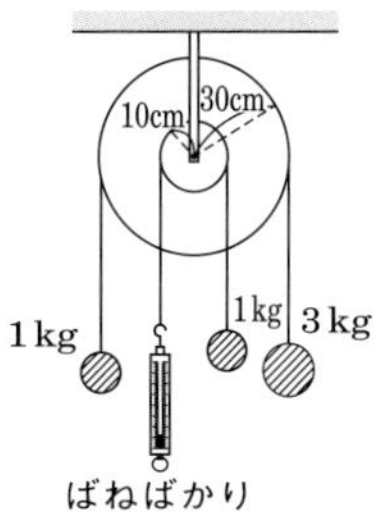

①(　　　　)　②(　　　　)

③(　　　　)　④(　　　　)

5 **5cmごとに穴《あな》のあいている実験用てこと1個20gのおもりがいくつかあります。**おもりは軽い糸でてこの穴につるすことができます。ただし，おもりは支《し》点《てん》につるせません。これについて，次の問いに答えなさい。　【女子学院中】

⑴ 図1のように，左のうでに3個《こ》のおもりをつるし，右のうでの支点から25cmの穴におもりを何個かつるしたところ，うでは水平になりました。右のうでにつるしたおもりは何個ですか。

(　　　　　)

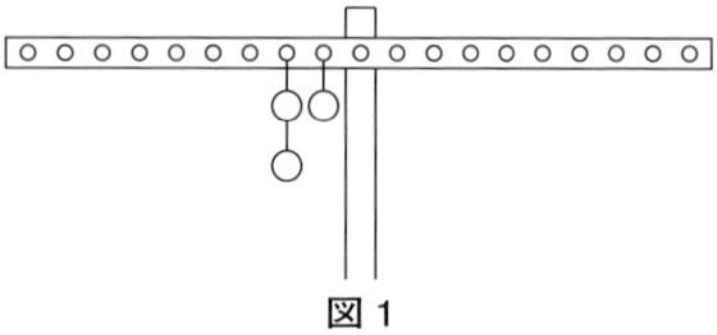

図1

⑵ 図2のように，左のうでにおもりを4個つるしてうでを水平にしたいと思います。右のうでにおもりを1個つるして，うでを水平にするには，どこにつるせばよいですか。支点からの距離《きょり》で答えなさい。　(　　　　　)

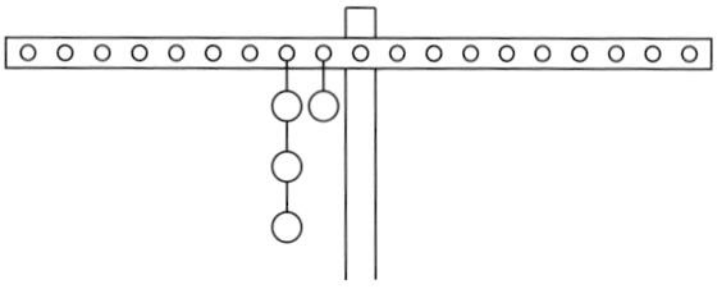

図2

6 **次の文章を読み，あとの問いに答えなさい。**　【自修館中等教育学校】

図1のように，太さが一様《いちよう》でない，長さが30cmの棒《ぼう》の両端《りょうはし》にばねをつないで持ち上げると，左側のばねは4cm，右側のばねは6cm伸《の》びました。その後，図2のように，この棒の真ん中に糸を結び，左端から2cmの所に(　ア　)gのおもりを，右端から5cmの所に20gのおもりをそれぞれつるし，棒の上面を水平につりあわせました。使用したばねの伸びとばねにつないだおもりの質量《しつりょう》(重さ)には下のグラフのような関係があります。

図1

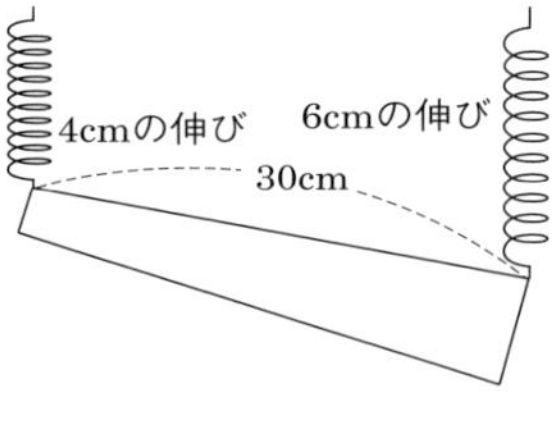

図2

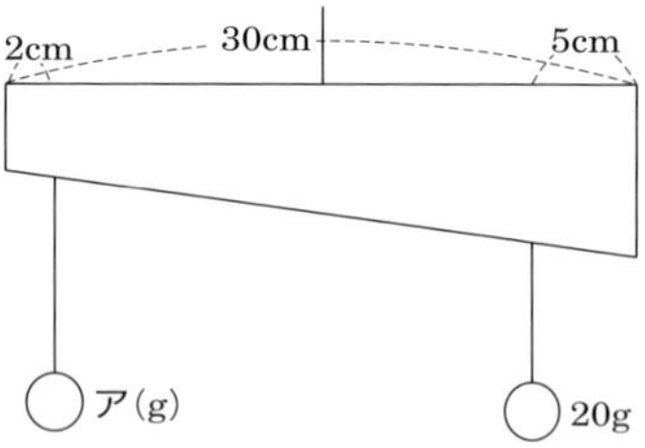

⑴ 棒の質量は何gですか。　(　　　　　)

⑵ 図1の棒に1か所だけ糸を結び，棒の上面を水平にするためには，糸を左端から何cmの所に結べばよいですか。　(　　　　　)

⑶ 図2のアを，単位をふくめて答えなさい。

(　　　　　)

グラフ

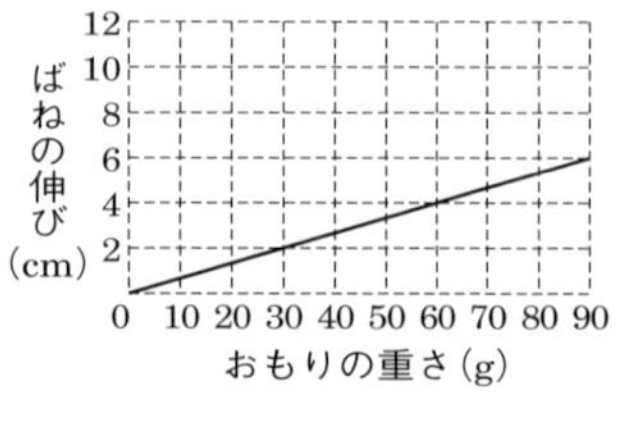

7 つりあいを利用して重さをはかる道具に「さおばかり」があります。

さおばかり（右の図）… 皿にものをのせて，おもりの位置を動かして棒を水平にする。棒には目盛《めも》りが記されており，おもりの位置の目盛りからものの重さがわかる道具。

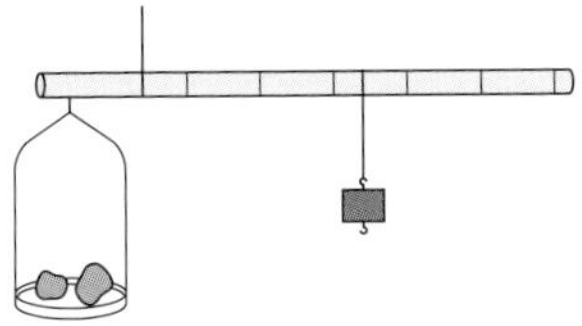

図1のように，長さ80cmの均質《きんしつ》な棒の左端から20cmのところに支点があり，皿は左端から10cmの位置Aと左端Bにつるすことができるようになっているさおばかりがあります。皿をAにつるして使用するときとBにつるして使用するときの目盛りは異《こと》なり，このさおばかりの棒には，2種類の目盛りが記されています(ただし図にはかかれていません)。このさおばかりで使用するおもりは100gのおもり1つだけです。皿をAにつるすと，おもりをつるさなくても棒は水平になりました。これについて，次の問いに答えなさい。【女子学院中】

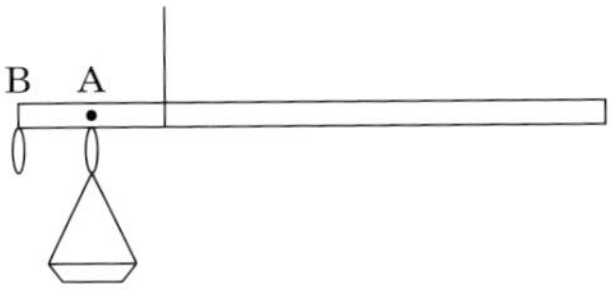

図1

(1) 棒が水平になる理由を説明した次の文の①～③にあてはまるものを選び，記号で答えなさい。ただし，②はあてはまるものをすべて書くこと。

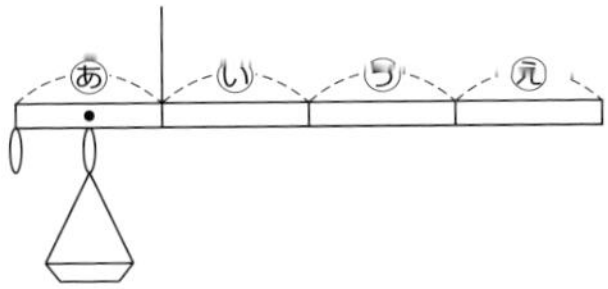

図2

①(　　　)　②(　　　　　　)　③(　　　)

皿が棒を①(ア　時計まわり　　イ　反時計まわり）に傾《かたむ》けるはたらきと，**図2**の棒の部分②(ア　あ　　イ　い　　ウ　う　　エ　え)が棒を③(ア　時計まわり　　イ　反時計まわり)に傾けるはたらきが同じ大きさだから。

(2) 皿をAにつるして使用したときの，①支点の位置の目盛り，②支点から40cmの位置の目盛りは何gか答えなさい。

①(　　　　　)　②(　　　　　)

(3) 皿をBにつるして使用するときの，①0gの目盛りの位置，②0gと100gの目盛りの間隔《かんかく》は，Aのときと比《くら》べてどのようになりますか。次から選び，記号で答えなさい。

①(　　　)　②(　　　)

① ア　左にずれる　　イ　変わらない　　ウ　右にずれる

② ア　広くなる　　イ　変わらない　　ウ　狭《せま》くなる

3 動くおもりのはたらき

1 ふりこの性質《せいしつ》

おもりが1往復《おうふく》するのにかかる時間は何に関係するか。

● **ふりこ**…糸や棒《ぼう》などにおもりをつけ，左右に往復して振《ふ》れるようにしたものを**ふりこ**という。

▶ **ふりこの等時性《とうじせい》**…ふりこの振れ幅《はば》は左右同じであり，同じふりこであれば，おもりが1往復するのにかかる時間は振れ幅に関係なく一定である。

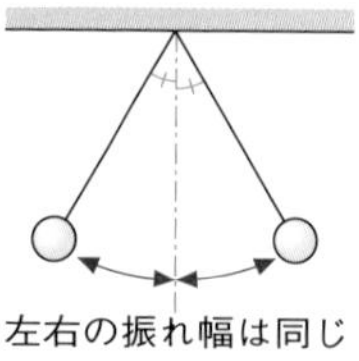

▲ふりこ

参考 ガリレオ・ガリレイがこの性質を発見した。

▶ **おもりの速さ**…おもりの高さが低くなるにつれて速くなり，高くなるにつれて遅《おそ》くなる。糸を固定した点の真下で最も速くなる。

実験 同じ重さのおもりを使って，長いふりこと短いふりこをつくり，同じ振れ幅で振らせたときの振れ方を比《くら》べる。

結果 長いふりこのほうがゆっくりと振れ，1往復するのにかかる時間が長い。

注意 ふりこの糸の長さを4倍にすると，1往復にかかる時間が2倍になり，糸の長さを9倍にすると時間が3倍になる。比例《ひれい》ではない。

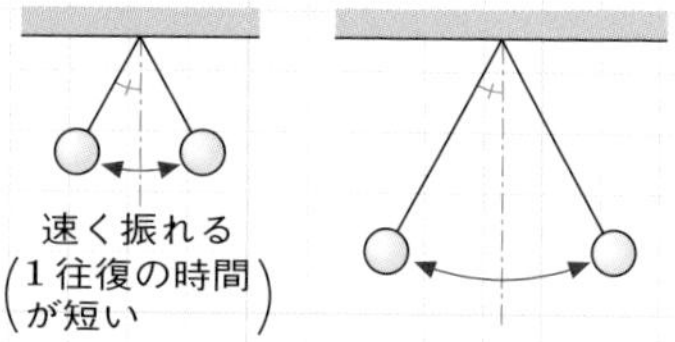

実験 同じ長さの糸に，重いおもりと軽いおもりをつけた2つのふりこをつくり，同じ振れ幅で振らせて，振れ方を比べる。

結果 2つのふりこは同じ速さで振れる。

要点 ふりこが1往復するのにかかる時間は，おもりの重さには関係ない。

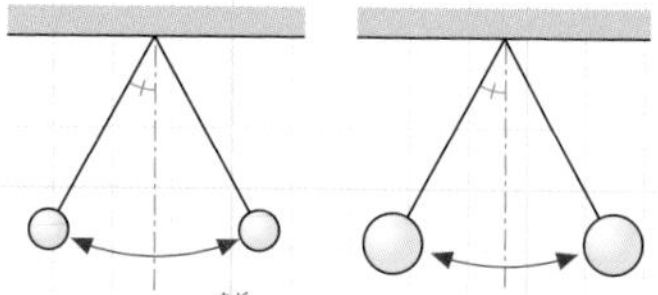
おもりの重さが違《ちが》っても，振れる速さは同じ

実験 同じふりこ(または糸の長さとおもりの重さが同じ2つのふりこ)の振れ幅を小さくしたときと大きくしたときとで，ふりこの振れ方を比べる。

結果 ふりこが1往復する時間は同じである。

要点 ふりこの振れ幅を変えても，1往復するのにかかる時間は変わらない。

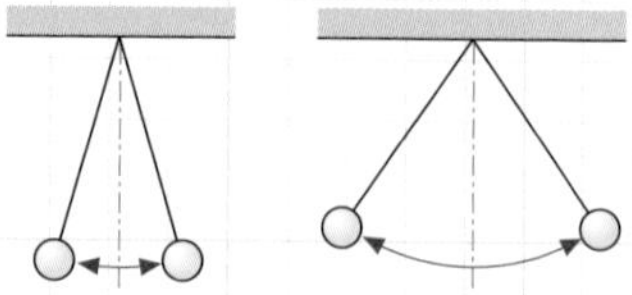
振れ幅を変えても，1往復の時間は同じ

入試ポイント

- ふりこが**1往復する時間**…**糸が長い**ほど**長く**なる(比例ではない)。
- おもりの**重さ**や**振れ幅**は，ふりこが1往復する**時間には無関係**。

注意 振れ幅が大きいほうが，おもりが動く距離《きょり》が長いので，おもりが糸の固定点の真下を通るときの速さは，振れ幅が大きいときのほうが速い。

▶ **ふりこを利用したもの**…ふりこ時計，メトロノーム

例題 ふりこの周期

ふりこの性質を調べるために，下の表の①～⑥のような実験をしました。

実験番号	①	②	③	④	⑤	⑥
振れ幅(cm)	10	10	20	10	10	10
ふりこの長さ(cm)	25	50	50	100	100	225
おもりの重さ(g)	50	100	100	50	150	50
10往復の時間(秒)	10.0	14.0	14.0	20.0	20.0	30.0

(1) 振れ幅とふりこが1往復する時間との関係は，①～⑥のどれとどれを比べればわかりますか。また，それによってどのようなことがわかりますか。

(2) ふりこの長さとふりこが1往復する時間との関係は，①～⑥のどれを比べればわかるか，3つ答えなさい。また，それによってわかることも答えなさい。

(3) おもりの重さと，ふりこが1往復する時間との関係は，①～⑥のどれとどれを比べればわかりますか。

(4) 振れ幅が25cm，ふりこの長さが200cm，おもりの重さが200gのとき，ふりこが1往復する時間は何秒になりますか。

考え方 調べたい条件《じょうけん》以外の条件が同じものどうしを比べる。

(1) ②と③は，振れ幅以外の条件が同じである。振れ幅が10cmの②と振れ幅が20cmの③で，10往復の時間が14.0秒(1往復の時間は1.4秒)と等しい。

(2) ①と④と⑥は，ふりこの長さ以外の条件が同じである。①を基準《きじゅん》にして考えると，④はふりこの長さが4倍で10往復の時間が2倍，⑥はふりこの長さが9倍で10往復の時間が3倍となっている(ふりこの長さが□×□倍となれば，ふりこが1往復する時間は□倍となる)。

(3) ④と⑤は，おもりの重さ以外の条件が同じで，10往復の時間も等しい。

(4) ふりこの長さが50cmの4倍なので，10往復の時間は14.0秒の2倍である。

答 (1) ②と③，振れ幅は，ふりこが1往復する時間に関係しない。

(2) ①と④と⑥，ふりこの長さが4倍，9倍となれば，ふりこが1往復する時間は2倍，3倍となる。

(3) ④と⑤，おもりの重さは，ふりこが1往復する時間に関係しない。　(4) 2.8秒

入試ポイント
- **調べたい条件以外**の条件が**同じ**ものどうしを比べる。
- ふりこの長さが□×□**倍**→ふりこの周期が□**倍**

2 おもりの運動

☞ 動き始めたおもりは，どのような運動をするか。

実験 図1のような位置にくぎを打ち，Aの位置からおもりを振《ふ》らせる。

結果 Aと同じ高さのBの位置まで振れ，ふたたび反対側に振れ始める。Aの位置まで戻《もど》ると，また右側へ振れ始め，これがくり返される。

おもりが右側を振れるときは，くぎの位置が支点《してん》となるため，ふりこの長さが50cmと短くなり，周期も短くなる。

図1

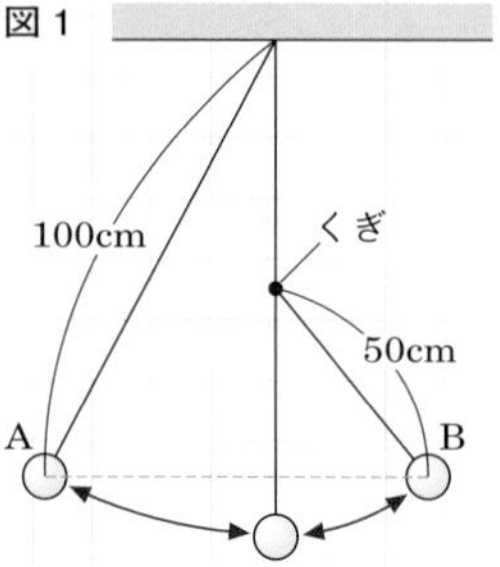

実験 図2のような位置にくぎを打ち，Cの位置からおもりを振らせる。

結果 Cと同じ高さまで振れようとするが，くぎによってCより高い位置にくることができず，振れる力《ちから》が0にはならないので，くぎに巻《ま》きついていく。

図2

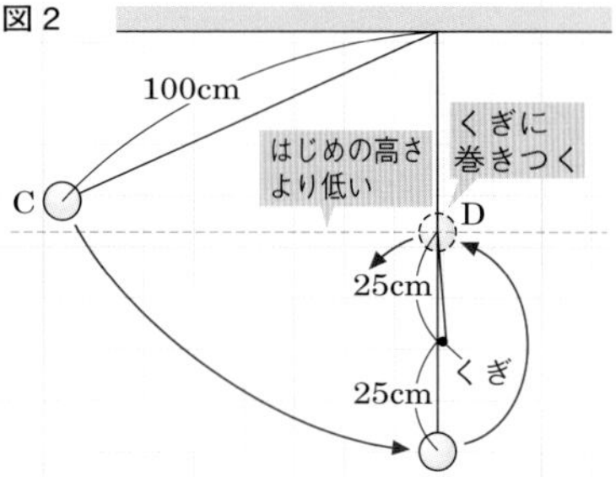

実験 下の図3で，レールのEの位置からおもりを転がす。

結果 おもりはループを通りぬけて，Eと同じ高さのE′の位置まで転がり，Eの位置まで戻ると，また右側へ振れ始め，これがくり返される。

実験 下の図3で，レールのFの位置からおもりを転がす。

結果 Fの高さはループの最高点より低いため，Fと同じ高さのF′の位置まで転がり，Fの位置まで戻ると，また右側へ振れ始める。

図3

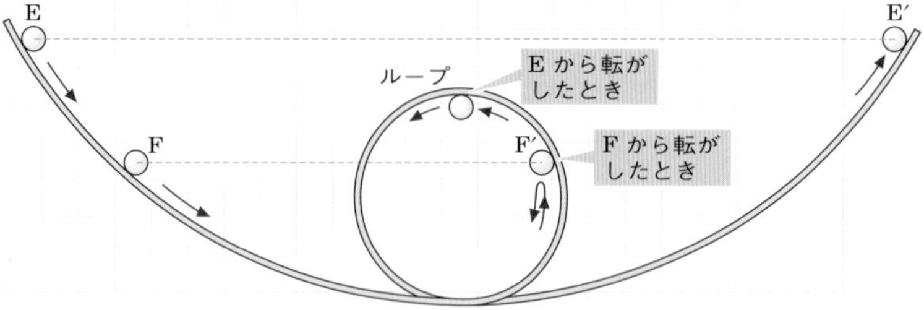

要点 おもりは運動を始めた位置と同じ高さまで運動しようとする。

入試ポイント

- ふりこの長さが短いと，**運動の周期も短くなる。**
- おもりは，運動を**始めた位置**と**同じ高さ**まで運動しようとする。

3 動いているおもりの力

動くおもりの速さや重さと力にはどんな関係があるか。

丸いおもりを転がして台車にぶつけると，台車はある距離《きょり》だけ進んで止まる。

実験 同じ重さのおもりをゆっくり転がしてあてたときと，速く転がしてあてたときとで，台車の進む距離を比《くら》べる。

結果 速く転がしたほうが，台車の進む距離が長くなる。

要点 同じ重さでも，速く動いているもののほうが大きな力を出す。

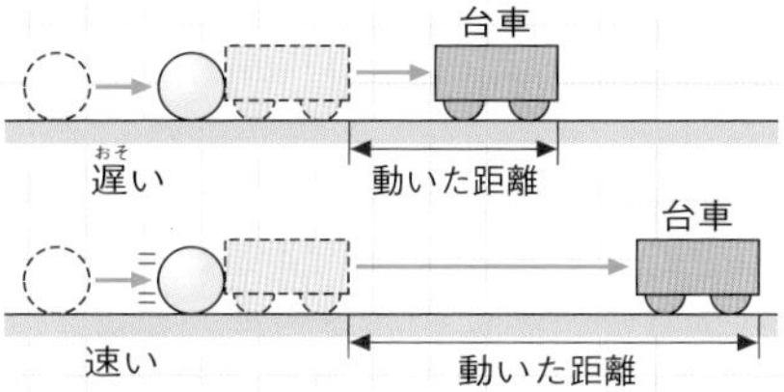

実験 軽いおもりと重いおもりを用意し，同じ速さで台車にぶつけて，台車が進む距離を比べる。

結果 重いおもりをぶつけたときのほうが，台車の進む距離は長い。

要点 速さが同じであれば，重いもののほうが，ぶつかったときに大きな力を出す。

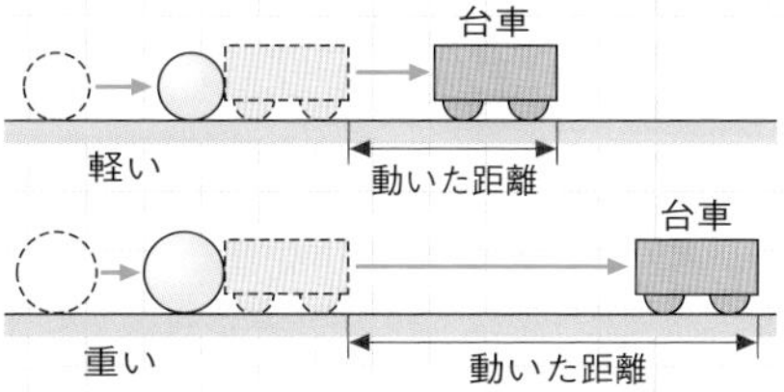

4 落下するおもりの力

おもりを落とす高さと力にはどんな関係があるか。

- **水平面上の運動**…台車などが水平面の上を動くとき，摩擦や空気抵抗がなければ，同じ速さでどこまでも動き続ける。
- **落下の速さ**…ものが落ちるときは，速さがだんだん速くなる。したがって，高い所から落ちるほど，地面にぶつかるときの速さが速い。また，速さが大きくなる割合《わりあい》は，ものの重さに関係ないので，同じ高さから落とすと，重いものも軽いものも同時に地面に落ち，速さも同じである。

実験 同じ重さのおもりを，高い所と低い所から落として，くぎにあて，くぎが板に刺《さ》さる深さを比べる。

結果 高い所から落としたほうが，くぎが深く刺さる。

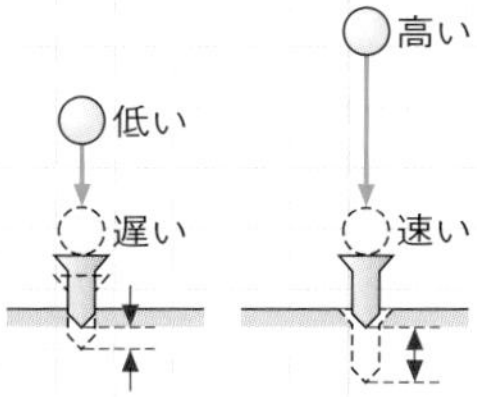

▲おもりを落とす高さと力

入試ポイント

- 重さが同じなら，**速いものほど**，ぶつかったときに**大きな力**を出す。
- 速さが同じなら，**重いものほど**，ぶつかったときに**大きな力**を出す。

● **斜面《しゃめん》を下る速さ**…ものが斜面を下っていくときも，速さがだんだん速くなる。このときの速さも，ものの重さとは関係なく，高さだけできまる。

実験 同じおもりを，右の図のA，B，C，Dの点から斜面に沿《そ》って落とし，水平面に置いた台車にぶつけて，台車の進む距離《きょり》を比《くら》べる。

結果 AはBの2倍の距離だけ台車を動かす。CとA，DとBは，それぞれ同じ距離だけ台車を動かす。

要点 斜面を下ってきたおもりが台車にぶつかったときに出す力《ちから》は，重さが同じならば，水平面からの高さに比例《ひれい》する。

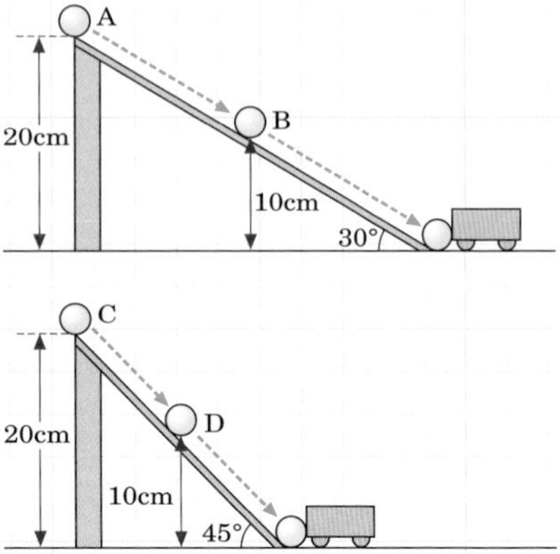

▲斜面を下るおもりのはたらき

例題 動いているおもりが出す力

(1) 図1のAとB, AとCでは，それぞれどちらのほうがくぎが深く刺《さ》さりますか。

(2) 図2のAとB, AとCではそれぞれどちらのほうが台車が遠くまで進みますか。

(3) 図3のAとBでは，どちらのほうが台車が遠くまで進みますか。

図1

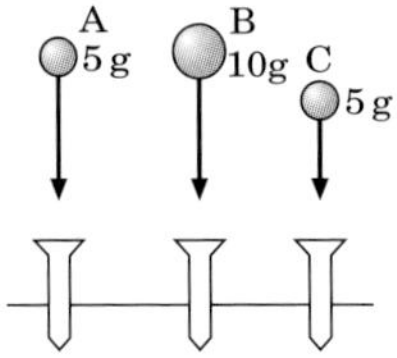

図2

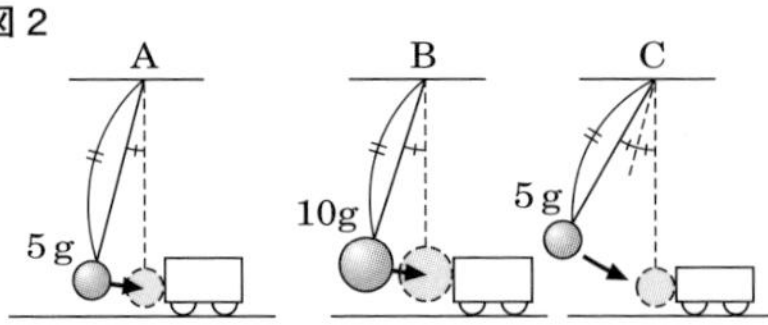

図3

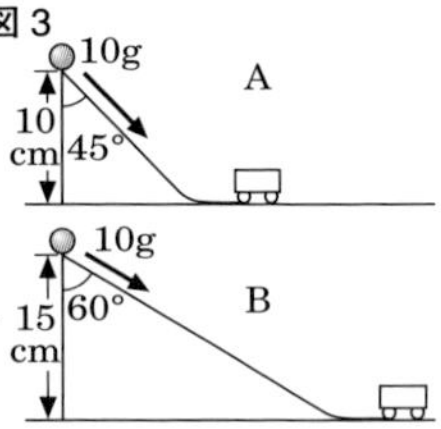

考え方 (1) AとBは高さは同じだが, Bのほうが重いから, Aより大きな力を出す。
A, Cは重さは同じだが，Aのほうが高いから，Cより大きな力を出す。

(2) A, Bは振《ふ》れ幅《はば》は同じだが，Bのほうが重いから，Aより大きな力を出す。
A, Cは重さは同じだが，Cのほうが振れ幅が大きいから，大きな力を出す。

(3) 重さは同じだが，Bのほうが高い所から下るので, Aより大きな力を出す。

答 (1) B・A　(2) B・C　(3) B

入試ポイント
- **高い所**から落ちるほど，地面にあたるときの速さが**速い**。
- 斜面上を下るときも，おもりの出す力は水平面からの**高さに比例**する。

5 物体の落下運動と物体の飛び出し

☞ 物体の速さや重さは移動距離《いどうきょり》と関係するか。

物体の落下運動

「4 落下するおもりの力」で説明したとおり，落下する物体の速さは落下時間とともに速くなり，その変化は落下する物体の重さに関係しない。もう少しくわしく説明すると，落下する物体の速さは落下時間に比例する。よって，落下距離は，速さの変化を表すグラフと時間の変化を表す横軸《よこじく》にかこまれた直角三角形の面積で表される。

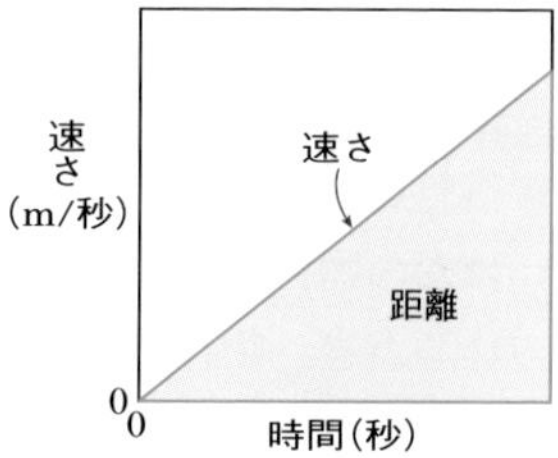

▲落下運動のグラフ

物体が水平に飛び出す運動

高い所から物体が水平に飛び出したとき，物体の鉛直方向《えんちょくほうこう》・水平方向への移動距離と時間は次のような規則性《きそくせい》で運動する。

- **時間と鉛直方向への移動距離の関係**…落下運動のときと同じように速さが落下時間に**比例**する(割合《わりあい》も同じ)ので，落下時間とともに，同じ時間あたりの移動距離が長くなっていく。
- **時間と水平方向への移動距離の関係**…飛び出したときの速さで水平方向に運動したときと同じになる(同じ時間あたりの移動距離が一定)。

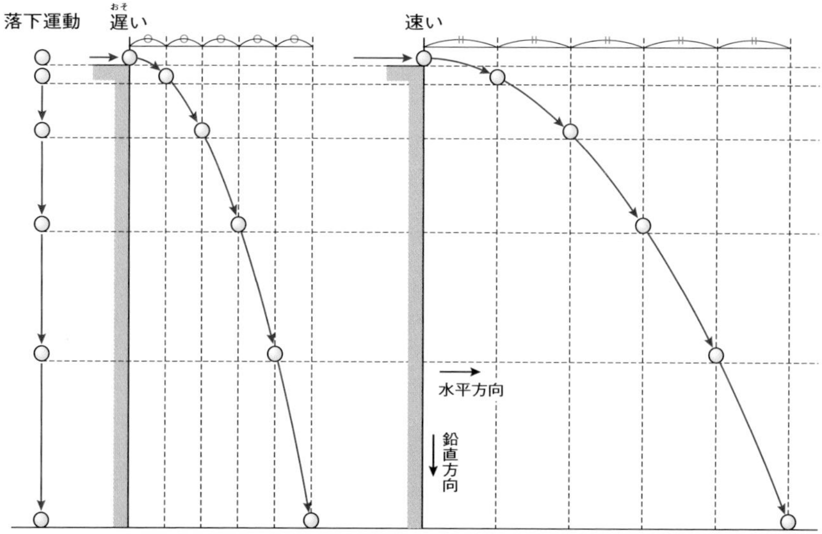

▲物体が水平に飛び出す運動

入試ポイント

- 時間と**鉛直方向**への移動距離…同じ時間あたりの移動距離が**長くなる。**
- 時間と**水平方向**への移動距離…同じ時間あたりの移動距離は**一定。**

6 慣性《かんせい》の法則《ほうそく》

物体の動きが急に変わるとどうなるか。

慣性の法則

- **慣性**…物体には，それまでの運動の状態を続けようとする性質《せいしつ》がある。これを**慣性**といい，すべての物体がもっている性質である。
- **慣性の法則**…ふりこの等時性《とうじせい》と同様に**ガリレオ・ガリレイ**が発見した法則で，ほかの物体から力《ちから》がはたらいていないときや，はたらいている力がつりあっているとき，物体の運動の状態は次のようになる。
  - ▶静止している物体は，いつまでも静止し続けようとする。
    例 止まっていた電車が急発進すると，人やつり革《かわ》は進行方向と逆向《ぎゃくむ》きに傾《かたむ》く。
  - ▶運動している物体は，そのままの速さで同じ向きに運動を続けようとする。
    例 一定の速さで動いていた電車が急ブレーキをかけて止まると，人やつり革は進行方向と同じ向きに傾く。

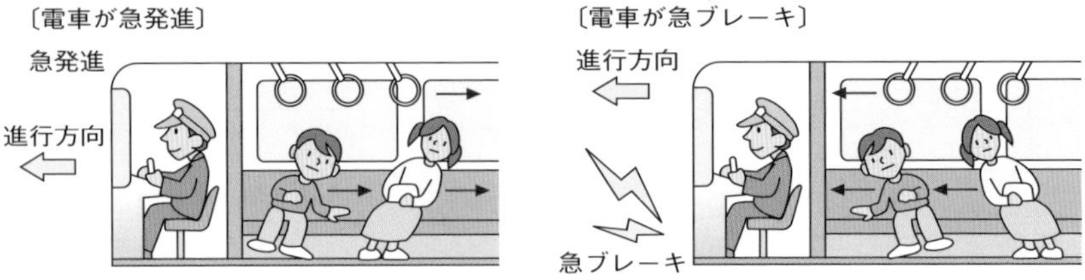

▲慣性の例

慣性の法則について調べる実験

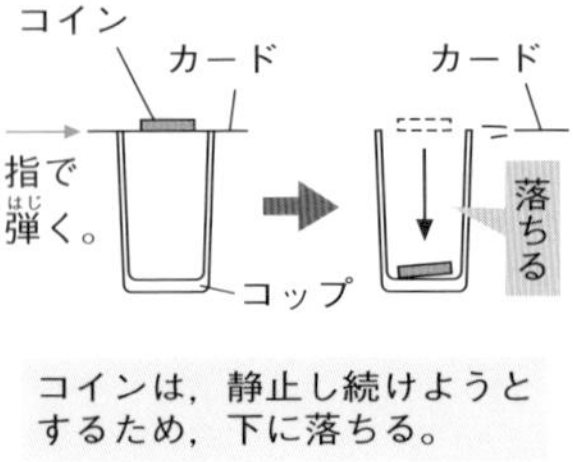

▲コイン落とし

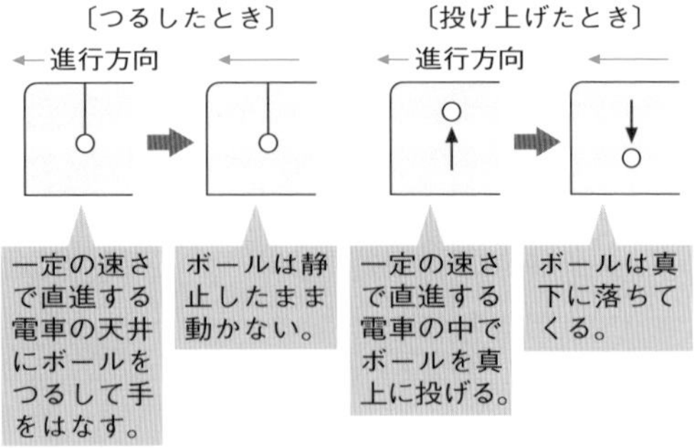

▲電車の中のボール

入試ポイント

- **静止している物体**は，いつまでも**静止し続けようとする。**
- **運動している物体**は，**同じ速さ**で**同じ向き**に運動を続けようとする。

☑ まとめチェック

知識を整理・確認しよう！

① ふりこの性質

□ ① ふりこの長さが4倍になると，1往復《おうふく》する時間は何倍になるか。

□ ② ふりこの振《ふ》れ幅《はば》が4倍になると，1往復する時間は何倍になるか。

□ ③ おもりの重さが4倍になると，1往復する時間は何倍になるか。

□ ④ ふりこを利用したものにはどのようなものがあるか。

② 動いているおもりと落下するおもりの力《ちから》

□ ① 動いているおもりのもつ力は，おもりの重さが重いほど大きくなるか，小さくなるか。

□ ② 動いているおもりがもつ力は，おもりの速さが速いほど大きくなるか，小さくなるか。

□ ③ 落下したり斜面《しゃめん》を下ったりしているおもりのもつ力は，高さの変化が大きいほど大きくなるか，小さくなるか。

③ 物体の落下運動と物体の飛び出し

□ ① 物体が落下するとき，落下時間と落下速度にはどのような関係があるか。

□ ② 物体が落下するとき，同じ時間あたりの落下距離《きょり》は落下時間とともに長くなるか，一定か。

□ ③ 高い所から物体が水平に飛び出すとき，飛び出してからの時間が2倍になると，水平方向への移動《いどう》距離は何倍になるか。

□ ④ 高い所から物体が水平に飛び出すとき，飛び出してからの時間が2倍になると，鉛直《えんちょく》下向きへの移動距離は何倍になるか。

④ 慣性の法則

□ ① 物体がそれまでの運動の状態を続けようとする(静止しているものは静止し続け，動いているものはそれまでの速さで同じ向きに運動を続けようとする)性質を何というか。

□ ② ふりこの等時性や慣性の法則を発見した人はだれか。

答え

①
- ① 2倍
- ② 1倍
- ③ 1倍
- ④ 例 メトロノーム

②
- ① 大きくなる
- ② 大きくなる
- ③ 大きくなる

③
- ① 比例《ひれい》
- ② 長くなる
- ③ 2倍
- ④ 4倍

④
- ① 慣性
- ② ガリレオ・ガリレイ

力だめしの問題 入試標準レベル

解答➡別冊p.63

❶ 右の図のようなふりこAとBを準備《じゅんび》しました。次の問いに答えなさい。 【土佐女子中】

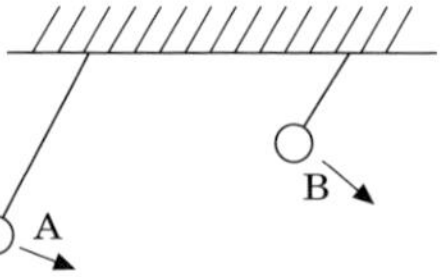

⑴ ふりこの振《ふ》れる時間はA，Bどちらのほうが長いですか。記号で答えなさい。（　　）

⑵ おもりの重さを重くすると，Aのふりこの振れる時間はどのようになりますか。（　　　　　　　　）

⑶ ふりこBのおもりを高くまで横に持ち上げ手からはなした場合と，少しだけ持ち上げ手からはなした場合では，ふりこの振れる時間はどのようになりますか。（　　　　　　　　）

⑷ この原理を利用したものを次から選び，記号で答えなさい。（　　）

ア　砂時計《すなどけい》　イ　バランスボール　ウ　メトロノーム　エ　シーソー

❷ 右の図のふりこは長さが25cmでおもりの重さが10gです。振《ふ》れ幅《はば》を5cmにしたとき，1往復《おうふく》する時間は1.0秒でした。次の各問いに答えなさい。 【南山中男子部・改】

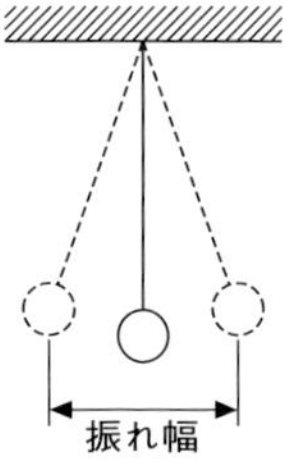

⑴ 長さを100cmにし，振れ幅を40cmにしたとき，1往復する時間は1.0秒より長くなりますか，短くなりますか。（　　　　　　　　）

⑵ ふりこを振らせると，ふりこが最下点を通過《つうか》するときの速さが最も速くなるものを，次から選び，記号で答えなさい。（　　）

ア　長さが25cm，おもりの重さが10g，振れ幅が5cmのとき。

イ　長さが50cm，おもりの重さが10g，振れ幅が5cmのとき。

ウ　長さが25cm，おもりの重さが20g，振れ幅が6cmのとき。

エ　長さが25cm，おもりの重さが10g，振れ幅が10cmのとき。

⑶ ふりこを振って，最下点においた木片《もくへん》をおもりで動かしました。長さ25cmで重さ10gのふりこを使い，振れ幅が5cmと10cmのときで木片の動きを比《くら》べました。結果を正しく説明したものを次から選び，記号で答えなさい。（　　）

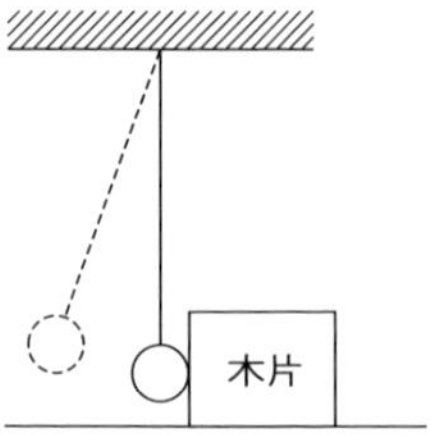

ア　振れ幅が5cmのほうが木片が動く距離《きょり》が長い。

イ　振れ幅が10cmのほうが木片が動く距離が長い。

ウ　振れる幅に関係なく，木片が動く距離は一定である。

3 次の問いに答えなさい。【土佐中】

図1

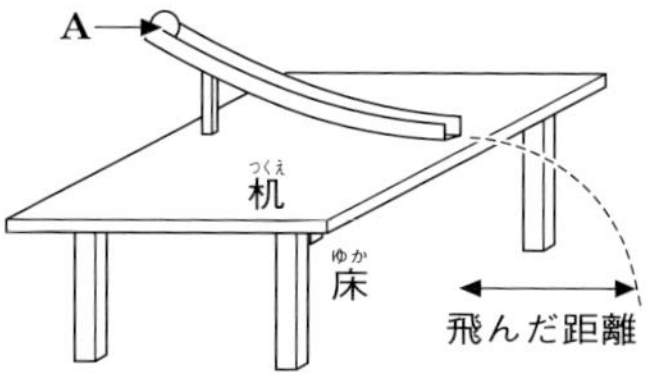

(1) 図1のように，すべり台のAの位置から100gの球と200gの球を転がしました。飛んだ距離を比べるとどうなりますか。次から選び，記号で答えなさい。

(　　)

ア　100gの球の飛んだ距離が大きい。
イ　200gの球の飛んだ距離が大きい。
ウ　100gの球と200gの球の飛んだ距離は同じ。

図2

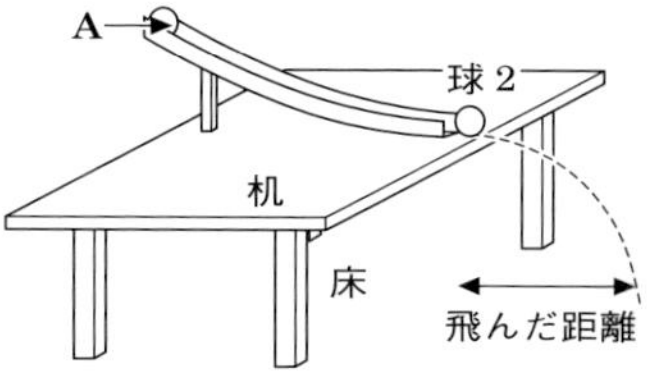

(2) すべり台のAの位置から100gの球と200gの球を転がし，球２にぶつけました。球２が飛んだ距離を比べるとどうなりますか。次から選び，記号で答えなさい。

(　　)

ア　100gの球のときが飛んだ距離が大きい。
イ　200gの球のときが飛んだ距離が大きい。
ウ　100gの球のときと200gの球のときで，飛んだ距離は同じ。

図1

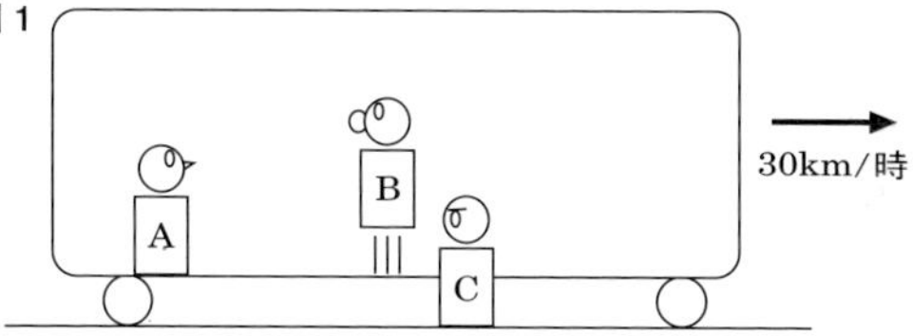

4 図1のように，AさんとBさんが一直線上の線路を一定の時速30kmで走る電車に乗っています。Cさんは電車の外にいて，その場から動かず電車の窓《まど》ごしにBさんを観察しています。このとき，Bさんが電車の中で真上にジャンプしました。これについて，次の問いに答えなさい。【共立女子中】

図2

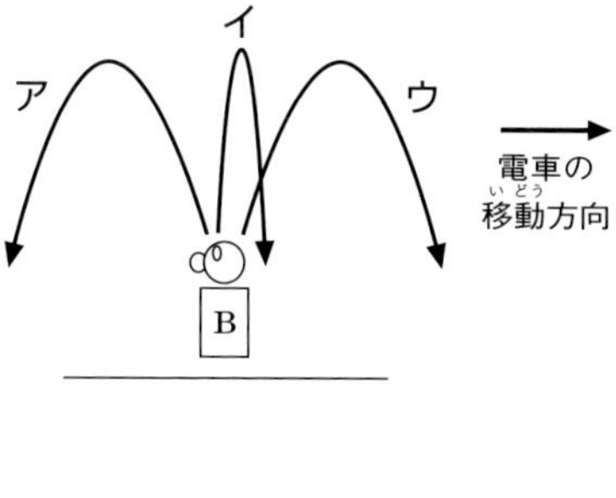

(1) Aさんから見ると，Bさんの動きはどのように見えますか。図2のア～ウから1つ選び，記号で答えなさい。

(　　)

(2) Cさんから見ると，Bさんの動きはどのように見えますか。図2のア～ウから1つ選び，記号で答えなさい。

(　　)

チャレンジ問題 入試発展レベル

解答➡別冊p.63

★は最高レベル

1 もとの長さが10cmのばねAと，もとの長さが6cmのばねBを用意します。これらのばねに100gのおもりをつるすと，ばねAは1cm伸《の》び，ばねBは1.4cm伸びます。これについて，次の問いに答えなさい。ただし，ばねの重さは考えないものとします。

【東邦大付東邦中】

⑴ ばねBにおもりをつるすとばねBの長さが13cmになりました。つるしたおもりの重さは何gですか。 （　　　）

⑵ ばねAを半分の長さに切り，その半分にしたばねの片方《かたほう》に350gのおもりをつるしました。このとき，ばねの長さは何cmですか。 （　　　）

⑶ **図1**のように，ばねA，ばねB，400gのおもり，250gのおもりをつなぎました。このとき，ばねAとばねBの長さの和は何cmですか。 （　　　）

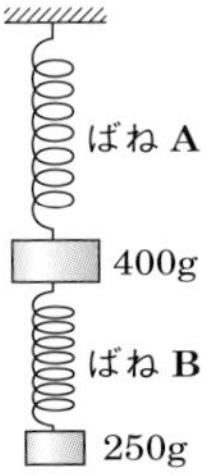

図1

⑷ ばねAとばねBにそれぞれ同じ重さのおもりをつるすと，ばねAとばねBの長さが同じになりました。つるしたおもりの重さは何gですか。 （　　　）

⑸ **図2**のように，ばねA，ばねB，500gのおもり，800gのおもりをつなぎ，ばねAの長さが17cmになるように800gのおもりの下に台ばかりを置きました。このとき，台ばかりの針《はり》は何gを指しますか。 （　　　）

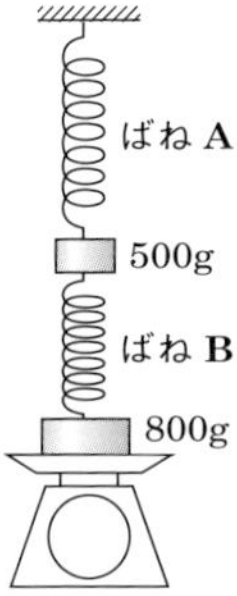

図2

2 次の文章を読んで，あとの各問いに答えなさい。

【大阪星光学院中】

プールに入ると自分のからだが軽くなったように感じることがあります。これは，からだを押《お》し上げる力がまわりの水からはたらくためです。この力を「浮力《ふりょく》」といいます。古代ギリシャのアルキメデスは，浮力の大きさは物体が押しのけた液体《えきたい》の重さに等しいことを発見しました。これを「アルキメデスの原理」といいます。

浮力に興味《きょうみ》をもった太郎君は，その大きさについて調べるために，次の**〈実験1〉**～**〈実験4〉**を行いました。

〈実験 1〉　図 1 のように，500cm^3 の水が入ったメスシリンダーを台ばかりにのせると，台ばかりは 600g を示《しめ》しました。次に，メスシリンダーに体積 60cm^3 の木片《もくへん》を静かに入れたところ，**図 2** のように木片は浮《う》いて静止し，水面はメスシリンダーの 550cm^3 の目《め》盛《も》りの位置になりました。

〈実験 2〉　図 3 のように，メスシリンダーの底面と木片を糸でつなぎ，木片全体が水中に浸《つ》かるようにしました。

〈実験 3〉　メスシリンダーから木片と糸をとり出し，**図 4** のように糸でばねばかりにつるした，体積 20cm^3，重さ 160g の鉄球を，全体が水中に浸かるように入れました。

〈実験 4〉〈実験 3〉の状態《じょうたい》から，メスシリンダーに 25g の食塩《しょくえん》を入れたところ，液体の体積は変わることなく，食塩はすべて水にとけました。

図 1

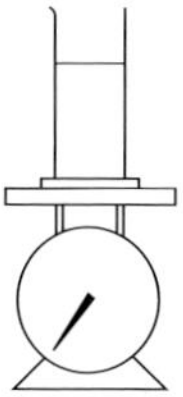

図 2

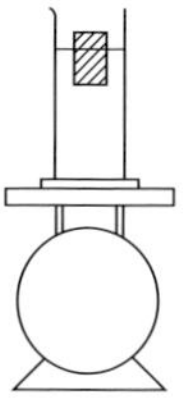

図 3

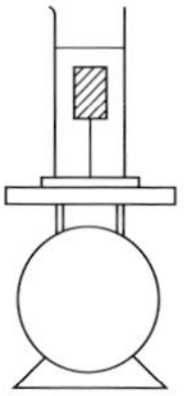

図 4

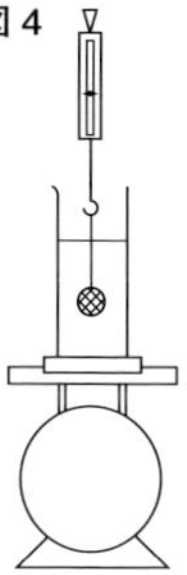

ただし，実験中にメスシリンダーの中の水の量は変化しないものとし，木片や鉄球の形や体積も変化しないものとします。また，水の重さは 1cm^3 あたり 1g とし，糸の重さや体積は無視《むし》できるものとします。

⑴ **実験 1** の結果から，木片の重さは何 g と考えられますか。　(　　　　)

⑵ **実験 1** で，**図 2** の台ばかりは何 g を示したと考えられますか。　(　　　　)

⑶ **実験 2** で，**図 3** の台ばかりは何 g を示したと考えられますか。　(　　　　)

⑷ **実験 3** で，**図 4** のばねばかり，および台ばかりは，それぞれ何 g を示したと考えられますか。　**ばねばかり** (　　　　)　**台ばかり** (　　　　)

⑸ **実験 4** で，食塩 25g を加えた水溶液《すいようえき》の 1cm^3 あたりの重さは何 g と考えられますか。ただし，答えがわり切れない場合は，四捨五入《ししゃごにゅう》して小数第 2 位まで求めなさい。　(　　　　)

★⑹ **実験 4** で，**図 4** のばねばかり，および台ばかりは，それぞれ何 g を示したと考えられますか。　**ばねばかり** (　　　　)　**台ばかり** (　　　　)

3 **棒《ぼう》におもりをつるして水平につりあういくつかの実験を行《おこな》いました。ただし，ここでは棒やひもの重さは無視《むし》できるものとします。また，棒の長さは100cmです。**

【南山中男子部】

⑴ 右の図では，棒は水平につりあっています。おもり①の重さは160g，**AO**の長さは24cm，**BO**の長さは3cmでした。おもり②の重さは何gですか。　(　　　　)

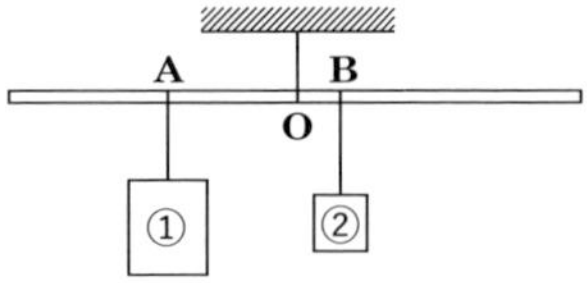

⑵ 右の図からおもり②を右へ動かし，**BO**の長さを4cmにしたとき，棒が水平につりあうためにはおもり①をつるす**A**点をどこに移動《いどう》させればよいですか。**AO**の長さを答えなさい。　(　　　　)

⑶ 次に，右の図のように棒の右端《はし》の**C**点(**CO** = 50cm)にばねばかりをつけて，上方へ60gの重さだけ支《ささ》えています。棒の**O**点から左へ24cmの**A**点に160gのおもり①を，**O**点と**C**点の間に480gのおもり③を棒につるし，棒が水平につりあうためには，おもり③をどこにつるせばよいですか。**BO**の長さを答えなさい。　(　　　　)

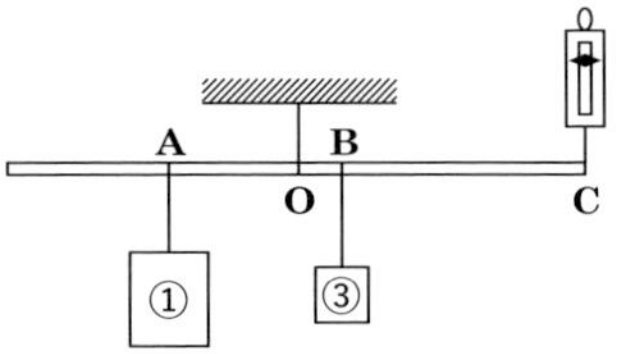

★⑷ 次に，右の図のように**O**点から左に24cmの**A**点に160gのおもり①を，**O**点から右に40cmの**B**点に棒をつるし，その棒の中心**P**点より左に40cmの**D**点に重さのわからないおもり④を，**P**点より右に20cmの**E**点に重さのわからないおもり⑤をつるしました。おもり④は台ばかりの上にのっていて，2本の棒はどちらも水平につりあっています。台ばかりの目盛《めも》りは110gでした。おもり④の重さを答えなさい。

(　　　　)

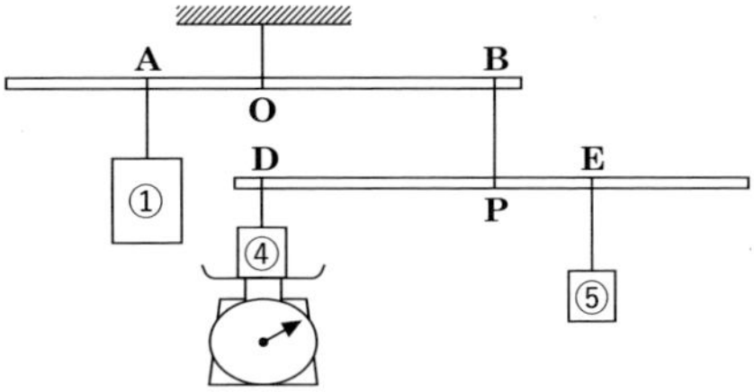

4 **次の問いに答えなさい。ただし，糸の重さは考えないものとします。**

【明治大付中野八王子中】

⑴ 太さが一様《いちよう》で長さが60cm，重さが100gのアルミニウム棒を使い，糸におもりをつるしたところ，**図1**〜**図3**のようにつりあいました。**A**〜**C**のおもりは，それぞれ何gか答えなさい。

A(　　　　)　**B**(　　　　)　**C**(　　　　)

図1

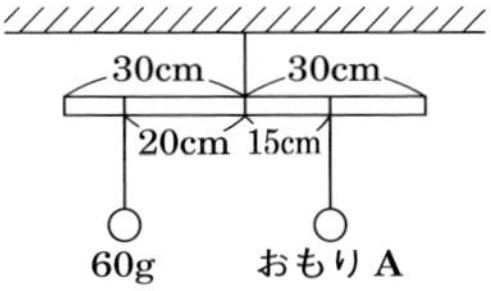

図2

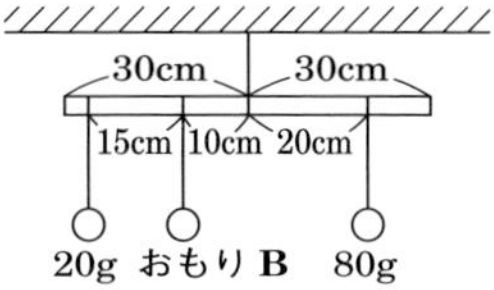

図3

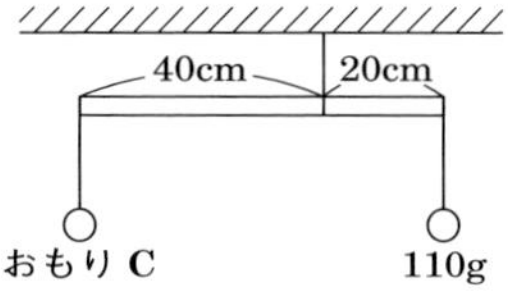

★(2) 太さが一様でなく，長さが60cm，重さが120gの棒を，**図4**のように糸でつるしたところ，棒はつりあいました。次に，同じ棒を使い**図5**のようにおもりをつるして，つりあいました。**D**のおもりは何gか答えなさい。　（　　　　）

図4

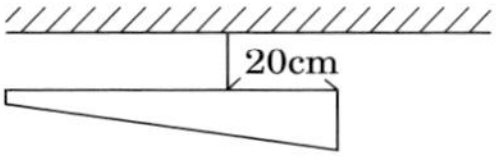

図5

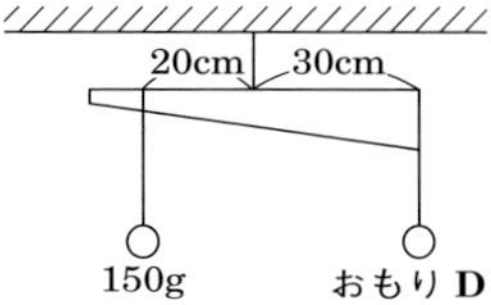

5 **下の図の装置《そうち》は，レバーが歯数60枚《まい》の歯車Aにとり付けられていて，ハンドル部分をもってレバーをある角度まわしたとき，それと同じ角度だけ歯車Aもまわります。レバーや糸の重さは考えなくてよいものとします。**　【高田中】

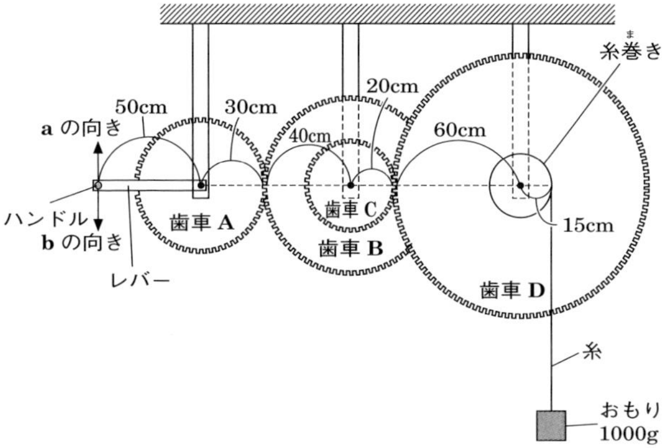

(1) おもりが動かないようにするためには，レバーのハンドルに，**a**と**b**のどちらの向きに何gの力を加えればよいですか。

向き（　　　）　力（　　　　　）

(2) 歯車**B**の歯数は何枚ですか。　（　　　　）

★(3) レバーを72°だけまわすと，おもりは何cm動きますか(円周率《えんしゅうりつ》は3とする)。

（　　　　）

★(4) おもりを，糸巻きの1回転分だけ巻き上げるには，レバーを何回転しなければならないですか。　（　　　　）

★ **6** **重さの無視《むし》できる3種類の棒《ぼう》にいろいろなおもりをつり下げ，天井からつるすことにしました。ただし，糸の重さは無視できるものとします。また，図1のように，90°，60°，30°の三角形の三辺の長さの比《ひ》は，1：2：1.7とします。次の各問いに答えなさい。** 【東京都市大付中】

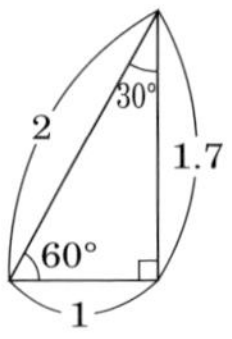

図1

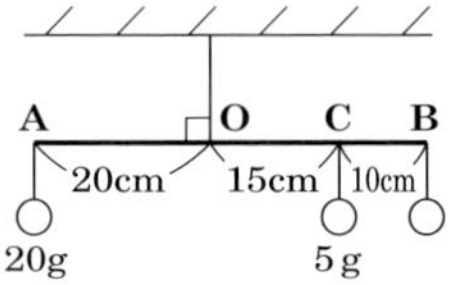

図2

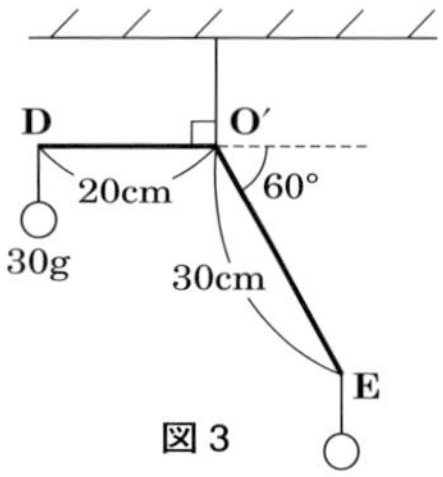

図3

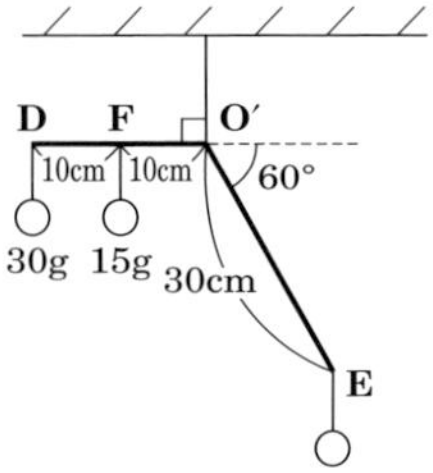

図4

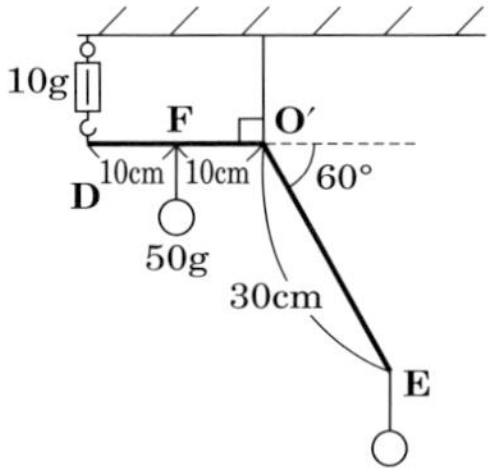

図5

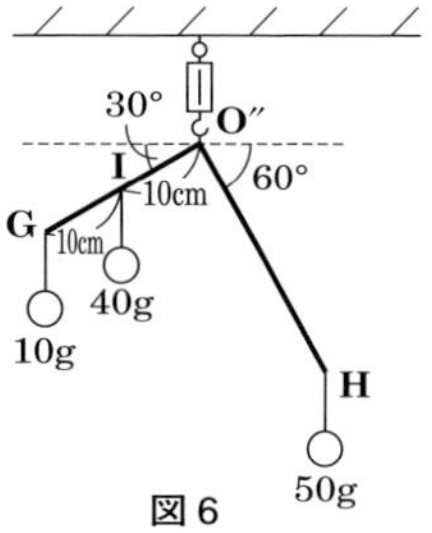

図6

(1) 図2のように，真っすぐな棒ABに3つのおもりをつり下げたところ，棒は静止しました。右端《はし》Bにつり下げたおもりは何gですか。（　　　　）

(2) 図3のように，曲がった棒DEに2つのおもりをつり下げたところ，棒は静止しました。右端Eにつり下げたおもりは何gですか。（　　　　）

(3) 図4のように，曲がった棒DEに3つのおもりをつり下げたところ，棒は静止しました。右端Eにつり下げたおもりは何gですか。（　　　　）

(4) 図5のように，曲がった棒DEの左端Dをばねばかりで支《ささ》え，点Fに50gのおもりを，右端Eにおもりをつり下げたところ，ばねばかりは10gを指し，棒は静止しました。右端Eのおもりは何gですか。（　　　　）

(5) 図6のように，曲がった棒GHを，ばねばかりを利用して支えることにしました。棒GHの点O″から20cm離《はな》れた左端Gに10g，10cm離れた点Iに40g，右端Hに50gのおもりをそれぞれつり下げたところ，棒は静止しました。

① 点O″から点Hまでの長さを求めなさい。（　　　　）

② ばねばかりが指している値《あたい》を求めなさい。（　　　　）

7 **長さが 1m で重さが 6kg の細長い長方形の板を用いていろいろな実験を行《おこな》いました。この板はどこも同じ厚《あつ》さで，重さは真ん中にかかっているものとします。次の各問いに答えなさい。** 【帝塚山学院泉ヶ丘中】

(1) 図１のように，ABの長さが 40cm のとき，板ACの右端のCを支えないと板は水平を保てずに，板の右側が下がってしまいます。板の右端のCが下がらないようにするには，最低何kgの力で板を上向きに支えればよいですか。　(　　　　　)

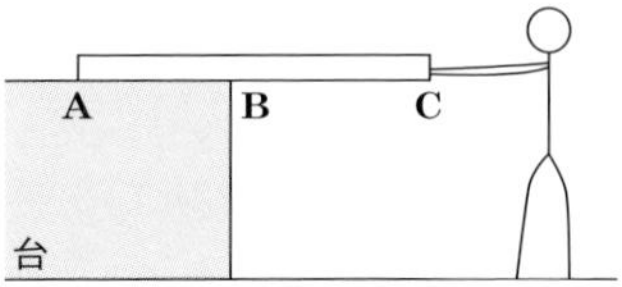

図１

(2) 図２のように，ABの長さが 65cm のとき，板ACの左端のAから 9kg の球を板の上をBの方向に転がしました。この球がBから何cm右を通るとき，板の右端のCが下がりだしますか。　(　　　　　)

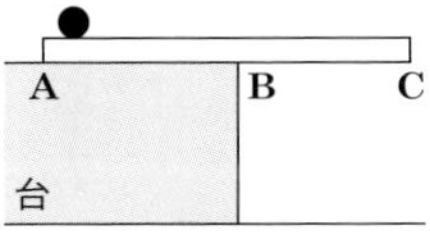

図２

8 **正確《せいかく》な時刻《じこく》を示《しめ》すふりこ時計があります。この時計のふりこは 1 分間に 60 回往復《おうふく》しています。これと同じふりこの長さだけ変えた時計 A～G を用意し，ふりこの 1 往復にかかる時間を測定《そくてい》すると，表のような結果になりました。** 【甲南中】

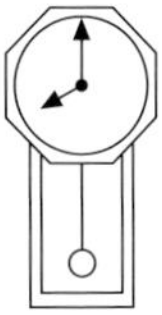

ふりこ時計	A	B	C	D	E	F	G
ふりこの長さ(cm)	10	15	20	25	35	50	55
1 往復にかかる時間(秒)	0.6	0.8	0.9	1.0	1.2	1.4	1.5

(1) 時計 A～G を 8 時に合わせて，同時に動かし始めました。次の①，②にあてはまる時計をすべて選び，A～G の記号で答えなさい。

① 正確な時刻より遅《おく》れる時計　(　　　　　)

② 正確な時刻より進む時計　(　　　　　)

(2) (1)で正しい時計が 1 時間後，時計BとEは何時何分を示しますか。

B(　　　　　)　E(　　　　　)

(3) 時計Eで，右の図のような位置にくぎを打ち，8 時に合わせて図の a の位置からふりこを振《ふ》らせ始めました。このとき，ふりこの 1 往復にかかる時間は何秒になりますか。また，正しい時計が 1 時間後，この時計は何時何分を示しますか。糸はたるむことなく，空気の抵抗《ていこう》や摩擦《まさつ》はないものとします。

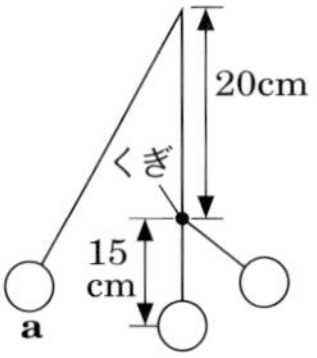

1 往復にかかる時間(　　　　　)

この時計が 1 時間後に示す時刻(　　　　　)

9 **次の〈実験 1〉,〈実験 2〉について，あとの問いに答えなさい。** 【京都女子中】

〈実験 1〉 下の**図 1** のような形をした表面が滑《なめ》らかなレールを用意しました。左端《はし》の**A**点から金属球《きんぞくきゅう》をはなしたところ，**B**点を$\boldsymbol{x}$（cm/秒）の速さで通過《つうか》し，**G**点まで金属球は転がりました。このときの**B**点から**G**点までの速さと時間の関係を**図 2** に表しました。

〈実験 2〉 次に〈実験 1〉で使用したレールを下の**図 3** のようにつくりかえました。左端の**H**点から金属球をはなしたところ，**I** 点を$\boldsymbol{x}$（cm/秒）の速さで通過し，**N**点まで金属球は転がりました。

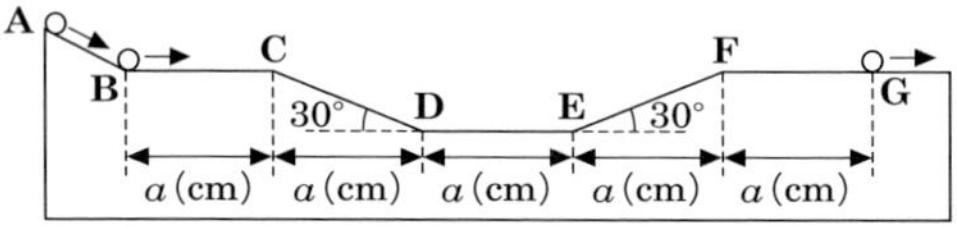

図 1

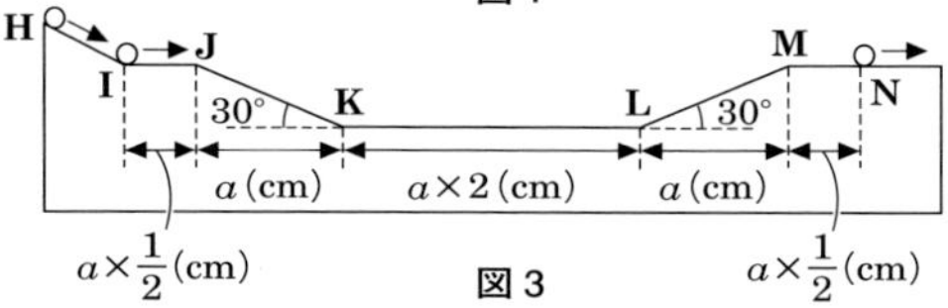

図 3

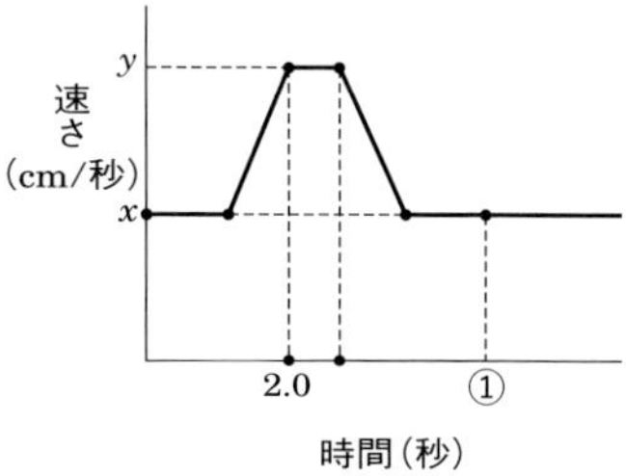

図 2

(1) **実験 1** で金属球が最も速く転がる区間を**〈例〉**にならって，**図 1** の中から記号で答えなさい。

〈例〉 **A**－**B**間 （　　　　）

(2) **B**点から**C**点を通過するまでにかかった時間を，記号を使った分数の形で答えなさい。 （　　　　）

(3) **図 2** の①は，金属球が**G**点を通過したときの時間です。①の時間を，記号を使った分数の形で答えなさい。 （　　　　）

(4) **C**－**D**間の金属球にはたらいている重力の向きを，右の**図 4** のア～シから 1 つ選び，記号で答えなさい。

（　　）

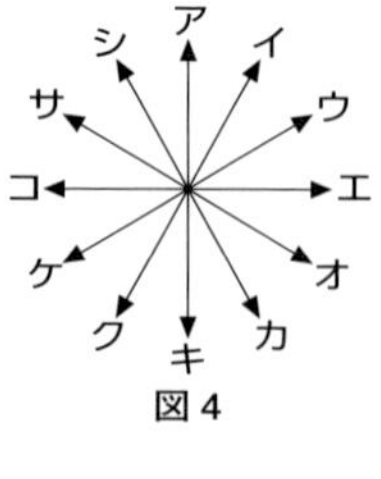

図 4

(5) **E**－**F**間の金属球にはたらいている斜面《しゃめん》方向の力の向きを，右の**図 4** のア～シから 1 つ選び，記号で答えなさい。ただし，力が 0 のときは 0 と答えなさい。

（　　）

★ (6) **I** 点～**N**点までにかかった時間を，整数と記号を使って表すと次のようになります。(　)内にあてはまる整数または記号を答えなさい。ただし，**C**－**D**間と**J**－**K**間，**E**－**F**間と**L**－**M**間はそれぞれ同じ斜面であるものとします。

$$(\text{　あ　}) + \frac{2 \times (\text{　い　})}{(\text{　う　})} - \frac{(\text{　え　})}{(\text{　お　})}$$

あ(　　　)　い(　　　)　う(　　　)　え(　　　)　お(　　　)

10 **右の図のように，滑らかな斜面の点Pから50gの小球Aを静かにはなしました。その後，小球Aは点Qから飛び出しました。** 【捜真女学院中学部】

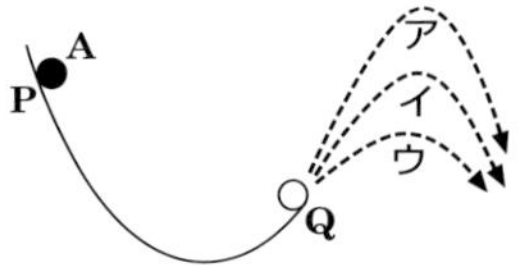

(1) 点**Q**から飛び出したあと，小球**A**はどのような道すじをたどりますか。図のア～ウから選び，記号で答えなさい。　(　　)

(2) 小球**A**と大きさの等しい120gの小球**B**で同じ実験をすると，どのような道すじをたどりますか。図のア～ウから選び，記号で答えなさい。　(　　)

11 **物体の運動について，次の問いに答えなさい。** 【聖光学院中】

(1) 図1のように，肩《かた》の上から，斜《なな》め上に向けてボールを投げました。手をはなれてから，ボールはどのような線をえがきますか。次から最も適《てき》したものを1つ選び，記号で答えなさい。　(　　)

図1

(2) 図2のように，下から斜め上に向けてボールを投げました。手をはなれてから，ボールはどのような線をえがきますか。次から最も適したものを1つ選び，記号で答えなさい。　(　　)

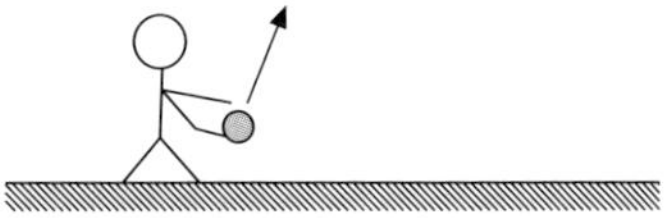

図2

第2章 電気

電気の道すじ

●発電

水力発電所のダム

●送電

電力の一部が，ここで熱として失われる。

送電塔《そうでんとう》と電線

写真提供：中部電力株式会社

大量の電気を効率《こうりつ》よく送るため，じょうぶなつくりになっている。

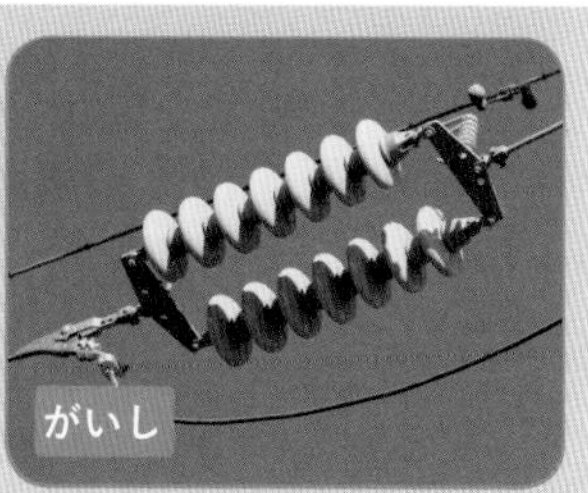

送電線を支《ささ》え，送電塔と送電線とを絶縁《ぜつえん》する。

●電気の利用

家庭では，ふつう 1 つのコンセントから 100V の電圧《でんあつ》を得《え》ることができる。

第2章 電気

1 電流《でんりゅう》と回路《かいろ》

1 回路

電流の流れる道すじは，どのようになっているか。

- **回路**…電池《でんち》に豆電球をつなぐと，電池の＋極《プラスきょく》から豆電球を通って－極《マイナスきょく》まで電流が流れる。電流の流れる道すじは，電池から出てふたたび電池に戻《もど》るというように，ひとまわりの道すじになっているので，**回路**という。回路が途中《とちゅう》で切れているときは，電流が流れない。
- **回路図《かいろず》**…回路の様子を下の図のような記号を用いてわかりやすく表したものを**回路図**という。

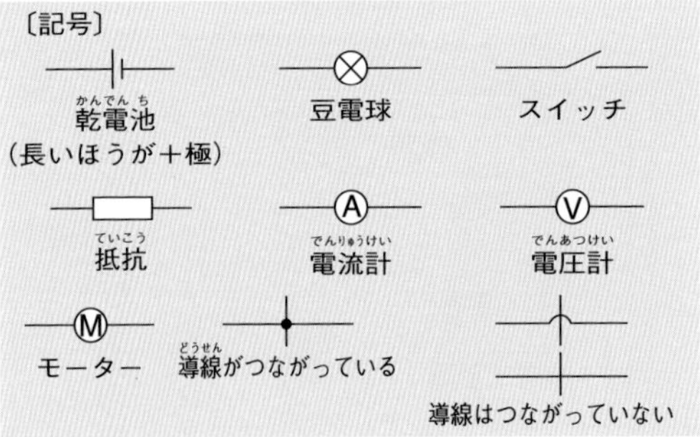

▲回路を表す記号

〔回路図の例〕

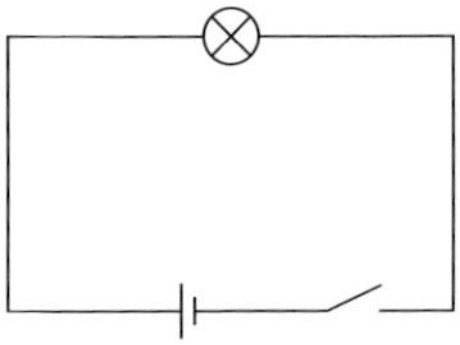

- **電流**…電気の流れを**電流**という。電流はいつでも電池の＋極から－極へ向かって流れる。電流の強さの単位は**アンペア**(**A**)である。弱い電流には**ミリアンペア**(**mA**)という単位も使われる(1A＝1000mA，1mA＝0.001A)。
- **電圧《でんあつ》**…電流を流そうとするはたらきを**電圧**という。電圧の大きさの単位は**ボルト**(**V**)である。
- **抵抗**…電流の流れにくさを**抵抗**という。抵抗の大きさの単位は**オーム**(**Ω**)である。大きな抵抗には**キロオーム**(**kΩ**)という単位も使われる(1kΩ＝1000 Ω)。豆電球や電熱線《でんねつせん》のような，電流の流れを妨《さまた》げるものも抵抗という。

入試ポイント
- **回路**…電流の流れる道すじ。電池の＋極と－極をつないでいる。
- **電流**…回路を**＋極から－極へ向かって**流れる。単位は**アンペア**(**A**)。

2 豆電球や電池のつなぎ方

☞ 直列《ちょくれつ》つなぎと並列《へいれつ》つなぎの違《ちが》いは何か。

●**直列つなぎ**…電流の通る道すじが枝《えだ》分かれせず，1本道になっているようなつなぎ方を**直列つなぎ**という。

▶**豆電球の直列つなぎ**…右の図のように，いくつかの豆電球を電流が次々《つぎつぎ》に通っていくようなつなぎ方。豆電球が2個，3個，……と増《ふ》えるにつれて，電流が$\frac{1}{2}$，$\frac{1}{3}$，……と減《へ》っていくので，豆電球は暗くなっていく。しかし，電池は長もちする。豆電球を1個外すと，回路が切れるので，ほかの豆電球も全部消える。

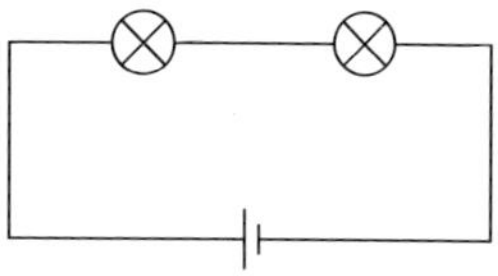

▲豆電球の直列つなぎ

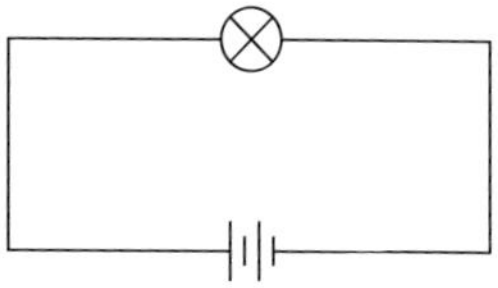

▲電池の直列つなぎ

▶**電池の直列つなぎ**…第1の電池の－極に第2の電池の＋極をつなぐというやり方でいくつかの電池をつなぐ方法。電池が2個，3個，……と増えるにつれて，電流が2倍，3倍，……となっていくので，豆電球は明るくなっていく。しかし，電池は早く無《な》くなる。電池を1個外すと，そこで回路が切れるので，豆電球は消える。

●**並列《へいれつ》つなぎ**…電流の通る道すじが枝分かれしていて，電流が分かれて流れるようなつなぎ方を**並列つなぎ**という。

▶**豆電球の並列つなぎ**…右の図のように，電流がいくつかの豆電球に分かれて入っていくようなつなぎ方。豆電球の数が2個，3個，……と増えても，それぞれの豆電球を流れる電流の強さは同じなので，明るさは変わらない。しかし，電池から流れ出る電流は2倍，3倍，……と増えるので，電池は早く無くなる。豆電球を1個外しても，ほかの豆電球は消えない。

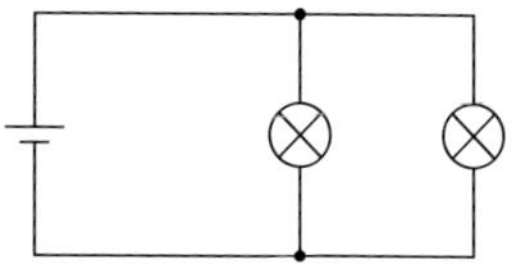

▲豆電球の並列つなぎ

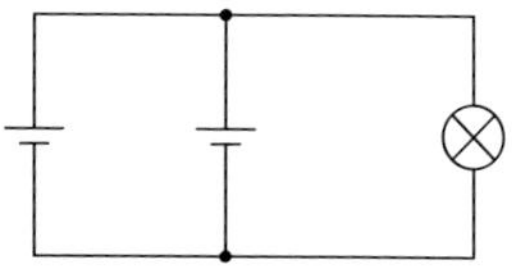

▲電池の並列つなぎ

▶**電池の並列つなぎ**…電池の＋極どうし，－極どうしを結ぶつなぎ方。電池を2個，3個，……と増やしても，豆電球の明るさは変わらないが，1個の電池から流れ出る電流は$\frac{1}{2}$，$\frac{1}{3}$，……と減っていくので，電池は長もちする。電池を1個外しても，豆電球は消えない。

注意 電池が流すことのできる電気の総量《そうりょう》はきまっているので，電池から流れ出る電流を弱くするほど，電池は長もちする。

入試ポイント
- **豆電球**の**直列つなぎ→暗く**なる
- **電池**の**直列**つなぎ→**明るく**なる
- **並列**つなぎ→明るさは**変わらない**

参考 **ショート**…右の図のように，豆電球と並列《へいれつ》に導線《どうせん》(ほとんど抵抗《ていこう》がない)をつなぐと，豆電球は消える。このように，抵抗のあるもの(豆電球)と抵抗のないもの(導線)とが並列になっていると，電流は流れやすい(抵抗のない)ほうを流れようとするので，抵抗のある豆電球のほうには，ほとんど電流が流れなくなる。このように，電流の逃《に》げ道があるために，抵抗のある所をほとんど電流が流れないことをショートという。

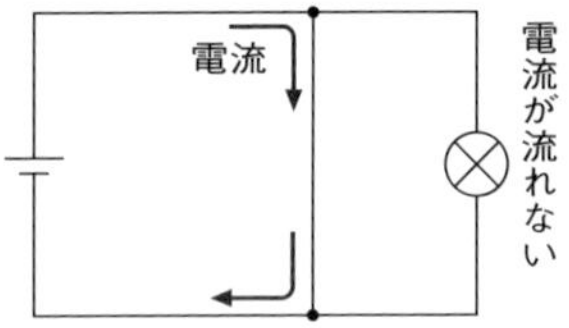

▲ショート

注意 ショート回路は大きな電流が流れるため危険《きけん》である。

3 電流計《でんりゅうけい》・電圧計《でんあつけい》の扱《あつか》い方

☞ 回路《かいろ》の中にどのようにつなげばよいか。

● **電流計**…豆電球などの抵抗を流れる電流の強さをはかる計器。はかろうとする抵抗と直列《ちょくれつ》につなぐ。

● **電圧計**…抵抗に加わっている電圧をはかる計器。はかろうとする抵抗と並列につなぐ。

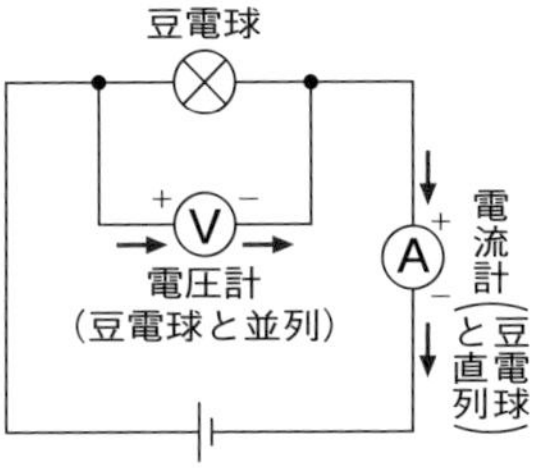

▲電流計・電圧計のつなぎ方

▶ **+端子《プラスたんし》・−端子《マイナスたんし》の使い方**…+端子を電池の+《プラス》極《きょく》側に，−端子を電池の−《マイナスきょく》極側につなぎ，電流計や電圧計に，+端子から電流が流れこみ，−端子から電流が流れ出るようにする。

▶ **−端子の選び方**…電流計・電圧計とも，+端子は1つしかないが，−端子はふつう3つある。−端子のところに書いてある値《あたい》(電流計では50mA，500mA，5A，電圧計では3V，15V，300V)は，そこにつないだときにはかることのできる電流や電圧の最大値《さいだいち》を示《しめ》している。つなぐときは，電流や電圧の大きさがわからない場合ははじめにいちばん大きな数の−端子(5Aや300V)につなぎ，指針《ししん》の振《ふ》れが小さすぎたら，もう1段階《だんかい》下の−端子につなぎかえる。それでも小さすぎたら，いちばん小さい値の−端子につなげばよい。

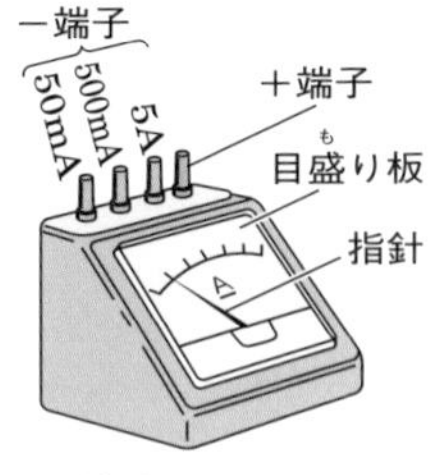

▲電流計

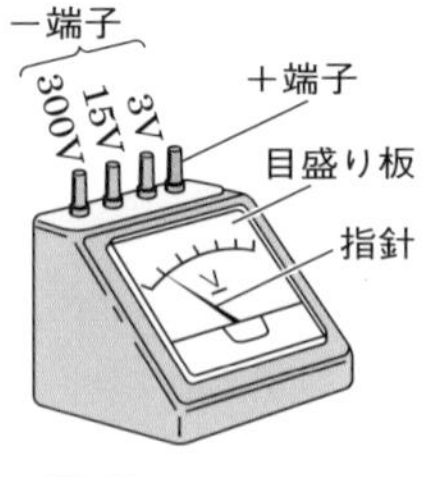

▲電圧計

入試ポイント
- **電流計**…**直列**につなぐ
- **電圧計**…**並列**につなぐ

} **+端子**を電池の**+極側**につなぐ。**−端子**は，**大きい値から順に**つなぐ。

4 オームの法則《ほうそく》

☞ 電流と電圧・抵抗にはどのような関係があるか。

● **オームの法則**…回路を流れる電流の強さは，電圧に比例《ひれい》し，抵抗に反比例《はんぴれい》する。

・抵抗が一定のとき，電流は電圧に比例する。

・電流が一定のとき，電圧は抵抗に比例する。

・電圧が一定のとき，電流は抵抗に反比例する。

したがって，**電流(A《アンペア》)＝電圧(V《ボルト》)／抵抗(Ω《オーム》)** という関係が成り立つ。

また，**抵抗(Ω)＝電圧(V)／電流(A)** あるいは，**電圧(V)＝電流(A)×抵抗(Ω)**

注意 上の式は，電流の単位をアンペア(A)，電圧の単位をボルト(V)，抵抗の単位をオーム(Ω)で示した場合のものなので，ミリアンペア(mA)やキロオーム(kΩ)などの単位であたえられた数値《すうち》をそのまま使うことはできない。必ず単位を直してから，この式を使うこと。

例題 豆電球の明るさ・電流計

下の図を見て，次の問いに答えなさい。

(1) 豆電球がつかない回路は，**図1のア～エ**のどれですか。

(2) 最も明るい豆電球は，**図1のA～F**のどれですか。

(3) 電流計aの指針は図2のようになりました。－端子が500mAにつながれているとき，豆電球Fに流れる電流は何Aですか。

図1

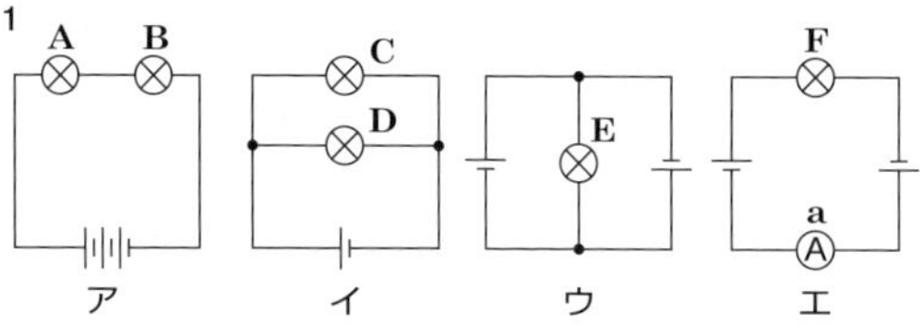

図2

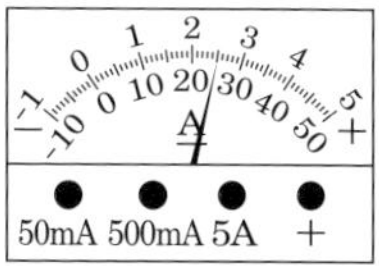

考え方 (1) 豆電球がつかないのは，ショートしているか，回路になっていない(電池の＋極から出た電流が－極に戻《もど》れない)かである。**ウ**がショートしている。

(2) 電池が直列になっている**ア**と**エ**を比《くら》べる。**ア**は電池3個《こ》が直列になっているが，豆電球2個が直列になっているので，電流は，$\frac{3}{2}$＝1.5(倍)。**エ**は電池2個が直列になっているから，電流は2倍になる。よって，**エ**のほうが明るい。

(3) 500mAにつながれているから，目盛りの5を500mA(0.5A)と考える。

答 (1) ウ　(2) F　(3) 0.25A

入試ポイント
● 電流の強さは {電圧に比例／抵抗に反比例}
● 電流(A)＝電圧(V)／抵抗(Ω)

5 金属線《きんぞくせん》の抵抗《ていこう》

☞ 金属線の長さや太さと抵抗の大きさにはどんな関係があるか。

金属のようによく電気を通すものを**導体《どうたい》**といい，ゴムやガラスなどのように電気を通さないものを**絶縁体《ぜつえんたい》**(**不《ふ》導体《どうたい》**)という。

金属は電気を通すといっても，その抵抗の大きさは，右の表のように種類によって違《ちが》っている。銀や銅《どう》は抵抗が非《ひ》常《じょう》に小さいが，ニクロムは抵抗が非常に大きい。

金属	抵抗(Ω)
銀	0.016
銅	0.017
鉄	0.098
ニクロム	1.1

断面積《だんめんせき》 1mm²，長さ 1m

▲いろいろな金属の抵抗

● **金属線の長さと抵抗**…同じ金属でできている同じ太さの金属線の抵抗は，その長さに比例《ひれい》して大きくなる。たとえば，右の図の 10cm の金属線の抵抗が 10 Ω《オーム》であるとすると，20cm の金属線は 20 Ω，30cm の金属線は 30 Ωである。

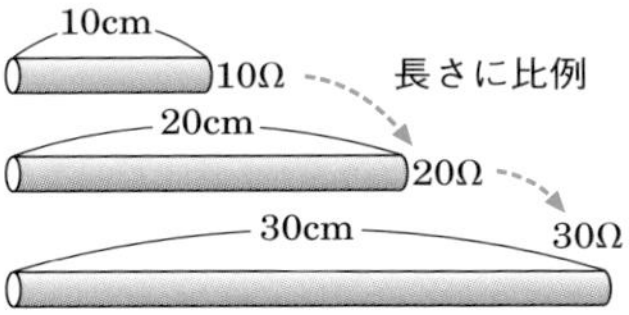

▲金属線の長さと抵抗

● **金属線の太さと抵抗**…同じ金属でできている同じ長さの金属線の抵抗は，その断面積に反《はん》比《ぴ》例《れい》する。たとえば，右の図の断面積が $1mm^2$ の金属線の抵抗が 30 Ωであるとすると，$2mm^2$ の金属線は 15 Ω，$3mm^2$ の金属線は 10 Ωである。

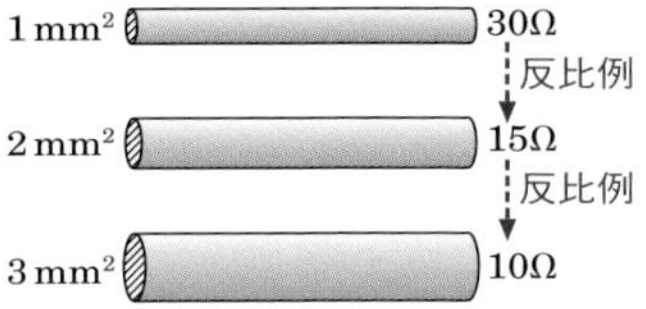

▲金属線の太さと抵抗

上のことから，次のような式が成り立つ。

$$\text{金属線の抵抗(Ω)} = k \times \frac{\text{長さ(cm)}}{\text{断面積}(mm^2)}$$

(k は，長さ 1cm，断面積 $1mm^2$ の金属線の抵抗)

6 抵抗のつなぎ方

☞ 直列《ちょくれつ》つなぎと並列《へいれつ》つなぎで抵抗の大きさはどう変わるか。

● **抵抗の直列つなぎ**…いくつかの抵抗を縦《たて》に順につないでいくつなぎ方を**直列つなぎ**という。抵抗を直列につなぐのは，抵抗の長さを長くするのと同じことになるから，全体の抵抗は大きくなる。たとえば，右の図のように，10 Ω，20 Ω，30 Ωの抵抗を直列につなぐと，全体の抵抗は，10 + 20 + 30 = 60(Ω)となる。

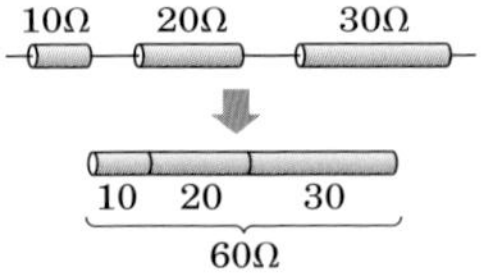

▲抵抗の直列つなぎ

入試ポイント

● 金属線の**抵抗** { **長さに比例** / **断面積に反比例** }

● **金属線の抵抗** $= k \times \frac{\text{長さ}}{\text{断面積}}$

▶**直列つなぎのときの電流と抵抗**…直列つなぎでは，電流の強さはどこでも同じである。右下の図のように，$\boldsymbol{R_1}$(Ω)の抵抗と$\boldsymbol{R_2}$(Ω)の抵抗を直列つなぎにすると，全体の抵抗$\boldsymbol{R}$(Ω)は，$\boldsymbol{R_1}$(Ω)と$\boldsymbol{R_2}$(Ω)の和に等しくなる。

これに$\boldsymbol{V}$(V《ボルト》)の電池をつないだとき，電池から$\boldsymbol{I}$(A《アンペア》)の電流が流れ出たとすれば，オームの法則《ほうそく》により，

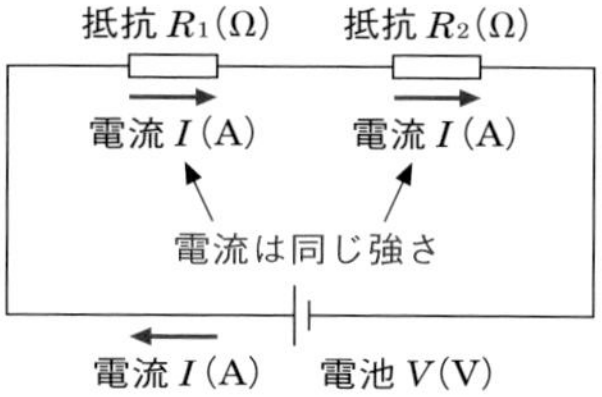

$$\boldsymbol{I}=\frac{\boldsymbol{V}}{\boldsymbol{R}}=\frac{\boldsymbol{V}}{\boldsymbol{R_1}+\boldsymbol{R_2}}$$

注意 電池から流れ出る電流を求めるときは，まず全体の抵抗を求めてから，オームの法則にあてはめなければならない。

●**抵抗の並列つなぎ**…いくつかの抵抗を横に並《なら》べて，端《はし》どうしを結びつけるようなつなぎ方を抵抗の**並列つなぎ**という。抵抗を並列つなぎにするのは，抵抗の断面積を広くするのと同じなので，全体の抵抗は小さくなる。

右の図のように，100 Ω，50 Ω，20 Ωの抵抗を並列つなぎにする場合を考えてみよう。それぞれの断面積の比は 1：2：5 になるので，並列つなぎにした抵抗の断面積は 100 Ω の抵抗の 8 倍となり，抵抗の大きさは，$100\times\frac{1}{8}=12.5$(Ω)となる。

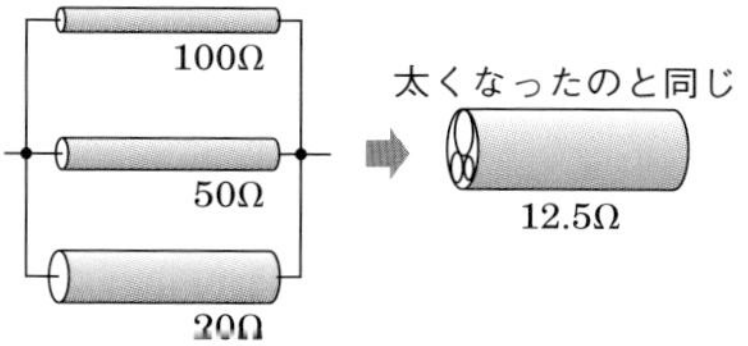

▲抵抗の並列つなぎ

▶**並列つなぎのときの電流と抵抗**…並列つなぎでは，各抵抗にそれぞれの抵抗の大きさに反比例した強さの電流が流れる。また，各抵抗を流れる電流の和が電池から流れ出る電流の強さに等しい。右下の図のように，$\boldsymbol{R_1}$(Ω)の抵抗と$\boldsymbol{R_2}$(Ω)の抵抗を並列つなぎにしたものに$\boldsymbol{V}$(V)の電池をつないだとき，電池から$\boldsymbol{I}$(A)の電流が流れ出し，各抵抗にはそれぞれ$\boldsymbol{i_1}$(A)，$\boldsymbol{i_2}$(A)の電流が流れたとすると，

$$\boldsymbol{i_1}:\boldsymbol{i_2}=\boldsymbol{R_2}:\boldsymbol{R_1}\qquad \boldsymbol{I}=\boldsymbol{i_1}+\boldsymbol{i_2}$$

という関係がある。また，全体の抵抗の大きさを$\boldsymbol{R}$(Ω)とすると，次の式が成り立つ。

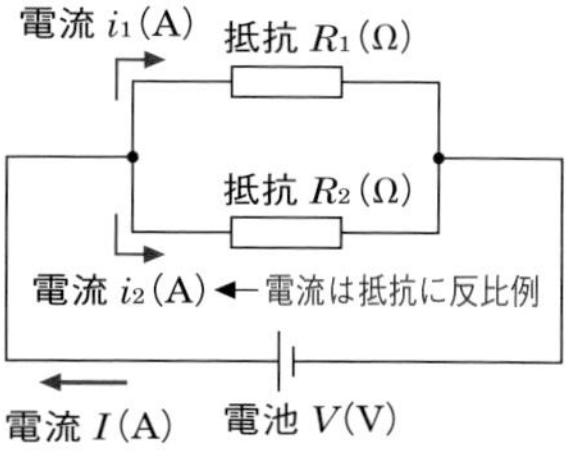

$$\frac{1}{\boldsymbol{R}}=\frac{1}{\boldsymbol{R_1}}+\frac{1}{\boldsymbol{R_2}}$$

入試ポイント
- **直列**つなぎ…各**抵抗の電流は同じ。**　$\boldsymbol{R}=\boldsymbol{R_1}+\boldsymbol{R_2}$
- **並列**つなぎ…各**抵抗の電流は抵抗に反比例。**　$\frac{1}{\boldsymbol{R}}=\frac{1}{\boldsymbol{R_1}}+\frac{1}{\boldsymbol{R_2}}$

7 豆電球のつなぎ方と明るさ

直列《ちょくれつ》つなぎと並列《へいれつ》つなぎでは明るさはどうなるか。

- **豆電球の直列つなぎ**…下の**図2**のように，同じ種類の豆電球を2個《こ》直列につなぐと，抵抗《ていこう》の長さが2倍になったのと同じで，全体の抵抗が**図1**のときの2倍になるから，電流の強さが**図1**のときの$\frac{1}{2}$倍になり，豆電球は暗くなる。
- **豆電球の並列つなぎ**…**図3**のように，2個の豆電球を並列につなぐと，それぞれの豆電球には，**図1**のときと同じ強さの電流が流れるので，明るさも**図1**のときと同じであるが，電池や電流計を流れる電流は，2個の豆電球を流れる電流が合流するので，**図1**のときの2倍になる。

図1

図2　図1より暗い

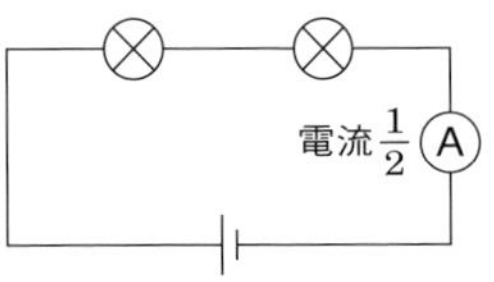

図3　図1と同じ明るさ

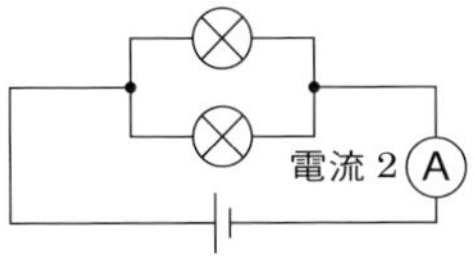

例題 豆電球のつなぎ方と明るさ

下の**図1**～**図3**の豆電球**a**～**d**を明るい順に並《なら》べなさい。

図1

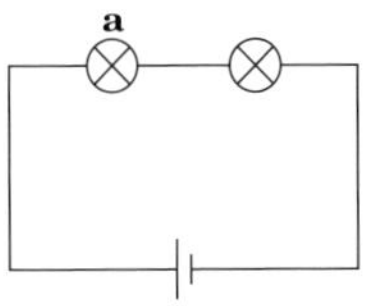

図2

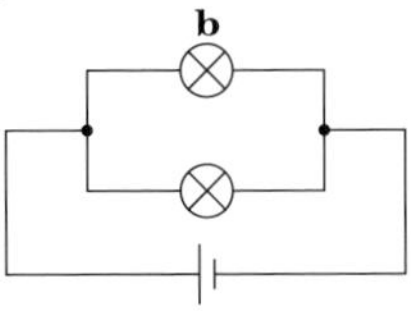

図3

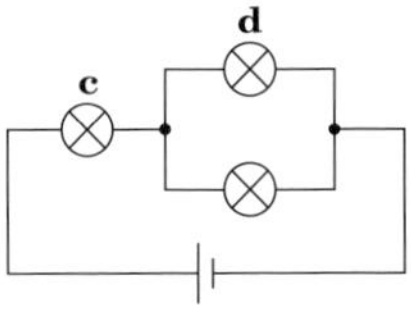

考え方 豆電球の明るさの順は，それぞれの豆電球を流れる電流の強さの順と同じだから，電流の強さを求めて比《くら》べるとよい。下の基本回路《きほんかいろ》の豆電球を流れる電流を1とし，豆電球1個の抵抗を1として考えてみよう。

〔基本回路〕

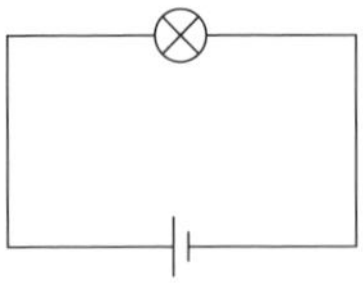

- **図1**は，豆電球2個が直列につながれている。したがって，抵抗の大きさが基本回路の2倍になる。電流は抵抗に反《はん》比例《ぴれい》して流れるため，**図1**の豆電球に流れる電流は基本回路の$\frac{1}{2}$倍になる。
- **図2**は，豆電球2個が並列につながれている。したがって，抵抗の大きさは基本回路の$\frac{1}{2}$倍，流れる電流の大きさは2倍になる。ただし，それぞれの豆電球に流れる電流の大きさは基本回路の1倍である。

入試ポイント
- **豆電球を2個直列**つなぎにする→**電流が$\frac{1}{2}$**になる。
- **豆電球を2個並列**つなぎにする→1個の**電流は変わらない。**

● **図3**は，右のように**ア**，**イ**の2つの部分に分けて考える。

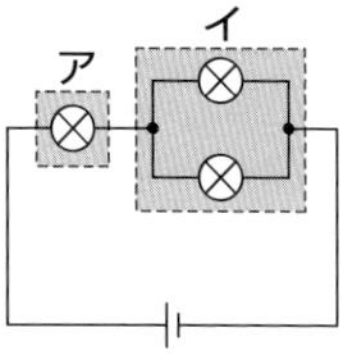

[**イの抵抗**]**イ**の部分は豆電球2個が並列つなぎになっているから，1個の豆電球の抵抗の断面積が2倍になったのと同じで，**イ**全体の抵抗は豆電球1個の$\frac{1}{2}$倍になる。

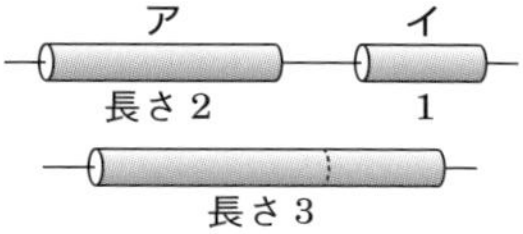

[**アとイの抵抗**]**ア**と**イ**は直列つなぎである。**ア**と**イ**の抵抗の比は2：1だから，これは太さが同じで，長さが2：1の抵抗を直列つなぎにしたのと同じで，**アとイの全体の抵抗はア**の抵抗（豆電球1個）の$\frac{3}{2}$倍になる。（公式を使うと，**ア**の抵抗を1として，$1+\frac{1}{2}=\frac{3}{2}$）

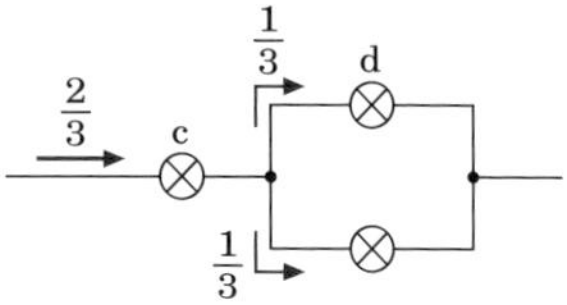

[**c・dの電流**]電流は抵抗に反比例するから，**図3**の電池から流れ出る電流の強さは基本回路の$\frac{2}{3}$倍で，並列部分ではそれがさらに1：1に比例配分される。したがって，**c**を流れる電流は基本回路の$\frac{2}{3}$倍，**d**を流れる電流は$\frac{1}{3}$倍になる。

答 **b→c→a→d**

8 光電池《こうでんち》（太陽電池《たいようでんち》）

☞ 光電池とはどのような電池か。

●**光電池（太陽電池）**…光のエネルギーを電気エネルギーに変化させる装置《そうち》を**光電池**または**太陽電池**という（右の写真）。光電池では，光が強いほど大きな電流が流れる。ただし，限度《げんど》はある。また，光電池をたくさんつなぐほど，大きな電流が流れる。

▲光電池

注意 光電池を直列つなぎや並列つなぎに増《ふ》やしたときの効果《こうか》は，ふつうの乾電池《かんでんち》を直列つなぎや並列つなぎに増やしたときの効果とは違《ちが》って，いろいろな条件《じょうけん》が関係してくるので，ここではつなぎ方については扱《あつか》わないことにする。

●**光電池の利用**…光電池は，現在《げんざい》，電卓《でんたく》，街灯《がいとう》，人工衛星《じんこうえいせい》などに利用されている。また，ソーラーカーやソーラーハウスなど多くの分野へ実用化できるように研究が進められているが，現在の技術《ぎじゅつ》では，光電池により多くの電気をつくり出すためには大規模《だいきぼ》な装置《そうち》と土地が必要であるため，さらなる改良が必要である。

入試ポイント
● **豆電球の明るさ**の比べ方…豆電球を流れる**電流の強さ**で比べる。
● 電流の求め方…①**全体の抵抗**を求める。②**電池から出る電流**を求める。

9 化学電池《かがくでんち》

☞化学電池はどのようにつくるか。

● **化学電池**…電流を通す水溶液に異《こと》なる種類の金属板を入れて電極《でんきょく》とし(一方が炭素棒《たんそぼう》でもよい)，導線《どうせん》で**豆電球**や**電子オルゴール**，**太陽電池用モーター**などにつなぐと，回路《かいろ》に電流を流そうとする電圧《でんあつ》が生じ，豆電球はつき，電子オルゴールは鳴りだし，太陽電池用モーターはまわり始める。このような装置《そうち》のことを**化学電池(電池)**といい，金属板の一方が＋極《プラスきょく》となり，もう一方が－極《マイナスきょく》となる(電極の＋極と－極は金属の組み合わせによってきまる)。

例 薄《うす》い塩酸《えんさん》に亜鉛板《あえんばん》と銅板《どうばん》を入れ，導線で豆電球と検流計《けんりゅうけい》につなぐと，豆電球はつき，検流計の針《はり》が振《ふ》れる。このとき，金属板は次のような変化を示《しめ》す。

・**亜鉛板**…少しずつ薄い塩酸にとけていく。

・**銅板**…表面から水素《すいそ》の泡《あわ》が発生する。

参考 このとき，とけ出していく亜鉛板は－極，水素の泡が発生する銅板は＋極となっている。

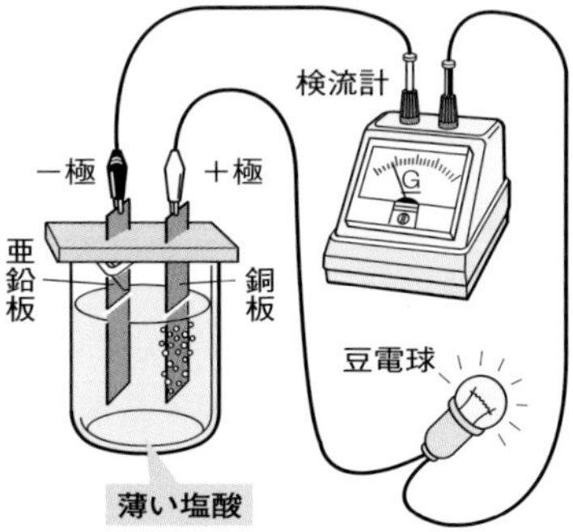

▲化学電池

● **木炭電池《もくたんでんち》**…木炭電池も化学電池の1つであるが，電極の一方が金属ではなく木炭(ほとんど炭素《たんそ》)になっている。右の図のように，木炭に濃《こ》い**食塩水《しょくえんすい》**をしみこませたろ紙《し》を巻《ま》き，その外側にろ紙よりも幅《はば》の狭《せま》い**アルミニウムはく**を巻いて，アルミニウムはくと木炭を導線で電子オルゴールや検流計につなぐと，電子オルゴールは鳴りだし，検流計の針は振れる。このとき，アルミニウムはくは－極となって少しずつ食塩水にとけていくので，電流を流し続けるとボロボロになっていく。

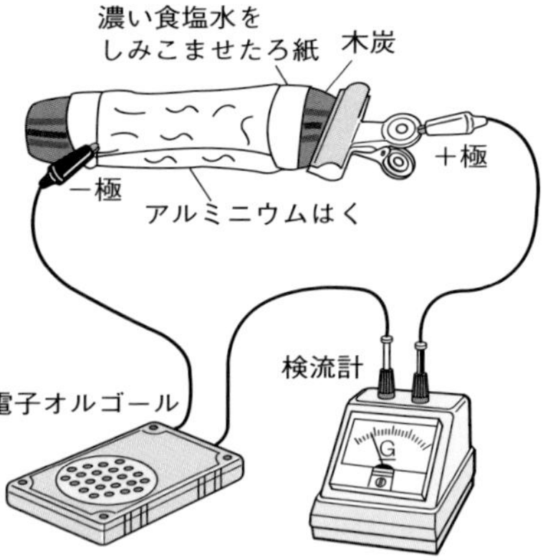

▲木炭電池

入試ポイント
- 化学電池には，**電流を通す水溶液**を使う。
- 化学電池には，**2種類の金属(一方が木炭でもよい)**を使う。

10 電熱線《でんねつせん》による発熱

☞ 発熱量は，どのように求めるか。

● **電熱線**…電気ストーブ，電気コンロ，トースター，ドライヤー，アイロン，ホットプレートなどで，電流を流すと熱を出すところに使われている金属線を**電熱線**という。電熱線には，ふつう抵抗《ていこう》の大きい**ニクロム線**などが使われる。

発熱量と電流・電圧・抵抗の関係

あるきまった時間に電熱線から出る熱量は，**電流×電圧**に比例《ひれい》する。また，オームの法則《ほうそく》により，電圧＝電流×抵抗という関係があるので，発熱量は，**電流×電流×抵抗**に比例するともいえる。したがって，次のような関係が成り立つ。

● **抵抗と発熱量の関係**…電流の強さが一定のとき(直列《ちょくれつ》つなぎのときなど)，発熱量は抵抗の大きさに比例する。

● **電圧と発熱量の関係**…電流の強さが一定のとき，発熱量は電圧の大きさに比例する。

● **電流と発熱量の関係**…電圧の大きさが一定のとき(並列《へいれつ》つなぎのときなど)，発熱量は電流の強さに比例する。

抵抗の大きさが一定のときは，電流の強さが，2倍，3倍，4倍，……，n倍になると，発熱量は4倍，9倍，16倍，……，$n\times n$倍になる。

電熱線のつなぎ方と発熱量

● **電熱線の直列つなぎ**…右の図のように，電熱線を直列つなぎにすると，それぞれの電熱線を流れる電流の強さが同じになるので，電熱線から出る熱量は抵抗に比例する。

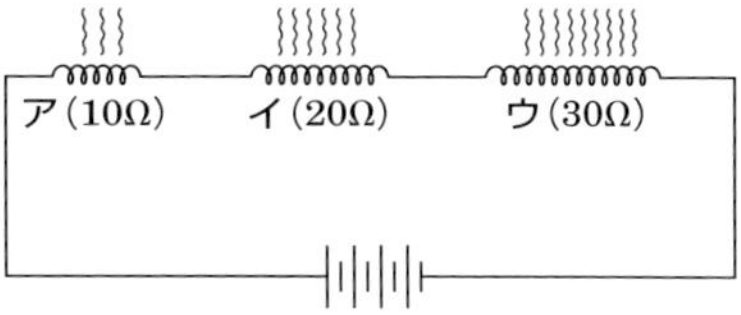

発熱量の比…ア：イ：ウ＝1：2：3　　**発熱量の多い順…ウ＞イ＞ア**

● **電熱線の並列つなぎ**…右の図のように，電熱線を並列つなぎにすると，それぞれの電熱線にかかる電圧が同じになるので，電熱線から出る熱量は電流の強さに比例する。ところが，電流の強さは，電圧が一定ならば，抵抗に反比例《はんぴれい》するので，この場合の発熱量は抵抗に反比例する。

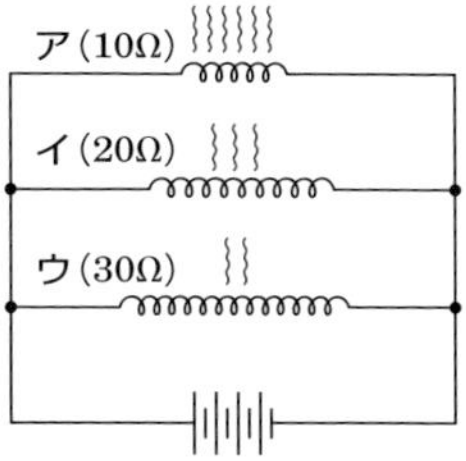

発熱量の比…ア：イ：ウ＝$\frac{1}{10}$：$\frac{1}{20}$：$\frac{1}{30}$＝6：3：2

入試ポイント
- **電流の強さが一定**なら，**発熱量は抵抗に比例**する(**電圧に比例**する)。
- **電圧が一定**なら，**発熱量は抵抗に反比例**する(**電流に比例**する)。

例題 電熱線《でんねつせん》から出る熱

ニクロム線(電熱線)を使って，いろいろな実験をしました。これについて次の問いに答えなさい。ただし，ニクロム線から出た熱はすべて水にあたえられ，水から熱が逃《に》げ出さないものとし，水の量はすべて同じものとします。

(1) 同じ物質《ぶっしつ》でできているが，長さや太さがいろいろと違《ちが》うニクロム線を，**図1**のように電池《でんち》につないで，水の中に浸《つ》けるとき，あるきまった時間に水温が最も高くなるのは，次の**ア**～**エ**のどれですか。

図1

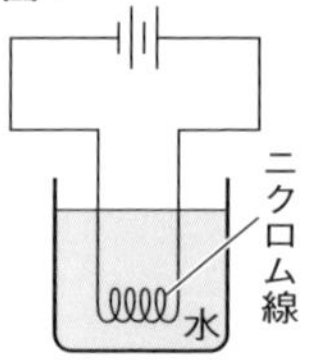

ア 太くて長い線　　**イ** 太くて短い線
ウ 細くて長い線　　**エ** 細くて短い線

(2) 同じ物質でできていて太さの同じニクロム線を使って，長い電熱線**a**と短い電熱線**b**をつくり，**図2**，**図3**のように，同じ電池につなぎました。

図2

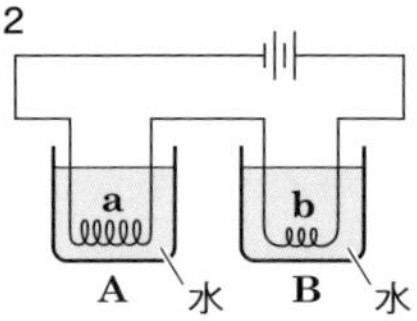

図3

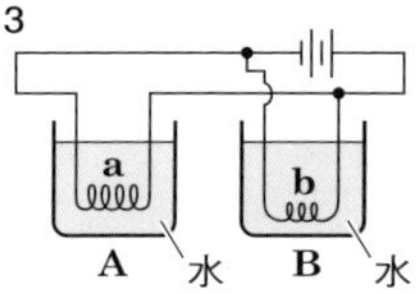

①電熱線**a**と**b**に同じ大きさの電流《でんりゅう》が流れているのは，**図2**，**図3**のどちらですか。図の番号で答えなさい。

②**図2**の**A**と**B**では，どちらのほうが水温が高くなりますか。

③**図3**の**A**と**B**では，どちらのほうが水温が高くなりますか。

考え方 水の量が同じなら，水温上昇《じょうしょう》は発熱量に比例《ひれい》する。

(1) **図1**の場合，電圧《でんあつ》がきまっているので，発熱量は，電流の強さに比例する。また，電圧がきまっているから，電流の強さは抵抗《ていこう》に反比例《はんぴれい》する。したがって，抵抗の小さいものがいちばん発熱量が多いことになる。

(2) ①**図2**は直列《ちょくれつ》つなぎだから，**a**，**b**に同じ強さの電流が流れる。

②**a**と**b**の電流の強さは同じだから，発熱量は抵抗に比例する。したがって，抵抗の大きい**a**(抵抗の長さに比例する)のほうが発熱量が多い。

③**図3**は並列《へいれつ》つなぎで，**a**と**b**の電圧が同じだから，発熱量は電流の強さに比例する。電圧が同じとき，電流の強さは抵抗に反比例するから，**図3**の場合は，抵抗の小さい**b**のほうが発熱量が多いことになる。

答 (1) イ　(2) ① 2　②**A**　③**B**

入試ポイント

● 電熱線を
- **直列つなぎ**にすると，発熱量は**抵抗に比例**する。
- **並列つなぎ**にすると，発熱量は**抵抗に反比例**する。

☑ まとめチェック

知識を整理・確認しよう！

① 回路《かいろ》

□ ① 1Aは何mAか。

□ ② 電流計《でんりゅうけい》のつなぎ方は，測定《そくてい》部分に対して直列か，並列か。

□ ③ 豆電球1個《こ》と乾電池《かんでんち》1個をつないだときに流れる電流を1とするとき，次のア～マの部分を流れる電流を答えよ。ただし電流が流れないときは「0」，ショートして大量に流れるときは「大」と答えよ。

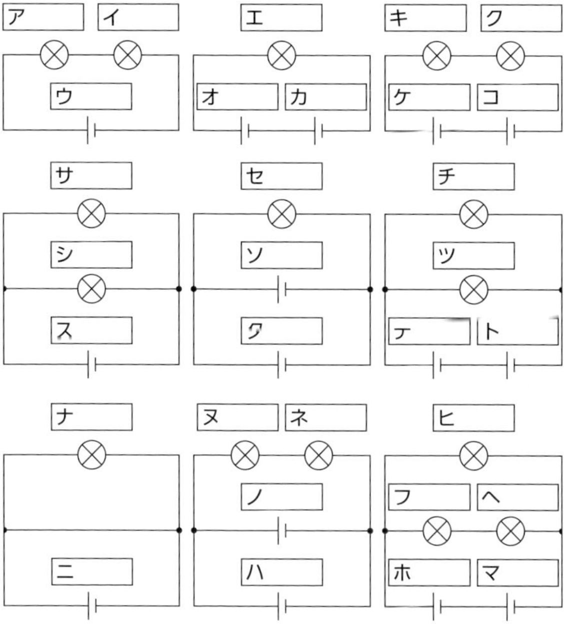

② 電池

□ ① 光から電気をつくる装置《そうち》を何というか。

□ ② 化学電池《かがくでんち》をつくるとき，使用する水溶液《すいようえき》は電流を通すものか，電流を通さないものか。

③ 電熱線による発熱

□ ① 並列回路での電熱線の抵抗と発熱量はどのような関係か。

□ ② 直列回路での電熱線の抵抗と発熱量はどのような関係か。

□ ③ 電熱線に加える電圧を2倍にすると発熱量は何倍になるか。

答え

①

① 1000mA

② 直列

③

ア…0.5　イ…0.5

ウ…0.5

エ…2　オ…2

カ…2

キ…1　ク…1

ケ…1　コ…1

サ…1　シ…1

ス…2

セ…1　ソ…0.5

タ…0.5

チ…2　ツ…2

テ…4　ト…4

ナ…0　ニ…大

ヌ…0.5　ネ…0.5

ノ…0.25

ハ…0.25

ヒ…2　フ…1

ヘ…1　ホ…3

マ…3

②

① 光電池《こうでんち》
[太陽電池《たいようでんち》]

② 通すもの

③

① 反比例

② 比例

③ 4倍

力だめしの問題 入試標準レベル

解答➡別冊p.67

❶ 次の各問いに答えなさい。

【浦和明の星女子中】

⑴ 下の図のA，Bを電流計《でんりゅうけい》につないで，回路《かいろ》に流れる電流《でんりゅう》の大きさをはかろうとしています。A，Bをつなぐ端子《たんし》として，最も適当《てきとう》なものをそれぞれ選び，ア～エの記号で答えなさい。 A（　　） B（　　）

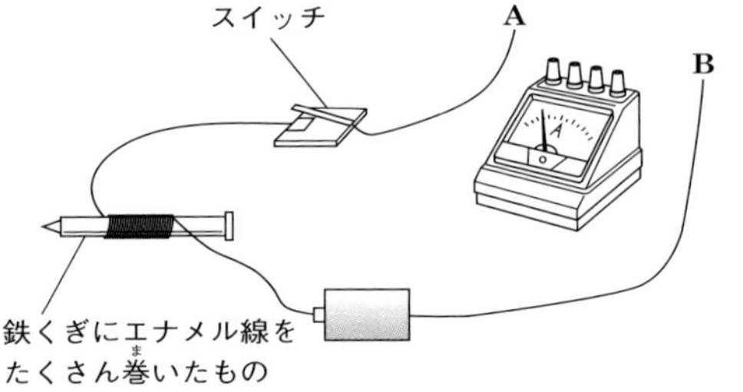

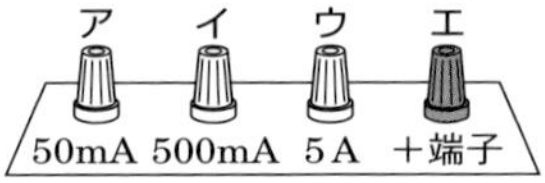

電流計の端子の図

⑵ 電流計の針《はり》が図のようであったとき，何Aの電流が流れていますか。ただし，500mAの－《マイナス》端子《たんし》を使用したものとします。 （　　　　）

❷ 省エネに有効《ゆうこう》な光電池《こうでんち》は，身近なところにたくさん使われています。光電池について，次の問いに答えなさい。

【修道中】

⑴ 修道中《しゅうどうちゅう》の正門前の道路にある街灯《がいとう》には光電池が用いられ，昼間に発電した電気を夜間の照明に利用しています。太陽の出ている日中に効率《こうりつ》よく発電するために，光電池はどの方角に向けてとり付けられているでしょうか。次から最も適当なものを1つ選び，記号で答えなさい。 （　　）

ア 北　　イ 東　　ウ 南　　エ 西

⑵ 最近，屋根に光電池をとり付けて，自家発電する家が増《ふ》えています。右の図のように，水平から30°傾《かたむ》けてとり付けられている光電池があります。この光電池が最も効率よく発電できるのは，太陽の高さがどれくらいのときですか。次から最も適当なものを1つ選び，記号で答えなさい。

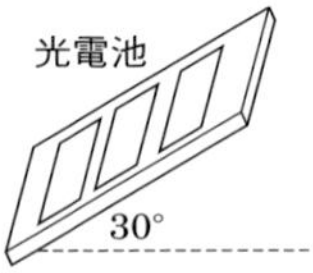

（　　）

ア 30°　　イ 45°　　ウ 60°　　エ 90°

3 **右の図1は，電池ボックスに乾電池《かんでんち》1個《こ》をセットし，豆電球1個を接続《せつぞく》し点灯させたものです。**

次に，**図1**と同じ種類の乾電池(2個)と豆電球を使って，①～⑧のような回路を組み立てました。

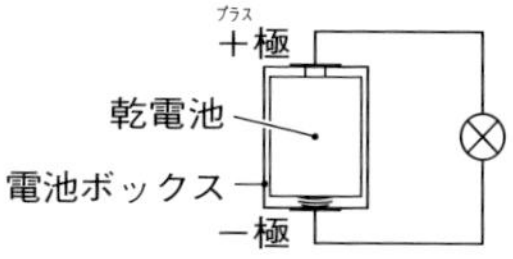

図1

【愛知淑徳中】

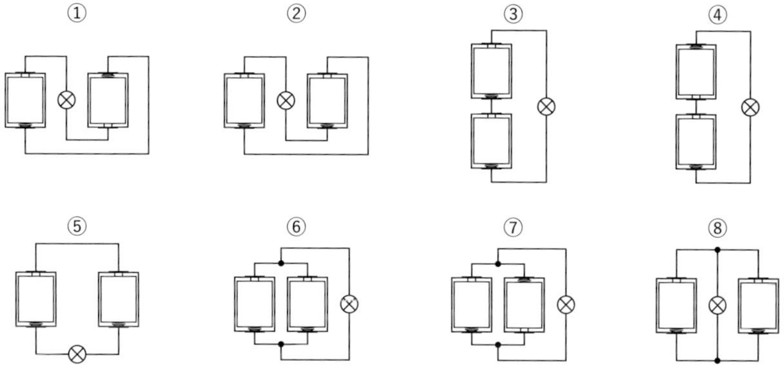

(1) 豆電球が点灯しないものをすべて選びなさい。　(　　　　　　)

(2) **図1**の豆電球と同じ明るさで点灯するものをすべて選びなさい。

(　　　　　　)

(3) 2つある乾電池のいずれか一方を電池ボックスから外しました。そのとき豆電球が点灯するものをすべて選びなさい。　(　　　　　　)

4 **同じ電池と電熱線《でんねつせん》を使って，図1～図4の装置《そうち》をつくりました。**　【愛光中・改】

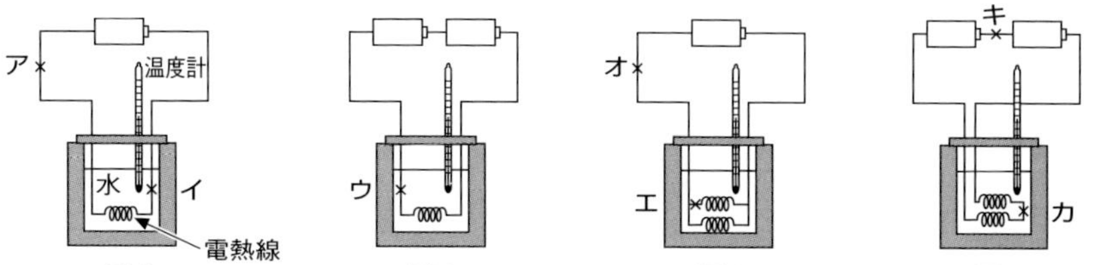

図1　図2　図3　図4

(1) アを流れる電流を1とすると，**イ～キ**を流れる電流はそれぞれいくらですか。

イ(　　　)　**ウ**(　　　)　**エ**(　　　)

オ(　　　)　**カ**(　　　)　**キ**(　　　)

(2) 同じ時間電流を流したとき，**図1**の水がもらう熱を1とすると，**図2～図4**の水がもらう熱はそれぞれいくらですか。

図2(　　　　)　**図3**(　　　　)　**図4**(　　　　)

2 電流のはたらき

1 磁石《じしゃく》の性質《せいしつ》

☞ 磁石どうしを近づけるとどうなるか。

● **磁石の極《きょく》**…磁石は鉄やニッケルを引きつける性質がある。磁石には**棒磁石《ぼうじしゃく》**や**U字形磁石**など，いろいろな形のものがあるが，鉄やニッケルを引きつけるはたらきは，端《はし》のほうがいちばん強い。この部分を磁石の**極**という。

▶ **N極とS極**…棒磁石を水平にして，自由に動くようにすると，南北方向を向いて止まる。このとき北を向く極を**N極**，南を向く極を**S極**という。

▶ **方位磁針《ほういじしん》**…磁石を細長い板にして中央で支《ささ》え，南北方向を調べるのに使う器具を方位磁針という。

▶ **磁石の力(磁力)**…磁石のN極どうし，またはS極どうしを近づけると，たがいに反発し合う力がはたらく。反対に，N極とS極を近づけると，たがいに引き合う。

▶ **地球の極**…地球は1つの大きな磁石である。N極が北を向いて止まるのは，地球の北極の近くに，地球の磁石のS極があるためである。

● **磁力線《じりょくせん》**…方位磁針を磁石のまわりに置くと，場所によっていろいろな方向を示《しめ》す。これらの方向を結び合わせると，点線で示したような曲線になる。この曲線を**磁力線**という。方位磁針は，磁力線の接線《せっせん》の方向を向く。

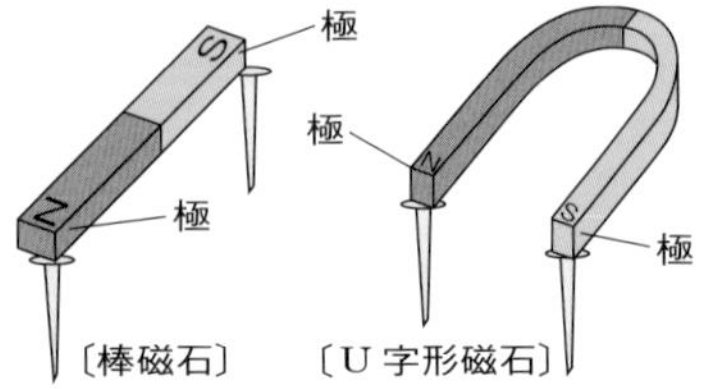

▲磁石の極

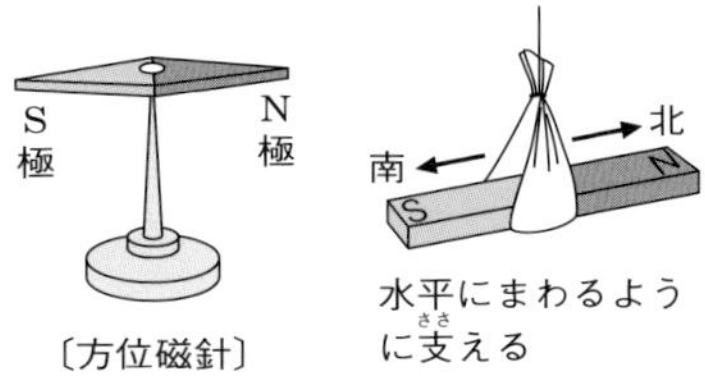

▲N極とS極

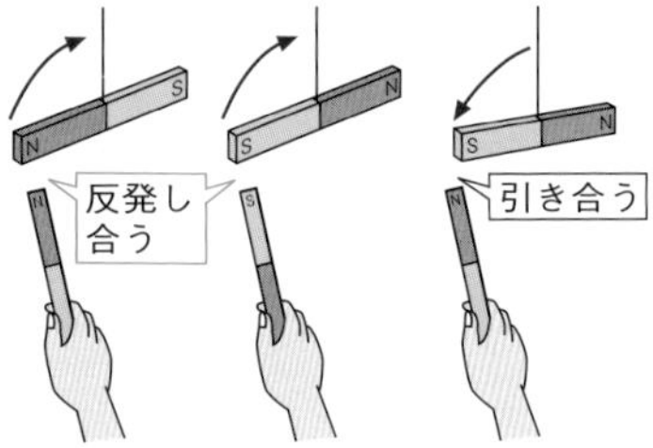

▲磁石の力

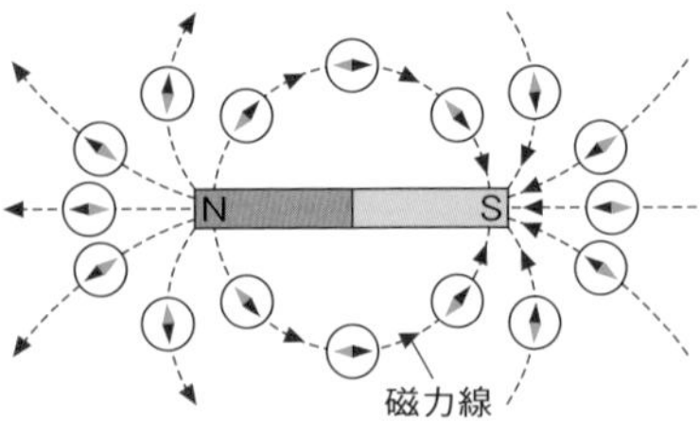

▲磁力線

入試ポイント
- **N極**…北を向く極
- **S極**…南を向く極
- N極どうし，S極どうしは**反発し合う。**
- N極とS極は**引き合う。**

▶**磁力線の向き**…方位磁針のN極が指《さ》す向きを磁力線の向きときめると，磁力線はN極から出てS極に入るといえる。

▶**磁力線の模様《もよう》**…磁石の上に紙をのせ，その上に鉄粉《てっぷん》を一様《いちよう》にまいて，紙を軽くたたくと，右の写真のように，磁力線の様子がわかる。

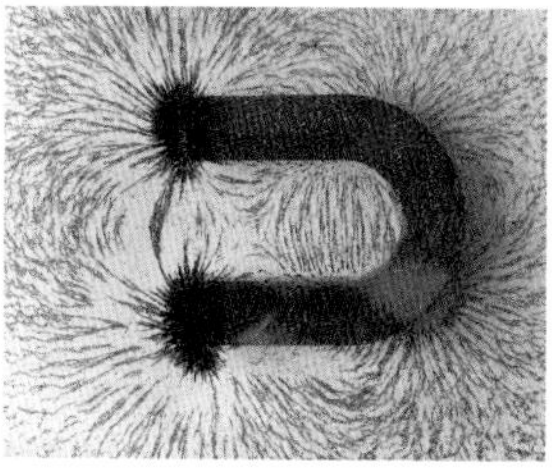
▲U字形磁石の磁力線

●**磁界《じかい》**…磁石の力がはたらく空間を**磁界**という。

2 電流のまわりの磁力線

☞電流のそばの方位磁針はどんな力を受けるか。

導線《どうせん》に電流を流すと，導線が鉄粉をくっつけたり，導線のまわりに置いた方位磁針が振《ふ》れたりして，磁石の性質を表す。

まっすぐな導線のまわりの磁力線

まっすぐな導線に電流を流し，そのまわりに方位磁針を置いて，磁力線の方向を調べると，右の図のように同心円状になる。

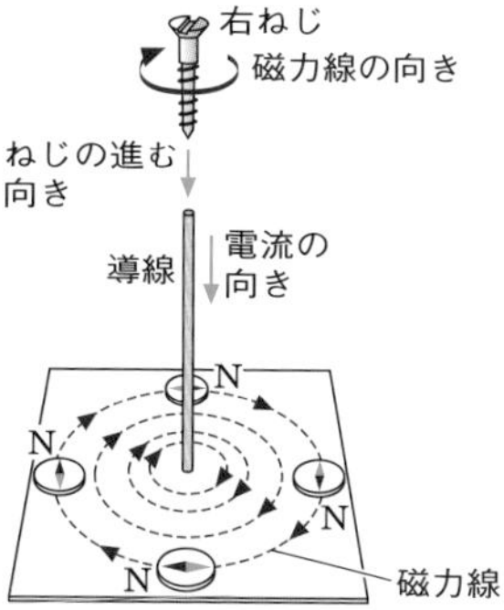

▲まっすぐな導線の磁力線

●**右《みぎ》ねじの法則《ほうそく》**…右の図で，電流の向きを反対にすると，磁力線の向きも反対になる。電流の向きと磁力線の向きとの関係は，次のように覚えておくとよい。

> 電流を右ねじの進む向きに流すと，**右ねじを締《し》めるためにまわす向き**の磁力線ができる。

これを**右ねじの法則**という。

●**導線の上下に置いた方位磁針の振れ方**…導線を南北方向に張《は》り，導線の上と下に方位磁針を置くと，磁針のN極はどちらも北を指して止まる。次に，導線に南から北へ向かって電流を流すと，右の図のように，導線の上に置いた磁針のN極は少し東に振れ，下に置いた磁針のN極は少し西に振れる。これは，導線の上下で磁力線の向きが反対になるからである。

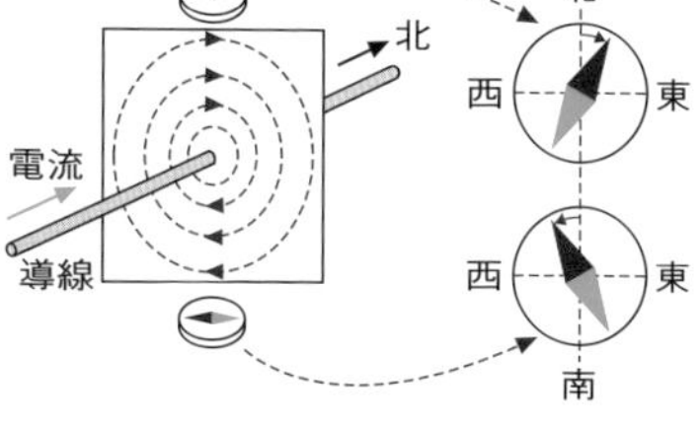

▲導線の上下の方位磁針

入試ポイント

● **まっすぐな導線**のまわりの磁力線…形は**同心円**，向きは**右ねじの法則**

● **導線の上下**に置いた方位磁針…上と下は**反対の向き**に振れる。

▶ **方位磁針《ほういじしん》の振《ふ》れる向きの覚え方**…導線《どうせん》の上下に置いた方位磁針の振れる向きを，次のようにして覚えてもよい。右手の手のひらと方位磁針とで導線を挟《はさ》むようにして，親指だけを開き，ほかの４本の指をそろえて，電流の流れる向きに向ける。こうすると，親指の指す方向に磁針が振れる。

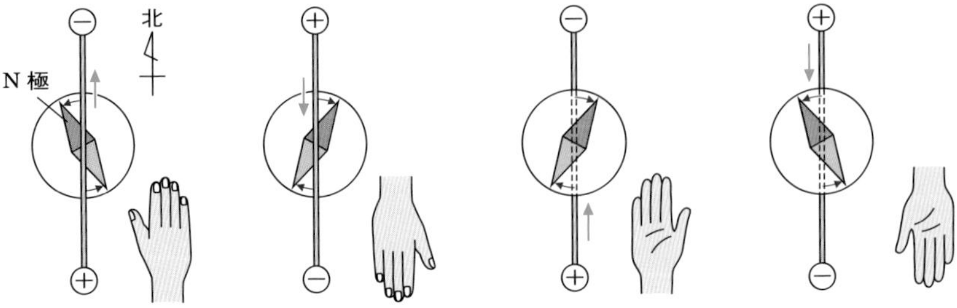

▲方位磁針の振れ方

注意 導線に流す電流が弱いときは，方位磁針のN極が真東や真西を指すことはない。これは，磁針のN極が地球の磁石《じしゃく》からも力を受けるからである。

▶ **導線を二重にした場合**…下の図のア，イのように，導線を二重にしてその上または下に方位磁針を置くと，それぞれの電流がつくる磁力線《じりょくせん》の向きが反対になるので，磁針は北を向いたまま振れない。ところが，ウ，エのように二重にした導線の間に方位磁針を入れると，両方の電流がつくる磁力線の向きが同じになるので，磁針は大きく振れる。

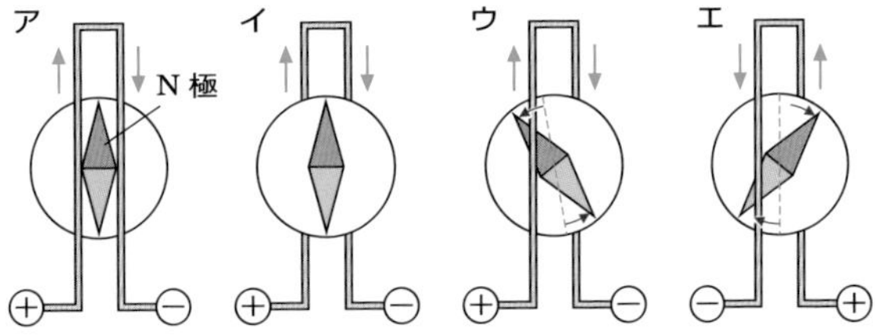

▲導線を二重にした場合の方位磁針の振れ方

円形の導線のまわりの磁力線

円形の導線に電流を流すと，それぞれの部分が**右ねじの法則《ほうそく》**にしたがう磁力線をつくる。また，円の内部では磁力線の向きはすべて同じなので，強め合って，円を垂直《すいちょく》につらぬく磁力線になる。この磁力線の向きは，右図で右ねじ㋐を電流の向きにまわしたとき，ねじが進む向きと同じであると覚えておくとよい。これも**右《みぎ》ねじの法則《ほうそく》**という。

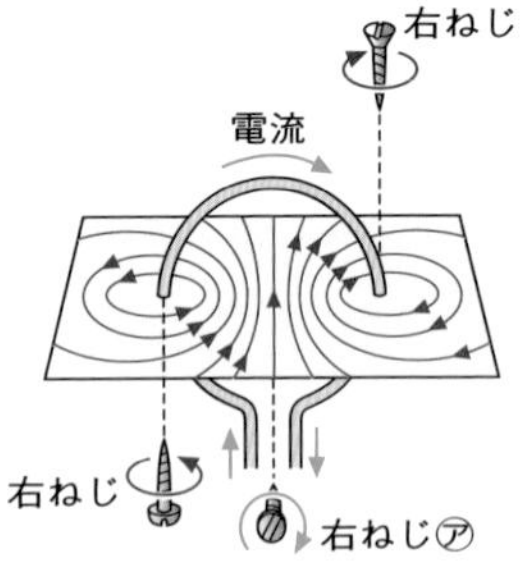

▲円形の導線の磁力線

入試ポイント
- **電流が弱い**ときは，方位磁針は南北方向と東西方向の**間を指す**。
- **円形導線内**の磁力線…電流の向きにまわした**右ねじが進む**向き。

3 電磁石《でんじしゃく》

☞ 電流の強さやコイルの巻《ま》き数によって，強さはどう変わるか。

コイルのつくる磁力線

● **コイル**…円筒形《えんとうけい》のものに導線を何回も巻きつけたものを**コイル**という。

● **コイルの磁力線**…コイルは円形の導線をたくさん重ねた形になっており，電流の向きもすべて同じなので，円形の電流がつくる磁力線が合わさって，コイルの内部に強い磁力線ができる。

▶ **コイルの内部の磁力線**…コイルの内部には，コイルの中心軸《ちゅうしんじく》に平行な向きの磁力線ができる。この磁力線の向きは，円形導線の場合の**右ねじの法則**できまる。

▶ **コイルの外部の磁力線**…コイルの外の磁力線の形は，コイルを棒磁石《ぼうじしゃく》と考えたときに，棒磁石がつくる磁力線と同様である。

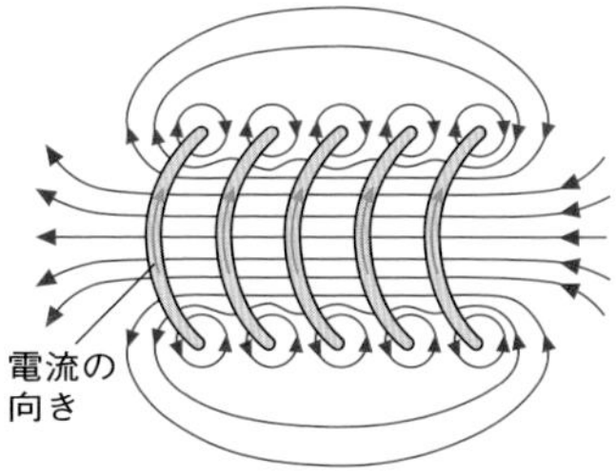

▲コイルの磁力線

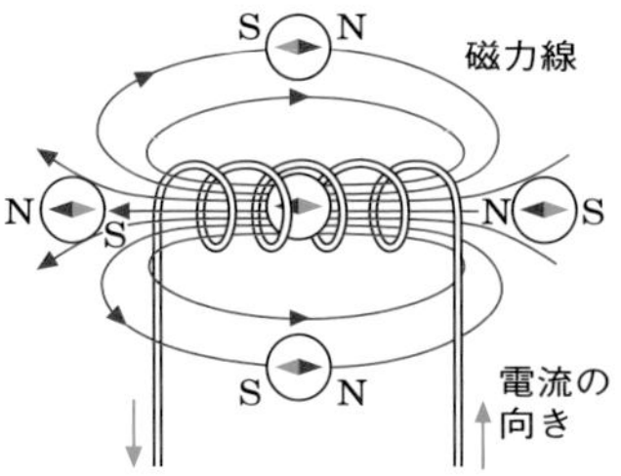

▲コイルの内外の磁力線

● **コイルの極**…コイルの磁力線が出てくるほうの端《はし》を**N極**，磁力線が入っていくほうの端を**S極**という。N極・S極は，右の図のように，右手の親指以外の4本の指を電流の向きに向けてコイルをにぎり，親指を立てたとき，親指の指すほうをN極としてきめる。これを**右手の法則**という。

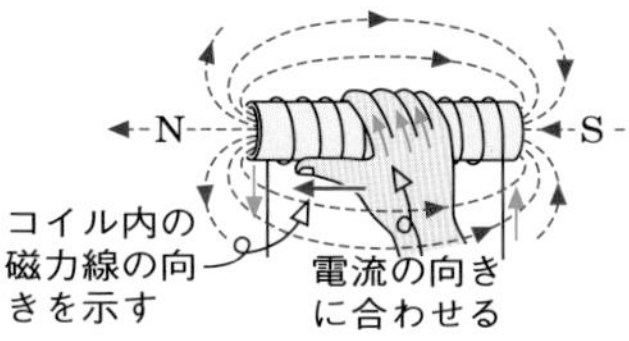

▲右手の法則

● **電磁石**…コイルに電流を流しただけでも棒磁石と同じはたらきをするが，コイルの中に鉄心《てっしん》を入れると，非常《ひじょう》に強い磁石になる。このようにしたものを**電磁石**という。

▶ **電磁石の磁力**…電磁石は，電流の強さやコイルの巻き数によって磁力を変えることができるという特徴《とくちょう》がある。
コイルを流れる電流を強くするほど，コイルの巻き数が多いほど磁力は強くなる。また，コイルの中に入れる鉄心が太いほど磁力は強くなる。

入試ポイント
- コイルの磁力線…内部は中心軸に平行。外部は棒磁石と同じ。
- 電磁石を強くする方法…**電流を強く**する。コイルの**巻き数を増《ふ》やす**。

例題 導線《どうせん》のそばの方位磁針《ほういじしん》・電磁石《でんじしゃく》

図1

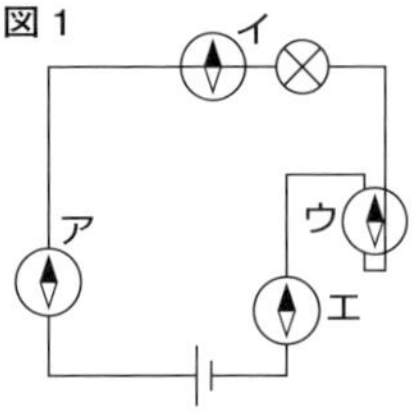

図2

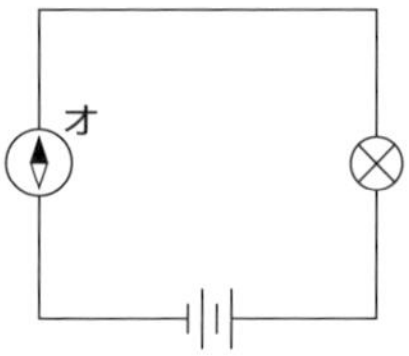

図3

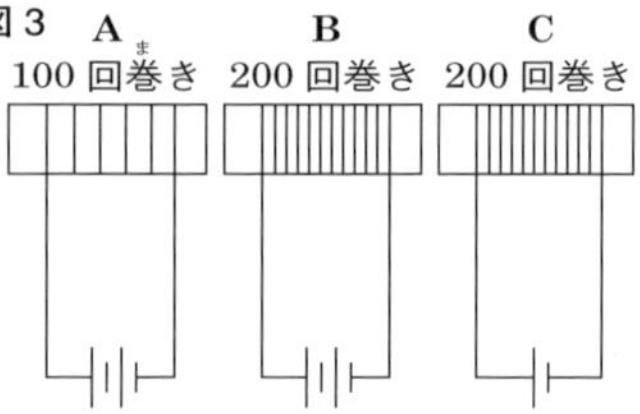

⑴ **図2**の**オ**の方位磁針と，同じ方向へ振《ふ》れる方位磁針を**ア**～**エ**から選びなさい。

⑵ ⑴で選んだ方位磁針と**オ**とでは，どちらのほうが大きく針《はり》が振れますか。

⑶ **ア**～**エ**の方位磁針で，最も大きく針が振れるものはどれですか。

⑷ **ア**～**エ**の方位磁針で，針が振れないのはどれですか。

⑸ **図3**の**A**～**C**(導線の長さは同じ)の電磁石で，最も強いものはどれですか。

考え方 ⑴～⑷方位磁針が導線の上にあるか下にあるか，電流の向きはどちら向きか。これらを考え合わせると，**ア**・**ウ**は東，**エ**は西，**オ**は西に振れる。**イ**は北向きの磁力線《じりょくせん》ができるので，振れない。**図2**では，電池が2個《こ》つながれているので，**図1**の2倍の電流が流れている。したがって，**オ**は**エ**より大きく振れる。**ウ**は方位磁針の上と下に導線があり，どちらも東向きの磁力線ができるので，振れが大きい。

⑸ 電流が強く，コイルの巻き数の多いものほど，強い電磁石になる。

答 ⑴ **エ**　⑵ **オ**　⑶ **ウ**　⑷ **イ**　⑸ **B**

電磁石の特徴《とくちょう》

● **永久磁石《えいきゅうじしゃく》**…棒磁石《ぼうじしゃく》やU字形磁石のように，磁石の性質《せいしつ》を長い間もちつづける磁石を**永久磁石**という。

● **電磁石と永久磁石の違《ちが》い**…電磁石と永久磁石は，①鉄やニッケルを引きつける，②N極とS極があり，磁力線がN極から出てS極に入る，③自由に動くように支《ささ》えると，N極は北を指し，S極は南を指す，などの共通点があるが，次のような違いもある。

・電磁石は電流を流したときだけ磁力《じりょく》をもつが，永久磁石はつねに磁力がある。

・電磁石は磁力の強さを変えられるが，永久磁石は変えられない。

・電磁石は磁極を変えられるが，永久磁石は変えられない。

入試ポイント

● **電磁石**の特徴…①電流を**流したときだけ**磁力をもつ。
②磁力の**強さを変えられる**。③**磁極を変えられる**。

4 モーター

☞ 電磁石を回転させるために，どんな工夫がされているか。

モーターのしくみ

モーターは，右の図のようなしくみになっている。

- **界磁石**《かいじしゃく》…永久磁石または電磁石を使う。
- **電機子**《でんきし》…電磁石になっている。界磁石の極から磁力を受けて回転する。
- **整流子**《せいりゅうし》…金属円筒《きんぞくえんとう》を縦《たて》に割《わ》ったような形をしている。電機子といっしょに回転し，半回転ごとに触《ふ》れるブラシをかえて，電機子に流れる電流の向きを変えるはたらきをする。
- **ブラシ**…電池からの電流を整流子に伝える。

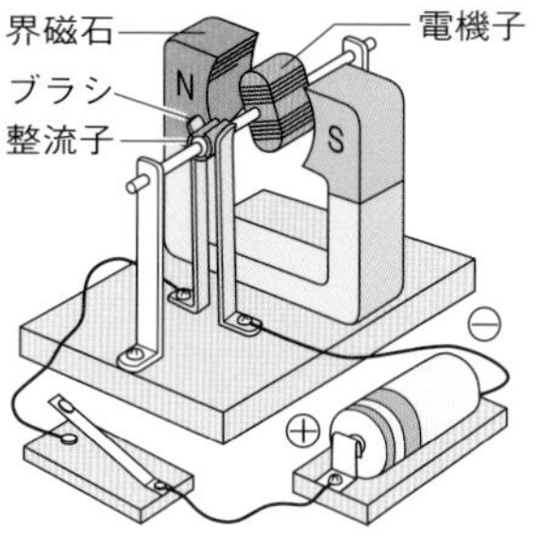

▲モーターのしくみ

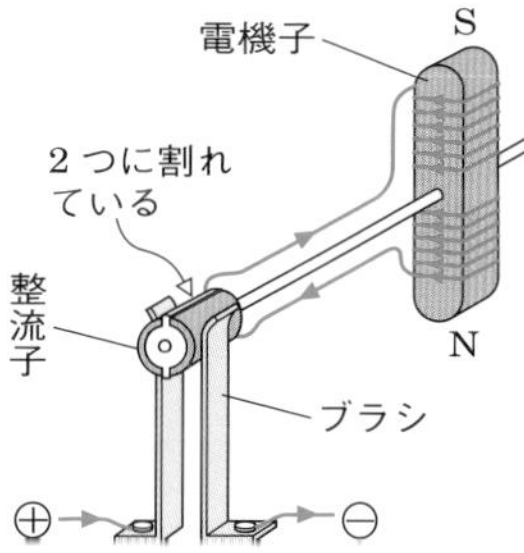

▲電機子と整流子

モーターの回転

下の図の①～④をくり返すようにして回転する。

①電機子と界磁石の同じ極どうしが反発し合うので，電機子は左まわりに回転し始める。

②電機子と界磁石のN極とS極が引き合う力も加わって，同じ向きにまわり続ける。

③電機子と界磁石のN極とS極が引き合うので，電機子は同じ向きにまわり続ける。

④下の図④になったところで，電機子の電流の向きを切り変える。そのため，電流はいったん切れるが，電機子は惰性《だせい》でまわり続ける。④から少しまわると，①に戻《もど》る(ただし，**a**, **b**の極は反対になっている)。このあと，①～④をくり返して，電機子はまわり続ける。

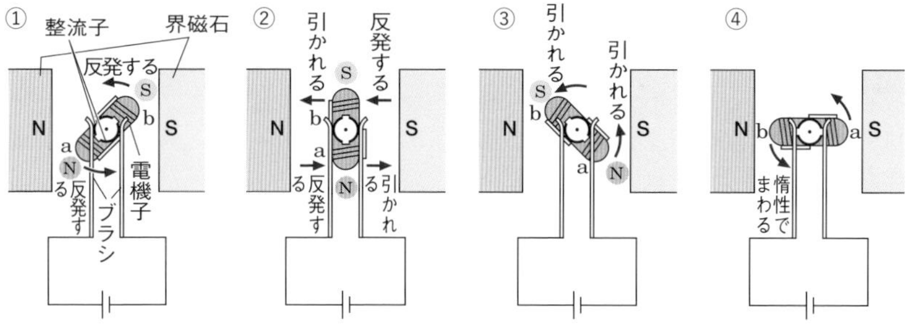

▲モーターの回転

入試ポイント

- **モーター**のしくみ…**電機子**(電磁石)が**界磁石**から磁力を受けてまわる。
- **整流子**のはたらき…**半回転ごとに**電機子の**極を変える。**

コイルのモーター

●コイルのモーターのつくり方

①エナメル線を巻《ま》いてコイルをつくる。

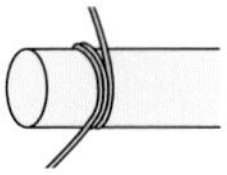

②コイルの両端《りょうはし》にエナメル線をのばし，その表面のエナメルを次のようにはがす。

③コイルと磁石《じしゃく》を下のようにセットし，電流を流すと，コイルの極と磁石の極とが反発し合ってコイルがまわる。

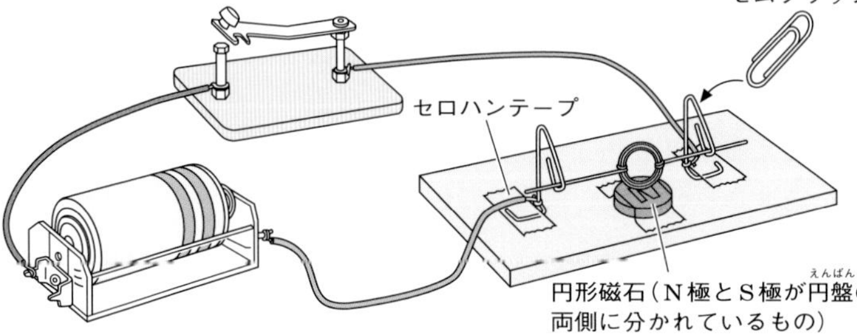

▲コイルのモーター

●回転のしくみ…下半分をはがしたエナメル線側から見て，次のように考える。

①電流が流れ，コイルが電磁石《でんじしゃく》となる。

②電流は流れなくなるが，惰性《だせい》で回転する。

③ふたたび電流が流れ，コイルが電磁石となり回転する。

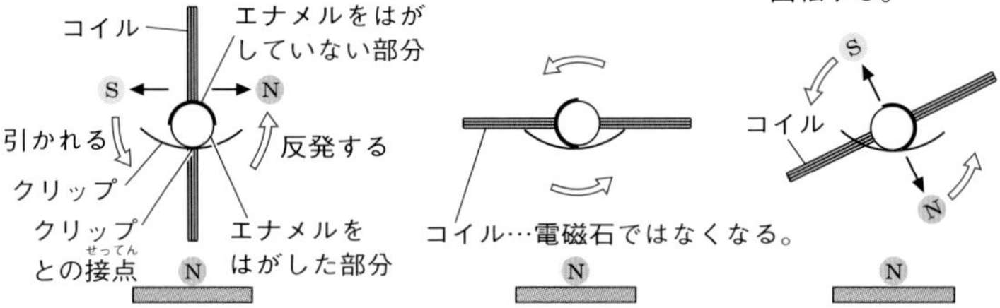

▲コイルが回転するしくみ

実際《じっさい》のモーター

右の図は実際のモーターの内部の様子である。

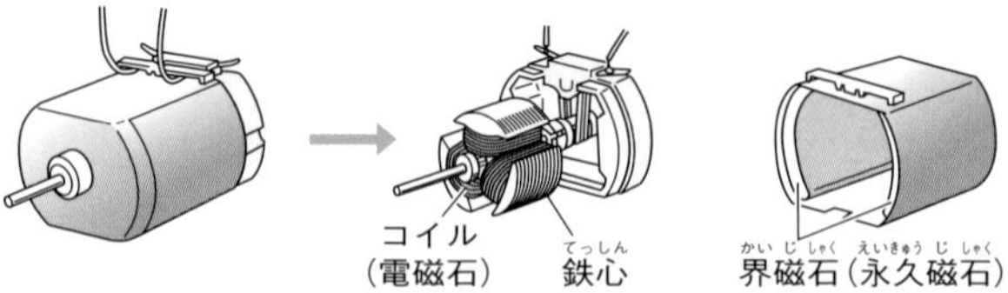

▲モーターの内部の様子

入試ポイント

- エナメルを**はがした部分が接《せっ》したときだけ**電流が流れる。
- コイルのモーターは，**半回転ごと**に電流が流れる。

5 検流計《けんりゅうけい》

☞ コイルを使った検流計のしくみはどうなっているか。

下の図のようにして，コイルを使って検流計をつくることができる。電流を通すものにエナメル線をつけると，コイルが電磁石となり，針《はり》が振《ふ》れる。

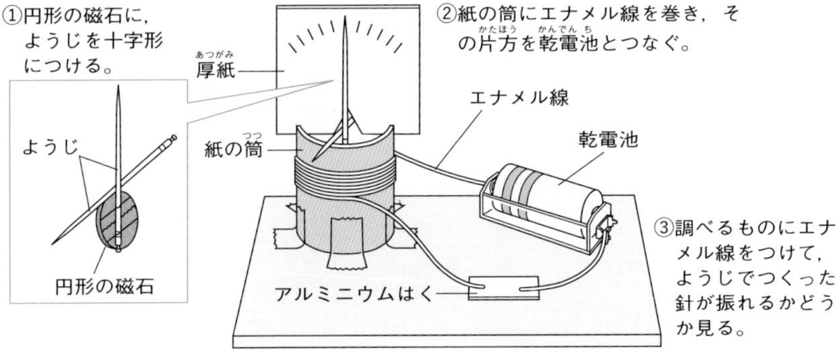

▲検流計のつくり方

6 電磁石を利用したもの

☞ 電磁石を利用したものにはどんなものがあるか。

電磁石はいろいろなところに使われている。

● 電磁石のクレーン

● 電車

● 電流計《でんりゅうけい》・電圧計《でんあつけい》

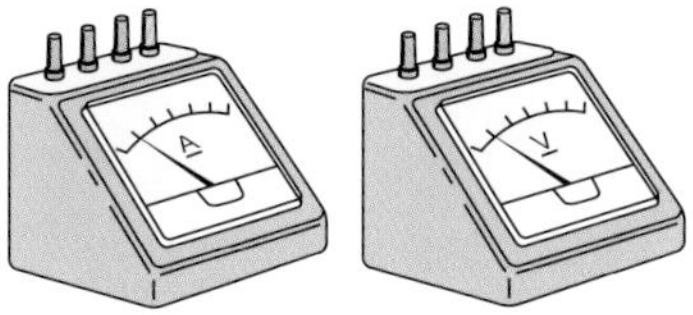

〔電流計〕　〔電圧計〕

● ベル・ブザー

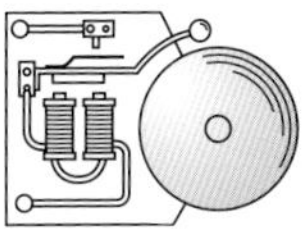

〔ベル〕

● モーター

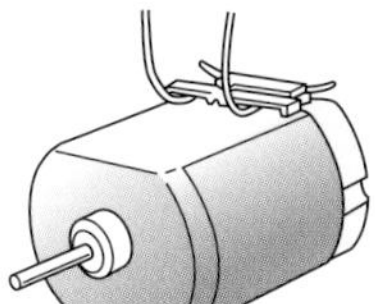

▲電磁石を利用したものの例

入試ポイント

- **検流計**のしくみ…コイルに電流が流れると電磁石となり，針が振れる。
- **電磁石**を利用したもの…**電流計・電圧計・ベル・ブザー・モーター**

7 発電《はつでん》・蓄電《ちくでん》

☞コイルの中の磁界《じかい》が変化するとどうなるか。

● **発電**…電気を発生させることを**発電**という。

● **電磁誘導《でんじゆうどう》**…コイルの中の磁界が変化すると，コイルに電流《でんりゅう》を流そうとする電圧《でんあつ》が生じる現象《げんしょう》を**電磁誘導**という。

● **誘導電流《ゆうどうでんりゅう》**…電磁誘導によって流れる電流を**誘導電流**という。

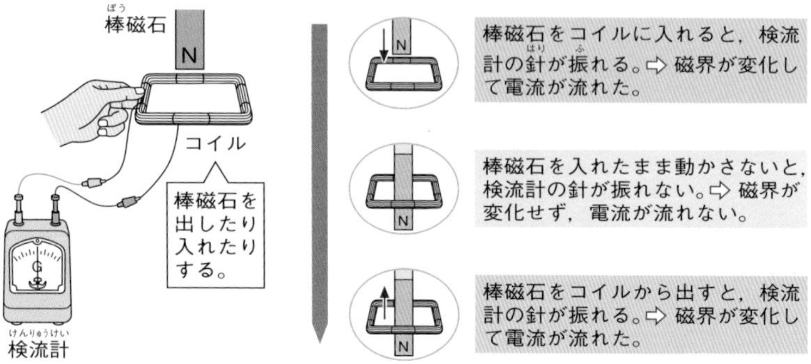

▲電磁誘導

▶ **誘導電流の向きを変える方法**

・磁石の極を変える。

・磁石の同じ極を近づけたときと遠ざけたときでは，誘導電流の向きが逆《ぎゃく》になる。

▶ **誘導電流を強くする方法**

・磁石やコイルを速く動かす。

・磁石の磁力《じりょく》を強くする。

・コイルの巻《ま》き数を多くする。

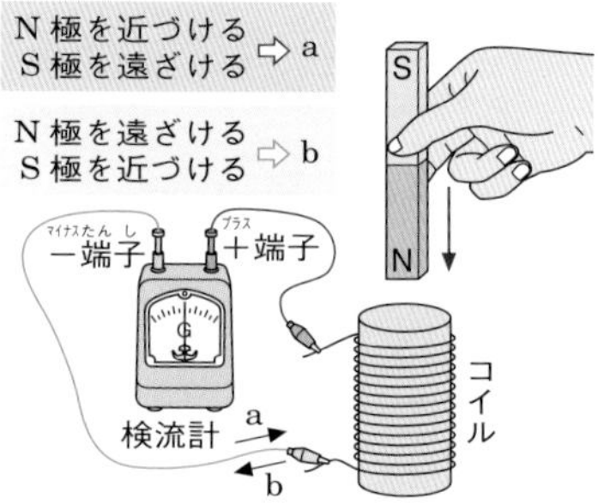

▲誘導電流の向き

● **発電機《はつでんき》**…コイルの中で磁石を回転させたり，磁石の中でコイルを回転させたりして誘導電流をとり出す装置《そうち》を**発電機**という。

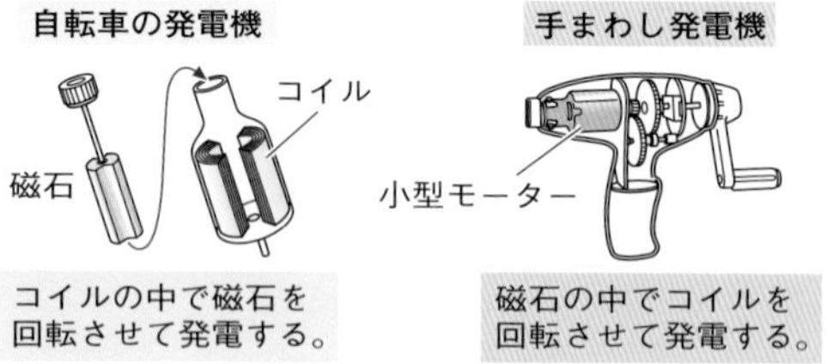

▲発電機

入試ポイント

● **電磁誘導**…コイルの中の**磁界が変化**すると**電圧が生じる**現象。

● **誘導電流**…電磁誘導によって流れる電流。

●**蓄電**…電気をためることを**蓄電**という。**蓄電器《ちくでんき》**(コンデンサー)や**蓄電池《ちくでんち》**(二次電池《にじでんち》)などにためる。

▶**蓄電池の種類**…鉛蓄電池《なまりちくでんち》，アルカリ蓄電池，リチウムイオン電池，ニッケル水素《すいそ》電池など。

▶**蓄電池の利用**…右の写真のように，スマートフォンのバッテリーや乾電池型蓄電池として使われるほか，光電池《こうでんち》で発電した電気をためて使うこともできる。

▲いろいろな蓄電池

8 電流の変換《へんかん》

☞ 電流は私たちの生活にどのように利用されているか。

電流は，いろいろなすがたに変わって，家庭や工場などで利用されている。電流が発見されたことによって，人々《ひとびと》の生活は大きく変化したといえる。

・**電流⇨運動**…モーターなど　・**電流⇨光**…電球など

・**電流⇨熱**…電気ストーブなど　・**電流⇨音**…スピーカーなど

9 直流《ちょくりゅう》・交流《こうりゅう》

☞ 直流と交流の違《ちが》いは何か。

●**直流(直流電流)**…一定の強さで，同じ向きに流れる電流を**直流(直流電流)**という。電池から流れ出す電流は直流である。

●**交流(交流電流)**…時間とともに向きと強さがたえず変化して流れる電流を**交流(交流電流)**という。発電所の発電機によって得られる誘導電流は交流なので，コンセントから得られる電流も交流である。

●**ダイオード**…きまった方向にしか電流を流さない装置。回路図《かいろず》では，下の図のような記号で表され，AからBの向きには電流が流れるが，BからAの向きには電流が流れない。電流が流れたときに点灯する電球が付いたものを**発《はっ》光《こう》ダイオード(LED)**という。

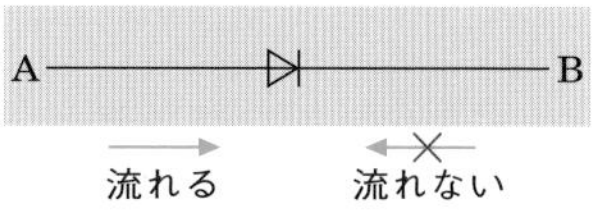

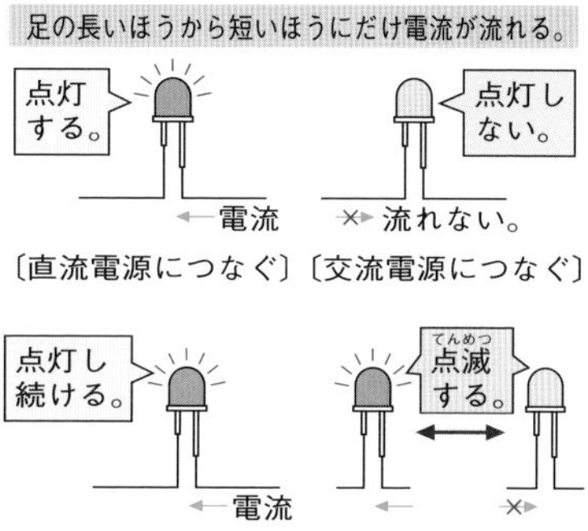

▲発光ダイオード

入試ポイント

● **直流**…**一定の速さ**で，**同じ向き**に流れる電流。

● **交流**…時間とともに**向きと強さがたえず変化**して流れる電流。

10 手まわし発電《はつでん》機《き》・発光《はっこう》ダイオード・コンデンサーの特徴《とくちょう》

● **手まわし発電機の特徴**…ハンドルを速くまわすと，流れる電流《でんりゅう》が強くなる。ハンドルを反対向きにまわすと，電流の向きも反対になる。

▶ **ハンドルの手ごたえ**…回路《かいろ》に流れる電流が強くなるほど，ハンドルの手ごたえが大きくなる。そのため，抵抗の小さい回路に電流を流そうとするほど，ハンドルの手ごたえが大きくなる。

▶ **手まわし発電機どうしの接続《せつぞく》**…手まわし発電機の＋《プラス》端《たん》子《し》どうし，－《マイナス》端《たん》子《し》どうしをつないで，一方の手まわし発電機のハンドルを時計まわりに10回だけまわすと，もう1つの手まわし発電機のハンドルも時計まわり(同じ向き)にまわり始めるが，エネルギーの一部が熱として逃《に》げていくため，回転数は10回転より少ない。

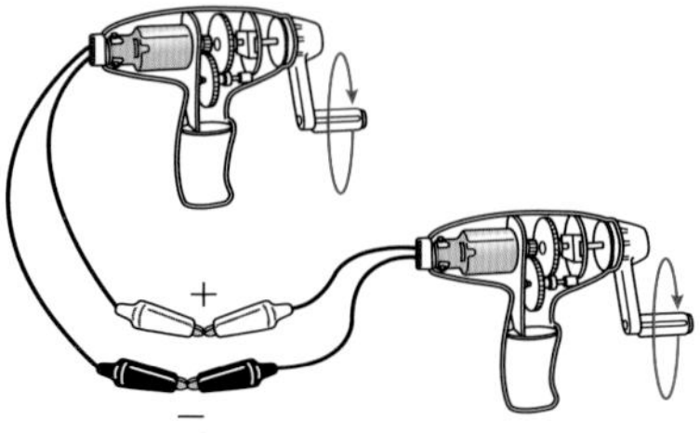

▲手まわし発電機どうしの接続

● **発光ダイオードの特徴**…発光ダイオードは，＋端子から電流が流れこむと電流が流れる。

▶ **発光ダイオードの抵抗の大きさ**…発光ダイオードは白熱電球よりもずっと抵抗が大きいため，流れる電流は小さい。よって，白熱電球よりも発熱量は小さく，消費電力も少ないが，白熱電球と同様に明るく光ることができる。

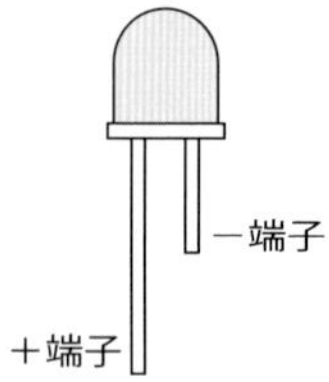

▲発光ダイオード

● **コンデンサーの特徴**…コンデンサーに手まわし発電機を接続して，手まわし発電機のハンドルを時計まわりにまわしていくと，コンデンサーに電気エネルギーがたくわえられていく。

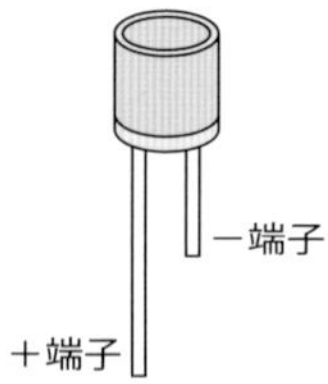

▲コンデンサー

▶ **蓄電と手まわし発電機のハンドルの手ごたえ**…コンデンサーに電気エネルギーがたくわえられていくほどコンデンサーの抵抗が大きくなっていくので，流れる電流は小さくなっていき，手まわし発電機のハンドルの手ごたえは小さくなっていく。
蓄電《ちくでん》後に手まわし発電機をつないだままハンドルから手をはなすと，手まわし発電機のハンドルは，蓄電時と同じ向きにまわり始める。

入試ポイント
● 手まわし発電機のハンドルをまわして発電したとき，**回路に流れる電流が強くなるほど，ハンドルの手ごたえは大きくなる。**

☑ まとめチェック

知識を整理・確認しよう！

① 磁石《じしゃく》の性質《せいしつ》

□ ① 地球は大きな磁石となっているが，北極《ほっきょく》は何極か。

□ ② 同じ極どうしは引き合うか，反発し合うか。

② 電流《でんりゅう》のまわりの磁力線《じりょくせん》

□ ① 次の図のA～Hで，方位磁針《ほういじしん》の振《ふ》れ方を，右のア～コから選べ。

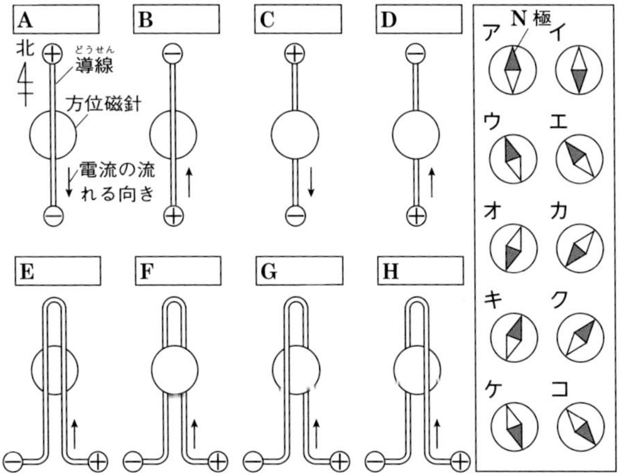

③ 電磁石《でんじしゃく》

□ ① 電磁石に流れる電流を強くすると，電磁石はどうなるか。

□ ② 電磁石に流す電流の向きを逆《ぎゃく》にすると，電磁石のまわりの磁界《じかい》の向きはどうなるか。

□ ③ 次の図のA～DにあてはまるのはNとSのどちらか。

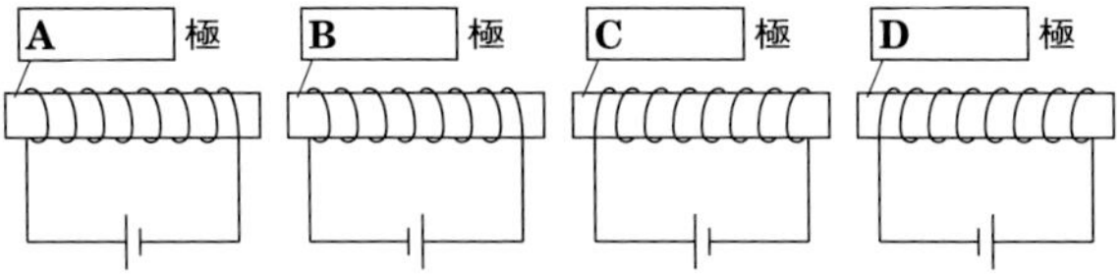

④ 電気の利用

□ ① モーターを流れる電流を逆にすると，モーターの回転する向きはどうなるか。

□ ② 手まわし発電機のハンドルを速くまわすと電流はどうなるか。

□ ③ 発光ダイオードをアルファベット3文字で表せ。

答え

①

① S極

② 反発し合う

②

① A…キ
B…ウ
C…ウ
D…キ
E…ア
F…ア
G…ク
H…エ

③

① 強くなる

② 逆になる

③ A…S
B…N
C…N
D…S

④

① 逆になる

② 強くなる

③ LED

力だめしの問題 入試標準レベル

解答➡別冊p.68

❶ 図1のように，棒磁石《ぼうじしゃく》のN極に縫《ぬ》い針《ばり》Aを下げ，その下にもう1本縫い針Bを下げます。 【フェリス女学院中・改】

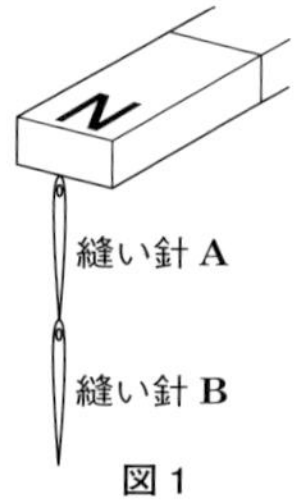

図1

(1) 縫い針Bの下の端《はし》に，別の棒磁石のN極を近づけると，Bはどうなりますか。次から選びなさい。 (　　)

ア 遠ざかる　　イ 近づく　　ウ 動かない

(2) 図2のように，棒磁石のN極に別の棒磁石のS極をくっつけると，N極に下がっていた縫い針はどうなりますか。

(　　　　　　　　　　　　　　)

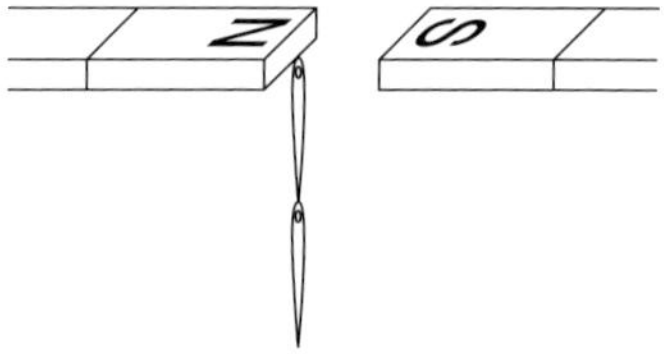

図2

(3) 縫い針に磁石の性質《せいしつ》をもたせる方法として，磁石でこする方法が知られています。このとき，磁石のこすり方について，注意しなければならないことを書きなさい。

(　　　　　　　　　　　　　　)

(4) (3)の縫い針を使って，南北を調べるにはどうしたらよいですか。その方法を1つ答えなさい。 (　　　　　　　　　　　　　　)

(5) 地球も大きな磁石であることが知られています。実際《じっさい》に磁石の性質をもつしくみは棒磁石とは異《こと》なりますが，地球の中に大きな棒磁石が入っていると考えることにすると，地理上の北極付近にあるのはN極とS極のどちらですか。

(　　　　)

❷ 次のⅠ・Ⅱの各問いに答えなさい。 【追手門学院大手前中】

Ⅰ 以下の図について，あとの問いに答えなさい。ただし，A・Cの方位磁針《ほういじしん》は回路《かいろ》の下に，B・Dの方位磁針は回路の上にあるものとします。

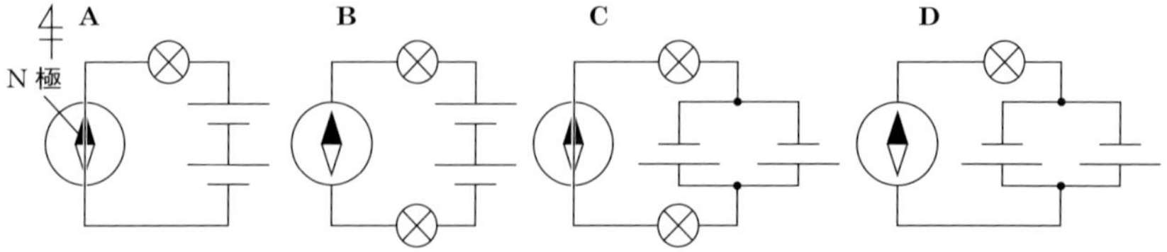

(1) A・BおよびC・Dのような電池のつなぎ方をそれぞれ何といいますか。

A・B(　　　　　　　)　C・D(　　　　　　　)

(2) AとDのN極は，それぞれ東西南北のどの向きに振《ふ》れますか。

A(　　　)　D(　　　)

(3) 針の振れる角度の最も大きいものと最も小さいものを，それぞれ記号で答えなさい。　　**最も大きいもの**（　　）　**最も小さいもの**（　　）

Ⅱ 右の図のように，ストローに導線《どうせん》を巻《ま》いてコイルをつくりました。

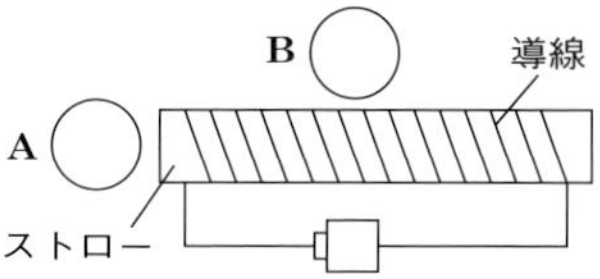

(4) 図の**A**点・**B**点に方位磁針を置くと針はどのようになりますか。図に，方位磁針をかき入れなさい。

ストローの中に［①］を入れて，電磁石《でんじしゃく》をつくりました。この電磁石について，電池の数とコイルの巻き数を変えて引きつけるクリップの数を調べると，右下の表のようになりました。ただし，電池のつなぎ方は，上の図のようなつなぎ方とします。

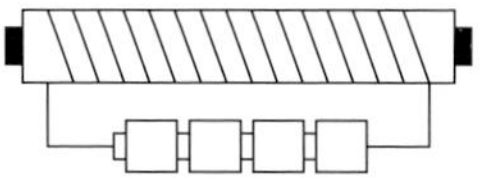

(5) 文章中の空欄《くうらん》［①］にあてはまる最も適当《てきとう》なものを，次から選び，記号で答えなさい。（　　）

ア　ガラス棒《ぼう》　　**イ**　鉄の棒　　**ウ**　銅《どう》の棒　　**エ**　木の棒

(6) 表中の空欄②にあてはまる数字を答えなさい。（　　）

電磁石	A	B	C	D
電池	1個	2個	4個	1個
巻き数	200回	50回	100回	150回
クリップ	12個	6個	②個	9個

(7) クリップを18個引きつけるための，電池の数と巻き数の組み合わせを3通り答えなさい。ただし，電池の数は5個以下，巻き数は200回以下とします。

（　　個，　　回）（　　個，　　回）（　　個，　　回）

3 **図1のようにモーターと導線《どうせん》をつないだとき，モーターの軸《じく》は矢印の向きにまわりました。**

【奈良教育大附中】

図1

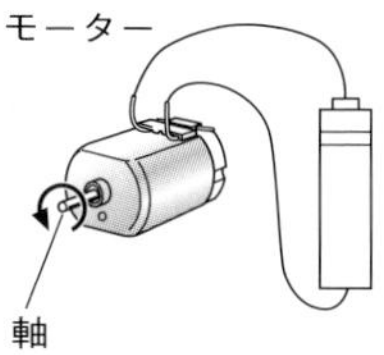

図2

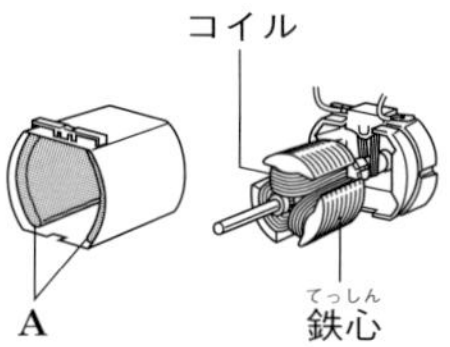

(1) **図2**は，モーターを分解《ぶんかい》したものです。**図2**のケースの内側にある**A**は何ですか。（　　）

(2) 2個の電池とモーターをつないで，**図1**と同じ向きに，最も速く回転させるためには，どのようにつなげばよいですか。右の図の電池とモーターを導線で結びなさい。

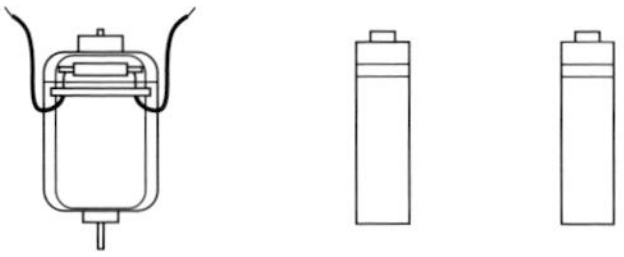

チャレンジ問題 入試発展レベル

解答➡別冊p.69

★は最高レベル

1 同じ種類の電池《でんち》と電球，電流計《でんりゅうけい》をいくつか用意して実験をしました。どの場合も，1個《こ》の電池が電流《でんりゅう》を流そうとするはたらき(電圧《でんあつ》)はすべて同じとします。また，電流計をつないでも回路《かいろ》を流れる電流の強さは，そこを導線《どうせん》でつないだときと変わらないものとします。 【灘中】

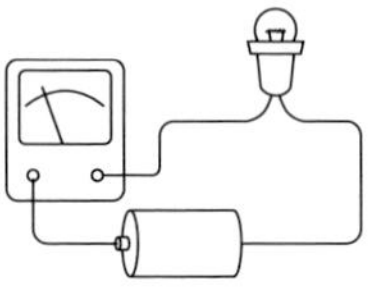

図1

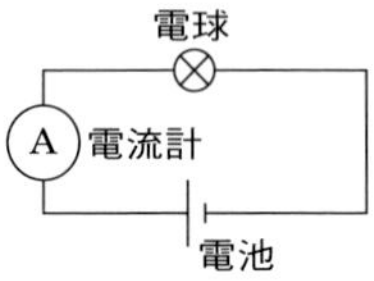

図2

まず，**図1**のように，電球，電流計，電池1個を直列《ちょくれつ》につなぐと，電流計の読みは10mAになりました(**図2**のような記号で表すことにします)。

この回路で，直列につなぐ電池の個数を1個ずつ増《ふ》やして，電池の個数と電流計の読みの関係を調べると次の表のようになりました。

電池の個数	0	1	2	3	4	5	6	7	8	9	10
電流計の読み(mA)	0	10	15	19	23	26	29	32	35	38	40

また，**図3**のように電池2個と電球2個でできた回路では，電流計Ⅰの読みが10mA，Ⅱの読みが0mA(電流が流れない)でした。

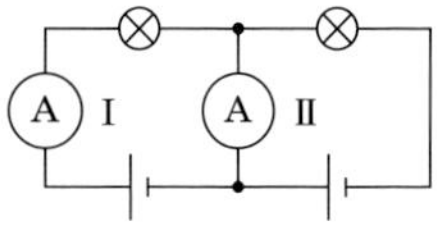

図3

なお，回路の途中《とちゅう》で導線が分かれている場合，分かれる点に流れこむ電流の強さの合計と，分かれる点から流れ出す電流の強さの合計は同じになります(**図4**の数値《すうち》は1つの例です)。これらをもとにして，以下の問いに答えなさい。

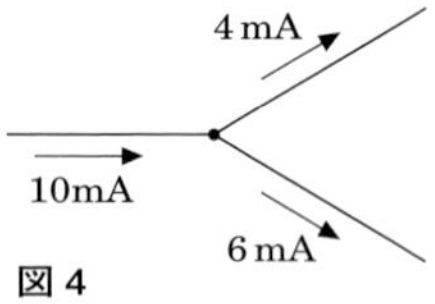

図4

(1) 上の表の実験結果をグラフで表したとき，適当《てきとう》なものはどれですか。次から選び，記号で答えなさい。 (　　)

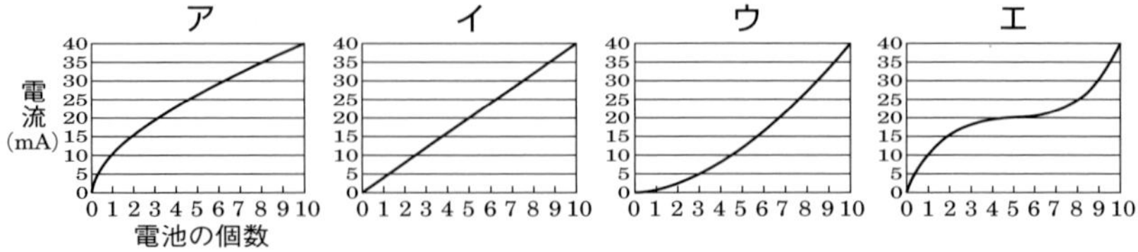

⑵ 次の①～⑤の回路で，電流計の読みはそれぞれ何mAになるか整数で答えなさい。ただし，図には，直列につないだ電池の個数が書かれています。

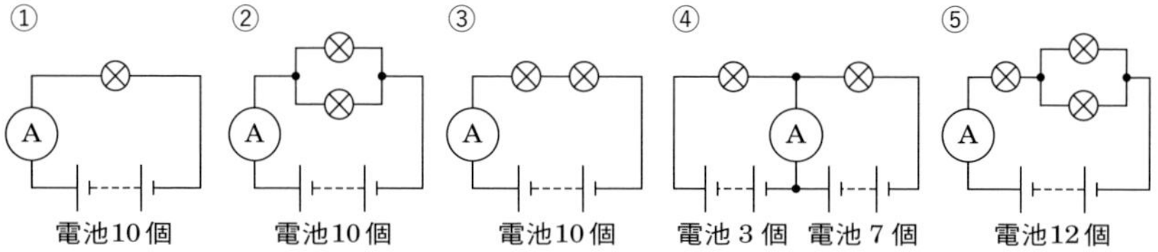

①（　　　　　　）　②（　　　　　　）　③（　　　　　　）

④（　　　　　　）　⑤（　　　　　　）

2 **下の図のように，丸い筒《つつ》の導線《どうせん》を 100 回または 200 回巻《ま》いたものに鉄くぎを入れて，導線と電池をつないで電流《でんりゅう》を流しました。あとの問いに答えなさい。**

【比治山女子中】

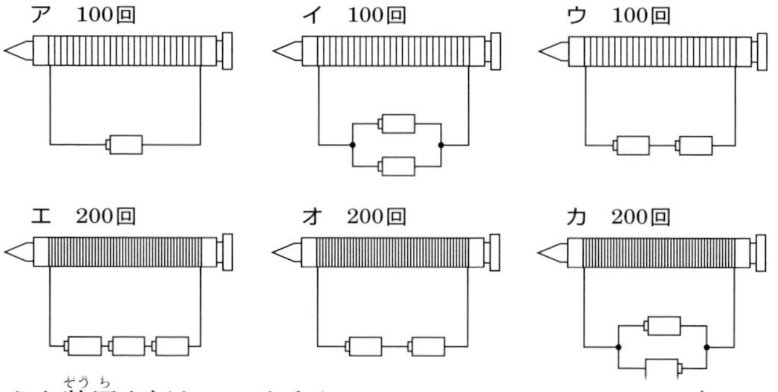

⑴ 図のような装置《そうち》を何といいますか。（　　　　　）

⑵ クリップを近づけると引きつけられました。クリップを引きつける力が最も強いのはどれですか。図の**ア**～**カ**から選び，記号で答えなさい。（　　）

⑶ 導線の巻き数とクリップを引きつける力との関係を調べるには，上の図のどれとどれを比《くら》べればよいですか。図の**ア**～**カ**から選び，記号で答えなさい。

（　　）と（　　）

3 乾電池《かんでんち》，電流計，金属《きんぞく》の細い線(以下は金属線とよぶ)を用意して図１のようにつなぎ，いろいろな金属線を用いて，電流がどのように変化するかを調べました。

図１

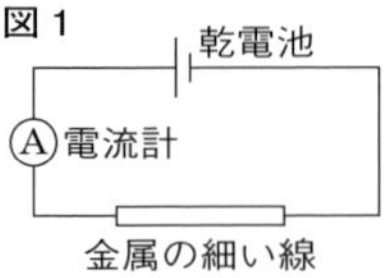

はじめに金属線の材料を鉄にして，断面《だんめん》の面積(以下は面積とよぶ)や長さを変えて電流計の値《あたい》を調べたところ，**図２**のようになりました。次に材料をニクロムにして，同じことを調べたところ，**図３**のようになりました。　【東大寺学園中】

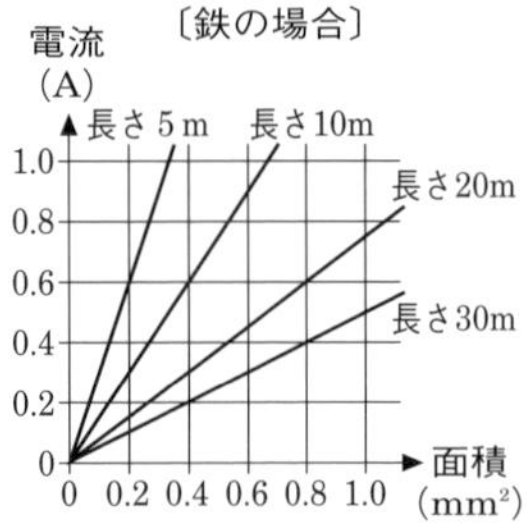

図２

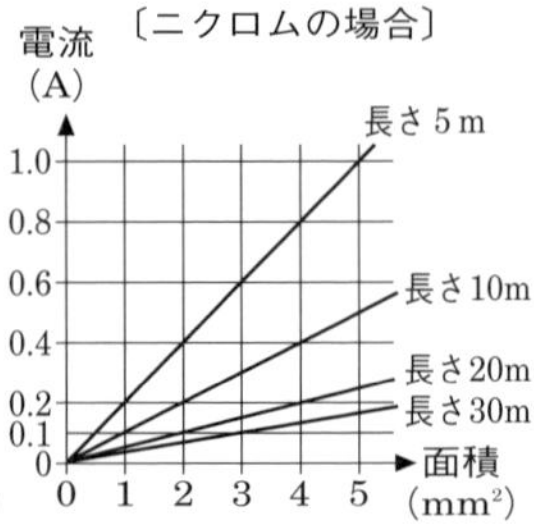

図３

⑴ 長さ15m，面積0.5mm^{2}の鉄線を使用すると電流計の値は何Aになりますか。
(　　　　)

⑵ 面積を1mm^{2}にして，鉄線の長さだけを変えると，電流計の値はどのように変化しますか。縦軸《たてじく》を電流，横軸を鉄線の長さとして，正しいグラフを次から１つ選び，記号で答えなさい。　(　　)

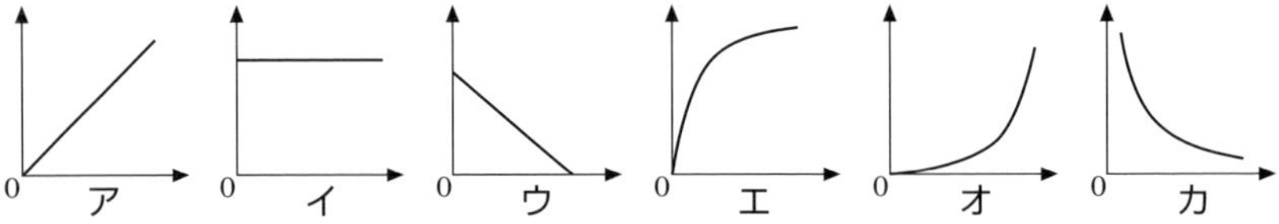

★⑶ 鉄はニクロムの何倍電気を通すといえますか。　(　　　　)

★⑷ 次の文中の□にあてはまる数値《すうち》を答えなさい。

①(　　　　)　②(　　　　)　③(　　　　)

長さが15mで面積が0.2mm^{2}の鉄線を，5m(鉄線**A**)と10m(鉄線**B**)に切り分け，**図４**のように接続《せつぞく》しました。

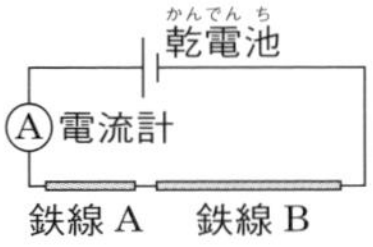

図４

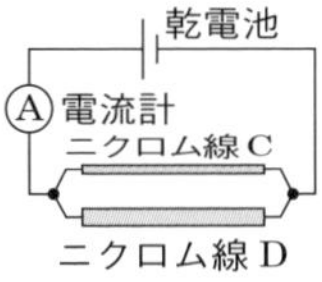

図５

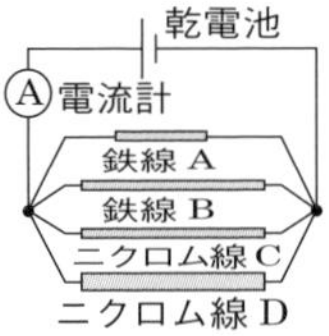

図６

このときの電流計《でんりゅうけい》の値《あたい》は[①]Aになります。次に長さが10mで面積が2mm^{2}のニクロム線**C**と長さが10mで面積が3mm^{2}のニクロム線**D**を**図５**のように接続しました。この場合は長さが10mで面積が5mm^{2}のニクロム線を接続するのと同じだと考えると，電流計の値は[②]Aになることがわかります。また，**A**，**B**，**C**，**D**の各金属線を**図６**のように接続したところ，電流計の値は[③]Aになります。

4 モーターについて調べるために，身近な材料で電磁石《でんじしゃく》をつくりました。

ストローにエナメル線を同じ向きにたくさん巻いて，コイルをつくり，両端《りょうはし》のエナメルを2cmほどはがしました。鉄心《てっしん》として，鉄くぎをストローの中に入れ，**図1**のようにエナメル線を電池につないで電流を流したところ，方位磁針《ほういじしん》は**図1**に示《しめ》した向きをさしました。　【広島大附中】

図1

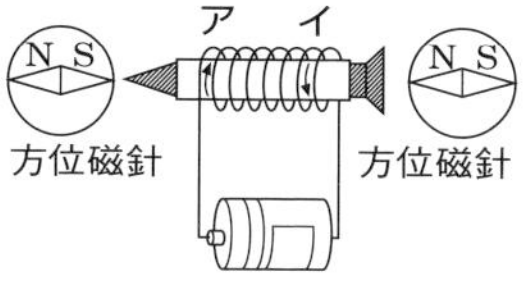

⑴ コイルをつくるときに両端のエナメルをはがすのはなぜですか。次のことばに続けて10字以内で答えなさい。

エナメルは(　　　　　　　　　　　　　　　　　)

⑵ コイルに流れる電流は**図1**のア，イのどちら向きですか。記号で答えなさい。　(　　)

図2

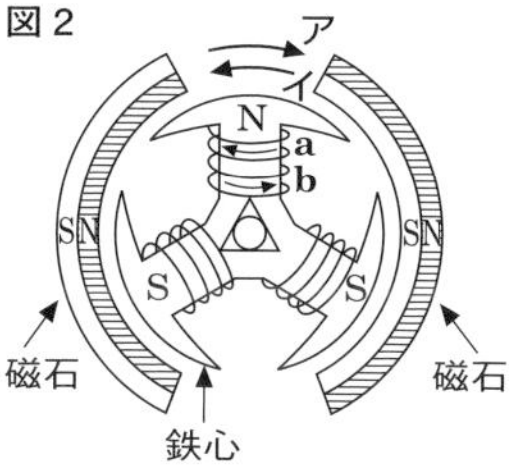

⑶ **図2**は，モーターの断面を表しています。モーターの中の鉄心が**図2**のような磁石になっているとき，上の部分のコイルに流れる電流は，**a**，**b**のどちら向きですか。記号で答えなさい。　(　　)

⑷ コイルに電流を流して鉄心が**図2**に示すような磁石になっているとき，鉄心はア，イのどちらにまわり始めますか。記号で答えなさい。　(　　)

5 エナメル線，クリップ，磁石，消しゴムを用意し，図のようなクリップモーターを組み立てました。　【四天王寺中】

エナメル線でつくったコイルには，図の矢印(→)の方向に電流が流れています。また，左右に出ている**P**と**Q**の部分では，**P**はエナメルを半分だけはがし，**Q**はエナメルを全部はがしておきました。コイル部分の下にある磁石はN極側を上に向けて置いてあります。また，**A**，**B**の端《はし》は，電流計，電熱線《でんねつせん》などをつなげるようにしてあります。

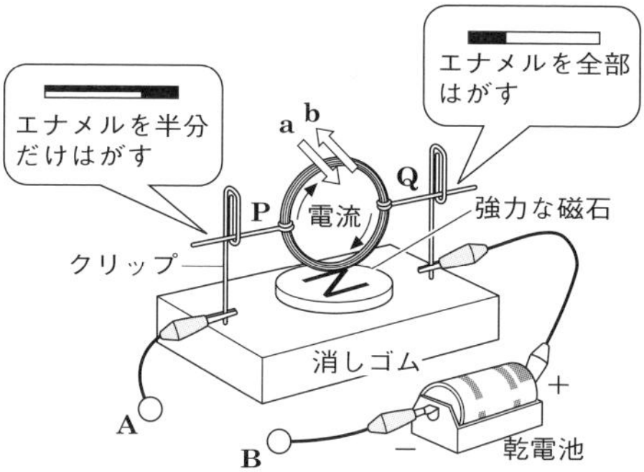

⑴ **AB**間を導線でつなぎ，電流を流しましたがコイルは回転しませんでした。そこで軽くコイルの上の部分を押《お》したところ，コイルは押した向きに回転を始めました。図の**a**，**b**のどちらの向きに押したと考えられますか。　(　　)

ア　**a**の向き　　イ　**b**の向き　　ウ　**a**，**b**どちらの向きでもよい

(2) (1)の実験において，実験の条件《じょうけん》を，下の**ア**～**ケ**のように変えました。

① コイルの回転が速くなる場合をすべて選びなさい。 (　　　　　　　)

② コイルの回転が逆《ぎゃく》になる場合をすべて選びなさい。 (　　　　　　　)

ア 置いてある磁石《じしゃく》のN極とS極を逆にする。

イ 磁石の引きつける力の大きいものに変える(上がN極)。

ウ コイルの下にある磁石と同じ強さのN極を上からゆっくりと近づける。

エ コイルの下にある磁石と同じ強さのS極を上からゆっくりと近づける。

オ 電池の＋極《プラスきょく》と－極《マイナスきょく》を逆にする。

カ 電池2個《こ》を直列《ちょくれつ》つなぎにする。　**キ** 電池2個を並列《へいれつ》つなぎにする。

ク コイルの巻《ま》き数を増《ふ》やす。　**ケ** コイルの巻き方を逆にする。

(3) **P**と**Q**の部分のエナメル線を次の①，②のように変えて電流《でんりゅう》を流し，コイル部分を回転させてみました。コイルの回転はどのようになりますか。下の**ア**～**ウ**から選び，それぞれ記号で答えなさい。

① **P**は下半分，**Q**は上半分のエナメルをはがす。 (　　)

② **P**も**Q**も，下半分のエナメルをはがす。 (　　)

ア すぐに回転が止まる。

イ ある方向に回転を続ける。

ウ 1回転するごとに回転方向が逆になる。

6 **最近，発光ダイオード(LED)という明かりがいろいろなところで使われるようになってきました。**LEDにはつなぐ向きがあり，**図1**(a)のように正しい向き(順方向《じゅんほうこう》)につなぐと電流が流れて光るが，(b)のように逆向き(逆方向《ぎゃくほうこう》)につなぐと電流が流れず光らない，という性質《せいしつ》をもちます。

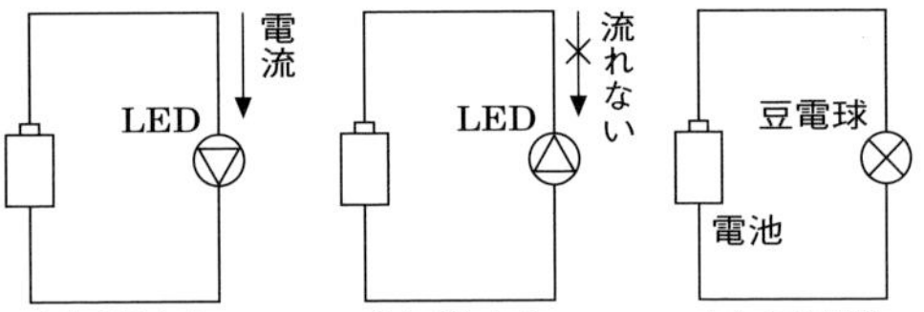

(a) 順方向 光る　(b) 逆方向 光らない　(c) 豆電球 光る

図1

いま，**図1**(a)と(c)のようにLEDと豆電球をそれぞれ同じ電池につないだところ，ほぼ同じ明るさで光りました。豆電球をつないだときに回路《かいろ》に流れる電流は200mAでした。

次に，**図2**のようにこれらの豆電球とLEDを並列につないで，先ほどの電池につなぎました。このとき電流計は220mAを示しました。以下の問いに答えなさい。 【早稲田中】

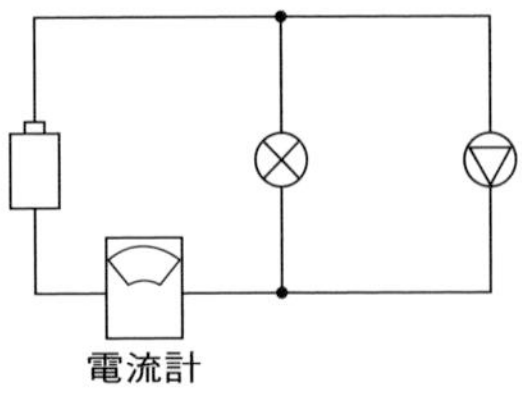

図2

(1) **図2**のように並列につないだ場合，LEDと豆電球の明るさはどうなりますか。次から選び，記号で答えなさい。　　　　　　　　　　　（　　　）

ア　豆電球のほうが明るい。

イ　LEDのほうが明るい。

ウ　ほぼ同じ明るさである。

(2) **図1**(a)と(c)の回路を使って，LEDと豆電球での電池のもちを比べるとどうなりますか。最も適当《てきとう》なものを次から選び，記号で答えなさい。　（　　　）

ア　豆電球のほうが電池はずっと長もちする。

イ　豆電球のほうが電池は少し長もちする。

ウ　電池のもちはほぼ同じくらいである。

エ　LEDのほうが電池は少し長もちする。

オ　LEDのほうが電池はずっと長もちする。

★(3) 電流を調整できる電源《でんげん》を用意し，**図3**のようにLEDと豆電球を直列につないだものを接続《せつぞく》しました。電流を調整してLEDを**図1**(a)と同じくらいの明るさにしたところ，豆電球は光りませんでした。LEDと豆電球を同じ明るさで光らせるためにはどのようにすればよいか，次から選び，記号で答えなさい。ただし，いずれもLEDが**図1**(a)と同じ明るさになるように電流を調整するものとします。　　（　　　）

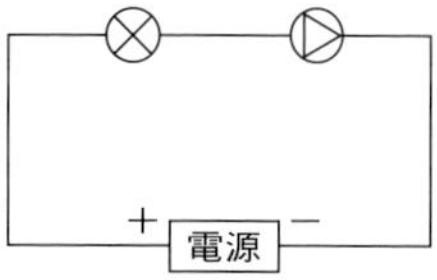

図3

ア　回路中の豆電球に，たくさんの豆電球を並列につないでいく。

イ　回路中のLEDに，たくさんのLEDを並列につないでいく。

ウ　回路中の豆電球とLEDの間に，たくさんの豆電球を並列につないでいく。

エ　回路中の豆電球とLEDの間に，たくさんのLEDを並列につないでいく。

★(4) 向きのわからない5つのLED(**A**～**E**)を使って，**図4**のような回路をつくりました。**ア**に電源の＋，**エ**に電源の－をつなぎ調整したところ，**A**，**C**，**E**の3つのLEDが光りました。**エ**に電源の＋，**ア**に電源の－をつなぐと，どれが光りますか。光るLEDをすべて選び，**A**～**E**の記号で答えなさい。どれも光らないときは×を記入しなさい。　（　　　　　　）

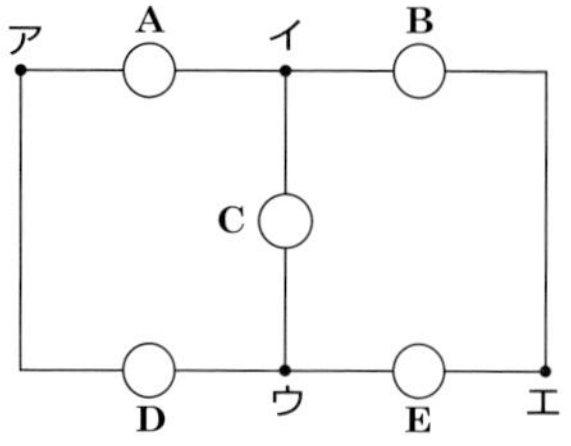

図4

★(5) **図4**の回路のLEDを4つ同時に光らせるには，電源をどこにつなげばよいですか。＋をつなぐ位置と－をつなぐ位置をそれぞれ**ア**～**エ**から選び，記号で答えなさい。　　　　　＋(　　　)　－(　　　)

光と音の性質《せいしつ》

音の高低

振動数《しんどうすう》が多いほど高い音が出る

●弦《げん》の音の高低

①弦が短いほど高い音が出る。

②弦が細いほど高い音が出る。

③弦の張《は》りが強いほど高い音が出る。

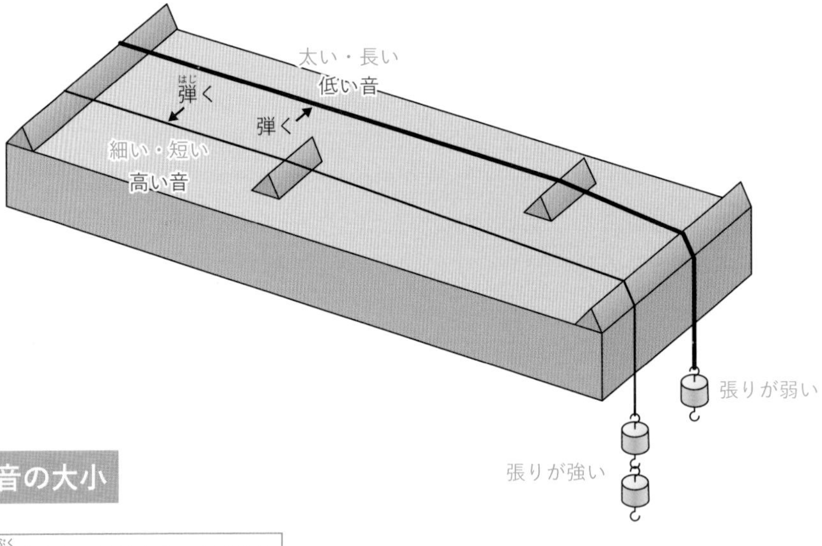

音の大小

振幅《しんぷく》が大きいほど大きい音が出る

●弦の音の大小

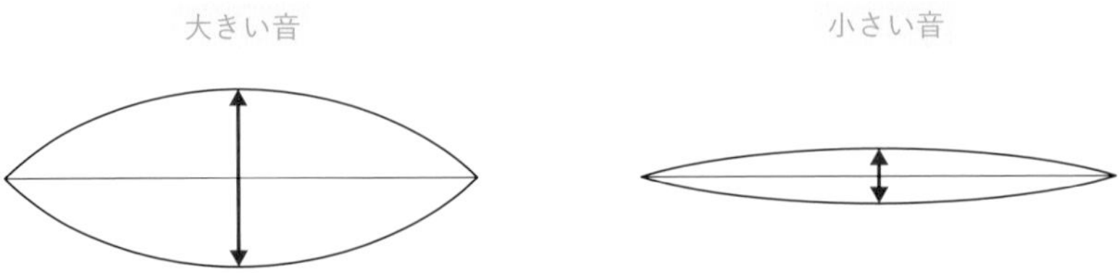

光の直進

針穴写真《はりあなしゃしん》機《き》
（ピンホールカメラ）

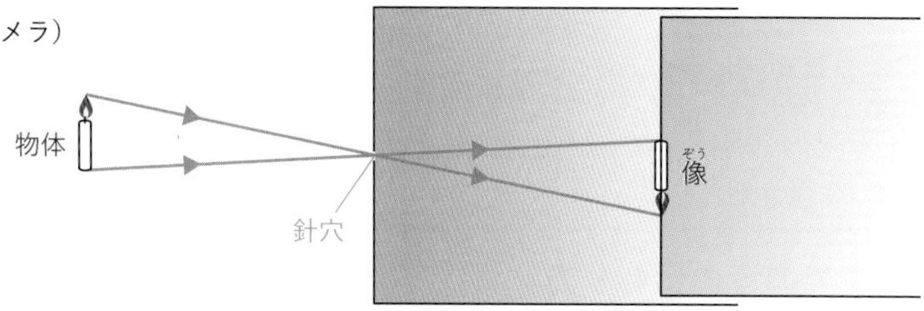

光の反射

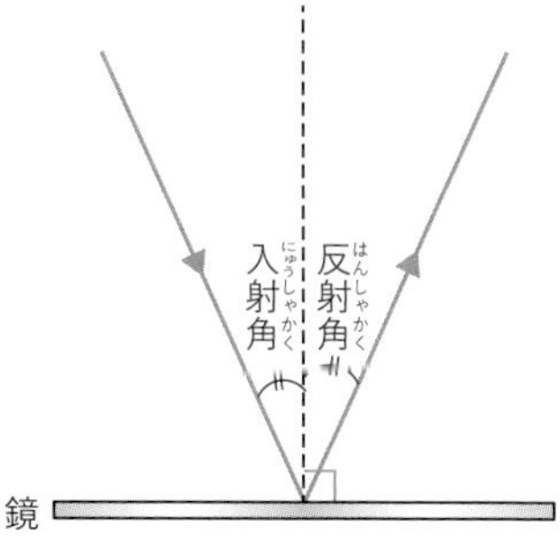

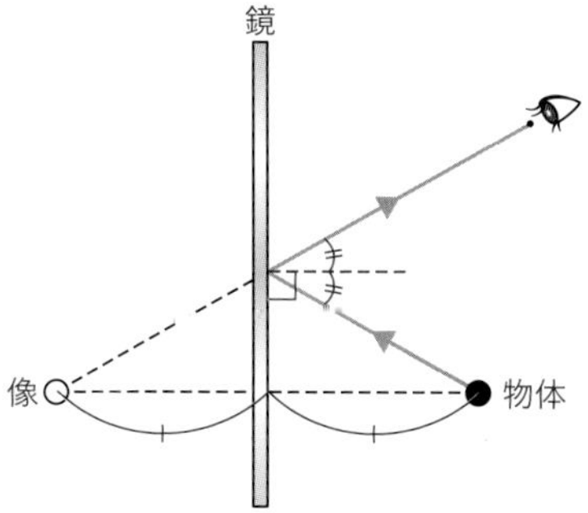

光の屈折

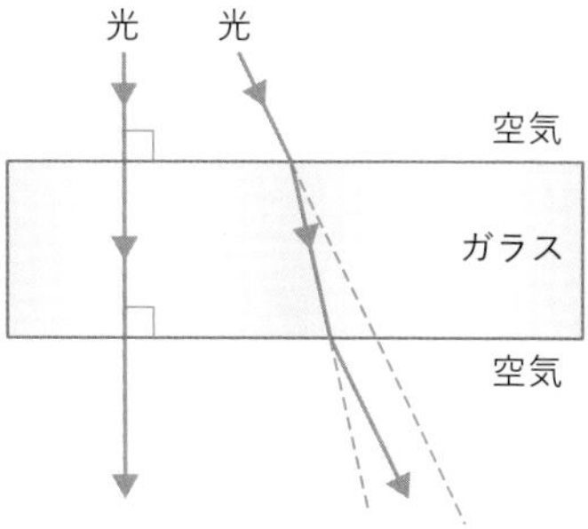

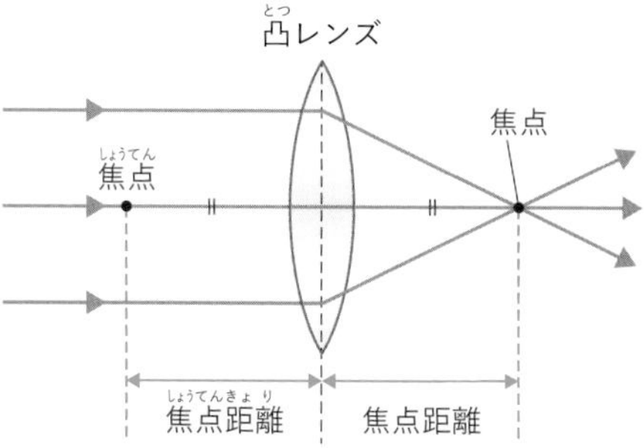

第3章 光と音の性質

1 音の性質《せいしつ》と伝わり方

1 音の伝わり方

音はどのように伝わるか。

空気中での音の伝わり方

● **音と振動《しんどう》**…音を出しているものに手を触《ふ》れると，細かく**振動**している。この振動が空気を振動させ，それが耳の鼓《こ》膜《まく》に伝わると，音として感じる。

▶ **太鼓《たいこ》の振動**…太鼓をたたくと，右の図のように，太鼓の皮が振動する(出たり引っこんだりする)。これによって，太鼓の皮に触れている空気が押《お》されたり引かれたりして，空気に濃《こ》いところと薄《うす》いところができる。

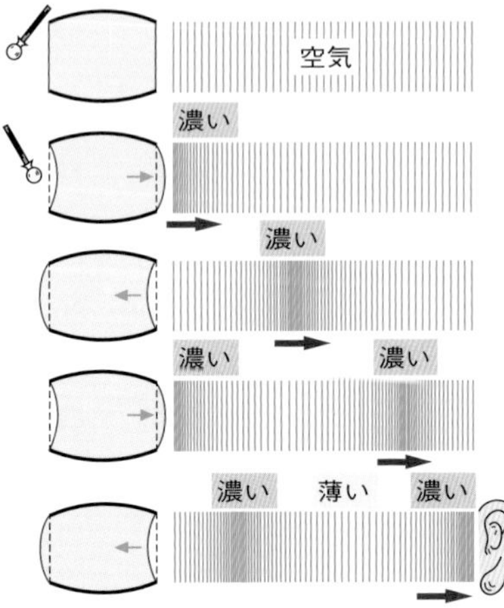

▲空気中での音の伝わり方

● **音波《おんぱ》**…ものが振動すると，そのまわりの空気に，濃いところと薄いところがしま模様《もよう》のようにできて，それが四方に広がっていく。これを**音波**という。音波が耳の鼓膜にあたると，鼓膜に触れている空気が濃くなったり薄くなったりするので，鼓膜が**振動**する。これを音として感じる。

実験 音を伝えるものが空気であることを調べる。

①丸底《まるぞこ》フラスコに水を少し入れ，ゴム栓《せん》にガラス管《かん》を通し，そこに鈴《すず》をつるす。これを振《ふ》って，鈴の音が聞こえることを確《たし》かめておく。

②フラスコを熱して水を沸騰《ふっとう》させ，ガラス管からしばらく湯気《ゆげ》を出させたあと，火を消し，すばやくゴム管《かん》をピンチコックで留《と》める。

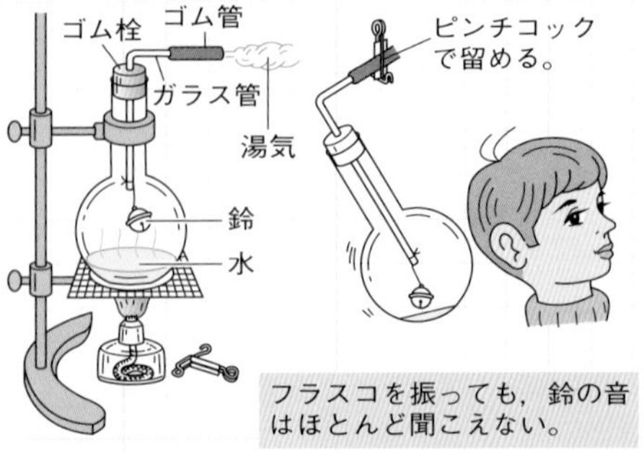

③フラスコが十分に冷えてから，フラスコを振って，鈴の音を聞いてみる。
④次に，ピンチコックを緩《ゆる》めると，シュッという音がして，フラスコ内に空気が入る。そのあとで，フラスコを振って，鈴の音を聞いてみる。

結果 ③では鈴の音が聞こえないが，④では鈴の音が聞こえる。

要点 フラスコを熱すると，中の水が水蒸気になり，ガラス管から外へ出ていく。このとき，はじめにフラスコ内にあった空気を追い出すので，しばらく熱していると，フラスコ内は水蒸気だけになる。ここで，ゴム管をピンチコックで留め，フラスコを冷やすと，中の水蒸気は液体《えきたい》の水になり，フラスコ内は真空《しんくう》になる。

③で，鈴を振っても音が聞こえなかったのは，鈴の振動を伝える空気がないからである。④で，フラスコ内に空気を入れると，鈴の音が聞こえるようになる。つまり，空気がなければ，ものが振動しても，音は聞こえない。

音波のグラフ

音が伝わるときの空気の濃い，薄いの様子をグラフにすると，右の図のようになる。

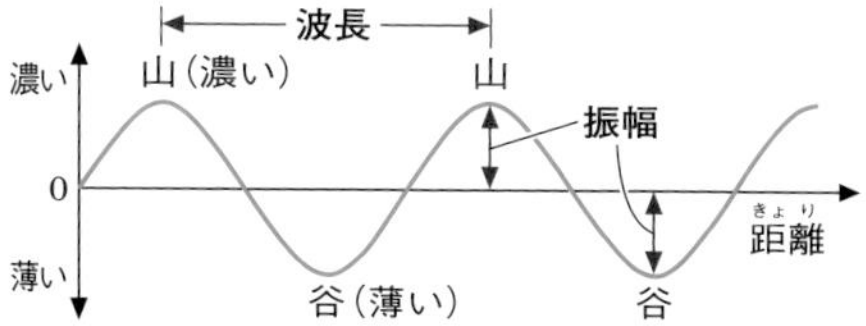

▲音波のグラフ

● **山**…空気が最も濃いところ。圧《あつ》力《りょく》がいちばん大きい。

● **谷**…空気が最も薄いところ。圧力がいちばん小さい。

参考 音が伝わるときは，上のグラフで表される空気の波が，右または左に移動《いどう》する。音波が鼓膜にあたると，音波の山と谷が，かわるがわる鼓膜にあたるので，鼓膜の外の空気の圧力が大きくなったり小さくなったりして，鼓膜を振動させる。

● **波長《はちょう》**…グラフの山から山（または谷から谷）までの長さ。

● **振幅《しんぷく》**…振動の幅《はば》。グラフの上では，山の高さ（または谷の深さ）。

● **振動数《しんどうすう》**…ものが1回振動すると，音波の山と谷が1つずつつくられる。1秒間に何組の山と谷がやってくるかの回数を振動数という。振動数が多いと，波長が短くなる。

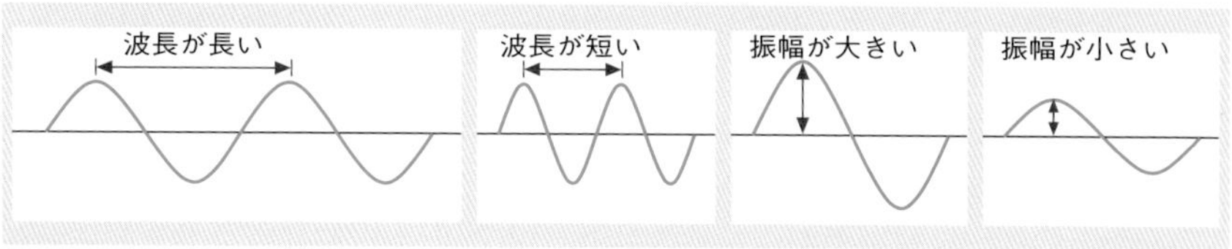

入試ポイント
● **音**…ものの振動→**空気の振動**→鼓膜の振動→脳
● **波長**…**山から山まで**の距離。● **振動数**…**1秒間の**振動**回数**。

2 音の三要素《さんようそ》

☞ 音の三要素とは何か。

● **音の高低**…ピアノの鍵盤《けんばん》の右のほうをたたいたときに出る音を**高い音**といい，鍵盤の左のほうをたたいたときに出る音を**低い音**という。

注意 音が「高い」,「低い」というのと,「強い」,「弱い」というのは，意味が違《ちが》うので，注意すること。

高い音は振動数《しんどうすう》が多く，低い音は振動数が少ない。

注意 ものが速く振動するほど，いいかえれば，振動しやすいものほど，高い音が出るといえる。

▶ **モノコード**…右の図のように，箱の上に１本の弦《げん》を張《は》り，弦の長さや張りの強さを変えて，音の高さを調べる装置《そうち》をモノコードという。

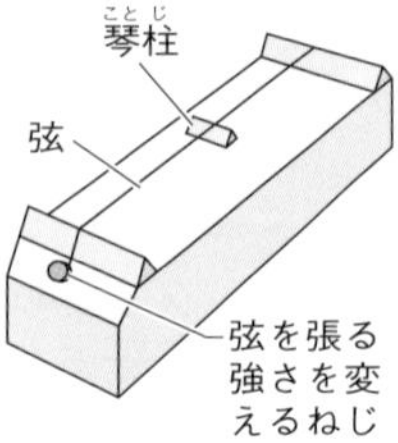

▲モノコード

実験 弦の長さ・太さ・張りの強さと音の高低を調べる。

①琴柱を移動《いどう》させて，弦の振動する部分の長さを変え，長いときと短いときとで，どちらが高い音が出るか，比《くら》べる。

②太い弦を張ったときと細い弦を張ったときとで，どちらが高い音が出るか，比べる（弦の振動する部分の長さは変えない）。

③弦を強く張ったときと弱く張ったときとで，どちらが高い音が出るか，比べる（弦の振動する部分の長さは変えない）。

結果 右の表のようになる。

	弦の長さ	弦の太さ	弦の張り方
高い音	短い	細い	強い
低い音	長い	太い	弱い

要点 弦は，短いほど，細いほど，また，強く張るほど，高い音が出る。

参考 弦の振動のしかたを考えると，太い弦は重いので，振動しにくい。また，強く張った弦は，もとに引き戻《もど》す力が強いので，振動しやすいといえる。

▶ **板の振動**…板をたたくと音が出る。同じ材料でつくり，厚《あつ》さや幅《はば》を同じにした板では，短い板ほど高い音が出る。木琴《もっきん》はこの性質《せいしつ》を利用している。

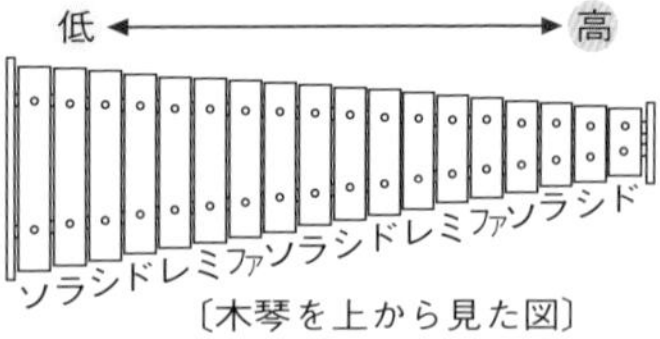

〔木琴を上から見た図〕

▲木琴

▶ **コップの振動**…同じ大きさのコップに水を少し入れたときとたくさん入れたときとで，コップをたたいたときに出

入試ポイント

● **音の高低**…**振動数が多い**ほど，**音は高い**。

● **モノコード**…弦を**細く**，**短く**，**強く**張るほど，**高い音**が出る。

る音の高さを比べると，水の量が多くなるにつれて，音が低くなる。これは，水がコップの振動をおさえるため，コップが振動しにくくなって，振動数の少ない低い音が出るからである。

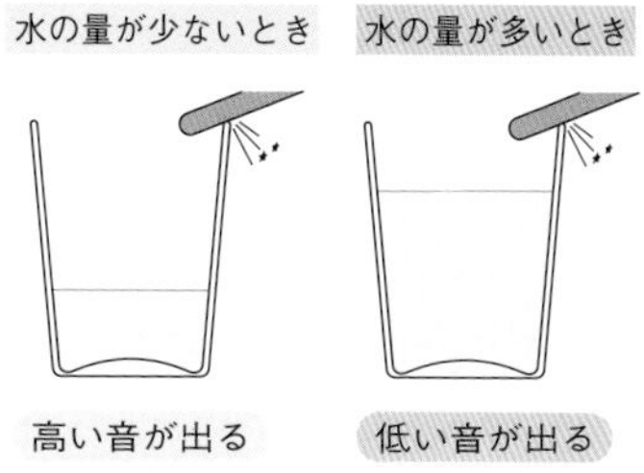

▲コップをたたいたときの音

▶ **びんの中の空気の振動**…空きびんの口を軽く吹《ふ》くと，音が出る。同じ大きさのびんに，水を少し入れたときとたくさん入れたときとで，この音の高さを比べると，水の量が多いほど高い音が出る。

参考 この結果はコップの振動の場合と反対のように見えるが，実際《じっさい》は，音の出る原理が違う。コップの場合はコップが振動するが，びんの場合は，びんの中の空気が膨張《ぼうちょう》したり収《しゅう》縮《しゅく》したりして，振動する。

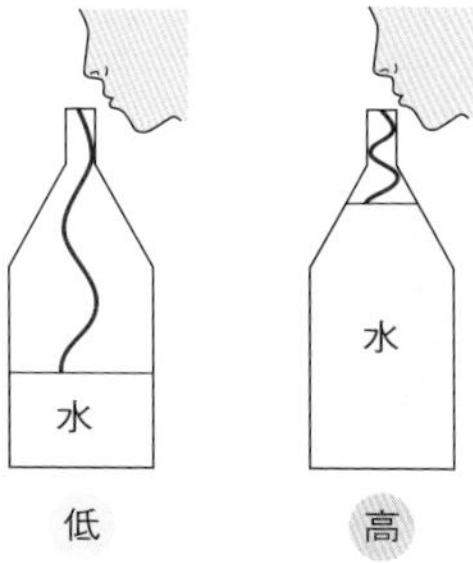

▲びんを吹いたときの音

● **音の大小**…太鼓《たいこ》を強くたたいたときに出るような音を**大きい音**といい，耳をすまさなければ聞こえないような音を**小さい音**という。

▶ **音の大小と振幅《しんぷく》**…大きい音は振幅が大きく，小さい音は振幅が小さい。モノコードを弾《はじ》くとき，強く弾くと，弦は大きな振幅で振動し，大きい音が出る。反対に，弱く弾くと，弦は小さな振幅で振動し，小さい音が出る。

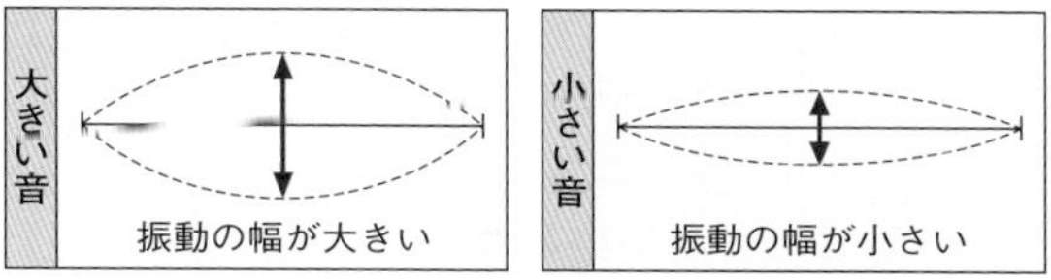

● **音色《ねいろ》**…同じ高さ，同じ強さの音でも，ピアノとバイオリンの音は違う。このような音の違いを**音色**という。音色の違いは，音を出すものの振動のしかたによってあらわれる。いろいろな楽器の音をオシロスコープなどを使って，音波のグラフに表すと，右の写真のように，波の形が違っていることがわかる。

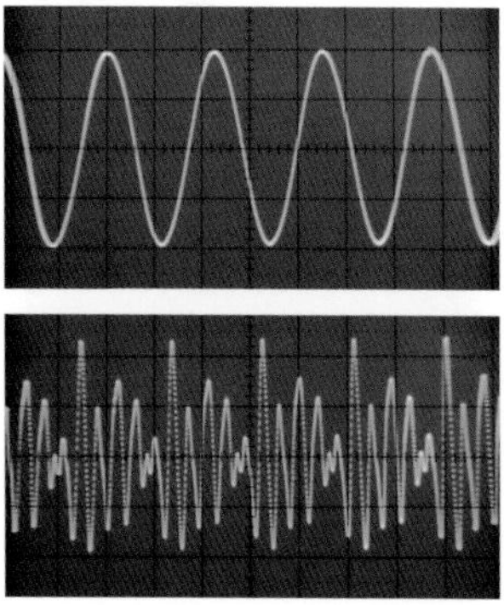

▲おんさ(上)とピアニカ(下)の波形

入試ポイント

- **音の大小**…**振幅が大きい**ほど，音は**大きい**。
- **音色**…音の**波形の違い**。音を出すものによって違う。

3 音の性質《せいしつ》

☞ 反射《はんしゃ》・吸収《きゅうしゅう》・共鳴《きょうめい》・回折《かいせつ》とは，どんなことか。

● **反射**…音はものにあたるとはねかえる性質がある。これを**反射**という。音は四方八方に広がるものであるが，図のように，筒《つつ》で音の進む方向を集中させると，ものにあたったとき，その面に対して同じ角度の方向に進む音が最も強い。

例 山びこ

金属《きんぞく》，木，ガラスなどの固いものほどよく音を反射するので，エコー検査《けんさ》などに使われる。

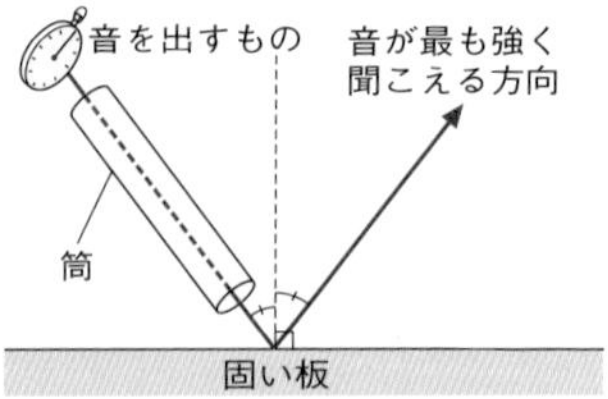

▲音の反射

● **吸収**…音はものにあたると，反射するとともに，少し弱くなる。これは，音のエネルギーの一部がものに吸収されるからである。

例 劇場《げきじょう》やスタジオでは，音の反響《はんきょう》を消すために，壁《かべ》や天井に音を吸収しやすい材料を使っている。スポンジ・布《ぬの》・ゴムなどの軟《やわ》らかいものや，小さい穴《あな》がたくさん開いているものは音を吸収しやすい。

参考 劇場の中で，舞台《ぶたい》から出た音が天井や壁で何回も反射をくり返すと，音が重なって聞きとりにくくなる。これを**反響**という。

● **共鳴**…右の図のように，同じ振動数《しんどうすう》の音を出すおんさを２つ向かい合わせて置き，一方をたたいて音を出させると，たたいていないほうのおんさも鳴りだす。この現象《げんしょう》を**共鳴**という。

▶**共鳴が起こるわけ**…音を出すものは，それぞれがいちばん振動しやすい振動数がきまっていて，それと同じ振動数の音を受けると，自分の振動しやすいリズムで力を加えられるので振動を始める。これは，ちょうど，ブランコに乗っているとき，ブランコの動きに合わせて押《お》してもらうと，だんだん大きく振《ふ》れるようになるのと同じである。

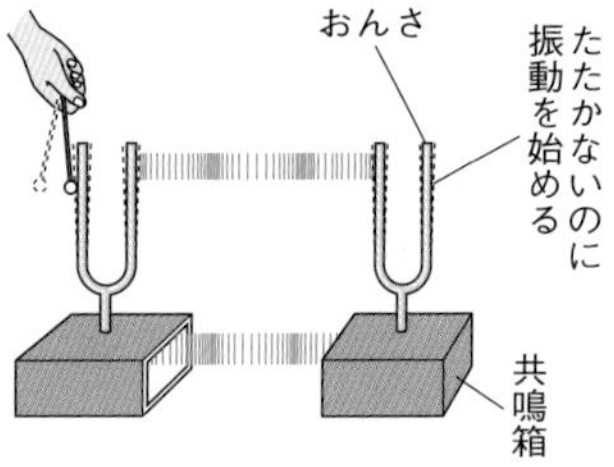

▲共鳴

● **回折**…音は，その進む道すじにじゃまなものがあっても，その裏側《うらがわ》へまわりこむことができる。これを**回折**という。このため，私たちは，物かげから出てくる音でも聞くことができる。

入試ポイント

- 音を**反射しやすい**もの…**固い**もの（金属・木・ガラスなど）
- 音を**吸収しやすい**もの…**軟らかい**もの，**小さな穴**がたくさんあるもの

4 音の速さ

☞ 気温が上がると，音の速さは速くなる。

空気中での音の速さ

音が空気中を伝わる速さは，気温によって違《ちが》う。気温が 0℃のときの音の速さは，**毎秒 331m** で，気温が 1℃上がるごとに毎秒 0.6m ずつ速くなる。したがって，音の速さは下の式によって求められる。

音の速さ(m/秒)＝331(m/秒)＋0.6(m/秒)×気温(°C)

例 気温が 15℃のときの音の速さは，

331(m/秒)＋0.6(m/秒)×15(℃)＝340(m/秒)…秒速 340m

● **ドップラー効果**…近づいてくる物体から出ている音は，出している音より高い音が，少し短く聞こえる。また，遠ざかっている物体から出ている音は，出している音より低い音が，少し長く聞こえる。このような音の性質を**ドップラー効果**という。

物質《ぶっしつ》中での音の速さ

音は空気中だけでなく，液体《えきたい》や固体《こたい》の中でも伝わる。音が伝わる速さは物質によって違っていて，液体の中では気体《きたい》よりも速く，さらに固体の中では液体よりも速く音が伝わる。

物質	音の速さ(m/秒)
空気	約 340
水	約 1400
海水	約 1500
氷	約 3000
鉄	約 6000

▲物質中での音の速さ

例題　水中測深《そくしん》

船の底から音を出して，音が海底で反射してかえってくるまでの時間をはかると，6 秒でした。海水の中を伝わる音の速さを秒速 1500m とすると，この場所の海の深さは何 m ですか。

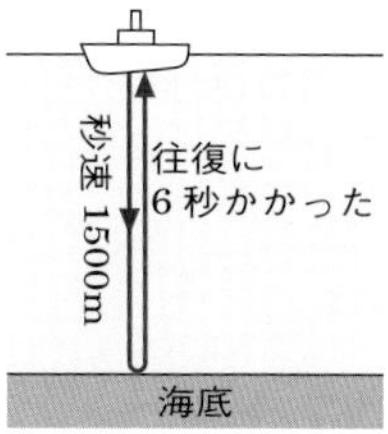

考え方　6 秒というのは，音が船と海底の間を往復《おうふく》した時間であるから，音が，船から出て海底に着くまでにかかった時間は，半分の 3 秒である。したがって，海の深さは，音が海水中を 3 秒間に進む距離《きょり》に等しい。

1500 × 3 ＝ 4500(m)

答 4500m

入試ポイント
- **空気中の音の速さ(m/秒)＝331(m/秒)＋0.6(m/秒)×気温(°C)**
- **物質中での音の速さ…固体＞液体＞気体**

☑ まとめチェック

知識を整理・確認しよう！

① 音の伝わり方

□ ① 日常生活《にちじょうせいかつ》の中で，音を伝えているものは何か。

□ ② 音の波が 1 秒間に振動《しんどう》する回数を何というか。

② 音の三要素《さんようそ》

□ ① 音の三要素とは，音の高低・音の強弱と何か。

□ ② 振動数が多くなるほど，音の高さはどうなるか。

□ ③ 振幅《しんぷく》が大きくなるほど，音の大きさはどうなるか。

□ ④ 弦《げん》の長さが長いほど，弾《はじ》いたときに出る音の高さはどうなるか。

□ ⑤ 弦の太さが細いほど，弾いたときに出る音の高さはどうなるか。

□ ⑥ 弦の張《は》りが強いほど，弾いたときに出る音の高さはどうなるか。

□ ⑦ 同じコップに水を入れて，コップのふちを木の棒《ぼう》で軽くたたいたとき，水の量が多いほど音の高さはどうなるか。

□ ⑧ 同じ試験管《しけんかん》に水を入れて，試験管の口を吹《ふ》いたとき，水の量が多いほど音の高さはどうなるか。

③ 音の性質《せいしつ》

□ ① 音は固いものにあたるとはねかえる。このような性質を何というか。

□ ② 音は軟《やわ》らかいものや穴《あな》がたくさん開いたものなどにあたると小さくなる。このような性質を何というか。

□ ③ 振動数が同じものの振動を受けたときに，振動を受けたものが自然に振動し始めて音を出す現象《げんしょう》を何というか。

④ 音の速さ

□ ① 船の底から音を出して，音が海底で反射してかえってくるまでの時間は 8 秒であった。海水中を伝わる音の速さが秒速 1500m であったとすると，船が音を出した地点での海の深さは何 m か。

□ ② 動いているものから出た音が，高く聞こえたり低く聞こえたりする現象を何というか。

答え

①
① 空気
② 振動数《しんどうすう》

②
① 音色《ねいろ》
② 高くなる
③ 大きくなる
④ 低くなる
⑤ 高くなる
⑥ 高くなる
⑦ 低くなる
⑧ 高くなる

③
① 反射《はんしゃ》
② 吸収《きゅうしゅう》
③ 共鳴《きょうめい》

④
① 6000m
② ドップラー効果《こうか》

力だめしの問題　入試標準レベル

解答➡別冊 p.72

❶ 右の図のように，真空《しんくう》ポンプと接続《せつぞく》した容器《ようき》の中にブザーをつるしました。真空ポンプを作動《さどう》させて容器の中の空気を抜《ぬ》いていくと，しだいにブザーの音が小さくなっていき，聞こえなくなりました。この実験から考えると，ブザーの音を耳まで伝えるものは何でしょうか。　【高槻中】(　　　　)

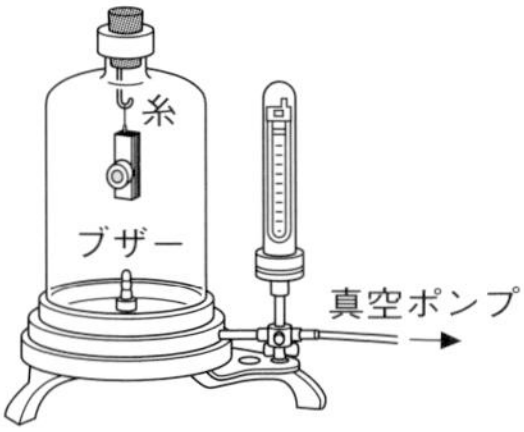

❷ 右のような装置《そうち》を使って弦《げん》の太さ，弦の長さ，弦をつるすおもりについて，条件《じょうけん》をア～エのように変えて弦を弾いたところ，すべて同じ高さの音が出ました。これについて，次の問いに答えなさい。

【埼玉栄中】

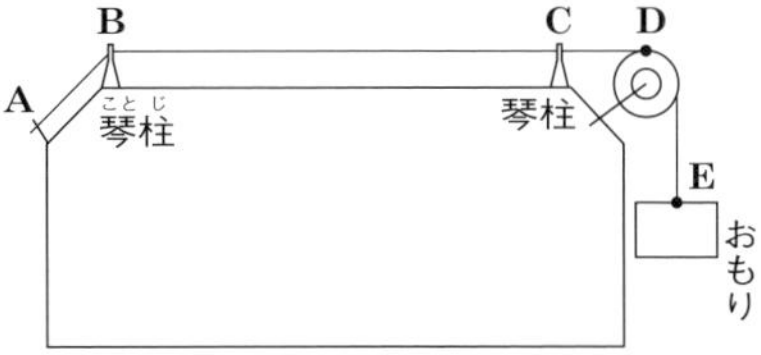

	弦の太さ(直径mm)	弦の長さ(cm)	おもりの質量《しつりょう》(g)
ア	0.2	20	30
イ	0.2	40	120
ウ	0.4	20	120
エ	0.4	10	30

(1) この装置では，弦の長さはどこからどこまでですか。A～Eの記号を使って答えなさい。　(　　から　　まで)

(2) 弦の長さとおもりの質量を同じにし，0.2mmの太さと0.4mmの太さの弦を弾いたとき，高い音が出るのはどちらの弦ですか。0.2mm，0.4mmの数字で答えなさい。　(　　　　)

(3) 弦の長さが同じで弦の太さが半分のとき，この弦のおもりの質量を何倍にすれば同じ高さの音が出ますか。　(　　　　)

(4) 弦の太さが同じで弦の長さが半分のとき，この弦のおもりの質量を何倍にすれば同じ高さの音が出ますか。　(　　　　)

(5) エの条件からおもりの質量を4倍，弦の太さを半分にしたとき，弦の長さを何cmにすれば同じ音が出ますか。　(　　　　)

3 船から汽笛《きてき》を鳴らし，その音を観測《かんそく》しました。 【聖学院中】

(1) ある船が岸壁《がんぺき》から 4000m の所に停《と》まっています。岸壁に向かって汽笛を鳴らしたところ，12 秒後に音が岸壁に届《とど》きました。音の速さは毎秒何 m ですか。小数第 1 位を四捨五入《ししゃごにゅう》して答えなさい。 (　　　　)

(2) 停まっている別の船が岸壁に向かって汽笛を鳴らしたところ，4.0 秒後に岸壁で反射《はんしゃ》した音がかえってきました。岸壁から船までの距離《きょり》は何 m ですか。小数第 1 位を四捨五入して答えなさい。 (　　　　)

4 毎秒 17m の一定の速さで，パトカーがまっすぐな道をある人に向かって走ってきています。そして，パトカーからサイレンが鳴り始めて，20 秒間鳴ってから鳴り止みました。また，サイレンが鳴ってから 4 秒後に，この人にサイレンの音が聞こえ始めました。ただし，音は空気中で 1 秒間に 340m 進むものとします。 【帝塚山学院泉ヶ丘中】

(1) サイレンが鳴り始めたとき，この人とパトカーの距離は何 m ですか。
(　　　　)

(2) パトカーのサイレンの音が鳴り止んだとき，この人とパトカーの距離は何 m ですか。 (　　　　)

(3) この人にサイレンの音が聞こえなくなるのは，パトカーのサイレンの音が鳴り止んでから何秒後ですか。 (　　　　)

(4) この人はサイレンの音を何秒間聞きましたか。 (　　　　)

5 音について，次の各問いに答えなさい。 【法政大中・改】

A． アコースティック・ギターの弦《げん》を弾《はじ》いて，音を出します。

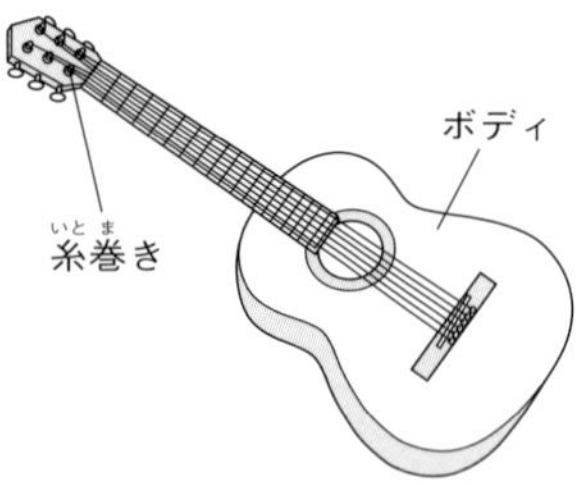

(1) ギターには通常《つうじょう》6 本の太さが違《ちが》う同じ材質《ざいしつ》の弦が張《は》られています。太い弦を弾いたときに出る音は，細い弦を弾いたときに出る音と比《くら》べてどのように違うでしょうか。簡単《かんたん》に説明しなさい。ただし，弦の張り具合は同じものとし，指で弦を同じ強さで弾くものとします。 (　　　　　　　　　　　　)

(2) ギターを弾くときに，弦に指を当てることによって，振動《しんどう》する弦の長さを，長くしたり短くしたりします。このとき，弦を弾いたときに出る音は，弦の長さによってどのように違うでしょうか。次から選び，記号で答えなさい。ただし，指で弦を同じ強さで弾くものとします。　（　　）

ア　長い弦を弾くと，大きい音がする。
イ　長い弦を弾くと，小さい音がする。
ウ　長い弦を弾くと，高い音がする。
エ　長い弦を弾くと，低い音がする。
オ　弦の長さによって，音は変わらない。

⑶ ギターは糸巻きの部分を使って，弦の張り具合を調整します。弦を弾いたときに出る音は，弦の張り具合によってどのように違うでしょうか。指で弦を同じ強さで弾くものとして，次から選び，記号で答えなさい。　（　　）

ア　弦の張り具合を強くすると，大きい音がする。
イ　弦の張り具合を強くすると，小さい音がする。
ウ　弦の張り具合を強くすると，高い音がする。
エ　弦の張り具合を強くすると，低い音がする。
オ　弦の張り具合によって，音は変わらない。

B. 右の図のように空きびんの口に息を吹《ふ》きかけて，音を出します。同じ強さで息を吹きかけます。

⑴ 大きさが違う同じ形の空きびんに息を吹きかけて音を出すとき，大きなびんと小さなびんとでは，出る音に違いはあるでしょうか。正しいものを次から選び，記号で答えなさい。
（　　）

ア　大きい空きびんだと，大きい音がする。
イ　大きい空きびんだと，小さい音がする。
ウ　大きい空きびんだと，高い音がする。
エ　大きい空きびんだと，低い音がする。
オ　空きびんの大きさは，出る音には関係がない。

⑵ 大きさと形が同じ空きびんを数本用意し，それぞれ違う量の水を入れて，びんの口に息を吹いて音を出します。このとき，入れる水の量で，出る音に違いはあるでしょうか。正しいものを次から選び，記号で答えなさい。（　　）

ア　水が多く入ったびんだと，大きい音がする。
イ　水が多く入ったびんだと，小さい音がする。
ウ　水が多く入ったびんだと，高い音がする。
エ　水が多く入ったびんだと，低い音がする。
オ　水の量は，出る音には関係がない。

2 光の進み方

1 光の直進

☞ 同じ物質《ぶっしつ》の中では，光はどのように進むか。

光の進み方

光は，同じ物質の中ではまっすぐ進む性質《せいしつ》がある。そのため，光の進む道すじにものがあると，その後ろに影《かげ》ができる。

図1のようにゴム管《かん》を通してろうそくの光を見るとき，ゴム管をまっすぐにすると見えるが，ゴム管を曲げると見えない。これは，光がゴム管の中を曲がって進むことができないからである。

図2のように，小さな穴《あな》の開いたついたてを何枚《まい》か並《なら》べ，その穴を通してろうそくの光を見るときは，穴がすべて一直線に並んだときは見えるが，1つでもずれると見えない。

また，**図3**のように，光が通っている空気や水を動かしても，光の道すじが曲がることはない。

図1 ゴム管を曲げると見えない

図2 穴が一直線に並ばないと見えない

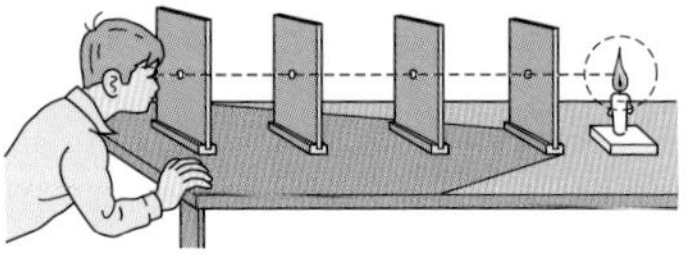

図3

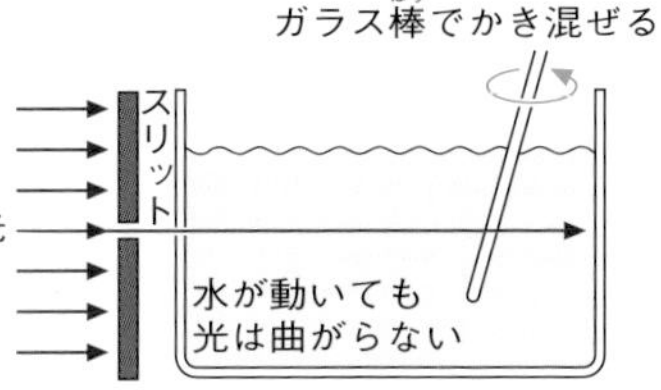

▲光の直進

平行光線《へいこうこうせん》と拡散光線《かくさんこうせん》

- **光線《こうせん》**…光を小さい切れ目(スリットという)を入れた板にあてると，板の後ろに細い光のすじができる。これを**光線**という。
- **平行光線**…何本かの光線が平行になっている場合をいう。太陽のように遠くのものから出た光は平行光線になる。
- **拡散光線**…何本かの光線が，先へ行くほど広がっている場合をいう。近くにある光源《こうげん》からくる光は拡散光線である。

注意 **レーザー**から出る光は，近くから出たものでも平行光線である。

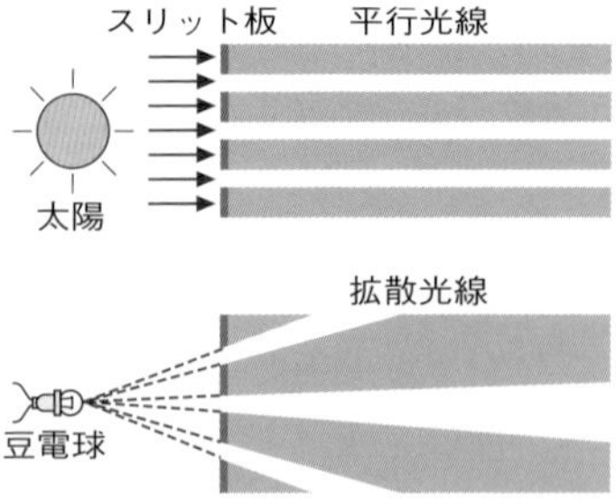

▲平行光線・拡散光線

入試ポイント
- **光の直進**…同じ物質の中では，光は**まっすぐ進む。**
- **平行光線**…遠くの光源の光
- **拡散光線**…近くの光源の光

照らされる面の明るさ

面の明るさは，同じ面積あたりに受ける光の量によってきまる。

● **平行光線を受ける場合**…右の図のように，面を光源《こうげん》から離《はな》していっても光線が広がらないので，同じ面積あたりに受ける光の量はどこでも同じである。したがって，光源に近くても遠くても，明るさは同じである。

● **拡散光線を受ける場合**…面を光源から離していくと，光線が広がるので，光が照らす面積が増《ふ》え，同じ面積あたりに受ける光の量が減《へ》るため，面は，光源から遠ざかるほど暗くなる。上の図のように，光源からの距離の比《ひ》が1：2：3の所にある面が，光によって照らされる面積の比は，1：4：9になるので，同じ面積あたりに受ける光の量の比は $1:\frac{1}{4}:\frac{1}{9}$ となり，面の明るさの比も $1:\frac{1}{4}:\frac{1}{9}$ となる。

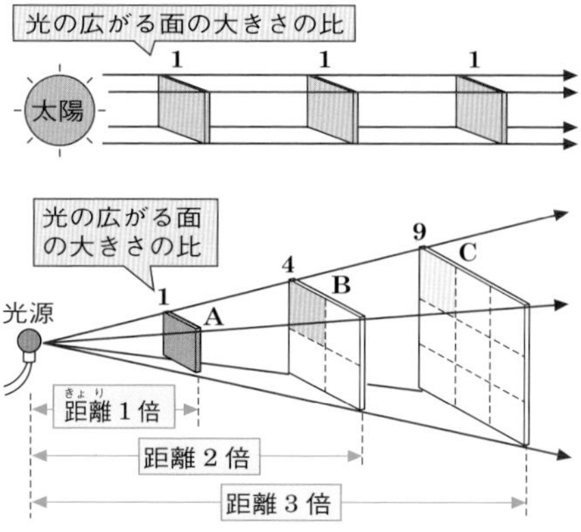

▲面の明るさ

例題 面の明るさ

右の図のように，豆電球の前に1cm² の穴をあけたスリット板を床《ゆか》に垂直《すいちょく》に立て，その穴を通る光を，スリット板に平行なスクリーンにあてた。スリット板から10cmの所では，明るくなった所(**A**)の面積が4cm²，同じく20cmの所では，明るくなった所(**B**)の面積が9cm² であった。

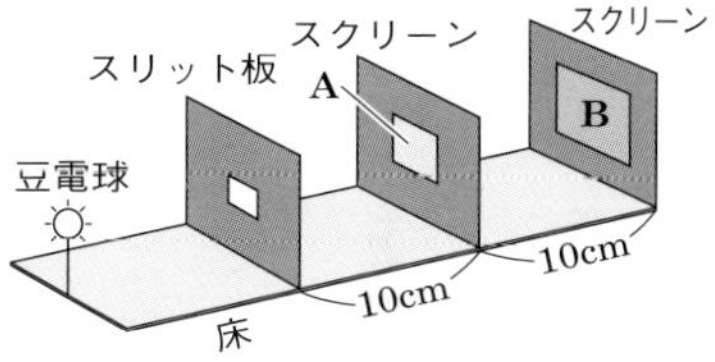

(1) 豆電球とスリット板の間の距離は何cmですか。

(2) **A**の明るさは**B**の明るさの何倍ですか。

考え方 (1) **A**の面積は，穴の面積の4倍になっているから，豆電球から**A**までの距離は，豆電球からスリット板までの距離の2倍である。

(2) **A**と**B**の明るさの比は，$\frac{1}{4}:\frac{1}{9}=9:4$ であるから，$9\div4=2.25$(倍)

答 (1) 10cm　(2) 2.25倍

入試ポイント
● **面の明るさ**
- **平行光線**…明るさはどこでも同じ。
- **拡散光線**…距離が2倍，3倍→明るさは $\frac{1}{4}$ 倍，$\frac{1}{9}$ 倍

影《かげ》のでき方

● **平行光線《へいこうこうせん》によってできる影**…光が広《ひろ》がらないので，**図 1** のように，影の大きさは，ものの大きさと同じである。スクリーンをものから離《はな》しても，影の大きさは変わらない。

● **点光源《てんこうげん》によってできる影**…豆電球のように，1 点から光が出るような光源《こうげん》を点光源という。点光源から出る光は**拡《かく》散光線《さんこうせん》**なので，**図 2** のように影の大きさはものの大きさより大きい。スクリーンをものから遠ざけるほど，あるいはものを光源に近づけるほど，影は大きくなる。

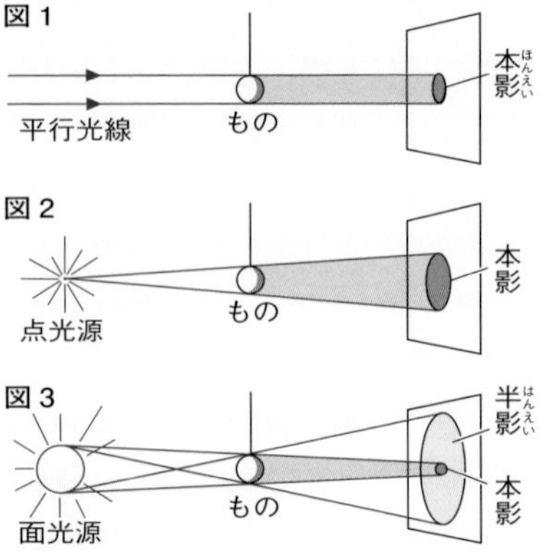

▲影のでき方

▶ **面光源《めんこうげん》によってできる影**…ふつうの電灯や蛍光灯《けいこうとう》のように，光を出す部分がある程度の広がりをもっている光源を**面光源**という。面光源でものを照らすと，**図 3** のように，光源のどこからも光のあたらない**本影**と，光源の一部の光があたる**半影**という 2 種類の影ができる。

針穴写真機《はりあなしゃしんき》

● **針穴写真機のしくみ**…右の**図 1** のように，外箱と内箱からできていて，外の物体から出た光が外箱に開けた針穴《はりあな》(小さい穴)を通って入り，内箱に貼《は》ったパラフィン紙(スクリーン)に像《ぞう》ができる。

● **針穴写真機の像**

▶ **うつる向き**…像は実物と上下，左右が反対になる(**図 2**)。

▶ **像の大きさ**…ものを針穴に近づけると大きく，遠ざけると小さくうつる。また，内箱を引いて，スクリーンを針穴から遠ざけると大きくうつり，針穴に近づけると小さくうつる(**図 3**)。

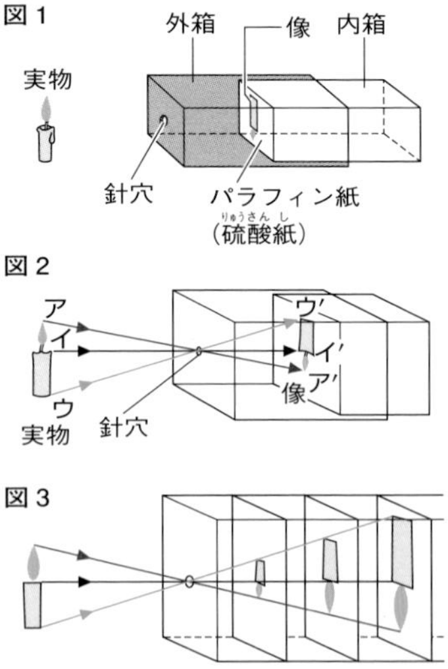

▲針穴写真機

入試ポイント ● **影** { **平行光線**…実物大の影 **点光源**…実物より大きな影
面光源…**本影**と**半影**ができる。

▶**針穴の数と像の数**…針穴をたくさん開けると，針穴と同じ数だけ像ができる。

▶**針穴の大きさと像**…針穴が小さいほど，像ははっきりするが，入ってくる光が少ないので，像は暗い。針穴を大きくすると，光がたくさん入るので，像は明るくなるが，ぼやけた像になる。

例題 針穴写真機の像

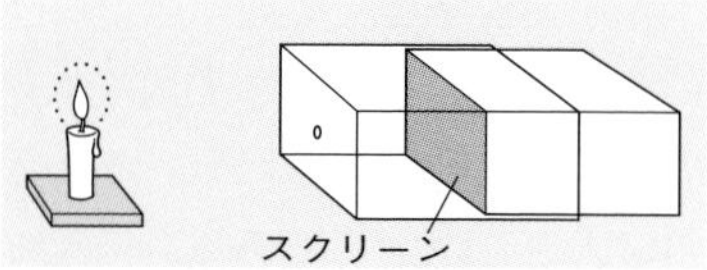

右の図のように，外箱に針穴を開け，内箱にパラフィン紙を貼って写真機とし，暗室でろうそくの火をのぞきました。

(1) パラフィン紙の上にできる像は，どのようになりますか。次の**ア**～**エ**から選び，記号で答えなさい。

ア 上下だけが逆《ぎゃく》になる。　**イ** 左右だけが逆になる。
ウ 上下・左右が逆になる。　**エ** 実物のままの向きになる。

(2) 像を大きくするためには，どのようにしたらよいですか。次の**ア**～**エ**から2つ選び，記号で答えなさい。

ア 写真機をろうそくから遠ざける。　**イ** 写真機をろうそくに近づける。
ウ 内箱を引き，筒《つつ》を長くする。　**エ** 内箱を押《お》し，筒を短くする。

(3) 針穴を大きくすると，像はどのようになりますか。次の**ア**～**エ**から選び，記号で答えなさい。

ア 像ははっきりうつり，暗くなる。　**イ** 像ははっきりうつり，明るくなる。
ウ 像はぼやけて，暗くなる。　**エ** 像はぼやけて，明るくなる。

(4) 針穴の形を四角にすると，像はどのようになりますか。

考え方 (1) 物体の各点から出た光が針穴を通って直進してスクリーンにあたるため，上下も左右も反対になる。

(2) 針穴から実物までの距離《きょり》と針穴からスクリーンまでの距離の比《ひ》が小さいほど，像が大きくなる。

(3) 入ってくる光の量が多くなるため，像は明るくなるが，物体上の1点から出た光が広がってしまうので，像がぼやける。

(4) 針穴の形を変えても，それぞれの光線の断面《だんめん》の形が変わるだけで，像全体には影響《えいきょう》はない。

答 (1) **ウ**　(2) **イ・ウ**　(3) **エ**　(4) ほとんど変化しない。

入試ポイント ● **針穴写真機** 像は**上下，左右が反対**。内箱を引くと像が大きくなる。
針穴を大きくすると，**像は明るくなるが，ぼやける。**

2 光の反射《はんしゃ》

光は面にあたったとき，どのように進むか。

反射のきまり

光がものにあたってはねかえることを光の**反射**という。ものに向かう光を**入射光《にゅうしゃこう》**，はねかえった光を**反射光《はんしゃこう》**という。

光が反射する点で面に垂直《すいちょく》に引いた線を**法線《ほうせん》**といい，入射光と法線のなす角を**入射角《にゅうしゃかく》**，反射光と法線のなす角を**反射角《はんしゃかく》**という。このとき，入射角と反射角の大きさは同じである。

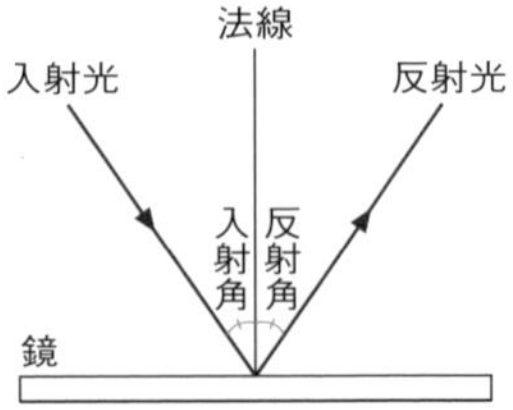

▲反射のきまり

鏡のように滑《なめ》らかで平らな面に平行光線《へいこうこうせん》をあてると，反射する光も平行光線になる。このような反射のしかたを**正反射《せいはんしゃ》**という。

滑らかでない面に平行光線をあてると，光線の1本1本は反射のきまりにしたがうが，全体としてはばらばらの方向へ反射する。このような反射のしかたを**乱反射《らんはんしゃ》**という。

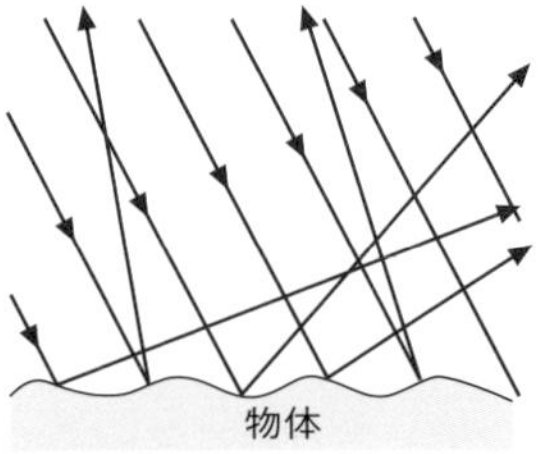

▲乱反射

注意 私たちがものを見ることができるのは，光がものにあたって反射し，その反射光が目に入るからである。また，一方から光をあてても，いろいろな角度から見えるのは，ものの表面で光が乱反射して，いろいろな方向に反射光が出るからである。

鏡にうつる像

- **像《ぞう》の位置**…ものを鏡にうつすと，実物と像とが鏡を真ん中に挟《はさ》んで向かい合っているように見える。したがって，実物と像を結ぶ線は鏡の面と垂直であり，鏡から実物までの距離《きょり》と鏡から像までの距離は同じである。
- **光線の進み方**…右の図のように，ろうそくのA，B点から出た光は，鏡で反射して，A→C→G，B→D→Gの道すじを通って，目に入る。このとき，人は光のやってきた方向にものがあると感じるので，GCとGDをのばした先のA′B′にろうそくの像が見える。

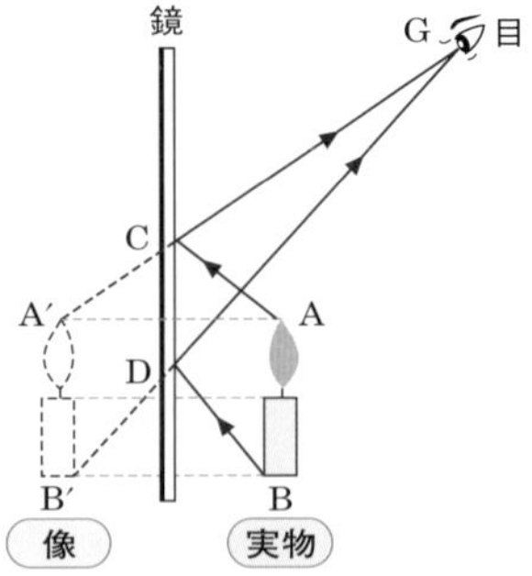

▲鏡にうつる像

入試ポイント
- 反射のきまり…**入射角と反射角が同じ。**
- **正反射**…平行光線が**平行に反射。**
- **乱反射**…**ばらばらに反射。**

●**鏡の大きさ**…前のページの図で，ろうそくの像A′B′の全体を見るためには，鏡のCからDまでの部分があればよい。

注意 右の図のように，鏡の正面にものがなくても，ものの像は，鏡の延長線《えんちょうせん》を間にして，実物と向かい合った所にできる。像A′と目を結ぶ線は鏡の中を通るので，像A′を鏡の中に見ることができる。しかし，像B′と目を結ぶ線は鏡の中を通らないので，この位置からは像B′が見えない。像B′と目を結ぶ線が鏡の中を通る所まで目を動かすと，像B′が見える。

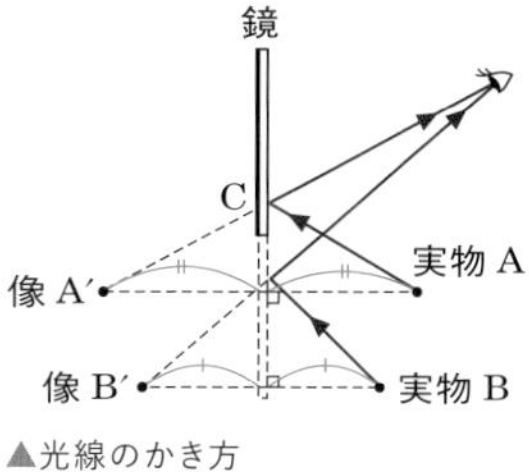

▲光線のかき方

鏡を組み合わせたときの像

1枚《まい》の鏡では，実物の像は1つしかできないが，2枚の鏡を組み合わせると，実物が1つでも，像がいくつもできることがある。

●**2枚の鏡を垂直に組み合わせたとき**…右の図のように，2枚の鏡を垂直に組み合わせ，その前に実物Aを置くと，2枚の鏡の中に合計3つの像がうつる。

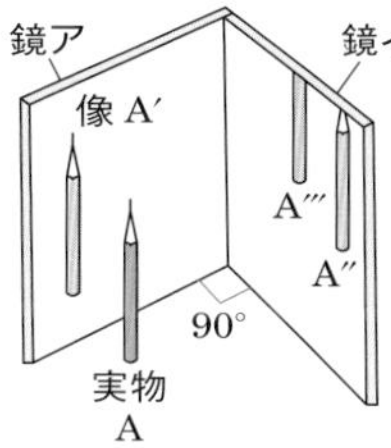

●**像のでき方**…2枚の鏡をア，イとすると，まず鏡アにより像A′ができ，鏡イにより像A″ができる。次に鏡アの中に鏡イの像エがあり，この鏡の像エが鉛筆の像A′をうつして，像A‴ができる。また，鏡イの中に鏡アの像ウができていて，この鏡の像ウが鉛筆の像A″をうつして，像A⁗ができる。ところがA‴とA⁗は同じ位置にできるので，これらは1つに見え，合計3つの像ができる。

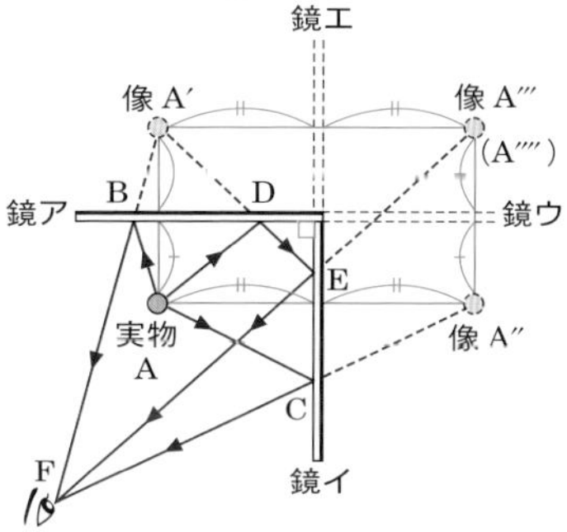

▲垂直に組み合わせた鏡の像

●**光線の進み方**…像A′とA″をつくる光線の進み方は，鏡が1枚の場合と同じである(前ページを見よ)。像A‴をつくる光線も，目のほうからかくとわかりやすい。まず，目Fと像A‴を結び，この線が鏡イと交わる点Eをきめる。次にEと像A′を結び，鏡アと交わる点Dをきめる。これによって，光線は，2回反射しながら，A→D→E→Fと進んだことがわかる。

入試ポイント
- **鏡の像**…実物と像とが，鏡を間にして向かい合う。
- **反射光線の進む向き**…目と像を結ぶ方向。

3 光の屈折《くっせつ》

光が違《ちが》う物質《ぶっしつ》に入るとき，どのように進むか。

光の屈折

光は同じ物質の中では直進するが，違う物質の中に入るときは，その境目で折れ曲がって進む。この現象《げんしょう》を光の**屈折**という。

注意 屈折が起こるのは，光が境目の面にななめに入るときだけで，光が境目の面に垂直《すいちょく》に入るときは，屈折が起こらない。

● **水と空気の境目**…光が空気中から水中に入るときは，水面から遠ざかるように屈折する。また，光が水中から空気中へ出るときは，水面に近づくように屈折する。

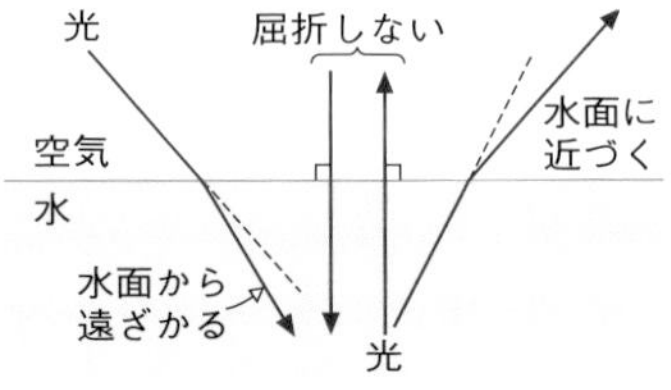

▲水面での光の屈折

▶ **光の逆進《ぎゃくしん》の原理**…右下の図で，**A**から出た光が**A→B→C**と屈折して進むとすると，**C**から出た光も，**C→B→A**と，同じ道すじを逆《ぎゃく》向《む》きに進む。このように，光が屈折する場合，反対向きに進む光も同じ道すじをとる。このことを利用して，屈折のしかたを覚えるとよい。

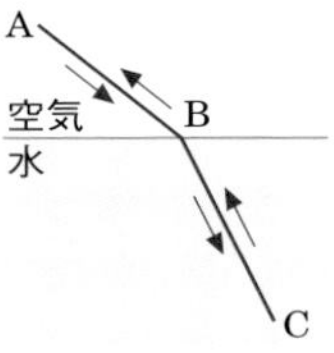

▲光の逆進

● **ガラスと空気の境目**…光が空気中からガラス中に入るとき，および，光がガラス中から空気中へ出るときの屈折のしかたは，水の場合と同じである。ただし，ガラスのほうが水より折れ曲がり方が大きい。
右の図のように，上の面と下の面が平行なガラス板を光が通り抜《ぬ》けると，∠**a**と∠**b**の大きさが同じなので，**AB**と**CD**は平行になる。

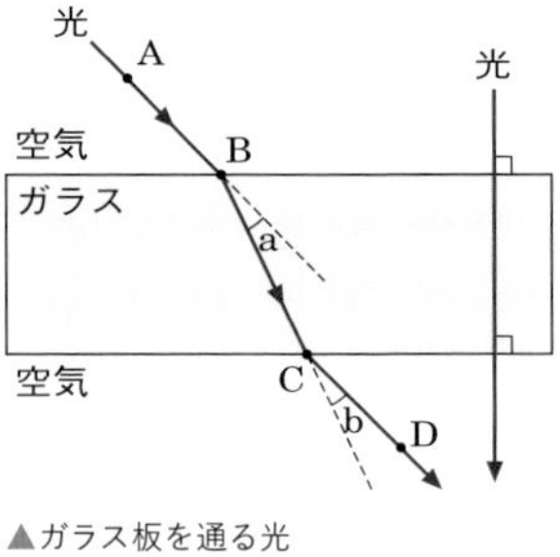

▲ガラス板を通る光

● **いろいろなものの境目**…光が曲がりやすいものの中へ入るとき（水中→ガラス中など）は，境目から遠ざかるように屈折する。また，光が曲がりやすいものの中から曲がりにくいものの中へ入るとき（ガラス中→水中など）は，境目に近づくように屈折する。

● **屈折の例**

・水中の箸《はし》が折れ曲がって短く見える。
　右の図のように，箸を斜《なな》めに水中に入れて見ると，

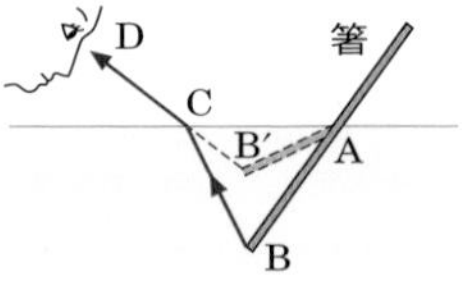

▲折れ曲がる箸

入試ポイント
● **屈折**のしかた
空気中→水（ガラス）中…境目から**遠ざかる。**
水（ガラス）中→空気中…境目に**近づく。**

Bから出た光がB→C→Dと屈折して目に入るので，BがB′にあるように見え，箸がAB′のように折れ曲がって見える。

・茶わんの中の10円玉が浮《う》いて見える。
右の図のように，茶わんに10円玉を入れ，水を入れると，10円玉が浮かび上がるように見える。これも，上の折れ曲がる箸《はし》と同じように，水面で光が屈折することが原因《げんいん》である。

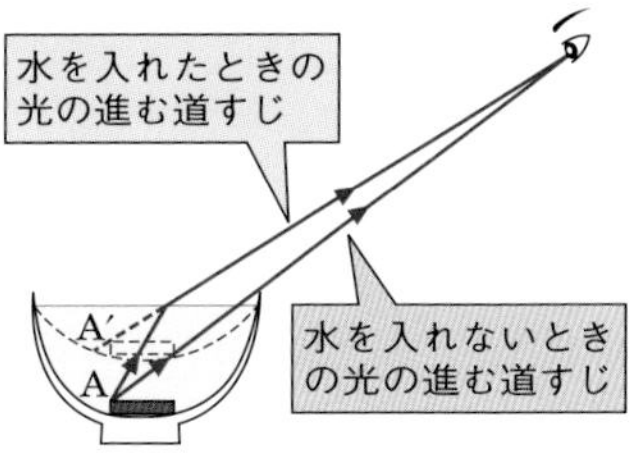

▲浮き上がる10円玉

●**全反射《ぜんはんしゃ》**…右の図のように，光が水中から空気中へ出ていくとき，光線をしだいに傾《かたむ》けていって，図の∠aを小さくするにつれて∠bもしだいに小さくなる。そして，∠aが41°になると，光は水面から空気中に出ないで，水面に沿《そ》って進み，そこからさらに∠aを小さくすると，光はすべて水面で反射し，空気中に出る光はない。この現象を**全反射**という。

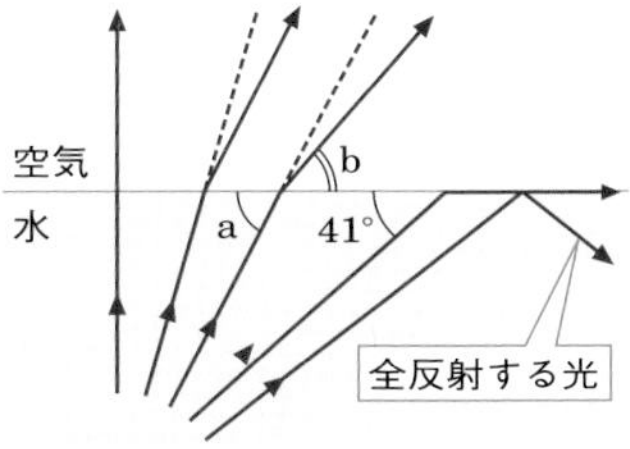

▲全反射

参考　全反射は，光が重いものから軽いものへ入るときだけ起こる。ガラス中から空気中へ光が出るときは，∠aが約48°より小さくなると，全反射が起こる。

プリズムと光の分散《ぶんさん》

●**プリズム**…ガラスでできた三角柱を**プリズム**という。

●**光の分散**…プリズムの一方から日光を入れると，7色(**赤，だいだい，黄，緑，青，藍《あい》，紫《むらさき》**)の光に分かれて出てくる。これは，日光の中に7色の光がふくまれていて，プリズムに入るときとプリズムから出るときの2度屈折するが，それぞれの色の屈折率《くっせつりつ》(屈折のときの折れ曲がる割合《わりあい》)が違うために，別々《べつべつ》の方向に分かれて出てくるのである。これを**光の分散**といい，これによってできる色光《しきこう》の帯を**スペクトル**という。

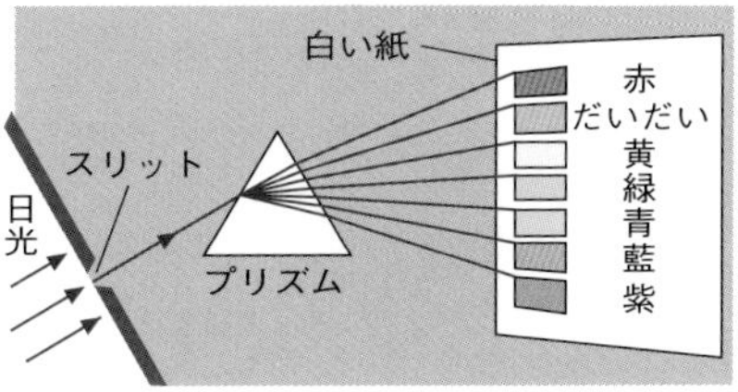

▲光の分散

注意　赤色の光がいちばん屈折しにくく，紫色の光がいちばん屈折しやすい。

入試ポイント
● **全反射**…屈折する光がなく，**全部反射する。**
● **光の分散**…日光をプリズムに通すと，**7色**に分かれる。

4 凸《とつ》レンズのはたらき

☞ 凸レンズを通った光はどうなるか。

● **凸レンズ**…中心がまわりより厚《あつ》くなっているレンズ。通った光は集まってくる。

● **凹《おう》レンズ**…中心がまわりより薄《うす》くなっているレンズ。通った光は広がっていく。

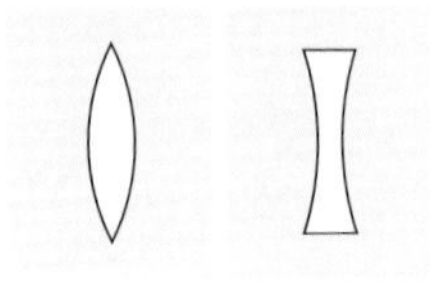

▲凸レンズ　▲凹レンズ

凸レンズを通る光の進み方

● **平行光線《へいこうこうせん》の進み方**…凸レンズに垂直《すいちょく》に平行光線をあてると，中心を通る光は屈折《くっせつ》しないが，それ以外の光は，**図1**のように，レンズに入るときとレンズから出るときの2度屈折し，1か所に集まるように進む。この光が集まる点Fを**焦点《しょうてん》**といい，レンズの中心から焦点までの距離《きょり》を**焦点距離**という。

注意 ふつう，光の通り道を図にかくときは，右の**図2**のように，凸レンズの中央で1度屈折するようにかけばよい。

図1

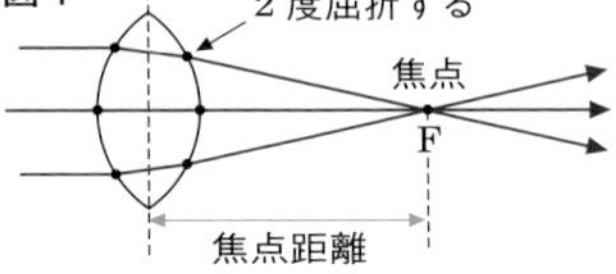

図2

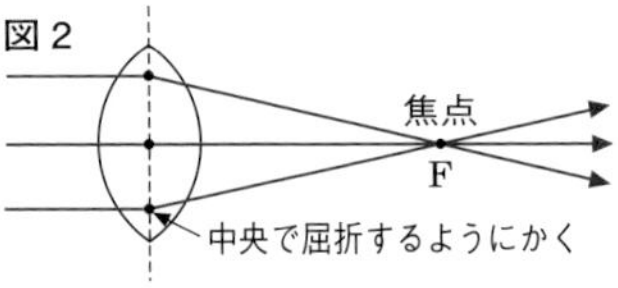

▲凸レンズと平行光線

● **拡散光線《かくさんこうせん》の進み方**…豆電球などから出る拡散光線を凸レンズにあてるとき，豆電球を焦点よりも外側に置くと，光は，凸レンズを通ったあと，どこかに集まる(焦点に近いほど光が集まる点は遠くなる)。
豆電球を焦点に置くと，凸レンズを通った光は，凸レンズの軸《じく》(光軸《こうじく》)に平行になる。
豆電球を焦点よりも内側に置くと，凸レンズを通った光は広がる。

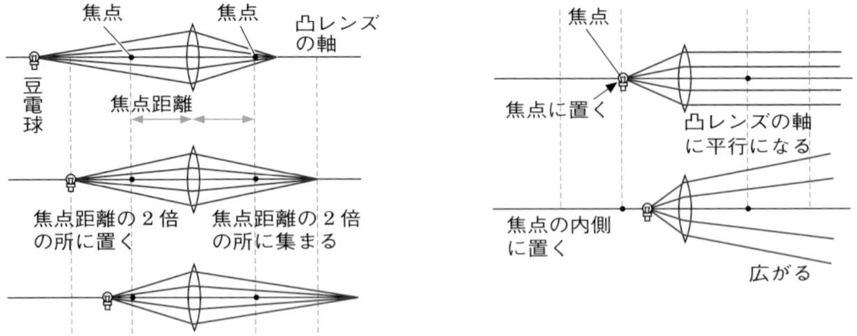

▲凸レンズと拡散光線

入試ポイント
- 凸レンズに**平行光線**をあてると，光線は**焦点に集まる**。
- 豆電球を**焦点に置く**と，レンズを出た光は**平行光線になる**。

凸レンズによってできる像《ぞう》

図のように，物体の１点Aから出た光がレンズを通ったあと，１点A′に集まると，そこに物体の**像**ができる。

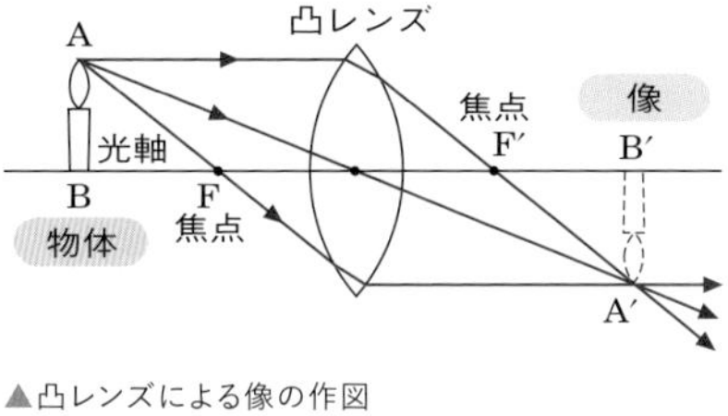

▲凸レンズによる像の作図

● **像の位置の求め方**…次の①～③の光がレンズを通ったあと，これらの光が集まる点に**像**ができる。

①**光軸に平行に進む光**…凸レンズを通ったあと，**焦点(F′)**を通る。

②**凸レンズの中心を通る光**…屈折しないで，直進する。

③**凸レンズの手前の焦点(F)を通る光**…レンズを通ったあと，軸に平行に進む。

注意 ３本の光のうち，２本をかけば，像の位置は求められる。

● **物体の位置と像の大きさや種類**…光が集まってできる像を**実像《じつぞう》**という。できた実像は上下左右が逆《さか》さまになっているので，これを倒立《とうりつ》の実像という。光が集まらないで凸レンズを通して見える像を**虚像《きょぞう》**という。

物体を焦点距離の２倍の点に置くと，物体と同じ大きさの倒立実像ができる。物体がこれより遠くにあれば，像は物体より小さく，近くにあれば，像は物体より大きくなる。

物体を焦点に置くと，像はできない(凸レンズを通ったあと，平行になる)。

物体を焦点より内側に置くと，凸レンズを通ったあとの光は広がるので，その延長線上《えんちょうせんじょう》に物体より大きい正立《せいりつ》の(逆さまでない)虚像が凸レンズを通して見える。

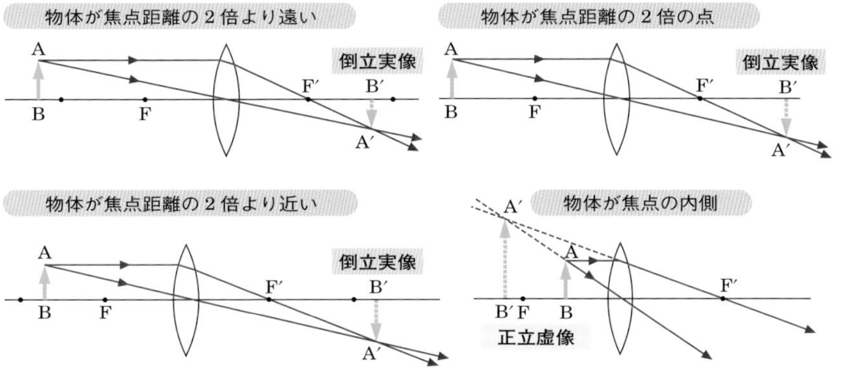

▲物体の位置と像の種類

入試ポイント
- 焦点より**外側**に置いた物体の像…**倒立の実像**
- 焦点より**内側**に置いた物体の像…**正立の虚像**

5 虹《にじ》のでき方

☞ 虹はどのようにして見えているか。

●**虹の特徴《とくちょう》**…虹は，太陽《たいよう》が見える方向と反対の方向に見え，その色は7色に分かれていて，外側(上側)から順に，赤色・だいだい色・黄色・緑色・青色・藍《あい》色・紫《むらさき》色となっている(2つの虹が同時にできるときの副虹《ふくにじ》は反対になる)。

●**虹ができるしくみ**…雨上がりなど，空気中に浮《う》いている水滴《すいてき》が**プリズム**(p.501)のようなはたらきをして，屈折《くっせつ》→全反射《ぜんはんしゃ》→屈折が起こり，光の色による屈折率《くっせつりつ》の違《ちが》いによって，水滴を通過《つうか》した太陽光がいろいろな光に**分散《ぶんさん》**される。このとき屈折率のいちばん大きい紫色の光と地表面とのなす角が最も小さくなり，屈折率のいちばん小さい赤色の光と地表面とのなす角が最も大きくなる。

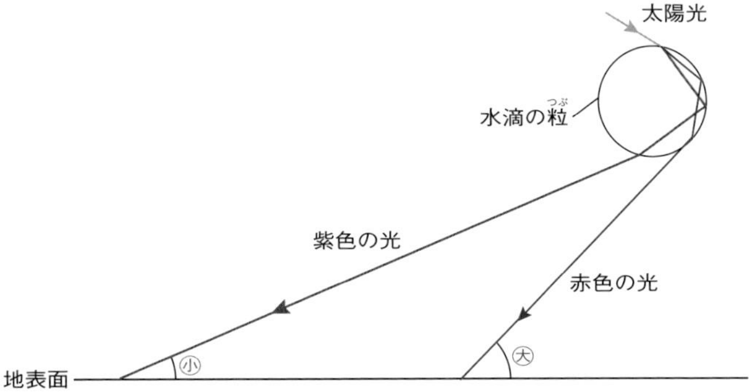

▲虹ができるしくみ

したがって，最も高いところ(最も外側)に赤色の光が見え，最も低いところ(最も内側)に紫色の光が見える虹となる。また，**全反射**によって大きく光の道すじが変わるので，虹は太陽と反対方向に見える。

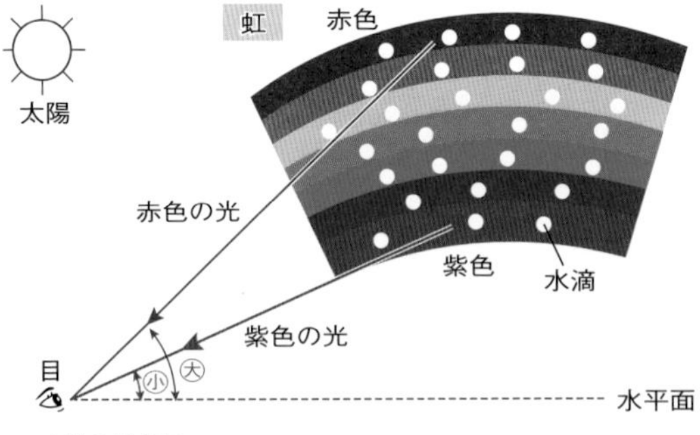

▲虹の見え方

入試ポイント

- 虹は，**太陽の方向と反対方向**に見える。
- 虹は，**外側が赤色**，**内側が紫色**に見える。

6 光の三原色《さんげんしょく》

光の三原色を組み合わせると何色になるか。

● **光の三原色…赤(Red《レッド》)，緑(Green《グリーン》)，青(Blue《ブルー》)**

の3色を，光の**三原色**といい，3色の英語の頭文字をとって**RGB**ということがある。テレビの画面などは，この3色をいろいろな割合《わりあい》で組み合わせて，いろいろな色をつくっている。たとえば，暗室で白色の紙に，赤色と緑色の光を1：1の割合で混《ま》ぜてあてると黄色，青色と緑色の光を1：1の割合で混ぜてあてると水色，青色と赤色の光を1：1の割合で混ぜてあてると赤紫色に見える。さらに，赤色と緑色と青色の光を1：1：1の割合で混ぜると白色に見える。

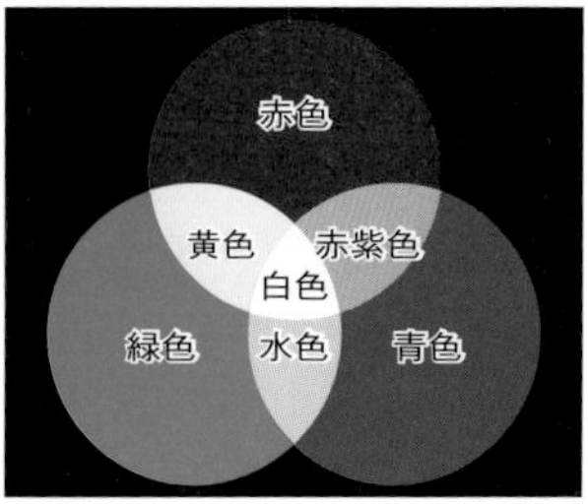

▲光の三原色

実験 床《ゆか》が白色である暗室の中心に棒《ぼう》を立て，下の図のように3方向から赤色の光，青色の光，緑色の光をあてたときの棒の影《かげ》の色の見え方を調べる。

結果 すべての光があたった部分は白色に見え，影**A**～影**C**は次のような色に見える。

①影**A**…緑色の光はあたらないが，赤色と青色の光はあたるので，赤紫色に見える。

②影**B**…青色の光はあたらないが，赤色と緑色の光はあたるので，黄色に見える。

③影**C**…赤色の光はあたらないが，青色と緑色の光はあたるので，水色に見える。

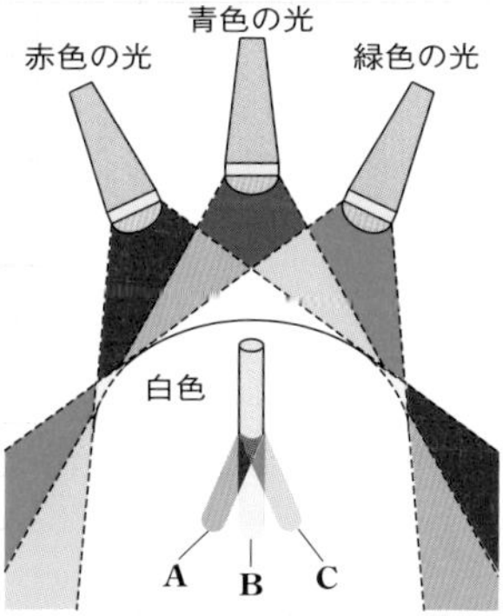

● **色と見え方**(日光があたる場所での見え方)

・**赤色**に見えるもの…緑色と青色の光を吸収《きゅうしゅう》し，赤色の光を反射《はんしゃ》する。
・**緑色**に見えるもの…赤色と青色の光を吸収し，緑色の光を反射する。
・**青色**に見えるもの…赤色と緑色の光を吸収し，青色の光を反射する。
・**黄色**に見えるもの…青色の光を吸収し，赤色と緑色の光を反射する。
・**水色**に見えるもの…赤色の光を吸収し，青色と緑色の光を反射する。
・**赤紫色**に見えるもの…緑色の光を吸収し，青色と赤色の光を反射する。
・**白色**に見えるもの…ほぼすべての光を反射する。

入試ポイント

● 光の三原色は**赤色・緑色・青色**(RGB)である。

● 白色の紙に赤色・緑色・青色の光を同じ割合であてると，白色に見える。

☑ まとめチェック

知識を整理・確認しよう！

① 光の進み方

□ ① 電球などの拡散光線《かくさんこうせん》の光源《こうげん》からの距離《きょり》が2倍になると，明るさは何倍になるか。

□ ② 針穴写真機《はりあなしゃしんき》で，物体を針穴に近づけると，像《ぞう》の大きさはどうなるか。

□ ③ 針穴写真機で，内箱を針穴に近づけると，像の大きさはどうなるか。

□ ④ 針穴写真機で，針穴を少し大きくすると，像はどうなるか。

□ ⑤ 針穴写真機で，針穴の数を2つにすると，像はどうなるか。

□ ⑥ 鏡で光が反射《はんしゃ》すると，入射角《にゅうしゃかく》と反射角《はんしゃかく》の大きさはどのようになっているか。

□ ⑦ 鏡によってできる像の大きさは，実物と比《くら》べてどのようようになっているか。

□ ⑧ 90度に合わせた2つの鏡の間に物体を置くと,物体の像は何個《こ》できるか。

次の⑨～⑪は，直進《ちょくしん》，反射，屈折《くっせつ》のどれに最も関係するか。

□ ⑨ 水中で，ストローが折れ曲がって見える。

□ ⑩ 影《かげ》ができる。

□ ⑪ 晴れた日にスキー場に行くとまぶしい。

② 凸《とつ》レンズのはたらき

□ ① 凸レンズの軸《じく》(光軸《こうじく》)に平行な光を凸レンズにあてると，凸レンズを通ったあとの光が集まる点を何というか。

□ ② 凸レンズの中心から①までの距離を何というか。

□ ③ どこに物体を置くと，凸レンズによってできる実像の大きさが物体と同じ大きさになるか。

□ ④ 物体を凸レンズに近づけていくと，実像《じつぞう》は凸レンズに近づくか，遠ざかるか。

□ ⑤ 物体を凸レンズに近づけていくと，実像の大きさはどうなるか。

③ 虹《にじ》のでき方と光の三原色《さんげんしょく》

□ ① 虹は太陽と同じ向きにできるか，反対向きにできるか。

□ ② 光の三原色を，日本語で答えよ。

答え

①

① $\frac{1}{4}$倍

② 大きくなる

③ 小さくなる

④ ぼやける

⑤ 2つできる

⑥ 等しい

⑦ 等しい

⑧ 3個

⑨ 屈折

⑩ 直進

⑪ 反射

②

① 焦点《しょうてん》

② 焦点距離《しょうてんきょり》

③ 焦点距離の2倍の位置

④ 遠ざかる

⑤ 大きくなる

③

① 反対向き

② 赤・緑・青

力だめしの問題 入試標準レベル

解答➡別冊 p.72

1 次の(①)～(③)にあてはまる数値《すうち》を答えなさい。 【桐光学園中】

⑴ 光は鏡によって反射します。反射した光を反射光《はんしゃこう》といいます。**図1**の角**a**は(①)度です。鏡を**図1**から**図2**のように，10度傾《かたむ》けると，角**b**は(②)度になります。 ①( ) ②( )

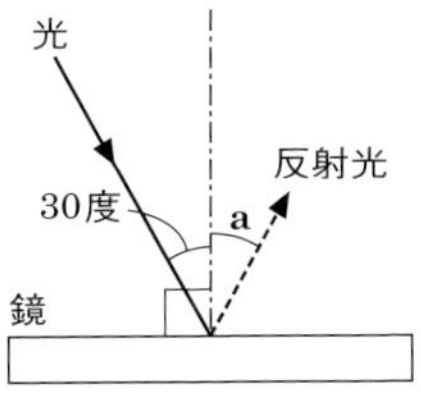

図1

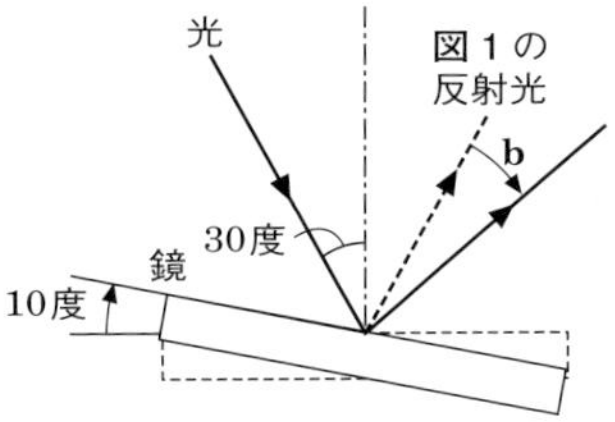

図2

⑵ 人物・物体が鏡にうつるすがた・形を「像」とよびます。鏡に対して，物体と像は同じ距離だけ離《はな》れた位置に見えます。身長140cmの人が全身を見るためには，(③)cmの鏡が必要です。 ③( )

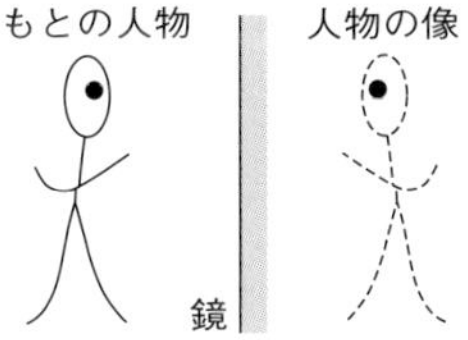

2 図1は，光が空気中から，透明《とうめい》な液体《えきたい》A(以後Aとよぶ)と，透明な液体B(以後Bとよぶ)へ進んだときの，屈折の様子を光の進み方を使って表しています。次の問いに答えなさい。

【同志社女子中】

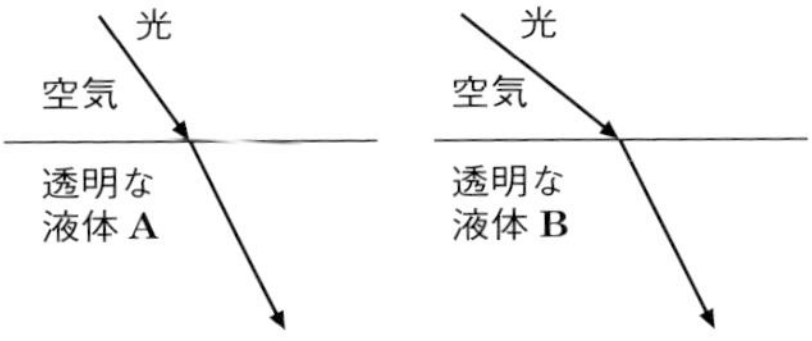

図1

⑴ **図2**において，物質《ぶっしつ》**1**がA，物質**2**が空気のとき，光はどのように進みますか。図の①～⑥から最も適当《てきとう》なものを選び，番号で答えなさい。

( )

⑵ **図2**において，物質**1**がA，物質**2**がBのとき，光はどのように進みますか。図の①～⑥から最も適当なものを選び，番号で答えなさい。

( )

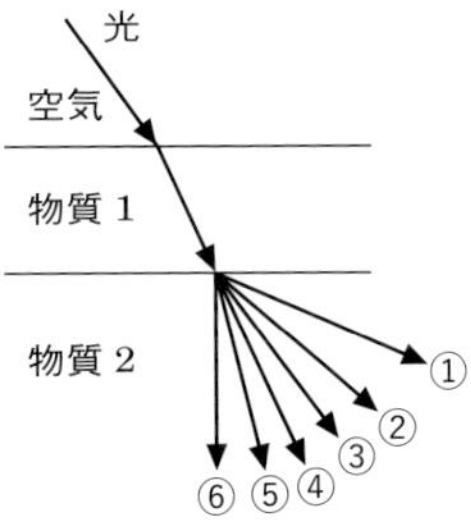

図2

3 **水をためたお風呂《ふろ》に 10 円玉を沈《しず》めて，目で見たときの様子について，正しいものを 1 つ選び，記号で答えなさい。** 【熊本マリスト学園中】

（　　）

ア　水中の 10 円玉の深さが実際《じっさい》の深さより浅く見えるのは，光が水面で折れ曲がるからである。

イ　水中の 10 円玉の深さが実際の深さより深く見えるのは，光が水面で折れ曲がるからである。

ウ　水中の 10 円玉の深さが実際の深さと異《こと》なるかどうかは水の温度による。

エ　水中の 10 円玉の色が実際と異なって見えるのは，光が水面で折れ曲がるからである。

オ　水中の 10 円玉の色が実際と異なって見えるかどうかは水の温度による。

4 **図のように，凸《とつ》レンズの左側 30cm にろうそくを置いて，凸レンズの右側にスクリーンを置きました。スクリーンの位置を調整したら，実物の 2 倍の大きさの像《ぞう》がスクリーンにうつりました。あとの問いに答えなさい。** 【芝浦工業大中】

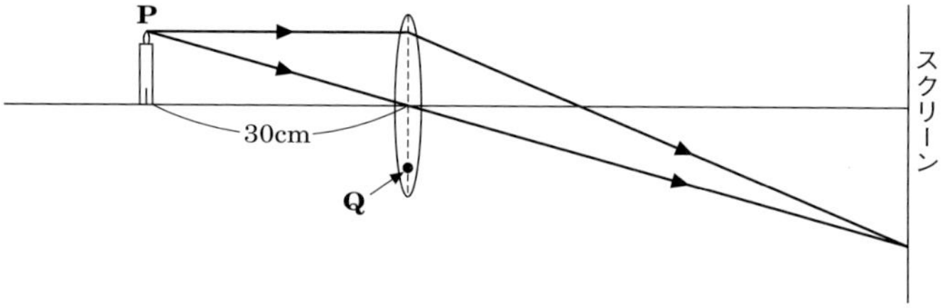

⑴ 凸レンズからスクリーンまで距離《きょり》は何 cm ですか。（　　　）

⑵ 凸レンズの焦点《しょうてん》距離は何 cm ですか。（　　　）

⑶ ろうそくの上端《じょうたん》**P** から出た光が，凸レンズ中の点 **Q** を通過《つうか》したあとに進む道すじを，図にならって ─▸─ でかき込みなさい。

⑷ 凸レンズの上半分に黒い紙をかぶせると，像はどうなりますか。次から選び，記号で答えなさい。（　　）

ア　像はできない。

イ　ろうそくの下半分だけの像ができる。

ウ　ろうそくの上半分だけの像ができる。

エ　全体の像はできるが，暗くなる。

⑸ ろうそくを凸レンズの左側 40cm に置いたとき，スクリーンを凸レンズの右側何 cm の位置に置けば像ができますか。（　　　）

5 次の文章を読み，あとの問いに答えなさい。　【清風中】

光の色は，赤色，青色，緑色の３つを基本色《きほんしょく》とよびます。ほかのいろいろな光の色は，これらの基本色の光を重ね合わせることでつくることができます。たとえば，右の図のように，同じ明るさの３つの基本色の光では，光が重なった部分は基本色と異なる色となり，３つの基本色がすべて重なった部分では白色になります。

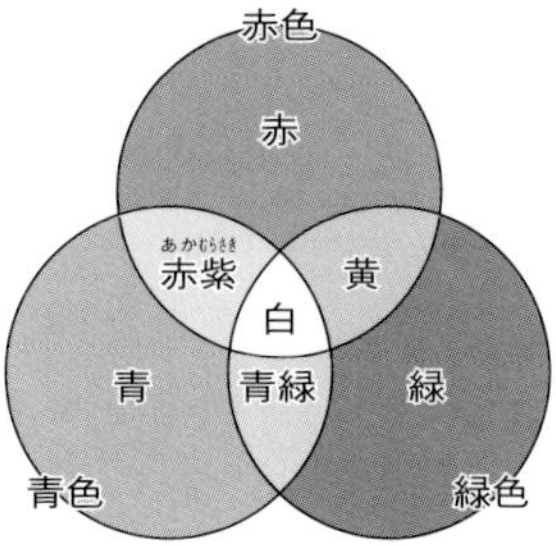

私《わたし》たちが見ているものの色も，光の色と関係しています。たとえば，赤いリンゴに白色の光(３つの基本色が重なった光)をあてると赤く見えます。これは，白色の光のうち，リンゴの表面で反射《はんしゃ》するのは赤色の光が多く，おもに赤色の光が目に届《とど》き，青色や緑色の光は，ほとんどリンゴの表面に吸収《きゅうしゅう》されて目に届かないからです。また，反射する光がないときは黒く見えます。

(1) 白色の光をあてたときに，この光をいちばん吸収しないものの色は何色ですか。次から選び，記号で答えなさい。（　　）

ア 赤　イ 青　ウ 緑　エ 白　オ 黒

異なる３つの球**A**，**B**，**C**を用意し，３つの球にそれぞれ白色の光をあてました。このとき，球**A**，**B**，**C**は，それぞれ白，赤，緑に見えました。

(2) ３つの球にあてる光を赤色にしたとき，球**A**，**B**，**C**はそれぞれ何色に見えますか。次から１つずつ選び，記号で答えなさい。ただし，同じものを何度選んでもよいものとします。　球**A**（　　）　球**B**（　　）　球**C**（　　）

ア 赤　イ 青　ウ 緑　エ 白　オ 黒
カ 赤紫　キ 青緑　ク 黄

次に，白色の光を出すライトに，色のついた透明《とうめい》なフィルム**1**を付けると，フィルム**1**を通して出てくる光は青色になりました。これは，フィルム**1**を通過《つうか》するのは青色の光が多く，おもに青色の光が目に届き，白色の光の一部はフィルム**1**に吸収されて目に届かないからです。また，フィルム**1**のかわりにフィルム**2**をつけると，フィルム**2**を通して出てくる光は赤紫色になりました。

(3) フィルム**1**が吸収した光は何色ですか。次からすべて選び，記号で答えなさい。

ア 赤　イ 青　ウ 緑　（　　）

(4) 白色の光を出すライトに，フィルム**1**，フィルム**2**を重ねて付けました。これらのフィルムを通して出てくる光は何色ですか。次から選び，記号で答えなさい。（　　）

ア 赤　イ 青　ウ 緑　エ 白

チャレンジ問題 入試発展レベル

解答➡別冊p.74

★は最高レベル

1 音について，次の問いに答えなさい。 【洗足学園中】

(1) 右の**図1**のように太鼓《たいこ》のまわりにろうそくを置き，太鼓をたたいたときの炎《ほのお》の動きを観察しました。最も炎のゆれが大きいろうそくを，**図1**の**ア**～**オ**から選び，記号で答えなさい。

( )

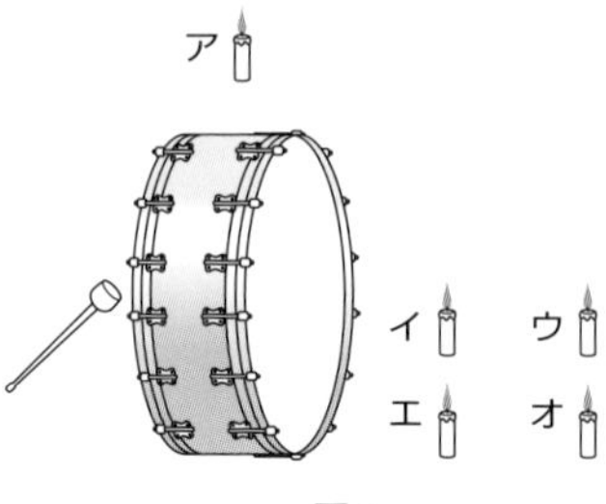

図1

(2) **図2**は，オシロスコープでおんさの音を記録したものです。1秒間あたりの波の数が440個《こ》ありました。音が1秒間に340m伝わるとき，おんさの音が17m進む間に波は何個記録されるか，求めなさい。

( )

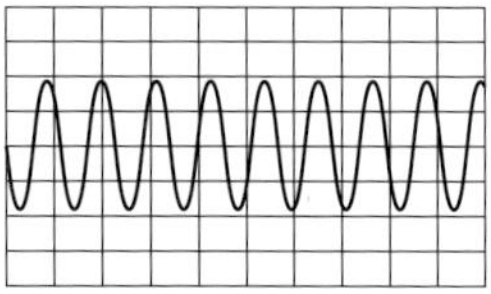
図2

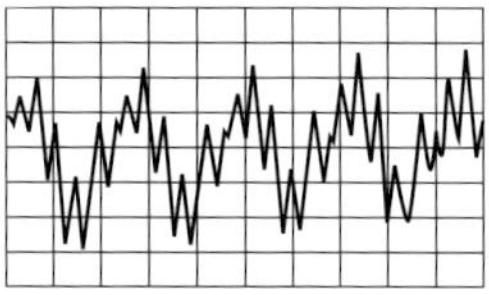
図3

(3) **図3**は，オシロスコープでピアノの音を記録したものです。**図2**とは波の形が異《こと》なりますが，これは何が異なるからですか，答えなさい。 ( )

★(4) ピアノの中にはさまざまな長さの弦《げん》が張《は》ってあります。

① モノコードを用いて弦の長さと音の高さ(音階)の関係を調べたら，**表1**のようになりました。弦の長さが8cmのときの音階を答えなさい。( )

表1

弦の長さ(cm)	80	72	64	60	54	48	43	40	36	32
音階	ド	レ	ミ	ファ	ソ	ラ	シ	ド	レ	ミ

② 弦の長さだけで音の高さを調節しようとすると，弦がピアノ本体に入りきりません。弦の長さを変えずに，音の高さを低くするにはどのようにすればよいか，考えられることを1つあげなさい。ただし，弦の材質《ざいしつ》は変えないものとします。 ( )

2 以下の文を読み，あとの問いに答えなさい。 【清風南海中】

救急車《きゅうきゅうしゃ》のサイレンの音は，救急車が止まっているときと，走っているときで，違《ちが》って聞こえます。音を出す物体が近づいたり，遠ざかったりする場合，止まっている場合とは違う高さの音が聞こえます。このような現象《げんしょう》をドップラー効果《こうか》といい，音を出す物体が近づくときは，止まっているときよりも高い音が聞こえ，音を出す物体が遠ざかるときは，止まっているときよりも低い音が聞こえます。

右の図は，救急車がA地点からB地点を曲がってD地点までを，サイレンを鳴らして走ったときの地図を示《しめ》しています。救急車のサイレンはA地点で鳴らし始め，D地点で鳴らし終わったものとします。また，救急車は同じ速さで走っているものとし，地図中に建物はなく，音はあらゆる方向に同じ速さで伝わるものとします。

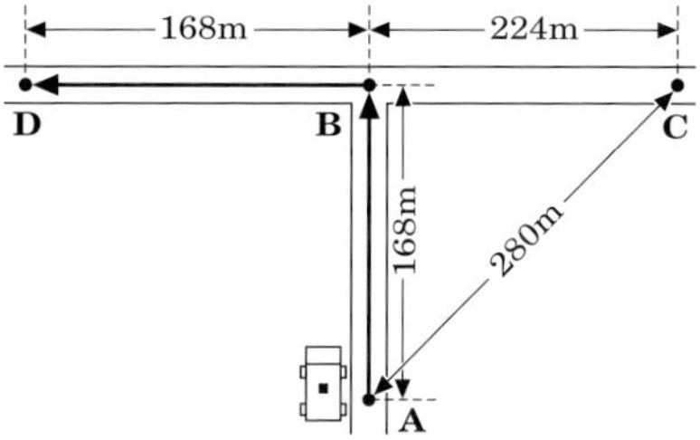

⑴ 救急車がA地点からB地点まで走るのに，12 秒かかりました。救急車は 1 秒あたり何m進むか求めなさい。　(　　　　)

⑵ 図のC地点では，救急車がA地点を通過《つうか》してサイレンが聞こえるまでに 0.8 秒かかりました。音は 1 秒あたり何m伝わるか求めなさい。　(　　　　)

⑶ 次の文は，図のB地点でのサイレンの聞こえ方を説明したものです。(ア)に入る数字を求めなさい。答えは小数第 2 位を四捨五入《ししゃごにゅう》し，小数第 1 位まで求めること。また，(イ)と(ウ)に入ることばを，「高い」，「低い」から選びなさい。　ア(　　　　)　イ(　　　　)　ウ(　　　　)

サイレンが聞こえ始めてから(ア)秒間は，救急車が止まってサイレンを鳴らしているときよりも(イ)音に聞こえ，その後は救急車が止まってサイレンを鳴らしているときよりも(ウ)音に聞こえる。

★⑷ 図のC地点で，救急車が止まってサイレンを鳴らしているときよりも高い音に聞こえる時間は，何秒間か求めなさい。答えは小数第 2 位を四捨五入し，小数第 1 位まで求めること。　(　　　　)

★⑸ 図のC地点で，サイレンの音が聞こえたのは，何秒間か求めなさい。答えは小数第 2 位を四捨五入し，小数第 1 位まで求めること。　(　　　　)

⑹ 救急車に乗っている人のサイレンの聞こえ方で，正しいものはどれですか。次から 1 つ選び，記号で答えなさい。　(　　)

ア　救急車が止まってサイレンを鳴らすときと同じ高さの音に聞こえる。

イ　救急車が止まってサイレンを鳴らすときよりも高い音に聞こえる。

ウ　救急車が止まってサイレンを鳴らすときよりも低い音に聞こえる。

エ　救急車がA地点からB地点まで走る間は，救急車が止まってサイレンを鳴らすときよりも高い音に聞こえ，B地点からD地点まで走る間は，救急車が止まってサイレンを鳴らすときよりも低い音に聞こえる。

オ　救急車がA地点からB地点まで走る間は，救急車が止まってサイレンを鳴らすときよりも低い音に聞こえ，B地点からD地点まで走る間は，救急車が止まってサイレンを鳴らすときよりも高い音に聞こえる。

3 **長さ6mの鏡Xの前にア～オの5人の人が立ちました(図1)。あとの問いに答えなさい。** 【鎌倉学園中】

図1

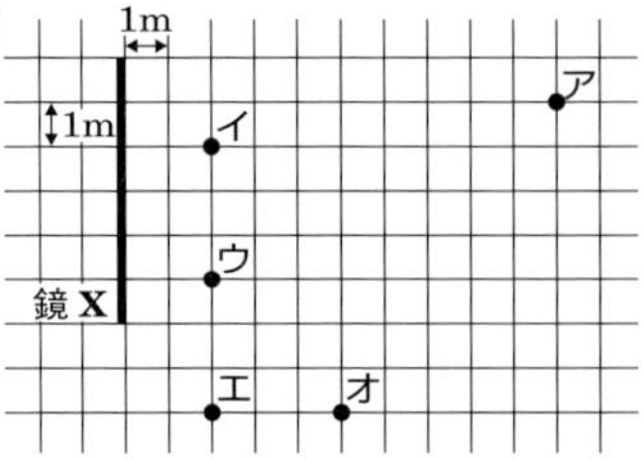

図2

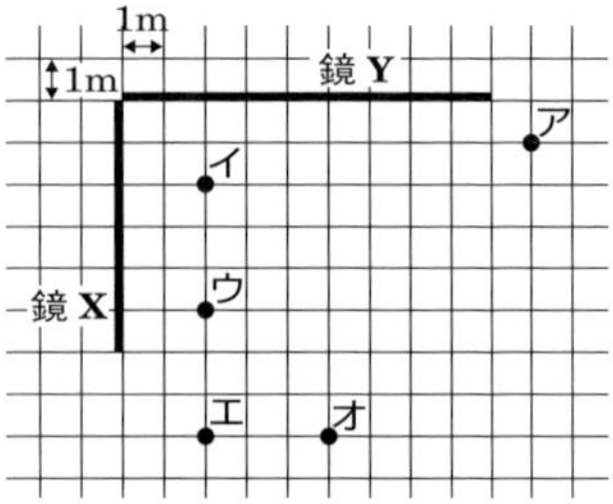

(1) 鏡にうつっている自分のすがたを見ることができるのは誰《だれ》ですか。**ア**～**オ**からすべて選び，順番に記号で答えなさい。 (　　　)

(2) 鏡にうつっている全員(自分をふくめる)のすがたを見ることができるのは誰ですか。**ア**～**オ**からすべて選び，順番に記号で答えなさい。 (　　　)

(3) **エ**が見て，鏡**X**にうつっているのは誰ですか。**ア**～**オ**からすべて選び，順番に記号で答えなさい。 (　　　)

(4) **イ**は，鏡**X**にうつっている**ウ**のすがたを見ることができます。鏡にうつっている**ウ**のすがたは，**イ**から何m離《はな》れているように見えますか。

(　　　)

次に，長さ9mの鏡**Y**と鏡**X**の2枚を90°にして組み合わせました(**図2**)。

(5) **ア**から見て，鏡**X**と鏡**Y**の両方にうつっているのは誰ですか。**ア**～**オ**からすべて選び，順番に記号で答えなさい。 (　　　)

(6) **ア**から見て，鏡**Y**にうつった**イ**のすがたはいくつ見えますか。

(　　　)

鏡**X**と鏡**Y**を2枚ずつ使って長方形をつくりました(**図3**)。

★(7) 鏡**X**から1m離れた点**P**に穴《あな》を開け，鏡**Y**の右半分のある点に向けてレーザー光線を発射《はっしゃ》したところ，鏡で5回反射《はんしゃ》して点**P**に戻《もど》ってきました。このとき，光は何m進みましたか。 (　　　)

図3

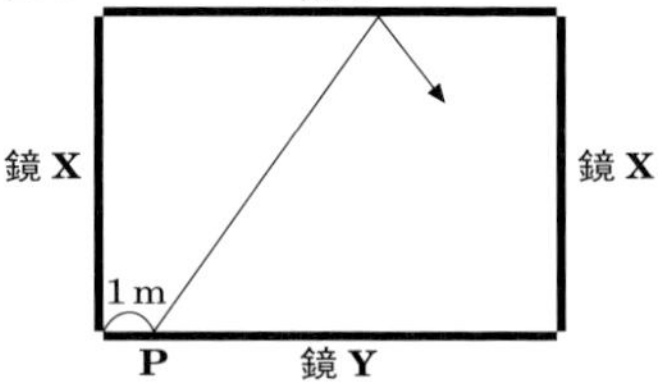

4 **次の文章を読み，あとの問いに答えなさい。** 【雙葉中】

私《わたし》たちは暗闇《くらやみ》ではものを見ることができません。太陽や蛍光灯《けいこうとう》の光がものにあたってはねかえされると，その光が目に届き，ものを「見る」ことができます。

太陽や蛍光灯などの白い光をプリズムに通すと，赤や緑や青などの7色の光に分けることができます(**図1**)。赤いものに太陽の光があたって赤く見えるのは，7色の光のうち赤い光だけがはねかえされるからです。ほかの色はものに吸収《きゅうしゅう》されてしまいます。赤い絵の具は赤以外の光を吸収する性質《せいしつ》があるので，赤い絵の具を塗《ぬ》ることによって，さまざまなものを赤く見えるようにすることができます。

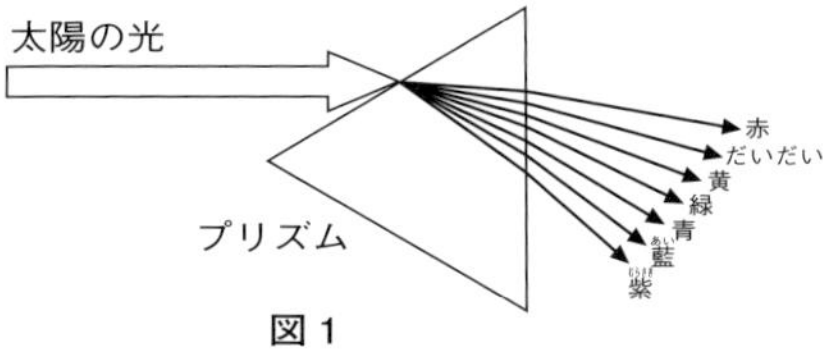

図1

⑴ 黒いものが，太陽の光のもとで黒に見えるのはなぜですか。

(　　　　　　　　　　　　　　　　　　　　　　　　　　)

★⑵ 次の場合，ものは何色に見えますか。以下の色から選んで答えなさい。

【　赤，だいだい，黄，緑，青，藍，紫，白，黒　】

① 暗闇で，白いものに赤い光をあてた場合。　(　　　　　)

② 暗闇で，緑のものに赤い光をあてた場合。　(　　　　　)

③ 赤，青，緑の絵の具を同じ量ずつ混《ま》ぜた場合。　(　　　　　)

5 **光について，次の文を読んで，あとの問いに答えなさい。**　【横浜英和女学院中】

今から約400年前，5km離れた2つの山の頂上《ちょうじょう》におけを被《かぶ》せたランプを置き，片方《かたほう》のランプの光が見えたらもう一つの山のおけをとり，その間にどれくらい時間がかかったかをはかって光の速さを調べようとしましたが，この方法は失敗しました。その後，いろいろな人がいろいろな方法で光の速さを測定《そくてい》しました。

⑴ 前の文章の方法で光の速さをはかろうとして失敗した人は誰ですか。次から選び，記号で答えなさい。　(　　　)

ア　ニュートン　　**イ**　ガリレオ　　**ウ**　コペルニクス　　**エ**　フェルマー

⑵ この方法では，光の速さをはかることができませんでした。その理由を答えなさい。　(　　　　　　　　　　　　　　　　　　　　　)

⑶ 光の速さはどのくらいですか。次から選び，記号で答えなさい。　(　　　)

ア　1秒間に約30m進む速さ　　**イ**　1秒間に約30km進む速さ

ウ　1秒間に約30万km進む速さ　　**エ**　1秒間に約300万km進む速さ

エネルギー編　総合問題

解答➡別冊 p.75

★は最高レベル

1 **ばねを使った実験に関する以下の問いに答えなさい。ばねや糸の重さは考えなくてよいものとします。** 【早稲田中】

〈実験 1〉 ばねにつるすおもりの重さを変えたとき，おもりの重さとばねの長さの関係を調べた。その結果を**表 1** に示《しめ》す。

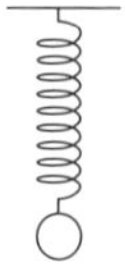

表 1

おもりの重さ(g)	0	8	16	24	32	40
ばねの長さ(cm)	10	12	14	16	18	20

(1) 太さが一様《いちよう》でない棒《ぼう》があります。棒の両《りょう》端《はし》を**実験 1** で用いたばねでつるしました。太いほうをばねでつるしたところ，ばねの伸《の》びは 8.5cm になり，細いほうをばねでつるしたところ，ばねの伸びは 2.5cm になりました。棒の重さは何 g ですか。　(　　　　)

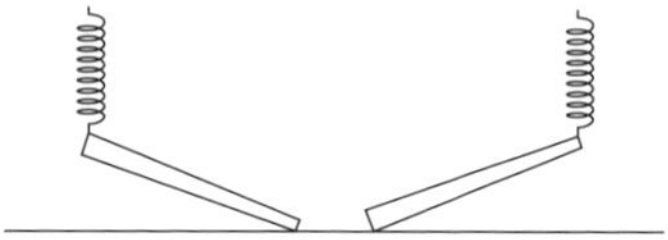

〈実験 2〉 材料 **A** でできたおもり **A1** と **A2**，および材料 **B** でできたおもり **B1** と **B2** を用意し，**実験 1** で用いたばねにつるして水中に沈《しず》めた(右図)。このとき，水から受ける上向きの力(浮力《ふりょく》)のために，ばねの長さは水に入れないときよりも短くなった。その結果を**表 2** に示す。

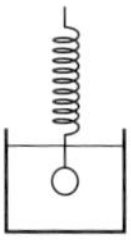

(2) おもり **B1** を沈めたときにおもりが受ける浮力の大きさは何 g ですか。　(　　　　)

表 2

	A1	A2	B1	B2
おもりの重さ(g)	26	52	36	54
おもりの体積(cm^3)	10	20	20	30
ばねの長さ(cm)	14	18	14	16

(3) 重さ 30g，体積 54cm^3 のおもりに糸をつけ，右の図のように容器《ようき》の底に固定した滑車《かっしゃ》を通して**実験 1** で用いたばねでつるしました。このとき，ばねの長さは何 cm になりますか。

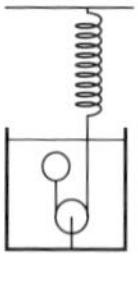

(　　　　)

〈実験 3〉 重さ 8g，長さ 60cm の太さが一様な棒がある。体積が 14cm^3 で重さのわからないおもりを，棒の右端 **Q** から 20cm の点 **O** に糸でつるした。この棒の左端を**実験 1** で用いたばねでつるし，右端を糸でつるして棒を水平にした。その結果，つるしたばねの長さは 13cm になった。

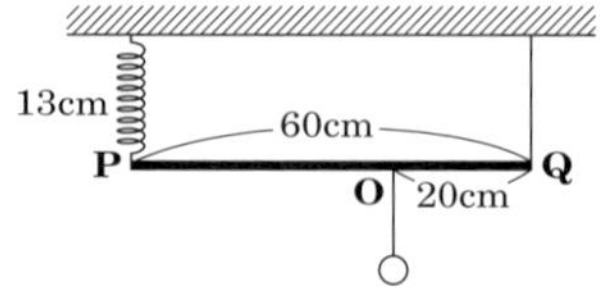

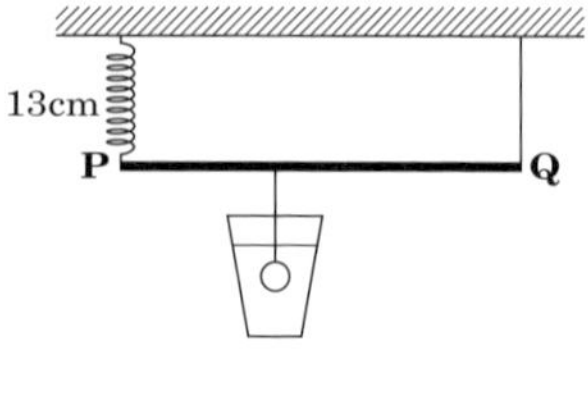

(4) Oにつるしたおもりの重さは何gですか。　(　　　　)

★(5) おもりをビーカーの水の中に沈めたところ，浮力のために棒が水平でなくなりました。そこで，おもりをつるす位置を動かして，棒を水平に保《たも》ちました。このとき，おもりをつるしたのは，Q点から何cmの所ですか。

(　　　　)

★ 2 自転車について述《の》べた文章があります。{①～④}は適当《てきとう》なものを選び，(⑤～⑩)は，図に記入されている値《あたい》を参考にして数値《すうち》を答えなさい。数値はわり切れないときだけ，分数(最も簡単《かんたん》な)で答えなさい。円周率《えんしゅうりつ》は3とします。

【ラ・サール中】

①(　　　)　②(　　　)　③(　　　)　④(　　　)　⑤(　　　)

⑥(　　　)　⑦(　　　)　⑧(　　　)　⑨(　　　)　⑩(　　　)

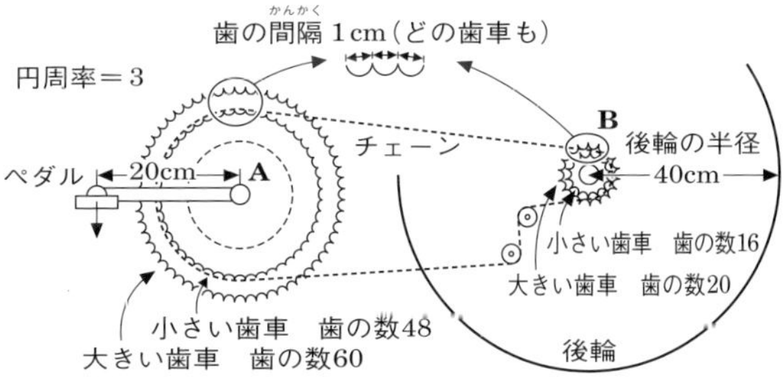

右図は自転車のペダルから後輪にかけての構造《こうぞう》を示しています。走行中に図のA，Bの大小の歯車を切り替《か》えます。平らな道で速く走らせたいときは，Aの①{ア．大きい　イ．小さい}歯車と，Bの②{ウ．大きい　エ．小さい}歯車を使います。坂道を上るときなど大きな力が必要なときには，Aの③{ア．大きい　イ．小さい}歯車と，Bの④{ウ．大きい　エ．小さい}歯車を使います。

Aを大きい歯車(歯の数60)に，Bを小さい歯車(歯の数16)にしたとします。ペダルを1分間に20回転すると，後輪は1分間に(　⑤　)回転します。このとき自転車は1時間に(　⑥　)キロメートル進みます。ペダルの回転数を変えずに，Bの歯車だけを大きいほう(歯の数20)に変えると自転車の速さは(　⑦　)倍になります。その後さらにAの歯車を小さいほう(歯の数48)に変えると，自転車の速さはA，B両方の歯車を切り替える前の(　⑧　)倍になります。

また，ペダルから後輪へ伝わる力は，てこの性質《せいしつ》から理解《りかい》できます。Aの中心からペダルまでの長さ(20cm)や後輪の半径(40cm)，歯の間隔(1cm)と歯の数などを使い，歯車は円とみなして計算します。Aを小さい歯車(歯の数48)に，Bを大きい歯車(歯の数20)にして，ペダルに加える力が(回転する向きに)24キログラムとすると，チェーンには(　⑨　)キログラムの力が伝わります。さらにその力は後輪から地面に(　⑩　)キログラムの力となって伝わります。

★ **3** **図1のように，ある高さからボールを落として，ボールが地面に衝突《しょうとつ》したときの速さと，落としてから地面に衝突するまでの時間を測定《そくてい》したところ，次の表のような関係が見られました。** 【甲陽学院中】

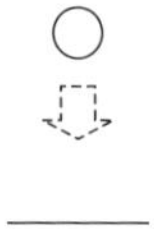

図1

高さ(m)	0.1	0.9	2.5	①	10.0
速さ(m/秒)	1.4	4.2	7.0	11.2	③
時間(秒)	$\frac{1}{7}$	$\frac{3}{7}$	$\frac{5}{7}$	②	④

(1) 表の空欄《くうらん》に適当《てきとう》な数を答えなさい。

①(　　　　　)　②(　　　　　)　③(　　　　　)　④(　　　　　)

同じ材質《ざいしつ》でできた大きさや重さが異《こと》なる2個《こ》のボールA，Bがあり，Bの重さはAの$\frac{1}{3}$倍です。**図2**のように，Aに細い軸《じく》をとり付け，Bには穴《あな》を開けてAの軸に通して重ね，ある高さから落としました。このとき，AとBが地面に衝突すると，Bは地面に衝突したときの2倍の速さではね上がり，Aは地面についたままでした。このような関係にあるボールを「すっとびボール」とよぶことにします。ここでは，Aが1段目《だんめ》，Bが2段目の「2段すっとびボール」となります。そこで，**図3**のように，5個のボールの重さを，2段目は1段目の$\frac{1}{3}$倍，3段目は2段目の$\frac{2}{4}$倍，4段目は3段目の$\frac{3}{5}$倍，5段目は4段目の$\frac{4}{6}$倍にして，「5段すっとびボール」をつくって落とすと，地面に衝突したあと，最も上の5段目が，地面に衝突したときの5倍の速さではね上がり，1段目から4段目までは地面についたままになります。ただし，大きさや重さの異なるボールを用いても上の表の関係は成り立ちます。また，上の表で，ある高さから落としたボールが地面に衝突したときと同じ速さではね上がると，はじめと同じ高さまで上がります。積み上げたボールの高さは考える必要はありません。

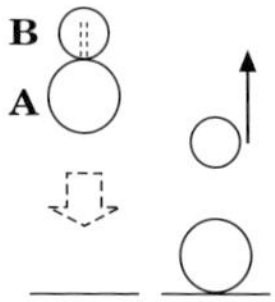

図2

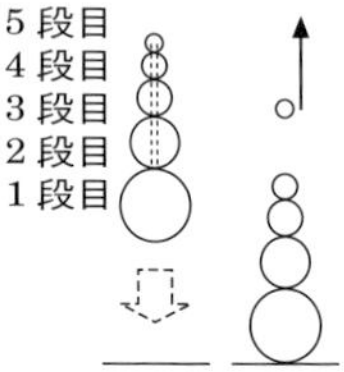

図3

(2) 「5段すっとびボール」で，最も上の5段目のボールが2.5mの高さまで上がるためには，何mの高さから落とせばよいですか。(　　　　　)

次に，8個のボールの重さを，1段目から5段目までは下線部と同じ関係で，6段目は5段目の **X** 倍，……，にして「8段すっとびボール」をつくって落とすと，地面に衝突したあと，最も上の8段目が，地面に衝突したときの8倍の速さではね上がり，1段目から7段目までは地面についたままとなります。

(3) **X** に適当な数を分数で答えなさい。(　　　　　)

(4)「8段すっとびボール」で，8段目のボールの重さは1段目の何倍であればよいですか。分数で答えなさい。　(　　　　)

(5) 何段かのすっとびボールを，0.9mの高さから落として，最も上の段のボールが高さ100mをこえるためには，少なくとも何段のすっとびボールをつくればよいですか。　(　　　　)

(6) 非常《ひじょう》に多くのボールを用いてすっとびボールをつくって落とすと，地面に衝突したあと，最も上の段のボールはどのようになりますか。

(　　　　　　　　　　　　　　　　　　　　)

4 **次の文を読み，あとの各問いに答えなさい。**　【久留米大附設中】

〈実験1〉 右の図のように，水平で滑《なめ》らかな(摩擦《まさつ》がない)床《ゆか》がある。

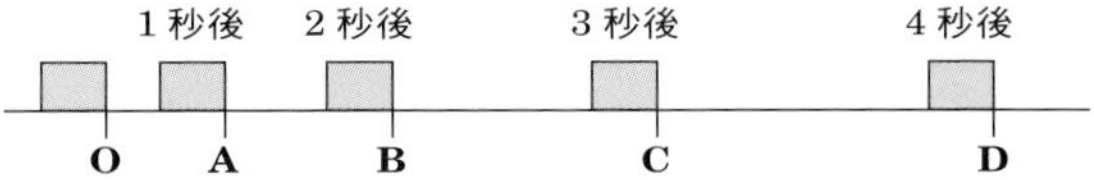

その上のO点に1kgの物体を置いて，物体にひもをとり付けて，右向きに同じ大きさの力(この力の大きさをNとする)で引き続けた。そして，1秒ごとの物体の位置(図のA，B，C，D点)に印を付け，それぞれの位置のO点からの距離《きょり》を測定したところ，**表1**のようになった。

表1

経過《けいか》時間(秒)	0	1	2	3	4
距　離(cm)	0	10	40	90	160

表2

経過時間(秒)	0	1	2	3	4
距　離(cm)	0	20	80	180	320

表3

経過時間(秒)	0	1	2	3	4
距　離(cm)	0	5	20	45	80

〈実験2〉 引く力の大きさをNの2倍にして**実験1**と同じ実験を行《おこな》ったところ，**表2**の結果が得《え》られた。

〈実験3〉 **実験1**の物体を2つ重ねて2kgの物体に変えて，Nの力で引き続けたところ，**表3**の結果が得られた。

(1) **実験1**において，動き始めから(2秒間に進む距離)：(4秒間に進む距離)：(6秒間に進む距離)を，最も簡単《かんたん》な整数の比《ひ》で表しなさい。

(　　：　　：　　)

★(2) 3kgの物体を，Nの1.5倍の力で引いたとすると，6秒間に進む距離は何cmになりますか。　(　　　　)

★(3) **実験1**において，滑《すべ》り始めてから0.2秒ごとの移動距離《いどうきょり》を示《しめ》した表を完成させなさい。

経過時間(秒)	0	0.2	0.4	0.6	0.8	1.0
距　離(cm)						

5 **身のまわりの光源《こうげん》として利用される発光ダイオード(LED)の性質《せいしつ》と，発電《はつでん》のしくみに関する次の実験 1〜3 の結果を参考にして，問いに答えなさい。** 【金蘭千里中】

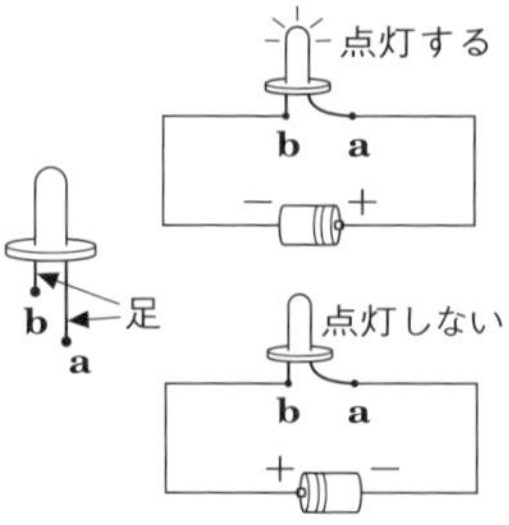

図 1

〈実験 1〉 図 1 のように，LEDの足には長さの違《ちが》いがあり，長いほうを電池《でんち》の＋極《プラスきょく》側につなぐと電《でん》流《りゅう》が流れ，点灯したが，－極《マイナスきょく》側につなぐと電流が流れないため，点灯しなかった。

〈実験 2〉 図 2 のように，導線《どうせん》の輪(コイル)の近くで磁石《じしゃく》を動かすとコイルに電流が発生した。また，磁石の動かし方によって，コイルに発生する電流の向きが右下の表のように変化した。

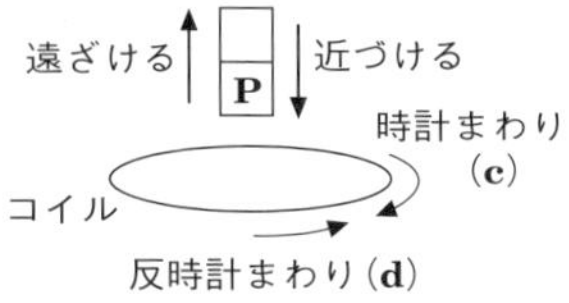

図 2

表

図のP	磁石の動き	電流発生の向き
N極	近づける	**d**の向き
	遠ざける	**c**の向き
S極	近づける	**c**の向き
	遠ざける	**d**の向き

〈実験 3〉 図 3 のように，コイルの上部からN極を下向きに磁石を落下させると，グラフのように磁石がコイルを通過《つうか》する前後でコイルに発生する電流の向きが変化した。

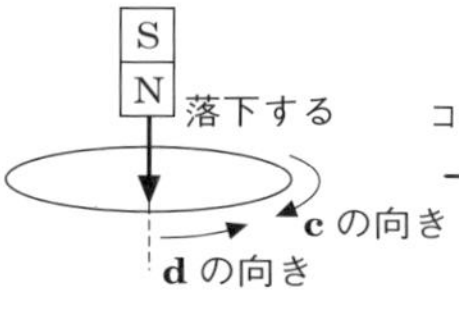

図 3

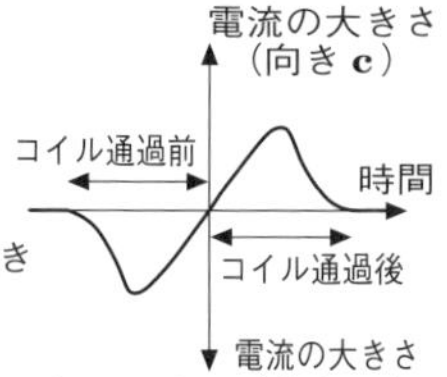

〈グラフ〉

(1) 次の 3 つの回路《かいろ》のLED**ア**〜**キ**について，点灯するものをすべて選び，記号で答えなさい。 (　　　　)

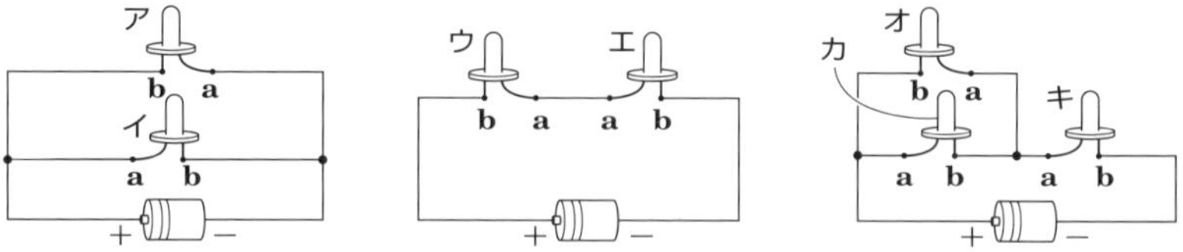

★(2) 図 4 のように，コイルにLEDをつなぎ，磁石をコイルの①上部または②下部で動かした。LEDが点灯するのはそれぞれ磁石をどのように動かしたときですか。次の**ア**〜**エ**からすべて選び，記号で答えなさい。

①(　　　　) ②(　　　　)

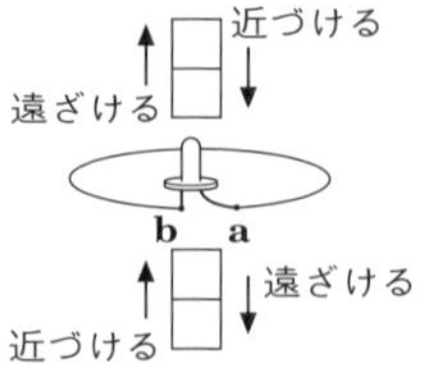

図 4

ア N極を下にしてコイルに近づけたとき。

イ N極を下にしてコイルから遠ざけたとき。

ウ　S極を下にしてコイルに近づけたとき。

エ　S極を下にしてコイルから遠ざけたとき。

★(3) 図5のように，赤色または青色LEDをつないだ同じ大きさのコイル2つを平行に十分離《はな》して接続《せつぞく》し，コイル上部からN極を下向きに磁石を落下させると，2つのコイル内を順に通過しました。磁石が落下していくとき，2色のLEDが点灯するようすとして最も適当《てきとう》なものを次のア～カから選び，記号で答えなさい。　(　　)

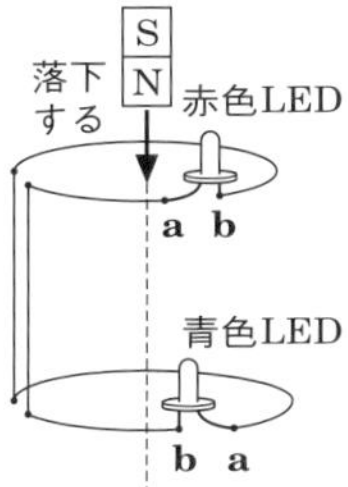

図5

ア　赤色LEDのみ点滅《てんめつ》する。

イ　青色LEDのみ点滅する。

ウ　赤色LEDの点滅後，青色LEDが点滅する。

エ　青色LEDの点滅後，赤色LEDが点滅する。

オ　赤色と青色LEDが同時に1回点滅する。

カ　赤色と青色LEDが同時に2回点滅する。

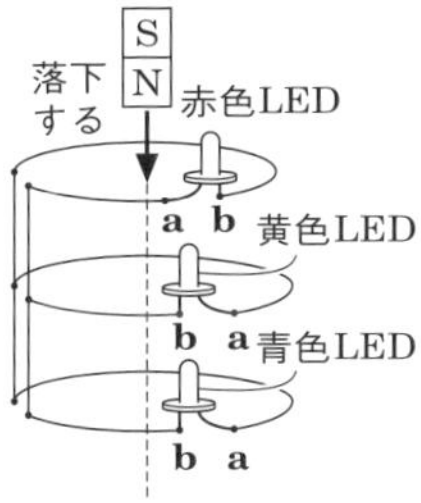

図6

★(4) 図6のように，3色(赤色，黄色，青色)のLEDをつないだ同じ大きさのコイル3つを平行に十分離して接続し，コイルの上部から(3)の場合と同様にして磁石を落下させます。磁石が3つのコイルを通過するまでの間に3色のLEDはそれぞれ何回点滅しますか。　赤色(　　　)　黄色(　　　)　青色(　　　)

6 **次の問いに答えなさい。**　【城西川越中】

★(1) 右の図のように同じ太さ・長さの銅《どう》パイプとアクリルパイプを用意し，パイプの上から磁石の力がとても強いネオジム磁石を同時に落としたらどうなりますか。次から選び，記号で答えなさい。　(　　)

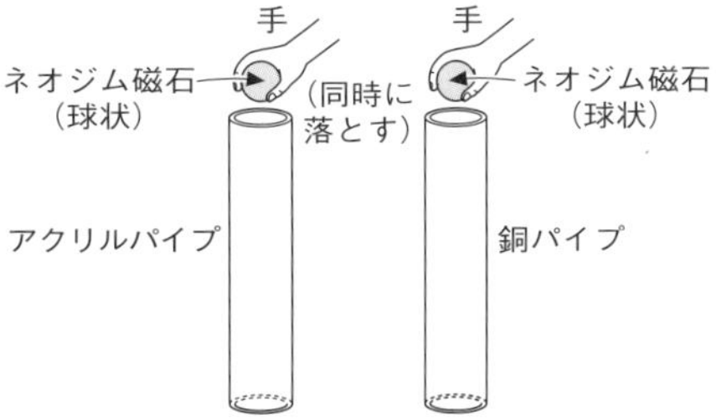

ア　銅パイプとアクリルパイプは同時に落ちる。

イ　銅パイプのほうが早く落ちる。

ウ　アクリルパイプのほうが早く落ちる。

(2) 現在日本で強力な磁石や電磁石《でんじしゃく》などを利用して，実用化に向けて開発中の乗りものは何ですか。　(　　　　)

7 炭(備長炭《びんちょうたん》)を使って電池《でんち》をつくりました。炭を食塩水《しょくえんすい》に浸《ひた》したあと，図1のように，食塩水をふくませたティッシュペーパーで巻《ま》き，その上からアルミニウムはくを巻きました。この電池を図2のように検流計《けんりゅうけい》につないだところ，針《はり》が図2に示《しめ》したように動きました。あとの問いに答えなさい。 【神戸女学院中】

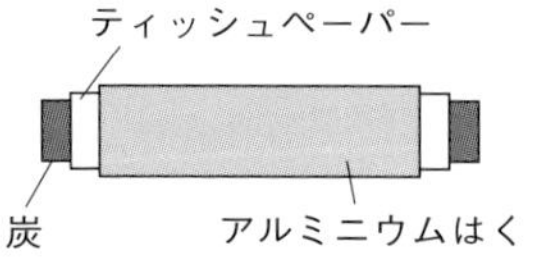

図1

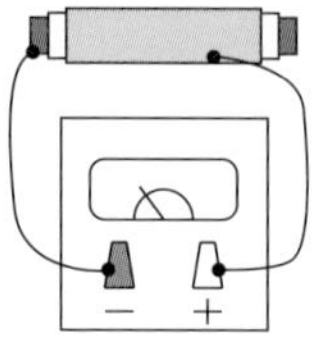

図2

図3

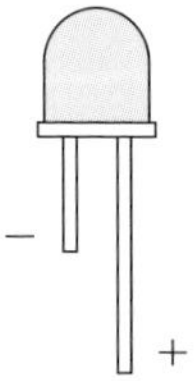

図4

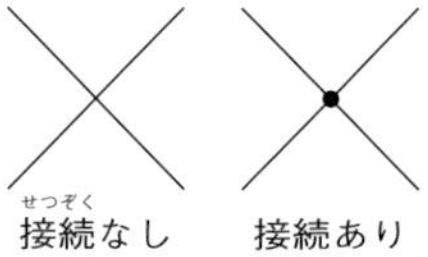

図5

⑴ この電池の炭は，乾電池《かんでんち》の記号**図3**の**A**，**B**のうちどちら側にあたりますか。

（　　）

⑵ この電池に**図4**の発光ダイオード(以下LEDとする)をつなぎ点灯させます。LEDから出ている長い足が＋端子《プラスたんし》，短い足が−《マイナス》端子です。右の図の備長炭電池とLEDに，LEDを点灯させるために必要な導線《どうせん》をかき入れなさい。ただし，導線が電池や端子と接続しているところは●で，(**図2**に示されているように)示しなさい。また，導線が交差していてその交点に接続がない場合，接続がある場合は，それぞれ**図5**に示したようにかき入れなさい。

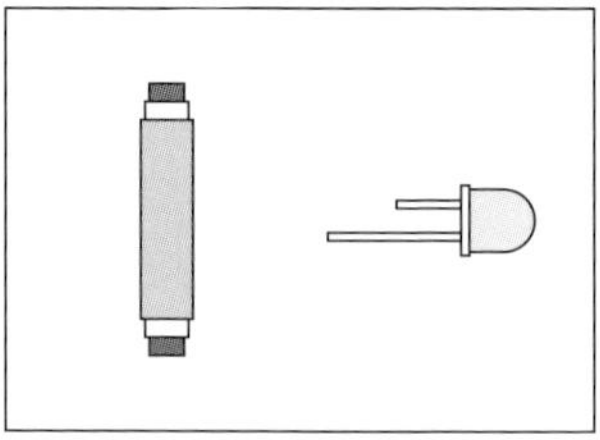

⑶ 備長炭電池1つをLEDに正しく接続してみたところ，LEDは点灯しませんでした。そこで，LEDを点灯させるために備長炭電池を2つにしてみることにします。右の図の備長炭電池とLEDの図に，必要な導線をかき入れなさい。

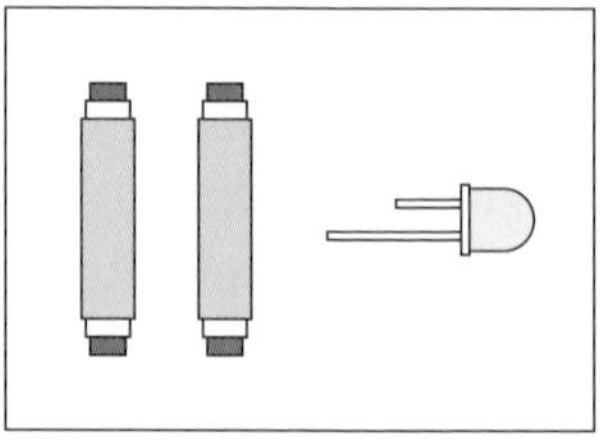

8 手まわし発電機を用いて実験を行いました。【甲南中】

(1) 手まわし発電機の端子に乾電池をつなぐとどうなりますか。また，このことから手まわし発電機の中には発電機としてどんな部品が使われていることがわかりますか。

乾電池をつなぐと(　　　　　　　　　　)　部品(　　　　　)

(2) (1)の部品を分解《ぶんかい》すると，発電機はおもに２つの部品からできていることがわかります。それは何と何ですか。　(　　　　　)(　　　　　)

(3) 手まわし発電機Aに手まわし発電機B，Cを図１(直列《ちょくれつ》)，図２(並列《へいれつ》)のように接続しました。図１で，Aのハンドルをまわすと，B，CのハンドルもAと同じ向きにまわりました。

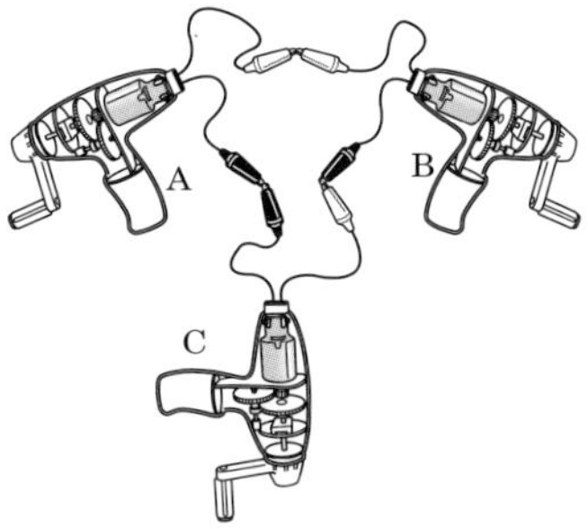

図１

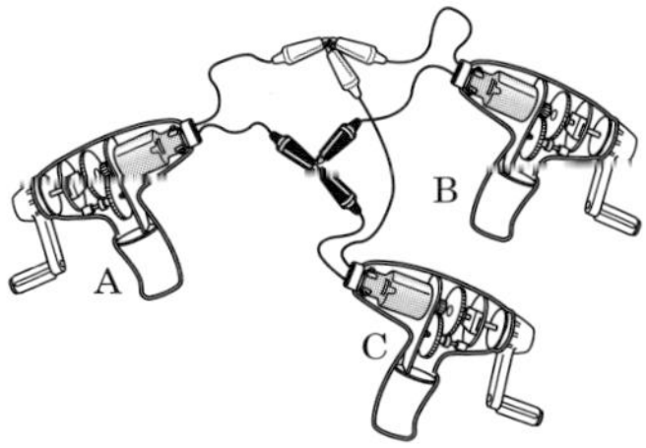

図２

① Aのハンドルを一定の速さでまわすときについて，あ，いの〔　　〕内のあてはまるほうを答えなさい。

B，Cのハンドルのまわる速さは〔あ：図１・図２〕のほうが速くなり，また，Aのハンドルをまわすときの手ごたえは〔い：図１・図２〕のほうが大きくなります。　あ(　　)い(　　)

② 図１でAのハンドルを①と逆にまわすとCのハンドルはどうなりますか。次から選び，記号で答えなさい。(　　)

ア　①と同じ向きにまわる　イ　①と逆向きにまわる　ウ　まわらない

③ 図２で，BのハンドルをまわすとCのハンドルはどうなりますか。次から選び，記号で答えなさい。　(　　)

ア　Bと同じ向きにまわる　イ　Bと逆向きにまわる　ウ　まわらない

9 次の(1)〜(4)のことがらで，音だけにあてはまるものはア，光だけにあてはまるものはイ，音と光の両方にあてはまるものにはウと答えなさい。【熊本マリスト学園中】

(1) 反射《はんしゃ》する性質《せいしつ》がある。　(　　)

(2) 水の中でも伝わる。　(　　)

(3) ものが振動《しんどう》すると出る。　(　　)

(4) ろうそくの炎《ほのお》をゆらすことができる。　(　　)

10 図1の装置《そうち》を使って，物体から凸《とつ》レンズまでの距離《きょり》と，スクリーン上の像《ぞう》から凸レンズまでの距離との関係を調べたら図2のようになりました。あとの問いに答えなさい。 【明治大付明治中】

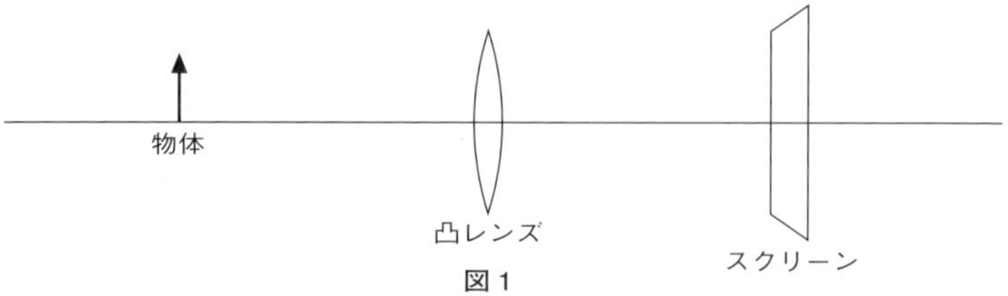

図1

(1) 物体からレンズまでの距離が60cmのときにできる像を選び，記号で答えなさい。
( )

ア 倒立虚像《とうりつきょぞう》
イ 正立虚像《せいりつきょぞう》
ウ 倒立実像《とうりつじつぞう》
エ 正立実像《せいりつじつぞう》

(2) 物体からレンズまでの距離が28cmのとき，像はレンズから何cmの所にできますか。
( )

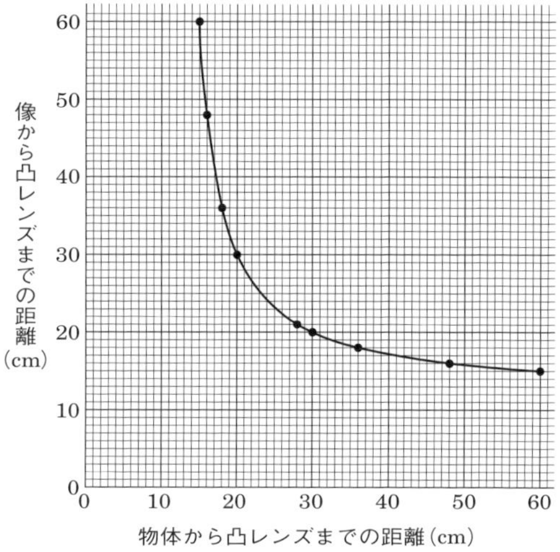

図2

★(3) 物体からレンズまでの距離が16cmのときにできる像は，物体の3倍の長さでした。また，物体からレンズまでの距離が60cmのときにできる像は物体の0.25倍の長さでした。物体からレンズまでの距離が20cmのときにできる像は，物体の何倍の長さになりますか。 ( )

(4) このレンズの焦点距離《しょうてんきょり》は何cmですか。 ( )

(5) スクリーン上に像ができないようにするには，物体からレンズまでの距離を何cmにすればよいですか。あてはまるものを次からすべて選び，記号で答えなさい。 ( )

ア 6cm イ 10cm ウ 14cm
エ 70cm オ 90cm

中学入試
総仕上げテスト

第1回 中学入試 総仕上げテスト

時間 45分　合格点 75点
解答➡別冊p.79

1 **右の図は，人の消化《しょうか》器官《きかん》を示《しめ》したものです。次の問いに答えなさい。** 【金光学園中】

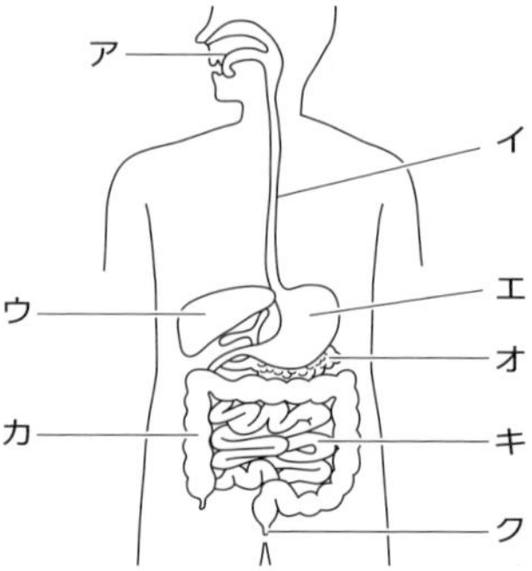

⑴ 図の**ア**から入った食物が**ク**へ出るまでに通る器官《きかん》を4つ選び，食物が通る順に並《なら》べなさい。（完答4点）

ア→(　　→　　→　　→　　)→ク

⑵ 図の**イ**の名前を答えなさい。（3点）

(　　　　)

⑶ 次のはたらきをするのはどこですか。それぞれ図の**ア**～**ク**の記号で答えなさい。（各3点）

① 食物を細かくし，だ液《えき》を出し，食物とだ液を混《ま》ぜるところ。

② 養分《ようぶん》が吸収《きゅうしゅう》された残りのものから，おもに水分を吸収するところ。

①(　　)　②(　　)

2 **器具A，器具B，器具Cがあります。これらの器具について，あとの問いに答えなさい。** 【大谷中・大阪】

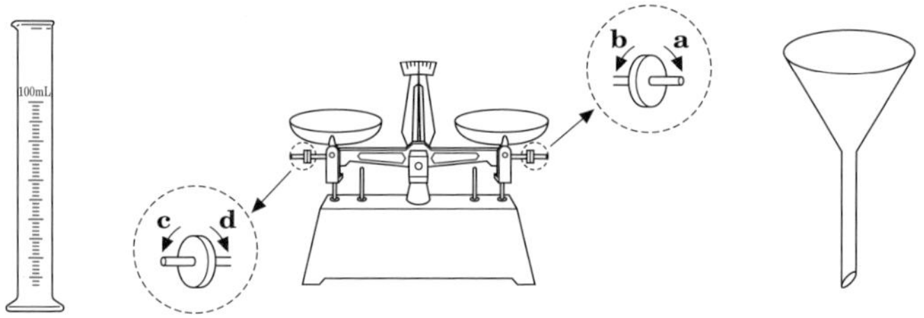

器具 **A**　　器具 **B**　　器具 **C**

⑴ 器具**A**と器具**B**の名前をそれぞれ答えなさい。（各4点）

器具A(　　　　)　器具B(　　　　)

⑵ 器具**A**と器具**B**はそれぞれ，ものの「何」をはかるための器具ですか。それぞれ2文字で答えなさい。（各4点）

器具A(　　　　)　器具B(　　　　)

⑶ 器具**B**の両方のうでに皿をのせたところ，針《はり》が右に傾《かたむ》くように振《ふ》れました。針が左右に等しく振れるようにするには，調節ねじをどのようにまわせばよいですか。次からすべて選び，記号で答えなさい。（3点）

(　　　　)

ア　右の調節ねじを，**a** の方向にまわす。

イ　右の調節ねじを，**b** の方向にまわす。

ウ　左の調節ねじを，**c** の方向にまわす。

エ　左の調節ねじを，**d** の方向にまわす。

(4) 器具**C**をろ過《か》の目的で使う場合，ほかに何が必要ですか。「ガラス棒《ぼう》」「ビーカー」以外に２つ答えなさい。（各４点）　(　　　　　)(　　　　　)

3　**次の(1)，(2)の文中の(　　　)について，(　A　)にはあてはまる語句《ごく》を入れ，(　B　)には下のア～オの中から正しいものを１つ選び，記号で答えなさい。**

【國學院大久我山中】

(1)「菜《な》の花や　月は東に　日は西に」の俳句《はいく》の季節は(　A　)で，このときの月の形は(　B　)です。（各３点）　A(　　　)　B(　　　)

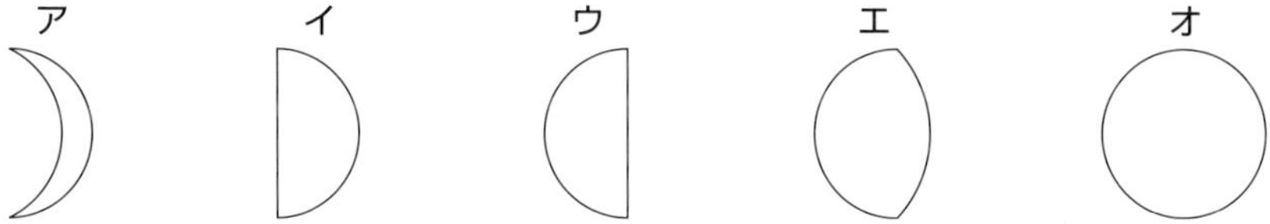

(2) 右の図の **a**，**b**，**c** を結んだ星の並びを(　A　)の大三角《だいさんかく》といい，①の星座《せいざ》は(　B　)座《ざ》といいます。（各３点）

A(　　　)　B(　　　)

ア　こと　　　イ　はくちょう

ウ　わし　　　エ　さそり

オ　しし

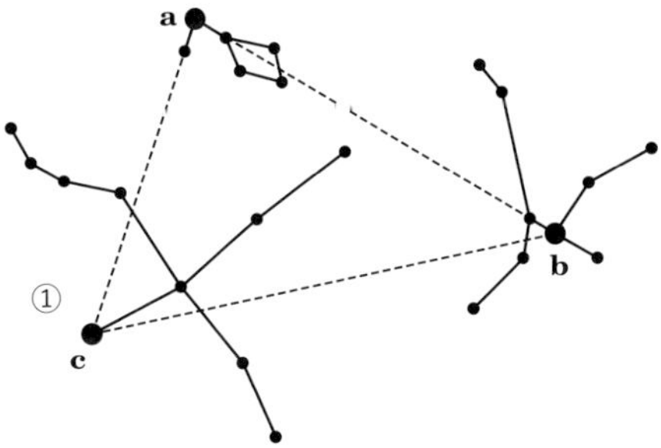

4　**図１のようなふりこを使い，おもりが１往復《おうふく》する時間を測定《そくてい》する実験を行いました。これについて，次の問いに答えなさい。**

【明治大付中野八王子中】

図１

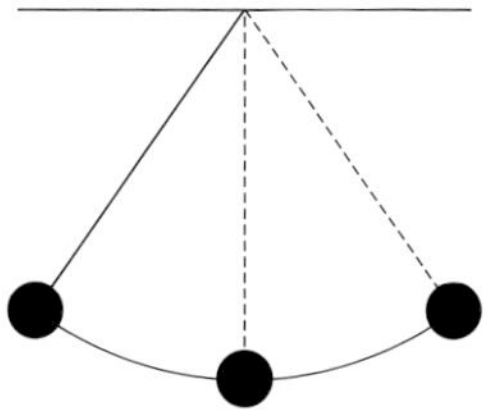

(1) おもりの動き出す高さを**図１**よりも高くした場合，**図１**と比《くら》べておもりが１往復する時間はどうなりますか。次から１つ選び，記号で答えなさい。（３点）

(　　　)

ア　短くなる。　　イ　長くなる。　　ウ　変わらない。

⑵ おもりを**図1**よりも重くした場合，**図1**と比《くら》べておもりが1往復《おうふく》する時間はどうなりますか。次から1つ選び，記号で答えなさい。（3点）　（　　）

ア　短くなる。　　イ　長くなる。　　ウ　変わらない。

⑶ 糸の長さを**図1**よりも長くした場合，**図1**と比べておもりが1往復する時間はどうなりますか。次から1つ選び，記号で答えなさい。（3点）　（　　）

ア　短くなる。　　イ　長くなる。　　ウ　変わらない。

⑷ **図2**は，**図1**のふりこを用いて，途中《とちゅう》にくぎを固定しておもりが1往復する時間を測定《そくてい》した実験です。**図1**と比べておもりが1往復する時間はどうなりますか。次から1つ選び，記号で答えなさい。（3点）　（　　）

図2

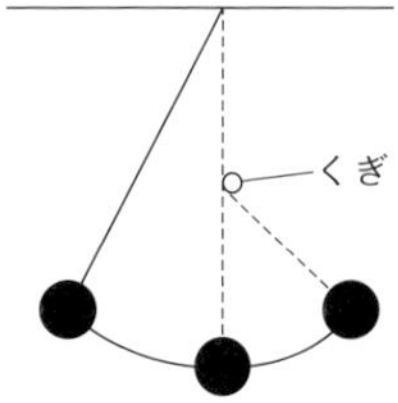

ア　短くなる。　　イ　長くなる。　　ウ　変わらない。

5　**①～④と書かれたシールを貼《は》ったビーカーに，それぞれ無色透明《むしょくとうめい》の水溶液《すいようえき》が入っています。これらの水溶液は塩酸《えんさん》，炭酸水《たんさんすい》，水酸化《すいさんか》ナトリウム水溶液，石灰《せっかい》水《すい》，アンモニア水《すい》，食塩水《しょくえんすい》のいずれかであることがわかっています。これらを調べるために，次のような実験を行いました。あとの問いに答えなさい。**【立教池袋中】

〈実験1〉　リトマス紙で調べたところ，2つの水溶液が赤色から青色に，1つの水溶液が青色から赤色に変化した。

〈実験2〉　別のビーカーにすべての水溶液を少しずつとって混《ま》ぜたが，とくに変化した様子はなく，無色透明の水溶液のままであった。

〈実験3〉　それぞれの水溶液を少量ずつとって蒸発《じょうはつ》させたところ，2つの水溶液で固体《こたい》が残った。

〈実験4〉　ストローで息を吹《ふ》きこんだら，1つの水溶液が白く濁《にご》った。

⑴ ①～④の水溶液にアルミニウムはくを入れると気体《きたい》が発生するものがありました。気体が発生した水溶液はいくつですか。（3点）　（　　　）

⑵ **実験1～4**の結果から，①～④の水溶液でないものを，次から2つ選び，記号で答えなさい。（各3点）　（　　）（　　）

ア　塩酸　　イ　炭酸水　　ウ　水酸化ナトリウム水溶液

エ　石灰水　　オ　アンモニア水　　カ　食塩水

⑶ ④の水溶液を除《のぞ》いて，①～③の水溶液で**実験1～4**を行ったところ，**実験1，2，4**では同じ結果になり，**実験3**では固体が残った水溶液は1つになりました。④の水溶液は何ですか。⑵のア～カから1つ選び，記号で答えなさい。（3点）

（　　）

6 **右の天気図は，日本のある年の6月下旬《げじゅん》のものです。次の問いに答えなさい。** 【京都女子中】

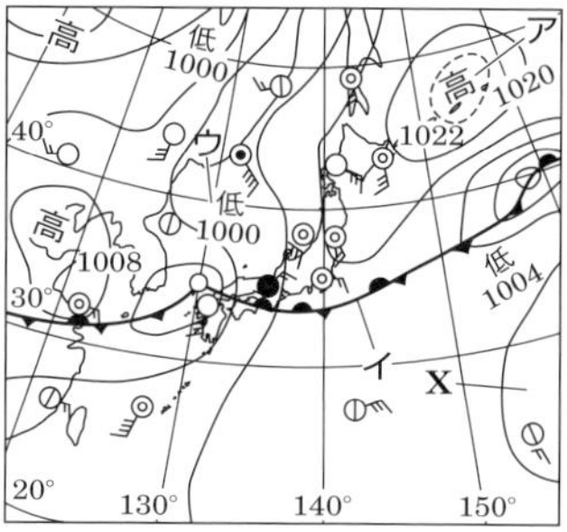

⑴ 図の天気図が示《しめ》しているように，この時期の日本では，広い範囲《はんい》でしとしとと長雨《ながあめ》が続きます。この時期は何とよばれていますか。漢字で答えなさい。(3点) (　　　　　　)

⑵ 図のア～ウの中で，⑴の原因《げんいん》となるものを1つ選び，記号で答えなさい。(3点) (　　　　)

⑶ ⑴が終わり，日本が夏の天気になるのは，図のXの勢力《せいりょく》が強くなるからです。それは，○○○高気圧《こうきあつ》とよばれているものであり，○○○には，その高気圧の発生する場所の名前がつけられています。○○○を漢字3文字で答えなさい。(3点) (　　　　　　)高気圧

7 **次の文章を読んで，あとの問いに答えなさい。** 【立命館中・改】

そうすけ君の家の近くには「里山《さとやま》」があります。里山には，[A]やクヌギ，①カキなどの木がはえています。クヌギの木の甘酸《あまず》っぱいにおいのする樹液《じゅえき》があるところには，②カブトムシやカナブンがよく見つかります。里山の小川には，③トンボのヤゴやサワガニがいます。そうすけ君は，学校の先生から「原生林《げんせいりん》」という自然のままの森林があることを聞きました。原生林とは④とても長い間，人によって木が切られず，山火事などがなかった森林です。

⑴ 文章中の[A]は，針《はり》のようにとがった葉の植物です。[A]の植物の名前を次から1つ選び，記号で答えなさい。(3点) (　　)

ア サクラ　イ ウメ　ウ カエデ　エ マツ　オ イチョウ

⑵ 下線部①の木の種子《しゅし》で，発芽して子葉《しよう》になる部分を，右の図のア～オから1つ選び，記号で答えなさい。(3点) (　　)

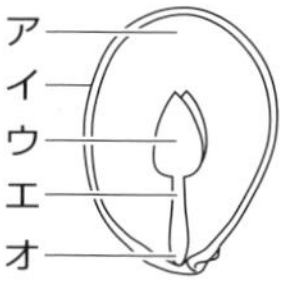

⑶ 下線部②のカブトムシと同じ食べものを食べるこん虫《ちゅう》を，次から1つ選び，記号で答えなさい。(3点) (　　)

ア アゲハ　イ カマキリ　ウ トンボ　エ セミ　オ バッタ

⑷ 下線部③のトンボとはねの数が違《ちが》うこん虫を，次から1つ選び，記号で答えなさい。(3点) (　　)

ア アゲハ　イ セミ　ウ ミツバチ　エ ハエ　オ カマキリ

⑸ 下線部④の「とても長い間」はどれくらいですか。最も適切《てきせつ》なものを次から1つ選び，記号で答えなさい。(3点) (　　)

ア 2年　イ 10年　ウ 20年　エ 100年　オ 2000年

第2回 中学入試 総仕上げテスト

時間 45分　合格点 75点
解答➡別冊p.80

1 **アンモニア，酸素《さんそ》，水素《すいそ》，窒素《ちっそ》，二酸化炭素《にさんかたんそ》の5種類の気体《きたい》があります。それぞれA～Eの容器《ようき》に気体が入っているが，どの容器にどの気体が入っているかがわかりません。次の実験の結果から，A～Eの気体の名前を答えなさい。また，あとの問いに答えなさい。**（各3点）　【同志社国際中】

A（　　　　）　B（　　　　）　C（　　　　）

D（　　　　）　E（　　　　）

〈実験1〉　AとBは，1つの容器に入れて火をつけると激《はげ》しく反応した。

〈実験2〉　Bと粉《こな》にした鉄をいっしょに置いておくと反応した。

〈実験3〉　Cは，いろいろな物質《ぶっしつ》と反応させようとしたが，ほとんど反応しなかった。

〈実験4〉　重曹《じゅうそう》や，ふくらし粉《こ》を熱するとDが発生した。

〈実験5〉　それぞれの気体を水にとかしてみると，A，B，Cはほとんどとけなかった。Dは少しとけ，Eは非常《ひじょう》によくとけた。

(1) 実験1で，できた物質は何ですか。（3点）　（　　　　）

(2) 実験2の反応のあとでできた物質は何色ですか。（3点）　（　　　　）

(3) アンモニア，酸素，水素，窒素，二酸化炭素の中で，においのある気体はどれですか。（3点）　（　　　　）

2 **人は，ウマやネコと同じように母親のおなかの中で成長して，親とよく似《に》た形でうまれます。このことについて，次の問いに答えなさい。**　【高知学芸中】

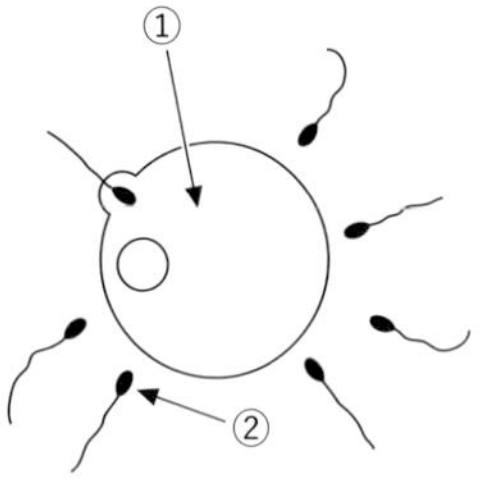

図1

図1は，人の（　①　）と（　②　）が結びつく様子を表したものです。このことを（　③　）といいます。（　①　）の大きさは約0.1mmで（　②　）は全長0.06mmほどです。多数の（　②　）のうちの1個《こ》だけが，（　①　）の中に入ります。（　③　）した（　①　）を（　④　）といいます。1個の（　④　）は，母親のおなかの中にある（　⑤　）で親とよく似た形になるまで育ってからうまれます。母親の（　⑤　）の中にいる子どもを（　⑥　）とよびます。（　⑥　）が育つための栄養分《えいようぶん》や酸素などは（　⑦　）を通って（　⑥　）に送られます。（　⑥　）は（　⑦　）を通して，二酸化炭素などの不要なものを母親のからだへ戻《もど》します。（　⑤　）は，（　⑧　）という液体《えきたい》で満たされていて（　⑥　）は，そこに浮《う》かんでいます。

(1) 文中の(　①　)～(　⑧　)に入る適当《てきとう》なことばを答えなさい。(各2点)

①(　　　　) ②(　　　　) ③(　　　　) ④(　　　　)
⑤(　　　　) ⑥(　　　　) ⑦(　　　　) ⑧(　　　　)

(2) (　⑧　)の役割《やくわり》を答えなさい。(3点)

(　　　　　　　　　　)

(3) 人の子どもの身長が4cmぐらいになったとき，母親を横から見るとどのように見えますか。**図2のア～ウから選び，記号で答えなさい。**(3点)

(　　)

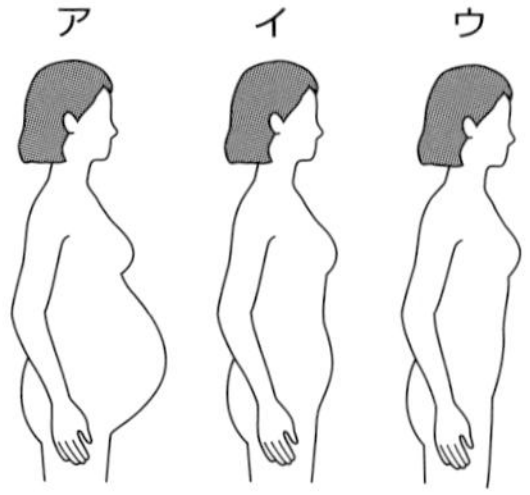

図2

(4) 人の子どもが母親のおなかの中で育つ期間を答えなさい。(3点)　**およそ(　　　　)週間**

(5) 人の子どもがうまれるときの，およその体重を答えなさい。(3点)　**およそ(　　　)kg**

(6) ウマが母親のおなかの中にいる期間を次から選びなさい。(3点)　(　　)

ア　約30日　　**イ**　約60日　　**ウ**　約330日　　**エ**　約660日

3 凸《とつ》レンズを用いた次の実験について，あとの問いに答えなさい。【成城中】

〈実験〉 直径6cmの凸レンズに右の図のように日光をあて，さまざまな位置にスクリーンを置き，スクリーンの面の明るさを観察しました。レンズから10cmの**P**の位置にスクリーンを置いたときには，レンズを通ったすべての光が1点に集まりました。

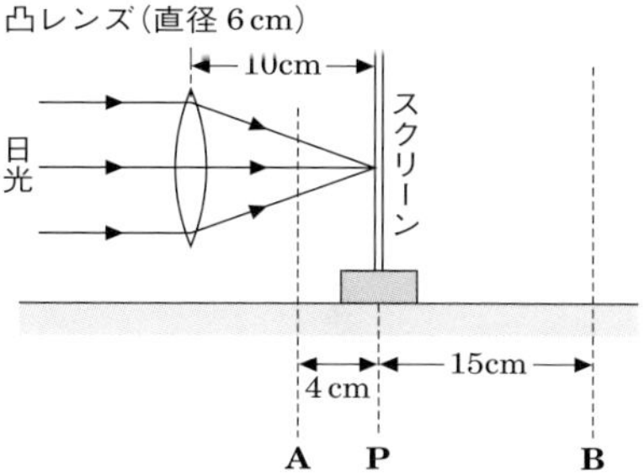

(1) この実験のように，凸レンズを通った光が集まる所を何といいますか。

(3点)(　　　　)

(2) **P**の位置から左に4cmの**A**の位置にスクリーンを置いたとき，スクリーンには円形に光が集まりました。この光の円の直径は何cmですか。(3点)

(　　　　)

(3) **P**の位置から右に15cmの**B**の位置にスクリーンを置いたとき，明るさでスクリーンの面を分けると，右の図の**ア**，**イ**，**ウ**の3つの部分に分けられました。記号**ア～ウ**を明るい順に並《なら》べなさい。(3点)　(　　→　　→　　)

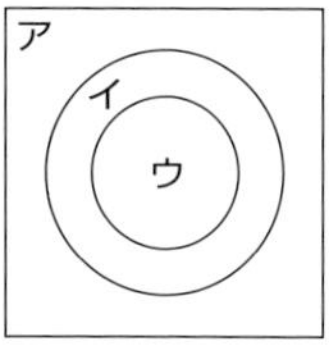

4 **地球の水は，固体《こたい》(氷)，液体《えきたい》(水)，気体《きたい》(水蒸気《すいじょうき》)と状態《じょうたい》を変えながら循環《じゅんかん》していて，地球全体の水の量は一定であると考えられています。**下の図は，その水の循環の様子を示《しめ》したものです。図中の□の数字は，それぞれの場所に水が存在《そんざい》している量で，その単位は百万立方キロメートル(1000000km^3)です。また，図中の矢印の間の数字は，1年間に移動《いどう》する水の量で，その単位は千立方キロメートル(1000km^3)です。図中のすべての数値《すうち》は地球全体ではかることはできないので，推定《すいてい》した値《あたい》です。(なお，図中の氷の量と水蒸気の量は，水(液体)の体積に置き換《か》えた値で示してあります。)　【フェリス女学院】

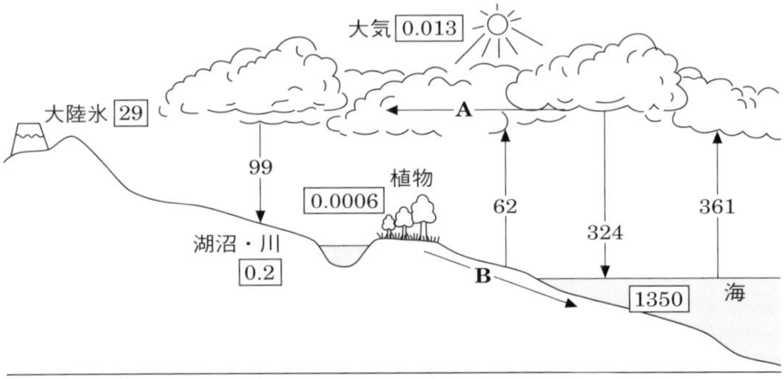

⑴ 1立方キロメートルは何立方メートルになりますか。(2点)

(　　　　　　　　)

⑵ 次の①～③について，図の数値から正確《せいかく》に計算して答えなさい。答えが小数になる場合は，小数点以下を四捨五入《ししゃごにゅう》して答えなさい。

① 地球全体の水の量は，何百万立方キロメートルになりますか。また，その量は，何億立方キロメートルになりますか。(各3点)

(　　　　)百万立方キロメートル　(　　　　)億立方キロメートル

② 地球全体の水の量はそのほとんどが海に存在しますが，海に100%存在するわけではありません。地球全体の水の量の何%が海に存在しますか。(3点)

(　　　　)

③ 地球全体の水の量が一定であり，水が存在しているそれぞれの場所で「入ってくる量」と「出ていく量」が同じであると考えると，図の矢印**A**の(海から陸へ移動する)水の量と矢印**B**の(陸から海へ移動する)水の量は同じになります。その量は1年間に何千立方キロメートルになりますか。(3点)

(　　　　　　)千立方キロメートル

5 次の文中の下線部a，bについて，空欄《くうらん》 ① ～ ⑤ に適《てき》する語句《ごく》を，あとのア～オからそれぞれ1つずつ選び，記号で答えなさい。ただし，同じものを複数回《ふくすうかい》選んでもかまいません。（各2点）

【西大和学園中】

①（　　） ②（　　） ③（　　） ④（　　） ⑤（　　）

生物の温度への適応《てきおう》に関してはいくつかの法則《ほうそく》があります。恒温動物《こうおんどうぶつ》について，同種や近い種では，寒冷地のものは温暖地《おんだんち》のものよりからだの突起部《とっきぶ》(耳や足など)が ① いという a アレンの法則(右図)や，体重や体積が ② いという b ベルグマンの法則などが知られています。この2つの法則は，寒冷地の生物が奪《うば》われる体温を ③ くするために， ④ あたりの ⑤ を ③ くしなければならないということで説明ができます。

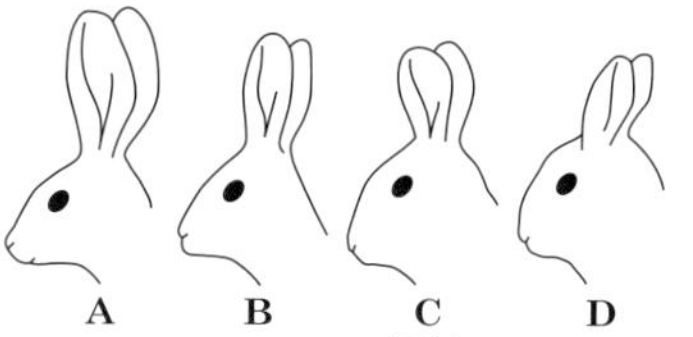

ウサギの耳の大きさと生息《せいそく》地（アメリカ）

A　アリゾナ　↑南
B　オレゴン
C　ミネソタ
D　アラスカ　↓北

ア　表面積　　イ　体積　　ウ　大き　　エ　小さ　　オ　変化しな

6 銅《どう》を空気中で加熱すると酸化銅《さんかどう》に変化しますが，それは色の変化によって確《かく》認《にん》できます。銅粉《どうふん》に少量の酸化銅が混《ま》じった粉《こな》10gをよくかき混ぜながら空気中で加熱したときの加熱時間と，加熱後の重さについて調べると次の表のようになりました。あとの問いに答えなさい。ただし，銅と酸素《さんそ》は4：1の重さの比《ひ》で結びつきます。

【函館ラ・サール中】

加熱時間(分)	0	3	5
重　さ　(g)	10	10.75	11.25

⑴ 下線部の酸化銅の色を次から1つ選び，記号で答えなさい。（3点）　（　　）

ア　白色　　イ　黒色　　ウ　赤色　　エ　茶色　　オ　緑色

⑵ この実験結果から，加熱時間が2分のときの重さは何gになっていたと考えられますか。（3点）　（　　）

⑶ しばらく加熱を続けると，12.25g以上増《ふ》えませんでした。はじめの粉10g中に酸化銅が何gふくまれていましたか。（3点）　（　　）

⑷ 銅とマグネシウムの混ざった粉が24gあります。この粉を，重さが変化しなくなるまでよくかき混ぜながら空気中で加熱すると，32.5gになりました。加熱後の粉の中に，酸化銅は何gふくまれていますか。ただし，マグネシウムと酸素は3：2の重さの比で結びつきます。（3点）　（　　）

第3回 中学入試 総仕上げテスト

時間 45分 合格点 75点
解答➡別冊p.82

1 **地震《じしん》は，まず「かたかた」と小さくゆれ，その何秒かあとに「ぐらぐら」と大きくゆれます。これらのゆれは「地震波《じしんは》」とよばれる地中を伝わってくる震動《しんどう》によって起こります。ここでは，最初の小さなゆれを起こす地震波を“X波”，あとに続く大きなゆれを起こす地震波を“Y波”と表すものとします。**

地下で地震が起こった場所を「震《しん》源《げん》」といいます。地震波はこの震源で発生し，震源を中心にまわりへと伝わっていきます。震源ではX波もY波も同時に発生し，それぞれ一定の速さで地中を伝わっていきますが，X波とY波では地中を伝わる速さが違《ちが》うので，震源から離《はな》れた場所では小さなゆれと大きなゆれを続けて感じることになります(**図1**)。

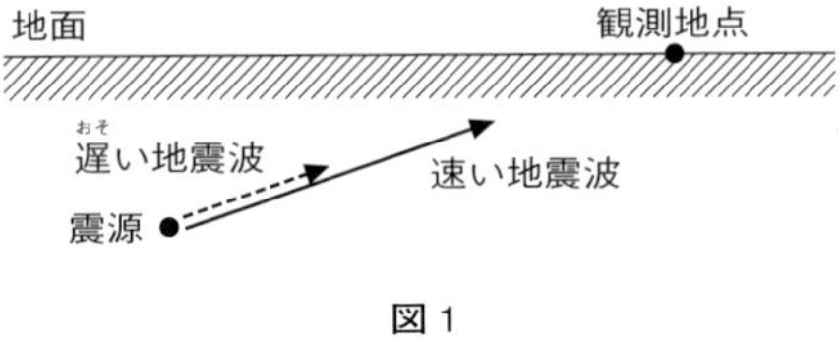

図1

右の**表1**は，ある地震の各地点(A～C)における観測結果《かんそくけっか》をまとめたものである。この資料《しりょう》をもとにして，次の問いに答えなさい。

【弘学館中】

表1

観測地点《かんそくちてん》	A	B	C
小さなゆれが始まった時刻《じこく》	5時47分12秒	①	
大きなゆれが始まった時刻	5時47分32秒	5時47分52秒	②
XY時間*	20秒		
震源からの距離	120km	180km	270km

＊XY時間：小さなゆれが始まってから大きなゆれが始まるまでの時間

⑴ X波とY波のうち，地中を伝わる速さが速いのはどちらですか。(3点)　(　　　)

⑵ 小さなゆれが始まってから大きなゆれが始まるまでの時間(これをXY時間とする)と，震源からの距離《きょり》は，どんな関係にありますか。次から1つ選び，記号で答えなさい。(3点)　(　　　)

ア　比例《ひれい》　　イ　反比例《はんぴれい》　　ウ　かわらない

⑶ 震源からの距離が240kmの地点では，XY時間は何秒ですか。(3点)

(　　　)

⑷ この地震で，Y波は1秒間に何km伝わりますか。(3点)　(　　　)

⑸ この地震が発生したと考えられる時刻は，何時何分何秒ですか。(3点)

(　　　)

⑹ 表中の①，②の時刻は，何時何分何秒ですか。(各3点)

①(　　　)　②(　　　)

2 次の問いに答えなさい。

【桐朋中】

⑴ 図1のように，円形コイルに電流《でんりゅう》を流し，まわりのA～Cの位置に方位《ほうい》磁針《じしん》を置いたとき，方位磁針はどうなりますか。右のア～エからそれぞれ1つ選び，記号で答えなさい。（各3点）

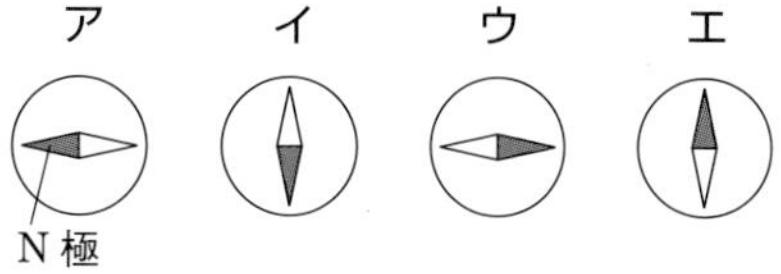

A（　　）　B（　　）　C（　　）

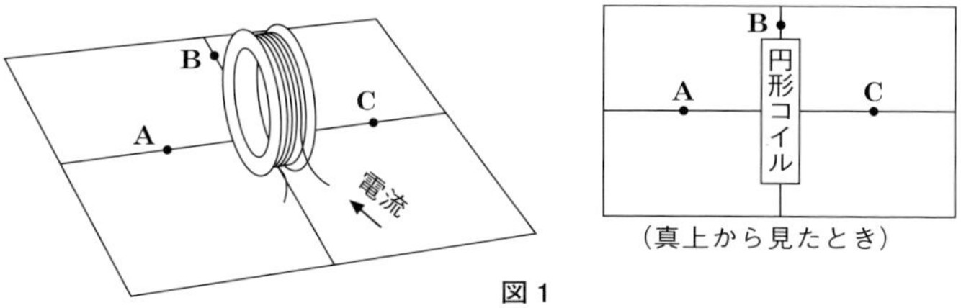

図1

⑵ 図2のように円形コイルをつり下げて電流を流したとき，右側のコイルにはどのような力がはたらきますか。次から1つ選び，記号で答えなさい。（3点）（　　）

ア　上向きの力がはたらく。

イ　下向きの力がはたらく。

ウ　右向きの力がはたらく。

エ　左向きの力がはたらく。

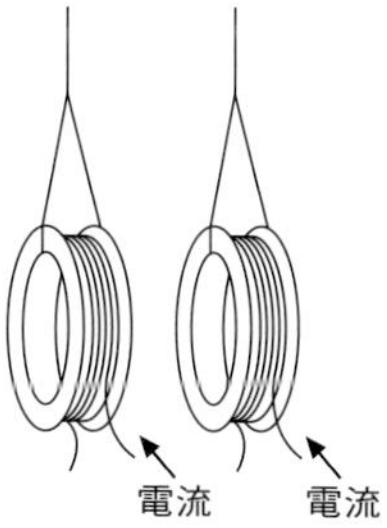

図2

⑶ 図3のような金属製《きんぞくせい》のばねに電流を流したとき，ばねはどうなりますか。次から1つ選び，記号で答えなさい。（3点）（　　）

ア　ばねは縮《ちぢ》む。　イ　ばねは伸《の》びる。

ウ　ばねは右向きに動く。　エ　ばねは左向きに動く。

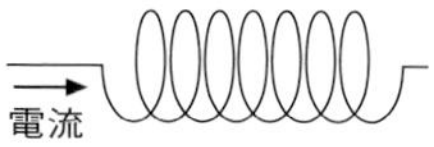

図3

⑷ ⑶のばねをつり下げ，端《はし》を水銀《すいぎん》(液体《えきたい》の金《きん》属《ぞく》で電気をよく通す)につけ，図4のような回路《かいろ》をつくりました。スイッチを入れるとばねはどうなると考えられますか。説明しなさい。（3点）

（　　　　　　　　　　　　　　　　）

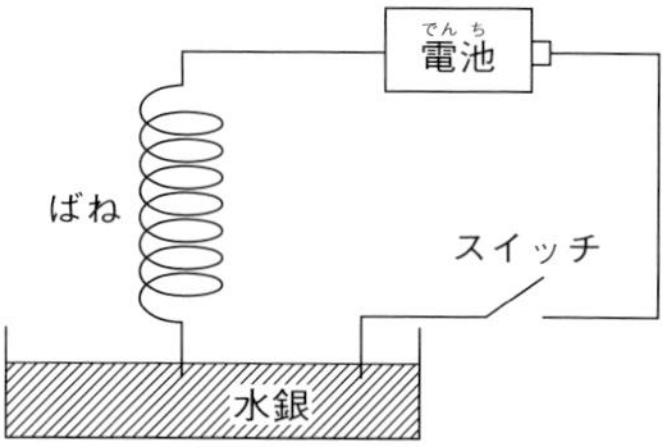

図4

3 **カエルについて，次の問いに答えなさい。** 【海城中・改】

⑴ カエルは，両生類《りょうせいるい》のなかまです。両生類に入る生物を，次からすべて選び，記号で答えなさい。（3点） (　　　　)

ア　ウミガメ　　**イ**　トカゲ　　**ウ**　ホタル

エ　サンショウウオ　　**オ**　ヤモリ

⑵ カエルの受精卵《じゅせいらん》がふ化《か》すると，まず，幼生《ようせい》のオタマジャクシとなって生活しますが，その期間中に「後ろあしがあらわれる。」「前あしがあらわれる。」「尾《お》が短くなる。」など，からだのつくりを大きく変えて成体の形になります。このような現象《げんしょう》を何といいますか。（3点） (　　　　)

⑶ ヒトの小腸《しょうちょう》の内側の表面は柔毛《じゅうもう》などにより入り組んだつくりをしていて，栄《えい》養素《ようそ》の吸収効率《きゅうしゅうこうりつ》を上げています。生物のからだには，このように表面積を増《ふ》やしてそのはたらきの効率を上げているつくりがよく見られます。オタマジャクシのからだに見られる，このようなつくりとはたらきを答えなさい。（各3点）

つくり (　　　　)

はたらき (　　　　　　　　)

4 **次の文を読んで，あとの問いに答えなさい。** 【ラ・サール中】

塩酸《えんさん》は（　**A**　）という気体《きたい》が水にとけた水溶液《すいようえき》です。14.6％の濃《こ》さの塩酸では14.6gの（　**A**　）が（　**B**　）gの水にとけています。

16％の水酸化《すいさんか》ナトリウム水溶液50gと14.6％の塩酸50gを混《ま》ぜると水溶液は中性《ちゅうせい》になりました。この水溶液を蒸発皿《じょうはつざら》にとり，水をすべて蒸発《じょうはつ》させると，11.7gの食塩《しょくえん》が残りました。

ある濃さの水酸化ナトリウム水溶液（これを水溶液①とします）40gと，ある濃さの塩酸（これを水溶液②とします）50gを混ぜると水溶液は中性になりました。この水溶液を蒸発皿にとり，水をすべて蒸発させると5.85gの食塩が残りました。

⑴ 文中の空欄《くうらん》に適切《てきせつ》な語句《ごく》や数字を入れなさい。（各3点）

A (　　　　)　**B** (　　　　)

⑵ 水溶液①の濃さは何％ですか。（3点） (　　　　)

⑶ 水溶液②の濃さは何％ですか。（3点） (　　　　)

⑷ 100℃の水100gに食塩は39gまでしかとけません。それ以上とかしてもとけきれない食塩が下のほうに残ります。文中の下線部では，何gの水が蒸発したとき食塩が下に出始めますか。答えは小数第2位を四捨五入《ししゃごにゅう》して小数第1位まで答えなさい。（3点） (　　　　)

⑸ 水溶液① 24gと水溶液② 76gを混ぜました。食塩は何gできますか。（3点）

（　　　　　）

⑹ 50gの水溶液①と50gの水溶液②を混ぜました。この水溶液を蒸発皿にとり，水をすべて蒸発させると何gの固体《こたい》が残りますか。（3点）　（　　　　　）

5 次の①～⑦にあてはまる数値《すうち》を答えなさい。水 1cm^3 の重さは 1gであるものとします。 【愛光中】

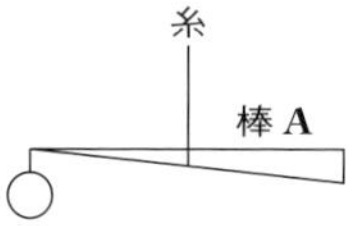

図1

図2

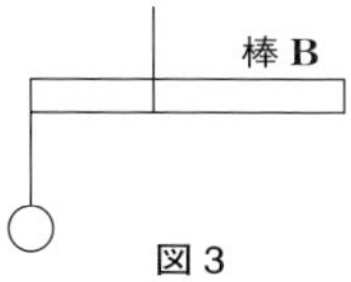

図3

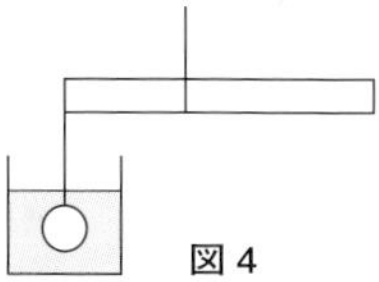

図4

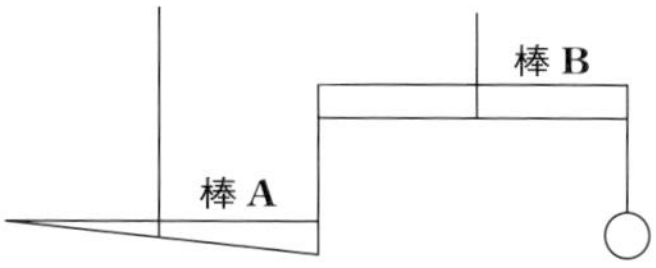

図5

⑴ 長さ80cm，重さ200gの左右の太さが違《ちが》う棒《ぼう》**A**は，**図1**のように，左端《はし》に100gのおもりをつるし，左端から40cmのところを糸で支《ささ》えると，水平につりあった。100gのおもりをとり外した場合，左端から（　①　）cmのところを支えると水平につりあう。また，棒**A**の両端を，**図2**のように糸でつるすには，左端の糸には（　②　）g，右端の糸には（　③　）gの力がいる。

⑵ 長さ80cm，重さ300gの左右の太さが同じ棒《ぼう》**B**は，中央を支えると，水平につりあった。**図3**のように，左端に100gのおもりをつるしたところ，左端から（　④　）cmのところを支えると，水平につりあった。次に，このおもり全体を水につけた。水中では，浮《う》かせようとする力（浮力《ふりょく》）がはたらく。浮力はおもりが押《お》しのけた水の重さに等しい。おもりの体積が80cm^{3}であるとき，**図4**のように，棒**B**の左端から（　⑤　）cmのところを支えると，水平につりあう。

⑶ 棒**A**・**B**を使って**図5**のような装置《そうち》をつくった。棒**A**・**B**の支えはそれぞれ左端から40cmのところを支えており，棒**B**の右端に（　⑥　）gのおもりをつるすと棒**A**・**B**とも，水平につりあった。次に，棒**A**の支えを棒**A**の左端につけなおし，棒**B**の支えを棒**B**の左端から30cmのところにすれば，棒**B**の右端に（　⑦　）gのおもりをつるすと棒**A**・**B**ともに，水平につりあう。（各4点）

①（　　　　）　②（　　　　）　③（　　　　）　④（　　　　）

⑤（　　　　）　⑥（　　　　）　⑦（　　　　）

さくいん

あ

い

う

え

お

か

き

く

け

こ

さ

し

す

せ

と

な

に

ね

は

ひ

ふ

へ

ほ

ま

み

む

め

も

や

ゆ

よ

ら

り

れ

ろ

わ

[編著者紹介]

西村　賢治（にしむら　けんじ）

信州大学卒業後，東京都内の有名進学塾の講師を経て，1999年から塾用・学校用教材，全国および県別模擬テストなどを作成するかたわら，エデュケーション・アドバイザーとして塾講師へのアドバイスや父母への受験指導および，麻布個人指導会にて個人指導にも従事している。『中学入試 最高水準問題集 理科』，『中学受験 基礎ドリ 理科』（いずれも文英堂）など執筆や監修多数。

□ 編集協力　㈱ファイン・プランニング　出口明憲　中野知子

□ 本文デザイン　㈱ライラック

□ 図版作成　㈱ファイン・プランニング

□ イラスト　㈱アート工房

□ 写真提供　アフロ（植原直樹　大嶋治　大坪寛明　大西紀久　学研　川北茂貴　神津一郎　高橋孜　高橋正郎　高橋よしてる　孝森まさひで　田島正　田中秀明　田村洋一　月岡陽一　東阪航空サービス　中井寿一　曲谷地毅　松永栄　松山史郎　三木光　山下茂樹　Alamy　Ardea　Blickwinkel　DeA Picture Library　GYRO PHOTOGRAPHY　Science Photo Library）　気象庁　国立天文台　中部電力株式会社

シグマベスト

完全理解 小学理科

編著者　西村賢治

発行者　益井英郎

印刷所　図書印刷株式会社

発行所　株式会社文英堂

〒601-8121　京都市南区上鳥羽大物町28

〒162-0832　東京都新宿区岩戸町17

（代表）03-3269-4231

●落丁・乱丁はおとりかえします。

ΣBEST シグマベスト

完全理解 知識を深め 考える力を育む

小学理科

小学3～6年

［解答集］

文英堂

知識を深め 考える力を育む

完全理解 小学理科

[解答集]

文英堂

生命編

第1章 植物の育ち方

1 花と実《み》

力だめしの問題

❶ (1)ア　(2)ア・イ　(3)エ・オ・カ
(4)エ　(5)受粉《じゅふん》　(6)カ　(7)種子《しゅし》

解き方 (1)花粉《かふん》は，アのやく(花粉袋《ぶくろ》)でつくられる。
(2)アのやくとイの花糸《かし》をまとめておしべという。
(3)エの柱頭《ちゅうとう》，オの花柱《かちゅう》，カの子房《しぼう》をまとめてめしべという。
(4)(5)アのやくから出てきた花粉がエの柱頭につくことを受粉という。
(6)(7)受粉が行《おこな》われると，カの子房が実(果《か》実《じつ》)になり，子房の中にあったはいしゅが種子になる。

❷ ア

解き方 アは，めしべの柱頭，イは花びら(5枚《まい》がくっついている)，ウはおしべのやく，エはがく，オは子房である。オもめしべの一部ではあるが，めしべを1つ選ぶような問題の場合，アを選ぶのが適当《てきとう》である。

❸ イ・オ

解き方 虫媒花《ちゅうばいか》は，虫を引き寄《よ》せるために花びらのある花をつける。タンポポは自家《じか》受粉《じゅふん》もするが，虫によって花粉が運ばれることもある。

❹ イ

解き方 Aの部分はおしべのやくである。

❺ (1)イ　(2)ア・オ

解き方 (1)アはヘチマ，イはカボチャ，ウはトウモロコシ，エはマツの花粉である。
(2)花びらのある花の多くは，虫が花粉を運ぶ虫媒花である。花粉がおもに風で運ばれる風媒花《ふうばいか》には花びらはない。

❻ (1)ア・イ・オ　(2)ウ・カ

解き方 (1)ア…おしべを取っているので自家受粉ができない。また，ポリエチレン袋を被《かぶ》せているのでほかの花から花粉が運ばれてくることもない。
イ…めしべの子房が実になるので，めしべを取ると実はできない。
ウ…自家受粉できるので実はできる。
エ…自家受粉はできないが，虫によってほかの花から花粉が運ばれてきて受粉し(他家受粉《たかじゅふん》)，実ができることがある。
オ…イと同様，めしべを取ると実はできない。
(2)ツルレイシ(ゴーヤー)やヘチマのようなウリ科の植物(ほかに，カボチャ，ヒョウタンなど)はお花《ばな》とめ花《ばな》を咲《さ》かせる。ほかにお花とめ花を咲かせる植物には，トウモロコシやマツ，イチョウなどがある。

❼ (1)H　(2)ウ・エ　(3)ウ　(4)エ　(5)M
(6)イ・ウ・オ

解き方 (1)A(B，はいしゅ，C)はめしべ，Dは花びら，F(E，花糸《かし》)はおしべ，Gはがくなので，これらはすべて花の4要《よう》素《そ》にふくまれる。Hは，蜜《みつ》せんなので，花の4要素にふくまれない。
(2)子房がないのは，ウのイチョウとエのマツで，これらのように子房がなく，はいしゅがむき出しになっている花を咲かせる植物を裸子《らし》植物という。
(3)トウモロコシは風媒花である。
(4)Eは花粉をつくっているやくで，蜜はHの蜜せんから出される。
(5)右の花(め花)のMの部分(膨《ふく》らんでいる部分)を子房といい，ここが実になる。
(6)CとMは子房，DとJは花びら，GとK

はがくである。ちなみに，BとNはめしべの柱頭，EとIはおしべのやく，Lは花のつぼみである。

2 種子《しゅし》の発芽《はつが》と成長

力だめしの問題

❶ (1)子葉《しよう》　(2)幼芽《ようが》…c　a…b
(3)でんぷん　(4)ア　(5)ウ

解き方 (1)(2) a の子葉は発芽したとき b のように初めに地上に出る部分となる。幼芽は，c のような初めに開く本葉《ほんば》となる。その後，d のような新たな芽《め》が出てくる。

(3)でんぷんにヨウ素液《そえき》をかけると青紫《あおむらさき》色になる。

(4)(3)で a にでんぷんがふくまれていることがわかったが，これが発芽のときの栄養《えいよう》分《ぶん》となる。

(5) b の子葉の中のでんぷんが発芽に使われてほとんどなくなったため，ヨウ素液を加えても反応しない。

3 植物の育ち方と栄養分《えいようぶん》

力だめしの問題

❶ (1)イ
(2)芽《め》と根の出かた…ウ
新しいジャガイモのできかた…オ
(3)イ　(4)イ・エ　(5)でんぷん

解き方 (1)ジャガイモが成長したときに葉が重ならないように，約40cm間隔《かんかく》でたねいもを植《う》える。たねいもは約10cmの深さに植えるが，たねいもの約30cm下に肥料《ひりょう》を入れておくと，さらに育ちがよくなる。

(2)(3)ジャガイモの表面の同じくぼみから芽と根が出てくる。また，地下の茎《くき》から伸《の》びた茎の先に栄養分がたまって新しいいもとなる。

(4)サツマイモとタンポポは根，サトイモとハスは地下の茎，トウモロコシは種子《しゅし》，キャベツは葉に栄養分をたくわえている。

(5)ジャガイモのおもな栄養分はでんぷんなので，切り口にヨウ素液をつけると青紫色になる。

❷ (1)イ　(2)①イ　②ウ　(3)ウ

解き方 (1)ヘチマは，アサガオのように茎自体が巻《ま》きつくのではなく，茎から伸びたまきひげが棒《ぼう》に巻きつきながら成長していく。

(2)①葉よりも上で花を咲《さ》かせることにより，花がこん虫《ちゅう》に見つけられやすい。花に蜜《みつ》や花粉《かふん》を集めにくるこん虫によって受粉《じゅふん》が行われる。②つねにお花《ばな》が咲いている状態《じょうたい》にしてこん虫による受粉が行われやすいようにしている。

(3)柄《え》1についているのがめ花《ばな》で，め花のもとの子房《しぼう》が実に成長する。また，1つのめ花からは1つの実しかできない。

4 日光と植物の育ち方

力だめしの問題

❶ (1)③イ　④ア
(2)青紫《あおむらさき》色　(3)エ
(4)でんぷん　(5)ア・エ　(6)エ

解き方 (1)葉を湯につけて軟《やわ》らかくしておくと，あたためたアルコールにつけたときに緑色の色素《しきそ》(葉緑素《ようりょくそ》)がアルコールにとけ出しやすくなる。葉の緑色の色素をとりのぞくのは，葉をヨウ素液《そえき》にひたしたときの色の変化を見やすくするためである。

(2)でんぷんにヨウ素液が反応すると青紫色になる。

(3)(4)ア…光があたらないため，でんぷんはできない。

イ…光もあたらず葉緑体《ようりょくたい》もないため，でんぷんはできない。

ウ…葉緑体がないため，でんぷんはできない。

エ…光もあたり，葉緑体もあるため，光《こう》合成《ごうせい》によってでんぷんができる。

(5)光があたってでんぷんができるのはエである。光があたらずに，光以外の条件《じょうけん》がエと同じなのはアである。

(6)ウとエの比較《ひかく》から，光合成によってでんぷんをつくるには緑色の色素が必要であることがわかる。

❷ (1)A…ア　B…イ

(2)A…イ　B…エ

(3)AとB…光　AとC…二酸化炭素《にさんかたんそ》

解き方　(1)(2)Cの溶液が緑色のまま変化しなかったのは，沸騰《ふっとう》させたことによって酸素《さんそ》も二酸化炭素もなくなったので，呼《こ》吸《きゅう》も光合成もできなかったためである。Aでは十分光をあてているので，呼吸より光合成のほうがさかんに行われて二酸化炭素が吸収《きゅうしゅう》されるので，息を吹《ふ》きこむ前の青色に戻《もど》る。Bでは光があたっていないので呼吸しかできず，二酸化炭素が増《ふ》えて酸性《さんせい》になるため，BTB液《えき》は黄色に変化する。酸素の増減《ぞうげん》は液の性質《せいしつ》に関係《かんけい》しない。

(3)AとBの違《ちが》いは，光の有無である。AとCの違いは二酸化炭素の有無である。

❸ (1)あ…光合成　い…呼吸

(2)あ…ウ　い…イ

(3)①ウ　②カ　③サ　④ス

解き方　(1)AはBと比《くら》べて酸素が多く，二酸化炭素が少なくなっているので，AはBより光合成による酸素の放出と二酸化炭素の吸収がさかんになっているといえる。また，CとDは光をあてていないので光合成は行っていない。その上で，CはDと比べて酸素が少なく，二酸化炭素が多くなっているので，CはDより呼吸による酸素の吸収と二酸化炭素の放出がさかんになっているといえる。

(2)イは人の呼吸に関係している。ウの泡《あわ》は光合成によって生じた酸素を多くふくむ気体である。また，アは蒸散《じょうさん》，エは汗《あせ》の蒸発《じょうはつ》による気化熱《きかねつ》に関係している。

(3)葉をあたためたエタノールに入れると，葉の細胞《さいぼう》の中の葉緑体にふくまれる葉緑《ようりょく》素《そ》という緑色の色素《しきそ》がエタノールにとけ出し，葉が白っぽくなる。また，Aは光をあてていて，Cは光をあてていないので，Aの葉では光合成によってでんぷんができているが，Cの葉では光合成ができないためでんぷんはできていない。したがって，Aの葉をヨウ素液にひたすと青紫色になるが，Cの葉をヨウ素液にひたしても青紫色にならない。

5 根・茎《くき》・葉のつくりとはたらき

力だめしの問題

❶ 根…イ　茎の断面《だんめん》…エ　葉…カ

解き方　インゲンマメは双子葉類《そうしようるい》なので，根はイのように主根《しゅこん》と側根《そっこん》からできていて，茎の断面はエのように維管束《いかんそく》が輪状《りんじょう》に並《なら》んでいる。また，オはシロツメクサ，キはエンドウ，クはスズメノエンドウで，すべてマメ科の植物である。

❷ ウ

解き方　トウモロコシとエノコログサは単《たん》子葉類《しようるい》，タンポポ，バラ，ナズナ，アブラナは双子葉類である。単子葉類の葉脈《ようみゃく》は平《へい》行脈《こうみゃく》で，双子葉類の葉脈は網状脈《もうじょうみゃく》である。

❸ オ・カ

解き方 オのサツマイモはヒルガオ科《か》の植物で，サツマイモやアサガオ，ヒルガオなどのヒルガオ科の植物の茎はつる(まきひげ)のようになっている。また，キュウリはウリ科の植物で，キュウリやヘチマなどのウリ科の植物も茎がつるのようになっている。また，レタスはキク科の植物，ジャガイモはナス科，トウモロコシはイネ科，キャベツはアブラナ科の植物である。

4 **(1)イ・オ　(2)葉からの蒸散《じょうさん》はツバキよりサクラのほうがさかんである。**

解き方 (1)同じ種類の植物で，葉のあるものと無いものを比較《ひかく》する。

(2)AとBを比較すると，ツバキよりサクラのほうが水がたくさん減少《げんしょう》している。

5 **(1)ア　(2)カ**

解き方 (1)サツマイモのいもは，根に栄養《えいよう》分《ぶん》がたくわえられたものである。

(2)カボチャは実《み》，タマネギは葉が変形したもの，ジャガイモは地下の茎(地下茎《ちかけい》)，オクラは実，ブロッコリーは花のつぼみ，ニンジンは根，落花生《らっかせい》は種子《しゅし》を食用としている。

6 **(1)エ　(2)道管《どうかん》**

解き方 ホウセンカは双子葉類なので，茎の中の維管束は輪状に並んでいる。また，道管の束《たば》と師管《しかん》の束の間に形成層《けいせいそう》という層が見られ，その内側に，根から吸収した水が通る道管があるため，そこが赤く染《そ》まる。葉でつくられた栄養分が通る師管は，形成層の外側にある。

6 季節と植物のくらし・植物の分類

力だめしの問題

1 **(1)A…イ・オ　B…エ・カ**

(2)a…一年草《いちねんそう》　b…種子《しゅし》[たね]

c…多年草《たねんそう》

(3)冬ごしのために，地面に接して放《ほう》射状《しゃじょう》に広げた葉。

(4)①イ　②エ　③オ　④ア　⑤ウ

解き方 (1)ススキは地下の茎《くき》で冬をこす。チューリップとヒヤシンスは球根《きゅうこん》で冬をこす。タンポポはロゼットで冬をこす。

(3)ロゼット葉《よう》で冬をこしているときは，地上の茎などは枯《か》れ，ロゼット葉と地下の茎や根だけが残って冬をこす。

(4)イ…アジサイの花が咲《さ》くのは6月ごろである。

エ…セミの鳴《な》き声が目立つようになるのは7月から8月にかけてである。

オ…ヒガンバナの花が咲くのは9月ごろである。

ア…サクラの葉が紅葉《こうよう》するのは10月から11月にかけてである。

ウ…ツバキの花が咲くのは3月ごろである。

2 **(1)①ア・ウ・エ　②ウ**

(2)3月の平均気温《へいきんきおん》が上がるにつれて，ソメイヨシノの開花日は平均して早くなってきている。

解き方 (1)①太い芽《め》が花になる芽，細い芽が葉になる芽である。②秋に芽ができ始めたときから，魚のうろこ状《じょう》のものの数は変わらない。

(2)1881年から3月の平均気温は規則的《きそくてき》に上昇《じょうしょう》し続けていて，ソメイヨシノの開花日は早くなったり遅《おそ》くなったりをくり返しながら全体的に早くなっている。

❸ ⑴A…種子　B…裸子《らし》

⑵①ウ　②エ

⑶a…ア　d…ウ　f…オ

解き方 ⑴植物は，種子でふえる種子《しゅし》植物と，胞子《ほうし》でふえる植物(シダ植物とコケ植物)に分類される。

⑵種子植物は，はいしゅが子房《しぼう》に包《つつ》まれている花をつける被子《ひし》植物と，子房《しぼう》がなくはいしゅがむき出しになった花をつける裸子植物に分類される。

⑶双子葉類《そうしようるい》の葉脈《ようみゃく》は**ア**のような網状脈《もうじょうみゃく》で，茎の断面《だんめん》は**エ**のように維管束《いかんそく》が輪状《りんじょう》に並《なら》んでいて，根は**カ**のように主根《しゅこん》と側根《そっこん》からできている。単子葉類《たんしようるい》の葉脈《ようみゃく》は**イ**のような平行脈《へいこうみゃく》で，茎の断面は**ウ**のように小さい維管束が散らばっていて，根は**オ**のようなひげ根《ね》になっている。

チャレンジ問題

1 ⑴イ　⑵①A　②B　③B　④B

⑶①○　②×　③○　⑷イ

解き方 ⑴暗期《あんき》が長くなっていく時期は，夏至《げし》(6月下旬《げじゅん》)から冬至《とうじ》(12月下旬)までなので，短日《たんじつ》植物が花芽形成《かがけいせい》をするのは，6月下旬以降《いこう》である。

⑵アブラナは，春(6月下旬より前)に花を咲《さ》かせるので，暗期の長さが一定時間より短くなると花を咲かせる長日《ちょうじつ》植物である。アサガオやイネは夏(6月下旬より後)，コスモスは秋(6月下旬より後)に花を咲かせるので，暗期の長さが一定時間より長くなると花を咲かせる短日植物である。

⑶**実験1**の暗期は8時間，**実験2**の暗期は16時間，**実験3**の連続暗期は10時間，**実験4**と**実験5**の連続暗期は14時間である。植物**A**は連続暗期が8時間(**実験1**)や10時間(**実験3**)のときは花芽形成《かがけいせい》をしないが，連続暗期が14時間(**実験4**)になると花芽形成しているので，少なくとも連続暗期の長さが14時間以上になると花芽形成をする短日植物であるといえる。よって，連続暗期の長さが16時間の**実験2**や連続暗期の長さが14時間の**実験5**では花芽形成する(①と③は○)。植物**B**は連続暗期が8時間(**実験1**)や10時間(**実験3**)のときは花芽形成をするが，連続暗期が14時間(**実験4**・**実験5**)になると花芽形成しないので，暗期の長さが14時間以上では花芽形成しない長日植物であるといえる(この場合，花芽形成する暗期の時間の限度《げんど》は10時間～14時間の間のどこかである)。よって，暗期の長さが16時間の**実験2**では花芽形成しない。

⑷キクは秋(連続暗期の長さが長くなっている時期)に花を咲かせるので，短日植物である。したがって，電灯で照《て》らし，連続暗期の長さを短くしてやると花が咲かない。電灯で照らすのをやめると花が咲くので，花を咲かせる時期を調節《ちょうせつ》することができる。

2 ⑴下図

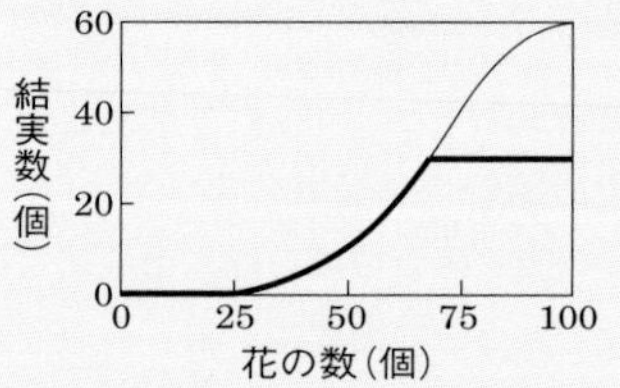

⑵①イ　②ア

⑶より多くのこん虫《ちゅう》を花に引き寄《よ》せるため。(19字)

解き方 ⑴1本の木で結実《けつじつ》できる花の限度《げんど》数は，30(mg)÷1(mg)＝30(個《こ》)

よって，受粉《じゅふん》した花の数が30個までは**図1**と同じように結実するが，それ以上受粉しても結実数は30個以上にはならない。

(2)**実験1**では，人工受粉《じんこうじゅふん》を行《おこな》っているので，花を50%除去《じょきょ》(残りは約50個)しても，限度数の約30個まで結実している。**実験2**では，(1)でかいたグラフ通り，除去数0%(花の数は約100個)や除去数25%(残りは約75個)のときは，限度数の約30個まで結実しているが，除去数50%(残りは約50個)のときの結実数は約9個となっている。**実験3**では，花の除去を花期終了後《かきしゅうりょうご》に行っているので，花を除去しない場合と同じ数だけ受粉している。よって，花を除去しない場合とほぼ同じ数だけ結実する。①花期の花の数が少ないのは**実験2**で，花期の花の数以外は同じ条件《じょうけん》であるのは**実験3**なので，**実験2**と**実験3**を比較《ひかく》すればよい。②受粉した花の数が少ないのは**実験2**で，受粉した花の数以外は同じ条件であるのは**実験1**なので，**実験1**と**実験2**を比較すればよい。※①，②のポイントとしては，表で結実数が少なくなっているのは**実験2**だけなので，結実数が少なくなることは**実験2**とほかの実験を比較することによってわかるということに注意することである。

(3)花が多いほど目立つので，こん虫に見つけられやすい。よって，1本の木で限度数の30個の受粉が行われる確率《かくりつ》が高くなる。問題図からもわかるように30個しか花をつけないと，数個の花しか受粉できないのである。

3 (1)**ア**　(2)**オ**　(3)**0.8**　(4)**エ**

解き方　(1)種子《しゅし》は呼吸《こきゅう》によって酸素《さんそ》を吸収して二酸化炭素《にさんかたんそ》を放出する。**A**では二酸化炭素を吸収しやすい水酸化《すいさんか》カリウム水《すい》溶液《ようえき》があるので，放出した二酸化炭素はほぼすべて水酸化カリウム水溶液にとけこむ。よって，**A**の気体の体積の変化量$10mm^3$は酸素の吸収量を示《しめ》す。

(2)**B**では，呼吸によって放出された二酸化炭素は少ししか水にとけない(ごくわずかなので無視《むし》できる量である)ので，**A**の気体の体積の変化量$2mm^3$は酸素の吸収量と二酸化炭素の放出量の差を示す。また，**B**の着色水が**A**と同じように左に動いたことから，二酸化炭素の放出量より酸素の吸収量のほうが多いと考えられる。

(3)(1)，(2)より，二酸化炭素の放出量を$\square mm^3$とすると，

$10(mm^3) - \square(mm^3) = 2(mm^3)$

$\square = 8(mm^3)$

したがって，

二酸化炭素の放出量÷酸素の吸収量

$= 8 \div 10 = 0.8$

(4)二酸化炭素の放出量÷酸素の吸収量＝0.8なので，この種子にふくまれるおもな栄養分《えいようぶん》はたんぱく質《しつ》であることがわかる。**ア**のイネと**イ**のトウモロコシの種子にはおもにでんぷんがふくまれ，**ウ**のヒマワリの種子にはおもに脂肪《しぼう》がふくまれ，**エ**のダイズの種子にはおもにたんぱく質がふくまれている。

4 (1)**A…イ　B…エ**　(2)**(い)**

解き方　(1)**A**…光の強さが0なので光合成《こうごうせい》はできず，呼吸のみを行っている。

B…光合成によってとり入れる二酸化炭素の量と呼吸によって出す二酸化炭素の量が等しい。

(2)**C**より少し光が弱いところから，二酸化炭素をとり入れる量が増《ふ》えなくなっている(グラフが水平になっている)ので，これ以上光を強くしても光合成量は変わらない。このような状態《じょうたい》を光飽和《ひかりほうわ》という。

5 (1)**A・H**　(2)**C・D・I**

(3)**C…オ　D…エ　E…ア　F…ウ**

解き方 (1)光合成をしないのは，Aのシイタケや Hのブナシメジなどのキノコのなかまである。キノコは菌類《きんるい》にふくまれ，植物ではない。また，Lのワカメなどの藻類《そうるい》も植物のなかまからは外されているが，葉緑体《ようりょくたい》をもち，光合成によって自分で栄養分をつくることができる。

(2)Aのシイタケ(菌類)やLのワカメ(藻類)は植物ではないため，根・茎《くき》・葉の区別がない。また，A～Lの中にはないが，植物の中でもコケ植物(スギゴケやゼニゴケなど)は，維管束《いかんそく》をもたず，根・茎・葉の区別がない。

(3)ジャガイモは，地下茎《ちかけい》に栄養分をたくわえたものである。ワラビはシダ植物で，幼葉《ようば》(伸《の》び始めたばかりの幼《おさな》い葉で，丸まっている)を食用としている。ブロッコリーはアブラナ科の植物で，花のつぼみを食用としている(アブラナの花のつぼみも食用とされるが，ブロッコリーに似《に》ている)。ギンナンは種子《しゅし》の内部を食用としている。また，ギンナンとはイチョウの種子のことであるが，食用としている部分のまわりの軟《やわ》らかい部分は果実《かじつ》と間《ま》違《ちが》われやすい。しかし，イチョウは裸子《らし》植物なので，イチョウの花には子房《しぼう》がなく，果実になる部分はない。食用としている部分のまわりの軟らかい部分は種皮《しゅひ》が発達したものである。ギンナンは，食用としている部分だけではなく，まわりの軟らかい部分もふくめてすべて種子なので，注意しておこう。

6 (1)ウ (2)イ (3)イ・オ (4) $10\mathrm{cm^3}$

解き方 (1)ホウセンカは双子葉類《そうしようるい》なので，子葉は2枚《まい》，根は主根《しゅこん》と側根《そっこん》からできている。

(2)ホウセンカは双子葉類なので，維管束は形成層《けいせいそう》に沿《そ》って輪状《りんじょう》に並《なら》んでいて，その中で形成層の内側の部分に道管《どうかん》，外側の部分に師管《しかん》が通っている。根から吸収《きゅうしゅう》した水が通る道管の部分が赤く染《そ》まる。

(3)水を水蒸気《すいじょうき》として放出する気孔《きこう》は葉の裏《うら》側に多いので，おもに葉の裏側から水蒸気は放出される。この現象《げんしょう》を蒸散《じょうさん》という。また，根から吸収した水は光合成《こうごうせい》などにも使われるので，放出される水分の量は根から吸収した水分の量より少ない。また，蒸散は気温が高く，乾燥《かんそう》しているときなどにさかんになる。

(4)容器《ようき》から失われた水は，

$460(\mathrm{cm^2}) \times 1(\mathrm{cm}) = 460(\mathrm{cm^3})$

グラフより，ホウセンカ1本の12時までの吸水量は$40\mathrm{cm^3}$，15時までの吸水量は$85\mathrm{cm^3}$である。よって，ホウセンカ10本の12時から15時までの吸水量は，

$(85-40)(\mathrm{cm^3}) \times 10$(本)$= 450(\mathrm{cm^3})$

よって，12時から15時までの間にホウセンカの吸水以外で失われた水の量は，

$460-450 = 10(\mathrm{cm^3})$

7 (1)①イ ②エ ③エ ④ウ
(2)①ウ ②イ ③エ ④オ

解き方 (1)①ジャガイモは地下の茎に栄養分がたくわえられていもになる。②トウモロコシは実《み》についた種子を食べている。③イネの種子の部分が米になる。④タマネギは，葉が変化した部分に栄養分をたくわえて，食用とされるタマネギとなる。

(2)①ジャガイモのいもは地下にできる。②トウモロコシの実は葉のつけ根にでき，その実の表面についている種子を食用としている。③イチゴの茎は地面をはうように伸び，ところどころに花をつけ，その花《か》たくの部分は成長して食用とされる。④タマネギの食用となっている部分は，半分地下にうまった所にできる。

8 イ・ウ

解き方 (1)夏至《げし》は，6月21日ごろである。

夏至から秋にかけてとは，6月下旬ごろから10月ごろまでの間なので，この時期に花を咲《さ》かせるものを選べばよい。アブラナは4月ごろ，コスモスは10月ごろ，アサガオは7月から8月にかけて，アヤメは5月から6月初旬ごろ，ダイコンは4月ごろ，ニホンタンポポは4月ごろに花を咲かせる。ニホンタンポポとは，セイヨウタンポポに対してカントウタンポポ，カンサイタンポポ，シナノタンポポ，トウカイタンポポ，セイタカタンポポなどの在来種《ざいらいしゅ》の一部のタンポポをまとめたよび方である(在来種のタンポポの中でも，種子のつくりなどの違《ちが》いからニホンタンポポとよばないものもある)。長期間にわたって花をつけるセイヨウタンポポに対し，ニホンタンポポは春にしか花をつけない。

9 **(1)イ・オ・キ　(2)冷やしておく[冷蔵庫《れいぞうこ》に入れておく]**

解き方 (1)アジサイは初夏，イネ，ヒマワリ，アサガオは夏に花を咲かせる。

(2)アブラナは，芽《め》が出たあとに，1か月以上の寒い時期を過《す》ごさないと花をつけない。

10 **オ**

解き方 ①葉を広げているので，日光を受けて光合成を行うことができる。また，葉の裏側からの蒸発が少なくなるので，気化熱《きかねつ》を奪《うば》われにくい。さらに，葉が踏《ふ》みつけられても落ちにくい。

11 **①ア　②ウ　③カ　④エ　⑤イ　⑥オ　⑦キ**

解き方 ナシとカキはどちらも秋のくだものだが，カキのほうが成熟《せいじゅく》期間が短い。リンゴとミカンはどちらも冬のくだものだが，ミカンのほうがたくさん出回り始める時期が早い。ただし，現在《げんざい》では旬《しゅん》でなくてもリンゴやミカンなどのくだものや野菜などは1年中売られているものが多い。

12 **(1)①ウ・ケ　②カ・ク　③ア・エ　④イ・オ　(2)エ**

解き方 (1)クスノキは常緑広葉樹《じょうりょくこうようじゅ》，デイゴは亜熱帯多雨高木《あねったいたうこうぼく》，エゾマツは針葉樹《しんようじゅ》，シイは常緑広葉樹，ヤエヤマヒルギは亜熱帯多雨高木，ブナは落葉広葉樹《らくようこうようじゅ》，クロマツは針葉樹，ヤマモミジは落葉広葉樹，トドマツは針葉樹，スギは針葉樹である。また，エゾマツやトドマツは北海道《ほっかいどう》などの寒帯《かんたい》で生育する針葉樹であるが，クロマツやスギは日本のどこでも見られる(クロマツは海岸線などに多い)針葉樹である。

(2)アの屋久島《やくしま》は，鹿児島県大隅諸島《おおすみしょとう》に属する島で，樹齢《じゅれい》千年以上の屋久杉《やくすぎ》(縄文杉《じょうもんすぎ》)自然林があり，国立公園に指定されるとともに，世界遺産《いさん》にも指定されている。イの釧路湿原《くしろしつげん》は，北海道東部の釧路川《くしろがわ》に沿う湿原地帯で，国立公園に指定されている。ウの知床半島《しれとこはんとう》は，北海道北東部のオホーツク海に突出《とっしゅつ》する細長い半島で，半島を覆《おお》う原生林《げんせいりん》・火山性湖沼群《かざんせいこしょうぐん》やヒグマなどの野生の生物が特色で，国立公園に指定されるとともに，世界遺産にも指定されている。エの白神山地《しらかみさんち》は，青森県と秋田県の県境《けんざかい》を東西にのびる白神岳《しらかみだけ》を中心とする山地で，世界最大級のブナの原生林があり，国立公園に指定されるとともに，世界遺産にも指定されている。オの秋吉台《あきよしだい》は，山口県西部の石灰岩台地《せっかいがんだいち》で，秋芳洞《あきよしどう》などの大きな鍾乳洞《しょうにゅうどう》が見られる。日本の世界遺産の中で，世界自然遺産に指定されているのは，屋久島，知床，白神山地，小笠原諸島《おがさわらしょとう》の4か所だけである。

第2章 動物の育ち方

1 虫のからだと育ち方

力だめしの問題

1 (1)A…頭部《とうぶ》[頭] B…胸部《きょうぶ》[胸《むね》]
C…腹部《ふくぶ》[腹《はら》] (2)ウ (3)C
(4)完全変態《かんぜんへんたい》 (5)ウ (6)イ

解き方 (1)すべてのこん虫《ちゅう》は，からだが頭部(頭)，胸部(胸)，腹部(腹)の３つに分かれている。

(2)(3)こん虫の腹部には気門《きもん》という穴《あな》が開いていて，この穴は気管《きかん》という管につながっている。気門からとり入れた空気は気管に送られ，気管で空気中の酸素《さんそ》をそのまわりの血管《けっかん》にとり入れ，血管から不要になった二酸化炭素《にさんかたんそ》が気管に出される。この二酸化炭素を多くふくむ空気は気門から排出《はいしゅつ》される。

(4)さなぎになるこん虫の育ち方を完全変態，さなぎにならないが変態を行う育ち方を不完全変態《ふかんぜんへんたい》という。また，ごくわずかであるが，シミやトビムシのようにまったく変態しない育ち方を無変態《むへんたい》という。

(5)セミ，カマキリ，ゴキブリ，トンボはさなぎにならない不完全変態である。

(6)クモなどのクモ類は，からだが頭胸部《とうきょうぶ》と腹部に分かれていて，８本のあしはすべて頭胸部についている。

2 (1)エ (2)イ (3)①ア ②ア
(4)ア (5)イ・ウ

解き方 (1)モンシロチョウは，アブラナ科の植物の葉に卵《たまご》をうみつける。シロツメクサはマメ科，ミカンはミカン科，パセリはセリ科，キャベツはアブラナ科，ニンジンはセリ科の植物である。

(2)アはコオロギなどの卵，イはモンシロチョウの卵，ウはアゲハなどの卵，エはカマキリの卵である。

(3)モンシロチョウの卵は，うみつけられたばかりのころは白色であるが，しだいに黄色っぽくなる。その黄色の卵から黄色の幼虫《ようちゅう》がふ化《か》して出てくる。ふ化したばかりの幼虫はまず自分が入っていた卵の殻《から》を食べ，それを食べ終わるとまわりの緑色の葉を食べ始め，からだの色も緑色に変化する。

(4)アはモンシロチョウの幼虫，イはカブトムシなどの幼虫，ウはカイコガの幼虫(カイコという)，エはアゲハの幼虫である。

(5)ダンゴムシは甲殻類《こうかくるい》，クモはクモ類《るい》である。

3 (1)イ (2)イ
(3)右図
(4)ア・エ
(5)ア・エ

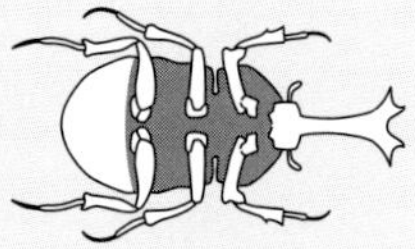

解き方 (1)(2)カブトムシは夏の終わりごろに産卵し，その年のうちにふ化して幼虫になる。そして，幼虫のまま冬をこし，次の年にさなぎになって，夏のはじめに成虫《せいちゅう》になる。

(3)あしがついているところはすべて胸である。

(4)自然界のカブトムシは樹液《じゅえき》をなめるが，育てるときは，餌《えさ》としてリンゴやバナナをあたえてもよい。ただし，スイカは水分が多すぎるのであたえてはいけない。また，腐葉土《ふようど》はカブトムシの幼虫の食べ物である。

(5)カブトムシなどの甲虫《こうちゅう》やチョウ，ガのなかまはさなぎになるが(完全変態)，トンボやセミなどのなかまはさなぎにならない(不完全変態)。

❹ ⑴ダンゴムシ　⑵落ち葉

⑶あしが **6** 本ではないので，こん虫ではない。

解き方 ⑶ダンゴムシのあしは 14 本ある。

❺ ⑴胸　⑵イ・ク　⑶不完全変態

⑷ア・オ・カ・ク

⑸①トンボ　②セミ

⑹食べ物をかむのに適《てき》した形である。

解き方 ⑴こん虫のはねとあしは，すべて胸についている。

⑵**イ**のハエ，**ク**のアブのはねは 2 枚《まい》である。また，カやブユのはねの数も 2 枚なので，いっしょに覚えておこう。

⑶幼虫からさなぎになって成虫になることを完全変態といい，幼虫からさなぎにならずに成虫になることを不完全変態という。

⑷カブトムシのように前ばねが固くてツルツルした甲羅《こうら》のようになっているこん虫(甲虫という)，ハチやアリのなかま，ハエなどのはねが 2 枚のこん虫，チョウやガのなかまはさなぎになる(完全変態)。また，アブラムシ(アリマキともいう)はカメムシのなかまなので，不完全変態である。

⑸①のトンボは複眼《ふくがん》がとても大きい。②のセミは，木にさして樹液を吸《す》う針《はり》のような口をもつ。

⑹バッタは植物の葉をかんで食べ，カマキリはほかの虫をかんで食べる。

2 水中の生物の育ち方

力だめしの問題

❶ ⑴精子《せいし》を卵《たまご》にかけること。

⑵栄養分《えいようぶん》

⑶腹に **2** ～ **3** 日分の栄養分が入った袋《ふくろ》があるから。

解き方 ⑴メダカなどの魚類《ぎょるい》(魚のなかま)はめすがうみ出した卵におすが精子をかけることによって受精《じゅせい》が行われる(体外《たいがい》受精《じゅせい》という)。

⑵この栄養分を使って，少しずつメダカのからだができてくる。

⑶⑵の栄養分がまだ少し残った状態《じょうたい》でふ化《か》する。

❷ ⑴エ　⑵ア・エ　⑶①

解き方 ⑴図では，ほぼ同じ大きさになっているので，倍率が大きいもののほうが実際《じっさい》の大きさは小さい。

⑵**ア**のミカヅキモと**エ**のミドリムシは葉緑《ようりょく》体《たい》をもっているので，光合成《こうごうせい》により栄養分をつくることができる。**イ**のミジンコと**ウ**のワムシは，ほかの生物を食べることによって栄養分をとり入れる。

⑶顕微鏡《けんびきょう》では上下左右が反対に見える。左上に観察《かんさつ》物が見えたときは，実際には観察物は右下にあるので，プレパラートを左上に動かすと観察物は中央に移動《いどう》してくる。観察物が見えた方向(この場合は左上)にプレパラートを動かすと，観察物は中央に移動すると考えればよい。

3 (1)**X**…酸素《さんそ》　**Y**…二酸化炭素《にさんかたんそ》

(2)**A**…エ・キ　**B**…イ・カ

C…ウ・オ　**D**…ア・ク

(3)⑥・⑦・⑧・⑩　(4)イ

(5)**a**…増加《ぞうか》　**b**…減少《げんしょう》

(6)増加…⑨　減少…⑤

解き方　(1)気体**X**は，すべての生物がとり入れている気体なので，呼吸《こきゅう》によってとり入れられる酸素である。気体**Y**は，すべての生物から出されているので，呼吸によって出される二酸化炭素である。

(2)生物**A**は，二酸化炭素である気体**Y**をとり入れて(矢印⑤)，酸素である気体**X**を出している(矢印①)。これは光合成による気体の交換《こうかん》なので，生物**A**は光合成ができる植物である。植物は**エ**のシロツメクサと**キ**のイネである。生物**B**は植物である生物**A**を食べる草食動物《そうしょくどうぶつ》なので，**イ**のウシと**カ**のバッタである。生物**C**は動物である生物**B**を食べる肉食動物《にくしょくどうぶつ》なので，**ウ**のヤゴと**オ**のクモである。生物**D**は生物の遺体《いたい》や排出物《はいしゅつぶつ》を分解する菌類《きんるい》(カビやキノコのなかま)や細菌類《さいきんるい》(バクテリア)が入ることが多いが，**ア**～**ク**にあてはまる生物はいないので，**ア**のダンゴムシ(植物の遺体にあたる落ち葉を食べる)と**ク**のミミズ(生物の遺体や排出物によってできた腐葉土《ふようど》を食べる)である。

(3)生物**A**～**D**から二酸化炭素である気体**Y**が出されたことを示《しめ》す矢印である。

(4)一般的《いっぱんてき》に，食べられる生物のほうが食べる生物より数が多い。

(5)生物**C**は生物**B**にとって天敵《てんてき》なので，生物**C**が減少《げんしょう》すると生物**B**は増加《ぞうか》するが，餌である生物**A**が減少するので，生物**B**もその後減少し始める。

(6)温暖化のおもな原因《げんいん》は温室効果《おんしつこうか》をもつ二酸化炭素の増加と考えられている。二酸化炭素が増加した一番の原因は，石油《せきゆ》や石炭《せきたん》などの化石燃料《かせきねんりょう》を大量消費《しょうひ》したことにより，大量に二酸化炭素が放出された(矢印⑨)からである。その次は，世界中の森林(特に熱帯雨林)が伐採《ばっさい》されたり燃《も》やされたり(焼畑《やきはた》農業などによる)したことによって激減《げきげん》し，植物が光合成《こうごうせい》によって吸収《きゅうしゅう》する二酸化炭素の量(矢印⑤)が減少したためである。

4 (1)①ア…卵，イ…精子　②ウ

(2)①イ→オ→ア→エ→ウ　②A

③ア　④水草に絡《から》みつく。

(3)

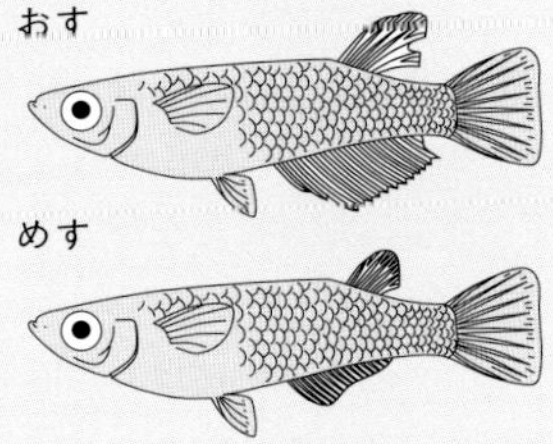

解き方　(1)①めすの卵巣《らんそう》でつくられた卵がうみ出され，おすの精巣《せいそう》でつくられた精子が卵にかけられることによって，卵と精子が結びつく(受精《じゅせい》)。②メダカの卵や受精卵の直径は約1mmである。

(2)**イ**(うみ出されたばかりで，油球《あぶらだま》が全体に散らばっている。**D**の付着毛《ふちゃくもう》(付着糸《ふちゃくし》)が水草にからみつき，親のからだから離《はな》れる。)→**オ**(油球が一方に寄《よ》って，その反対側にからだに成長する**A**のはい(はい盤《ばん》)ができる。)→**ア**(はいが少しずつからだに成長し始めている。)→**エ**(はいが大きなからだに成長している)→**ウ**(ふ化《か》したばかりのメダカである。)。また，水温が25℃のとき，受精してからふ化するまで，約2週間である。

(3)おすのせびれには切れこみがあるが，めすのせびれには切れこみはない。また，

おすのしりびれは平行四辺形に近くて大きいが，めすのしりびれは後ろが短くて三角形に近い形をしている。

3 季節と動物のくらし・動物の分類

力だめしの問題

❶ (1)ア　(2)エ

解き方 (1)愛知県にツバメがやってきて巣をつくり始めるのは3月下旬《げじゅん》ごろである。

(2)カマキリは秋になると卵《たまご》をうみ，親は死んでしまう。卵はそのまま冬をこし，次の年の春にふ化《か》する。

❷ (1)①エ・コ　②オ・ケ　③イ・キ

(2)数多くの生物のすみかとなり，生命を支《ささ》えている。

解き方 (1)イリオモテヤマネコは，沖縄県の西表島《いりおもてじま》にしか生存《せいぞん》していないヤマネコである。ツバメは日本全国で見られ，家の軒下《のきした》などに巣をつくる。タンチョウは北海道の釧路湿原《くしろしつげん》などで見られる。ウミガメは普段《ふだん》は海の中で生活し，甲羅干《こうらぼ》しをするときや卵をうむときなどに陸上に上がってくる。日本では沖縄県をはじめ，伊豆《いず》や千葉県などでも見られる。

❸ (1)ア　(2)ア・エ　(3)ア・イ

解き方 (1)ニホンオオカミとは，本州《ほんしゅう》・四《し》国《こく》・九州《きゅうしゅう》に生息していた小形のオオカミで，1905年の奈良県での記録を最後に生存が確認されておらず，絶滅《ぜつめつ》してしまったと考えられている。ホッキョクグマは，温暖化《おんだんか》の影響《えいきょう》によってすみかとしていた北極《ほっきょく》の氷が少なくなり，絶滅のおそれがあると心配されている。オオサンショウウオとイリオモテヤマネコは日本に生息する希少生物で，どちらも特別天然記念物に指定されている。

(2)カエルは両生類《りょうせいるい》なので，幼生《ようせい》(オタマジャクシ)のころは水中でえら呼吸《こきゅう》を行《おこな》って生活し，成体(カエル)になると，陸上で肺呼吸《はいこきゅう》と皮膚呼吸《ひふこきゅう》を行って生活する。トンボの幼虫《ようちゅう》をヤゴといい，水中で生活している。最後の脱皮《だっぴ》を行うときに陸上に出てきて脱皮し，成虫(トンボ)になる。

(3)アのマガモは，冬を日本ですごし，夏になると北の地方へ渡《わた》っていく冬鳥《ふゆどり》である(一部，日本の中ですみかを変える漂鳥《ひょうちょう》もいる)。イのツバメは，夏を日本ですごし，寒くなると南の地方へ渡っていく夏鳥である。ウのペンギン，エのスズメ，オのフクロウ，カのインコは渡《わた》り鳥《どり》ではない。

❹ (1)エ　(2) 23時間36分

解き方 (1)アの利根川進《とねがわすすむ》さんは日本の生物学者で，1987年に「VJ遺伝子再構成《いでんしさいこうせい》による抗体生成《こうたいせいせい》の遺伝的原理《いでんてきげんり》の解明《かいめい》」によりノーベル生理学医学賞《せいりがくいがくしょう》を受賞《じゅしょう》した。イの山中伸弥《やまなかしんや》さんは日本の医学者で，2012年に「成熟細胞《せいじゅくさいぼう》が初期化《しょきか》され多能性《たのうせい》をもつことの発見」によりノーベル生理学医学賞を受賞した。ウの大村智《おおむらさとし》さんは日本の化学者で，2015年に「線虫《せんちゅう》の寄生《きせい》によって引き起こされる感染症《かんせんしょう》に対する新たな治療法《ちりょうほう》に関する発見」によりノーベル生理学医学賞を受賞した。エの本庶佑《ほんじょたすく》さんは日本の医学者で，2018年に「免疫《めんえき》チェックポイント阻害因子《そがいいんし》の発見とがん治療への応用」によりノーベル生理学医学賞を受賞した。本庶佑さんの研究によって，がん治療薬である「オプジーボ」がつくられた。

(2) 10日間かけて活動開始時刻《じこく》が18時から14時まで移動《いどう》していることから，10日間のサイクルが通常より4時間短くなっていることがわかる。よって，暗期での10日間のマウスの活動サイクルは，

24×10−4＝236(時間)である。

したがって，1日の概日《がいじつ》リズムは，

236÷10＝23.6（時間）＝23 時間 36 分である。

5 **⑴①・②・③・⑤・⑥**
⑵②・③・⑤　⑶⑧　⑷⑦・⑧
⑸②・⑤　⑹①・⑥　⑺外来種《がいらいしゅ》
⑻ミシシッピアカミミガメ
［ミドリガメ］

解き方 ⑴親が自分の子どもの世話をして育てるのは，カラスなどの鳥類とウサギやイルカなどの哺乳類《ほにゅうるい》だけで，これ以外は子どもの世話をしない。

⑵水中に卵をうむのはイモリやウシガエルなどの両生類《りょうせいるい》とコイなどの魚類《ぎょるい》である。

⑶⑷親と同じすがたの子をうむのはウサギとイルカなどの哺乳類である。よって，水中に親と似《に》たすがたの子をうむのは海《かい》洋哺乳類《ようほにゅうるい》であるイルカだけである。

⑸子どものときはえらで呼吸を行い，親になると肺や皮膚で呼吸を行うのはイモリやウシガエルなどの両生類である。

⑹ワニ，カメ，ヤモリはは虫類《ちゅうるい》である。

⑺ブラックバス（オオクチバス）のように，近年，海外から日本に持ちこまれて，野生化してしまった生物を外来種という。

⑻外来種がふえると，在来種《ざいらいしゅ》の餌《えさ》をうばってしまったりするので，在来種が減《へ》ってしまうことがある。たとえば，琵琶湖《びわこ》でブラックバスが急増《きゅうぞう》したことにより，琵琶湖のフナが激減《げきげん》して絶滅が心配されている。また，ミシシッピアカミミガメは，子どものころは小さくて緑色をしているのでミドリガメともよばれ，海外から輸《ゆ》入《にゅう》されてペットショップなどで売られていたが，かなり大きく成長するため，逃げ出したり捨てられたりして野生化したものがふえている。そのため，在来種であるニホンイシガメが激減して絶滅が心配されている。

6 **⑴A…ヤモリ　D…スズメ**
⑵①左　②右　③右

解き方 ⑴イヌとスズメは，体温をほぼ一定に保《たも》つことのできる恒温動物《こうおんどうぶつ》で，B，Dのいずれかである。また，えら呼吸を行うのは，魚類と両生類の子のときだけなので，Cは魚類のフナ，Eは両生類のイモリである。したがって，Aはフナとイモリ以外の変温動物《へんおんどうぶつ》なので，は虫類のヤモリである。さらに，Bは唯一《ゆいいつ》子をうむ哺乳類であるイヌなので，Dはスズメである。

⑵①カモノハシは一応恒温動物とされるので解答は「左」だが，ほかの哺乳類や鳥類《ちょうるい》に比《くら》べると，体温調節能力が低い。②カモノハシは，一生肺呼吸を行う。③カモノハシは子を母乳《ぼにゅう》で育てる（ほかの哺乳類のような乳首《ちくび》はもたないが，母親の乳《にゅう》せんからしみ出した乳《ちち》を子がなめている）ので哺乳類とされているが，卵生《らんせい》である。

チャレンジ問題

1 **⑴ 2000　⑵イ**

解き方 ⑴①と②の式が等しいので，

X：200 ＝ 300：30　X＝2000（匹《ひき》）

⑵バッタとゴキブリはこん虫《ちゅう》だが，ムカデ（多足類《たそくるい》またはムカデ類《るい》ともいう），サソリ（クモ類《るい》），エビ（甲殻類《こうかくるい》）はこん虫ではない。

2 **⑴① 723　② 157　⑵ 920 個《こ》以上**

解き方 ⑴① 3541 － 2818 ＝ 723（匹）

② 60 ＋ 97 ＝ 157（匹）

（444 － 287 ＝ 157 匹）

⑵子孫を残すことができた成虫の数は，

60（匹）× 0.4 ＝ 24（匹）

そのうち半分の 12 匹が子をうめるめすである。これが，11038 個の卵《たまご》をうめばよいので，1 匹のめすがうまなければな

らない卵の数は,

11038（個）÷ 12（匹）

＝ 919.8…＝約 920（個）

3 ⑴　①　②

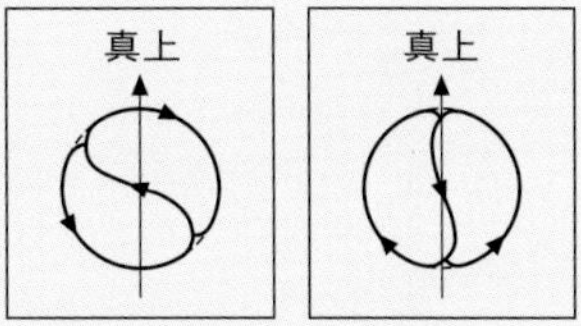

⑵ **2.5km**

解き方 ⑴①太陽から左に 60°の方向に蜜《みつ》があるので，尻《しり》を振《ふ》りながら 8 の字の中央を直進する向きは真上から左へ 60°回転した向きである。

②太陽から 180°反対向きに蜜があるので，尻を振りながら 8 の字の中央を直進する向きは真上から 180°反対向きである真下になる。

⑵ 10 秒間に 2 回尻振りを行うということは，15 秒間に 3 回尻振りを行うことになる。グラフから，15 秒間に 3 回尻振りを行うときの巣箱《すばこ》から蜜までの距離《きょり》を読みとると，約 2.5km になっている。

4 ⑴**ウ**　⑵**ア・イ**

⑶ **4 世代目**

解き方 ⑴実験などで使うメダカはヒメダカといい，クロメダカより少し赤っぽい。これは，偶然《ぐうぜん》生まれた色の異《こと》なるメダカを人間が選び育ててつくり出した品種である。

⑵昔の自然のままを残していくことが重要である。

⑶ 2 世代目のめすの数は，

30（個）×（1 － 0.2）÷ 2 ＝ 12（匹）

これが 30 個ずつ卵をうむので，3 世代目のめすの数は，

12（匹）× 30（個）×（1 － 0.2）÷ 2

＝ 144（匹）

これが 30 個ずつ卵をうむので，4 世代目のメダカの数（おすとめすの合計）は，

144（匹）× 30（個）×（1 － 0.2）

＝ 3456（匹）

5 ⑴ **100000 個**　⑵ **200000 個**

⑶**エ**

解き方 ⑴ 300mg ＝ 0.3g，この 30g の「たらこ」の中の卵の数を□個とすると，1000 個の重さが 0.3g だったので，

30：□＝ 0.3：1000　□＝ 100000（個）

⑵ 100000（個）× 2 ＝ 200000（個）

⑶おとなに成長するのが難《むずか》しい動物ほど多くの卵（子）をうむ。それにより，絶滅《ぜつめつ》するのが防《ふせ》がれ，個体数が安定するのである。

6 ⑴**ウ**　⑵**ア**

解き方 ⑴魚に見つかって食べられるのを防ごうとする。

⑵ミジンコが 2.5m より少し深い所に移動《いどう》するので，魚は 2.5m より浅い所にいると考えられる。

7 ⑴**時間［時刻《じこく》］**　⑵**エ**

⑶**夏…エ　冬…ウ**　⑷**エ**

⑸**太陽の高さ／日の長さ［昼の長さ］／温度［気温］／湿度／天気などから 4 つ**

解き方 ⑵およそ，北の地域のほうがカモが見られる日付が早い。

⑶チドリのように，長い渡《わた》りの途中で日本に立ち寄《よ》る渡り鳥を旅鳥という。暑い夏は日本より北の地域ですごし，寒い冬は日本より南の地域ですごす。

⑷グラフで，傾《かたむ》きが大きくなっているときが飛行しているときで，ほぼ水平になっているときは休息しているときである。

8 ⑴ **2**　⑵ **1・3・4**

⑶グループ…**1**

子のうまれ方…胎生《たいせい》

⑷ **4**　⑸ **2・6**

⑹①親が子の世話をしないから。

（13字）　② **0.5** 倍　③ **200** 個

解き方　⑴ **1** は哺乳類《ほにゅうるい》，**2** は無《む》セキツイ動《どう》物《ぶつ》の中のキョク皮動物《ひどうぶつ》，**3** はは虫類《ちゅうるい》，**4** は鳥類《ちょうるい》，**5** は両生類《りょうせいるい》，**6** は魚類《ぎょるい》である。

⑵一生肺《はい》で呼吸《こきゅう》するのは，は虫類，鳥類，哺乳類である。

⑶胎生は哺乳類のみである。

⑷ **A** のように体温をほぼ一定に保《たも》つことができる恒温動物《こうおんどうぶつ》は鳥類と哺乳類である。その中で卵をうむ（卵生《らんせい》）のは鳥類である。

⑸鳥類と哺乳類以外の動物は変温動物《へんおんどうぶつ》なので **B** のような体温変化を示《しめ》す。その中で **2** と **6** は海水中に卵をうみ，**5** は淡水《たんすい》中に卵をうみ，**3** は陸上に卵をうむ。

⑹② 1000（匹）× 100（個）× 0.01

= 1000（匹）

1000（匹）÷ 2000（匹）= 0.5（倍）

③めすが一生の間にうむ卵の数を□個とすると，

1000（匹）×□（個）×0.01=2000（匹）

□= 200（個）

第3章　人のからだ

1　食物の消化《しょうか》と吸収《きゅうしゅう》

力だめしの問題

1 ⑴ **A→B→E→D**　⑵だ液《えき》

⑶でんぷん

⑷名前…肝臓《かんぞう》　記号…**F**

⑸名前…胃《い》　記号…**B**

⑹名前…すい臓《ぞう》　記号…**C**

⑺名前…小腸《しょうちょう》　記号…**E**

⑻名前…大腸《だいちょう》　記号…**D**

解き方　⑴口→ **A** 食道《しょくどう》→ **B** 胃→ **E** 小腸→ **D** 大腸→こう門《もん》，と続く食物が通る管を消《しょう》化管《かかん》という。

⑵⑶だ液は，でんぷんを糖《とう》（麦芽糖《ばくがとう》）に分解《ぶんかい》する。

⑷胆汁《たんじゅう》は肝臓でつくられ，一時胆《たん》のうにたくわえられてから十二指腸《じゅうにしちょう》に出される。

⑸胃液はたんぱく質《しつ》のみを消化する。

⑹たんぱく質・脂肪《しぼう》・炭水化物《たんすいかぶつ》のそれぞれを消化《しょうか》する消化酵素《しょうかこうそ》がすべてふくまれた消化液《しょうかえき》はすい臓でつくられるすい液《えき》である。

⑺小腸の壁《かべ》の消化酵素にはたんぱく質や炭水化物を消化するものがある。また，消化された栄養分は小腸の柔毛《じゅうもう》にある毛細《もうさい》血管《けっかん》やリンパ管の中に吸収《きゅうしゅう》される。

⑻水が最もたくさん吸収されるのは小腸であるが，小腸のおもなはたらきは栄養分の消化や吸収である。水を吸収することがおもなはたらきとなっているのは，小腸で吸収しきれなかった水を吸収する大腸である。大腸には，そのほかのはたらきはほとんどない。

2 記号…ア　名前…うきぶくろ

解き方　イは卵巣《らんそう》(めす)または精巣《せいそう》(おす)，ウは心臓《しんぞう》と肝臓，エは腸(消化管)，オはこう門である。

3 (1)薬品…ヨウ素液《そえき》
結果…青紫《あおむらさき》色にならない。
(2)温度変化や時間の経過《けいか》などによって変化した。
(3)だ液を加えていないものを使って同じ実験を行い，ヨウ素液を加えると青紫色に変わる。

解き方　(1)④では，でんぷんがだ液によって消化されてなくなっているので，ヨウ素液を加えても青紫色にならない。
(2)(3)だ液以外の条件《じょうけん》がまったく同じものでの実験(対照実験《たいしょうじっけん》)も行わなければならない。

4 (1)A…胃　B…肝臓
(2)たんぱく質　(3)×

解き方　(2)胃液はたんぱく質のみを消化する。
(3)すい液には，でんぷんを消化する消化酵素，たんぱく質を消化する消化酵素，脂肪を消化する消化酵素のすべてがふくまれている。

2 肺《はい》と呼吸《こきゅう》

力だめしの問題

1 (1)気管《きかん》
(2)心臓《しんぞう》がおさまっているところだから。
(3)①エ　②毛細血管《もうさいけっかん》
③空気と触《ふ》れる面積が増《ふ》えて，酸《さん》素《そ》を吸収《きゅうしゅう》しやすくしている。

解き方　(3)①心臓から出てきた血液《けつえき》が流れる血管が動脈《どうみゃく》なので，心臓から肺《はい》へ向かって血液が流れているエが動脈，肺から心臓へ向かって血液が流れているウが静脈《じょうみゃく》である。とくに，エの動脈を肺動脈《はいどうみゃく》といい二酸化炭素《にさんかたんそ》を多くふくむ血液が流れ，ウの静脈を肺静脈《はいじょうみゃく》といい酸素を多くふくむ血液が流れる。
③多くの小さい部屋に分かれることによって表面積が広くなる。

2 (1)えら　(2)ウ・エ

解き方　(1)メダカなどの魚類《ぎょるい》は，口から吸《す》いこんだ水をえらを通して外に出すとき，水にとけていた酸素をえらの表面の毛細血管にとりこみ，毛細血管から二酸化炭素が出される。
(2)シジミのような貝類《かいるい》もえらで呼吸する。ナマズは魚類なのでえらで呼吸する。イルカは哺乳類《ほにゅうるい》，ウミガメはは虫類《ちゅうるい》，ペンギンは鳥類《ちょうるい》なのでこれらは肺で呼吸する。

3 (1)B　(2)約21%

解き方　(1)気体検知管《きたいけんちかん》の両端《りょうはし》を折り，Aの先にゴムのカバーをつけて，気体採取器《きたいさいしゅき》にBの側をさす。Aの先を採取したい気体の中に入れ，気体採取器のハンドルを引いて気体検知管に気体をとりこむ。
(2)空気中の成分は，体積の割合《わりあい》で約78%が窒素《ちっそ》，約21%が酸素で，そのほかの気体の合計が約1%である。

3 血液《けつえき》の循環《じゅんかん》と腎臓《じんぞう》

力だめしの問題

1 (1)a　(2)b・d

解き方　(1)aは全身をめぐった血液が戻《もど》ってくる右心房《うしんぼう》，bは肺《はい》をめぐった血液が戻ってくる左心房《さしんぼう》，cは肺へ血液を送り出す右心室《うしんしつ》，dは全身へ血液を送り出す左心室《さしんしつ》である。
(2)肺で酸素《さんそ》を受けとってきた血液は肺静脈《はいじょうみゃく》

を通ってbの左心房に入り，dの左心室に移動《いどう》して，大動脈《だいどうみゃく》を通って全身へ送り出される。

❷ (1)酸素：番号…②

名前…肺静脈

二酸化炭素《にさんかたんそ》：番号…①

名前…肺動脈

(2)ウ　(3)①・⑥　(4)ア…④　イ…⑥

(5)記号…D　名前…左心室

筋肉《きんにく》が厚《あつ》い理由…全身へ血液を送り出さなければならないため。

解き方 (1)肺で酸素を受けとった直後に肺静脈を流れる血液が酸素の濃度《のうど》が最も大きい。肺で二酸化炭素を放出する直前に肺動脈を流れる血液が二酸化炭素の濃度が最も大きい。

(2)血液中の有害なアンモニアは，肝臓《かんぞう》で害の少ない尿素《にょうそ》につくりかえられる。

(3)静脈血《じょうみゃくけつ》とは二酸化炭素を多くふくむ血液で，①の肺動脈や⑥の大静脈《だいじょうみゃく》を流れている。また，酸素を多くふくむ血液を動脈血といい，②の肺静脈や③の大動脈を流れている。

(4)ア…養分《ようぶん》が小腸《しょうちょう》で吸収《きゅうしゅう》されているので，小腸を通ったばかりの④の門脈《もんみゃく》を流れる血液が最も栄養分《えいようぶん》を多くふくんでいる。イ…小腸で栄養分が吸収されず，血液中の栄養分が少なくなったときは，肝臓にたくわえていた栄養分を血液中に出していくので，肝臓を流れたばかりの⑥を流れる血液が最も栄養分を多くふくんでいる。

(5)BやDの心室は血液を送り出す部屋なので筋肉が厚くなっている。とくに，肺へ血液を送り出すBの右心室より，全身へ血液を送り出すDの左心室のほうが筋肉が厚い。

❸ (1)ヘモグロビン

(2)②名前…白血球《はっけっきゅう》　はたらき…エ

③名前…血小板《けっしょうばん》　はたらき…イ

解き方 (1)①は赤血球《せっけっきゅう》で，この中のヘモグロビンという色素《しきそ》が酸素《さんそ》と結びついて，酸素を全身へ運ぶ。

(2)栄養分や不要物を運ぶのは，液体《えきたい》成分の血《けっ》しょうである。

❹ (1)エ　(2)A

解き方 (1)おびれでは，流れている血液が透《す》けて見える。

(2)心臓《しんぞう》から出た血液はすぐにえらを通り，酸素を受けとって全身へ運ばれるので，全身へ向かって流れている血液には多くの酸素がふくまれている。

❺ (1)イ　(2)エ

解き方 (1)肺の中に入ってきた空気中の酸素は，血液中の赤血球の色素であるヘモグロビンと結びついて，血液によって運ばれる。

(2)心臓から送り出す血液が流れる血管を動脈といい，心臓へ戻《もど》ってくる血液が流れる血管を静脈という。とくに，心臓から肺へ送り出される血液が流れる血管を肺動脈，肺から心臓へ戻ってくる血液が流れる血管を肺静脈といい，心臓から全身へ送り出される血液が流れる血管を大動脈，全身から心臓へ戻ってくる血液が流れる血管を大静脈という。

❻ (1)肺　(2)イとカ・オとキ　(3)えら

(4)

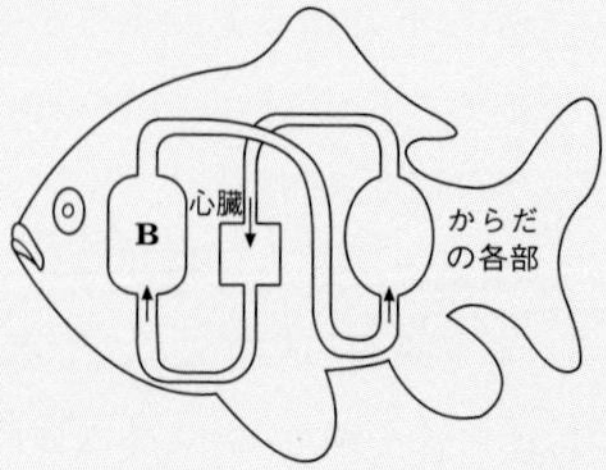

解き方 (1)人の呼吸器官《こきゅうきかん》は肺である。

(2)人の血管は，下の図のようにつながっている。**イ**と**カ**をつなぐ血管を肺静脈，**オ**と**キ**をつなぐ血管を大動脈といい，肺で受けとった酸素を多くふくんだ血液が流れている。また，**ア**と**エ**をつなぐ血管を肺動脈，**ウ**と**ク**をつなぐ血管を大静脈といい，全身で受けとった二酸化炭素を多くふくんだ血液が流れている。

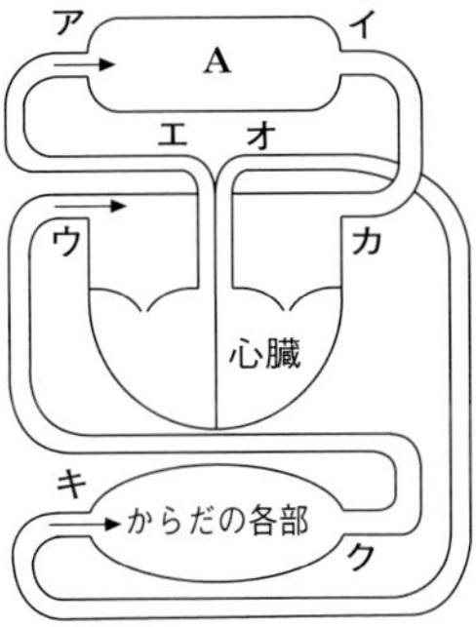

(3)魚類の呼吸器官はえらである。

(4)魚類の血液は，心臓からえらへ送り出され，えらで酸素を受けとった血液が全身を流れたあと，心臓へ戻ってくる。

4 骨《ほね》・筋肉《きんにく》・目・耳

力だめしの問題

❶ (1)①　(2)イ　(3)A…イ　B…オ
(4)脳《のう》[大脳《だいのう》]

解き方 (1)①の筋肉を縮《ちぢ》めることによってうでを曲げる。このとき，②の筋肉はゆるんでいる。

(2)②の筋肉を縮めることによって腕《うで》を伸《の》ばす。このとき，①の筋肉はゆるんでいる。

(3)**B**をけんといい，筋肉が骨《ほね》につながっている部分である。

(4)意識的《いしきてき》な行動の命令は，脳(大脳)から出される。

❷ (1)記号…オ　名称…虹彩《こうさい》
(2)記号…ク　名称…網膜《もうまく》

解き方 (1)虹彩の動きによって瞳《ひとみ》の大きさを変え，目に入る光の量を調節している。
暗い所…虹彩が縮む→瞳が大きくなる。
明るい所…虹彩が広がる→瞳が小さくなる。

5 人の誕生《たんじょう》

力だめしの問題

❶ (1)あ…精子《せいし》　い…卵《らん》[卵子《らんし》]
う…受精卵《じゅせいらん》　え…子宮《しきゅう》　お…胎児《たいじ》
か…羊水《ようすい》　き…へその緒《お》
く…胎盤《たいばん》　け…38　こ…50
さ…3
(2)A…カ　B…ウ　C…イ
(3)へその緒，胎盤を通って母親の血《けつ》液《えき》に送られる。
(4)ウ・カ・ク　(5)哺乳類《ほにゅうるい》

解き方 (2)図3の左の図は女性《じょせい》の生殖器官《せいしょくきかん》，右の図は男性の生殖器官を表している。

(3)二酸化炭素《にさんかたんそ》や不要物は血液の中にとけ，へその緒の中の血管を通って胎盤に送られ，胎盤で母親の血液にわたされる。

(4)(5)子宮である程度《ていど》の大きさまで子を育ててからうみ出すのは哺乳類だけである。また，ペンギンとダチョウは鳥類《ちょうるい》，カメはは虫類《ちゅうるい》，カマキリはこん虫類《ちゅうるい》，サメとマグロは魚類《ぎょるい》，カエルは両生類《りょうせいるい》である。

❷ ア

解き方 1つの卵《らん》の中に1つの精子の核《かく》が入るとすぐに卵のまわりに膜《まく》ができ，ほかの精子は卵の中に入れなくなる。よって，卵の中に入った1つの精子の核と卵の核が受精して1つの受精卵ができる。

❸ ③→①→②

解き方 心臓《しんぞう》が動き始めるのが約4週目，目や耳ができるのが約8週目，男性か女性かの区別ができるようになるのは約16週目である。

❹ ⑴ア・ウ・オ　⑵ア・オ

解き方 ⑴哺乳類の前あしにあたる部分(コウモリの翼《つばさ》や，アシカやクジラなどの海洋哺乳類の前ひれなども前あしが進化したもの)は，すべて，骨《ほね》のつくりが似《に》ている。これらは，同じつくりから進化したと考えられる。このように，形やはたらきが違《ちが》っていても，同じつくりから進化したと考えられる器官を相同器官《そうどうきかん》という。シーラカンスという魚類の胸《むね》びれにもほかの哺乳類の前あしとつくりの似ている骨格《こっかく》がある。

⑵人間やサルの前あし(手)は，親指をほかの指と向き合わせることができるので，ものをつかんだりできる(サルは後あしの親指もほかの指と向き合わせることができる)。また，肩《かた》を回して，腕《うで》をからだの後ろに回すことができるのも人間とサルの特徴《とくちょう》である。イは哺乳類と鳥類のほぼすべてに共通し，ウは肉食動物の多くに共通し，エは哺乳類のすべてに共通する。

❺ ⑴①卵[卵子]　②精子　③子宮
④胎児
⑵ア　⑶㋐へその緒　㋑胎盤
⑷羊水　⑸A…ア　B…イ

解き方 ⑴①②母親の卵巣《らんそう》でつくられた卵(卵子)と父親の精巣《せいそう》でつくられた精子が合体して受精卵をつくることを受精という。③受精卵は子宮の壁《かべ》に着床《ちゃくしょう》し，細胞《さいぼう》分裂《ぶんれつ》をくり返して，からだがつくられていく。④子宮の中で育っている子どものことを胎児という。

⑵人の卵(卵子)の直径は約0.14mmで，細胞分裂する前の受精したばかりの受精卵は卵と同じ大きさである。

⑶㋐をへその緒といい，胎児のからだから㋑の胎盤へ向かう血液が流れる血管と，胎盤から胎児のからだへ戻《もど》ってくる血液が流れる血管が通っている。

⑷子宮の中で育つ胎児は，羊水という液体《えきたい》に包《つつ》まれていて，外部からの衝撃《しょうげき》を受けにくくなっている。

⑸㋑の胎盤には，母親の毛細血管《もうさいけっかん》と胎児の毛細血管が集まっているが，血管どうしはつながっていないので，母親と胎児の間で血液が移動《いどう》することはない。母親の毛細血管からしみ出した酸素《さんそ》と栄養分《えいようぶん》は胎児の毛細血管の中に入り，㋐のへその緒の中の血管内の血液《けつえき》によって胎児のからだへ移動する。また，胎児のからだの中でいらなくなったもの(二酸化炭素など)は，へその緒の中の血管内の血液によって胎盤へ移動し，胎児の毛細血管からしみ出して母親の毛細血管の中に入る。

チャレンジ問題

1 ⑴ア
⑵①消化管《しょうかかん》　②(口→)オ→ア→イ→カ→ウ(→こう門《もん》)　③カ
⑶①ア　②ア・ウ

解き方 ⑴重さの割合《わりあい》で，人の体重の約60%を水がしめている。

⑶①ヨウ素《そ》反応《はんのう》が見られない原因《げんいん》がだ液《えき》にあることを確認《かくにん》するためである。このような実験を対照実験《たいしょうじっけん》という。

②**実験1**の結果から，だ液は0℃や90℃でははたらかないことがわかる。また，**実験2**の結果から，だ液を一度0℃にしても，そのあとで40℃にすればはたらくようになるが，だ液を一度90℃にすると，

そのあとで 40℃にしてもはたらかないことがわかる。

2 ①ネ　②ウ　③エ　④オ　⑤セ
⑥テ　⑦ニ　⑧ト　⑨ナ

解き方　食物の中の栄養分《えいようぶん》のうち，でんぷんはぶどう糖《とう》に，たんぱく質《しつ》はアミノ酸《さん》に，脂肪《しぼう》は脂肪酸《しぼうさん》とモノグリセリドに消化されてから小腸《しょうちょう》の柔毛《じゅうもう》で吸収《きゅうしゅう》される。

3 (1)①**C**　②**C**　③×　④**A**　⑤**B**
(2)水蒸気《すいじょうき》　(3)ア・カ　(4)イ

解き方　(1)③は，こん虫《ちゅう》の呼吸器官《こきゅうきかん》である気門《きもん》(穴《あな》)と気管《きかん》(穴につながる管)のことである。④の小さな袋《ふくろ》とは，肺胞《はいほう》のことである。⑤のくしの歯を広げたような構《こう》造《ぞう》のものとは，えらのことである。

(2)酸素《さんそ》をとり入れて，二酸化炭素《にさんかたんそ》と水蒸気《すいじょうき》を放出している。

(3)アは,「心臓《しんぞう》→肺動脈《はいどうみゃく》→肺《はい》→肺静脈《はいじょうみゃく》→心臓」いう肺循環《はいじゅんかん》のことである。肺で酸素をとり入れた血液は「心臓→大動脈《だいどうみゃく》→全身→大静脈《だいじょうみゃく》→心臓」という体循環《たいじゅんかん》により，酸素を全身へ運んでいる。魚類《ぎょるい》では,「心臓→えら→全身→心臓」というように血液が循環している。

(4)クジラは哺乳類《ほにゅうるい》である。

4 (1) **0.8 倍**　(2) **0.22 L**　(3) **3.93 L**
(4) **0.032%**　(5) **138 倍**
(6)毛細血管《もうさいけっかん》から肺へ二酸化炭素が放出されるから。(22 字)

解き方　(1)**実験 1** で，**B** 液 50cm^3 と **C** 液 40cm^3 が完全に中和《ちゅうわ》している。また，**実験 3** で，**A** 液 10cm^3 と **C** 液 10cm^3 が完全に中和しているので，**A** 液 40cm^3 と **C** 液 40cm^3 が完全に中和することがわかる。したがって，**A** 液 40cm^3 と **B** 液 50cm^3 にとけている水酸化《すいさんか》カルシウム(消石灰《しょうせっかい》)の量が等しいので，**A** 液と **B** 液の濃《こ》さは，

A：**B** = 50：40 = 5：4 となる。

(2)(1)より，**実験 1** で気体 **X** 中の二酸化炭素が **A** 液 1L 中の水酸化カルシウムの $\frac{1}{5}$ と中和したことがわかる。**実験 4** より，100cm^3 の **A** 液と 110cm^3 の二酸化炭素が完全に中和するので，1L の $\frac{1}{5}$ である 200cm^3 の **A** 液と完全に中和する二酸化炭素の体積は 220cm^3 (0.22L)である。

(3)気体 **Y** と気体 **Z** の体積の差である 0.85L は気体 **X** にふくまれていた酸素の体積なので，気体 **X** にふくまれていた窒素《ちっそ》の体積は，

$$5 - (0.22 + 0.85) = 3.93\,(\mathrm{L})$$

(4)
$$\frac{0.03}{74.2 + 19.6 + 0.03} \times 100 = 0.0319\cdots = 0.032\,(\%)$$

(5)
$$\frac{0.22}{5} \times 100 = 4.4\,(\%)$$
$$4.4 \div 0.032 = 137.5 = 138\,(\text{倍})$$

(6)肺に吸《す》いこんだ吸気《きゅうき》の中から酸素を毛細血管の中にとり入れ，毛細血管から二酸化炭素と水蒸気が出されて呼気《こき》として排《はい》出《しゅつ》される。

5 (1)ウ
(2)①**B**…ウ　**D**…カ
②**F**・**G**　③エ　④ア

解き方　(2)①**B** は大腸《だいちょう》の手前の消化管なので小腸である。また，鼻とつながっている口以外の器官《きかん》は肺である。**D** と肺の間で血液の循環が行われている(**D**→**F**→肺→**E**→**D**)ので，**D** は心臓である。

②**D** の心臓から出ていく血液が流れている(心臓からほかの器官に向かう矢印)血管が動脈である。

③**A** は胃《い》なので，胃より前に出される消化液はだ液である。だ液はでんぷんを消化して糖(麦芽糖《ばくがとう》)に変える。

④図の **C** は肝臓《かんぞう》である。肝臓ではぶどう糖をグリコーゲンとして，アミノ酸をたんぱく質《しつ》としてたくわえる。しかし，吸

収された栄養分が多すぎて肝臓にすべてをたくわえられない場合は，皮下脂肪《ひかしぼう》としてたくわえることが多い。

6 (1) **120**　(2) **600 mL**

(3)記号…ア

理由…ぶどう糖は毛細血管の中に再吸収《さいきゅうしゅう》されるから。

解き方 (1) $12.0 \div 0.1 = 120$

(2) $120 \times 5.0 = 600$ (mL)

(3)ぶどう糖はからだに必要なものなので，腎臓《じんぞう》が正常《せいじょう》にはたらいていれば，すべて再吸収される。

7 イ

解き方 アは1心房《しんぼう》1心室《しんしつ》なので魚類の心臓，イは2心房1心室なので両生類《りょうせいるい》の心臓，ウは不完全な2心房2心室なのでは虫類《ちゅうるい》の心臓，エは完全な2心房2心室なので鳥類《ちょうるい》や哺乳類の心臓である。

8 実験1…ア　実験2…イ

解き方 実験1…体表で水の流れを感じたメダカは，流されないように水の流れと反対向きに泳ぐ。

実験2…目で模様《もよう》の動きを見たメダカは，自分が流されていると勘違《かんちが》いして，流されないように模様の動きと同じ向きに泳ぐ。

9 (1)A…精子《せいし》

B…子宮《しきゅう》

(2)ウ　(3)イ・ウ

(4)①右心房《うしんぼう》…あ

大動脈…く

肺動脈…か

②右図

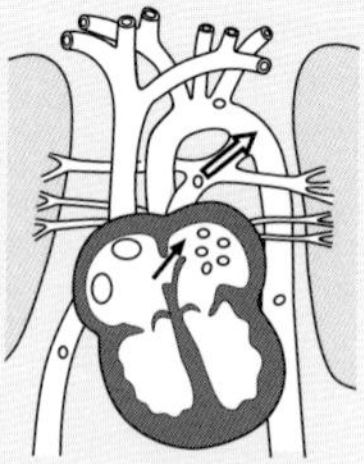

③胎児《たいじ》は母親の胎盤《たいばん》を通して気体の出し入れを行い，肺呼吸《はいこきゅう》をしないため肺に大量の血液を送る必要がないから。

解き方 (2)受精卵《じゅせいらん》ができてから出産までは約38週(266日)である。

(3)胎児のからだの中で不要となった二酸化炭素を多くふくむ血液は臍動脈《さいどうみゃく》を通って胎盤へ運ばれ，母親の血管の中に入る。胎盤で母親の血管から酸素《さんそ》を受けとった血液は臍静脈《さいじょうみゃく》を通って胎児のからだに入り，胎児の全身に酸素を受け渡《わた》す。よって，臍動脈を流れる血液は酸素が少なくて二酸化炭素が多く，臍静脈を流れる血液は酸素が多くて二酸化炭素が少ない。

(4)①ⓐは右心房，ⓘは右心室《うしんしつ》，ⓤは左心房《さしんぼう》，ⓔは左心室《さしんしつ》，ⓞは大静脈，ⓚは肺動脈，ⓚⓘは肺静脈，ⓚⓤは大動脈である。

②→はⓐの右心房からすき間(卵円孔《らんえんこう》)を通ってⓤの左心房へ向かい，⇨はⓚの肺動脈からⓚⓤの大動脈へ向かう。解答の⇨がかかれている部分が動脈管である。

生命編 総合問題

1 (1)がく…イ・オ・コ
花びら…ア・エ・ク
おしべ…ウ・キ・サ
めしべ…カ・ケ・シ

(2)

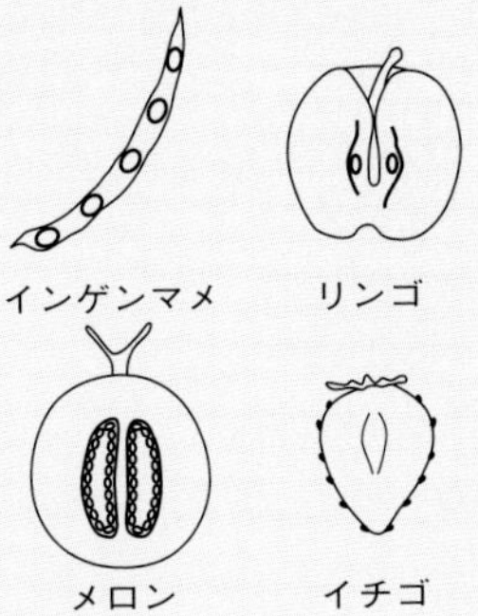

(3)エ　(4)イ・ウ

(5)トウモロコシ・スギ・マツ

解き方　(1)ヘチマはめ花《ばな》がかかれているので，おしべはない。

(3)子房《しぼう》の部分が果実《かじつ》になる。アはがくが開いたもので，イは子房とがくの間の部分が伸《の》びたものである。

(4)ア，エ…風媒花《ふうばいか》の花粉《かふん》は風に飛ばされなければならないので，虫媒花《ちゅうばいか》の花粉より小さくて軽い。また，小さいので，栄養《えいよう》分《ぶん》も少ない。

イ…風媒花の花粉は風に飛ばされたうちのどれかが偶然《ぐうぜん》同じ種類の植物のめしべやはいしゅに届《とど》かなければ受粉《じゅふん》できないので，たくさんつくられて，たくさん空気中に放出される。

ウ…虫媒花の花粉は，毛やかぎのようなものが花粉の表面についていて，花粉に粘《ねば》りけをもたせ，こん虫《ちゅう》などにくっつきやすくなっている。

2 (1)ウ

(2)日本で生息していたほかの植物が発芽しにくくなり，減少《げんしょう》していった。

解き方　(1)セイタカアワダチソウの茎《くき》の成分をふくんだ抽出液《ちゅうしゅつえき》をしみこませたガーゼの上では，ハツカダイコンが発芽《はつが》しにくくなっているので，セイタカアワダチソウの茎にはハツカダイコンの発芽を抑《おさ》える成分がふくまれていると考えられる。しかし，根や茎の成長に関しては，この実験では調べていないのでわからない。

(2)実験の結果をもとにということなので，日光を奪《うば》い合うことなどは書かなくてよい。

3 (1)ウ・オ・キ　(2)①カ　②イ　③ア

(3)1年中葉をつけている常緑樹《じょうりょくじゅ》だから。

(4)地下の根や茎にたくわえていた栄養分を使って地上部の葉や茎が成長したから。

解き方　(1)草では，花が咲《さ》くころに地上部が最も成長している。

(2)①ヒガンバナは特殊《とくしゅ》で，多年草《たねんそう》なので地下部分はずっと残っているが，秋の彼岸《ひがん》のころ(9月下旬《げじゅん》)になると1本の茎を伸ばし，その頂点に赤色の花を咲かせる。そのあと花はすぐに枯《か》れるが，冬の初めごろから線状の葉を出し，翌年の春に枯れる。②ススキは地下の茎が1年中残っていて，春の初めごろから地上に芽を出して成長し，夏に花を咲かせ，秋に実《み》や種子《しゅし》をつくってから，地上部分は枯れる。③ヒノキは常緑樹なので，地上部分も地下の部分も大きな変化は見られない。

(4)ススキは，地上部分が成長して光合成《こうごうせい》がさかんになるまでは，地下の茎にたくわえていた栄養分で地上部分が成長するため，4月ごろに地下部の量が減少する。

4 **(1)ウ　(2)カ**

(3)本州で連続した暗期《あんき》が13時間以上になるのは，気温が低くて寒い時期だから。

(4)花が咲かなければ受粉ができず，種子《しゅし》がつくられないから。

解き方 (1)サツマイモのいもは根，ジャガイモやサトイモのいもは地下の茎に栄養分をたくわえたものである。

(2)明期《めいき》がⅡより長いⅠや明期がⅡより短いⅢで花芽《かが》がつくられていないので，花芽をつくるための条件《じょうけん》として明期は関係ないことがわかる。また，暗期がⅡより短いⅠや暗期がⅡより長いⅢでも花芽がつくられていないが，連続した暗期として考えると，Ⅲの連続した暗期はⅡの連続した暗期より短い。ⅡとⅣはどちらも連続した暗期が13時間になっているので，少なくとも，連続した暗期が13時間以上あれば花芽をつけると考えられる(Ⅰの連続した暗期は9時間で，Ⅲの連続した暗期は8時間なので，実際《じっさい》に必要な連続した暗期の最低条件は，9時間から13時間の間である)。

(3)植物には，花芽がつくられても気温が低いと花が開かないものがある。

(4)品種改良するためには，異《こと》なる品種のサツマイモの花どうしを受粉させなければならないが，花が咲かないと，受粉させて新しい品種の種子をつくることができない。

5 **ク**

解き方 ア…ニンジンは根，レンコンは地下の茎，ハクサイは葉を食用としている。

イ…ゴボウとサツマイモは根，タケノコは茎を食用としている。

ウ…ホウレンソウは葉，アスパラガスとセロリは茎を食用としている。

エ…レタスとキャベツは葉，キュウリは実を食用としている。

オ…パセリは葉，カリフラワーとブロッコリーは花を食用としている。

カ…トウモロコシとダイズは種子，カボチャは実を食用としている。

キ…ネギとタマネギは葉，サトイモは地下の茎を食用としている。

ク…ナスとトマトとピーマンはどれも実を食用としている。

6 **(1)カ　(2)エ　(3)ウ**

解き方 (1)サクラが**A**のとき，すべて○になっている。

(2)ナナホシテントウはアブラムシ(アリマキ)などを食べる。

(3)クワガタムシは，樹液《じゅえき》をなめる。

7 **(1)順に，スケトウダラ・アカテガニ・サワガニ**

(2)ア

解き方 (1)親が子(幼生《ようせい》または卵《たまご》)を放す時期によって産卵《さんらん》数が異なる。成体になるまではらにかかえているサワガニの産卵数が最も少なく，卵をうんで放してしまうスケトウダラの産卵数が最も多くなる(早く放すほど成長するまでに食べられる危険性《きけんせい》が高くなるのでたくさんうむ)。

(2)魚などが集まると，卵が食べられてしまう。

8 (1)ダンゴムシ　(2)落ち葉など

(3)足が**14**本[**7**対]ある。からだが頭部《とうぶ》・胸部《きょうぶ》・腹部《ふくぶ》と**3**つに分かれていない。[からだがたくさんの節《ふし》で分かれている。]

(4)例 迷路《めいろ》の図…右図

結果…ダンゴムシは①や②に行き，③や④に行くことはほとんどない。

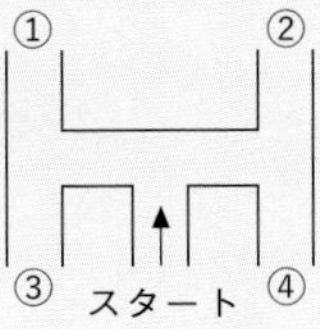

解き方 (3)こん虫のからだは頭部・胸部・腹部の3つに分かれていて，胸部に6本(3対)の足がついている。

9 (1)A…軽く　B…保温《ほおん》

(2)例 羽毛布団《うもうぶとん》・ダウンジャケット

(3)ウ

(4)水中で生活する時間が長いため。

(5)目視《もくし》では目から直線上にあるものしか位置や形を知ることができないが，反響定位《はんきょうていい》ではもののかげにかくれていたりするものでも位置や形を知ることができる。

(6)ア・エ　(7)オ・カ

解き方 (3)胸《むね》の筋肉《きんにく》を使って翼《つばさ》を動かして飛ぶので，胸の筋肉を支える胸の骨《ほね》が発達している。

(4)ペンギンは翼をひれのように使って水中を泳ぐことができる。水中では足に力がかかることがないので，足の筋肉が発達していない。

(5)光は直進するので，鏡などを使わなければ目から直線上にあるものしか見ることはできない。しかし，音は空気中を波として伝わっていくので，もののかげにかくれた部分や曲がった洞窟《どうくつ》の先でも，空気がつながっている部分であればある程《てい》度《ど》遠くまで伝わるし，反射《はんしゃ》することもできる。よって，超音波《ちょうおんぱ》の反射を利用した反響定位では，暗くて迷路のようになった洞窟の中でもものの位置や形を知ることができる。

(6)日中ではおよそのものが目で見えてしまうため，反響定位を利用するコウモリが有利になりにくい。

(7)光が弱かったり，入り組んだ地形であったりして周囲《しゅうい》全体を目視しにくい所では反響定位が役立つ。しかし，イのような場合では，超音波が細かい泥《どろ》の粒《つぶ》で反射するので役に立たない。

10 a…アミラーゼ　b…マルターゼ　c…小腸《しょうちょう》　d…門脈《もんみゃく》　e…ぶどう糖《とう》

解き方 a…口に出されるだ液《えき》にふくまれる消化酵素《しょうかこうそ》をアミラーゼといい，デンプンを糖(麦芽糖《ばくがとう》)に消化する。

b…小腸の壁《かべ》にはマルターゼという消化酵素があり，麦芽糖をぶどう糖に消化する。

c…消化された栄養分を吸収《きゅうしゅう》する器官《きかん》は小腸である。

d…小腸で栄養分を吸収した血液を肝臓《かんぞう》に送る血管《けっかん》を門脈という。小腸を通った血《けつ》液《えき》は必ず門脈を通って肝臓へ運ばれ，その一部がすがたを変えて肝臓にたくわえられる。

e…でんぷんはぶどう糖になって吸収される。たんぱく質《しつ》はアミノ酸になって小腸の毛細血管《もうさいけっかん》の中に吸収される。脂肪《しぼう》は脂《し》肪酸《ぼうさん》とモノグリセリドになって小腸の壁を通りぬけるが，そのあと再《ふたた》び結びついて脂肪となり，リンパ管の中に吸収される。

11 (1)ア・イ　(2)イ　(3)イ

解き方 (1)次の表のように，Ⓐ◎とⒷ◎が1:1の割合《わりあい》でできるので，A型とB型《がた》が

1：1の割合で出現《しゅつげん》する。

父親の 遺伝子《いでんし》 ＼ 母親の 遺伝子	遺伝子Ⓞ	遺伝子Ⓞ
遺伝子Ⓐ	ⒶⓄ	ⒶⓄ
遺伝子Ⓑ	ⒷⓄ	ⒷⓄ

(2)次の表のように，

ⒶⒶ：ⒶⒷ：ⒷⒷ＝1：2：1

の割合でできるので，AB型の確率《かくりつ》は50%となる。

父親の 遺伝子 ＼ 母親の 遺伝子	遺伝子Ⓐ	遺伝子Ⓑ
遺伝子Ⓐ	ⒶⒶ	ⒶⒷ
遺伝子Ⓑ	ⒶⒷ	ⒷⒷ

(3)父親は遺伝子Ⓐをもっていないので，母親が遺伝子Ⓐをもっていたことがわかる。また，O型の子は両親が遺伝子Ⓞをもっていないとうまれないので，母親は遺伝子Ⓞももっていたことがわかる。したがって，母親の遺伝子の組み合わせは，ⒶⓄである。

12 **(1)A…肺　B…心臓《しんぞう》　C…肝臓**

D…胃《い》　E…胆《たん》のう

(2)エ・オ・カ

(3)脂肪の分解《ぶんかい》を助ける。

解き方 (1)**A**…肺は左右に1つずつある。

C…肝臓は，内臓の中で最も大きい。

D…腸《ちょう》につながっているので胃である。

(2)酸素と二酸化炭素の交換を行うのは肺である。心臓は，全身に栄養分や酸素をふくんだ血液を送る。消化した栄養分を吸収するのは小腸である。

(3)肝臓でつくられた胆汁《たんじゅう》(胆液《たんえき》)は，一時的に**E**の胆のうでたくわえられ，濃《こ》くなってから腸に出される。胆汁には消化酵素はないが，脂肪を小さくして，すい液による脂肪の分解を手助けするはたらきがある。

13 **①コ・L　②ケ・J　③シ・B**

④ウ・M　⑤イ・N　⑥カ・D

⑦オ・G　⑧サ・C　⑨ア・H

解き方 ①とぎれとぎれに写っているものが内臓《ないぞう》を囲《かこ》んでいるので，かごのようになって心臓や肺などを守っているろっ骨《こつ》である。また，②があることから上側が背中側だとわかり，背中側までろっ骨が見えるので，胸のあたりの断面図《だんめんず》であることもわかる。

②**図2**にも見られ，背中《せなか》側にある太い円柱形であることがわかるので，背骨《せぼね》である。背骨は横から見るとS字形になっていて，振動《しんどう》を和《やわ》らげたり，バランスをとったりするのに都合《つごう》がよい。

③胸あたりに左右1つずつある器官なので肺である。肺にとり入れた空気から肺のまわりの毛細血管に酸素をとり入れ，毛細血管から肺へ二酸化炭素が出される。

④⑤胸のあたりの中心(わずかに左寄《よ》り)にある器官は心臓である。ア～シに心房《しんぼう》はないので④と⑤は心室《しんしつ》である。④はこのからだのもち主にとって左側なので左心《さしん》室《しつ》，⑤は右側なので右心室《うしんしつ》である。左心室からは，酸素を多くふくむ血液が全身へ送り出される。右心室からは，二酸化炭素を多くふくむ血液が肺へ送り出される。

⑥は背中側にあり，右側(向かって左側)にも同じようなものが見える(右側のものは，⑨によって少し隠《かく》されている)ので，左右に1つずつある腎臓《じんぞう》である。腎臓は，血液中の余分な水分や塩分，尿素《にょうそ》などの不要物をこしとって尿《にょう》をつくるところである。また，**図2**には腎臓が見えること

から，**図 1** より少し下のあたりの断面図であることもわかる。

⑦中心より左側(向かって右側)で横にのびた器官なので，すい臓《ぞう》である。すい臓でつくられるすい液には，でんぷんを消化する消化酵素《しょうかこうそ》や脂肪を消化する消化酵素，たんぱく質を消化する消化酵素がすべてふくまれている。

⑧すい臓の横にある袋状《ふくろじょう》の器官なので胃である。胃液《いえき》は強い酸性《さんせい》(塩酸《えんさん》をふくむ)なので，胃の内側の表面がとけないように，厚《あつ》い粘膜《ねんまく》の保護層《ほごそう》で覆《おお》われている。

⑨最も大きい器官なので，肝臓《かんぞう》である。肝臓は，血液中の有害なアンモニアを害の少ない尿素に変えたり，血液中のそのほかの有害《ゆうがい》物質を分解する解毒作用《げどくさよう》もある。そのほかにも，「胆汁《たんじゅう》をつくる。」「栄養分をたくわえる。」など，肝臓にはたくさんのはたらきがある。

地球編

第1章 天体の動き

1 太陽の動き

力だめしの問題

❶ (1)左　(2)ウ　(3)A　(4)C　(5)ウ

解き方 (2)南の空に向かって昇《のぼ》っていく。

(3)(4)太陽が最も北寄《よ》りから出て北寄りに沈《しず》む日ほど昼が長いので，日の出の時刻《じこく》は最も早く，日の入りの時刻は最も遅《おそ》い。太陽が最も南寄りから出て南寄りに沈む日ほど昼が短いので，日の出の時刻は最も遅く，日の入りの時刻は最も早い。

❷ (1)ウ　(2)夏至《げし》　(3)B

解き方 (1)は地球の地軸《ちじく》が傾《かたむ》いたまま公転《こうてん》していることによって，太陽の 1 日の動きが季節によって変化する。

(3)太陽が傾いている **D** が南なので，北は **B** である。

❸ (1)① 4 分　②午前 11 時 40 分
(2)①イ　②ア　③ウ

解き方 (1)① 60 × 24 ÷ 360 = 4 (分)

② 4 × 5 = 20 (分)

経度《いど》が大きいほど東の位置なので太陽の南中時刻《なんちゅうじこく》は早い。したがって，東京での太陽の南中時刻は正午の 20 分前である。

(2)真北にできる影《かげ》は，夏至の日が最も短く(南中高度《なんちゅうこうど》が高い)，冬至《とうじ》の日が最も長い(南中高度が低い)。春分《しゅんぶん》・秋分《しゅうぶん》の日の影の先端《せんたん》の動きは東西の線にほぼ平行である。

❹ (1)エ　(2)**25.6°**　(3)ア　(4)ウ

解き方 (1)下の図のように，北緯《ほくい》23.4°の地点での太陽の南中高度が90°となる。

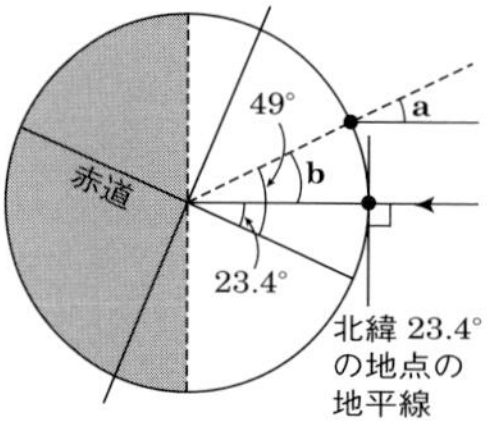

(2)角度**a**と上の図の角度**b**は同位角で等しいので，

角度**a**＝角度**b**＝49－23.4＝25.6(度)

(3)(4)各地点は地球の自転《じてん》とともに赤道《せきどう》と平行に移動《いどう》するので，下の図のように，昼と夜のおよその割合《わりあい》も，その地点を通る赤道と平行な直線によって表すことができる。また，このことから，北緯66.6°より北の地点では，夏至の日に，1日中太陽が沈まないことがわかる。

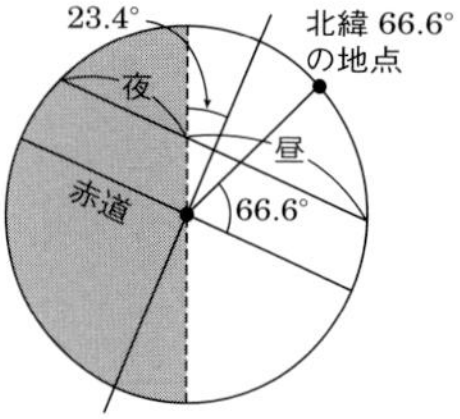

2 月の動きと満《み》ち欠《か》け

力だめしの問題

❶ (1)ア　(2)海　(3)クレーター

解き方 (1)(2)海とよばれる部分は凹凸《おうとつ》が少なく，玄武岩質《げんぶがんしつ》(黒っぽい)の岩石でできているため，暗く見える。

(3)月には水や空気がないため，クレーターがいつまでも消えずに残るので，数多く見られる。

❷ (1)月の形…満月《まんげつ》

理由…地球から見て月が太陽と反対側にあるから。

(2)月は太陽の光を反射《はんしゃ》して光っており，地球のまわりを公転《こうてん》しているから。

(3)南　(4)下図

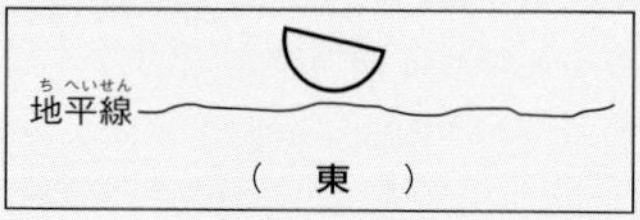

解き方 (2)月が地球のまわりを公転することにより，太陽・地球・月の位置関係がつねに変化し，地球から見て月の光って見える部分(太陽の光があたっている部分)の見え方が変化する。

(3)夕方に東の地平線から出てくるので，真夜中に南中《なんちゅう》し,明け方に西の地平線に沈《しず》む。

(4)1週間で，同時刻《じこく》の月の位置は約90度だけ東へ移動《いどう》する。また，満月から1週間ごとに下弦《かげん》の月(南中時に左半分が光る月)→新月《しんげつ》→上弦《じょうげん》の月(南中時に右半分が光る月)→満月と満ち欠けする。

❸ (1)**A**…エ　**B**…オ　**C**…カ　**F**…ア　**G**…イ

(2)公転　(3)①　(4)満月　(5)月食《げっしょく》

(6)ウ

(7)月は自転周期《じてんしゅうき》と公転周期が同じだから。

解き方 (1)そのほかは,**D**はキ,**E**は新月,**H**はウである。地球から見て，月のどの部分に光があたって見えるのかを考える。または,**A**が太陽と反対側だから満月で，そのあとは右側から欠けていって**E**で新月になり，そのあとは右側から満ちていって**A**で満月に戻《もど》るという考え方からも答えを導《みちび》き出せる。

(3)地球の自転の向きは月の公転の向きと同じである。また，地球の公転の向きや月の自転の向きも同じである。

(5)満月のときは，月が地球の影《かげ》に入って欠けて見えることがある。これを月食という。

(6)満ち欠けの周期が約 30 日なので，満月から新月までは約 15 日である。

(7)地球に対してつねに同じ面を向けながら地球のまわりを 1 回公転すると，1 回自転もしたことになる。

4 (1)ア…皆既《かいき》　イ…部分　(2)②

解き方 (2)①は本影《ほんえい》で，ここから太陽を見ると皆既日食《にっしょく》が見える。②は半影《はんえい》で，ここから太陽を見ると部分日食が見える。③は本影でも半影でもないので，いつも通りの太陽が見える。

5 (1)(**a**→)**c**→**e**→**d**→**b**　(2)オ

(3)月の自転と公転の，向きと周期が同じだから。

(4)**a**…オ　**b**…イ　**c**…ア　**d**…エ　**e**…ウ

(5) **60 g**

解き方 (1)満月を過《す》ぎると右側から欠けていき(**c**→**e**)，新月を過ぎると右側から満ちてくる(**d**→**b**)。

(2)**a**の満月が南中するのは午前 0 時ごろ，**b**の上弦の月が南中するのは午後 6 時ごろ，**c**の下弦の月が南中するのは午前 6 時ごろ，新月が南中するのは正午ごろである。この 4 つの月の南中時刻は覚えておくとよい。

(3)月の自転と公転の向きと，それらの周期が等しいため，月は地球に対してつねに同じ面を向けている。

(4)**a**の満月は，夕方ごろに東の地平線から出て，真夜中に南中し，明け方ごろに西の地平線に沈む。**b**の上弦の月は，夕方ごろ暗くなったときに南中していて，真夜中ごろに西の地平線に沈む。**c**の下弦の月は，真夜中に東の地平線から出てきて，明け方ごろに南中するが，そのあとは明るくなるため見えなくなる。**d**の三《み》日月《かづき》に近い月は，夕方暗くなったときに南西の空に見られ，午後 8 時～9 時ごろに西の地平線に沈む。**e**の 26～27 日目の月は，午前 3 時～4 時ごろに東の地平線から出てきて，明け方ごろには南東の空まで昇《のぼ》っているが，そのあとは明るくなるため見えなくなる。

(5)月面上では，分銅《ふんどう》にかかる重力も 6 分の 1 となるため，上皿天《うわざらてん》びんでは，60g のものは 60g の分銅とつりあう。ちなみに，ばねばかりや台《だい》ばかりではかると，6 分の 1 倍の 10g を示《しめ》す。

3 星の動き

力だめしの問題

1 (1)A…はくちょう座《ざ》　B…こと座

(2)夏《なつ》の大三角《だいさんかく》

(3)記号 … c　名前…アルタイル

(4)天《あま》の川《がわ》

解き方 (1)**C**はわし座である。

(2)(3)**a**のデネブ，**b**のベガ，**c**のアルタイルを結んでできる三角形を夏の大三角という。

2 (1)イ

(2)C

(3)エ

(4)オリオン座

(5)おおいぬ座

(6)右図

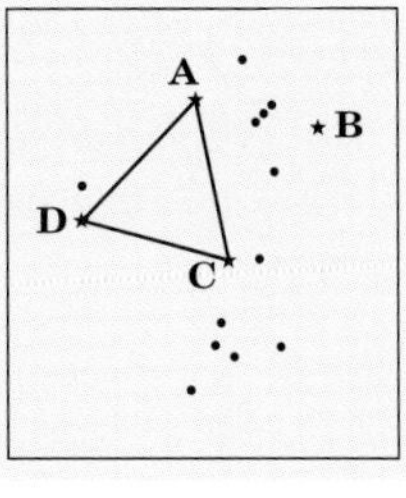

解き方 (1) 1 等星《とうせい》の明るさは 6 等星の明るさの 100 倍である。

(2)Cのシリウスは，夜空に見える恒星《こうせい》の中で最も明るい。

(3)Aのベテルギウスは赤色, Bのリゲルは青白色, Cのシリウスは白色, Dのプロキオンは薄黄《うすき》色である。

(4)(5)Dのプロキオンをふくむ星座《せいざ》はこいぬ座である。

3 (1)ウ

(2)A…東　B…南　C…西　D…北

(3)イ

解き方 (1)星の回転の中心にある星なので, 北極星《ほっきょくせい》である。北極星は, こぐま座の一部である。

(2)(3)Aは星が右上がりに昇《のぼ》っていく東の空である。Bは星が左(東)から右(西)へ動く南の空である。Cは星が右下がりに沈《しず》んでいく西の空である。Dは北極星を中心に星が回転する北の空である。北半球では, 北の空を除くと, 星は必ず左から右へ動いていく。

4 (1)ウ

(2)金星《きんせい》と地球との距離《きょり》が変わるから。

(3)金星は太陽の光を反射《はんしゃ》して光っており, 金星・太陽・地球の位置関係が変わるから。

解き方 (1)太陽－金星－地球と結んだときにできる角度がおよそ90度で, 地球から見て金星の右側に太陽があるので, 金星は右半分が光って見える。

5 (1)①ウ　②ク　③イ　④カ　(2)イ

(3)冬は日の出が遅《おそ》く, 早朝はまだ暗いため, 夏の星座を見ることができる。

解き方 (1)Aは冬《ふゆ》の大三角《だいさんかく》をつくるベテルギウスをふくむ冬の代表的な星座のオリオン座である。Bは夏の南の低い空に見られる夏の代表的な星座のさそり座である。

(2)図2で, イの位置から星座Aの方向を見ると太陽と同じ方向にあるので, 明るくて見ることができない。

(3)冬は日の出が遅く, 日の入りが早い(昼が短い)。そのため, 午前6時ごろはまだ暗いため, はくちょう座などの夏の星座を東の低い空に見ることができる(ただし, 同じ夏の星座でも, 図1のBのさそり座は地上に出ている時間が短いので, 冬に見ることはできない)。また, 午後6時ごろもすでに日の入り後で暗いため, 夏の星座を西の低い空に見ることができる。

チャレンジ問題

1 (1)右図

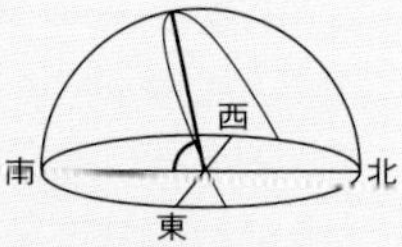

(2)ア

(3)ウ

解き方 (1)観測《かんそく》地点は透明半球《とうめいはんきゅう》の中心である。

(2)(3)赤道《せきどう》上では地平線《ちへいせん》からほぼ垂直《すいちょく》に太陽が昇《のぼ》り, ほぼ垂直に太陽が沈《しず》む。また, 日本と同じように, 夏至《げし》の日は最も北寄《よ》りを太陽が通り, 冬至《とうじ》の日は最も南寄りを太陽が通る。春分《しゅんぶん》や秋分《しゅうぶん》の日は, 真東から出て天頂《てんちょう》を通って真西に沈む。

2 (1)イ　(2)イ　(3)ア　(4)ア

解き方 (1)太陽の影《かげ》がいちばん短くなっているCが北である。よって, Aは南, Bは西である。

(2)影の先端《せんたん》の動きが棒《ぼう》に近く, 棒をとりまくような弧《こ》となっているので, 夏至の日のころ(6月21日ごろ)である。

(3)角度Pをその土地の緯度《いど》と同じにすると, 投影板《とうえいばん》と天球上の太陽の動きが平行になるため, 影も1時間で15度ずつ動くようになる。

(4)影は西→北→東と動く。投影板に向かって西は右側, 北は下側, 東は左側である。よって, 右→下→左, の順に時刻《じこく》がすすめばよい。

3 ⑴ **14日** ⑵ウ ⑶イ

解き方 ⑴満月《まんげつ》は，日の入りとほぼ同じ時刻に地平線から出てくる。

⑵ 23日の午前0時の直前(22日の午後11時過《す》ぎ)に出た月が23日の正午ごろに沈んだあと，次に月が出たのが24日の午前0時過ぎであったと考えられる。

⑶満月の4日前なので，上弦《じょうげん》の月(右半分の月)から満月になる途中《とちゅう》である。

4 ⑴イ ⑵イ ⑶エ ⑷エ ⑸エ

解き方 ⑴日食《にっしょく》が起こるのは，太陽－月－地球の順に並《なら》んだときなので月は新月《しんげつ》になっている。月食《げっしょく》が起こるのは，太陽－地球－月の順に並んだときなので月は満月になっている。

⑵**ア**は下弦《かげん》の月のころ，**イ**は新月のころ，**ウ**は上弦の月と満月の間のころ，**エ**は下弦の月の1～2日前のころである。

⑶**ア**は下弦の月のころ，**イ**は新月のころ，**ウ**は上弦の月のころ，**エ**は満月のころである。

⑷欠《か》けている部分の向きは同じだが，函館《はこだて》より鹿児島のほうが皆既《かいき》日食になった地《ち》域《いき》に近いので，もっと大きく欠けている。

⑸皆既月食が起こっているとき，夜で月が見える地域であればどこでも同じように皆既月食を観測《かんそく》できる。

5 ⑴⑫ ⑵**午前5時** ⑶ **11月**

解き方 ⑴北の空の星は，北極星《ほっきょくせい》を中心にして1時間で15度ずつ反時計まわりに動く。また，同時刻の星の位置は，1か月で30度ずつ反時計まわりに移動《いどう》している。4月1日の午後9時の星**A**の位置は，①の位置から見て120度(30°×4＝120°)手前(時計まわりに移動した位置)の⑨の位置である。4月1日の午前3時の星**A**の位置は4月2日の午前3時の星**A**の位置とほとんど変わらないので(1日で約1度)，4月2日の午前3時の星**A**の位置を求めると，⑨の位置から見て90度(15°×6＝90°)反時計まわりに動いた⑫の位置である。

⑵ 10月1日の午後9時の星**A**の位置は，①の位置から反時計まわりに60度(30°×2＝60°)移動した③の位置である。③から反時計まわりに⑦までの角度は120度なので，午後9時の8時間後(120°÷15°＝8)である10月2日の午前5時に星**A**は⑦の位置に見える。10月1日の午前5時に星**A**が見える位置もほぼ同じである。

⑶ 8月1日の午後7時の星**A**の位置は，①の30度(15°×2＝30°)手前(時計まわりに移動した位置)の⑫の位置である。⑫の位置から反時計まわりに③の位置までの角度は90度なので，8月1日の3か月後(90°÷30°＝3)の11月1日の午後7時に星**A**は③の位置にある。

6 ⑴北極星 ⑵**B** ⑶ **10日** ⑷ア
⑸向き…イ 角度…**45度**

解き方 ⑴星は，北極星の位置を中心にして回転している。

⑵**A**が北なので,**C**が南である。**図1**では南である**C**を手前にもった向きになっているので，南を向いたときの方位を考えると,**B**は南を向いたときの左側の方位である東,**D**は南を向いたときの右側の方位である西を示《しめ》している。

⑶ 20時(午後8時)の▼が9日と11日の間を指しているので，10日である。

⑷春の星座なので，しし座である。

⑸回転板には時刻が示されていて，**イ**の方向にまわすと時刻がすすむようにかかれている。1時間で15度ずつ動くので，3時間では45度(15°×3＝45°)動く。

7 (1)**恒星《こうせい》**　(2)**惑星《わくせい》**　(3)(1)

(4)**ア…金星《きんせい》　イ…火星《かせい》**　(5) **あ**

(6)(**a**)②・④　(**b**)③　(**c**)①

(7)(**a**)⑥　(**b**)⑧　(**c**)⑦　(**d**)⑤

(8)**公転《こうてん》**　(9) **9 か月**

解き方 (4)地球の内側を公転している惑星は，金星と水星《すいせい》である。地球の外側を公転している惑星は，火星，木星《もくせい》，土星《どせい》，天王星《てんのうせい》，海王星《かいおうせい》である。月は惑星のまわりを公転する衛星《えいせい》，シリウスやアンタレスは恒星である。

(6)(**a**)②や④のように，太陽と同じ方向にあるときは見ることができない。(**b**)③のように太陽より西側(図のように北極の真上から見て右側)に金星があるときは，明け方の東の空から昇る金星が見られる。(**c**)①のように太陽より東側(図のように北極の真上から見て左側)に金星があるときは，夕方の西の空から沈んでいく金星が見られる。

(7)(**a**)⑥のように，太陽と同じ方向にあるときは見ることができない。(**b**)⑧のように，太陽と反対側にあるときは，夕方ごろに東の地平線から昇ってきて，真夜中に南中し，明け方ごろに西の地平線に沈んでいく。(**c**)⑦のように，太陽より西側(図のように北極の真上から見て右側)に火星があるときは，明け方の東の空から昇る火星が見られる。(**d**)⑤のように太陽より東側(図のように北極の真上から見て左側)に火星があるときは，夕方の西の空から沈んでいく火星が見られる。

(9)公転する向きは自転する向きと同じで，北極の真上から見て反時計まわりである。よって，**A**から**B**までの公転した角度は270度である。1か月で30度公転するので，270°÷30°＝9(か月)

第2章 天気の変化

1 気温と湿度《しつど》の変化

力だめしの問題

❶ 1群…イ　2群…キ

解き方 気温は，風通しのよい日かげで，地面から1.2～1.5mの高さの空気の温度をはかる(日なたではかるときは，温度計に覆《おお》いをして日光をあてないようにする)。

❷ (1)**C**

(2)**空気は地面からの熱によってあたためられるから。**

(3) **17 時**　(4) **12 時**　(5) **5 時間**

解き方 (1)(4)左右対称《たいしょう》で，12時ごろに最高になっている**B**が太陽高度《たいようこうど》である。**A**と**C**を比較《ひかく》したとき，**A**のほうが1日の変化が大きく，最高になっている時刻《じこく》も早い(**A**は13時ごろ，**C**は14時ごろ)なので，**A**が地面の温度，**C**が気温のグラフである。

(2) 13時を過《す》ぎて地面の温度が下がり始めても，地面から空気中へ伝わる熱のほうが地表付近の空気中から上空へ逃《に》げていく(最終的には宇宙《うちゅう》へ出ていく)熱よりもまだ多いので，気温は上昇《じょうしょう》し続ける。14時ごろになると，地面から空気中へ伝わる熱よりも地表付近の空気中から上空へ逃げていく熱のほうが多くなるので，気温が下がり始める。

(3)グラフより，17時ごろである(正午を中心に左右対称)。

(5) 1時から6時までの約5時間である。

❸ (1)**百葉箱《ひゃくようばこ》**　(2)**エ**

(3)**日付…22 日　温度差…14°C**

(4)①**イ**　②**エ**　③**ア**

解き方 (1)百葉箱には，自記温度計《じきおんどけい》や湿度《しつど》計《けい》などが入っている。

(2)扉《とびら》を開いたときに直射日光《ちょくしゃにっこう》が入って温度計などにあたらないように，扉は北向きについている。

(3)最高温度は 29℃, 最低温度は 15℃である。

(4)太陽からの熱によって地面があたためられ，地面からの熱によって空気があたためられる。

4 (1)①露《つゆ》 ②霜《しも》 ③霧《きり》 ④蒸発《じょうはつ》 ⑤熱 ⑥低く

(2)①気温…**25℃** 湿度…**54%**

②低い ③ **27℃**

(3)ア・イ

解き方 (1)①～③空気中の水蒸気が冷やされて水滴《すいてき》となって植物の葉などについたものを露という。気温は朝方に下がりやすく，露がつきやすい。このように朝につく露を朝露《あさつゆ》という。水蒸気が急速に冷やされて，氷となって地面などについたものを霜という。霜柱《しもばしら》は，土の中の水が氷となったものなので，区別ができるようにしておこう。地表付近で水蒸気が水滴となって空気中に浮《う》き，雲のようになったものを霧という。

④～⑥水が蒸発するとき，まわりから熱を奪《うば》っていく(このとき奪われる熱を気《き》化熱《かねつ》という)。よって，湿球《しっきゅう》は乾球《かんきゅう》より低い温度を示《しめ》す。

(2)① 8 時の乾球が示す 25℃が，8 時の気温である。湿球は 19℃を示しているので，**表 2** より，乾球が 25℃，乾球と湿球の目《め》盛《も》りの差が 6℃のところを読み取ると，湿度は 54%となっている。

② 13 時の乾球は 28℃，乾球と湿球の目盛りの差は 7℃なので，**表 2** より湿度を読み取ると 51%となっている。

③ 18 時の湿球は 21℃を示しているので，乾球が 21℃より高くて湿度が 56%のところを**表 2** から探すと，乾球が 27℃，乾球と湿球の目盛りの差が 6℃のところに見られる。21℃と 27℃の差は 6℃なので，適当《てきとう》である。

(3)気温が高いときや運動したあとなど，汗《あせ》をかく。これは，汗が蒸発するときにからだから熱を奪っていき，体温の上昇を防《ふせ》ぐためである。また，地面に水をまくと，水が蒸発するときに地面から熱を奪っていく。夏に水をまいて，地面の温度が上昇するのを防ぐことを打《う》ち水《みず》という。

2 天気の変化

力だめしの問題

1 (1)①コ ②オ ③ウ ④ク ⑤ア

(2)積乱雲《せきらんうん》

解き方 (1)①～③白っぽい色に比《くら》べ，黒っぽい色は放射熱《ほうしゃねつ》を吸収《きゅうしゅう》しやすい。よって，黒い紙の上の空気はあたたまりやすく，あたためられた空気は膨張《ぼうちょう》するので軽くなり，上昇《じょうしょう》する。空気が上昇している所では，空気の重さによる圧力が小さくなるので気圧が低い。

④⑤暖《あたた》かい空気が急激《きゅうげき》に上昇して上空で冷やされると積乱雲ができやすい。

2 (1)**B→C→A** (2)ウ (3)イ

(4)アメダス[地域気象観測システム]

(5)梅雨《ばいう》

解き方 (1)雲は西から東へ移動《いどう》するので，雲が最も西にある**B**が 1 日目で，雲が最も東にある**A**が 3 日目である。

(2)**B**のときは雲に覆《おお》われていない。**C**のときは雲に覆われている。**A**のときは，雲が薄《うす》くなってきている。

(3) 3 日目(**A**)の雲の西側に，東海《とうかい》地方に近づくような新たな雲は見られない。

(5)梅雨は「つゆ」ともいう。6～7 月にかけて日本列島付近にできる前線《ぜんせん》を梅雨前線《ばいうぜんせん》という。

3 **(1)①イ　②カ　③ア　④オ　⑤エ**
(2)台風《たいふう》の目《め》　(3)イ・エ・カ
(4)強い側…右側
理由…台風の風の向きと台風の進行方向が，ほぼ同じ向きになるから。

解き方　(1)①これを夕立《ゆうだち》という。② 1 年中，日本の上空では偏西風《へんせいふう》という強い西風が吹《ふ》いている。そのため，雲をつくる低気《ていき》圧《あつ》や移動性高気圧《いどうせいこうきあつ》は西から東へ移動する。③台風は，夏から秋にかけて日本に上陸したり，日本の近くを通ったりすることが多くなる。④⑤冬になると北西の季節風が吹く。この冷たい風は日本海でたくさんの水蒸気《すいじょうき》をふくむため，日本アルプスなどの高い山をこえるために上昇すると雲をつくり，日本海側に大雪を降《ふ》らせる。日本海側で雪として水蒸気を放出した空気は，高い山をこえて太平洋側にきたときには乾燥《かんそう》しているため，太平洋側では晴れの日が多くなる。

(2)(3)台風は他の低気圧と異《こと》なり，中心付近では下降気流《かこうきりゅう》が生じている。そのためこの部分では雲ができず，風の弱いおだやかな天気になる。気象衛星《きしょうえいせい》から撮影《さつえい》した雲画像《くもがぞう》ではこの部分に穴《あな》があいたように見え，ここを台風の目とよんでいる。

(4)台風の進行方向に向かって右側(東側)は台風の風も南寄《よ》りとなるため，進行方向との風の向きが同じ向きになり，風がさらに強くなる。左側(西側)では，進行方向と風の向き(北寄り)が逆《ぎゃく》向《む》きになるため，風が少し弱くなる。

4 **(1)オホーツク海気団《かいきだん》　(2)エ　(3)D**
(4)カ

解き方　(1)(2) **A** はシベリア気団《きだん》で，冷たくて乾燥している。**B** はオホーツク海気団で，冷たくて湿《しめ》っている。**C** は揚子江気団《ようすこうきだん》(長《ちょう》江気団《こうきだん》)で，暖かくて乾燥している。**D** は小笠原気団《おがさわらきだん》で，暖かくて湿っている。日本より北側の気団は冷たくて，南側の気団は暖かく，大陸上の気団は乾燥していて，海洋上の気団は湿っていると考えればよい。

(3)台風は，小笠原気団から発生した太平洋《たいへいよう》高気圧《こうきあつ》のふちに沿《そ》って移動することが多い。

(4)台風は低気圧(熱帯低気圧《ねったいていきあつ》)が発達したものなので，北半球では，中心に向かって反時計まわりに風が吹きこむ。そのため，台風の進行方向の右側(東側)では，台風の進行方向と風向が同じ向きとなり，風が強くなる。

チャレンジ問題

1 **(1)温度計の球部[液《えき》だめ]が地上に出ている。温度計に覆《おお》い[日よけ]をしていない。**
(2)グラフの記号…ウ
原因《げんいん》…空が厚《あつ》い雲に覆われて日射《にっしゃ》量《りょう》が減《へ》り，地表も温度が変化しにくい水に覆われるから。
(3)① 50%　② 45%　③イ　④ア

解き方　(1)球部にかるく土をかけた状態《じょうたい》で，その土の上には日光があたるようにする。また，温度計に直射日光《ちょくしゃにっこう》があたると温度計があたためられて実際《じっさい》の地面の温度より高い温度を示《しめ》してしまうので，温度計の地上に出た部分には覆いをして直射日光があたらないようにする。

(2)くもりの日も気温が変化しにくいが，雨の日はさらに気温が変化しにくくなる。

(3)① 18℃のときの飽和水蒸気量《ほうわすいじょうきりょう》は 1m³ あたり 15.4g なので，

$\frac{7.7}{15.4} \times 100 = 50$　50%

② 20℃のときの飽和水蒸気量は 1m³ あたり 17.3g なので，

$\frac{7.7}{17.3} \times 100 = 44.5\cdots = 45$　45%

③ 24℃のときの飽和水蒸気量は 1m³ あたり 21.8g なので，湿度《しつど》 33%の空気 1m³ 中にふくまれる水蒸気の量は，

$21.8 \times 0.33 = 7.194\,(\mathrm{g})$

この値《あたい》は 6℃のときの飽和水蒸気量に近いので，6℃以下にすると水滴《すいてき》が出始める。

④気温が上がると飽和水蒸気量が大きくなるので湿度が下がり，気温が下がると飽和水蒸気量が小さくなるので湿度が上がる。このように，空気中の水蒸気量があまり変化しないときは，気温と湿度はまったく反対の変化を示す。

2 (1) **15.3 mg**　(2)① **14%**　② **21°C**
(3) **630 g**

解き方　(1) 40℃のときの飽和水蒸気量は 1L あたり 51mg なので，求める値《あたい》は，

$51 \times 0.3 = 15.3\,(\mathrm{mg})$

(2)① 30℃のときの飽和水蒸気量は 1L あたり 30mg なので，容器内《ようきない》の空気 1L にふくまれる水蒸気量は，

$30 \times 0.6 = 18.0\,(\mathrm{mg})$

60℃のときの飽和水蒸気量は 1L あたり 130mg なので，このときの湿度は，

$\frac{18}{130} \times 100 = 13.8\cdots \fallingdotseq 14$　14%

②グラフより，1L の空気にふくむことのできる水蒸気量が 18.0mg になっている温度は約 21℃(20℃のとき 17.0g) である。

(3) 10℃のときの飽和水蒸気量は 1L あたり 9mg である。また，1m³ = 1000L で，1g = 1000mg である。

よって，

$(30 - 9) \times 1000 \times 30 \div 1000$
$= 630\,(\mathrm{g})$

3 (1)**西高東低《せいこうとうてい》**　(2)**冬**
(3)**シベリア高気圧《こうきあつ》**　(4)**エ**
(5)**風向《ふうこう》…北西　風力《ふうりょく》…3**
天気…くもり　気圧《きあつ》…1016 hPa
(6)**寒冷前線《かんれいぜんせん》**

解き方　(1)(2)日本の西側に高気圧が見られ，東側に低気圧《ていきあつ》が見られる。このような気圧配置を西高東低といい，典型的《てんけいてき》な冬型《ふゆがた》の気圧配置である。

(3)(4)冬は，日本より北の大陸上にできるシベリア高気圧が発達する。シベリア高気圧は大陸上にできるので乾燥《かんそう》していて，日本より北の地域《ちいき》でできるので冷たい。

(5)風向は矢羽根《やばね》の向き，風力は矢羽根の数，◎はくもり，気圧は 1016hPa（1020hPa を示す太い等圧線《とうあつせん》より 1 本分低気圧に近い等圧線上に B 地点がある）。

(6) C は寒冷前線，この東にあるのは温暖前線《おんだんぜんせん》，低気圧の中心付近には閉塞前線《へいそくぜんせん》が見られる。

4 (1)**オ**　(2)① **20°C**　② **38°C**　(3)**イ**

解き方　(1)ア→○…コンクリートやアスファルトは熱を吸収《きゅうしゅう》しやすい。

イ→○…人口密度《みつど》が高いため，エアコンの室外気からの排熱《はいねつ》など，人の活動によって出される熱が非常《ひじょう》に多い。

ウ→○…植物は体内にとても多くの水をふくんでいる。また，蒸散《じょうさん》によって水を放出したり，日かげをつくったりする。水は温度が変化しにくい物質《ぶっしつ》なので，水を多くふくんでいる植物が多いとあたたまりにくくなる。

エ→○…ウと同じ理由で，水は温度が上

昇するのを防《ふせ》いでくれるので，土が水をふくんだりするような所のほうがあたたまりにくくなる。

オ→×…風通しがよいほうが，海からの冷たい風が送られてくるのであたたまりにくくなるが，近年海岸付近に高層《こうそう》ビルが立ち並《なら》び，海からの冷たい風が首都圏《しゅとけん》に入りこむのをさまたげていて，これもヒートアイランド現象《げんしょう》の原因の１つと考えられている。

(2)①標高 350m の湯沢《ゆざわ》町での気温が 30℃なので，

$$30 - 1 \times \frac{850 - 350}{100}$$
$$- 0.5 \times \frac{1850 - 850}{100}$$
$$= 20\,(℃)$$

② $20 + 1 \times \frac{1850 - 50}{100} = 38\,(℃)$

(3)実際には，熊谷《くまがや》市は 40.9℃を記録したので，計算結果より高くなっている。よって，フェーン現象《げんしょう》に加えて，熊谷市では気温が高くなる要因《よういん》があったと考えられる。

第3章 大地のつくりと変化

1 川の水のはたらき

力だめしの問題

❶ (1)③　(2)ウ　(3)①ア　②イ
A…V字谷《じこく》　B…扇状地《せんじょうち》　C…三角州《さんかくす》

解き方 (1)川の曲がっている所では，外側ほど流れが速い。

(2)外側の**Y**のほうが流れが速いため深くけずられて，底には大きな石が多い。

(3)①流水が土地をけずるはたらきを侵食《しんしょく》という。

②流水の流れが遅《おそ》くなり，土砂《どしゃ》を積もらせるはたらきを堆積《たいせき》という。**A**…V字形の深い谷をV字谷という。**B**…扇《おうぎ》形の傾《けい》斜《しゃ》のある土地なので，扇状地《せんじょうち》という。**C**…水が流れてくる側がとがった三角形に近い形の土地になることが多いため，三角州という。

❷ (1)積もらせるはたらき　(2)A
(3)速さ…速くなったとき
量…多くなったとき

解き方 (1)けずるはたらきを侵食作用，運ぶはたらきを運搬《うんぱん》作用，積もらせるはたらきを堆積作用という。

(2)**A**のV字谷は，谷底が深くけずられてできた谷である。**B**の三角州は，河口《かこう》付近で土砂が積もってできた地形である。**C**の扇状地は，川が山間《やまあい》から急に平地へ出た所あたりで土砂が積もってできた地形である。

❸ (1)A…ア・カ・キ
B…ウ・エ・オ・ク
(2)イ　(3)三日月湖《みかづきこ》

解き方 (1)川の曲がっている所では，**A**のような外側のほうが流れが速いため，侵食作用が大きく，川底も深くけずられている。**B**のような内側のほうは流れが遅いため，小石や砂《すな》が堆積していて，川底は浅くなっている。また，川原《かわら》に堆積している小石は，運ばれてくる間に角がけずられて丸くなっている。

(2)外側がさらにけずられ，内側にはさらに土砂が堆積するので，川の曲がり方はどんどん大きくなっていく。

(3)**C**は，もとは川が曲がって流れていた所で，あるとき洪水《こうずい》などにより水が最短距《さいたんきょ》離《り》をまっすぐ流れるようになったことによって取り残されてできた湖で，その形から三日月湖という。

4 (1) **50秒**　(2) **200秒**　(3) **28.6秒**
(4)**秒速 2.5 m**　(5) **75 m**

解き方　(1)秒速 2m で 100m 進む時間なので，

100 ÷ 2 = 50 (秒)

(2)ボートの速さが川の流れの分だけ遅くなるので，川を 100m のぼる時間は，

100 ÷ (2 − 1.5) = 200 (秒)

(3)ボートの速さが川の流れの分だけ速くなるので，川を 100m くだる時間は，

100 ÷ (2 + 1.5)

= 28.57… = 28.6 (秒)

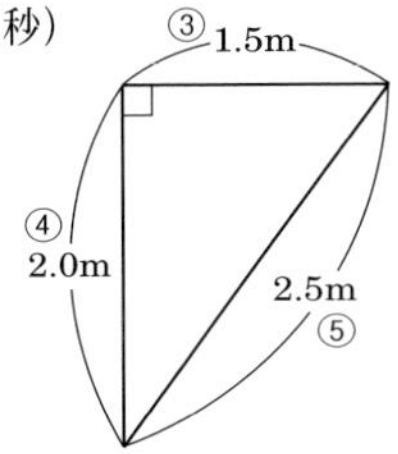

(4)右の図のように，1 秒間で**G**へ向かって 2m 進む間に川下へ 1.5m 流されるので，実際《じっさい》にボートが進んだ距離は 2.5m となる。

(5)三角形**SGP**は上の三角形と相似《そうじ》になるので，**SG**：**GP** = 4：3 となる。したがって，点**P**と点**G**との距離を□mとすると，

100：□ = 4：3　□ = 75 (m)

2 地層《ちそう》と岩石《がんせき》

力だめしの問題

1 (1)**A**…れき　**B**…砂《すな》　**C**…泥《どろ》
(2)地層

解き方　(1)最も小さい泥の粒《つぶ》が，最も遠い**C**まで流され，最も大きいれきが，最も近い**A**に多く積もる。

2 (1)ボーリング　(2)①ア　②エ
(3)マグマ

解き方　(1)地下の地質《ちしつ》の様子を調べる作業である。

(3)溶岩《ようがん》とは，地下のマグマが地表に出たものである。

3 (1)キ　(2)ア
(3)①イ　②Ⅰ…ア　Ⅱ…ア　Ⅲ…イ

解き方　(2)マグマが地下深くでゆっくり冷やされると，アのように結晶《けっしょう》が大きく成長してぎっしりつまったようなつくりになる。このようなつくりを等粒状組織《とうりゅうじょうそしき》といい，深成岩《しんせいがん》の特徴《とくちょう》である。ウのように結晶になっていないところの中に結晶になったものが入っているつくりを斑状組《はんじょうそ》織《しき》といい，火山岩《かざんがん》の特徴である。これは，マグマが地表や地表付近で急に冷やされて結晶になれなかった部分の中に地下にあったときにすでに結晶となっていたものが入っているのである。

(3)**A**は粘《ねば》りけの弱いマグマが流れ出してできた火山で，穏《おだ》やかに噴火《ふんか》し，マグマが冷えると黒っぽい岩石などになる。代表例としてはハワイのマウナロア火山やキラウエア火山などがある。**C**は粘りけの強いマグマによって盛《も》り上がった火山で，溶岩ドームをつくったり激《はげ》しい噴火が起こり，マグマが冷えると白っぽい岩石などになる。代表例としては，雲仙普賢岳《うんぜんふげんだけ》

や有珠山《うすざん》などがある。Bの火山をつくるマグマの粘りけはAとCの中間で，溶岩と火山灰《かざんばい》を出す噴火を起こすため，溶岩と火山灰が交互《こうご》に積もりながら，噴火のたびに大きくなることが多い(大爆発《だいばくはつ》を起こすと，阿蘇山《あそさん》のように噴火により山頂部が陥没《かんぼつ》したカルデラになることもある)。代表例としては桜島《さくらじま》や富士山《ふじさん》などがある。

4 (1)ア・ウ　(2)イ

解き方 (1)引っぱられると，アのように断《だん》層面《そうめん》の上側になるほうがずり落ちる。押《お》されると，ウのように断層面の上側になるほうが押し上げられる。

(2)P波《は》は縦《たて》波なので伝わる速さが速くS波《は》より先に届《とど》くが，P波によるゆれ(初期微《しょきび》動《どう》)は小さい。S波は横波なので遅《おそ》くP波よりあとに届くが，S波によるゆれ(主要《しゅよう》動《どう》)は大きい。

3 環境破壊《かんきょうはかい》

力だめしの問題

1 ア

解き方 川から生活排水《はいすい》などプランクトンの養分となる物質を多くふくんだ水が海に流れこむと，プランクトンが大量発生することがある。これを赤潮《あかしお》といい，プランクトンが呼吸《こきゅう》によって水中の酸素《さんそ》を大量に使うため，魚などが呼吸できなくなり，一度にたくさん死んでしまうことがある。

2 ウ

解き方 燃料電池《ねんりょうでんち》は，水素《すいそ》を酸素と結びつけ，このとき生じるエネルギーを電気《でんき》エネルギーに変換《へんかん》する装置《そうち》である。

3 (1)A…化石燃料《かせきねんりょう》　B…二酸化炭素《にさんかたんそ》

(2)二酸化炭素の濃度《のうど》が高くなると，温室効果《おんしつこうか》により平均《へいきん》気温が上がり，地球温暖化《ちきゅうおんだんか》がすすむ。

解き方 (1)石油《せきゆ》・石炭《せきたん》・天然《てんねん》ガスなどの化石燃料には炭素がふくまれているため，燃《も》やすと二酸化炭素が発生する。

(2)二酸化炭素には，太陽からの熱は素通《すどお》りさせ，宇宙へ出ていくはずの熱を一部保《たも》ってしまうという温室効果がある。

4 (1)A…エ　B…カ　C…オ　D…シ　E…ク

(2)ス

解き方 (1)A…温室効果があり，空気中に約0.04%だけふくまれているのは二酸化炭素である。B，C…工場から排出《はいしゅつ》される硫黄酸化物《いおうさんかぶつ》と自動車から排出される窒《ちっ》素《そ》酸化物が酸性雨《さんせいう》の原因《げんいん》となっている(工場の排煙《はいえん》に窒素酸化物がふくまれていたり，自動車の排出ガスに硫黄酸化物がふくまれていたりすることもあるが，割合《わりあい》が多いほうをそれぞれ答えると解答のようになる)。D…上空のオゾンの層《そう》をオゾン層という。E…フロンのことをフロンガスとよぶこともある。

(2)酸性雨によって酸性《さんせい》になった土壌《どじょう》や湖に石灰《せっかい》(消石灰《しょうせっかい》：水にとけてアルカリ性《せい》を示《しめ》す)をまいて中和する。

5 (1)プラスチック　(2)グリーンマーク　(3)アルミニウム　(4)エコマーク

解き方 (1)プラスチックをポリエチレンテレフタラート(1：PET)やポリプロピレン(5：PP)などに細かく分類している。

(2)紙はおもに木からつくられるので木がデザインされていて，木は緑色の葉をつけるのでグリーンマークと名前がつけられている。

(3)スチール缶《かん》(鉄)をリサイクルによってつくると原料からつくるときの35%のエネルギーが必要だが，アルミ缶(アルミニウム)をリサイクルによってつくると原料からつくるときの約3%のエネルギーでつくることができる。

(4)eco《エコ》のeがデザインされている。

6 **(1)4月，5月は太陽高度《たいようこうど》も高く，比《ひ》較的《かくてき》晴れの日が多いので発電量が多いが，6月は梅雨《ばいう》[つゆ]の時期でくもりや雨の日が多いので，発電量が少ない。(64字)**

(2)(熱くなった路面に水をかけると)水が蒸発《じょうはつ》するときに路面から熱を奪《うば》い，温度上昇《じょうしょう》を防《ふせ》ぐから。(28字)

(3)例 色のついたビニール袋《ぶくろ》をつくり，ウミガメがクラゲと間違《まちが》えないようにする。(35字)／トウモロコシなどを原料として，微生物《びせいぶつ》に分解《ぶんかい》されるプラスチックでできたビニール袋をつくる。(44字)

解き方 (1)6月は，太陽高度は最も高くなるが，梅雨の時期で空が厚《あつ》い雲で覆《おお》われていることが多いので，太陽電池《たいようでんち》が受ける光の量が少なくなる。

(2)路面に水をかけると，水が蒸発するときに路面から熱(気化熱《きかねつ》)を奪うので，路面の温度が上昇するのを防いでいる。

(3)ウミガメがビニール袋をクラゲと間違えないようにする方法(ビニール袋に色をつけるなど)や，微生物によって分解されるプラスチックからビニール袋をつくり，長時間海を浮遊《ふゆう》せず，もし食べてしまっても消化されるようにする方法などが考えられる。

チャレンジ問題

1 (1)①

(2)**A**…イ　**B**…ウ　**C**…ア　**D**…エ

(3)イ　(4)**短くて傾斜《けいしゃ》が急である。**

解き方 (1)河口《かこう》からの距離《きょり》が同じとき，高度が高いものほど傾斜が急である。図のように，横軸《よこじく》に河口からの距離，縦軸《たてじく》に高度をとった場合，グラフの傾《かたむ》きを比較《ひかく》することによって，傾斜の大きさを比較できる。

(2)**A**は川の上流なので，V字谷《じこく》ができやすい。**B**は長い川の中流なので蛇行《だこう》しやすい。**C**は川の傾斜が急に小さくなる所(川が山間から急に平地へ出た所など)なので，土砂《どしゃ》が積もりやすく，扇状地《せんじょうち》ができやすい。**D**は河口付近なので，土砂が積もりやすく，三角州《さんかくす》ができやすい。

(3)V字谷は，川底が深く侵食《しんしょく》されたことによってできた谷である。

(4)世界の代表的な川に比《くら》べて，上流の河口からの距離が短く，高度が高い。これは，日本は山地が多く，平地が少ないことを表している。

2 (1)ウ　(2)**0.5 mm**　(3)イ　(4)ア　(5)ア・ウ

解き方 (1)曲がっている所の外側では流れが速いので，侵食を受けやすい。

(2)粒の大きさが同じとき，上のグラフのほうが速い流れを示《しめ》しているので，上のグラフが流れ出すときの速さ，下のグラフが止まるときの速さを示している。したがって，上のグラフで最も遅《おそ》い流れで流れ出しているのは0.5mmの粒である。

(3)～(5)**A**は，粒が流れ出さずに，流れていた粒が止まるところなので，土砂が堆積していることを示している。**B**は，粒は流れ出さないが，止まることもないので，土砂が運ばれていることを示している。Cは，粒が流れ出し，粒が止まることもないので，地面がけずられたり，けずられた土砂が運ばれたりしている。

3 **404000 km^3**

解き方 62000 + 450000 − 108000
= 404000(km^3)

4 **(1)水蒸気《すいじょうき》　(2)浅い海　(3)イ**
(4)マグマが地下の深い所で，ゆっくり冷えて固まった。
(5)ウ　(6)2回
(7)2番目…D　4番目…R−S

解き方 (3)図2のように，大きな結晶《けっしょう》がぎっしりつまったつくりを等粒状《とうりゅうじょう》組織《そしき》といい，深成岩《しんせいがん》の特徴《とくちょう》である。深成岩には，花《か》こう岩《がん》，せん緑岩《りょくがん》，はんれい岩《がん》などがある。また，砂岩《さがん》，れき岩《がん》，泥岩《でいがん》は堆積岩である。
(4)地下の深い所でゆっくり冷やされると，大きな結晶に成長することができる。
(5)(6)R−Sは，地上で水の流れによってけずられたあとで，これを不整合面《ふせいごうめん》という(このような重なり方は不整合という)。これが見られることによって，過去《かこ》に地上に出ていた時期があって，その後ふたたび沈《しず》んだことがわかる。したがって，Cが堆積したとき(海底)→R−Sの不整合面ができたとき(陸上)→Bが堆積したとき(海底)→現在(陸上)となり，海底の時期は2回あったことになる。なお，DはCが堆積したあとにCの下にマグマが入りこんでできた火成岩《かせいがん》で，海底で堆積したものではない。
(7)R−SはP−Qによってずれていないので，P−Qができたあと R−Sができたことになる。また，Aはマグマがすべての層《そう》をつきぬけてできているので，AはB，C，Dの層が堆積したあとにできたと考えられる。よって，C→D→P−Q→R−S→B→Aの順となる。

5 **(1)①○　②○　③○　④×**
(2)小さなゆれ…ウ　大きなゆれ…ウ
(3)ウ　(4)12.5秒

解き方 (1)①振幅《しんぷく》が大きいものほどゆれが大きかったことを示す。
②小さなゆれは6時32分05秒から10秒まで続いている。
③④小さなゆれも大きなゆれも震源《しんげん》から同時に発生している。よって，先に届《とど》く小さなゆれのほうが伝わる速さが大きい。
(2)同じ地震《じしん》であれば，小さなゆれと大きなゆれの伝わる速さに違《ちが》いはあるが，どちらも一定で変化しない。
(3)小さなゆれが到着《とうちゃく》してから大きなゆれが到着するまでの時間とは，小さなゆれが続いた時間(これを初期微動継続時間《しょきびどうけいぞくじかん》という)のことである。図2より，小さなゆれが続いた時間は地点P(震源)からの距離に比例《ひれい》していることがわかる。
(6)Aに小さなゆれが到着した時刻《じこく》は6時32分02.5秒なので，その5秒後は6時32分07.5秒である。Dで大きなゆれが始まるのは6時32分20秒なので，時間的な余裕《よゆう》は，20 − 7.5 = 12.5(秒)である。

6 **(1)エ　(2)ウ**
(3)外国から来た生物に食べられたり，餌《えさ》を奪《うば》われたりするから。(28字)
(4)ウ・オ

解き方 (1)この問題でのメダカとは，日本に昔からいるクロメダカのことで，血管の観察などで利用するヒメダカのことではない。ヒメダカは人工的につくられた品種である。クロメダカのすむ場所は，日本でもとても少なくなっている。

(2)里山《さとやま》の雑木林《ぞうきばやし》などは，人間以外の動物が生活する場所としてもよい環境《かんきょう》である。

(3)そのほかにも，植物ではセイタカアワダチソウのような背《せ》の高い外来種《がいらいしゅ》によって日光を奪われるなど，さまざまな被害《ひがい》が出ている。

(4)川の水をきれいに保《たも》ったり，川の上流へ行って産卵《さんらん》するサケなどのためにダムのある所などには魚道をつくったりしている。

7 (1)ア　(2)イ　(3)エ　(4)ウ

解き方　(1)トウモロコシやサトウキビなどからエタノール(エチルアルコール)ができる。これらを原料にしてつくったエタノールをとくにバイオエタノールとよぶ。これらは，植物を原料としているが，植物は育つまでの光合成《こうごうせい》によって二酸化炭素《にさんかたんそ》を吸収《きゅうしゅう》する。よって，バイオエタノールを燃《も》やしたときに発生する二酸化炭素は原料の植物が育つときに吸収する二酸化炭素がふたたび排出《はいしゅつ》されていることになるので，バイオエタノールを使用することは二酸化炭素の増加《ぞうか》につながらないと考えられている。

(2)二酸化炭素には，温室のように地球に入ってきた熱はそのまま受けとるが，地球から熱が出ていこうとするのをさまたげる性質《せいしつ》がある。

(3)メタンは温室効果《おんしつこうか》が大きいので，メタンの増加も問題とされている。

(4)アはアルミニウム製品《せいひん》のリサイクルマーク，イはスチール製品(鉄)のリサイクルマーク，エは紙製品のリサイクルマークである。

8 (1)ア　(2)グラフ…イ　影響《えいきょう》…イ

解き方　(1)ア…酸性雨《さんせいう》は，ヒートアイランド現象《げんしょう》に関係なく，工場の排煙《はいえん》にふくまれる硫黄酸化物《いおうさんかぶつ》や自動車の排出《はいしゅつ》ガスにふくまれる窒素《ちっそ》酸化物によって起こる。

イ…ヒートアイランド現象による気温の上昇《じょうしょう》が熱中症《ねっちゅうしょう》の増加を促《うなが》している。

ウ…ヒートアイランド現象により気温が上がると，光化学《こうかがく》スモッグが発生しやすくなる。そのため，近年，光化学スモッグの発生数が都市でふたたび増《ふ》えつつある。

エ…ヒートアイランド現象により気温が上がると激《はげ》しい上昇気流《じょうしょうきりゅう》が発生することが多くなり，積乱雲《せきらんうん》が発生しやすくなる。そのため，都市部でゲリラ豪雨《ごうう》とよばれる局地的集中豪雨《しゅうちゅうごうう》が増えている。

(2)日本では，森林が多く見られ，それらの植物の光合成量は夏に多くなり冬には減《げん》少《しょう》する。したがって，夏は光合成によって植物が二酸化炭素を大量に吸収するので二酸化炭素濃度《のうど》が下がるが，冬になると光合成量による二酸化炭素の吸収量が減少するので二酸化炭素濃度が上がる。このような増減《ぞうげん》をくり返しながら，二酸化炭素濃度は年々《ねんねん》高くなっている。南極およびその周辺ではほとんど植物が見られないので，二酸化炭素濃度の1年間での増減は小さいが，濃度は年々高くなっている。

地球編　総合問題

1 (1)①シ　②サ　③ク　④サ　⑤シ　⑥オ　⑦ウ

(2)**8月13日午前11時**

(3)**7時間前**　(4)**8月12日午後6時**

解き方 (1)⑦経度《けいど》は，イギリスの旧《きゅう》グリニッジ天文台を通る経線《けいせん》を0度として，東に180度を東経《とうけい》，西に180度を西経《せいけい》としている。合わせて360度なので，1時間あたりは，

360 ÷ 24 ＝ 15(度)

(2)北京《ペキン》のほうが15度西にあるので，時刻《じこく》は1時間遅《おそ》い。したがって，同じ瞬間《しゅんかん》の東京の時刻は北京の時刻より1時間すすんでいる。

(3)ロサンゼルスで太陽が南中《なんちゅう》した時刻から日本で太陽が南中した時刻までの時間を求めるので，日本から東まわりでロサンゼルスまでの経度の差を求めればよい。東経と西経は全部で360度なので，

360 －(135 ＋ 120)＝ 105(度)

よって，105 ÷ 15 ＝ 7(時間)

(4)日付の変わる目安としている日付変更線《ひづけへんこうせん》は太平洋の中心を通っている線と仮定《かてい》しているので，同じ時刻は日付変更線から西へ向かってすすんでいく。よって，日本から西まわりでアメリカの西海岸へ行くほど時刻は前にさかのぼる。北京から西まわりでロサンゼルスまでの経度の差は，

120 ＋ 120 ＝ 240(度)

よって，北京とロサンゼルスの時刻の差は，

240 ÷ 15 ＝ 16(時間)

ロサンゼルスの時刻は北京の時刻の16時間前なので，8月13日午前10時の16時間前は，8月12日午後6時である。

2 (1)**2回**　(2)**新月《しんげつ》・満月《まんげつ》**　(3)**午後4時**

(4)**月は太陽の光を反射《はんしゃ》して光っていて，地球のまわりを公転《こうてん》しているから。**

(5)**ウ**

解き方 (1)約12時間周期で高くなったり低くなったりするということから，海面は1日に2回上下しているといえる。問題の図よりその規則性《きそくせい》を求めると，月が南中したときに満潮《まんちょう》となり，その約6時間後に干潮《かんちょう》になる。さらに約6時間後に月と反対側にきて満潮となり，その約6時間後に干潮となる。

(2)大潮《おおしお》が起こっているのは，月が太陽と同じ方向にある新月のときと，月が太陽と反対方向にある満月のときである。

(3)午前10時の6時間後なので，午後4時ごろである。

(4)月は太陽の光を反射して光って見えるので，月が地球のまわりを公転することによって，太陽・地球・月の位置関係が変化するため，地球から見て光のあたっている面が変化し，満《み》ち欠《か》けが起こるのである。

(5)満月から新月まで，または新月から満月までなので，満ち欠けの周期の半分の約15日周期で起こる。

3 (1)**1.875年**　(2)**⑥**　(3)**ウ**　(4)**イ**

解き方 (1)地球が0.143年で公転する角度は，

360 × 0.143 ＝ 51.48(度)

地球が2周と51.48度公転する間に火星《かせい》が1周と51.48度公転して時刻**B**で一直線上に並《なら》ぶので，火星は2.143年の間に，

360 ＋ 51.48 ＝ 411.48(度)

だけ公転することになる。したがって，火星が1公転する年数を□年とすると，

2.143：□＝411.48：360

□＝1.8748…＝1.875（年）

⑵地球の公転角度を□度とすると，

360：□＝1：1.875　□＝675（度）

675 − 360 ＝ 315（度）

⑦の位置から反時計まわりに 315 度公転すると⑥の位置となる。

⑶時刻**C**のとき，火星は太陽から 90 度西の方向にあるので，この日の火星の南中時刻は太陽の南中時刻より 6 時間（90 ÷ 15 ＝ 6）早い。

⑷次の図を参照。

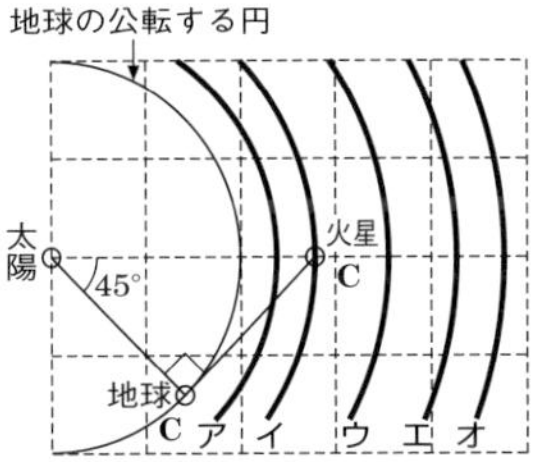

4 ⑴エ　⑵ア

⑶気温は，日の出前はアスファルト面の温度より高いが，太陽が出ると逆転《ぎゃくてん》して，日の入り過《す》ぎまでアスファルト面の温度より低い。

⑷イ

解き方　⑴水などの液体《えきたい》が蒸発《じょうはつ》して気体になるとき，まわりから熱を奪《うば》っていく。このとき奪われる熱を気化熱《きかねつ》という。また，水は温度が変化しにくい物質《ぶっしつ》なので，水がアスファルトを覆《おお》っていると温度が上がりにくい。これも，水まきしたアスファルト面の温度が乾燥《かんそう》したアスファルト面の温度より低い理由の 1 つである。

⑵くもりの日は晴れの日と比《くら》べてアスファルトが日光から受ける熱量が小さくなるため，乾燥したアスファルト面も温度の変化が小さくなる。さらに，水も蒸発しにくくなるので，水まきしたアスファルト面が奪われる気化熱も小さくなる。よって，乾燥したアスファルト面と水まきしたアスファルト面の温度差が小さくなる。

⑶空気はアスファルト面からの熱によってあたためられるので，昼間はアスファルト面のほうが気温より温度が高いが，日が沈《しず》んで夜になるとアスファルトは冷えやすいのでやがて気温より温度が低くなり，次の日の日の出までは気温のほうが高い状態が続く。

⑷水が蒸発しやすい昼間に水まきをするのが最も効果的《こうかてき》である。

5 ⑴イ

⑵季節…冬　気圧配置《きあつはいち》…西高東低《せいこうとうてい》

⑶記号…Y

理由…Y 地点のまわりのほうが等《とう》圧線《あつせん》の間隔《かんかく》が狭《せま》いから。

⑷太平洋高気圧《たいへいようこうきあつ》

⑸エ　⑹イ

解き方　⑴日本付近に東西にのびた停滞前《ていたいぜん》線《せん》が見られる。このような停滞前線が見られるのは 6 月～7 月の梅雨《ばいう》の時期か 9 月～10 月の秋雨《あきさめ》の時期である。

⑵日本の西側に高気圧《こうきあつ》，東側に低気圧《ていきあつ》があり，日本付近に南北にのびる等圧線が密《みっ》集《しゅう》している。このような天気図の季節は北西の風が吹《ふ》く冬で，このような気圧配置を「西高東低」といい，代表的な冬型の気圧配置である。

⑶一般《いっぱん》に，等圧線の間隔が狭い地点ほど強い風が吹いているといえる。

⑷日本が南東から広がった高気圧に覆われている。このような高気圧は小笠原気団から生じた太平洋高気圧である。

⑸日本より南から広がっているので温度は高い。また，太平洋上にあるので湿度《しつど》も高い。

⑹**a**は寒冷前線《かんれいぜんせん》の記号である。ふつう，温《おん》帯低気圧《たいていきあつ》の中心から南東に温暖前線《おんだんぜんせん》がのび，南西に寒冷前線《かんれいぜんせん》がのびる。また，寒冷前線は②のように寒気《かんき》が暖気《だんき》を押《お》し上げながら進む。①のように暖気が寒気の上にはい上がりながら進むのは温暖前線である。

6 **⑴ア・エ　⑵イ・エ　⑶イ**

解き方 ⑴同じ粒《つぶ》の大きさでは，ⅠのグラフのほうがⅡのグラフより速くなっているので，Ⅰが水底がけずられ始める水の流れる速さを示《しめ》したグラフで，Ⅱが粒が底に沈《しず》んでたまり始める流れの速さを示したグラフだとわかる。直径0.1mmの粒の流速が秒速10cmの中での状態《じょうたい》は，グラフでは**B**の範囲《はんい》に入っている。したがって，底にたまることも，けずられることもないので，流水によって運ばれている状態であることがわかる。

⑵直径0.1mmの粒の流速が秒速100cmの中での状態は，グラフでは**A**の範囲に入っている。したがって，底をつくっている粒はけずられ，そのまま運ばれ続け，底にたまることはない。

⑶グラフⅠより，最も遅《おそ》い流速でけずられて流され始めているのは，直径0.5mmほどの砂《すな》の粒である。

7 **⑴①イ　②オ　③ア　⑵イ**
⑶毎秒 5 cm
⑷A…30 秒　B…15 秒　⑸ 15 m

解き方 ⑴泥岩《でいがん》，砂岩《さがん》，れき岩《がん》は，すべて川によって流されてきた土砂《どしゃ》が堆積《たいせき》してできた岩石なので，それらの土砂は川で流されている間に角がけずられるので，すべて丸みを帯びていて，角ばった粒は見られない。また，これらは堆積した土砂の粒の大きさによって分けられ，粒の小さいほうから順に並《なら》べると，泥岩，砂岩，れき岩の順となる。

⑵大きい粒のものほど沈むのがはやいので，底に堆積したものほど粒が大きい。

⑶ 100cm沈むのに20秒かかっているので，沈む速さは

100 ÷ 20 = 5 (cm/秒)

⑷**A**…150cm沈むのにかかる時間を□秒とすると，

100：150 = 20：□　□= 30 (秒)

B…100cm沈むのに10秒かかっているので，150cm沈むのにかかる時間を□秒とすると，

100：150 = 10：□　□= 15 (秒)

⑸ 150cm沈むのにかかる時間の差は，

30 − 15 = 15 (秒)

したがって，**A**と**B**が川底に沈む場所の差は，

100 × 15 = 1500 (cm) = 15 (m)

8 **⑴ボーリング(調査《ちょうさ》)**
⑵① 30 m　②北　③エ

解き方 ⑴地下の様子を調べるために，真下に向けて機械で穴《あな》を掘《ほ》り，地下の土や岩石をとり出すことを，ボーリング(調査)という。

⑵①東西方向には水平なので，地点**Q**での層《そう》**a**の上面の標高は地点**P**での層**a**の上面の標高180mと同じである。したがって，地表面の標高が210mである地点**Q**を30m(210 − 180 = 30)掘れば層**a**が現《あらわ》れる。

②地点**P**と地点**R**の地表面の標高は同じで，地点**R**より北にある地点**P**の層**a**の深さが地点**R**の層**a**の深さより深い(地点**P**の層**a**の上面の標高は180m，地点**R**の層**a**の上面の標高は190m)ので，この山の地層は北に低くなるように傾《かたむ》いていることがわかる(地点**R**から地点**P**へ10m下がっている)。

③地点Sの層**a**の上面の標高は，地点**R**の層**a**の上面の標高190mと同じである。(地点**Q**の層**a**の上面の標高180mより10m高い190mであると考えてもよい。)。よって，地表面の標高が210mである地点Sの層**a**の上面は，20m(210 − 190 = 20)掘ると現れてくる。また，**図1**の**P**の柱状《ちゅうじょう》図《ず》から，層**a**のまわりの層の厚《あつ》さもわかるので，地点Sの地下の様子は**エ**のようになっていることがわかる。

〔別解〕地点Sの地表の標高は地点**P**の地表の標高より10m高く，地層も地点**P**より地点Sのほうが10m高くなるように傾いているので，地点Sの地質《ちしつ》柱状図は地点**P**の地質柱状図とまったく同じになる。

9 (1)ア
(2)浅い海を埋《う》め立ててつくった場所
(3)液状化《えきじょうか》(現象《げんしょう》)　(4)ア

解き方 (1)ゆれることによって，砂粒《すなつぶ》どうしのすき間がつまり，そこにあった水が上に押し出された。

(2)(3)地下の地盤《じばん》が水分をたくさんふくんでいる所で起こりやすいので，埋め立てによってできた土地などでは液状化(現象)が起こりやすい。阪神《はんしん》・淡路《あわじ》大震災《だいしんさい》(兵庫県南部地震《じしん》)や東日本大震災(東北地方太《たい》平洋沖《へいようおき》地震)が起こったときも，海岸付近の埋め立て地で液状化が見られた所があった。

(4)砂と水が混《ま》ざっている部分が泥水《どろみず》(液体《えきたい》)のようになってしまうので，砂や水よりも重い金属《きんぞく》の玉(●)は沈《しず》み，砂や水よりも軽い発泡《はっぽう》スチロールの玉(○)は浮《う》いてくる。

物質編

第1章 物質の変化

1 もののとけ方と水溶液《すいようえき》の濃《こ》さ

力だめしの問題

❶ (1)ウ　(2)キ　(3)オ　(4)イ　(5)ク
(6)シ　(7)イ　(8)ア　(9)ケ　(10)ス
(11)イ　(12)ア

解き方 (1)(2)上のねじは空気調節ねじ，下のねじはガス調節ねじである。ガス調節ねじが緩《ゆる》んでいるまま元栓《もとせん》を開くとガス漏《も》れが起こる。

(6)空気調節ねじを開く前は空気の量が足りず不完全燃焼《ふかんぜんねんしょう》を起こしているので，炎《ほのお》の色はだいだい色である。

(10)空気を送って完全燃焼させると，炎の色は青色になる。

❷ (1)エ　(2)オ

解き方 (1)ろ過《か》する液《えき》はガラス棒《ぼう》を使って漏斗《ろうと》に注《そそ》ぎ，漏斗の足の長い部分はビーカーの壁《かべ》につけてろ液《えき》が跳《は》ねないようにする。

(2)鉄・銅《どう》・アルミニウムは水にとけないのでろ紙《し》でこしとられる。よって，液体《えきたい》Cにとけているのは砂糖《さとう》だけである。砂糖は炭素《たんそ》をふくんでいるので，熱し続けると黒く焦《こ》げる。

❸ エ

解き方 食塩《しょくえん》の結晶《けっしょう》は立方体または直方体に近い形をしていて，各面が階段状《かいだんじょう》に少しくぼんでいる。

❹ (1) **4g**　(2) **600g**　(3) **13パーセント**

解き方 (1) 9 − 5 = 4(g)

(2) 30gのホウ酸を全部とかすのに必要な水の重さを□gとすると，

100：□＝5：30　□＝600(g)

⑶ホウ酸《さん》は15gとけるので,

$$\frac{15}{100+15}\times 100 = 13.0\cdots$$

よって，13パーセント

5 ⑴○　⑵×　⑶×　⑷×

解き方 ⑵火を消すときは，蓋《ふた》を被《かぶ》せて消す。

⑶アルコールがこぼれて引火するおそれがある。

⑷冷えてから，アルコールをたす。

6 **⑴イ・オ**

⑵X…食塩　Y…ミョウバン

⑶A…でんぷん　B…食塩

C…硝酸《しょうさん》カリウム

D…ミョウバン

⑷ 27 g　⑸ 22.5 g

解き方 ⑴水溶液はすべて透明《とうめい》(透《す》き通っている)だが，硫酸銅《りゅうさんどう》水溶液のように色がついているものもある(硫酸銅水溶液は青色)。また，混《ま》ぜなくても，水にとける物《ぶっ》質《しつ》であれば少しずつとけて，全体に均一《きんいつ》に広がっていき，一度とけた物質は，水が蒸発《じょうはつ》したり温度が下がったりしない限《かぎ》り，水と分かれない。

⑵**X**は，温度が変化してもとかすことのできる量があまり変化していないので食塩である。**Y**は，温度が上がるととかすことのできる量が大きくなっているのでミョウバンである。でんぷんはほとんど水にとけない。

⑶表より，**A**は少量しかとけずに白く濁《にご》っているので，でんぷんである。**B**は，温度が変化しても，とけた量が変わっていないので，食塩である。20℃と40℃で，**C**は**D**よりもとける量が多いので，グラフより，**C**は硝酸カリウム，**D**はミョウバンである。

⑷表より，40℃の水50gに**B**は18gまでとけることがわかる。したがって，40℃の水75gにとける**B**の量を□gとすると，

50：75＝18：□　□＝27(g)

⑸表より，40℃の水50gに**C**は32gまでとけることがわかる。また，グラフより，60℃の水100gに**C**(硝酸カリウム)は約109gまでとけることがわかる。60℃の水50gにとける**C**の量を□gとすると，

100：50＝109：□　□＝54.5(g)

したがって，あとから追加した**C**の重さは，

54.5－32＝22.5(g)

2 水溶液《すいようえき》の性質《せいしつ》

力だめしの問題

1 **⑴B・C・F　⑵A・D・G　⑶F・G**

⑷D・F　⑸イ　⑹A

解き方 ⑴固体《こたい》がとけている水溶液《すいようえき》である。食塩水《しょくえんすい》と水酸化《すいさんか》ナトリウム水溶液では白い固体が残るが，砂糖《さとう》水では黒く焦《こ》げた固体が残る。

⑵炭酸水《たんさんすい》には二酸化炭素《にさんかたんそ》，塩酸《えんさん》には塩化水《えんかすい》素《そ》，アンモニア水《すい》にはアンモニアという気体《きたい》がとけている。

⑶赤色リトマス紙《し》を青色に変えるのはアルカリ性《せい》の水溶液である。

⑷アルミニウムと反応《はんのう》して水素を発生させるのは，塩酸と水酸化ナトリウム水溶液である。

⑸塩酸とアルミニウムの反応によってできる塩化《えんか》アルミニウムも，水酸化ナトリウム水溶液とアルミニウムの反応によってできるアルミン酸《さん》ナトリウムも白色の固体である。したがって，どちらの場合も反応後の液《えき》を蒸発《じょうはつ》させると白色の固体が残る。

⑹石灰水《せっかいすい》を白く濁《にご》らせるのは，二酸化炭素がとけている炭酸水である。

❷ (1)B　(2) 45 cm^3　(3) 黄色
(4) 20 cm^3

解き方　(1)同じ量のC液《えき》と中和《ちゅうわ》するとき，A液よりB液のほうが少ない量で中和している。

(2)グラフより，A液 90cm^3 を完全に中和するC液は 45cm^3 になっている。

(3)グラフより，B液 30cm^3 と完全に中和するC液は 37.5cm^3 である。問題では，C液を 20cm^3 しか混ぜていないので，液体は酸性《さんせい》になる。BTB液《えき》は酸性で黄色，中《ちゅう》性《せい》で緑色，アルカリ性で青色を示す。

(4)A液 60cm^3 と完全に中和するC液は 30cm^3 である。よって，C液 25cm^3 (55 − 30 = 25) と完全に中和するB液の量をグラフから読みとると 20cm^3 となっている。

❸ (1)水素《すいそ》　(2)エ　(3)水上置換法《すいじょうちかんほう》
(4)ウ・オ　(5) 125 cm^3　(6) 400 cm^3
(7) 0.08 g　(8) 300 cm^3
(9)アルミニウム…0.24 g
気体…300 cm^3

解き方　(1)酸性の水溶液と金属《きんぞく》が反応すると水素が発生することが多い。

(2)発生した気体が逆流《ぎゃくりゅう》しないように塩酸の入った漏斗管《ろうとかん》は三角フラスコ内の液体につかるように長くし，気体を送り出すガラス管は液体が逆流しないように三角フラスコ内の部分は短くする。

(3)水素は水にとけにくい気体である。

(4)ア…塩酸と銅《どう》は反応《はんのう》しない。
イ…塩酸と石灰石《せっかいせき》が反応すると二酸化炭素が発生する。
エ…塩酸と二酸化《にさんか》マンガンは反応しない。
カ…過酸化水素《かさんかすいそ》水と二酸化マンガンが反応すると，酸素が発生する。

(5)グラフより，アルミニウム 0.16g までは，発生した気体の量が加えたアルミニウムの量に比例《ひれい》している。また，アルミニウム 0.16g が完全に反応したときに 200cm^3 の気体が発生しているので，アルミニウム 0.10g を加えたときに発生する気体の量を□gとすると，
0.16：0.10 = 200：□
□= 125 (cm^3)

(6) 200 × 2 = 400 (cm^3)

(7) 0.16 × 0.5 = 0.08 (g)

(8)塩酸の濃《こ》さを 2 倍にするとアルミニウム 0.32g までとかすことができるが，アルミニウムは 0.24g しかない。アルミニウム 0.24g がすべてとけたときに発生する気体を□cm^3 とすると，
0.16：0.24 = 200：□
□= 300 (cm^3)

(9) 0.5 × 3 = 1.5 (倍) なので，はじめの塩酸にとけていた塩化水素の 1.5 倍の塩化水素がとけている。よって，反応するアルミニウムも発生する気体も 1.5 倍である。
アルミニウム…0.16 × 1.5 = 0.24 (g)
気体…200 × 1.5 = 300 (cm^3)

❹ (1)①イ　②ウ　③ア　④ア
(2)液A…中性　液D…アルカリ性
液E…酸性　(3)ア

解き方　(1)液Aで，赤色リトマス紙と青色リトマス紙のどちらも色が変化していないので，塩酸 20mL と水酸化ナトリウム水溶液 30mL が過不足《かふそく》なく反応して中性になっていることがわかる。よって，液Bでは水酸化ナトリウム水溶液が 10mL 余《あま》るのでアルカリ性となるため，赤色リトマス紙をつけると青色に変化する。液Cでは，塩酸が 10mL 余るので酸性となるため，赤色リトマス紙をつけても変化せず，青色リトマス紙をつけると赤色に

変化する。また，液**F**でも塩酸が余って酸性となるため，青色リトマス紙をつけると赤色に変化する。

⑵液**A**は，⑴の解説《かいせつ》より，中性である。液**D**は，赤色リトマス紙が青色に変化しているので，アルカリ性である。液**E**は，青色リトマス紙が赤色に変化しているので，酸性である。

⑶ムラサキキャベツ液《えき》は，次の表のように色が変化する。これを，

「赤ピー村の青ミッキー」という語呂合《ごろあ》わせで覚えるとよい。

強酸性《きょうさんせい》～弱酸性《じゃくさんせい》		中性	弱《じゃく》アルカリ性《せい》～強《きょう》アルカリ性《せい》		
赤色	ピンク色（赤紫色《あかむらさき》）	紫色	青色	緑色	黄色
赤	ピー	村の	青	ミッ	キー

液**A**で，中性になっているので，塩酸と水酸化ナトリウム水溶液が過不足なく反応する割合《わりあい》は，

塩酸：水酸化ナトリウム水溶液

＝20：30＝2：3

である。また，液**C**と液**D**を混ぜると塩酸は40mL，水酸化ナトリウム水溶液は60mLとなり，体積の比《ひ》が2：3となるので，中性になることがわかる。

3 ものの燃《も》え方

力だめしの問題

❶ ⑴ウ　⑵イ

解き方　⑴ろうそくの下から新しい空気が入ってきて，上から出ていくところがなくてはならない。**ウ**では，板の左側から新しい空気が入ってきて，板の右側から出ていく。

⑵筒《つつ》の中の体積（空気の量）が大きいものほど，ろうそくの火が長く燃え続ける。

❷ ⑴ろうの気体が息によって吹《ふ》き飛ばされたから。

⑵液体《えきたい》のろうが芯《しん》をのぼれなくなるから。

⑶熱が銅板《どうばん》に吸収《きゅうしゅう》され，温度が発火点以下に下がるから。

解き方　⑴⑵燃えるものをとり除《のぞ》いて火を消している。

⑶温度を発火点《はっかてん》以下に下げている。

❸ ⑴ア・エ　⑵木炭《もくたん》[炭《すみ》]　⑶オ

解き方　⑴⑵酸素《さんそ》をあたえずに熱することを蒸《む》し焼《や》き（乾留《かんりゅう》）という。木を蒸し焼きにすると，木炭という黒色の固体《こたい》，木酢《もくさく》液《えき》という酸性《さんせい》の液体，木《もく》ガスという白い煙《けむり》（水素《すいそ》などをふくんでいて燃える）に分解《ぶんかい》される。

⑶木炭を空気中で燃やすと，炎《ほのお》を出さずに赤く光りながら燃える。

❹ ⑴ 4.2 g　⑵ 0.5 g

解き方　⑴ 3.0gのスチールウールを燃やしたあとの重さを□gとすると，

1.0：3.0＝1.4：□

□＝4.2（g）

⑵ 1.0gのスチールウールを燃やすと重さが0.4g増《ふ》えて1.4gになるので，重さが0.6g増えたとき（2.6－2.0＝0.6）に燃やしたスチールウールの重さを□gとすると，

1.0：□＝0.4：0.6　□＝1.5（g）

したがって，燃え残ったスチールウールの重さは，

2.0－1.5＝0.5（g）

5 (1) **2**　(2) **3**

(3)右図

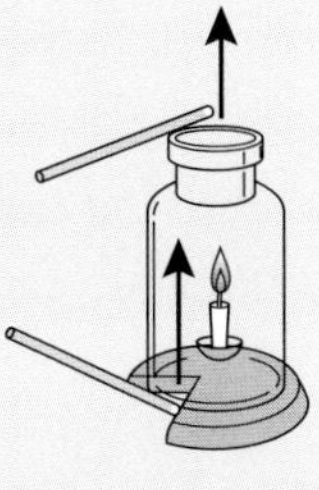

(4)ろうそくの火によってあたためられた空気は膨《ぼう》張《ちょう》して軽くなるので，上昇《じょうしょう》して上から出ていく。そのため，下のすき間から，新しい空気がびんの中に入ってくる。

(5)エ

(6)ア…酸素　イ…二酸化炭素《にさんかたんそ》

ウ…入れかわる　エ…白く濁《にご》る

オ…変化しない[濁らない]

解き方　(1)図2のように，上と下にすき間があると，ろうそくの火によってあたためられた空気が上昇して上のすき間から出ていくことができ，下のすき間から新しい空気が入ってくることができる。

(2)図3のように，上にすき間がないと，ろうそくの火によってあたためられた空気が出ていけないので，下にすき間があっても新しい空気が入ってくることができない。

(3)(4)火のまわりの空気はあたためられて膨張するので軽くなり，上昇気流《じょうしょうきりゅう》ができる。

(5)ア…燃えるということは，激《はげ》しく酸素と結びつくことなので，酸素の割合《わりあい》が大きいほど，ものはよく燃える。

イ…適当《てきとう》なすき間をあけて炭を並《なら》べると，炭のまわりを空気が通りやすくなるので，炭が燃えやすくなる。

ウ…バーベキューコンロの側面の窓《まど》を開けると，そこから新しい空気が入ってくるので，炭が燃えやすくなる。

エ…木をぎっしり詰《つ》めると，1本1本の木のまわりに空気が通りにくくなるため，木は燃えずに，熱によって分解され，炭となっていく。このような操作《そうさ》を蒸し焼き，または乾留といい，このようにして炭はつくられているのである。

(6)ろうそくには炭素《たんそ》がふくまれているため，ろうそくが燃えると，ろうそくの中の炭素と空気中の酸素が結びついて，二酸化炭素が発生する。よって，つねに酸素が供給《きょうきゅう》されなければ燃え続けることができない。また，二酸化炭素を石灰水《せっかいすい》に通すと白く濁るが，スチールウール(細い鉄線)などの金属《きんぞく》が燃えても二酸化炭素は発生しないので，石灰水を入れたびんの中でスチールウールを燃やしても，石灰水には変化が見られない。

4 気体《きたい》の性質《せいしつ》

力だめしの問題

1 (1)水上置換法《すいじょうちかんほう》　(2) **3.2 g**　(3) **2.4 L**

(4) **6.8 g**　(5) **13.6%**

解き方　(2) $50 - 46.8 = 3.2$(g)

(3)発生した酸素《さんそ》の体積を□Lとすると，

$16 : 3.2 = 12 : □$　$□ = 2.4$(L)

(4)過酸化水素《かさんかすいそ》 34gから酸素 16gができるので，酸素 3.2gができるために必要な過酸化水素を□gとすると，

$16 : 3.2 = 34 : □$　$□ = 6.8$(g)

(5) $\frac{6.8}{50} \times 100 = 13.6$　13.6%

2 (1)**D**　(2)**A**　(3)**E**　(4)**B**　(5)**D**

解き方　気体**A**は水素《すいそ》，気体**B**は塩化水素《えんかすいそ》，気体**C**は二酸化炭素《にさんかたんそ》，気体**D**は酸素，気体**E**は窒素《ちっそ》である。

(1)(3)体積の割合《わりあい》で，空気中の約78%は窒素，約21%は酸素である。

(4)塩化水素は刺激臭《しげきしゅう》があり有毒《ゆうどく》である。

(5)オキシドールにとけている過酸化水素が酸素と水に分解《ぶんかい》される。

チャレンジ問題

1 (1)① **3**　② **結晶《けっしょう》**　③ **食塩《しょくえん》**　(2) **11.5%**
(3) **60°Cのホウ酸水溶液《さんすいようえき》が 1.1 倍重い。**
(4) **60 g**　(5) **45.8 g**

解き方 (2) $\dfrac{13}{100+13}\times 100$
$= 11.50\cdots = 11.5$　11.5%

(3) 0℃の水 100gには 2.7g，60℃の水 100gには 13gとけるので，60℃のホウ酸水溶液のほうが重くなる。その倍率《ばいりつ》は，
$113 \div 102.7 = 1.10\cdots = 1.1$(倍)

(4)表より，60℃の水 100gにとけるミョウバンの限度の量は 25gなので，水溶液の量は，
$100 + 25 = 125$(g)
60℃のミョウバンの飽和《ほうわ》水溶液《すいようえき》 300gにとけているミョウバンの量を□gとすると，
125：300 = 25：□　□= 60 (g)

(5)水の量は，300 − 60 = 240 (g)，20℃の水 240gにとけるミョウバンの量を□gとすると，
100：5.9 = 240：□
□= 14.16 (g)
したがって，出てくるミョウバンの量は，
60 − 14.16 = 45.84 = 45.8 (g)

2 (1) **4.8%**　(2) **3.7 g**　(3) **8 g**　(4) **4 g**
(5) **16 g**　(6) **60%**　(7) **75 g**　(8) **カ**

解き方 (1) $\dfrac{5}{100+5}\times 100$
$= 4.76\cdots = 4.8$　4.8%

(2)②の全体の重さは，
125 + 10 = 135 (g)
②の水溶液 50gにとけている物質《ぶっしつ》Xの重さを□gとすると，
135：50 = 10：□
□= 3.70⋯= 3.7 (g)

(3) 30 − 2 = 28 (g)，水 175gにとける物質Xは 28gなので，水 200gにとける物質Xの重さを□gとすると，
175：200 = 28：□　□= 32 (g)
したがって，⑤でとけ残っている物質Xは，
40 − 32 = 8 (g)

(4)水 150gにとける物質Xの重さを□gとすると，
200：150 = 32：□　□= 24 (g)
したがって，求める値《あたい》は，
24 − 20 = 4 (g)

(5) 200：100 = 32：□　□= 16 (g)

(6)グラフより，80℃の水 100gに物質Yは 150gとけているので，
濃度《のうど》$=\dfrac{150}{100+150}\times 100$
$= 60$　60%

(7)グラフより，80℃の水 100gに物質Yは 150gとけて飽和水溶液 250gになるので，80℃，125gの飽和水溶液にとけている物質Yの重さを□gとすると，
250：125 = 150：□　□= 75 (g)

(8)(7)より，水の重さは，
125 − 75 = 50 (g)
物質Y75gのうち，40gが出てきたので，とけている重さは
75 − 40 = 35 (g)
よって，50gの水に 35gとけていることになるので，100gの水では 70gとけていることになる。したがって，溶解度が 70gのグラフの温度を読みとると，50℃である。

3 (1) **イ**　(2) **B**　(3) **A・D**　(4) **A・E・H**
(5) **エ・オ**

解き方 (1)ヨウ素液《そえき》はでんぷんの検出《けんしゅつ》を行う薬品《やくひん》である。フェノールフタレイン液はアルカリ性《せい》の検出しかできない。オキシドールは酸素《さんそ》を発生させるときなどに使う。また，青色リトマス紙《し》が赤色になれば酸性《さんせい》，赤色リトマス紙《し》が青色になれ

ばアルカリ性《せい》，どちらも変化しなければ中性《ちゅうせい》である。

(2)(5)まず，**A**～**I**で，実験①～④の結果からわかったものを確認《かくにん》する。②より**B**は炭《たん》酸水《さんすい》(**ク**)。①～③より，**A**は酸性で，炭酸水以外の気体か液体《えきたい》がとけた水溶液なので塩酸《えんさん》(**ウ**)。①と③より，**C**は酸性で，固《こ》体《たい》がとけている水溶液なのでホウ酸水《さんすい》(**ケ**)。①と③より，**E**はアルカリ性で，気体か液体がとけた水溶液なのでアンモニア水《すい》(**イ**)。**H**は中性で，気体か液体がとけた水溶液なのでアルコール水溶液(**ア**)。④より，**F**は石灰水《せっかいすい》(**キ**)。①～④より，**D**はアンモニア水や石灰水以外のアルカリ性の水溶液なので水酸化《すいさんか》ナトリウム水溶液(**カ**)。よって，①～④だけでは，**エ**の砂糖《さとう》水と**オ**の食塩水は区別できない。また，**F**の石灰水に息を吹《ふ》きこむと，息に多くふくまれている二酸化炭素《にさんかたんそ》と石灰水が反応《はんのう》して水にとけにくい白色の固体(炭酸《たんさん》カルシウム)ができるため，白く濁《にご》る。そして，**B**の炭酸水は二酸化炭素がとけた水溶液なので，石灰水に炭酸水を加えると白く濁る。

(3)アルミニウムはくと反応するのは**A**の塩酸と**D**の水酸化ナトリウム水溶液で，さかんに水素《すいそ》が発生する。

(4)**A**の塩酸には塩化水素，**E**のアンモニア水にはアンモニアという刺激臭《しげきしゅう》のある気体がとけている。また，**H**のアルコール水にとけているアルコールという液体は蒸発《じょうはつ》して気体になりやすい。また，アルコールには特有のにおいがある。

4 (1) **50 cm^3**　(2) **25 cm^3**

(3)**A…食塩　B…水酸化ナトリウム**

水酸化ナトリウム…2.4 g

食塩…6 g

解き方　(1)中和に必要な塩酸を□cm^{3}とすると，

30：20 = 75：□　□= 50(cm^3)

(2) 50 ÷ 2 = 25(cm^3)

(3)**A**は塩酸を加えるにつれて，完全に中和《ちゅうわ》するまで増加《ぞうか》している物質なので食塩である。**B**は塩酸を加えるにつれて減少《げんしょう》し，完全に中和したときになくなっている物質なので，水酸化ナトリウムである。また，塩酸を60cm^{3}加えたときに減少する水酸化ナトリウムの量を□gとすると，

100：60 = 6：□　□= 3.6(g)

よって，残った水酸化ナトリウムは，

6 − 3.6 = 2.4(g)

残った食塩の量を△gとすると，

100：60 = 10：△　△= 6(g)

5 (1) **264 cm^3**　(2) **0.4 g**　(3) **0.6 g**

解き方　(1)同じ重さであれば，アルミニウムと薄《うす》い塩酸の反応によって発生する気体の体積は，鉄と薄い塩酸の反応によって発生する体積の3倍になっている。同体積では鉄の重さがアルミニウムの重さの3倍なので，同体積の鉄とアルミニウムが薄い塩酸と反応したときに発生する気体の体積は等しい。

(2)銅《どう》は薄い塩酸と反応しないので，発生した640cm^{3}の気体は，すべて鉄と薄い塩酸の反応によるものである。混合物《こんごうぶつ》の中の鉄の重さを□gとすると，

1：□= 400：640　□= 1.6(g)

したがって，混合物の中の銅の重さは，

2 − 1.6 = 0.4(g)

(3) 1.5gすべてがアルミニウムであった場合は，1200 × 1.5 = 1800(cm^3)の気体が発生し，1.5gすべてが鉄であった場合は，400 × 1.5 = 600(cm^3)の気体が発生する。アルミニウムが0.1g増《ふ》えて鉄が0.1g減《へ》ると，気体の発生量が，120 − 40 = 80(cm^3)増える。実際《じっさい》の気体の発生量とすべてが鉄であったときの気体の発生量

の差は，1080 − 600 = 480 (cm^3) なので，混合物の中のアルミニウムの重さを□gとすると，

0.1：□＝ 80：480　□＝ 0.6 (g)

6 (1)**酸素**　(2)●

(3)**木ぎれを入れる前の集《しゅう》気《き》びんに石灰水を入れて振《ふ》り，白く濁らないことを確《たし》かめる。**

解き方　(1)木ぎれを入れる前の空気(**図 1**)の中の 20%を占《し》めているので(○が 28 個，□が 7 個)，酸素である。

(2)石灰水を白く濁らせるのは二酸化炭素である。**図 1** の中にある□は酸素，○は窒《ちっ》素《そ》なので，火が消えたあとの**図 2** の中に新たにできている●が二酸化炭素である。

(3)●は**図 2** にあって，**図 1** にない気体である。

7 (1)①**重い**　②**水蒸《すいじょう》気《き》**　③**体積**

(2)**イ**　(3)**ウ**

解き方　(2)空気が十分にあり，ふつうに燃《も》えるので灰《はい》になる。

(3)割《わ》り箸《ばし》(木)を蒸《む》し焼《や》きにしているので，割り箸は炭《すみ》になる。

8 (1)**下図**

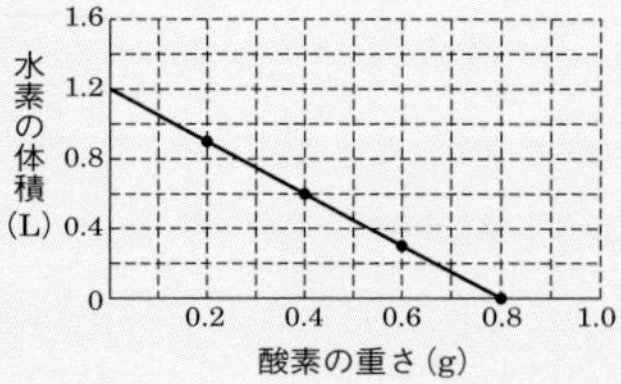

(2) **1.2 L**　(3) **0.8 g**　(4)**ア**　(5) **12 L**

(6) **3.75 L**

解き方　(1)**A**…結びついた酸素の重さは，2.0 − 1.2 = 0.8 (g)，発生する水素の体積は 0L (表より)。

B…結びついた酸素の重さは，1.8 − 1.2 = 0.6 (g)，発生する水素の体積は 0.3L。

C…結びついた酸素の重さは，1.6 − 1.2 = 0.4 (g)，発生する水素の体積は 0.6L。

D…結びついた酸素の重さは，1.4 − 1.2 = 0.2 (g)，発生する水素の体積は 0.9L。

これらを示《しめ》す点をグラフ上にうち，直線で結んで延長《えんちょう》する。

(2)(1)でかいたグラフで，結びついた酸素の重さが 0gのとき(マグネシウム 1.2gのみ)の発生する水素の体積を読みとればよい。

(3)**A** のとき，水素が発生していないのでマグネシウムと酸素がちょうど結びついたと考えられる。

(4)(2)より，1.2gのマグネシウムが塩酸と反応したときに発生する水素の体積は 1.2L であることがわかる。また，1.2gのマグネシウムと結びつく酸素の重さは 0.8gであることがわかる。次に，**実験 2** より，水素 2.4L (3.0 − 0.6 = 2.4) が酸素 1.6g と過《か》不《ふ》足《そく》なく反応することがわかる。よって，

1.2 (L)：0.8 (g) = 2.4 (L)：1.6 (g) なので，過不足なく反応する。

(5)**実験 2** より，酸素と反応した水素 2.4Lの重さは，

1.8 − 1.6 = 0.2 (g)

したがって，水素 1.0gの体積は，

2.4 ÷ 0.2 = 12 (L)

(6)亜《あ》鉛《えん》 10gと結びついた酸素の重さは，

12.5 − 10 = 2.5 (g)

亜鉛 10gが塩酸と反応したときに発生する水素の体積は，2.5gの酸素と過不足なく結びつく水素の体積と同じなので，この体積を□Lとすると，

1.2：□＝ 0.8：2.5　□＝ 3.75 (L)

9 **(1)(生じた液体が試験管《しけんかん》の加熱部に流れ，)試験管が割《わ》れるのを防《ふせ》ぐため。**
(2)水　(3)エ　(4)イ・エ　(5)ア・エ
(6)例カルメ焼きをつくる。／ケーキを膨《ふく》らませる。

解き方　(1)〜(3)ベーキングパウダーのおもな成分は炭酸水素《たんさんすいそ》ナトリウム(重曹《じゅうそう》)であり，これを加熱すると，炭酸ナトリウム(固体)と水(液体)と二酸化炭素(気体)に分解《ぶんかい》される。このとき生じた水が加熱している部分に流れこむと，急に冷やされて試験管が割れることがある。

(5)アとエは二酸化炭素(ドライアイスは二酸化炭素の固体である)，イは酸素，ウは水素，オは水蒸気である。

(6)発生した二酸化炭素がケーキなどを膨らませる。

10 **(1) 1.19 g/L　(2) 1.5 倍　(3) 1.2 L**
(4)エ　(5) 5.5 個分《こぶん》

解き方　(1)グラフより，混合割合《こんごうわりあい》が 0%のとき気体の密度《みつど》が 1.16g/L(窒素《ちっそ》の密度に等しい)，100%のとき 1.33g/L(酸素の密度に等しい)と確認《かくにん》できる。よって，混合割合が 20%のときの気体の密度をグラフから読みとると，約 1.19g/L になっている。

(2) 1.83 ÷ 1.19 ＝ 1.53…＝ 1.5(倍)

(3) 2.2 ÷ 1.83 ＝ 1.20…＝ 1.2(L)

(4)石灰水に二酸化炭素を通すと，中和反応により炭酸カルシウムという水にとけない白色の固体ができるため白く濁る。さらに二酸化炭素を通し続けると，石灰水にとけていた水酸化カルシウムがすべて中和する。さらに二酸化炭素を通し続けると，炭酸カルシウムが炭酸水素カルシウムという物質になり水にとけるため，濁りが消えていく。

(5) 10 億トン÷ 1 億＝ 10(トン)＝ 10000kg …1 人あたりの年間排出量《はいしゅつりょう》。プール 1 個分の二酸化炭素の重さは，

1.83 ×(25 × 20 × 2)＝1830(kg)

したがって，

10000 ÷ 1830 ＝ 5.46…＝ 5.5(個分)

第2章 物質の状態

1 力・温度とものの体積

力だめしの問題

❶ ア

解き方 水に力を加えても体積は変化しない。

❷ (1)イ　(2)ア

解き方 (1)押《お》し棒《ぼう》の先によって縮《ちぢ》められた空気がもとに戻《もど》ろうとする力によって玉が飛び出す。

(2)水は縮まないので，少し押しただけで，玉が「ボトッ」と下に落ちる。

❸ (1)ア　(2)ウ

解き方 (1)温度が変化しても水の全体の質《しつ》量《りょう》(重さ)は変わらないが，4℃になると体積が最も小さくなるので，密度《みつど》が最も大きくなる。

(2) 0℃～4℃では，温度が高いほど密度が大きくなるので，水面が0℃付近になって凍《こお》り始めたときは，水深が深くなるほど温度が高くなっている。

❹ (1)①a…空気　b…体積　②イ
(2)①ア　②イ　③エ　(3) 273 cm³

解き方 (1)温度が上がるとガラス球内の空気が膨張《ぼうちょう》して，ガラス管の中の水を押し下げる。

(2)①ビーカー内の空気が収縮《しゅうしゅく》して，ビーカー内の水面が上がる。

②ビーカー内の空気とびんの中の空気が膨張するので水面が下がる。

③ビーカー内の空気が膨張した分とびんの中の収縮した分の空気の体積がわからない。

(3)表より，温度が11℃上がるごとに体積が9cm³ずつ大きくなっている。よって，

$264 + 9 = 273$ (cm³)

❺ できない。

解き方 金属球《きんぞくきゅう》は加熱されると膨張するので，輪《わ》を通りぬけることができなくなる。

❻ (1)オ　(2)ウ→エ→ア→イ

解き方 (1)空気は押し縮めることができるが，水は押し縮めることはできない。

(2)水よりも，空気の体積変化のほうがはるかに大きいので，空気の量が多いものほどピストンが移動《いどう》した長さが長い。

2 物質《ぶっしつ》の状態変化《じょうたいへんか》

力だめしの問題

❶ ①固体《こたい》　②液体《えきたい》　③気体《きたい》　④沸点《ふってん》
⑤ 0　⑥ 100
(1)ウ

解き方 (1)食塩水《しょくえんすい》の凍《こお》る温度は0℃より低い。

❷ (1)(い)　(2)ア　(3)沸騰《ふっとう》
(4)状態変化《じょうたいへんか》に熱が使われるから。

解き方 (1)(あ)は固体だけ，(い)は固体と液体が混《ま》ざった状態《じょうたい》，(う)は液体だけ，(え)は液体と気体が混ざった状態，(お)は気体だけである。

(2)Aの温度は水の融点《ゆうてん》(とけ始める温度)である。

(3)Bの温度は水の沸点(沸騰し始める温度)である。液体の内部で気体に変化して，気体の泡《あわ》がさかんに出ている状態のことを沸騰という。

(4)固体が液体に，また液体が気体になるためだけに熱が使われる。

❸ (1)ウ　(2)固体

解き方 (1) 4分後から凍り始め，15分後にすべて凍っている。

(2)水蒸《すいじょう》気《き》が気体，水が液体，氷が固体である。

4 **(1)急な沸騰を防《ふせ》ぐため。**

(2)空気　(3)水蒸気

(4)水蒸気が冷えて，小さな水の粒《つぶ》ができるから。(21字)

(5)湯《ゆ》気《げ》がふたたび水蒸気になるから。(16字)

解き方　(2)水にとけていた空気が，水温が上がることによってとけきれなくなって出てくる。

(3)沸騰している状態である。

(4)(5)ガラス管《かん》から出てきたばかりの高温高《こうおんこう》圧《あつ》の水蒸気は，まわりの空気によって冷やされながら広がるため，小さな水の粒となる。これを湯気といい，これがさらに広がると，ふたたび水の粒が水蒸気となるので，目に見えなくなる。

3　もののあたたまり方

力だめしの問題

1 **(1)①放射《ほうしゃ》　②伝導《でんどう》　③伝導・対流《たいりゅう》**

(2)対流が起きず，上だけがあたたまる。(15字)

解き方　(1)①日光による放射熱《ほうしゃねつ》をできるだけ反射《はんしゃ》して，車内をあたたまりにくくする。

②木やプラスチックは熱を伝えにくい。

③真空部分では熱が伝わらず，気体がないので対流も起こらない。

(2)上のほうであたためられた空気が天井付近にたまっていくので，対流が起こらず，下のほうがあたたまりにくい。

2 **(1)イ　(2)エ　(3)ウ　(4)水から鉄球**

(5)例重くなるので水面近くの水と混《ま》ざりにくい(19字)／重くなるので対流が起こりにくい(15字)

解き方　(1)(2)鉄球によりあたためられた水が上昇《じょうしょう》することによって対流が起こる。

(3)水の量《りょう》が増《ふ》えるほど，水の温度が変化しにくくなる。

(4)熱は，温度の高いほうから低いほうへ伝わる。

(5)水は，温度が下がると収縮《しゅうしゅく》して密《みつ》度《ど》が大きくなる(同体積あたりの重さが重くなる)ため，鉄球によって冷やされた水は底にたまっていき対流が起こらない。

3 **(1)①ガラス　②鉄**

(2)① 80℃　② 1000カロリー

③ 50℃

解き方　(1)マッチがたくさん落ちたものほど熱を伝えやすいものである。

(2)① $20 + 600 \div 10 = 80$(℃)

② $15 \times 40 + 5 \times 80$

$= 1000$(カロリー)

③ $1000 \div (15 + 5) = 50$(℃)

4 **(1) 1500カロリー**

(2) 2400カロリー

(3) 3500カロリー　(4) 35℃

(5) 85℃　(6) 25 g　(7) 0.2カロリー

解き方　(1)熱量《ねつりょう》(カロリー)

＝水の重さ(g)×温度変化(℃)

$= 300 \times (15 - 10)$

$= 1500$(カロリー)

(2) 1分間での温度変化は，

$(87 - 15) \div 3 = 24$(℃)

したがって，1分間に水にあたえた熱量は，

$100 \times 24 = 2400$(カロリー)

(3)水の温度変化は，

$50 - 15 = 35$(℃)

したがって，水が得《え》た熱量は，

$100 \times 35 = 3500$(カロリー)

(4)湯は3500カロリーの熱量を奪《うば》われたので，湯100gの下がった温度(温度変化)は，

$3500 \div 100 = 35$(℃)

(5) 35℃下がって 50℃になったので，入れる前の湯の温度は，

50 ＋ 35 ＝ 85（℃）

(6) 15℃の水が得た熱量は，

100 ×（28 − 15）＝ 1300（カロリー）

80℃の湯の下がった温度（温度変化）は，

80 − 28 ＝ 52（℃）

1300 カロリーの熱が奪われて，温度が52℃下がるので，80℃の湯の重さは，

1300 ÷ 52 ＝ 25（g）

〔別解〕水の量と温度変化は反比例《はんぴれい》するので，下の図のように考えることができる。温度変化が，

水：湯＝（28 − 15）：（80 − 28）

＝ 13：52

＝ 1：4

よって，重さは，水：湯＝ 4：1 となる。したがって，湯の重さを□gとすると，

100：□＝ 4：1　□＝ 25（g）

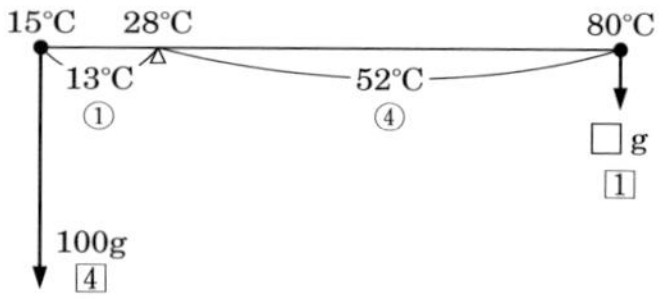

(7) 125gのアルミニウムの温度が 52℃下がったときに奪われた熱量が 1300 カロリーということになるので，アルミニウム 1gの温度を 1℃上げるのに必要な熱量は，

1300 ÷（125 × 52）＝ 0.2（カロリー）

チャレンジ問題

1 (1)ウ　(2)イ

解き方 (1)ペットボトルに空気を入れるほど，ペットボトルの中で押《お》し縮《ちぢ》められた空気が反発する力（水面を押す力）が大きくなる。ペットボトルの口をとめていた部分が耐《た》えきれなくなって外れると，水を噴《ふ》き出しながら，その反発する力で飛んでいく。

(2)ペットボトルの中の水や空気を押し出しながら飛んでいくと，ペットボトル内の圧力《あつりょく》が下がるので温度も下がり，水蒸気《すいじょうき》が小さい水滴《すいてき》となって霧《きり》をつくる。

2 (1)無　(2)ウ　(3)イ

解き方 (1)ろうの液体《えきたい》は無色透明《とうめい》である。

(2)物質《ぶっしつ》の状態《じょうたい》が，固体《こたい》→液体→固体，と変化しても，全体の重さは変わらない。

(3)ろうの液体が固体に変化すると，体積は小さくなる。また，固まるのが最も遅《おそ》い中央部分がくぼんだ形となる。

3 (1)エ

(2)ア

(3)右図

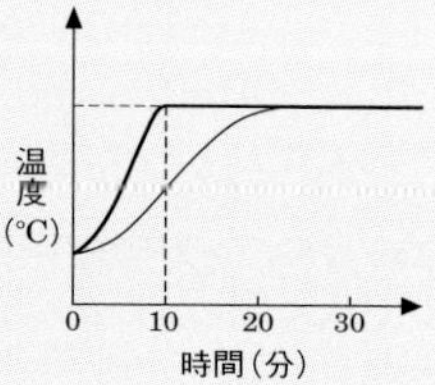

解き方 (1)湯気《ゆげ》は小さな水の粒《つぶ》の集まりだが，ガスバーナーの火を近づけると水の粒が蒸発《じょうはつ》して水蒸気になるため，湯気が消えて見えなくなる。

(2)フラスコ内の水が沸騰《ふっとう》し始めると，金属《きんぞく》の管にはほぼ 100℃となった高温の水蒸気が通るようになるが，そこをガスバーナーで加熱すると水蒸気がさらに高温になり（水蒸気は 100℃以上になることができる），紙を焦《こ》がすことができる温度にまで高くなる。

(3)水の量が変わっても，水の沸点《ふってん》は 100℃のまま変わらないが，水の量が半分になると沸点に達するまでの時間も半分になる。

4 (1) **100℃にあたためたとき，空気が膨張《ぼうちょう》して一部が容器《ようき》1から出ていったから。**

(2)① **0.33**　② **1.0**　③ **0.61**

解き方 (2)①**容器 2** では 0.63g，**容器 1** で

は 0.3g だけ軽くなっているので，**容器 2** で**容器 1** とは別の原因《げんいん》で軽くなったぶんの重さは，0.63 − 0.3 = 0.33(g)

②空気が膨張することによって出ていった空気の重さは 0.3g であり，100℃のときの 0.3g の空気の体積は，フラスコ内の容積の(1.3 − 1.0)倍となるので，100℃のときのフラスコ内の空気の重さを□g とすると，0.3：□＝(1.3 − 1.0)：1

□＝ 1.0(g)

③ 0.33g の空気と 0.2g の水蒸気の体積が等しいので，1g の空気と等しい体積の水蒸気の重さを□g とすると，

1：0.33 ＝□：0.2

□＝ 0.606…＝ 0.61(g)

5 ⑴ **8000 カロリー**

⑵ **600 カロリー**

⑶①**ウ**　②**ウ**

⑷① **0.21**　②**アルミニウム**

解き方 ⑴ 1 × 200 × 40

＝ 8000(カロリー)

⑵ 0.10 × 100 × 60 ＝ 600(カロリー)

⑶①重いものほど温度が変化しにくい。

②比熱《ひねつ》の大きいものほど温度が変化しにくい。

⑷①重さ 300g，温度 18℃の水が 28℃になったときに受けとった熱量《ねつりょう》は，

1 × 300 ×(28 − 18)

＝ 3000(カロリー)

よって，水に入れた金属の比熱は，

3000 ÷ 200 ÷(100 − 28)

＝ 0.208…＝ 0.21

物質編　総合問題

1 ⑴ **0.8 g**　⑵ **1: 8**　⑶ **3: 8**

⑷ **2: 3**　⑸ **1.65 g**　⑹**エ**

⑺ **1: 12: 16**　⑻ **4 個《こ》**

解き方 ⑴燃焼《ねんしょう》するということは，熱や光を出しながら，激《はげ》しく酸素《さんそ》と結びつくことである。よって，このときの反応《はんのう》は，

水素《すいそ》＋酸素→水蒸気《すいじょうき》

0.1g ＋□g → 0.9g

□＝ 0.8(g)

⑵水素：酸素＝ 0.1：0.8 ＝ 1：8

⑶結果①より，水蒸気 0.9g ができるためには水素 0.1g が必要である。結果②**A** でも水蒸気 0.9g ができているため，気体《きたい》**A**0.4g の中にも水素 0.1g がふくまれている。よって，残りの 0.3g は炭素《たんそ》で，炭素 0.3g が燃《も》える(酸素と結びつく)ことによって気体**C**1.1g ができている。よって，このとき結びついた酸素は，

1.1 − 0.3 ＝ 0.8(g)

したがって，炭素と酸素が結びつくときの比《ひ》は，

炭素：酸素＝ 0.3：0.8 ＝ 3：8

⑷気体**B** の中にふくまれている水素は気体**A** と同じ 0.1g なので，気体**B** 0.55g の中にふくまれている炭素の重さは，

0.55 − 0.1 ＝ 0.45(g)

よって，気体**A** と気体**B** にふくまれる炭素の重さの比は，

0.3：0.45 ＝ 2：3

⑸炭素 0.3g が燃えると気体**C** 1.1g ができるので，炭素 0.45g が燃えたときにできる気体**C** を□g とすると，

0.3：0.45 ＝ 1.1：□　□＝ 1.65(g)

⑹気体**C** は炭素が燃焼する(酸素と結びつく)ときにできる二酸化炭素《にさんかたんそ》である。**ア**は水素，**イ**は酸素，**ウ**はアンモニアなどである。**エ**で，アルカリ性《せい》の水酸化《すいさんか》ナトリウム水溶液《すいようえき》に酸性《さんせい》の水溶液を加えると中《ちゅう》和《わ》するため，色がだんだん薄《うす》くなっていく。水にとけて酸性を示《しめ》す気体は二酸化炭素や塩化水素《えんかすいそ》などである。気体**C** は二酸化炭素なので，**エ**は正しい。また，気体は水の温度が高くなるほど，とけるこ

とのできる気体の量が小さくなっていくので，**オ**は正しくない。

⑺水素原子《げんし》2個の重さ：酸素原子1個の重さ＝1：8　なので，

水素原子1個の重さ：酸素原子1個の重さ＝1：16　となる。

また，炭素原子1個の重さ：酸素原子2個の重さ＝3：8　なので，

炭素原子1個の重さ：酸素原子1個の重さ＝3：4　となる。

したがって，

水素原子：炭素原子：酸素原子

水素原子		炭素原子		酸素原子
1			：	16
		3	：	4
1	：	12	：	16

⑻表の結果②**A**より，気体**A** 0.4gの中の水素の重さは0.1g，炭素の重さは0.3gなので，炭素の重さ：水素の重さ＝3：1である。また，炭素原子1個の重さ：水素原子1個の重さ12：1　なので，

炭素原子の個数：水素原子の個数

＝(3 ÷ 12)：(1 ÷ 1)

＝1：4

2 ⑴ **2個**　⑵ **4個**　⑶ **12個**

⑷ **1.37倍**　⑸ **2.12［2.11］倍**

解き方　⑴中心の1個のまわりに$\frac{1}{8}$個分の原子が8個あるから，$1 + \frac{1}{8} \times 8 = 2$(個)

⑵半分の原子が6個と$\frac{1}{8}$個分の原子が8個あるから，$\frac{1}{2} \times 6 + \frac{1}{8} \times 8 = 4$(個)

⑶**図4**の切り口に半円が見られる原子(斜線《しゃせん》部分)をもとに考えると，4角に1個ずつ，裏側《うらがわ》の上下左右に1個ずつあり，切断《せつだん》されていた手前側の上下左右にも1個ずつ接《せっ》していると考えられるので全部で12個である。

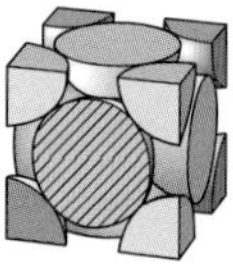

⑷同じ体積中の原子の数を比べればよい。**図2**の立方体の1辺を1とすると，**図4**は1.4であるから，1辺が1.4の立方体にふくまれる鉄原子の数は，

2 × 1.4 × 1.4 × 1.4(個)

1辺が1.4の**図4**にふくまれるアルミニウム原子は4個だから，

2 × 1.4 × 1.4 × 1.4 ÷ 4

＝1.372＝1.37(倍)

⑸ 1cm^3の鉄には1cm^3のアルミニウムにふくまれるアルミニウム原子の1.37倍の数の鉄原子がふくまれている。よって，

2.9 ÷ 1.37＝2.116…＝2.12(倍)

(⑷の解答はわり切れるので，1.372の値《あたい》を使うと，

2.9 ÷ 1.372＝2.113…＝2.11(倍))

3 ⑴**エ**　⑵ **15 cm³**　⑶ **58.9%**

⑷ **1.2倍**

解き方　⑴石灰水《せっかいすい》に二酸化炭素を通すと白く濁《にご》る。

⑵**表1**と**表2**より，炭酸水素《たんさんすいそ》ナトリウム3.36gに対し，同じ体積の720cm^3の気体**X**が発生するときの塩酸《えんさん》の量は，塩酸**A**が30cm^3，塩酸**B**が20cm^3である。よって，求める値を□cm^3とすると，

22.5：□＝30：20　□＝15(cm^3)

⑶**実験1**で，塩酸**A**を20cm^3加えたときにできる食塩の重さを□gとすると，

2.34：□＝40：20　□＝1.17(g)

よって，混合物《こんごうぶつ》2.85g中の炭酸水素ナトリウムの重さは，

2.85 − 1.17＝1.68(g)

したがって，

$\frac{1.68}{2.85} \times 100$

＝58.94…＝58.9　58.9%

⑷炭酸水素ナトリウム3.36gで気体**X** 960cm^3を発生させることができるから，気体**X**を360cm^3発生させることができる炭酸水素ナトリウムを□gとすると，

3.36：□＝960：360　□＝1.26(g)

物質《ぶっしつ》**Y**1.5gで気体**X**360cm^3を発生させることができるから，求める値は，

1.5 ÷ 1.26

= 1.19…= 1.2(倍)

4 (1)①**石灰水**　②**3 g**

(2)① **25.2 g**　② **20.7 g**

解き方　(1)②生じる水の重さを□gとすると，

8.4：28 = 0.9：□　□= 3(g)

(2)①反応した物質の重さを□gとすると，

8.4：□= 2.2：6.6　□= 25.2(g)

②反応しなかった物質**A**の重さは，

30 − 25.2 = 4.8(g)

反応によってできた固体《こたい》の重さを□gとすると，

8.4：25.2 = 5.3：□　□= 15.9(g)

したがって，試験管《しけんかん》内に残った固体物質すべての重さは，

4.8 + 15.9 = 20.7(g)

この実験は，炭酸水素ナトリウムを加熱したときに炭酸ナトリウム(反応によって残った固体)と水と二酸化炭素(発生した気体)に分解《ぶんかい》される反応であると考えられる。

5 (1)**ウ**　(2)**エ**　(3)**ア**　(4)**ア**

解き方　(1)(2)しばらく沸騰《ふっとう》させたあと冷やしたことで，空《あ》き缶《かん》の中を満たしていた中の水蒸気が水に変わり，体積が非常《ひじょう》に小さくなる。そのため，空き缶の中の圧《あつ》力《りょく》が非常に小さくなり，まわりの大気圧《たいきあつ》によって空き缶が押《お》し潰《つぶ》される。

(3)(4)水はあたためられると膨張《ぼうちょう》して体積が大きくなるので，飲み口のところから少しずつ水があふれてくる。

6 (1) **0℃**　(2)**融点《ゆうてん》**　(3) **5 分間**　(4) **25℃**

(5)**あ…固体**　**い…液体《えきたい》**　**う…気体**

(6)**③**　(7)**エ**　(8)**カ**

解き方　(1)(2)物質が固体から液体に変化する温度を融点といい，液体が沸騰する温度を沸点《ふってん》という。固体を加熱して融点に達すると，加えた熱が固体を液体に変えるためだけに使われるため，すべて液体になるまで温度が変化しない。水の融点は0℃なので，**図1**の①は0℃である。ちなみに，水の沸点は100℃なので，**図1**で100℃になったとき，加えた熱が液体を気体に変えるためだけに使われるため，すべて気体になるまで温度が100℃のまま変化しない。

(3)**図1**より，0℃の水20gが100℃になるまでに20分かかっている。上昇《じょうしょう》温度は加熱時間(熱量《ねつりょう》)に比例《ひれい》し，同じだけ温度を上昇させるために必要な加熱時間(熱量)は水の量に比例するので，10℃の水10gを60℃にするのに必要な加熱時間は，

$$20 \times \frac{60-10}{100} \times \frac{10}{20} = 5(分)$$

(4)**図1**より，0℃の氷20gが0℃の水20gになるまでに15分かかっているので，0℃の氷40gが0℃の水40gになるまでにかかる時間は，

15 ×(40 ÷ 20)= 30(分)

次に，0℃の水20gを20分加熱すると100℃になっているので，0℃の水40gを10分(40 − 30 = 10)加熱したときに上昇する温度は，

100 ×(20 ÷ 40)×(10 ÷ 20)

= 25(℃)

(5)六甲山《ろっこうさん》のふもと(標高0m…1気圧)での氷を加熱したときの状態《じょうたい》を表したのが**図3**の矢印**A**なので，最も低い温度である状態あが固体，次の状態いが液体，最も温度が高い状態うが気体である。

(6)次の図で，太線**X**が融点，太線**Y**が沸点を示《しめ》している。六甲山の山頂《さんちょう》(標高930m…気圧が1気圧より低い)での水の沸点は，**図2**より97℃となっているので，②より沸点が低くなっている(③〜⑤)。ま

た，六甲山の山頂でも液体の水は存在するので，④や⑤のようになることはない。したがって，六甲山の山頂での様子を示しているのは③である。

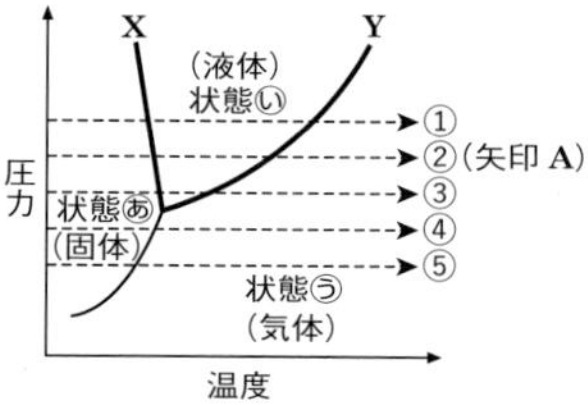

⑺図 3 の矢印 **B** は，温度が変化しなくても，圧力が高くなることによって固体（氷）から液体（水）に変化することを示している。スケート靴《ぐつ》の刃《は》と氷とが接《せっ》する面積は小さいので，スケート靴から氷にとても大きな圧力が加わる。そのため，刃と接している氷がとけて水となり，刃と氷との摩《ま》擦力《さつりょく》が小さくなるため，氷の上を滑《なめ》らかに滑《すべ》ることができるのである。

⑻二酸化炭素は，六甲山のふもと（1 気圧）では気体か固体（ドライアイス）の状態でしか存在しないので，**エ**～**カ**のいずれかということになる。また，液体の二酸化炭素に圧力を加えると固体のドライアイスになるということから，圧力が大きくなると二酸化炭素の融点は高くなることがわかるので，二酸化炭素の状態《じょうたい》図《ず》は**カ**である。

7 ⑴**オ**　⑵**イ**　⑶**ウ**

解き方 ⑴金属《きんぞく》は熱を伝えやすく（鉄より銅《どう》のほうが伝えやすい），水は熱を伝えにくい。

⑵加熱している点から，ほぼ同心円状に熱が伝わっていく（金属の端《はし》に近づくにつれて少し同心円からずれていく）。

⑶加熱している点からほぼ同心円状に熱が伝わるが，金属が欠けた部分は熱が伝わらないので，**ア**のようにはならない。

エネルギー編

第1章 力のはたらき

1 力《ちから》とばね

力だめしの問題

❶ 半分…カ　2 倍…ウ・エ

解き方 **ア**と**イ**では，**ア**の左側のおもりと**イ**の壁《かべ》が同じはたらきをしているので，ばねにはたらく力は等しい。また，**ア**～**エ**のようにばねを直列《ちょくれつ》につなげた場合は，1 本 1 本のばねにおもりの重さと同じ力がかかる。よって，**ウ**と**エ**では，1 本 1 本のばねにおもり 2 個《こ》分の力がかかるので，ばねの伸《の》びも 2 倍になる。**オ**では，並列《へいれつ》になっているので，1 本のばねには，つるしているおもりの 2 個の半分の 1 個分の力がかかる。**カ**では，おもり 1 個分の力が 2 つに分かれるので，1 本のばねにかかる力はおもり 0.5 個分となり，ばねの伸びも半分になる。

❷ ⑴ **30 cm**
⑵右図
⑶ **60 g**
⑷ **100 g**
⑸ **70 g**

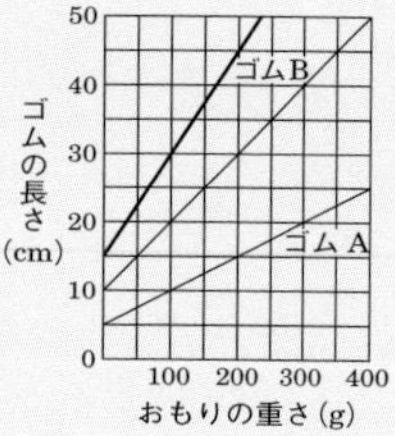

解き方 ⑴ゴム **A** とゴム **B** は直列につながれているので，どちらにもおもりの重さと同じ大きさの力がかかる。グラフより，100g のおもりをつるしたときのゴム **A** の長さは 10cm，ゴム **B** の長さは 20cm なので，合計の長さは 30cm である。

⑵おもりをつるさないときのゴム **A** とゴム **B** の長さの合計は，5 + 10 = 15（cm）なので，おもりの重さが 0g のときの長さが 15cm，おもりの重さが 100g のと

きの長さが 30cm の 2 点を結んだ直線のグラフとなる。

(3)合計のゴムの長さは 100g で 15cm 伸びているので，ゴム全体の長さが 18cm から 27cm に変化したとき（9cm 伸びている），追加したおもりの重さを□g とすると，

100：□＝ 15：9　□＝ 60（g）

(4)ゴム **A** の長さがゴム **B** と同じ 10cm になるときなので，グラフより 100g をつるしたときであることがわかる。

(5)グラフより，ゴム **A** は 20g で 1cm 伸び，ゴム **B** は 10g で 1cm 伸びている。また，ゴム **B** のはじめの長さは 10cm なので，追加したおもりによってゴム **B** は 1cm しか伸びていない。よって，求める値《あたい》は，

$$3(\mathrm{cm})\times\frac{20(\mathrm{g})}{1(\mathrm{cm})}+1(\mathrm{cm})\times\frac{10(\mathrm{g})}{1(\mathrm{cm})}$$
$$=70(\mathrm{g})$$

3 (1) **16 cm**　(2) **200 g**　(3) **20 cm**　(4) **22 cm**　(5) **19 cm**　(6) **21 cm**　(7) **100 cm^3**

解き方　(1)グラフより，おもりの重さが 0g のときのばねの長さを読みとる。

(2)グラフより，ばねの長さが 20cm になるときのおもりの重さを求める。

(3)どちらのばねにも 200g の力がかかるので，20cm になる。

(4)ばね **C** には 300g の力がかかるので，22cm になる。

(5)ばね **E** には，おもりの重さの半分の 150g の力がかかるので，19cm になる。

(6)水中の物体には，押《お》しのけた水の重さと同じ大きさの浮力《ふりょく》がはたらくので，**図 5** ではおもりに 50g の浮力がはたらく。よって，ばね **G** には 250g の力がはたらくので，21cm になる。

(7)グラフより，ばねの長さが 19cm になるとき，ばねにはたらく力の大きさは 150g になっている。よって，おもりにはたらいている浮力は，250 − 150 ＝ 100（g）なので，おもりの体積は 100cm^3 である。

2 天《てん》びんとてこ・滑車《かっしゃ》と輪軸《りんじく》

力だめしの問題

1 (1)イ・エ・オ　(2)①イ　②ア　③エ　(3)**X…120 g　Y…36 g**　(4)①ア　② **200 g**

解き方　(1)支点《してん》から作用点《さようてん》までの長さより，支点から力点《りきてん》までの長さのほうが長いと，力点で加えた力より大きな力《ちから》が作用点ではたらく。

(3) 90 × 40 ＝ **X** × 30　**X** ＝ 120（g）

90 × 20 ＝ **Y** ×（20 ＋ 30）

Y ＝ 36（g）

(4)①上向きに上げたときは支点が棒《ぼう》の左端《はし》になり，下向きに下げたときは台の位置が支点になる。よって，上向きに上げたほうが，支点から作用点までの長さに対する支点から力点までの長さの割合《わりあい》が大きくなるので，力点に加える力は小さくてすむ。

② 950 × 80 ＝□×（80 ＋ 100 ＋ 200）

□＝ 200（g）

2 イ

解き方　薬包紙《やくほうし》の重さのぶんの差が出ないように，薬包紙は両方の皿の上にのせる。

3 (1) **10 g**　(2) **10**　(3) **35 g**

解き方　(1) 15 × 6 ＝ **A** × 9　**A** ＝ 10（g）

(2) 50 × 5 ＝（15 ＋ 10）×□

□＝ 10（cm）

(3)□× 15 ＝（50 ＋ 15 ＋ 10）× 10

□＝ 50（g）

50 × 7 ＝ **B** ×（7 ＋ 3）　**B** ＝ 35（g）

❹ ① 6 kg　② 8 kg　③ 20 kg
④ 7 kg

解き方　①(8 + 4) ÷ 2 = 6(kg)
② 3 つともすべて定滑車《ていかっしゃ》なので，力の大きさは変わらない。
③(8 × 2) + 4 = 20(kg)
④ 3 × 30 + 1 × 10 = 1 × 30 + □× 10
□= 7(kg)

❺ (1) 1 個　(2) 35 cm

解き方　(1)右のうでにつるすおもりの個《こ》数を□個とすると，
2×20×10+1×20×5=□×20×25
□= 1(個)
(2)支点から右のうでのおもりをつるす位置までの距離《きょり》を□cm とすると，
3×20×10+1×20×5=1×20×□
□= 35(cm)

❻ (1) 150 g　(2) 18 cm　(3) 50 g

解き方　(1)グラフより，4cm 伸《の》びた左のばねにかかっていた力は 60g，6cm 伸びた右のばねにかかっていた力は 90g なので，棒の質量(重さ)は，
60 + 90 = 150(g)
(2)下の図のように，この棒の重心《じゅうしん》(棒の重さがかかる点)は，30cm の棒を左端から 3：2 に分ける点なので，左端から重心までの長さは，
$30 \times \frac{3}{3+2} = 18$(cm)

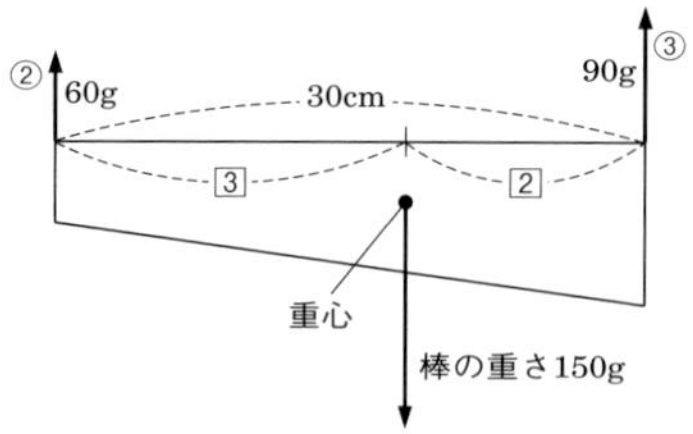

(3)次の図のようなつりあいとなるので，
ア× 13 = 150 × 3 + 20 × 10
ア= 50(g)

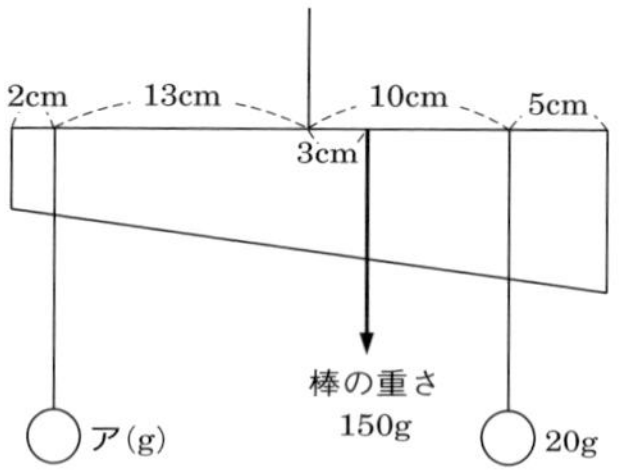

❼ (1)①イ　②ア・イ・ウ・エ　③ア
(2)① 0 g　② 400 g　(3)①ウ　②ア

解き方　(1)ひもをつるしている支点が回転の中心となるので，皿の重さによって支点の左側が下がろうとするのは反時計まわり，棒の重さによって支点の右側(棒の重心はⓘとⓤの境《さかい》の位置)が下がろうとするのは時計まわりである。また，棒の重心はⓘとⓤの境の位置であるが，棒の重さはどの部分にもある。
(2)①皿を **A** の位置につるしたときに，おもりをつるさなくても水平になっていることから，皿の重さは棒の重さとつりあっているので，おもりをつるしても棒の回転に影響《えいきょう》しない支点の位置が 0g の目盛《めも》りとなる。
②皿の重さは棒の重さとつりあっているので，考えなくてよい。よって，支点から 40cm のところに 100g のおもりをつるしたとき，皿の上にのせたときにつりあうものの重さを□g とすると，
□× 10 = 100 × 40
□= 400(g)
(3)①皿の重さによる反時計まわりのモーメントが大きくなるので，おもりも支点から少し右へ移動《いどう》させなければならない。
②**A** のときは，皿にのせるものの重さが 100g 増《ふ》えたときの反時計まわりのモーメントの増加量《ぞうかりょう》は，100 × 10 = 1000 であったが，**B** のときは，皿にのせるものの重さが 100g 増えたときの反時計まわ

りのモーメントの増加量は，100 × 20 = 2000 となるので，右につるすおもりの移動距離（0gと100gの目盛りの間隔《かんかく》）が大きくなる。

3 動くおもりのはたらき

力だめしの問題

❶ (1)A　(2)変わらない。
(3)変わらない。　(4)ウ

解き方 (1)～(3)ふりこの長さが長いほど，ふりこが1往復《おうふく》する時間は長くなるが，おもりの重さや振《ふ》れ幅《はば》を変えても，ふりこが1往復する時間は変わらない。

(4)メトロノームは，音楽のテンポをきめる道具で，おもりの位置を変えることによってふりこの部分の長さを変え，1往復する時間を変えるしくみになっている。

❷ (1)長くなる。　(2)エ　(3)イ

解き方 (1)振れ幅は1往復する時間に関係しないが，ふりこの長さを長くすると1往復する時間は長くなる。

(2)おもりの重さは関係なく，高さの変化が最も大きくなるものほど最下点を通過《つうか》するときの速さが最も速くなる。振れ幅が大きいほど，ふりこのはじめの高さが高く，その変化が大きくなるため，エが最も速くなる。

(3)ふりこの長さが同じなので，振れ幅が大きいほど高さの変化が大きくなり，最下点を通過するときの速さが速くなる。同じ重さのおもりでは，速さが速いほど物体を動かす力《ちから》は大きくなる。

❸ (1)ウ　(2)イ

解き方 (1)すべり台から飛び出すときの速さは高さの変化によってきまり，おもりの重さは関係しないので，高さの変化が同じなら飛ぶ距離《きょり》も変わらない。

(2)高さの変化が同じなので球2にぶつかる速さは変わらないが，同じ速さのときは運動する物体の重さが重いほどほかの物体を動かす力は大きくなる。

❹ (1)イ　(2)ウ

解き方 (1)(2)一定の速さの電車の中で真上に飛ぶと，電車の中での同じ位置に落ちてくる。これは，電車の中に乗っている人が，真上に飛んでも電車と同じ向きに同じ速さで移動《いどう》するためである。このように，運動していた物体は，それまでの運動を続けようとする性質《せいしつ》があり，この性質を慣性《かんせい》という。したがって，電車の外から見ている人からは，電車と同じ向きに同じ速さで移動して見える。

チャレンジ問題

1 (1) 500 g　(2) 6.75 cm　(3) 26 cm
(4) 1000 g　(5) 600 g

解き方 (1) $100 \times \dfrac{13-6}{1.4} = 500$ (g)

(2)ばねの伸《の》びる割合《わりあい》も半分になるので，ばねAを半分に切ったばねは，もとの長さが5cmで，100gのおもりをつるすと0.5cm伸びるばねである。よって，

$5 + 0.5 \times \dfrac{350}{100} = 6.75$ (cm)

(3)ばねAには650gの力がかかるので，ばねAの長さは，

$10 + 1 \times \dfrac{650}{100} = 16.5$ (cm)

ばねBには250gの力がかかるので，ばねBの長さは，

$6 + 1.4 \times \dfrac{250}{100} = 9.5$ (cm)

したがって，16.5 + 9.5 = 26 (cm)

(4)ばねAとばねBに100gのおもりをつるしたときのばねの伸びの差は，

1.4 − 1 = 0.4 (cm)

ばねAとばねBのもとの長さの差は，

10 − 6 = 4 (cm)

したがって，求める値《あたい》は，

$100 \times \frac{4}{0.4} = 1000$(g)

⑸ばねAにかかっている力の大きさは,

$100 \times \frac{17 - 10}{1} = 700$(g)

よって，台ばかりにかかっている力の大きさは,

500 + 800 − 700 = 600(g)

2 (1) **50 g** (2) **650 g** (3) **650 g**
(4)**ばねばかり…140 g**
台ばかり…620 g
(5) **1.05 g**
(6)**ばねばかり…139 g**
台ばかり…646 g

解き方 (1) 50cm^3 の水を押《お》しのけているので，木片《もくへん》にはたらいている浮力《ふりょく》は50gである。物体が液体《えきたい》に浮《う》いているとき，物体の重さは物体にはたらいている浮力に等しいので，木片の重さは50gである。

⑵水の入ったメスシリンダーと木片をすべて支《ささ》えているので,

600 + 50 = 650(g)

⑶全体の重さは**図2**のときと変わらない。

⑷ばねばかり…160 − 20 = 140(g)

台ばかり…600 + 20 = 620(g)

⑸(500 + 25) ÷ 500 = 1.05(g)

⑹ばねばかり…

160 −(1.05 × 20)= 139(g)

台ばかり…

600 + 25 +(1.05 × 20)= 646(g)

3 (1) **1280 g** (2) **32 cm**
(3) **14.25 cm** (4) **142 g**

解き方 ⑴おもりの重さを□gとすると,

160 × 24 =□× 3　□= 1280(g)

⑵**AO**の長さを□cmとすると,

160 ×□= 1280 × 4　□= 32(cm)

⑶**BO**の長さを□cmとすると,

160 × 24 + 60 × 50 = 480 ×□

□= 14.25(cm)

⑷上の棒《ぼう》の**B**点にかかっている力を□gとすると,

160 × 24 =□× 40　□= 96(g)

下の棒の**E**点を支点《してん》として,**D**点にかかっている力を△gとすると,

96 × 20 =△×(40 + 20)

△= 32(g)

したがって，おもり④の重さは,

32 + 110 = 142(g)

4 (1)**A…80 g**　**B…110 g**　**C…30 g**
(2) **60 g**

解き方 ⑴**A**・**B**…支点が，太さが一様《いちよう》な棒の中心にある場合は，棒の重さは考えなくてよい。

60 × 20 = **A** × 15　**A** = 80(g)

20 ×(15 + 10)+ **B** × 10 − 80 × 20

B = 110(g)

C…下の図のように，棒の中心に棒の重さと同じ重さのおもりをつるすと考えると,

C × 40 + 100 × 10 = 110 × 20

C = 30(g)

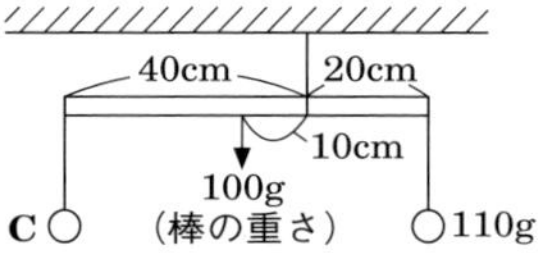

⑵**図4**のように，棒につるしたときに水平につりあう点を重心《じゅうしん》といい(太さが一様《いちよう》な棒の重心は棒の中心にある)，ここに棒の重さがすべてかかると考える。よって，次の図のように，右端《はし》から20cm(支点から右に10cm)の位置に重心があり，棒の重さがすべてかかると考える。

150 × 20 = 120 × 10 + **D** × 30

D = 60(g)

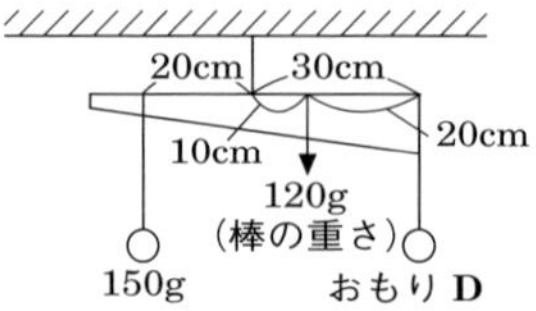

5 (1)向き…b　力…75 g　(2) 80 枚《まい》
(3) 4.5 cm　(4) 4 回転

解き方　(1)ハンドルに加える力の向きと大きさは，下の図参照。
力…1000 × 15 =□× 60
□= 250 (g)
250 × 20 =△× 40　△= 125 (g)
125 × 30 =○× 50　○= 75 (g)

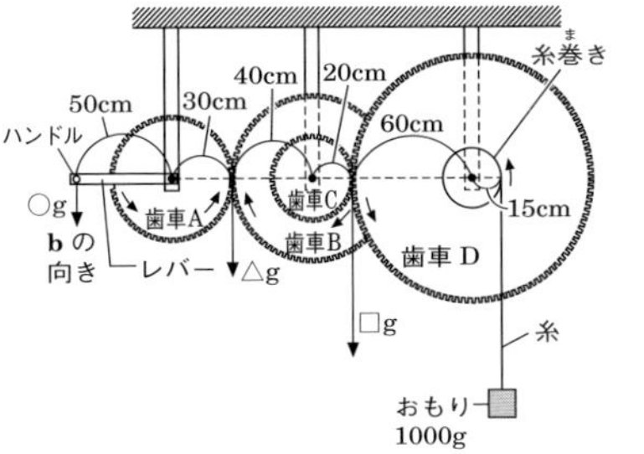

(2)歯車の歯数は半径に比《ひ》例《れい》する。歯車Aの歯数は 60 枚なので，
60：B = 30：40　B = 80 (枚)

(3)歯車Aと歯車Bのかみあった歯数は，
$60 \times \frac{72}{360} = 12$ (枚)
歯車Cの半径は歯車Bの$\frac{1}{2}$なので，歯数も半分である。よって，歯車Cと歯車Dのかみあった歯数は，12 ÷ 2 = 6 (枚)，
歯車Dの歯数をD枚とすると，
60：D = 30：60　D = 120 (枚)
歯車Dの歯が 6 枚かみあうときの回転角は，
$360 \times \frac{6}{120} = 18$ (度)
糸巻きの半径は 15cm なので，おもりが上がる長さは，
$15 \times 2 \times 3 \times \frac{18}{360} = 4.5$ (cm)
(歯車の歯数を求めなくても，回転角の比《ひ》を使って求めることもできる。)

(4)レバーを 72°回転させたときに糸巻きが 18°回転するので，糸巻きが 360°回転するときのレバーの回転角を□とすると，
72：18 =□：360　□= 1440 (度)
これを回転数に直すと，
1440 ÷ 360 = 4 (回転)

6 (1) 13 g　(2) 40 g　(3) 50 g
(4) 20 g　(5)① 20.4 cm　② 100 g

解き方　(1)Bにつり下げたおもりの重さを□gとすると，
20 × 20 = 5 × 15 +□× (15 + 10)
□= 13 (g)

(2)下の図で，

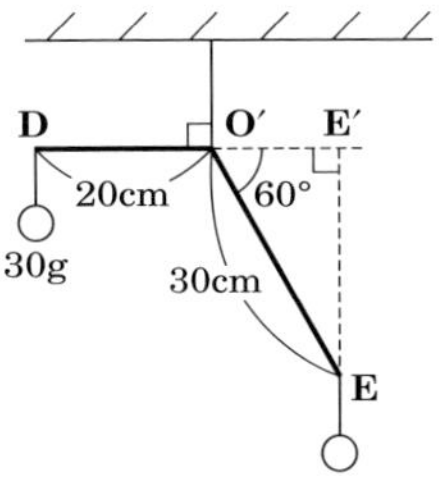

O′E：O′E′ = 30：O′E′ = 2：1
O′E′ = 15 (cm)
したがって，Eにつり下げたおもりを□gとすると，
30 × 20 =□× 15　□= 40 (g)

(3)(2)と同様に，O′E′ は 15cm なので，Eにつり下げたおもりを□gとすると，
30 × (10 + 10) + 15 × 10 =□× 15
□= 50 (g)

(4)(2)と同様に，O′E′ は 15cm なので，Eのおもりを□gとすると，
50 × 10 = 10 × (10 + 10) +□× 15
□= 20 (g)

(5)①下の図のようにG′，I′，H′を定めると，

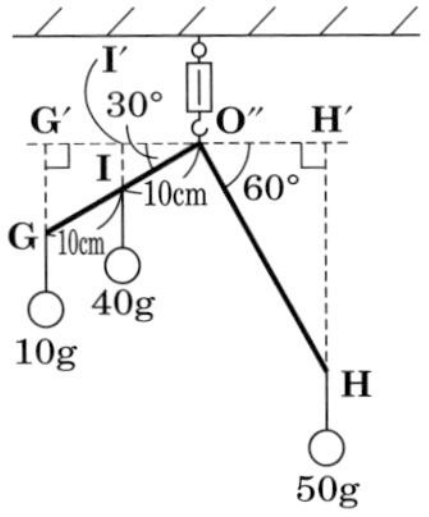

O″G：O″G′ = 20：O″G′ = 2：1.7

$O''G' = 17$ (cm)

よって，$O''I' = 17 \div 2 = 8.5$ (cm)

これらより，

$10 \times 17 + 40 \times 8.5 = 50 \times O''H'$

$O''H' = 10.2$ (cm)

$O''H' : O''H = 10.2 : O''H = 1 : 2$

$O''H = 20.4$ (cm)

②おもりの重さがすべてばねばかりにかかるのでばねばかりの示《しめ》す値は，

$10 + 40 + 50 = 100$ (g)

7 **(1) 1 kg　(2) 10 cm**

解き方　(1)板の重さ 6kg は真ん中（**B**点から右に 10cm の地点）にかかるので，**B**点を支点として支える力を□g として考えると，

6 × 10 =□× 60　□= 1（kg）

(2)板の重さがかかる点は**B**点から左に 15cm の地点なので，**B**点を支点として**B**点から□cm 右を通るときと考えると，

6 × 15 = 9 ×□　□= 10（cm）

8 **(1)①E・F・G　②A・B・C**

(2)B…9 時 15 分　E…8 時 50 分

(3) 1 往復《おうふく》にかかる時間…1.0 秒

この時計が 1 時間後に示す時刻《じこく》…

9 時 00 分

解き方　(1) 1 分間に 60 回振れるのは，1 往復にかかる時間が 1.0 秒の**D**である。よって，1 往復にかかる時間が**D**より長い**E**・**F**・**G**は正確《せいかく》な時刻より遅《おく》れ，1 往復にかかる時間が**D**より短い**A**・**B**・**C**は正確な時刻より進む。

(2)**B**…60（分）×（1.0 ÷ 0.8）= 75 分

8 時＋ 75 分＝ 9 時 15 分

E…60（分）×（1.0 ÷ 1.2）= 50 分

8 時＋ 50 分＝ 8 時 50 分

(3)左半分のふりこの長さは 35cm，右半分のふりこの長さはくぎより下の 15cm となる。よって，1 往復にかかる時間は，

（1.2 ＋ 0.8）÷ 2 = 1.0（秒）

これは，**D**が 1 往復する時間と同じなので，正確な時刻を示す時計となる。

9 **(1)D－E間　(2)$\frac{a}{x}$秒**

(3) $4 + \frac{a}{y}$秒　(4)キ　(5)ケ

(6)あ…4　い…a　う…y

え…a　お…x

解き方　(1)高さの変化が大きいほど，速さの変化も大きくなる。

(2)速さは x（cm/秒）で，距離《きょり》は a（cm）である。

時間 $= \frac{距離}{速さ} = \frac{a}{x}$（秒）

(3)図 2 より，**B－D**間の時間が 2.0 秒なので**E－G**間の時間も 2.0 秒である。**D－E**間の速さは y（cm/秒）で，距離は a（cm）なので，

時間 $= \frac{距離}{速さ} = \frac{a}{y}$（秒）

したがって，**B－G**間で通過《つうか》するのにかかった時間は，

$2.0 \times 2 + \frac{a}{y} = 4 + \frac{a}{y}$（秒）

(4)物体にはたらいている重力の向きは，どのようなときでも鉛直《えんちょく》下向きである。

(5)斜面《しゃめん》に沿《そ》って下向きにはたらいている。この力は，物体にはたらく重力が，斜面を垂直《すいちょく》に押す力と，斜面に沿って下向きに下ろうとする力に分かれたものである。

(6)**I－J**間にかかった時間と**M－N**間にかかった時間の合計は，**B－C**間にかかった時間と**F－G**間にかかった時間の合計の半分である。また，**K－L**間にかかった時間は**D－E**間にかかった時間の 2 倍である。これらの分だけ，(3)で求めた時間と差が出るので，

$4 + \frac{a}{y} \times 2 - \frac{a}{x} \times 2 \div 2$

$= 4 + \frac{2 \times a}{y} - \frac{a}{x}$（秒）

10 (1)ウ　(2)ウ

解き方 (1)ふりこやレール上を運動する球であれば，動き始めた位置と同じ高さまで運動するが，その瞬間《しゅんかん》，一時静止して，運動するエネルギーが0になる。これは，小球のもつ運動するエネルギーが同じ高さ(位置)まで高くなることに使われたためである。しかし，この実験の場合は，点**Q**を飛び出して**Q**より高くなるが，最高点に達したときも静止せずに運動しているので，運動するエネルギーはすべて使われていない。したがって，点**P**と同じ高さ(**イ**)にはならない。

(2)点**Q**から飛び出す速さは小球の重さに関係しないので，飛び出したあとの道すじも(1)のときと変わらない。

11 (1)イ　(2)イ

解き方 (1)水平方向に動く速さは一定であるが，上昇《じょうしょう》する速さは上昇するにつれて遅《おそ》くなり，最高点から落下してくるときの速さは落下するにつれて速くなるので，**イ**のような曲線をえがく。このような曲線を放物線《ほうぶつせん》という。

(2)下から投げても，肩《かた》の上から投げても，投げ出す方向と強さが同じであれば，ボールは同じように動く。

第2章 電気

1 電流《でんりゅう》と回路《かいろ》

力だめしの問題

1 (1)A…エ　B…ウ　(2) **0.35 A**

解き方 (1)**A**は乾電池《かんでんち》の＋極《プラスきょく》側につながっている導線《どうせん》なので，電流計《でんりゅうけい》の＋端子《プラスたんし》につなげる。**B**は乾電池の－極《マイナスきょく》側につながっている導線なので，電流計の－端子《マイナスたんし》につなげる。また，流れる電流の大きさがわからないときは，最も大きい電流をはかることのできる－端子を使用する。

(2) 500mAの－端子を使った場合は，右端《はし》の目盛《めも》りが500mAを示《しめ》し，1目盛りは10mAを示している。また，1A＝1000mAなので，350mA＝0.35A

2 (1)ウ　(2)ウ

解き方 (1)太陽は南の空を通るので，光電池《こうでんち》を南に向けるとたくさんの光を受けて効率《こうりつ》よく発電《はつでん》できる。

(2)右の図のように，光電池に対して90度の角度で日光があたるとき，最も効率よく発電できる。

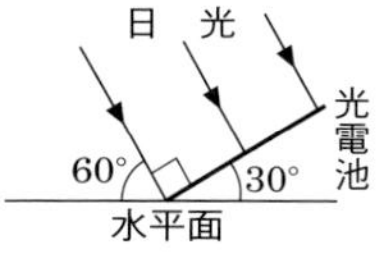

3 (1)①・④・⑤・⑦
(2)⑥・⑧　(3)⑥・⑦・⑧

解き方 (1)①・④・⑤は2個《こ》の乾電池が直列《ちょくれつ》で逆向《ぎゃくむ》きにつながれているので，回路に電流が流れない。⑦は乾電池の部分のみを大きな電流が流れて豆電球に電流が流れない。このようになることをショートという。

(2)②と③は，2個の乾電池の直列つなぎなので，**図1**の豆電球より明るく点灯する。⑥と⑧は，2個の乾電池の並列《へいれつ》つなぎなので，図 1 の豆電球と同じ明るさで点灯する。

⑶まず，⑥や⑧のような乾電池の並列つなぎでは，一方の乾電池をとり外しても電流が通る道があるので，豆電球は同じ明るさで点灯し続ける。⑦のどちらか 1 つの乾電池を外すと，ショートする部分ができず，乾電池 1 個と豆電球 1 個の回路となる。

❹ ⑴イ…1　ウ…2　エ…1　オ…2
カ…1　キ…1
⑵図 2…4　図 3…2　図 4…2

解き方 ⑴電流は，電圧《でんあつ》に比例《ひれい》して，抵抗《ていこう》に反比例《はんぴれい》する。
イ…並列部分がない回路では，どこも等しい電流が流れる。
ウ…電圧が 2 倍になるので，電流も 2 倍になる。
エ…電熱線《でんねつせん》を並列に増《ふ》やしても，電熱線を流れる電流の強さは変わらない。
オ…並列部分を流れる電流が合流してオの部分を流れる。
カ・キ…電圧が 2 倍になっているが抵抗も 2 倍になっているので，回路を流れる電流の強さは変わらない。

⑵電熱線からの発熱量は「電流×電圧」に比例する。図 2 では，電圧を 2 倍にしているので電流も 2 倍となり，発熱量は，2 × 2 = 4(倍)となる。図 3 では，電熱線 1 本にかかる電圧と流れる電流は変わらないが，それが 2 本あるので，電熱線からの発熱量の合計は，図 1 の 2 倍となる。図 4 も，図 3 と同じように電熱線 1 本にかかる電圧と流れる電流は変わらないが，それが 2 本あるので，電熱線からの発熱量の合計は，図 1 の 2 倍となる。

〔別解〕図 4 は次のようにも考えられる。電熱線を流れる電流は変わらないが，全電圧は図 1 の 2 倍になるので，発熱量の合計も 2 倍になる。

2 電流《でんりゅう》のはたらき

力だめしの問題

❶ ⑴ア　⑵下に落ちる。
⑶同じ極で，同じ向きにこする。
⑷例小さい発泡《はっぽう》ポリスチレンにのせて水に浮《う》かべる。
⑸S 極

解き方 ⑴縫《ぬ》い針《ばり》A の棒磁石《ぼうじしゃく》N 極についている部分が S 極，縫い針 B の下の端《はし》が N 極になっている。

⑵くっつけた 2 本の棒磁石が 1 本の棒磁石と同じはたらきをするため，くっつけた部分は棒磁石の中心となり，磁力がほとんどなくなる。

⑶こすり始める部分がこすっている磁石の極と同じ極になる。

⑷⑸地球自体が北極付近を S 極，南極付近を N 極とする大きな磁石となっているため，磁石を自由に動けるようにすると，N 極が北を指す。

❷ ⑴A・B…直列《ちょくれつ》つなぎ
C・D…並列《へいれつ》つなぎ
⑵A…東　D…東
⑶最も大きいもの…A
最も小さいもの…C
⑷A 　B 　⑸イ
⑹ 24
⑺(2 個，150 回)(3 個，100 回)
(4 個，75 回)(5 個，60 回)
から 3 つ

解き方 ⑴電流の通り道が 1 本道のつなぎ方を直列つなぎ，分かれ道のあるつなぎ

方を並列つなぎという。

(2)右手の手のひらと方位《ほうい》磁針《じしん》で導線《どうせん》を挟《はさ》み，右手の指先を電流の流れる向きに合わせたとき，方位磁針のN極は右手の親指のあるほうへ少し振《ふ》れる(最大90度)。

(3)流れる電流が大きいほど，針の振れも大きくなる。豆電球1個《こ》，乾電池《かんでんち》1個のときに流れる電流を1として**A**～**D**の方位磁針の上下にある導線を流れる電流の大きさを求めると，**A**は2，**B**は1，**C**は0.5，**D**は1である。

(4)コイルを流れる電流の向きに合わせて右手でコイルをにぎって親指をのばしたとき，コイルの中の磁界《じかい》の向きが親指の指す向きと同じになり，下の図の矢印のような向きの磁界ができる。方位磁針のN極は，磁界と同じ向きに振れる。

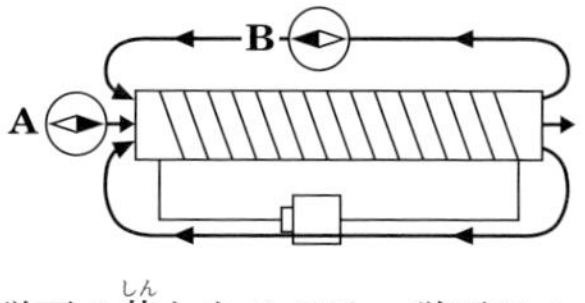

(5)電磁石の芯《しん》となるのは，磁石につく鉄だけである。

(6)**A**と**D**の比較《ひかく》により，クリップのつく数は巻《ま》き数に比例《ひれい》していることがわかる。その上で，**A**と**B**の比較により，クリップのつく数は電池の数に比例していることもわかる。よって，

$$②=12(個)\times\frac{4(個)}{1(個)}\times\frac{100(回)}{200(回)}$$
$$=24(個)$$

(7)電池1個でクリップ18個を引きつけるときの巻き数は，

$$200(回)\times\frac{18(個)}{12(個)}=300(回)$$

これは，巻き数が条件《じょうけん》に合わないが，これと同様に，「電池の数×巻き数＝300」となるような組み合わせになればよい(5個以下は5個をふくむ)。

3 (1)界磁石《かいじしゃく》[磁石]　(2)下図

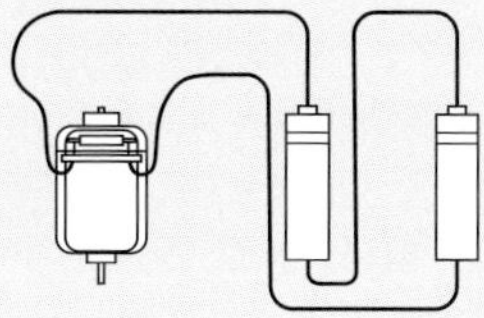

解き方　(1)図2のモーターは，**A**の磁石の中にあるコイルに電流を流して軸《じく》を回転させている。

(2)モーターの右側から出た導線を電池の－《マイナス》極《きょく》に，左側から出た導線を電池の＋極《プラスきょく》につなげ，電池が直列つなぎになるようにする。

チャレンジ問題

1 (1)ア

(2)① **40 mA**　② **80 mA**　③ **26 mA**
④ **13 mA**　⑤ **35 mA**

解き方　(1)電池《でんち》の個数《こすう》が増《ふ》えるにつれて，電流《でんりゅう》の増加分《ぞうかぶん》が少しずつ小さくなっている。

(2)①表の電池の個数が10個のときと同じ回路《かいろ》である。

②各電球に40mAずつの電流が流れるので，電流計《でんりゅうけい》には，40 × 2 = 80 (mA)の電流が流れる。

③図3では，電球2個と電池2個を直列《ちょくれつ》につなぐと，電球1個と電池1個を直列につないだときと同じ10mAの電流が流れている。よって，電球2個を直列につなぐと電球と電池の数が半分になったときと同じ強さの電流が流れるので，電球1個・電池5個のときと同じ強さの電流が流れる。

④左側だけを考えると，電池3個と電球1個なので19mAの電流が流れる。右側だけを考えると，電池7個と電球1個な

ので 32mAの電流が流れる。よって，電流計の部分を流れる電流は，

$32 - 19 = 13$(mA)

⑤電球 2 個が並列《へいれつ》になると抵抗《ていこう》は半分になる。よって，回路全体の抵抗は，電球 $1 + \frac{1}{2} = \frac{3}{2}$ 個分である。$12 \div \frac{3}{2} = 8$(個)なので，電流計を流れる電流の強さは，電球 1 個，電池 8 個のときと同じ 35mAである。

2 (1)**電磁石《でんじしゃく》**　(2)**エ**　(3)**ウとオ**

解き方　(1)鉄心《てっしん》を入れたコイルに電流を流すと磁石《じしゃく》と同様の磁界《じかい》が生じる。このような装置《そうち》を電磁石という。

(2)コイルに流れる電流が強く，コイルの巻《ま》き数が多いものほど磁力《じりょく》が強くなる。

(3)導線《どうせん》の巻き数は違《ちが》うが，コイルに流れる電流が等しいものを比《くら》べなければならない。

3 (1) **0.5 A**　(2)**カ**　(3) **15 倍**

(4)① **0.2**　② **0.5**　③ **1.4**

解き方　(1)(2)**図 2**，**図 3** より，流れる電流の強さは，断面積《だんめんせき》に比例《ひれい》し，長さに反比《はんぴ》例《れい》していることがわかる。**図 2** より，長さが 5m，断面積が 0.2mm^2 の鉄線に流れる電流が 0.6Aになっているので，長さが 15m，断面積が 0.5mm^2 の鉄線に流れる電流は，

$0.6 \times \frac{5}{15} \times \frac{0.5}{0.2} = 0.5$(A)

(3)**図 2** より，長さ 5m，断面積 0.2mm^2 の鉄線に 0.6Aの電流が流れているので，長さ 5m，断面積 1mm^2 の鉄線に流れる電流は，

$0.6 \times \frac{1}{0.2} = 3.0$(A)

図 3 より，長さ 5m，断面積 1mm^2 のニクロム線に流れる電流は 0.2Aとなっているので，鉄線はニクロム線の 15 倍($3 \div 0.2 = 15$)電気を通しやすい。

(4)①鉄線**A**と鉄線**B**を直列につないでいるので，切らないときと同じである。長さが 15m，断面積が 0.2mm^2 の鉄線に流れる電流と等しいので，

$0.6 \times \frac{5}{15} \times \frac{0.2}{0.2} = 0.2$(A)

②**図 3** のグラフより，0.5A。

③ニクロム線**C, D**に流れる電流の合計は，②より 0.5A。次に，**図 2** のグラフより，長さ 5m，断面積 0.2mm^2 の鉄線を流れる電流は 0.6A，長さ 10m，断面積 0.2mm^2 の鉄線を流れる電流は 0.3Aなので，これらを合計すると，

$0.5 + 0.6 + 0.3 = 1.4$(A)

4 (1)**(エナメルは)電気を通さないから。(10 字)**

(2)**ア**　(3)**b**　(4)**ア**

解き方　(1)エナメルは電気を通さないので，導線のカバーの役割《やくわり》をしている。そのため，コイルをつくるときなどにエナメル線どうしが重なっても電流はエナメル線の中だけを通っていく。そして，電池や他の導線などにつなげる部分だけエナメルをはがして使う。

(2)電流は電池の＋極《プラスきょく》から流れ出て，－極《マイナスきょく》に戻《もど》ってくる。

(3)上がN極になっているので，右手の親指を上に向けて上の部分のコイルをにぎったとき，コイルを流れる電流の向きは親指以外の指先の向きと同じ向きになる。

(4)上の部分のコイル(電磁石)のN極となっている上部が左側の磁石のN極としりぞけ合って右側の磁石のS極に引かれる。右下の部分のコイルのS極となっている部分が右側のS極としりぞけ合って左側の磁石のN極に引かれる。したがって，アの向きに回転する。

5 ⑴ア

⑵①イ・エ・カ・ク　②ア・オ・ケ

⑶①ア　②イ

解き方　⑴図で，コイルの向こう側がＮ極，手前側がＳ極となるので，下のＮ極と手前側が引き合い（向こう側がしりぞけ合い），**a**の向きに回転する。

⑵①磁石による下から上向きの磁界が強くなると（**イ**と**エ**），コイルの回転が速くなる。コイルを流れる電流が強くなったり（**カ**），コイルの巻き数を増やしたり（**ク**）すると，コイルに流れる電流が強くなることによって生じる磁界が強くなるので，コイルの回転が速くなる。

②磁石による磁界の向きが逆《ぎゃく》になったり（**ア**），コイルに流れる電流によって生じる磁界の向きが逆になったり（**オ**と**ケ**）すると，コイルの回転が逆になる。

⑶①コイルに電流が流れなくなるので，コイルは回転しない。

②半回転ごとにコイルに電流が流れるので，図のときと同じように回転する。

6 ⑴ウ　⑵オ　⑶イ　⑷**B・C・D**

⑸＋…ウ　－…イ

解き方　⑴どちらにも乾電池《かんでんち》の電圧《でんあつ》と同じ大きさの電圧がかかるので，(a)や(c)のときと同じ明るさでつく。

⑵**図２**でLEDを流れている電流の強さは，

220 － 200 ＝ 20（mA）

よって，LEDを流れる電流のほうがずっと小さいので，電池もずっと長もちする。

⑶LED1個に20mA，豆電球1個に200mAの電流を流さなければならない。よって，LEDだけ10個並列につないだものを豆電球と直列につなぎ，電源の電圧を調整して豆電球に200mAの電流が流れるようにすると，LED1個には20mAの電流が流れる。

⑷問題の条件《じょうけん》より，LEDは次の図のようにつながっていることがわかる。

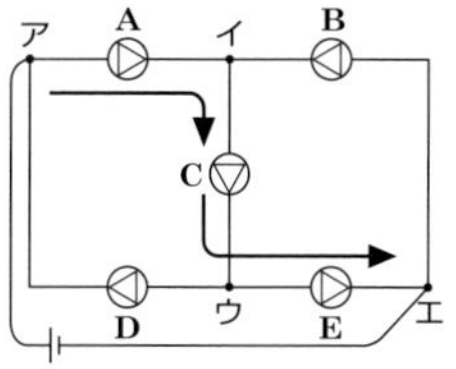

エに＋極，**ア**に－極をつなぐと下の図のようになる。

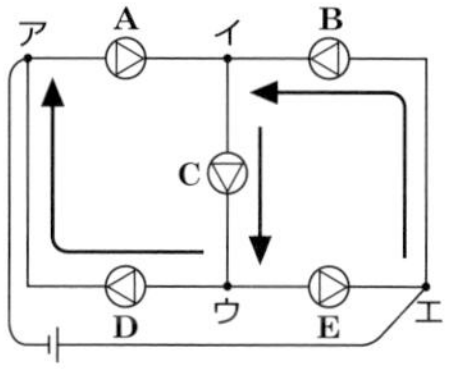

⑸下の図のように，電源の＋極を**ウ**に，－極を**イ**につなげると，**C**のLEDは向きが正しくないのでつかないが，そのほかの**A・B・D・E**の４つのLEDが同時につく。

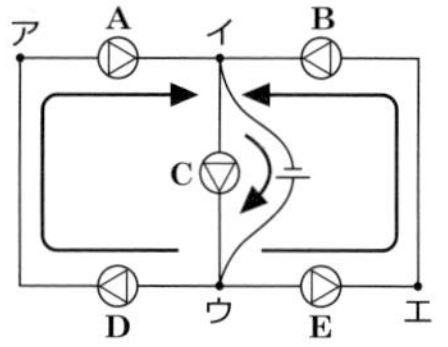

第3章 光と音の性質

1 音の性質《せいしつ》と伝わり方

力だめしの問題

❶ 空気

解き方 振動《しんどう》するもののまわりに空気がなくなると，音を伝えることができない。

❷ (1)B (から) C (まで)　(2) 0.2 mm
(3) $\frac{1}{4}$ 倍[0.25 倍]
(4) $\frac{1}{4}$ 倍[0.25 倍]　(5) 40 cm

解き方 (1)弦《げん》の振動する部分である。

(2)ほかの条件《じょうけん》が同じ場合，弦の太さが細いほうが高い音が出る。

(3)アとウを比較《ひかく》すると，アの弦の太さはウの半分で，アのおもりの質量《しつりょう》(中学入試の場合，重さと考えてよい)はウの $\frac{1}{4}$ になっている。

(4)アとイを比較すると，アの弦の長さはイの半分で，アのおもりの質量はイの $\frac{1}{4}$ になっている。また，ウとエの比較によっても同様である。

(5)イと同じ条件になる。

❸ (1)毎秒 333 m　(2) 667 m [666 m]

解き方 (1) 4000 ÷ 12
　　= 333.3…= 333 (m/秒)

(2) 333.3 × 4 ÷ 2
　= 666.6 = 667 (m)

❹ (1) 1360 m　(2) 1020 m　(3) 3 秒後
(4) 19 秒間

解き方 (1) 340 × 4 = 1360 (m)

(2) 1360 − 17 × 20 = 1020 (m)

(3) 1020 ÷ 340 = 3 (秒後)

(4) 20 −(4 − 3)= 19 (秒間)

❺ A(1)低い音がする。　(2)エ　(3)ウ
B(1)エ　(2)ウ

解き方 A(1)弦が太いほど音が低くなるが，音の大きさには関係しない。

(2)弦が長いほど音が低くなるが，音の大きさには関係しない。

(3)弦の張《は》り具合を強くすると音が高くなるが，音の大きさには関係しない。

B(1)大きい空きびんだと空気が振動する部分が広くなるので，振動数《しんどうすう》が少なくなり，音が低くなるが，音の大きさには関係しない。

(2)水を多く入れるとびんの中の空気が振動する部分が狭《せま》くなるので，振動数が多くなり，音が高くなるが，音の大きさには関係しない。

2 光の進み方

力だめしの問題

❶ (1)① 30　② 20　(2)③ 70

解き方 (1)①入射角《にゅうしゃかく》＝反射角《はんしゃかく》

②入射角と反射角が 10 度ずつ大きくなる。よって，10 × 2 = 20 (度)

(2)③自分で自分の全身を見るためには，身長の半分の長さ以上の鏡が必要である(下図)。

140 ÷ 2 = 70 (cm)

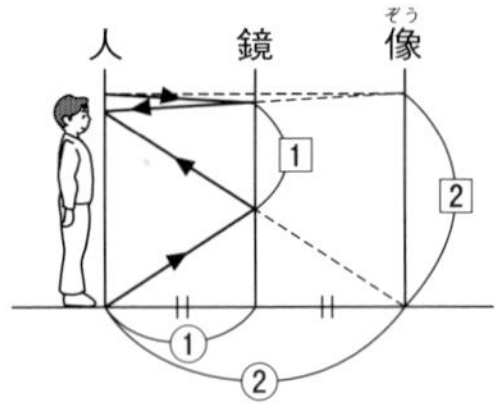

❷ (1)③　(2)⑤

解き方 (1)空気中を進んでいた光と平行に進む。

(2)図 1 より，液体《えきたい》Aに入るときより液体Bに入るときのほうが大きく屈折《くっせつ》しているので，直進している④と境界面《きょうかいめん》と垂直《すいちょく》になっている⑥の間にある⑤のように進む。

3 ア

解き方 右の図のように，10円玉で反射《はんしゃ》した光が水面で屈折して目に届《とど》く。したがって，

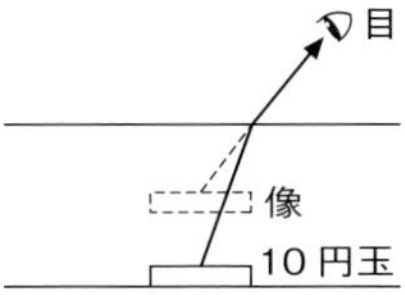

水中にある10円玉は，実際《じっさい》に10円玉がある深さより浅く見える。水中にななめにさした棒《ぼう》が折れ曲がって見える理由も同じである。

4 (1) **60 cm**　(2) **20 cm**

(3)下図

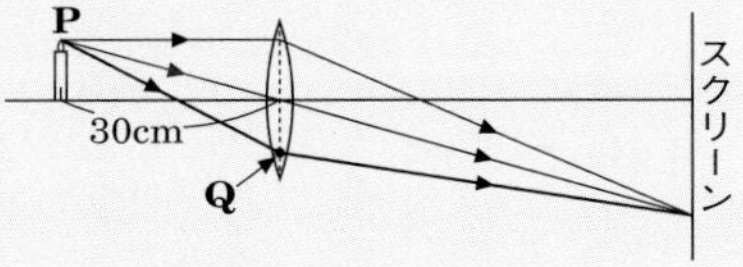

(4)エ　(5) **40 cm**

解き方

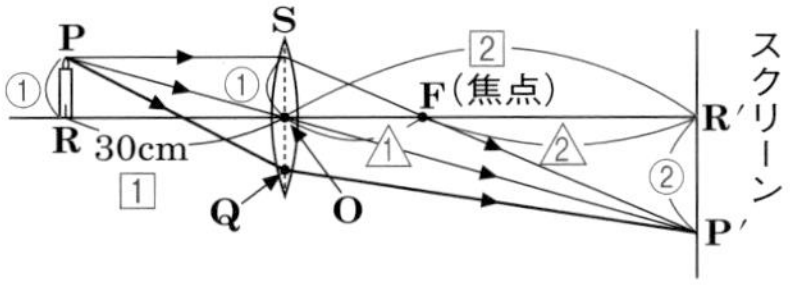

(1)上の図で三角形**OPR**と三角形**OP′R′**は相似で，その相似比は1：2
である。よって，**OR′**の長さは，

$$30 \times \frac{2}{1} = 60\,(\text{cm})$$

(2)三角形**FOS**と三角形**FPR′P′**は相似で，その相似比は1：2である。また，(1)より，**OR′**の長さは60cmである。また，三角形**FOS**と三角形**FR′P′**は相似で，その相似比は1：2なので，焦点距離である**OF**の長さは，

$$60 \times \frac{1}{1+2} = 20\,(\text{cm})$$

(3)**P**から出た光は，凸《とつ》レンズを通り抜《ぬ》けたあと，すべて同じ点で交わる。

(4)凸レンズを通る光の量が半分になるので像《ぞう》が暗くなるが，像の形や大きさは変わらない。

(5)物体を焦点距離《しょうてんきょり》の2倍の位置に置いたとき，像は反対側の焦点距離の2倍の位置にでき，大きさは実物と同じ大きさになる。

5 (1)**エ**

(2)**球A…ア　球B…ア　球C…オ**

(3)**ア・ウ**　(4)**イ**

解き方 (1)白色の光をあてたときに白色に見えるものは，白色の光にふくまれた光のうちのほとんどの光を反射する(吸収《きゅうしゅう》しない)ので，白色に見えるのである。

(2)球**A**は，白色の光をあてたときに白色に見えるので，球**A**はほとんどの光を反射することがわかる。よって，赤色の光をあてるとほとんど反射するので，赤色に見える。

球**B**は，白色の光をあてたときに赤色に見えるので，球**B**は赤色の光しか反射しない(青色の光や緑色の光は吸収する)ことがわかる。よって，赤色の光をあてるとほとんど反射するので，赤色に見える。

球**C**は，白色の光をあてたときに緑色に見えるので，球**C**は緑色の光しか反射しない(赤色の光や青色の光は吸収する)ことがわかる。よって，赤色の光をあててもほとんど反射しないので，黒色に見える。

(3)白色のライトから出てきた光(赤色と青色と緑色が重なった光)をフィルム**1**に通すと青色の光になることから，赤色の光と緑色の光はフィルム**1**に吸収されたと考えられる。

(4)白色のライトから出てきた光をフィルム**2**に通すと赤紫《あかむらさき》色の光(赤色の光と青色の光が重なった光)になることから，緑色の光はフィルム**2**に吸収されたと考えら

れる。よって，フィルム **1** は赤色と緑色の光を吸収し，フィルム **2** は緑色の光を吸収するので，フィルム **1** とフィルム **2** を重ねたものを通過《つうか》できる光は青色の光だけである。

チャレンジ問題

1 ⑴イ　⑵ **22 個《こ》**　⑶**音色《ねいろ》**
⑷①ミ　②**弦《げん》の太さを太くする。／弦の張《は》りを弱くする。から 1 つ**

解き方　⑴音源《おんげん》の振動《しんどう》している部分に最も近い所ほど空気の振動が大きい。

⑵ $440 \times \frac{17}{340} = 22$（個）

⑶波形の違《ちが》いは音色の違いを表している。

⑷①弦の長さが半分になったとき音が 1 オクターブ高くなっている。

$8 \times 2 \times 2 = 32$

なので，32cm のときのミの 2 オクターブ高いミの音が出る。

②弦の太さを太くすると音が低くなる。また，弦の張りを弱くしても音は低くなる。

2 ⑴ **14 m**　⑵ **350 m**
⑶ア…**11.5**　イ…**高い**　ウ…**低い**
⑷ **11.8 秒間**　⑸ **24.3 秒間**　⑹**ア**

解き方　⑴ $168 \div 12 = 14$（m）

⑵ $280 \div 0.8 = 350$（m）

⑶ア…$12 - 168 \div 350 = 11.52$
$= 11.5$（秒間）

イ・ウ…救急車《きゅうきゅうしゃ》が **B** 地点を通り過《す》ぎるまでは **B** 地点に近づいているので高い音が聞こえ，**B** 地点を通り過ぎたあとは **B** 地点から遠ざかっているので低い音に聞こえる。

⑷ $224 \div 350 = 0.64$（秒）

$12 - 0.8 + 0.64 = 11.84 = 11.8$（秒間）

⑸ $(168 + 224) \div 350 = 1.12$（秒）

$12 \times 2 - 0.8 + 1.12 = 24.32$
$= 24.3$（秒間）

⑹救急車に乗っているので，音源からの距《きょ》離《り》が変わらない。

3 ⑴**ア・イ・ウ**　⑵**イ**　⑶**イ**　⑷ **5 m**
⑸**イ・ウ・オ**　⑹ **2 つ**　⑺ **30 m**

解き方　⑴鏡と垂直《すいちょく》な方向に立っている人である。

⑵人と鏡の両端《りょうはし》を直線で結び，そこで反射《はんしゃ》した光に挟《はさ》まれた範囲《はんい》にすべての人が入るのは**イ**だけである。

⑶**エ**と鏡の両端を直線で結び，そこで反射した光に挟まれた範囲にいるのは**イ**だけである。

⑷右の図のような位置に**ウ**の像《ぞう》が見える。また，直角三角形のうちのいちばん長い辺以外が 3：4 であれば，いちばん長い辺は 5 となる。

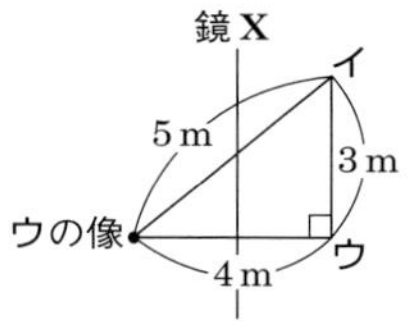

⑸鏡 **X** に直接《ちょくせつ》うつって見えるのは**イ**と**ウ**と**オ**，鏡 **Y** に直接うつって見えるのは**イ**と**ウ**だけだが，**オ**は，鏡 **X** によってできた像が鏡 **Y** にうつって見える。

⑹**イ**は，鏡 **Y** に直接うつって見える像のほかに，**オ**と同じように鏡 **X** でできた像が鏡 **Y** にうつって見える。

⑺

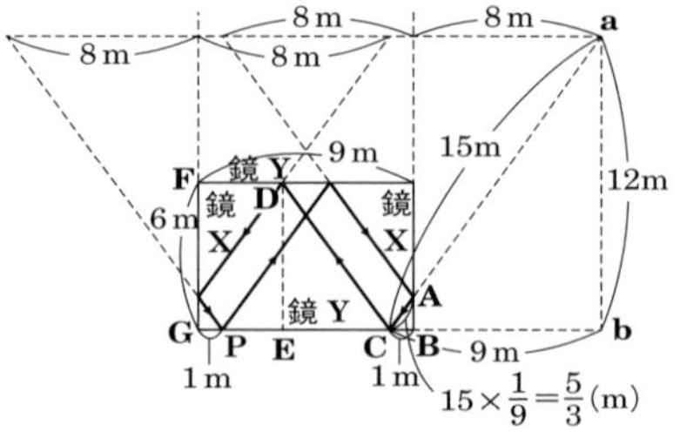

上の図のように光が進む。三角形 **ABC** と三角形 **abC** は相似で，**BC** = 1m，**bC**

＝ 9mなので,相似比は 1 : 9 となる。

よって,

$AC = 15 \times \frac{1}{9} = \frac{5}{3}$(m)

また,三角形**ABC**と三角形**DEC**と三角形**GFD**は相似で,**BC**+**EC**+**FD** ＝ 9(m)…(3つの直角三角形の底辺の和)なので,

BC ＝ 1mより,

$AC + DC + GD = \frac{5}{3} \times \frac{9}{1} = 15$(m)…(3つの直角三角形の斜辺の和)。

光が進んだ長さは,この長さの 2 倍なので,

15 × 2 ＝ 30(m)

4 **(1)太陽の光をすべて吸収《きゅうしゅう》し，反射《はんしゃ》する光がないから。**

(2)①赤　②黒　③黒

解き方 (1)一方，白いものはすべての光を反射するので白く見える。

(2)①赤い光をすべて反射するので赤く見える。

②緑色のものは赤い光を反射しないので黒い色に見える。

③すべての光を反射しなくなるので，黒く見える。

5 **(1)イ**

(2)光の速さはとても速く，5 kmでは瞬時に届《とど》くので測定《そくてい》できない。

(3)ウ

解き方 (2)(3)光の速さは約 30 万km/秒なので，5kmでは瞬時に届いてしまい，人が光を見ておけをとる操作《そうさ》を行う時間のほうがずっと長いため，この方法では光の速さをはかることはできない。

エネルギー編 総合問題

1 **(1) 44 g　(2) 20 g　(3) 16 cm**

(4) 24 g　(5) 48 cm

解き方 (1)**表 1** より，4gで 1cm 伸《の》びるばねを使っている。したがって，

4 × 8.5 ＋ 4 × 2.5 ＝ 44(g)

(2)ばねが 4cm 伸びているので，ばねにかかる力の大きさは,

4 × 4 ＝ 16(g)

したがって，おもり**B1**が受けている浮《ふ》力《りょく》の大きさは,

36 − 16 ＝ 20(g)

また，**B1**の体積は 20cm^3 なので，水 1cm^3 は 1gで，おもりが押《お》しのけた水の重さのぶんだけ浮力を受けているといえる。このことは，ほかのおもりにもあてはまっている。

(3)ばねを引く力が，1 × 54 − 30 ＝ 24(g)

よって，10 ＋ 24 ÷ 4 ＝ 16(cm)

(4)**P**をつるしているばねの伸びは 3cmなので，ばねにかかっている力は,

4 × 3 ＝ 12(g)

棒《ぼう》の重さは棒の中心にかかるので，下の図のようなつりあいとなる。**Q**を支点《してん》として，おもりの重さを□gとすると,

□× 20 ＋ 8 × 30 ＝ 12 × 60

□＝ 24(g)

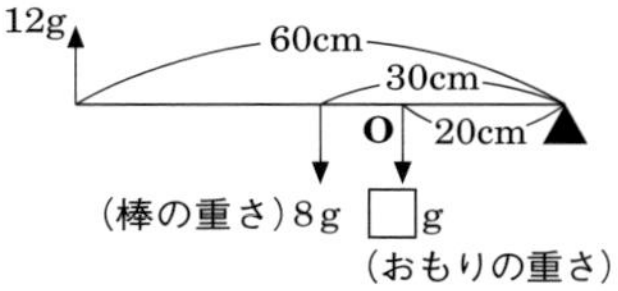

(5)おもりにはたらく浮力は,

1 × 14 ＝ 14(g)

したがって，下の図のようなつりあいとなる。**Q**を支点として，**Q**点からおもりまでの長さを□cmとすると,

(24 − 14)×□＋ 8 × 30 ＝ 12 × 60

□＝ 48(cm)

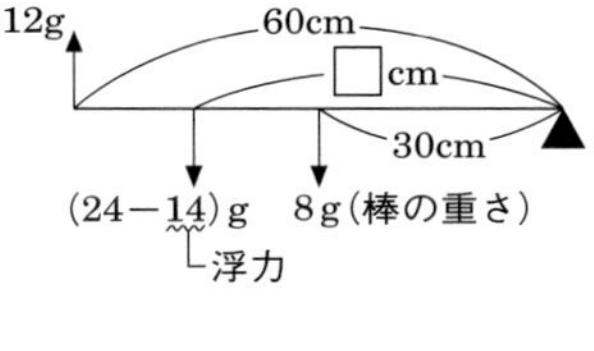

2 ①**ア**　②**エ**　③**イ**　④**ウ**　⑤**75**
⑥**10.8**　⑦**0.8**　⑧**0.64**　⑨**60**
⑩**5**

解き方　①③ペダルについているほうの歯車は，歯車が大きいほどペダルを1回転させたときの後輪の回転数が多くなるが，重くなる。よって，坂道を上るときなどでは歯車が小さいほど小さな力で大きな力を得《え》られるので，軽くなる。

②④後輪についているほうの歯車は，歯車が小さいほどペダルを1回転させたときの後輪の回転数が多くなるが，重くなる。よって，坂道を上るときなどでは歯車が大きいほど小さな力で大きな力を得られるので，軽くなる。

⑤後輪の回転数を□とすると，
20：□＝16：60　□＝75（回転）

⑥ 40 × 2 × 3 × 75 × 60 ÷ 1000 ÷ 100
＝10.8（km）

⑦ 16 ÷ 20 ＝ 0.8（倍）

⑧ 48 ÷ 60 × 0.8 ＝ 0.64（倍）

⑨チェーンにかかる力を□kgとすると，
$24\times20=\square\times\left(48\times\frac{1}{3}\times\frac{1}{2}\right)$　□＝60(kg)

⑩地面に伝わる力を□kgとすると，
$60\times\left(20\times\frac{1}{3}\times\frac{1}{2}\right)=\square\times40$　□＝5(kg)

3 ⑴① **6.4**　② $\frac{8}{7}$　③ **14.0**　④ $\frac{10}{7}$
⑵ **0.1 m**　⑶ $\frac{5}{7}$　⑷ $\frac{1}{36}$　⑸ **11段《だん》**
⑹**非常《ひじょう》に高いところまではね上がる。**

解き方　⑴表より，高さが□×□倍になると，速さが□倍になり，時間も□倍になっている。

① 11.2 ÷ 1.4 ＝ 8 なので，
0.1 × 8 × 8 ＝ 6.4

②よって，$\frac{1}{7}\times8=\frac{8}{7}$

③ 10.0 ＝ 0.1 × 10 × 10 なので，
1.4 × 10 ＝ 14.0

④よって，$\frac{1}{7}\times10=\frac{10}{7}$

⑵表より，2.5mの高さから落としたときの速さが7.0m/秒で，その$\frac{1}{5}$倍の1.4m/秒の速さになるときの高さは0.1mである。

⑶ 2段目が1段目の$\frac{1}{3}$倍で，そのあとは段が増《ふ》えるごとに分母と分子の数が増えた分数になっている。

⑷**X**の続きは，7段目は6段目の$\frac{6}{8}$倍，8段目は7段目の$\frac{7}{9}$倍になる。したがって，8段目は1段目の，
$\frac{1}{3}\times\frac{2}{4}\times\frac{3}{5}\times\frac{4}{6}\times\frac{5}{7}\times\frac{6}{8}\times\frac{7}{9}$
$=\frac{1}{36}$（倍）

⑸速さが10倍のときは高さが100倍なので，10段にして0.9mから落としても，高さは90m（0.9 × 100 ＝ 90）にしかならない。11段にすると速さが11倍になるので高さが，11 × 11 ＝ 121（倍）になる。よって，11段にして0.9mから落とすと，高さは，
0.9 × 121 ＝ 108.9（m）
になる。

⑹数が増えるほど，最も上の段のボールのはね上がる高さは高くなっていく。

4 ⑴ **1：4：9**　⑵ **180 cm**
⑶**空欄《くうらん》の左から順に，**
0，0.4，1.6，3.6，6.4，10

解き方　⑴ 40：160：360 ＝ 1：4：9

⑵**実験1**と**実験2**の結果の比較《ひかく》より，移動《いどう》距離《きょり》は引く力に比例《ひれい》していることがわかる。また，**実験1**と**実験3**の結果の比較より，移動距離は物体の重さに反比例《はんぴれい》することがわかる。したがって，
360 × 1.5 ÷ 3 ＝ 180（cm）

⑶いちばん左は0秒なので移動距離も0m。
0.2秒…10 × 0.2 × 0.2 ＝ 0.4（cm）
0.4秒…10 × 0.4 × 0.4 ＝ 1.6（cm）
0.6秒…10 × 0.6 × 0.6 ＝ 3.6（cm）
0.8秒…10 × 0.8 × 0.8 ＝ 6.4（cm）
1.0秒…10 × 1.0 × 1.0 ＝ 10（cm）

5 (1)イ・カ・キ
(2)①イ・ウ　②イ・ウ　(3)カ
(4)赤色…3回　黄色…2回
青色…2回

解き方 (1)**イ**，**カ**，**キ**は，電池《でんち》の＋極《プラスきょく》側からの導線《どうせん》がLEDの端子《たんし》**a**(長いほうの足)につながれているので点灯する。**ア**，**ウ**，**オ**は逆《ぎゃく》になっているので点灯しない。**エ**は，**ウ**を電流《でんりゅう》が流れないので**エ**にも電流が流れないため点灯しない。

(2)**実験2**の表の**c**の向きに電流が流れるときにLEDが点灯する。

①上部で動かしたときの結果は，**実験2**の表の通りなので，**c**の向きに電流が流れるのは，**イ**のN極を下にして遠ざけたときと**ウ**のS極を下にして近づけたときである。

②**実験3**の**図3**とグラフより，コイルの下部で動かした場合は，コイル通過後にN極を下にして遠ざけると**c**の向きに電流が流れることがわかる。よって，**イ**では**c**の向きに電流が流れ，LEDが点灯する。また，**実験2**より，磁極《じきょく》と磁石《じしゃく》を動かす向きの両方を変えたときに同じ向きに電流が流れているので，**イ**と磁極と磁石を動かす向きの両方が逆である**ウ**のときも，**c**の向きに電流が流れ，LEDが点灯する。

(3)上のコイルに反時計まわりの電流が流れると下のコイルには時計まわりに電流が流れ，両方のLEDが点灯する。よって，上のコイルに反時計まわりの電流が流れるような電圧《でんあつ》が生じるか，下のコイルに時計まわりの電流が流れるような電圧が生じたときに，両方のLEDが点灯する。**実験2**，**実験3**より，N極が上のコイルに近づくときは反時計まわりに電流が流れようとする電圧が生じるので両方のLEDが点灯するが，磁石が上のコイルを通り抜《ぬ》けて上のコイルから遠ざかろうとする場合は上のコイルに時計まわりの電流を流そうとするのでLEDは消える。さらに，磁石のN極が下のコイルに近づくときは下のコイルに反時計まわりの電流を流そうとするのでLEDは消えたままである。しかし，磁石が下のコイルを通り抜けて遠ざかろうとするときは，下のコイルに時計まわりの電流を流そうとする電圧が生じるので，両方のLEDが点灯する。その後，磁石が遠ざかるとコイルに電流を流そうとする電圧が0になるので，両方のLEDが消える。したがって，両方のLEDが2回点滅《てんめつ》することになる。

(4)磁石が上のコイルに近づくとき…上のコイルに反時計まわりの電流が流れるので，すべてのLEDが点灯する。

磁石が上のコイルを通り抜けて遠ざかるとき…上のコイルに時計まわりの電流が流れようとするがLEDが逆向きのため電流が流れず，すべてのLEDが消える。

磁石が中のコイルに近づくとき…中のコイルに反時計まわりの電流が流れようとするがLEDが逆向きのため電流が流れず，すべてのLEDは消えたままである。

磁石が中のコイルを通り抜けて遠ざかるとき…中のコイルに時計まわりの電流が流れ，赤色と黄色のLEDだけが点灯する。

磁石が下のコイルに近づくとき…下のコイルに反時計まわりの電流が流れようとするがLEDが逆向きのため電流が流れず，赤色と黄色のLEDは消える(青色は消えたまま)。

磁石が下のコイルを通り抜けて遠ざかるとき…下のコイルに時計まわりの電流が流れ，赤色と青色のLEDだけが点灯する。

磁石がさらに遠ざかるとき…赤色と青色のLEDが消える(黄色は消えたまま)。

6 (1)ウ　(2)リニアモーターカー

解き方　(1)銅《どう》パイプがコイルを重ねたものと同じはたらきをするため，電磁誘導《でんじゆうどう》により誘導電流《ゆうどうでんりゅう》が流れ，銅パイプの中に磁石の動きを妨《さまた》げる向きの磁界《じかい》が生じる(電磁誘導では，コイルのまわりの磁界を変化させたとき，その磁界と逆向きの磁界が生じる向きに誘導電流が流れる)。

(2)磁石や電磁石《でんじしゃく》によって乗りもの自体を空中に浮《う》かび上がらせて摩擦《まさつ》をなくしている。このことによって，速さを速くしたり，ゆれを小さくしたりすることができる。

7 (1)A

(2)下図

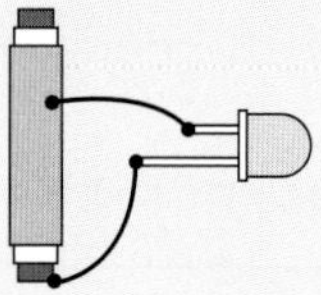

(3)下図

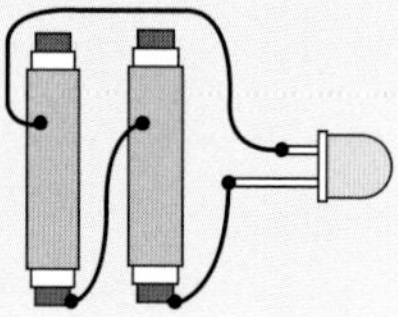

解き方　(1)検流計《けんりゅうけい》は，電流が流れこんでくる側に針《はり》が振《ふ》れる。よって，**図2**では，次の図の矢印の向きに電流が流れていることがわかる(簡易検流計《かんいけんりゅうけい》の中には，流れていく側に針が振れるものもあるが，流れてくる側に針が振れるものが一般的《いっぱんてき》である)。よって，炭が＋極，アルミニウムはくが－極《マイナスきょく》であることがわかる。

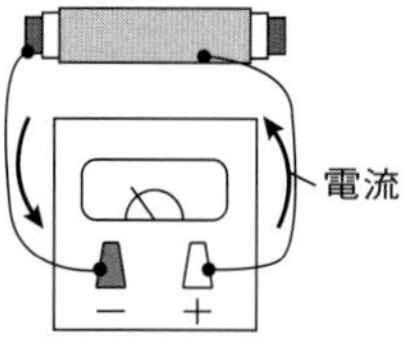

図2

また，**図3**では，長いほうの**A**が＋極，短いほうの**B**が－極である。

(2)発光ダイオード(LED)には，電流は＋端子から流れこみ－端子から流れ出す向きにしか流れない。よって，＋端子である長い足は＋極の炭につなぎ，－端子である短い足は－極のアルミニウムはくにつながないと，LEDに電流が流れない。

(3)備長炭電池《びんちょうたんでんち》が直列《ちょくれつ》つなぎになるようにすればよい。

8 (1)乾電池《かんでんち》をつなぐと…ハンドルがまわる。　部品…モーター

(2)磁石，コイル[電磁石]

(3)①あ…図2　い…図2

②イ　③ア

解き方　(1)手まわし発電機の中にはモーターが入っている。モーターに電流を流すとモーターの軸《じく》がまわるが，その反対に，力を加えてモーターの軸をまわすと，電磁誘導によって誘導電流が流れる。手まわし発電機は，このしくみを利用している。したがって，手まわし発電機に電流を流すとモーターに電流が流れ，ハンドルがまわる。

(2)手まわし発電機の中のモーターには，磁石とコイル(電磁石)が入っている。

(3)①**図1**のように直列《ちょくれつ》につなぐと，並列《へいれつ》につないだときより抵抗《ていこう》が大きくなるので，手まわし発電機**B**，**C**に流れる電流は小さくなる。よって，**B**，**C**のハンドルのまわる速さが遅《おそ》くなる。また，**図1**の回路に流れる電流のほうが小さいので，**A**の手ごたえは小さくなる。

②**A**のハンドルを逆にまわすと流れる電流の向きも逆になるので，**C**のハンドルも逆向きにまわる。

③**図2**では，**A**のハンドルをまわすと，**B**と**C**のハンドルは同じ向きにまわっているので，**図2**の回路に電流が流れると，**A**～**C**のすべてのハンドルが同じ向きにまわるといえる(電流の向きを逆にすると，すべてのハンドルが逆向きにまわる)。

9 (1)ウ　(2)ウ　(3)ア　(4)ア

解き方 (1)音も光も，物体にあたると反射《はんしゃ》する。ただし，どちらも反射しやすい物体と反射しにくい物体がある。

(2)音も光も，水の中でも伝わる。音は空気の中よりも水の中のほうが伝わりやすい。

(3)音とは，物体が振動《しんどう》することによってまわりのものを振動させ，その振動が耳の鼓膜《こまく》を振動させることによって感じるものである。

(4)音は空気の振動によって伝わっているので，振動する空気によってろうそくの炎《ほのお》をゆらすことができる。

10 (1)ウ　(2) **21 cm**　(3) **1.5倍**
(4) **12 cm**　(5)ア・イ

解き方 (1)凸《とつ》レンズによってスクリーン上にできる像《ぞう》は，すべて倒立《とうりつ》の実像《じつぞう》である(倒立…上下左右が逆，実像…光が集まって実際《じっさい》にスクリーンなどにできる像)。

(2)グラフより，物体から凸レンズまでの距離が28cmのとき，像から凸レンズまでの距離は21cmになっている。

(3)グラフより，物体から凸レンズまでの距離が20cmのとき，像から凸レンズまでの距離は30cmになっている。物体と像の大きさの比《ひ》は凸レンズからの距離の比に等しいので，

物体：像＝20：30＝2：3

である。よって，3÷2＝1.5(倍)

(4)グラフより，物体から凸レンズまでの距離と像から凸レンズまでの距離が等しくなっているのは，24cmのときである。このようになるのは，物体から凸レンズまでの距離が焦点距離《しょうてんきょり》の2倍のときなので，焦点距離は，24÷2＝12(cm)

(5)焦点《しょうてん》より凸レンズに近い位置に物体を置いたとき，スクリーン上に像(実像)はできない。

総仕上げテスト

第1回 中学入試 総仕上げテスト

1 (1)(ア→)イ→エ→キ→カ(→ク)
(2)食道《しょくどう》　(3)①ア　②カ

解き方 (1)(2)ア(口)→イ(食道)→エ(胃《い》)→キ(小腸《しょうちょう》)→カ(大腸《だいちょう》)→ク(こう門《もん》)の順に食物が通っていく。このような食物の通り道を消化管《しょうかかん》という。

(3)①食物は，はじめに口で歯によってかみ砕《くだ》かれ，だ液《えき》と混《ま》ぜられる。

②消化《しょうか》された養分《ようぶん》と水分の大部分は小腸で吸収《きゅうしゅう》されるが，小腸で吸収されなかった水分を大腸で吸収する。

2 (1)器具A…メスシリンダー
器具B…上皿天《うわざらてん》びん
(2)器具A…体積　器具B…重さ
(3)ア・ウ　(4)ろ紙《し》・漏斗《ろうと》台《だい》

解き方 (3)調節《ちょうせつ》ねじを左に移動《いどう》させればよい。右の調節ねじはaの向きにまわすと左に移動する。左の調節ねじはcの向きにまわすと左に移動する。

3 (1)A…春　B…オ　(2)A…夏　B…イ

解き方 (1)菜《な》の花《はな》が咲《さ》く季節は春である。また，太陽が西に沈《しず》もうとしているときに，太陽と反対側の東から昇《のぼ》ってくる月なので満月《まんげつ》である。

(2)aのこと座《ざ》のベガ，bのわし座のアルタイル，cのはくちょう座のデネブを結んでできる三角形を夏《なつ》の大三角《だいさんかく》という。

4 (1)ウ　(2)ウ　(3)イ　(4)ア

解き方 (1)振《ふ》れ幅《はば》は，ふりこが1往復《おうふく》する時間(周期《しゅうき》)に関係しない。

(2)ふりこのおもりの重さは，ふりこが1往復する時間に関係しない。

(3)ふりこの長さが長くなるほど，ふりこが

1往復する時間も長くなる。

(4)右半分は，くぎの位置を支点《してん》としたふりことなるため，右半分のふりこの長さが短くなる。よって，右半分を往復する時間は**図1**の右半分を往復する時間より短くなる。

5 (1)**1つ**　(2)**イ・ウ**　(3)**カ**

解き方 (1)(2)**実験1**より，アルカリ性《せい》の水《すい》溶液《ようえき》(赤色→青色)が2つ，酸性《さんせい》の水溶液(青色→赤色)が1つ，中性《ちゅうせい》の水溶液は1つであることがわかる。中性の水溶液は食塩水《しょくえんすい》しかないので，食塩水は①～④に入っている。

実験2より，炭酸水《たんさんすい》と石灰水《せっかいすい》のどちらか1つが①～④に入っていないか，どちらも①～④に入っていないことになる(炭酸水と石灰水を混《ま》ぜると白く濁《にご》る)。**実験4**で，息を吹《ふ》きこんで白く濁ったのは石灰水である。よって，①～④に炭酸水は入っていない。

実験3で水を蒸発《じょうはつ》させたときに固体《こたい》が残った2つの水溶液は食塩水と石灰水ということになるので，①～④に水酸化《すいさんか》ナトリウム水溶液は入っていない。

したがって，①～④の水溶液は，食塩水，石灰水，塩酸《えんさん》，アンモニア水ということになる。

(3)④を除《のぞ》くと，**実験3**で固体が残った水溶液が1つになるということから，④は食塩水か石灰水である。石灰水はアルカリ性なので，④が石灰水であれば**実験1**の結果は同じ結果にならない。④が食塩水であれば，**実験1，2，4**の結果は変わらない。

6 (1)**梅雨《ばいう》**　(2)**イ**　(3)**太平洋**

解き方 (1)「つゆ」ともよばれる。

(2)イのような停滞前線《ていたいぜんせん》が居座《いすわ》るので広い範《はん》囲《い》で長雨《ながあめ》が続く。この時期に日本付近に居座る停滞前線を梅雨前線《ばいうぜんせん》という。これに対して，9月～10月に日本付近に居座る停滞前線を秋雨前線《あきさめぜんせん》という。

(3)太平洋高気圧《たいへいようこうきあつ》(小笠原気団《おがさわらきだん》)が梅雨前線を押《お》し上げて，梅雨が明け，夏になる。

7 (1)**エ**　(2)**ウ**　(3)**エ**　(4)**エ**　(5)**オ**

解き方 (1)このような樹木《じゅもく》を針葉樹《しんようじゅ》という。

(2)**ア**ははい乳《にゅう》，**イ**は種皮《しゅひ》，**ウ**は子葉《しよう》，**エ**ははい軸《じく》，**オ**は幼根《ようこん》である。

(3)カブトムシは樹液《じゅえき》をなめ，セミは針《はり》のような口を木にさし，ストローのように樹液を吸《す》う。

(4)ハエ・カ・アブのはねの数は2枚《まい》である。そのほかのこん虫《ちゅう》のはねはほとんど4枚である。

第2回 中学入試 総仕上げテスト

1 **A…水素《すいそ》　B…酸素《さんそ》　C…窒素《ちっそ》**
D…二酸化炭素《にさんかたんそ》　E…アンモニア
(1)**水**　(2)**赤茶色[茶色]**
(3)**アンモニア**

解き方 A，B…酸素と水素の混合物《こんごうぶつ》に火をつけると激《はげ》しく爆発《ばくはつ》して燃《も》える。また，酸素中に鉄の粉《こな》を入れると結びついて酸《さん》化鉄《かてつ》になる。

C…窒素はほかの物質《ぶっしつ》と反応《はんのう》しにくい。

D…重曹《じゅうそう》(炭酸水素《たんさんすいそ》ナトリウム)を加熱すると，炭酸《たんさん》ナトリウムと水と二酸化炭素に分解《ぶんかい》される。

E…アンモニアは非常《ひじょう》に水にとけやすい。

(1)酸素と水素が結びつくと水ができる。

(2)鉄がゆっくり酸素と結びつくと赤さびになる。

(3)アンモニアは刺激臭《しげきしゅう》がする。

2 (1)①**卵《らん》［卵子《らんし》］**　②**精子《せいし》**　③**受精《じゅせい》**
④**受精卵《じゅせいらん》**　⑤**子宮《しきゅう》**　⑥**胎児《たいじ》**
⑦**へその緒《お》**　⑧**羊水《ようすい》**
(2)**胎児を衝撃《しょうげき》から守る。**
(3)**イ**　(4)**(およそ) 38 (週間)**
(5)**(およそ) 3 (kg)**　(6)**ウ**

解き方　(1)卵管《らんかん》で受精した受精卵は子宮まで移動《いどう》したら子宮の壁《かべ》につく。これを着《ちゃく》床《しょう》といい，着床したところに胎盤《たいばん》ができ，胎盤から伸《の》びたへその緒で胎児とつながっている。胎盤とへその緒を通して母親から胎児へ酸素と栄養分《えいようぶん》が送られ，胎児から母親へは二酸化炭素と不要物が送られる。
(6)からだの大きい哺乳類《ほにゅうるい》ほど，胎児がおなかの中にいる期間が長いことが多い。

3 (1)**焦点《しょうてん》**　(2) **2.4 cm**
(3)**イ→ア→ウ**

解き方　(2)円の直径を□cmとすると，
6：□＝ 10：4　□＝ 2.4 (cm)
(3)下の図のように，イの部分は凸《とつ》レンズを通った光と凸レンズを通らなかった光が重なるので最も明るい。アの部分は凸レンズを通らなかった光だけがあたり，ウの部分は凸レンズを通った光だけがあたるが，凸レンズを通った光はスクリーン上で凸レンズの大きさより広い範囲《はんい》で広がっているので，アとウでは，アの凸レンズを通らなかった光があたっている所のほうが明るい。

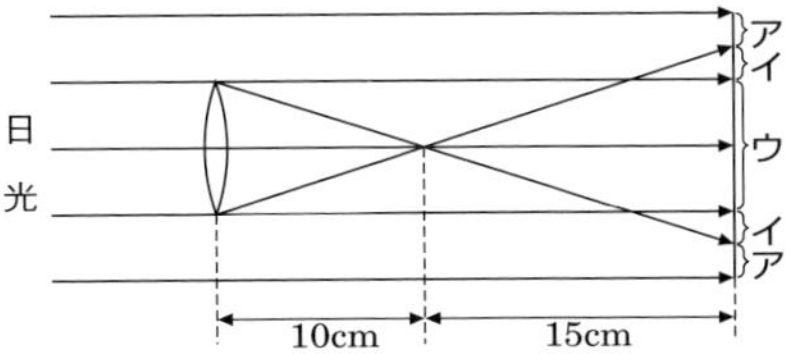

4 (1) **10 億立方メートル**
［1000000000 立方メートル］
(2)① **1379 (百万立方キロメートル)・**
14 (億立方キロメートル)
② **98%**
③ **37 (千立方キロメートル)**

解き方　(1) 1000 × 1000 × 1000
＝ 1000000000 (m^3)
(2)① 0.013 ＋ 29 ＋ 0.0006
＋ 0.2 ＋ 1350 ＝ 1379.2136
＝ 1379 (百万立方キロメートル)
＝ 13.79 (億立方キロメートル)
＝ 14 (億立方キロメートル)
② $\frac{1350}{1379} \times 100$
＝ 97.8…＝ 98　98%
③ 361 − 324
＝ 37 (千立方キロメートル)
または，
99 − 62 ＝ 37 (千立方キロメートル)

5 ①**エ**　②**ウ**　③**エ**　④**イ**　⑤**ア**

解き方　①図より，北の地域《ちいき》に生息するウサギほど耳が小さいことがわかる。これは，表面積をできるだけ小さくして，からだから出ていく熱の量を小さくしているのである。
②ホッキョクグマなど，寒い地域の哺乳類はからだの大きなものが多い。これは，からだが大きいほど，からだの体積に対するからだの表面積の割合《わりあい》が小さくなり，体内でつくられた熱量《ねつりょう》(およそからだの体積に比例《ひれい》する)に対するからだから出ていく熱量(およそからだの表面積に比例する)の割合が小さくなるためである。

6 (1)**イ**　(2) **10.5 g**　(3) **1 g**　(4) **22.5 g**

解き方　(2)表より，1 分あたりで 0.25g ずつ増加《ぞうか》しているので，
10 ＋ 0.25 × 2 ＝ 10.5 (g)

⑶結びついた酸素の重さは，

12.25 − 10 = 2.25（g）

よって，はじめにあった銅《どう》の重さを□gとすると，

□：2.25 = 4：1　□= 9（g）

したがって，はじめの粉《こな》10g中の酸化銅《さんかどう》の重さは，10 − 9 = 1（g）

⑷マグネシウム24gがすべて酸素と結びつくと，

$24 \times \dfrac{3+2}{3} = 40$（g）

の酸化《さんか》マグネシウムになる。混合物《こんごうぶつ》24gが銅3g，マグネシウム21gであったとすると，加熱後にできる酸化銅と酸化マグネシウムの合計の重さは，

$3 \times \dfrac{4+1}{4} + 21 \times \dfrac{3+2}{3}$

$= 38.75$（g）

となる。実際《じっさい》の加熱後の重さは32.5gなので，混合物中の銅の重さを□gとすると，

（40 − 38.75）:（40 − 32.5）= 3：□

□= 18（g）

したがって，加熱後にできた酸化銅の重さは，

$18 \times \dfrac{4+1}{4} = 22.5$（g）

第3回 中学入試 総仕上げテスト

1 ⑴**X波**　⑵**ア**　⑶**40秒**　⑷**3 km**
⑸**5時46分52秒**
⑹①**5時47分22秒**
②**5時48分22秒**

解き方　⑴同じ地点では，小さなゆれのほうが大きなゆれより先に始まるので，小さなゆれを起こすX波のほうが速い。

⑵X波とY波は同じ地点（震源《しんげん》）から同じ時《じ》刻《こく》に発生し，速さが異《こと》なるので，震源から遠くなるほど，その距離《きょり》に比例《ひれい》して到《とう》着時刻《ちゃくじこく》の差が大きくなる。これを，式で証明《しょうめい》すると，次のようになる。震源から観測地点《かんそくちてん》までの距離を□kmとし，X波の速さをx（km/秒），Y波の速さをy（km/秒）として，XY時間を求めると，

$$\text{XY時間} = \frac{\square}{y} - \frac{\square}{x}$$
$$= \frac{x \times \square - y \times \square}{x \times y}$$
$$= \frac{(x - y) \times \square}{x \times y}$$

となる。したがって，XY時間は震源からの距離（上の式の□）に比例しているといえる。

⑶表1より，震源からの距離が120kmのA地点のXY時間が20秒になっているので，震源からの距離が240kmの地点のXY時間を□秒とすると，

120：240 = 20：□　□= 40（秒）

⑷A地点とB地点の震源からの距離の差は，180 − 120 = 60（km），A地点とB地点にY波が伝わった時刻の差（大きなゆれが始まった時刻の差）は，

5時47分52秒− 5時47分32秒

= 20（秒）

したがって，Y波の速さは，

60 ÷ 20 = 3（km/秒）

⑸震源からA地点までY波が伝わるのにかかった時間は，120 ÷ 3 = 40（秒），したがって，Y波が発生した時刻（X波が発生した時刻も同じ）は，

5時47分32秒− 40秒

= 5時46分52秒

⑹①B地点のXY時間を□秒とすると，

120：180 = 20：□　□= 30（秒）

①= 5時47分52秒− 30秒

= 5時47分22秒

②Y波の速さは3km/秒で，震源からC地点までの距離が270kmなので，震源からY波が伝わるまでにかかる時間は，270 ÷ 3 = 90（秒）。地震《じしん》の発生時刻は5時46分52秒なので，

②= 5時46分52秒+ 90秒

= 5時48分22秒

2 (1)A…ア　B…ウ　C…ア　(2)エ

(3)ア

(4)例 ばねに電流《でんりゅう》が流れるので，ばねは縮《ちぢ》む。ばねの端《はし》が水銀《すいぎん》から出ると電流が流れなくなり，ばねはもとに戻《もど》る。このような動きをくり返す。

解き方　(1)コイルに流れる電流の向きに合わせて，右手でコイルをにぎって親指だけを伸《の》ばしたとき，親指の指す向きはコイルの中の磁界《じかい》の向きと同じになっている。したがって，**図1**のコイルのまわりに生じる磁界の向きは，下の図の矢印のようになり，方位磁針《ほういじしん》のN極は，この磁界の向きと同じ向きに振《ふ》れる。

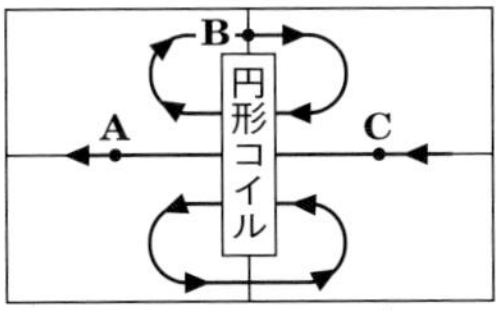

（真上から見たとき）

(2)左側のコイルの右側がS極となり，右側のコイルの左側がN極となるので，たがいに引き合うため，右側のコイルには左向きの力がはたらく。

(3)ばねの1まわりずつがコイルとなってたがいに引き合うため，ばねは縮む。

3 (1)エ　(2)変態《へんたい》

(3)つくり…えら

はたらき…酸素《さんそ》をとり入れ，二酸《にさん》化炭素《かたんそ》を排出《はいしゅつ》するガス交換《こうかん》。

解き方　(1)ウミガメ，トカゲ，ヤモリはは虫類《ちゅうるい》，ホタルはこん虫《ちゅう》である。ヤモリとイモリ（両生類《りょうせいるい》）の区別ができるようにすること。

(2)セキツイ動物《どうぶつ》では両生類が水中から陸上に上がれるように変態が行われる。その他，こん虫なども変態する。

(3)凹凸《おうとつ》が多くなると，表面積が増《ふ》えるので，物質《ぶっしつ》の吸収《きゅうしゅう》や排出および交換などを効率《こうりつ》よく行うことができる。人体では，肺《はい》（肺《はい》胞《ほう》），小腸《しょうちょう》（柔毛《じゅうもう》），毛細血管《もうさいけっかん》などに見られ，植物では根（根毛《こんもう》）などに見られる。

4 **A…塩化水素《えんかすいそ》　B…85.4**

(2) **10%**　(3) **7.3%**　(4) **69.2 g**

(5) **3.51 g**　(6) **6.85 g**

解き方　(1) 100gの塩酸《えんさん》の中に14.6gの塩化水素がふくまれていれば，濃《こ》さが14.6%の塩酸である。よって，

100 − 14.6 = 85.4（g）

(2)水酸化《すいさんか》ナトリウム水溶液《すいようえき》と塩酸が完全に中和《ちゅうわ》するとき，とけている水酸化ナトリウムと塩化水素と中和《ちゅうわ》によってできる食《しょく》塩《えん》の重さの比《ひ》は一定である。よって，水溶液①にとけている水酸化ナトリウムの重さを□gとすると，

50 × 0.16：□＝ 11.7：5.85

□＝ 4（g）

したがって，水溶液①の濃さは，

4 ÷ 40 × 100 = 10　10%

(3)(2)と同様に，水溶液②にとけている塩化水素の重さを□gとすると，

50 × 0.146：□＝ 11.7：5.85

□＝ 3.65（g）

したがって，水溶液②の濃さは，

3.65 ÷ 50 × 100 = 7.3　7.3%

(4)水溶液①と水溶液②を混《ま》ぜたときにできた食塩水の中の水の重さは，

40 + 50 − 5.85 = 84.15（g）

5.85gの食塩をとかすために必要な100℃の水の最低量を□gとすると，

100：□＝ 39：5.85

□＝ 15（g）

したがって，求める値《あたい》は，

84.15 − 15 = 69.15 = 69.2（g）

(5)水溶液① 40gと水溶液② 50gが過不足《かふそく》な

く反応しているので，水溶液① 24gと水溶液② 76gではあきらかに水溶液②が多すぎて余《あま》る(水溶液① 24gと過不足なく反応する水溶液②は 30g)。よって，水溶液① 24gがすべて反応《はんのう》したときにできる食塩の重さを□gとすると，

40：24 = 5.85：□

□= 3.51(g)

⑹問題文より，水溶液① 40gと水溶液② 50gが過不足なく反応して食塩 5.85gができる。よって，これに加えて，反応できなかった水溶液① 10g(50 − 40 = 10)にとけている水酸化ナトリウムが残る。水溶液① 10gにとけている水酸化ナトリウムの重さは，10 × 0.1 = 1(g)
したがって，残った固体《こたい》の合計の重さは，

5.85 + 1 = 6.85(g)

5 **①60　②50　③150　④30**
⑤37.5　⑥100　⑦30

解き方　①図1の支点《してん》から棒《ぼう》の重さがかかる点(棒の重心《じゅうしん》)までの長さを□cmとすると，

100 × 40 = 200 ×□

□= 20(cm)

よって，左端から棒の重心までの長さは，

40 + 20 = 60(cm)

②右端を支点として考えると，支点から重心までの長さは20cmなので，左端の糸にかかる力を□gとすると，

200 × 20 =□× 80

□= 50(g)

③ 200 − 50 = 150(g)

④おもりをつるした左端を支点とし，左端からひもをつるした点までの長さを□cmとすると，

300 × 40 =(300 + 100)×□

□= 30(cm)

⑤水中でおもりにはたらく浮力《ふりょく》の大きさは，

1 × 80 = 80(g)

おもりをつるした左端を支点とし，左端からひもをつるした点までの長さを□cmとすると，

300 × 40 =(300 + 100 − 80)×□

□= 37.5(cm)

⑥棒《ぼう》Aをつるしているひもの位置を支点として，棒Aの右端のひもにかかる力を□gとすると，

200 × 20 =□× 40

□= 100(g)

したがって，棒Bの右端につるしたおもりの重さも 100g。

⑦棒Aの左端を支点として，棒Aの右端のひもにかかる力を□gとすると，

200 × 60 =□× 80

□= 150(g)

したがって，棒Bの右端につるしたおもりを△gとすると，

150 × 30 = 300 × 10 +△× 50

△= 30(g)